U0224517

浙江省文物考古研究所专著与文集　第28号
浙江省文物考古研究所学者文库

郑云飞
植物考古文集

Archaeobotany

郑云飞◎著

文物出版社

图书在版编目（CIP）数据

郑云飞植物考古文集 / 郑云飞著. —北京：文物出版社，2023.7

ISBN 978-7-5010-7891-2

Ⅰ.①郑… Ⅱ.①郑… Ⅲ.①古植物学—考古学—中国—文集 Ⅳ.①Q911.72-53

中国版本图书馆 CIP 数据核字（2022）第 230062 号

审图号：GS 京（2023）1103 号

浙江省文物考古研究所专著与文集 第 28 号

浙江省文物考古研究所学者文库

郑云飞植物考古文集

著　　者：郑云飞

责任编辑：孙　丹

封面设计：程星涛

责任印制：张　丽

出版发行：文物出版社

社　　址：北京市东城区东直门内北小街 2 号楼

邮　　编：100007

网　　址：http://www.wenwu.com

经　　销：新华书店

印　　刷：宝蕾元仁浩（天津）印刷有限公司

开　　本：889mm×1194mm　1/16

印　　张：35.5

版　　次：2023 年 7 月第 1 版

印　　次：2023 年 7 月第 1 次印刷

书　　号：ISBN 978-7-5010-7891-2

定　　价：398.00 元

本书版权独家所有，非经授权，不得复制翻印

▲
1988 年 6 月，在硕士研究生论文答辩会上与导师游修龄教授（左）、蒋猷龙研究员（右）合影

▲
1999 年 3 月，在日本鹿儿岛大学代表博士学位获得者致答谢辞

▲
1999 年 3 月，鹿儿岛大学博士学位授予仪式后与博士导师藤原宏志教授合影

▲
2002 年 7 月，与博士后导师日本奈良国立文化财研究所松井章教授在琵琶湖合影

1995 年 11 月，参加中日联合考古队河姆渡遗址稻作农耕遗迹调查

1998 年，在日本宫崎大学实验室观察标本

2002 年 10 月，在跨湖桥遗址浮选土样

◀
2004 年 9 月，陪同日本金泽大学中村慎一教授（左二）植物考古研究团队访问田螺山遗址

◀
2005 年 8 月，在下家山遗址开展植物遗存浮选

◀
2006 年 4 月，在田螺山遗址进行稻作农耕遗迹调查

2007 年 11 月，
在田螺山遗址开展骨耜实验考古

2009 年 10 月，
在茅山遗址发掘古稻田

▲
2008 年 6 月，在田螺山遗址向国际著名农业考古学家藤原宏志（左）介绍农耕遗址发掘情况

▲
2012 年 5 月，陪同著名考古学家日本上智大学教授量博满（中）参观河姆渡遗址博物馆

2015 年 12 月，在荀山遗址古稻田调查采集土样

2019 年 6 月，参加井头山遗址发掘工作

▲
2020 年 11 月，在我所（浙江省文物考古研究所）实验室观察标本

▲
2021 年 9 月，在施岙遗址采集土样

◀
2020 年 5 月，与考古学家赵辉（右）、栾丰实（中）在井头山遗址进行讨论

2006 年 2 月，赴英国伦敦大学、剑桥大学进行学术交流

2014 年 3 月，访问日本奈良国立文化财研究所

2016 年 4 月，赴加拿大多伦多大学进行学术交流

参加会议

1997年10月，在江西南昌首届农业考古国际学术讨论会上作学术报告

2009年11月，出席在越南河内召开的印度-太平洋地区史前史学会年会

2014年9月，在浙江余姚举办的“稻作农业起源与传播”学术研讨会上作学术报告

▲
2014 年 10 月，出席在美国俄勒冈大学召开的“古代东北亚比较历史生态学”学术研讨会

▲
2016 年 11 月，参加在浙江浦江举行的“稻作农业起源”国际学术研讨会，并与著名考古学家严文明先生合影

参加会议

▲
2018 年 4 月，出席在美国华盛顿举行的第 83 届美国考古学会年会

▲
2020 年 11 月，出席上山遗址发现 20 周年学术研讨会，并接受记者采访

序

我和老郑相识，是在浙江余姚田螺山遗址的田野考古工作期间。此前就听说了浙江省文物考古研究所（后简称浙江考古所）引进了一位海归植物考古博士，但第一次见他，我记得是在田螺山遗址，当时他正在遗址外围探查水田。他比我小，我叫他老郑，是尊重；我在学校工作，他叫我赵老师，也是尊重。从那以后，彼此就这样称呼，一直到现在。

和著名的河姆渡遗址一样，田螺山遗址的大部分被封存在地下饱水环境中，有机物遗存得以很好的保存，是一座极为难得的资料宝库。进入 21 世纪，中国考古学无论在研究视野还是研究技术上都今非昔比，进入了新境界。所以，田螺山遗址考古项目的主持者孙国平先生联系我，希望借助北京大学的力量和关系，网罗一批相关领域的专家，对遗址埋藏的有机物遗存进行系统采样，进而对所得动植物资料开展全方位研究。在这项综合研究里面，进一步揭示河姆渡文化阶段的稻作农业实态自然就成了重要课题之一，老郑是这方面的专家，又是浙江考古所的研究人员，自然要参与田螺山遗址的研究项目，他的研究成果也自然是要收录进《田螺山遗址自然遗存综合研究》（文物出版社，2011 年）之中，而且分量很大。从此，我和老郑就愈发熟络起来。但当老郑要我为他的论文集作序的时候，我却犹豫了。

按照约定俗成的划分，老郑是属科技考古的，我是传统考古的。尽管从学理上讲我不赞同这种划分，但也不得不承认，科技考古和传统考古的确还有些区别。科技考古的专家们大部分时间身穿白大褂，游走在空调房内一堆嗡嗡作响的高精尖仪器设备之间；传统的考古学家更多的是身着作业服，在遗址发掘现场任风吹日晒，最多在头上用一顶草帽遮阳。哪怕只看上一眼，两者的差别也一目了然。不过这些年来，随着学科的发展，在复原、解析古代社会这个共同大目标的号召下，两者正在加速融汇，就像一口热锅里的两块黄油，溶解和融入对方，将来则必然会凝结成一体。但对我这辈人来说，受早年教育的局限，拆掉两者之间的藩篱却谈何容易？隔行如山！所以，对老郑的要求，我一时不知所措。但是，老郑托我为他呕心沥血的著作作序，是对我莫大的信任，一推了之，将辜负老朋友的期待，也断然不可。何况在传统考古和科技考古的融合日益深入的当下，我也不能总是一味回避另一半。所以我硬着头皮把写序的事情答应下来了，同时也权当恶补一下植物考古知识的机会。然后，我花了前后两个来月的时间，把老郑的著作仔细通读了一遍。

书读罢方知，老郑初进学术殿堂，是做蚕桑丝业史研究的。作为江南子弟，又学成在江南学府，选择在江南发展繁荣的丝织业历史为研究方向，乃顺理成章之举。老郑在这方面用力很深，且颇有心得。但正如他说，一连串机缘巧合，仿佛冥冥之中的定数，让他最终开始了史前稻作农业的研究方向。对考古学而言，这个转折实在是个大幸事。从此，我们有了一位大专家。

植物考古是指研究资料为遗址内出土的植物类遗存；农业考古是指研究的问题。两者有很大的重叠，但不完全一致，譬如通过植物遗存也可以研究环境问题，只是它的起点和重点是在史前稻作农业上。从老郑历年发表论文的顺序看，他对这个问题的研究是在20世纪90年代中期开始的。据我的印象，这之前学术界对这个问题的研究，主要集中在判研遗址出土的稻米——通常是炭化了的米属——是籼稻还是粳稻以及其栽培驯化程度等问题上，方法是测量米粒大小和长短轴的长度之比，再与能够到手的包括野生稻在内的现代稻米的粒型比较而得出结论。但考古发现炭化米全凭运气，因而这个方法在资料上会大受限制。现代稻米的粒型是史前稻米经过无数次变异而来，中间还可能出现过数不清的进化枝杈，是株大树，不弄清楚大树上那些复杂的分杈分支，而从现代直线连接史前，想想也是有点玄乎的。况且粒型长短和籼稻粳稻并非完全的对应关系。总之，在当时条件下，这是个不得已的办法，不大靠谱。因此，另外一个技术路线，即水稻植硅体或曰植硅石的形态研究得到重视。作为传统的不得已的方法，虽然老郑有时也还把粒型测量当作研究的辅助手段，但他很快就进入了植硅石研究这个当时的前沿领域。

植硅石的化学成分是二氧化硅，大致上和玻璃是同一类东西，因而极其稳定，可以长期保留下来，广泛存在于遗址的土壤中。在不同植物种属乃至不同部位，譬如水稻茎、叶和颖壳等部位的植硅石形态不同。如此，植硅石方法在原理上就大大弥补了粒型研究的种种不足。

在老郑的研究中，约有半数的论文成果主要是借助植硅石分析得来的，足见他对这个方法的重视，而且是个中高手。稍微具体一点说，老郑的研究主要集中在水稻扇形植硅石形态的四个方面：扇形体的大小；其在各方向上的尺寸和比例关系，如扇面和扇柄的比例显示出来的尖度；双乳突形态差异；扇缘鳞片痕（顺便吐槽一下，很多专家把它叫作鳞片纹饰，但一旦用中文讲纹饰这个词，总会给人以人为加工的感觉，而水稻植硅体不像是有主动意识的东西）个数。扇形体大小和鳞片个数与野生稻或栽培稻以及驯化程度有关，其尖度和双峰乳突的特征则和籼稻或粳稻有关。单凭观察测量植硅石形态，在讨论水稻的驯化上仍有不足。为此，老郑又在他的研究中引入了国外学术界当时刚刚开展起来的对稻谷小穗轴的鉴别方法，这个方法的道理在于野生稻是自然脱粒因而小穗轴基盘完整，人工收割强制脱粒导致基盘破损。当然，这些研究皆经过了对样品的数量统计和定量分析。样本的数量统计比较还有一个重要功能，即如果在一个地层采集的水稻植硅石数量达到一定阈值，就可以成为判断其是否为稻田遗迹的重要标准。这个在日本考古发现的规律被老郑引进，成功地发现了田螺山遗址外围的水田遗迹，不久又发现了茅山遗址80多亩（一亩约为666.67平方米）的稻田。最近，在田螺山遗址附近的施岙地点则发现了更大面积的稻田。运用同样的办法，却一直没有在良渚古城和周边发现稻田。但这个没有发现的发现，某种意义上来讲更为重要。它能够论证良渚古城居民都是些不从事农业的贵族、手工业者、商人等，这是了解良渚古城形成的起因以及居民构成情况的关键证据。在这里还要强调的一点是，上述绝大部分分析样品都是老郑亲自在发掘现场采集而来的，而非坐等别人送样。老郑并不总是穿着白大褂坐在显微镜前，也经常在发掘现场滚一身泥——这才是科技考古工作者应有的形象。

据说稻作农业养活了世界约半数的人口，稻作农业的起源自然成为人类历史上最重大事件之一和最重大的研究课题之一。这项研究首先是农学家们开展起来的，陆续有人类学家加入，有影响的如瓦维洛夫主张的印度起源说（1920 年），丁颖的华南说（1957 年），渡部忠世等的云南－阿萨姆说（1977 年）。当河姆渡遗址发现了水稻之后，国内学者基于稻作是人类文化的一部分，文化的传播携带了稻作农业传播的道理，从考古学文化的年代和传播方向上看，认为稻作农业起源于长江－华南（严文明等，1980 年）而不可能是传播方向远端的云南，进而，这个观点又修正为长江中下游起源说。这个观点的考古学证据扎实，论证逻辑无懈可击，因此，一经提出，云集响应。不过在当时，稻作农业的长江中下游起源说毕竟还没有完整的证据链，缺少仙人洞和玉蟾岩遗址万年以来到河姆渡文化之间的连续证据，河姆渡文化之后的情况也远不清晰。正是老郑亲自采集来的自上山文化直到良渚文化和广富林文化各阶段的样品，补足了长江下游地区几乎所有空缺环节上的资料，建立起一条完整的证据链，并且经过对各阶段样本的仔细研究，为我们描绘出长江下游地区农业起源和发展的整个过程。

老郑指出，上山文化已经出现了栽培稻，但这个时期的栽培稻仍保留着一定的野生稻性状，可称为原始栽培稻。上山文化的下限年代约为距今 8000 年。统计发现，在其总计约 2000 年的延续中，栽培稻与野生稻数量之比逐步增加，从植硅石形态特征如双峰乳突性状和大颗粒植硅石在组分中比例变大等所见的栽培稻驯化程度也不断提高。这些现象皆显示，稻作农业发生在万余年前的长江下游地区！自此以后，人们对驯化稻也即农业的依赖逐渐加深。而对河姆渡稻米的 DNA 检测分析表明，上山文化以后的栽培稻驯化，总体来说是朝粳稻的方向发展下来了。老郑进一步指出，稻作农业的发展不仅仅表现在栽培稻驯化程度不断提高的单项指标上，还表现在农具上——从河姆渡文化的木刀、骨耜到崧泽文化以来出现了全套石质农具；从早期利用地形随形就势地开辟水田到良渚文化晚期修建包括排灌渠道、闸口等一应俱全的、足以媲美现代的大块水田；良渚文化阶段形成了火耕水耨的耕作方式，使得水稻亩产从河姆渡文化阶段的 55 千克提高到良渚文化晚期的 141 千克。这个产量居然逼近汉魏时期！如此，老郑为我们复原出一部长江下游地区内容丰满翔实的史前农业历史，也使我们在试图理解良渚文明的产生时，有了一块得以立足的坚实的经济基础。

以上是老郑写了 20 多篇论文得到的成果。这些论文占了文集收录论文的一半以上，足见他在这个方向上倾注之巨。但这并非老郑学术的全部。他除了早年有关桑植丝业的研究之外，还在一万年以来的环境复原上下了很大功夫，对海平面变化和气候变迁对长江下游地区史前稻作农业发展带来的影响有过深刻分析。在和老郑聊天时，我还知道他的思考甚至到了同在江浙的宁绍地区和杭嘉湖地区的环境差异对两地稻作农业生产带来的影响这样一个微妙的程度。此外，在人类对植物性食物资源的开发上，老郑也没有仅仅局限在水稻一种作物上，对葫芦、甜瓜、桃子乃至葡萄的管理与驯化上，对当时人们在水生植物资源的利用上，都有令人信服的研究。有关这些，请有兴趣的读者自行阅读，我就不再絮叨了。

前两年，听说老郑退休的消息，一时颇感意外。但我后来突然醒悟到，我才是浑然不知老之已至。但我还是替老郑多少感到一些惆怅。退休毕竟是人生从一种状态转入另一种状态，而且是被动的。也为浙江考古所感到遗憾，这么多年下来，老郑早已是浙江考古所科技考古的领军人物了。考古这门学问，尽管研究技术是自然科学的，但在理念上是历史、人文的。做好考古除了要有技术支撑，还要有人文历史知识的积累为底蕴，这其中甚至包括了研究者的个人阅历——正所谓“人老见识广”。所以，在60岁的当打之年退休，对浙江考古所而言，怎么看也是个损失。所幸的是，我又听说，浙江考古所为老郑保留了他从事科研的所有条件，而老郑至今也仍带领着他的团队驰骋在学术的广阔原野上。这让我有了信心和期待，老郑肯定还能为我们做更多更大的贡献！

北京大学考古文博学院　赵　辉

2023年3月12日

目 录

稻作起源和发展

环境考古

栽培植物起源和驯化

植物遗存调查报告

农业科技史

中国桑树夏伐的起源及其发展

桑树夏伐技术是桑树养成良好树型，提高桑叶产量和质量的一条有效途径。本文拟对我国桑树夏伐的起源和发展提出一点粗浅的看法，以资探讨。

一 夏伐的起源

我国桑树的夏伐技术据史料记载，首先在地桑上得到应用。地桑名称最早出现在北魏·贾思勰的《齐民要术》这部古代农学巨著上，根据《农桑辑要》引《士农必用》记载，地桑收获桑叶的方法是："次年附地割条，叶饲蚕"[①]，这和现代夏伐桑树上收获桑叶的方法几无差异。由此可见，桑树夏伐技术出现在我国至少已有1500年以上的历史。但把夏伐技术应用到树桑上要稍晚于地桑。

唐中期以后，北方一直处在战乱之中，社会和经济都受到严重的破坏，人口大量南移。南方的社会环境相对安定，经济得到较快的发展，蚕业中心也开始向南转移。社会生产需要是技术进步的最大动力，蚕桑养殖技术在江南地区也取得了长足的进步。树桑的夏伐技术就出现在江南地区蚕业十分繁荣的南宋时期。

嘉泰《吴兴志》载："蚕月条桑，释者曰：斫取其条，而撷叶以用也。今浙间则然，岁生岁伐，率皆稠行低干，无有高及二丈者。"[②]由于这种"岁生岁伐"的夏伐技术的采用，桑树树干高度受到一定的限制，这同以前的乔木桑已大不相同了。南宋于潜县令楼璹所绘制的《耕织图》是我国最早宣传农桑技术的图谱。现存的宋人摹本和元·程棨摹本《耕织图》中的采桑图都有农民在桑树上伐条的生动场面，这为我们提供了南宋时期树桑夏伐技术的一个有力的佐证。

人类社会是文化艺术的源泉，我国许多古代文人常把农民的生活作为自己描述的对象，南宋时江南地区夏伐技术的应用也在文人诗中得到反映。宋·张炜《归田井》诗云："妻条桑叶催蚕起，儿脱莎衣傍牛犊。"[③]宋·叶茵《田文吟》诗云："耕田有粮蚕有种，丁男戽水女条桑。"[④]宋·高斯得在寓居湖州时作的《劫桑叹》诗云："条桑纷冉冉，采蘩复祁祁。"[⑤]"条桑"的意思为用利器砍伐桑树枝条，条桑这一词组在宋代文人诗中的多次出现，反映了条桑技术在江南地区的普遍应用。

桑树经过人们的夏伐后，除了主干和支干外，无枝条和叶片残留，呈现出一幅光秃秃的景象。叶茵《酒边次徐灵渊韵》诗云："桑秃吴蚕熟，林幽蜀鸟空。"[⑥]孙亿西《西湖篇》诗云："笑见两岸秃残桑，醉指千村荣早稻。"[⑦]范成大《科桑》诗云："斧斤留得万枯枝，独速槎牙立暝途。"[⑧]这些诗句反映了南宋江南地区经夏伐后的桑园面貌。

时至元代，农书中对桑树夏伐技术的记载更为详细。集南北农桑技术大成的王祯《农书》中有一幅桑梯图，图中再现了当时桑树夏伐的生动场面。元末明初俞宗本《种树书》中，对桑树夏伐的最迟日期有明确的规定："五月斩条（采后即斩，不可过夏至节，过则脂浆已上，根无力）。"⑨夏伐过迟，影响桑树夏秋季生长，而且影响到翌年春叶的产量。

桑树由于每年夏伐时要砍去上一年所生长的枝条，限制了桑树树干的高度，因此，宋元时的桑树树干高度同乔木桑相比要矮。南宋时的桑树树干高度一般为 5—6 米（嘉泰《吴兴志》中的"二丈"折算为公制约 6 米，楼璹《耕织图诗》中所说桑梯长度为"倍寻"，即一丈六尺，折算公制约 5 米）。这种树干高度在宋元时人们的眼里已是一种低干桑树了。元代画家唐棣《古诗一首》云："吴蚕缫丝白如银，头蓬垢面忘苦辛，苕溪矮桑丝更好，岁岁输官供织造。"⑩诗中的"矮桑"很可能和嘉泰《吴兴志》中的"低干"桑是同一类型的桑，是与乔木桑相对而言的矮桑。

在桑树夏伐技术出现的初期（宋元时），还带有很多的粗放性。首先桑树伐条还没有规范化。其次，宋元时的伐条工具是刀而不是桑剪。王祯《农书》载："劖刀，剥桑刃也……南人斫桑剥桑俱用此刃。"⑪在《耕织图》中出现的也是这种工具。用这种刀进行伐条，难于在一确定的部位正确伐条，故宋元时期的桑树树形是参差不齐的。

二 夏伐技术的发展

明代中后期，我国的夏伐技术在宋元的基础上有了进一步发展，桑树夏伐的基本技法已臻完善。

成书于明嘉靖年间的黄省曾《蚕经》载："蚕之时，其摘也，必洁净，遂剪焉，必于交凑处，空其条。"当时夏伐方法和现代拳式养成的桑树夏伐相似，文中的所谓"交凑处"也就是桑树支干和枝条的连接处。如此夏伐，桑树支干的顶端会膨大成拳状，即所谓的"桑拳"。明·李时珍《本草纲目》中有一味药"桑椹柮"，它就是这种桑拳，"多年生老桑，被剪出嫩枝，其顶端长成拳是也"。

明末涟川（今属湖州）沈氏曾对当时杭嘉湖地区农民采用的夏伐方法做过总结评价："其剪法，纵不能如西乡的楼子样，断不可如东乡的拳头样。试看拳头桑，桑钉眼多，身如枯柴，一年缺壅便不能发眼，即行闷死矣，密眼桑留半寸许，黄豆、五豆留二寸许，宁可有油瓶嘴，另日修剪可矣。"⑫由此可见，杭嘉湖地区的农民已从生产实践中积累了丰富的夏伐经验，在当地不仅有拳桑，还有无拳式养成的桑树，这种树形的桑树并非农民随意夏伐造成的，而是建立在当地农民掌握了桑树因品种不同、发芽力也不同的规律基础上的。

随着桑树夏伐技术的普及和发展，南宋时表示砍伐桑树枝条的动宾词组"条桑"，到明代中后期已转为拳式（无拳式）桑树的代名词。万历《湖州府志》载："摘去叶后，剪去长条，不然叶不发生，故曰条桑。又剪而秃者，曰鼓椎桑（注：即拳桑）。"⑬乾隆《乌青镇志》也有相近的记载："采叶后，又剪去长条，否则叶不畅茂，故曰条桑。其不剪，曰高桑（注：即乔木桑）。"⑭在杭嘉湖地区也有把桑园称为条桑园的⑮。

新型的桑树伐条工具桑剪的出现是明代桑树夏伐技术发展的一个重要标志。桑剪携带轻便，使用方便，特别是用桑剪伐条，可按人们的意愿，在某一部位正确伐条，而又不至于严重损伤桑树，这是用刀斧作为伐条工具所不能达到的。明代湖州的南浔，嘉兴的桐乡都是桑剪产地，特别是桐乡的桑剪更为著名。明代宋应星撰写的《天工开物》中对桐乡桑剪很为称赞："铁剪出嘉兴桐乡者最为犀利，他乡未得其利。"[16]桐乡所产的桑剪至今也很有名。

明代杭嘉湖地区桑树夏伐的位置也发生了变化，从而使桑树树干高度大幅度下降，一般树干高度为1.5—2米。宋应星的《天工开物》对当时浙江地区的树形养成有一定的记载："欲叶便剪，则树至七、八尺，即斩截当顶，叶则婆娑可扳伐，不必乘梯缘木也。"[17]这种树形的桑树克服了以往高大桑树操作采叶不便之缺点，也方便了桑园管理。

明中后期，与桑树夏伐技术相配套的桑园管理技术也有很大发展。疏芽是夏伐桑园管理的一项重要工作，明时称这项工作为"耘二叶"或"匀二叶"。疏芽工作技术性很强，要做到取舍合理，枝条在空间上分布均匀，只有经验丰富的老农方能胜任此项工作。《沈氏农书》具体记载了当时的疏芽做法："二叶初匀时不可多打叶片，致使嫩枝软折。此时预防损抑，不免多留。种田毕，细看一番，但多留嫩枝和新发丛叶，尽情裁去。"[18]这种做法可使树上留好条，留足条，这种传统的技术在目前的蚕桑生产中仍起着重要的作用。

夏伐后，桑树根毛萎缩脱落，根部吸收能力下降，为了让桑树尽快恢复正常生长，必须及时补充养分。在桑园全年的几次施肥中，夏伐肥具有很重要的地位。明代杭嘉湖地区的农民十分重视这次肥料，已形成了重施夏伐肥的思想。当时把夏伐肥称为"谢桑肥"，认为"谢桑肥尤要工夫，切不可因循"[19]，而且对施肥的方法和肥料的数量都有具体要求。一般要求每亩桑园施夏伐肥（人畜粪）四十担，为了提高肥效，防止养分逸失，要求夏伐肥分两次施用，并置泥盖土[20]。

桑树上的半截枝（枯桩）是桑树害虫桑象虫的越冬场所，桑象虫危害桑树夏伐后桑芽的萌发，甚至造成闷拳，引起桑树枯死，剪半截枝是防治桑象虫危害的重要措施。从《沈氏农书》可见，杭嘉湖地区的农民对这项工作已十分重视了。明时杭嘉湖地区的农民称半截枝为"老油瓶嘴"，要求"期于必尽"[21]。

三 夏伐是桑树科研技术在江南发展的结果

集南北农桑技术大成的王祯《农书》载："北俗伐桑而少采，南人采桑而少伐。"[22]这是王祯对我国桑树伐条技术地理分布的描述，表明元代的桑树伐条在北方是很普遍的现象，而在我国南方的大部分地区尚未采用伐条技术。从这一技术的地理分布现象看，伐条技术的中心在黄河流域，南方局部地区所采用的伐条是黄河流域的伐条技术向南传播扩散的结果，南宋时江南地区夏伐技术的出现同黄河流域伐条技术的南传有一定的关系。

我国的黄河流域在宋以前一直是我国经济和文化中心，在那里孕育出不少灿烂的文化和先进的农桑技术。我国的蚕业中心在宋以前也在黄河流域，劳动人民在长期的生产实践中总结和创造了许多先进的桑树栽培技术。在距今2700年以前我国已有桑树伐条，《诗·豳风·七月》是西周时的作品，其中就有"蚕月条桑"的记载。其后，北魏·贾思勰的《齐民要术》和唐·韩鄂《四时纂要》都有黄河流域桑树科斫技术的记载[23]。桑树科斫技术包含两方面的内容，其一表示桑树冬春季的整枝，其二表示以伐条形式收获桑叶。从《农桑辑要》引《士农必用》的内容看，黄河流域的伐条有别于江南地区的夏伐，不像夏伐那样把桑树上的枝条和新梢全部砍下，伐条后，树上仍有部分新梢留下，《士农必用》中有伐条后树上的新梢不能留得过多的要求。黄河流域这种伐条形式发展的结果，就演变为现在北方桑树留枝留芽法。

黄河流域的桑树科斫技术在北宋年间已开始传入江南地区。宋·梅尧臣《科桑》诗云："科桑持野斧，乳湿新磨刃。繁柄一以除，肥条更丰润。鲁桑大如掌，吴蚕食若骏。始时人谓戕，利倍今乃信。"诗中"吴蚕"的出现就告诉我们此诗写的是江南地区的事情。这首诗反映了桑树科斫技术在江南地区作为一种新型技术推广的曲折历程。梅尧臣，安徽宣城人，成年的大部分时间在北方度过，也曾到江南的湖州等地做过官。他很体恤民情，知晓人民的疾苦，很可能到江南活动时，向当地农民介绍了黄河流域的桑树科斫技术，农民在起初由于不了解这一技术的优点，认为科斫桑树会给桑树带来害处，因而持怀疑和抵触的态度，经过生产实践，农民相信并接受了科斫技术，逐步推广开来。当梅尧臣和孙端叟（未详）两人"把酒话桑麻"时，得知桑树科斫技术已在当地开花结果，心里很高兴，为此作了《和孙端叟寺亟蚕具十五首》之一《科桑》一诗。

通过像梅尧臣这样的和人民有密切联系的官吏和一些有识之士，把北方的先进农桑技术介绍到江南地区的例子很多。如江苏高邮人秦观把山东兖州地区的养蚕技术介绍到家乡就是一个很典型的例子，他的《蚕书》就是为此而作的。当然北方的桑树科斫技术的南传并不是梅尧臣一个人的能力所能及的，宋代一些像梅尧臣那样的父母官和秦观那样的有识之士，都有可能成为这一技术的传播者。且宋代已结束了五代十国时的分裂割据局面，一统于赵宋王朝，民间交流日益广泛，这一技术也会在民间交流中向南传播。宋以后，江南地区蚕业发展十分迅速，逐步取黄河流域而代之，至南宋时江南地区确立了蚕业中心地位。桑树科斫技术随着蚕业的发展而得到推广和发展，至南宋已演变为具有江南地方特色的夏伐技术。江南地区夏伐技术的形成有可能吸收了北方地桑的优点，由于史料记载的局限性，有的问题有待进一步探讨。

原载《古今农业》1989 年第 2 期

注释

①（元）《农桑辑要》卷三。

②（明）董斯张：《吴兴备志》卷二十六引。

③（宋）张炜：《芝田小诗》，《武林往哲遗著》册十。

④（宋）叶茵：《顺适堂吟稿》丁集。

⑤（清）陆心源：《吴兴诗存》二集卷八。

⑥（宋）叶茵：《顺适堂吟稿》丙集。

⑦ 万历《钱唐县志》，《纪胜》引。

⑧（宋）范成大：《石湖诗集》卷七。

⑨（明）俞宗本：《种树书》"五月"。

⑩（清）陆心源：《吴兴诗存》三集卷三。

⑪（元）王祯：《农书》卷二一。

⑫《沈氏农书》，（清）张履祥：《杨园全集》卷四九。

⑬ 万历《湖州府志》卷三。

⑭ 乾隆《乌青镇志》卷二。

⑮ 正德《嘉兴志补》卷九。

⑯（明）宋应星：《天工开物·乃服》。

⑰（明）宋应星：《天工开物·乃服》。

⑱《沈氏农书》，（清）张履祥：《杨园先生全集》卷四九。

⑲《沈氏农书》，（清）张履祥：《杨园先生全集》卷四九。

⑳《沈氏农书》，（清）张履祥：《杨园先生全集》卷四九。

㉑《沈氏农书》，（清）张履祥：《杨园先生全集》卷四九。

㉒（元）王祯：《农书》卷二一。

㉓（北魏）贾思勰：《齐民要术》卷五，种桑、柘第四十五。

宋代浙江蚕业的开发

唐代中叶以前，中国的蚕业以黄河流域最为发达，其次是四川地区。唐安史之乱以后，中国蚕业中心向南转移，形成了四川和两浙两个中心。宋室南渡之后，蚕业中心南移的历程完成，长江中下游地区，无论在蚕茧产量，还是丝织品的质量方面，都远远超过黄河流域，其中两浙是长江中下游最为发达的地区。浙江是宋代蚕业发展的重点地区，蚕业生产区域很广，遍及全省的各个地区。宋代浙江蚕业的生产数量和发展速度是不平衡的，各个地区之间存在着一定的差别。本文拟对宋代浙江蚕业的发展特点做一探讨。

一

有宋一代，浙江蚕业的生产数量以钱塘江以南的绍兴、金华地区和北岸的杭州地区为最多，嘉兴和湖州两个地区在生产数量上并没有表现出明显的优势。《元丰九域志》记载的贡物情况，可大致反映北宋后期浙江蚕业的大体情况（表一）。

表一　《元丰九域志》中浙江上贡的布帛数量及地区分布

地区	绫（匹）	纱（匹）	绵（两）	纻布（匹）
杭州	30			
越州	20	15		
湖州				20
秀州	10			
婺州			100	
明州	10	10		
处州			100	
衢州			100	

从表一可见，北宋年间浙江贡丝织物、丝绵和苎麻织物有杭州、越州、湖州、秀州、婺州、明州、处州和衢州。其中贡绫70匹，杭州占30匹，钱塘以南地区占30匹，嘉湖地区唯秀州上贡10匹，约占14%。贡纱25匹，全由钱塘以南地区上贡。贡丝绵300两，分别由钱塘以南的婺州、处州和衢州各上贡百两。湖州地区仅贡白纻布20匹。由此可见，北宋时，浙江的蚕业重心不是在嘉湖地区，而是在

表二 南宋浙江府、县的夏税征丝织物的数量*

地区	绢（匹）	䌷（匹）	丝绵		其他（匹）	合计（匹）	资料来源
			两	折绢（匹）			
会稽	98809	8601	412252	34354		141764	嘉泰《会稽志》
杭州	95812	4486	54104	4509	绫 5234	110041	万历《杭州府志》
婺州	34363	20767	349826	29152	罗 1124	85406	万历《金华府志》
严州	45753	14293	26176	2448		62494	淳熙《孚州图经》
明州	30506	9900				40406	宝庆《四明志》
湖州	10000	4000	100000	8333	绫 5000	27333	嘉泰《吴兴志》
台州	11112	2535	28914	2410		16057	嘉定《赤城志》
温州	1074	828	293	24		1926	万历《温州府志》
桐乡县	3002	110	1012	84		3196	光绪《桐乡县志》
金华县	10895	6436	112510	9376	罗 524	27231	光绪《金华县志》

*每丝、绵12两折绢1匹，《宋史·食货志》载："民所输绢匹重十二两。"台州一组数字和湖州一组数字中的绫、丝和丝绵的数字为上贡数，其中一部分为和买的丝织物，如夏税的数量可能小于此数。

钱塘江以南地区和北岸的杭州地区。

南宋时期，杭州、绍兴和金华地区在蚕业生产数量上仍是浙江最多的地区。唐建中元年（780）杨炎推行两税法，这一税制被宋代承袭。南宋时夏税征收的实物主要有麦和丝织物两大类，并且以丝织物为主。夏税的丝织物征收数量在一定程度上可反映各个地区蚕业生产的产量情况，从表二可见，南宋时夏税中丝织物征收最多的是杭州、绍兴和金华地区，嘉兴和湖州两地区的丝织物征收量同上述三个地区相比还存在着较大的差距。南宋时湖州纳丝织物量仅约为杭州地区（宋时的杭州、严州）的1/6，绍兴地区的1/5，金华地区的1/3，就是同宁波地区相比，尚有一定的差距。南宋时，嘉兴蚕业生产的数量也不多。明清时最为兴盛的县之一桐乡县，南宋时的蚕业生产水平并不高，夏税中纳丝织物量仅约为金华县的1/9。造成宋代浙江蚕业这种地区性差异的原因，主要是各个地区的发展起点和基础不同。

二

钱塘江以南地区的蚕业历史悠久，基础扎实。绍兴（古会稽）是春秋战国时期越国的政治和经济中心。公元前494年吴越之争，越败，勾践被禁，三年后返国，勾践卧薪尝胆，发愤图强，于公元前473年，越国终于灭掉了吴国。越国灭吴的一个很重要的原因是勾践采纳了谋士范蠡劝农桑发展经济的计策，经济实力大大加强。在此20年间，越国鼓励发展蚕业，提高了蚕业生产水平，当时丝绸的服用也较普遍。三国时，绍兴的诸暨等地已能生产出高级的"御丝"，在织造方面也很讲究，织绸业相当普遍[①]。唐时，绍兴地区的蚕业有了进一步发展，从下面两个故事可见唐代绍兴地区蚕业一斑。一个是贞观年间（627—649）唐太宗为了得到王羲之《兰亭序》真迹，派监察御史肖翼到越州，肖翼是隐藏其真实身份，扮成贩卖蚕种的商人抵达越州的[②]。另一个是唐大历年间（766—779），薛兼训任江东节度使，为了提高当时越地的丝织业水平，访求军中未婚者，厚给钱，密令他们到北方娶回善于蚕织的妇人[3]。这两件事说明，唐代绍兴地区的蚕种质量和丝织业水平虽不如北方，但生产数量已相当可观了。绍兴地区在开元至贞观的100年间，蚕业发展很快，已成为南方的蚕业中心[4]。北宋年间，绍兴地区的蚕业和丝织业水平提高很快，产量和质量均比唐代有所提高，王十朋《会稽三赋》描写绍兴地区丝织业盛况说："万草千花，机抽中出，绫纱缯縠，雪积缣匹。"[5]绍兴生产的越罗、尼罗和绉纱在宋代享有很高的声誉[6]。

毗邻绍兴的金华地区，在北宋时蚕业已相当发达。在小农经济的社会中，丝织业生产水平的高低可以反映这个地区的蚕业发展水平。北宋时，婺州（今金华）的丝织业相当兴盛，"万室鸣机杼，千艘隘舳舻"[7]。金华城"民以织作为生，号称衣被天下，故尤富"[8]。金华一带以贡罗而著称，北宋时已有暗花罗、含春罗、红边花罗、东阳花罗等精美丝织品，"皆不减于东北"。在蚕业发展的同时，丝织品的质量也能和北方匹敌。北宋年间，金华地区的蚕业发展很快，北宋末年罗织物的产量比北宋初年增加了将近6倍[9]。南宋初年，蚕丝业已成为金华地区山区农民的一项重要经济来源，"山谷之民，以织罗为生"[10]。浙东的宁波地区蚕业也相当普遍，慈溪县"桑田之美，有以自给"[11]，农桑并举。

杭州地区的蚕业在宋以前已有相当的基础。齐时，杭州地区山区的农民，在地方官吏的劝导下，大规模栽植桑树[12]。唐时杭州上贡丝织物数量仅次于越州[13]。五代十国时，钱氏以纳贡中原，求得偏安的环境，干戈较少。"世方喋血以事干戈，我且闭门而修蚕织"[14]，钱氏在统治期间，采取了一系列发展经济的政策，浙江的蚕业得到进一步发展。杭州是吴越国的政治和经济中心，近水楼台先得月，发展更快，当时杭州的许多寺院也盛植桑树[15]。精美的丝织品为吴越统治者所注重，于是乎在杭州出现了官营纺织高级丝织品的作坊。吴越末年，杭州丝织物种类齐全，贡献数量也超过以往任何年代。宋代杭州地区的蚕业更上一层楼，北宋时严州（今属杭州地区）蚕业已相当发达，"机杼罗绮多"[16]，蚕业生产的商品化已很明显，"谷物不足，仰给他州，惟蚕桑是务"[17]。当时严州所需的军粮也是靠布帛来换取的。南宋时，杭州地区的农民十分重视蚕业生产，富阳县的农民重视蚕桑生产的程度远远超过粮食生产，"冬田不耕，一枝桑必争护"，"重于粪桑，轻于壅田"，当地的粮食生产"仅支半岁，半岁所食，悉仰商贩"[18]。在富阳县蚕业已成为当地第一产业，是衣食来源的主要经济支柱。杭州城内的丝织业也有显著进步，城内的丝织业作坊生产罗、锦、纻丝、鹿胎、透背等高级丝织物，"皆花纹突起，色样织造不一"[19]。

三

北宋时期，浙江的蚕业以杭州和钱塘以南的地区发展较快。南宋以后，浙江钱塘江以北的嘉兴和湖州地区的蚕业迅速崛起，当时这两个地区虽然在蚕业生产数量上还没有超过杭州、金华、绍兴等地区，但嘉兴和湖州是南宋时浙江蚕业发展最快的地区。

北宋末年程俱《乞免秀州和买绢》中说："苏秀两州乡村。自前例种水田，不栽桑柘。每年人户输纳夏税帛，为无所产，多被行贩之人。预于起纳日前，先往出产处杭州、湖州乡庄，贱价撷揽百姓纳税物。"[20]由于秀州（今嘉兴）少产丝织物，所需夏税和买丝织物是靠当时揽户到杭州、湖州等处购买承办。由此可见，嘉兴地区的蚕业在北宋年间尚未发达起来。

从程俱的上文看，湖州的蚕业似乎在北宋时已能和杭州地区并驾齐驱了，其实这种笼统的说法是不够全面的。唐代湖州地区的蚕业已有一定基础，上贡乌眼绫，但各县之间蚕业发展不平衡，湖州地区的蚕业重心是在该地区的边缘山区，安吉和武康（今属德清县）两县是蚕业生产的主要产区，平原水网地区以种植纤维作物苎麻为主。北宋年间，湖州地区的蚕业生产重点地区大致和唐代相同，如德清县（今属德清县）是北宋时一个有名的苎麻产地。南宋初年，就生产数量和丝织物质量而言，湖州地区仍以安吉和武康两县为最。据《吴兴志旧编》和《吴兴续图经》记载，安吉、武康两县是绢、绫、纱、丝、绵的主要产地[21]。南宋时该地区所需纳的丝织物中，绫、丝和绵全由这两县折纳承办，单这三项所纳就占了全地区所纳丝织物的49%，如加上所纳的绢和绸，所占的比例会更高。《嘉泰吴兴志》对当时湖州地区的蚕业生产的分布情况做了一次概括："缣属，本郡山乡以蚕桑为岁计，富家育蚕有致数百箔，兼工机织。水乡并种苎及黄草，纺织成布，有精致者，亦足见女工不卤莽。"[22]在湖州地区的山区，南宋初年的蚕业已相当发达，部分农户从小农经济中分了出来，形成了蚕桑生产的专业户。陈旉《农书》记载着安吉的蚕桑专业户，"彼中人唯籍蚕桑办生事，十口之家，养蚕十箔，每箔得茧一十二斤，每斤取丝一两三分，每五两丝织成小绢一匹，每匹易米一石四斗，绢价与米相侔也，衣食之给极有准的也"[23]。这种农户的蚕业生产已完全商品化了。在平原水网地区，蚕业虽有发展，但纤维作物苎麻和黄草的栽植仍占有相当的比重。湖州的思溪和道场是南宋时有名的苎麻织物的产地，湖州的东部因产黄草布而有名[24]。

宋代嘉兴地区和湖州的平原水网地区虽然还没有成为浙江最为重要的蚕业产区，但南宋以后，蚕业发展很快也是事实。南宋时，湖州地区由边缘山区迅速向平原水网地带扩展。洪迈（1123—1202）《夷坚志》记载："湖州村落朱家顿民朱佛大者，递年以蚕为业。"[25]蚕业已逐渐成为平原水网地区农村的一项重要经济产业，就是连来湖州寓居的文人高斯得也购买别人的桑叶，经营起养蚕业，来维持生计[26]。南宋时，湖州的平原水乡也出现了种桑数十亩的栽桑大户[27]。

嘉兴地区的蚕业兴盛也是在宋室南渡之后，桐乡县濮院镇的蚕业兴盛史就是一个典型的例子。据《濮院镇志》记载："自宋建炎（1127—1130）以前，特一草市耳。区镇为吴越战场，平衍千里至今尚称北草荡云。濮氏，南宋曲阜从者濮凤……淳、景（淳祐1241—1252，景定1260—1264）以后，宋室渐衰，濮氏寥寥仕途，经营家业，臧获千丁，督课农桑，机杼之利实自此始。"[28]濮凤是宋高宗驸马，随宋室南渡，他的子孙在淳、景以后，弃官归田，在桐乡北草荡这块荒地上大搞农桑，兼营纺织，使这一"草市"成为一个蚕织业的重镇，濮院生产的丝绸也从此闻名全国。从这一典型的例子可以看到，南宋以后嘉兴地区的蚕业发展速度是很快的。南宋时，嘉兴地区的农村已改变了北宋时只种粮食不种桑柘的单一农业生产结构，蚕业已成为当时的第二产业。嘉兴地区的农民对种桑养蚕具有很高的积极性，想方设法充分利用土地，在田边、地角和堤上都栽植桑树。如桐乡"语溪（今崇福镇）无闲塘，上下必植桑……贫者数亏之地，小隙必栽"[29]。

南宋时湖州和嘉兴两地区蚕业发展之迅速，大有取浙东而代之之势。自南宋以后，浙江蚕业生产的重心已有北移的预兆，经过有元一代至明代，杭嘉湖地区成为浙江乃至全国蚕业最发达的地区。

原载《中国农史》1990年第1期

注释

① 浙江省农业科学院蚕桑研究所资料室编印资料:《浙江蚕业史研究文集》第1集,1980年,第11页。
② (唐)何延之:《兰亭始末记》,见《全唐文》卷三百一。
③ (唐)李肇:《唐国史补》。
④ (唐)李吉甫:《元和郡县图志》卷三十六越州贡:"交梭绫,自贞元以后,凡贡以外,另进异文吴绫及花皱歇单丝吴绫、吴朱纱等纤丽之物,凡数十品。"越州是南方贡丝织物最多的地区。
⑤ (宋)王十朋:《会稽三赋》。
⑥ (宋)陆游:《老学庵笔记》卷六。
⑦ (宋)司马光:《司马文正公传家集》卷十四《送王伯初通判婺州》。
⑧ (宋)刘敞:《公是集·先考益州府君行状》。
⑨ (宋)韩淲:《涧泉日记》卷上。
⑩《宋会要·食货》十八之四。
⑪ (宋)王安石:《临川全集》《慈溪学记》。
⑫ (唐)姚思廉:《梁书》卷五三"沈瑀"。
⑬ (唐)李吉甫:《元和郡县图志》卷三十六。
⑭ (宋)袁枚:《重修钱武肃王庙记》。
⑮ 光绪《杭州府志》卷九十八引《两浙金石志》。
⑯ (宋)刘过:《龙洲集》卷七。
⑰ (宋)祝穆:《方舆胜览》卷五。
⑱ (宋)程珌:《洺水先生集》卷十九《壬申富阳劝农文》。
⑲ (宋)吴自牧:《梦粱录》卷十八《物产》。
⑳ (宋)程俱:《北山小集》卷三十七。
㉑ (宋)谈钥:嘉泰《吴兴志》卷二十。
㉒ (宋)谈钥:嘉泰《吴兴志》卷二十。
㉓ (宋)陈旉:《农书》卷下。
㉔ (宋)谈钥:嘉泰《吴兴志》卷二十。
㉕ (宋)洪迈:《夷坚志·丙志》卷十五。
㉖ (宋)高斯得:《耻堂存稿》卷六《桑贵有感》。
㉗ (宋)谈钥:嘉泰《吴兴志》卷二十。
㉘ (清)杨树本:《濮院镇志》,转引自《浙江蚕业史研究文集》第1集,1980年,第11页。
㉙ 万历《崇德县志》卷二引《宋史》。

“荆桑”和“鲁桑”名称由来小考

“荆桑”和“鲁桑”是我国古农书上最早记载的两类桑树。那么为什么用“荆”“鲁”二字冠于“桑”字之前呢？其含意是什么？当今大多数人所持的观点是：当时的人们是根据桑树的原产地加以分类命名的，即山东地方的桑树为鲁桑，荆桑的原产地在南方。笔者认为这一观点是值得商榷的。本文拟对此问题从以下几个方面加以考察，就教于有识之士。

一 农书上对“荆桑”和“鲁桑”的记载

“荆桑”和“鲁桑”之名最早出现在北魏高阳太守贾思勰所撰的《齐民要术》中：“今世有荆桑、地桑之名。”[①]“黄鲁桑不耐久。谚曰：‘鲁桑百，丰绵帛’。言其桑好，功省用多。”[②]文中的“地桑”和“黄鲁桑”也同属鲁桑类[③]。

元·《农桑辑要》载：“桑种甚多，不可偏举。世所名者，荆与鲁也。荆桑多椹，鲁桑小椹。叶薄而尖，其边有瓣者，荆桑也；凡枝干条叶坚劲者，皆荆之类也。叶圆厚而多津者，鲁桑也；凡枝干条叶丰腴者，皆鲁之类也。”[④]

明·邝璠《便民图纂》载：“桑种甚多，不可偏举。……荆桑之叶尖薄，得茧薄而丝少。鲁桑之叶圆厚，得茧厚而丝多。”[⑤]

清·杨屾《豳风广义》载：“种桑甚多，有柔桑，叶如细帛，丰厚而软；有檿桑，即山桑，叶尖而长……；有柍桑，树小而条长；有鸡桑，叶底而薄澁；有子桑，先椹而后叶。各地所产殊异，总名之曰：荆桑、鲁桑。荆桑多椹，鲁桑少椹。凡枝干条叶坚劲，其叶小而边有锯齿者，皆荆之类也。凡枝干条叶丰腴，其叶圆厚而多津者，皆鲁之类也。”[⑥]

清·费星甫《西吴蚕略》载：“野桑多椹，叶薄而尖，古所谓荆桑也。家桑少椹，叶圆而多津，古所谓鲁桑也。”[⑦]

从我国古代农书对荆桑和鲁桑的性状描述看，荆桑和鲁桑的主要区别在于两类桑树的经济性状有不同，即鲁桑叶片圆厚，叶质好，桑椹少；荆桑的叶片薄小，桑椹多。在清代，杭嘉湖地区的农民虽然以桑树的嫁接与否作为划分荆桑和鲁桑的标准，但其实质内容并无多大变化。杭嘉湖地区鲁桑是指嫁接桑（家桑），嫁接桑的接穗来源的母本桑树都是一些优良品种的桑树。而荆桑是指未经嫁接的实生桑（野桑），其经济性状一般不如嫁接桑。

二　从桑树的生物学特性看“荆桑”和“鲁桑”

自从北魏·贾思勰《齐民要术》中首先记载“鲁桑”之名后，在很长一段历史时期内，劳动人民培育桑苗所用的桑椹是采自鲁桑桑树上的桑椹，这是情理之中的事。想获得高产优质的桑叶是劳动人民的共同愿望。

《齐民要术》载：“桑椹熟，收黑鲁椹。”⑧

《四时纂要》载：“收鲁桑椹。”⑨

《种艺必用》载：“收鲁桑椹。”⑩

《农桑辑要》引《齐民要术》：“收黑鲁椹。”⑪

但是，事违人愿，这些鲁桑种子播下后，苗圃内并不是全部长出鲁桑的桑苗。《士农必用》载：“桑芽出后，间令相去五七寸。频浇，过伏可长至三尺。至十月内，附地割了，撒乱草，走火烧过，盖粪草。至来春，耙耧去粪草，浇每一科，自出芽三数个，留旺者一条。鲁桑可长五七尺，荆桑可长三四尺。”⑫

桑是异花授粉的植物，由于自然杂交的结果，子代的特征和特性的表现是多种多样的。一般情况，优良的桑品种通过有性繁殖是不可能保持其原有的经济性状的，它们的子代中会出现分离现象，既有经济性状表现良好的植株，也有经济性状表现不佳的植株。桑树子代的分离现象就是为什么播种鲁桑种子能长出荆桑桑苗的原因。《士农必用》中所说的“荆桑”就是桑树实生苗中部分经济性状表现较差的植株，所说的“鲁桑”是实生苗中那部分生长势旺、经济性状表现良好的植株。对于桑树的这一生物学特性，清代的《蚕桑问答》说得尤为透彻：“一树桑椹，种出荆桑十之八，种出鲁桑十之二，须留意辨别之。”⑬

荆桑和鲁桑在子代中出现的比例无一恒定数值，这两类桑树的标准是人为划分的，它随地点、时间的不同而变化。如在明清时，我国江南地区有众多的优良桑品种，这些桑树总称为鲁桑。如以这些优良品种的桑树的经济性状来作为划分鲁桑的标准，很显然，桑树实生苗中的鲁桑所占比例就很小。《蚕桑问答》中的比例大概只能适用于明清时的江南地区。在嫁接技术十分普及的杭嘉湖地区，把实生苗全部称为荆桑，鲁桑单指嫁接桑。明清时江南地区的所谓荆桑，如按北方的鲁桑标准衡量，其中一部分可划入鲁桑类。但有一点我们可以清楚地看到，我国古代劳动人民划分荆桑桑苗和鲁桑桑苗的依据仍然是经济性状。

桑树的异花授粉和后代分离的特性决定了我国古代鲁地的桑树不可能都是一些具有优良经济性状的桑树，同样也有经济性状不良的桑树。因此，“鲁桑”是因为产于鲁地而得名的观点是不正确。笔者认为：“荆”和“鲁”是两个相对的形容词，用来表示桑树经济性状的优劣。

三　“荆”和“鲁”字义上的启发

“荆”和“鲁”二字冠于“桑”字之前，来表示桑树经济性状之优劣，在文字学上是有据可查的。《庄子·庚桑楚》载：“庚桑子曰，越鸡不能伏鹄卵，鲁鸡固能也。”[14]唐·陆德明《经典释文》释道：“越鸡，司马向云，小鸡也，或云荆鸡。鲁鸡，大鸡也，今之蜀鸡也。越鸡小，不能伏鹄卵，蜀鸡大，固能也。”[15]那么，这里出现的“鲁”“荆”“蜀”“越”是否表示地区名呢？回答是否定的。

《尔雅》曰：“鸡大者，蜀，今蜀鸡。”[16]《韵会》曰：“鸡大者，谓之蜀鸡。”[17]很明显，“蜀”字有“大”字之义。汉·杨雄《方言》曰：“蜀，一也，南楚谓之独。郭璞注：蜀犹独也。”[18]清·王念孙曰：“凡物之大者，皆有独义。”[19]由此推知，“鲁”也应该有“大”字之义。事实也正是如此。“鲁”在文字学上可与“卤”通，如“鲁莽”也可写成“卤莽”。“卤”字有粗大之义，唐·陆德明引司马曰：“卤莽，犹粗也。”[20]由此，为什么把鸡大者称为“鲁鸡”的道理也就明白了。把叶片厚大的桑树称之为鲁桑的道理也在此。

“荆”字在许多场合中带有蔑视之义，如我国古代常把自己的妻子称为“荆妻”“荆室”“荆房”“拙荆”等，把质地粗劣的服装称为“荆钗布衣”。除了把鸡小者称为荆鸡外，我们还可以找到这样的例子。李时珍《本草纲目》载：“蜀葵……一种小者名锦葵，即荆葵也。”[21]我国古人把叶片小而薄的桑树称作荆桑在文字学上也是容易理解的。

四 结语

桑是一个古老的树种，早在四千多年前就已经在我国大地上出现，以后桑树适应于各地的自然条件，分化出山桑（*M. bombycis* Koidz.）、白桑（*M. alba* L.）、鲁桑（*M. lhou* Koidz.）、广东桑（*M. atropurpurea* Roxb.）等，南方各地都有桑树自然资源分布，且主要是鲁桑[22]。这里需要指出的是：现在所说的鲁桑是桑属的一个种，同我国古代的鲁桑不同。在这个种中可以选育出优良的桑品种，同样在这一桑种中的许多植株的经济性状是不良的。因此，在桑种这一层次上看，山东桑树和南方的桑树不存在很大差别。

长江流域在新石器时代时有丰富的桑树资源，如江苏的崧泽遗址和草鞋山遗址的各个文化层中都有较多的桑树孢粉[23]。长江流域是我国蚕业起源中心之一，早在五千年前就已开始利用桑树资源养蚕[24]。在这漫长历史中，那里的劳动人民不可能不注意桑树经济性状的好坏，即长江流域的劳动人民应该有着自己选育优良桑品种的历史，因此也就不会存在南方的桑树品种必定不如北方的桑树品种的规律。长江流域丰富的桑树资源为那里的人民选种提供了一个足以选出优良品种的基因库。在东晋时浙江地区的桑品种已颇为著名，《晋书·慕容宝传》载：“……先是，辽川无桑，及廆通于晋，求种江南，平川桑悉由吴来。”[25]宋以后，杭嘉湖地区出现定名的桑品种不胜枚举。清代，杭嘉湖地区成为全国良种桑苗的繁育基地。湖桑在海内外闻名。笔者认为：江南地区的桑品种并不是由从山东引入的桑树基础上发展而来，而是土生土长的。因为鲁桑并不代表鲁地的桑树，而是有较好经济性状的桑树。江南地区把优良品种的桑种称为鲁桑，原因也是在于此，同山东鲁地无关。

综合上面的考察结果，本文结论是：“荆桑”和“鲁桑”是我们劳动人民从桑树经济性状着手，把桑树划分优劣两类。“荆桑”是叶质较差，产叶量较少的一类桑树；“鲁桑”是叶质好，产量高的一类桑树。荆桑之“荆”字和鲁桑之“鲁”字，不是表示桑树原产地，而是两个相对的形容词，用来表示不同的经济性状。

本文写作受到蒋猷龙研究员和游修龄教授指导，在此表示谢意。

原载《农业考古》1990年第1期

注释

①（北魏）贾思勰：《齐民要术·种桑柘第四十五》。

②（北魏）贾思勰：《齐民要术·种桑柘第四十五》。

③ 石声汉：《农桑辑要校注》，农业出版社，1982年，第103页。

④（元）《农桑辑要》卷三。

⑤（明）邝璠：《便民图纂》卷四。

⑥（清）杨屾：《豳风广义》卷上。

⑦（清）费星甫：《西吴蚕略》。

⑧（北魏）贾思勰：《齐民要术·种桑柘第四十五》。

⑨（唐）韩鄂：《四时纂要》。

⑩（宋）吴怿：《种艺必用》。

⑪（元）《农桑辑要》卷三。

⑫（元）《农桑辑要》卷三。

⑬（清）朱祖荣：《蚕桑问答》。

⑭《庄子·杂篇》“庚桑楚”第二十三。

⑮（唐）陆德明：《经典释文》卷二十八。

⑯《尔雅》“释畜”第十九。

⑰（元）熊忠：《古今韵会举要》。

⑱（汉）杨雄：《方言》。

⑲（清）王念孙：《广雅疏证》“释诂”第一。

⑳（唐）陆德明：《经典释文》卷三十。

㉑（明）李时珍：《本草纲目》“草部”第十卷。

㉒ 赵鸿基：《国立中央技艺专科学校蚕丝科·蚕业讲座》第一辑。

㉓ 王开发、张玉兰、蒋辉等：《崧泽遗址的孢粉分析研究》，《考古学报》1980年第1期；王开发、张玉兰、蒋辉：《江苏唯亭草鞋山遗址孢粉组合及其古地理》，《第四纪孢粉与古环境》，科学出版社，1984年，第78—85页。

㉔ 蒋猷龙：《家蚕的起源和分化》，江苏科学技术出版社，1982年，第9—12页。

㉕《晋书》卷一百二十四。

中国历史上的蝗灾分析

蝗虫是我国历史上危害农作物最为严重的害虫之一，蝗灾损失的严重性和危害的普遍性，已足以影响封建社会的经济发展和政权的稳定，因此在历代史籍和方志中对蝗灾都屡书不绝[①]。本文试对古代文献中有关蝗灾的材料加以整理分析，并对有关问题做一些粗浅的探讨。

一　历史上对蝗虫生活史和生活习性的认识

（一）对蝗虫生活史的认识

蝗虫的一生需经过不同的生长发育阶段，早在甲骨文中已有“蝗”和“蝝”的区别[②]，汉·董仲舒注《春秋》曰：“蝝，跳蝻也。”[③]郭璞曰：“蝝，蝗子未生翅者。”[④]可见我国在三千多年前已经知道蝗虫的不同发育阶段了。《晋书·石勒传》记载：“河朔大蝗，初穿地而生，二旬化状若蚕，七八日而卧，四日蜕而飞弥”，表明对蝗虫从卵孵化成若虫最后变为成虫的变态全过程已经相当清楚了。

古代对蝗虫各虫态的生物学特性的认识已达到了一定的深度。五代·范资《玉堂闲话》载：蝗“每生其卵盈百”[⑤]。宋·彭乘《墨客挥犀》载：“蝗一生九十九子，皆联缀而下，入地常深寸许。”[⑥]宋·罗大经《鹤林玉露》卷三中也记载：“蝗才飞下即交合，数日产子，如麦门冬之状。又数日，其中如小黑蚁者八十一枚。”明代徐光启《农政全书》卷四十四中说：“形如豆粒，每粒中有细子百余。”这些文献中的所谓“麦冬状”和“豆粒状”实际指的是卵块的形状，卵数也是每卵块的卵数。从《晋书·石勒传》的记载可知，蝗虫的卵期为20天左右。明清时的农书上对卵期记载也大致相同，如《农政全书》中说：“夏蝗生易成，十八、二十日即出。”这些认识虽然还不够全面，但已经基本上接近自然界蝗虫的实际情况。

《玉堂闲话》载：蝗“自卵及翼，凡一月而飞”。这里指的是若虫的时间经过，即蝗虫的若虫期为30天左右。笔者对史籍上记载的若虫发生期按月份作了统计，由图一、表一可见，历史上蝗虫的若虫发生有两个高峰，分别在农历五月和七月，也就是说蝗虫完成一个世代所需的时间约为2个月，如果扣除卵期18—20天，那么若虫期为40天左右。可见古代人们对蝗虫若虫期的认识基本上合乎实际情况。古代人们对蝗虫的若虫龄期经过也进行了一定程度的观察和认识。《晋书·石勒传》中有“初化状若蚕，七八日而卧，四日蜕而飞弥”的记载；《墨客挥犀》中有“至春……五日而能跃，十日而能飞”[⑦]的记载。由于当时科学水平的局限，显然这种认识是比较粗浅和不够全面的，从记载的情况看，

表一 蝗蝻月分布表*

月份	1	2	3	4	5	6	7	8	9	10	11	12
次数	0	0	1	3	7	4	11	3	0	1	0	0

*根据《古今图书集成·庶征志》和《清史稿·灾异志》整理。

表二 蝗灾月分布表*

月份	1	2	3	4	5	6	7	8	9	10	11	12
次数	6	9	14	59	75	141	108	88	21	11	5	7
百分比（%）	1.1	1.7	2.6	10.8	13.8	25.9	19.8	16.2	3.9	2.0	0.9	1.3

*根据《古今图书集成·庶征志》和《清史稿·灾异志》整理。

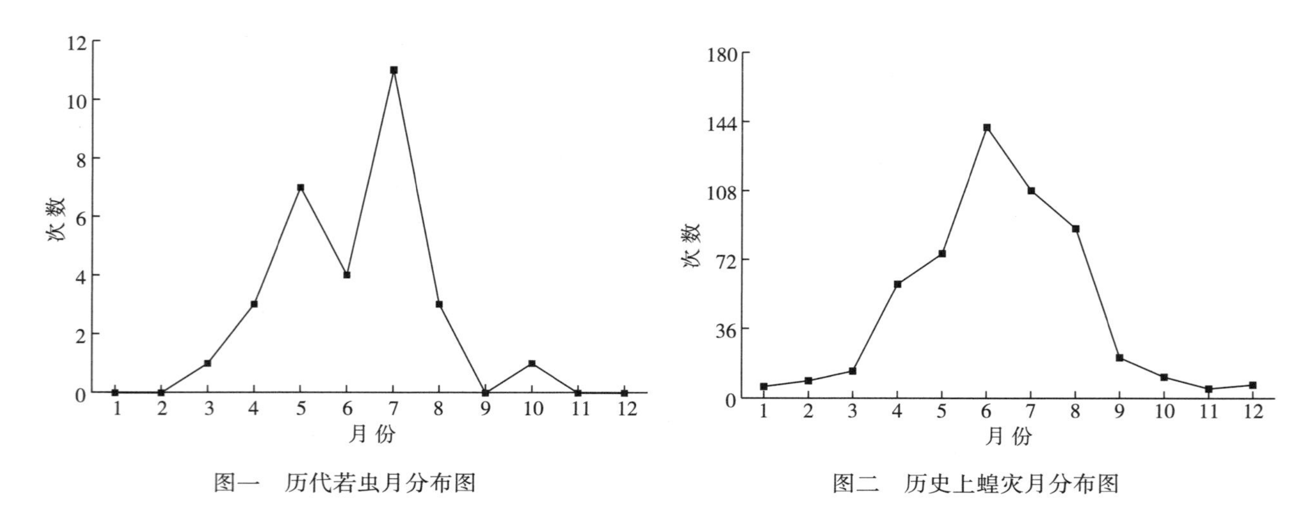

图一 历代若虫月分布图

图二 历史上蝗灾月分布图

有可能是蝗若虫四、五龄的经过，前几龄可能由于虫体较小而没有注意到。

中国古代在明以后出现了许多防治蝗虫的专门农书，在一些综合性的农书上也对蝗虫专列篇章来加以叙述。根据农书的记载，古代观察到的蝗虫通常每年发生两代[⑧]，个别气候反常的年份，也有发生三代的，清·钱炘和《捕蝗要诀》中就说："如久旱竟至三次。"这是人们对蝗虫长期观察认识的经验总结。表一和图一中蝗蝻发生的两个高峰就反映出蝗虫每年二代这一特点。笔者对历史上的蝗灾按发生月份统计结果也基本上和农书记载的情况相一致。从表二和图二可见，历史上的蝗灾发生最严重的月份是在农历六月，即农历六月是第一代蝗虫的羽化高峰。第二代蝗虫的羽化高峰约为八月份。从历史上的蝗灾记载看，第一代是危害农作物最严重的一代，第二代的危害造成重大损失的可能性比第一代略有下降。还应注意的是在图表上反映出历史曾有在农历十、十一、十二月和一、二、三月发生蝗灾的事例，这种现象有可能是农书中所说的气候反常（如干旱时间长等）而出现的特例。

（二）对蝗虫生活习性的认识

1. 对越冬虫态的认识

《鹤林玉露》卷3载："其子入地，至来年禾秀时乃出。"《墨客挥犀》载：蝗卵"入地常数寸许，至春暖始生"。明代以后，人们对蝗虫生活习性的认识更为全面，许多农书对蝗虫的越冬虫态做了更为详细的叙述。《农政全书》卷四十四中说："冬子难成，须来年春始生。"清·周焘《除蝗灭种疏》中

表三 正月、二月、十一月、十二月蝗灾年代分布表*

时间（公元）	1—99		400—499		1000—1099		1200—1299		1300—1499		1600—1699		1700—1799		1800—1899	
	前	后	前	后	前	后	前	后	前	后	前	后	前	后	前	后
次数	0	1	0	2	2	0	0	2	4	1	0	4	1	2	1	1

*不包括华南地区。

说："夏生子本年成，秋生子胎祸来岁。"清·陆桴亭说："蝗白露后，生子于地，至来春惊蛰即出为蝻。"⑨不仅知道蝗以卵越冬，而且对蝗产越冬卵的时间和越冬卵孵化时间都有了较为仔细的观察。蝗以卵越冬是我国古代蝗虫普遍的现象。

古代人们在观察蝗虫的生活习性时，对一些异常现象也注意观察。根据《宋史·五行志》的记载，天禧元年（1017）"二月，开封府京东西、河北、陕西、浙、荆、湖南三十州旱蝗，蝗蝻复生，多去岁蛰者"。可见我国历史上曾出现过以若虫或成虫形态越冬的现象。根据史籍上的记载，汉代以后农历正月、二月和十一月、十二月发生蝗灾次数达 27 次之多（见表二），这些蝗灾可能与第三代蝗虫有关。第三代蝗虫如在年内无法完成一个世代，或承受不了严寒而死亡，或以成虫或若虫蛰伏过冬。后者的可能性极小，在现代尚未有类似事例的记载⑩。古代的这种现象可能与气候变化有关。

历史上气候不是一成不变的，据著名气象学家竺可桢的研究，在我国 5000 年左右的历史中，气候可以相对分出四个温暖期和四个寒冷期。温暖期分别是公元前 3000—公元前 1000 年左右、公元前 770 年至公元初、公元 600—1000 年、公元 1200—1300 年；寒冷期分别是公元前 1000—公元前 850 年、公元初年至公元 600 年、公元 1000—1200 年、公元 1400 年开始⑪。历史上在正月、二月和十一月、十二月发生的蝗灾基本上是发生在气候较温暖的时候（表三），其中 9 次正处于我国历史上的温暖期或温暖期末期；公元 5 世纪的 2 次和公元 18 世纪的 3 次虽不在历史上的温暖期，但都在气温回升期或该世纪的温暖期。由此可见，在个别异常气候的年份，特别在冬季气温较高的情况，古代出现以若虫或成虫越冬现象的可能性是存在的。

2. 对越冬地区和场所的认识

《农政全书》卷四十四载："蝗之所生，必于大泽之涯。然而洞庭彭蠡县区之旁，终古无蝗也，必也骤盈骤涸之处，如幽涿以南，长淮以北，青兖以西，梁宋以东，都郡之地，胡漅广衍，暵溢无常，谓之涸泽，蝗则生之。"清代顾彦《治蝗全书》载："大河、大湖、大荡水边有草处，如水不常大盈满；小河、小港、沟漕滨底有草处，水不常满，忽大忽小，忽有忽无，则生蝻。芦稞滩荡及一切低潮有草处，水常有，浅而不深，日晒易暖，则生蝻。"农书中记载的古代人们对蝗虫的越冬地区（滋生地区）和越冬场所的认识，已被现代的科学调查验证，较为正确地反映了蝗虫的这一特性。

徐光启在《农政全书》卷四十四中说："秋月下子者，则依附草，栒然枯朽，非能蛰藏过冬也。"第二代蝗虫，产下越冬卵后，经过一段时间，就会栖息在草上死去。据此对史籍上记载的这类现象进行整理，就能大致判断历史上蝗虫的越冬地区。

宋雍熙三年（986）"七月，鄄城县有蛾蝗自死"。（《宋史·五行志》）

宋淳化三年（992）"七月……贝、许、沧、沂、蔡、汝、商、兖、单等州，淮扬军、平定、彭城军，蛾蝗抱草而死"。（《宋史·五行志》）

宋至道二年（996）“七月，谷熟县，许、宿、济三州，蝗抱草而死”。（《宋史·太宗本纪》）

宋大中祥符九年（1016）七月“丙辰，开封府祥符县蝗附草死者数里”。（《宋史·真宗本纪》）

宋天禧元年（1017）“六月，蝗，……抱草而死”。（《宋史·五行志》）

宋元符元年（1098）“八月，高邮军蝗抱草死”。（《宋史·五行志》）

宋乾道元年（1165）六月，淮南“境内蝗自死”。（《宋史·孝宗本纪》）

清乾隆五年（1740）“八月，三河飞蝗来境，抱草而死”。（《清史稿·灾异志》）

这些史料中记载的地区，其中贝州、沧州、三河在今河北省；许州、蔡州、汝州和谷熟县在今河南省；沂州、兖州、单州、济州和鄄城县在今山东省；江淮、淮南等地区在今江苏、安徽两省的淮河以南、长江以北的地区；高邮军和彭城军在今江苏省的江北地区；宿州在今安徽省；商州和平定分别在今陕西省和山西省。史料分析的结果和《农政全书》所记载的滋生地区基本上相一致。可见《农政全书》也不是凭空而论的，是徐光启在总结蝗灾的历史经验基础上，自己亲自观察和询问所得出的结论，正如他自己所说的是“历稽前代，及耳目所睹记”的结果。

《东观汉记》载：“马援为武陵太守，郡连有蝗，援赈贫羸薄赋税，蝗飞入江海，化为鱼虾。”《宋史·五行志》载：天禧元年（1017）“六月，江淮大风多吹蝗入江海或抱草而死”。《宋史·真宗本纪》载：“九月戊辰，青州飞蝗赴海死。”这类现象在吴越宝正三年（928）和元大德八年（1304）也曾发生过[12]。从文献记载看，古代蝗虫成群死亡的地点大都在滋生地区的江湖之地或沿海滩地。这些地方杂草丛生，蝗虫最适合的食料（如芦苇、禾本科杂草）常生长在这些地方，具备蝗虫生长和繁殖的一切必需条件，是蝗虫产越冬卵最适场所。这种蝗虫的死亡现象实际上是蝗虫产下越冬卵后的自然死亡。这些死亡之处和《治蝗全书》对蝗产越冬卵场所的叙述基本上相吻合。

3. 对蝗虫食性和趋向性的认识

我国历史上记载的蝗虫多为杂食性，不仅危害农作物，杂草和竹木叶都可以作为它的食料，在史籍上屡有“草木无遗”[13]、“禾穗及竹木叶皆尽”[14]的蝗灾记载，甚者“畜毛靡有孑遗”[15]。但是蝗虫在众多的食料中，喜食程度是有所不同的，对此古代人们早已有认识。《晋书·石勒传》载：“百草尽，惟不食三豆及麻。”同书《刘聪传》又载：“河东大蝗，惟不食黍、豆。”在后代的《王祯农书》和《农政全书》列举的蝗虫不食作物有：芋、桑、菱、芡、绿豆、豌豆、豇豆、大麻、苘麻、芝麻、薯蓣等[16]。这是人们在同蝗灾的长期斗争中总结的经验，在现代科学调查中得到了证实。蝗虫的食料可分为三等，主要食料是江边湖滩之芦苇和禾本科杂草；其次为一些禾本科植物，如玉米、高粱、稻、麦之类；不得已时方害及豆类、麻类、棉花[17]。

古代人们对害虫的趋向性早已有所认识。《诗经》中的“秉畀炎火”就是利用害虫的趋光性，点火诱杀[18]。到唐代时，对蝗虫的趋光习性已有明确记载，如《旧唐书·姚崇传》就有“蝗既解飞，夜必赴火”的记载，并利用这一习性来诱杀蝗虫，自此以后点火诱杀的方法一直被人们采用。

二　古代蝗虫的迁飞规律

我国古代人们虽然没有对蝗虫的迁飞规律做过系统的总结，但已注意到蝗虫迁飞的特性。在史籍上记载蝗虫迁飞的材料很多，其中有的文献材料标明了迁飞的方向。笔者试图从文献材料方面对蝗虫的迁飞规律做一些探讨。

（一）迁飞路线

笔者把记载在古代文献的蝗虫迁飞材料分门别类，按省份或地区分列，从中找出其规律性。

山东：

建武三十年（54），“蝗起泰山郡西南，过陈留、河南，遂入夷狄所集乡县”。（王充《论衡·商虫》）

永平十五年（72），“蝗起泰山，行兖、豫”。（《汉书·五行志》）

永平十五年（72），“蝗发泰山，流徙郡国，荐食五谷，过寿张界，飞逝不集”。（《后汉书·谢夷吾传》）

“棣州蝗自北来，害稼”。（《宋史·五行志》）

河南：

“臣伏闻近日河南河北蝗虫危害更益繁炽，经历之处，苗稼皆损，今渐翾飞向西”。（唐·韩思复《谏捕蝗疏》）

淳化三年（992）“六月甲申，飞蝗从东北来”。（《宋史·五行志》）

淳化三年（992）“六月，京师有蝗，起东北，趣至西南”。（《宋史·五行志》）

河北：

至正十九年（1359）“七月……淮安、清河飞蝗自西北来”。（《元史·五行志》）

陕西：

始皇四年（前243）“十月，蝗从东方来蔽天”。（《史记·秦始皇本纪》）

太初元年（前104）“七月，蝗从东方至敦煌”。（《汉书·武帝本纪》）

地皇三年（22）夏，“蝗从东方蜚蔽天，至长安”。（《汉书·王莽传》）

贞元元年（785）夏，“蝗，东自海，西尽河、陇”。（《新唐书·五行志》）

乾符二年（875），“蝗自东而西蔽天”。（《新唐书·五行志》）

光启元年（885）秋，“蝗自东方来”。（《新唐书·五行志》）

嘉靖八年（1529）夏，“蝗自河南来食稼”。（《潞安府志》）

嘉靖八年（1529），“飞蝗自河南”。（《陕西府志》）

山西：

万历四十四年（1617），“飞蝗自东北来”。（《山西通志》）

甘肃：

永平四年（61）“十二月，酒泉大蝗，从塞外入”。（《后汉书·五行志》）

淮河流域：

淳熙三年（1176）八月，“淮北飞蝗入楚州盱眙军界”。（《宋史·五行志》）

嘉定八年（1215）四月，“飞蝗越淮而南”。（《宋史·五行志》）

长江流域：

“江南无蝗，其有蝗者，皆自北飞来也”。（程大昌《演繁露》）

熙宁六年（1073）“四月……江宁府飞蝗自江北来”（《宋史·神宗本纪》）

淳熙三年（1182）“七月淮甸大蝗……群飞绝江，坠镇江府，皆害稼”。（《宋史·五行志》）

嘉泰二年（1202），“浙西诸县大蝗，自丹阳入武进”。（《宋史·五行志》）

建文帝五年（1403）“六月，衢州、金华、兰溪、台州飞蝗自北而来”。（《浙江通志》）

“轼近在钱塘，见飞蝗自西北来”。（《苏轼文集·上韩丞相论灾伤手实书》）

中元元年（56），“均迁九江太守……山阳、楚、沛多蝗，其飞至九江界者，辄东西散去”。（《后汉书·宋均传》）

陈祐“改任庐州时，有飞蝗北来”。（《宋史·陈祐传》）

“七月，武城蝗，自北来，蔽映天日”。（《癸辛杂识》）

以上列举的蝗虫迁飞文献材料，经过综合分析可大致勾画出历史上蝗虫的迁飞路线（图三）。一是由山东省经河南，至陕西省，最远的可达甘肃省的敦煌；二是由山东到山西；三是由淮北经淮南，渡江南下，到达长江以南的地区。渡江的路线有两条，一条是由苏北南来；另一条是由皖北南下。这里需要指出的是，上面几条迁飞路线只是勾画出迁飞的大致方向，对每次迁飞来说，有的只是由一地区迁飞到另一地区。如河南省也是蝗虫的滋生地，此地滋生的蝗虫也会向陕西省迁飞，再西行到甘肃，并不一定要由山东境内的蝗虫迁飞过来；南下扩散的蝗虫既可能是淮南流域滋生的，也可能是山东等省滋生的。

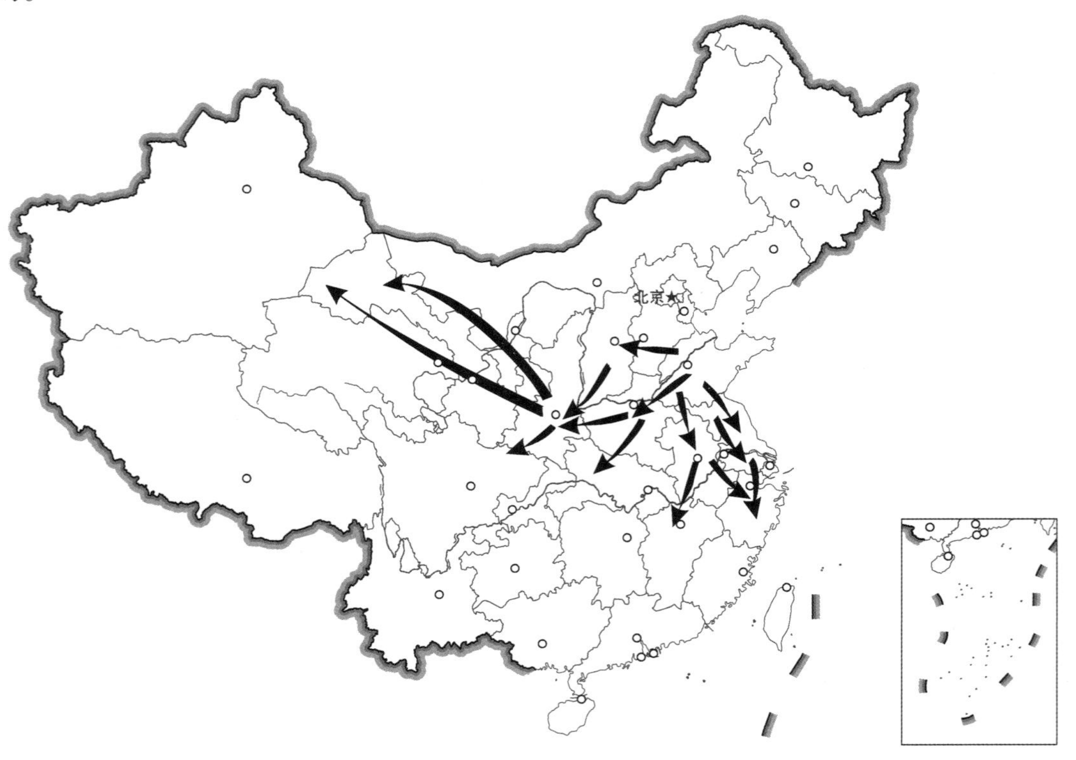

图三　古代蝗虫迁飞路线图

（二）影响蝗虫迁飞的因子

对蝗虫迁飞影响的因子，古代人们已进行了一定程度的观察记录。从文献材料看，影响蝗虫迁飞距离和方向的因素主要有雨（湿度）和风。

降雨与暴雨可迫使蝗群降落，停止迁飞，严重的会引起蝗虫成群死亡。如《宋史·五行志》载：淳化二年（991），“三月己巳……翌日而雨，蝗尽死”；淳化三年（992）“甲申……是夕大雨，蝗尽死”；淳熙三年（1176）“八月，蝗遇大雨皆死”；《元史·五行志》载：至大三年（1310）夏，“……京东大雨雹，蝗尽死”。降雨湿润了蝗虫的羽翅，增加了翅重，使蝗虫振动双翅困难，而影响飞行。如雨量太大，甚至可直接击伤虫体，造成蝗虫大批死亡。一般情况下，清晨由于空气湿度大、露水多，蝗虫是不迁飞的[19]。

大风对蝗虫迁飞的影响有正反两方面的作用，当风向和蝗虫迁飞方向基本一致时，能加快飞行速度和增加飞行距离。如《汉书·五行志》载，永初七年（113）“丙寅，京师大风，蝗飞过洛阳”；《金史·五行志》载，大定二十二年（1183）“五月……一夕大风，蝗不见”。当风向和迁飞方向相反时，特别是风力过大时，蝗虫的迁飞就会受阻。《宋史·五行志》载：绍兴二十九年（1159），“蝗为风所堕，风止，复飞还淮北”。这就是蝗虫因大风而迁飞失败的一个例子。

三　中国古代蝗虫猖獗的原因

（一）气候条件

《后汉书·五行志》载：“主失礼烦苛则旱之，鱼螺变为蝗。”避开其迷信成分不谈，就可以看到这样一个规律：古代的蝗灾同旱灾的发生存在着相当密切的关系。这是古代人们在长期同蝗灾斗争中的实践经验总结。宋·苏轼诗云：“从来旱蝗必相资，此事吾闻老农言。”这条规律在古代的各个时期一再被证实，明代徐光启《农政全书》也有“旱极而蝗”的说法。笔者把历史上蝗灾发生的数量和旱灾发生的数量按省份进行了统计，并分为滋生区和扩散区分别做了统计分析（表四、表五）。结果，两区的旱灾和蝗灾的相关系数分别是0.9150和0.8260，都达到了极显著水平。这说明历史上的旱灾往往会引发蝗灾的大发生。

表四　滋生区旱蝗关系表*

省份	北京	河北	山东	河南	山西	陕西	安徽	江苏	备注
旱灾次数	16	276	310	154	96	121	133	168	$r=0.9150$
蝗灾次数	8	219	244	163	74	62	62	68	

*根据二十四史中的“灵征志”“五行志”以及《清史稿》“灾异志”整理。

表五　扩散区旱蝗关系表*

省份	浙江	湖北	湖南	四川	福建	江西	广东	广西	备注
旱灾次数	330	279	48	71	35	121	82	44	$r=0.8260$
蝗灾次数	49	106	9	10	6	7	5	2	

*资料来源同表四。

这种旱蝗密切相关的现象，究其原因，主要是雨水对蝗虫，特别是对蝗卵的孵化有很大的影响。我国历史上的蝗虫产卵场所如上所述主要是河边、湖滨以及一些浅海滩涂。这些地方的水位是随雨水多少而高下，时涨时落。如果春夏季少雨干旱，河滩水位低落，荒地大片暴露，是蝗虫繁殖的有利条件。宋·陆佃《埤雅》载："俗云，春鱼遗子如粟，遇旱干，水缩不及故岸，则其子久阁，为日所暴，乃生飞蝗。"春季干旱将有利越冬卵的孵化，从而可能引发蝗虫的大发生。蝗区的年降雨量的多少和降水时期变化对各年蝗虫的发生程度有明显影响，如春、夏、秋干旱对蝗卵的孵化、产卵场所的选择等是有利的。《礼记·月令》中的"孟夏行春令，则蝗为灾"，就是指降水时期的变化对蝗灾发生的影响。在黄河流域地区，一般常年春季干旱，全年的雨量多集中在夏季。如果初夏雨期推迟，仍像春天那样的干旱少雨天气，越冬虫卵可免遭被水浸渍，孵化率要高于常年，夏蝗就可能大发生。《农政全书》中说："夏蝗子如八日内遇雨则烂。"在清代的有关治蝗专书上也有相同的记载。夏季雨水多，蝗卵孵化率下降，秋蝗就可以减轻。秋季雨水多，雨期长，退水迟，对秋蝗产越冬卵不利，次年的夏蝗就有可能不致大发生。另外，大雨可以摧毁蝗蝻，这种现象在史书中记载的次数很多。由于蝗蝻被大雨摧毁死亡，虫口密度下降，繁殖力降低，可减轻次代或翌年的蝗害程度。

我国历史上的蝗灾存在着北重南轻的格局，南北降水量的差别是形成这一格局的一个重要原因。长江以北的大部分地区雨量较少，一般都在1000毫米以下，而且雨量在全年分布也不均匀，大部分集中在夏季，给蝗虫的生长繁殖提供了有利条件。在长江以南地区，雨量充沛，一般在1400毫米左右，全年四季分布均匀。一般降雨量在1000毫米以上的地区，不适宜飞蝗的发生。

历史上影响蝗灾程度的另一个重要的气候因子是气温，特别是冬季气温的高低。《礼记·月令》载："仲冬行春令，则蝗为灾。"就是说冬季的气温如果像春天一样，第二年蝗虫就有可能猖獗。可见我国早在2000多年前已注意到这一现象。历代都有人试图对这一规律做出解释，《鹤林玉露》卷三载："若腊月雪凝冻，即入愈深，或不能出，俗传雪深一尺，则蝗入地也一尺。"《墨客挥犀》中说："蝗喜旱而畏雪，雪多则入地愈深，不能复出。"[20]但由于科学水平的历史局限性，人们还不能真正明白其中的道理。到明清时代，人们才做出了一个较为合理的解释，"冬月生子……如遇腊雪……则烂不成"[21]。蝗虫的越冬卵忍受低温的能力有一个限度，冬季严寒，有的蝗卵就不能正常过冬而死亡，这样翌年第一代夏蝗的虫口密度就会下降；反之气温过高，例如冬季的气温像春天那样高，大部分越冬卵都能过冬，夏蝗猖獗的可能性就很大。

（二）农业结构

中国古代蝗灾发生北重南轻的格局的形成，除上述的气候条件影响外，南北农业生产结构的不同也是形成这种格局的一个原因。

长江以北地区年降雨量少，大部分地区属于旱作农业。栽培作物中的粟、麦、黍、高粱等均是蝗虫的上等喜食植物，这为蝗虫的大量繁殖提供了有利的条件。另外旱地对蝗虫产卵来说，也是较为合适的场所。食物丰富，繁殖场所适宜，具备了蝗虫猖獗的条件。长江以南地区历来农业生产结构比较单一，栽培作物主要是水稻。就蝗虫食性来说，水稻也是蝗虫喜食的一种植物，但同黄河流域相比，长江以南地区蝗虫喜食的作物显然较少，且土地大部以水田形式存在，蝗虫适宜的产卵场所也就不像黄河流域那样广泛。因此，蝗虫在江南地区的危害就不像黄河流域那样严重。

表六　南北蝗灾统计表*

区域	长江以北	长江以南	北/南
汉代至北宋	125	14	8.9
南宋至清代	226	124	1.8

*根据《古今图书集成·庶征志》和《清史稿·灾异志》统计。

宋代以后，长江以南地区的蝗灾程度有所加重（表六）。据统计，从汉代到北宋，北南蝗灾次数之比约为9，即长江以北地区每发生9次蝗灾，同期长江以南地区只有1次；从南宋到清代，比例约为2，即长江以北地区每发生2次，同期长江以南地区发生1次。这除了记载上的原因外，宋代以后，我国的经济中心南移，农业生产结构发生了新的变化，是一个重要的原因。

我国江南地区自唐开始出现稻麦复种技术，特别在宋以后，稻麦复种面积进一步扩大，南宋时政府为解决大量北人南迁者的需要，制定了鼓励种麦的政策，例如允许佃农只交种稻之租，种麦之利全归已有，使佃农种麦有利可图。因此，麦在南方迅速发展，有“不减淮北”之势，成为稻田主要冬作之一，此时其他旱作栽培也在南方有所发展。明清时，稻田两熟制又有蓬勃发展，南方稻田除种麦外，还种豆类、油菜、蔬菜、荞麦、粟等作物。特别是在明代，像玉米、甘薯等新作物的引进，加快了江南山区的开发，在18世纪中期，玉米、甘薯的种植发展，已成为山区农民的重要粮食之一[22]。南宋以后，旱作面积的扩大，给蝗虫提供了比较合适的产卵场所；旱地作物的增加，给蝗虫提供多种类的上等喜食植物。江南地区种植业结构的变化，改善了蝗虫生长繁殖的环境，蝗虫猖獗的可能性就增大了。

（三）思想认识

在我国蝗虫防治史上长期存在着唯心主义和唯物主义两种思想。唯心主义提出“天人合一”“天人感应”来解释自然现象，把蝗灾解释为天子“失德”和“三纲五常”破坏的结果，认为蝗灾是不能防治的，只要统治者修性养德，人民遵循“三纲五常”，害虫就会自行消灭。如唯心主义的代表人物孔子就认为“天灾地妖，所以儆人主者也”[23]，在他所著的《春秋》一书中，有10多处把蝗虫的发生记载在政治变革的紧后[24]，《汉书》中也有同样的情况，《汉书·五行志》中有“主失礼烦苛则旱之，鱼螺变为蝗”的说法。宋代理学家朱熹再三强调蝗虫“非人所能及”，要靠“田祖之神”，在蝗灾之年，他一面上书给皇帝劝把内库的钱都拿出来搞祭天大礼，以明天子之德；自己率领官员搞祭庙等迷信活动[25]。甚至有人认为“杀之伤仁”[26]。

唐代时在治蝗方面发生了一场唯物派和唯心派的激烈斗争。《旧唐书·姚崇传》记载：唐玄宗开元四年（716）山东蝗虫大起，宰相姚崇引证据理，说服皇帝，提出篝火诱杀和开沟陷杀相结合，派遣大批御史官为捕蝗使，分赴各地捕蝗，取得捕蝗九百万石的辉煌成绩。姚崇这次捕蝗遇到了层层阻力，在宫中受到黄门监卢怀慎等朝廷官员的阻止和反对，这批官员认为，“凡天灾，安可以人力制也，且杀虫多，必戾和气”，后又遇到汴州刺史阮若水以“蝗为天灾，自宜修德”为借口，抗拒治蝗。当政皇帝李隆基也存有蝗灾是“天灾”，是“不德”造成的，杀蝗是造孽的心理，对治蝗缺乏信心并犹豫不决。姚崇是在力排众议后方才取得胜利的。从这件事可知，唯心派对治蝗的阻力是很大的。

儒家思想是我国封建社会统治者用于统治人民的主要思想工具，占领着整个意识形态领域。对天灾人祸的唯心主义解释，对我国古代的治蝗产生了极其严重的消极影响。古代人们在长期的同蝗灾斗争中，总结出了许多防治蝗虫的方法，如篝火诱杀、开沟陷杀、人工捕杀、生物防治、农业防治等，特别是在明清时还提出了消灭蝗虫滋生地的根治措施，但蝗灾在古代一直处于各类虫害之首，肆虐猖獗，无法从根本上消灭，思想认识上的不正确不能不说是一个重要的原因。

四　历史上防治蝗虫技术及对现代的启发

（一）我国古代防治蝗虫技术的发展

古代人们在同蝗灾的长期斗争中总结了许多很好的治蝗经验，概括起来主要有：农业防治、人工防治、生物防治三种。

《吕氏春秋·审时篇》载："得时之麻，不蝗"；《任地篇》："五耕五耨，必审以尽……大草不生，又无螟蜮"。《氾胜之书》中认为，利用溲种法来栽培作物，可免除蝗虫的危害。可见我国自2000多年前已知道采取一些农业措施来防治蝗虫。根据《元史·食货志》记载，仁宗皇庆二年（1313）封建官府就曾经重申秋耕之令，并把秋耕作为消灭"蝗蝻遗种"的重要方法。这种利用秋耕暴露蝗虫越冬卵，利用严寒消灭虫卵的方法，在古代取得了很大的成效，在《农政全书》卷四十四上有"次年所种，盛于常禾"的记载。人们在治蝗的生产实践中，还利用蝗虫对产卵场所的要求和对植物有选择性的特点，采用调整农业种植业结构的办法来减轻蝗灾的损失。徐光启《农政全书》卷四十四认为水田虫害少于陆田，主张改旱地为水田。《金史·章帝本纪》有"旧有蝗处来岁宜菽"的记载。《农政全书》卷四十四提出在种植作物上应当考虑蝗危害，种植的作物避免过于单一，一些抗蝗虫危害能力强的作物"农家宜兼种，以备不虞"。这种利用改变作物种类防治蝗虫的方法，宋代吴遵路、元代王祯和清代钱忻和、顾彦等也都提倡过[27]。

我国很早就开始人工捕捉蝗虫，《汉书·平帝本纪》记载：元始二年（2）"遣使者捕蝗，民捕蝗诣吏，以石斗受钱"。东汉时期人们创造了开沟陷杀，王充的《论衡·顺鼓》总结了这方面的经验："蝗虫时至，或飞或集，所集之处，谷草枯索。史卒部民，堑道作坎，榜驱内于堑坎，杷蝗积聚以千斛数，正攻蝗之身。"开沟陷杀大大提高了捕蝗的效率，一直被后世长期沿用。唐代已有篝火诱杀的办法，唐宰相姚崇利用蝗虫的趋光性，采用"夜中设火，火边挖坑，且焚且瘗"的方法来诱杀蝗虫，并取得了良好的效果[28]。提倡掘除蝗卵除蝗的最早记录在宋代，宋代采取了"掘蝗种给菽米"的奖励办法[29]。参加掘蝗的人数很多，收效很大。例如景祐元年（1034），开封府淄州组织人力掘除蝗卵，取得了"掘蝗种万余石"的成绩[30]。在明以前，我国的人工防治方法有很大的局限性，只是一些蝗灾已发生情况下的办法，不能防患于未然。时至明代，徐光启《农政全书》卷四十四在总结前人经验的基础上，提出消灭蝗虫的滋生地，根治蝗虫的思想，"涸泽者，蝗之原本也，欲治蝗，图之此地矣"。这是我国治蝗史上的一个很大发展。清代顾彦《治蝗全书》对治蝗方法作过这样的评价："治虫之法有四……捕蝗不如捕蝻，捕蝻不如掘子，掘子不如除根。"明清时期为蝗虫的系统防治奠定了理论基础。

我国早期的蝗虫生物防治只局限于认识和保护蝗虫的天敌。人们在治蝗实践中了解到一些动物会吃掉蝗虫，在唐·段成式《酉阳杂俎》中记载着用多种益鸟治虫的事例，例如"开元中，贝州蝗虫食禾，有大白鸟数千，小白鸟数万，尽食其虫"。在认识的基础上开始人为保护有益的动物。五代时，后汉政权于乾祐元年（984）曾下诏“令民间禁捕鸜鹆”，利用它食蝗；元代也因“鹙”能食蝗，而“禁捕鹙”[31]。宋代时，也曾因为青蛙能吃蝗而禁捕之[32]。清代时，人们已提倡用鸭子治飞蝗，“蝻未能飞时，鸭能食之。如置鸭数百于田中，倾刻皆尽”[33]。

（二）古代治蝗经验对现代的启发

我国古代有2000多年的治蝗历史，但在整个封建社会里，蝗灾一直没有得到很好的控制，这是由于封建社会的治蝗有很大的局限性。我国明以前的治蝗特点是治表不治里，只是应付蝗灾已发生后的补救措施，尽管宋代已有掘蝗卵的方法，但应用的地域很狭小，只是挖掘田地以及田地附近的蝗卵，因此要想根治是办不到的。明代虽然已有从滋生地着手，根治蝗虫的思想，但要在封建社会完成这样巨大的工程是可望而不可及的。另外，唯心主义认识论的阻力也给治蝗工作的开展带来了困难。根治蝗灾只有在人民掌握政权，利用近现代科学技术进步出现杀虫力很强的农药和农业防治结合，综合防治才能实现。我国在20世纪50年代，对蝗虫的滋生地进行全面仔细地调查，采取了一系列防治措施，使蝗灾基本上得到控制。但古代在防治蝗灾方面仍有许多经验教训在当今可以借鉴。

1. 综合防治。古代人们在同蝗灾的斗争中，充分发挥自己的聪明才智，在防治蝗灾的实践中，把农业防治、人工防治和生物防治等措施相结合，从多种渠道来防治蝗虫的危害，在一定程度上减轻了蝗灾危害，减少了损失。这种多种措施相结合、综合防治的思想，至今仍具有强大的生命力。

2. 保护有益生物。古代人们在同蝗灾斗争中，认识了多种蝗虫的天敌，记载的天敌有鸟类、蛙类以及昆虫，其中鸟类就有“白鸟”“鸜鹆”“鹙”“雀”“�”“乌”“鸦”“鹰”以及一些不知名的鸟，为我国今后用生物措施防治虫害留下了一份宝贵的遗产，丰富了蝗虫天敌的资源。

古代保护天敌的思想是我们当今社会应该进一步发扬光大的。在当今社会，农药的大量使用，出现害虫的再猖獗，我们应当比古人更加重视天敌资源的保护。

3. 合理布置种植业的结构。古代利用调整种植业结构防治蝗虫的经验，也是我们应当继承的。我们在选育抗虫性强的品种同时，还应注意在一些虫害严重的地区，改变以往单一的种植业结构，增加作物种类，减轻病虫害带来的损失，使粮食生产能稳产高产。

4. 根治虫害。古代的治蝗历史经验告诉我们，只注意局部防治，而不从整体上系统防治，终究是无法完全控制住病虫害的。因此，我国的植保工作，在应用农药防治的同时，应当研究病虫害的发生规律，更多地从生态平衡的角度寻求对策，以解决过多的农药使用引起的害虫再猖獗，找到更为有效控制害虫的途径。

原载《中国农史》1990年第4期

注释

① 转引自周尧：《中国昆虫学史》，昆虫分类学报社，1980年。

② 转引自邹树文：《中国昆虫学史》，科学出版社，1981年。

③ 转引自周尧：《中国昆虫学史》，昆虫分类学报社，1980年。

④《尔雅・释虫》。

⑤《古今图书集成》卷一百七十六。

⑥《古今图书集成》卷一百七十六。

⑦《古今图书集成》卷一百七十六。

⑧（明）徐光启：《农政全书》；（清）顾彦：《治蝗全书》。

⑨ 转引自周尧：《中国昆虫学史》，昆虫分类学报社，1980年。

⑩ 华南农学院：《农业昆虫学》，农业出版社，1984年。

⑪ 竺可桢：《中国近五千年来气候变迁的研究》，《考古》1972年第1期。

⑫ 周尧：《中国昆虫学史》，昆虫分类学报社，1980年。

⑬《旧唐书·德宗本纪》。

⑭《浙江通志·灾异志》。

⑮《新唐书·五行志》。

⑯（元）王祯：《农书》；（明）徐光启：《农政全书》。

⑰ 吴福桢：《中国的飞蝗》，上海永祥印书馆，1951年。

⑱ 郭文韬、曹隆恭、宋湛庆等：《中国农业科技发展史略》，中国科学技术出版社，1988年。

⑲（清）钱炘和：《捕蝗要诀》。

⑳《古今图书集成》卷一百七十六。

㉑（清）顾彦：《治蝗全书》。

㉒ 梁家勉：《中国农业科学技术史稿》，农业出版社，1989年。

㉓《孔子家语·五仪解》。

㉔ 周尧：《中国昆虫学史》，昆虫分类学报社，1980年。

㉕（宋）朱熹：《晦庵先生朱文公文集》卷十七。

㉖ 周尧：《中国昆虫学史》，昆虫分类学报社，1980年。

㉗ 周尧：《中国昆虫学史》，昆虫分类学报社，1980年。

㉘《旧唐书·五行志》。

㉙ 郭文韬、曹隆恭、宋湛庆等：《中国农业科技发展史略》，中国科学技术出版社，1988年。

㉚《宋史·五行志》。

㉛ 郭文韬、曹隆恭、宋湛庆等：《中国农业科技发展史略》，中国科学技术出版社，1988年。

㉜（宋）车若水：《脚气集》，引自《吴兴备志》卷二十六。

㉝（清）陈世仪：《除虫疏》。

明清时期的湖丝与杭嘉湖地区的蚕业技术

明清时，杭嘉湖地区生产的蚕丝在国内外享有很高的声誉，是中国各地所产蚕丝之中的优质品，为了有别于其他地方所产的蚕丝，习惯上称为“湖丝”。本文拟对湖丝的名称产生以及湖丝优质的原因做一些探讨。

一

明初，政府曾多次下令振兴蚕业，各地的蚕业也开始出现回升的趋势，其中以杭嘉湖地区发展最为迅速，成为全国的蚕织业中心。所谓“桑麻两岸三州接，财赋江南也壮哉”[①]，就是对当时该地区蚕桑生产盛况的赞叹。但就全国范围讲，明朝的蚕桑生产已不如棉花扩展快，到了明中叶以后，甚至许多地区的蚕桑生产出现了衰退的现象。

苏州府的蚕桑生产在宋时很发达，明中叶以后蚕桑生产逐步萎缩。明初苏州府有桑树15万株，到弘治十六年（1503）时只有桑树2.5万株，桑树大量减少[②]。江苏省的其他地方也有同样的现象。江宁地区在南宋“俗勤蚕桑，帛冠它郡”，在明代所属具的志书中，只有纱帛类的产品记载，产丝的记载即很少，只有弘治《句容县志》载有丝的生产[③]。乾隆《上元县志》中说：“丝皆产外，而织工称善。”光绪《江浦埤乘》中说：“蚕桑之利，昔日所无。”可见明清时代，江宁地区的蚕桑曾一度衰落。棉花对我国蚕桑生产的竞争影响是很大的，“松江自木棉兴，不甚力于蚕桑”[④]。由于棉花种植区域的扩大，江苏省各地的蚕业出现了明显的衰落现象。

江西省在南宋时是南方的一个蚕区，有诗云：“吾知饶信间，蚕月如岐邠。儿童皆衣帛，岂但奉老亲。妇女贱罗绮，卖丝买金银。”[⑤]但至清代，养蚕农户已很少，即使养蚕，其规模也甚小，所产的蚕丝只能制作“断锦零纨用之，从无机织成片段者”，“多织小物”[⑥]。蚕桑生产在农村经济中的比重已非常小。

浙江的蚕桑生产在局部地区也有衰落现象。唐宋以来，蚕桑生产向称发达的浙东，在明朝则处于停滞倒退的状态，“合罗、绫、绉、缎，越中绝无，惟绢纱稍有”[⑦]。浙南地区的丽水、庆元、遂昌等几个县，到清初，蚕桑生产还“尚未有兴”[⑧]。宋时以蚕桑为主的富阳县在鸦片战争后，蚕桑生产虽有较快的发展，但大部分地方仍“育蚕尚少”[⑨]。湖州的一些山区在明末清初，多以野桑饲蚕，规模很小[⑩]。嘉兴的平湖、海盐等县，明清时，养蚕数量也不多，平湖县桑树“惟西南乡树之”[⑪]，“盐邑素不饲蚕，近三四十年中，蚕利始兴”[⑫]。这两个县的蚕桑生产都是在鸦片战争以后才发展起来的。

明清时，以湖州为中心的杭嘉湖地区成为全国唯一的重点蚕区，清初唐甄曾在《教蚕》一文中，对当时蚕桑生产情况做过概括："夫蚕桑之地，北不逾松，南不逾浙，西不逾湖，东至于海，不过方千里。外此，则所居为邻，相为畔无桑。"[13]这段话中的有些说法虽然有点过于绝对化，但基本上是正确的。清康熙皇帝下江南时，途经嘉兴、湖州等地时，曾赋诗盛赞浙西蚕桑之盛："天下丝缕之供皆在东南，而吴丝之盛，惟此一区。"从明中叶以后，到清前期这段时期，我国的蚕桑生产区域相对集中和缩小。

虽然产区已相对集中和缩小，但社会对丝绸——需求量并没有下降，丝织业在许多地方仍相当繁荣，在山西、江苏、广东、福建、江西等地仍有不少丝织业的重镇，这就需要农村提供大量的丝织原料——生丝。丝织业对生丝的需求促进了杭嘉湖地区农村的栽桑养蚕向商品化方向发展。明人谢肇淛说：湖州"尺寸之堤，必树之桑"[14]。顾炎武说："湖塘业已半为桑田。"[15]专业种桑大户也已出现，湖州归安茅处士"种桑万株，其子茅坤种桑十万株"[16]。在农村中还分离出一些种桑专业户，他们不仅供给自家育蚕的需要，通过"杪叶"预售或拿到市场出售，并出现了桑市。如桐乡的种桑专业户生产的桑叶都会集中到乌镇进行交易[17]。栽桑养蚕的商品化，引起农田大量改种桑树。清初桐乡县"以蚕代耕者什七"；明末清初的石门县，粮田和桑地面积大致相等，生产的粮食仅能供给 8 个月，其余 4 个月需要到市场买米来满足，农民的生计和上交赋税"惟蚕息是赖"[18]。种桑养蚕的专业化、商品化，大大促进了蚕桑生产的发展，为丝织业提供了大量的原料，杭嘉湖地区生产的蚕丝除了满足本地丝织业需要，还大量向外输出。

明清时，杭嘉湖地区的蚕丝和丝绸贸易十分繁荣。《吴兴掌故集》载："蚕丝饶于薄海，他郡借以毕用。"《松窗梦语》说："杭州……桑麻遍野，茧丝、绵等之所出，四方咸取给焉。"当时在这一带涌现出不少兴旺发达的丝绸工商业的专业市镇。余杭的唐栖镇，"徽、杭大贾……贸丝开车，骈臻辐辏"[19]。嘉兴的石门镇，"地饶桑田蚕丝，城市四方大贾，岁以五月来贸丝，积金如丘山"[20]。湖州的双林镇，"客商云集谋贩，里人贾鬻他方，四时往来不绝"[21]。湖州的菱湖镇是这一带蚕丝贸易最为重要的市镇，"菱湖多出蚕丝，贸易者倍他处"[22]，"四、五月间……乡人货物船排比而泊"[23]。杭嘉湖所产的蚕丝和丝绸通过商贩，不断向外输出。

明清杭嘉湖地区所产的蚕丝行销全国，是国内许多地区丝织业的原料供应地。江苏省在明代有许多丝织业重镇，但所需的原料几乎都来自浙江。"苏州之丝织原料，皆购于湖州"[24]；"松江织造上贡吴绫等之原料浙产为多"[25]；"江宁府本不出丝，皆买丝于吴越"[26]。江西明清时有名的葛布，就是由"湖丝配入"的茧丝织成的[27]。福建"蚕桑差薄，所产多类，民间所需织纱绢、丝绸所仰给他省，独湖丝"[28]。广东有名的粤缎"必用吴蚕之丝，若用本土之丝，则黯然无光，色也不显眼"[29]。远处西北的潞安府以织"潞绸"著名，但其丝织原料同样仰赖杭嘉湖地区，"每岁织造之令一至，比户惊慌。本地无丝可买，远走江浙买办湖丝"[30]。

杭嘉湖地区所产的蚕丝还远销国外，深受欢迎。蚕丝运往南洋各国，丝价培增，"百斤价值百两，至彼价得二倍"[31]。在当时，"湖之丝、绵……尤为彼国（日本）所重"，蚕丝运往日本，暴利竟可达十倍之多[32]。清初，政府实行海禁政策，但商人为了牟取厚利，常冒犯朝廷海禁之令，私运丝、绸出海。外商也来浙江购买丝、绸，偷运回国，牟取暴利。康熙二十三年（1684）取消海禁，丝绸输出的数量和地区日益增多。清乾隆年间（1736—1795），浙江输往日本的丝货，每年在六万三千斤以上[33]。杭嘉湖地区所产的蚕丝名扬国外，英吉利、琉球、咖喇叭等国经过多次请求，清政府才同意二蚕（夏秋蚕）湖丝的输出，头蚕（春蚕）湖丝仍属禁止之列[34]。

湖丝名称的由来，是国内蚕桑生产区域变化的结果。从明中叶到清前期，国内蚕桑生产区域缩小，相对集中于杭嘉湖地区，该地区尤以湖州一带的蚕桑生产最为兴盛，向外供应丝织原料最多。经营生丝贩销的商贩把由杭嘉湖地区贩运出去的蚕丝，称之为“湖丝”。湖丝名扬国内外，经久不衰，还有一个重要的原因，是因为该地区生产的蚕丝品质非常优良。明清时，广东、福建、江西等省虽也有一些蚕桑生产，但这些地方的蚕丝品质较差，纺造一些高级织物，必用杭嘉湖地区所产的蚕丝不可。

蚕丝品的提高和当时蚕桑生产技术的提高密不可分。明清时，杭嘉湖地区的蚕桑生产向专业化、商品化方向发展，促进了桑树栽培技术、养蚕技术和缫丝技术水平的提高，从而提高了蚕丝的品质。

二

桑树是蚕桑生产的基础，要生产优质的蚕丝必须要有优质的桑叶，而优质桑叶的生产又要求有优良的桑品种和较高的桑园管理水平。明清杭嘉湖地区蚕桑生产技术已完全具备了这两项条件。

（一）桑品种

杭嘉湖地区的农民在长期的生产实践中，对桑品种精心选育，至明清时，桑品种已极为繁多。根据万历《崇德县志》《乌青文献》《沈氏农书》和乾隆《乌青镇志》等书的记载，杭嘉湖地区的桑品种有白皮桑、青桑、荷叶桑、鸡脚桑、扯皮桑、尖头桑、火桑、红头桑、红顶桑、槐头桑、鸡窠桑、木竹青、乌青、密眼青、晚青桑、山桑、乌桑、紫藤桑、望海桑等20来种（其中可能有同种异名的）。

清代，各省到浙江购买桑苗逐渐增多，因为桑苗大多出在杭嘉湖一带，并以湖州一带所产为最有名，因此，把引自浙江的品种桑苗概名之湖桑。湖桑在明清时以其叶大、高产、优质而闻名于各地。杨屾《豳风广义》（1740）写道，湖桑“叶园而大，津多而甘，其性柔……为桑之冠”。上述的这些桑品种，不少至今仍不失为江浙一带的高产优质桑品种。目前浙江蚕桑生产中的当家桑品种团头荷、荷叶白、桐乡青，就是从原有杭嘉湖地区的地方桑品种搜集整理出来的。

杨屾曾把湖桑和四川的桑树进行对比；川桑“可以成条，可以成树，叶之津较湖桑略减，叶之力较湖桑加厚，湖桑须移接乃佳，川桑则不待移接而自园大”[35]。从这段话，我们可以看出，清前期四川一带的桑树都为实生桑而杭嘉湖地区的桑树大都为经过嫁接的良种桑，桑叶的蛋白质含量较高。浙江省的地区之间也存在着差距，一些地方在明清时并没有实现桑树良种化，而以实生桑饲蚕占绝大部分，如于潜县在嘉庆年间（1796—1820）还是“桑高而干疏，新接繁、嫩者十无一二”[36]。桑品种的区域性差异，造成了桑叶叶质的优劣。杭嘉湖地区优良桑品种的普及，为生产高质量的桑叶打下了基础。

（二）桑园肥培管理

优良桑品种的特性要得到充分发挥，必须要有相应的肥培管理措施相配合。明清时，杭嘉湖地区的桑园肥培管理水平已相当高，达到了中国传统农业的顶峰。

1. 桑园施肥

明杭嘉湖地区的桑园施肥已有冬肥、夏肥、春肥之分。冬肥“垃圾必三四十担”。春肥和夏肥称之为“撮桑”和“谢桑”肥，一般每次施用人畜粪四十担，当时农民对夏肥十分重视，认为“谢桑尤是要紧功夫，切不可因循”，并要求“清粪连灌两番”[37]。明清杭嘉湖地区农民对施肥质量也很讲究，施垃圾时“罱泥盖土”，防止养分冲走；施用人畜粪时，开潭深施，加水稀释，并要求覆土盖潭，防止氮素挥发[38]。桑园施河泥是明清时当地农民一项很重要的工作，把这项工作作为“第一要紧事”，来做，在当地流传一句农谚：“家不兴，少心齐；桑不兴，少河泥。”[39]桑园施河泥，一者可以补偿被雨水冲刷的土壤；二者可以改良土壤。河泥中含有大量的腐殖质，它是土壤形成团粒结构所必需的，具有良好团粒结构的土壤，通气性、透水性能够达到完美的统一，正如《沈氏农书》中所说的“土坚而松，雨过便干”。另外，河泥中还含有大量桑树生长所需要的养分，施一次河泥也就等于给桑树增施一次肥，当时的河泥施用量大约12500千克。现将明末清初时杭嘉湖地区的桑园施肥情况列表如下：

明末清初杭嘉湖地区桑园施肥情况表*

施用时期	肥料种类	施肥量（千克）	三要素成分（千克）		
			N	P_2O_5	K_2O
冬	垃圾	15000—2000	7.8	3.8	10.5
春	人畜粪	2000	9.6	5.4	8.6
夏	人畜粪	2000	9.6	5.4	8.6
夏	人畜粪	2000	9.6	5.4	8.6
冬秋	河泥	12500	15.0	8.1	6.9
全年			51.6	28.1	43.2

* 根据《沈氏农书》整理而成。

由上表可知，当时施肥水平已达到甚至超过目前年产桑叶2500千克的高产桑园所需要的三要素成分（根据中国农科院蚕研所调查：亩产2500千克的桑园，需要施氮44.2—47千克，磷15.7—18.2千克，钾27.4—30.8千克[40]），且当时全年施入的都为有机肥，改善了土壤理化的性质，土壤肥力不但不会由于种桑而肥力衰减，而且有上升的趋势。

2. 桑园管理

桑园管理也是生产优质桑叶不可缺少的措施，明清时杭嘉湖地区的桑园管理技术已相当精湛。

整枝修剪：《沈氏农书》载：“到七月缚桑之际，凡根下细条及叉档阴枝，又一切去之。至冬春修截之时，又看细小不堪及荫下繁密者，又一切去之。到剪桑毕，又看以前碍锯而截不尽块磊及老枝不成器，又一切去之。其老油瓶嘴，晴时坚硬难剪，不论冬春，凡遇久雨之后，雨一止，即群出修剪，期于必尽。”桑树整枝修剪可以使养分集中，枝条充足，翌春桑树发芽率高，通风透光性良好，增强树势，还可减少病害的发生。

中耕除草：明黄省曾《蚕经》中要求“桑之下，厥草不留。”《沈氏农书》记载杭嘉湖一带的除草经验是：“夏天二十日一刭，未草先刭，二十日尚未起草；草多而刭，不十日草已茂矣。一样用此功夫，常从草头做起，孰若搀先做上，头番做得干净，永不易起草。”除了夏季除草，这一带在清明时节也进行除草，即农书中所说的“头番”除草。除草缓和了草、桑争肥水的矛盾，又起到松土作用，保证了桑叶旺盛地生长，桑叶大而厚。

翻耕：《沈氏农书》载：“垦地须在冬至之前，取其冬月三寒—风日冻晒。必照垦田法，二三层起深。桑之细根，断亦无害，只要棱层空敞。”桑地冬耕可以改善土壤的理化性状，提高土壤的熟化程度，使难溶养分转化为可溶性养分，相应地提高了土壤的肥力。翻耕也可为根系的生长创造良好的条件，加深并扩大根系的吸收面，从而促进桑树生长良好。

另外，明清时杭嘉湖地区树形养成技术的发展也是桑叶叶质提高的一个重要原因。拳式和无拳式养成是当时该地区的主要养成形式[41]。这两种养成形式的桑树树干比较低，养分能集中于枝叶生长，枝条生长整齐而旺盛，叶片增厚增大；桑园群体结构合理，更好地利用空间，提高光合作用的效力。因此不但产叶量增加，而且还能延迟桑叶的老化，改善叶质。现代科学实验证明：随着桑叶树干的降低，桑叶中的蛋白质、水分含量增加，碳水化合物和粗纤维含量下降。桑叶中的蛋白质是构成蚕体的基本物质，丝腺的生长主要是蛋白质量的增加，在桑叶中的糖类物含量适宜的情况下，蛋白质含量高，就能提高蚕丝的产量和质量。

与杭嘉湖地区相比，中国其他地方的桑园肥培管理水平明显要低。直至近代，在四川、湖北、山东等地的栽培技术还相当粗放。树形为乔木桑；桑树需要施肥的观念很淡薄；桑树几乎不进行整枝修剪；四川、湖北一带的桑树主要是实生桑。这种桑树栽培技术的差距，是造成蚕丝质量不如杭嘉湖地区的重要原因之一。

三

养蚕既是植物性生产，又是动物生产。栽好桑生产优质桑叶仅仅是第一步，其最终的目标是要生产出优质的蚕茧和蚕丝。这就需要有较高的养蚕技术水平来保障。明清时，杭嘉湖地区在养蚕技术方面也明显优于其他地方。

（一）蚕品种

江南地区在南宋时已开始饲养四眠蚕，到明清时，杭嘉湖地区的家蚕饲养中，四眠蚕的饲养量已占绝对优势，三眠蚕只在有些地方零星分布，这一点从各种农书和地方志中都可以看到。在技术条件成熟的情况下，四眠蚕可比三眠蚕获得更高质量的蚕丝。

杭嘉湖地区的农民很注意家蚕的选种，“择茧之坚厚者为种”，到清代，各地都有一些优良的蚕品种，如南浔的丹杵种，千金、新市的白皮种，余杭的白皮种和石小罐种，这些品种在当时知名度很高[42]。为了淘汰质量低劣的蚕种，明清时这一带农民在浴种时，用加石灰或盐卤的水浴种，或用清水浴过后，利用腊月的严寒择优去劣，使孵化的蚕儿都具有强健的体质[43]。

（二）养蚕方法

明清杭嘉湖地区的农民十分重视养蚕这项工作，一到养蚕季节，“比室水火不相通”，精力都集中到养蚕生产中去，操作非常仔细，“育蚕如炼丹”[44]。明清时这一带农民对蚕的生活习性了解得十分透彻，蚕“喜温恶湿。蚕在种宜极寒。成蚁则宜极暖，停眠起宜温，大眠宜凉，临老宜渐暖，入蔟则宜极暖”[45]。因此他们在养蚕过程中，“太寒则闷而加火，太热则疏而受风”[46]，尽量使蚕在适宜的温度下生长。

在给桑和蚕座除沙方面的技术已相当完善。给桑“夜必六、七起”，“叶必遍筐”，但又要求不要太厚；黄沙叶要抖刷以后才能饲养，热叶“必风吹待凉”后才能饲蚕[47]。在五龄期，为了保持桑叶的新鲜，

“以水洒湿而饲之”[48]，使蚕儿能充分饱食。这些和现在养蚕技术中在这方面的要求几无差异。认识到“湿热积压”是蚕病发生的一个重要因子，要求勤除沙，以免“厚叶与粪蒸”引起蚕病[49]。在眠起处理方面也很重视，就眠“必令饱食而眠；眠除后，还须将旧叶些微拣净”[50]，以保持眠中蚕座干燥，起蚕发育齐一。

杭嘉湖地区的农民在养蚕过程中很注意蚕室的通风换气。《沈氏农书》中说：“蚕房固宜邃密，尤宜疏爽。晴天北风，切宜开辟窗牖，以通风日，以舒气。……蚕室固要避风，尤不可不通风也。”为了处理好避风和通风这对矛盾，要求“南风则闭南窗，北方则闭北窗。”蚕农对蚕病和环境卫生的重视程度不亚于现在，在给桑前洗手；为了不使病蚕蔓延而“败群”，强调淘汰病小蚕和用石灰水、石灰粉消毒桑叶和蚕座[51]。

（三）蔟中管理

明清杭嘉湖地区在上蔟技术方面明显优于其他地区。明末宋应星曾将该地区的蔟中管理和其他地方做了对比：“他国不知用火烘，听蚕结出，甚至从秆之内，箱匣之中，火不经，风不透。”[52]杭嘉湖地区的方法：“初上山时，火分两略轻，引他成绪，蚕恋火意，即时造茧，不复缘走。茧绪既成，即每盒加火半斤，吐出丝来随即干燥，所以经久不坏也。其茧室不宜楼板遮盖，下欲火而上欲风凉也。”[53]该地区的上蔟管理已达到了相当高的水平。《乌青文献》中记载的上蔟技术可用五字概括：高、热、亮、除、采。高即蔟具宜高放置，不要上地蔟；热即遇气温低要加温；亮即蚕做成茧（上蔟后三天），打开窗和门，通风排湿；除即除去蚕粪蚕尿，降低蔟室湿度；采即上蔟后七天采茧。以上几点蔟中管理的技术要点，是杭嘉湖地区的农民在长期的生产实践中总结出来的，是不断摸索蚕儿吐丝结茧规律的结果，具有科学性。高水平的蔟中管理技术大大提高了杭嘉湖地区的蚕丝质量。

直到近代山东，四川等地饲养的家蚕仍以三眠蚕为主，技术较为粗放。在浙汇地区的技术也是不平衡的，杭嘉湖地区较之浙江山区，差异相当明显。据嘉庆《于潜县志》记载，当地每筐蚕用桑为100斤（一斤为0.5千克，全书同）[54]，而在杭嘉湖地区一筐蚕用桑为160斤[55]，这反映了于潜县由于养蚕技术不精，人为损失和病蚕损失率要高于杭嘉湖地区，且蚕儿不能充分饱食。可想而知，蚕丝质量不可能很高的。

四

要生产优质的蚕丝，还必须严格把握蚕茧加工成生丝这一关。明清时杭嘉湖地区的农民非常重视缫丝工作，对工艺过程的各个方面都有严格的要求。

（一）选茧

明清时，杭嘉湖地区的蚕农选蚕十分仔细，根据茧质的好坏，分为缫丝用茧、制绵用茧和制絮用茧三类。其中的缫丝用茧又分为两类，茧层紧厚、茧色白净的为上等缫丝作茧；茧色黄绿、茧层松等次茧为下等缫丝用茧，分别缫丝。同宫、尿黄、柴印、穿头茧等下脚茧用于制作丝绵。烂茧、薄皮茧、软绵茧等下脚用于作絮[56]。严格分类，以免混入次茧和下脚茧，影响生丝的质量。

（二）用水

《吴兴蚕书》说：“丝由水煮，治水为先。”[57]明清时杭嘉湖地区对缫丝用水十分讲究，水清是当时对水质的重要要求之一。为了得到清洁的水，要求在半月以前就把河水放在缸中澄清，以备用。临时急需用水，则用螺蛳的生物作用来澄清，严禁用明矾澄清，否则生丝就会“红滞”，色泽不好。为了生丝有较好的色泽，要求必多换汤水，保持水的颜色“始终如一”，以达到“丝之色亦始终如一”[58]。

该地区的农民在长期的生产实践中，对各种水的性质也有很深刻的认识，选择缫丝用水有丰富的经验。《吴兴蚕书》载：“山水性硬，其成丝也刚健；河水性软，其丝也柔顺；流水性动，其成丝也光润而鲜；止水性静，其丝也肥泽而缘。山水不如河水，止水不如流水。”“勿用井水，用井水者丝不亮。”[59]也就是说，河水、湖水、山水和井水四种水，以河水作缫丝用水最佳。

明清杭嘉湖地区的农民在缫丝用水方面的经验，用现代科学的目光来看它，也是合理的。明矾是硫酸钾和硫酸钾的水合复盐，水解时生成氢氧化铝状沉淀。用明矾澄清的水缫丝，丝纤维上易沉积氧化铝（Al_2O_3），有害于丝的光泽。井水是地下水，含有地层中存在的各种无机成分，如钙、镁、钠、钾等，矿化度较高，水的硬度也较大，用井水缫丝，茧子不易煮熟，影响解舒率和生丝的光泽。湖水（止水）的矿化度和硬度也高于河水，且有机物含最多，还滋生藻藓苔菌等低等植物，使水色常呈绿色，不适宜于制丝用水。

由于同种水源的水质，也因水流不同，水质有高下。明清时期杭嘉湖地区的蚕农对当地的水流的水质都进行了比较，选用最佳的水流用于缫丝，各地都有被蚕农认为最适宜缫丝的水流。湖州南浔“穿珠湾……水甚清，取以缫丝，光泽可爱”[60]；双林镇的龙山泾“以其水清，丝、绵特肥白”[61]。德清新市镇“蔡家漾，蚕时取其水以缫，所得丝视他水缫者独重”[62]。余杭唐栖镇的尤朱泉水“水甚莹洁……居民取以缫丝，多利赖之”[63]。为了提高生丝质量，有的蚕农不辞辛劳去远地取水[64]。

（三）温度

宋应星在《天工开物》记载着明末杭嘉湖地区生产优质蚕丝的两条经验，即“出口干”和“出水干”。“出口干”在前面已叙述，即蚕上山结茧时，使用炭火加温，使蚕吐出来的丝能较快地干燥。“出水干”指的是在缫丝时，蚕丝出水后，要尽快使水分蒸发干燥。

为了达到“出水干”，杭嘉湖地区的农民在缫丝时，用炭火加温。方法是：“治丝登车时，用炭火四五两，盆装，去车关五寸许。运转如风时，转转火意照干。”[65]当地农民认为这一技术环节，对生丝的色泽影响非常大，“丝之颜光，全在此光”[66]。现代科学证明这是正确的，如果缫出的生丝，水分不很快蒸发，以湿丝存放，会影响丝的光泽，遇到湿热的天气，还会生霉，出现夹花丝。“出水干”和“出口干”一样，是杭嘉湖地区劳动人民在提高丝质的生产实践中总结出来的一条极为宝贵的经验。

宋应星指出：“屯、漳等绢，豫、蜀等绸皆易朽烂。若嘉湖产丝成衣，即入水浣濯百余度，其质尚存。”[67]表明杭嘉湖地区明清时蚕丝质量的优异，超过安徽、福建、河南、四川等地，这是经过比较得出的结论。其原因在于这一地区的桑树栽培技术、养蚕技术和缫丝技术上，有一系列的集约先进的、科学的管理措施。

本文在写作过程中，承蒙游修龄教授、叶依能副研究员、陈学文研究员提出许多宝贵意见，特此衷心感谢。

原载《中国农史》1991年第4期

注释

① 转引自朱新予：《浙江丝绸史》，浙江人民出版社，1985 年，第 58 页。

② 章楷：《太湖流域蚕桑兴衰考》，《农史研究》第三辑，农业出版社，1983 年。

③ 伍丹戈：《鸦片战争前中国社会经济的变化》，上海人民出版社，1959 年，第 56 页。

④ 光绪《青浦县志·物产》。

⑤ 转引自陈祖椝：《中国农学遗产选集·棉》，农业出版社，1963 年。

⑥ 同治《铅山县志》卷八。

⑦ 万历《绍兴府志·物产》。

⑧ 光绪《富阳县志》卷十五。

⑨ 蒋猷龙：《中国丝绸科技发展史》（讲义），第 14—40 页。

⑩ 同治《湖州府志》卷三十二。

⑪ 光绪《平湖县志》卷八。

⑫ 光绪《嘉兴府志》卷三十二。

⑬（清）唐甄：《教蚕》，《皇朝经世文编》卷三十七。

⑭（明）谢肇淛：《西吴枝乘》，《续说郛》弓部第二十六。

⑮（清）顾炎武：《天下郡国利病书·浙江下》。

⑯（明）茅坤：《茅鹿门先生文集》卷二十三。

⑰ 陈学文：《中国封建晚期的商品经济》，湖南人民出版社，1989 年，第 5 页。

⑱ 万历《崇德县志》卷二。

⑲ 光绪《塘栖县志》卷十八。

⑳（明）王穉登：《容越志》。

㉑ 乾隆《湖州府志》。

㉒（明）宋雷：《西吴里语》卷四。

㉓（明）董斯张：《吴兴备志》卷三十一。

㉔（明）周之琪：《致富全书》。

㉕ 崇祯《松宁府志》卷六。

㉖ 嘉庆《江宁府志》卷十一。

㉗ 乾隆《赣州府志》卷三。

㉘（明）王世懋：《闽部疏》。

㉙《岭南丛述》，见《广州府志》。

㉚ 乾隆《潞安府志》卷三十四。

㉛（清）顾炎武：《天下郡国利病书》原编第二十六册。

㉜（明）郑若曾：《郑开阳杂著》卷四。

㉝ 浙江商学院学报编辑室编印资料：《浙江商业史研究文选》第一辑，1982 年。

㉞《清朝文献通考》卷九十三。

㉟（清）杨屾：《豳风广义》。

㊱ 嘉庆《于潜县志》卷十。

㊲《沈氏农书》，（清）张履祥《杨园先生全集》卷四九

㊳《沈氏农书》，（清）张履祥《杨园先生全集》卷四九

㊴《沈氏农书》，（清）张履祥《杨园先生全集》卷四九

㊵ 中国农业科学院蚕业研究所、江苏科技大学：《中国桑树栽培学》，上海科技出版社，1985 年，第 200 页。

㊶ 郑云飞：《中国桑树夏伐的起源及其发展》，《古今农业》1989 年第 2 期。

㊷《吴兴蚕书》，见（清）汪日桢《湖蚕述》。

㊸（明）宋应星《天工开物·乃服》。

㊹ 康熙《石门县志》卷十二。

㊺（清）沈秉成：《蚕桑辑要》。

㊻（明）朱国桢：《涌幢小品》。

㊼（清）费南恽：《西吴蚕略》。

㊽（明）宋应星：《天工开物·乃服》。

㊾（明）宋应星：《天工开物·乃服》。

㊿（明）宋应星：《天工开物·乃服》。

51（清）汪日桢：《湖蚕述》。

52（明）宋应星：《天工开物·乃服》。

53（明）宋应星：《天工开物·乃服》。

54 嘉庆《于潜县志》卷十。

55《沈氏农书》，张履祥《杨园先生全集》卷四九。

56《吴兴蚕书》，见（清）汪日桢《湖蚕述》。

57《吴兴蚕书》，见（清）汪日桢《湖蚕述》。

58《吴兴蚕书》，见（清）汪日桢《湖蚕述》。

59（清）沈练：《广蚕桑说》。

60 道光《南浔志》卷三引自《研仙居锁录》。

61 嘉庆《东林山志》卷二十一。

62 正德《新市镇志》卷一。

63 光绪《杭州府志》卷四。

64（明）朱国桢：《涌幢小品》。

65（明）宋应星：《天工开物·乃服》。

66（清）沈练：《广蚕桑说》。

67（明）宋应星：《天工开物·乃服》。

《吴中蚕法》研究

《吴中蚕法》是明代后期一部有关嘉湖地区蚕桑生产技术的专门农书，久已散佚。笔者在从事古代农业科技史料的调查整理中，发现此书尚有部分保存于靳一派所撰的万历《崇德县志》和光绪《石门县志》中。《吴中蚕法》残文的发现为我们进一步研究嘉湖地区明代的蚕桑生产提供了新的材料。

一 《吴中蚕法》的作者和流传

《吴中蚕法》一书在万历《崇德县志》、雍正《浙江通志》和《嘉兴府志》中都有著录，作者沈如封。在雍正《浙江通志》“人物志·文苑传”有作者一小传：“字慰先，石门人，工诗善属文，通晓太乙、六壬、遁甲、演禽、九流家言，构楼黄墩，咏觞其中。”作者是明代浙江崇德县（今属浙江桐乡市）一位通晓星象卜筮和九流诸家著作博学多才的文人。沈如封的生卒年月和事迹无详细记载。已故农中学家王毓瑚先生认为，作者为万历年间（1573—1620）人[①]。据笔者查考，此说得做一些修正。

据《槜李诗系》记载，《吴中蚕法》作者沈如封，是嘉靖乙未（1535）进士，广西按察副使、广东按察使沈宏（字惟远）的儿子。沈如封自小聪颖，并擅长诗赋，为此曾得到南刑部主事、青州知事归安人施峻（与沈宏为同科进士）和嘉靖乙丑（1565）状元、国子监祭酒乌程人范应期的赏识和器重。隆庆年间（1567—1572）进入传授儒学经典的最高学府国子监就读，后因参加科举考试落第，遂归故里石门。从此以后，作者生活放荡不羁，饮酒赋诗，搜藏名书古画。除《吴中蚕法》外，作者还著有《见山楼集》和《北游稿》[②]。从作者的简短生平可推知，沈如封出生可能在嘉靖年间（1522—1566），其卒年当在万历年间（1573—1620）。作者虽出身于富足之家，但对处于社会下层的贫苦农民是富有同情心的。

据雍正《浙江通志》记载，《吴中蚕法》最早著录于万历《崇德县志》，同书并著录了万历九年（1581）由陈覆编纂的《崇德县志》，但对靳一派编纂的万历三十八年（1610）却没有著录[③]，由此可见，《吴中蚕法》成书当在万历九年（1581）以前。又书中记载万历七年发现的故事，因此，此书很可能成书于万历八年（1580），是作者科举考试失败，回到故里，集当地蚕农的生产经验撰写而成。

《吴中蚕法》一书在许多地方志中都有著录，光绪二年（1876）余丽元修的《石门县志》尚摘录了很大一部分内容，可见该书在清代后期，还为官府收藏或民间流传。但到民国三十一年（1942）重修《浙江通志》时，此书已不见[④]。新中国成立后，也一直没有发现此书，王毓瑚的《中国农学书录》

和宋抱慈的《两浙著述考》都以散佚书目著录。此书大概散佚于民国时期。

《吴中蚕法》不分卷。根据书名推测，很可能书中不包括桑树栽培技术，是一部专门讲述养蚕生产技术的农书。目前发现的残文中有两方面内容：一是嘉湖地区的养蚕风俗和技术；二是以天人感应弃蚕遭报应的事例，劝诫蚕农要爱惜蚕儿和做到叶种平衡以桑叶产量多少决定养蚕量。我国明代尚处于封建社会，虽然商品经济有所发展，出现了资本主义萌芽，但自然经济仍然是社会经济的主要形态，一般农家养蚕和缫丝是不分离的，自家养蚕自家缫丝，明代农书在讲述养蚕技术时，总是包括缫丝技术。因此，《吴中蚕法》中也很有可能有一部分关于缫丝技术的内容，可惜书已散佚，难以见到此部分的内容。

二 《吴中蚕法》的史料价值

目前已发现的《吴中蚕法》虽然只不过1100余字，但其中所包含的史学信息却很丰富。它的发现无疑对研究嘉湖地区的民俗、经济及农业科学技术等方面会有很大的帮助。

1. 民俗学方面

我国的蚕业历史上一直有祭祀蚕神的习俗。殷商时期，统治者为了祈求蚕事丰收，竟动用三对雌雄羊或三头牛祭祀蚕神，甚至用奴隶作为牺牲祭祀[⑤]。以后历朝都保留祭祀蚕神的习惯。

《吴中蚕法》中有嘉湖地祭祀蚕神习俗的记载：“蚕事兴于清明，是夕献蚕花神，制粉团若茧形，同三性共奉。”祭祀结束后，粉团农家仍食用，故称为“吃茧子”。“吃茧子”的习惯至近现代仍流行于嘉湖地区。据文献记载，这种民间风俗并非局限于杭嘉湖地区，长江中游的古楚地农村也有同样的民俗习惯。罗愿《尔雅翼》载：“楚俗于上春以麪裹肉或糖蒸之，亦平其一面，谓之茧子，食之，盖取象此（蚕茧）。”对以此方式祭祀蚕神的风俗的起源和流传脉络目前尚不清楚，但从民俗学角度，长江中游和长江下游的蚕业存在着某种源流关系。这个问题尚待进一步研究。

2. 经济史方面

《吴中蚕法》中记载了两个故事，内容都有弃蚕遭报应，这两个故事本身虽然有一点近乎荒诞，但其中反映出的当时社会经济情况对研究经济史还是很有价值的。

两个弃蚕卖叶的故事说明，明代后期嘉湖地区叶种平衡矛盾很突出，农民养蚕量增长很快，而桑叶产量却跟不上。这一现象反映了嘉湖地区在明代中后期蚕桑生产的迅速发展。明代，由于棉花种植业在全国各地迅速发展，我国蚕业生产区域有所缩小，杭嘉湖地区成为全国蚕业的中心[⑥]，该地区生产的丝和丝织物销往全国各地供不应求，从而使该地区的蚕桑生产效益明显高于其他种植业，促进了蚕桑生产的发展。养蚕农户、养蚕数量迅速增加。但作为蚕的饲料作物——桑树的增加相对落后，这种养蚕和栽桑异步增长矛盾，在蚕桑生产高速发展期，则尤为突出。沈如封在书中告诫人们要保持叶种平衡，正是当时农村蚕桑生产形势的一种反映。

弃蚕卖叶的现象反映了明代嘉湖地区商品经济的发展，出现栽桑和养蚕相分离的情况。我国漫长的封建社会一直是自耕自织的自然经济，蚕业生产中的栽桑养蚕、缫丝织绸都是由农家单家独户完成全过程。明代以后，杭嘉湖地区商品性生产发展很快，不仅织绸已从农业中分离出去，而且还出现栽桑与养蚕相分离的现象，一些蚕农可以不必栽桑，从叶市购得桑叶，一些农民栽桑也不只是为了自家养蚕而是供应市场进行商品性生产，摆脱了自给性的栽桑业。由于栽桑和养蚕分离，桑叶市场也就形成了，在嘉湖地区的崇德等市镇就设有“叶市”。桑叶价格根据桑农和蚕户之间的供求关系而浮动，桑叶价格猛涨时，有的具备桑园的蚕户就会弃蚕出售桑叶，以获取比养蚕更多的利益。从故事中，我们还可得知当时桑叶交易价格。书中记载王财以出售柱木获得二两银子购买张氏饲养五筐蚕种的桑叶故事。一般养蚕农户出售或购买桑叶在五龄期，明代一筐蚕到五龄期用桑约为120斤⑦。饲养五筐蚕约有桑叶600斤。由此可知，在叶价较高的年份，每担桑叶的价格3.33钱银子。这一价格比当时预租（秒叶）价格要高。朱国祯《涌幢小品》记载：“凡蚕一斤（筐），用叶为六十斤，秒者先期用银四钱，既收而偿者约用五钱。”即每百斤叶价0.25钱银子，即使赊秒也只不过3.125钱，可见在桑叶紧张时，叶价比平常年份要高30%以上。

书中也反映出蚕桑生产在当地农民的经济生活中占有极其重要的地位。明代杭嘉湖地区由于栽桑养蚕经济效益的刺激，蚕桑生产发展很快，出现了改粮田为桑田的现象，当地生产的粮食仅能满足口粮的75%，其余必须从市场购入⑧，因此不论贫富，均以栽桑养蚕作为经济收入的主要来源。“农无余粟，所赖蚕利。”⑨“蚕桑之利……公私赖焉。”⑩交纳赋税、购买粮食等都必须从蚕桑生产的收入中开支。对于一户贫穷的农家来说，一旦养蚕失败，一年的生活就无法维持下去，甚至会陷入高利贷的泥坑，倾家荡产。《吴中蚕法》中记载张氏由于卖叶后失落二两银子，竟举家自缢就是一个典型的例子。

3. 科技史方面

明代已有几部农书记述了杭嘉湖地区的蚕桑生产技术，如《沈氏农书》、宋应星的《天工开物》等。《吴中蚕法》残文的发现，丰富了蚕桑生产技术的史料，为我们系统地研究和了解明代杭嘉湖地区蚕桑生产技术创造了有利的条件。

从《吴中蚕法》可见，明代嘉湖地区的蚕种以化性分，有一化性和二化性两种，在当地称之为头蚕和二蚕。二化性蚕种的化性不很稳定，从二化性蚕种可分化出三化、四化性，甚至出现五化性，有些农民利用二化性蚕的这一特性，全年饲养四五次蚕。这种化性分化现象在现代家蚕中也偶有发生⑪。以眠性分，有三眠蚕和四眠蚕，一般一化性蚕以四眠性为主，而二化性蚕则大部分为三眠性。对家蚕化性和眠性记载如此详细，这在我国古代农书中尚属首次。蚕品种的种类很多，但书中没有详细列出品种名称。明代嘉湖地区的蚕种生产还是自留自育，从已收采的蚕茧中，选择茧层紧厚的种茧，产卵留种。为了淘汰劣质蚕种，达到孵化齐一、体质强健之目的，到农历十二月以盐水浸种，立春后放在室外若干天，经受严寒考验。这一处理方式在当地称为浴种。二化性蚕种则一般没有浴种这一技术环节。

书中对嘉湖地区养蚕技术做了详细的记载。春蚕饲养一般在清明节以后开始，清明十日后开始蚕卵催青，催青方法主要以人体体温给蚕卵加温。收蚁则在谷雨前后，饲养量以蚁量为计算标准，每一钱为一个单位，一钱蚁蚕到出火时为一筐，相当四龄起蚕一斤半。饲养条件因农家的经济状况而不同，有条件的用木炭加温，而家境较差的，无钱购买木炭，只全凭晴天的日光稍稍提高一下饲养温度，加温一般限于前三龄，大蚕期不加温。给桑一般不规定次数，叶稀即补，以使蚕儿达到充分饱食。小蚕期给桑要经过刀切，切叶的大小随龄期而增大；四龄以片叶饲蚕，五龄则用芽叶。为了保持蚕座干燥，一般桑叶经晾干再喂蚕。为了防止残桑堆积，湿气蒸闷，影响蚕儿的正常生长，嘉湖地区的蚕农除沙比较勤快，各龄都进行眠除，去掉残桑蚕沙，五龄期则从第三天起，每天除沙一次。蚕农对蔟中管理很重视，上高山蔟，吐丝结茧期要求以炭火加温，上蔟三天后，去火，打开门窗，除掉屏障，通风排湿。

从书中记载的嘉湖地区蚕桑生产技术可见，到明代中后期，我国传统的养蚕生产技术已达到了顶峰。由于蚕农的精心饲养和管理，养蚕取得了比较好的成绩，收蚁量二钱（相当于20世纪50年代的一张蚕种）生产水平高的可收茧30—32斤，相当于现代衡器的56—60斤[12]。当然由于人力、财力等因素的影响，户与户之间的技术水平发挥是不平衡的，颗粒无收的现象也时有发生。

附录：《吴中蚕法》辑录

崇西北十九都与湖之归安接壤，有余二、余四兄弟，各育蚕十五筐。时嘉靖元年，叶甚贵，余二兄弟尽欠叶，乃相与语曰：叶贵难买，即买叶得丝亦不如卖叶得价，乃相与倾蚕于垃圾潭中，以泥盖之，乘早采叶，驾舟来崇。行至三里桥，忽水中跃出一大鱼入舟，余四急以平板掩之，二人大喜。既至崇，则叶价贵益甚，方驻舟视鱼，鱼方拔刺求活。卖叶毕，沽酒将烹鱼，非鱼也，乃一人足。为逻者所逮，二人叹曰：我卖叶人也，乌杀人。官鞠推不服，押归瘗蚕所，发视之，一死女人无左足，遂置法焉，逮刑。邻人不平，乃复发视，一蔑肉也。（靳一派：万历《崇德县志》卷二《物产》）

万历七年春叶其贵，县北打鸟村王财养蚕八筐，而少叶千斤。妻语夫曰：蚕性命重而人为轻，二竖可售以育蚕可救，而二竖尤可归也。夫領之，得银二两尽买叶。时塘东一张姓者育蚕五筐，计售丝不如售叶，令妻灭蚕采叶来崇，适与王财值银。既售，与王换箭，而不知袖中金之坠于箭也，扬扬而归。骄其妻取银沽酒，无有矣。乃大号泣，遂抵户自缢，其妻亦缢，一家三人皆死。王财买叶归，妻方俟叶至，急饲蚕，而得银于筐中，不失一毫，遂以原银赎售竖团栾焉。此两家报应甚速，而且异然，往往有之，此特目击耳。育蚕家慎勿多育起售竖之谋；慎勿弃蚕，受赤家之报；量叶育蚕，斯言当矣。（靳一派：万历《崇德县志》卷二《物产》）

有头蚕、二蚕一别；又有原蚕，为二蚕所出，在头蚕之前。头蚕之利甚溥，其种类颇多，岁以清明下种，凡四眠始上箔成茧缫丝。种蚕时，妇女极艰辛，无暇膏沐寝食，大都理叶喂蚕，用火用晒俱有，节候顷刻不可失调，月余始熟。二蚕亦有四眠者，其茧略薄。劳翀霄曰：蚕事兴于清明节，是夕献蚕花神，制粉圆若茧形，同三牲共奉。越十余日，将去年所收蚕种纸放卧席下，以身暖之，谓之护种。至谷雨，种出，蠕蠕微动，谓之蚕乌，细如发末，取鹅翎收下，用戥称其铢两，每乌一分到出火时约蚕一大筐矣。然乌有二种，一为火种，以纸糊减半。过三日撤火开户去蔽，使风燥透茧，则丝易缫，逾日收采，谓之落山。每筐上收者得茧十五六斤，中下不等，直至一二斤而止，大率人工缺失，寒暖候乖，则收成歉薄。蚕毕，择茧之坚厚者为种茧，十余日蛾从茧出，雌雄既交，即摊坚厚白纸，置蛾其上生子，密布收起，放无烟处，以架摊张使透风，时加检视，防浥湿及他虫侵蚀也。腊月以食盐作汤，将蚕种纸浸其中、谓之浴种。至春，出晒屋上，七日取下，仍置架上，俟清明后，取而护焉。大抵喂蚕叶宜干不宜湿，经所谓风戾以食之也；防护宜暖不宜寒，经所谓棘墙以闭之也。头蚕也有三眠者，饲养视四眠较易。别有原蚕，其种独早，不必浴，不必护，饲养大略相同，而成茧出蛾生子如作圈状。不逾月即又出乌，收育之为二蚕，茧成出蛾，雌雄交者，次年然后出乌，其略交者生子，不逾月又出乌，收育之为三蚕，仍如是法可育至四蚕、五蚕。冬初则天寒，桑落不可复蚕。吴都赋称：乡贡八蚕之绵。益郊广地暖，桑叶凌冬不凋、故虽八蚕，可育耳。小筐摊匀，下用微炭烘暖；一为晒种，不用火，天晴将芦簾遮掩日色，亦以纸筐盛乌晒簾下。二种皆取利刀切桑叶如丝者饲之，须时时察看，叶稀即补，乌有密处用细竹筋拔匀，如是三四日夜，见蚕定不食，谓之眠。初眠用竹筋细细分开，去其残叶，恐湿热伤之也。又一日，夜看蚕嘴有脱壳，则眠而起矣，再用切细叶饲之如前，又三四日而二眠，亦如前法饲之。又三四日而三眠，谓之出火，蚕稍粗矣，不必用竹筋，将手一一取下，弃残叶而分筐头，每筐一觔八两，用秤秤定，摊篾筐中，蚕长半寸，饲叶不用刀切。又三四日夜为大眠，亦将残叶取下，又用秤秤，每六斤为一大筐，以桑叶带嫩枝饲之，三昼夜将蚕翻过，谓之起薙，不使残叶堆和湿气壅蒸也。此后每日一起薙，越五六昼夜，望蚕项下耿耿有亮光则熟。先以木作架，铺苇箔置蚕蔟，将熟蚕散布其上，谓之上山。山下炽火，周遭蔽护，使热上升，则蚕乘热营丝作茧不停口，若陡遇风雨寒冷，则蚕口禁缩，腹虽有丝不吐，所以贵热（光绪《石门县志》卷三《物产·虫类》）。

原载《古今农业》1992 年第 1 期

注释

① 王毓瑚：《中国农学书录》，农业出版社，1979 年。
② （清）沈季友：《槜李诗系》卷十三、卷十四。
③ 洪焕椿：《浙江方志考》，浙江人民出版社，1984 年，第 121 页。
④《重修浙江通志稿》卷五十六。
⑤ 梁家勉：《中国农业科学技术史稿》，农业出版社，1989 年，第 85 页。
⑥ 正德《桐乡县志》卷二。
⑦《沈氏农书》，（清）张履祥：《杨园先生全集》卷四九。
⑧ 康熙《石门县志》卷十二。
⑨ 章楷：《我国蚕业发展概述》，《农史研究集刊》第二册，科学出版社，1960 年。
⑩（清）张履祥：《补农书》卷下。
⑪ 段佑云：《家蚕起源于黄河中游中华民族发祥地》，《蚕业科学》1983 年第 1 期。
⑫ 陈恒力：《〈补农书〉校释》，农业出版社，1983 年，第 81—82 页。

长江下游原始稻作农业序列初论

长江下游是我国远古部族聚居的重要地区，分布着丰富的新石器时代遗址。在该地区的许多新石器时代遗址中发现了栽培稻的遗存，这里应是我国稻作的一个重要起源中心。稻作是长江下游新石器时代原始农业的主要形式，原始农业发展的实质是原始稻作的发展。近年来长江下游地区新石器时代考古发掘和研究工作的进展，为我们研究原始稻作发展序列创造了条件。

一 长江下游原始稻作农具的演变

新石器时代原始农业中使用的生产工具，一般是利用石、木、骨（蚌、角、牙）等材料制成的。石质农具有砍伐用的石斧、石锛，翻耕用的石锄、石铲，收割用的石刀、石镰，谷物加工用的石磨盘、石磨棒、石杵等。骨质农具有骨耜、蚌铲、蚌镰、角锄等。木质农具有木铲、木耒等。长江下游新石器时代的遗址中以上各种农具都有发现，但在骨、木、石三种农具的构成和发展上表现出明显的地域特点和规律性。

浙江余姚河姆渡遗址是目前所发现的长江下游新石器时代遗址中时代最早的、最具特点的一个稻作文化遗址。1973 年考古工作者在遗址的第 4 层 400 平方米范围内普遍发现稻谷、谷壳、稻秆、稻叶，厚度为 10—80 厘米。经^{14}C 年代测定，遗址距今 6960—5905 年，第 3、4 层属于河姆渡文化，第 1、2 层与崧泽、马家浜文化相当。遗址中出土了大量的农具（表一），石质农具有耜、铲、凿、斧、锛、刀、锄、刮削器、砺石、蝶形器，骨质农具有耜、铲、凿、锥、角锄、蝶形器，木质农具有耜、铲、尖头木棒、木棒、器柄、木槌、蝶形器。① 据统计，河姆渡遗址 1—4 文化层的石质农具比例分别为 100%、82%、42.7% 和 26.4%；骨质农具分布于第 2、3、4 层，比例分别为 10.7%、57.3% 和 59.3%；木质农具分布在第 2、4 层，比例分别为 7.2% 和 14.3%。由此可见，河姆渡遗址的石、骨、木农具构成在每个文化层中有不同的表现，层与层之间的联系存在着规律性，由下层文化到上层文化（年代上由远及近），石质农具的比例逐渐增大，而以骨、木为材料的农具比例，与石质农具相反，逐渐下降。原始稻作农业时期农具构成的这种变化趋势，在浙江桐乡罗家角遗址也有相同的表现。罗家角遗址发现于 1956 年，第 4 层距今 6905 ± 155 年，遗址中出土了很多炭化米，在陶器的胎壁中，也可见到大量的稻谷碎屑，稻谷生产已成为当时农业生产的主要部门。在这个遗址中出土的以石、骨为材料的农具很多（表二）。石质农具有斧、锛、刀、凿、砺石等，骨质农具有耜、器柄、角锄、锥等，

表一 河姆渡遗址出土的石、骨、木质农具数量

文化层	数量		
	石质	骨质	木质
1	53	0	0
2	23	3	2
3	35	47	0
4	83	186	45

表二 罗家角遗址出土的石、骨、木农具数量

文化层	数量		
	石质	骨质	木质
1	92	1	0
2	59	15	0
3	76	28	0
4	6	13	0

没有见到木质农具[②]。从第 1 层到第 4 层，石质农具的比例分别为 98.9%、79.7%、73.1% 和 31.6%，呈逐渐减少的趋势；骨质农具的比例分别为 1.1%、20.3%、26.9% 和 68.4%，呈逐渐增加的趋势。

以上就河姆渡和罗家角两个新石器时代遗址出土的骨、石、木质农具的构成的发展特点进行分析，下面再从长江下游地区的文化发展系列做一些考察。长江下游的新石器时代原始文化大致可分四种类型，即河姆渡文化、马家浜文化、崧泽文化和良渚文化，以河姆渡文化最早，良渚文化最晚，马家浜和崧泽文化介于两种文化之间。以上四种新石器时代文化类型的遗址，在长江下游各地都有发现，遗址遗存中都有农具。

河姆渡文化是长江下游较早的原始文化，以河姆渡遗址下层为代表。目前仅发现一个地点，考古工作者认为，这种文化类型估计在杭州湾及其附近地区有广泛分布。它叠压在马家浜文化之下[③]。其农具构成见表一。

马家浜文化以桐乡马家浜遗址下层的文化遗存为代表。除马家浜遗址外，还有邱城下层、崧泽下层、河姆渡 2 层、梅埝下层、草鞋山下层、圩墩下层等。农具有石质、骨质，石器农具有斧、锛、刀、锄、凿等；骨质农具的数量比石质农具多，是主要农具，种类有锥、凿等（表三）[④]。另外，在圩墩下层还出土了木铲[⑤]。

崧泽文化以青浦崧泽遗址中层文化特征为代表，可以归属这种文化类型的遗址有邱城中层、草鞋山中层、张陵山中层、嘉兴双桥等。农具构成的特征表现为石质农具增加，骨质农具减少（表四）[⑥]。

良渚文化以余杭良渚镇遗址文化特征为代表，除余杭良渚镇、瓶窑、安溪等遗址外，属于这一文化类型的遗址有钱山漾下层、水田畈下层、雀幕桥、吴兴花城等。石质农具相当发达，有石斧、石锛、石凿、石刀、石镰、石梨等，骨质农具很少见（表五）[⑦]。

表三　马家浜文化石、骨质农具构成

遗址	农具			
	石质		骨质	
	件数	百分比	件数	百分比
马家浜下层	1	7.1	13	92.9
崧泽下层	2	33.3	4	66.7
圩墩下层	0	0	3	100
合计	3	13.0	20	87.0

表四　崧泽文化石、骨质农具构成

遗址	农具			
	石质		骨质	
	件数	百分比	件数	百分比
崧泽中层	43	95.6	2	4.4
张陵山下层	9	100	0	0
圩墩中层	37	97.4	1	2.6
合计	89	96.7	3	3.3

表五　良渚文化石、骨质农具构成

遗址	农具			
	石质		骨质	
	件数	百分比	件数	百比分
水田畈下层	16	100	0	0
马桥五层	7	100	0	0
雀幕桥	406	100	0	0
合计	429	100	0	0

长江下游新石器时代各个文化时期的农具统计表明，原始稻作农具的石、骨、木农具构成变化趋势与河姆渡、罗家角两个遗址各文化层变化具有共同性，即随着新石器时代文化的发展、石质农具增加，骨、木质农具减少。骨、木质农具减少的主要原因是长江下游原始稻作形态的改变，产生对农具材料的新要求。

长江下游的先民在新石器时代创造了原始稻作文化，但在当时的经济生活中，采集和渔猎仍占有重要地位，新石器时代遗址中大都伴有动物骨骸出土，骨质农具其所需的材料丰富。制作骨耜、骨铲的材料为有蹄类动物的肩胛骨，这类动物在长江下游新石器时代一直存在，且资源丰富（表六），是原始居民的重要狩猎对象。但除河姆渡、罗家角四个遗址外，其他遗址目前尚无发现骨耜、骨铲，而且骨锥、骨凿等小型农具的数量也逐渐减少。黄河流域新石器时代有蹄类动物资源也相当丰富，有牛、马、羊、猪、獐、象等，但至今尚未发现大量使用骨耜、骨铲的现象。长江下游的木质农具和骨质农具变化是一致的，但新石器时代长江下游林木资源丰富。因此用农具材料缺乏是难于解释骨、木质农具减少的现象的。从遗址出土遗物情况看，因地层保存原因而减少也难于成立。良渚文化时期的各个

表六 遗址中出土的有蹄类动物残骸种类

遗址名称	动物种类
马家浜	水牛、鹿、野猪、麝
崧泽	猪、梅花鹿、麋鹿、獐
草鞋山	野猪、水牛、梅花鹿、麋鹿、獐
圩墩	水牛、野猪、獐、梅花鹿、麋鹿
梅堰	牛、梅花鹿、麋鹿、野猪
钱山漾	牛、猪、鹿
马桥	猪、牛、鹿、獐

遗址都没有发现骨质、木质农具，但以动物骨骼和木材为材料的工具都有发现，如钱山漾遗址中有骨针、竹编织物和木桨、千篰、木杵、木槽等木器[⑧]；水田坂遗址下层有木盆、木杵、木桨、木板、尖状器、木榔头等木器出土[⑨]。

上面分析可以看出：长江下游骨、木质农具是应早期原始稻作形态而产生的，并随着原始稻作的发展，新的稻作形态产生而逐渐减少，同时石器农具逐渐增加。根据河姆渡、罗家角遗址农具构成的自身发展和长江下游新石器时代原始文化各个类型农具构成的系统发展，可以把长江下游原始稻作大致划分为两个阶段，即以骨、木质农具为主体的原始稻作文化和以石质农具为主体的原始稻作文化。在时间序列上，骨、木质农具原始稻作类型要早于石质农具的原始稻作类型。

二 长江下游原始稻作类型

长江下游新石器时代原始稻作根据其生产中使用的农具材料性质，可以粗略分为骨质、木质农具和石质农具两种原始稻作类型。骨质木质农具不似石质农具那样坚固，不适合森林火烧地的翻土，一般认为是属于南方水田用具，或用于翻耕，或用于开沟排水[⑩]。也有人认为、骨耜等骨质农具只能用于整地和铲除杂草[⑪]。总之，骨质、木质农具的材料性质说明了原始稻作类型所处的生态环境不是林地，而是滨海河口、滨湖滩涂等沼泽地带。以石质农具为主体的原始稻作，生产方式是刀耕火种，如果我们把原始稻作的地理环境考虑入内，则又可分为湿地型和山地型两种类型。

1. 沼泽地原始稻作

沼泽地原始稻作，以河姆渡文化早期为这种类型的代表，另外还有罗家角遗址下层及马家浜文化早期。农具以骨质为主。

河姆渡遗址位于杭州湾南岸，四明山和慈溪南部山地之间一条狭长的河谷平原上。遗址西南、南面紧临姚江，过江则是四明山麓，东面是平原，穿过平原是慈溪南部山地，遗址适在丘陵和平原的过渡地带，其地势由西向东北略呈缓坡。据孢粉分析，河姆渡第四层文化沉积时，正处于冰后最适宜的时期，气候温暖潮湿，森林茂密，四明山和河姆渡附近的小山丘生长着亚热带常绿、落叶阔叶树木，其植被中的有些种群，目前仅存在于我国广东、台湾和马来群岛、泰国、印度、缅甸等地。遗址附近则为湖泊沼泽[⑫]。河姆渡的居民就生活在这狭长的海滨沼泽地带，从居民的居住建筑（干栏）特点看，这里可能是洪泛区，雨季到来，山水流下，汇集到平原沼泽地滞留。河姆渡文化早期以骨、木质农具为主的原始稻作可能就是在这种沼泽地生态环境中展开的。河姆渡文化早期的沼泽地原始稻作的生产方式已无据可查，下面根据后世的粗放原始稻作形态，结合近现代的民族学材料，做一些推测。

我国江南地区、华南地区和越南的一部分，古代曾实行过一种粗放的稻作形态，即所谓的火耕水耨。《史记·货殖列传》曰："楚越之地，地广人稀，饭稻羹鱼，或火耕水耨。"《史记·平准书》《汉书·地理志》等书中也有类似记载。对火耕水耨的技术内容，东汉人应昭解释为："烧草下水，种稻。草与稻并生，高七、八寸，因悉耨去。复下水灌之，草死，稻独长。"[13]唐·张守节解释说："言风草下种，苗生大而草小，以水灌之，则草死而苗无损也。"[14]火耕水耨的技术内容可概括为四个方面：（1）适用低湿沼泽等杂草茂密的荒地。（2）用火焚烧准备开垦种植水稻土地上的杂草。（3）直播种植水稻。（4）利用杂草和水稻的生理不同，灌水抑制或杀死杂草。这种开发低湿沼泽荒地种植稻的方法，在《周礼·稻人》也有记载："凡稼泽，夏以水殄草，而芟荑之。"河姆渡文化早期的原始稻作和后世记载的火耕水耨稻作生态环境是一样的，同属沼泽地稻作技术系统，两者的技术内容应该有共同之处。从河姆渡遗址出土农具的情况，结合火耕水耨的稻作方式，可以大致勾划出河姆渡文化早期的稻作技术模式：用火烧除沼泽地的杂草；用骨耜等农具翻耕（或平整）土地；用尖头木棒点播或撒播稻谷；利用雨季的洪水淹去沼泽地处稻田，抑制或杀死杂草（自觉或不自觉）；割穗收割。

以骨质农具为主的罗家角遗址，四周是岗地，新石器时代，那里是一片开阔的滨海平原沼泽环境，大小湖泊河汊星罗棋布，林木稀疏，灌丛密接，水草十分丰盛[15]。马家浜文化遗址大部分分布在太湖流域，远古时代，河流湖泊虽不像现在这样多，但在这块平原上仍有大片沼泽地，如崧泽遗址下层（相当于马家浜文化），当时是大片低凹积水之地，人类即居住于湖沼间的高岗地[16]。从自然生态环境看，上面勾划出的河姆渡早期沼泽地稻作技术模式同样适用于罗家角下层和马家浜两种文化时期的原始稻作。

我国长江下游新石器时代的自然环境和目前东南亚地区相似。在东南亚一些国家近代仍可以见到类似沼泽地类型的粗放稻作生产方式[17]。泰国的昭披耶河河口三角洲是雨季洪水泛滥区，当地居民以种植深水稻或浮稻为主。1—4月份，降雨量较少，稻田干燥。4月底到5月份，开始降雨、土壤湿润，人们开始翻耕土地，一般不破碎土块，然后撒播稻谷。稻谷发芽后，伴之而生的有许多杂草，6—7月份稻和杂草都在田中生长，其间放牛入田食草和稻苗。8月份，雨季到来，洪水冲入稻田，杂草淹死，浮稻或深水稻仍在水中生长。1—2月份，水退去则割穗收获。泰国昭披耶河河口三角洲的稻作方法，同上面勾划出的沼泽地类型原始稻作模式有许多相同的地方。值得注意的是那里住居建筑和河姆渡文化时期相同，同为干栏型建筑，这意味着两地的稻作文化存在着某种关系。

沼泽地原始稻作类型的遗址，只有河姆渡遗址有稻的植株出土，但遗憾的是当时没有测量植株的高度，因此难于判断当时种植的是浮稻、深水稻还是一般水稻。浮稻、深水稻的栽培在我国是有史可查的，我国古书上有一丈红等深水稻、浮水稻品种记载。清·方以智的《物理小识·饮食》中记载华南一些地区的浮稻或深水稻栽培："南海田，乘桴播割，与湖退之圩漫撒同法。"我国现代仍保留着许多浮稻、深水稻品种。彭世奖认为：耐浸性和分蘖极强的浮稻、深水稻是江南火耕水耨稻作主要品种[18]。新石器时代长江下游的沼泽地原始稻作和火耕水耨稻作同属一个技术系统，原始稻作可能是以栽培浮稻、深水稻品种为主。河姆渡等沼泽地稻作遗址常处在河水泛滥区，从地理环境角度看，以栽培浮稻、深水稻最适合。

2. 平原湿地原始稻作

平原湿地原始稻作以崧泽文化为代表，主要分布于长江三角洲的太湖流域，以石质农具为主，属于低湿地刀耕火种稻作。

长江三角洲平原成陆于晚更新世末，新石器时代，太湖水面远较今日为小，许多湖荡还没有形成，除湖泊、沼泽地外，原始森林覆盖面积较大。生活在这里的居民大都居住在人为堆积的土墩上、山的向阳坡或山脚处[19]。如草鞋山、张陵山、崧泽等遗址就位于高度为3—10米的土墩之上，吴兴邱城遗址则位于濒临太湖的两个相连的小山之间。崧泽文化时期，这里的居民的原始稻作发生了变化，开始开垦平原林地，种植水稻。

从出土的属于崧泽文化的农具构成和长江三角洲的生态环境看，新出现的原始稻作类型可能是低湿地的刀耕火种。用石斧等农具砍倒林木；经日晒后，用火焚烧；用石铲等翻耕农具进行翻耕，用撒播或木棒点播稻谷；利用河水涨落进行不定期的被动灌溉。东南亚地区的低湿地刀耕火种可对我们认识新石器时代这种原始稻作类型有参考作用[20]。马来西亚的苏门答腊巴东哈里河流域一带的低湿地有大片的茂密森林，生活在这里的居民选择适当的林地，砍伐树木并焚烧；种子经催芽后，在火烧地用木棒点播；用铲和铁棒开掘出宽、深各1米的水渠，挖出的土堆放在渠边成小路，待涨潮水，河水上涨，水自渠中流入稻田，达到灌水的目的；成熟时，则割稻穗收获。

3. 低丘地原始稻作

低丘地原始稻作以良渚文化为代表，主要分布在太湖流域周围。农具以石质为主，属于山地型刀耕火种稻作。

良渚文化时期的遗址所处的地势较崧泽文化时期高，根据遗址所处的地理环境，大致可分两类：一类是遗址在低丘地或小山包上，如良渚、瓶窑、安溪、老和山等遗址。另一类是在山地的山脚处，如钱山漾遗址，四周有许多小山；邱城遗址（上层为良渚文化）则位于两个小山之间，杭州水田畈遗址的地理环境和邱城遗址相似。这些低丘地、小山在新石器时代都长有茂密的林木。

良渚文化时期的原始稻作是和低丘山地的开发密切相联系的，其栽培方法和山地刀耕火种没有区别。山脚下的田可利用山水进行灌溉；一些地势较高的田，则可能成为天水田，完全靠自然降雨过程提供水分。

新石器时代长江下游以上这三种原始稻作类型出现的时间次序是：沼泽地类型、平原低湿地类型、低丘地类型。但它们不是互相取代关系，而是在一定时间内以何种类型为主的问题。笔者作这样的类型划分只是为了说明一个阶段的原始稻作农业的新特点。就一个特定的文化遗址发展来说，并不一定和长江下游原始稻作发展序列同步并进，同一种类型的原始稻作有的遗址中可能出现得早一些，有的遗址可能出现得晚一些，如罗家角遗址1—2层、河姆渡2层，相当于马家浜文化，但前面两个遗址出土的农具主要是石质农具，原始稻作已进入低湿地、低丘地的开垦，而马家浜文化的各个遗址出土的农具以骨质农具为主，尚在开垦沼泽地。这种现象并不影响对长江下游原始稻作系列发展的描述，只能说明在早期的原始稻作中，一个部族的居民首先开垦居住地周围的沼泽地种植水稻，以后则向林地发展。

三 长江下游新石器时代水稻的分化

在新石器时代的长江下游地区，沼泽地类型的原始稻是目前已知的最早原始稻作类型。在远古时代，尚无完善的水利设施，沼泽地时常浸水，因此，这种土地上种植的水稻，必须能适应这种生态环境，经受得住淹水时的“灭顶之灾”。具有这种性状的水稻和后世所见浮稻、深水稻相似。

众所周知，稻作的起源和其他农作物一样，是人们在长期的采集过程中，自觉或不自觉地掌握了水稻生育的规律，为后来的栽培稻起源打下了基础。近来科学实验表明亚洲栽培稻（*O. sativa* L.）的祖先是多年生野生稻（*O. perenis*），以前认为是栽培稻祖先的一年生野生稻（*O. spontanca*），则是多年生野生稻和栽培稻的杂交后代的一个变种。我国著名的农学家丁颖教授也认为，中国栽培稻起源于多年生宿根野生稻（*O. perenis*）[21]。亚洲，包括中国境内的多年生野生稻一般都生长在深水的环境，如积水的沼泽地、沟渠、水塘、河流沿岸等，具有一些和浮稻、深水稻相类似的性状。我国华南地区目前仍有多年生野生稻，茎为匍匐茎，水上涨则加速生长，在洪泛期间，只要上部叶尖伸长出水面，可以由叶面吸收氧气，通过叶梢、茎、根的通气组织，到达根部，保证正常生长。长江下游历史上曾有多年生野生稻，宋以后，因农田大量开垦，加以温度下降，不利于多年生野生稻的生存，逐渐绝迹[22]。从栽培稻的祖先多年生野生稻的生物学特性看，长江下游新石器时代沼泽地原始稻作的稻品种可能是浮水稻或深水稻，而且还可能保持很强的多年性。

多年生野生稻变异十分丰富。如华南的多年生宿根野生稻，在深水中则成为匍匐茎，由茎上各节发根；如将其移入水田，则生长形态同其他禾本科杂草一样，是栽培种深水稻、浮稻的祖先[23]。从人类开始栽培野生稻开始，栽培本身便成了选择的动因，收获成为对不落粒植株的一种自觉的或无意识的选择，而播种则是对不休眠植株的选择。野生稻的易脱落，无性繁殖（多年生）的习性已经开始改变。随着栽培范围扩大、栽培的生境同野生稻的差别愈来愈大，多年生野生稻的习性进一步退化。农学工作者在调查多年生和一年生野生稻的地理分布规律后认为：生长在深水中的多年生野生稻，一旦进入易涝易旱的沼泽地的生境，相比原来的生境则显得干旱，这时种子繁殖有利于无性繁殖，休眠性退化[24]。河姆渡和太湖流域新石器时的沼泽地可能是一类旱季干涸，雨季积水很深，或长年浅水，或为暂时性的沼泽地。这种沼泽生境促使稻的休眠性退化，脱落性也随着人们的不断收获而减弱。但这类沼泽地大都有一个深水期，多年生野生稻的浮水性、深水性则被保存下来。深水性和浮水性退化可能是在长江下游居民开始大规模开发林地之后，即大约在马家浜文化之后。长期的浅水、少水和无水环境使稻的这种习性逐渐退化，与此同时，休眠性和脱落性加速退化。

长江下游地区稻的分化很早就开始了，经鉴定新石器时代出土栽培稻遗存有籼、粳炭化米（谷）的就有多处（表七）。河姆渡第四层出土稻谷籼稻占 74.68%，粳稻占 25.32%；罗家角遗址（主要是第 3、4 层）出土的稻米，籼稻占 75.74%，粳稻占 24.26%；草鞋山下层出土的稻谷大部分为籼稻，一部分为粳稻[25]；崧泽下层曾进行了两次发掘、第一次出土的稻米经鉴定则全为粳稻，第二次出土的有瘦长的籼稻和颗粒肥短的粳稻。在崧泽中层仅对红烧土上的一颗明显的稻谷印痕进行了测定，属粳稻[26]，可能是粳多籼少。钱山漾出土稻谷粗短的近似粳稻，稻米细长的近似籼稻[27]。澄湖遗址的则大部

表七 长江下游新石器时代遗址中的籼和粳

遗址名称	文化类型	种类
河姆渡第3、4层	河姆渡文化	籼多粳少
罗家角第4层	马家浜文化早期	籼多粳少
草鞋山下层	马家浜文化	籼多粳少
崧泽下层	马家浜文化	籼、粳
崧泽中层	崧泽文化	粳
钱山漾遗址	良渚文化	粳为主、籼少
澄湖遗址	良渚文化	粳多籼少

分为粳稻，籼稻谷粒只占很小部分[28]。从遗址出土的情况看，长江下游新石器时代早期的栽培群体中以籼为主，以后逐渐减少，与此相反，粳稻比例逐渐增加，到新石器时代晚期反而以粳稻为主。新石器时代，生产力水平还很低下，人们尚未有意识地对植株选择（这种选择是人类文明社会较晚的时期才开始的），籼、粳同时杂合于原始栽培群体中。遗址中出土稻米（谷）的比例，一定程度上反映原始杂合群体中籼、粳植株的多少。长江下游新石器时代稻的这种分化现象可能同该地区原始稻作形态的变化有着密切关系。

我国水稻的籼粳分化，温度影响起了很重要的作用。由多年生野生稻演变而来的籼稻，在从南向北（以及由低向山区）的传播过程中，由于进入温带（及山区）以后，为适应气温较低的生态环境而出现粳稻变异型。现在一般籼稻地区年平均温度在17℃以上，粳稻地区则在16℃以下。长江下游是目前籼、粳水平分布的过渡地带，往南则是籼稻区，往北则为粳稻区。从新石器时代出土的稻谷（米）遗存看，长江下游不仅是一个籼、粳共存区，而且存在着一个由籼逐渐向粳分化的过程。但长江下游新石器时代的分化是难于用温度的变化来解释的。新石器时代我国各地的气温比目前要高，根据竺可桢研究，距今5000年到3000年，大部时间的年平均气温高于现在2℃左右[29]。王开发等对上海地区及其附近几个遗址文化层的孢粉组合及其气候所做的分析也大致相似，距今5460年到4200年的年平均温度比目前高2℃—3℃[30]。河姆渡文化时期的气温接近于目前我国华南的广东、广西等地[31]。从长江下游新石器时代的气温看，是不利于从籼稻中分化出粳稻的，反而有利于籼稻的生育。因此，我们只能从其他方面来寻找长江下游新石器时代籼粳分化的原因。

1962年俞履圻等用国内外102个稻种研究栽培稻的亲缘关系，认为粳稻起源于籼稻，粳稻是在水利条件不良的情况下，由籼稻变为光稃一类的陆稻而变为粳稻的[32]。长江下游新石器时代原始稻作形态改变，从水利角度看，供水条件愈来愈差，和其祖先多年生野生稻所处的环境相去愈来愈远。这种随原始稻作形态变化而发生的水利条件变化可能是长江下游新石器时代籼粳分化的主要原因。栽培稻起源于生活在深水处的多年生野生稻，经自然选择和人工选择驯化而形成的栽培稻种，籼稻是基本型。新石器时代的沼泽原始稻作时期，稻的生境和自然野生稻生境已不同，虽然在这些沼泽地，水分供应充足，但终年的深水环境已不复存在，深水环境只在全年的某个时期出现。此时粳稻已开始从籼稻中分化出来，但比例很少。进入平原低湿林地开发时期，栽培稻大部分时间处于潮湿、浅水的环境，并且可能时有干旱时期出现，生境和多年生野生稻差别更大，栽培稻中进一步分化出粳稻，粳稻比例上升，杂合群体中粳稻比例开始超过籼稻。到低丘地原始稻作时期，水稻的供水更得不到保证，已开始栽培陆稻。这时籼粳分化加快，粳型则远远超过籼稻。原始稻作形态的变化促使籼粳分化，反过来我们从新石器时代长江下游籼粳分化的规律也可看出该地区原始稻作农业形态的改变。

本文在撰写过程中，受到游修龄教授的指导和帮助，在此深表谢意！

原载《东南文化》1993年第3期

注释

① 浙江省文物管理委员会、浙江省博物馆：《河姆渡遗址第一期发掘报告》，《考古学报》1978年第1期。

② 罗家角考古队：《桐乡县罗家角遗址发掘报告》，《浙江省文物考古所学刊》，文物出版社，1981年。

③ 安志敏：《三十年来中国的新石器时代的考古学》，《中国新石器时代论集》，文物出版社，1982年。

④ 南京博物院：《长江下游新石器时代文化若干问题的探析》，《文物》1978年第4期。

⑤ 吴苏：《圩墩新石器时代遗址发掘简报》，《考古》1978年第4期。

⑥ 南京博物院：《长江下游新石器时代文化若干问题探析》，《文物》1978年第4期。

⑦ 南京博物院：《长江下游新石器时代文化若干问题的探析》，《文物》1978年第4期。

⑧ 浙江省文物管理委员会：《吴兴钱山漾遗址第一、二次发掘报告》，《考古学报》1960年第2期。

⑨ 浙江省文物管理委员会：《杭州水田畈遗址发掘报告》，《考古学报》1960年第2期。

⑩ 梁家勉：《中国农业科学技术史稿》，农业出版社，1989年，第26—31页。

⑪ 汪宁生：《河姆渡文化的“骨耜”及相关问题》，《东南文化》1991年第3期。

⑫ 浙江博物馆自然组：《河姆渡遗址动植物遗存的鉴定研究》，《考古学报》1978年第1期。

⑬《汉书·武帝纪》注。

⑭《史记·货殖列传》正义。

⑮ 张明华：《罗家角的动物群》，《浙江省文物考古所学刊》，文物出版社，1981年。

⑯ 王开发：《崧泽遗址的孢粉分析研究》，《崧泽——新石器时代遗址的发掘报告》，文物出版社，1987年。

⑰ 高谷好一：『东南アジア大陸部の稲作』，『稲のアジア史』（第2卷），小学馆，1978年。

⑱ 彭世奖：《“火耕水耨”辨析》，《中国农史》1987年第2期。

⑲ 王仁湘：《崧泽文化初论》，《考古学集刊》第4集，中国社会科学出版社，1984年

⑳ 古川久雄：『热带岛屿の稲作文化』，『稲のアジア史』（第2卷），小学馆，1987年。

㉑ 丁颖：《中国水稻栽培学》，农业出版社，1961年。

㉒ 游修龄：《太湖地区稻作的起源及其传播和发展问题》，《太湖地区农史论文集》（第一辑），1985年。

㉓ 梁光商：《水稻生态学》，农业出版社，1983年。

㉔ 角田重三郎、高桥成人编著，闵绍楷、杨守仁译：《稻的生物学》，农业出版社，1989年。

㉕ 周季维：《长江中下游出土古稻考察报告》，《云南农业科技》1981年第6期。

㉖ 游修龄：《崧泽遗址古代种子鉴定报告》，《崧泽——新石器时代遗址发掘报告》，文物出版社，1987年。

㉗ 浙江省文物管理委员会：《吴兴钱山漾遗址第一、二次发掘报告》，《考古学报》1960年第2期。

㉘ 张志新：《江苏吴县出土新石器时代稻谷》，《农业考古》1983年第2期。

㉙ 竺可桢：《中国近五千年来气候变迁的初步研究》，《竺可桢文集》，科学出版社，1979年。

㉚ 王开发、张玉兰、叶志华等：《根据孢粉分析推断上海地区近六千年以来的气候变迁》，《大气科学》1978年第2期。

㉛ 浙江博物馆自然组：《河姆渡遗址动植物遗存的鉴定研究》，《考古学报》1978年第1期。

㉜ 俞履圻、林权：《中国栽培稻种亲缘的研究》，《作物学报》1962年第3期。

辑里丝考略

辑里丝在中国丝织业史上具有十分重要的位置，从明代中后期到近代一度得到比较快的发展。产区扩大，生产量增加，名扬海内外，是江浙一带向外省区及海外输出的主要生丝品种，到机械缫丝业在中国兴起和发展，以及国际纺织业的进步，辑里丝才渐渐衰落消亡。历代人们大都以为辑里丝是以其丝质优良而著名，没有从辑里丝产生和发展的历史背景进行深入细致的研究，来揭示其一些实质性的东西。本文试图在这一方面做一点努力。

一　辑里丝的形成及其特点

明清时期，我国蚕丝生产区域有显著的变化，许多在宋代较为发达的地区，如江苏、江西、浙东等部分地区，在元代遭受严重的破坏，明初虽然政府一再下令振兴蚕业，但终究难以恢复到原来的水平。明末清初唐甄说："夫蚕桑之地，北不逾松，南不逾浙，西不逾湖，东至于海，不过方千里，外此居为邻，相隔畔无桑。"[①]杭嘉湖成为全国唯一有影响的重点蚕丝生产区和丝织原料的供应地。《吴兴掌故集》中说："蚕丝物业饶于薄海，他郡借以毕用。"[②]湖丝及其丝织物享誉海内外。商品经济的发展，促进了该地区生产技术水平的提高，从栽桑到缫丝一系列生产环节中，农民精益求精，生丝质量有显著提高，明末潘尔变的"湖丝甲天下著在维正"[③]是对当时生丝质量的高度概括。湖州还出现一些生产优质蚕丝的名产区，弘治《湖州府志》中说：丝"属县具有，惟菱湖洛舍第一"[④]。嘉靖《湖州府志》中说："丝出归安、德清者佳。"[⑤]《蓬窗目录》同嘉靖《湖州府志》说法相近，"湖丝绝海内，归安为最，次德清"[⑥]。正德《新市镇志》中说："大抵蚕丝之贡，湖郡独良，而湖郡所出。本镇所得者独正，外此皆其次也。"[⑦]菱湖、洛舍、德清、归安县是当时优质的生丝产地。

辑里丝则在当时优良生丝群中异军突起，在从明末到近代的土丝（相对机械缫丝而言）中独领风骚。辑里丝早期称七里丝，首次见于文字记载的是万历（1573—1620）年间宰相朱国祯（南浔人）的《涌幢小品》："湖丝惟七里尤佳，较常价必多一分，苏人入手即识，常织帽缎，紫光可鉴，其地去余镇仅七里，故以名。"[⑧]辑里丝之名最早出雍正（1723—1735）年间范颖通的《研北居琐录》："辑里湖丝擅名江浙也。"[⑨]根据光绪《南浔镇志》记载，距湖州南浔镇西南七里的地方，有一个叫辑里的自然村落[⑩]，这一村落就是七里丝的最早产地，后人把七里丝又称辑里丝的原因就在这里，七里丝因距离得名，辑里丝则因起源地的地名而得名，两者实为同物异名。

根据历史文献记载，辑里丝具有两个有别于其他湖丝显著的特点。从生丝的纤度看，辑里丝较一般农家生产的土丝细，明清两代称之为细丝。康熙（1662—1689）时期的《湖录》中说：“细丝今（乌）程安（吉）乡乡处有之，不独七里也。”[11]很明显，辑里丝是以细纤度见长。根据近代资料记载，辑里丝纤度约14—15旦尼尔。从辑里丝的用途看，主要用于织造缎、纱等华丽富贵、轻盈飘柔的织物。朱国祯所说七里丝主要用于织帽缎。《天工开物》中说：“若织包头、细软……其丝细微。”[12]同治《湖州府志》中说：“细丝亦称经丝可为缎经。”[13]可见辑里的产生和发展同明清时期织物结构变化有明显关系。

中国封建社会的蚕丝业是以家庭生产为主要方式，从养蚕到缫丝，甚至织造整个过程都在家庭中完成，到明代，织造业开始从家庭分离出来，但养蚕和缫丝仍紧密结合在一起。这种生产方式必然产生生产标准的不统一和产品规格的不一致，形成一定的地域差异。根据明末宋应星《天工开物》记载，嘉湖地区有二十粒缫的粗丝和十粒缫的细丝[14]。弘治《湖州府志》中记载的生丝品种有合罗、串五、肥光等[15]。董蠡《南浔蚕桑乐府自序》中说：“城市作肥丝、南浔作细丝，各有所宜”，同治《南浔镇志》中说：“浔地以细丝为主，肥丝绝少”[16]，湖州地区生丝纤度的多样性和地域性十分明显。这种多样性和地域性，是辑里丝脱颖而出的一个重要社会经济背景。

二 明清时期丝织物结构的变化和辑里丝

辑里丝在明清时期异军突起，生丝的内在质量是一个必不可少的原因，但不是一个根本性的原因。众多的优良地方土丝中为什么唯独只有辑里丝能在很长一个时期内得以发展呢？其中耐人寻味。明清时期湖州地区生丝质量地方之间虽然存在着一定差异，但总体上来说，生产的蚕丝是优良的。笔者认为辑里丝成名的根本原因在于它适应了当时生丝市场对生丝品种的需求，适应了当时丝织物构成变化的形势。

宋代实行两税法，征收实物，夏税纳丝织物，秋税纳粮。根据《宋会要辑稿》记载，宋代租税，上供的丝织实物有锦绮、鹿胎、透背、罗、绢、絁绫、縠子、隔织、绸、杂帛等，其中以绢织物为主，分别占85.98%和80.95%。（表一）

元代政府对江南的税制仍沿袭宋代的两税制。“至元十九年（1282），用姚文之请，命江南税粮依守旧制，折输绵、绢、杂物……至成宗元贞二年（1296）始定征江南夏税之制，于是秋税止输租（米），

表一 宋代税租、上供、岁收入丝织物构成

	锦绮、鹿胎透背	罗	绫	绢	絁绫、縠子、隔织	绸	杂色帛匹
租税数量（匹）		860	14291	2935586	47861	415570	
百分比（%）		0.03	0.42	85.98	1.40	12.17	
上供数量（匹）	1010	106481	44906	2876105	6611	468744	48951
百分比（%）	0.02	3.00	1.27	80.95	0.19	13.19	1.38
岁收入数量（匹）	9165	160620	147385	5382709	111716	2290966	56131
百分比（%）	0.11	1.97	1.81	65.97	1.37	28.08	0.69

表二 清代江宁、苏州、杭州织造局织机数

	顺治年间			雍正三年（1725）			乾隆十年（1745）		
	缎机	部机	合计	缎机	部机	合计	织机	部机	合计
江宁局	335	230	565	365	192	557	600	1780	2380
苏州局	420	380	800	378	332	710	663	1932	2595
杭州局	385	385	770	379	371	750	600	1800	2400
总计	1140	995	2135	1122	895	2017	1863	5512	7375

夏税则输以木棉、布、绢、丝、绵等物……其折输之物，各随时估之高下为值。”⑰绢仍是政府征收的主要丝织品。

明代初期，政府规定“凡民田五亩至十亩者栽桑、麻、木棉各半亩，十亩以上倍之，麻田征八两，木棉亩四两，栽桑于四年后起科，丝绵十八两折绢一匹”⑱。洪武十六年（1383）政府收入绢二十八万八千余匹，弘治时为二十万二千余匹⑲。一百二十年间，政府的绢收入的数量不是上升而是下降，原因是明代对丝绸的征收并不硬性规定实物，税粮可以绢代输，税绢也可折成钱钞，到神宗万历七年（1581）实行“一条鞭法”，中国的税制进入新的形态，赋税征课，由实物变成了货币。另外还有一个重要的原因，统治阶段对丝织物嗜好有了新的变化，他们已不单单只满足于绢、绸等织物，追求高贵华丽，各地设立的织造局，专门织制统治者喜好的衣料。其中纻丝织物的需求量增加最快，上升到重要地位，同时绢绸的地位下降，一些原来织造绢、绸、丝料的织造局纷纷织纻丝。如“天顺之年（1459）扬州岁造绸三百匹改织纻丝一百匹”⑳。“弘治九年（1497）承运库缺供用赏赐缎匹，令以岁派丝料分派各司府改织各色纻丝、纱、罗、绫、绸五万五千五百匹。”㉑“嘉靖五年（1526）以赏用不敷，题准行织造地方将原额岁造丝料改织纻丝、纱、罗、暗花一万八千匹，八年（1540）奏准各司府州额办纻丝、纱、罗、绸、绢。”㉒据明会典资料，嘉靖（1522—1566）末年，浙江省有杭州府、绍兴府、严州府、金华府、巨州府、台州府、温州府、宁波府、嘉兴府，福建有福州府、泉州府，江苏有苏州府、镇江府、松江府，安徽有宁国府、徽州府、广德府，山东有济南府，以及河南布政司和江西布政司设立织造局，除江西、湖广、山东、云南四省折解外，其他都有本色，共计28684匹，其中纻丝18989匹，占66.20%㉓。纻丝是古代缎纹织物的另一个称呼，实为异名同物㉔。缎类织物起源于宋代，但它的大发展则在明清时期。根据大清会典的记载㉕，清代在江南设置了三个织造局，以管理丝织工艺的生产，三个织造局织机数如表二。清顺治年间（1644—1661），用于织造缎类织物是用于织造一般织物部机的1.25倍，这足以反映缎类织物在当时织物中的地位。

明清时期丝织物结构变化的另一个特点是，飘逸轻柔的多孔薄地纱、绉、罗织物位置上升，反映了民间对丝织物种类需求的变化。纱，结构稀疏，丝线纤细，质地轻盈，并呈现一定大小的孔状。绉的质地轻薄如纱。罗的表面呈匀椒孔状，手感滑爽，质地极为轻薄，古人常用蝉翼来形容罗之轻薄。明清时期也是纱绉类织物大发展时期，根据《湖录》记载：“湖绉起于明时，见五色瓠，亦有花，亦有素，而素纱大行时。”㉖万历（1573—1620）年间，湖州地方的土机纷纷改为纱机㉗。不仅生产数量多，而且品种也多，有五绉、六绉、放绉、花绉、无花直纱；有花葵纱和夹织等㉘。福建泉州有素纱、花纱、金线纱㉙。江苏盛泽一带则有银条纱、夹织和皱纱㉚。明清时期罗的品种也很多，有起花的绮罗、帽罗和无花的素罗、帐罗[31]，生产量十分可观。

纱绉类织物在明清时期主要用于头巾，因此称包头纱或包头绉，湖州双林是当时织造纱绉的重要地方。明代武林女子梁小玉曾作《双林包头诗》，“轻霞薄雾小香罗，傍着香鬟香更多，最是春山缥缈上，横装一带显青螺”[32]，对纱绉轻飘等特点及用途写得十分清楚。明清时，东南沿海地区有戴头巾的习俗，如江苏苏州一带“樵汲耕种，巾不去首，世俗所戴，发绩纱图”[33]。浙江一带妇女以纱为首饰。闽俗则男子裹首。纱绉织物在北方也十分流行，用于挡风沙[34]。社会对纱绉类织物需求，促进了生产的发展和行业的分工。据《双林镇志》记载，双林出现了打线业，“打线，以白丝双股打成，包头机所用，有本线、旗脚线、横线、直线、滚头线等名。织绉纱必用单股紧线，两梭顺逆而成，打线者甚众焉”[35]。还出现织造包头纱绉的专业户[36]。这些足以可见当时织造纱绉的盛况，也反映出纱绉织物在丝织物中的地位。

综上所述，明清时期的织物构成呈现两大趋势，一是高贵华丽的缎类织物地位上升，二是轻柔飘逸的绉纱类织物在民间得到广泛应用，具有重要的地位。织物构成的变化，产生了对丝的质量及规格的需求变化，一般来说，轻薄的织物要求生丝的纤度细，花纹细致的花织物必须选用纤度细的经纬丝，特别是经丝。辑里村生产的生丝以其纤度细的特点适应了当时丝织物构成变化的需要，得到了发展，同时也带动了周围地方的发展，使南浔镇成为辑里丝的集散地，“蚕丝入市，客商云集”，一到新丝上市，苏、杭、南京等地官府织造，都到南浔收取生丝。苏州的缎织物必用辑里丝织造，福建的漳缎和泉州的纱绉必用湖丝（可能是辑里丝）[37]。就是一些邻近的地方，如震泽、盛泽、双林等镇的机织户，也到南浔买丝自织[38]。辑里丝在国内具有十分广阔的市场。康熙二十四年（1685）贡生温棐忱的《七里村志》写道：“七里丝甲天下，辇毂输将其名上达京师，大贾皆冒七里，今贸于江南及川广者皆然，色乘固载之，然则七里之衣被远。”[39]这不仅反映清初辑里丝的知名度，同时也反映了具有辑里丝特点的生丝产区在明清之际的扩大。辑里丝在明末仅限于南浔一带，清初开始在湖州境内扩展，乾隆（1736—1796）年间湖州和安吉等地都有细纤度的辑里丝生产。

三　近代辑里丝的兴衰

辑里丝在道光初年已盛销外洋。1842 年鸦片战争失败后，帝国主义强迫中国签订丧权辱国的五口通商条约，上海成为通商口岸，生丝由广东改为上海出口，一时间出口量大幅度增加，辑里丝的规格符合当时国际机织业的生产，特别是美国机织业生产的需要，跃居外销的首位。据《中国近代贸易史料》记载，1844—1847 年上海出口的蚕丝总量是 58773 包，其中辑里丝占 32364 包，为出口生丝总数的 55%，又据《广州海关十年（1882—1891）报告》记载，到 1870 年为止，从广州出口的丝完全都是辑里丝。

外销量的增加，国外机械纺织业中使用辑里丝增多，在使用过程中，农家单家独户手工生产的辑里丝的弱点明显暴露出来，丝绞长度不统一，断点过多，给欧美等机织业带来许多不便，不得不再次缫丝，欧美等国希望中国对出口的生丝进行整理，由此畅销国外的辑里丝出口转滞。1873 年南浔镇中昌丝行行主周味六首次把买来的零绞土丝通过复摇，剔除糙丝、屑丝，将松蓬多绪的土丝按好头，同时改长框丝为短框丝，改三板一车为 25 条的经条，100 两为一把，1200 两为一包，名之谓“七里经”，也称辑里丝干经，辑里大经。由于当时国外缫丝、织绸的机器工业水平还不高，辑里干经以其原料性量好，生产成本较厂丝低的优势，且加工再缫的辑里干经比原来辑里生丝更适于外国机织生产，在欧美各国大为畅销。其他各镇因无法复摇，难于直接出口，只得到南浔销售，南浔的土丝业盛极一时。这一技术的革新，使辑里丝在厂丝的压迫下依然兴盛，不但没有走向衰败，反而在光绪前到 20 世纪初的数十年中达到它的鼎盛时期。1880 年由南浔转运出口的辑里干经为 5400 包，1912 年出口量最多为 9400 包，是 1880 年的 1.74 倍[40]，期间除少数年份因世界性经济危机、国内战争等的影响而有过波动外，一直处于稳步增长的状态。

辑里丝、辑里干经的外销直接影响国内的生丝生产，在辑里丝（辑里干经）的旺销期，辑里细丝的产区迅速增多。同治《南浔镇志》中说："旧以七里丝为最，今则处处皆佳，而以北乡丝为上。"[41]新出现的辑里丝生产地，在质量上已超过老产地。同治《长兴县志》中说："邑中向只做两绪粗丝，近因粗丝与细丝价甚悬绝，遂皆做细丝。"[42]由于辑里细丝销路好，价格高，各地纷纷效法，生产细纤度生丝，并名之辑里丝，形成了以南浔为中心，包括湖州、菱湖、双林、涟市、乌镇、震泽等在内的辑里丝生产区，江苏、广东甚至四州等地方出口的生丝也冠于辑里丝之名。据统计，辑里丝盛期最高产量达 70000 余担。

近代辑里丝的生产发展是帝国主义掠夺中国生丝原料造成的畸形发展和异常繁荣，对国外市场具有很大的依赖性。1920—1921 年资本主义世界经济危机中，辑里丝出现第一次大衰落，由 1919 年的 8100 包（由南浔转运出口，下同）猛降到 1921 年的 3300 包。1929—1993 年的世界特大经济危机中，辑里丝又一次衰落，由 1929 年 4700 包下降到 1934 年 300 包[43]。辑里丝的衰落原因是多方面的，对国外市场依赖只是其一，另外还有三点重要的原因。一是日本生丝的竞争。美国是近代世界最大的生丝市场，年销售占 50%。第一次世界大战后，日本蚕丝业迅速恢复，竭力争夺美国市场，对辑里丝构成了很大威胁，到 1926 年在美国市场上中国生丝只有日本的四分之一，严重打击了依赖出口的辑里丝生产。二是人造丝的排挤。人造丝的出现夺取了部分辑里丝的市场。原来美国线织业中，丝线、绒边向以辑里丝织成，但此时则改为用人造丝织造，使辑里丝的销路锐减。三是辑里丝自身的内在质量。辑里丝在古代虽称得上是上乘生丝，但同近代机械缫制的生丝相比较，缺陷很多，后虽经再缫，一些缺陷仍难于弥补，如条份不匀，糙类、断头、硬胶、废丝杂物多，丝片紊乱，丝片长短、阔狭、轻重、大小不一等，难以和机械生丝相匹敌，在国际市场上缺乏竞争力。为此政府部门采取一些政策措施，限制土丝（包括辑里丝）的生产，扶持机械缫丝业的发展。最终，辑里丝不仅消失于国际生丝市场，而且国内市场也很小，辑里丝的衰落是历史的必然。

原载《丝绸史研究》1995 年第 1 期

注释

① （明）唐甄：《教蚕》，转引自《皇朝经世文编》卷三十七。

② （明）徐献忠：《吴兴掌故集》卷十三。

③ （明）潘尔变：《浔溪文献》，转引自林黎元：《辑里丝与南浔蚕文化》，《丝绸史研究》1993 年第 1 期。

④ 弘治《湖州府志》卷八。

⑤ 嘉靖《湖州府志 · 物产》。

⑥（明）陈全之：《蓬窗目录》卷一。

⑦ 正德《新市镇志》卷一。

⑧（明）朱国祯：《涌幢小品》卷二。

⑨（清）范颖通：《研北居琐录》。

⑩ 光绪《南浔镇志》卷一。

⑪ 乾隆《湖州府志》卷四十。

⑫（明）宋应星《天工开物·乃服》。

⑬ 同治《湖州府志》卷三十一。

⑭（明）宋应星《天工开物·乃服》。

⑮ 弘治《湖州府志》卷八。

⑯ 同治《南浔镇志》卷二四。

⑰《元史》卷九三。

⑱《明会要》，转引自《古今图书集成》，考工典，织工部。

⑲《明会要》，转引自《古今图书集成》，考工典，织工部。

⑳《明会要》，转引自《古今图书集成》，考工典，织工部。

㉑《明会要》，转引自《古今图书集成》，考工典，织工部。

㉒《明会要》，转引自《古今图书集成》，考工典，织工部。

㉓《明会要》，转引自《古今图书集成》，考工典，织工部。

㉔ 戴亮：《我国古代丝织品名物考略》，《丝绸史研究资料》1984年第7期。

㉕《大清全典》。

㉖ 同治《湖州府志》卷三十三。

㉗ 民国《濮院志》卷十四。

㉘ 同治《湖州府志》卷八，同治《湖州府志》卷三十三。

㉙ 万历《泉州府志》卷三。

㉚ 乾隆《苏州府志》卷十二。

㉛ 崇祯《乌程县志》。

㉜ 民国《双林镇志》卷十六。

㉝ 光绪《苏州府志》卷三。

㉞ 同治《湖州府志》卷三十三引乾隆《湖州府志》。

㉟ 同治《湖州府志》卷三十三引《双林志》。

㊱ 同治《湖州府志》卷三十三引乾隆《湖州府志》。

㊲ 万历《泉州府志》卷三。

㊳（清）张炎贞：《乌青文献》卷三。

㊴ 引自林正秋：《浙江经济文化史研究》，浙江古籍出版社，1989年，第73页。

㊵ 朱从亮：《南浔镇新志》，第112—114页。

㊶ 同治《南浔镇志》卷二十四。

㊷ 同治《长兴县志》卷八。

㊸ 陈忠平：《南浔蚕丝业的盛衰及其原因》，《丝绸史研究》1985年第4期。

试论鸟田农业和大禹治水的关系

鸟田农业是越民族农业文化中一项很有特色的内容，由于文献记载简略，一直令后人费解。综览目前这方面的研究，学者着重从民族学、社会经济学和动物生态学等角度做了探讨。较少从鸟田产生的历史背景去考察，忽略了同鸟田农业起源最直接、最密切的人物——传说中的大禹之间的关系。本文就是试在这方面做一些补充和探讨。

一　越先民的鸟田农业

鸟田的文献记载，目前所见到最早的为王充《论衡》中对“象耕鸟耘”的论述：“传书言，舜葬苍梧，象为之耕；禹葬会稽，鸟为之田……”[①]王充否定了鸟田和大禹葬在会稽的关系，但肯定鸟田的存在，认为“鸟自食其草，土蹶草死，若田状，壤糜泥易，人随种之”即为鸟田。现代的史学工作者也大都肯定鸟田的存在，但对鸟田的内容却有不同的理解，概括起来有以下几种观点：(1) 鸟田为候鸟觅食践踏后留下的，并直接用来种植的农田，是原始农业最早的形态[②]。(2) 鸟田是以鸟为图腾的越先民在会稽海滨耕种的水稻田，是原始的井田制[③]。(3) 鸟田指人类利用各类农业益鸟捕食稻田中的害虫，清除田野中的莠草，用鸟粪肥田，以及利用猛禽消灭啮齿动物，保护农作物的生长[④]。(4) 鸟田即田鸟，是越先人捕捉鸟类的场所。[⑤]那么到底何为鸟田呢？下面从鸟田的特点出发，对这个做一些考察。

《越绝书》中说：“神农尝百草水土甘苦，黄帝造衣裳，后稷产穑制器械，人事备矣，畴粪桑麻，播种五谷，必以手足。大越海滨之民，独以鸟田。大小有差，进退有行，莫将自使。”[⑥]《吴越春秋》中说：“禹崩之后，众瑞并去，天美禹德而劳其功，使百鸟还，为民田。大小有差，进退有行，一盛一衰，往来有常。……余始受封，人民山居，虽有鸟田之利，租贡才给宗庙祭祀之费。”[⑦]从《越绝书》和《吴越春秋》对鸟田的记载看，它不同于一般农田，人为干预的因素很少。它的特点表现在以下几个方面：(1) 作为先越人们食物的重要来源和统治者征收租税的主要承载者的鸟田分布于滨海河口地区。(2) 鸟田的面积视地形而异，大小不一。(3) 田面的水位呈规律升降变化。(4) 鸟田有盛衰之变化，但有规律可循。(5) 鸟田是自然界的造化，人们没有办法进行控制。从鸟田的地理、水文、土地和技术特点看，它和后世的潮田、沙田和东南亚的雒田等农业形式十分相似，有一定的继承发展关系。

潮田分布在滨海河口，《广东新语》记载的香山潮田：“潮漫汐干，汐干而禾苗乃见，每雨潦东注，流块下积，则沙垣渐高，以蒉草植其上，三年即成为田。……故凡买潮田者视其不至崩陷，而大势又可浮生，虽价重亦所不辞矣。”[8]沙田分布的地理位置和潮田基本相同，《广东新语》把它归属于潮田类下。明清时期，如天津的永定河、滹沱河地区和广东的东莞、顺德等滨海河口都有沙田分布。《王祯农书》引宋代叶颙的话：“沙田者，乃江滨出没之地，水激于东，则沙涨于西，水激于西，则沙复涨于东，百姓随沙涨之东西而田焉，是未可以常也。”[9]沙田的特点和潮田基本相同。五月份插完秧后，不再有任何管理措施，只依靠潮水涨落进行灌溉。沙田面积、位置时常有变化，有经验的买主掌握沙田的变化规律，争取买沙裙，因为这里的沙田正处于生长期，泥沙会不断淤积，面积不断扩大，有的可增至数倍[10]。雒田是越南（古为百越）古代沿海感潮地区十分普遍的一项农业技术，《交州外域记》中说：“交趾昔未有郡县之时，土地有雒田，其田从潮水上下，民垦食其田，因名为雒民，设雒王、雒侯，主郡县，县多为雒将。”[11]综观上面这三种土地利用形式，可以发现它们具有共同的特点：（1）分布在滨海河口的感潮区。（2）土地直接受潮汛的影响，没有灌溉系统，由潮水托河入田。（3）由于河水和潮水双重作用，或冲或淤，土地有时会出现坍陷，有时则浮生，位置有变化。（4）在冲淤这对矛盾的作用下，滨海河口的这种土地，呈区域分布，面积有大小。（5）除栽种和收获两个生产环节外，没有任何其他管理措施。这些潮田、沙田和雒田的共同点，也正是《越绝书》和《吴越春秋》记载的鸟田的特点。由此可见，鸟田就是对滨海河口滩涂的利用。鸟田、潮田、沙田和雒田只不过是不同时间不同地区对同一类型的土地利用形式的不同称呼。如雒田之雒，隹旁从各，各为声，隹为短尾鸟，一种候鸟，雒田也即鸟田，鸟田是汉语，雒田可能是越语。

越先人把利用滨海河口土地种植水稻的农业形式称为鸟田的原因有自然和社会两个大的方面，概括起来有以下几点。其一，反映了越先人对土地原始状态的记忆。鸟田农业展开的自然环境确如王充《论衡》中所说的那样，这些滨海河口的土地，在人类开发利用之前，是鸟类，特别是像大雁之类的候鸟群集栖息之地，经常数十只、数百只，成群结队[12]。其二，反映了鸟田所处的生态环境。局部的土地开发利用对当时大的生态环境并没有造成多大的破坏，鸟类仍把这里作为理想的栖息觅食地，四季都有大量的鸟类在这里活动，田角地头都有鸟类的足迹。《十三州志》记载：“上虞县有雁民田，春拔草根，秋除其秽，是以县官禁民不得妄害此鸟，犯则大刑无赦。”[13]杭州湾等滨海河口是候鸟越冬场所，春去秋来，并经常去距海、江河较近的农田觅食。1973 年江苏六合和仁东周墓出土的残铜匜上刻划出的一幅鸟田图，比较形象生动地展示出鸟田自然生态环境的这一侧面[14]。广阔的田野上生长着稻谷。田野的前方有一座大型台榭建筑，上下各有三个人手持禾苗跪拜，祈求好收成。田间的近处有两个拱身的农夫，似在插秧，远处田间停立着四只昂首长喙的鸟类。后人误把鸟田理解为“群鸟耘田”“鸟之为耘”的原因可能也在这里。其三，鸟田农业没有灌溉，田间的水位高低随水的进退而变化，位置在河水、潮水的共同作用下，时有迁移挪位，这些特点和候鸟春去秋来的规律性迁徙行为和无固定栖息地的习性在某种意义上有类同之处，以鸟名田较形象地描述出鸟田的特点。以候鸟的习性给某种多变事物定名、定性在我国历代都有记载，如唐代编户中把流庸（流动人口）称为雁户，其根据就在于大雁来去无恒的迁飞习性[15]。现代长江出海口的崇明岛有大片的荒滩，由于江水和潮水的切割和淤淀作用，南坍北涨，滩地位置变化不定，东搬西迁，农民把这些往常遭受潮水淹没的荒滩垦为稻田，并称之为“野鸿田”[16]。其四，越有以鸟为图腾，以鸟为祖先，鸟田的名称也反映了越人对图腾和祖先的崇拜。考古资料表明，越族的鸟图腾崇拜有着悠久的历史。距今7000年以前的河姆渡遗址中，多次发现了鸟形雕刻、图案等原始图腾的标志，如鸟形、鸟纹的骨化、双鸟纹蝶形器等[17]。在良渚文化玉器上也发现了鸟形图像[18]。《博物志·异鸟》记载："越地深山鸟如鸠，青色，名冶鸟……越人谓此鸟为越族之祖。"[19]《吴越备史》记载："有平罗鸟，主越人祸福，敬则福，慢则祸，于是民间悉图其形，以祷之。"[20]可见越民族是把鸟作为自己的祖先和主宰万物的神灵予以顶礼膜拜。越人对鸟的特别的感情，已渗透到经济、文化及上层建筑许多领域。越人的鸟相、鸟语和鸟书便是这方面的反映。《史记·越世家》载：越王勾践"长颈鸟喙"。《周礼》："南八蛮……不通华夏，在海岛，人民鸟语。"在春秋战国时期，越国盛行在文字之旁附加鸟形文饰的鸟篆艺术字，在湖北江陵出土的越王勾践剑，以及其他地方陆续出土的越王戈、越王剑、越王矛和越王钟等器物铭文都作鸟篆体（鸟书）[21]。图腾的起源早，最早的是社会组织的名称，它曾在氏族社会中起着重要的作用，是维系氏族集团的纽带。但随着社会的发展，图腾的名称也逐渐演变，如一些最早的古姓、人名、族名、官名、地名、物名等均源于图腾名称[22]。雒田这名称的由来就和图腾崇拜有关。雒，《说文解字》解释为鹆，实际是小雁，雒为图腾，故有雒民、雒王、雒侯、雒将、雒田这名称[23]。是图腾演变为其他文化特质的一个具体例子。由此来看以鸟命名越人的土地就更不足为怪。越地的田农业是以鸟为图腾的民族独有的种植水稻的经济活动，所栽种的土地常有群鸟出没，又有鸟性（灌溉方式和位置的变化）。

鸟田的技术特色虽无古文可查，但我们可从分布于越南红河三角洲感潮地区近代的雒田（pasang-surut）中略见一斑[24]。现代红河三角洲的雒田分布在平原集约农田外围的感潮河口滩涂，不筑畦，不翻耕；进行两次育苗，以粗大秧苗（高40—60厘米）移栽；选择耐盐性较强的品种；依靠潮水的上涨，推托河水进入稻田灌溉。

二　鸟田农业和大禹水的关系

传说中的鸟田农业为上天所降赐。《越绝书》记载：禹"因病亡死，葬会稽，苇椁桐棺，穿圹七尺，上无漏泄，下无积水，坛高三尺，三阶三等，延袤一亩。尚以为居之者乐，为之者苦，无以报民功，教民鸟田，一盛一衰。"[25]《吴越春秋》中说，禹死后，上天为他对民众的功德所感动，唤回群鸟，为民众耕耘土地[26]。后世许多人，如王充，对鸟田农业起源归结于上天降赐的观点持否定态度。确实如此，唯物论者是不会相信天能赐越先民鸟田。但如此一来完全排斥鸟田农业和大禹的关系，就有失偏颇。事实上，鸟田的产生和大禹治理越地，特别是与大禹治水有一定关系。从时间上看，鸟田农业是大禹在越地治水成果在先越民族经济活动中的具体体现。

在传说中的尧、舜、禹时代，曾出现一次规模不同寻常的洪水大灾难。《史记·夏本纪》记载："当帝尧之时，洪水滔滔，浩浩怀山襄陵。"《孟子·滕文公》记载："当尧之时，天下犹未平，洪水横流，泛滥于天下。"在这次大洪水中，也产生了一个大禹治水佳话。禹的父亲鲧采取堵塞的方法治理这次特大的洪灾结果失败了。禹吸取父亲的治水经验教训，改为以疏导为主，依据地势高下，疏导川流积水，陂障洼地的薮泽散流，十三年在外，三过家门而不入，经过艰苦卓绝的努力。终于降伏了泛滥的洪水，使人民安居乐业。这次罕见的洪水灾害实际上是第四纪全新世的海侵[27]。《吕氏春秋·爱类》：

“大溢逆流，无有丘陵沃衍，平原高阜尽皆灭之，名曰鸿水。”《孟子·滕文公》：“当尧之时，水逆行，泛滥于中国。”逆行、逆流指的就是由于海面上升，海水倒灌的现象。地质调查资料表明，进入全新世后，气候由凉干逐渐温湿，至距今7000年前的杭州湾地区相当于我国目前的南亚热带，年平均气候比目前高4℃，海面迅速上升，海水直拍山麓，今日钱塘江—杭州湾及其两侧都是一片汪洋大海，古钱塘江河口再次沦为沉溺谷。到距今6000年前，海面下降，杭州湾的喇叭口形状已初具雏形，其南北线分别在龙山—临山—百官—瓜沥—龛山—萧山一线及金山—王盘山—澉浦南—赭山—转塘一线[28]。海退之后的钱塘江两岸的平原面积比目前要小得多，目前是陆地的许多地方在当时还沉没在海水中，自然环境条件十分恶劣。受钱塘江河口强涌潮的影响，潮水肆虐；到了雨季，山洪暴发，在潮水顶托之下，时常泛滥淹没河漫地平原；海退后的土壤盐渍化仍十分严重。因此人们要直接开发利用这片土地困难很多，不经过治理，就难于种植粮食作物。陈桥驿先生认为，大禹治水的传说就是因为这次海侵在越地起源的，是越先民通过大禹而流传下来的以疏导为主的治水思想和方法，反映了越先人在海退之后，疏导河流，排干沼泽，垦殖土地，发展农业的伟大业绩[29]。根据《越绝书》和《吴越春秋》的记载，大禹在治理这次历史上规模最大的洪水过程中，曾到越地率领民众与水患做斗争，通山川，疏江河，终于治平了洪水。《吴越春秋》中记载了大禹在越地对自然和社会进行治理后的成果。大禹周行天下，完成治水大业后，巡狩到越地“安民治室居，靡山伐木为邑，画作印，横木为门，调权衡，平斗斛，造井示民，以为法度。凤凰栖于树，鸾鸟巢于侧，麒麟步于庭，百鸟佃于泽”[30]。这里的“百鸟佃于泽”是大禹治理越地，治水调民安居后，呈现出的祥和景象，事实上反映的是位于钱塘江杭州湾河口的越地治水后的自然环境和生态条件的变化。越地古属扬州，大禹到扬州的治水取得了很大的成绩。《禹贡》中说：“彭蠡既猪，阳鸟攸居，三江既入，震泽底定，筱荡既敷，厥草惟夭，厥木惟乔。”[31]经过大禹治水，原有平原地区肆虐之水得到驯服，各有水道所归，一些湖泊业已形成，自然环境有明显改善，生态环境趋于良性方向发展，竹、木及草类植物生长繁茂，成了鸿雁等冬候鸟栖息觅食的理想之地。《禹贡》记载的大禹在江南治水后的自然、生态环境的面貌在一定程度上也反映了越地这方面的情况。按韦昭的解释，上面文字中的“三江”是指吴淞江和钱塘江及山（阴）会（稽）平原处的浦阳江[32]。经过治水，钱塘江两岸的河漫滩地向适合群鸟栖息觅食、水稻生长的生态环境演进，为发展农业打下了基础。由此可见，“百鸟佃于泽”“阳鸟攸居”实为鸟田农业的前奏，是开展鸟田农业的生态基础。

大禹在江南及越地治水的方法，在古文献中没有具体记载，但我们可以从《禹贡》记载的大禹在其地区治水方法去得到启发。大禹接受治理洪水的任务后，劳身焦思，闻乐不听，过门不入，但经过七年仍未找到治水成功的有效方法，后在越地得通水之理的“覆釜之书”，方得以完成这项宏伟大业[33]。所谓的“覆釜之书”实际上为一项治理滨海河口低洼地的技术措施名称，是这项技术形象化的称呼。釜即今日的饭锅，周沿位置高，底部低。覆釜，即翻转釜身，变釜底向上，周沿向下，中间高，周沿低。经过治理，原位置较高，河床浅的河流（相当釜沿）得以疏通变深，水位下降；原低洼积水地（相当釜底），排出积水，露出陆地，非常形象生动。20世纪四五十年代，长江口崇明岛上的低洼地，潮水经常侵袭，不要说七、八月的大潮汛季节，就是平时大一些的风潮，也水没膝盖，成月积水，庄稼十种九不收，农民称之为“锅底肚”[34]。以锅（釜）的形状特征来形象称呼滨海河口低洼地，可能是吴越地区的传统。大禹得“覆书”治水成功，说明他是采用越地治水思想和方法到各地进行治理洪水，反过来说，各地治水方法的主体思想和技术是借鉴越地的。《禹贡》记载大禹在山东滨海地区的治理方法为“北播九河，同为逆河，入于海”。王船山解释：“禹疏九河，于潮所可至之地，深阔其流，以受潮之逆上，故曰逆河。所以滨海之地岸，不为海蚀也。”[35]由此可见，挖深加阔河道，使本来到处乱窜的水从河道有规律的进退，是当时治理滨海河口平原地区的主要方法。

滨海河口的河漫滩受河水、潮水的双重作用。流动过程表现为：（1）涨潮时，水位抬高，水面比降和流速降低，河流流动暂时停止，并在下游地区出现河水倒灌。（2）潮退时，水位降低，出现很大流速。河漫滩分布着发达的浅支汊网，把它分割成大小不同的区块。在洪水高位时，支汊网的天然堤坊很容易溃决，而形成新的支汊，并重新划分河漫滩[36]。地处杭州湾河口的先越人生活的平原是海退之后的河漫滩演变而来的，通过大禹治水，疏通了主干河流，加深加宽了浅汊（支流），减少了山洪下泻泛滥成灾和潮水上涨对平原的侵袭。山洪顺支流经主干河道进入钱塘江，河口涌潮由主干河道向支流逆行，变肆虐横行为有规律进退，变害为利，可用于灌溉农田。随着平原地区积水排除，土壤洗盐过程加快，最终成为可开垦为农田的土地。滨海河口地区的水文特点不仅决定了鸟田农业的特色，也规定了鸟田农业的技术特点。由于潮水的进退，这里种植水稻不能采用直播法，必须得采用大苗移栽。由于海退之后留下的滨海河口滩涂，含盐分的量较内陆土地多，种植的水稻品种必须要有较强耐盐的品种。大禹治水是我国古代一项庞大的系统工程，它不仅对海退之后的滨海地区的水利进行了全面系统的整治，而且可能对治水后的土地利用也进行了具体的研究，因地制宜采取技术措施。《史记·夏本纪》有禹“令益予众庶稻，可种卑湿”的记载。益，即传说中的大禹治水助手；卑湿，即滨海口的滩涂。证明当时已掌握在滨海河口感潮地区种植水稻的技术。鸟田农业是越先人的一项伟大创造，其以秧苗移栽和耐盐性品种选育为主的技术系统在我国农业科学技术史发展道路上具有重要的地位。

《农业考古》编者按：关于鸟田，本刊发过文章进行探讨，本文从另一角度提出自己的看法。1995 年第 2 期《中国农史》发表虞文明的文章《揭开“鸟田”之迷》认为鸟田系岛田之误，可供读者参考。

原载《农业考古》1996 年第 3 期

注释

①（东汉）王充：《论衡》卷四。

② 曾雄生：《“象田鸟耘”探论》，《自然科学史研究》1990 年第 1 期。

③ 徐南洲：《井田制起源于“鸟田”说》，《学术月刊》1987 年第 4 期。

④ 陈龙：《鸟田考》，《贵州民族研究》1988 年第 4 期。

⑤ 刘志一：《“象田”、“鸟田”考》，《中国农史》1991 年第 2 期。

⑥《越绝书》卷八。

⑦（东汉）赵晔：《吴越春秋》卷四。

⑧（清）屈大均：《广东新语》卷二。

⑨（元）《王祯农书》卷十一，沙田。

⑩（清）屈大均：《广东新语》卷二。

⑪（北魏）郦道元：《水经注》卷三八。

⑫ 诸葛阳：《浙江动物志・鸟类》，浙江科学技术出版社，1989 年，第 69—74 页。

⑬（清）张澍辑本：《十三州志》。

⑭ 吴山菁：《江六合县和仁东同墓》，《考古》1977 年第 5 期。

⑮（明）张自烈：《正字通》，转引自《康熙字典》。

⑯ 姜彬：《宝岛春秋》，《收获》1964 年第 3 期。

⑰ 吴玉贤：《河姆渡的原始艺术》，《文物》1982 年第 7 期。

⑱［日］林巳奈夫：《关于良渚文化玉器的若干问题》，《南京博物院集刊》1984 年第 4 期。

⑲（晋）张华《博物志》卷九。

⑳《吴越备史》卷一。

㉑ 蒋炳钊：《百越民族文化》，学林出版社，1988 年，第 316—321 页。

㉒ 何星亮：《图腾文化与人类诸文化的起源》，中国文联出版公司，1987 年，第 353—378 页。

㉓ 石钟健：《试证越与骆越出自同源》，《百越民族史论集》，中国社会科学出版社，1982 年，第 183—204 页。

㉔ 渡部忠世：『稲のアジア史（2）』，小学館，1987 年，236—276 页。

㉕《越绝书》卷八。

㉖（东汉）赵晔：《吴越春秋》卷四。

㉗ 洪惠良、祁万荣：《绍兴农业发展史略》陈桥驿序，杭州大学出版社，1991 年。

㉘《浙江海岸带和海涂资源综合报告》，海洋出版社，1988 年，第 129—134 页。

㉙ 洪惠良、祁万荣：《绍兴农业发展史略》陈桥驿序，杭州大学出版社，1991 年。

㉚（东汉）赵晔：《吴越春秋》卷四。

㉛ 辛树帜：《〈禹贡〉新解》，农业出版社，1964 年。

㉜ 辛树帜：《〈禹贡〉新解》，农业出版社，1964 年。

㉝（东汉）赵晔：《吴越春秋》卷四。

㉞ 姜彬：《宝岛春秋》，《收获》1964 年第 3 期。

㉟ 参见辛树帜《〈禹贡〉新解》，农业出版社，1964 年。

㊱ 沈玉昌、龚国元：《河流地貌学概论》，科学出版社，1986 年，第 184—199 页。

植硅体分析

龙南遗址红烧土植物蛋白石分析*

禾本科植物运动细胞中的硅酸体，具有耐热、耐酸和耐氧化等特性，植物体在土壤中分解后，硅酸体形状不变，长期存留在土壤中，称之为植物蛋白石①。由于硅酸体的形状因植物的种属而异，因而采用植物蛋白石的分析，可以对原始农业的植物遗存进行鉴别。本研究是对江苏吴江龙南新石器时代遗址出土的红烧土进行植物蛋白石分析，借以窥视该遗址的原始稻作的环境及稻的种属。本方法如在太湖流域各地新石器时代遗址进行多点分析，对于太湖地区的原始稻作可有进一步深入的了解。

一　材料和方法

红烧土出自江苏省吴江县（今吴江市）龙南遗址，由苏州博物馆提供。该遗址位于江苏省吴江县梅埝镇龙南村的西南，平（望）湖（州）公路梅埝车站北侧。经^{14}C 年代测定，第一期距今 5360±90 年，第三期距今 4765±100 年，属良渚文化。房屋遗址的灰土加以淘洗，发现较多的炭化米。遗址第三期（3—5 层）的原有房屋建筑材料主要是草、木和土，由于火灾等原因，形成红烧土块，并留下各种原料的原形印痕，如树木、竹子、芦苇、稻草等的印痕②。

分析过程：(1) 清洗去红烧土表面的杂物。(2) 在研钵中破碎，并细细研磨。(3) 用浓度为 1 摩尔/升的盐酸进行多次除锈处理。(4) 加过氧化氢分解红烧土中残留的有机质。(5) 在超声波清洗槽内分散（电压 200V，电流 3.4A）。(6) 按照 Stokes 沉降原理③分离出 50 微米左右大小的粒子。(7) 用 70% 的甘油试剂作展开剂，制作玻片标本。在光学显微镜下观察，并对视野下的水稻蛋白石进行测算，求出尖度 b/a（图一）。同时还对稻族（*Oryzeae*）的其他几种植物蛋白石进行了调查。判别植物蛋白石种属的特征依据参照藤原宏志文④。

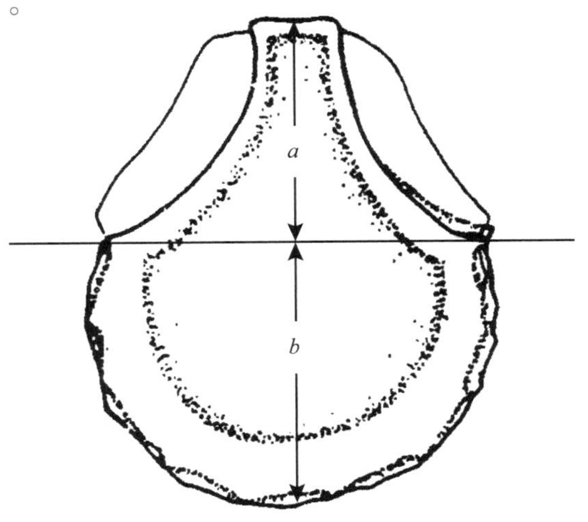

图一　运动细胞硅酸体模式图⑤

* 本文系与游修龄、徐建民、边其均合著。

二　结果

龙南遗址红烧土的样品中可观察到水稻（*Oryza sativa* L.）、芦苇（*Phragmites trinius*）、茭白（*Zizania lalifolia* Turcs）等植物蛋白石（图二）。特别是呈银杏树叶形、侧面有突起、后部有龟甲纹的水稻蛋白石，数量多，密度大。红烧土中的水稻蛋白石，按其尖度分有 α 型（$b/a>1$）、β 型（$b/a<1$）和中间型（$b/a=1$）。其中以 β 型的蛋白石最多，占 70%；α 型次之，占 19%；中间型最少，占 11%。平均尖度 0.85（表一）。图三为样品中的水稻蛋白石尖度的分布情况。

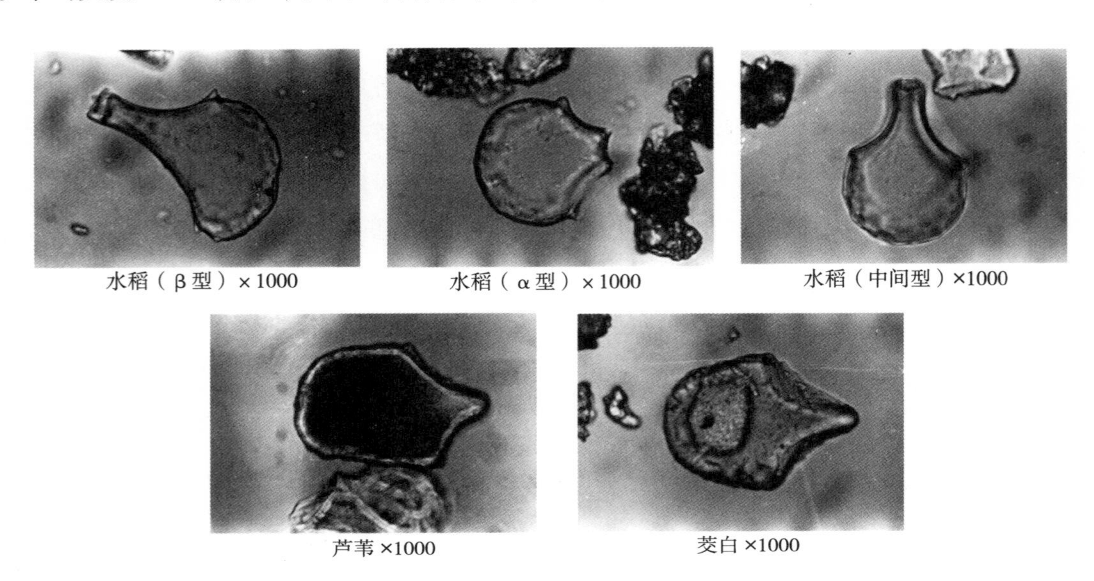

图二　龙南遗址的植物蛋白石

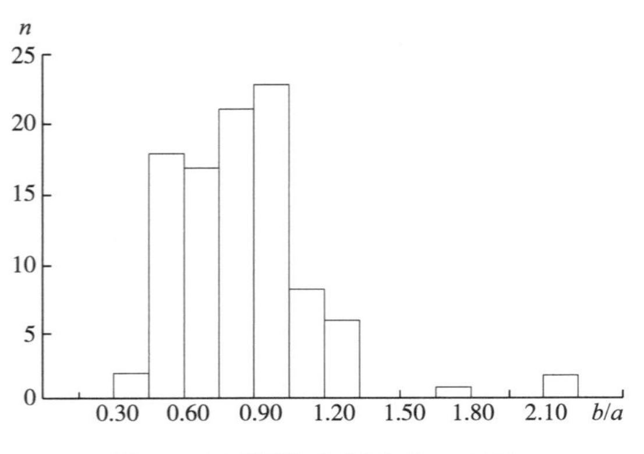

图三　尖度频数分布图（$n=100$）

表一　特征参数的平均值和变异系数

特征参数	平均值（微米）	变异系数 C. V.（%）
a	29. 1	24. 9
b	23. 0	20. 5
b/a	0. 85	36. 0

三　讨论

通过对龙南遗址红烧土的植物蛋白石分析，可以得出以下结论：

（1）地处长江下游、太湖之滨的龙南村一带的居民的经济生活中，稻作农耕占有极其重要的地位。这一结论和遗址发掘的情况相吻合。

（2）龙南村一带有丰富的水生植物，如生长在湖沼水内的茭白、生长在河流岸边的芦苇等，反映了距今5000年左右的龙南村一带气候温暖潮湿、河流湖泊众多、水网交叉、水草繁密的自然环境，适宜水稻的生长发育和原始稻作农业的发展。

（3）根据日本学者的研究，粳稻为β型，籼稻为α型硅酸[⑥]。龙南遗址红烧土的水稻植物蛋白石类型的构成和平均尖度，反映出当时当地的原始稻作生产中，种植的水稻是粳稻。

原载《中国水稻学》1994年第1期

注释

① 近藤炼三、佐濑隆：『第四紀研究』，1986年，第31—63页。

② 苏州博物馆、吴江县文物管理委员会：《江苏吴江龙南新石器时代村落遗址第一、二次发掘简报》，《文物》1990年第7期。

③ 熊毅：《土壤胶体（第二册）》，科学出版社，1985年。

④ 藤原宏志：『プラント・オパール分析法の基礎的研究（1）–数種イネ科植物の珪酸体標本と定量分析』，『考古学と自然科学』9（1976）。

⑤ 藤原宏志、佐々木章：『プラント・オパール分析法の基礎的研究（2）–イネ（*Oryza*）属植物における機動細胞珪酸体の形状』，『考古学と自然科学』11（1978）。

⑥ 佐藤洋一郎、藤原宏志、宇田津彻明：『イネの*indica*および*japonica*の機動细胞みられ为クイ酸体の形状および密度の差异』，『育種学雜志』40（1990）。

河姆渡遗址稻的硅酸体分析*

河姆渡遗址于1973年及1978年先后做过两次发掘，遗址第四层年代经^{14}C测定为4780±90 BC，两次发掘都出土有大量的稻谷。第一次发掘后，仅对26粒炭化稻谷进行过长宽比的测定，平均为2.62，按一般的籼粳稻长宽比的差异，定为籼稻①。第二次发掘后，对187粒炭化稻谷进行长宽比的测定，发现属于籼型的占72.1%，属粳型的占24.4%，中间型3.4%②。但在第二次出土的稻谷中还发现个别谷粒属长护颖的飞来凤类型及没有颖肩的类似现代热带稻谷的类型。因此，直到1985年，对河姆渡稻谷类型的多样性表现，解释为原始稻作时期的多型性杂合群体，含有似粳似籼的类型，而非现代的籼、粳两个亚种的差异③。同时，法国的G. Second通过对亚洲各地现代水稻品种同工酶谱的分析，间接推定河姆渡的稻谷应当属于外形似籼实为粳的“古粳”，这种古粳现在已经失传④。Second的观点系从现代同功酶的分析，对水稻演化过程所做的推断，并非对炭化稻谷本身的分析，所以，仅可作为参考。

到目前，对河姆渡稻谷外形的长宽比测量，已无法继续进行探索，而且长宽比本身在籼粳之间存在重合现象，难以明确分清。同时，在客观上今天云南等地还存在按长宽比属籼，实际为粳的类型。所以对河姆渡稻谷的探讨必须另辟蹊径。

从20世纪60年代末开始，一些学者进行了利用植物硅酸体识别植物种属的研究，由于硅酸体的性质相当稳定，植物体在土壤中分解后，其形态特征不变，长期存留于土壤中。近年来，藤原宏志等把它应用到古代栽培植物种属的判别及产量估算等方面⑤，本研究采用植物硅酸体分析法，对河姆渡遗址中的栽培稻叶片运动细胞硅酸体进行了分离鉴定，进而对河姆渡稻谷的种属问题提出了我们的看法。

一　材料与方法

1. 试样来源

本研究所用的分析试样有河姆渡遗址出土的稻堆积物和土壤，均来自1973—1974年的第一次发

* 本文系与游修龄、徐建民、边其均、俞为洁合著。

掘，承浙江省博物馆提供。堆积物试样从博物馆收藏的堆积物的四周及正反面剥落，土壤试样从混有槐树籽的混合物中筛选而出。

2. 分析观察方法

（1）试样在研钵中细细研磨。（2）用1摩尔/升的盐酸进行多次除锈处理。（3）加30% H_2O_2分解试样中残存的有机质。（4）在超声波清洗槽内进一步分散（电压200V，电流3.4A）。（5）采用Stokes的沉降原理[⑥]，分离出40—60微米的粒子。（6）分离出的样品，用70%的甘油试剂展开，制作玻片标本。（7）在光学显微镜下镜检，对视野中的水稻叶片运动细胞硅酸体进行测算，求出尖度（b/a）、纵长（$a+b$）、宽度（c）、厚度（d）等四个硅酸体的特征参数（图一）。

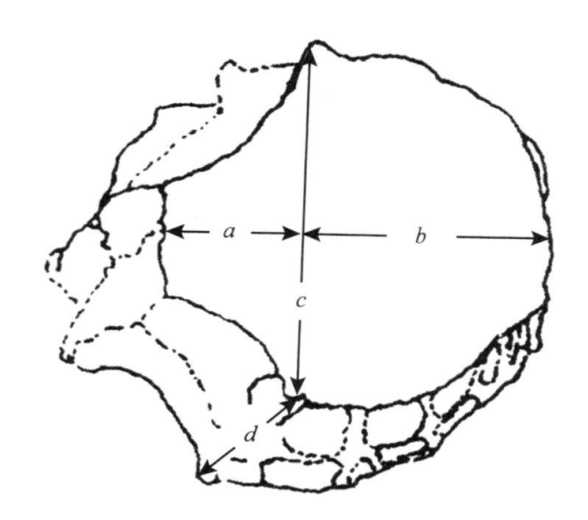

图一 硅酸体的四个特征参数[⑦]（佐藤洋一郎等，1990）

二 结果

1. 硅酸体类型

河姆渡遗址的稻堆积物及土壤试样中都含有大量的水稻叶片运动细胞硅酸体（图二）。按尖度可分三种类型：α型（$b/a>1$）、β型（$b/a<1$）和中间型（$b/a=1$）。随机对两个试样中的115粒和125粒叶片运动细胞硅酸体进行测算和统计。结果显示，稻堆积物试样中三种类型的百分比分别为22.6%、73.1%和4.3%，土壤试样中三种类型的百分比分别为21.6%、74.4%和4.0%。两个试样中的硅酸体都以β型的占优势，α型次之，中间型很少。

2. 硅酸体的四个特征参数

本研究分别对稻堆积物和土壤试样含有的水稻运动细胞硅酸体进行尖度、纵长、宽度和厚度等四个特征参数的调查。两个试样的平均类度分别为0.85和0.86，平均纵长分别为49.8微米和47.7微米，平均宽度分别为43.8微米和40.1微米，平均厚度分别为39.1微米和37.0微米（表一）。图三为两个试样的尖度频数分布图。

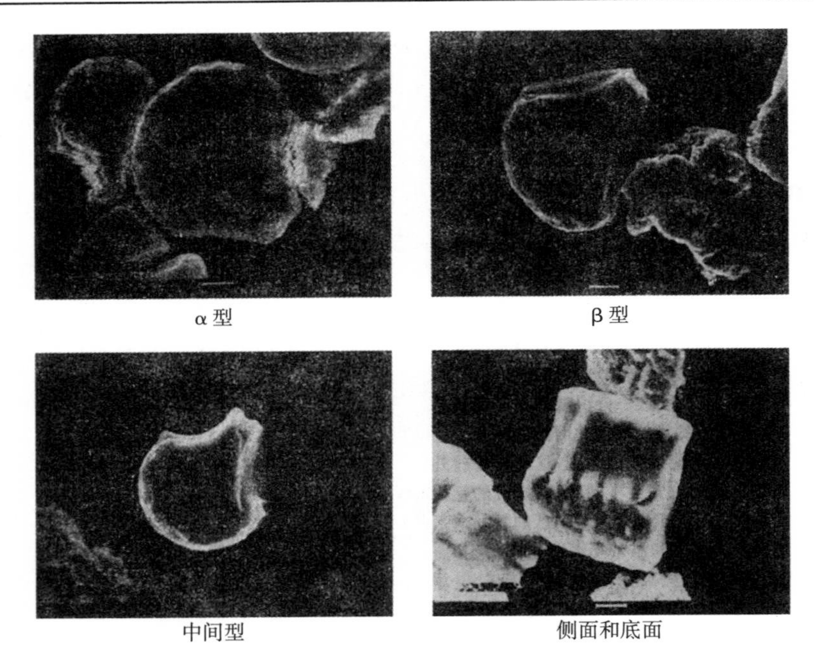

图二　硅酸体的形态

表一　硅酸体的特征参数均值和变异系数

特征参数	稻堆积物（$n=115$）		土壤（$n=125$）	
	平均数	变异系数（%）	平均数	变异系数（%）
长（$a+b$）	49.8	14.3	47.4	15.8
宽（c）	43.8	13.9	40.1	15.6
厚（d）	39.1	19.0	37.0	19.0
尖度（b/a）	0.85	34.1	0.86	34.9

三　讨论

水稻叶片运动细胞的硅酸体呈银杏树叶形，粒径 50 微米左右，比重 2.3 左右，形态特征十分鲜明。目前亚洲栽培稻的两个亚种（籼亚种和粳亚种）在硅酸体的形态方面也有不同，佐藤洋一郎等对 47 个粳稻品种和 49 个籼稻品种的叶片运动细胞硅酸体进行了调查，结果显示：籼稻品种的硅酸体为 α 型（$b/a>1$），粳稻品种为 β 型（$b/a<1$），如果以水稻叶片运动细胞硅酸体的形态特征差异来鉴别籼亚种和粳亚种，误差分别是 6% 和 8%，可信度很高，可用于籼粳分类鉴别⑧。

本研究所用的河姆渡遗址出土的两个试样中含有的稻叶片运动细胞硅酸体以 β 型为主，平均尖度在 1 以下。这一分析观察结果反映距今 7000 年左右的河姆渡文化时期的稻作农业所栽培的水稻可能以粳型为主，这同按谷粒外部形态鉴定的结论完全不同，但河姆渡的粳型稻不能简单地等同于现今太湖地区的粳稻。

粳稻有热带型和温带型两种生态类型。前者比后者表现迟熟、高杆、胚乳碱化值低，但在籽粒外部形态方面是难以识别的。佐藤洋一郎等给温带型和热带型粳稻在硅酸体形态特征方面建立了一个判

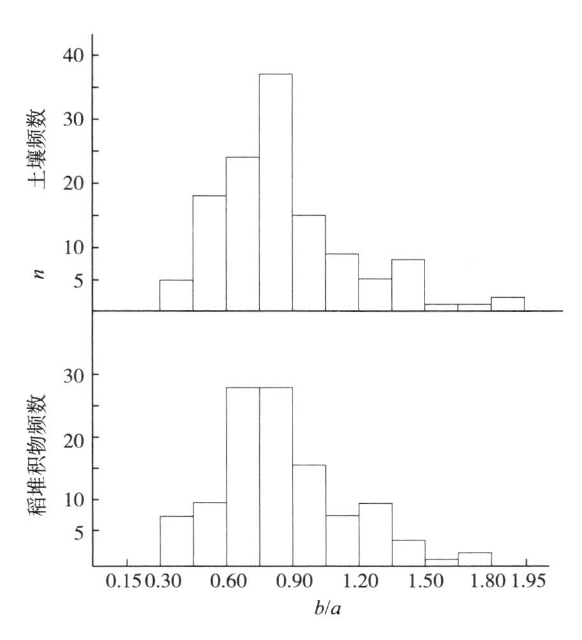

图三　硅酸体尖度的分布

表二　硅酸体的背离系数

特征参数		稻堆积物			土壤		
		纵长	厚度	尖度	纵长	厚度	尖度
对照*（热带粳型）	实测值	48	33	0.7	48	33	0.7
	评分	4	4	1	4	4	1
试样	实测值	49.8	39.1	0.85	47.4	37.0	0.86
	评分	4	4	2	4	4	2
背离系数				1			1

* 文献⑦。

别函数，对纵长（$a+b$）、厚度（d）及尖度（b/a）等三个特征参数分别评分并和对照群体比较，求出背离系数（EC，coefficient of estrangement），这个系数在区别两个生态型粳稻方面具有一定的参考意义。一般温、热带粳型的背离系数在0—5范围内变动，其中温带型的峰值为4，而热带型的峰值为1[⑨]。根据佐藤洋一郎等的评分标准及比较方法，求出的河姆渡遗址两个试样的硅酸体背离系数都为1（表二）。从背离系数判断，河姆渡遗址出土的稻谷属于热带粳稻类型。

在7000年以前，河姆渡一带的自然环境和目前有很多的差异。从出土的动物遗骸分析看，当时气候温热湿润、雨量充沛，气温比现在高，大致接近于现在我国华南的广东、广西的南部和云南等地区的气候；孢粉组合分析也显示同样的结果，部分植物现在只分布于我国广东、台湾和马来西亚群岛、泰国、印度、缅甸等地[⑩]。按现代水稻两个亚种的地理分布规律，籼稻地区平均温度在17℃以上，粳稻地区的平均温度在16℃以下，而现在华南地区年平均气温在20℃—22℃以上，也就是说河姆渡遗址当时的温度比目前的粳稻分布地区要高4℃—6℃。因此，从生态条件和驯化历史的角度看，说河姆渡遗址当时的栽培稻是热带型的，要比直接等同于现代太湖地区的粳稻更为合理。

现代热带亚洲和中国西南山区中分布的粳稻往往呈中间型的籼粳型，即外形似籼实为粳[11]。现今太湖流域的粳稻是经过几千年的驯化栽培形成的，而其原始的栽培稻特征，可能和现代热带粳稻较为接近。

原载《浙江农业大学学报》1994 年第 1 期

注释

① 游修龄：《对河姆渡遗址第四文化层出土稻谷和骨耜的几点看法》，《文物》1976 年第 8 期。

② 周季维：《长江中下游出土古稻的考察报告》，《云南农业科技》1981 年第 6 期。

③ 游修龄：《太湖地区稻作起源及其传播和发展问题》，中国农业遗产研究室编《太湖地区农史论文集》，1985 年，第 8—19 页。

④ G. Second, Origin of the genic diversity of cultivated rice (*Oryza* spp.): Study of the polymorphism scored at 40 isozyme loci, Japan, *Journal of Genetics* 57 (1982): 25-57.

⑤ 藤原宏志：『プラント・オパ～ル分析法の基礎的研究（1）- 数種イネ科植物の珪酸体標本と定量分析』，『考古学と自然科学』9（1976）；佐藤洋一郎、藤原宏志、宇田津徹朗：『イネの*indica*および*japonica*の機動细胞みられ为クイ酸体の形状および密度の差异』，『育種学雜志』4（1990）。

⑥ 熊毅：《土壤胶体》（第二册），科学出版社，1985 年，第 10—18 页。

⑦ 佐藤洋一郎、藤原宏志、宇田津徹朗：『イネの*indica*および*japonica*の機動细胞みられるケイ酸体の形状および密度の差异』，『育種学雜志』4（1990）。

⑧ 佐藤洋一郎、藤原宏志、宇田津徹朗：『イネの*indica*および*japonica*の機動细胞みられるケイ酸体の形状および密度の差异』，『育種学雜志』4（1990）。

⑨ 佐藤洋一郎、藤原宏志、宇田津徹朗：『イネの*indica*および*japonica*の機動细胞みられるケイ酸体の形状および密度の差异』，『育種学雜志』4（1990）。

⑩ 浙江省博物馆自然组：《河姆渡遗址植物遗存的鉴定研究》，《考古学报》1978 年第 1 期。

⑪ 游修龄：《太湖地区稻作起源及其传播和发展问题》，中国农业遗产研究室编《太湖地区农史论文集》，1985 年，第 8—19 页。

河姆渡稻谷研究进展及展望*

到20世纪70年代初，中国新石器时代出土有稻谷的遗址累积约30处；从1973—1989这十多年中又出土了49处，合计达79处。1989—1992年，新发现33处，共已达112处。稻作遗址的不断出现，促进了稻作起源研究的迅速发展，其中以河姆渡遗址带来的震动最大，研究的内容也最丰富。尽管以后又陆续发现较河姆渡遗址更早的遗址如湖南澧县彭头山、河南舞阳贾湖等遗址，但就遗址的内涵而言，都不及河姆渡那么丰富多样，使得河姆渡遗址迄今为止仍属中国乃至亚洲最丰富的稻作遗址。河姆渡遗址吸引了考古界以外的诸多学科如历史、地理、农业、民族、遗传学的学者都投入研究，从而在稻作的起源、分化和传播方面取得很多的进展，提出了不少不同于以前的新观点，明白了以前未曾清楚的问题，也因而产生以前未曾想到的问题。本文是对此所做的一个简要的回顾，并结合我们的研究谈谈我们的看法，以供交流。

一　研究进展

1. 提出了长江中下游是中国稻作起源中心的新观点

截至1992年的112处稻作遗址中，长江中下游占86处（76.8%），黄河和淮河流域共12处（10.7%），华南地区（广东、福建、台湾）8处，云南5处，东北辽宁1处[①]。由于长江中下游的稻作遗址年代远早于黄河流域、华南和云贵高原，因此考古界倾向于认为长江中下游是稻作的起源传播中心，由此而向北传入黄河流域，向东传入朝鲜日本，南下传向华南、西南各地[②]。这个观点，得到近来部分稻作学和遗传学者研究的支持（详后），是最近新的观点。这和以前的渡部忠世[③]、佐佐木高明[④]、张德慈等[⑤]提出的云南－阿萨姆起源中心的观点相反，引起了普遍的关注。

2. 籼粳分化研究的进展

以河姆渡为代表的太湖地区新石器时代遗址出土的炭化稻谷（米），在形态上都有似籼似粳的不同，而黄河流域、长江中游和日本、朝鲜已知的出土稻谷都属粳型。华南和云南出土的稻谷虽也有籼粳之分，但数量极少，时间又较迟，因此，籼粳分化的研究都集中到太湖地区。以前对籼粳并存现象的解释是：原始的稻作群体是一种多型的杂合性群体，随着栽培技术的发展和环境条件的改变，才逐

* 本文系与游修龄合著。

渐分化成为籼和粳[⑥]；但随着鉴定技术的发展，带来对籼粳分化起源的新看法。以前是用长宽比来区分稻谷或米粒的籼和粳，因两者有重合的部分，影响了准确度。近年来日本学者藤原宏志开创了植物运动细胞中硅酸体（也称植物蛋白石）的分离技术，把鉴定方法推进了一大步[⑦]。长宽比只适用于谷粒米粒，而硅酸体技术可以在没有稻谷出土的情况下，从残存的稻叶堆积物或土壤中找到稻的硅酸体而同样可以获知籼和粳的存在。如湖南彭头山遗址最初是从红烧土块中找到稻谷的印痕进行报道的。但是我们在收到的彭头山遗址的土壤样本中始终找不到稻谷的印痕，起初我们以为是样本太少之故，但经我们改为试用硅酸体的方法进行寻找，最后终于找到少许水稻的硅酸体。最近我们对河姆渡遗址的稻叶堆积物和土壤样本进行了硅酸体的测定，其结果如下[⑧]：

	α型（%）	β型（%）	中间型（%）	尖度
稻叶堆积物	22.6	73.1	4.3	0.85
土壤样本	21.6	74.4	4.0	0.86

硅酸体的测定结果同以前按长宽比测定的结果：籼型占72.1%，粳型占24.4%不一致[⑨]，其原因较为复杂（详后），有待进一步探究。

除硅酸体方法以外，最近佐藤洋一郎等又进一步用分子遗传学的方法分析稻的叶绿体DNA基因片段图谱（通过限制性内切酶技术切断），以鉴别籼和粳并探讨它们的起源问题，结果提出了籼粳可能来自不同祖先的观点，即认为野生稻（*O. rufipogon*）本身已有籼粳分化的倾向[⑩]。从而认为长江下游是温带型粳稻的起源地，而籼稻则起源于热带的新观点。这与渡部忠世[⑪]、冈彦一[⑫]等的观点都不同。渡部认为中国云南、印度阿萨姆等地的原始稻作是一种水稻和陆稻以及籼稻和粳稻尚未分化的稻种，后来才逐渐分化成水稻、陆稻及籼稻、粳稻；冈彦一则以籼粳杂交试验证明籼和粳都来自同一野生稻祖先*O. rufipogon*，二者是同源的。佐藤根据各地水稻品种的hwc－2和Hwc－2这两个基因的地理分布，发现温带粳型稻集中分布于从长江下游经朝鲜半岛南部至日本列岛这一区域。至于热带型粳稻则分布于整个亚洲，日本的热带型粳稻是从南洋向北、经过逐个岛屿传入的，但较次要。至于云贵高原的稻作则是一方面从长江下游向西南传入，另一方面从南洋经由泰国、缅甸、老挝等传入的，恰好与渡部忠世所绘指的路线相反。这是很值得注意的新观点，需要进一步的探讨。

3. 河姆渡遗址野生稻的发现

河姆渡遗址的稻谷以前都认为是栽培种，这当然是对的，但要问那时候是否也已有野生稻存在，从理论上推断是完全可能的，因为现在野生稻分布的最北界是江西东乡约北纬28.14°，河姆渡时候的气候条件相当于现在广西、海南的条件，即北纬20°上下，当然是野生稻生长最合适的条件。这个推论现在终于被证实了，中日学者共同在河姆渡的稻谷中发现了四颗混入的野生稻谷[⑬]。据此，长江中下游的许多稻谷遗址既然在气候方面都同河姆渡相似，位于北纬30°左右，那么，在河姆渡遗址找到野生稻谷使我们有理由相信，在其他遗址中，将来也会有机会找到野生稻谷的。河姆渡野生稻谷的发现，也给稻作起源于长江下游说增加了支持。

二 问题讨论

以上是对河姆渡稻谷研究中的进展所做的简要回顾，可以看出由于多学科的参与，在探讨的广度和深度方面都取得很大成绩，明确了以前不知道的问题，特别是有关粳稻起源、分化和传播的新观点，富有启发和挑战性，非常有利于研究的深入探讨。我们从农学的角度看，觉得随着这些新观点的展开，在取得成绩的同时，也产生新一轮的问题，需要进一步研讨。主要有以下四个问题：

1. 籼粳分化问题

我们注意到佐藤论文中把粳稻区分为温带型和热带型，并按 Hwc－2 和 hwc－2 基因的地理分布规律，得出这两种粳稻向朝鲜、日本传播的途径[14]。这是从现状出发，倒溯历史所得出的结论，虽然很有启发和理由，但是把这一观点用于论证河姆渡的稻谷属于温带型粳稻以及长江下游是温带型粳稻的起源地时，则产生了一个时差问题，因为佐藤在文中已经明确指出河姆渡时期的气候条件相当于现在从海南至南洋的气候，那么，又怎样理解在同样的热带气候条件下，从河姆渡及长江下游产生的是相当于现在的温带型粳稻，而在南洋产生的则是相当于现在的热带型粳稻呢？如果河姆渡或南洋的热带气候条件不是产生温带型粳稻或热带型粳稻的外界因素，那么起作用的因素又是什么？我们以为温带型粳稻只能产生于气候转凉之后，现代野生稻为什么退缩到北纬28°以南？即是因长江流域气候转凉之故。日本的稻作是在绳文晚期至弥生早期（约相当于中国战国早期，即约公元前2500年）传入的，距离河姆渡时期已有4000多年。那时的气候要较河姆渡时期为低凉，接近现代的气温，才有可能分化出温带型的粳稻，所以弥生早期的粳稻同河姆渡时期的粳稻的时间差是应予考虑的。

另外，佐藤论文中有一张亚洲稻作的传播路线示意图，除去长江流域及以东的部分之外，在该图的南部，用箭头表示云南的稻作是从泰国、缅甸、老挝等地自南而北传入的，加上长江中下游的稻作也向西南传到云南，于是云南成了稻作传播的终点站。这同以前渡部忠世、张德慈、佐佐木高明等所主张的云贵起源中心向四方辐射的传播路线恰好是“背道而驰”，是一个非常有意思的现象，也是迄今为止稻作起源研究中最富有针锋相对性的观点，这是学术研究活跃的表现，有利于把问题的探讨引向深入。我们从民族学和铜鼓传播的历史角度来看，情况恰恰相反，稻作是随着民族迁徙和铜鼓的传播从我国云南向泰国、缅甸、老挝和马来半岛直至印度尼西亚传播的[15]。马来西亚山区的 Temir 人中曾流传一个故事，说“粟王”（King of millet）同“稻王”（Rice King）发生战争，结果粟王战败，稻王取代了粟王[16]。这故事反映了马来西亚山区早先是种粟的，后来稻传入了，经过一番抗拒，逐渐适应，才慢慢取代了粟。马来西亚的稻作是从泰国自北而南传入、最后传向印尼等地的，其方向与佐藤所说的相反。民间的神话传说故事不是历史事实，不足为证。但也并非无中生有。虽然最终我们要依靠考古学、遗传学等的研究做出判断，但如果能注意民族迁徙和传说的合理内容，是同样很有价值的。所以传播的途径问题需要在不同学科之间继续交流，把问题的探讨引向深入。

2. 籼粳区别问题

河姆渡稻谷是已经炭化了的，当时除了用长宽比判别其为籼粳以外，其他许多适用于活体鉴别的方法，都无法使用。植物硅酸体鉴别技术采用以后，既扩大了鉴别的材料范围，又提高了准确度，无疑是一个重大进展。但是笔者不同意认为长宽比是不可靠的这一看法。从农学的角度说，籼和粳是亚洲栽培稻（*O. sativa*）这个“种”（Species）下的两个“亚种”（Subspecies），彼此间的差异远小于种与种间的差异。换言之，从原始稻作驯化到现在，尽管经历了7000年以上的隔离和选择，至今的籼和粳仍然是既有可以互相区别的明显差异，又有未能截然分开的一面，也就是说，籼与粳的区别是很复杂的多因子综合体，用现在流行的术语说，带有某种数学上的“模糊”（fuzz）或物理学上的“混沌”（chaos）的意味。对于一种具有模糊或混沌性质的群体，用单一因素的分析标准去区别，只能是在特定的范围内正确，过此就会是谬误的。对现代活体的籼与粳，可资区别的方法可有17种之多，如谷粒形状（长宽比）、大小、颖毛分布、芒有无、颖尖色、颖色、米质（支链淀粉含量）、石炭酸反应、脱粒性、穗颈长短、分蘖力大小、顶叶角度、叶片宽度、叶色浓度、叶毛多少、花青素分布等[17]。每一种判别方法都有可靠性，也都有例外，即谬误。比如，籼稻容易脱粒，粳稻则较难脱粒，一般地说是正确的，但是也有容易脱粒的粳稻品种。说籼稻的叶片绿色较淡，粳稻的叶片色较浓，通常也是正确的，但是粳稻的叶片变异较大，有时也有叶色淡的，就难以区别了。所以拿这17种中的任何一种方法去鉴别，总有可靠的一面，也存在不足之处，即误断的可能。同样，用硅酸体的方法测定籼和粳，是一种新创的方法，它的准度较之粒形的长宽比为优，但也有其测不准的一面。虽然现在进一步从硅酸体的二维测定转为三维测定，并计算其“判别系数”，准确度又有所提高[18]，但这只是可靠性的概率提高，即按统计分析有90%以上的可信度，仍有6%—8%的误差，这是因为方法本身仍然是单因素的测定。如上所述，任何单因素的分析，都将难以克服一定概率的例外。这不是方法本身的不完善，这是籼粳之间本来就存在“边界”不清的模糊现象之故。用单一因素的分析方法总是无法概括多因素的复杂内涵。当我们努力探寻并改善鉴别方法时，对籼粳之间存在的“边界”模糊或交错现象必须有所考虑。

再一点是，长宽比也好，硅酸体也好，其他分子遗传的分析也好，都是从现代籼粳品种的差异分析入手，以所得的结果作参照，用来判别7000年前稻谷或稻叶遗存的籼粳属性，对于7000年以来稻谷所经历的生殖隔离和人工选择压力所起的作用，都忽略了。我们以为这种“时差”（time difference）是必须要予以考虑的。原始稻作群体的多型性现象只有较现在为复杂，分析其原因及演变，较之鉴别籼粳同样是不可少的。

3. 民族迁徙问题

佐贺大学的和佐野先生也赞成长江下游起源说，他指出中国历史上的少数民族南迁的方向表明了水稻的传播是从长江下游出发，自北而南进行，云南是最后到达的地方[19]。他最近对中国各地及周边国家出土的炭化稻谷进行测算的结果，也认为稻是从长江流域向西南传播的。我们认为这里面也有一个时差的问题，中国历史上有记载的少数民族迁徙，都是属于有史以来直至秦汉以后一直存在的现象，他们本来就是种稻的民族，他们所到之处，自然要以种稻为生。他们迁入的新区，往往是未有人住的山区，他们迁入了，经过开辟，才有了稻作，这是事实。但这不等于广大的南方，特别是沿江河、湖泊、沼泽之地都没有人种稻，不知道种稻，要他们来了才学会种稻。

至于史前的传说，黄帝同蚩尤大战，那时候黄河流域已经知道种稻了，蚩尤战败，部落分散向南方撤退时，南方也是已经种稻的。如要等到蚩尤战败的部落把水稻带到南方各地，那就变成黄河流域的稻作要早于南方，自北而南地传播了。问题是，文献中有关少数民族迁徙的记述很多，而南方固有的民族情况反而不够详细，这方面的研究无疑需要加强。

4. 野生稻的问题

河姆渡以前未发现野生稻时，也无所谓野生稻的问题。现在终于发现了野生稻谷，除了明确河姆渡时期这一带有野生稻这个事实以外，连带就引出一系列问题。众所周知，栽培稻的祖先种野生稻（*Oryza rufipogon*）是多年生的，根据佐藤等新提出的观点，野生稻中本来就有籼粳分化的倾向，也就是说，河姆渡的粳型稻是起源于野生稻中粳型倾向的那些基因群体，而热带籼稻则起源于野生稻中籼型倾向的那些基因群体。那么，为什么在同样的热带气候条件下，在河姆渡的野生稻是粳型倾向的，而在南洋的野生稻却是籼型倾向的？当我们考虑稻作起源、分化和传播时，实际上我们已经把自然选择和人工选择（包括地理的生殖隔离）两方面的压力都考虑进去了，如果排除人工选择的作用，那怎么谈得上农业起源呢。如果多年生野生稻不是在人工的选择压力下发生分化，那么，是否光凭自然选择压力就可以发生分化呢？如果这个设想得以成立，岂非稻作的起源和分化不是从多年生野生稻开始，而是从现成的野生稻中的粳型倾向稻开始了，人们所施加的压力也是很轻而易举的了。又，在多年生野生稻以外，还有一年生和中间型野生稻的与稻作起源的不同观点问题，所以有关野生稻的问题，需要继续探索的还很多。

总之，河姆渡遗址稻谷遗存的发现，其深远的意义除了一致公认的、证明了长江流域的稻文化是与黄河流域的粟文化相互交融渗透、共同孕育、创造出灿烂的中华文明以外，就稻作的本身而言，近二十年来多学科和跨学科环绕河姆渡稻谷展开的探讨，已经把亚洲稻作的起源、分化和传播的研究推向一个前所未有的高潮。在这些方面，既有不断新发现和新观点出现，又有不少需进一步深入探索的问题，这样的相互交流促进，已经创造了一种不妨可以称之为“原始稻作学”的专门领域。这是其他农作物所不能比拟的，诚非始料所及。同时，这也非常有利于农业起源的深入理解。值此河姆渡遗址发现二十周年之际，我们预祝原始稻作以及亚洲稻文化的研究将会有更多的进展，以迎接即将到来的21世纪。

作者附注：本文是1994年4月23—25日余姚河姆渡文化国际学术讨论会上的发言稿，承《农业考古》编辑部索要，对原稿做了一些补充修改，以供讨论。

原载《农业考古》1995年第1期

注释

① 严文明：《中国史前的稻作农业》论文抽印本，作者赠。

② 严文明：《再论中国稻作起源的几个问题》，《农业考古》1989年第2期。

③ 渡部忠世著，尹绍亭译：《稻米之路》，云南人民出版社，1982年。

④ 佐佐木、高明：『日本文化の基层を探る』，日本放送協会，1993年，第77页。

⑤ T. T. Chang, Domestication and spread of the cultivated rices/D. R. Harris, G. C. Hillman, eds. *Foraging and farming—The evo-*

lution of plant exploitation, Unwin Hyman, London & Winchester, 1989, pp. 408–417.

⑥ 游修龄：《太湖地区稻作起源及其传播和发展问题》，《中国农史》1986 年第 1 期。

⑦ 藤原宏志：『プテンオパール分析法の基础的研究（1）』，『考古学と自然科学』9（1976）。

⑧ 郑云飞、游修龄、徐建民等：《河姆渡遗址稻的硅酸体分析》，《浙江农业大学学报》1994 年第 1 期。

⑨ 周季维：《长江中下游发掘出土稻谷考察报告》，《云南农业科技》1981 年第 6 期。

⑩ 佐藤洋一郎、藤原宏志：『イネの发祥中心はどこか』，『东南アジア研究』1（1992）。

⑪ 渡部忠世著，尹绍亭译：《稻米之路》，云南人民出版社，1982 年。

⑫ H. I. Oka, *Origin of cultivated rice*, Japan Scientific Societies Press, Elsevier, 1993, pp. 129–136。

⑬ 汤圣祥、闵绍楷、佐藤洋一郎：《中国粳稻起源的探讨》，《中国水稻科学》1993 年第 3 期。

⑭ 佐藤洋一郎：『日本におけるイネの起源と伝播に関する考察—遺伝学の立場から』，『考古学と自然科学』22（1990）。

⑮ 游修龄：《百越稻作与南洋的关系》，《农业考古》1992 年第 3 期。

⑯ R. D. Hill, *Rice in Malaya*, A study in historical geography, NUS Press, 1977, pp. 1–13.

⑰ 参见中国农业科学院主编：《中国稻作学》第二章作资源，农业出版社，1986 年，第 52 页。

⑱ 藤原宏志：《现代科学技术在考古学中的应用》中译本及 T. Udatsu, H. Fujiwara, Application of the discriminant function to subspecies of rice (*O. sativa*) using the shape of mortor cell silica body, *Ethnobotany* 5 (1993): 107–116（作者见赠）。

⑲ 1990 年 5 月 15 日笔者参加佐贺市日中文化史交流研究会期间，和佐野喜久生先生提出这一看法。

太湖地区部分新石器时代遗址水稻硅酸体形状特征初探*

植物，尤其是禾本科植物，从土壤中吸收大量的二氧化硅，并在一些特殊的细胞中沉积，形成被称为硅酸体的硅化细胞。硅酸体的物理性质和化学性质稳定，耐高温，耐氧化，耐酸，在自然界可残存万年以上。即使是烧制物，只要烧制温度低于800℃，也能得以保存。因此，硅酸体分析已成为研究古环境演变和农耕历史的重要手段。

稻（*Oryza sativa* L.）的机动细胞硅酸体有别于其他禾本科植物，具有独特的形态特征①。近年来的研究表明，稻的硅酸体的形状特征在籼、粳两亚种间存在明显的差异，可用于亚种鉴别②。比较结果表明，利用硅酸体鉴别籼粳的正确判别率明显高于利用谷粒粒型鉴别籼粳的方法③。利用硅酸体的物理、化学性质稳定的特点和形状特征上的特异性，对新石器时代稻的硅酸体进行调查分析，从时间系列和地域性上综合考察，不仅有利于搞清籼粳起源问题，而且也能为稻作起源的研究提供重要的线索。

本研究试图通过对太湖地区新石器时代遗址出土材料中的稻机动细胞硅酸体的形状分析，对该地区新石器时代稻的类型问题做一些探讨。

一　材料和方法

1. 材料

据考古学研究，在长江下游的太湖流域，距今约7000—4000年的新石器时代可分为马家浜文化（4700—4000 BC）、崧泽文化（4000—3300 BC）和良渚文化（3300—2300 BC）等三个发展阶段。本研究以浙江省为中心，共收集到这三个文化阶段的8个遗址24份材料。

马家浜文化：浙江省桐乡罗家角遗址的陶片2片，浙江省嘉兴马家浜遗址的陶片3片，浙江省湖州邱城遗址下层的陶片1块和土壤1点。

崧泽文化：浙江省邱城中层墓中出土的陶片1片，江苏省徐家湾遗址的陶片2片，浙江省嘉兴南河浜遗址的陶片2片，土壤和红烧土各1点。

---

* 本文系与藤原宏志、游修龄、俞为洁、刘斌、丁金龙、王才林、宇田津彻朗合著。

良渚文化：浙江省杭州水田畈遗址的陶片4片，浙江省湖州邱城遗址中层的灰坑土壤1点和上层出土的红烧土1点，浙江省桐乡喇叭浜良渚文化墓陶罐嵌土1点，江苏省苏州龙南遗址的陶片3片和红烧土1块。

2. 方法

陶片、红烧土及遗址中采取的土壤试样的分析，参照藤原宏志建立的植物硅酸体的土壤分析法和陶片芯土分析法进行[④]。收集到的材料（除土壤）经洗净表面后，在烘箱（100℃左右）中干燥。取下用于分析的试料，并用锉刀和砂布去除表面。然后，在超声波槽（38kHz，250W）清洗15分钟。洗净后的试料放置在准真空条件下，吸水5—6小时，使其软化。用滤纸吸取附着的水，硫酸纸包裹后用机械力粉碎。

每个试料各取相当于干重1克左右的样品，放入12毫升的样品瓶，并加入10毫升的水和约1毫升的5%的水玻璃溶液，用超声波仪（38kHz，250W）振荡30分钟。然后根据Stokes原理，沉降多次，分离去除粒径小于20微米的粒子。样品干燥后，制成玻片，在显微镜下观察。

对试料中的机动细胞硅酸体进行形状解析。硅酸体被显微镜放大400倍后投影到显示器，利用数据分析系统测量4个形状参数，即纵长（VL）、横长（HL）、侧长（LL）和形状系数（b/a）（图一）。以随机抽样测量的50个硅酸体的平均值来描述试料中的硅酸体的形状特征[⑤]。

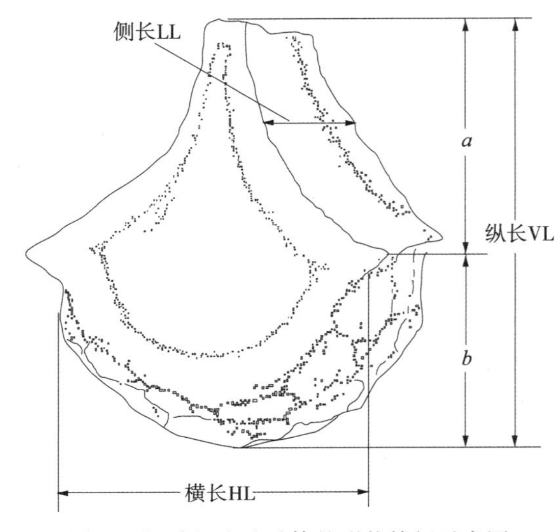

图一　机动细胞硅酸体的形状特征示意图

二　结果

以上8个遗址的24份材料，经分离和用显微镜观察后，有11份材料中发现含有水稻机动细胞硅酸体，它们分属于6个遗址、3个不同的文化发展阶段。其中马家浜文化和崧泽文化期各有4份材料，良渚文化期有3份材料。它们分别是马家浜遗址下层的陶片，罗家角遗址的陶片，邱城下层的陶片和土壤、中层的土壤和上层的红烧土，南河浜遗址的陶片、红烧土和土壤，徐家湾遗址的陶片，以及龙南遗址的红烧土。硅酸体的形状解析结果如表一所示。

1. 文化阶段之间的硅酸体形状特征之差异

稻硅酸体的形状特征，按试料的文化类型所属进行了整理。表二显示了各阶段的硅酸体4个形状特征的平均值。方差分析结果表明，硅酸体的形状特征系数的差异不显著。与马家浜文化时期比较，崧泽文化和良渚文化时期硅酸体的形状明显大型化，纵长、横长分别增加15.73%、15.15%和11.73%、15.19%。崧泽文化和良渚文化之间的变化不明显。图二显示了硅酸体的4个形状特征参数在新石器时代的变化态势。

表一 太湖地区新石器时代遗址出土材料中检出的水稻机动细胞硅酸体的4个形状参数和判别值

遗址名	试料类型	形状特征参数				别值
		纵长 VL（微米）	横长 HL（微米）	侧长 LL（微米）	形状系数 b/a	
罗家角	陶片	35.02	30.74	29.55	0.91	-0.30
马家浜	下层陶片	34.73	29.46	25.97	0.84	-0.26
邱城	下层土	36.38	30.87	29.16	0.87	1.36
	下层陶片	38.32	31.64	30.21	0.86	0.44
	中层土	41.87	33.90	27.88	0.90	1.35
	上层红烧土	39.53	32.85	30.47	0.90	1.47
南河浜	陶片	40.06	34.64	27.58	1.00	0.44
	红烧土	43.66	37.19	28.66	0.92	1.88
	土	42.01	34.89	29.00	0.89	1.87
徐家湾	陶片	40.59	34.65	32.04	0.88	1.73
龙南	红烧土	43.97	36.09	29.20	0.88	2.58

表二 马家浜、崧泽、良渚等三个文化时期的水稻机动细胞硅酸体形状特征参数和判别值的平均值

遗址名	形状特征参数				判别值
	纵长 VL（微米）	横长 HL（微米）	侧长 LL（微米）	形状系数 b/a	
马家浜文化	36.11a	30.68a	28.72a	0.87a	0.31a
崧泽文化	41.58b	35.34b	29.41a	0.92a	1.48b
良渚文化	41.79b	34.28b	29.18a	0.89a	1.87b
平均值	39.82**	33.34**	29.10	0.89	1.22*

注：同一形状特征参数，标有相同字母的数据之间，差异不显著。**和*分别表示方差分析达1%和5%显著水平。

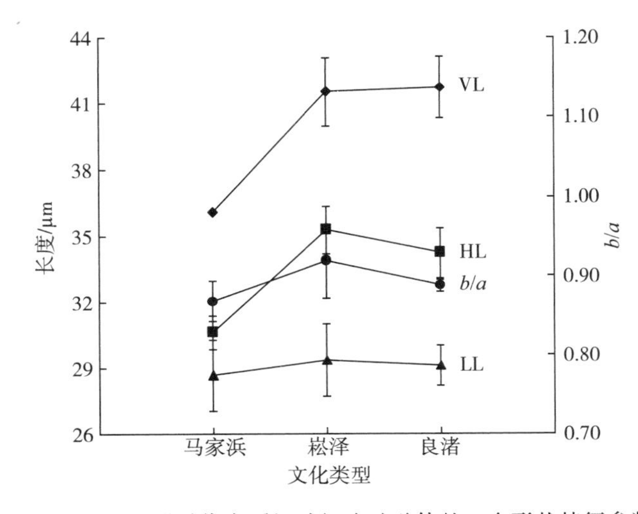

图二 太湖地区新石器时代水稻机动细胞硅酸体的4个形状特征参数的变化

2. 不同文化时期的硅酸体颗粒组分的变化

图三为马家浜文化时期的马家浜遗址下层和邱城遗址下层陶片，以及良渚文化时期的龙南遗址红烧土中检出的150粒硅酸体的4个形状特征参数分布情况。从图中可以看出，良渚文化时期稻硅酸体

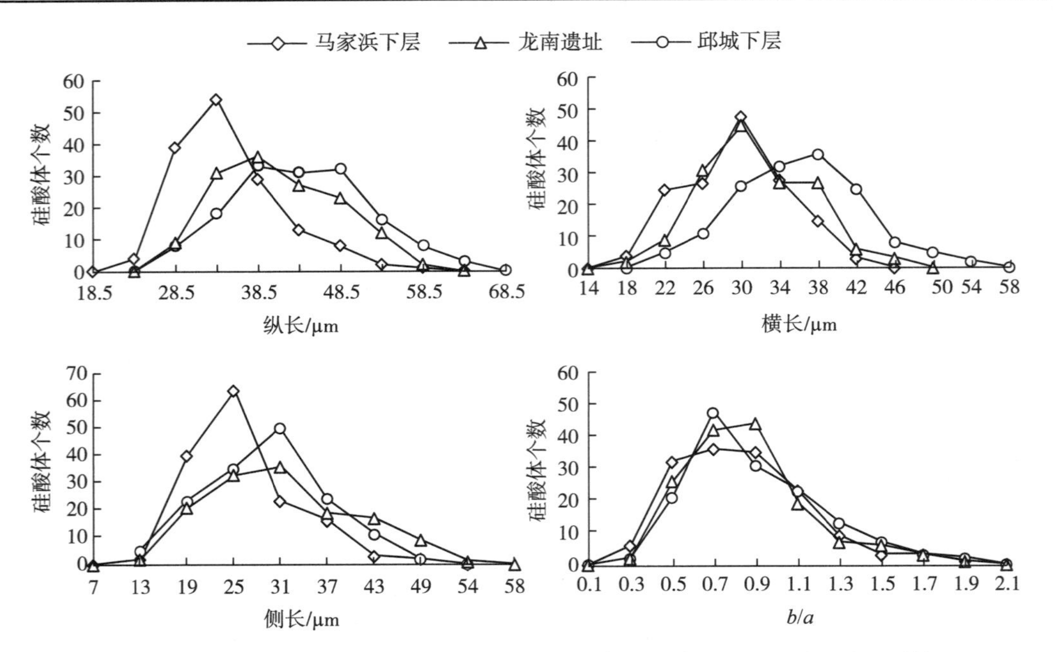

图三　从马家浜遗址下层、邱城遗址下层和龙南遗址检出的稻机动细胞硅酸体4个形状特征参数的分布（$n=150$）

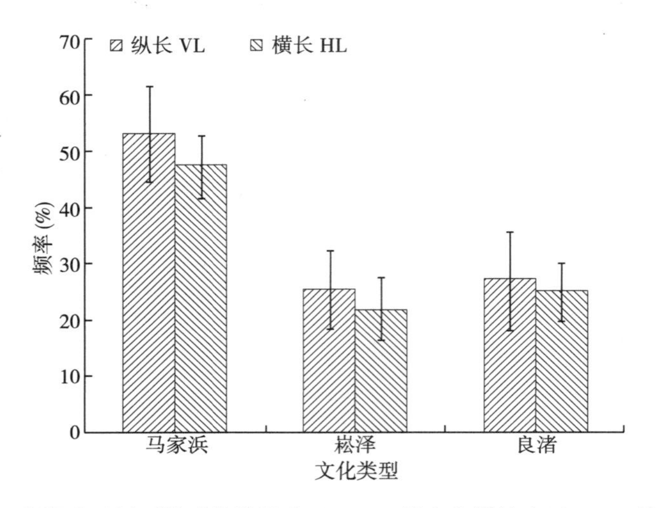

图四　太湖地区新石器时代纵长小于33.50微米和横长小于28.00微米的水稻机动细胞硅酸体的百分比变化

的颗粒组分和马家浜文化不同，大颗粒增多，小颗粒减少。分布的峰值也偏向大尺度方向。与马家浜文化比较，崧泽文化的纵长小于33.50微米粒子和横长小于28微米的粒子平均百分比下降了27.83%和25.66%；良渚文化期的平均百分比下降了26.22%和20.77%；崧泽文化和良渚文化之间的变化不明显（图四）。结果表明，太湖地区在马家浜文化的晚期或崧泽文化的早期，栽培稻的机动细胞硅酸体的形状特征发生了一次较大的变化。

3. 栽培水稻的亚种判别值

通过对现代栽培稻两个亚种的硅酸体形状特征的分析，可用于籼粳判别的函数已建立[⑥]。其中 $Z4$ 判别式如下：

$$Z4=0.4947VL-0.2951HL+0.1357LL-3.8154b/a-8.9567$$

$Z4<0$，籼（*indica*）；$Z4>0$，粳（*japonica*）

其中，VL：纵长，HL：横长，LL：侧长，b/a：形状系数。

将测得的硅酸体特征参数代入判别式，结果如表一所示。最大的为龙南遗址红烧土的2.58，最小的为罗家角遗址陶片的-0.30，变化幅度很大。方差分析结果表明，马家浜文化的平均判别值明显小于崧泽和良渚文化，而崧泽和良渚文化之间没有显著的差异。其中罗家角和马家浜下层的两个马家浜文化早期的材料中检出的硅酸体的籼粳判别值小于零。

三 讨论

太湖流域地区约23处新石器时代遗址发现稻的遗存，但相对于已发掘（发现）的新石器时代遗址的数量来说，有稻遗存的遗址数量并不那么多。采用硅酸体分析法可弥补过去研究中材料不足、面不广等缺陷。如浙江的邱城、马家浜和南河浜，以及江苏的徐家湾等遗址的发掘过程中未见稻遗存，但在这次的分析中，从陶片、红烧土及土壤中检测出了水稻硅酸体（图五）。

太湖地区新石器时代栽培稻的亚种类型归属问题一直被人们关注，是解开稻亚种（subspecies）起源分化问题的重要环节。迄今已有多处遗址出土的炭化稻谷从粒型角度做了亚种鉴别。如桐乡罗家角遗址（6905±155 BP）[⑦]、苏州草鞋山下层（4325±205 BC）[⑧]、青浦崧泽下层（4035±140 BC）[⑨]、湖州钱山漾遗址（3310±135 BC）[⑩]、杭州水田畈遗址（约4000 BP）[⑪]等。鉴定结果表明，无论新石器时代的早期还是晚期，都存在籼（*hsien*）粳（*keng*）并存的现象，即长粒型和短粒型的稻谷混杂。周季

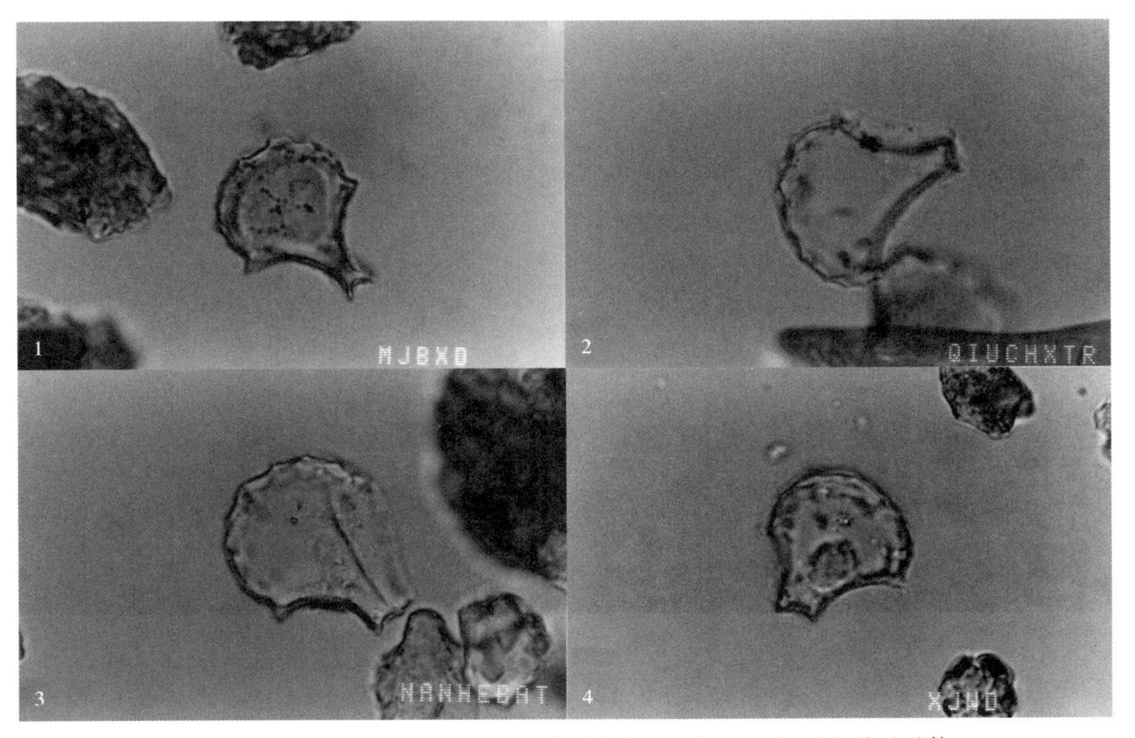

图五 从马家浜、邱城、徐家湾、南河浜等遗址检出的稻机动细胞硅酸体

1. 马家浜下层 2. 邱城下层 3. 南河浜（崧泽文化） 4. 徐家湾（崧泽文化）

维对各遗址出土的稻谷遗存做了粒型鉴定后指出：年代愈早，籼的比例愈高；年代较晚，粳的比例有增加[12]。

依据遗址出土的炭化稻谷的粒型判别稻亚种，一直是农学工作者鉴别古代稻谷类型的主要手段[13]。但随着研究的深入，粒型鉴定明显暴露出不足之处。亚种在分类学上是一个地理型、生态型，即地理同种群或遗传生态同种群，是种（species）内个体在地理和生殖上充分隔离后形成的群体，有一定的形态特征和地理分布。新石器时代同一遗址出土的稻谷，既有长粒型又有短粒型，是在没有地理分布的差异，也没有存在生殖障碍下的外形表现，是籼粳未充分分化的早期的多型现象[14]。此时期用粒型判别亚种显然不适合。而且，研究表明单凭粒型对现代栽培稻进行亚种判别的正确率并不高，仅为60%—70%[15]。要解决早期出土稻谷的籼粳鉴别问题，必须寻找新的方法。

近几年来，关于水稻硅酸体的研究进展很快，不仅搞清了籼、粳两亚种在机动细胞硅酸体形状特征上的差异，而且建立了判别函数。栽培稻的两个亚种之间的机动细胞硅酸体形状特征差异很明显，粳亚种的硅酸体大、长、厚；籼亚种的硅酸体小、圆、薄。对太湖地区新石器时代的稻硅酸体的形状解析结果表明：新石器时代早期的硅酸体较小，中、晚期则大型化，反映了向粳稻方向演变的趋势。判别结果显示，崧泽和良渚文化期的判别值，全部为正值，且绝对值较大，属于粳稻类型；早期的判别值有正值也有负值，但绝对值大多较小，与现代栽培稻的典型籼亚种和粳亚种判别有区别，新石器时代早期的栽培稻可能还带有较多的原始性状。

对不同亚种栽培区的水田土壤分析结果显示，土壤中的硅酸体形状特征的主要差异在于纵长和横长。籼稻区，硅酸体纵长和横长较小，一般在37微米和34微米以下；粳稻区则相反，两者都较大（资料待发表）。马家浜文化早期的栽培稻似乎接近于现代栽培的籼稻。

比较马家浜文化早期（马家浜遗址下层，约4700 BC）[16]和中晚期（邱城遗址下层，约4300 BC）[17]的硅酸体粒子组分（见图三）可以看出，在马家浜中晚期的硅酸体组分变化虽没有良渚文化时期那么大，但变化确已发生，表明硅酸体的形状特征变化是一个连续渐变的过程。也就是说，新石器时代中晚期的粳稻可能直接由早期的以小型硅酸体为特征的原始栽培稻进化而来的，而非外部稻种资源导入引起的。从这一角度看，新石器时代早期的栽培稻应具有向粳稻分化的能力，细长型的谷粒很可能是野生稻性状在原始栽培稻中残留的一种表现，而短圆的谷粒显示进化的方向。

由于材料收集等关系，本研究只从文化发展系列的面上做了考察，今后有待于补充点（同遗址的变化过程）的材料做进一步研究。

原载《中国水稻科学》1999年第1期

注释

① [日] 藤原宏志：『プラントオパール分析法の基础研究（1）—数种イネ科植物の硅酸体标本と定量分析法』，『考古学と自然科学』（9）1976。

② [日] 藤原宏志、佐藤洋一郎、甲斐玉浩明等：『プラント・オパール分析（形状解析法）によるイネ系统の历史的变迁に关する研究』，『考古学雜志』（3）1990；佐藤洋一郎、藤原宏志、宇田津彻朗：『イネの*indica*および*ja-*

ponicaの机动细胞にみられる硅酸体の形状及び密度の差异』,『育種学雑志』(4) 1990。

③ 王才林、宇田津彻朗、藤原宏志:『中国イネの亚种判别における机动细胞硅酸体形状と籾の形态・生理形质の关系について』,『育種学雑志』(1) 1996。

④ [日] 藤原宏志:『プラント・オパール分析法の基础研究(3) —福冈・板付遗迹(夜臼期)水田および群马・日高遗迹(弥生时代)水田におけるイネ(*O. sativa* L.)生产总量の推定』,『考古学と自然科学』(12) 1979;藤原宏志:『フラント・オパール分析法の基础研究(4) —熊本地方における绳文土器胎土に含まれるフラント・オパールの检出』,『考古学と自然科学』(14) 1982。

⑤ [日] 藤原宏志:『プラントオパール分析法の基础研究(1) —数种イネ科植物の硅酸体标本と定量分析法』,『考古学と自然科学』(9) 1976。

⑥ [日] 藤原宏志、佐藤洋一郎、甲斐玉浩明等:『プラント・オパール分析(形状解析法)によるイネ系统の历史的变迁に关する研究』,『考古学雑志』(3) 1990;佐藤洋一郎、藤原宏志、宇田津彻朗:『イネの*indica*および*japonica*の机动细胞にみられる硅酸体の形状及び密度の差异』,《育種学雑志》(4) 1990;王才林、宇田津彻朗、藤原宏志:『中国イネの亚种判别における机动细胞硅酸体形状と籾の形态・生理形质の关系について』,《育種学雑志》(1) 1996;T. Udatsu, H. Fujiwara, Application of the discriminant function to subspecies of rice (*Oryza sativa* L.) using the shape of motor cell silica body, *Ethnobotany* 5 (1993): 107–116.

⑦ 罗家角考古队:《桐乡县罗家角遗址发掘报告》,《浙江省文物考古所学刊》,文物出版社,1981 年,第 1—42 页。

⑧ 南京博物院:《江苏吴县草鞋山遗址》,《文物资料丛刊》第三辑,文物出版社,1980 年。

⑨ 上海市文物保管委员会:《崧泽——新石器时代遗址发掘报告》,文物出版社,1987 年,第 129—130 页。

⑩ 浙江省文物管理委员会:《吴兴钱山漾遗址第一、二次发掘报告》,《考古学报》1960 年第 2 期。

⑪ 浙江省文物管理委员会:《杭州水田畈遗址发掘报告》,《考古学报》1960 年第 2 期。

⑫ 浙江省文物管理委员会:《吴兴钱山漾遗址第一、二次发掘报告》,《考古学报》1960 年第 2 期。

⑬ 浙江省文物管理委员会:《杭州水田畈遗址发掘报告》,《考古学报》1960 年第 2 期;周季维:《长江中下游出土古稻考察报告》,《云南农业科技》1981 年第 6 期;丁颖:《江汉平原新石器时代红烧土中的稻谷壳考查》,《考古学报》1959 年第 4 期;游修龄:《对河姆渡遗址第四文化层出土稻谷和骨耜的几点看法》,《文物》1976 年第 8 期;渡部忠世:『稲の道』,日本放送出版協会,1977 年。

⑭ 游修龄:《关于稻作起源、分化和传播问题的思考》,《稻作史论集》,中国农业科技出版社,1993 年,第 103—111 页。

⑮ H. Morishima, H. I. Oka, Phylogenetic differentiation of cultivated rice XXII: Numerical evolution of *indica* – *japonica* differentiation, *Japanese Journal of Breeding* 31 (1981).

⑯ 上海市文物保管委员会:《崧泽——新石器时代遗址发掘报告》,文物出版社,1987 年,第 129—130 页。

⑰ 牟永抗、魏正瑾:《马家浜文化和良渚文化——太湖流域原始文化的分期问题》,《考古》1978 年第 4 期。

河姆渡、罗家角两遗址的水稻
硅酸体形状特征之比较*

河姆渡和罗家角遗址是长江下游两个最古老的新石器时代遗址，据^{14}C年代测定，距今有7000余年。河姆渡遗址在1973年和1978年分别进行了两次发掘，在第4文化层发现了大量的稻谷遗存，有稻谷（米）、谷壳、秸秆等[①]。罗家角遗址发掘于1978年，该遗址的第2、3、4文化层出土了大量的炭化米，在陶片中发现有谷壳夹杂现象[②]。这两个古老的稻作遗址发现，把长江下游稻的栽培历史上溯了近2000年，确立了长江下游在中国稻作起源中的重要地位。

大量稻作遗存的发现，吸引了各学科学者的兴趣。农学工作者试图通过和现代稻谷（米）的外部形态特征比较，认识古稻生物学特性和系统属性，明确它们在稻的进化史上的地位[③]。

稻谷的粒型是稻亚种分类指标之一，无疑在研究古稻的系统属性上具有参考意义。但单凭这一项指标确定古稻的系统属性有证据不足之嫌。遗传学者研究结果表明，用稻谷粒型进行亚种分类的正确率仅为60%，误判的可能很高[④]。因此，要进一步认识这些古稻，需要多学科协作，从不同角度去研究。最近几年，生物考古学取得了长足的进步，为进一步研究奠定基础。在水稻起源研究方面，植物硅酸体分析技术采用已使一些问题取得了突破，研究者对它寄予很高的期望。

禾本科植物是一类高硅植物，在植株的地上部，特别是叶片和谷壳的部分细胞中有大量的硅酸沉积，这类细胞也被称为硅酸体。由于硅酸的物理、化学性质稳定，植物体枯萎腐烂后，其中的硅酸体成为土粒一部分，在土壤中可残存万年以上。稻的叶片运动细胞硅酸体，在大小、形状和底部斑纹等方面和其他禾本科植物不同，而且在稻的两个亚种之间也有明显的差异存在。籼稻的硅酸体小、薄、圆；粳稻的硅酸体大、厚、长[⑤]。因此，从运动细胞硅酸体的形状特征角度研究河姆渡和罗家角两遗址栽培稻，将有助于进一步了解早期栽培稻的系统特性，为研究我国稻作起源及亚种的分化过程提供直接的理论依据。

一　材料和方法

1. 材料

河姆渡遗址第3、4文化层出土的陶器碎片2块，红烧土1块。由浙江省博物馆提供。在陶器碎片

---

* 本文系与俞为洁、芮国耀、宇田津彻郎、藤原宏志、游修龄合著。

和红烧土的表面和芯土可看到类似稻的谷壳和秸秆的植物残体。

罗家角遗址第3、4文化层出土陶器碎片7块。由浙江省文物考古研究所提供。在部分陶器碎片的表面和芯土可看到富含炭化物。

2. 分析方法

(1) 从陶片胎心土的采取和粉碎

收集的陶片用水洗去表面的附着物后，在烘箱烘干。

用锉刀和粗砂布磨削去陶片的表层后，分别装入烧杯，在超声波清洗槽内清洗30分钟，再次用水洗净表面。

洗净后的陶片浸入水中，放置于干燥器内，用真空泵抽吸出空气，使陶片充分吸水软化。

用滤纸吸取试料表面的水，用硫酸纸包裹后，用机械力粉碎。

(2) 硅酸体的分离

取干重约1克的试料放入样品瓶，注入10毫升的水和适量的5%水玻璃溶液作为分散剂，在超声波清洗槽内振荡30分钟。

根据Stokes沉降原理，除去粒径小于20微米的颗粒。试料干燥后，制作玻片供镜检。

(3) 水稻硅酸体形状参数的测量

利用图像解析系统把硅酸体投影到显示屏上，就硅酸体的纵长、横长、侧长以及表示断面形状的系数 b/a 进行计测。用50颗硅酸体的平均值为代表值。每试料测取3组数据。

二 结果

1. 镜检结果

在光学显微镜下对从试料中提取的微粒进行镜检，结果在河姆渡遗址的2块试料和罗家角遗址的3块试料中发现了水稻运动细胞硅酸体（图一）。

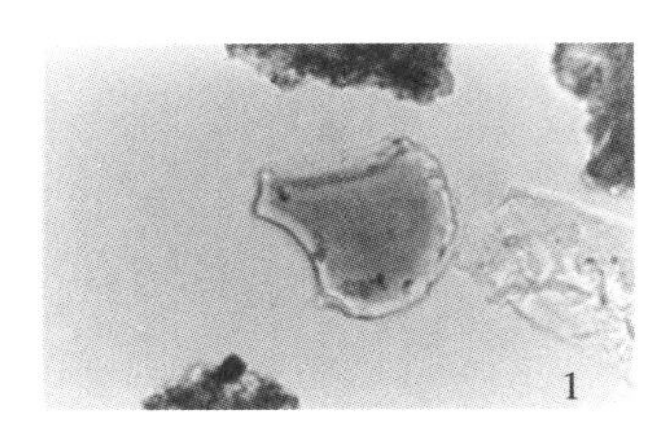
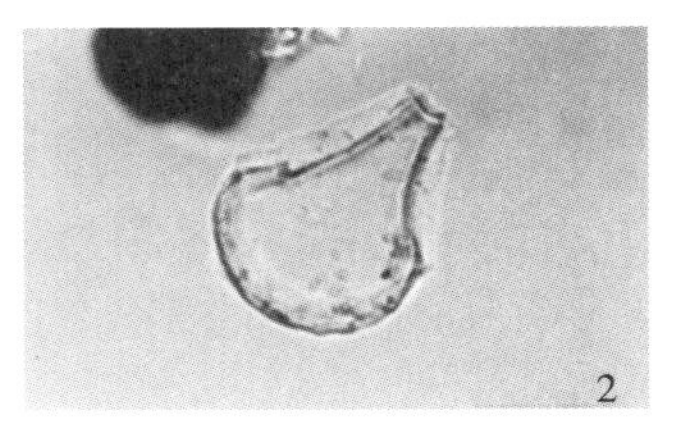

图一 河姆渡、罗家角遗址中发现的水稻硅酸体

1. 罗家角遗址第4文化层 2. 河姆渡遗址第3文化层

2. 形状的差异

表一列出了从河姆渡、罗家角两遗址第3、4文化层的5块试料中发现的水稻运动细胞硅酸体4个形状参数的平均值。

表一 河姆渡、罗家角遗址的水稻硅酸体形状参数

遗址	文化层	形状参数			
		纵长（微米）	横长（微米）	侧长（微米）	形状系数 b/a
罗家角	3	34.62a*	28.42a	26.74a	0.92a
	4	35.80a	29.95ab	25.39a	1.06b
	4	35.01a	30.74b	29.55b	0.91a
河姆渡	3	39.74b	33.34c	32.37c	0.94a
	4	40.22b	33.85c	32.44c	0.93a

*没有相同字母的数据间，差异显著（$P<0.05$）。

纵长、横长、侧长以及形状系数 b/a 等 4 个形状参数的方差分析结果显示，试料之间有极显著的差异存在。各平均数的比较结果显示罗家角遗址的试料之间有差异，而河姆渡遗址的试料之间没有差异。两遗址的平均值之间，纵长、横长差异极显著，侧长差异显著，而形状系数 b/a 没有差异。和罗家角遗址相比，河姆渡遗址第 3 文化层的纵长、横长、侧长分别大 5.12 微米、4.92 微米、5.63 微米，b/a 小 0.02；第 4 文化层纵长、横长、侧长分别大 4.82 微米、3.51 微米、4.97 微米，b/a 小 0.06（图二）。

以上结果显示河姆渡遗址和罗家角遗址第 3、4 文化层的水稻硅酸体的断面形状相近，大小有较大的差异。

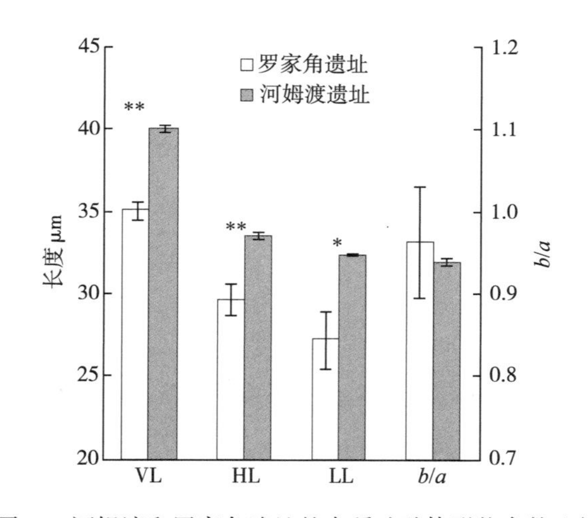

图二 河姆渡和罗家角遗址的水稻硅酸体形状参数比较

3. 形状参数的分布

图三为河姆渡遗址和罗家角遗址第 4 文化层的水稻硅酸体 4 个形状参数的分布，和河姆渡遗址相比，罗家角遗址的硅酸体纵长、横长、侧长明显偏向小尺度，在形状系数 b/a 上，看不到这种分布差异。

另外，罗家角遗址分布图上，分布中心值附近都有 2 个明显峰突；河姆渡遗址除形状参数 b/a 外，其他 3 个形状参数分布图上，分布中心值附近没有看到多峰现象。

4. 亚种判别

研究者通过研究近现代水稻品种的硅酸体形状特征，以 4 个形状参数为变量建立了用于亚种判别

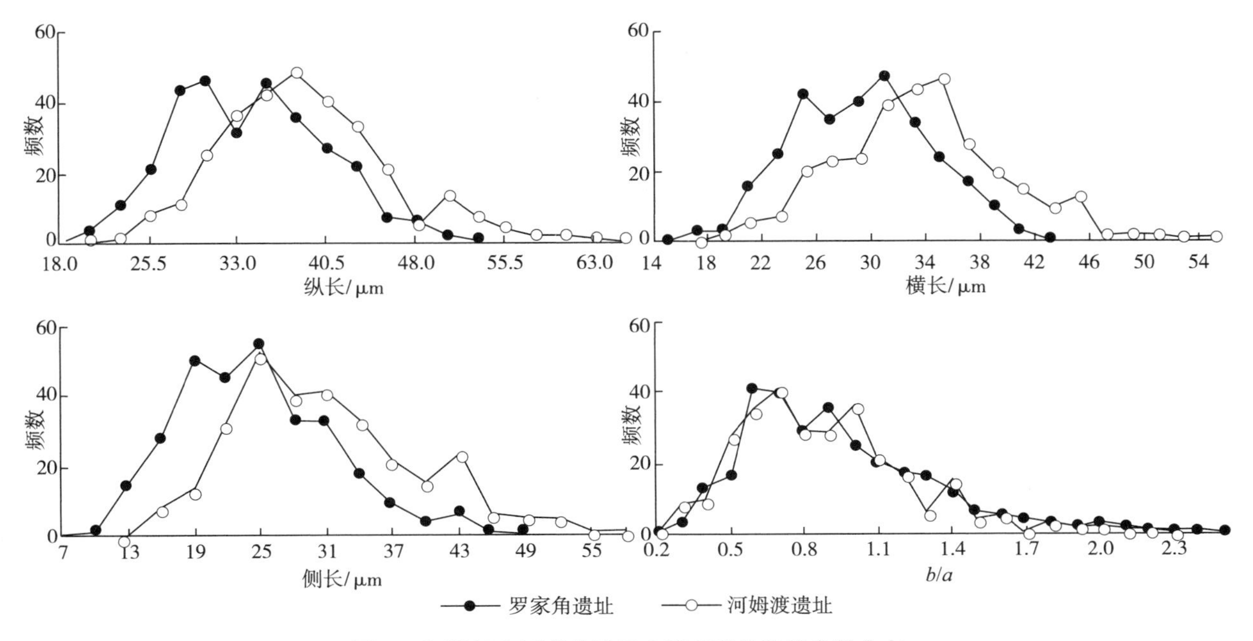

图三　河姆渡和罗家角遗址水稻硅酸体形状参数分布

表二　用硅酸体形状进行亚种判别的结果

文化层	河姆渡遗址		罗家角遗址	
	判别得点	亚种	判别得点	亚种
3	1.67	*japonica*	-0.23	*indica*
4	1.56	*japonica*	-0.55	*indica*
平均值	1.62	*japonica*	-0.39	*indica*

的函数式⑥，下式是在研究了97个水稻品种的硅酸体形状特性后，经主成分分析后，建立的判别式⑦：

$$Z = 0.04947VL - 0.02994HL + 0.1357LL - 3.8154b/a - 8.9567$$

（$Z<0$：籼亚种；$Z>0$：粳亚种）

把河姆渡、罗家角遗址的硅酸体形状参数代入判别式，得判别得点（表二）。表中河姆渡遗址的判别得点为正值，判别其为粳稻；罗家角遗址的判别得点为负值，判别其为籼稻。

三　考察

通过植物硅酸体分析，在长江下游最古老的新石器时代遗址河姆渡和罗家角两遗址第3、4文化层出土的陶器碎片中发现了大量的水稻运动细胞的硅酸体，再次证实了长江下游是我国原始稻作农业的起源地之一。

对两遗址中发现的水稻运动细胞硅酸体的形状解析结果显示，河姆渡和罗家角遗址的硅酸体形状特征有显著差异，罗家角遗址的硅酸体较小、较薄，河姆渡遗址的硅酸体大而厚，表明河姆渡遗址和罗家角遗址的栽培稻系统特性不同。判别分析结果显示，河姆渡遗址的栽培稻和现代栽培粳稻类似，而罗家角遗址的栽培稻则更接近于现代栽培籼稻。从硅酸体的分布图看，似乎罗家角遗址的栽培稻比河姆渡遗址的栽培稻在遗传上更具有多样性。

河姆渡遗址和罗家角遗址仅一江（钱塘江）之隔，地理位置相近，但所栽培水稻的系统特性却不同，这是一个很有意义的问题。此现象可以有两种解释：其一，两遗址几乎是同时期的遗址，栽培稻的系统特性差异反映该地区的水稻具有多样性，是遗传变异中心。其二，罗家角遗址的^{14}C 年代测定数据比河姆渡遗址早百余年，罗家角遗址的栽培稻可能更为原始，两遗址栽培稻的系统特性差异反映了长江下游栽培稻系统特性演化方向。硅酸体的分布特征（见图三）显示，河姆渡遗址分布峰和罗家角遗址较大的峰值相同或相近，似乎有一个从多样性群体向河姆渡遗址的粳型水稻演化的过程。

尽管对罗家角、河姆渡遗址水稻系统特性差异给出明确的解释，尚待今后考古学上更多更精确的年代数据及大量的早期水稻硅酸体的形状参数分析。但本次对罗家角、河姆渡遗址水稻硅酸体的形状解析结果已经说明长江下游是水稻起源地之一，同时也为进一步了解原始栽培稻的系统特性及其进化过程提供了重要的信息。

原载《株洲工学院学报》2000 年第 14 卷第 4 期

注释

① 浙江省文物管理委员会、浙江省博物馆：《河姆渡遗址第一期发掘报告》，《考古学报》1978 年第 1 期。

② 罗家角考古队：《桐乡罗家角遗址发掘报告》，《浙江省文物考古所学刊》，文物出版社，1981 年。

③ 浙江省文物管理委员会、浙江省博物馆：《河姆渡遗址第一期发掘报告》，《考古学报》1978 年第 1 期；周季维：《长江中下游发掘出土稻谷考察报告》，《云南农业科技》1980 年第 6 期。

④ H. Morishima, H. I. Oka. , Phylogenetic differentiation of cultivated rice XXII: Numerical evolution of *indica* – *japonical* differentiation, *Japanese Journal of Breeding* 31 (1981).

⑤ 藤原宏志、佐佐木章：『プラント・ォパール分析法の基礎研究（2）』，『ィネ（*Oryza*）属植物における機動細胞珪酸体の形状』，『考古学と自然科学』11（1978）；佐藤洋一郎、藤原宏志、宇田津徹朗，『イネの*indica*および*japonica*の機動细胞にみられる珪酸体の形状及び密度の差異』，『育種学雜誌』40（1990）。

⑥ H. Fujiwara, Research into the history of rice cultivation using plant opal Analysis/*Current research in phytolith analysis: Applications in Archaeology and Paleoecology*, PA: Museum Applied Science Center for Archaeology (MASCA), 1993, pp. 147–158.

⑦ 王才林、宇田津徹朗、藤原宏志等：『中国・草鞋山遺跡における古代水田址调查（第 2 报）—遗迹土壤における プラント・オパール分析』，『考古学と自然科学』30（1995）。

从南庄桥遗址的稻硅酸体看早期水稻的系统演变*

从20世纪70年代开始，科学工作者对植物硅酸体做了许多研究工作，推动了农业起源研究工作的发展①。禾本科植物在其生育过程中，要吸收大量的硅酸，并在植物体的一些特定的细胞，诸如运动细胞、结合组织细胞、茧状细胞、刺状细胞中沉积。这些被大量硅酸沉积的细胞，在植物体枯死腐烂后，成了土壤粒子的一部分，在土壤中长期残留。由于植物硅酸体具有分类学特性，而且残留性很高，植物硅酸体分析在农耕起源、作物的历史演变以及环境的变迁等研究领域具有广阔的应用前景。

稻的硅酸体不同于其他禾本科植物，具有明显可鉴别的特征，可用于遗址农耕类型的研究和水田遗迹的调查发掘②。进一步研究还发现稻硅酸体形状特性在两个亚种之间也存在着一定的差异③。20世纪90年代，藤原宏志等在分析大量的现代栽培品种硅酸体形状特性的基础上，建立了利用硅酸体形状进行亚种判别的方法④。

我国长江下游是稻作农耕文化的发祥地之一，迄今已在多处遗址中发现了稻及其和稻作有关的遗存。搞清新石器时代这一地区的稻作起源及稻的系统特性演变，对了解亚洲栽培稻的起源分化具有重要意义。在本研究中，我们对从浙江省余杭市（今余杭区，后同）南庄桥遗址中采集到的土样和陶片进行了植物硅酸体分析，并对稻硅酸体进行了形状解析。

一　材料和方法

1. 遗址概况和分析材料

南庄桥遗址位于浙江省余杭市獐山镇（图一），于1999年进行了发掘，根据土壤的堆积情况被划分为12层。从出土的遗物看，主要属马家浜文化（4500—3800 BC）和良渚文化（3500—2000 BC）。（本文引用马家浜文化的主体年代。）

本次实验从遗址中采集了16份土样、8份陶片和红烧土进行了分析，对发现的稻硅酸体进行了形状解析。

分析材料的种类、数量和年代详细情况见表一。

---

* 本文系与刘斌、松井章、宇田津彻朗、藤原宏志合著。

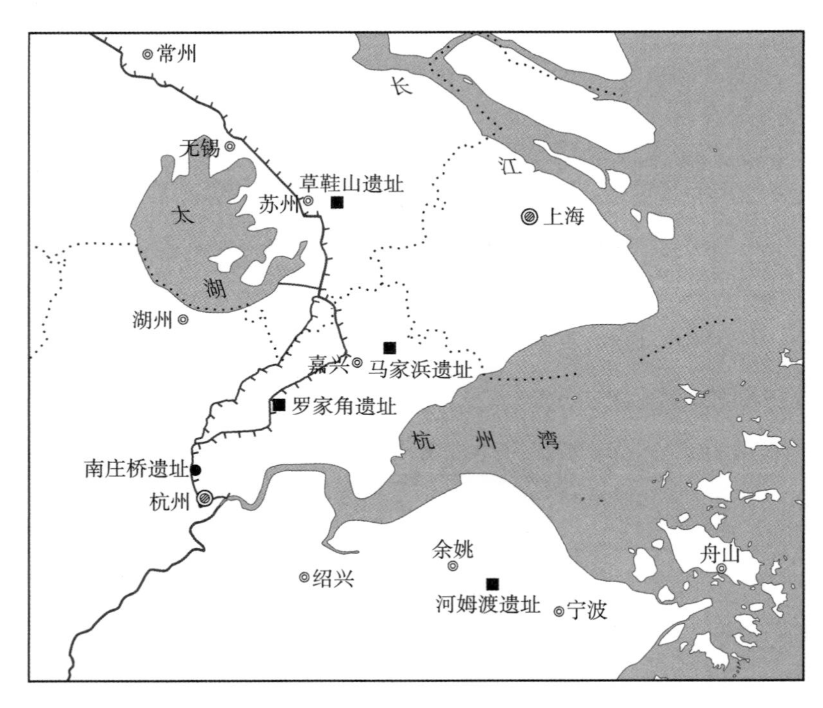

图一 南庄桥遗址的地理位置

表一 分析材料的种类和数量

历史时期	土层	材料（份）		合计
		土壤	陶片	
良渚文化 3500—2000BC	5	4	2	6
马家浜文化 4500—3800BC	6	1	0	1
	7	2	0	2
	8	1	0	1
	9	1	2	3
	10	5	4	11
	11	1	0	1
生土，无文化遗物	12	1	0	1
合计		16	8	24

2. 分析方法

（1）材料的处理

①土壤：土壤试料放在干燥箱内，于 100℃的恒温下干燥 20 小时后，用机械力粉碎。

②陶器片和红烧土：用水洗去陶器片表面附着物后，在 100℃的恒温干燥箱里干燥。用钢锉和粗砂布除去分析样品的表面后，置超声波槽中清洗。在低真空的条件下，让分析样品吸水 16 小时，进行软化。用滤纸吸干表面水分后，在硫酸纸包裹中，用老虎钳夹碎。

（2）植物硅酸体的提取

称取 1 克分析样品，放入 12 毫升的样品瓶，并加入 30 万颗粒径 40—50 微米的玻璃珠（限于土壤）。加入10毫升的水和5%水玻璃溶液1毫升（分散剂）后。用超声波（38kHz，250W）振荡20分钟。采用Stokes沉降方法除去20微米以下的粒子后，置干燥箱中干燥，制成玻片供镜检。

（3）密度和形状特性测定

①密度测定：在显微镜下放大100倍，计测同一视野内的植物硅酸体数和玻璃珠的数量（直到玻璃珠数300颗左右）。用下列数学式计算出单位重量土壤中的植物硅酸体个数。

$$D = \frac{300000 \times W_1}{W} \times \frac{PO}{G} \times \frac{1}{S}$$

D：密度，每克土样中硅酸体粒数；W：30万颗玻璃珠的重量；W_1：放入样品瓶中的玻璃珠重量；G：玻璃珠的数量；PO：植物硅酸体的数量；S：放入样品瓶中的土壤重量。

②形状特性测定：采用画像解析装置（COSMOZONE二维画像解析系统）。显微镜下放大400倍后，通过CCD照相机投影到画像解析装置上，随机抽取50颗硅酸体就长、宽、厚，以及长和宽的交点到圆弧部位的长（b）进行测量，并用b的长去除a的长，算出形状系数b/a（图二）。

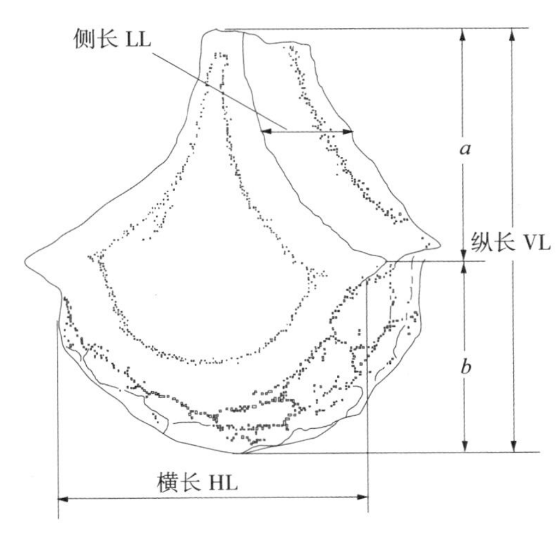

图二 稻硅酸体示意图

二 结果

1. 植物硅酸体的检出及其密度

在采得的16份土样材料中有14份发现了稻硅酸体。它们分别来自第5、6、7、8、9和10层；8份陶片中有6份陶片发现了稻的硅酸体（图三）。

如表二所示，各土层的稻硅酸体密度大多超过每克土壤5000个，相当高。由于陶片中的硅酸体密度测定比较困难，目前还无法进行准确的测定。

除稻硅酸体外，分析试料中还发现了来自其他植物的硅酸体，诸如芦苇、竹子、茅草、稗草类等。

2. 各土层硅酸体特性的变化

如图四所示，尽管第7、8、9层的长、宽比第10层有所下降，但从整体上表现出一种上升的趋势；在硅酸体厚的方面，除第9层外，第8、7、6、5层分别比第10层大2.95%、3.09%、3.44%和3.98%，同样呈上升的趋势；第9、8、7、6、5层的形状系数b/a比第10层分别下降了2.94%、3.92%、7.84%、6.86%和5.88%，呈下降趋势。结果表明，从遗址的下面土层到上面的土层，硅酸体朝着大尺寸、尖长型的方向演进。

3. 马家浜文化和良渚文化的硅酸体形状特性差异

图五显示了马家浜文化时期和良渚文化时期的硅酸体4个形状特性的平均值。和马家浜文化时期相比，良渚文化时期的硅酸体厚度增加了2.83%，而形状系数b/a则下降了2.92%。在硅酸体的长和

图三　南庄桥遗址的稻硅酸体和炭化米

1、2 分别是来自第 10 层陶片和土壤的稻硅酸体　3、4 分别是来自第 10 层灰坑的炭化米和颖壳

表二　发现硅酸体的样品数量、种类以及土壤中的硅酸体密度

<table>
<tr><th rowspan="3">土层</th><th colspan="6">土壤</th><th rowspan="3">陶片</th></tr>
<tr><th rowspan="2">样品数量</th><th colspan="5">硅酸体密度（粒/克）</th></tr>
<tr><th>稻</th><th>黍属</th><th>芦苇属</th><th>竹亚科</th><th>芒属</th></tr>
<tr><td>5</td><td>4</td><td>31169</td><td>2789</td><td>6338</td><td>4911</td><td>24251</td><td>1</td></tr>
<tr><td>6</td><td>1</td><td>23637</td><td>1477</td><td>4432</td><td>7387</td><td>35455</td><td>0</td></tr>
<tr><td>7</td><td>2</td><td>57174</td><td>5998</td><td>5998</td><td>16965</td><td>54891</td><td>0</td></tr>
<tr><td>8</td><td>1</td><td>80722</td><td>3938</td><td>5960</td><td>1969</td><td>29532</td><td>0</td></tr>
<tr><td>9</td><td>1</td><td>57645</td><td>13564</td><td>18650</td><td>13564</td><td>54254</td><td>2</td></tr>
<tr><td>10</td><td>5</td><td>60375</td><td>4612</td><td>7986</td><td>4001</td><td>54032</td><td>3</td></tr>
<tr><td>11</td><td>0</td><td>0</td><td>0</td><td>0</td><td>0</td><td>1386</td><td>0</td></tr>
<tr><td>12</td><td>0</td><td>0</td><td>0</td><td>0</td><td>0</td><td>0</td><td>0</td></tr>
</table>

宽方面尽管变动幅度较小，但仍然看到同样的倾向，表明来自良渚文化时期的硅酸体比马家浜文化时期的更大一些，更偏向于尖长型。

4.4 个形状特性的分布

图六显示了马家浜文化时期和良渚文化时期的 4 个形状特性的分布情况。从图上可见，相比马家浜文化时期，良渚文化时期的硅酸体长、宽、厚偏向大粒子方向，而形状系数 b/a 则相反。另外，良渚文化时期的形状特性，特别是长和宽的分布分散程度更大，出现明显的多峰现象。

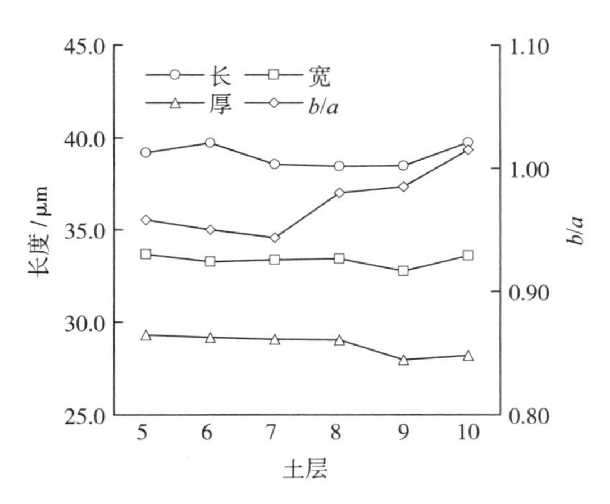

图四　各土层的硅酸体形状特性及其变化

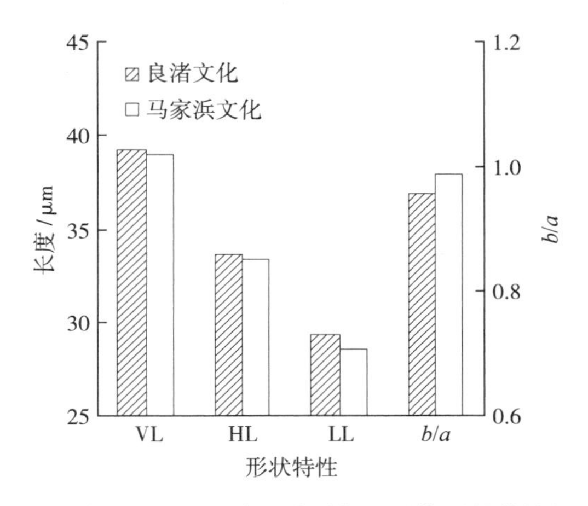

图五　马家浜文化和良渚文化时期硅酸体形状特性的比较

VL 长；HL 宽；LL 厚（下同）

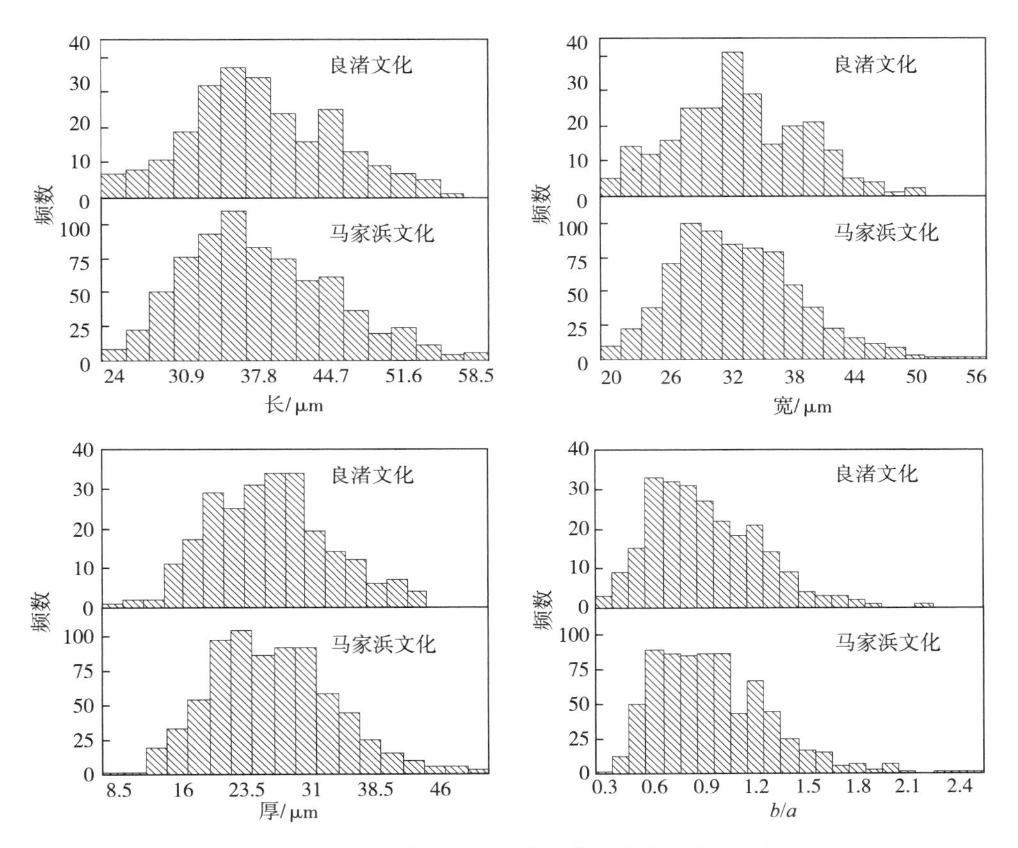

图六　马家浜文化和良渚文化时期硅酸体的分布比较

范围：VL：.24—61 微米；HL：20—58 微米；LL：8.5—53 微米；b/a：0.3—2.5；

数量：马家浜文化，739；良渚文化，248

三　讨论

在本次对南庄桥遗址的植物硅酸体分析中，我们从土壤、陶片和红烧土中发现了大量来自稻叶片运动细胞的硅酸体，表明遗址及其周围地区在6000年以前就已经栽培水稻了。另外，根据植物硅酸体

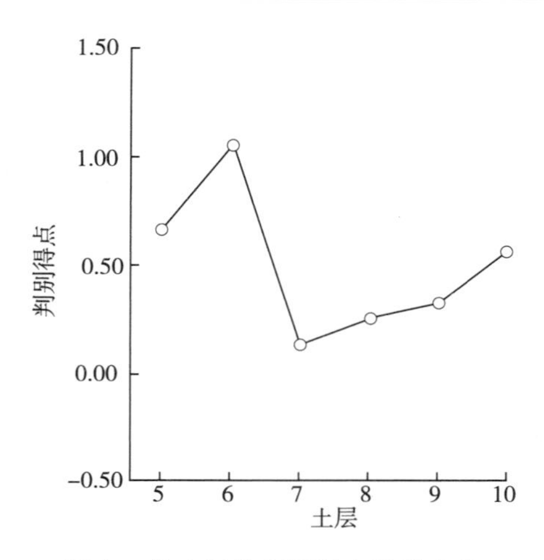

图七　各土层的判别得点及其变化

$Z = 0.49\,VL - 0.30\,HL + 0.14\,LL - 3.82\,b/a - 8.96$[5]

的分析结果，我们对来自灰坑的土壤进行了淘洗，发现了炭化米和稻的颖壳（见图三）。

在稻作遗迹的探查中，一般以每克土壤中含有5000个稻硅酸体作为存在水田遗迹的基准。如果参照这个基准，那么在南庄桥遗址很可能埋藏着不同历史时期的水田遗迹，如果做进一步发掘的话，就很可能找到水田遗迹。

对发现的稻硅酸体形状的解析结果显示。硅酸体的长、宽、厚随着地层的上升而增大，而形状系数 b/a 值下降。良渚文化（3500—2000 BC）和马家浜文化（4500—3800 BC）的比较结果也显示了同样的倾向。

稻的两亚种之间硅酸体形状特性的差异主要表现在大小和形状方面。来自粳稻的硅酸体尺寸较大，形状尖长；来自籼稻的硅酸体尺寸较小，形状短圆[6]。从南庄桥遗址的稻硅酸体形状特性变化情况看，遗址及其周围的古代水稻可能有一个随着历史的发展向大量栽培粳稻的方向演进的过程。

图七显示了根据硅酸体的4个形状特性求得的亚种判别值。从第10层到第7层的数值都比较小，分布在 −0.5 到 0.5 之间，表现为中间类型，表明在马家浜文化早中期（南河浜遗址早期）的栽培稻可能是未为分化或籼粳混杂的多样性群体。而第6层到第5层的判别值分别为1.05、0.67，表明在马家浜文化晚期和良渚文化时期，粳稻可能已经被大量栽培。

图六为马家浜文化和良渚文化时期的硅酸体分布情况。从图中可以看出，和马家浜文化时期相比，良渚文化时期硅酸体的长、宽、厚偏向于大数值方向。据统计，良渚文化时期大粒径的硅酸体明显增多（表三）。硅酸体的分布情况同样支持了由形状特性变化做出的推论。从良渚文化硅酸体的分布更加分散，多峰现象更明显的情况看，南庄桥遗址及其周围地区可能是粳稻的起源中心。

关于这一地区新石器时代稻系统特性的变化，严文明[7]和游修龄[8]在分析遗址中出土的炭化米粒型后认为，早期的稻是既有籼稻又有粳稻的混合群体，随着历史的发展，逐步向以栽培粳稻为主的方向发展。这次南庄桥遗址的植物硅酸体分析结果支持他们对稻系统特性发展方向的看法。但从南庄桥遗址稻硅酸体的分布情况看，在这一地区可能存在着从未分化的多样性原始群体向粳稻方向的演进途径。

表三 长大于40.1微米宽大于40.0微米厚大于31.0微米和形状系数大于1.00的硅酸体粒子的百分比

形状特性		马家浜文化（$n=739$）		良渚文化（$n=248$）	
		数量	百分比（%）	数量	百分比（%）
长	>40.1微米	294	39.78	100	40.32
宽	>40.0微米	101	13.67	46	18.55
厚	>31.0微米	256	34.64	96	38.71
形状系数	>1.00	327	44.25	97	39.11

本文仅就南庄桥遗址的植物硅酸体分析结果进行了分析探讨。为了更好地把握长江下游稻作起源以及稻的系统特性演进规律，今后应该对更多的遗址进行植物硅酸体分析，同时要重视稻作遗迹探查和发掘研究工作，从耕作方式的变化方面对栽培稻系统变迁进行探讨。

原载《浙江大学学报（农业与生命科学版）2002年第28卷第3期

注释

① D. M. Pearsall, Phytolith analysis of archeological soil: evidence for maize cultivation in formative Ecuador, *Science* 199 (1978): 177–178; S. M. Collins, *Phytolith systematic*, Paper presented at the 45th meeting of the society of American Archeology, Philadelphia, 1980; F. Hiroshi, Fundamental studies of plant opal analysis (4). —Detection of plant opals contained in pottery walls of JOMON period in Kumamot pref. Japan, *Archaeology and Nature Science* 14 (1982): 55–65 (in Japanese); H. Fujiwara, The original paddy fields at Caoxieshan site: Search of the origin of rice cultivation, the ancient rice cultivation in paddy fields at Caoxieshan site in China, *Japanese society for scientific studies on cultural property*, 1996, pp. 80–81 (in Japanese).

② H. Fujiwara, Fundamental studies of plan opal analysis (1)—On the silica bodies of motor cell of rice plants and their relatives, and the method of quantitative analysis. Japan, *Archaeology and Nature Science* 9 (1976): 15–29 (in Japanese).

③ H. Fujiwara, A. Sasaki S, Fundamental studies of plan opal analysis (2)—The shape of the silica bodies of *Oryza*. Japan, *Archaeology and Nature Science* 11 (1978): 55–65 (in Japanese).

④ H. Fujiwara, Y. Sato, T. Kai et al., Study on historic changes of subspecies using plant opal analysis (analysis of morphological characteristics), *Journal of Archaeology* 75 (1990): 349–384 (in Japanese); Y. Sato, H. Fujiwara, T. Udatsu, Morphological differences in silica body derived from motor cell of *indica* and *japonica*, *Japanese Journal of Breeding* 40 (1990): 495–504 (in Japanese).

⑤ C. L. Wang, T. Udatsu, H. Fujiwara et al., Principal component analysis and its application of four morphological characters of silica bodies from motor cells in rice (*Oryza sativa* L.), *Archaeology and Nature Science* 34–35 (1996): 53–71 (in Japanese).

⑥ H. Fujiwara, A. Sasaki, Fundamental studies of plan opal analysis (2): The shape of the silica bodies of *Oryza*. Japan, *Archaeology and Nature Science* 11 (1978): 55–65 (in Japanese).

⑦ W. M. Yan, Origin of rice growing in China, *Agricultural Archaeology* (1) 1982: 19–31 (in Chinese).

⑧ X. L. You, The origin, dissemination and development of planting rice in Taihu Area, *Agricultural History of China* (1) 1986: 71–83 (in Chinese).

罗家角遗址水稻硅酸体形状特征及其在水稻进化上的意义*

罗家角遗址位于浙江省北部的桐乡市，是距今约7000年的新石器时代重要稻作农耕遗址。该遗址中出土了大量的炭化米，在我国稻作起源研究上具有重要的意义。关于罗家角遗址出土的炭化米的系统属性，农学工作者曾从炭化米的粒型角度做过研究。根据有细长型和短圆型两种，且以细长型为多的粒型测定结果，认为是一个既有籼亚种又有粳亚种的混合群体[①]。这一鉴定结果在水稻进化史的认识上产生了很大的影响[②]。但随着对稻的形态和生理研究的深入，发现利用稻谷粒型来判别稻米亚种属性的研究方法存在明显的局限性，实验结果显示，栽培稻的粒型和系统属性虽然有一定的相关性，但如果利用它来进行亚种判别，则准确率不高，仅为60%左右[③]。因此有必要从不同的角度对罗家角遗址稻的种属问题做进一步的探讨。

20世纪70年代以后，藤原等学者对禾本科植物的硅酸体形状特征做了大量的研究工作，建立了植物硅酸体分析法，试图通过分析残留在土壤等材料中的植物硅酸体（土壤学中称为植物蛋白石，Plant opal）来推测古代的植被、栽培植物的种属及农耕形式[④]。大量的水稻品种研究结果显示，水稻运动细胞硅酸体的形状不仅不同于禾本科的其他种属植物，而且两个亚种之间的大小、形状也存在明显的差异；利用硅酸体形状进行亚种判别，有85%以上的准确率，明显高于用稻谷粒型进行判别的准确率[⑤]。植物硅酸体是由SiO_2构成的，物理和化学性质稳定，可在土壤中残留数万年，而大小和形状几乎不发生变化。因此，利用植物硅酸体分析法对各地古代稻作遗迹和稻作遗存进行调查，可为研究稻作起源提供更多的实证性论据。

用植物硅酸体分析法研究稻作起源和判别古栽培稻的系统属性在国内已有报道，但尚未见到对长江下游最早、最重要的新石器时代稻作遗址之一——罗家角遗址的植物硅酸体进行分析的研究报告。用植物硅酸体分析技术研究罗家角遗址的稻硅酸体以及依据它们的形状特征进行亚种判别，将有助于进一步了解早期稻的系统特性，推进稻作起源和水稻进化史的研究。

---

* 本文系与芮国耀、松井章、宇田津彻朗、藤原宏志合著。

一　材料和方法

1. 分析材料

罗家角遗址从上（地表）到下被划分为4个文化层，^{14}C年代测定结果显示，第4层为5170—4890 BC。从出土的陶器、石器等文物的特征看，遗址的第3、4文化层相当于马家浜文化的早期阶段⑥。用于分析的陶器碎片有15块，分别是：第1文化层4块，第2文化层4块，第3文化层4块，第4文化层3块。

2. 分析方法

（1）陶片胎心土的采取和粉碎

将收集的陶片用水洗去表面附着物后，在烘箱中烘干。

用锉刀和粗砂布磨削去陶片的表层后，分别装入烧杯，在超声波清洗槽内清洗30分钟，再次用水洗净表面。

洗净后的陶片浸入水中，置于干燥器内，用真空泵抽吸出空气，使陶片充分吸水软化。

用滤纸吸去试料表面的水，硫酸纸包裹后。用机械力粉碎。

（2）硅酸体的分离

取干重约1克的试料放入样品瓶，注入10毫升的水和适量5%的水玻璃溶液作为分散剂，在超声波清洗槽内振荡30分钟。

根据Stokes沉降原理，除去粒径小于20微米的颗粒。待试料干燥后，制作玻片供镜检。

（3）硅酸体形状特征参数的测量

利用图像解析系统把硅酸体投影到显示屏上，就硅酸体的纵长、横长、侧长，以及表示断面形状的系数 b/a 进行计测（图一），以50颗硅酸体的平均值为代表值。每试料重复测定3次。对测得的数据进行方差分析，并用最小显著差数法（LSD法）进行显著性检验。

二　结果

1. 镜检结果

对15块陶片的分离样品做光学显微镜观察。结果在来自第2、3、4文化层的5个样品中发现呈银杏叶型，底面有整齐龟甲状斑纹，侧面有1—2条突起的水稻运动细胞硅酸体。分别属于第2文化层的2个样品、第3文化层的1个样品和第4文化层的2个样品。另外，在第4文化层还发现了扇型、侧面突起和底面斑纹不发达的芦苇运动细胞硅酸体（图二）。

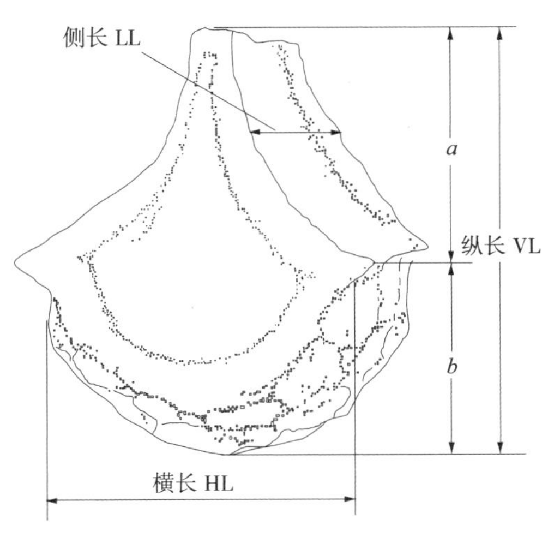

图一　水稻运动细胞硅酸体形状示意图

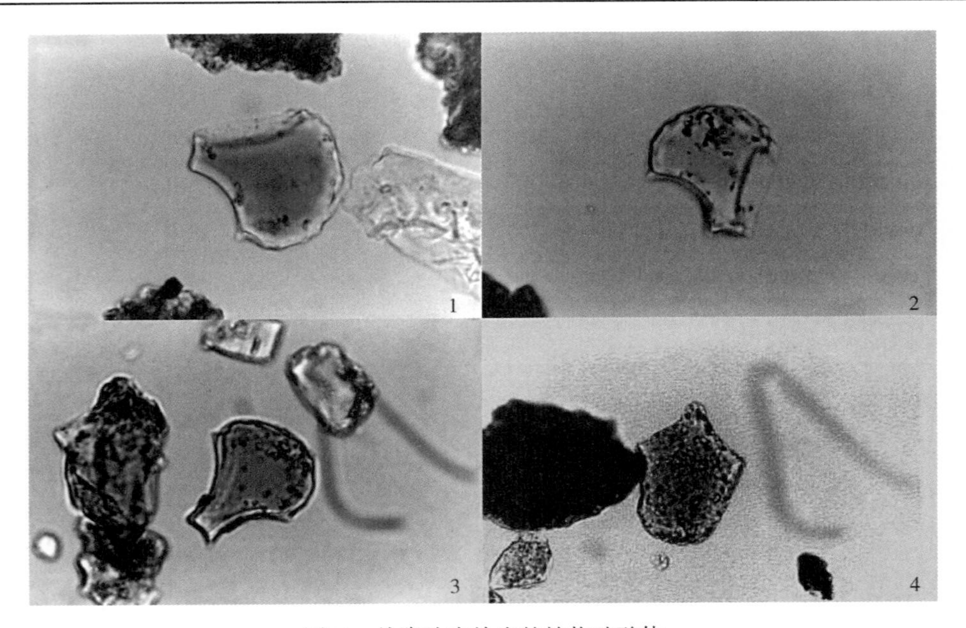

图二 从陶片中检出的植物硅酸体

1. 稻：第4文化层 2. 稻：第3文化层 3. 稻：第2文化层 4. 芦苇：第4文化层

2. 稻硅酸体的形状特征参数

水稻运动细胞硅酸体可用纵长、横长、侧长以及断面形状系数 b/a 等4个参数进行描述。5块陶片中水稻硅酸体的4个形状特征参数计测结果如表一。

4个形状特征参数方差分析表明：纵长、横长、侧长和形状系数 b/a 在试料之间有显著或极显著的差异存在（表二）。各文化层平均值（图三）显示：形状特征参数在文化层间变动不大，试料间的差异大于文化层之间的差异，说明遗址硅酸体的形状特征具有共同性，而同一文化时期的硅酸体又具有多样性。

图四显示，罗家角遗址出土陶片中发现的水稻运动细胞硅酸体的纵长和横长小于中国地方品种粳稻的平均值；形状系数大于中国地方品种粳稻的平均值，与现代栽培稻籼亚种较为接近；侧长大于籼稻的平均值，接近粳稻的平均值[⑦]。

3. 亚种判别结果

通过对现代栽培稻运动细胞硅酸体形状特征和亚种各项指标的相关分析，目前已建立了多个利用

表一 稻硅酸体的形状特征参数

试料	形状特征参数			
	纵长（微米）	横长（微米）	侧长（微米）	断面形状系数 b/a
2－1	37.11b	31.27b	28.07ab	0.89a
2－2	34.25a	28.31a	27.54a	0.87a
3	34.62a	28.42a	26.74ac	0.92a
4－1	35.80a	29.95b	25.39b	1.06b
4－2	35.01a	30.74ab	29.55c	0.91a

注：$t_{0.05}=2.228$，$t_{0.01}=3.169$；不同字母的数据间差异显著（$P<0.05$）。

表二　稻硅酸体形状特征参数的方差分析

形状特征参数	df_t	df_e	SS	MS	F
纵长（微米）	4	10	3.8586	0.9131	4.2258 *
横长（微米）	4	10	8.3797	0.9547	5.6381 *
侧长（微米）	4	10	7.1862	0.7698	9.3355 **
断面形状系数 b/a	4	10	0.0168	0.0010	16.6457 **

注：$F_{0.05}=3.48$，$F_{0.01}=5.99$，* $P<0.05$，** $P<0.01$。

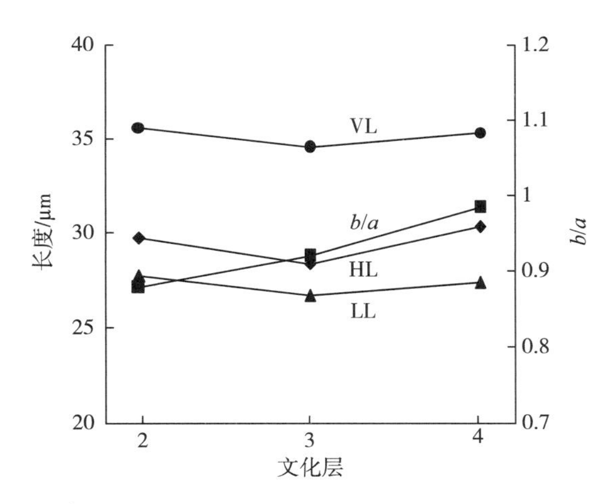

图三　3 个文化层的稻硅酸体形状特性的变化

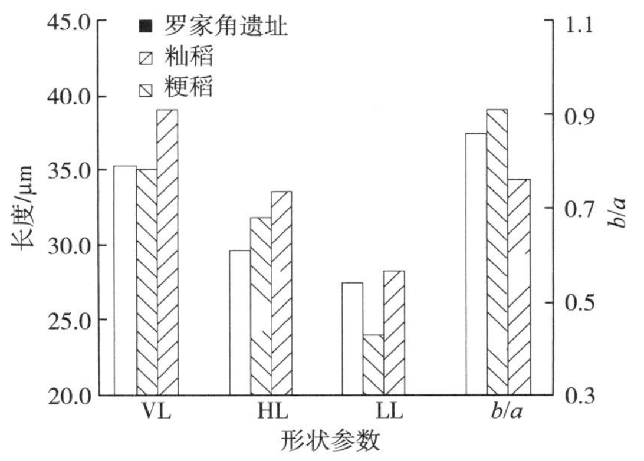

图四　罗家角遗址古稻和现代栽培稻的硅酸体形状特征比较

硅酸体形状特征参数进行亚种判别的函数关系式。表三为每个试料的硅酸体特征参数代入下面的判别式而求取的判别得点[⑧]：

$$Z_1=0.03548VL-0.2951HL+0.3287LL-0.6684b/a-11.3492$$

$$Z_2=0.04947VL-0.2994HL+0.1357LL-3.8154b/a-8.9567$$

（Z_1、$Z_2<0$ 籼亚种，Z_1、$Z_2>0$ 粳亚种）

利用 2 个判别函数式求取的 10 个判别得点，除第 2 文化层的 1 个判别得点为正值外，其余均为负值。

表三　用硅酸体形状亚种判别函数求取的判别得点

试料	判别得点		均值
	Z_1	Z_2	
2-1	-0.1248	0.4528	0.1640
2-2	-0.2173	-0.0715	-0.1444
3	-0.5985	-0.2207	-0.4096
4-1	-1.5065	-0.8124	-1.1595
4-2	-0.0219	-0.3029	-0.1624

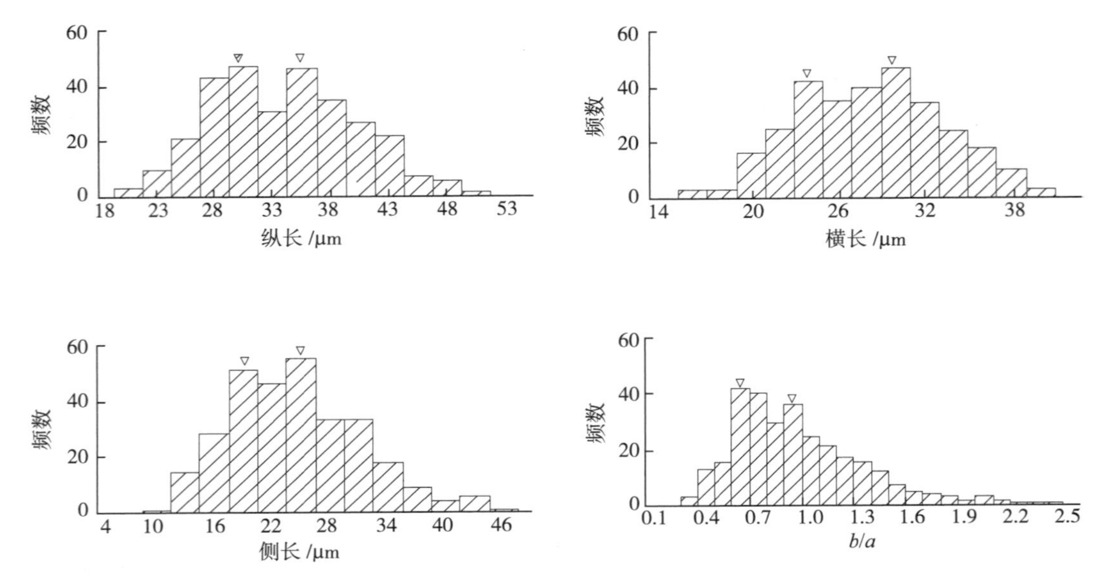

图五　第 4 文化层检出的水稻运动细胞硅酸体的分布（$n=300$）

三　讨论

应用植物硅酸体分析技术研究农耕历史已取得一些重大的成果[9]。藤原等开发的陶片心土分析法是植物硅酸体分析技术在研究方法上的又一进步，使我们可能对一些发掘时间较早的遗址进行植物硅酸体分析，对遗址的先民经济生活和农耕情况进行重新考察，陶器是新石器时代人们的主要生活用具，是用土烧结而成的，其心土中的硅酸体不可能是后世混入的；陶器的器型和表面纹饰，具有明显的文化特色和年代特征。从这层意义讲，陶片中植物硅酸体的检出，是可信度更高的证据。罗家角遗址第 2、3、4 文化层出土陶片中稻运动细胞硅酸体的发现说明，罗家角遗址先民的经济生活和稻有着密切的关系。如果把遗址出土的炭化米粒型不同于野生稻而接近于现代栽培稻的鉴定结果考虑进去的话，可以肯定稻作是罗家角遗址的主要农耕形式。另外，陶片中芦苇硅酸体的发现说明遗址周围存在着适合稻生长或栽培且水源丰富的低地或低湿地。

现代栽培稻粳亚种的运动细胞硅酸体，其纵长、横长、侧长较大，形状系数较小，即大、厚、尖；籼亚种的运动细胞硅酸体，其纵长、横长、侧长较小，形状系数较大，即小、薄、圆[10]。罗家角遗址陶片中发现的稻运动细胞硅酸体的形状解析结果显示，第 2、3、4 文化层的硅酸体其 4 个特征参数的平均值中，纵长、横长及形状系数和现代栽培稻籼亚种较为接近，侧长和现代栽培稻粳亚种较为接近（见图四）；用硅酸体 4 个形状参数为变量的两个判别函数求取的 5 个判别平均得点中有 4 个为负值，判别为籼亚种；1 个为正值，判别为粳亚种（见表三）。从水稻硅酸体的形状解析结果看，罗家角遗址栽培稻的群体像可能与现代栽培稻籼亚种有一定的相似之处。但是，在另一方面，罗家角遗址中硅酸体的侧长较长，5 个亚种判别得点的平均值中有 4 个的绝对值都小于 0.5，表现为中间型，因此，我们不能简单地把罗家角遗址的栽培稻和现代栽培籼稻完全等同起来。方差分析结果显示，遗址中检出的硅酸体 4 个特征参数即使在同一文化层内也存在着显著差异；在第 4 文化层 300 个硅酸体的 4 个特征参数分布图上我们还可以看见2个较明显的峰突（图五）。以上这些实验结果说明，罗家角遗址的栽培稻很可能是既有籼型又有粳型的多样性原始群体。

根据对古代植被的研究[11]，公元前6000—公元前4000年，长江中下游以中亚热带常见的常绿阔叶树种为主，降水量比现在多几百至1000毫米，气温至少高2℃—3℃。在浙江的北部则处于热带气候的控制下，非常湿热，年平均气温最少比现在高出5℃以上，降水量比现在多500—1000毫米。现代栽培稻两亚种存在明显的气候地理分布带，籼稻一般分布在年平均气温17℃的地区，粳稻一般分布在年平均气温16℃以下的地区。从古气候条件和现代栽培稻两亚种的气候分布特点看，距今约7000年的罗家角遗址的古稻种群具有籼亚种特性也不是没有可能。至于群体中的多样性是否意味着系统的分化还是代表着一种系统演化的方向，还有待于今后对更多遗址的分析。

这次对罗家角遗址出土陶片的植物硅酸体分析以及对水稻运动细胞硅酸体的形状解析结果，为我们了解原始栽培稻的系统特性及其进化过程提供了重要的信息，为长江下游是我国最早水稻栽培地之一的理论提供了新的论据。同时，这次罗家角遗址陶片中水稻硅酸体分离和形状解析成功也给了我们一个启示，即利用植物硅酸体分析技术研究我国古代遗址中出土的陶片、红烧土等材料，对稻的硅酸体进行形状解析，就它们的地域性和时代性特点进行研究，可为稻作起源和水稻演化的研究提供许多实证性的论据。

本研究受到浙江省教育厅资助项目（09804）；浙江省留学回国人员基金资助项目（50084）及日本学术振兴会资助项目的资助。

原载《浙江大学学报（农业与生命科学版）》2001年第27卷第6期

注释

① Team of Excavating Luojiajiao Site, Report about Luojiajiao site in Tongxiang, *Journal of the Zhejiang Provincial Institute of Cultural Relics and Archaeology*, Beijing: Cultural Relics Publishing House, 1981, pp. 1–42 (in Chinese).

② X. L. You, The origin, dissemination and development of planting rice in Taihu Area, *Agricultural History of China* (1) 1986: 71–83 (in Chinese); W. M. Yan, Origin of rice growing in China, *Agricultural Archaeology* (1) 1982: 19–31 (in Chinese).

③ H. Morishima, H. I. Oka, Phylogenetic differentiation of cultivated rice XXII: Numerical evolution of *indica-japonica* differentiation, *Japanese Journal of Breeding* 31 (1981).

④ F. Hiroshi, Fundamental studies of plant opal analysis on the silica bodies of motor cell of rice plants and their relatives, and the method of quantitative analysis, *Archaeology and Nature Science* 9 (1976): 15–29 (in Japanese); F. Hiroshi, S. Akira, Fundamental studies of plant opal analysis (2): The shape of the silica bodies of *Oryza*, *Archaeology and Nature Science* (11) 1978: 55–65 (in Japanese).

⑤ H. Fujiwara, Y. Sato, T. Kohai et al., Study on Historic changes of subspecies Using plant opal analysis (analysis of morphological characteristics), *Journal of Archaeology* 75 (1990): 349–384 (in Japanese); Y. Sato, H. Fujiwara, T. Udatsu, Morphological differences in silica body derived from motor cell of *indica* and *japonica*. *Japan, Journal of Breeding* 40 (1990): 495–504 (in Japanese); C. Wang, T. Udatsu, H. Fujiwara et al., Principal component analysis and its application of four morphological characters of silica bodies from motor cells in rice (*Oryza sativa* L.), *Archaeology and Nature Science* 34 – 35 (1996): 53 – 71 (in Japanese); T. Udatsu, H. Fujiwara, Application of the discriminant function to subspecies of rice (*Oryza sativa*) using the shape of motor cell silica body, *Ethnobotany* 5 (1993): 107–116.

⑥ Team of Excavating Luojiajiao Site, Report about Luojiajiao site in Tongxiang, *Journal of the Zhejiang Provincial Institute of Cultural Relics and Archaeology*, Beijing: Cultural Relics Publishing House, 1981, pp, 1–42 (in Chinese).

⑦ C. Wang, T. Udatsu, H. Fujiwara et al. , Principal component analysis and its application of four morphological characters of silica bodies from motor cells in rice (*Oryza sativa* L.), *Archaeology and Nature Science* 34–35 (1996): 53–71 (in Japanese).

⑧ C. Wang, T. Udatsu, H. Fujiwara et al. , Principal component analysis and its application of four morphological characters of silica bodies from motor cells in rice (*Oryza sativa* L.), *Archaeology and Nature Science* 34–35 (1996): 53–71 (in Japanese); T. Udatsu, H. Fujiwara, Application of the discriminant function to subspecies of rice (*Oryza sativa*) using the shape of motor cell silica body, *Ethnobotany* 5 (1993): 107–116.

⑨ H. Fujiwara, Fundamental studies of plant opal analysis (3): Detection of plant opals contained in pottery walls of JOMON period in Kumamoto pref. *Archaeology and Nature Science* 14 (1982): 55–65 (in Japanese); H. Fujiwara, Study on original paddy fields in Caoxieshan site/*The ancient cultivation of rice of Caoxieshan site in China*, Japanese society of science of cultural property, 1996, pp. 80–81 (in Japanese).

⑩ H. Fujiwara, S. Akira, Fundamental studies of plant opal analysis (2): The shape of the silica bodies of *Oryza*, *Archaeology and Nature Science* (11) 1978: 55–65 (in Japanese); H. Fujiwara, Sato Y, Kohai T et al. , Study on Historic changes of subspecies using plant opal analysis (analysis of morphological characteristics), *Journal of Archaeology* (75) 1990: 349–384 (in Japanese).

⑪ X. Xin, Z. D. Shen, *The environment in Holocene Changes of environment during recent* 10000 *years*, Guiyang: Guizhou Renmin Publishing House, 1990, pp. 70–78 (in Chinese).

从楼家桥遗址的硅酸体看新石器时代水稻的系统演化*

一 前言

从20世纪70年代开始，科学工作者对植物硅酸体做了许多研究工作，推动了农业起源研究工作的发展[①]。禾本科植物在其生育过程中要吸收大量的硅酸，这些吸收的硅酸在植物体的一些特定的细胞，诸如运动细胞、结合组织细胞、茧状细胞、刺状细胞等中沉积。这些被大量硅酸沉积的细胞，在植物体枯死腐烂后，成为土壤粒子的一部分，在土壤中长期残留。由于植物硅酸体具有分类学特性，而且残留性很高，植物硅酸体分析在农耕起源、作物的历史演变以及环境的变迁等研究领域具有广阔的应用前景。

稻的硅酸体不同于其他的禾本科植物，具有明显的可鉴别特征，可用于遗址农耕类型的研究和农耕遗迹的调查发掘[②]。对水稻硅酸体的进一步研究还发现稻硅酸体形状特性在两个亚种之间也存在着一定的差异[③]。20世纪90年代，藤原宏志等在分析了大量的现代栽培品种硅酸体的形状特性基础上，建立了利用硅酸体形状进行亚种判别的方法[④]。

我国长江下游是稻作农耕文化的发祥地之一，河姆渡遗址是这个地区迄今知道的年代最早，以大量出土稻及稻作有关遗存而著名的遗址。近年在这一地区发现了不少具有河姆渡文化特点的新石器时代的遗址。研究并搞清河姆渡遗址及和河姆渡遗址有关联遗址的稻作农耕文化将推动亚洲的稻作起源研究的进展。在本研究中，我们对浙江省诸暨市楼家桥遗址中采取的土壤和陶片进行了植物硅酸体分析，并对水稻硅酸体进行了形状解析。

二 材料和方法

1. 遗址概况和分析材料

楼家桥遗址位于浙江省诸暨市桃源镇（图一），在1999年和2000年进行了两次发掘。从出土的遗

---

* 本文系与蒋乐平、松井章、宇田津彻朗、藤原宏志合著。

物看，主要有河姆渡文化（5000—2700 BC）、良渚文化（3500—2000 BC）、马桥文化及商周时期（1700—770 BC）的文化堆积层。其中，马桥文化和商周时期由于地层被扰乱的关系，不能清楚分开。在本次实验中，从 T0607、T0701 和 T0809 探方中采取 12 份土壤和 17 份陶器碎片进行了分析。

分析材料的种类和数量详细情况见表一。

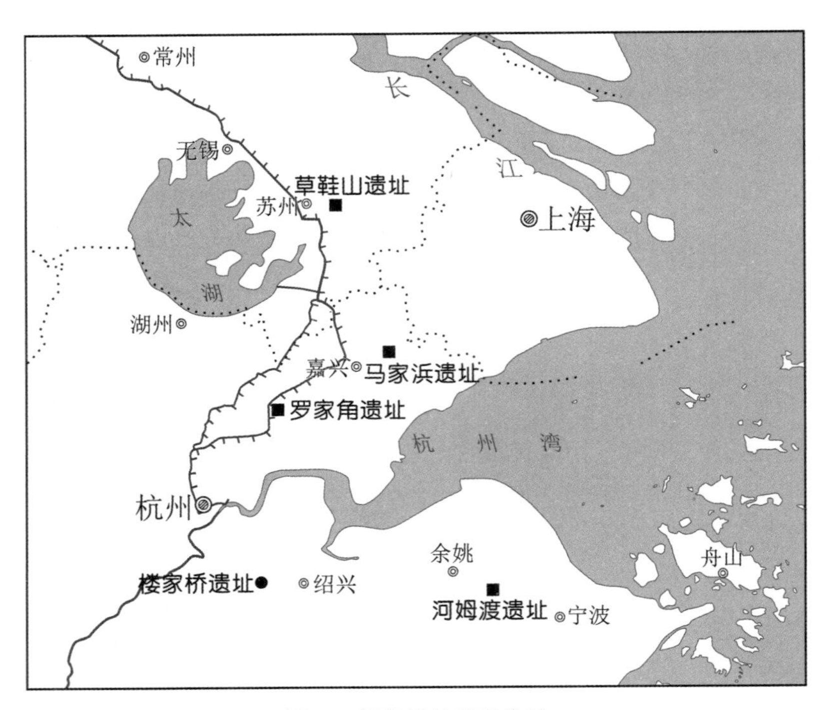

图一　楼家桥的地理位置

表一　植物硅酸体分析的材料种类及其数量

时期	地层	材料（份）		合计
		土壤	陶片	
现代	1	1	0	1
马桥文化、商周时期　1700—770 BC	2	1	0	1
	3	2	2	4
良渚文化　3500—2000 BC	4	1	0	1
河姆渡文化 3 期　3800—3500 BC	5	1	0	1
	6	1	0	1
	7	1	0	1
	8	1	8	9
间歇层	9	1	0	1
河姆渡文化 2 期 4400—3900 BC	10	1	7	8
生土层	11	1	0	1
合计		12	17	29

2. 分析方法

（1）材料的处理

①土壤：土壤试料放在干燥箱里，在100℃的恒温下干燥20小时后，用机械力粉碎。

②陶片：用水洗去陶片表面附着物后，在100℃的恒温干燥箱里干燥。用钢锉和粗砂布除去分析样品的表面后，在超声波中清洗。在低真空的条件下，让分析样品吸水16小时，进行软化。用滤纸吸干分析样品表面的水后，在硫酸纸包裹中，用老虎钳夹碎。

（2）植物硅酸体的提取

称取1克分析样品，放入12毫升的样品瓶，并加入30万颗粒径40—50微米的玻璃珠（限于土壤）。加入10毫升的水和5%水玻璃溶液1毫升（分散剂）后，用超声波（38kHz、250W）振荡20分钟。采用Stokes沉降方法除去20微米以下的粒子后，干燥箱中干燥。制成玻片，供镜检。

（3）密度和形状特性测定

①密度测定

在显微镜下扩大100倍，计测同一视野内的植物硅酸体数和玻璃珠的数量（直到玻璃珠数300颗左右）。用下面的数式计算出单位重量土壤中的植物硅酸体的个数。

$$D = \frac{300000 \times W_1}{W} \times \frac{PO}{G} \times \frac{1}{S}$$

D：密度（粒/克）；W：30万颗玻璃珠的重量；W_1：放入样品瓶的玻璃珠重量；G：玻璃珠的数量；PO：植物硅酸体的数量；S：放入样品瓶中的土壤重量。

②形状特性测定

采用画像解析装置（COSMOZONE二维画像解析系统）。显微镜下放大400倍后，通过CCD照相机投影到画像解析装置上，随机抽取50颗硅酸体就长、宽、厚，以及长和宽的交点到圆弧部位的长（b）进行测量，并用b的长去除a的长，算出形状系数b/a（图二）。

三　结果

1. 植物硅酸体的检出及其在土壤中的密度

在采取的12份土壤材料中都发现了稻的硅酸体。它们分别是T0607探方南壁的1—8层的8份和T0809探方南壁的3份试料（图三）。另外认为是生土层的淤泥层中也发现了稻的硅酸体。

定量分析结果显示，除河姆渡文化早期（第2期）和晚期（第3期）层之间的间歇层外，各土层的稻硅酸体都超过5000个/克，表现出相当高的密度（表二）。

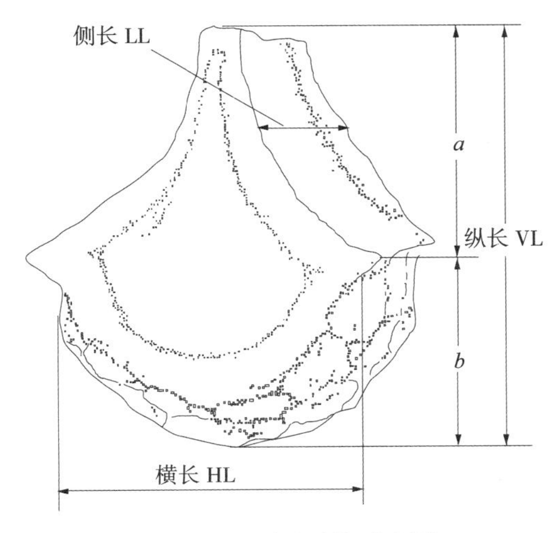

图二　稻硅酸体示意图

图三　从陶片中发现的稻硅酸体
1. T0607 河姆渡文化第 3 期
2. T0701 河姆渡文化第 2 期
3. T0809 河姆渡文化第 2 期

在 17 块陶片中有 14 块发现了稻的硅酸体。它们分别是 T0607 探方的河姆渡文化 3 期的 7 块、T0701 和 T0809 探方的河姆渡文化 2 期 7 块。由于陶片中的硅酸体密度测定比较困难，目前还无法进行正确分析。

在本次分析中，除了稻的硅酸体外，在分析试料中还发现了来自其他植物的硅酸体，诸如芦苇、竹子、茅草、稗草类等。对于这些植物硅酸体我们将在另外的文章中讨论。

2. 各土层的形状特性变化

对稻硅酸体的形状解析结果显示，遗址各土层硅酸体的形状特性存在着一定的变化趋势。如图四所示，在长方面，以第 6 层为界，第 6 层以下有一个小幅度下降的过程，第 6 层以上呈上升的趋势。和第 10 层比较，第 7 层、第 6 层分别下降 1.76%、1.36%；和第 6 层比较，第 5 层、第 4 层、第 3 层、第 2 层、第 1 层分别上升 4.57%、11.17%、6.41%、13.85%、4.11%。另外，在图中我们也可以看到第 3 层和第 1 层出现过下降过程。

宽的方面表现出和长同样的倾向。和第 10 层比较，第 8 层、第 7 层、第 6 层分别下降 0.94%、4.15%、3.62%；和第 6 层比较，第 5 层、第 4 层、第 3 层、第 2 层、第 1 层分别上升 2.13%、10.73%、6.18%、10.87%、10.35%。

在厚的方面，和 10 层比较，第 8 层、第 7 层、第 6 层分别下降 1.35%、6.22%、9.97%；和第 6 层比较，第 5 层、第 4 层、第 3 层、第 2 层、第 1 层分别上升 5.32%、7.86%、5.32%、9.30%、1.16%，和长、宽的变化趋势大致相同。

形状系数 b/a 方面，和第 10 层比较，第 8 层没有变化，第 7 层上升 6.67%，第 7 层以后呈现下降趋势，和第 7 层比较，第 6 层、第 5 层、第 4 层、第 3 层、第 2 层、第 1 层分别下降 2.08%、5.21%、5.19%、11.4%、2.22%、13.55%，表现出和长、宽、厚不同的变化趋势。尽管 7 层以上存在着不同程度的波动，但总的呈下降趋势。

3. 陶片中的硅酸体形状特性及其变化

如图五所示，长、宽和厚在河姆渡文化第 2 期有一个下降的过程，而在 3 期时有一个上升的过程。

表二 遗址土壤中的植物硅酸体的种类及其密度

地层	土壤						陶片
	数量	硅酸体密度（粒/克）					
		水稻	稗属	芦苇属	竹亚科	芒属	
1	1	8608	0	1721	142897	36154	0
2	1	10137	2534	0	78567	30413	0
3	2	77024	2631	0	50003	34212	0
4	1	53948	0	3173	7933	63468	0
5	1	50379	10075	0	1679	40303	0
6	1	61801	8240	0	6180	10300	0
7	1	37183	0	0	1282	17950	0
8	1	12208	0	0	0	8545	7
9	1	3757	0	0	0	0	0
10	1	5625	0	0	1406	18284	7
11	1	20888	0	0	0	5222	0

第2期晚期的长、宽、厚和第2期早期比较，分别下降4.65%、4.76%、0.71%；第3期的长、宽、厚和第2期晚期比较，分别上升8.38%、6.67%、2.11%。在 b/a 方面，尽管第2期晚期比早期有一定的上升，但以后的变化不明显。陶片分析揭示的河姆渡文化时期水稻硅酸体形状的变化特点，特别是在长、宽和厚方面，和遗址土壤分析的结果有相似之处。

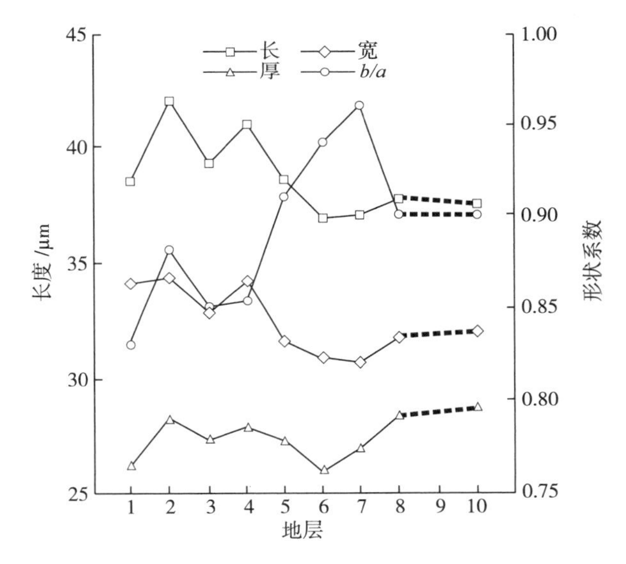

图四 各地层的硅酸体形状的特性及其变化

从标准误看，第3期的硅酸体形状特性变异显然比第2期要大。

4. 不同历史时期的形状特征变化

图六显示了不同历史时期的稻硅酸体形状特性的平均值。

从河姆渡文化第3期到商周时期，长、宽、厚上升，特别是长和宽在河姆渡文化的第2期、第3期和马桥文化、商周时期之间存在着显著的差异。和河姆渡文化相比，良渚文化和马桥、商周时期的长分别上升了10.22%、12.92%，宽分别上升了11.82%、13.71%，厚分别上升了8.46%、4.71%。

形状系数 b/a 方面显示出下降的趋势。和河姆渡第2期相比，良渚文化和马桥文化、商周时期分别下降了3.33%、5.19%。

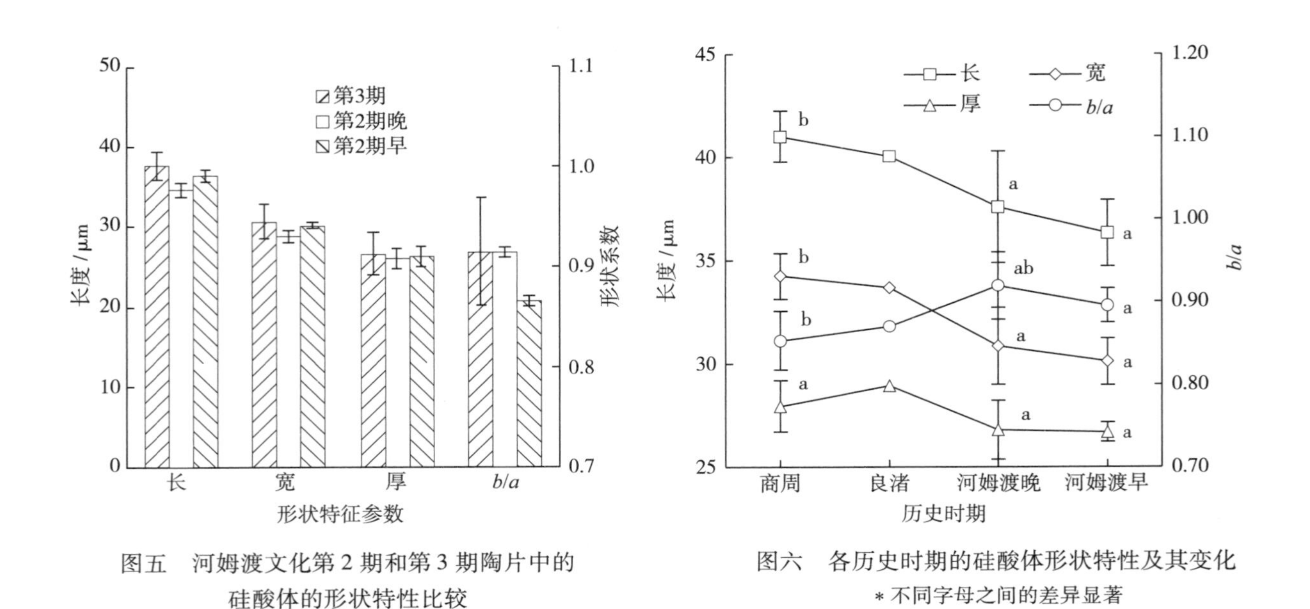

图五　河姆渡文化第2期和第3期陶片中的硅酸体的形状特性比较

图六　各历史时期的硅酸体形状特性及其变化

* 不同字母之间的差异显著

四　讨论

在本次研究中，我们从楼家桥遗址的土壤和陶片中发现了大量的稻硅酸体，结果说明楼家桥遗址及其周围从距今6000多年以前就已经栽培水稻并且一直是人们食物的主要来源。一般情况下，每克土壤中的硅酸体颗数超过5000颗的话，可以认为古代在这里曾经栽培过水稻。参照这个标准，从本次土壤的定量分析结果看，楼家桥遗址除间歇层外，各土层都可能有水田遗迹的存在。如果对遗址做进一步的发掘，有可能找到不同时期的水田遗迹。

从稻的硅酸体形状解析结果看，6000年间的稻硅酸体形状特性存在一定的变化趋势，总体上表现在长、宽、厚上升，形状系数 b/a 下降。水稻两亚种之间的硅酸体形状特性存在着差异，即来自籼亚种的硅酸体比较小、圆型，来自粳亚种的硅酸体比较大、长型[5]。楼家桥遗址的硅酸体形状特性的变化可能意味着栽培稻的系统特性的变迁过程，即栽培稻向着大量栽培粳稻的方向发展。

图七显示了利用硅酸体的4个形状特性的亚种判别式[6]的判别得点的变化。河姆渡文化第2期、第3期、良渚文化及马桥文化、商周时期的判别得点分别为0.48、0.35、1.46、1.62，和形状特性的变化基本相同，呈现出上升的趋势，反映了楼家桥遗址所在地栽培稻的发展向粳稻方向发展。但值得注意的是：河姆渡文化第2期、第3期的判别得点大多数的绝对值较小，在0.5以下，表现出中间类型的一些特点。这可能意味着早期栽培稻是多样性或分化不完全的群体。

在另一方面，我们也看到河姆渡文化时期和马桥文化出现过长、宽、厚下降和形状系数 b/a 增大，以及判别得点的下降过程（图八）。还有在遗址T0607探方中出土的一块河姆渡文化第3期陶片中发现的硅酸体，它的长、宽、厚和形状系数分别为31.72微米、27.15微米、24.01微米和0.93，判别得点大于 -1.68，表现出籼稻硅酸体的典型特征。从以上这些情况看，我们认为这一地区在以栽培粳稻为主的同时，籼稻也可能存在，而且在某些阶段还可能出现过籼稻的发展时期。

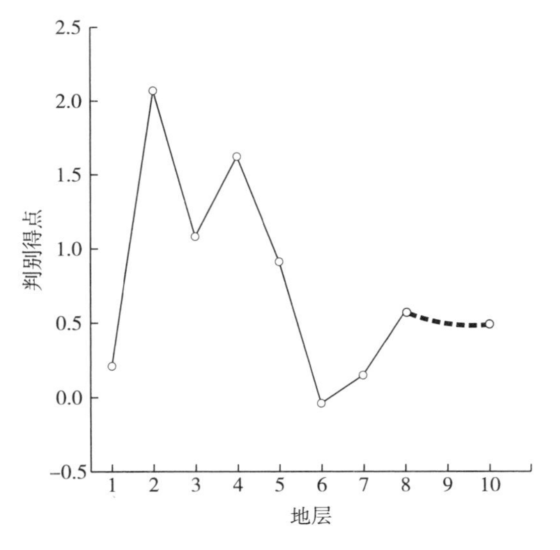

图七　各地层的判别得点及其变化

判别得点：$Z=0.4947VL-0.2994HL+0.1357LL-3.8154b/a-8.9567$[7]

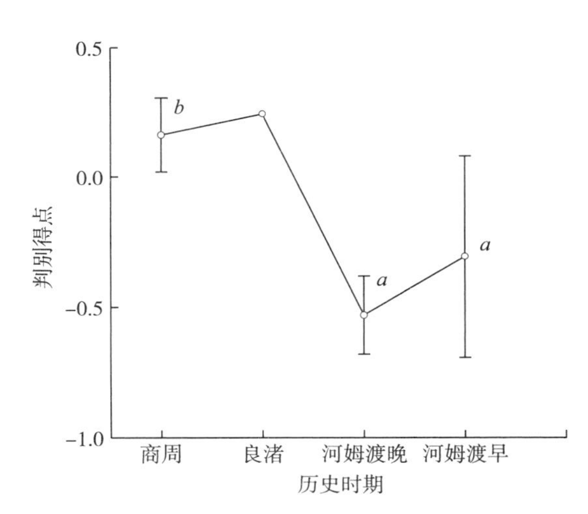

图八　各时期的判别得点及其变化

*不同字母之间的差异显著

关于中国的水稻亚种的起源，迄今已有许多学者从不同的角度进行了探讨，但还没有形成一个共识[8]。其原因是实证性数据不足。农学和遗传的研究提出的学说往往是以现代栽培稻的研究为基础推测过去；考古学者凭借遗址出土的炭化稻米，是一种实证研究，但由于遗址中出土的炭化稻米带有很大的偶然性，即使是稻作遗址也不一定能发现。另外，对现代栽培品种的研究显示，粒型和亚种有一定的相关性，但用粒型进行亚种判别的准确率不高，只有60%多一点[9]。因此，很有必要从新的角度去进一步探讨这一问题。

在本次研究中，我们从古代水稻残留在土壤中的硅酸体角度，对楼家桥遗址中的古稻进行了考察，研究不仅搞清了该遗址的农耕文化内容和栽培稻系统的历史变迁，而且分析结果也显示在长江下游，至少可以说在一部分地区，新石器时代早期的水稻可能是高度杂合的多样性群体，伴随历史的发展，到新石器中晚期开始，粳稻成为栽培稻的优势种群。另外，籼稻型硅酸体的发现告诉我们，在这一地区虽然以粳稻为主体，但我们也不能排除籼稻的存在。结果还意味着长江下游很可能是新石器时代水稻的多样性中心。

原载《农业考古》2002年第1期

注释

① D. M. Pearsall, Pytolith analysis of archeological soil: Evidence for maize cultivation in Fonmative Ecuador, *Science* 199 (1978) 177–178; S. M. Collins, *Phytolith systematics*, Paper presented at the 45th meeting of the society of American archeology, Philadelphia, 1980; 藤原宏志：『プラント・オパール分析法の基礎研究（4）– 熊本地方における縄文土器胎土に含まれているプラント・オパールの检出』，『考古学と自然科学』（14）1982；藤原宏志：『草鞋山遺址における始源的水田稲作』，『稲作起源を探る—中国草鞋山遺跡における古代水田稲作—』，日本文化財科学会，1996年，

pp. 80—81。

② 藤原宏志:『プラント・オパル分析法の基礎研究(1)-数种イネ科植物の珪酸体标本と定量分析』,『考古学と自然科学』(9)1976。

③ 藤原宏志、佐々木章:『プラント・オパル分析法の基礎研究(2)-イネ(*Oryza*)属植物における機動細胞珪酸体の形状』,『考古学と自然科学』(11)1978。

④ 藤原宏志、佐藤洋一郎、甲斐玉浩明、宇田津徹朗:『プラント・オパル分析(形状解析法)によるイネ系统の歴史的変遷に関する研究』,『考古学雑誌』(3)1990;佐藤洋一郎:『日本におけるイネの起源と伝播に関する—考察—遺伝の立場から』,『考古学と自然科学』(22)1990。

⑤ 藤原宏志、佐々木章:『プラント・オパル分析法の基礎研究(2)-イネ(*Oryza*)属植物における機動細胞珪酸体の形状』,『考古学と自然科学』(11)1978;藤原宏志、佐藤洋一郎、甲斐玉浩明等:『プラント・オパル分析(形状解析法)によるイネ系统の歴史的変遷に関する研究』,『考古学雑誌』(3)1990;佐藤洋一郎:『日本におけるイネの起源と伝播に関する—考察—遺伝の立場から—』,『考古学と自然科学』(22)1990。

⑥ 王象坤:《中国稻作起源研究中几个主要问题的研究新进展》,《中国栽培稻起源与演化研究专集》,中国农业大学出版社,1996年,第2—7页。

⑦ C. L. Wang, T. Udatsu, H. Fujiwara et al. , Principal component analysis and its application of four morphological characters of silica bodies from motor cells in rice (*Oryza sativa* L.), *Archaeology and Nature Science* 34-35 (1996): 53-71 (in Japanese).

⑧ 丁颖:《中国古来粳·稻种栽培及分布之探讨与现在栽培稻种分类法预报》,《中山大学农学部农艺专刊》1949年第6期;俞履圻、林权:《中国栽培稻种亲缘的研究》,《作物学报》1962年第1期;中川原捷洋:『遺伝子の地理的分布からみた栽培稲の分化』,『育種学最近の进步』(17)1976;渡部忠世:『稲の道』,日本放送協会,1977年;周拾禄:《稻作科学技术》,农业出版社,1978年,第106—129页;严文明:《中国稻作农业的起源》,《农业考古》1982年第2期;G. Second, Evolutionary relationship in the *Sativa* group of *Oryza* based on isozyme data, *Genetics Selection Evolution* 17 (1985): 89-114;游修龄:《太湖地区稻作起源及其传播和发展问题》,《中国农史》1986年第2期;佐藤洋一郎:『日本におけるイネの起源と伝播に関する—考察—遺伝の立場から—』,『考古学と自然科学』(22)1990;王象坤:《中国稻作起源研究中几个主要问题的研究新进展》,《中国栽培稻起源与演化研究专集》,中国农业大学出版社,1996年,第2—7页。

⑨ H. Morishima, H. I. Oka, Phylogenetic differentiation of cultivated rice XXII: Numerical evolution of *indica*-*japonica* differentiation, *Japanese Journal of Breeding* 31 (1981).

田螺山遗址植物硅酸体分析*

一　引言

禾本科、莎草科等草本植物，以及樟科、壳斗科等木本植物具有从土壤中吸收硅元素在细胞壁沉积的特点。随着二氧化硅沉积，这些植物体中会形成具有细胞形状的硅质外壳，这些硅质外壳在植物学上通常称为植物硅酸体（Silica body）。植物枯萎死亡后，植物体分解，而植物硅酸体则以原有的形态残留在土壤中。

植物硅酸体成为土壤粒子后，通常称为植物蛋白石（Plant opal）、植物化石（Phytolith）等，大小一般在20—100微米之间。

植物硅酸体的主要成分为二氧化硅，耐化学分解、物理风化，如果保存条件好，可以在土壤中永久保存。另外植物耐热性也很强，几乎和玻璃相同，因此在烧制温度800℃以下的陶器中也有可能发现。

不同植物以及植物的不同器官产生的植物硅酸体形状、大小是不同的，分析考古遗址检出的植物硅酸体，可以获得遗址存续期间植物种类的信息。由禾本科植物叶片中运动细胞发展而来的硅酸体（运动细胞硅酸体），形态上的种属特征十分明显，通过它们能够鉴定出许多禾本科植物种类，特别是在稻等农作物的鉴定方面具有重要意义。通过对土壤中植物硅酸体的分析进行古代植被、农耕的研究和复原的方法，通常称为植物硅酸体分析法[①]。

下面就田螺山遗址的植物硅酸体分析结果进行介绍和讨论。

二　材料和方法

1. 分析材料

分析材料采自田螺山遗址T103探方西壁，计18份土样，详细情况后面叙述。另外还在发掘区的北侧进行了钻孔调查，采取土样37份作为补充。合计土样55份。

---

* 本文系与宇田津彻朗合著。

2. 材料处理和分析

分析材料按定量分析要求进行处理后，进行定量分析，详见后述。另外，为了了解古稻的系统特性，对土壤中的稻硅酸体进行了形状解析。

（1）植物硅酸体定量分析[②]

通过定量分析可获得每克土壤中包含的各种禾本科植物硅酸体数量。

定量分析采用玻璃珠法。在每克土壤中加入约 300 万颗玻璃珠。由于加入的玻璃珠大小（直径 30—40 微米）、成分（SiO_2）和运动细胞硅酸体基本相同，因此它们在材料分析过程中所受到的物理和化学影响也基本相同，可以认为土壤中植物硅酸体和玻璃珠的数量比材料处理前后基本没有变化。在此基础上，通过用显微镜同时对植物硅酸体和玻璃珠进行计数，就可以算出每克土壤中的各种禾本科植物硅酸体数量。

在光学显微镜下放大 100—400 倍后，根据植物硅酸体的大小、形状以及底面的纹饰等特点进行综合判断，鉴定出硅酸体的植物源。这次对田螺山遗址的定量分析主要针对禾本科植物中的稻（*Oryza sativa* L.）、芦苇（*Phragmites*）、竹子（Bambusoideae）、芒草（Andropogoneae）、黍族（Paniceae）等硅酸体进行的。

（2）植物硅酸体形状解析（栽培稻亚种的推测）

稻可分籼稻（*indica*）和粳稻（*japonica*）两个亚种，它们的栽培条件和栽培技术是不一样的，搞清栽培稻两个亚种的起源对研究稻作起源、传播以及变迁具有十分重要的意义。

如图一所示，稻硅酸体形状在两个亚种之间是存在差异的[③]，目前利用硅酸体形状来进行亚种判别的方法已经基本确立[④]。通过对土壤、陶器胎土中发现的稻硅酸体形状进行分析，可以了解当时栽培稻的亚种特性。具体方法如下：

随机对检出的 50 个稻硅酸体进行形状参数（如图二所示）的测定，用下面的判别式进行亚种判别：

$$判别值 = 0.497 \times 长 - 0.299 \times 宽 + 0.136 \times 厚 - 3.815 \times (b/a) - 8.957$$

（判别值 <0：籼稻；判别值 >0：粳稻）

用于判别亚种的硅酸体形状特征参数有 4 个，即长、宽、厚以及形状系数 b/a（图二中 b 值除以 a 值）。我们已经利用此判别式对草鞋山等稻作遗址进行了判别，结果显示长江下游地区新石器时代的稻作以栽培粳稻类型为主[⑤]。

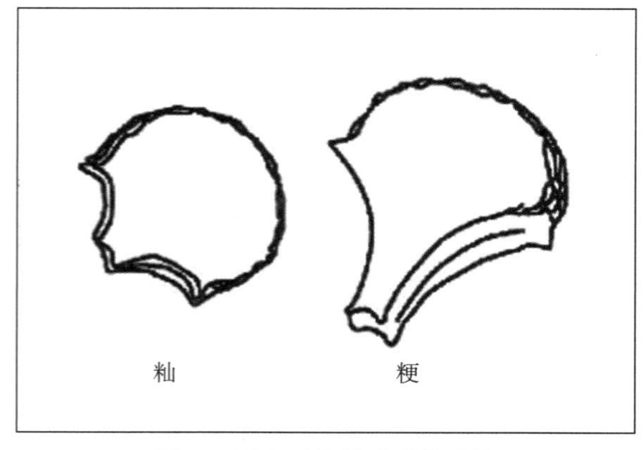

图一　两个亚种的硅酸体形状

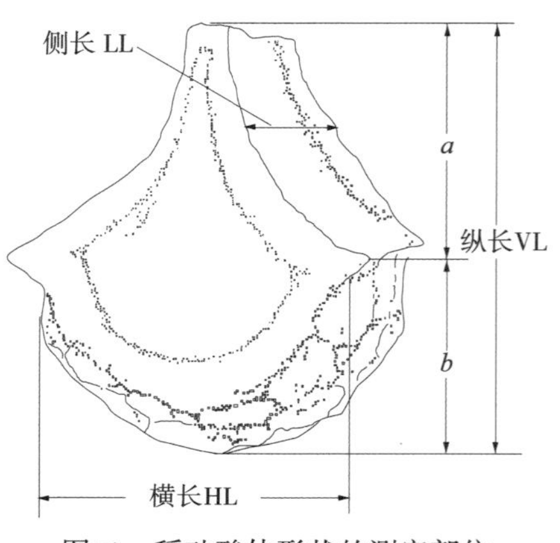

图二　稻硅酸体形状的测定部位

三　分析结果

1. T103 探方西壁土样的定量分析结果

分析结果显示沙层下 0—120 厘米（相当于文化层⑤—⑧层）的土壤中含有稻硅酸体，其中不仅有运动细胞硅酸体，而且还有由颖壳表皮细胞发展而来的硅酸体（图三），因此鉴定是没有问题的。表一是 T103 探方西壁土样的硅酸体定量分析结果。

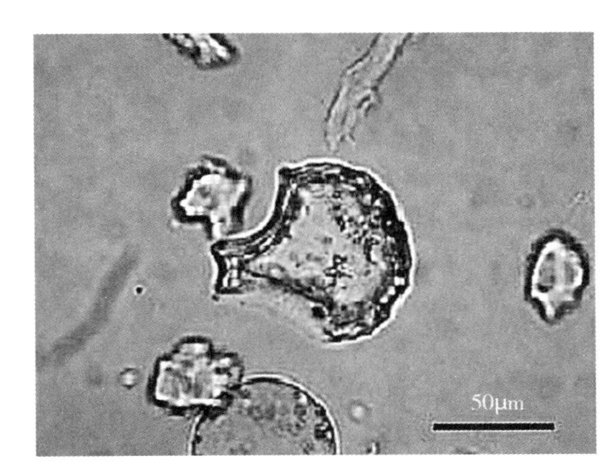

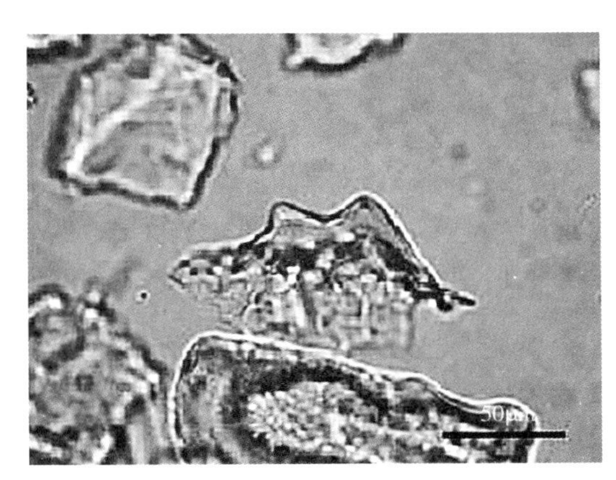

图三　土壤中的植物硅酸体

左：运动细胞硅酸体　右：颖壳硅酸体

表一　T103 探方西壁土壤定量分析结果

土样序号	深度（厘米）	植物硅酸体密度（个/克）				
		稻（*O. sativa*）	芦苇属（*Phrag.*）	竹亚科（Bamb.）	芒草（Andro.）	黍属（*Pani.*）
1	0	18659	889	889	5775	889
2	20	316	316	631	1262	0
3	40	0	0	0	0	622
4	60	0	0	0	1003	0
5	80	0	302	0	905	0
6	100	0	0	0	1844	0
7	120	0	0	333	666	0
8	140	0	0	220	660	220
9	160	0	0	333	333	0
10	180	0	407	407	0	0
11	200	1080	360	360	360	360
沙层下 0 厘米	220	76541	0	0	1682	0
沙层下 20 厘米	240	73212	747	0	0	2988

续表

土样序号	深度（厘米）	植物硅酸体密度（个/克）				
		稻（*O. sativa*）	芦苇属（*Phrag.*）	竹亚科（Bamb.）	芒草（Andro.）	黍属（*Pani.*）
沙层下 40 厘米	260	62342	0	0	2200	2200
沙层下 60 厘米	280	37208	677	677	2706	0
沙层下 80 厘米	300	58363	687	687	687	2060
沙层下 100 厘米	320	10045	1116	0	2232	0
沙层下 120 厘米	340	3087	1323	0	882	441

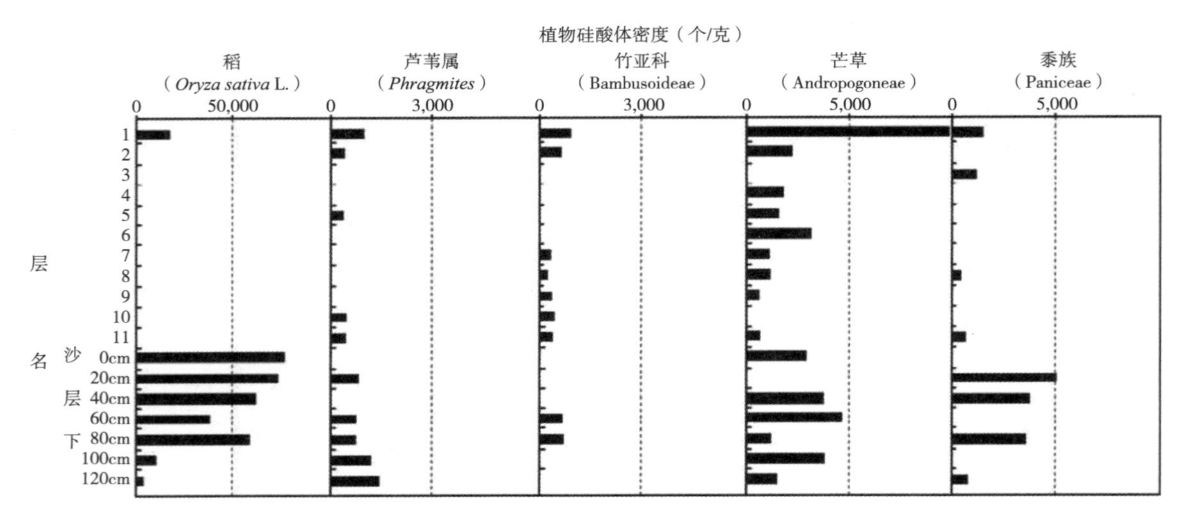

图四 T103 探方西壁植物硅酸体密度的变化

日本学术界一般以每克土壤中含有 5000 个以上稻硅酸体，作为是否是水田遗迹的判定标准，但在一些土壤堆积速度快、堆积时间短的遗址，也有出现 2000 个以下的情况[⑥]。田螺山遗址文化层的土壤稻硅酸体密度都超过这个数值，从密度角度可见，田螺山遗址在河姆渡文化时期可能已经存在着稻作农耕。

稻硅酸体数量和稻生物产量存在着一定的相关性，从土壤中稻硅酸体密度，可以对稻谷生产量进行估算。例如沙层 80 厘米处土壤中的硅酸体密度为 58363 个/克，如果用日本稻米（赤米）的换算系数[⑦]进行计算，则 1 平方米、1 厘米厚土壤中的稻硅酸体，来自于相当于地上部干物质约 17 千克的植株，可生产稻谷约 6 千克，折合每 1000 平方米的稻谷产量就是 6000 千克。以此类推，沙层下面 1000 平方米的总产量为 660000 千克，假定沙层以下文化层存续时间为 1500 年，则 1000 平方米年产量就相当于 440 千克。如此高的年产量，已经超过了现代农业技术引入前的日本稻谷单产。尽管换算系数方面可能存在着问题，但主要问题可能是取样地点不是农耕遗迹的缘故，从发掘情况看，这里很有可能是存放或丢弃稻草等杂物的场所。

如图四所示，土壤中的芦苇硅酸体数量较少，但其密度变化和稻的密度变化趋势是相反的，另外，土壤中还发现可能是水田杂草的黍族硅酸体。因此，取样地在某个时段曾经作为稻田使用的可能性也不能不考虑。

从遗址的立地条件看，这里很容易受到海侵、海退的影响。在土壤样品3—10中，几乎没有发现稻的硅酸体，但发现了许多海绵骨针[⑧]（图五），这可能是海侵影响的反映。

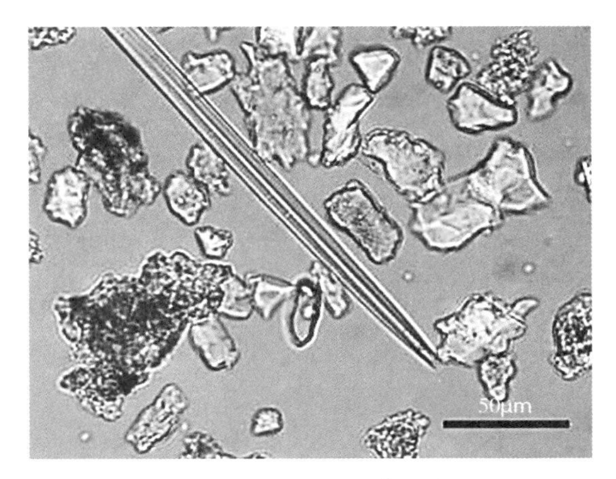

图五 土壤中的海绵骨针

2. 发掘区北侧钻孔材料的定量分析

如上所述，在T103探方西壁土样中发现了高密度的稻硅酸体，但这里是水田的可能性很小，最有可能是堆积或丢弃稻草的地方。为了进一步确认遗址中所见到的植物硅酸体变化趋势，充实数据，以及了解与该遗址有关稻作生产的变迁，我们还在遗址的周边进行了钻孔取样和分析。如图六所示，两个钻孔取样地点在遗址北侧，遗址现场位于照片中建筑物处，现在已经建有大型保护设施。

分析结果显示（表二、三），可能形成于河姆渡文化时期、表土下1.5—2米的地层堆积中，稻硅酸体数量很多，每克土壤中的硅酸体数量达3000—10000个，表明在这个深度的地层中埋藏古水田可能性很高。另外，地层中稻和芦苇硅酸体密度变化也很有意义，出现了此消彼长的趋势（图七、八），这种植物硅酸体密度变化规律符合水田开发、稻作发展的一般规律。

表土（现在的水田）的稻硅酸体密度是钻孔材料中密度最高的，每克土壤达26476个。现在收获时一般稻草都还田，如果以这个数值作为判断水田标准的话，那么T103西壁的密度就是它的数倍，可见T103西壁取样点很可能是稻草堆积或废弃的场所。

尽管土样中不同植物硅酸体密度变化有所不同，但从中还是可以看出稻作农耕曾经有过中断。如果考虑到T103的地层堆积情况，这很可能是由于海侵引起的稻作生产中断。

关于生产遗迹今后有必要进一步进行钻孔调查和地层对应关系的确认，以上结果表明遗址周围距

图六 钻孔取样地点

表二　钻孔土样的定量分析结果（1号）

土样序号	深度（厘米）	植物硅酸体密度（个/克）				
		稻（*O. sativa*）	芦苇属（*Phrag.*）	竹亚科（Bamb.）	芒草（Andro.）	黍族（Pani.）
1	0	26476	3782	5884	4203	841
2	13	13662	5855	3903	6636	1171
3	25	7154	3407	3066	5451	681
4	31	10970	5907	3657	7876	563
5	34	244	244	487	487	0
6上	47	0	4822	1072	536	0
6下	51	0	7979	0	3546	0
7	55	3503	637	955	3503	1274
8	80	5271	527	0	1318	264
9	90	3176	0	577	2887	289
10	125	4191	1048	0	1833	524
11	150	1092	546	0	1365	819
12	180	10450	307	0	1537	2459
13上	195	7325	386	386	2699	386
13下	208	2347	0	261	2607	261
14	222	1977	198	593	1384	395
15	234	5006	0	334	1335	668
16	253	0	285	0	1139	0

表三　钻孔土样的定量分析结果（2号）

土样序号	深度（厘米）	植物硅酸体密度（个/克）				
		稻（*O. sativa*）	芦苇属（*Phrag.*）	竹亚科（Bamb.）	芒草（Andro.）	黍族（Pani.）
1	0	19755	1718	2577	6871	859
2	20	3121	0	0	3901	780
3	40	0	0	1145	0	0
4上	60	1723	2872	574	2297	574
4下	80	4554	1139	0	1139	0
5	90	0	589	0	1768	589
6上	100	416	0	0	832	0
6下	120	558	9	9	1673	0
7	140	0	610	0	610	0
8	200	2861	0	572	2861	572
9	210	2174	544	1087	1087	0
10上	225	3692	1582	0	2110	0
10下	250	925	462	0	462	0
11	275	0	497	0	497	497

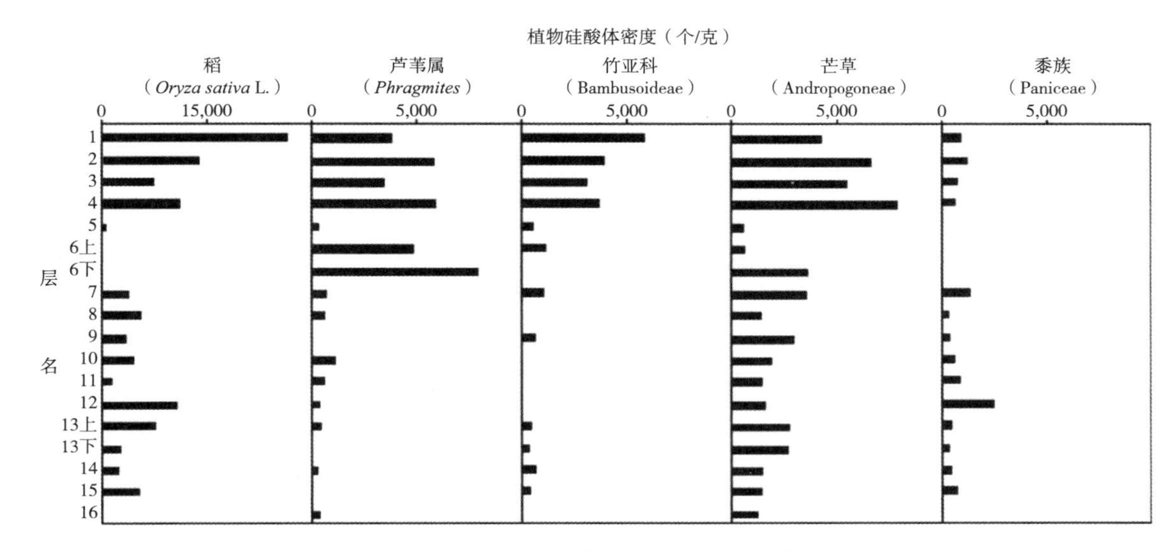

图七 钻孔1号植物硅酸体密度的变化

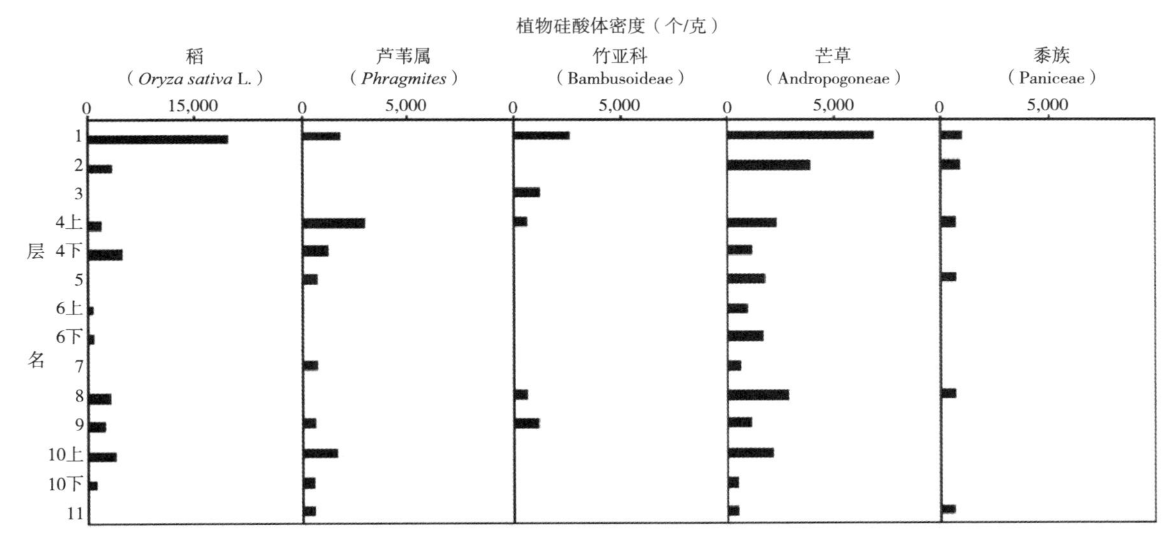

图八 钻孔2号植物硅酸体密度的变化

表四 稻硅酸体形状解析结果

层名	形状特征参数				判别值	判别结果
	长（微米）	宽（微米）	厚（微米）	b/a		
T103 沙层下 80 厘米	44.14	36.63	33.39	0.952	2.94	*Japonica*
跨湖桥遗址 7 层	41.11	34.19	32.59	0.91	2.21	*Japonica*
跨湖桥遗址 8 层	40.51	32.91	30.81	0.92	2.03	*Japonica*
跨湖桥遗址 9 层	41.87	33.38	28.79	0.91	2.32	*Japonica*

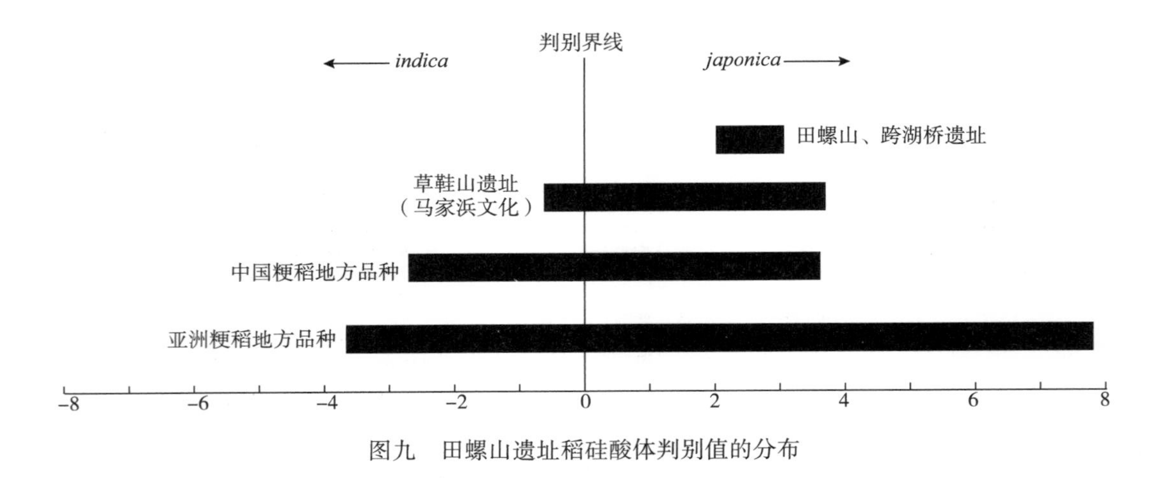

图九　田螺山遗址稻硅酸体判别值的分布

地表1—3米土层中埋藏着古水田遗迹的可能性很大。

3. 从硅酸体形状看田螺山遗址栽培稻的系统特性

T103探方西壁沙层下80厘米（相当于⑦层）稻硅酸体的形状解析结果如表四所示。表中跨湖桥遗址数据是根据跨湖桥遗址报告所载的数据计算出来的[9]。

稻硅酸体的形状数据反映的是采取分析土样地层在堆积期间硅酸体形状的总体情况，因此判别结果也是此土层堆积期间栽培稻系统特性的主要特点。图九在表示出田螺山遗址、跨湖桥遗址稻硅酸体判别值的同时，还表示出草鞋山遗址以及中国和亚洲粳稻地方品种的判别值。如图所示，田螺山遗址检出的稻硅酸体的判别值位于亚洲和中国栽培稻地方种的粳稻分布区域内，而且数值较大，可以认为当时栽培的是粳稻。

从图中还可以看到，与田螺山遗址地理位置相似、年代相近的跨湖桥、草鞋山遗址[10]的稻硅酸体在判别值上也具有共同性，这是十分有意义的。一般情况，稻的亚种或生态型和栽培技术（栽培水平和方式）有着密切的关系，今后还需要在这方面积累更多的数据。

四　总结

通过对田螺山遗址的植物硅酸体分析，主要获得了以下三个方面的收获。

（1）稻作是田螺山遗址主要的农耕方式，到目前为止至少出现过两次稻作农耕中断，中断的原因可能是海侵引起的。

（2）T103探方土样中的稻硅酸体密度相当高，尽管不能排除这里曾经有过短时期的稻田利用史，但属于稻草堆积或废弃地方的可能性较大。

（3）从钻孔调查的结果看，地表下1—3米地层中有农耕遗迹埋藏的可能性很高，今后有必要在遗址周围进行农耕遗迹的探查和发掘。

原载《田螺山遗址自然遗存综合研究》，文物出版社，2011年

注释

① 宇田津徹朗:『プラント・オパール分析』, 松井章編集『環境考古学マニュアル』, 同成社, 2003 年, pp. 138–146。

② 藤原宏志:『プラント・オパール分析法の基礎的研究 (1) – 数種イネ科栽培植物の珪酸体標本と定量分析法—』,『考古学と自然科学』9 (1976): 15–29。

③ T. Udatsu, H. Fujiwara, Application of the discriminant function to subspecies of rice (Oryza sativa): Using the shape of motor cell silica body, *Ethnobotany* 5 (1993): 107–116.

④ 王才林, 宇田津徹朗, 藤原宏志等:『イネの機動細胞珪酸体形状における主成分分析およびその亜種判別への応用』,『考古学と自然科学』34 (1996): 53–71。

⑤ 宇田津徹朗、藤原宏志、湯陵華等:『新石器時代遺跡の土壌および土器のプラント・オパール分析 –江蘇省を中心として–』,『日本中国考古学会会報』10 (2000): 51–66。

⑥ 宮崎県都城市教育委员会:『坂元 A 遺迹、坂元 B 遺迹』,『都城市文化财调查报告书』第 71 集, 2006 年。

⑦ 杉山真二:『植物珪酸体 (プラント・オパール)』, 辻誠一郎編集:『考古学と植物学』, 同成社, 2000 年, pp. 189–213。

⑧ 宇津川徹、上条朝宏:『土器胎土中の動物珪酸体について (1)』,『考古学ジャーナル』181 (1980): 22–25; 宇津川徹、上条朝宏:『土器胎土中の動物珪酸体について (2)』,『考古学ジャーナル』184 (1980): 14–17。

⑨ 浙江省文物考古研究所、萧山博物馆:《跨湖桥》, 文物出版社, 2004 年。

⑩ 宇田津徹朗、王才林、柳沢一男等:『中国・草鞋山遺跡における古代水田址調査 (第 1 報) —遺跡周辺部における水田址探査』,『日本文化財科学会誌』30 (1994): 23–36; 王才林、宇田津徹朗、藤原宏志等:『中国・草鞋山遺跡における古代水田址調査 (第 2 報) —遺跡土壌におけるプラント・オパール分析』,『日本文化財科学会誌』30 (1994): 37–52。

Morphological characteristics of plant opal from motor cells of rice in paddy fields soil*

The shapes of silica bodies from motor cells of indica and japonica rice are different, so it is possible to be used to distinguish rice subspecies. Based on the morphological analysis of silica bodies from native varieties in Asian countries, the discriminant function for distinguishing subspecies of rice was developed.

In paddy fields, morphological variation of plant opals (silica bodies remained in soil) should be considerable, according to the different positions and different varieties. It could be used to discriminate indica and japonica rice based on morphological characteristics of plant opals.

1. Morphological characteristics of plant opals

Plant opals from motor cells of rice were detected and their densities were different in each case, all 35 samples were collected from present paddy fields in Guangdong, Fujian, Jiangxi, Hunan, Hubei, Zhejiang, Jiangsu, Shandong, and Yunnan provinces and Beijing in China and Miyazaki prefecture in Japan. Variance analysis showed that there were significant differences (at 0.01 level) in the morphological characteristics of plant opals (Table 1).

2. Sources of variances

Eigenvalues and eigenvectors based on the correlation coefficients of the four morphological characters were given in Table 2, which showed the cumulative percentage of variation in the first and second principal components was 94.15%. These components could adequately express the four morphological characters of plant opals.

The components of eigenvectors corresponding to eigenvalues showed the effect of the four morphological characters on the principal component. Table 2 shows that the vertical and lateral length have a larger positive effect on the first principal component and the b/a and horizontal length have larger positive effect on the second principal component. The first and second components express the size and shape of plant opals, respectively.

3. Regional characteristics

Cluster analysis was carried out based on morphological characteristics with longest distance method. For a

---

* Collaborated with Zongxiu Sun, Cailin Wang, Udatsu Tetsuro, Fujiwara Hiroshi.

threshold value of 9.00, the samples could be divided into three groups (Table 3). Plant opals of the Group one (classification 1) were small and round (with small vertical, horizontal, and lateral length and large *b/a*), but those of the Group two (classification 2) were large and sharp (with large vertical, horizontal and lateral length and small *b/a*), and those of the Group three (classification 3) were intermediate.

Table 1 Averages of morphological characteristics of plant opals from different areas.

Site	No. of sample	Character[a]			
		VL/μm	HL/μm	LL/μm	*b/a*
Beijing	1	40.02	34.82	31.94	0.84
Shandong	1	40.08	35.57	32.71	0.89
Jiangsu	2	38.20	34.71	29.17	0.89
Zhejiang	7	39.47	35.80	27.20	0.95
Hubei	2	35.68	32.60	26.16	0.95
Hunan	4	35.99	33.49	26.85	0.95
Jiangxi	4	33.35	31.59	24.84	1.02
Fujian	3	36.50	34.67	25.63	0.98
Guangdong	7	33.15	31.44	24.94	0.97
Yunnan	1	42.03	36.75	29.75	0.84
Miyazaki (Japan)	3	38.33	33.65	31.57	0.74
Total	35	37.53	34.10	28.25	0.91

a: VL = Vertical length, HL = Horizontal Length, and LL = Lateral length.

Table 2 Eigenvalues and eigenvectors of correlation coefficients of four morphological characteristics of plant opals of rice.

Sequence	Eigenvalue[a]			Eigenvector			
	λi	PV/%	CPV/%	VL	HL	LL	*b/a*
1	2.7941	69.85	69.85	0.9367	0.8134	0.8736	-0.7014
2	0.9718	24.29	94.15	0.3218	0.5643	-0.3425	0.6576
3	0.2035	5.09	99.24	-0.0401	-0.0876	0.3448	0.2744
4	0.0306	0.76	100.00	0.1322	-0.1103	-0.0258	0.0165

a: PV = Percentage of variability and CPV = Cumulative percentage of variability.

Table 3 Classification of plant opals of rice from paddy fields using hierarchical clustering [a].

classification	Number	Morphological characters				Source of soil
		VL/μm	HL/μm	LL/μm	*b/a*	
1	20	34.52	32.48	25.53	0.97	Fujian, Guangdong, Jiangxi, Hunan, Hubei
2	10	39.39	34.97	30.58	0.84	Beijing, Shandong, Yunnan, Miyazaki, Jiangsu, Zhejiang,
3	5	39.20	35.69	30.58	0.96	Zhejiang

a: Threshold of distance: 9.00.

Table 4 Results of discriminating subspecies using shape of plant opal of rice.

Classification	Number	Discriminant result		Discriminant score
		Indica	*Japonica*	
1	20	20	0	-1.84
2	10	0	10	1.00
3	5	3	2	0.24
Total	35	23	12	-0.20

4. Subspecies discrimination based on plant opal shape

Based on the morphological character of plant opals from samples, subspecies were determined with the following discriminant function.

$Z4 = 0.4947VL - 0.2994HL + 0.1357LL - 3.8154b/a - 8.9567$ ($Z4 < 0$, *indica*; $Z4 > 0$, *japonica*)

According to the results, 24 samples were discriminated as *indica*, with Z4 smaller than zero (-3.09– -0.08), the other 11 samples were discriminated as *japonica*, with Z4 larger than zero (0.27–2.03).

By comparing discriminant results (Table 4), plant opals in the first group belonged to *indica*, but those in the second, to *japonica*, and those in the third, to *japonica*, with a very small discriminant score. It indicated that there was *indica* in the Southern China and the middle reaches of the Yangtze River, and *japonica* in the Northern China, Tai Lake Valley, and Miyazaki. The middle type was in Zhejiang Province.

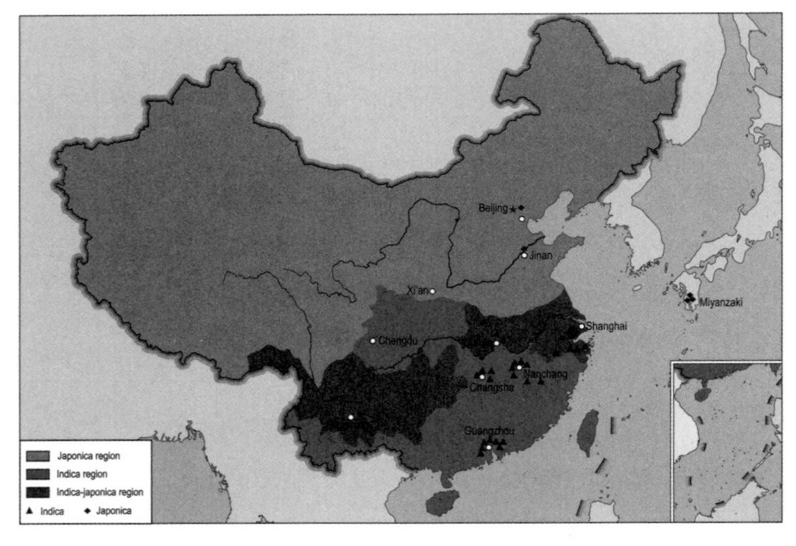

Figure 1 Sampling sites and discriminant results.

稻田土壤中的运动细胞植硅体形状特征研究

摘　要：我们于中国各地以及日本宫崎县的现代稻田采集了35个土壤样品并进行植硅体分析，结果显示，每个土样均检测到来自水稻运动细胞的扇形植硅体。主成分分析表明，各地植硅体存在差异，主要是大小的不同。它们可以聚合成3类：第1类植硅体形状小而圆，样本来自广东、江西、福建、湖南、湖北；第2类植硅体形状大而尖，样本来自北京、山东、云南、宫崎、江苏；第3类植硅体形状介于1、2类之间，样本来自浙江。判别结果显示，第1、2类分别为籼稻、粳稻，第3类为中间类型。这与华南和长江中游地区为籼稻区，北方、太湖流域为粳稻区，浙江省为籼粳过渡地带的稻作亚种区划格局基本一致。

关键词：水田土壤　植硅体　形状解析　亚种鉴定

Phytoliths of rice detected in the Neolithic sites in the valley of the Taihu Lake in China*

1. Introduction

Rice (*Oryza sativa* L.) is one of the most important grain crops in the world today. The origin of rice has been approached from different angles (Crawford and Shen, 1998) but clear evidence has not been abundant, mainly because most past research took modern rice as the research material from which to infer the state of ancient rice, rather than archaeological evidence from ancient times. In contrast, the carbonized rice grains excavated from archaeological sites have been positively investigated but, as their excavation was accidental and since they were not necessarily discovered at archaeological sites of rice cultivation, it cannot be asserted with complete certainty that they represent adequate grounds for clarifying the biological characteristics of rice. In order to further understand rice domesticated in the Neolithic, new techniques have been employed, such as phytolith analysis and DNA analysis of archaeological remains.

Case studies that apply the phytolith technique for identifying crops have yielded substantial results in reconstructing aspects of the subsistence systems of prehistoric peoples (Fujiwara, 1993; Pearsall, 1978, 2000; Piperno and Pearsall, 1993). While growing, rice absorbs a great deal of silica into its tissues, making large phytoliths which are inorganic and thus not subject to the same forces of decay that lead to the destruction of pollen grains and carbonized plant remains. Phytolith analysis is the subject of great expectations in the field of archaeology regarding the clarification of the origin of rice. Studies of rice phytoliths have been carried out since the late 1960's in attempts to further understand prehistoric rice cultivation (Watanabe, 1968). Fujiwara and others originally investigated the phytoliths derived from the bulliform cells of grass, normally referred to as keystone bulliforms and identified the unique features of the phytoliths of the genus *Oryza*, which are the widely flared and multiple-ridged bases (Fig. 1). Also, efforts to discriminate between subspecies of rice from phytoliths present in modern cultivated rice have yielded positive results since the 1970s (Fujiwara, 1993, Zheng et al. , 2000). Pearsall and others focused their attention on the husk phytoliths and identified differences between domesticated rice and

---

* Collaborated with Akira Matsui, Hiroshi Fujiwara.

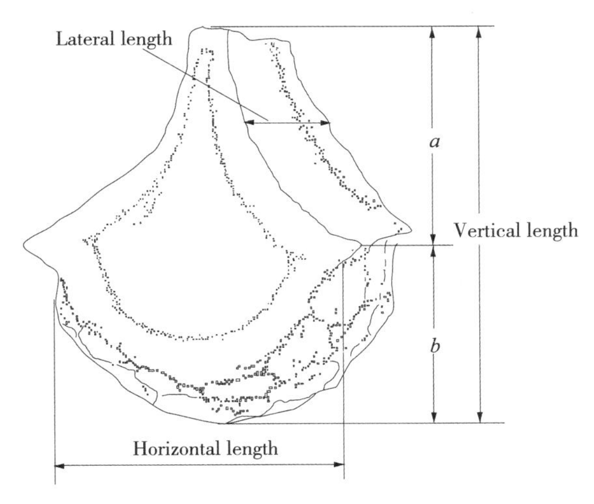

Figure 1 Morphological Characteristics of phytolith from motor cell of rice.

wild rice (Pearsall et al., 1995; Zhao et al., 1998). In Asia, phytolith analysis has been used to indicate the presence of domesticated rice in archaeological sites and to find the traces of ancient buried paddy fields (Fujiwara, 1993; Pei, 1998; Zhao, 1998).

In China, especially, the reaches of the Yangtze River have been discussed in relation to the origin and evolution of rice. Many archaeological sites, dated 8000–4000 BP, have yielded remains of rice in recent decades, and the presence of rice cultivation is judged to be the earliest in Asia. Recently, sites dating to 10,000 years ago were the subject of a detailed report (Crawford and Shen, 1998). The area is therefore suitable for studies on the origin of rice and rice cultivation.

In this paper, we report the results of phytolith analysis for archaeological sites located in the valley of the Taihu Lake in China in order to provide further evidence of the presence of rice. Also, we discuss the morphological characteristics of the phytoliths in an attempt to acquire information about the process of rice domestication in prehistory.

2. Materials and Methods

2.1 *Materials*

In the valley of the Taihu Lake, more than a hundred Neolithic sites have been found or excavated. According to the relics excavated, they have been classified into three types: the Majiabang, Songze and Lingzhu cultures, dated 5000–3900 BC, 3800–500 BC and 3400–2000 BC, respectively, based on radiocarbon analysis (Table 1).

Table 1 Cultural periods and dates.

Cultural Periods	Date BC
Majiabang	5000–3800
Songze	3800–3500
Liangzhu	3500–2000

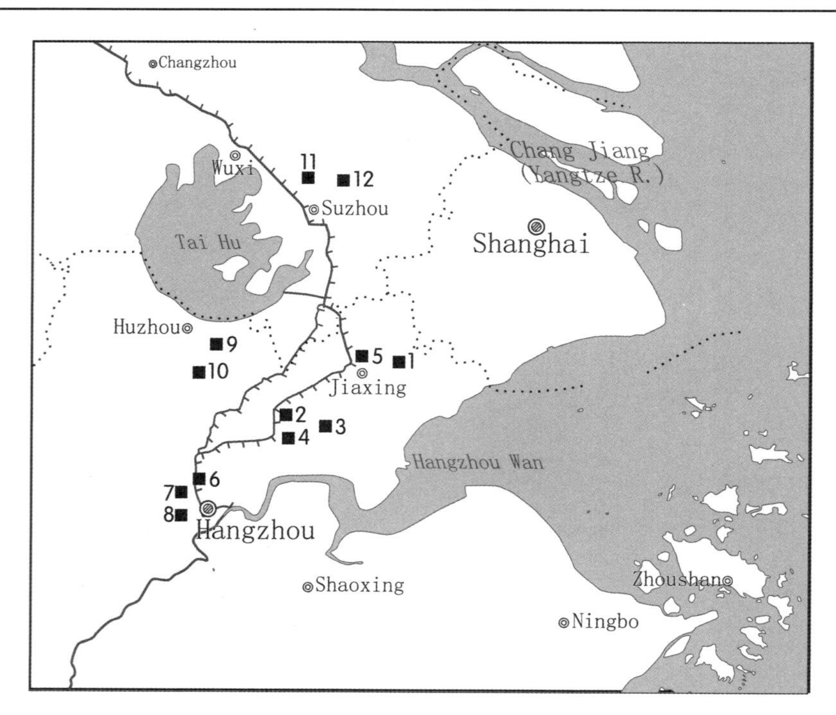

Figure 2 Location of the sites.

1. Majiabang 2. Pu'anqiao 3. Luojiajiao 4. Lababang 5. Nanhebang 6. Nanzhuangqiao 7. Miaoqian 8. Shuitianfan 9. Qianshanyang 10. Qiucheng 11. Longnan 12. Xujiawan.

Table 2 Materials for Phytolith analysis.

Sites	Type and number of materials			Cultural Periods
	Soil	Burned soil	Pottery	
NanZhuangqiao	13	4	4	Majiabang, Liangzhu
Nanhebang	10	1	5	Songze, Liangzhu
Qiucheng		1	5	Majiabang, Liangzhu
Luojiajiao			15	Majiabang
Miaoqian		1	2	Liangzhu
Pu'anqiqo		1	2	Liangzhu
Xujiawan			3	Liangzhu
Longnan		1		Liangzhu
Majiabang			3	Majiabang
Lababang	3			Liangzhu
Shuitianfan			3	Liangzhu
Qianshanyang			3	Liangzhu
Total	26	9	45	

Eighty samples were collected from twelve sites around the Taihu Lake in the low regions of the Changjiang River (Fig. 2), consisting of soil samples, burned soils and pottery fragments, from sites of the Majiabang, Songze, and Liangzhu cultures. The type, number and cultural period are detailed in Table 2.

2.2 *Methods*

2.2.1 Treatment of materials

Soil samples were dried in a convectional oven at 100℃ and then were mechanically crushed.

Pottery fragments and burned soils were washed clean with water and dried in a convectional oven at 100℃. These were sampled, and the surfaces of the pottery fragments were then filed and washed again in an ultrasonic cleaner for 30 minutes. They were left to absorb water for 16 hours in low vacuum until they became loose, and then crushed with a vice.

2.2.2 Extraction of phytoliths

1g samples of soil were moved to a 12ml sample bottle. 10 ml of water and 1ml of 5% sodium silicate were added, and the sample vibrated in an ultra-sonic cleaner (38kHz, 250 W) for about 20 minutes to separate particles. Using Stokes method, the sample was filtered in water, to remove particles less than 20μm, and dried again.

Using EUKITT® mounting medium, the filtered sample was distributed uniformly on a glass microscope slide to facilitate the investigation of morphological characteristics of the silica bodies.

2.2.3 Analysis of morphological characteristics

Five hours after making the slide, the phytoliths were examined under a microscope (400 × magnification) and rotated with a needle to obtain clear front and lateral views. With a two dimensional image analysis system (COSMOZONE, Nikon, Japan), the photographic images were projected on a monitor, and vertical, horizontal, lateral lengths, and the length (b) of the circular part from the intersection of vertical and horizontal planes (See Fig. 1), were measured for 50 randomly selected phytoliths of *Oryza* spp. for each sample.

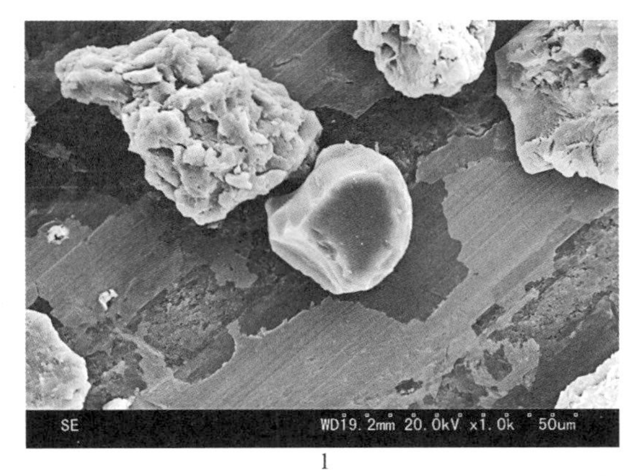

1

2

3

Figure 3 Phytoliths detected in Majiabang, Songze and Liangzhu cultural sites.
1. Luojiajiao 2. Nanhebang 3. Longnan.

3. Results and Discussion

3.1 *Detection of rice phytoliths*

In 49 samples, comprising 24 of the Majiabang culture dating 5000–3800 BC, 12 of the Songze culture dating

3800–3500 BC, and 13 of the Liangzhu culture dating 3500–2000 BC, phytoliths from bulliforms of *Oryza* spp. were detected (Fig. 3). These included 26 soil samples, 6 samples of burned soil and 17 pottery fragments. The morphological characteristics of the phytoliths are shown in Table 3.

Table 3 Four morphological characteristics of the phytoliths.

Sites	Materials	Cultural Periods	Morphological characteritics			
			VL (μm)	HL (μm)	LL (μm)	*b/a*
Nanzhuangqiao	Soil	Liangzhu	38.93	33.88	29.81	1.01
			41.31	34.55	29.79	0.97
			38.16	32.36	28.63	0.91
			37.46	32.72	28.42	0.99
		Majiabang	39.72	33.25	29.14	0.95
			38.77	32.93	27.68	0.99
			36.76	32.30	29.64	0.93
			38.98	34.01	28.40	0.99
			37.94	32.86	29.60	0.97
			39.80	34.45	28.32	1.02
			38.59	31.78	27.19	1.03
			40.28	33.72	28.13	1.03
	Burned soil	Majiabang	39.47	33.09	27.59	1.02
			37.03	32.78	28.34	0.93
	Pottery	Majiabang	40.12	34.82	29.79	0.91
			38.16	33.38	27.54	0.94
			38.82	32.14	28.37	1.03
			38.97	32.45	27.94	1.13
			40.52	33.90	28.99	0.99
			40.99	33.91	26.32	0.99
Nanhebang	Soil	Liangzhu	41.43	35.58	31.31	0.91
			41.82	33.26	30.89	0.85
		Songze	39.61	34.14	28.27	0.90
			39.48	33.45	29.25	0.93
			40.97	33.45	29.44	0.89
			40.43	33.86	29.61	0.92
			39.99	34.30	27.99	0.93
			41.55	35.86	31.25	0.95
			39.80	33.79	28.35	0.88
			40.90	34.24	27.38	0.83
	Burned soil	Songze	40.60	34.19	29.37	0.90
			40.06	34.64	27.85	1.00

Continued

Sites	Materials	Cultural Periods	Morphological characteritics			
			VL (μm)	HL (μm)	LL (μm)	b/a
Nanhebang	Pottery	Songze	41.95	34.89	29.00	0.89
			43.66	37.19	28.66	0.92
Qiucheng	Soil	Liangzhu	39.52	32.84	30.47	0.90
		Majiabang	38.32	31.64	30.21	0.86
	Pottery	Liangzhu	40.66	33.90	27.88	0.90
		Majiabang	36.38	30.87	29.16	0.87
Luojiajiao	Pottery	Majiabang	37.11	31.27	28.07	0.89
			34.25	28.31	27.54	0.87
			34.62	28.42	26.74	0.92
			35.80	29.95	25.39	1.06
			35.01	30.74	29.54	0.91
Miaoqian	Soil	Liangzhu	41.84	36.12	27.62	0.86
	Burned soil	Liangzhu	45.36	38.58	30.11	0.87
Pu'anqiao	Soil	Liangzhu	43.39	36.69	31.12	0.84
Xujiawan	Pottery	Liangzhu	40.59	34.65	32.04	0.88
Longnan	Burned soil	Liangzhu	43.97	36.10	29.20	0.88
Majiabang	Pottery	Majiabang	34.73	29.46	25.97	0.84

VL. vertical length HL. horizontal length LL. lateral length b/a. ratio of lengths b and a (see Fig. 1).

Phytoliths are a part of the tissues, which do not separate from the plant body until it has decayed. Also, they have a high specific gravity. Consequently there is less chance of them being found far from human settlements or being carried by wind as is often the case with pollen. In most cases, it can be assumed that *Oryza* spp. litter decayed at archaeological sites, such as in a paddy field or on a floor. Also, the phytoliths in pottery are considered significant because of the practice of artificially mixing *susu* in pottery vessels, something that was common in the early part of the Neolithic. The presence of a significant quantity of phytoliths at archaeological sites cannot be explained by occasional importation. Rather this evidence indicates that rice was utilized, or presumably cultivated, 7000 years ago at the latest in the valley of the Taihu Lake, located in the lower regions of the Yangtze River. It can also be inferred that the practice of rice cultivation continued throughout the Neolithic.

3.2 *Changes of morphological characteristics*

In order to understand the historical changes in morphological characteristics, the phytoliths were classified according to cultural period. The changes in morphological characteristics with time are shown in Fig. 4. The vertical, horizontal, and lateral lengths of bulliforms from the Liangzhu and Songze periods were significantly greater than those of the Majiabang period, but there were no significant differences between the Liangzhu and Songze periods. Also, the ratios of dimensions b/a for bulliforms of the Liangzhu and Songze periods were significantly smaller than those of the Majiabang period, but there was no significant difference between the Liangzhu and

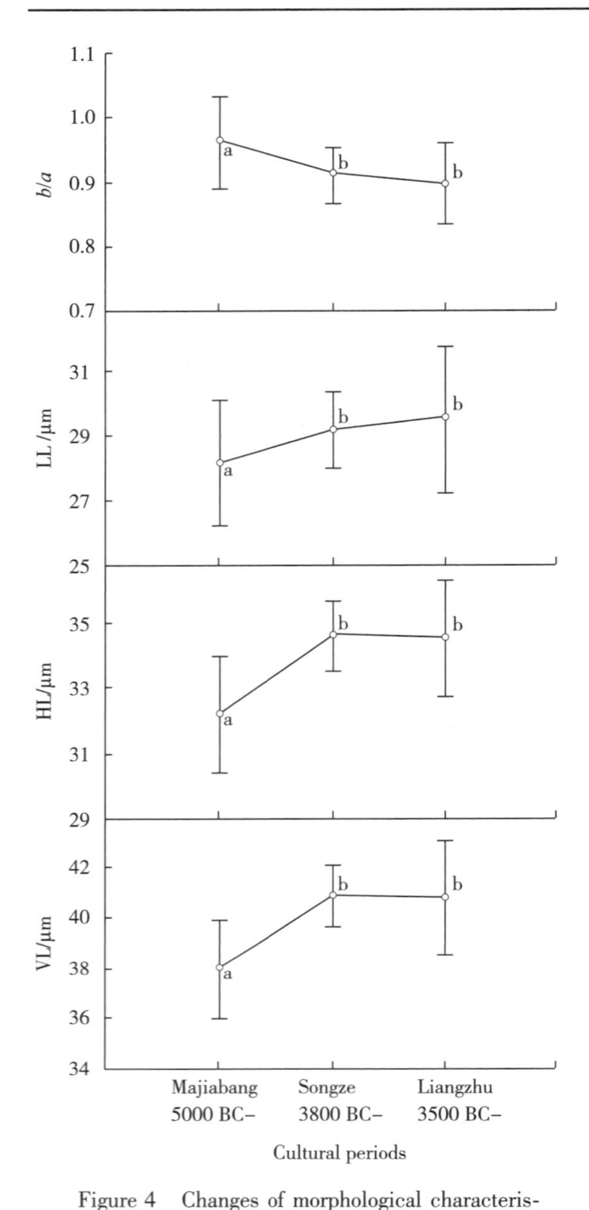

Figure 4 Changes of morphological characteristics of rice phytoliths by cultural period.

VL. vertical length HL. horizontal length LL. lateral length *b/a*. ratio of lengths *b* and *a* (see Fig. 1).

means followed by different letters are significantly different at 5% probability level.

Songze periods. These results indicate that phytoliths showed a clear trend towards increasing size with time, although there is wide variation of morphological characters within each cultural period.

Wang et al. (1996) were able to distinguish the two main subspecies of modern rice (*indica* and *japonica*) on the basis of these four morphological characteristics: the resulting discriminant scores were negative for *indica* and positive for *japonica*. Discriminant scores were calculated on the same basis for the archaeological bulliforms from each cultural period and these are shown in Fig. 5. There is a trend of increasing discriminant scores with time, the scores for the Liangzhu and Songze periods being significantly higher than those of the Majiabang period. The discriminant scores for bulliforms of the Liangzhu and Songze periods were positive, as were the scores for most of the bulliforms of the Majiabang period.

Of the archaeological sites analyzed for this research, the greatest number of samples were excavated from the various layers of the Nanzhuangqiao site. Moreover, this archaeological site contained strata from two cultural periods of the Neolithic, the Majiabang and Liangzhu culture, and so it offered the most suitable opportunity for the study of changes in the morphological characteristics of phytoliths. Fig. 6 shows the changes in discriminant scores at Nanzhuangqiao. The greatest change in discriminant scores appears to be between the 5th (the period of the Liangzhu culture) and 6th layers (the later stage of the Majiabang culture) which agrees very well with scores from analyses of the cultural periods in the area.

3. 3 *Evidence for domestication from phytolith shape*

The questions of where, when and how each subspecies of rice was domesticated is important in clarifying the origin of rice and rice cultivation. It has been hypothesised that there were in fact two independent domestications, one of *japonica* in China and one of *indica* in South Asia including a part of China (Second 1984; Crawford and Shen, 1998) However, little clear archaeological evidence has been obtained due to the fact that the remains from archaeological sites consist mostly of carbonized rice grains, and the proportion of clearly distinguished

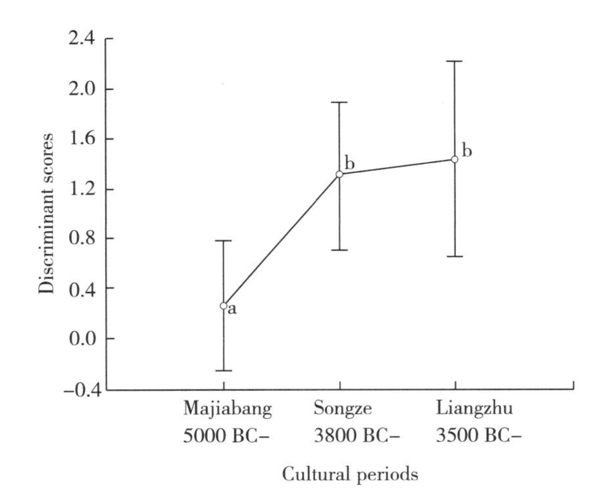

Figure 5 Changes of discriminant scores, based on shape of rice phytoliths, by cultural periods.

means followed by different letters are significantly different at 5% probability level.

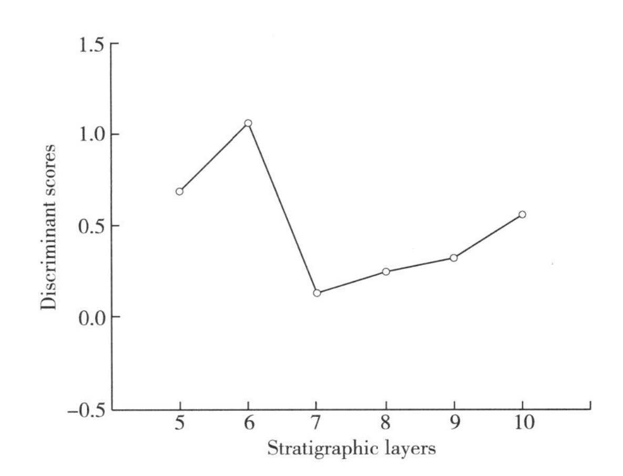

Figure 6 Changes of discriminant scores, based on shape of rice phytoliths, by stratigraphic layers at Nanzhuangqiao.

layers 7, 8, 9, 10. the Majiabang culture layers 5, 6. the Liangzhu culture.

subspecies based on the shapes of grains is low (Morishima and Oka, 1981).

The technique for distinguishing strains of archaeological rice using phytolith analysis is in its infancy, and it is currently not capable of distinguishing clearly between domesticated and wild rice (Pearsall et al. , 1995; Lu et al. , 1997) . However, the materials used in this study were mainly from habitation sites and pottery fragments. Also it has been recognized that the shape of the grains excavated from archaeological sites in the area is different from that of the wild species (You, 1986), suggesting that it is likely the phytoliths were derived from domesticated rice. Discussion of the morphological characteristics of phytoliths and their changes is therefore undoubtedly of great value in recognizing the biological characteristics of ancient rice.

In this study, in order to find archaeological evidence for rice subspecies, we analyzed the morphological characteristics of rice phytoliths from archaeological sites in the valley of Taihu Lake in China. As shown above, the results suggested that the phytoliths appeared to become larger and more pointed with time. The result was confirmed by the discriminant scores derived for distinguishing subspecies of rice. Furthermore, the overall trend was clearly demonstrated by the evidence from one particular archaeological site. In general, subspecies *japonica* is large and pointed and *indica* is small and round. Thus, the results indicated either that there was an increase of *japonica* varieties over time or that rice evolved towards an increasingly *japonica* morphotype as the domestication of rice progressed. At least it can be conjectured that this was the case in the valley of Taihu Lake. This major change took place at around 6000 BP, equivalent to the later stage of the Majiabang culture or the first stage of the Songze culture. The results suggest that *japonica* was domesticated at around this time.

In contrast, the phytoliths detected at some early Neolithic sites are comparatively smaller. However, the absolute values of the discriminant scores were large enough to enable effective identification of subspecies (Table 4). In the area in question, carbonized grains of rice were found in the early archaeological sites, and they always contained both short-and long-shaped types, generally considered representative of *indica* and *japonica* respec-

Table 4　Distributions of the discriminant scores

Cultural periods	Range of discriminant scores					
	>1.00	1.00–0.50	0.50–0	0–0.50	-0.50–1.00	< -1.50
Majiabang	1	5	10	7	1	
Songze	8	3	1			
Liangzhu	10	1	1	1		

tively. Recently, it has been acknowledged that ancient grains, whether slender or large and round, may not in fact belong to an identifiable type (Crawford, 1992). This reflects how difficult it is to identify *japonica* and *indica* carbonized grains using morphological criteria. This study of the morphological characteristics of phytoliths has provided archaeological evidence indicating that a range of undifferentiated rice types was cultivated in the Neolithic, based on the discovery of phytoliths typical of *indica* rice at the sites in question.

Discriminating subspecies on the basis of phytolith shape may prove more effective than grain measurements. Undoubtedly, the analysis of morphological characteristics provides precious archaeological evidence for identifying the biological characteristics of ancient rice. We expect that foundation studies on rice phytoliths will be developed in depth and that more samples from Neolithic sites will be analyzed in order to gain a clearer understanding of the origin and domestication of rice.

Acknowledgements

This work was supported by the Japan Society for the Promotion of Scientific Research Fund. The authors also thank the archaeological researchers of Zhejiang Province Relics and Archaeology Research Institute, Zhejiang Provincial Museum and Suzhou Museum for providing us with archaeological samples for phytolith analysis.

Environmental Archaeology 8 (2003)

References

G. W. Crawford, C. Shen, The origin of rice agriculture: recent progress in East Asia, *Antiquity* 72 (1998): 858–866.

G. W. Crawford, Prehistoric plant domestication in East Asia/C. W. Cowan, J. P. Watson, ed. *The origin of agriculture: An international perspective*, Washington D. C.: Smithsonian Institution Press, 1992, pp. 7–38.

H. Fujiwara, Research into the history of rice cultivation using plant opal analysis/D. R. Piperno, D. M. Pearsall, eds. *Current research in phytolith analysis: Applications in Archaeology and Paleoecology*, Michigan: Museum Applied Science Center for Archaeology and the University Museum of Archaeology and Anthropology, University of Pennsylvania, 1993, pp. 147–158.

H. Lu, N. Wu, B. Liu, Recognition of rice phytoliths/A. Panilla, J. Juan-Tresserras, M. J. Machado, eds. *The State-of-the-art of phytoliths in soil and plants* (First European meeting on Phytolith Research), Madrid: Centro de Ciencias Medioambietales, 1997, pp. 159–165.

H. Morishima, H. I. Oka, Phylogenetic differentiation of cultivated rice XXII: numerical evolution of *indica-japonica* differentiation, *Japanese Journal of Breeding* 31 (1981).

D. M. Pearsall, Phytolith analysis of archaeological soils: evidence for maize cultivation in Formative Ecuador, *Science* 199 (1978): 177–178.

D. M. Pearsall, Paleoethnobotany: *a handbook of procedures*, San Diego: Academic Press, 2000.

D. M. Pearsall, D. R. Piperno, E. H. Dinan et al., Distinguishing rice (*Oryza sativa* Poaceae) from wild *Oryza* species through phytolith analysis: result of preliminary research, *Economic Botany* 49 (1995): 183–196.

A. Pei, Notes on new advancement and revelation in the agricultural archaeology of early rice domestication in the Dongting Lake region, *Antiquity* 1998 (72): 878–885.

D. R. Piperno, D. M. Pearsall, The nature and status of phytolith analysis/D. R. Piperno, D. M. Pearsall, eds. *Current research in phytolith analysis: Applications in Archaeology and Paleoecology*, Michigan: Museum Applied Science Center for Archaeology and the University Museum of Archaeology and Anthropology, University of Pennsylvania, 1993, pp. 1–8.

G. Second, The study of isozymes in relation to the distribution of the genus Oryza in the paleoenvironment and the subsequent origin of cultivated rice/R. O. Whyte, ed. *Evolution of the East Asian environment*, Hong Kong: Centre of Asian Studies, 1984, pp. 665–681.

C. Wang, T. Udatsu, H. Fujiwara et al., Principal component analysis and its application of four morphological characters of silica bodies from motor cells in rice (*Oryza sativa* L.), *Archaeology and Nature Science*, 34–35 (1996): 53–71 (in Japanese).

N. Watanabe, Spodographic evidences of rice from prehistoric Japan, *Journal of the Faculty of Science of the University of Tokyo* 3 (1968): 217–235.

X. You, The origin, dissemination and development of planting rice in Taihu Area, *Agricultural History of China* 1 (1986): 71–83 (in Chinese).

Z. Zhao. The Middle Yangtze region in China is one place where rice was domesticated: phytolith evidence from the Diaotonghuan Cave, Northern Jiangxi, *Antiquity* 72 (1998): 885–897.

Z. Zhao, D. M. Pearsall, R. A. Benfer Jr. et al., Distinguishing rice (*Oryza sativa* Poaceae) from wild *Oryza* species through phytolith analysis 2: finalized method, *Economic Botany* 52 (1998): 134–145.

Y. Zheng, Z. Sun, C. Wang et al., Morphological characteristics of plant opals from motor cells of rice in paddy fields soil, *Chinese Rice Research Newsletter* 8 (2000): 9–11.

中国太湖流域新石器时代遗址中的水稻植硅体研究

摘　要：为了阐明栽培水稻的亚种演化历史，本文对中国太湖周围12个新石器时代遗址的80份土壤、红烧土和陶片样品进行了植硅体分析。结果从来自马家浜（5000—3900 BC）、崧泽（3800—3500 BC）以及良渚（3500—2000 BC）文化等遗址的49份样品中鉴定出稻属（*Oryza* spp.）植硅体。形状解析结果显示，植硅体形状呈现出随时间变化变大、变尖的趋势，表明太湖流域在距今7000年前就已经利用和栽培水稻（*Oryza* spp.），而且是粳稻的起源驯化中心。

关键词：植硅体　水稻（*Oryza sativa* L.）　亚种　新石器时代　中国

Molecular genetic basis of determining subspecies of ancient rice using the shape of phytoliths*

1. Introduction

Silica is important for rice (*Oryza sativa* L.) growth. The silica absorbed into the tissues of growing plants is generally deposited between the cells, within the cell walls, sometimes completely infilling the cells, eventually, forming distinctively shaped bodies significant in taxonomy (Fujiwara, 1976; Pearsall et al. , 1995; Zhao et al. , 1998). The bodies in plant tissues are called silica bodies. Such silica bodies are not only found in rice plants, but are also of considerable importance to archaeologists for identification of a wide range of plants, because the casts of the plant cells are left intact in soil when the plant dies. They can remain intact and recognizable for long periods in most of the conditions. The casts of plant cells left in soil are called phytoliths or plant opals.

Silica bodies from motor cells of rice are characterized by ginkgo leaf-shape with regular tortoise-shell tripe at the back and prominences on the sides, which do not occur in other plants, and also can be distinguished from those of the other grasses (Fujiwara, 1976). Also, preliminary efforts to discriminate between subspecies of rice by the presence of silica bodies in modern cultivated rice, have given positive results (Fujiwara, 1978). The shape of the silica bodies produced by rice plants was described with vertical, horizontal and lateral lengths, and *b/a*. In general, *japonica* is large-sized and long whereas *indica* is small-sized and round. A discriminant function based on the shape of the silica body has been created to discriminate between the subspecies cultivated on sites (Fujiwara, 1993). Analyzes of silica bodies in archaeological sites and discrimination between subspecies based on their shapes were expected to help to understand the origin of rice and provide much needed information on the differentiation of subspecies of rice, where positive data are not yet fully obtained. To date, relatively little quantitative information has been reported on the genetic basis for this variation in species and relationships between them and the traits for classification of *indica* and *japonica* varieties.

Recent progress in the generation of a molecular genetic map and markers has made it possible to map individual genes associated with complex traits called quantitative trait loci (QTLs) (Tanksly, 1993). Molecular

---

* Collaborated with Yanjun Dong, Akira Matsui, Tetsuro Udatsu, Hiroshi Fujiwara.

tags labeling QTLs can provide information on the linkages between QTLs, making it possible to analyze the genetic basis of the association between traits. Analysis of linkage relationships among traits is feasible not only at the genetic level but also at the physiological level (Koornneef, 1997; Prioul et al., 1997). QTL analysis allows a comprehensive analysis of the genetic relationships among morphological, physiological and agronomic traits.

In this article, we report genetic analysis of the silica body, which is the predecessor of the phytolith from the motor cell of rice, to make a function map locating as many of its morphological characteristics as possible. With this map, we attempted to analyze relationships among them and taxonomic traits for classification of *indica* and *japonica* varieties, to further confirm feasibility of classifying subspecies based on the shape of silica bodies in molecular genetics, and to advance studies on the origin and historical evolution of rice by analyzing the phytoliths in archaeological sites.

2. Materials and methods

2.1 *Plant materials*

Recombinant inbred (RI) lines, kindly provided by Professor A. Yoshimura of the plant breeding laboratory, Agricultural faculty of Kyushu University, Japan, were developed by single seed descent from the progeny of a combination of a cross between *japonica* variety, Asominori (Japan) with *indica* variety, IR24 (IRRI). One hundred sixty-five F6 lines were obtained from 227 original F2 individual plants. From these, 71 lines were randomly selected and used for mapping. The restriction fragment length polymorphism (RFLP) map covering 1275 cm in entire rice chromosomes was constructed with 375 markers from the F6 and F7 generations (Tsunematsu et al., 1996). The population was previously used for mapping QTLs for days to heading, clump-length and panicle length (Tsunematsu et al., 1996) and ovicidal response to brown planthopper (Yamazaki et al., 2000) and whitebacked planthopper (Yamazaki et al., 1999), and vascular bundle system and spike morphology (Sasahara et al., 1999). In this study, we used 289 RFLP markers without overlapping for all loci, for which the average interval distance between pairs of markers was 4.4 cm.

A total of 68 RI lines and their parents, Asominori and IR24, were used in the field in a randomized complete design with two replications. The seeds were sown on 7 June, 2001 in addition to 15 May and 17 June 2001 for IR24 and Asominori. All 25-day-old seedlings were transferred to a paddy field of Experimental Farm of Miyazaki University, Japan, with a single seedling per mound spaced at 10 cm by 15 cm.

The leaves at tillering and mature stages were collected to investigate morphological characteristics of silica bodies from motor cells on 5 August and 24 October 2001.

2.2 *Measure of morphological characteristics*

The leaves were dried in a convection oven at 100℃ and reduced to ashes in a muffle furnace at 550℃.

The ash was moved to a sample bottle of 12 ml. After adding 10 ml of water and 1 ml of 5% water glass in it, it was vibrated in an ultrasonic cleaner (38 kHz, 250 W) for about 20 min to separate the particles. Using Stoker's method, ash was filtered to remove particles less than 20 μm in water, and was dried again.

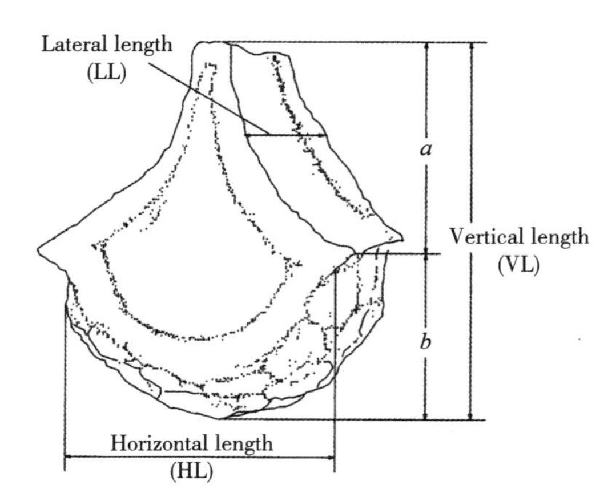

Figure 1 Morphological characteristics of silica body derived from the motor cells of rice.

Using EUKITT® mounting medium, a filtered sample was spread uniformly on a glass microscope slide to prepare slide for the investigation of morphological characteristics of the silica bodies.

Using a Nikon COSMOZONE® two-dimensional image analysis system at 400 × magnification with a binocular light microscope, vertical, horizontal, and lateral lengths, as well as the length (b) of the circular part surrounding the intersection of the vertical and horizontal axes (Fig. 1) of 50 silica bodies of a sample were randomly examined for each of the samples.

2. 3 *Detection of QTLs*

Two methods were used to identify significant marker locus-trait associations—simple linear regression (one marker analysis) and composite interval mapping (CIM) analysis. The results of the regression were very similar to, and consistent with, the results of the CIM analysis and are thus not reported in detail. The CIM analysis was applied to mean trait and the marker data to more precisely identify the locations of QTL (Zeng, 1994). One marker and CIM analyzes were performed by QTL Cartographer software (Wang et al. , 2001). By one marker analysis, the linkages between respective marker loci and putative QTLs are determined. When F-values exceeded a value necessary for a probability value less than 0. 01, the QTLs were considered to be statistically significant. By CIM analysis, a locus with an LOD threshold greater than 2. 0, indicated the presence of a putative QTL. In addition, the additive effect and percentage of variation explained by an individual QTL were also estimated.

3. Results

3. 1 *Frequency distributions for four morphological characteristics*

The parents, Asominori and IR24, with vertical, horizontal, lateral lengths and b/a of 39. 68, 31. 88, 28. 33 μm, 0. 7 and 34. 40, 32. 23, 24. 01 μm, 0. 81, respectively, were accurately determined for *japonica* and *indica*. The discrimination scores were 2. 21 and−1. 51, respectively (*japonica:* $Z>0$; *indica:* $Z<0$). (Wang et al. , 1996). The separations were observed in the morphological characteristics of the parents (Fig. 2), suggesting quantitative inheritance for the shape. Frequency distributions for four morphological characteristics were normal

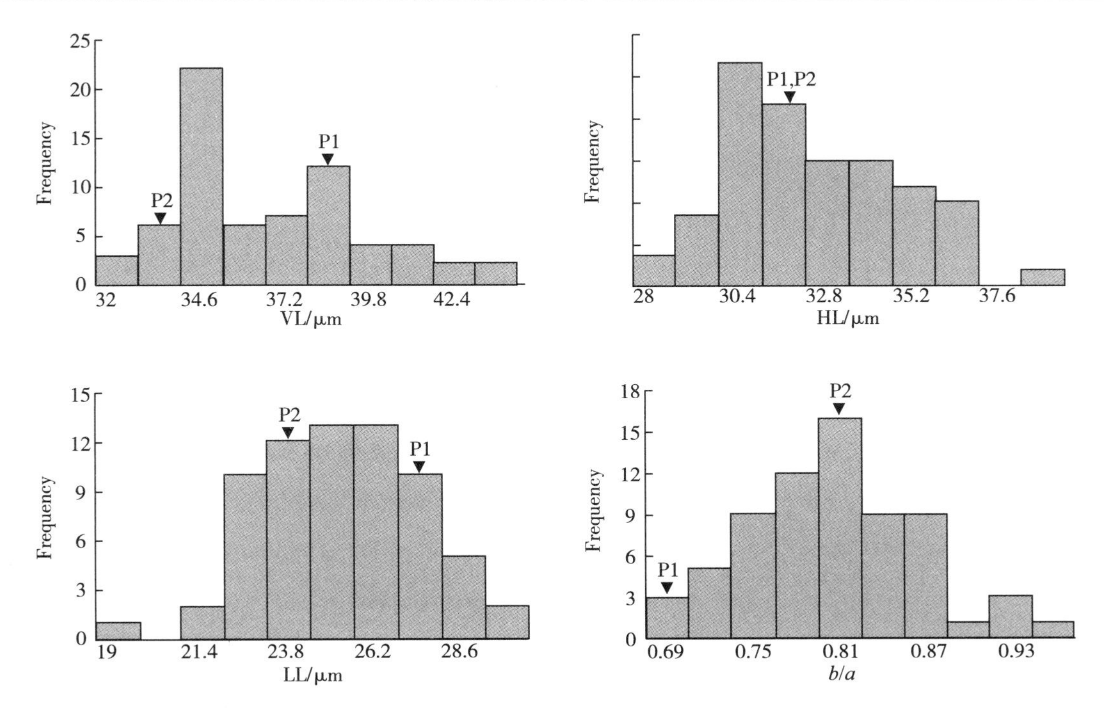

Figure 2 Frequency distributions for four morphological characteristics of silica bodies of RIL derived from a cross of Asominori (P1, *japonica*) with IR24 (P2, *indica*).

The values of morphological characteristics are averages of those in tillering and mature stages.

VL: vertical length HL: horizontal length LL: lateral length.

in the tillering and mature stages ($p = 0.09 - 0.82$).

Among morphological characteristics, there was a significant correlation between vertical and horizontal ($r = 0.9316$, $p < 0.01$) lengths, while there was no significant correlation among the others.

3.2 *Correlation between tillering and mature stages*

As shown in Fig. 3, between tillering and mature stages, there were significant correlations in vertical ($r = 0.8066$, $p < 0.01$), horizontal ($r = 0.7106$, $p < 0.01$) and lateral ($r = 0.4434$, $p < 0.01$) lengths, and there was no significant correlation in the b/a ratio ($r = 0.1319$, $p > 0.05$).

3.3 *QTL detection*

A total of 16 QTLs controlling four morphological characteristics of the silica body were placed on the function map (Fig. 4). Five QTLs for vertical length were detected. Six QTLs were detected for horizontal length. Five QTLs were detected for lateral length. No QTL for b/a was detected. They were significant at the 0.01 probability level and with LOD$\geqslant$2.0.

Five QTLs with large effects on vertical length were identified, accounting for 0.48 (r^2) of the total phenotypic variation, locating chromosome 2, 3, 4 and 8 (two QTLs). Six QTLs with large effects on horizontal length were identified, accounting for 0.55 (r^2) of the total phenotypic variation, locating chromosome 1, 2, 3, 4 (two QTLs) and 8. Five QTLs with large effects on lateral length were identified, accounting for 0.39 (r^2) of the total phenotypic variation, locating chromosome 1 (two QTLs), 2 and 11 (two QTLs).

On chromosome 1, the QTL for horizontal length *qhl*-1 was mapped to the location neighboring with the QTL

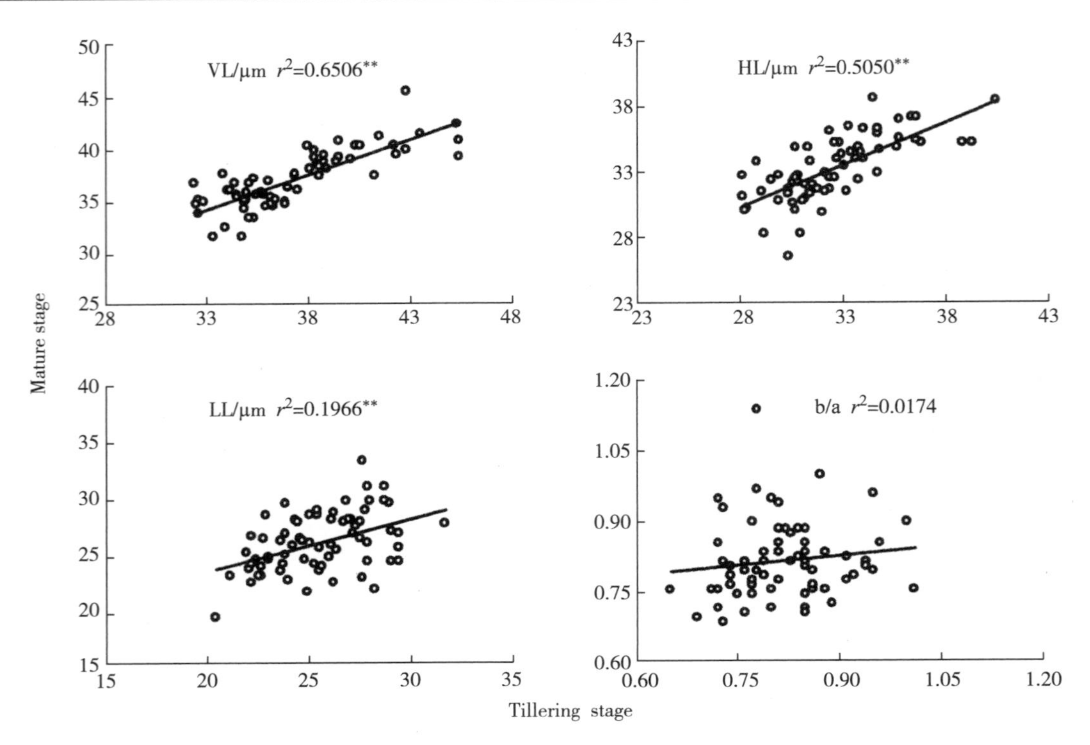

Figure 3　Correlation of morphological characteristics of silica bodies between tillering and mature stages. Marker ** means that there was a significant correlation between the stages at 0. 01 probability level.

VL: vertical length HL: horizontal length LL: lateral length.

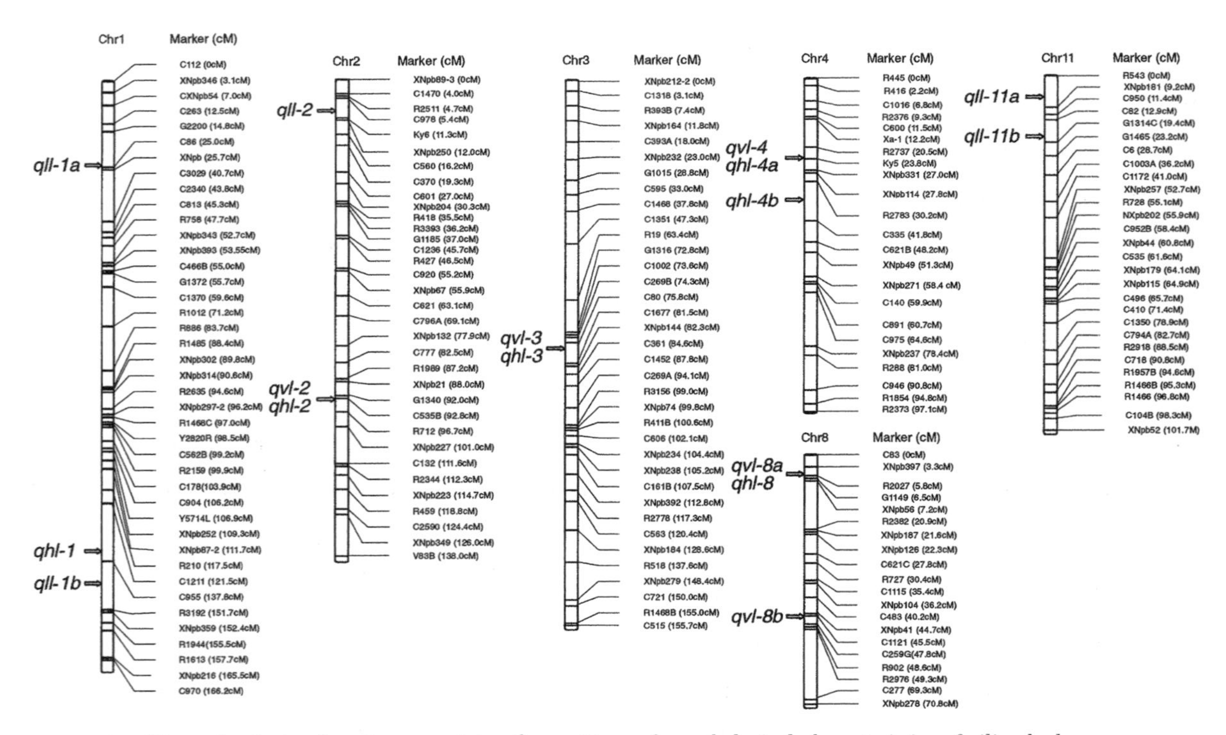

Figure 4　A rice function map giving the positions of morphological characteristics of silica body. QTLs detected in tillering and mature stages were significant at the 0. 01 probability level and with LOD≥2. 0.

qvl, *qhl* and *qll*: QTLs of vertical, horizontal and lateral lengths.

Table 1 QLTs for morphological characteristics of silica body derived from motor cell of rice on the rice function map

Morphological characteristics	Number of QTLs detected	Chromosome number	Nearest marker locus to putative QTLs	LOD		DPE	r^2	
				Tillering	Mature		Tillering	Mature
VL	5	2	*C535B* (93.0)	2.6**	1.8*	A	0.104	0.070
		3	*C80* (77.0)	3.5**	1.5**	A	0.107	0.066
		4	*Ky5* (23.0)	2.7**	1.8**	I	0.101	0.065
		8	*R2027* (5.0)	2.0**		A	0.091	
			C1121 (45.0)		2.3**	I		0.071
HL	6	1	C955 (134.0)	2.2**		A	0.107	
		2	C535B (93.0)	2.6**	1.9**	A	0.091	0.073
		3	C80 (77.0)	2.6****		A	0.097	
		4	Ky5 (23.0)	2.0***	2.6**	I	0.088	0.080
			R2783 (34.0)	1.5*	2.1***	I	0.072	0.081
		8	R2027 (5.0)	2.4***		I	0.086	
LL	5	1	C86 (23.0)		2.1**	A		0.073
			C955 (143.0)		2.3**	A		0.086
		2	Ky6 (9.0)		2.2***	I		0.068
			XNpb181 (5.0)		2.1**	I		0.076
		11	G1314C (16.0)		2.9***	I		0.086

DPE: direction of phenotypic effect, A and I indicate that Asominori and IR24 allele increased the value, respectively. r^2: indicates phenotypic variation explained by each QTL.

*, **, *** and ****: significant at 0.05, 0.01, 0.001 and 0.0001 probability levels, respectively.

for lateral length *qll*-1*a*, and was the nearest to marker C955. On chromosome 2, the QTL for vertical length *qvl*-2 was mapped to approximately the same locations as the QTLs for horizontal length *qhl*-2, and was the nearest to marker C535B. On chromosome 3, the QTL for vertical length *qvl*-3 was mapped to the location nearest to marker C80. At approximately the same location as the QTL for vertical length *qvl*-3, the QTL for horizontal length *qhl*-3 was detected. On chromosome 4, the QTL for vertical length *qvl*-4 was mapped to approximately the same locations as one (*qhl*-4*a*) of two QTLs for horizontal length, and was the nearest to marker Ky5. On chromosome 8, two QTLs for vertical length, *qvl*-8a and *qvl*-8b were detected, and one (*qvl*-8*a*) of them was the nearest to markers C2027. At approximately the same location, the QTL for horizontal length *qhl*-8 was found.

4. Discussion

4.1 *QTL detection*

Morphological characteristics of the silica body of rice are regulated by genetic and environmental factors. In this study, QTLs for the shape of silica body of rice were first obtained, which for vertical, horizontal and lateral lengths accounted for 0.45, 0.54 and 0.39 (r^2) of the total phenotypic variations (Table 1), respectively. Furthermore, if LOD is $\geq$1.5, six QTLs were detected in both tillering and mature stages, accounting for 37.5% of a total of 16 QTLs for vertical, horizontal and lateral lengths, showing that there was existence of correlation of morphological characteristics between tillering and mature stages, as shown in Fig. 3. The result identified that the genetic background was a major factor in determining the morphological characteristics.

The results also suggested that five QTLs for vertical and six QTLs for horizontal lengths, locating chromosome 1, 2, 3, 4 and 8, and four QTLs for vertical length, *qvl*–2, *qvl*–3, *qvl*–4 and *qvl*–8*a* on chromosome 2, 3, 4 and 8 are approximately at the same locations as the four QTLs for horizontal length, *qhl*–2, *qhl*–3, *qhl*–4*a* and *qvl*–8, and were the nearest to marker C535B, C80, Ky5, R2027, indicating that the QTLs controlling vertical and horizontal lengths of silica bodies were nearly overlapping. These results were supported by correlation between vertical and horizontal lengths. The result further suggests that five QTLs controlling lateral length, locating chromosome 1, 2, 11, but only one QTL *qll*–1*a* had a close linkage relationship with the QTL for horizontal length *qhl*–1. It appeared that the lateral length is not closely related to other morphological characteristics. No QTL for *b/a* was detected in the tillering or mature stages, suggesting that its phenotypic variation is largely due to environmental factors.

4.2 *Genetic basis for determining subspecies based on shape of phytolith*

Morphological differences of silica bodies between *indica* and *japonica* rice were reported in Ref. [3]. The correlation analysis (Sato et al., 1990) and principal component analysis (Wang et al., 1996; Zheng et al., 2000) suggested that there are close relationships between four morphological characteristics and the taxonomic index for classification of subspecies, and more than 80% of phenotypic variance of the shape of silica bodies was affected by vertical and horizontal lengths between *indica* and *japonica* rice. But little is known about the genes controlling its morphological characteristics, so not much attention was paid to analysis of morphological characteristics of phytoliths of rice from archaeological sites. In the present study, QTLs for four morphological characteristics of silica bodies were indicated on chromosomes, and there appeared to be linkage relationships with taxonomic traits for classification of subspecies.

Among 16 QTLs detected for vertical, horizontal and lateral length, 10 were located on chromosome 1, 2, 3 and 4, having linkage relationships with QTLs controlling color of hull when heading (CHH), the first and second panicle internodes (LPI), length/width (L/W) of grain and phenol reaction (PH) in six taxonomic traits for classifying subspecies (Qian et al., 1999). As shown in Fig. 4, the QTLs for horizontal and lateral lengths on chromosome 1, *qhl*–1 and *qll*–1*b* were neighboring with the QTLs for CHH, L/W and PH, i. e. qCHH–1, qL/W–1 and *qPH*–1, which are nearest to marker R210. The QTLs for vertical and horizontal lengths on chromosome 2, *qvl*–2 and *qhl*–2, were found to be closely linked to the QTL for L/W, *qL/W*–2, which is nearest to marker R712 closely linking with marker C535B (Yoshiaki, 1998). The QTLs for vertical and horizontal lengths on chromosome 3, *qvl*–3 and *qhl*–3 had close linkage relationships with the QTLs for L/W and LPI, *qL/W*–3 and *qLPI*–3, which are near to markers R3156 and C1351, respectively. The QTLs for vertical and horizontal lengths on chromosome 4 were near to the QTL for PH, *qPH*–4*a*, which is nearest to marker R2376. Asominori alleles were associated with an increase on chromosome 1, 2, 3, and the IR24 alleles on chromosome 4. The regions of the genome that had effects on subspecies may have acted through the pleiotropic effect of a single gene or by the chance linkage of multiple QTLs, although the QTLs have not been confirmed to overlap with the taxonomic traits for classifying subspecies. In contrast, the QTL for *b/a* was not detected, indicating that there was little correlation between b/a and taxonomic traits for classifying subspecies.

For the archaeological study of rice, macrobotanical rice remains from archaeological sites are important materials, but little has been unearthed from sites and accordingly the discrimination percentages of subspecies based on grain shape is low. The present study suggests a genetic basis for morphological differences of silica bodies between subspecies of rice, showing that it is possible to discriminate between subspecies based on shape of phytoliths in archaeological sites. We expect to advance the study of the evolution of rice by associating analysis of macrobotanical remains recovered from archaeological sites with analysis of the phytoliths in soil samples, macrobotanical remains, and earthenware fragments unearthed from archaeological sites in the future.

Acknowledgements

The Japan Society for the Promotion of Science grant to research funds supported this work. The authors also thank Professor A. Yoshimura of Plant Breeding Laboratory, Agricultural faculty of Kyushu University, Japan, for providing us with RI lines to analyze morphological characteristics of silica bodies. We also thank Matthew W. Van Pelt, who is pursuing the Doctoral degree in Washington State University, and a visiting researcher in Nara National Cultural Properties Research Institute, for English revision of this article.

Journal of Archaeological Science 30 (2003)

References

H. Fujiwara, Fundamental studies of plant opal analysis (1): On the silica bodies of motor cell of rice plants and their relatives, and the method of quantitative analysis, *Archaeology and Nature Science* 9 (1976): 15–29 (in Japanese).

H. Fujiwara, Research into the history of rice cultivation using plant opal analysis/R. P. Dolores, M. P. Deborah, eds. *Current research in phytolith analysis, applications in Archaeology and Paleoecology*, Museum Applied Science Center for Archaeology and The University Museum of Archaeology and Anthropology, University of Pennsylvania, 1993, pp. 147–158.

H. Fujiwara, A. Sasaki, Fundamental studies of plant opal analysis (2): The shape of the silica bodies of *Oryza*, *Archaeology and Nature Science* 11 (1978): 55–65 (in Japanese).

M. Koornneef, C. Alonson-Blanc, A. J. M. Peeters, Genetic approach in plant physiology, *New Phytologyist* 137 (1997): 1–8.

D. M. Pearsall, D. R. Piperno, E. H. Dinan et al., Distinguishing rice (*Oryza sativa* Poaceae) from wild *Oryza* species through phytolith analysis: result of preliminary research, *Economic Botany* 49 (1995): 183–196.

J. L. Prioul, S. Quarrri, M. Causse et al., Dissecting of complex physiological functions through the use of molecular quantitative genetics, *Journal of Experimental Botany* 48 (1997): 1151–1163.

Q. Qian, P. He, X. M. Zheng et al., Genetic analysis of morphological index and its related taxonomic traits for classification of *indica/japonica*, *China Rice Research Newsletter* 7 (3) (1999): 1–2.

H. Sasahara, Y. Fukuta, T. Fukuyama, Mapping of QTLs for vascular bundle system and spike morphology in rice, *Oryza sativa* L, *Breeding Science* 49 (1999): 75–81.

Y. Sato, H. Fujiwara, T. Udatsu, Morphological differences in silica body derived from motor cell of *indica* and *japonica*, *Japanese*

Journal of Breeding 40 (1990): 495 – 504 (in Japanese).

S. D. Tanksly, Mapping polygenes, *Annual Reviews of Genetics* 27 (1993): 205–233.

H. Tsunematsu, A. Yoshimura, Y. Harushima et al., RFLP framework map using recombinant inbred lines in rice, *Breeding Science* 46 (1996): 279–284.

H. Tsunematsu, A. Yoshimura, M. Yano et al., Quantitative trait locus analysis using recombinant inbred lines and restriction fragment polymorphism makers in rice/G. S. Khush, ed. *Rice Genetics III: Processing of the Third international Rice Genetics Symposium*, IRRI, Manila, Philippines, 1996, pp. 619–623.

C. L. Wang, T. Udatsu, H. Fujiwara et al., Principal component analysis and its application of four morphological characters of silica bodies from motor cells in rice (*Oryza sativa* L.), *Archaeology and Nature Science* 34–35 (1996): 53–71 (in Japanese).

S. C. Wang, B. Z. Zeng, C. J. Basten, QTL Cartographer windows version 1. 13g, 1999 (Program, 30 August 1999). Available from http://statgen. ncsu. edu/qtlcart/cartographer. hml (Verified, 15 August 2001)

M. Yamazaki, H. Tsunematsu, A. Yoshimura et al., Quantitative trait locus mapping of ovicidal response in rice (*Oryza sativa* L.) against whitebacked plant hopper (*Sogatella furcifera Horvath*), *Crop Science* 50 (1999): 291–296.

M. Yamazaki, N. Iwata, H. Yasui, Mapping of quantitative trait loci of ovicidal response to brown planthopper (Nilaparvata lugen Stal) in rice (*Oryza sativa* L.), *Breeding Science* 50 (2000): 291–296.

H. Yoshiaki, M. Yano, A. Shomura et al., A high-density genetic linkage map with 2275 markers using a single F2 population, *Genetics* 148 (1998): 479–494.

Z. Zhao, D. M. Pearsall, R. A. Benfer Jr. et al., Distinguishing rice (*Oryza sativa Poaceae*) from wild *Oryza* species through phytolith analysis. II: Finalized method, *Economic Botany* 52 (1998): 134–145.

B. Z. Zeng, Precision mapping of quantitative trait loci, *Genetics* 136 (1994): 1457–1468.

Y. F. Zheng, Z. X. Sun, C. L. Wang et al., Morphological characteristics of plant opal from motor cell of rice in paddy fields soil, *Chinese Rice Research Newsletter* 8, 3 (2000): 9–11.

植硅体形状鉴定古稻亚种的分子遗传学基础

摘　要： 考古遗址中源自水稻（*Oryza sativa* L.）运动细胞的植硅体可以提供古代水稻栽培的有力证据。植硅体形状被认为是鉴定古代水稻亚种的有效标准。为了解控制植硅体形状的数量性状位点（QTLs），阐明植硅体形状鉴定古稻亚种的分子遗传学基础，我们使用了粳稻品种 Asominori 和籼稻品种 IR24 的杂交后代的68个重组自交系（RIL）进行了实验分析，分析植硅体形状的 QTLs 位点将有助于在分子水平上研究水稻的分化和进化。研究共检测到16个与植硅体形状相关的 QTLs，其中植硅体纵长的5个 QTLs，分别定位于第2、3、4、8（2个 QTLs）号染色体，占总表型变异的7.1%—10.7%；在染色体1、2、3、4（2个 QTL）、8上检测到6个横长的 QTLs，占总表型变异的8.1%—10.7%；控制厚度有5个 QTLs，分别位于1（2个 QTLs）、2、11（2个 QTLs）染色体上，占总表型变异的7.3%—8.6%。研究结果显示植硅体形状的 QTLs 与水稻亚种的分类性状之间存在遗传连锁关系，表明基于考古遗址中的植硅体形状解析对水稻亚种进行分类是可行的。

关键词： 植硅体　硅酸体　数量基因定位　水稻　亚种

稻作起源和发展

从历史文献看考古出土的小粒炭化稻米*

近半个世纪以来，研究栽培稻（*Oryza sativa*）的起源，沿着两个方面展开：一是通过新石器时代文化遗址出土的炭化稻谷（米）研究栽培稻的起源；二是从现代生境里还有分布的普通野生稻（或多年生野生稻 *O. rufipogon*）的分类学和遗传学研究栽培稻的起源。

遗传学者研究多年生和一年生野生稻的关系比较深入，因为这两种植物在现代环境里都还有存在，而考古发掘方面都对此避而不谈，只是笼统地鉴定出土的炭化稻谷（米）是野生稻或栽培稻，若是栽培稻，则集中注意力于区别籼和粳上，对一年生野生稻则不见提起，这当然可以理解，因为考古发掘至今还无法区别两者。至于遗传学者对籼和粳的起源又有籼粳同源说（冈彦一等）和籼粳异源说（池桥宏等）的分歧。这一来，不免影响到问题的深入探讨。本文是讨论出土小粒炭化稻米的来源，不是探讨籼粳的起源分化问题，在叙述过程中不可避免地要涉及籼和粳的鉴别，但这不是本文要议论的内容，这是事先需要说明的。

一　新石器时代文化遗址出土的炭化小粒稻米

在新石器时代文化遗址出土的炭化稻米（谷）中，有一部分是属于小粒型的，它们常同较大粒的炭化稻米合在一起进行鉴定和讨论，因而淹没了它们自身包含的一些有意义的信息。我们选择了浙江尖山湾遗址、广东石峡遗址、江苏绰墩遗址及龙虬庄遗址等都有炭化小粒种稻米（谷）出土、并有测定数据的四个遗址进行分析讨论。

尖山湾遗址（2005 年发掘，发掘报告在整理中）位于浙江省诸暨市陈宅镇沙塔村的南侧、会稽山脉西南段、开化江上游狭窄的谷地，遗址处在小山丘怀抱的一块平缓的山湾坡地，海拔约 40 米。遗址中的陶器为器表带铅光的黑皮陶，与良渚文化的典型器相同，表明是一处新石器时代晚期（4300 BP）的遗址。出土的这批炭化稻米可说是已知新石器时代遗址出土的炭化稻米中最短小的籽粒，同现今保存的水稻品种相比，也是最短的籽粒。

石峡遗址在广东北部曲江县（今曲江区）马坝镇西南，1973 年及 1978 年都出土了炭化稻米。该遗址也是一处丘陵地带的山岗，海拔约 62 米，遗址北面有马坝河，是北江的支流之一。遗址共 3 层：

---

* 本文系与游修龄合著。

上层相当于西周至春秋，中层及其墓葬相当于夏商之际；下层及其墓葬约距今5000—4000年，属新石器时代晚期。在遗址的中层、下层及中下层的墓葬里都发现有栽培稻遗迹，其中下层的一个窖穴堆积土中发现了数百颗炭化的也非常短小的稻米。据广东省粮食研究所对该批稻米的长度、宽度及长宽比的测定鉴别，将它们区别为籼和粳两类①。

绰墩遗址位于江苏昆山正仪镇北约2千米，东靠傀儡湖，西临阳澄湖，高出地面约6米。遗址是一片大小不一的水稻田，有配套的灌溉水沟和蓄水坑等，遗址的⑥、⑦、⑨三层根据出土陶器确定为马家浜文化层，距今6000余年，出土的炭化米粒也很短小②。

高邮龙虬庄遗址共有8个文化层堆积，经^{14}C测定，第8至7层的年代距今7000—6300年，第6至4层的年代距今6300—5500年。在第4、6、7、8层中都出土有炭化稻米③。

为了便于比较，现将这四处遗址的稻米加以汇总对比，见表一。

表一　尖山湾等四个遗址出土稻米的测定比较

遗址名称	长度（毫米）	平均（毫米）	宽度（毫米）	平均（毫米）	长宽比
尖山湾遗址	4.20—4.56	4.38	2.28—2.34	2.30	1.89
石峡遗址	4.90—5.80	5.35	2.60—3.20	2.90	1.84
石峡（籼）	5.10—5.80	5.47	2.60—2.90	2.73	2.004
石峡（粳）	4.90—5.30	5.10	3.0—3.2	3.14	1.625
绰墩遗址	4.10—5.40	4.78	2.70—3.60	3.16	1.51
龙虬庄遗址	4.55—5.80	4.98	2.24—2.47	2.35	2.11

二　对新石器时代遗址出土的炭化小粒稻米的解读问题

由于籼和粳本身是栽培稻（*O. sativa*）下的两个亚种或变种，虽然经过人工的不断驯化选择，获得偏长和偏短的籼、粳类型，但彼此间存在交叉现象是正常的，所以不论使用何种人为标定的方法去区别。总不能达到百分之百的准确，这是客观实际的反映，不是测量本身不够准确的问题。何况这里面还包括籼、粳怎样从野生稻驯化而成的理论阐释上的分歧和盲点。

石峡遗址的籼粳区分依据是长宽比在2以上（2.004）为籼，2以下为粳。如果把两者的数字合在一起计算，得出的长宽比变成1.84应该都属粳，与尖山湾遗址的1.89及绰墩遗址的1.51，同属粳型。

为了便于对比，先从栽培稻的祖先种普野的穗部说起。普野的穗属圆锥花序，散生，穗颈较长，一般长6—20厘米，穗长10—30厘米，枝梗很少，一般没有二次枝梗。每穗粒数不多，约有20—60粒，多的也有100多粒。结实率很低，只有30%，多的可有80%。普野的米粒狭长，一般长约7—9毫米，最长的可达10毫米。宽约2—2.8毫米，长宽比约2.6—3.5，千粒重约19—22克④。

可见，若以表一的长度、宽度和长宽比来对照野生稻米，反差太大，难以解释和理解这些短小的米粒竟然会来自瘦长的、长宽比高达2.6—3.5的普野祖先。同样，出土的短小米粒，估计其千粒重一般不到20克，而上引的普野千粒重达19—22克。现在的栽培稻通常都在25克左右，大粒的超过30克。

更重要的是，普野的穗长10—30厘米，每穗粒数却不多，故小穗着粒呈分散状，这与它的落粒性强是协调的，因为野生稻靠越冬根茎和籽粒两种方式繁殖，以巩固它在自然竞争中的地位。越冬根茎繁殖是巩固并逐渐扩大它既有的生长地盘，使其他物种（除共生的外）难以入侵。小穗分散，落粒性强，不易发芽、长芒等性状，则有利于它通过动物和自然界风力雨水等的帮助携带，拓展新的生长地盘。

但这些经过栽培驯化的短小粒稻，则完全已是另一种情况。笔者有理由相信，出土的这些短小米粒，它们在稻穗上的着粒密度，不是疏松，而是稠密，它们的落粒性强已转为不容易掉粒，这是栽培稻和野生稻的最大区别。我们虽然没有直接的证据，但通过文献记载和农家品种名称，可以证明这一点。

约公元前3世纪的《管子·地员》篇，是讲植被分布和生态环境的关系的，所谓“草土之道，各有谷造。或高或下，各有草土。……位土之次，曰五蘟。五蘟之状，黑土黑落。青怵以肥，芬然若灰。其种櫑葛。秫茎黄秀恚目。”注：“恚目，谓谷实怒开也”。《地员》篇因传刻讹误，一向以艰读著名，这里不作文字训诂钻研，只指出其大意是说黑土里生长着黑菭（菭即苔，指黑色的苔藓类）很肥沃，适宜于种植名为“櫑葛”的水稻品种。这种櫑葛稻茎赤色，穗黄色，开花时内外颖张得很大。至于“櫑葛”这两个字，很不可解，据夏纬瑛的考证，“櫑”当作禾旁从“畾”，“葛”当作禾旁从“葛”，但因电脑繁体字库不收此两字，这里只好仍旧用“櫑葛”（夏纬瑛认为，按其他行文推断，还脱漏四字，补足应作“大櫑葛、细櫑葛”，这里只就“櫑葛”字义分析，没有影响理解）[5]。

三田之“畾”、三石之“磊”，如藟、腧、膇、腂、磊都音lei，凡从畾（磊）的字都表示堆叠的意思。《诗·周南·樛木》：“南有樛木，葛藟累之；乐只君子，腄履绥之。南有樛木，葛藟荒之”。葛樛，亦单名“樛”，古代称野葡萄为樛。樛是个形声又表意的词，三田重叠，形容葡萄籽粒间的紧密。同样，稻穗上的谷粒紧挨着也可用畾或櫑表示。着粒紧密的稻穗，的确也类似葡萄结实的紧密，故古人使用同样的“藟”。

《管子·地员》篇是两千余年前的记载，再往前推，不能不认为它同新石器时代晚期这些特别短小的着粒紧密的稻米有一定的沿袭关系。很难想象，出土的小粒稻同“櫑葛”是各有各的起源，若两者毫不相关，则出土的小粒稻在有史以后断了子孙，而“櫑葛”则找不到史前的祖先了。同样，往后看，农家的品种都是世世代代继承流传下来的，它们的历史也非常悠久。如南宋《嘉泰会稽志》和《宝庆四明志》（四明，今绍兴及宁波）的物产部分都记载有含“藟”的水稻品种名称，如“藟散”“藟膎”或“红藟”等。陆游诗：“已炊藟散真珠米。”（藟应作禾旁从畾，电脑字库缺，故从藟，音义皆同。）南宋平江府（今苏州）的《琴川志》（今常熟）中有水稻品种名“香藟”。清乾隆《授时通考》“谷种篇”引《直省志书》中载有江阴县的水稻品种名“辫藟稻”，形容稻穗紧密扭曲如辫子，更难得的是“辫藟稻”下附有注释八个字：“粒甚密，颗稍圆细。”使得笔者的推测获得证实，即它们都是一种密穗型的稻穗，藟，正是口语“结实累累”之累，同音同义。

清乾隆《平阳县志》中有一个晚稻品种名“磊晚”，磊，也可写作“礌”，磊藟相通，磊本身即有堆叠之意，故磊晚即藟晚。浙江省在20世纪60年代收藏的农家水稻品种中，就有不少密穗型品种，其中有些在命名上就可以看出来是密穗型品种，如叠粳、叠谷种、叠子晚、堆堆晚、堆粳、堆谷黄、堆谷红、累龙、光生累等。笔者在《浙江稻种资源图志》（以下简称《图志》）的附录中，又找到好多品种，从它们的命名和图片形象上即可以看出属于密穗小粒型品种，计有团粒早、细粒谷、累粳、矮大球、叠谷种、木樨球、堆谷黄、叠谷种、葡萄种（请注意直接用葡萄形容）、光磊晚、光生垒粳等。在1600多个农家品种中（包括各县间部分重复），这种密集型品种只属少数，说明它们的历史背景久远，可能来自古籍记载的“櫑葛”之藟，更早便是出土的小粒种。但这些小粒种在水稻品种栽培选择过程中，因其产量已不占优势，接近淘汰的命运了[6]。以上只就浙江一省举例，若扩大到长江流域和华南地区，则举不胜举了。

这些密穗型品种，大多属于小粒种，千粒重很低，着粒则甚密。它们的生育特性是耐瘠，耐旱，耐寒，晚熟，谷粒一般都有芒（有利于抗鸟兽取食），这些性状都是野生稻原始性状的遗留，同样为栽培稻所需要。至于古籍上说的“缀粒甚密”，密到什么程度，不得而知，无法用现在的“着粒密度”（每10厘米长度内的平均谷粒数）衡量。现在的着粒密度通常以70粒以上为密，40粒以下的为稀，野生稻属于40以下的为稀疏型，反之，非常密的可达90粒以上。在《图志》中有281个品种有着粒密度及千粒重的记载，据笔者统计，着粒密度在70以上的有35个品种，在40以下的有8个，其余238个都是属于40至70之间的中等密度。在70以上中最高的密度可达90以上，个别超过100粒。低于40的个别只有33粒。

千粒重方面，若以20克以下的为小粒，在《图志》有数据的281个农家品种中，没有低于20克的，只有六十日、小暑白、泥秋稻、红毛糯等七个品种的千粒重介于21—21.8克之间（着粒密度在40—75）。这些农家品种是经过不断选择后，留下来在生产上还有小面积的种植，那些低于20克的小粒品种，都已经遭到淘汰。若以30克以上为大粒，则30克至40克的有老勿死、野猪晚等9个品种，最重的是三粒寸，高达42.6克，密度变异为44—76。若以25克左右为中粒，则在《图志》中占最多数，同现在的栽培品种类似。

三　出土小粒种稻米和一年生野生稻的关系思考

叙述了以上考古和文献资料以后，回到本文要提出的思考问题，即鉴于野生稻都是瘦长的谷粒，其着粒密度非常稀疏，一般在40以下，千粒重在22克以上，那么这些着粒密度大到70以上、千粒重在20克以下的小粒种，是怎样产生的？由于长期以来，我们把探讨的视角重点放在追踪出土谷米的籼粳辨别上，不注意籽粒大小的差别所隐含的信息，从而留下了一个空白点。

我们把“普野”（*O. rufipogon*）视为栽培稻的祖先种没有错，但我们忽视了在普野和栽培稻之间的一个过渡种：一年生野生稻（*O. nivara*）的作用。只有考虑一年生野生稻所扮演的角色，才能解释密穗型小粒种的来源。

一年生野生稻也称半野生稻，它的植株性状与普野是同中有异，兼有普野和栽培稻的特性。普野的茎呈匍匐型，能随风向、水流和其他伴生植物向四周匍匐伸展，茎上有高节位的分枝及须根。一年生野生稻的茎则除匍匐型外，还有直立型和半直立型，三种株型都有。普野的穗是散穗型的，半野生稻的穗型除散生型外，还有密集型和中等型，三型并存。它的穗一般较大，粒数较多；育性有高度不育、半不育的不同；花粉有败育型，也有花粉正常、结实率高、籽粒饱满的。芒有长、中、短的不同；谷粒有狭长、椭圆、宽卵型的[7]。总之，表现出多型性的特点。

据对普野（*O. rufipogon*）的纯合性或异质性测定，普野由于柱头外露，异交的结实率也较高，尤其是周围已经有稻田的环境，杂交更为普遍。柳州市农业科学研究所观察的普野×栽培稻，不论正反交，其中都有部分的组合在F1即发生分离，说明所用的普野亲本的本身便是杂合体。广西农业科学院采用套袋自交收获的种子115个编号，种植后发现后代有显著分离的占69.6%，无大分离的占30.4%。但在远离稻田、迄今尚未遭到破坏的少数分布点，测定其后代的酯酶同工酶结果，表明存在着纯合的普野群体[8]。广西的这些研究告诉我们，普野的花器结构具有自然杂交的特性，加上若有与栽培稻接触的机会，是导致产生一年生野生稻的原因。一旦一年生野生稻出现了，栽培稻的驯化变异便加快而多样化了。

可以推想，原始的种稻先民，他们最初是采集多年生野生稻为食，随着他们的迁徙，他们把采集来的野生稻种子带到新的定居点附近，试行用播种的方式进行繁殖。这样收获的稻谷，发芽生长以后，仍旧是多年生的类型，由于存在着自然杂交的可能性，在反复采集播种繁殖的过程中，人们有机会选择到那些直立型的、分蘖比较整齐的单株，稻穗着粒较密、不易脱落的单穗，种子休眠期短、播后容易发芽的种子，作为留种的种子。在这个过程中，那些保持普野原有性状的植株，总是遭到淘汰，那些合乎上述各种要求的植株，总是优先获得保留，其初步的效果，便是产生一年生或半栽培型的稻株，继续不懈的选择，就会获得初步的栽培型稻株。

为什么考古出土的新石器时期稻谷（米），早期（七八千年前）同晚期（五六千年前）有较大的差异？如陈报章等据河南舞阳贾湖遗址（约8942—7868 BP）出土的比较完整的43粒炭化稻米的测量结果，其长宽比在1.88—2.48之间（变幅1.88—3.53），其中有10粒的长宽比在2.50—3.00之间，有一粒的长宽比为3.53，与野生稻重合。研究报告认为，贾湖的古稻多数为栽培粳及偏粳，长宽比1.88—2.48；少部分为栽培籼与偏籼稻，长宽比2.50—3.00[9]。

又如据汤圣祥等对河姆渡遗址（约4780 BC）和罗家角遗址（约5190 BC）出土的炭化稻谷的研究报告[10]，指出河姆渡遗址3颗稻谷的长宽比分别是：1号谷7.3毫米/2.6毫米=2.6，4号谷8.1毫米/2.9毫米=2.8，8号谷7.5毫米/3.0毫米=2.5。这3粒稻谷都与籼相似。用双峰乳突类型的测定结果表明，这3粒出土稻谷的双峰距具有与籼相似的特点；但从双峰距/深比来看，这3粒出土稻谷具有中间偏粳的特征。罗家角遗址4颗稻米的长宽比分别是：1号谷6.8毫米/2.4毫米=2.8，2号谷6.5毫米/2.4毫米=2.7，3号谷6.0毫米/2.7毫米=2.2，5号谷6.2毫米/2.3毫米=2.7。1、2、5号谷与籼稻相似，3号谷则与粳稻相似。该研究又将现代栽培的8个籼品种和7个粳品种的长宽比作为对照，前者的粒长变幅为7.7—9.8毫米，平均8.42毫米；粒宽变幅为2.6—3.4毫米，平均3.0毫米；长宽比变幅为2.3—3.8，平均2.85。后者的粒长变幅为6.4—7.8毫米，平均7.14毫米；粒宽变幅为3.1—3.8毫米，平均3.44毫米，长宽比变幅为2.2—2.8，平均2.07。说明河姆渡和罗家角遗址的稻谷形态与现代的籼稻较接近，个别则近似粳。

早期的贾湖、河姆渡和罗家角遗址，它们的稻谷形态都表现出偏籼及近粳的交叉形态，是否意味着它们正处于多年生与一年生并存、但已告别一年生野生稻向栽培稻迈出的重大的一步，同时还保留着一些原始的性状。而晚期的尖山湾遗址、石峡遗址、绰墩遗址和龙虬庄遗址，它们的稻米则都表现出远离多年生野生稻的大形长粒，趋向小籼、更近小粳的粒型，反映出它们之间两三千年的时间里所发生的变异。

现代多年生野生稻与一年生野生稻的地理分布差异间接也说明这种历史背景的变迁。据稻属基因库的地理图示（Oryzabase：integrated Rice Science Database），多年生野生稻的分布范围比一年生野生稻的分布范围要小得多。前者分布于中国西南方和泰国、缅甸、中南半岛、印度、斯里兰卡等处；后者除与前者重合的地区以外，更远及东南亚群岛的菲律宾、印度尼西亚、新几内亚至澳大利亚北部。但后者在中国的分布局限于广西的西南和海南一角，其范围小于多年生野生稻。这种差异是因中国栽培稻的起源历史悠久，多年生野生稻不如栽培稻耐寒，不能像栽培稻那样可以继续北上，仍旧停留在北纬28°以下。一年生野生稻因已完成驯化任务，让位给栽培稻，较早遭到淘汰，所以分布范围比多年生野生稻小。至于一年生野生稻现在还远及东南亚群岛的菲律宾、印度尼西亚、新几内亚至澳大利亚北部，反映了这一带的水稻驯化栽培历史远比中国为迟，考古发掘和文献记载也证明了这一点。

原载《中国农史》2006 年第 1 期

注释

① 杨式挺：《谈谈石峡发现的栽培稻遗迹》，《文物》1978 年第 7 期。
② 汤凌华：《昆山正仪绰墩遗址的原始稻作遗存》，http：//ksww. kunshan. info，2004 年 12 月 31 日。
③ 汤凌华、张敏、李民昌等：《高邮龙虬庄遗址的原始稻作》，《作物学报》1996 年第 5 期。
④ 中国农业科学院：《中国稻作学》，农业出版社，1986 年，第 49 页。
⑤ 夏纬瑛：《管子地员篇校释》，中华书局，1958 年，第 79—91 页。
⑥ 张丽华、应存山：《浙江稻种资源图志》“一般稻种部分”，浙江科技出版社，1993 年。
⑦ 中国农科院：《中国稻作学》第二章“稻种资源”，农业出版社，1986 年，第 46 页。
⑧ 吴妙燊：《我国野生稻资源目前研究的主要收获》，吴妙燊编《野生稻资源研究论文选编》，中国科学技术出版社，1990 年，第 192 页。
⑨ 陈报章、王象坤、张居中：《舞阳贾湖遗址炭化稻米的发现、形态学研究及意义》，《作物学报》1996 年第 5 期。
⑩ 汤圣祥、张文绪：《河姆渡、罗家角出土稻谷外稃双峰乳突的扫描电镜观察研究》，《作物学报》1999 年第 3 期。

浙江跨湖桥遗址的古稻遗存研究*

一　引言

跨湖桥遗址位于浙江省杭州市萧山区（图一），20 世纪 80 年代当地农民在取土制砖时发现，分别在 1990、2001、2002 年进行过三次发掘。在 2001 年的发掘中出土了大量的木制器具和陶器，文化面貌独特，年代古老，被评为 2002 年度“全国十大考古新发现”之一。在 2002 年的发掘中，又出土了大量的遗物，并发现了中国最古老的独木舟，进一步加深了学界对跨湖桥遗址文化的认识。

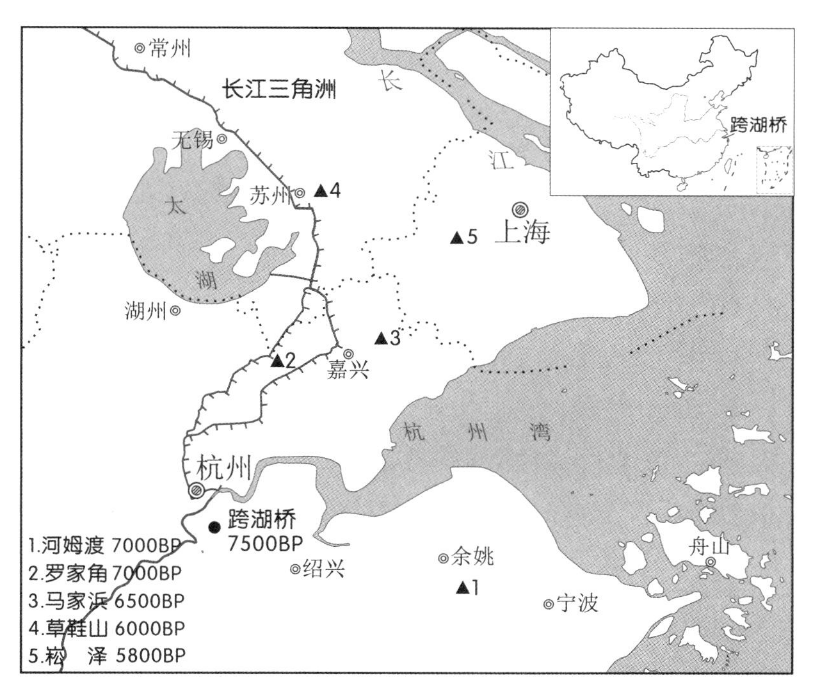

图一　跨湖桥遗址的地理位置

根据土色、质地等土壤物理性质，跨湖桥遗址被划分为 12 个堆积层：第 1 层为表土层；第 2、3 层为海相沉积层；第 4—11 层为文化层；第 12 层为生土层。2001 年，北京大学实验室对遗址中出土的

---

* 本文系与蒋乐平、郑建明合著。

6个木材样品进行了^{14}C年代测定，经树轮校正后，第2层为5650—5000 BC，第6层为5320—4900 BC，第8层为5560—5250 BC，第10层的3个木材样本分别为5670—5360 BC、6020—5660 BC和5730—5360 BC，可见跨湖桥遗址形成于距今8000—7000年前，是迄今为止长江下游地区发现的最古老的新石器时代遗址（目前，长江下游已发现数处年代更早的新石器时代遗址，后同）。

在2001年的发掘工作中，曾经发现过谷壳，但数量极少，无法做进一步研究。为了深入了解跨湖桥遗址的农耕文化内涵，在2002年的发掘中，我们对跨湖桥遗址的土壤进行了植物硅酸体分析，并根据分析结果对土壤开展了植物遗存的调查工作。本文报道跨湖桥遗址的植物硅酸体和出土的炭化稻谷（米）分析的结果，并根据这些结果就跨湖桥遗址发现在我国稻作起源研究上的意义进行讨论。

二 材料和方法

1. 材料

用于植物硅酸体分析用的土壤样品采自遗址T0411探方南壁的第4—11层，共8个。

有针对性地采取T0409、T0410、T0411、T0512、T0513等5个探方含有丰富有机物或炭化物地点的土壤进行淘洗调查植物遗存。

2. 植物硅酸体分析

土壤样品在烘箱中用100°C的温度烘干20小时，用小锤子敲碎。

称取1克样品放到12毫升样品瓶中，加入粒径为40微米的玻璃珠30万颗、10毫升的水和几滴5%水玻璃溶液。然后，放到超声波清洗槽（38kHz，250W）中振荡20分钟分散颗粒。采用Stokes沉降原理除去20微米以下的小颗粒，并干燥。用EUKITT®封入剂，把分离后的样品均匀分散在载玻片上，供显微镜观测用。

5小时后，用显微镜放大400倍，对玻片进行观察。用解剖针轻轻触动盖玻片，进行正面、侧面和底面观察，判断硅酸体种类。对同一视野内的硅酸体和玻璃珠进行计数，一直计数到玻璃珠达300颗左右为止。计算出土壤中的硅酸体密度。

用二维图像分析系统把显微镜的图像投影到显示屏上，对硅酸体的长、宽、厚，以及从长和宽的交点到弧底的长度b进行测量，并计算出用于表示硅酸体断面形状的系数b/a。每个样品测量50个硅酸体①。

3. 土壤淘洗和粒型特征参数的测量

将土壤样品放到水桶中，注入水。对于一些在水中难以分散的土壤，添加10%的碳酸氢钠，放置5小时后，再进行淘洗。用市场购得的孔直径为4毫米、3毫米、1毫米和0.5毫米的金属网筛组合成淘洗装置。把土壤放到最上层的筛中，在水中小心淘洗。对留在筛网上的残渣进行植物遗存调查。

淘洗出的稻谷、稻米在实体显微镜下放大后，用数码照相机（Nikon COOLPIX995）摄影，通过Motic图像解析系统（Shimadzu，Japan），把照片投影到显示屏上，测量长和宽，并计算表示粒型特征的长宽比系数。

三 结果与分析

1. 硅酸体的形状特征

在土壤中发现有来自芦苇（*Phragmites*）、竹子（Bambusoideae）、芒属（*Miscanthus*）和稻（*Oryza* spp.）（图二）等禾本科的运动细胞硅酸体。其中，稻硅酸体发现于除第11层外的各个堆积层，且密度相当高，第4、6、8、9层和第10层中，每1克土壤中的含量分别达到了9099、5978、5523、10269和4522个。植物硅酸体的分析结果表明，跨湖桥遗址的先民生活与稻有着密切的关系。

图二 跨湖桥遗址的稻硅酸体

对发现的稻硅酸体进行形状解析的结果显示，长、宽、厚和形状系数（b/a）等用于描述硅酸体形状特征的4个参数平均值分别为40.95微米、34.15微米、31.11微米和0.90，变异范围分别为41.91—40.29微米、35.68—32.91微米、33.82—28.79微米和0.93—0.85；方差分析结果显示来自跨湖桥遗址的硅酸体长、宽、厚和形状参数在各个土层之间没有显著的差异（表一）。以上结果表明跨湖桥遗址的稻硅酸体属于厚大类型，各个土层之间在形状方面是比较一致的。另外，与现代栽培稻的硅酸体比较结果显示，跨湖桥遗址的稻硅酸体接近于来自于现代栽培粳稻的硅酸体（图三）。

表一 跨湖桥遗址的稻硅酸体形状

地层	形状特征			
	长（微米）	宽（微米）	厚（微米）	形状系数 b/a
4	41.91 ±6.60	35.68 ±6.24	33.82 ±7.50	0.85 ±0.30
5	40.29 ±6.67	34.36 ±4.48	31.16 ±6.39	0.88 ±0.22
6	40.28 ±6.08	35.34 ±4.32	31.46 ±7.30	0.93 ±0.29
7	41.11 ±6.59	34.19 ±5.51	32.59 ±6.94	0.91 ±0.29
8	40.53 ±7.08	32.91 ±5.43	30.81 ±7.78	0.92 ±0.32
9	41.87 ±5.73	33.38 ±5.35	28.79 ±6.12	0.91 ±0.28
10	40.64 ±5.81	33.22 ±5.35	29.17 ±7.77	0.90 ±0.32
方差分析	NS	NS	NS	NS

NS，没有显著差异，$P=0.05$。

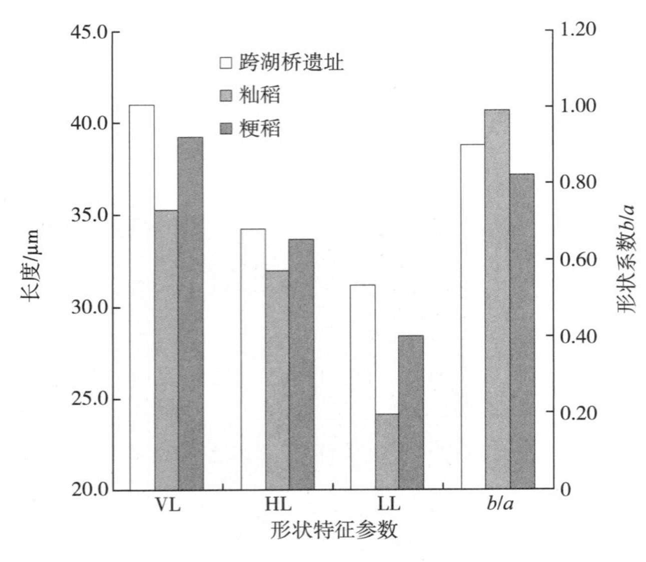

图三 跨湖桥遗址古稻和现代栽培稻的硅酸体形状之比较

图四 跨湖桥遗址出土的稻谷和稻米

2. 稻的遗存

根据硅酸体分析的结果，我们对从 T0409、T0410、T0411、T0512、T0513 等 5 个探方中采集的土壤进行了淘洗调查。调查结果发现在每个探方中都有数量较多的稻谷、稻米和稻谷壳等稻遗存（图四），可见，稻遗存在跨湖桥遗址中的分布范围是比较广的。表二显示从遗址土壤中淘洗出的稻的遗存种类和数量。在 1000 余粒稻遗存中，稻谷 196 粒，占 18.4%；稻米 369 粒，占 34.7%；稻谷壳 498 粒，占 46.9%。这些稻遗存来自遗址的第 5 层到第 11 层，其中有 93.8% 的稻遗存淘洗自第 8 层到第 11 层。

3. 稻谷和稻米的形状特征

出土稻谷和稻米的长、宽测量结果和它们的长宽比如表三所示。稻谷的长、宽和长宽比分别为 6.98 毫米、2.58 毫米和 2.74；稻米的长、宽和长宽比分别为 5.13 毫米、1.99 毫米和 2.61。其中稻谷长变异范围为 4.99—8.65 毫米，宽为 1.46—3.61 毫米，粒长 7.1 毫米以上的占 40.1%。据调查，栽培稻的祖先普通野生稻谷粒的粒长范围为 7.1—10.0 毫米，粒宽范围为 1.9—3.4 毫米[②]。与野生稻比较，跨湖桥遗址古稻谷的粒型较短，50% 以上的稻谷明显不同于普通野生稻；粒宽变异范围增大，既有小于野生稻的，也有大于野生稻的。粒型分析结果表明，跨湖桥遗址古稻明显受到人类活动的影响，已经走上了栽培化的道路。

现代栽培稻中的两个亚种以及栽培稻与野生稻之间在长宽比方面也存在着一定的区别，调查结果显示一般粳稻的长宽比 <2.30；籼稻的长宽比为 2.50—3.50；2.31—2.50 为中间类型；而典型野生稻的长宽比 >3.50[③]。如果按此分类标准来划分的话，跨湖桥遗址出土的稻谷和稻米中，籼稻粒型占 62.57%，粳稻粒型占 16.82%，中间型占 18.98%。另外还有几粒可鉴定为野生稻粒型（表四）。

表二　跨湖桥遗址出土的稻遗存的类型和数量

地层	稻遗存数量（粒）			
	稻谷	稻米	谷壳	合计
5	2	2	7	11
6	7	5	3	15
7	1	2	36	39
8	139	192	118	449
9	35	125	74	234
10	14	7	3	24
11	5	29	257	291
合计	196	369	498	1063

表三　跨湖桥遗址出土稻谷和稻米的长、宽和长宽比

类别	地层	实测数量（粒）	长（毫米）	宽（毫米）	长宽比
稻谷	8	138	6.950 ±0.621	2.713 ±0.327	2.624 ±0.314
	9	35	6.736 ±0.645	2.497 ±0.327	2.736 ±0.392
	10	14	7.521 ±0.647	2.761 ±0.191	2.732 ±0.246
	11	5	6.941 ±0.323	2.496 ±0.145	2.796 ±0.276
稻米	8	191	4.970 ±0.542	2.089 ±0.293	2.410 ±0.313
	9	125	4.891 ±0.634	1.910 ±0.334	2.607 ±0.384
	10	7	5.201 ±0.367	1.848 ±0.236	2.839 ±0.211
	11	29	5.350 ±0.598	2.011 ±0.326	2.709 ±0.415
方差分析			S	S	NS

S、NS，分别表示稻谷和稻米之间有显著差异和没有显著差异，$P=0.05$。

表四　跨湖桥遗址出土稻米的形状分布

类别	地层	长宽比				
		<2.30	2.31—2.50	2.51—3.50	>3.51	总计
稻谷	8	42	39	108	2	191
	9	28	25	70	2	125
	10	0	1	6	0	7
	11	5	6	18	0	29
稻米	8	13	24	97	4	138
	9	5	7	22	1	35
	10	1	2	11	0	14
	11	0	1	4	0	5
合计		94	105	336	9	544
百分比（%）		17.28	19.30	61.77	1.65	100

粳稻，<2.3；中间型，2.31—2.5；籼稻，2.5—3.5；典型野生稻，>3.5④。

四　讨论

跨湖桥遗址出土的1000多颗稻谷、稻米和稻谷壳表明，长江下游地区在距今8000年以前已经开始利用或驯化水稻了。跨湖桥遗址稻的出土不是一个孤立事件，在这个地区迄今已经发现多处距今7000—6000年的稻作遗址，如浙江省的河姆渡、罗家角遗址，江苏省的草鞋山遗址，上海市的崧泽遗址，在这些遗址中，都发现了大量的稻遗存[5]（见图一）。跨湖桥遗址的发现使该地区的稻作历史又上溯近千年。

栽培稻（*O. sativa* L.）驯化自普通野生稻（*O. ruffipogon* Giff.），野生稻的粒长范围为7.1—10.0毫米，粒宽范围为1.9—3.4毫米[6]。跨湖桥遗址出土的稻谷长为4.99—8.65毫米，宽为1.46—3.61毫米，其中粒长7.1毫米以上的仅占40.1%。从稻谷的粒型看，跨湖桥遗址的稻谷不同于野生稻，是已经走上栽培化道路的古稻遗存。跨湖桥遗址最早的年代数据为距今8000多年，早于河姆渡和罗家角遗址约1000年。遗址中出土大量的稻谷、稻米和谷壳等稻遗存说明长江下游和长江中游一样都是我国最早开始栽培水稻的地区。

众所周知，稻的栽培起源中心必须具备3个条件：第一，有栽培稻的祖先种多年生野生稻存在；第二，有最古老的稻作遗址发现；第三，是栽培稻和野生稻的多样性中心。通过田野和实验室的工作，我们发现跨湖桥的稻谷中有几粒粒型类似野生稻的稻谷，这意味着在当时的栽培稻群体中可能混杂有野生稻的植株，抑或在周围的环境中存在着数量较多的野生稻种群。在本次调查中，我们还发现一个比较有趣的现象，出土的古稻遗存中约有40%的稻谷壳；稻米的颗粒比稻谷的颗粒要小得多，同稻谷比较，稻米的长、宽分别要小26.5%、22.8%，这些现象在生长发育正常的现代栽培稻中是不常见的（表三）。综上所述，我们认为，尽管跨湖桥遗址古稻已经走上了栽培化道路，但仍然带有许多原始的习性，诸如成熟期不一致、结实率低等，是从当地野生稻驯化起来的原始性古栽培稻。

最近20多年，我国各地发现了多处新石器时代早期的稻作遗址，如长江中游的八十垱、彭头山遗址，淮河上游的贾湖遗址，它们的年代都在距今8000—7000年。另外，在长江中游距今12000—10000年的洞窟遗址中发现了一些与稻作起源有关的迹象，如湖南省的玉蟾岩发现了几粒稻谷，江西的吊桶环遗址发现了来自稻谷壳的硅酸体[7]。因为这些发现，一些学者提出了新观点，主张稻作起源于长江中游和淮河流域，把长江下游排除在起源中心之外[8]。

跨湖桥遗址是长江下游自20世纪七八十年代发现河姆渡、罗家角遗址以来新发现的最古老的新石器时代遗址，该遗址的发现不仅证明了长江下游稻作历史的古老，是我国稻作起源地之一，而且跨湖桥遗址中原始栽培稻的发现使我们想到了哈兰提出的作物起源的“中心和非中心”的学说[9]。我们认为，广阔的长江流域是稻的起源地，长江下游地区可能是稻起源的一个非中心。我们有充足的理由相信，随着考古发掘工作的进展，更多的发掘遗址和发现将支持我们的观点。

亚种起源是研究稻作起源的重要内容之一，考古学的研究将在这方面提供实证性的论据。在研究古稻的系统特性时，长宽比是指标之一。一般来说，籼稻的长宽比范围为2.0—3.0，有个别品种大于3.0，而粳稻的长宽比范围为1.6—2.3，很少有超过2.5的。跨湖桥遗址的稻谷和稻米的长宽比平均值分别为2.71和2.68，约有62.57%稻谷（米）为典型的籼稻粒型，只有16.82%为典型的粳稻粒型。稻谷粒型分析结果显示，跨湖桥遗址古稻的粒型特征接近于现代栽培籼稻。

但在另一方面，对发现的运动细胞硅酸体的形状解析结果显示，各个地层的硅酸体形状具有相似的特征，它们比来自籼稻的要大，与来自粳稻的相似。第4层到第10层的亚种判别得分[⑩]分别为2.42、1.56、1.13、2.08、1.92、2.21和1.72，都大于0，结果表明这些硅酸体可能来自粳稻，与上面根据稻谷（米）粒型的判别结果有很大的不同。

稻的两个亚种是经过很长时间的生殖隔离后形成的，是具有明显的形态特征和地理分布的群体。在同一遗址中两种亚种粒型并存的现象不仅仅出现在跨湖桥遗址，在这一地区的其他一些早期的新石器时代遗址中也有发现，如河姆渡、罗家角等遗址[⑪]。从本次对跨湖桥遗址古稻的研究结果看，这种现象与其说是在遗址中存在着籼稻和粳稻，还不如把它们看成尚未完全分化的早期栽培稻的原始特性更为合理。跨湖桥遗址古稻的硅酸体形状特征分析显示，粳稻可能是跨湖桥遗址古稻的演化方向。

致谢：本文写作过程中，利用了江苏省农业科学院王才林研究员测量的现代栽培稻硅酸体形状特征的部分数据；浙江大学游修龄教授也给本文提出了宝贵的意见。在此一并表示衷心的感谢。

原载《中国水稻科学》2004年第18卷第2期

注释

① Y. F. Zheng, Z. X. Sun, C. L Wang et al., Morphological characteristics of plant opal from motor cells of rice in paddy fields soil. *Chinese Rice Res Newsl* 8, (3) 2000: 9–11.

② D. Y. Li, The studies on morphological classification of common wild rice/X. K. Wang, C. Q. Sun, *Origin and differentiation of chinese cultivated rice*, Beijing: China Agricultural University Press, 1996, pp. 115–119 (in Chinese).

③ X. K. Wang, New research progresses relating to several problems about the origin of rice cultivation in China/X. K. Wang, C. Q. Sun, Origin and differentiation of chinese cultivated Rice, Beijing: China Agricultural University Press, 1996, pp. 2–7 (in Chinese).

④ G. W. Crawford, C. Shen, The origin of rice agriculture: recent progress in East Asia, *Antiquity* (72) 1998: 858–866.

⑤ X. L. You, The origin, dissemination and development of planting rice in Taihu Area, *Agricultural History of China* (1) 1986 (in Chinese).

⑥ D. Y. Li, The studies on morphological classification of common wild rice/X. K. Wang, C. Q. Sun, *Origin and differentiation of chinese cultivated Rice*, Beijing: China Agricultural University Press, 1996, pp. 115–119 (in Chinese).

⑦ B. Z. Chen, X. K. Wang, J. Z. Zhang, The finds and morphological study of carbonized rice in the Neolithic site at Jiahu in Wuyang, *Chinese Journal of Rice science* 9, (3) 1995: 129–134 (in Chinese with English abstract); G. W. Crawford, C. Shen, The origin of rice agriculture: recent progress in East Asia. *Antiquity* 72 (1998): 858–866.; A. P. Pei, Notes on new advancement and revelation in the agricultural archaeology of early rice domestication in the Dongting Lake region, *Antiquity* 72 (1998): 878–885.; Z. Zhao, The middle Yangtze region in China is one place where rice was domesticated: phytolith evidence from the Diaotonghuan Cave, Northern Jiangxi, *Antiquity* 72 (1998): 885–897.

⑧ X. K. Wang, New research progresses relating to several problems about the origin of rice cultivation in China/X. K. Wang, C. Q. Sun, *Origin and differentiation of chinese cultivated rice*, Beijing: China Agricultural University Press, 1996, pp. 2–7 (in Chinese).

⑨ J. R. Harlan, Agricultural origin: centers and noncenters, *Science* 174 (1971): 468–474.

⑩ C. Wang, T. Udatsu, H. Fujiwara et al., Principal component analysis and its application of four morphological characters of silica bodies from motor cells in rice (*Oryza sativa* L.), *Archaeology and Nature Science* (34–35) 1996: 53–71 (in Japanese with English abstract).

⑪ X. L. You, The origin, dissemination and development of planting rice in Taihu Area, Agric Hist China (1) 1986: 71–83 (in Chinese); J. W. Zhou, Study on ancient rice from the middle and lower reaches of the Yangtze River, *Yunnan Agricultural Science and Technology* (6) 1981: 1–6 (in Chinese).

上山遗址出土的古稻遗存及其意义*

水稻是世界上重要的粮食作物，播种面积约占世界谷物播种总面积的22%，产量约占谷物总产量的28%。全世界有110多个国家种植水稻，其中亚洲水稻的种植面积占世界水稻面积的90%左右，主要生产国家集中在南亚、东南亚、东北亚。水稻是亚洲地区的主要食物来源，也是这些地区文明发展的物质基础。解开稻作起源问题，对理解亚洲各个地区的文化以及相互关系具有重要的意义，也是水稻育种理论的基础。因此，水稻起源、传播、发展等问题的研究历来为学术界所关注。中国是一个文明古国，疆域广大，自然条件变化复杂，水稻栽培历史悠久，稻作文化丰富多彩，是研究稻作文化不可或缺的地区。

最近在地处长江下游的浙江省境内发现距今约10000—8500年的上山新石器时代早期遗址，不仅为研究我国新石器时代文化的发展提供了新的素材，同时遗址中发现的古稻遗存也为我们深入研究稻作起源问题提供了新的契机。

一 上山遗址的古稻遗存和农具

2001年开始发掘的上山遗址是迄今长江下游发现的最早的新石器时代遗址，据对陶片的^{14}C年代测定，年代为距今约10000—8500年。上山遗址的陶器以胎土内含大量炭屑、壁厚、表面施红衣为主要特征，器形多为大型的陶盆；石器以石磨盘和石球、石棒为主，伴随出土少量的磨制石器；遗迹以数量很多的储藏坑为主要特点。从发掘情况看，上山遗址不仅年代早，而且文化面貌独特，对研究长江下游新石器时代文化发展具有重要意义①。

上山遗址出土含有大量炭屑的陶器，经过观察可以发现，主要是在制作陶器的过程中在坯土中掺入大量的植物残体，经烧制形成的。以植物为掺和料制作陶器在世界早期陶器制作工艺史上具有一定的普遍性，如俄国远东和日本列岛出土的最早的陶器都是植物质陶②。在我国长江下游新石器时代早中期，制陶工艺也具有相同的特点，从近几年来我们对各个文化阶段的陶片进行植物硅酸体分析的结果看，这种制陶工艺特点可能从新石器时代早期一直延续到崧泽文化时期。以植物为掺和料制作陶器主要目的是为了方便用非黏土制作陶器，以及防止陶坯在干燥和烧制过程中因坯土收缩而造成开裂、

* 本文系与蒋乐平合著。

图一 上山遗地 H383 出土陶片及稻壳印痕

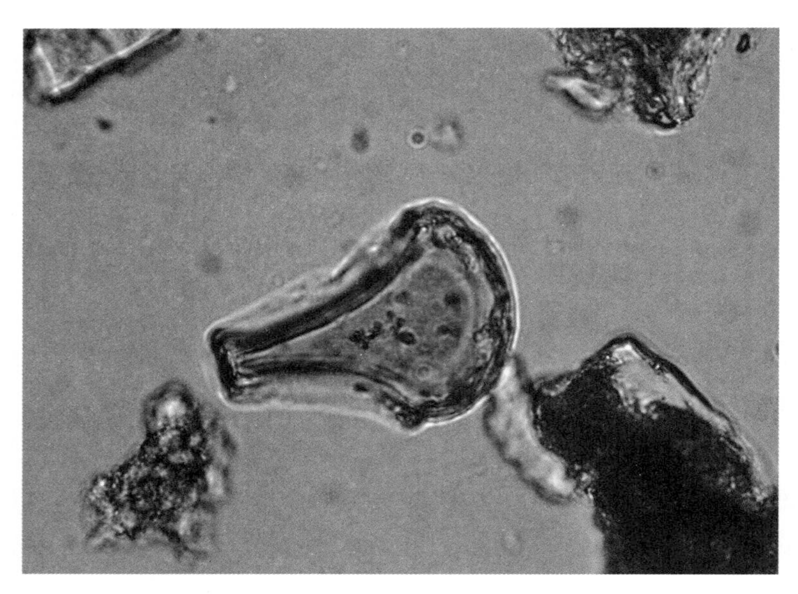

图二 上山遗地 T2⑥出土陶片中的稻硅酸体

破碎。通过对上山遗址出土夹炭陶片的仔细观察发现，陶器坯土中的植物掺和料主要是稻的颖壳（图一），不仅在陶片的表面有大量的谷壳印痕，而且在坯土中夹杂的大量炭屑也是颖壳不完全燃烧形成的，选择颖壳作为掺和料已经是当时陶器加工中的重要工艺技术。对陶片取样进行植物硅酸体分析显示，许多陶片中含有来自稻叶片运动细胞的扇形硅酸体（图二）。

陶片中普遍掺入稻谷颖壳的现象不仅显示出上山遗址先民制作陶器的工艺特色，而且为我们了解先民的经济生活方式提供了一些信息。其一，当时稻谷的使用量是相当多的，在食物构成中占有一席之地。如果没有一定的稻谷产量，在陶器制作中就不可能采用稻谷颖壳作为主要的掺和料。其二，上山遗址出土陶片中能够观察到的颖壳部分的形态都比较完整，表明当时可能已经有干燥、贮藏、舂米等一系列收获后的加工处理方法。其三，从陶片中颖壳的形态看，当时稻谷加工后应该是比较完整的米粒而不是粉末，蒸煮应该是上山先民食用稻米的主要方法。

上山遗址出土陶片中稻叶片运动细胞硅酸体的发现说明，在制作陶器过程中主要以掺入颖壳为主，但也带入少量的稻叶。这种现象从一个侧面告诉我们，掺入陶坯里面的稻谷颖壳可能不是来自采集的野生稻，而是来自采用摘穗收获的栽培稻。从民族学的资料看，稻的收获方法在历史上经过了三个阶段：在采集野生稻阶段，由于野生稻离层发达，容易脱落，适合采用敲打的方式收获籽粒；稻被人类栽培驯化后，脱粒性减弱，收获采用摘穗的方法，一般带着剑叶摘（割）取，晾干后脱粒和加工；金属农具出现后，产生了传统农业中常见的连同秸秆一起收割的方法。在原始农业阶段，栽培稻主要采用摘（割）穗收获的方法。用敲打方法收获的主要是野生稻的谷粒，几乎没有稻的叶片：摘（割）穗收获栽培稻时，稻穗和剑叶一同收获，在脱粒和加工过程中难免会混入稻叶的残片。在对上山遗址陶片的植物硅酸体分析过程中，我们还发现陶片中含有稻的运动细胞硅酸体，但密度并不高，这种现象表明陶片中的稻叶遗存可能是随掺和料颖壳带入的。

石镰或石刀是上山遗址出土的功能比较清楚的农具[③]。石刀和石镰是摘穗收获的农具，主要功能不是切割而是折断，能帮助人们提高摘穗效率。上山遗址收获农具的出土说明，先民生业经济中已经有了稻作农耕的内容。

二 遗存记录的古稻生物学特性

上山遗址大量稻作遗存的发现揭示，在10000年以前稻谷已被作为食物的重要来源之一，但上山遗址到目前为止还没有发现完整的稻谷（米）颗粒，这给我们从稻谷的外部形态角度研究稻谷的形态特征，以及判断是属于栽培稻还是野生稻造成了困难。从陶片中的谷壳局部形状看，部分谷粒的长度比野生稻短，粒的宽度比野生稻大，与野生稻有所不同，似乎是经过了人工选择的早期栽培稻，但这种判断的证据不够充分，带有太多的主观色彩。为了了解上山遗址古稻遗存的更多信息，我们进行了稻的颖壳形态、小穗轴以及稻的运动细胞硅酸体形状的观察研究。

1. 稻的颖壳形态

上山遗址出土陶器、陶片坯土的掺和料中含有大量稻的颖壳，但进一步观察后发现，完整的稻的颖壳非常少。通过对大量的陶片观察，我们找到了一颗可用于测量的颖壳（图三）。测量结果显示，颖壳长7.73毫米，宽2.86毫米，长宽比为2.7。现代栽培稻与野生稻之间在长宽比方面也存在着一定的差别，对现代栽培稻和野生稻的粒型调查结果显示，栽培稻的长宽比较小，野生稻的长宽比较大，可以用3.5作为野生稻和栽培稻的分界线[④]。依此标准，上山遗址的这颗颖壳很可能属于栽培稻。

2. 小穗轴的特征

稻谷外层通常包裹着黄棕色的内颖和外颖，内、外颖着生在短小的小穗轴上，分别位于近轴端和远轴端，在颖壳的下方还有一对护颖。在稻谷充分成熟后，在护颖的基部、小支梗之上形成一层离层，稻谷（小穗）从此处脱落。由于粳稻的离层没有完全形成，护颖牢固着生在小穗轴基部，稻谷脱粒时小支梗被折断，因此在粳稻稻谷上通常可见到小支梗的残部。野生稻的离层相当发达，稻谷成熟时自然脱落，脱落面平整、光滑，中央可见一清晰的小圆孔。籼稻的离层也相当发达，稻谷脱粒时，基本

图三　上山遗址 H383 出土陶片中稻谷的颖壳

图四　上山遗址 T6⑦层出土陶片中的小穗轴
上：野生稻　下：粳稻

从离层处断离，脱落面通常平整、光滑，但中央小孔呈长方形，边界不十分清晰。小穗轴特征不仅是区分野生稻和驯化稻的最佳标准⑤，也是区分栽培稻两个亚种的重要指标。

我们将上山遗址出土陶器坯土中的掺和料颖壳在实体显微镜放大后进行观察发现，作为掺和料颖壳大部分没有显露出小穗轴，一些带有小穗轴的颖壳由于炭化程度很高，很难把握小穗轴的特征。尽管如此，在实体显微镜下经过仔细观察，还是从中发现了具有野生稻特点的小穗轴和具有栽培稻（粳稻）小穗轴特征的颖壳（图四），但没有发现具有籼稻特征的小穗轴。由此可见，上山遗址出土的古稻不仅有近似野生稻的类型，也有近似现代栽培粳稻的类型，可能是处于驯化初级阶段的原始栽培粳稻。

表一　上山遗址出土陶片中的稻运动细胞硅酸体的形状特征

地层	形状特征参数				Z	背离系数 C. E. [⑥]
	长 VL（微米）	宽 HL（微米）	厚 LL（微米）	b/a		
4	38.98	30.88	33.7	0.76	2.75	2
6	44.94	37.68	36.19	0.77	3.97	1
6	41.40	33.00	32.08	0.76	3.10	1
平均	41.77	33.85	33.99	0.76	3.27	1

说明：亚种判别值[⑦] $Z = 0.4947VL - 0.2994HL + 0.1357LL - 3.8154b/a - 8.9567$，下表同。

3. 运动细胞硅酸体的形状特征

水稻是高硅植物，在生长发育过程中需要从土壤中吸收大量的硅元素。这些吸收到植物体内的硅在部分植物细胞内沉积，形成具有特殊功能的细胞、组织和器官，植物学把这部分细胞、组织和器官称为植物硅酸体。由于硅、硅化物的物理和化学性质稳定，植物体死亡腐烂后，植物硅酸体还可以残存相当长的时间。稻运动细胞硅酸体是稻硅酸体的一种，存在于叶片之中，是由运动细胞硅化发展而来的，呈扇形，基部有整齐的龟甲纹，两个侧面有1—2条脊状突起，在属的水平上的形状特点十分鲜明，具有分类学意义。另外，大量的基础研究表明，稻硅酸体的形态特征在水稻的籼、粳两个亚种之间，以及粳稻的两个生态种（热带和温带粳稻）之间也存在一定的差异。稻运动细胞硅酸体主要成分为非晶体的 $SiO_2 \cdot nH_2O$，性质相当稳定，比其他硅酸体容易保存，因此，植物硅酸体分析已经成为稻作起源和水稻驯化考古学研究的重要方法之一。

对上山遗址出土的陶片进行植物硅酸体分析显示，一些陶片中含有来自稻叶片运动细胞硅酸体。为了进一步了解上山遗址古稻的生物学特性，我们对稻硅酸体的形状进行了解析，结果（表一）显示，硅酸体的平均长度为41.77微米，平均宽度为33.85微米，平均厚度为33.99微米，形状系数为0.76，表现出大、厚、尖的形状特点。

现代栽培稻运动细胞硅酸体的基础研究表明，稻的籼、粳两个亚种之间硅酸体的形状差异表现为籼稻硅酸体小、薄、圆，粳稻硅酸体大、厚、尖；热带粳稻和温带粳稻之间的硅酸体差异表现为热带粳稻大、厚、尖，温带粳稻较小、较薄、较圆。根据判别函数求出的亚种判别值平均为3.27，判别为粳稻；背离系数平均为1，处在热带粳稻的峰值范围内。硅酸体的形状解析结果表明，上山遗址出土的古稻遗存可能是具有现代粳稻、抑或是热带粳稻一些特点的原始栽培稻。

三　上山遗址古稻遗存在稻作起源上的意义

上山遗址古稻遗存的发现对研究稻作起源意义重大。稻作起源的研究内容包括两个方面：一是在文化层面上的，即人类在什么时候、什么地方开始栽培稻的驯化；二是在农学和生物学层面上的，即栽培稻是如何从野生稻驯化而来的，又是朝着何种栽培稻的方向演化的。上山遗址古稻遗存的出土和研究，为我们研究上述诸方面问题提供了许多新信息。

1. 长江下游地区水稻栽培史

20 世纪 70 年代，在长江下游的浙江省境内，发现了距今 7000 年左右的河姆渡遗址，遗址年代之早，遗物之丰富，文化特征之独特立即引起了全世界的广泛关注。特别是遗址中大量稻谷遗存以及农具的发现，不仅把世界稻谷栽培的历史提前了近 2000 年，为中国是稻作起源地提供了强有力的证据，推动了国内稻作起源研究的深入，而且引发了亚洲稻作起源和传播的大讨论。根据考古遗址的年代早晚和出土稻谷的形态，一些学者开始思考国内稻作起源、传播和稻种分化的问题，提出了长江下游是稻作起源地，在向北和向南传播的过程中，适应各地自然条件，形成了具有不同特色的稻作文化[8]。另外一些学者根据稻的品种资源多样性和野生稻资源，提出了云南－阿萨姆说[9]、东南亚－华南说[10]。

继河姆渡遗址发现以后，中国各地的考古发掘对遗址中有关的稻谷遗存十分重视，报道有水稻遗存的新石器时代遗址（2000 BC 以前）数量大约有 170 余处[11]，主要分布于长江中游和长江下游地区，少数分布于华南地区和黄河流域。20 世纪 80 年代末 90 年代初，在长江中游和淮河上游地区发现了年代比河姆渡遗址更早的新石器时代遗址，如湖南的彭头山[12]、八十垱[13]和河南的贾湖[14]等遗址。这些遗址的年代在距今 7500 年以上，较早的年代数据为距今近 9000 年。大量稻作遗址的发现说明，中国境内特别是长江中下游地区不仅利用栽培水稻的历史较早，而且具有普遍性，是稻作起源的重要地区。20 世纪末，在湖南省道县玉蟾岩遗址（9000—8000 BC）发现了野生稻谷粒[15]，在江西吊桶环遗址土壤中发现了水稻颖壳植硅石[16]，这些发现说明新石器时代早期的人们似乎已经在利用水稻。由于这些年代较早的稻作遗址的发现，学术界对我国稻作起源、传播的认识也发生了变化：一是把稻作农业的起源地从长江下游扩大至整个长江中下游地区，提出了长江中下游说[17]；二是提出了把目前发现年代最早的稻作遗址地区——长江中游和淮河上游一带划分为稻作起源地，其他地方是稻作的传播区的淮河流域说[18]。

尽管 30 余年来的稻作起源研究已经取得了不少的研究成果，但还存在许多问题，仍然需要进一步研究，如开始栽培稻的时间究竟有多早、何地开始驯化、稻的驯化方向、水稻和陆稻孰先孰后，以及稻驯化的动力学等问题还没有从根本上解决，以至于国外学者对中国境内所发现的一些最早的水稻遗存（如玉蟾岩、彭头山、贾湖，甚至河姆渡）是否已经开始驯化基本持否定态度。这些问题不解决，稻作农业起源研究领域内旧学说林立、新学说层出不穷的现状是难以从根本上改变的，稻作起源的研究就不可能有突破性的进展。

上山遗址稻作遗存的发现将长江下游利用稻的历史上溯到了 10000 年以前，表明长江下游在开始利用稻的历史方面毫不逊色于长江中游地区。对稻谷粒型和小穗轴的观察显示，上山遗址古稻中不仅存在具有野生稻特征的谷粒，而且存在具有栽培稻特征的谷粒，尽管观察和研究的材料为陶片，不能找到足够数量的小穗轴进行统计，但综合上面的观察结果，我们还是可以获得对上山遗址古稻的一些认识：10000 年以前上山遗址古稻已经开始被人类驯化，是一种较为原始的栽培稻类型；在这个群体中的植株既保持较多的野生稻性状，也有在人类的干扰和选择下出现的新性状；采用摘穗的方法收获。在长江下游新石器时代早期出现栽培稻方面，上山遗址不是一个孤立的现象，在浙江嵊州小黄山遗址[19]出土的陶片我们同样也观察到了原始栽培稻的颖壳（图五）。上山遗址稻作遗存和栽培稻的发现，不仅证明长江下游是我国稻作和栽培稻的起源地之一，同时也意味着长江中下游地区是我国稻作的起

图五　小黄山遗址出土陶片中的小穗轴
左：粳稻　右：野生稻

源地，在这个广阔的地域内，存在着多个驯化中心，区域内的许多地方可能都有自身驯化野生稻为栽培水稻的历程。业已发现的考古资料证明，长江中下游地区不仅有10000年以上的稻作遗址，而且是新石器时代稻作遗址分布的中心区域，该地区稻作遗址数量之多、分布之集中、年代之早，已经足以说明这个广大区域是稻作起源和水稻驯化的重要地区。

2. 粳稻是栽培稻的演化方向

陶片上的颖壳观察结果显示，上山遗址古稻的小穗轴特征有两种类型：一类为野生稻类型，另一类为栽培粳稻类型，没有观察到籼稻类型。硅酸体分析结果同样显示，上山遗址的古稻与现代栽培稻粳稻相似。观察和分析结果表明，野生稻被人类驯化后，是朝着粳稻的方向发展的。从稻的硅酸体形状背离系数看，上山遗址的古稻有可能是热带粳稻。另外，从陶片中唯一一颗较为完整的颖壳测量数据看，谷粒形状相当大，长达7.73毫米，宽达2.86毫米，似热带粳稻。

亚洲稻（*O. sativa*）存在两个不同类型的栽培亚种，籼稻（*O. sativa* subsp *indica*）和粳稻（*O. sativa* subsp *japonica*）。另外，一些学者认为粳稻中可以分出两种类型，以日本栽培稻为代表的温带粳稻（*Japonica*）和以东南亚岛屿地区的栽培稻为代表的热带粳稻（*Javanica*），后者比前者粒大、迟熟、高秆、胚乳碱化值低。热带粳稻一般为旱稻，而温带粳稻一般为水稻。这些亚种或生态型不仅在一些生物性状上存在明显的差异，而且存在着一定的生殖隔离现象。对现代栽培稻两个亚种的地理分布调查显示，粳稻主要分布在中国北部、朝鲜、日本以及其他一些温带国家。在中国，粳稻主要种植在长江以北，而籼稻主要种植在长江以南。从垂直分布来看，粳稻种植在山上，而籼稻种植在山谷。

上山遗址位于浦阳江上游的一个丘陵小盆地，海拔40—50米，原来有许多小土岗，在现代大规模的农地开垦活动中被削平，四周为山地，遗址的东面河道区域内零星分布着一些池塘和低洼地。勘探调查还发现，遗址的西面有一条古河道。这种自然环境适合驯化栽培稻。根据对现代野生稻分布的调查，栽培稻的野生祖先（*O. perennis*）主要分布在溪谷和平原滞水的沼泽地中，但丘陵地区同样也有分布，如泰国北部的丘陵溪谷中发现的野生稻，并不是沿着主要河流分布，而是分布在滞水的沼泽或水沟中；云南野生稻出现的最高海拔为大约600米，分布在池塘和洼地中；在广东博罗县，沿着从山上的池塘向下流动的3条小河流发现野生稻群体[20]。

综上所述，我们可以对上山遗址稻作起源的模式作一个大致的描述。在10000年以前，上山遗址周围的池塘、低洼地以及河流沿岸很可能分布着野生稻群体。先民采集野生稻作为部分食物的来源，随着人们对食物需求量的增加，以及对稻米食性、储藏、加工等方面认识的加深，先民开始尝试人工栽培。但由于遗址周围并没有大面积的、与栽培稻祖先野生稻相似的湿地，人们不得不把稻栽培在水分供给不良的水际坡地，甚至高地，不久旱地栽培的稻米成为人们食用稻米的主要来源。在栽培方式变化的同时，稻的一些生物性状也发生了变化，表现出旱稻或热带粳稻的一些特点。俞履圻等认为粳稻可能是稻作开始的初期在山区灌溉条件不良的情况下，由籼稻变成光壳一类的陆稻，再演化为粳稻[21]。王象坤等通过观察云南地方种系分布认为，原始粳稻可能起源于栽培种向山区的扩散，它们分化成为适于水田的有芒类型和适于旱地的光壳类型，它们之间的杂交产生了现今的粳稻品种[22]。上山遗址古粳稻可能是先民把稻引种到灌溉条件不良的高地，在自然选择和人工选择双重作用下的结果。上山遗址古稻遗存的发现和研究，提供了粳稻随着原始驯化种从低地向高海拔、从湿地向旱地传播而受到选择的考古学证据。

3. 长江下游稻作农耕的发展

从距今10000年到距今7000年，在长江下游地区先后发现上山、小黄山、跨湖桥、河姆渡、罗家角、田螺山等新石器时代遗址，这些遗址不仅在年代上具有连续性，而且在文化面貌上既有独特的一面，也有相互的联系。如距今10000年左右的上山遗址有上山文化和跨湖桥文化的叠压地层，距今9000年左右的小黄山遗址中发现跨湖桥文化因素，距今8000年左右的跨湖桥遗址包含着河姆渡文化的一些因素。稻的栽培是这些遗址的共同文化面貌之一，反映了距今10000年到距今7000年这段时间人类经济活动的一个特点：稻的栽培已经成为人类经济活动的重要内容。

从古稻的一些生物学形状以及遗址周围的地理环境条件看，我们认为进入早期农耕阶段的上山遗址先民栽培的稻以旱稻或热带粳稻的可能性为大。我们对位于浦阳江上游支流小盆地的小黄山遗址的稻硅酸体形状也进行了解析，结果同样表现出旱稻或热带粳稻硅酸体的特点，平均背离系数为1（表二）。上山遗址和小黄山遗址出土的稻遗存反映出栽培稻的一些生物学的形状显示：旱稻是长江下游地区早期栽培稻的主要形态。

从上山遗址沿浦阳江而下，穿过四明山和会稽山脉，就进入跨湖桥文化、马家浜文化诞生地——杭嘉湖平原和河姆渡文化诞生地——宁绍平原。杭嘉湖平原和宁绍平原是长江下游新石器时代中期文化最为繁荣的地区，同样，稻作农耕也是这个时期经济形态的重要特色之一。郑云飞等分析河姆渡遗址水稻硅酸体认为，河姆渡遗址以粳稻为主，并推测为热带型[23]。佐藤认为籼稻和粳稻之间的差异在驯化之前已经出现了，通过对长江流域炭化稻米DNA分析认为，长江流域的古稻为粳稻，而且属于热带型[24]。同样，跨湖桥遗址土壤中的稻硅酸体（表三）也表现出热带粳稻的形状特点，长、宽、厚和形状系数等用于描述硅酸体形状特征的参数平均值分别为40.95微米、34.15微米、31.11微米和0.9。根据硅酸体的形状判别为粳稻，平均背离系数为2，位于热带粳稻背离系数的主要分布区。

表二 小黄山遗址土壤中的稻运动细胞硅酸体的形状特征

地层	形状特征参数				Z	C. E.
	长（微米）	宽（微米）	厚（微米）	b/a		
3	41.55	35.32	30.95	0.88	1.86	2
4	41.45	33.14	32.33	0.77	3.08	1
6	42.43	36.58	35.12	0.78	2.87	1
7	39.44	33.13	31.91	0.91	1.49	2
平均	41.22	34.54	32.58	0.84	2.33	1

表三 跨湖桥遗址土壤中的稻运动细胞硅酸体的形状特征

地层	形状特征参数				Z	C. E.
	长（微米）	宽（微米）	厚（微米）	b/a		
4	41.91	35.68	33.82	0.85	2.44	2
5	40.29	34.36	31.16	0.88	1.55	2
6	40.28	35.34	31.46	0.93	1.11	2
7	41.11	34.19	32.59	0.91	2.09	2
8	40.53	32.91	30.81	0.92	1.91	2
9	41.87	33.38	28.79	0.91	2.2	2
10	40.64	33.22	29.17	0.9	1.73	2
平均	40.95	34.15	31.11	0.9	1.86	2

河姆渡文化和跨湖桥文化的遗址位于宁绍平原和杭嘉湖平原，水资源和湿地资源十分丰富，从稻的栽培地利条件看，先民栽培的是水稻，但从硅酸体形状特征看，却具有旱稻或热带粳稻的一些特点，以前这个问题一直难以合理解释，上山和小黄山遗址的发掘以及稻遗存的发现和分析给出了答案：在距今8000年左右，生活在上山（小黄山）等大河上游小盆地的先民携带已经处于半驯化阶段的栽培稻种子，进入山地和平原的结合部发展，出现了以跨湖桥遗址为代表的跨湖桥文化，然后在全新世海平面上升过程中海退期，平原出现大面积陆地时，发展成具有鲜明特色的稻作文化。尽管跨湖桥和河姆渡文化时期的栽培条件已经发生了变化，但仍然保留早期原始栽培稻（旱稻或热带粳稻）的一些特性。

原载《考古》2007年第9期

注释

① 蒋乐平：《浙江浦江县上山新石器时代遗址——钱塘江流域早期稻作文化遗存的最新发现》，《中国社会科学院古代文明研究中心通讯》2004年第7期；浙江省文物考古研究所、浦江博物馆：《浙江浦江县上山遗址发掘简报》，《考古》2007年第9期。

② 刘莉：《植物质陶器与石煮法》，《中国文物报》2006年5月26日。

③ 浙江省文物考古研究所、浦江博物馆：《浙江浦江县上山遗址发掘简报》，《考古》2007年第9期。

④ 王象坤：《中国稻作起源研究中几个主要问题的研究新进展》，王象坤、孙传清主编《中国栽培稻起源与演化研究专集》，中国农业大学出版社，1996 年。

⑤ G. W. Crawford, C. Shen, The origin of rice agriculture: recent progress in East Asia, *Antiquity* 72 (1998).

⑥ 佐藤洋一郎、藤原宏志、宇田津徹朗：『イネの*indica*および*japonica*の機動細胞にみられるケイ酸体の形状および密度の差异』，『育種雜志』40（1990）。

⑦ 王才林、宇田津徹朗、藤原宏志等：『イネ機動細胞硅酸体形状における主成分分析およびその亞種判别への応用』，『考古学と自然科学』34（1996）。

⑧ 严文明：《中国稻作农业的起源》，《农业考古》1982 年第 1、2 期。

⑨ 渡部忠世：『稻の道』，日本放送協会，1977。

⑩ T. T. Chang, The origin, evolution cultivation, dissemination, and diversification of Asian and African rice, *Euphytica* 25 (1976).

⑪ 裴安平、熊建华：《长江流域的稻作文化》，河北教育出版社，2004 年。

⑫ 湖南省文物考古研究所、澧县文物管理所：《湖南澧县彭头山新石器时代早期遗址发掘简报》，《文物》1990 年第 8 期。

⑬ 裴安平：《彭头山文化的稻作遗存与中国的史前稻作农业》，《农业考古》1989 年第 2 期。

⑭ 河南省文物研究所：《河南舞阳贾湖新石器时代遗址第二至六次发掘简报》，《文物》1989 年第 1 期；严文明：《再论中国稻作的起源》，《农业考古》1989 年第 2 期。

⑮ 袁家荣：《玉蟾岩获水稻起源重要新物证》，《中国文物报》1996 年 3 月 3 日。

⑯ 赵志军：《吊桶环遗址稻属植硅石研究》，《中国文物报》2000 年 7 月 5 日。

⑰ 严文明：《再论中国稻作的起源》，《农业考古》1989 年第 2 期。

⑱ 张居中、王象坤、崔宗钧等：《也论中国栽培稻的起源与东传》，王象坤、孙传清主编《中国栽培稻起源与演化研究专集》，中国农业大学出版社，1996 年，第 14—21 页。

⑲ 张恒、王海明、杨卫：《浙江嵊州小黄山遗址发现新石器时代早期遗存》，《中国文物报》2005 年 9 月 30 日。

⑳ W. Q. Chen, N. Liang, J. R. Yu, Wild rice in Boluo county/*Rice improvement in China and other Asian countries*, IRRI, Manila, Philippines, 1980, pp. 75-84.

㉑ 俞履圻、林权：《中国栽培稻中的亲缘关系》，《作物学报》1962 年第 8 期。

㉒ 王象坤、程侃声、卢义宣等：《云南稻种资源的综合利用Ⅲ：云南的光壳稻》，云南农科院 - 北京农业大学报告（油印），1984 年第 24 卷。

㉓ 郑云飞、游修龄、俞为洁等：《河姆渡遗址稻的硅酸体分析》，《浙江农业大学学报》1994 年第 20 卷第 1 期。

㉔ 佐藤洋一郎：『DNAが語る稻作文明』，日本放送協会，1996。

从上山遗址古稻遗存谈稻作起源的一些认识*

水稻是亚洲地区的主要食物来源，也是这些地区文明发展的物质基础。解开稻作起源问题对理解亚洲各个地区的文化以及相互关系具有重要的意义，对水稻育种也有指导意义。因此，水稻起源、传播、发展等问题研究历来为学术界所关注。中国是一个文明古国，国土疆域广大，自然条件变化复杂，水稻栽培历史悠久，稻作文化丰富多彩，是研究稻作文化起源不可或缺的地区。

现代世界上主要有两种栽培稻，一种为亚洲栽培稻（*Oryza sativa*），它们的祖先是广泛分布于亚洲热带、亚热带的多年生野生稻（*O. rufipogon*）；另一种是非洲栽培稻（*O. glaberrima*），它们的祖先是分布于非洲的多年生野生稻（*O. barthii*）。稻的栽培化独立发生于非洲和亚洲。在世界的稻谷生产中，无论在栽培面积和生产量，亚洲栽培稻都占绝对优势，因此一般所说的栽培稻往往只指亚洲栽培稻。栽培稻是从野生稻驯化过来的，是人类栽培活动的产物。野生稻在没有人类的活动干预的自然环境中也会发生性状变异，形成不同的野生生态型，如多年生野生稻、一年生野生稻、中间类型野生稻等，但野生稻的地位是不会改变。因此，栽培是野生稻开始驯化的基础，即野生稻在人类的栽培过程中，在自觉或不自觉的人工选择下，向着有利于人类利用的方向发展，最终形成了目前所见到的栽培稻这个为人类提供食物的生物群体。这个群体在西方往往称之为驯化稻（Domesticated rice），以别于自然界的野生稻（Wild rice），同亚洲地区有所不同。亚洲地区的学术界则更多地称为栽培稻（Cultivated rice）。在讨论稻作起源问题时必须要把栽培稻和驯化稻这两个概念搞清楚。可以说，栽培稻是强调人类对稻生长发育的干预活动，属于文化学范畴；驯化稻则是强调人类干预下稻的性状改变，属于生物学范畴，稳定是相对的、变化是绝对的，即使现代栽培稻仍然在人类栽培的一系列过程中，发生着这样或那样的变化。因此，我们在早期栽培稻中只能看到现代栽培稻的一些相似形状，要找到和现代栽培稻完全一样的驯化稻是困难的，甚至是不可能。早期的栽培稻与其说驯化稻，不如说正在驯化的稻，为了解决这个问题，学者提出了半驯化稻（Semi-domesticated rice）概念。

野生稻被栽培后，在人类各种自觉或不自觉的行为干预下，开始走上驯化道路。在人类栽培活动的压力下，植物群体发生了许多变化，如播种使种子休眠性降低，种皮变薄，粒形变大；除草使农田出现拟态杂草；收获使种子落粒性减弱，较高的结实率；脱粒使种子杂质减少，种子相互不联结等。这些变化有的会在植物体的外部形态方面表现出来。

---

* 本文系与蒋乐平合著。

讨论稻作起源问题时主要涉及三方面内容，第一，稻的开始栽培问题，即稻是何时何地首先开始被人类栽培利用的；第二，栽培稻如何从野生稻驯化过来的：第三，稻作起源的动力问题，也是农业起源研究中一个共性的问题。第一个问题属于文化学范畴，第二个问题属于生物学范畴，在稻作起源考古学研究中，两者是互为关联，相互印证。我们在研究稻作起源时，更多强调的是人类稻作农耕行为，注重的是文化意义。要判断人类稻作农耕行为，最好的办法是从行为和与此行为相关的用具等方面获得直接证据，但事实上要全面了解史前人类农耕活动全貌，分清各类器具的详细功用目前尚有许多困难，稻作农耕这方面的研究掺杂着许多主观因素。要在栽培稻与野生稻之间进行判断，有时我们需要借助于研究稻在人类栽培下的生物学形状变化，即出现驯化稻的一些特征，如稻谷粒形的变化，落粒性的变化以及遗传物质的变化等，从稻在人类栽培环境下的驯化过程和不同时期的驯化程度，获得研究稻作起源问题的证据。

最近在地处长江下游的浙江省浦江境内发现了距今11000—9000年新石器时代早期的上山遗址。该遗址出土的陶器以表面施以红衣、胎土内含大量炭屑、壁厚为主要特征，器形最多为大型的陶盆；石器以石磨盘和石球、石棒为主，伴随出土少量的打制石器；遗迹以数量很多的储藏坑遗迹为主要特点。从两次发掘情况看，上山遗址不仅年代早，而且文化面貌独特，是一种新的文化类型。另外，在上山遗址出土的夹炭陶陶片中发现数量很多的古稻遗存①。上山遗址的发现对研究长江下游新石器时代文化发展具有重要的意义，不仅为研究我国新石器时代文化的发展提供了新的素材，同时遗址中发现的稻遗存也为我们深入研究稻作起源问题提供了新契机。下面我们就上山遗址古稻在稻驯化进程中的地位问题谈谈一些看法。

一　上山遗址古稻遗存属于栽培稻

上山遗址出土含有大量炭屑的陶器，经过观察可以发现主要是有先民在制作陶器过程中，在坯土里掺入大量的植物残体，经烧制形成的。以植物为掺和料制作陶器在世界早期陶器制作工艺史上具有一定的普遍性，如东亚地区的俄国远东和日本列岛出土的最早陶器都是植物质陶②；在中国长江下游新石器时代早中期制陶工艺也具有相同的特点，从近几年来我们对各个文化阶段的陶片植物硅酸体分析的结果看，这种制陶工艺特点可能从新石器时代早期一直延续到崧泽文化时期。以植物为掺和料制作陶器主要目的是方便非黏土制作陶器，以及防止陶坯在干燥和烧制过程中坯土收缩造成的开裂破碎。对上山遗址出土夹炭陶片的仔细观察发现，陶器坯土的植物掺和料主要是稻的颖壳（图一），不仅在陶片的表面有大量的谷壳印痕，而且坯土中夹杂大量的炭屑也是颖壳不完全燃烧形成的，选择颖壳作为掺和料已经是当时陶器加工中的重要工艺技术。对陶片取样进行植物硅酸体分析显示，许多陶片中含有来自稻叶片运动细胞的扇形硅酸体（图二）。

这种陶片中掺入稻谷颖壳的现象不仅显示上山遗址先民制作陶器工艺的特色，而且在了解先民的经济生活方式给我们提供了一些信息。其一，当时稻谷的使用量是相当多的，在食物构成中具有一席之地。如果没有一定的稻谷产量，在陶器制作中就不可能有选择地采用稻谷颖壳作为主要的掺和料。其二，有比较有效的稻谷储藏和加工方法。上山遗址出土陶片中能够观察的颖壳部分的形态都比较完

图一　上山遗址出土陶片及其包含的稻遗存

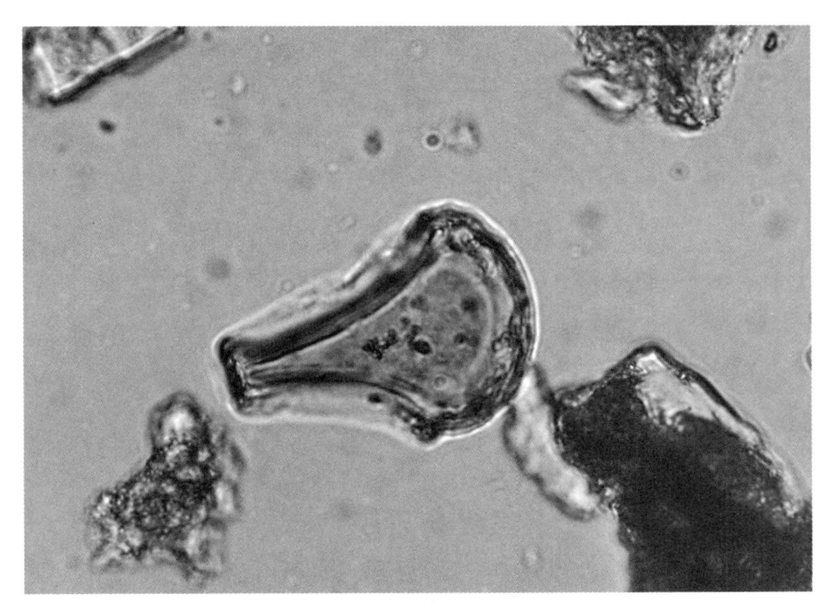

图二　上山遗址出土陶片中发现的稻硅酸体

整，表明当时可能已经有干燥、储藏、舂米等一系列收获后的加工处理方法。其三，从陶片颖壳的形态看，当时稻谷加工后应该是比较完整的米粒而不是粉末，蒸煮应该是上山先民稻米的主要食用方法。

上山遗址出土的陶片中稻叶片运动细胞硅酸体发现说明先民在制作陶器过程中主要以掺入颖壳为主，也带入了稻叶，但从观察的情况看，硅酸体密度并不太高，一些含有大量颖壳的陶片中并没有发现硅酸体。这种现象从一个侧面告诉我们掺入陶坯里面的稻谷颖壳可能不是来自采集的野生稻，而是来自采用摘穗收获的栽培稻。从民族学的资料看，在稻的收获方法历史上经过了三个阶段：在采集野生稻阶段，由于野生稻离层发达，容易脱落，适合采用敲打的方式收获籽粒；稻被人类栽培驯化后，脱粒性减弱，收获采用摘穗的方法，一般带着剑叶摘（割）取，带回家中晾干后脱粒和加工；金属农

图三　上山遗址出土的石刀

具出现后，出现了传统农业中常见的连同秸秆一起收割的方法。在原始农业阶段，栽培稻主要采用摘（割）穗收获方法。用敲打方法收获的主要是野生稻的谷粒，几乎没有稻的叶片；摘（割）穗收获栽培稻时，稻穗和剑叶一同收获回家，在脱粒和加工过程中难免会混入稻叶的残片。上山遗址陶片中稻植物硅酸体可能是随掺和料颖壳带入稻叶造成的。

石镰或石刀（图三）是上山遗址出土功能比较清楚的农具，但制作还比较粗放，形制还十分简单，接近于自然崩裂的石片。石刀和石镰是摘穗收获农具，主要功能不是切割而是折断，能帮助人们提高摘穗效率。上山遗址收获农具出土说明，先民生业经济中已经有了稻作农耕的内容。

二　上山遗址古稻在人类栽培环境中的生物性状改变

1. 谷粒形状

研究调查数据表明，栽培稻和野生稻的谷粒形状是存在差异的，表一列举几种野生稻的谷粒长、宽，以及长宽比的数据[③]。从表一可以看到野生稻谷粒瘦长，长宽比一般在3.0以上，栽培稻的祖先为多年生野生稻，长宽比较大，袁平荣等对云南元江多处多年生野生稻进行了野外和栽培调查，结果显示谷粒平均长为8.51毫米，宽为2.19毫米，长宽比为3.89[④]。相对于野生稻，栽培稻谷粒较短圆。农学工作者认为可以用3.50作为野生稻和栽培稻的分界线[⑤]。

上山遗址到目前为止还没有发现完整的稻谷（米）颗粒，尽管遗址出土的陶器、陶片的坯土掺和料中含有大量的稻颖壳，但显露出可以测量的完整稻颖壳非常少，这给我们从稻谷的外部形态角度研究稻谷的形态特征以及判断栽培稻和野生稻造成了困难。从陶片中的谷壳局部形状看，部分谷粒的长度比野生为短，粒的宽度比野生稻大，与野生稻有所不同，似乎是已经经受了人工选择的早期栽培稻，经过大量的陶片观察后，我们找到了一颗可用于测量的颖壳（图四）。测量结果显示，颖壳的长为7.73毫米，宽为2.86毫米，长宽比为2.70，不同于野生稻，这颗颖壳很可能来自于栽培稻。由于在陶片中找不到足够的测量个体，对群体粒型的这种判断还有待今后发掘研究中验证。

表一 普通野生稻稻谷粒形态特征

类型	谷粒长（毫米）及所占比例（%）			谷粒宽（毫米）及所占比例（%）			长宽比
	7.1—8.0	8.1—9.0	9.1—10	1.9—2.4	2.5—2.6	2.7—3.4	
多年生匍匐型	16.9	49.1	34.0	70.1	26.6	3.3	3.81
多年生倾斜深水型	11.2	62.2	26.5	58.2	34.7	7.1	3.70
多年生倾斜变异型	41.0	54.5	4.5	55.9	35.6	8.6	3.45
多年生半直立型	32.1	60.7	7.1	17.9	64.3	17.9	3.23
多年生直立型	0	28.6	71.4	0	14.3	85.7	3.11
中间倾斜型	24.6	68.6	6.8	20.3	58.5	21.2	3.26
中间半直立型	21.7	67.4	10.9	10.9	60.9	28.3	3.19
中间直立型	0	66.7	33.3	33.3	0	66.7	3.23
一年生倾斜型	29.4	62.7	7.8	29.4	54.9	15.7	3.32
一年生半直立型	37.8	59.5	2.7	8.4	32.4	59.2	2.92
一年生直立型	45.8	54.2	0	0	66.7	33.3	3.34

图四 上山遗址陶片中发现的完整的稻颖壳

2. 小穗轴特征

稻谷外层通常包裹着黄棕色的内颖和外颖，内、外颖着生在短小的小穗轴上，分别位于近轴端和远轴端，在颖壳的下方还有一对护颖。在稻谷充分成熟后，在护颖的基部、小支梗之上形成一层离层，稻谷（小穗）从此处脱落。由于粳稻的离层没有完全形成，副护颖牢固地生在小穗轴基部，稻谷脱粒时小支梗被折断，因此在粳稻稻谷上通常可见到小支梗的残部；野生稻的离层相当发达，稻谷成熟时自然脱落，脱落面平整光滑，中央可见一清晰的小圆孔；籼稻的离层也相当发达，稻谷脱粒时，基本以离层处断离，脱落面通常平整光滑，但中央小孔呈长方形，边界不十分清晰⑥（图五）。小穗轴特征不仅是区分野生稻和驯化稻的最佳标准⑦，也是区分栽培稻两个亚种的重要指标。

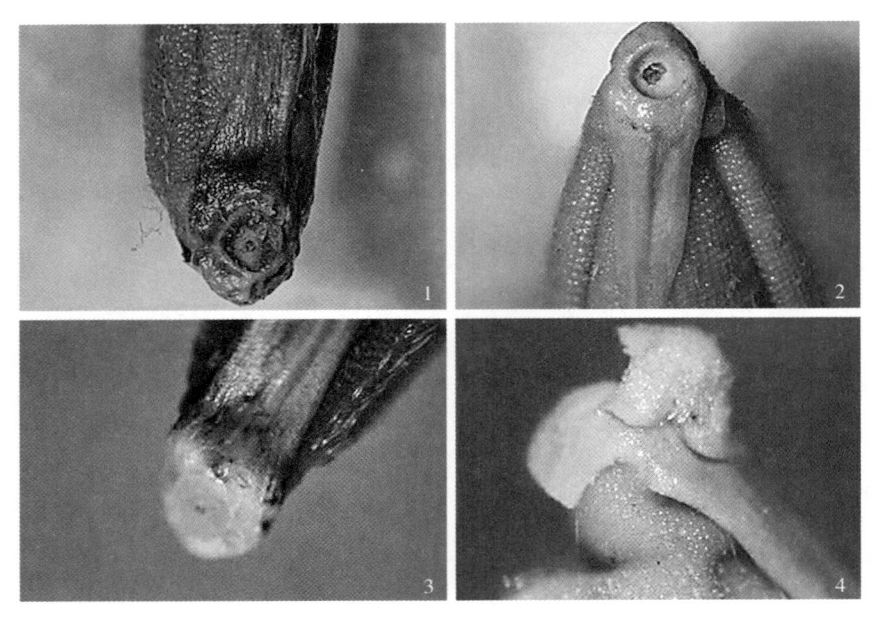

图五　栽培稻和野生稻的小穗轴

1. 湖南茶陵野生稻　2. 籼稻，IR24　3. 江西东乡野生稻　4. 粳稻

图六　上山遗址陶片中的小穗轴特征

1、2. 野生稻类型　3、4. 粳稻类型

我们对上山遗址掺和料颖壳在实体显微镜放大后进行了观察发现，作为掺和料颖壳大部分没有显露出小穗轴，一些带有小穗轴的颖壳由于炭化程度很高，很难把握小穗轴的特征，尽管如此，在实体显微镜下经过仔细观察，还是从中发现了具有野生稻特点的小穗轴和具有栽培稻（粳稻）小穗轴特征的颖壳（图六），但没有发现具有籼稻特征的小穗轴。由此可见，上山遗址古稻不仅有近似野生稻类型，也有近似现代栽培粳稻的类型，可能是处于驯化初级阶段的原始栽培粳稻。

3. 运动细胞硅酸体形态特征

水稻是高硅植物，在生长发育过程中需要从土壤吸收大量的硅元素。这些吸收到植物体内的硅在部分植物细胞内沉积，形成具有特殊功能的细胞、组织和器官，植物学把这部分细胞、组织和器官称为植物硅酸体。由于硅、硅化物的物理和化学性质稳定，植物体死亡腐烂后，植物硅酸体还可以残存相当长的时间。稻运动细胞硅酸体是稻硅酸体的一种，存在于叶片之中，是由运动细胞硅化发展而来的，呈扇形，基部有整齐的龟甲纹，两个侧面有1—2条脊状突起，在属的水平上的形状特点十分鲜明，具有分类学意义[⑧]。另外，大量的基础研究表明，稻硅酸体的形态特征在水稻的籼、粳两个亚种之间，以及粳稻的两个生态种（热带和温带粳稻）之间也存在一定的差异[⑨]。稻运动细胞硅酸体主要成分为非晶体的 $SiO_2 \cdot nH_2O$，性质相当稳定，比其他硅酸体容易保存。因此，植物硅酸体分析已经成为稻作起源和水稻驯化考古学研究的重要方法之一。

对上山遗址出土的陶片进行了植物硅酸体分析显示，一些陶片中含有来自稻叶片运动细胞硅酸体，为了进一步了解上山遗址古稻的生物学特性，我们对稻硅酸体的形状进行了解析，结果如表二所示，硅酸体的平均长度（VL）为41.77毫米，平均宽度（HL）33.85毫米，平均厚度（LL）为33.99毫米，形状系数（*b/a*）为0.76，表现出大、厚、尖的形状特点。

现代栽培稻运动细胞硅酸体的基础研究表明，籼、粳稻两个亚种之间硅酸体的形状差异表现为籼稻硅酸体小、薄、圆，粳稻硅酸体大、厚、尖；热带粳稻和温带粳稻之间的硅酸体差异表现为热带粳稻大、厚、尖，温带粳稻较小、较薄、较圆。根据判别函数求出的亚种判别值平均为3.27，判别为粳稻；背离系数（CE）平均为1，处在热带粳稻的峰值范围内。硅酸体的形状解析结果表明，上山遗址的古稻可能是具有现代粳稻、抑或热带粳稻的一些特点的原始栽培稻。

表二　上山遗址出土陶片中的运动细胞硅酸体的形状特征

形状特征参数					亚种判别值	背离系数[⑩]
地层	长 VL（微米）	宽 HL（微米）	厚 LL（微米）	形状系数 *b/a*		
4	38.98	30.88	33.7	0.76	2.75	2
6	44.94	37.68	36.19	0.77	3.97	1
6	41.40	33.00	32.08	0.76	3.10	1
平均	41.77	33.85	33.99	0.76	3.27	1

亚种判别值[⑪]：$Z = 0.4947VL - 0.2994HL + 0.1357LL - 3.8154\ (b/a) - 8.9567$，下同。

三　上山遗址古稻遗存在稻作起源研究上的意义

1. 稻作起源于距今10000年以前的长江中下游地区

亚洲稻的栽培和驯化是什么时候、在什么地方开始的？这是学者们一直关注的问题，丁颖从华南地区存在栽培稻的野生祖先种，以及对长江中游地区新石器时代古稻遗存的研究，提出了华南地区起源说，认为从华南地区籼型野生稻开始栽培，在向北传播过程中分化出粳稻[⑫]；周拾录根据安徽巢湖野生稻的特点提出粳稻栽培起源于中国长江流域，籼稻栽培起源在中国以外的地方[⑬]。20世纪70年代，日本学者渡部依据古代和现代栽培稻以及野生稻的类型的时间和空间上的变异，最终把多样性变异中心归结到云南－阿萨姆地区[14]，这一学说也得到了栽培稻同工酶多样性分析的支持[15]；张德慈在文献综述中认为栽培稻可能起源于从亚洲南部的喜马拉雅山脚及其东南亚和中国华南地区[16]；他们立论基础是瓦维洛夫的栽培历史古老的作物起源地是栽培作物的多样性中心的学说。瓦维洛夫学说有一定的合理性，但实际中影响变异因素很多，多样性选择机理有自然、人为的因素，不同生物群的杂交也能释放出多样性变异。如多样性在地理上分布是不均衡，经常会在特定的场所形成多样性中心；少数民族居住在地形复杂，民族之间几乎相互隔绝的山区地带，开展稻作生产，很有可能在当地进行多样性选择；随着社会文明进程的发展，地区间交流增多，自然资源破坏，地区的生物多样性会减少。这些现代多样性中心还没有发现十分古老的与稻作有关的考古遗址。没有得到考古学支持的这些学说证据是不充分的。20 世纪 70 年代河姆渡遗址稻谷遗存的发现，对上述的几个学说提出了挑战，许多学者提出长江下游起源说，认为稻作起源于长江下游地区，然后向南向北传播，并适应各地的自然环境，形成不同的生态类型，产生相对的生殖隔离，形成籼、粳亚种[17]。

中国长江流域、华南地区以及东南亚是世界水稻生产的主要产区，稻作农耕应该诞生这个区域内。从迄今的考古发掘成果看，中国长江流域是新石器时代稻作遗址比较集中的地区，而且一些年代十分古老的、与稻作农耕有关也大多出现在这个地区。继河姆渡遗址发现以后，中国各地的考古发掘对遗址中有关的稻谷遗存十分重视，报道有水稻遗存的新石器时代遗址（2000 BC 以前）数量有 170 余处[18]，主要分布在长江中游和长江下游地区，少数位于华南地区和黄河流域。近年来，新石器时代稻作遗址的数量还在不断增加。尽管新石器时代遗址在文化面貌上表现出地域特色和阶段性特点，但在人类经济生活方面具有同一性，即普遍从事稻作农耕生产活动来提供人类的食物。

20 世纪 80 年代末 90 年代初，在长江中游和淮河上游地区发现了年代比河姆渡遗址更古老的新石器时代遗址，如湖南的彭头山[19]、八十垱[20]，河南的贾湖[21]等遗址，这些遗址的年代在距今 7500 年以上，早的年代数据距今近 9000 年。大量的稻作遗址的发现说明，中国境内，特别是长江流域中下游地区不仅利用栽培水稻历史较早，而且具有普遍性。是稻作起源的重要地区。20 世纪末在湖南省道县玉蟾岩遗址（9000—8000 BC）发现了野生稻谷粒[22]；在江西吊桶环遗址土壤中发现了水稻颖壳植硅石[23]，这些发现说明新石器时代早期的人们似乎已经在利用水稻。由于这些年代古老的稻作遗址发现，学术界对我国稻作起源、传播的认识也发生了变化，一是把稻作农业的起源地从长江下游扩大整个长江中下游地区，提出了长江中下游说[24]；二是提出了把目前发现年代最早的稻作遗址地区出现的长江中游和淮河上游一带划分为稻作起源地，其他地方是稻作的传播区的淮河流域说[25]。

尽管长江流域地区作为稻作起源地，但由于除了粒型外，还没有其他说明是栽培稻还是野生稻的直接证据，稻作开始的时间问题还是不清晰，也使一些国外学者对中国境内所发现一些最早的水稻遗存（如玉蟾岩、彭头山、贾湖，甚至河姆渡）是否为驯化种基本持否定态度。

上山遗址古稻遗存的发现在研究稻作起源方面的意义是重大的。上山遗址的出土古稻研究显示古稻的粒型、小穗轴以及来自叶片运动细胞硅酸体同它的祖先野生稻已经有区别，一定程度上已经表现出栽培稻的特性。由此可见，在长江下游地区距今 10000 年左右已经开始稻作农耕，稻在人类栽培环境下开始走上了驯化的道路。

上山遗址稻作遗存的发现把长江下游的稻利用历史上溯到了10000年以前，表明长江下游在开始利用稻的历史方面毫不逊色于长江中游地区。对稻谷粒型和小穗轴的观察显示，上山遗址古稻中不仅存在具有野生稻特征的谷粒，而且存在具有栽培稻特征的谷粒，尽管研究观察材料为陶片，不能找到足够数量小穗轴进行统计，综合上面的观察结果我们还是可以获得对上山遗址古稻的一些认识：10000年以前上山遗址古稻已经开始走上被人类驯化的道路，是一种较为原始的栽培稻类型；在这个群体中的植株既保持较多野生稻性状，也有在人类的干扰和选择下出现的新性状；采用割穗的方法收获。

长江下游新石器时代早期出现栽培稻方面，上山遗址不是一个孤立的现象，最近发掘的嵊州小黄山遗址的稻谷遗存也提供了这方面的证据。小黄山遗址为新石器时代早期的遗址，遗址出土了石磨盘、磨石、夹砂红衣陶盆、罐等器物，揭示了大量的储藏坑等遗迹，小黄山类型文化的年代距今10000—8000年，具有上山文化内涵，也是河姆渡文化的重要来源。嵊州小黄山遗址[26]出土的陶片我们同样也观察到了原始栽培稻的颖壳（图七）。

最近我们对长江下游几个7000年以前的新石器时代遗址出土稻谷的小穗轴特征进行了观察，发现其中既有野生型，也有栽培型的小穗轴，其比例约各占50%（表三），比照各个遗址的年代差异和小穗轴的比例关系，同样做出稻作农耕开始于距今10000年以前的推测[27]。

上山遗址稻作遗存和栽培稻的发现，不仅证明长江下游是我国稻作和栽培稻的起源地之一，同时也意味着我国的稻作起源可以用中心和非中心来概括，即长江中下游地区是我国稻作的起源地，在这个广阔的地域内，存在着多个驯化中心，区域内的许多地方可能都有自身从驯化野生稻为栽培水稻的历程。业已发现的考古资料证明，长江中下游地区不仅有10000年以上的稻作遗址，而且是新石器时代稻作遗址分布的中心区域，该地区稻作遗址数量之多、分布之集中、年代之古老已经足以说明这个广大区域是稻作起源和水稻驯化的重要地区。

2. 粳稻是栽培稻的演化方向

陶片上的颖壳观察结果显示，上山遗址古稻的小穗轴特征有两种类型，一类为野生稻类型，另一类为栽培粳稻类型，没有观察到籼稻类型；硅酸体分析结果同样显示上山遗址古稻和现代栽培稻粳稻相似。观察和分析结果表明野生稻走上被人类驯化的道路后，可能是朝着粳稻的方向发展的。从稻硅酸体形状背离系数看，上山遗址古稻有可能是热带粳稻。另外，从陶片

图七　小黄山遗址陶片中的小穗轴特征
1. 粳稻类型　2. 野生稻类型

表三　跨湖桥、罗家角、田螺山遗址出土稻谷的小穗轴的组成

遗址	野生型		粳型		籼型		合计	
	数量	百分比（%）	数量	百分比（%）	数量	百分比（%）	数量	百分比（%）
跨湖桥	70	58.3	50	41.7	0	0	120	100
罗家角	49	49.0	51	51.0	0	0	100	100
田螺山	172	49.0	179	51.0	0	0	351	100
合计	291	51.0	280	49.0	0	0	571	100

中唯一一颗较为完整的颖壳测量数据看，谷粒形状相当大，长达7.73毫米，宽达2.86毫米，似热带粳稻。

亚洲稻（*O. sativa*）存在两个不同类型的栽培亚种，籼稻（*O. sativa* subsp. *indica*）和粳稻（*O. sativa* subsp. *japonica*），另外，一些学者认为粳稻中可以分出一种类型，以日本栽培稻为代表的温带粳稻（*Japonica*）和以东南亚岛屿地区的栽培稻为代表的热带粳稻（*Javanica*），后者比前者表现为迟熟、高杆、胚乳碱化值低，大粒型。热带粳稻一般为旱稻，而温带粳稻一般为水稻。这些亚种或生态型不仅在一些生物性状上存在明显的差异，而且存在着一定的生殖隔离现象。对现代栽培稻两个亚种的地理分布调查显示，粳稻主要分布在中国北部、朝鲜、日本以及其他一些温带国家。在中国，粳稻主要种植在长江以北，而籼稻主要种植在长江以南。从垂直分布来看，呈现出粳稻种植在山上而籼稻种植在山谷的趋势。

关于亚洲栽培稻两个亚种的起源问题也是稻作起源研究的重要内容，这不仅在农学和生物学具有重要意义，而且这个问题的解决有助于我们正确理解稻作起源是单个中心的还是多中心的等问题。丁颖认为华南地区的籼型野生稻是栽培稻的祖先，最早的栽培稻为籼稻（*O. sativa* L. subsp. *Hsien* Ting），在栽培稻向北传播过程中，分化出粳稻（*O. sativa* L. subsp. *Keng* Ting）[28]。周拾录则认为中国长江流域是粳稻的起源地，而籼稻则可能起源于印度等南亚地区[29]。伴随新中国考古工作的发展，稻考古资料越来越丰富，并引起农学工作者关注。游对河姆渡遗址出土的稻谷粒型调查认为，河姆渡遗址的稻谷有长粒型和短粒型两种，长粒型为籼稻，短粒型为粳稻[30]。周对罗家角遗址出土稻谷（米）调查后，认为罗家角遗址出土稻谷为在栽培稻，并且根据稻谷粒型的构成，认为已经分化出籼稻和粳稻[31]。但是Second通过对现代栽培水稻过氧化氢同工酶分析，对通过粒型来判断稻的亚种提出疑问，他推测粳稻在中国驯化和籼稻在南亚的驯化，是分别独立进行的驯化[32]。王象昆等对线粒体和叶绿体的DNA分析结果表明，中国普通野生稻的类粳稻和类籼稻之间的差异几乎微不足道，但是南亚野生稻种群的差异则很明显，认为粳稻是中国的主要遗传类型，而籼稻主要见于南亚，粳稻起源于中国，而籼稻起源于南亚和中国最南部[33]。出现这种认识上的不同主要原因是研究方法和研究对象的不同。在以前由于研究方法的局限，对考古遗址出土古稻的研究只能通过粒型鉴定，但现代栽培稻的研究表明粒型在判别现代栽培稻的两个亚种的正确率仅为60%[34]，如果用来判断几千年以前炭化稻粒的粳、籼亚种属性是困难的。考古遗址出土的稻谷经历数千年的地下埋藏，除粒型，大部分生物性状已经无法观察到了，因此在对考古遗址出土的稻谷分析研究中，需要采用一些新方法、新技术。植物硅酸体分析（运动细胞硅酸体和双峰乳突）和古DNA分析可以提供古稻籼粳分类方面的一些帮助。郑云飞等分析河姆渡遗

址水稻硅酸体认为河姆渡遗址以粳稻为主，并推测为热带型[35]。佐藤认为籼稻和粳稻之间的差异在驯化之前已经出现了，通过对长江流域炭化稻米DNA分析，认为长江流域的古稻为粳稻，而且属于热带型[36]。郑云飞等对跨湖桥遗址出土稻谷（米）的粒型和水稻硅酸体进行了分析，结果显示稻谷（米）的粒型表现为以长粒型为主，短粒型比例较少，而水稻硅酸体却表现为粳稻的特点，认为粳稻是水稻演化方向，粒型则显示了水稻的原始特征[37]。栽培稻在人类栽培环境下向粳稻演化的特点在我们对距今7000年左右考古遗址出土的稻谷遗存分析中也得到证实[38]。

上山遗址位于浦阳江上游的一个丘陵小盆地，海拔40—50米，原来有许多小土岗，在现代大规模的农地开垦活动中被削平，四周为山地，遗址的东面河道，该区域内零星分布着一些池塘和低洼地。勘探调查还发现，遗址的西面有一条古河道。这种自然环境中是适合驯化栽培稻。根据现代野生稻分布调查，栽培稻的野生祖先（*O. perennis*）主要分布在溪谷和平原滞水的沼泽地中，但丘陵地区同样也有分布，如泰国北部的丘陵溪谷中发现的野生稻，并不是沿着主要河流分布，它们分布在滞水的沼泽或水沟中；中国云南野生稻出现的最高海拔为大约600米，主要分布于池塘和洼地；中国广东博罗县，沿着从山上的池塘向下流动的三条小河流中发现野生稻群体[39]。

综上所述，我们可以对上山遗址稻作起源的模式作一个大致的描述：在10000年以前，上山遗址周围的池塘、低洼地以及河流沿岸很有可能分布着野生稻群体。先民采集野生稻作为部分食物的来源，随着人们对食物需求量的增加，以及对稻米食性、储藏、加工等方面认识的加深，先民开始尝试人工栽培。但由于遗址周围并没有大面积的，和栽培稻祖先野生稻相似的湿地，人们不得不把稻栽培在水分供给不良的水际坡地，甚至高地，不久旱地栽培的稻米成为人们食用稻米的主要来源。在栽培方式变化的同时，稻的一些生物性状也发生了变化，表现出旱稻或热带粳稻的一些特点。俞履圻等认为粳稻可能是稻作开始的初期在山区灌溉条件不良的情况下，由籼变成光壳一类的陆稻，再演化为粳稻[40]。王象坤等通过观察云南地方种系分布，认为原始粳稻可能起源于栽培种向山区的扩散，它们分化成为适于水田的有芒类型和适于旱地的光壳类型，它们之间的杂交产生了现今的粳稻品种[41]。我们观察到上山遗址古粳稻可能是先民把稻引种到灌溉条件不良的高燥之地，在自然选择和人工选择双重作用下的结果。上山遗址古稻遗存发现和研究提供了粳稻随着原始驯化种从低地向高海拔、从湿地向旱地的传播而受到选择的考古学证据。

3. 长江下游稻作农耕的发展

距今10000—7000年，在长江下游地区先后发现上山、小黄山、跨湖桥、河姆渡、罗家角、田螺山等新石器时代遗址，这些遗址不仅年代方面具有连续性，而且在文化面貌即有独特的一面，也有相互的联系。如距今10000年左右的上山遗址有上山文化和跨湖桥文化的叠压地层，距今9000年左右的小黄山遗址中发现跨湖桥文化因素，距今8000年左右的跨湖桥遗址包含着河姆渡文化的一些因素。稻的栽培是这些遗址的共同文化面貌之一，反映了距今10000—7000年这段时间人类经济活动的一个特点：水稻栽培已经成为人类经济活动的重要内容。

上山遗址位于浦阳江上游支流的一个小盆地，从古稻的一些生物学形状以及遗址周围的地理环境条件看，我们认为进入早期农耕阶段的上山遗址先民栽培的稻以旱稻或热带型粳稻的可能性比较大。我们对位于浦阳江上游支流小盆地的小黄山遗址的稻硅酸体形状也进行了形状解析，同样表现出旱稻

表四　小黄山遗址土壤中的运动细胞硅酸体的形状特征

地层	形状特征参数				亚种判别值	背离系数
	长（微米）	宽（微米）	厚（微米）	形状系数 b/a		
3	41.55	35.32	30.95	0.88	1.86	2
4	41.45	33.14	32.33	0.77	3.08	1
6	42.43	36.58	35.12	0.78	2.87	1
7	39.44	33.13	31.91	0.91	1.49	2
平均	41.22	34.54	32.58	0.84	2.33	1

表五　跨湖桥遗址土壤中的运动细胞硅酸体的形状特征

地层	形状特征				亚种判别值	背离系数
	长（微米）	宽（微米）	厚（微米）	形状系数 b/a		
4	41.91	35.68	33.82	0.85	2.44	2
5	40.29	34.36	31.16	0.88	1.55	2
6	40.28	35.34	31.46	0.93	1.11	2
7	41.11	34.19	32.59	0.91	2.09	2
8	40.53	32.91	30.81	0.92	1.91	2
9	41.87	33.38	28.79	0.91	2.2	2
平均	40.95	34.15	31.11	0.9	1.86	2

或热带粳稻硅酸体的特点，平均背离系数为1（表四）。上山遗址和小黄山遗址出土的稻遗存反映出栽培稻的一些生物学的形状显示：旱稻是长江下游地区原始栽培稻的主要形态。

从上山遗址沿浦阳江而下穿过四明山和会稽山脉，就进入跨湖桥文化、马家浜文化诞生地——杭嘉湖平原和河姆渡文化诞生地——宁绍平原。杭嘉湖和宁绍平原是长江下游新石器时代中期文化最为繁荣的地方，同样，稻作农耕也是这时期经济形态的重要特色之一。关于这一时期稻作农耕文化的特色主要来自稻遗存的研究。郑等分析河姆渡遗址水稻硅酸体认为河姆渡遗址以粳稻为主，并推测为热带型[42]。佐藤认为籼稻和粳稻之间的差异在驯化之前已经出现了，通过对长江流域炭化稻米DNA分析，认为长江流域的古稻为粳稻，而且属于热带型[43]。同样，跨湖桥遗址土壤中稻硅酸体也表现出热带粳稻的形状特点，长、宽、厚和形状系数等用于描述硅酸体（表五）形状特征的参数平均值分别为40.95微米、34.15微米、31.11微米和0.90，根据硅酸体的形状判别粳稻，平均背离系数为2，位于热带粳稻背离系数的主要分布区[44]。

河姆渡文化遗址和跨湖桥文化遗址位于宁绍和杭嘉湖平原，水资源和湿地资源十分丰富，从稻的栽培立地条件看，先民栽培的是水稻，但从硅酸体形状特征看，却具有旱稻或热带粳稻的一些特点，以前对这一个问题一直难以得到合理解释，上山和小黄山遗址的发掘以及稻遗存的发现和分析给出了答案：在距今8000年左右，生活在上山（小黄山）等大河上游小盆地的先民携带已经处于半驯化阶段的栽培稻种子，进入山地和平原的结合部发展，出现了以跨湖桥遗址为代表的跨湖桥文化，然后在全新世海平面上升过程中的海退期，平原出现大面积陆地的时候发展成具有鲜明特色的稻作文化。尽管跨湖桥和河姆渡文化时期的栽培条件已经发生了变化，但仍然保留早期原始栽培稻（旱稻或热带粳稻）的一些特性。

本研究受浙江省文化厅科研经费资助。

原载《环境考古研究》第四辑，北京大学出版社，2007 年

注释

① 盛丹平、郑云飞、蒋乐平：《浙江浦江县上山新石器时代早期遗址——长江下游万年前稻作遗存的最新发现》，《农业考古》2006 年第 1 期。

② 刘莉：《植物质陶器和石煮法》，《中国文物报》2006 年 5 月 26 日。

③ 庞汉华、才宏伟、王象坤：《中国普通野生稻（*Oryza rufipogon Griff*）的形态分类研究》，王象坤、孙传清主编《中国栽培稻起源与演化研究专集》，中国农业大学出版社，1996 年，第 107—119 页。

④ 袁平荣、卢义宣、黄迺威：《云南元江普通野生稻分化的研究》，王象坤、孙传清主编《中国栽培稻起源与演化研究专集》，中国农业大学出版社，1996 年，第 222—225 页。

⑤ 王象坤：《中国稻作起源研究中几个主要问题的研究新进展》，王象坤、孙传清主编《中国栽培稻起源与演化研究专集》，中国农业大学出版社，1996 年，第 2—7 页。

⑥ T. Matsuo, K. Hoshikawa, *Science of the rice plant*, Vol. 1, *Morphology*, Food and Agriculture Policy Research Center, Tokyo, 1993, 91-92.

⑦ G. W. Crawford, C. Shen, The origin of rice agriculture: recent progress in East Asia, *Antiquity* 72 (1998): 858-866.

⑧ 藤原宏志：『プラント・オパール分析法の基礎研究（1）一数種イネ科植物の珪酸体標本と定量分析』，『考古学と自然科学』9（1976）：15-29；藤原宏志、佐々木章：『フラント・オパール分析法の基礎研究（2）-イネ（*Oryza*）属植物における機動細胞珪酸体の形状』，『考古学と自然科学』11（1978）：55-65。

⑨ 藤原宏志、佐々木章：『プラント・オバール分析法の基礎研究（2）-イネ（*Oryza*）属植物における機動細胞珪酸体の形状』，『考古学と自然科学』11（1978）：55-65。

⑩ 佐藤洋一郎、藤原宏志、宇田津徹朗：『イネの*indica*およひ*japonica*の機動細胞にみられるケイ酸体の形状および密度の差異』，『育種雜誌』40（1990）：495-504。

⑪ 王才林、宇田津徹朗、藤原宏志等：『イネ機動細胞珪酸体形状における主成分分析およひその亜種判別への応用』，『考古学と自然科学』34（1996）：53-71。

⑫ 丁颖：《中国稻作之起源》，《中山大学农艺专刊》1949 年第 7 期；丁颖：《中国栽培稻种的起源及其演变》，《文汇报》1961 年 9 月 26 日。

⑬ 周拾禄：《中国是稻作的原产地》，《中国稻作》1949 年第 7 期；渡部忠世：『稲の道』，日本放送協会，1977 年。

⑭ 渡部忠世：『稲の道』，日本放送協会，1977 年。

⑮ M. Nakagawa, The differentiation, classification and center of genetic diversity of cultivated rice (*Oryza sativa* L.) by isozyme analysis, Tropical Agricultural Research Series 11 (1978): 77-82.

⑯ T. T. Chang, The origin, evolution, cultivation, dissemination, and diversification of Asian and African rices, *Euphytica* 25 (1976): 435-441; T. T. Chang, *The rice cultures*, Philosophical Transactions of the Royal Society of London, 1976 (B275): 143-157.

⑰ 游修龄：《对河姆渡遗址第四文化层出土稻谷和骨耜的几点看法》，《文物》1976 年第 8 期；严文明：《中国稻作农业的起源》，《农业考古》1982 年第 1 期。

⑱ 裴安平、熊建华：《长江流域的稻作文化》，河北教育出版社，2004 年，第 35—46 页。

⑲ 湖南省文物考古研究所、澧县文物管理所：《湖南澧县彭头山新石器时代早期遗址发掘简报》，《文物》1990 年第 8 期；裴安平：《彭头山文化的稻作遗存与中国的史前稻作农业》，《农业考古》1989 年第 2 期。

⑳ 裴安平：《彭头山文化的稻作遗存与中国的史前稻作农业》，《农业考古》1989 年第 2 期。

㉑ 河南省文物考古研究所：《河南舞阳贾湖新石器时代遗址第二至第六次发掘简报》，《文物》1989 年第 1 期。

㉒ 袁家荣：《玉蟾岩获水稻起源重要新物证》，《中国文物报》1996 年 3 月 3 日。

㉓ 赵志军：《吊桶环遗址稻属植硅石研究》，《中国文物报》2000 年 7 月 5 日。

㉔ 严文明：《再论中国稻作的起源》，《农业考古》1989 年第 2 期。

㉕ 刘莉：《植物质陶器和石煮法》，《中国文物报》2006 年 5 月 26 日。

㉖ 张恒、王海明、杨卫：《浙江嵊州小黄山遗址发现新石器时代早期遗存》，《中国文物报》2005 年 9 月 30 日。

㉗ 张恒、王海明、杨卫：《浙江嵊州小黄山遗址发现新石器时代早期遗存》，《中国文物报》2005 年 9 月 30 日。

㉘ 丁颖：《中国稻作之起源》，《中山大学农艺专刊》1949 年第 7 期。

㉙ 周拾禄：《中国是稻作的原产地》，《中国稻作》1949 年第 7 期；渡部忠世：『稲の道』，日本放送協会，1977 年。

㉚ 游修龄：《对河姆渡遗址第四文化层出土稻谷和骨耜的几点看法》，《文物》1976 年第 8 期；严文明：《中国稻作农业的起源》，《农业考古》1982 年第 1 期。

㉛ H. Morishima, H. I. Oka, Phylogenetic differentiation of cultivated rice XXII: Numerical evolution of *indica-japonica* differentiation, *Japanese Journal of Breeding* 31 (1981).

㉜ G. Second, The study of isozymes in relation to the distribution of the genus *Oryza* in the paleoenvironment and the subsequent origin of cultivated rice/R. O. Whyte, ed. *Evolution of the East Asian Environment*, Hong Kong: Centre of Asian Studies, 1984, 665-681.

㉝ 王象坤：《中国稻作起源研究中几个主要问题的研究新进展》，王象坤、孙传清主编《中国栽培稻起源与演化研究专集》，中国农业大学出版社，1996 年，第 2—7 页；孙传清、王象坤、李自超：《从普通野生稻 DNA 的籼粳分化看亚洲栽培稻的起源与演化》，《农业考古》1998 年第 1 期。

㉞ H. Morishima, H. I. Oka, Phylogenetic differentiation of cultivated rice XXII: Numerical evolution of *indica-japonica* differentiation, *Japanese Journal of Breeding* 31 (1981).

㉟ 郑云飞、游修龄、俞为洁等：《河姆渡遗址稻的硅酸体分析》，《浙江农业大学学报》1994 年第 20 卷第 1 期。

㊱ Y. I. Sato, L. H. Tang, I. Nakamura, Amplification of DNA fragments from charred rice grains by polymerase chain reaction, *R. G. N.*, 12 (1996): 260-261; Y. I. Sato, *Origin and dissemination of cultivated rice in Asia*, 第 2 届农业考古国际学术研讨会，南昌，1997。

㊲ 郑云飞、蒋乐平、郑建明：《跨湖桥遗址出土的古稻研究》，《中国水稻科学》2004 年第 18 卷第 2 期。

㊳ 郑云飞、孙国屏、陈旭高：《7000 年前考古遗址出土稻谷的小穗轴特征》，《科学通报》2007 年第 52 卷第 9 期。

㊴ W. Q. Chen, N. Liang, J. R. Yu, *Wild rice in Boluo county/rice improvement in China and other Asian countries*, 1980: 75-84, IRRI.

㊵ 俞履圻、林权：《中国栽培稻中的亲缘关系》，《作物学报》1962 年第 8 期。

㊶ 王象坤、程侃声、卢义宣等：《云南稻种资源的综合利用Ⅲ：云南的光壳稻》，云南农科院 - 北京农业大学报告（油印），1984 年第 24 卷。

㊷ 郑云飞、游修龄、俞为洁等:《河姆渡遗址稻的硅酸体分析》,《浙江农业大学学报》1994 年第 20 卷第 1 期;佐藤洋一郎:『DNAが語る稲作文明』,日本放送協会,1996 年。

㊸ 佐藤洋一郎:『DNAが語る稲作文明』,日本放送協会,1996 年。

㊹ 郑云飞、蒋乐平、郑建明:《跨湖桥遗址出土的古稻研究》,《中国水稻科学》2004 年第 18 卷第 2 期。

7000年前考古遗址出土稻谷的小穗轴特征*

20世纪70年代，在长江下游的浙江省境内发现了距今7000年的河姆渡遗址，遗址年代之早、遗物之丰富、文化特征之独特立即引起了全世界的广泛关注，特别是遗址中大量稻谷遗存以及农具的发现，不仅把世界稻谷栽培的历史提前了近2000年，而且引发了亚洲稻作起源和传播的大讨论[①]。

继河姆渡遗址发现以后，中国各地的考古发掘对遗址中有关的稻谷遗存十分重视，报道有水稻遗存的新石器时代遗址（2000 BC以前）数量有170余处，主要分布在长江中游和下游地区、少数位于华南地区和黄河流域[②]。近年来，新石器时代稻作遗址的数量还在不断增加。大量稻作遗址的发现说明，中国境内，特别是长江流域中下游地区不仅利用栽培水稻历史较早，而且具有普遍性，是稻作起源的重要地区。尽管30余年来的稻作起源研究已经取得了不少成果，但还有许多问题需要进一步研究，如开始利用水稻究竟有多早，何时开始驯化，以及这些情况在什么条件下发生等。湖南省道县玉蟾岩[③]、江西吊桶环[④]以及浙江上山遗址[⑤]的水稻遗存发掘出土，说明在距今10000年以前的新石器时代早期，人们似乎已经在利用水稻，但遗憾的是，目前还没有其他直接证据证明当时利用的是栽培稻还是野生稻，没有从根本上解决上述问题，以至于国外学者对中国境内所发现的一些早期的水稻遗存（如玉蟾岩、彭头山、贾湖，甚至河姆渡）是否为驯化种基本持怀疑态度[⑥]。因此，采用农学技术和手段解决史前栽培稻和野生稻问题对解答稻作起源问题至关重要。

目前，鉴别栽培稻和野生稻的方法主要有粒型鉴别法、颖壳双峰乳突分析[⑦]和小穗轴形态特征观察等方法。一些学者认为，栽培稻粒型和野生稻类似，不适合对遗存进行栽培稻和野生稻的判别；颖壳双峰乳突分析还不是很成熟，应用起来需要慎重；DNA分析是一种先进的研究方法，但目前成功的例子不多；小穗轴特征是区分野生稻和驯化稻的最佳标准[⑧]。本研究报道了对浙江省境内的跨湖桥、罗家角和田螺山等3处距今7000年以前的遗址，出土稻的小穗轴特征观察的初步结果，希冀有助于稻作起源研究的深入。

一　材料与方法

1. 遗址概况和材料

跨湖桥遗址[⑨]位于杭州市萧山区，北纬约30°05′，东经约120°18′。2001、2002年，浙江省文物考

* 本文系与孙国平、陈旭高合著。

古研究所主持了对遗址的考古发掘，发掘面积约 1080 平方米。遗址年代距今约 8000—7000 年。遗址出土有陶、石、骨、木器等器物，发现了迄今我国最早的独木舟，出土了 32 种动物骨骼，还发现了数量较多的古稻遗存。本研究对出土稻谷和谷壳进行了观察。

田螺山遗址位于余姚市三七市镇，北纬约 30°01′，东经约 121°22′。2003 和 2004 年进行了考古发掘。遗址年代距今 7500—6500 年，为河姆渡文化类型的新石器时代遗址。遗址除了出土具有河姆渡文化特征的陶、石、骨、木器等器物外，还发现了重要的建筑遗迹和大量的动植物遗存（包括炭化稻米），是继河姆渡遗址发现以来最重要的河姆渡文化遗址。2004 年遗址保护棚基础施工中，在遗址发掘现场的东南角发现了文化堆积，除了文化遗物和遗迹外，还发现了以稻谷壳为主的堆积地层。该稻壳堆积层相当于遗址发掘现场的第 7 层，为河姆渡文化的早期阶段，距今 7500 年左右。地层除大量的不完整谷壳，没有发现稻谷和稻米，可能是古人脱壳加工后留下的废弃物。本研究对采集的稻谷壳样本进行了观察。

罗家角遗址[10]位于桐乡市石门镇，北纬约 29°58′，东经约 121°22′。1979—1980 年进行了发掘，发掘面积 1300 多平方米，年代距今 7000 年左右。遗址遗物丰富，出土了大量的陶、石、骨、木器等器物和动植物遗存，其中稻谷米有近 500 粒。本研究观察的是其中的稻谷。

2. 方法

取田螺山遗址稻谷壳堆积层土样约 30 毫升，加入 10% 的 $NaHCO_3$溶液，放置 12 小时分散土块，倾倒上清液。用 160 微米孔径筛子水洗过滤去除土粒后，加入 1% H_2O_2溶液，放置 5—6 小时，去除谷壳表面的附着物。放置在 Nikon SMZ1000 实体显微镜下放大 40—60 倍观察。跨湖桥和罗家角遗址直接取保存的稻谷，放置在 Nikon SMZ1000 实体显微镜下放大 40—60 倍观察。

二 结果和讨论

稻谷外层通常包裹着黄棕色的内颖和外颖，内、外颖着生在短小的小穗轴上，分别位于近轴端和远轴端，在颖壳的下方还有一对护颖，稻谷充分成熟后，在护颖的基部、小枝梗之上形成一层离层，稻谷（小穗）从此处脱落[11]。由于粳稻的离层没有完全形成，副护颖牢固着生在小穗轴基部，稻谷脱粒时小枝梗被折断，因此在粳稻稻谷上通常可见到小枝梗的残部；野生稻的离层相当发达，稻谷成熟时自然脱落，脱落面平整光滑，中央可见一个清晰的小圆孔；籼稻的离层也相当发达，稻谷脱粒时，基本从离层处断离，脱落面通常平整光滑，但中央小孔呈长方形，边界不十分清晰（图一）。造成栽培稻和野生稻小穗轴基部离层差异的一个很重要的原因是人为选择的影响。

人类在开始利用水稻后，采集或收获是对水稻脱粒性的选择，朝着脱粒性减弱的方向发展；播种是对水稻休眠性的选择，朝着休眠性减弱的方向发展。人们从稻穗上采集或收获到的稻谷是一些离层相对不太发达的谷粒，离层十分发达的谷粒由于容易脱落，多数掉在地上难于采集或收获到。尽管驯化早期人们对脱粒性的选择是一种无意识的行为，但经过长期的这种选择，水稻的脱粒性逐步减弱，粳稻是脱粒性选择的一个典型的例子。

本研究观察结果显示，跨湖桥、罗家角、田螺山等 3 个遗址出土的稻谷、稻壳等遗存所见的小穗轴（图二）可分为2种类型：1. 粳稻型。小穗轴通常可见副护颖，在基部有小枝梗与之相连，或有明显的折断痕迹。2. 野生型。小穗轴上不见副护颖，小穗轴基部面平整光滑，平面中央可见一个圆形的小孔。在本研究观察的3个遗址的出土样品中没有发现具有明显籼稻小穗轴特征的稻谷。

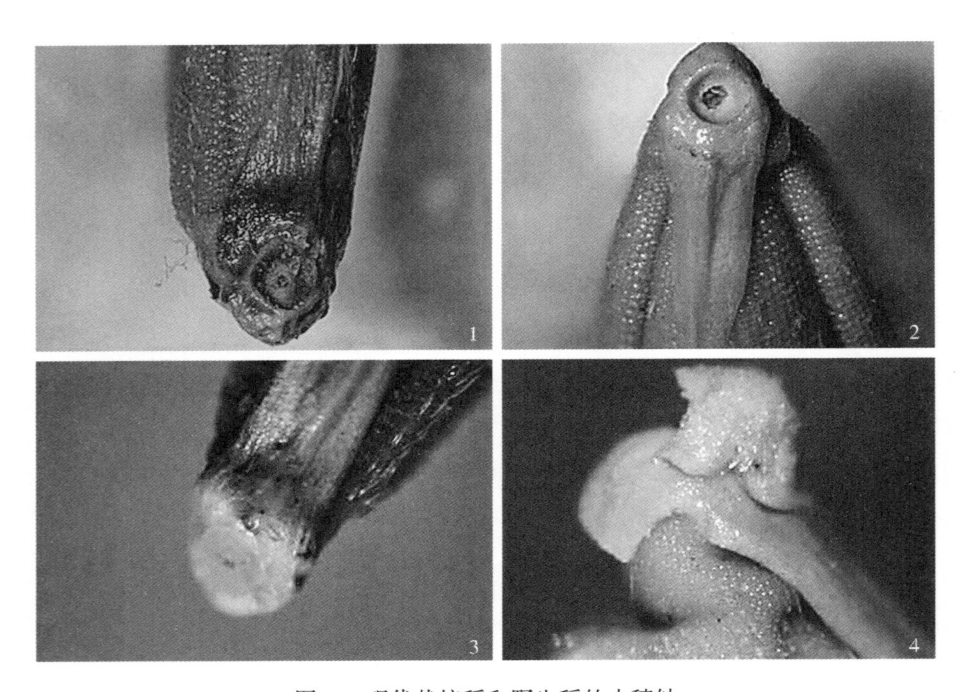

图一 现代栽培稻和野生稻的小穗轴

1. 湖南茶陵野生稻 2. 籼稻，IR24 3. 江西东乡野生稻 4. 粳稻，Asominori

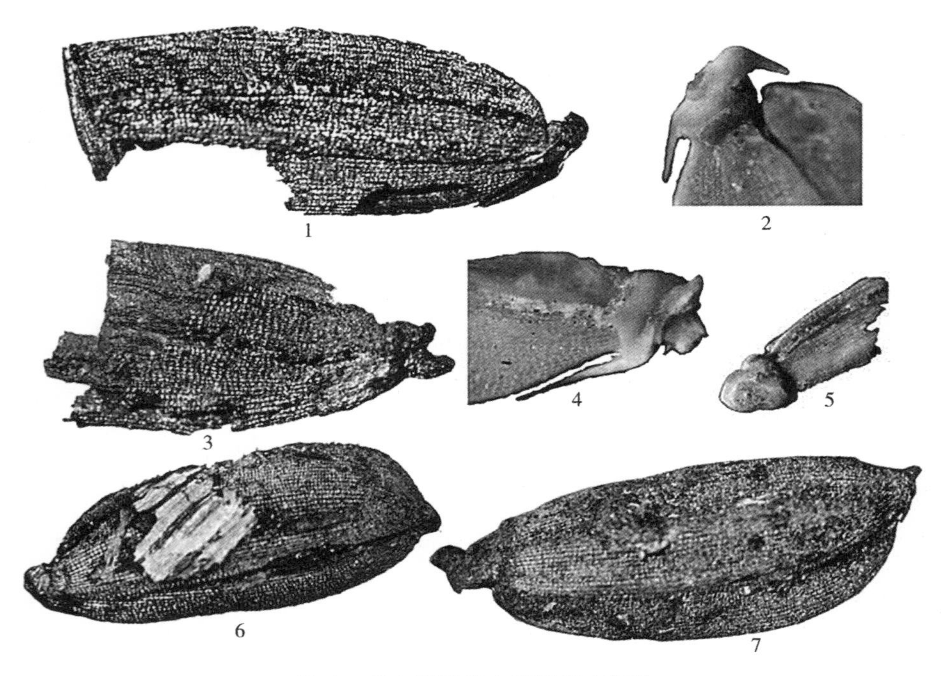

图二 考古遗址出土的稻谷小穗轴

1. 跨湖桥遗址，野生型 2、4. 田螺山遗址，粳稻型 3. 跨湖桥遗址，粳稻型
5. 田螺山遗址，野生型 6. 罗家角遗址，野生型 7. 罗家角遗址，粳稻型

表一　跨湖桥、罗家角、田螺山遗址出土稻谷的小穗轴组成

遗址	野生型		粳型		籼型		合计	
	数量（粒）	比例（%）	数量（粒）	比例（%）	数量（粒）	比例（%）	数量（粒）	比例（%）
跨湖桥	70	58.3	50	41.7	0	0	120	100
罗家角	49	49.0	51	51.0	0	0	100	100
田螺山	172	49.0	179	51.0	0	0	351	100
合计	291	51.0	280	49.0	0	0	571	100

如表一所示，3 个遗址 571 粒稻谷的小穗轴中，有野生型 291 粒，占 51.0%，粳稻类型 280 粒，占 49.0%，比例上相近。其中，罗家角、田螺山两个遗址的野生类型、粳稻类型比例相等，分别为 49.0% 和 51.0%，跨湖桥遗址的野生类型小穗轴比例较其他两个遗址高，占 58.3%，粳稻类型小穗轴较其他两个遗址低，为 41.7%。

3 个遗址出土稻谷的小穗轴特征观察结果显示，每个遗址都有栽培粳稻类型的小穗轴，说明在我国长江下游地区距今 8000—7000 年已经栽培驯化稻了，这一结果同过去根据出土稻谷（米）的粒型判断是一致的[12]。同时，应该看到这 3 个遗址中的粳稻类型小穗轴的比例为 49%，而野生型小穗轴的比例达 51%，与现代栽培稻是有差别的。这种小穗轴的数量比例反映了它们还是一些处于驯化进程中的阶段性的原始栽培稻。可以推测随着驯化程度的加深，粳稻类型小穗轴的比例将上升，而野生型小穗轴的比例将下降。

跨湖桥遗址出土稻谷的野生类型小穗轴比例比其他两个遗址高，粳稻类型小穗轴比例比其他两个遗址低，表明跨湖桥遗址出土的稻谷比罗家角遗址和田螺山遗址出土的稻谷更具原始性，而罗家角遗址和田螺山遗址出土的稻谷大致处于相同的驯化阶段。这个结果和 3 个遗址的年代得到了相互印证。从粳稻类型小穗轴的比例看，这个地区的稻栽培历史要长于 8000 年。

距今 8000 年左右的跨湖桥遗址出土稻谷，粳稻类型小穗轴比例约为 42%；距今 7500 年左右的田螺山遗址出土稻谷，粳稻小穗轴比例约为 51%，两者相差约 9%。如果按 500 年 9% 的平均速率计算的话，人类开始驯化的时间可上溯到距今 10000 年以前。最近几年，长江下游发现了多处年代较早的新石器时代遗址，如距今 11000 年的浦江上山遗址、距今 9000 年左右的嵊州小黄山遗址[13]。在这两个遗址的发掘中，考古研究人员发现了混入陶器胎土的稻谷、红烧土中的稻谷印痕等古稻遗存。对陶器胎土和红烧土中的稻谷遗存的观察结果显示，当时已经有野生型和粳稻型的小穗轴之分（图三），表明该地区的稻作和栽培稻的驯化在距今 10000 年以前就已经开始。

稻的两个亚种起源问题是稻作起源的重要问题，是解决稻种起源一个中心还是多个中心的关键所在。丁颖[14]通过对华南地区野生稻的调查，结合长江中游地区考古遗址烧土稻谷印痕的观察，认为华南地区的籼型野生稻是栽培稻的祖先，最早的栽培稻为籼稻（*O. sativa* L. subsp. *Hsien* Ting），在栽培稻向北传播的过程中，分化出粳稻（O. *sativa* L. subsp. *Keng* Ting），周拾禄[15]通过对巢湖地区野生稻的观察分析，提出中国长江流域是粳稻的起源地，而籼稻则可能起源于印度等南亚地区[16]。伴随新中国考古工作的发展，稻考古资料越来越丰富，引起农学工作者关注。游修龄[17]对河姆渡遗址出土的稻谷粒型调查认为，河姆渡遗址的稻谷有长粒型和短粒型两种，长粒型为籼稻，短粒型为粳稻。周季维[18]对

图三 上山和小黄山遗址的稻谷小穗轴
1. 小黄山遗址，粳稻型 2. 小黄山，野生型 3. 上山遗址，野生型 4. 上山遗址，粳稻型

罗家角遗址出土稻谷（米）调查后，认为罗家角遗址出土稻谷为栽培稻，并且根据稻谷粒型的构成，认为已经分化出籼稻和粳稻。但是Second[19]通过对现代栽培水稻过氧化氢同工酶分析，对通过粒型来判断稻的亚种提出疑问，他推测粳稻在中国驯化和籼稻在南亚驯化，是分别独立进行的驯化。王象坤等[20]对线粒体和叶绿体的DNA分析结果表明，中国普通野生稻的类粳稻和类籼稻之间的差异几乎微不足道，但是南亚野生稻种群的差异则很明显，认为粳稻是中国的主要遗传类型，而籼稻主要见于南亚，粳稻起源于中国，而籼稻起源于南亚和中国最南部。出现这种认识上的分歧，主要原因是研究方法和研究对象的不同。用粒型来判别现代栽培稻的两个亚种的正确率约为60%[21]，但用来判断几千年以前粳、籼炭化稻粒是困难的[22]。考古遗址出土的稻谷经历数千年的地下埋藏，除粒型，大部分生物性状已经无法观察到了，因此在对考古遗址出土的稻谷分析研究中，需要采用一些新方法、新技术。植物硅酸体分析（运动细胞硅酸体和双峰乳突）和古DNA分析可以提供古稻籼粳分类方面的一些帮助。郑云飞等[23]分析河姆渡遗址水稻硅酸体，认为河姆渡遗址以粳稻为主，并推测为热带型。Sato等[24]认为籼稻和粳稻之间的差异在驯化之前已经出现了，通过对长江流域炭化稻米DNA分析，认为长江流域的古稻为粳稻，而且属于热带型。郑云飞等[25]对跨湖桥遗址出土稻谷（米）的粒型和水稻硅酸体进行了分析，结果显示稻谷（米）的粒型表现为以长粒型为主，短粒型比例较少，而水稻硅酸体却表现为粳稻的特点，认为粳稻是水稻演化方向，粒型则显示了水稻的原始特征。对罗家角遗址的水稻硅酸体分析结果显示，与河姆渡遗址相比，罗家角遗址的硅酸体形状较小，但籼型硅酸体的特征不明显，为中间类型[26]。

本次对3个遗址的小穗轴调查显示，粳稻类型小穗轴比例约为49%，野生类型小穗轴的比例平均为51%，表明我国长江流域在距今8000—7000年间的栽培稻为驯化过程中的原始栽培稻，其中部分表现出明显的粳稻特征，部分则保持着较多的野生稻习性，如瘦长粒型、小穗轴离层十分发达等。小穗轴考古调查结果再次说明粳稻是长江下游原始栽培稻的演化方向。本次调查中没有发现籼稻类型的小穗轴，意味着籼稻和粳稻可能有着不同的起源，从收获是对水稻脱粒性的选择角度看，籼稻开始人工驯化的时间可能比粳稻要晚一些，这种推论还有待我国华南以及东南亚地区的考古发掘和研究成果的验证。

野生稻存在是稻作起源地的必备要素，汤圣祥等[27]通过对河姆渡遗址出土稻谷的小穗轴特征和芒上的刚毛调查发现了4颗野生稻，距今10000—7000年长江下游地区新石器时代遗址出土的稻谷小穗轴不仅有粳稻类型，而且有野生稻类型，反映了早期栽培稻的阶段性特点。这种栽培类型和野生类型性状同时出现的现象，与其说是存在野生稻，还不如作为原始栽培稻中具有野生特性的原始类型看待比较合理。因此，长江下游地区的野生稻问题还有待进一步研究。我们相信伴随考古发掘中的生态环境和早期农耕遗迹的调查，这一问题将会得到较好的解决。

致谢：感谢浙江省文物考古研究所蒋乐平、王海明研究员提供了上山遗址和小黄山遗址的分析材料。本研究受浙江省文化厅和财政厅资助。

原载《科学通讯》2007年第52卷第9期

注释

① 浙江省文物管理委员会、浙江省博物馆：《河姆渡遗址第一期发掘报告》，《考古学报》1978年第1期；游修龄：《对河姆渡遗址第四文化层出土稻谷和骨耜的几点看法》，《文物》1976年第8期；严文明：《中国稻作农业的起源》，《农业考古》1982年第1期；渡部忠世，『稲の道』，日本放送協会，1977年。

② 裴安平、熊建华：《长江流域的稻作文化》，河北教育出版社，2004年，第35—46页。

③ 袁家荣：《玉蟾岩获水稻起源重要新物证》，《中国文物报》1996年3月3日。

④ 赵志军：《吊桶环遗址稻属植硅石研究》，《中国文物报》2000年7月5日。

⑤ 盛丹平、郑云飞、蒋乐平：《浙江浦江县上山新石器时代早期遗址——长江下游万年前稻作遗存的最新发现》，《农业考古》2006年第1期。

⑥ G. W. Crawford, C. Shen, The origin of rice agriculture: Recent progress in East Asia, *Antiquity* 72 (1998).

⑦ 张文绪：《中国古栽培稻的研究》，《作物学报》1999年第4期。

⑧ G. W. Crawford, C. Shen, The origin of rice agriculture: Recent progress in East Asia, *Antiquity* 72(1998).

⑨ 浙江省文物考古研究所、萧山博物馆：《跨湖桥》，文物出版社，2004年。

⑩ 罗家角工作队：《桐乡县罗家角遗址发掘报告》，《浙江省文物考古所学刊》，文物出版社，1981年，第1—42页。

⑪ T. Matsuo, K. Hoshikawa, K. Kumazawa et al., *Science of the rice plant*, Vol. 1, *Morphology*, Food and Agriculture Policy Research Center, 1993, pp. 91–92.

⑫ 游修龄：《对河姆渡遗址第四文化层出土稻谷和骨耜的几点看法》，《文物》1976年第8期；周季维：《长江中下游出土古稻考察报告》，《云南农业科技》1981年第6期；郑云飞、蒋乐平、郑建明：《跨湖桥遗址出土的古稻遗存研究》，《中国水稻科学》2004年第2期。

⑬ 张恒、王海明、杨卫：《浙江嵊州小黄山遗址发现新石器时代早期遗存》，《中国文物报》2005 年 9 月 30 日。

⑭ 丁颖：《中国稻作之起源》，《中山大学农艺专刊》1949 年第 7 期；丁颖：《中国栽培稻种的起源及其演变》，《文汇报》1961 年 9 月 26 日。

⑮ 周拾禄：《中国是稻作的原产地》，《中国稻作》1949 年第 7 期。

⑯ 周拾禄：《中国是稻作的原产地》，《中国稻作》1949 年第 7 期。

⑰ 游修龄：《对河姆渡遗址第四文化层出土稻谷和骨耜的几点看法》，《文物》1976 年第 8 期。

⑱ 周季维：《长江中下游出土古稻考察报告》，《云南农业科技》1981 年第 6 期。

⑲ G. Second, The study of isozymes in relation to the distribution of the genus *Oryza* in the paleoenvironment and the subsequent origin of cultivated rice/R. O. Whyteed, *Evolution of the East Asian Environment*, Hong Kong: Centre of Asian Studies, 1984, pp. 665–681.

⑳ 王象坤：《中国稻作起源研究中几个主要问题的研究新进展》，王象坤、孙传清主编《中国栽培稻起源与演化研究专集》，中国农业大学出版社，1996 年，第 2—8 页；孙传清、王象坤、李自超：《从普通野生稻 DNA 的籼粳分化看亚洲栽培稻的起源与演化》，《农业考古》1998 年第 1 期。

㉑ H. Morishima, H. I. Oka, Phylogenetic differentiation of cultivated rice XXII: Numerical evolution of *indica-japonica* differentiation, *Japanese Journal of Breeding* 31 (1981).

㉒ G. W. Crawford, C. Shen, The origin of rice agriculture: Recent progress in East Asia, *Antiquity* 72 (1998).

㉓ 郑云飞、游修龄、俞为洁等：《河姆渡遗址稻的硅酸体分析》，《浙江农业大学学报》1994 年第 1 期。

㉔ Y. I. Sato, L. H. Tang, I. Nakamura, Amplification of DNA fragments from charred rice grains by polymerase chain reaction, *Rice Genetics Newsletter* 12 (1996); Y. I. Sato, *Origin and dissemination of cultivated rice in Asia*, 第 2 届农业考古国际学术研讨会，南昌，1997。

㉕ 郑云飞、蒋乐平、郑建明：《跨湖桥遗址出土的古稻遗存研究》，《中国水稻科学》2004 年第 2 期。

㉖ 郑云飞、芮国耀、松井章等：《罗家角遗址的水稻硅酸体形状特征及其在水稻进化研究上的意义》，《浙江大学学报（农学与生命科学版）》2001 年第 6 期。

㉗ 汤圣祥、佐藤洋一郎、俞为洁：《河姆渡炭化稻谷中普通野生稻谷粒的发现》，《农业考古》1994 年第 3 期。

浙江嵊州小黄山遗址的稻作生产*

——来自植物硅酸体的证据

浙江省嵊州市甘霖镇上杜山村的新石器时代早期小黄山遗址（图一）考古发掘历时3年，发掘面积近3000平方米，遗址中发现了大量储藏坑、柱坑、灰坑等遗迹，出土了石磨盘、磨石、夹砂红衣陶盆、罐等器物和大量石料、陶片，具有上山文化的文化特征和跨湖桥文化因素，根据遗址的木炭^{14}C年代测定，小黄山类型文化遗存的年代距今10000—8000年①。遗址出土的大多数陶片以及红烧土用肉眼可以观察到在坯土中混有植物秸秆和稻谷颖壳等掺合料，在研究稻作起源以及人类新石器时代早期的经济活动方式方面具有重要意义。但在另一方面，由于遗址地处山区丘陵小盆地，地势较高，土壤干湿交替频繁，淋溶作用强烈，表现出具有白色网纹的红黄壤的特点。在这种土壤环境条件下，遗址中动植物遗存保存十分困难。在发掘过程中尽管专门组织相关业务人员对遗址3个发掘区的土壤进行了植物遗存调查和孢粉分析，但十分遗憾，仅出土了几块由于过度腐烂和泥土胶着在一起、鉴定十分困难的动物遗骸，没有发现大型的植物种实遗存，文化层土壤中的孢粉数量也十分稀少，无法进行有意义的统计分析。遗址的立地条件和动植物遗存的保存状况给我们详细了解小黄山遗址先民的经济活动内容以及生态环境带来了困难，也无法获得充足的分析数据来界定遗址古稻遗存的生物特性和文化属性，以及它们在水稻驯化历程中的阶段性等问题。鉴于小黄山遗址立地条件以及植物遗存的调查结果，我们尝试了植物硅酸体分析法，取得了比较好的效果。

禾本科、莎草科等草本植物，以及樟科、壳斗科等木本植物具有从土壤中吸收硅元素在细胞壁沉积的特点。随着二氧化硅沉积，这些植物体中会形成具有细胞形状的硅质外壳，这些硅质外壳在植物学上通常称为植物硅酸体（Silica body）。植物枯萎死亡后，植物体分解，而植物硅酸体则以原有的形态残留在土壤中。植物硅酸体成为土壤粒子后，通常称为植物蛋白石（Plant opal）、植物化石（Phytolith）等，大小一般在20微米到100微米之间。为了叙述的方便，本文中统称为植物硅酸体。

植物硅酸体的主要成分为二氧化硅，耐化学分解、物理风化，如果保存条件好，可以在土壤中永久保存。另外植物硅酸体的耐热性也很强，几乎和玻璃相同，在烧制温度在800度以下的陶器中也有可能发现。

不同植物以及植物的不同器官产生的植物硅酸体形状、大小及其组合是不同的，具有植物分类意义，

---

* 本文系与陈旭高、王海明合著。

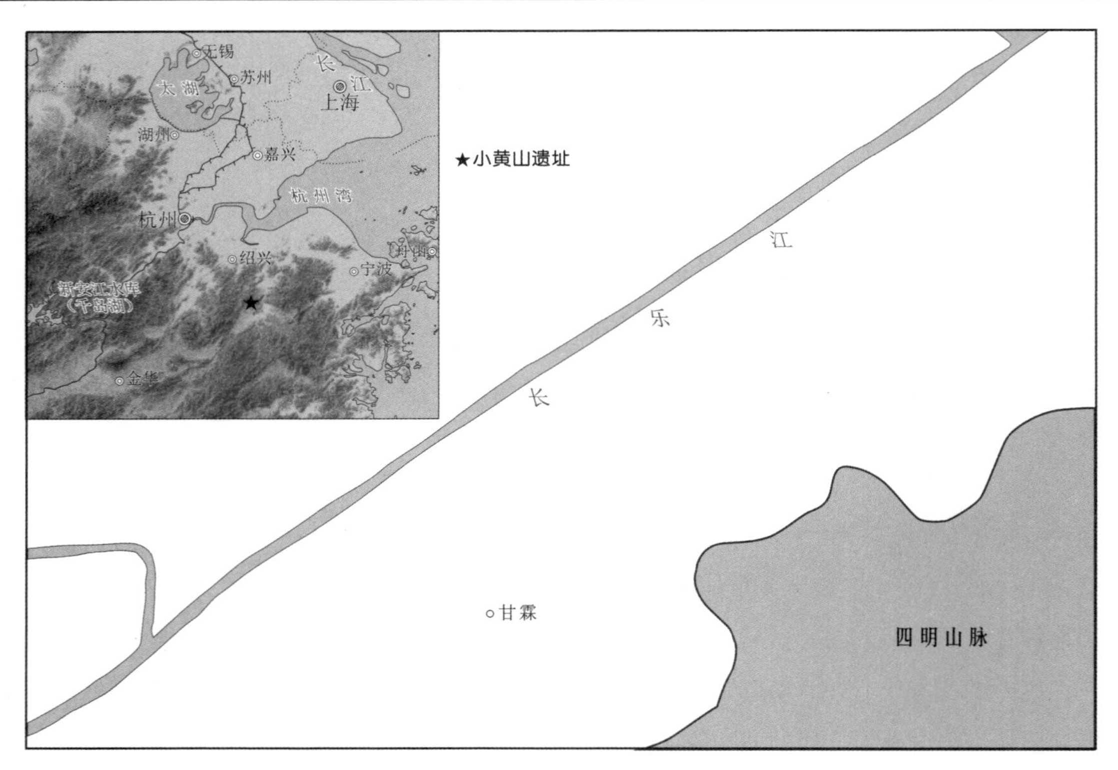

图一　小黄山遗址地理位置

分析考古遗址检出的植物硅酸体，可以获得遗址存续期间植物种类和环境方面的信息[②]。特别是禾本科植物叶片中运动细胞的硅酸体（运动细胞硅酸体），形态上的种属特征十分明显，通过它能够鉴定出许多禾本科植物种类以及系统特性，在农作物的鉴定以及研究它们的系统特性演变等方面具有重要意义[③]。

为了研究小黄山遗址先民的经济活动方式和栽培作物特点，我们在对遗址进行了植物大遗存调查的同时，采取A区T1西壁的12份土样，以及A区灰坑和红烧土等81份材料进行了植物硅酸体分析，在先民的食物来源，栽培稻的驯化程度以及系统特性等方面认识上有了颇多的收获，为理解小黄山遗址的稻作生产以及长江下游地区的稻作起源问题提供了科学依据。

一　稻米是食物结构的重要组成部分

小黄山遗址不仅在陶片和红烧土坯土的掺合料中混入大量稻谷颖壳，遗址文化层和遗迹土壤中也富含来自古稻的硅酸体（图二）。如图三所示，小黄山遗址A区T1西壁土壤的植物硅酸体定量分析结果显示，遗址各个文化层中均含有来自稻叶片运动细胞的硅酸体和颖壳的双峰乳突，特别是运动细胞硅酸体，不仅密度很高，每克土样中有稻硅酸体30000—60000粒，而且有从早到晚密度增加的变化趋势。分析的81份遗址灰坑和红烧土土样中，有51份分析材料中发现稻运动细胞硅酸体，占63.0%，其中密度在5000粒/克以上的有20个分析样品，占29.0%。文化层以及遗迹土壤中高密度稻硅酸体的发现，表明小黄山遗址先民的经济活动与稻谷生产有密切的关系，稻米在先民的食物构成中具有相当重要的地位，可能是当时食物的主要来源之一。从地层硅酸体密度的变化趋势看，在小黄山文化存续期间，当地的稻米生产有一定程度的发展。

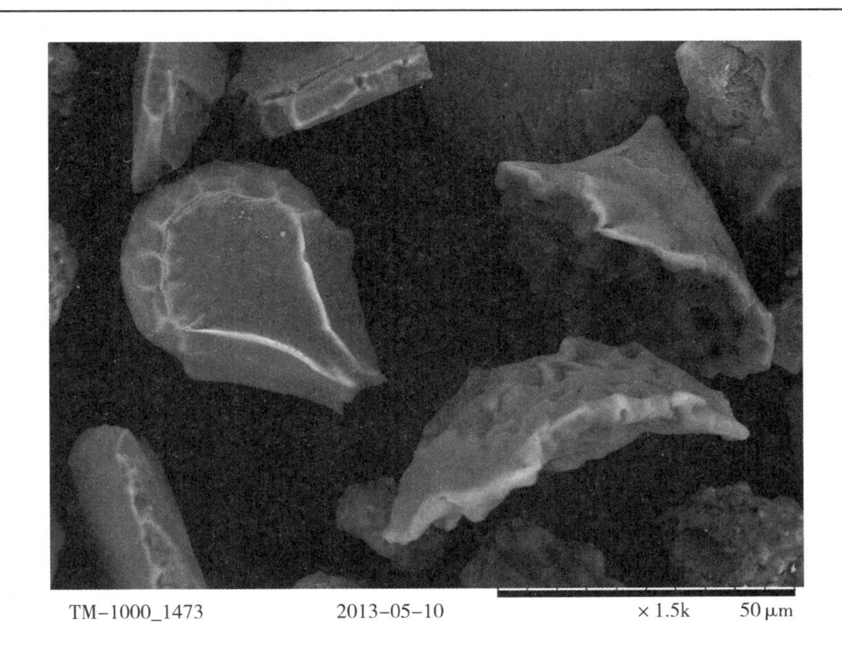

图二　遗址中的稻属扇形硅酸体和双峰乳突

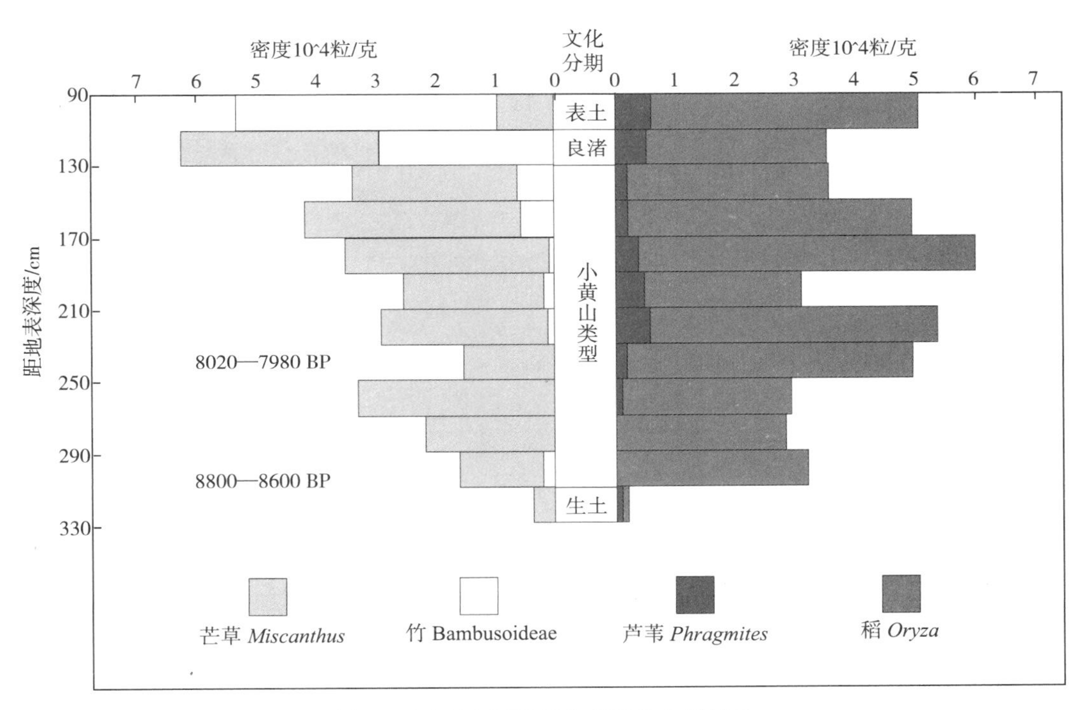

图三　A 区 T1 西壁植物硅酸体分析结果

硅酸体分析结果在显示稻作生产在先民经济生活中重要性的同时，还揭示了遗址生态环境的一些信息。如表一显示，在遗址地层土壤中除了稻硅酸体外，还发现了包括芦苇、芒草和竹子等其他禾本科植物的运动细胞硅酸体，密度分别为每克土壤 1000—5000 粒、15000—60000 粒和 1000—30000 粒，其中芦苇主要生长在低湿地，芒草和竹子生长在高燥地带，以芒草和竹子占优势的硅酸体构成表明，遗址所在地的古环境以干燥的低丘岗地为主，周围零星分布着一些池塘、水沟或小面积的湿地。

表一　灰坑土样及烧土的植物硅酸体密度

样品编号	取样点	硅酸体密度（粒/克）				
		稻属	芦苇属	芒属	竹亚科	黍属
H1	底部	1875	938	4689	0	0
H16	底部	1875	0	12185	0	0
H30	上	11907	916	188679	4580	0
H30	中	24007	2881	169012	3841	0
H30	下	7877	0	88619	985	0
H46	中	5725	5725	76329	3816	0
H46	下	31588	3716	135642	2787	0
H46	上	61438	1024	152571	8192	0
H71	0—10	3688	1844	33189	0	922
H71	10—25 厘米	0	0	17389	0	0
H71	50—65 厘米	1919	960	15354	0	0
H71	25—50 厘米	2747	0	14651	1831	0
H77	底部	11147	0	104373	4053	1013
H80	底部	3828	0	42108	3828	0
H81	底部	3904	976	56615	7809	0
H82	底部	1829	915	62188	0	1829
H83	底部	6378	1822	60135	9111	911
H85	底部	10675	0	32026	1941	0
H86	底部	19580	0	83916	1865	0
H87	底部	5556	0	44444	926	0
H97	底部	1920	960	56640	0	0
H113	炭灰	27305	975	148229	3901	1950
H135	底部	948	0	9479	0	0
H136	底部	7380	922	58114	0	0
H137	底部	3679	920	26674	3679	0
H145	底部	6551	936	95461	936	0
H151	底部	0	0	21359	0	0
H153	底部	0	0	27802	0	0
H157	底部	960	1920	28803	0	0
H161	底部	919	0	55167	0	0
H165	底部	1970	985	26593	0	0
H166	底部	1858	0	15795	0	0
H169	底部	0	0	5177	0	0
H171	底部	0	0	32478	0	0
H172	底部	0	0	7595	0	0
H173	底部	0	0	18211	0	0

续表

样品编号	取样点	硅酸体密度（粒/克）				
		稻属	芦苇属	芒属	竹亚科	黍属
H175	底部	908	0	12719	0	908
H176	底部	0	0	22364	1789	0
H181	底部	0	990	13862	0	0
H182	底部	0	0	0	10530	0
H183	底部	1860	1860	26043	1860	930
H189	底部	0	0	36679	0	0
H190	底部	1954	977	37126	0	0
H191	底部	0	0	31034	0	0
H201	底部	0	0	3357	0	0
H208	底部	0	0	3751	0	0
H213	底部	0	0	20402	0	1020
H214	底部	0	0	16741	0	0
H215	底部	0	0	10383	0	0
H219	底部	0	0	1378	0	0

二 稻作生产是经济活动的重要内容

如上所述，植物硅酸体分析结果显示，稻米在距今9000年以前的小黄山遗址先民的生活中具有十分重要的地位，植物硅酸体在遗址土壤中高密度存在和广为分布的特征，意味着他们可能已经开始稻的栽培。

要确认遗址中古稻遗存的栽培文化属性，即属于栽培稻抑或采集的野生稻，可以从农耕遗迹的调查与确认、出土耕作农具的发现、稻谷遗存的驯化特征研究等几方面着手寻找考古学的证据。其中农耕遗迹调查与发掘能提供开展稻作生产的最有力证据，但受到许多条件的制约，目前只能对一些重点遗址有选择地开展此项工作，我国从20世纪90年代中期开展稻作农耕遗迹考古调查与发掘，先后在江苏草鞋山④、湖南城头山⑤、浙江田螺山⑥、山东赵家庄⑦、江苏绰墩⑧、江苏澄湖、浙江茅山⑨等遗址发现了距今7000年到距今4000年的农耕遗迹，不仅丰富了考古学的内涵、拓展了考古学的视野，也为研究稻作起源，稻作生产方式和生产力水平，以及稻作生产在中华文明起源进程中的作用等研究提供了科学实证素材。但总的来说，开展此项工作力度不大，发现遗迹数量还不多，长江下游地区早期稻作农耕遗址的考古调查研究还有待开展。小黄山遗址地处浙江中部丘陵地区，立地条件不利于有机质的保存，除了石、陶质器物，几乎没有发现竹、木等有机质遗存，从稻作生产工具方面来解析目前也有很大的难度。因此，对遗址出土陶器和红烧土坯土掺合料中的稻谷遗存研究和硅酸体形状解析，可能是解决小黄山遗址稻谷遗存文化属性（栽培或采集）问题最有效的方法。

栖息在自然生境的野生稻和其他植物一样，为了种群的生存和繁衍，在植株及其器官方面表现出许多适应环境的进化，如种子落粒性、较强的休眠性、长芒、芒上刚毛密而长等，当人类开始栽培水

图四 小黄山遗址陶片中的小穗轴特征
1. 粳稻类型 2. 野生稻类型

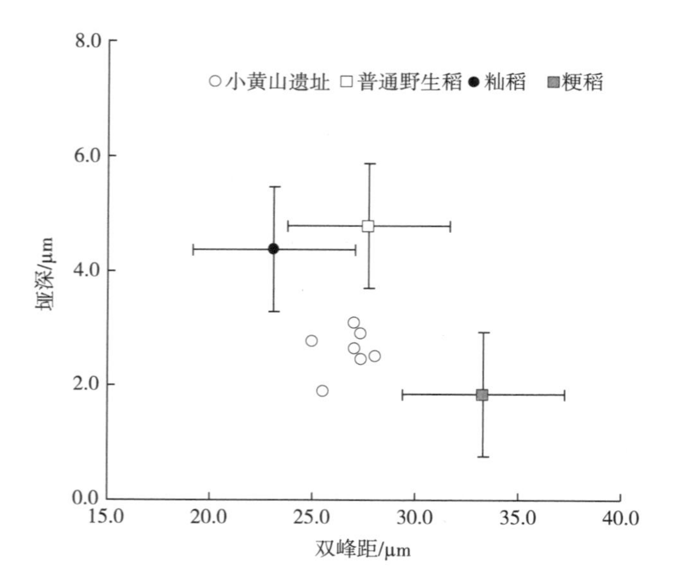

图五 小黄山遗址稻谷双峰乳突的形态分布

稻后，在翻耕、播种、收获等人工管理措施下，生长发育环境发生了显著的变化，稻不仅有适应新环境的自然选择压力，也有来自人类为了获得更多产量对经济性状的有意识选择的压力，在这两种选择压力的双重作用下，一些原来适应自然环境的性状退化，如落粒性、休眠性减弱，短芒或无芒，芒上刚毛变短、稀疏，并出现了适合栽培环境和符合人类栽培需要的性状，如种子颗粒变大，穗上种子数量变多等。这些在人类栽培环境下出现的性状，既反映人类对稻的驯化，也给我们提供了特定时期稻的驯化程度或深度的信息，其中植物栽培化的一个非常重要的指标是种子落粒性的变化，反映在形态方面就是离层的发达程度和小穗轴基盘特征，由于长期的选择，稻谷离层退化，落粒性减弱，小穗轴基盘脱落面粗糙或带有小枝梗，和基盘光滑的野生稻形成了很大的反差。

在小黄山遗址出土的陶片和红烧土中，大多可以观察到稻谷遗存，反映出该地区新石器时代早期先民建筑和制陶工艺的特点，观察结果显示，遗址出土的陶片和红烧土中的稻谷遗存的主要颖壳，由于已经与土壤烧结在一起，很难获得判别稻谷驯化特征最有效的小穗轴基盘特征，以及其他诸如芒长、芒上和颖壳上的刚毛密度等性状的统计分析数据。但从制陶坯土掺合料中发现的个别稻谷遗存的小穗轴基盘带有小枝梗具有栽培稻特征和小穗轴基盘光滑具有野生稻特征的稻谷（图四）看，遗址中的古稻可能已经具有一定的驯化特征。表明距今10000—8000年的小黄山先民已经具有通过栽培水稻来获取食物的经济活动，但从小穗轴中栽培型和野生型两种类型同时存在的现象看，当时的栽培稻仍然具有野生稻的一些习性，是一种原始栽培稻形态[10]。

颖壳表面的双峰乳突形态也是鉴别栽培稻与野生稻的一个形态指标，现代栽培稻与野生稻研究结果表明，双峰乳突峰距和峰角度以粳稻最大，普通野生稻其次，籼稻最小，垭深则相反[11]。小黄山遗址地层和灰坑土壤以及红烧土中发现的颖壳双峰乳突形状参数双峰距和垭深分布（图五）显示，它们的形态特征已经不同于野生稻和籼稻，有向栽培粳稻趋近的趋势，表明遗址的古稻已经不同于它们的祖先野生稻，而是在人为干扰的环境中生长的栽培稻。从双峰乳突的形态特征分布看，尽管古稻已经脱离野生自然环境，但驯化程度还不深，属于处于栽培驯化过程中的原始栽培稻。

三 粳稻是栽培稻系统特性的演化方向

根据形态、生理特性以及生殖隔离程度，亚洲栽培稻可以分为籼稻（*indica*）和粳稻（*japonica*）两个亚种。另外，粳稻中还有一种生态种——热带粳稻（*javanica*），现在主要分布在东南亚地区，主要种植在山区的旱地，是一种（旱）陆稻。亚洲栽培稻亚种或生态型的分化形成也是稻作起源的重要内容，事关稻作起源一元论还是多元论的认识，一元说认为野生稻没有籼粳分化，但具有籼粳分化的潜能，它们根据对不同环境条件的适应沿不同的方向受到选择[12]；稻种资源地理分布调查表明粳稻可能是在栽培稻向灌溉条件不良的山区扩散过程中分化出来的[13]；现代 DNA 探针技术分析野生稻和栽培稻的 RFLP，表明籼稻和粳稻几乎同时从古老野生稻分化而来，普通野生稻基本上都属于中间类型[14]。这个学说得到考古学研究材料支持，以河姆渡遗址为代表的距今 7000 年以前的遗址中出土的炭化稻谷（米）普遍存在着瘦长和短圆混合的粒形构成现象，并有地理分布和时代特点，两个亚种是在传播过程适应各地的自然环境分化出来的[15]。二元说认为野生稻具有籼粳分化趋势[16]，籼稻和粳稻起源于不同地区的偏籼和偏粳的野生稻，即粳稻可能起源于中国，籼稻可能起源于东南亚等地[17]；另一种可能是起源于中国的粳稻传入东南亚后，和当地野生稻杂交产生籼稻[18]。这些不同的认识需要放到稻作生产的历史过程，尤其是新石器时代早期稻作发展和驯化历程中去考察。因此对遗址中稻谷遗存的多视野深度研究是必不可少的。现代栽培品种的研究表明，栽培稻的两个亚种以及热带粳稻在运动细胞硅酸体形态方面存在着差异，可以用来进行栽培稻的系统特性和生态类型的判别。

如表二所示，小黄山遗址文化层中的稻运动细胞硅酸体具有大、厚、尖等特征，表现为粳稻硅酸体的形态特征，我们分别对 A 区 T1 小黄山类型文化层的硅酸体进行长、宽、厚以及形状系数 b/a 四个形状参数测定，用下面的判别式[19]：

$$判别值 = 0.497 \times 长 - 0.299 \times 宽 + 0.136 \times 厚 - 3.815 \times (b/a) - 8.957$$

（判别值 < 0：籼稻；判别值 > 0：粳稻）

进行亚种判别，结果显示小黄山遗址硅酸体根据判别式计算出亚种判别值都大于 0，平均值大于 2，表明地层中的硅酸体来自于粳稻。这个判别结果与图五显示的双峰乳突形状向粳稻型演进的变化趋势基本一致。

另外，小黄山遗址的稻叶片运动细胞硅酸体还具有粳稻生态型—热带粳稻（主要种植在旱地）的形状特点。如图六所示，小黄山遗址稻硅酸体的形状背离系数分布范围较小，在 1—2 之间，是热带粳稻的峰值区，表明小黄山遗址栽培稻可能具有较强的旱稻特性，古栽培稻的旱稻特性可能与当时的栽培环境和灌溉条件有关系，有待结合古栽培环境研究成果进行综合探讨。

表二　小黄山遗址土壤中的运动细胞硅酸体的形状特征

取样单位	形状特征参数				Z	C. E.
	长 VL（微米）	宽 HL（微米）	厚 LL（微米）	形状系数 b/a		
3 层	41.55	35.32	30.95	0.88	1.86	2
4 层	41.45	33.14	32.33	0.77	3.08	1
6 层	42.43	36.58	35.12	0.78	2.87	1
7 层	39.44	33.13	31.91	0.91	1.49	2
H86	40.48	30.36	32.09	0.86	3.28	2
H113	41.57	31.44	32.60	0.75	3.88	1
红烧土	40.78	30.53	31.30	0.87	3.31	2
平均	41.10	32.93	32.33	0.83	2.85	2

四　结语

小黄山遗址稻硅酸体密度很高，分布范围很广，陶片掺和料中有大量的栽培稻谷遗存等现象表明，在距今9000年以前长江下游地区先民食物结构中稻米占有重要的地位，种种迹象表明先民已经开始栽培水稻来主动获取食物。该地区最近几年发掘的上山、跨湖桥等新石器时代早中期遗址中同样发现了大量的稻谷遗存。最近的考古发掘研究成果显示稻米生产是距今10000年至距今8000年这段时间人类经济活动的一个重要特点，水稻栽培已经成为人类经济活动的重要内容。

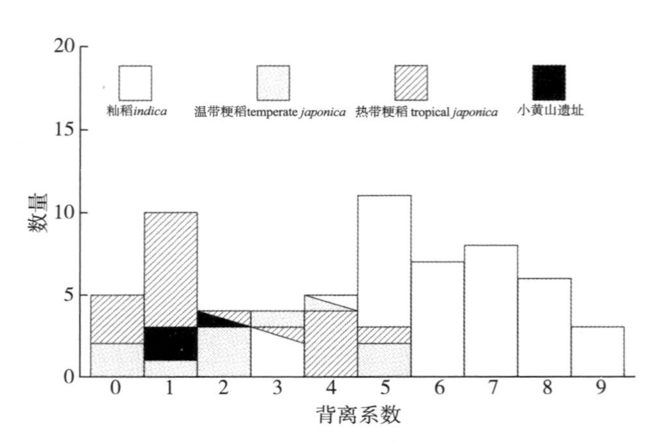

图六　小黄山遗址硅酸体形态背离系数分布[20]

小黄山遗址位于曹娥江上游支流的一个小盆地，遗址周围尽管有河流、池塘和低湿地等适合栽培稻和它们祖先野生稻生长发育的环境，但由于地处丘陵，湿地面积不大，处在早期农耕阶段的小黄山遗址先民还没有掌握农田灌溉技术，在湿地资源不够的情况下，可能不得不把稻栽培到水分供给不良的水际坡地，甚至高地上，旱地栽培稻谷可能是人们食用稻米的重要来源之一。栽培方式变化的同时，稻的一些生物性状也发生了变化，从而使小黄山遗址的古稻表现出旱稻或热带粳稻的一些特点。小黄山遗址古稻遗存发现和系统特性的研究提供了粳稻随着原始驯化种从低地向高海拔、从湿地向旱地的传播而受到选择的考古学证据。

小黄山遗址为代表的丘陵盆地原始稻作生产可能是长江下游地区三角洲平原地区稻作生产的始源：在距今8000年左右，生活在小黄山等大河上游小盆地的先民携带已经处于半驯化阶段的栽培稻种子，进入山地和平原的结合部发展，出现了以跨湖桥遗址为代表的跨湖桥文化，在全新世海平面进入海退期后，平原出现大面积陆地，稻作生产进一步发展，形成了河姆渡、罗家角遗址等为代表的具有平原湿地特色的稻作文化[21]。

图七　遗址 A 区硅酸体密度分布

小黄山遗址灰坑等遗迹的植物硅酸体结果表明，稻作是小黄山遗址先民食物生产的主要活动之一，稻米是先民食物结构中重要的组成部分，同时也给我们分析遗址的功能区提供了重要的线索，从灰坑的分析结果看，居住遗迹分布最为密集的区域也是植物硅酸体密度最高的地方（图七），这种硅酸体在遗址中的分布情况符合一般居住区即为食物加工区的聚落结构特点。栽培稻硅酸体在遗址中的分布情况，从居住、饮食、食物加工关系侧面揭示了小黄山遗址的先民经济活动与稻作生产的密切关系。

本研究受到国家文物局文物保护创新联盟科研经费资助（项目编号：20120230）。

原载《农业考古》2013 年第 4 期

注释

① 张恒、王海明、杨卫：《浙江嵊州小黄山遗址发现新石器时代早期遗存》，《中国文物报》2005 年 9 月 30 日。

② 近藤练三、佐瀬隆：『植物珪酸体．その特徴と応用』，『第四紀研究』1986 年第 1 期；H. Y. Lu, N. Q. Wu, K. B. Liu et al. , Phytoliths as quantitative indicators for the reconstruction of past environmental conditions in China I: phytolith-based transfer functions, *Quaternary Science Reviews* 26（2007）.

③ 藤原宏志：『プラント・オパール分析法の基础的研究（1）－数种イネ科栽培植物の珪酸体标本と定量分析一』，『考古学と自然科学』（9）1976；D. M. Pearsall, Contributions of phytolith analysis for reconstructing subsistence: Examples from research in Ecuador/D. M. Pearsall, D. R. Piperno, eds. *Current research in phytolith analysis: Applications in Archaeology and Paleoecology*, MASCA Research Papers in Science and Archaeology, University Museum of Archaeology and Anthropology, Univ. of Pennsylvania, Philadelphia.，1993, pp. 109–122；佐藤洋一郎、藤原宏志、宇田津徹朗：『イネの*indica*および*japonica*の起动细胞にみられるケイ酸体の形状および密度の差異』，『育種雑誌』1990年第4期。

④ 藤原宏志：『稲作の起源を探る』，东京：岩波新書，1998，第137—164页。

⑤ 湖南省文物考古研究所、日本国际文化研究中心：《澧县城头山——中日合作澧阳平原环境考古与有关综合研究》，文物出版社，2007年，第3—17页。

⑥ Y. F. Zheng, G. P. Sun, L. Qin et al.，Rice fields and modes of rice cultivation between 5000 and 2500 BC in east China, *Journal of Archaeological Science*（12）2009.

⑦ G. Y. Jin, S. D. Yan, T. Udatsu et al.，Neolithic rice paddy from the Zhaojiazhuang site, Shandong, China, *Chinese Science Bulletin*（24）2007.

⑧ Z. H. Cao, J. L. Ding, Z. Y. Hu et al.，Ancient paddy soils from the Neolithic age in China's Yangtze River Delta, *Naturwissenschaften*（5）2006.

⑨ 丁品、郑云飞、陈旭高等：《浙江余杭临平茅山遗址发掘》，《中国文物报》2010年4月6日。

⑩ 郑云飞、蒋乐平：《上山遗址出土的古稻遗存及其意义》，《考古》2007年第9期。

⑪ 张文绪：《水稻颖花外稃表面双峰乳突扫描电镜观察》，《北京农业大学学报》1995年第21卷第2期；Z. J. Zhao, The middle Yangtze region in China is one place where rice was domesticated: phytolith evidence from the Diaotonghuan cave, Northern Jiangxi, *Antiquity*（278）1998.

⑫ 丁品、郑云飞、陈旭高等：《浙江余杭良渚茅山遗址发掘》，《中国文物报》2010年4月6日。

⑬ 俞履圻、林权：《中国栽培稻种的亲缘关系》，《作物学报》1962年第8期；王象坤、程侃声、卢义宣等：《云南稻种资源的综合利用Ⅲ：云南的光壳稻》，云南农科院－北京农业大学报告（油印），1984年第24卷。

⑭ 庄云杰、钱惠荣、林鸿宣等：《应用RFLP标记研究亚洲栽培稻的起源与分化》，《中国水稻科学》1995年第3期。

⑮ 游修龄：《对河姆渡遗址第四文化层出土稻谷和骨耜的几点看法》，《文物》1976年第8期；严文明：《中国稻作农业的起源》，《农业考古》1982年第1期。

⑯ G. Second, Evolutionary relationships in the sativa GROUP of *Oryza* based on Isozyme data, *Genetics Selection Evolution*（1）1985; Y. Sano, R. Sano, Variation of the Intergenic Spacer Region of Ribosomal DNA in Cultivated and Wild Rice Species, *Genome*（2）1990. 孙传清、毛龙、王振山等：《栽培稻和普通野生稻基因组的随机扩增多态性DNA（RAPD）初步研究》，《中国水稻科学》1995年第1期；孙传清、王象坤、吉村淳等：《普通野生稻和亚洲栽培稻线粒体DNA的遗传分化》，《中国栽培稻起源与演化研究专集》，中国农业大学出版社，1996年，第188—192页；肖晗、应存山、黄大年：《中国栽培稻及其近缘野生种叶绿体DNA限制性片段长度多态性分析》，《中国栽培稻起源与演化研究专集》，中国农业大学出版社，1996年，第2—8页。

⑰ K. Morishima, L. U. Gadrinab, Are the Asian common wild rice differentiation into the *Indica* and *Japonica* types?/S. C. Hxieh, ed. Crop imploration and utilization of genetics resources, Taichung District, Agri Improvement Station, Changhua Taiwan, 1987, pp. 11–20.

⑱ D. Q. Fuller, Y. I. Sato, *Japonica* rice carried to, not from, Southeast Asia, *Nature Genetics* 11（2008）.

⑲ 王才林、宇田津徹朗、藤原宏志等：『イネ机动细胞応酸体形状における主成分分析およびその亚种判别への暖茫応用』，『考古学と自然科学』34（1996）。

⑳ 根据此文献整理：佐藤洋一郎、藤原宏志、宇田津徹朗：『イネの*indica*および*japonica*の起动细胞にみられるケイ酸体の形状および密度の差異』，『育種雑誌』4（1990）。

㉑ Y. F. Zheng, G. P. Sun, X. G. Chen, Response of rice cultivation to fluctuating sea level during the Mid-Holocene, *Chinese Science Bulletin* 4 (2012).

浙江余杭茅山遗址古稻田耕作遗迹研究*

一 引言

以良渚文化为代表的长江下游新石器时代晚期文化在中华文明起源中占有重要的地位。精美的玉器、细腻光亮的泥质灰胎黑皮陶、通体磨光石器、精致漆木器等，反映了高水平的制造工艺和社会的手工业发展和分工；以琮、璧、钺为代表的随葬玉器的数量和组合，以及琮上的神人兽面纹作为死者生前身份地位和拥有财富的象征，意味着社会成员等级的差别；不同规模的聚落形态和埋葬制度，反映了社会形态处在激烈变革的阶段。良渚文化在物质经济基础、意识形态、社会组织等方面已经具备文明社会特征①。

稻作农业是长江下游地区食物生产的主要部门，至少有1万多年的历史②，是该地区文明社会发展的最重要的物质基础。传统的考古发掘和调查以人类的居住址和墓地为主要对象，获得的与稻作农耕生产有关的遗物和遗存主要有生产工具和稻米等，对良渚文化时期的稻作农耕生产力水平的考察和估算主要是通过与耕种、除草和收获等相关的生产工具来分析③，并试图通过生产工具来考察生产力，在生产力与生产关系、经济基础和上层建筑的关系中来说明文明的起源和国家的形成。由于研究受到材料和方法限制，主观判断成分往往多于实证研究材料，进展缓慢，急需在研究方法上有突破。自20世纪90年代中期开始的中国稻田耕作遗迹考古调查发掘工作，已经在长江下游的河姆渡④、马家浜⑤，长江中游的大溪⑥，黄河下游的龙山⑦等新石器时代文化的考古工作中取得了一些成果，提供了史前稻作生产方式、技术的考古学研究⑧的基础。稻田耕作遗迹包含丰富的信息，能较全面反映稻作生产的实际情况，把它纳入考古发掘和研究内容是推进良渚文化物质基础方面研究的有效途径。

茅山遗址（北纬30°25′43″，东经120°15′54″）位于杭州市余杭区临平镇小林街道的上环桥村北侧（图一）。2009—2011年，浙江省文物考古研究所和余杭区中国江南水乡博物馆联合对茅山遗址进行了考古发掘，发掘面积20000多平方米，出土了大量陶、石、玉、木等各类器物。发掘表明，茅山遗址主要为一处新石器时代遗址，遗址按功能可分为坡上的居住生活区和坡下的稻田遗迹区两大块。居住生活区分布在茅山的南坡，面积近30000平方米，文化层堆积由早到晚主要有马家浜文化晚期、良渚

---

* 本文系与陈旭高、丁品合著。

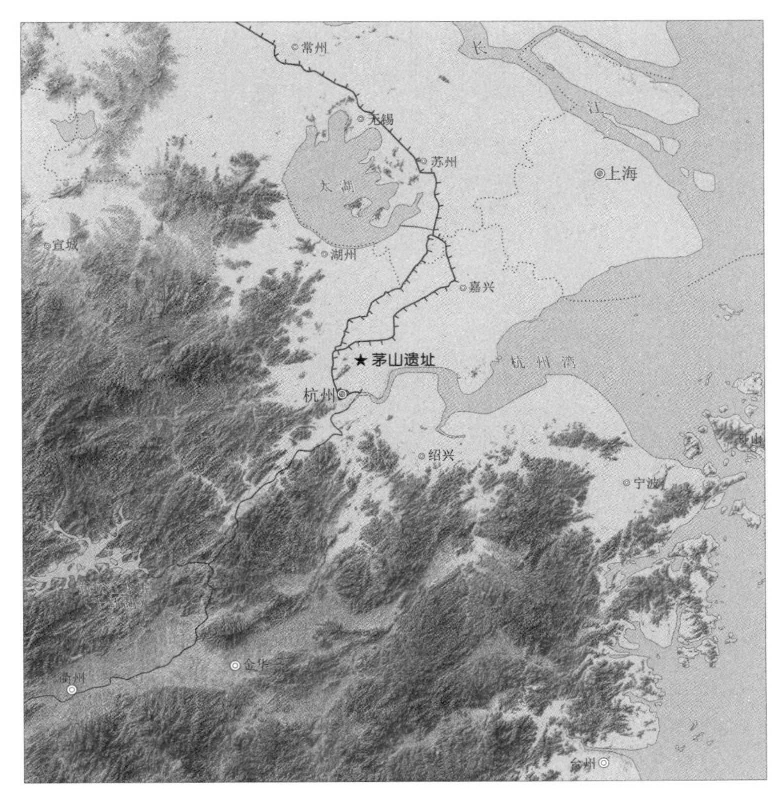

图一　茅山遗址地理位置

文化中期、良渚文化晚期和广富林文化时期等 4 个阶段，还有少量崧泽文化时期堆积[⑨]。而大规模的以红烧土铺面的田埂为特征的良渚文化晚期稻田耕作遗迹的发现，是良渚文化考古研究的一个新突破，也为我们比较全面了解新石器时代晚期的稻作农业生产情况提供了很好的研究素材。

二　材料与方法

1. 农耕遗迹埋藏范围的调查、发掘与土样的采取

茅山遗址发掘期间，在遗址居住生活区南侧的南北宽约 230 米、东西长约 700 米、面积约 140000 平方米的区域内钻孔 203 个，采取富含有机质的地层土样 110 份进行植物硅酸体分析，并对一些重要钻孔采取土样进行种子调查。

根据农耕遗迹分布范围调查的结果，有选择地进行农耕遗迹的发掘。稻田耕作遗迹发掘后，选取典型地层剖面 TN6E16 南壁系统采集植物硅酸体分析和种子调查的土样，并且在稻田发掘区大面积多地点采集土样进行植物硅酸体分析，大容量采集土样进行种子调查。

TN6E16 探方南壁剖面土样的采取。从地表开始到 235 厘米，间隔 5 厘米连续取样，共采取 47 份土样，每份土样约 1500 毫升，用于植物硅酸体分析、种子和炭屑调查。

发掘区土样的采取。发掘区 70 个 10 米 ×10 米探方（图二虚线框内区域）的良渚文化晚期地层与广富林文化时期地层各取一份土样，每份土样约 150 毫升，共采取近 140 份土样进行植物硅酸体分析。为了更详细了解农田生态系统中的植物群落情况，在 TN6E16 探方南侧的 TN5E16 和 TN4E16 两个探方

以对角线方式大容量采取良渚文化晚期和广富林文化时期地层土样各取10份，每份约4000毫升，用于植物种子调查。

2. 植物硅酸体分析

采取土样，在烘箱中用100℃温度干燥后，用机械力粉碎（其中TN6E16剖面每份取分析土样50毫升，干燥后称重，计算出土壤的容重）。称取1克土样，放入12毫升的样品瓶，加入约300000颗粒径约40微米的玻璃珠（0.0225克）、10毫升水和1毫升5%的水玻璃，然后在超声波清洗槽内振荡20分钟。根据Stokes沉降原理，重复水洗，抽除粒径小于20微米的粒子，上清液澄清后，干燥残留物。使用EUKITT®作封片剂制作玻片，在显微镜（Nikon E600）下放大200倍进行植物硅酸体观察计数，并对同视野下的玻璃珠计数（玻璃珠计数不少于300颗），根据土样的重量、加入玻璃珠的多少、观察到的硅酸体和玻璃珠的数量计算出土壤中各种植物硅酸体的密度。

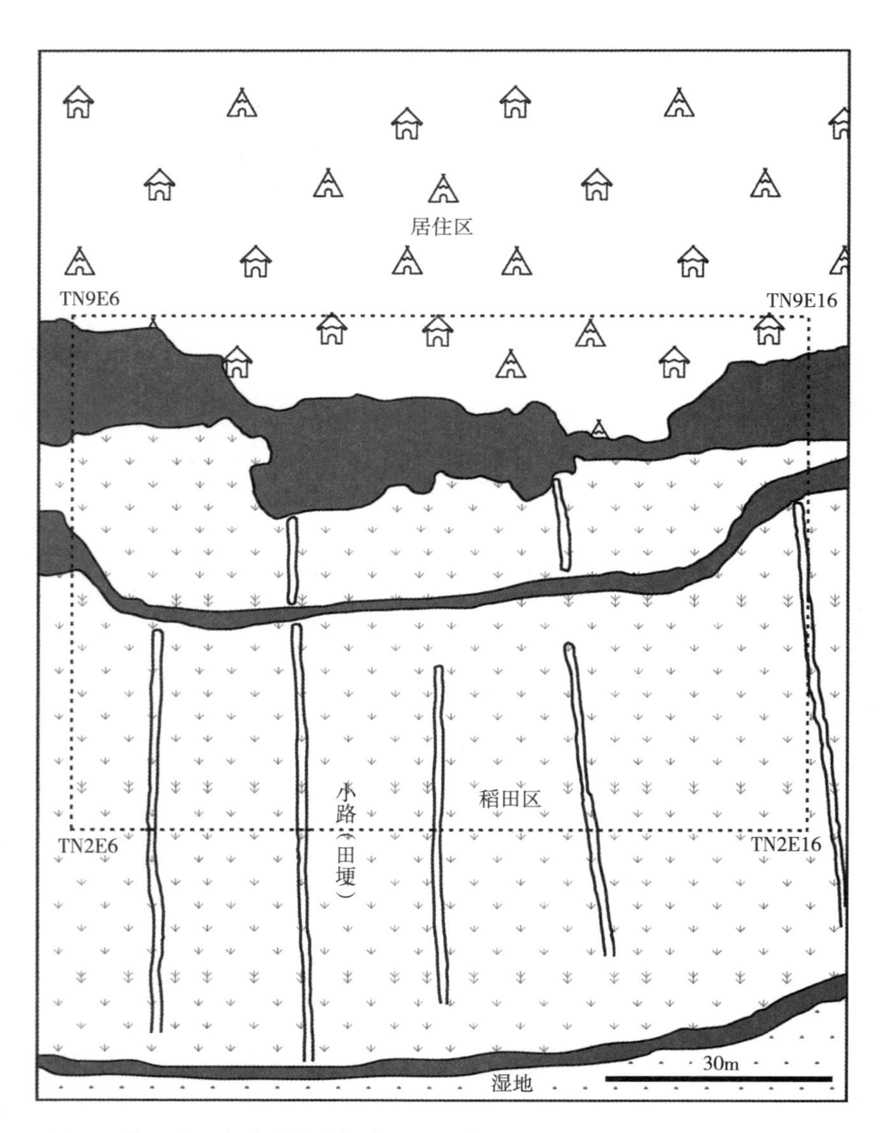

图二　茅山遗址良渚文化晚期古稻田示意图（虚线内为表二数据的取样区）

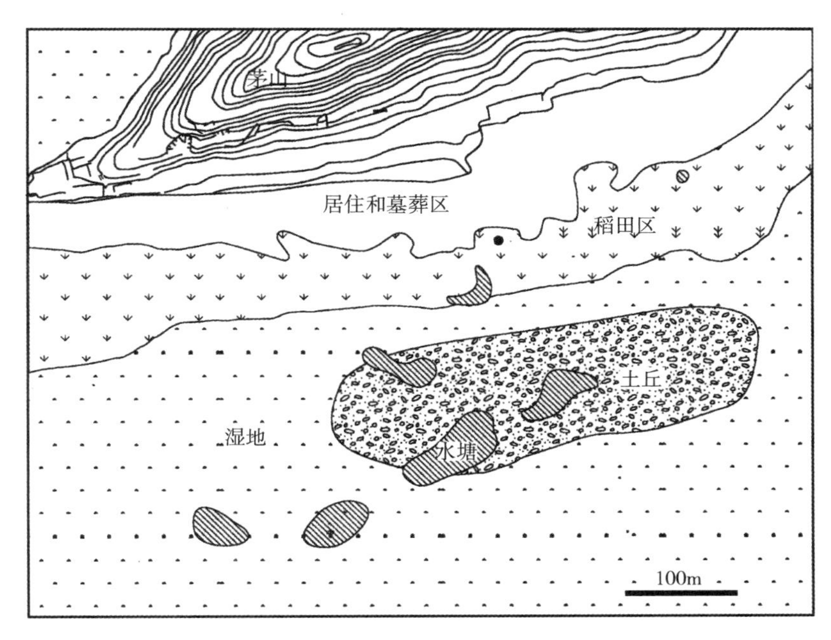

图三　茅山遗址古稻田分布范围
（坐标点：N：-35.305米，E：-148.953米）

3. 植物种子和炭屑调查

从TN6E16南壁剖面取分析土样每份300毫升，发掘区古稻田的田面取分析土样每份3000毫升，加入3%的$NaHCO_3$溶液在水浴锅中加热到70℃—80℃或放置24小时，分散土壤后，倾倒在孔径0.34毫米的金属网筛中，水洗去黏土粒。在实体显微镜（Nikon SMZ1000）下观察残留物，对植物种子和炭屑进行分类鉴定和计数。

三　结果

1. 稻田分布范围及耕作遗迹

如表一所示，203个钻孔中的110份土样有80个钻孔发现水稻植物硅酸体，其中密度在5000粒/克以上的有52个，最高密度达260000粒/克以上，表明在居住生活区南侧开阔的现代稻田底下埋藏着富含水稻叶片运动细胞硅酸体的地层。根据钻孔土样植物硅酸体的分析结果，钻孔过程中对地层土质、土色的观察，以及土壤中陶片、红烧土、植物种子等遗存的分析，从稻田土壤性质、生态特点、人类干预痕迹等进行综合判断，对茅山遗址的稻田耕作遗迹分布进行估测，基本判定在遗址居住区南侧的新石器时代晚期稻田分布范围，东西长约700米，南北宽45—110米不等，呈狭长的条状分布，面积约55000平方米（约83亩）（图三）。

茅山遗址发掘中采用大规模揭露和探沟发掘相结合的方法对稻田区进行了发掘，考古发掘证实的稻田范围与稻田调查结果基本一致，发现了广富林文化时期、良渚文化晚期、良渚文化中期等稻田农耕地层，以及与稻田相关的遗迹和少量的生产工具。

表一 茅山遗址钻孔点土样水稻硅酸体密度

序号	坐标*（米）		距地表深（厘米）	硅酸体密度（粒/克）	序号	坐标*（米）		距地表深（厘米）	硅酸体密度（粒/克）
	E	N				E	N		
1	-188.8	-33.8	140—162	39805	37	-399.6	-107.5	135—225	11309
2	-187.0	-51.1	120—140	0	38	-419.7	-107.8	163—195	28270
3	-202.0	-70.8	121—160	8275	39	42.8	-2.8	151—170	12264
4	-251.7	-41.1	138—185	44948	40	40.8	-62.4	158—185	6119
5	-282.0	-62.5	142—170	21759	41	48.2	-27.3	125—147	3794
6	-247.2	-94.8	150—174	1965	42	98.5	27.1	170—195	12700
7	-279.9	-78.8	155—161	1904	43	108.5	-21.6	150—169	0
8	-249.2	-72.3	155—200	14809	44	72.5	-17.5	147—166	3807
9	-156.5	-126.2	142—150	967	45	75.8	29.2	162—200	17885
10	-155.9	-146.9	140—160	0	46	79.8	106.4	90—179	59711
11	-151.6	-174.2	150—157	0	47	20.6	54.2	129—160	121488
12	-148.8	-201.2	150—172	0	48	35.6	11.3	177—223	960
13	-224.3	-135.3	128—140	0	49	15.1	26.2	179—213	87609
14	-271.1	-142.7	115—150	0	50	-152.0	-68.0	146—164	1551
15	-264.7	-186.5	103—140	1032	51	-146.4	-59.7	138—160	28406
16	-257.3	-250.9	143—230	1889	52	-152.7	-25.8	147—180	41377
17	-207.4	-162.5	155—173	0	53	-118.8	1.9	105—190	137400
18	-202.2	-189.3	142—155	0	54	-111.8	-24.5	135—168	58406
19	-130.6	-126.5	157—174	0	55	-103.8	-53.8	123—141	6506
20	-130.0	-156.5	138—165	0	56	-144.6	-82.5	149—168	1389
21	-127.9	-190.9	160—167	937	57	-90.7	-15.7	150—190	22751
22	-114.3	-125.1	167—188	3907	58	-83.9	-75.7	143—165	0
23	-94.1	-132.2	275—300	950	59	-55.6	-43.8	151—180	1391
24	-89.9	-165.4	120—150	904	60	-76.7	-30.3	129—143	19069
25	-56.6	-162.4	135—185	970	61	-73.7	-13.7	124—154	80950
26	-64.3	-140.0	100—130	0	62	-58.2	-8.1	141—166	60118
27	-312.6	-40.6	85—125	43934	63	-57.5	-26.5	132—149	9504
28	-364.6	-39.8	118—130	29343	64	65.7	-70.5	147—200	1444
29	-348.4	-34.0	115—150	47742	65	-328.5	-2.0	50—117	134060
30	-330.9	-66.2	130—170	12222	66	-484.8	-15.4	78—198	152720
31	-351.0	-70.0	100—150	4000	67	-545.3	-18.3	155—170	11521
32	-368.0	-74.7	130—150	6349	68	-547.1	-8.4	167—200	49867
33	-326.4	-100.6	145—150	865	69	-537.9	-62.7	154—173	7352
34	-348.0	-101.2	122—145	0	70	-489.9	-65.0	228—260	12820
35	-366.0	-106.4	134—145	4844	71	-463.6	-62.3	212—250	2747
36	-381.9	-106.0	116—195	2773	72	-437.4	-59.3	191—220	33771

续表

序号	坐标*（米）		距地表深（厘米）	硅酸体密度（粒/克）	序号	坐标*（米）		距地表深（厘米）	硅酸体密度（粒/克）
	E	N				E	N		
73	-402.8	-48.8	190—215	74661	92	-224.7	-18.4	116—215	72796
74	-440.5	-109.1	157—190	0	93	-260.2	-276.3	202—213	0
75	-446.5	111.2	181—228	1397	94	-110.7	-317.8	231—238	0
76	-519.5	185.2	162—172	6886	95	-50.1	-375.6	175—180	982
77	-513.3	-222.4	116—147	1384	96	-18.0	30.7	107—150	92422
78	-485.3	213.2	150—170	1358	97	-46.6	30.9	89—147	133872
79	-497.9	291.7	181—200	0	98	-80.8	10.1	105—141	88999
80	-459.4	291.8	200—222	0	99	-61.3	10.9	132—187	113254
81	-449.7	-313.6	230—274	0	100	-39.5	12.7	150—210	99923
82	-441.9	-355.3	231—240	0	101	-18.2	-21.8	139—171	7895
83	-399.6	-331.8	209—219	1301	102	-36.0	-57.3	129—145	0
84	-398.4	-272.3	160—177	0	103	-14.7	-55.0	158—180	2942
85	-360.8	-310.7	189—194	0	104	-19.2	19.6	177—197	96862
86	-341.8	-282.2	177—205	0	105	-18.4	10.3	159—177	57503
87	-364.3	-235.2	181—200	0	106	7.6	15.2	170—185	31537
88	-389.9	-239.9	149—165	0	107	11.7	-27.0	154—186	7487
89	-425.9	-218.6	166—174	0	108	9.8	-48.7	131—140	0
90	-467.1	-196.5	150—175	0	109	-83.1	27.0	120—200	154533
91	-279.7	-21.8	160—188	116918	110	-63.1	30.4	180—210	267852

*设置了基准点为0（N：0.0米，E：0.0米），基准点以东和以北的钻孔点的E和N坐标值为正数，基准点以西和以南的钻孔点E和N的坐标值为负数。

良渚文化中期稻田呈条块状，田块的平面形状有长条形、长方形、不规则圆形等多种，面积从1—2平方米到30—40平方米不等。田块之间有隆起的生土埂，部分生土埂表面有细砂、附着泥和碎小陶片，可能是踩踏使用留下的痕迹。田块之间纵横交错分布着小的河沟，部分田块有明显的排灌水口。

良渚文化晚期稻田发现有河道、河堤兼道路、灌溉水渠以及田埂（小路）等与稻田管理操作和灌溉有关的遗迹（见图二）。河道是居住生活区和稻田区的分界，总体呈东西走向，弯曲延绵，宽窄深浅不一。灌溉水渠有两条，均呈东西走向，分别位于稻田区的南、北两端。一条紧邻河道的南侧，另一条位于稻田的最南侧，也可能是稻田与自然湿地的分界线。田埂（或小路）共发现9条，基本呈南北走向，路面均铺垫有红烧土块。田埂宽约0.6—1.0米不等，高出两侧稻田约0.06—0.12米。田埂最长的南北长约61.5米。田埂的间距，除最东侧的两条较宽，约为31米外，其余的间距均在17—19米之间。由大致为南北向的田埂和东西向的灌溉水渠，构成了大致呈南北向长方形或近平行四边形的稻田田块，田块面积通常在1000平方米左右，最大的面积近2000平方米。这些田块内没有发现明显的固定田塍等划分成小区块的遗迹。稻田出土器物主要有陶片、石镞、石刀等。

广富林文化时期农耕层发现有沟（渠）等遗迹，在此层层面发现有大型偶蹄类动物（牛）脚印和零散的人脚印。该层包含有少量的陶片和半月形石刀等。

2. TN6E16 探方南壁地层堆积

茅山遗址稻田耕作遗迹埋藏于现代稻田约 1.2 米以下的地层中。稻田区地层堆积以 TN6E16 探方南壁为例简要说明（图四）：第 1 层为灰色的现代耕作层，厚约 20 厘米；第 2 层为灰黄色细粉砂层，厚约 30 厘米；第 3 层为浅黄褐色细粉砂层，厚约 35 厘米；第 4 层为黄色粉砂之黏土层，厚约 25 厘米；第 5 层为黄褐色黏土层，厚约 10 厘米。以上第 2—5 层均为纯净的沉积相堆积，无文化遗物，年代尚不清楚。第 6 层为黑褐色粉砂质黏土，厚约 5 厘米，系广富林文化时期堆积；第 7 层为褐色粉砂质黏土，厚约 33 厘米，系良渚文化晚期堆积；第 8 层灰褐色粉砂质黏土，厚约 22 厘米，系良渚文化中期堆积；第 9 层为薄砂层，厚约 5 厘米，其下为青灰色沉积相粉砂土或粉砂质黏土，无文化遗物，系生土。

根据地层的土质、土色和人类文化遗物有无，并按早晚的顺序可以把 TN6E16 探方南壁剖面大致划分为 4 个地层堆积特征带：Ⅰ带为生土层，深度 185 厘米以下；Ⅱ带包含第 6—9 层，为新石器时代文化层，深度 120—185 厘米；Ⅲ带第 2—5 层，不见文化遗物，为沉积相的堆积，深度 20—120 厘米；Ⅳ带为现代耕作层，厚度约 20 厘米。

3. TN6E16 南壁剖面植物种子分析结果

如图四所示，4 个地层特征带土壤中的植物种子数量和构成特征有明显的特点，Ⅰ带和Ⅲ带两个沉积相堆积几乎不见植物种子，Ⅱ带和Ⅳ带土壤中包含较多的植物种子，但在数量和种类方面，Ⅱ带的新石器文化地层明显多于Ⅳ带的现代耕作层。在第 6—9 层新石器文化地层土壤中均发现有水稻遗存，见有水稻（*Oryza sativa*）稻谷颖壳碎片、小穗轴以及叶片运动细胞硅酸体，稀见炭化米，仅第 9 层的砂层中少量发现。第 6—8 层水稻小穗轴密度分别为 13 粒/升、3 粒/升和 132 粒/升，稻谷颖壳碎片分别为 20 个/升、1 个/升和 23 个/升。除了水稻种子遗存，新石器文化地层土壤中还发现了以眼子菜（*Potamogeton* sp.）为代表的水生植物种子、以藨草（*Scirpus* sp.）为代表的湿地植物种子以及以禾本科（Gramineae）、菊科（Asteraceae）为代表的陆地植物种子等植物遗存。在第Ⅱ地层特征带还发现了大量的炭屑，第 6—8 层的密度分别为 4037 粒/升、383 粒/升和 3170 粒/升。

4. TN6E16 探方南壁剖面植物硅酸体分析结果

如图四所示，4 个地层特征带土壤中的硅酸体构成和密度也有明显的特点，Ⅰ带仅见少量的芒属（*Miscanthus*）硅酸体，Ⅲ带见有少量芦苇（*Phragmites*）和芒属硅酸体，Ⅱ带和Ⅳ带硅酸体种类较多、密度较高，除了芒属和芦苇，还含有大量的水稻硅酸体，其中Ⅱ带第 6—8 地层的土壤水稻硅酸体密度分别为 18000 粒/克、39000 粒/克和 54000 粒/克。

5. 古稻田地层植物种子分析结果

如表二所示，稻田耕作层土壤中共鉴定出高等植物 27 种，分属于 15 科 21 属。其中莎草科（Cyperaceae）植物最多，为 10 种；其次为禾本科、蓼科（Polygonaceae）、桑科（Moraceae），各 2 种；其余各科均为 1 种。在 27 种植物中，多为草本植物，木本植物极少，仅见樟树（*Cinnamomum camphora*）和构树（*Broussonetia papyrifera*）两种。如表三所示，在植物中，以多年生植物居多，占 59.26%；

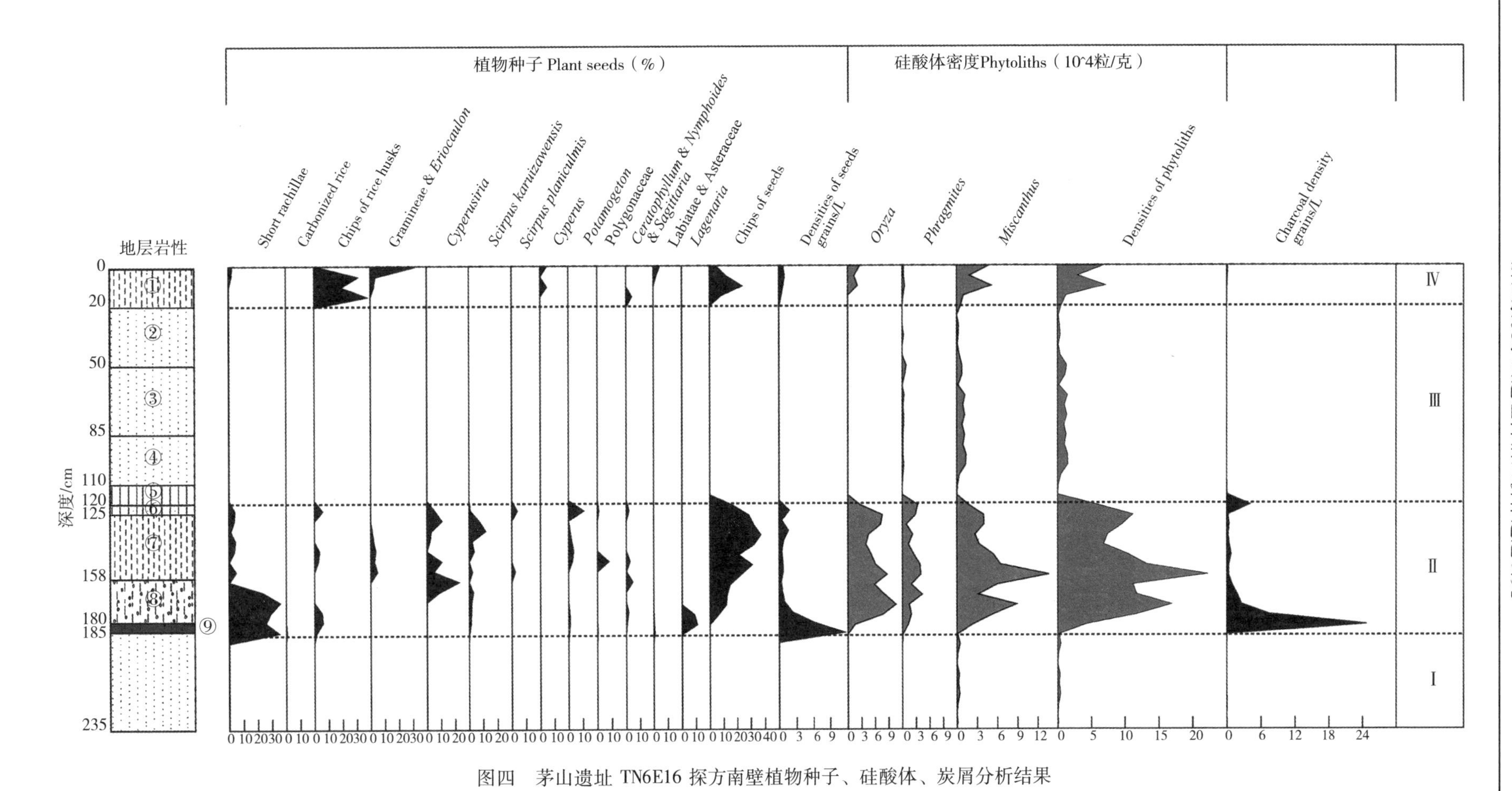

图四 茅山遗址 TN6E16 探方南壁植物种子、硅酸体、炭屑分析结果

一年生植物较少，占 40.74%，且水生或者湿生植物占多数，占 62.96%；中生和旱生植物数量较少，占 37.04%。多年生的水生或湿生植物是稻田生态系统中的主要种群。

良渚文化晚期群落优势种群主要有：华东藨草（*Scirpus karuizawensis*）、酸模（*Rumex acetosa*）、夏飘拂草（*Fimbristylis aestivalis*）、水葱（*Scirpus tabernaemontani*）、狗尾草（*Setaira viridis*）、眼子菜、碎米莎草（*Cyperus iria*）、褐穗苔草（*Cyperus fuscus*）和野慈姑（*Sagittaria trifolia*）；广富林时期群落优势种群主要有：酸模、华东藨草、眼子菜、露珠草（*Circaea cordata*）、蛇床（*Cnidium monnieri*）、碎米莎草、夏飘拂草。如表三所示，良渚文化晚期与广富林时期，多年生物种分别为 68.18% 和 61.54%；水生与湿生物种分别为 63.64% 和 65.38%；它们的相似性指数为 74.70%，植物种群基本相似。

6. 古稻田地层植物硅酸体分析结果

如表四所示，良渚文化晚期地层水稻硅酸密度为 3000—152000 粒/克，平均 60000 粒/克，其中稻田区 49 个探方（TN2E7—TN6E15）的平均密度为 47000 粒/克；广富林时期地层为 9000—127000 粒/克，平均为 46000 粒/克，其中稻田区 49 个探方（TN2E7—TN6E15）的平均密度为 42000 粒/克；两个稻田区地层的硅酸体平均密度为 44000 粒/克。

四　讨论

茅山新石器时代遗址聚落由居住区、墓地区和大面积的稻田区组成，布局结构清晰完整，为国内同时期遗址中罕见。特别是稻田耕作遗迹的发现和发掘，不仅填补了良渚文化时期考古的空白，而且提供了研究长江下游地区新石器时代晚期稻作生产方式和生产力水平的珍贵素材，并能引起对新石器时代晚期社会形态的深入思考。同时茅山遗址稻田耕作遗址的调查、发掘和研究也能对今后农耕遗迹的发掘研究工作提供一些参考。

1. 茅山稻田耕作遗迹

植物硅酸体定量分析是稻田耕作遗迹调查的主要手段[10]，一般把 5000 粒/克以上的土壤水稻硅酸体密度作为稻田判别的标准[11]，但在稻田耕作遗迹调查、发掘和研究的实际工作中，不仅需要依据硅酸体的密度，还必须综合考虑居住区与稻田耕作区的构成要素、土壤质地和生态特点等因素。茅山遗址稻田耕作层土壤均为富含植物残体的黑褐色或褐色的粉砂质黏土，并具有一定的团粒结构，具有耕作层土壤的特征；居住遗址周围高密度水稻硅酸体（见表一）地层的大面积分布和耕作层零星散落的陶片、石器等，显示出稻田耕作区遗物构成的特点；稻田区剖面（见图四）和古稻田等耕作层土壤中的稻谷遗存，高密度的稻属和芦苇属、芒属等硅酸体以及以眼子菜为代表的水生植物和以藨草为代表的湿地植物，以禾本科和菊科为代表的陆地植物等种子遗存，展现了稻田的农田生态系统（表二—表四）。从发掘前的探查到发掘后的深度研究，多角度提供了茅山遗址新石器文化时代晚期稻田耕作遗迹的强有力证据。

表二　茅山遗址古稻田生态系统植物种类

序号	物种	拉丁学名	生活型	生态型	良渚文化晚期		广富林文化时期	
					种子库密度*（粒/米²）	百分比（%）	种子库密度（粒/米²）	百分比（%）
1	狗尾草	*Setaira viridis*	一年生	中生	463	8.56	0	0.00
2	发草属	*Deschampsia* sp.	多年生	中生	75	1.39	113	0.66
3	褐穗莎草	*Cyperus fuscus*	多年生	湿生	113	2.08	25	0.15
4	红苞苔草	*Carex argyi*	多年生	中生	100	1.85	38	0.22
5	水葱	*Scirpus tabernaemontani*	多年生	湿生	588	10.88	50	0.29
6	华东藨草	*Scirpus Karuizawensis*	多年生	湿生	1675	31.02	663	3.87
7	水毛花	*Scirpus triangulatus*	多年生	湿生	50	0.93	25	0.15
8	扁杆藨草	*Scirpus planiculmis*	多年生	湿生	13	0.23	163	0.95
9	夏飘拂草	*Fimbristylis aestivalis*	一年生	湿生	638	11.81	200	1.17
10	红鳞扁莎	*Pycreus sanguinolentus*	一年生	湿生	100	1.85	25	0.15
11	具芒碎米莎草	*Cyperus microiria*	一年生	湿生	125	2.31	50	0.29
12	碎米莎草	*Cyperus iria*	一年生	湿生	125	2.31	225	1.31
13	野慈姑	*Sagittaria trifolia*	一年生	水生	113	2.08	38	0.22
14	金鱼藻	*Ceratophyllum demersum*	多年生	水生	25	0.46	50	0.29
15	茨藻	*Najas* sp.	一年生	水生	0	0.00	25	0.15
16	眼子菜	*Potamogeton* sp.	多年生	水生	225	4.17	525	3.06
17	酸模	*Rumex acetosa*	多年生	湿生	663	12.27	13463	78.56
18	酸模叶蓼	*Palygonum lapathifolium*	一年生	湿生	0	0.00	38	0.22
19	谷精草	*Eriocaulon buergerianum*	一年生	湿生	0	0.00	13	0.07
20	露珠草	*Circaea cordata*	一年生	中生	0	0.00	438	2.55
21	蛇床	*Cnidium monnieri*	一年生	湿生	38	0.69	388	2.26
22	飞蓬	*Erigeron* sp.	多年生	中生	13	0.23	50	0.29
23	葎草	*Humulus scandens*	多年生	中生	0	0.00	25	0.15
24	接骨草	*Sambucus chinensis*	多年生	中生	50	0.93	75	0.44
25	悬钩子	*Rubus* sp.	多年生	中生	25	0.46	38	0.22
26	香樟	*Cinnamomum camphora*	多年生	旱生	0	0.00	13	0.07
27	构树	*Broussonetia papyrifera*	多年生	旱生	13	0.23	38	0.22
28	不明				175	3.24	350	2.04
	合计				5400	100	17138	100

* 种子库密度为1平方米和15厘米深土层中的种子数量。

茅山遗址良渚文化中期稻田形状不规则，稻田面积较小；良渚文化晚期稻田呈规则的长方形，田块面积很大，有河道、灌溉水渠以及红烧土铺面的田埂等农田设施。稻田形态呈现由星罗棋布的小条块状向大面积大区块的稻田形态的发展过程，反映了茅山遗址可能经历了从开始定居时利用小块低湿地到后期大规模开拓湿地造田种稻，从人口稀少的小村落到人口数量较多的大村落的农业和社会发展历程。良渚文化晚期的大区块、规格化、连成片的稻田遗迹反映出当时稻作生产田间操作不是单家独户劳作能完成的，可能具有集体劳动性质。大规模稻田开垦、大型灌溉设施的建设等，需要大规模的人力动员和组织，表明良渚文化晚期社会已经具有严密的社会组织和分工，以及强有力的行政控制能力，能够集中社会人力、物力、资源，组织开展大型、复杂的工程和社会活动。

2. 稻田耕作方式

如图四所示，古稻田耕作地层呈黑褐色或褐色粉砂质黏土，土壤中不仅包含大量的植物残体，而且含有大量的炭屑，表明稻田使用过程中频繁用火。火是原始农业开垦耕地最重要的手段，在山地和旱地农业通常通过刀耕火种种植作物，即：春季用刀砍伐林木，经日光暴晒干燥后用火焚烧，对火烧地进行适当整理后，用点种木棒点播。开垦湿地的水田稻作的耕地环境与旱地农业不同，两者在原始农业生产方式上存在着一定的差异，但耕作过程中使用火是它们的共性。由于平原地区开发历史很长，稻作农业生产技术发展很快，除了零星的孑遗，基本上已经看不到湿地原始农业系统的历史文化遗产，只能从汉代水田耕作方式中窥视它的一些概貌。司马迁《史记·货殖列传》中说："江南之地，地广人稀，饭稻羹鱼，或火耕而水耨。"火耕水耨稻作农业的具体内容东汉时期的应昭作了诠释："烧草，下水种稻。草与稻并生，高七八寸，因悉芟去，复下水灌之，草死，独稻长，所谓火耕水耨也。"（见《汉书·武帝本纪》注）火耕水耨的稻作生产方式到唐代时还能见到它的踪影，特别是在新垦土地或荒废土地的复耕中得到广泛使用⑫。火耕水耨的技术特点是放火烧草，灌水湿润土，直播稻种，灌水淹死旱生杂草，不用牛耕、蹄耕，没有中耕⑬，其最重要的技术环节是灌溉。火的使用与人类活动关系密切⑭，茅山遗址稻田土壤中大量炭屑以及比较完善的灌溉系统诠释了新石器时代晚期稻作农耕的技术特点，用火耕水耨来描述新石器时代晚期茅山遗址的稻作农业技术体系不会有很大的差池。

茅山稻田耕作层中出土的生产工具数量和种类很少，在广富林地层中只有半月形石刀，在良渚地

表三　茅山遗址古稻田生态系统植物群落组成的生活型和生态型特征

类型		良渚文化晚期		广富林文化时期		总数		相似性指数*（IS）
		物种数	百分比（%）	物种数	百分比（%）	物种数	百分比（%）	
生活型	一年生	7	31.82	10	38.46	11	40.74	54.55
	多年生	15	68.18	16	61.54	16	59.26	87.50
生态型	水生	3	13.64	4	15.38	4	14.81	75.00
	湿生	11	50.00	13	50.00	13	48.15	84.62
	中生	7	31.82	7	26.92	8	29.63	62.50
	旱生	1	4.55	2	7.69	2	7.41	50.00
	合计	22	100.00	26	100.00	27	100.00	74.70

*相似性指数（IS）的计算方法为：IS = 共有种数/（广富林文化时期独有种数 + 良渚文化晚期独有种数 + 共有种数）×100%

表四　茅山遗址稻田水稻硅酸体密度

探方	硅酸体密度（粒/克）		探方	硅酸体密度（粒/克）	
	良渚文化晚期	广富林文化时期		良渚文化晚期	广富林文化时期
TN2E7	29282	36634	TN5E12	43495	45464
TN2E8	26160	16773	TN5E13	30363	50799
TN2E9	18283	21861	TN5E14	33575	28498
TN2E10	10552	13603	TN5E15	13492	29963
TN2E11	9989	27168	TN6E6	74771	49621
TN2E12	13877	9686	TN6E7	122410	98752
TN2E13	8350	19822	TN6E8	91547	58697
TN2E14	6588	14653	TN6E9	73139	70684
TN2E15	2904	15000	TN6E10	56811	47277
TN3E6	43922	47305	TN6E11	58931	64254
TN3E7	33551	53003	TN6E12	39839	47249
TN3E8	25059	44510	TN6E13	76267	32311
TN3E9	33756	32106	TN6E14	90771	39629
TN3E10	37668	36729	TN6E15	47033	43925
TN3E11	40275	56815	TN7E6		18440
TN3E12	21218	25514	TN7E7		127366
TN3E13	20422	20298	TN7E8	113493	86000
TN3E14	26280	14257	TN7E9	156136	71635
TN3E15	18059	8505	TN7E10	151991	46733
TN4E6	66429	52484	TN7E11	122530	67698
TN4E7	63314	48715	TN7E12	97333	57791
TN4E8	46257	46164	TN7E13	103428	31608
TN4E9	38767	43191	TN7E14	41440	60923
TN4E10	101120	54824	TN7E15	68133	46328
TN4E11	100711	38065	TN8E6	78702	52360
TN4E12	87911	59569	TN8E7	108480	58675
TN4E13	38537	23301	TN8E8	118471	99111
TN4E14	17188	22649	TN8E9	71569	52320
TN4E15	15431	19521	TN8E10	76541	26943
TN5E6	70297	63208	TN8E11	90693	25285
TN5E7	67146	80392	TN8E12	87151	60436
TN5E8	65476	65347	TN8E13	85673	57558
TN5E9	80317	55422	TN8E14	69382	21707
TN5E10	87200	73194	TN8E15	80616	50710
TN5E11	65481	68322	平均值	59880	45730

层中只有石镞和石刀，表现出稻田文化遗物的分布特征。用于田间操作和管理主要有翻耕、除草和收获等工具，一般可以重复使用，劳作结束后携带回家保管，很少会留在农田中，只有一些小型农具可能偶尔遗忘或遗失在稻田中。稻田中生长有繁茂的水稻，提供了草食动物和禽鸟优良的觅食场所，经常有动物出没、禽鸟聚集，对先民来说，也是一个理想的狩猎场所。稻田地层中发现的石镞向我们展现了稻田生态的一个侧面。石刀是收获环节中的工具，具体操作方法可能为：一手抓住稻穗拉近，另一手握住石刀，并手指固定稻穗，通过反转石刀刃部折断穗柄摘取稻穗。在稻田中没有发现翻耕工具，但在居住生活区发现了组合石犁，说明当时稻田可能有整地翻耕技术环节。尽管没有出土特定的中耕除草工具，我们不能排除存在这一技术环节，因为稻田除草通常采用手工拔除的操作方法。

3. 稻田区的植物群落

如表三所示，良渚文化晚期与广富林文化时期稻田生态系统中的植物种群构成基本相似，达74.70%，以多年生的湿地植物为主。生活类型中多年生植物的相似性指数大于一年生植物；生态类型中水生和湿生植物的相似性指数大于中生、旱生植物。由于旱生种群数量极少，仅见樟树和构树两种，因此一年生物种的增加可能是广富林文化时期稻田植物群落不同于良渚文化晚期稻田的主要特征。

现代水田杂草种群主要有40种左右，一年生种群占优势，占67%—69%[15]，而免耕直播稻田不仅杂草种类多，而且由于多年生杂草有生长势旺盛的块（球）茎，较一年生杂草种子具有较大的竞争优势，多年生杂草要多于深耕移栽形式的稻田[16]。在茅山遗址稻田多年生杂草明显多于一年生杂草，表明当时可能还没有采用深耕移栽技术，春季放火烧草后，只是用人力或人力犁耕进行浅表层土壤的简单松土，然后进行直接撒播或点播稻种，很少触及土壤深处多年生植物的块（球）茎或宿根部分。稻田湿地生态恢复初期，植物群落以一、二年生湿生或水生植物为主[17]，广富林文化时期一年生植物种群增加反映了该时期可能经历了稻田废弃湿地生态恢复的过程。

4. 稻田单位面积产量

茅山遗址良渚文化晚期和广富林文化时期的稻田耕作层的土壤种子库密度分别为5400粒/米^{2}和17138粒/米^2（见表二），明显少于田螺山遗址河姆渡文化早期的26000—228000粒/米^{2}和晚期的26000—184000粒/米^{2}的土壤种子库[18]，表明新石器时代晚期稻田的除草技术加强，农田杂草得到有效控制，耕作技术水平有明显提高。

耕作技术水平进步带来了稻田单位面积产量的提高。茅山遗址良渚文化晚期和广富林文化时期稻田耕作地层硅酸体的平均密度为44000粒/克，根据水稻硅酸体与稻谷重量的相关性以及硅酸体系数（6.25×10^{-6}克/粒）[19]，利用公式——稻田亩产量（克）=［硅酸体密度（粒/克）×土壤容重×地层厚度（厘米）×6666666.7×硅酸体系数］/使用年限——对单位面积产量进行了估测。其中，我们测得TN6E16南壁剖面第6—7层的平均土壤容重为1.4126克/立方厘米，地层厚度为38厘米。因此，按700年的使用年限（良渚文化晚期开始于距今4700年左右，广富林文化结束于距今4000年左右，历时约700年）计算出茅山遗址良渚文化晚期和广富林文化时期稻田的平均亩产量约为141千克。

以火耕水耨为主要技术特色的新石器时代晚期的稻田单位面积产量，我们还可以从火耕水耨盛行的汉魏时期南方稻作农业中获得一些启示。根据史料研究，汉魏时期南方水田单位面积产量一般在2.5—3.0石，折合亩产150—180千克[20]。尽管新石器时代晚期与汉代有2000多年的时间差，考虑到汉代火耕水耨的原始性以及茅山遗址稻田系统的完善程度，茅山新石器时代晚期稻田每亩 141 千克的产量是基本可信的。此亩产量是田螺山遗址河姆渡文化早期稻田 55 千克亩产量的 2.5 倍，晚期稻田 63 千克亩产量的 2.2 倍[21]。

五　结语

茅山遗址古稻田的发现和发掘，向我们展示了新石器时代晚期先民从事稻作农业生产的生动场景。先民大规模开垦居住村落附近的湿地建造水田，精心规划、合理配置、因地制宜构建湿地稻田的灌溉和道路系统，基本做到了田成方、渠相通、路相连、旱能灌、涝能排、渍能降，为稻作稳产稳收打下了基础。稻田耕作地层中大量的炭屑表明用火焚烧是当时耕作的一个重要手段：春季先民用火烧去田中的枯枝残草，用石犁、石铲等工具进行浅层松土，采用散播或点播方式播种稻种，用水淹杀死旱生杂草，人工拔除水生杂草。秋季稻子成熟后，用石刀摘稻穗收获。可以说茅山遗址的稻田耕作方法是秦汉时期南方地区火耕水耨的源头，一脉相承。以多年生植物种群为主的农田植物群落特征反映了当时只是用人力或人力犁耕进行浅表层土壤的简单松土，尚无采用深耕技术，但从土壤种子库密度看，耕作和田间管理技术已经有了进步，并反映在稻田单位面积产量的变化上。根据土壤水稻硅酸体密度估算出茅山遗址良渚文化晚期与广富林文化时期的稻田平均亩产约为 141 千克，较长江下游新石器时代中期有了显著的提高。稻作生产技术的进步，稻米生产量的增加，加速了社会分工、分化，为长江下游地区文明社会形成提供了坚实的物质支持。新石器时代晚期的社会组织复杂化、行政能力强化反过来也为开拓土地和改善农田生产条件提供了政治上的保障。

原载《第四纪研究》2014 年第 34 卷第 1 期

本研究受浙江省财政厅、国家文物局文物保护创新联盟项目（批准号：20120230）和科技部国家科技支撑计划项目（批准号：2010BAR67B03 和 2013BAR08B03）共同资助。

注释

① 严文明：《良渚遗址的历史地位》，《浙江学刊》1996 年第 5 期；张忠培：《良渚文化的年代和其所处社会阶段》，《文物》1995 年第 5 期。

② 郑云飞、蒋乐平：《上山遗址出土的古稻遗存及意义》，《考古》2007 年第 9 期。

③ 游修龄：《良渚文化时期的稻作》，《浙江学刊》1996 年第 5 期；俞为洁：『良渚文化期の農業』，『日中文化研究』（11）1996；程世华：《论良渚文化原始稻作生产的先进性》，《古今农业》1999 年第 1 期。

④ Y. F. Zheng, G. P. Sun, L. Qin et al. , Rice fields and modes of rice cultivation between 5000 and 2500 BC in East China, *Journal of Archaeological Science* 36 (2009).

⑤ 藤原宏志：『稲作の起源を探る』，东京：岩波新書，1998，pp. 138－173；Z. H. Cao，J. L. Ding，Z. Y. Hu et al.，Ancient paddy soils from the Neolithic age in China's Yangtze River delta，*Naturwissenschaften* 93（2006）.

⑥ 湖南省文物考古研究所、国际日本文化研究中心：《澧县城头山——中日合作澧阳平原环境考古与有关综合研究》，

文物出版社，2007 年，第 3—17 页。

⑦ G. Y. Jin, S. D. Yan, Tetsuro Udatsu et al. , Neolithic rice paddy from the Zhaojiazhuang site, Shandong, China, *Chinese Science Bulletin* 52 (2007).

⑧ Y. F. Zheng, G. P. Sun, L. Qin et al. , Rice fields and modes of rice cultivation between 5000 and 2500 BC in East China, *Journal of Archaeological Science* 36 (2009); D. Q. Fuller, L. Qin, Water management and labour in the origins and dispersal of Asian rice, *World Archaeology* 41 (2009).

⑨ 丁品、郑云飞、陈旭高等:《浙江余杭良渚茅山遗址发掘》,《中国文物报》2010 年 4 月 6 日；丁品、赵晔、郑云飞等:《浙江余杭茅山史前聚落遗址第二、三期发掘取得重要收获》,《中国文物报》2011 年 12 月 30 日。

⑩ Y. F. Zheng, G. P. Sun, L. Qin et al. , Rice fields and modes of rice cultivation between 5000 and 2500 BC in East China, *Journal of Archaeological Science* 36 (2009)；藤原宏志:『稲作の起源を探る』，东京：岩波新書，1998, pp. 138–173; Z. H. Cao, J. L. Ding, Z. Y. Hu et al. , Ancient paddy soils from the Neolithic age in China's Yangtze River delta, *Naturwissenschaften* 93 (2006); G. Y. Jin, S. D. Yan, Tetsuro Udatsu et al. , Neolithic rice paddy from the Zhaojiazhuang site, Shandong, China, *Chinese Science Bulletin* 52 (2007)；藤原宏志、杉山眞二:『プラント・オパール分析の基礎的研究（5）－フラント・オパール分析による水田址の探査』,『考古学と自然科学』17（1984）；张健平、吕厚远、吴乃琴等:《关中盆地 6000—2100cal. aB. P. 期间黍、粟农业的植硅体证据》,《第四纪研究》2010 年第 30 卷第 2 期；王淑云、莫多闻、孙国平等:《浙江余姚田螺山遗址古人类活动的环境背景分析——植硅体、硅藻等化石证据》,《第四纪研究》2010 年第 30 卷第 2 期。

⑪ 藤原宏志、杉山眞二:『プラント・オパール分析の基礎的研究（5）－フラント・オパール分析による水田址の探査』,『考古学と自然科学』17（1984）。

⑫ 陈国灿:《火耕水耨新探——兼谈六朝以前江南地区的水稻耕作技术》,《中国农史》1999 年第 18 卷第 1 期。

⑬ 彭世奖:《火耕水耨辨析》,《中国农史》1987 年第 2 期。

⑭ 李宜垠、侯树芳、赵鹏飞:《微炭屑的几种统计方法比较及其对人类活动的指示意义》,《第四纪研究》2010 年第 30 卷第 2 期；谭志海、黄春长、庞奖励等:《陇东黄土高原北部全新世野火历史的木炭屑记录》,《第四纪研究》2008 年第 28 卷第 4 期；孙楠、李小强、周新颖等:《甘肃河西走廊早期冶炼活动及影响的炭屑化石记录》,《第四纪研究》2010 年第 30 卷第 2 期。

⑮ 魏守辉、朱文达、杨小红等:《湖北省水稻田杂草的种类组成及其群落特征》,《华中农业大学学报》2013 年第 32 卷第 2 期；王强、何锦豪、李妙寿等:《浙江省水稻田杂草发生种类及危害》,《浙江农业学报》2000 年第 12 卷第 6 期。

⑯ 吴竞仑、周恒昌:《稻田土壤多年生杂草种子库研究》,《中国水稻科学》2006 年第 20 卷第 1 期。

⑰ 彭亿、李裕元、李忠武等:《亚热带稻田弃耕湿地土壤因子对植物群落结构的影响》,《应用生态学报》2009 年第 20 卷第 7 期。

⑱ Y. F. Zheng, G. P. Sun, L. Qin et al. , Rice fields and modes of rice cultivation between 5000 and 2500 BC in East China, *Journal of Archaeological Science* 36 (2009).

⑲ 藤原宏志:『プラント・オパール分析の基礎的研究（3）—福岡・板付遺跡（夜臼期）水田および群馬・日高遺跡（弥生時代）水田におけるイネ（*O. sativa* L.）生産量の推定』,『考古学と自然科学』12（1979）。

⑳ 吴慧:《中国历代粮食亩产研究》，农业出版社，1985 年，第 100—141 页。

㉑ Y. F. Zheng , G. P. Sun, L. Qin et al. , Rice fields and modes of rice cultivation between 5000 and 2500 BC in East China, *Journal of Archaeological Science* 36 (2009).

长江下游稻作起源研究的新进展

1973年，浙江省余姚市发现了河姆渡遗址，并进行了大规模的发掘，出土了大量的陶器、木器以及骨木工具，发现了干栏式建筑遗迹和大量的动植物遗存，特别是大量稻作遗存的出土，把稻作起源追溯到了7000年以前，提前了2000年左右。此事在社会上产生了轰动，也引起了国内外考古学、农学、历史学等诸多学科学者的关注。河姆渡遗址的发现和发掘不仅确立了长江流域在中华文明发祥中的历史地位，同时也促进了世界稻作起源和传播研究的发展和深入。许多学者从不同角度对这个问题进行了探讨，提出了一些新观点并进行深入思考。

基于河姆渡遗址稻作遗存的发现和研究，游修龄认为稻作起源于长江流域，河姆渡遗址出土的稻谷属于栽培稻的籼亚种中晚稻型，在向北传播过程中籼稻分化出粳稻[①]。日本学者渡部忠世在调查东南亚野生稻和栽培稻多样性的基础上，提出了“云南－阿萨姆起源说”，认为起源于我国云南、印度阿萨姆地区的亚洲栽培稻沿长江向下游传播到中国境内各地和东南亚一些地方[②]，这个观点同样获得同工酶分析的支持[③]。张德慈根据东南亚野生稻和栽培稻的多样性这一特点，提出“华南－东南亚起源说”，认为亚洲栽培稻起源于华南－东南亚，并由南向北传播到中国境内各地[④]。这个学说和20世纪50年代著名农学家丁颖提出的栽培稻起源于华南学说[⑤]有一些相似之处，不过起源地的范围较之更加广泛。考古学家严文明综合分析了各地发现的稻作遗址年代数据和出土稻谷（米）形态特征变化，提出栽培稻起源于长江下游，在向北、向南传播过程中分化粳稻和籼稻[⑥]。20世纪90年代以后，在长江中游的澧阳平原的彭头山[⑦]、八十垱[⑧]等距今8000年左右的新石器时代遗址，以及在淮河流域距今7500年的贾湖遗址[⑨]中相继发现了栽培稻遗存，这些与原始稻作有关的、年代较早的新石器时代遗址的发现促使学者对稻作起源和传播问题进行重新思考，提出了“长江中下游起源”[⑩]“长江中游起源”[⑪]“淮河流域起源”[⑫]等观点。90年代末，长江中游湖南玉蟾岩[⑬]及吊桶环[⑭]等新石器时代早期遗址中稻谷遗存的发现，支持了长江中游起源说，而且把人类利用或栽培稻谷的历史提早到了距今万年以前。

河姆渡遗址发现30多年以来，经过考古学、农学和历史学工作者的努力，稻作起源研究方面已经取得明显的进步。与稻作有关的新石器时代遗址在各地相继发现以及稻作遗址地理分布研究表明，中国境内新石器时代的稻作农耕是由长江下游和长江中游两个区域为中心发展起来的，这意味着长江中、下游可能是亚洲栽培稻的发源地。回顾河姆渡遗址稻谷遗存被发现以来稻作起源的相关研究可以看出，尽管对亚洲栽培稻起源的认识是在不断发展和完善的，然而农学和考古学之间的观点的相互矛盾还是非常突出。究其原因主要是两者在研究材料、研究方法等方面具有局限性。农学研究一般是以现生植物体为研究对象，是一种基于瓦维洛夫作物起源地遗传多样性学说的推测，没有办法把近万年以来人类活动对栽培稻品种资源和野生稻生存环境的影响等因素考虑进去；考古学是以出土古稻为研究对象，是实时实地的实证研究，但研究受到考古发掘工作进程、遗址发现的偶然性、以及稻遗存保存状况和研究技术手段等因素的影响，使得研究深度受到限制。如何克服农学和考古学在研究方面的缺陷，已经成为稻作农业起源研究进步的关键所在。水稻进化遗传学者冈彦一提出了认定稻作起源地的三个条件[15]：有或曾经有栽培稻祖先野生稻；有早期稻作农耕的遗迹；具有野生稻和栽培稻遗传变异多样性。王象坤等在此基础上提出稻作起源地的四个前提条件[16]：发现最古老的原始栽培稻；有栽培稻的祖先野生稻，有驯化栽培稻的主体——人类活动以及出土稻作生产工具；适合野生稻生存的气候和环境条件。这些由农学研究人员提出稻作起源地的前提条件，已经把主要注意力从以前对现生植物的研究转向史前野生稻、栽培稻遗存，以及有关稻作文化的研究。农学和考古学研究也逐渐走向了融合，近年来稻作农业起源研究方面的重大发现和进步，多数是在用现代农学研究方法来研究考古遗址和稻作遗存方面取得的。

植物硅酸体分析技术应用对推动稻作起源研究的作用是最大的，主要表现在两个方面：一是开创了史前稻作农耕遗迹考古的新领域。长江下游地区马家浜[17]、河姆渡[18]、良渚[19]等文化时期的古稻田，长江中游大溪文化时期的古水田[20]，以及黄河下游地区山东龙山文化的古稻田[21]的考古发掘都是基于对遗址和钻孔土样进行植物硅酸体分析数据发现的。二是提供了研究古稻遗存以及古稻生物特性研究的新手段。吊桶环遗址地层中稻硅酸体的发现把稻的利用和栽培历史上溯到了一万年以前，太湖流域地区不同时期的植物硅酸体形态特征研究表明：该地区原始栽培稻在栽培环境下逐步向粳稻驯化[22]。除了植物硅酸体分析技术，其他各种现代农学研究手段也不断被引入到稻作起源研究领域，使稻作起源研究有了进一步深入。如通过扫描电镜观察古稻遗存的形态特征，寻找史前野生稻证据[23]；通过古DNA分析研究栽培稻的亚种属性[24]；通过小穗轴形态观察研究水稻的驯化历程[25]等，这些手段都为稻作起源地研究提供了许多有力的证据，从中可以看出结合农学和考古学研究的优点，农学和考古学相互渗透、相互交叉成为稻作起源研究今后发展的方向。

地处长江下游的浙江省是长江下游新石器时代文化序列完整、遗址分布密集且具有代表性的区域，其在稻作起源研究方面具有地理优势。最近几年围绕稻作农业起源问题，有关部门开展了一些针对性工作，诸如新石器时代早期遗址人类经济活动研究、史前农耕遗迹研究、稻在人工栽培条件下的驯化历程研究等，在稻作起源和传播、史前稻作生产方式和生产水平，以及史前栽培稻形态和经济性状的变化等研究方面取得了一些进展。

一　新石器时代早、中期稻作遗址的发现

进入21世纪后，浙江省相继发现了数量较多的新石器时代早、中期遗址，年代在距今11000—8000年，代表遗址有浦江上山遗址、嵊州小黄山遗址、萧山跨湖桥遗址，在这些遗址中都发现稻遗存，这为我们研究稻作起源问题提供了材料。

图一　浦江上山遗址出土的陶片及其包含的稻谷遗存

上山遗址位于浙江省浦江县黄宅镇，北纬29°27′9″，东经119°58′21″，处在一个丘陵山区的小盆地，海拔50米左右。据^{14}C年代测定，年代为9000—7000 BC，是新石器时代早期遗址。遗址出土的陶器以表面施以红衣、胎土内含大量炭屑、壁厚为主要特征，器形最多的为大型的陶盆；石器以石磨盘和石球、石棒为主，伴随出土的还有少量的打制石器；遗迹以储藏坑遗迹为主要特点，数量很多。从两次发掘情况看，上山遗址不仅年代早，而且文化面貌独特，是一种新的文化类型，被命名为上山文化。上山遗址出土的夹炭陶器的陶胎泥土中有大量以稻颖壳为主的植物掺和料（图一），据统计这类陶片占陶片总数80%以上。由于保存条件的关系，遗址中几乎没有发现稻谷（米）等植物种实遗存，但土壤和陶片中含有大量来自稻运动细胞硅酸体[26]。

小黄山遗址位于浙江省嵊州市甘霖镇，北纬29°33′11″，东经120°43′31″，地理特点与上山遗址有相似之处，位于丘陵山区的小盆地，海拔45米左右。小黄山类型文化的年代为7000—6000 BC，是新石器时代早中期的遗址。遗址出土了石磨盘、磨石、夹砂红衣陶盆、罐等器物，揭示了大量的储藏坑等遗迹。从遗址出土的遗物中既可以看到上山文化面貌，也可以看到河姆渡文化因素，是介于上山文化和跨湖桥文化之间的一种新文化类型。小黄山遗址出土的陶片也以夹炭陶为主，许多陶片的胎泥中能观察到稻的颖壳。尽管土壤中没有水洗出植物种子，但植物硅酸体分析结果显示，该遗址土壤中含有大量的稻硅酸体，这表明生活在该遗址的先民经济活动与稻谷有着密切的关系[27]。

跨湖桥遗址位于浙江省杭州市萧山区，北纬30°05′，东经120°18′，处在会稽山余脉的山麓，是山地向平原的过渡交界地带，海拔约2米。遗址发掘出土了大量的木制器具和陶器，文化特征独特，年代古老，并在其中发现了中国最古老的独木舟。遗址年代为6000—5500 BC。在2002年的发掘中，我们对跨湖桥遗址的土壤进行了植物硅酸体分析，并根据分析结果对土壤进行了植物遗存的调查工作，发现了数量较多的以稻谷（米）为代表的植物种实遗存[28]。

上述新石器时代早期和中期遗址发现的古稻遗存，是继20世纪70年代河姆渡遗址大量栽培稻遗存发现以来，长江下游地区在稻作起源考古学研究方面的又一重大发现，这些发现不仅把该地区的稻谷利用历史提早了近4000年，而且也要求我们回答诸如这些年代比河姆渡文化早得多的稻遗存是否属于有人工干预的栽培稻，它们和河姆渡文化的稻作关系如何，以及长江下游稻作文化发展和栽培稻驯化进程等问题，使人们重新思考和深入研究长江下游地区稻作起源和传播的问题。

二 早期稻谷遗存的生物学特性研究

亚洲栽培稻祖先是普通野生稻（*O. rufipogon*），它们大多生长在池塘、沼泽地、路旁水沟等湿润地或雨季湿润旱季干涸的季节性湿地中。与现在的栽培稻相比，野生稻表现出种子瘦长，长芒和芒上刚毛密而长、颖壳表面稃毛密而长、易落粒、休眠性强、发芽力弱、多年生等生物学特点。野生稻被人类栽培后，在人工和自然选择的双重压力下，许多生物学性状发生了变化。如种子向大粒形方向变化、落粒性和休眠性减弱、芒和刚毛的衰退等，这些变化有的只表现在生理上，有的则在形态上也有表现。考古遗存由于长期埋藏地下，要获取古稻生理变化方面的信息是十分困难的，因此目前形态变化方面仍然是考古学研究的主要内容。在过去的研究中，稻谷（米）粒形在鉴定遗址出土的古稻遗存方面发挥了作用，河姆渡遗址出土的古稻研究就是一个典型的例子。但同时从稻谷粒形性状单一角度来研究遗址中出土古稻的方法的局限性也十分明显，例如现代野生稻和栽培稻种群中稻谷粒形变化幅度比较大，分布相互有交叉；早期栽培的稻谷粒形态和相对稳定的现代栽培稻存在差异是毋庸置疑的；用现代粒形标准来鉴别同一个地点出土古稻亚种系统属性的合理性；等等。因此，我们还需要寻找其他更为有效的鉴定古稻方法，并从栽培稻生物性状的历史演变中进行动态的、综合的思考。遗址中出土的稻谷（米）形态除了粒形外，可观察到的生物学性状还有颖壳上芒以及稃毛，芒上刚毛的密度和长度以及反映落粒性变化的小穗轴基盘特征，尤其是小穗轴基盘，近年来被认为是鉴别栽培稻和野生稻以及栽培稻籼、粳两个亚种最有力的证据。

长江下游新石器时代早期的上山和小黄山遗址古稻遗存主要为夹杂在陶器坯土中的颖壳和包含在遗址土壤中硅酸体，而对稻谷（米）粒形和其他稻谷形态性状进行系统研究困难很大，但从这些遗存中还是找到认识古稻属性的信息。经过对较多陶片的剥离观察，我们发现了一些栽培稻痕迹。上山遗址出土的陶片中有一粒形态较完整的稻谷印痕，颖壳的长为7.73毫米，宽为2.86毫米，长宽比为2.70，表现出不同于野生稻的形状特性；在上山遗址的陶坯土中和小黄山遗址的红烧土上发现了离层不发达、小穗轴基盘上带有小枝梗和离层发达、小穗轴基盘面光滑两种类型的稻谷。以上迹象表明长江下游地区在距今10000年左右已经开展稻作生产活动，但栽培稻还处于驯化初级阶段，在栽培稻群体中不仅有近似现代栽培稻的类型，也有近似野生稻的类型。遗憾的是由于陶坯土和红烧土中的颖壳，大部分古稻没有显露出小穗轴，少量的带有小穗轴颖壳；也由于炭化程度很高，所以很难把握小穗轴的特征，以致无法进行定量分析。因此，这些古稻遗存处于何种驯化阶段还需要找到新的材料和采用新的方法做进一步研究。

在新石器时代中期的跨湖桥遗址中收集了较多稻谷（米），测量结果显示稻谷的长、宽和长宽比分别为6.98毫米、2.58毫米和2.74；稻米的长、宽和长宽比分别为5.13毫米、1.99毫米和2.61。其中稻谷长变异范围为4.99—8.65毫米，宽为1.46—3.61毫米，粒长7.1以上占40.1%[29]。据调查，栽培稻的祖先——普通野生稻谷粒的粒长范围为7.1—10毫米，粒宽范围为1.9—3.4毫米，长宽比一般多在3.0以上。农学工作者认为可以用3.50作为野生稻和栽培稻的分界线[30]。与野生稻相比，跨湖桥遗址古稻谷的粒型较短，50%以上的稻谷明显不同于普通野生稻；粒宽变异范围增大，既有小于野生稻的，也有大于野生稻的；长宽比明显小于野生稻，可见跨湖桥遗址古稻形态特征明显带有人类栽培活动影响的痕迹。在稻谷小穗轴基盘特征方面，既有野生型的，也有栽培型的，其比例约各占50%，这同样表明跨湖桥古稻是一种已经走上了驯化道路的原始栽培稻[31]。

最近我们对长江下游跨湖桥、罗家角、田螺山等遗址出土的稻谷小穗轴特征进行综合观察结果显示，距今7000年的古稻表现出既具有驯化稻的特征，同时也具有野生稻的一些生物学形状的原始栽培稻特点。另外，通过比照各个遗址的年代差异和小穗轴的比例关系，我们做出稻作农耕开始于10000年以前的推测，这个推测与目前长江下游地区发现的新石器时代古老稻作遗址的年代是基本一致的[32]。而考古遗址出土稻谷遗存的小穗轴特征研究还表明，水稻驯化过程大约到了良渚文化时期才基本完成[33]。最近对栽培稻和野生稻进行的分子生物学研究表明，中国长江流域是驯化稻的单一起源地，驯化稻出现的时间下限为距今13500—8200年，驯化稻与野生稻分离时间距今8200年，与考古学研究的结论基本一致[34]。

回顾前人的研究成果，综合目前研究的新进展，可以认为新石器时代早、中期的栽培稻具有原始多样性，在生物学形状方面既有原始性的一面，也有在人工栽培环境中进化的一面。其原始性方面表现在带有较多野生稻形状，进化方面表现为在人类有意识或无意识的选择下出现不同于野生稻的生物学形状。从这个角度看容易理解为什么在新石器时代早中期遗址中出土稻谷遗存存在长粒型和短圆粒型混杂现象，以及在栽培稻群体中为什么存在具有野生稻特征的谷粒等问题。原始栽培稻多样性特点是今后在研究史前野生稻分布和古稻系统特性演化方面应该注意的一个问题。

三 史前农耕方式研究

稻田是稻作农业的基础，也是栽培水稻的最有力证据。从稻作农耕遗迹中还可获得史前稻作农耕方式、生产水平、栽培品种等方面的信息，这些信息也是研究稻作农业起源的重要材料。20世纪90年代中期，中日两国考古学和农学工作者在江苏苏州草鞋山遗址发现了距今6000年的水稻田，揭开了中国稻作农耕遗迹考古和研究的序幕[35]。其后，在湖南城头山发现了距今6000年的大溪文化的稻田[36]。在江苏昆山绰墩、澄湖等遗址中发现马家浜文化和崧泽文化时期的水田[37]；在山东赵家庄发现龙山时期的稻田[38]等，这些发现无疑是我国稻作农业起源研究重要进步。在农耕遗迹的发掘和研究中，浙江田螺山遗址河姆渡文化时期的农耕遗迹发掘应该是我国近几年农耕遗迹研究比较成功的例子，它获得了稻田生态、耕作方式、单位面积产量等诸多方面的信息[39]。田螺山遗址的早期古稻田距今约7000年，比目前已经报道的几处史前古稻田都早，而且在稻田形态上和草鞋山类型古稻田有很大的不同，是一种大面积的湿地稻田形态。

根据钻孔探查和发掘调查，田螺山遗址古稻田遗迹可以清楚区分早期和晚期两个时期。早期稻田埋藏于距地表200毫米以下的地层中，年代为5000—4500 BC；晚期稻田埋藏于距地表100毫米以下的地层中，年代为4000—2500 BC。古稻田中遗迹现象并不丰富，在350平方米的发掘区域内，只在晚期稻田中发现一条宽约 40 厘米的道路，没有发现包括灌排水的沟渠和田埂等灌溉系统。并且遗物也不多，在早期地层中发现一件木耒、一把木刀和一件器物柄，晚期地层中只发现一件器物柄。从器物柄的长度和直径看，很可能是骨耜的柄。尽管在田面上没有发现骨耜，但在田螺山居住遗址中发现了数量较多的用水牛肩胛骨制作的骨耜。另外在田面上还零星散落着一些陶片。根据对地层中稻小穗轴的形态观察，古稻遗存不同于野生稻，部分具有驯化稻的特征，这表明稻已走上了人工栽培的驯化道路。大范围的钻孔地层调查和植物硅酸体分析结果表明，在居住遗址周围分布大面积的稻田，在 14.4 公顷调查范围内，发现早期稻田 6.3 公顷，晚期稻田 7.4 公顷。

稻田土壤中除稻谷遗存外还发现其他许多植物遗存，如稗草、莎草、飘拂草、野荸荠、苔草、金鱼藻、茨藻、眼子菜、荇菜，野慈姑、蓼、菱角、芦苇等栖息沼泽湿地的稻田杂草，这表明古稻属于湿地环境中栽培的水稻。稻田中杂草种子密度很高，其中早期地层为 26000—228000 粒/米^2，晚期地层为 26000—184000 粒/米^2，明显高于现代水稻田杂草种子密度 9140—47452 粒/米^2，甚至高于现代的次生湿地 83499—109141 粒/米^2。一般来说，土壤种子库的植物种类数量和种子密度在开垦湿地为农田后会减少，古稻田中高密度种子和物种多样性表明，史前水稻栽培中很少、甚至没有田间除草管理措施。稻田土壤中高密度的芦苇硅酸体和植物残体暗示，稻田可能还有芦苇等大型植物侵入。另外，在稻田地层中还发现了密度较高的炭屑，这表明在史前农耕中可能有用火烧荒的技术环节。

综合稻田遗迹中观察到的遗迹和遗物，以及多学科的分析数据，基本可以判断田螺山遗址古稻田的形态以及稻作生产方式：先民开垦湿地种植水稻；在冬季或早春用火烧去枯枝落叶，用骨、木耜进行适当翻耕和整地后，进行播种；秋季进行摘穗收割，在此环节中可能还借助于一些工具，诸如木、石、骨刀等。早期的稻田可能没有完善的灌溉系统，主要依赖雨水和储存在沼泽地的水来满足水稻生长的需要。长江三角洲位于亚热带季风气候区：春天湿润，并有一些降雨；夏季炎热和潮湿，被热带气流和台风控制；秋天凉爽，相对干燥；冬季寒冷和潮湿。季节性降水和水稻生长对水的阶段性需求基本一致，可以满足水稻生长对水的需求。由于生产方式粗放，土地生产率不高，通过用植物硅酸体密度的估算得出，早期每亩约 55 千克，晚期每亩约 63 千克。

最近，我们在杭州余杭区临平发现了一个完整的良渚文化晚期聚落遗址——茅山遗址[40]，呈现出南坡山脚为居住区和墓地，前面一部分的开阔湿地被先民开垦为稻田。根据钻孔调查和植物硅酸体分析，稻田范围东西长约 700 米，南北长 45—120 米，稻田面积在 80 亩以上。在已经发掘的古稻田分布区内发现了东西向的河道、水渠和南北向红烧土铺面的田埂，稻田被南北走向的红烧土铺面田埂划分为若干单元，田埂之间的间隔 15—30 米，每块稻田面积在 1000—2000 平方米，没有发现田塍等控制稻田水位等灌溉设施的遗迹（图二）。从田埂的堆筑方法可以看出，这些用红烧土铺面的田埂尽管可以防止田间水的流失，但方便先民在田间操作和行走应该是它们的主要功能。对土壤植物硅酸体、种子以及炭屑调查分析的结果显示，古稻田中伴生有芦苇、莎草科等湿地植物，是水田稻作农业，并且和河姆渡文化时期一样有火烧的技术环节，种种迹象表明当时已经具备了汉代文献中记载的火耕水耨稻作系统的一些要素。对于当时的土地生产率，尽管还有待在综合各种分析数据的基础上进行估测，但良渚文化时期稻田土壤中杂草种子的密度明显要低于河姆渡文化时期，从这个角度看，良渚文化时期的稻作生产技术和生产率是有显著提高的。

图二 余杭茅山良渚稻作农耕遗迹

四 长江下游稻作农业发展的地理特点及其环境影响的研究

长江下游地区距今10000年到距今7000年的新石器时代遗址不仅年代方面具有连续性，而且在文化面貌方面也有相互的联系。如距今10000年左右的上山遗址有跨湖桥文化地层的叠压；距今9000年左右的小黄山遗址中既可以看到上山文化面貌，又可以看到河姆渡文化因素；距今8000年左右的跨湖桥遗址中包含着河姆渡文化的一些因素，其中稻的栽培是这些遗址文化面貌的共同点。因此，史前稻作农业发展的地理特点变化可以从新石器时代遗址的地理分布中窥其大概。以上山、小黄山遗址为代表的长江下游地区的新石器时代早期遗址位于丘陵小盆地河道附近，海拔一般40—100米；以跨湖桥、河姆渡遗址为代表的新石器时代中期遗址位于从山地丘陵向平原过渡的山麓地带，海拔2—3米，依山傍水，面向平原开阔地；分布在平原地带的新石器时代晚期遗址，居住地则多数修建在坡地、土墩上（图三），这种新石器时代遗址地理分布的特点反映该地区稻作农业发展可能存在着一个由山区丘陵盆地向平原地带发展的过程。

稻在人类的栽培环境中，在人工和自然选择的双重作用下，经济性状不断朝着人的愿望方向发展，并且适应不同的生态环境，形成多种生态型或具有一定生殖隔离的亚种，例如粳稻、籼稻、热带粳稻等。对上山和小黄山遗址的陶片和土壤中含有的稻运动细胞硅酸体形状解析的结果表明，遗址的古稻可能是具有现代粳稻、抑或热带粳稻的一些特点的原始栽培稻[41]。早期农耕阶段栽培稻的这种生物学特性可能与该地区新石器时代早期遗址分布的地理环境条件有关系。长江下游的新石器时代早期遗址多数位于丘陵小盆地河道附近，尽管周围有池塘和低洼湿地，适合野生稻和栽培稻生长，但面积不会很大。随着先民对稻米需求量的增加，人们不得不开发那些水分供给不良的水际坡地，甚至高地来种稻，尽管当时既有水稻也有旱稻，但旱稻所占的比重可能更大一些，是人们食用稻米的主要来源。在

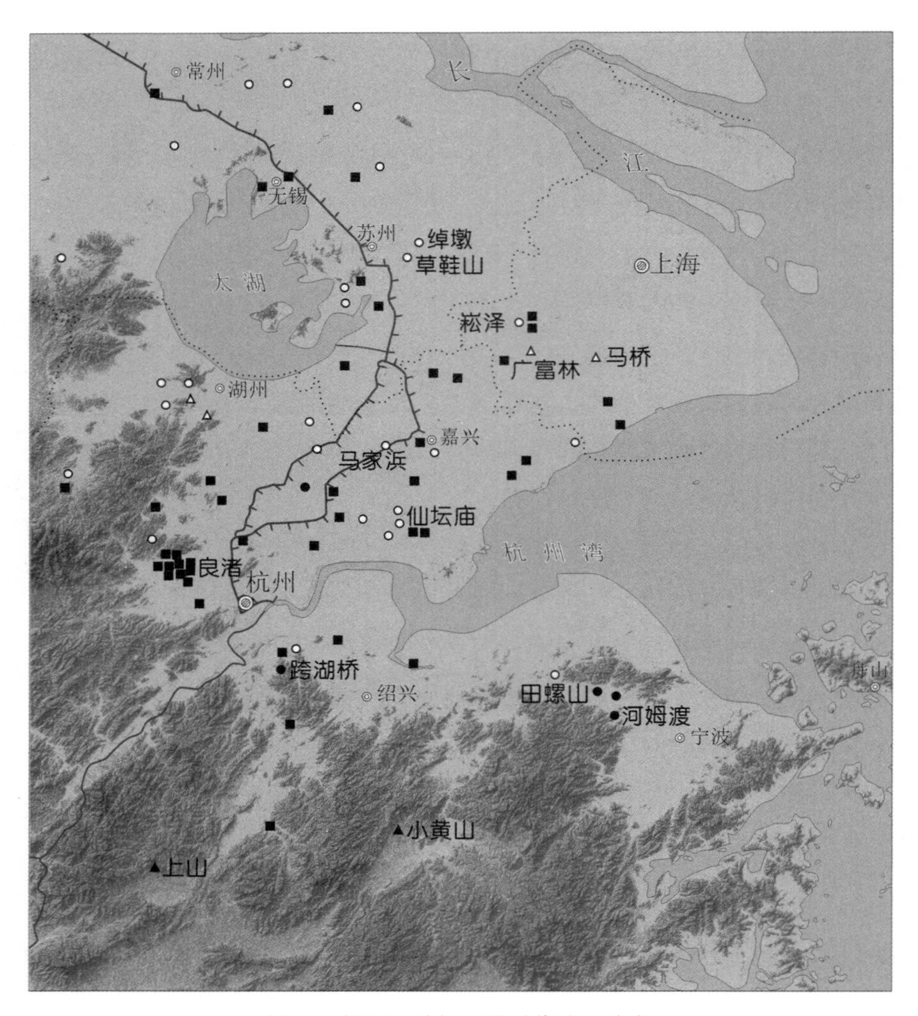

图三 长江下游新石器时代遗址分布

栽培方式变化的同时，原有水稻的一些生物性状也逐渐发生了变化，表现出旱稻或热带粳稻的一些特点。俞履圻等认为粳稻可能是稻作开始的初期在山区灌溉条件不良的情况下，由籼变成光壳一类的陆稻，再演化为粳稻[42]。王象坤等通过观察云南地方种系分布，认为原始粳稻可能起源于栽培种向山区的扩散，它们分化成为适于水田的有芒类型和适于旱地的光壳类型，它们之间的杂交产生了现今的粳稻品种[43]。我们观察到上山、小黄山遗址的古粳稻可能是先民把稻引种到灌溉条件不良的高燥之地，是在自然选择和人工选择双重作用下的结果。上山遗址古稻遗存的发现和研究为粳稻是随着原始驯化种从低地向高海拔、从湿地向旱地传播而受到选择提供了考古学证据。

河姆渡文化遗址和跨湖桥文化遗址位于宁绍和杭嘉湖平原，水资源和湿地资源十分丰富，从稻的栽培立地条件，以及最近的史前稻作农耕调查和研究成果来看，跨湖桥和河姆渡文化时期，先民种植的是水稻，但硅酸体形状特征[44]和古 DNA[45]的研究表明，此阶段的栽培稻具有旱稻或热带粳稻的一些特点。以前这一个问题一直难于得到合理解释，但上山和小黄山遗址的发掘以及稻遗存的发现和分析给出了答案：大约在距今 8000—7000 年，生活在上山、小黄山等大河上游丘陵小盆地的先民携带已经处于半驯化阶段的栽培稻种子，沿浦阳江等河流谷地而下，穿过四明山和会稽山等山脉，进入杭嘉湖和宁绍地区的山地和平原的结合部生存发展，出现了具有鲜明稻作文化特色的跨湖桥、河姆渡等新石器时代中期文化。尽管进入平原后，湿地开阔，水源丰富，稻的栽培条件发生了一些变化，但仍然有可能保留着早期在丘陵地带原始栽培稻（旱稻或热带粳稻）的一些特性。

长江下游地区新石器时代稻作文化发展的地理特点是与全新世的海平面波动有密切关系。长江下游地区全新世海平面上升大约在7500年前达到了高峰，在此以前宁绍以及杭嘉湖平原的大部分地区被海水或河水淹没，进入海退期。随着成陆进展，平原地带出现大片湿地草原和湖泊河流，水生植物繁茂、草食动物出没、禽鸟群集；同时湿地在雨水的冲洗下，土壤盐分下降，开始适合栽培水稻。平原地区生态环境的改善提供了理想的水稻栽培和采集狩猎场所，吸引了原先在丘陵盆地生活的先民进入平原居住生活，并大面积开垦湿地栽培水稻，进入第一个水稻生产大发展时期。但这里需要顺便提出的是平原湿地为水稻生产发展提供诸多有利的条件的同时，由于海退期的海平面的波动，在很长一段时间内，海水的进退仍然是影响水稻栽培面积和水稻产量的主要因素。

最近我们对田螺山遗址农耕遗迹发掘点的剖面土样进行了对植物种子和微化石的分析，结果（图四）显示全新世最高海平面出现在大约7000年以前，但中期以后海平面仍然有过多次波动。其中在6400—6300 BP和4600—2100 BP的两次海水入侵是全新世海退期以后的较大两次海面波动，另外6300—4600 BP湿地草原植被时段，也曾经发生过若干次规模很小、时间短暂的海水向陆地推进的海平面波动[46]。全新世中期、退期海平面上升的影响范围和强度可能不及高海平面时期，但同样对先民的生活和生产活动产生了深刻的影响。田螺山遗址农耕遗迹剖面研究结果还显示，全新世中期以后强度较大的海平面波动时，海水向陆地推进，淹没大片农田；强度较弱的海平面波动时，海水倒灌，土壤盐分升高，水稻产量下降。这种海平面上升对稻作生产的影响可能导致了先民食物结构中稻米比重下降，采集和狩猎比重增加。全新世中期以前的高海平面环境意味着东部沿海平面地区稻作源头可能在山区、丘陵的一些小盆地。最近在浙江中部丘陵地区发现的距今10000—9000年的新石器时代早期上山文化遗址中普遍发现了稻谷遗存，这个具有稻作生产的迹象，反映了全新世早期高海平面环境下的人类活动和稻作生产地理特点。

五　结语

最近的考古发掘和研究表明，长江下游地区新石器时代文化发展系列完整，早期有距今10000年的上山文化，中期有距今8000—6000年的跨湖桥、河姆渡、马家浜文化，晚期有距今5000—4000年的良渚、钱山漾文化，而且先民的食物经济自始至终与稻米生产密切相关，是我国最早开始稻作生产的地域之一，有比较完整的史前稻作发展系列。该地区大约在距今8000—7000年的跨湖桥、河姆渡文化时期，稻作从丘陵盆地进入平原地区，进入稻作生产的第一个繁荣期，形成以火烧、耜耕为主要特色的湿地稻作技术体系。对古稻的生物学特性的研究表明，在人类栽培环境中从原始驯化稻到半驯化稻再到驯化稻的栽培稻驯化历程在该地区都可以找到对应的考古遗址和发展阶段。该地区的史前稻作发展的地理特点很好地诠释了粳稻随着原始驯化种从低地向高海拔、从湿地向旱地的传播而受到选择的学说，以及下游地区为粳稻起源地等常见问题。经过近几年的工作，长江下游地区稻作农业已经取

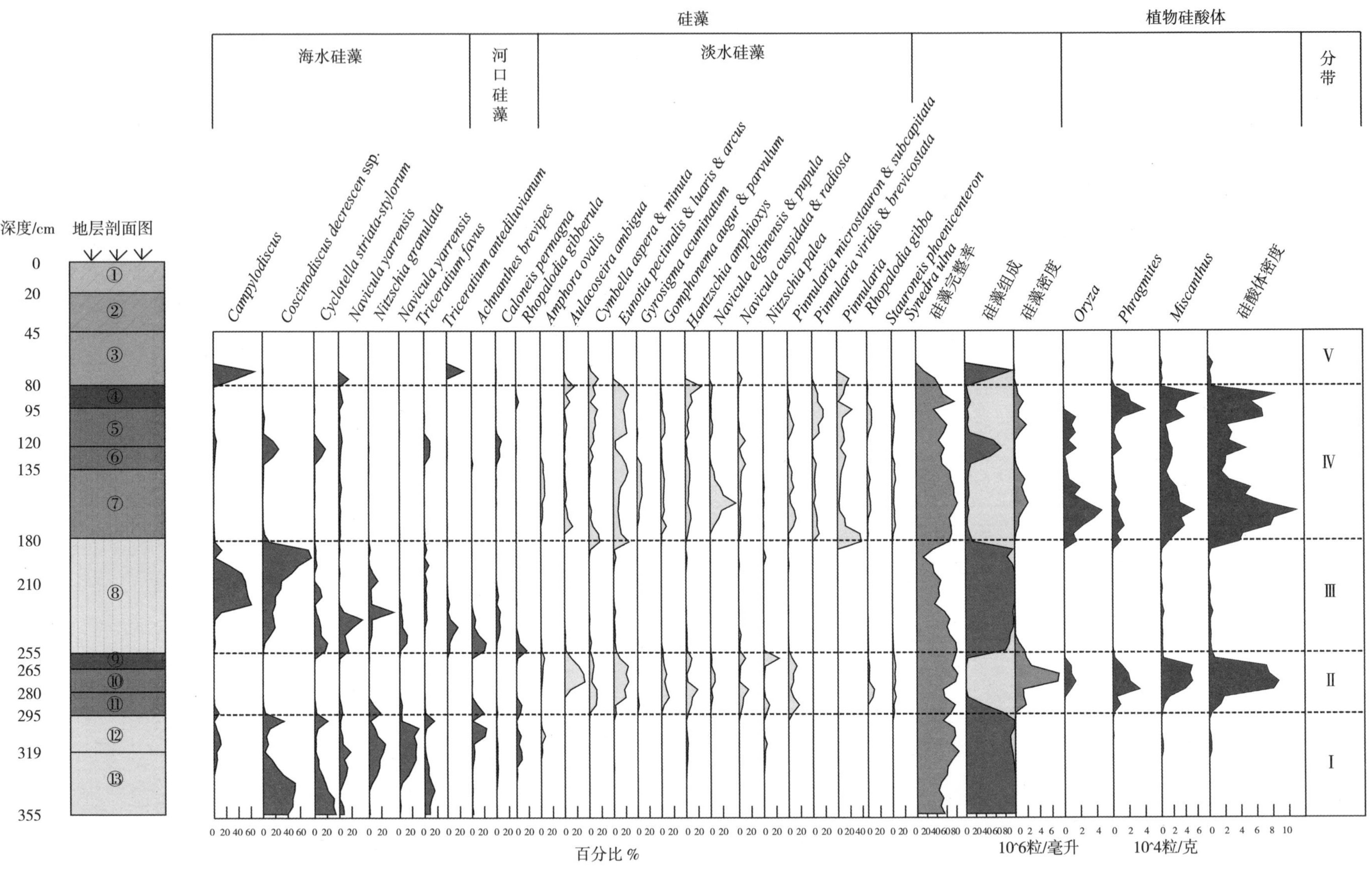

图四　田螺山遗址硅藻分析结果

得比较大的进展，但仍有一些问题，诸如野生稻分布问题、早期稻作遗存的驯化程度问题、稻作农业起源的环境问题等，需要通过今后考古调查做进一步的研究。

此项研究成果获得国家文物局文物保护领域创新联盟科研经费资助。

原载《河姆渡文化国际学术讨论会论文集》，中国时代经济出版社，2013 年

注释

① 游修龄：《对河姆渡遗址第四文化层出土稻谷和骨耜的几点看法》，《文物》1976 年第 8 期；游修龄：《从河姆渡遗址出土稻谷试论我国栽培稻的起源、分化与传播》，《作物学报》1979 年第 5 卷第 3 期。

② 渡部忠世：『稲の道』，日本放送協会，1976。

③ 中川原捷洋：『遗传子の地理的分布からみた栽培イネの分化』，『育种学最近の進歩』，第 17 集，pp. 34-35。

④ T. T. Zhang, The origin, evolution, cultivation, dissemination, diversification of Asian and African rices, *Euphytica* 25.

⑤ 丁颖：《中国栽培稻种的起源及其演变》，《农业学报》1957 年第 8 卷第 3 期。

⑥ 严文明：《中国稻作农业的起源》，《农业考古》1982 年第 1 期。

⑦ 湖南省文物考古研究所：《湖南澧县彭头山新石器时代早期遗址发掘简报》，《文物》1990 年第 8 期。

⑧ 裴安平：《彭头山文化的稻作遗存与中国史前的稻作农业》，《农业考古》1989 年第 2 期。

⑨ 张居中：《河南舞阳遗址发现水稻，距今约 8000 年》，《中国文物报》1993 年 10 月 31 日。

⑩ 严文明：《再论中国稻作农业的起源》，《农业考古》1989 年第 2 期。

⑪ 向安强：《中国稻作起源问题之探讨》，《东南文化》1995 年第 1 期。

⑫ 张居中、王象坤、崔宗均等：《也论中国栽培稻起源与东传》，王象坤、孙传清主编《中国栽培稻起源与演化研究专集》，中国农业大学出版社，1996 年，第 14—21 页。

⑬ 袁家荣：《玉蟾岩获水稻起源重要新物证》，《中国文物报》1996 年 3 月 3 日。

⑭ 赵志军：《吊桶环遗址稻属植硅石研究》，《中国文物报》2000 年 7 月 5 日。

⑮ 冈彦一著，徐云碧译，游修龄校：《水稻进化遗传学》，中国水稻研究所内部刊物，1985 年。

⑯ 王象坤：《中国稻作起源研究中几个问题的研究新进展》，王象坤、孙传清主编《中国栽培稻起源与演化研究专集》，中国农业大学出版社，1996 年，第 2—7 页。

⑰ 藤原宏志：『稲作の起源を探る』，東京：岩波新書，1998 年，pp. 137-164。

⑱ Y. F. Zheng, G. P. Sun, L. Qin et al. , Rice fields and modes of rice cultivation between 5000 and 2500 BC in east China, *Journal of Archaeological Science* 36 (2009).

⑲ 丁品、郑云飞、陈旭高等：《浙江余杭良渚茅山遗址发掘》，《中国文物报》2010 年 4 月 6 日。

⑳ 湖南省文物考古研究所、日本国际文化研究中心：《澧县城头山——中日合作澧阳平原环境考古与有关综合研究》，文物出版社，2007 年，第 3—17 页。

㉑ G. Y. Jin, S. D. Yan, T. Udatsu et al. , Neolithic rice paddy from the Zhaojiazhuang site, Shandong, China, *Chinese Science Bulletin* 52 (2007).

㉒ Y. F. Zheng, A. Matsui, H. Fujiwara, Phytoliths of rice detected in the Neolithic sites in the valley of the Taihu Lake in China, *Journal of Human Palaeoecology* 8 (2003).

㉓ 汤圣祥、闽绍楷、佐藤洋一郎：《中国粳稻起源的探讨》，《中国水稻科学》1993 年第 7 卷第 3 期。

㉔ 佐藤洋一郎：『DNA 分析法』，平尾良光・山岸良二编著『文化财探科学の眼』，国土社，东京，1：38-44，1998。

㉕ Y. F. Zheng, G. P. Sun, X. G. Chen, Characteristics of the short rachillae of rice from archaeological sites dating to 7000 years ago, *Chinese Science Bullentin* 52 (2007); D. Q. Fuller, L. Qin, Y. F. Zheng et al., The domestication process and domestication rate in rice: spikelet bases from the lower Yangtze, *Science* 323.

㉖ 浙江省文物考古研究所、浦江博物馆：《浙江浦江县上山遗址发掘简报》，《考古》2007 年第 9 期；郑云飞、蒋乐平：《上山遗址出土的古稻遗存及其意义》，《考古》2007 年第 9 期。

㉗ 张恒、王海明、杨卫：《浙江嵊州小黄山遗址发现新石器时代早期遗存》，《中国文物报》2005 年 9 月 30 日。

㉘ 浙江省文物考古研究所、萧山博物馆：《跨湖桥》，文物出版社，2004 年。

㉙ 郑云飞、蒋乐平、郑建明：《浙江跨湖桥遗址的古稻遗存研究》，《中国水稻科学》2004 年第 18 卷第 2 期。

㉚ 袁平荣、卢义宣、黄迺威等：《云南元江普通野生稻分化的研究》，王象坤、孙传清主编《中国栽培稻起源与演化研究专集》，中国农业大学出版社，1996 年，第 222—225 页；王象坤：《中国稻作起源研究中几个主要问题的研究新进展》，王象坤、孙传清主编《中国栽培稻起源与演化研究专集》，中国农业大学出版社，1996 年，第 2—7 页。

㉛ Y. F. Zheng, G. P. Sun, X. G. Chen, Characteristics of the short rachillae of rice from archaeological sites dating to 7000 years ago, *Chinese Science Bullentin* 52 (2007).

㉜ Y. F. Zheng, G. P. Sun, X. G. Chen, Characteristics of the short rachillae of rice from archaeological sites dating to 7000 years ago, *Chinese Science Bullentin* 52 (2007).

㉝ Y. F. Zheng, G. P. Sun, L. Qin et al., Rice fields and modes of rice cultivation between 5000 and 2500 BC in east China, *Journal of Archaeological Science* 36 (2009).

㉞ 王象坤：《中国稻作起源研究中几个主要问题的研究新进展》，王象坤、孙传清主编《中国栽培稻起源与演化研究专集》，中国农业大学出版社，1996 年，第 2—7 页。

㉟ 藤原宏志：『稲作の起源を探る』，東京：岩波新書，1998 年，pp. 137-164。

㊱ 湖南省文物考古研究所、日本国际文化研究中心：《澧县城头山——中日合作澧阳平原环境考古与有关综合研究》，文物出版社，2007 年，第 3—17 页。

㊲ J. Molina, M. Sikora, N. Garud et al., Molecular evidence for a single evolutionary origin of domesticated rice, *PNAS* 108 (2011).

㊳ G. Y. Jin, S. D. Yan, T. Udatsu et al., Neolithic rice paddy from the Zhaojiazhuang site, Shandong, China, *Chinese Science Bulletin* 52 (2007).

㊴ Y. F. Zheng, G. P. Sun, L. Qin et al., Rice fields and modes of rice cultivation between 5000 and 2500 BC in east China, *Journal of Archaeological Science* 36 (2009).

㊵ Z. H. Cao, J. L. Ding, Z. Y. Hu et al., Ancient paddy soils from the Neolithic age in China's Yangtze River Delta, *Naturwissenschaften* 93 (2006).

㊶ 郑云飞、蒋乐平：《上山遗址出土的古稻遗存及其意义》，《考古》2007 年第 9 期。

㊷ 丁品、郑云飞、陈旭高等：《浙江余杭良渚茅山遗址发掘》，《中国文物报》2010 年 4 月 6 日。

㊸ 俞履圻、林权：《中国栽培稻中的亲缘关系》，《作物学报》1962 年第 8 期。

㊹ 王象坤、程侃声、卢义宣等：《云南稻种资源的综合利用Ⅲ・云南的光壳稻》，云南农科院－北京农业大学报告（油印），1984 年，第 24 页。

㊺ 郑云飞、游修龄、俞为洁等：《河姆渡遗址稻的硅酸体分析》，《浙江农业大学学报》1994 年第 20 卷第 1 期。

㊻ Y. I. Sato, L. H. Tang, I. Nakamura, Amplification of DNA fragments from charred rice grains by polymerase chain reaction, *R. G. N.* 12 (1996).

稻谷遗存落粒性变化与长江下游水稻起源和驯化*

一 引言

水稻是全球数十亿人的重要主食作物，是世界三分之一人口的食物和生计主要来源，在各大洲适宜耕地上均有种植[①]。栽培稻起源驯化涉及什么时候、什么地点以及什么原因等，是一个长期有争论的问题，尽管最近在遗传领域已经进行了广泛讨论[②]，但观点仍然莫衷一是。现代农学和遗传学研究主要依据苏联学者瓦维洛夫起源地遗传多样性的理论，通过对现代种质资源、遗传多样性的研究，以及分子钟等生物分子学新技术的应用，来追寻稻作起源地，推测水稻开始驯化的时间。农作物和其祖先野生种的多样性不仅受到地理、气候等环境因素影响，大规模土地开发同样会引起野生种栖息环境改变而使种群数量减少或灭绝；人类对作物品种选择单一化趋势以及人口的迁徙同样改变了种质资源多样性和地理分布；现代种质资源多样性和地理分布是在近万年的历史长河中历经无数次变化形成。因此，考古遗存在稻作起源和栽培稻驯化研究中是不可或缺的。目前国内外公认的水稻早期驯化的信息均来自长江中下游，年代在距今8000年以前，如浙江的跨湖桥[③]、湖南的八十垱[④]、河南的贾湖[⑤]等考古遗址，表明长江中下游地区是亚洲栽培稻的起源地[⑥]。

最近，位于长江下游的浙江省中部丘陵地区发现的距今10000年左右的考古遗址中出土了大量含有稻谷遗存的陶片[⑦]，引起研究者的极大关注与兴趣，并引起了一次稻作农业起源的大争论[⑧]。引起争论的主要原因是，新石器时代早期遗址发现的丰富稻谷遗存以嵌合于陶土中的形式存在，无法获取系统性稻谷形态数据供科学统计分析，而且稻谷粒型在判断野生稻与栽培稻正确率不是很高，仅凭稻谷粒型数据，也难于提供令人信服的判别野生稻与栽培稻的证据。一些学者从植物硅酸体形态角度研究了新石器时代早期的稻谷文化属性，结果显示新石器时代早期的水稻运动细胞硅酸体（扇形）底部龟甲纹行数不同于野生稻，且在新石器时代呈现出向栽培稻进化的趋势，表明浙江中部新石器时代遗址发现的稻谷遗存已经脱离自然生长环境，是一种原始栽培稻形态[⑨]，但植硅体研究没有回答水稻驯化综合性状的关键特征变化，特别是非落粒性是什么时候开始接受人为选择的；驯化稻谷生物性状是在什么条件下发展起来的；早期栽培的环境以及水稻（*Oryza sativa*）亚种分化的时间等问题。因此，解

---

* 本文系与蒋乐平、Gary W. Crawford 合著。

开长江下游稻作农业起源之谜的关键还在于在上山文化遗址中发现不同存在形态的稻谷遗存，获取新石器时代早期稻谷遗存属于栽培稻还是野生稻的确凿可靠的鉴别证据。最近在新石器时代早期的浙江永康湖西遗址试掘工作中首次发现了上山文化阶段的炭化米、小穗轴等稻谷遗存以及一些其他植物的大遗存，为研究和解决这些问题提供了珍贵的考古研究材料。

二 农业起源与作物驯化

一万年前，世界各地的人类社会开始从狩猎和采集向农业社会转变，先民从数以百计的野生植物物种中，选育了今天人类赖以生存的高产农作物，诸如水稻、小麦、玉米、小米等。考古学证据表明动植物的驯化以及从采集狩猎向农业转变在世界的 7 个地区独立发生，如中国的小米、黍和水稻，西亚的大小麦、北美的葫芦、向日葵等，中美洲的玉米、菜豆，南美洲的番薯、马铃薯、花生，非洲的高粱、水稻，东南亚的香蕉、山药、芋头等，大约4000 多年前，所有主要作物品种基本完成了驯化过程[10]。植物栽培是农作物驯化的开端，农作物的驯化是一个长期的、多阶段的过程，一般可分四个阶段：（1）野生植物食物采集（真正的狩猎和采集）；（2）野生植物食物生产（种植的开端）；（3）系统栽培（形态近似野生植物）；（4）基于栽培驯化植物的农业[11]。栽培驯化使人类社会从早期的野生植物食物生产向系统栽培食物生产发展。作物生长发育和传播更依赖于人类的活动，且具有更高生产力。通过这些阶段发展，人们把越来越多的劳动投入到单位土地面积和某种农作物领域，开始走向集约化生产。植物栽培驯化提高了土地生产力，产生了更多盈余产品，养活了更多人，提高了积累财富的能力。

野生植物被人类栽培后，就开始面临无意识和有意识两种选择压力，最终表现出不同于它们祖先野生种的综合驯化性状。无意识选择压力主要来自收获和播种：（1）增加了种子收获率：种子落粒性减弱；顶端优势增强花序少但强壮、种子增大；对日照变化反应敏感，成熟期一致；植株分叉少，分蘖同步。（2）增加了种子产量：减少不育花朵，提高花朵的结实率；增大花序；增加小穗数量。（3）增加幼苗活力：较大的种子；低蛋白，高碳水化合物；提高发芽率；发芽抑制物的缺失或减少；外颖和其他器官的功能减弱。（4）增强对杂草的竞争力。在整个驯化过程中，人为有意识选择叠加在无意识选择的压力中。在许多情况下，两者的选择方向是相同的，在相互影响下得到进一步加强，特别在产量选择方面 ，人类会选择大穗，大且饱满的种子，成熟期一致，容易脱粒等性状的作物。除此之外，人类有根据个人喜好、用途和生态位选择品种的特点，如形态（长粒、短粒）、颜色（红米、白米），味道（甜、酸、清淡），质地（糯和非糯）、储存质量（耐存储和不耐存储）、用途（小麦为食物、大麦做啤酒）等，因此地方品种群体或原始品种常具有丰富的多样性[12]。综合各方面研究成果，粮食作物的主要驯化性状通常可归纳为以下六个特征：（1）种子天然扩散能力的缺失/减少；（2）减少种子自我传播特性；（3）增加种子/果实大小；（4）发芽抑制机制缺失；（5）同步分蘖和成熟；（6）更紧凑的生长习性。由于考古遗址出土的遗存大部分已经炭化 ，许多性状，特别是生理性状，已经很难从考古遗址出土的遗存中观察到；种子上的芒和刚毛等传播器官在考古遗存中常常炭化脱落和断裂；除少数作物，植物发芽机制主要是通过生理变化控制；获得形态完整的植株是有难度的。因此，种子天然扩散能力——落粒性的缺失或减弱以及种子大小的变化是考古遗存材料鉴定中应用最广泛的两个驯化性状。其中由于种子大小在现代作物群体中变异十分丰富，并且受到炭化等因素的影响，有时会收缩变形，鉴定不是十分可靠[13]。

在现有的作物，水稻（*Oryza sativa*）的综合驯化形状表现是十分明显的，涉及20余个农艺性状。与其他谷类作物一样，种子落粒性的减弱是驯化过程最明显变化的性状之一。稻谷通过小穗轴和小枝梗与植株相连接，伴随稻谷成熟形成的小穗轴基盘面上的离层（一层薄壁细胞）发达程度决定着稻谷落粒性强弱。野生稻常常形成完全离层，栽培稻则形成不完全离层，其中籼亚种（*O. sativa* subsp. *indica*）基盘大部分区域离层形成，仅在髓孔周围没有形成离层，粳亚种（*O. sativa* subsp. *japonica*）大部分区域没有形成离层，仅可见局部离层形成[14]。没有离层形成的区域带膜孔的管状维管束组织发达[15]。稻谷成熟后，由于栽培稻与野生稻，籼与粳亚种之间离层发达程度差异，落粒方式是不一样的，野生稻自然落粒，髓孔完好，基盘面光滑；籼稻成熟后不会自然落粒，经过人力的脱粒处理后，谷粒基本能从基盘面脱落，基盘面基本光滑，但可见髓孔周围组织有破损；粳稻落粒最弱，即使用人力脱粒处理，谷粒也难于干净利落地从基盘面脱落，在基盘上往往带有小枝梗或小枝梗残基，髓孔或被小枝梗覆盖，或显露不完整[16]。观察小穗轴形态特征是判断考古遗址出土的稻谷遗存属于栽培稻抑或野生稻的重要依据[17]，并且已经在考古遗址出土稻谷遗存研究方面进行了一些应用[18]，在稻作起源及水稻驯化速率等方面取得了重要成果，推动了稻作起源研究的发展。另外，同一个地区不同时期小穗轴基盘特征及其变化过程还能提供水稻选择进化方向信息，并给予现代遗传学分析结果和驯化观点提供一个合理的考古学解释。

三 永康湖西遗址出土植物遗存与稻谷小穗轴基盘

湖西遗址（北纬28°52′28″，东经120°1′4″）位于中国东部浙江省中部永康市，海拔约100米的丘陵地带（图一）。遗址为旷野遗址，是一处新石器时代早期的文化堆积，厚约1.5米，发现了灰坑、水井等遗迹，出土了红衣夹炭陶、石磨盘、石球等器物，以及动物骨、木炭和稻米等有机质遗存。对遗址出土的炭屑进行AMS测定结果显示，该遗址年代距今9000—8400年，属于新石器时代早期文化——上山文化的中晚期遗址（表一）。我们对遗址地层和灰坑等遗迹的土样进行植物种子调查和植物硅酸体等分析，并对收集的植物遗存，特别是水稻遗存做了进一步分析。

1. 植物种实遗存

湖西遗址植物种子遗存种类不多，密度不高，地层中平均每升土壤不到1粒，遗迹中每升土壤只有5粒左右，浮（水）洗47.5升土样中发现了182粒种子，鉴定出9种植物，分别是稻谷（*Oryza*）、狗尾草（*Setaria*）、马唐（*Digitaria*）、野黍（*Eriochloa*）、夏枯草（*Prunella*）、芡实（*Euryale*）、酸模（*Rumex*）、藨草（*Scirpus*）、飘拂草（*Fimbristylis*）等，其中稻谷遗存包含小穗轴126个，还有数量不少的颖片和少量炭化米（表二）。

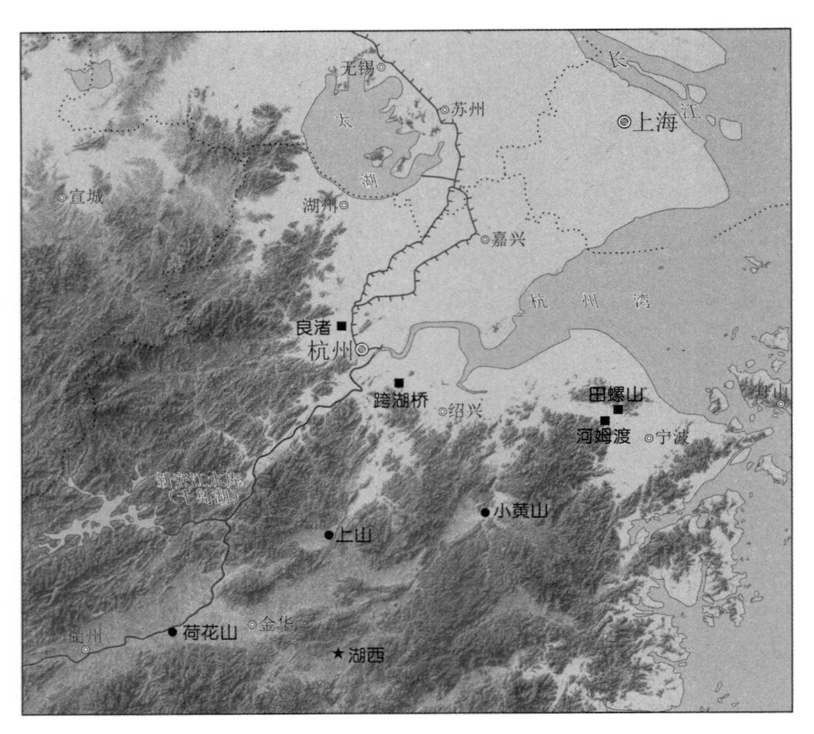

图一 湖西遗址地理位置

表一 湖西遗址^{14}C 年代测定结果

取样单位（距地表深度/厘米）	实验室编号	材料	^{14}C 年代（BP）	校正年代（BP，±2σ）
H22（155）	BA130136	炭屑	7740±30	8510±80
H29（150）	BA130138	炭屑	7730±30	8510±80
H31（195）	BA130139	炭屑	7915±45	8790±190
J1	BA130140	炭屑	7605±30	8410±40
H2	BA130141	炭屑	7630±30	8445±75

2. 植物硅酸体

如表三所示，遗址地层和灰坑等遗迹中发现了来自水稻、芦苇、芒属以及竹子等禾本科植物的运动细胞扇形硅酸体，其中水稻硅酸体密度，地层为6000—70000粒/克，平均38693粒/克；灰坑为20000—73000粒/克，平均59536粒/克；芦苇硅酸体密度较低；竹子硅酸体仅见于底部地层；芒属的硅酸体密度很高，与水稻呈正相关，地层平均密度是水稻硅酸体的3倍以上，其中第4、5层达5倍之多。另外，遗址中还发现了数量较多的来自稻谷颖壳的双峰乳突硅酸体，地层的密度为800—25000粒/克，平均13327粒/克；灰坑等遗迹的密度为11000—81000粒/克，平均43476粒/克。在水稻硅酸体密度很高的第4、5层，双峰乳突密度下降，明显小于较深的地层。

表二 湖西遗址植物遗存调查结果

地层和遗迹		4层	5层	6层	7层	8层	J1	H2	H7	H8	合计
土壤容量（升）		1.5	2	2	2	1	9	18	6	6	47.5
炭化米	*Oryza sativa*	0	0	0	0	0	1	6	0	0	7
小穗轴	*Oryza sativa*	0	1	0	0	0	24	78	0	23	126
颖壳碎片	*Oryza sativa*	1	0	0	0	0	0	6	0	5	12
狗尾草	*Setaria*	0	0	0	0	0	1	3	0	0	4
马唐	*Digitaria*	0	0	0	0	0	0	1	0	2	3
野黍	*Eriochloa*	0	0	0	0	0	0	1	0	0	1
夏枯草	*Prunella*	0	0	0	0	0	0	1	0	0	1
莎草科	Cyperaceae	0	0	0	0	0	0	7	0	2	9
芡实	*Euryale*	0	0	0	2	0	2	5	0	3	12
蓼科	Polygonaceae	0	0	0	0	0	1	1	0	0	2
其他		0	0	0	1	0	1	3	0	0	5
合计		1	1	0	3	0	30	112	0	35	182
密度（粒/升）		1	1	0	2	0	3	6	0	6	4

表三 遗址土壤中硅酸体的组成与密度

地层和遗迹	植物硅酸体密度（粒/克）				
	稻 *Oryza*	芦苇 *Phragmites*	芒属 *Miscanthus*	竹子 Bambusoideae	双峰乳突 Bipeaked tubercles
3层	6125	260	75344	0	807
4层	56441	241	315427	0	8365
5层	55469	531	189226	0	11425
6层	69789	697	229654	0	20361
7层	26949	331	51288	0	24728
8层	17384	314	18613	314	14273
平均	38693	396	146592	52	13327
J1	20905	0	29615	0	11033
H2	85981	0	71651	0	80249
H7	58444	0	50651	0	30196
H8	72816	0	43689	0	52427
平均	59536	0	48902	0	43476

3. 小穗轴基盘形态

如表四所示，遗址出土的炭化稻谷小穗轴基盘在体视显微镜下可以分为3种类型：一类是基盘表面平整，髓腔圆孔圆润光滑，与野生稻的基盘特征相似，在本文中称之为野生型（Wild type）；二是基盘表面基本平整，髓腔圆孔破裂或周围残存极少量的小枝梗残痕，称之为中间型（Middle type）；第三类是基盘表面不平整不见髓孔，有明显的小枝梗残留，具有粳稻小穗轴特征，称之为粳型（Japonica type）。观察显示遗址出土126个小穗轴中，野生型77个，占总数的61.2%；中间型38个，

表四 湖西遗址出土的稻谷小穗轴

地层和遗迹	小穗轴数量（个）	小穗轴基盘数量（个）		
		野生型	中间型	粳型
J1	24	18	2	4
H2	78	43	28	7
H8	23	15	8	0
5层	1	1	0	0
合计	126	77	38	11
百分比（%）	100	61.2	30.1	8.7

占总数的30.1%；粳型11个，占总数8.7%。后两者在现代栽培稻中均存在，也可以称之为栽培型（Cultivated type）。

4. 小穗轴基盘的离层组织

如图二所示，湖西遗址出土的野生型小穗轴基盘HUX-1和HUXI-2，以及中间型的HUX-3，尽管基盘表面离层细胞相当发达，但已经不同于野生稻，局部区域的离层细胞退化，取而代之的是形成了由带膜孔厚壁细胞组成的维管束组织，且呈星散状分布，这种组织既不同于完全形成离层的野生稻，也不同于在髓孔周围形成不完全离层的籼稻基盘特征，基盘面上不完全离层的组织特点显示出向粳稻发展的趋势，但其离层退化和维管束发达程度远不及现代粳稻。

四 长江下游地区栽培稻的起源和环境

湖西遗址出土植物种实遗存和植物硅酸体分析结果表明稻谷是该遗址先民食物的主要来源，生产稻米是先民经济活动的主要内容，与此同时也为我们深化对新石器时代早期稻谷的认识以及思考该地区的稻作农业起源和古环境问题提供重要的实证数据。

如上所述，种子落粒性的减弱是水稻驯化过程最明显的性状变化之一，落粒性强弱不同影响稻谷脱粒后的小穗轴基盘外部形态特征，其实质是基盘上离层组织退化和维管束的发达程度。湖西遗址发现的小穗轴基盘形态以野生型的占优势，驯化型（中间型和不落粒型）的比例较小，这种比例关系可能反映了早期栽培稻的原始特性，尽管湖西遗址出土稻谷已经从野生稻中分离出来，但群体中仍然保持较多的祖先野生稻的原始性状，是一种半驯化（Simi-domesticated）栽培稻。尽管目前对水稻小穗轴基盘的分类还存在不同的观点，一些学者把带小枝梗的稻谷遗存划分到不成熟类型，但与8000年前的跨湖桥遗址的51%和7000年前的田螺山、罗家角遗址的49%的野生类型比例[19]比较，湖西遗址的野生类型比例更多，驯化类型比例更小，栽培稻的生物学性状表现出更多原始性。从不落粒的小穗轴基盘特征看，粳稻是栽培稻的演化方向。

水稻落粒性是一个数量遗传性状，小穗轴基盘的外部形态特征不仅仅取决于遗传基因，环境影响也是一个不可忽视的因素，如上面所述的稻谷成熟度、成熟期的气候条件等等，都会影响水稻群体落粒特性的波动。因此，在外部形态观察的基础上还需要从小穗轴基盘的离层组织变化做进一步研究，

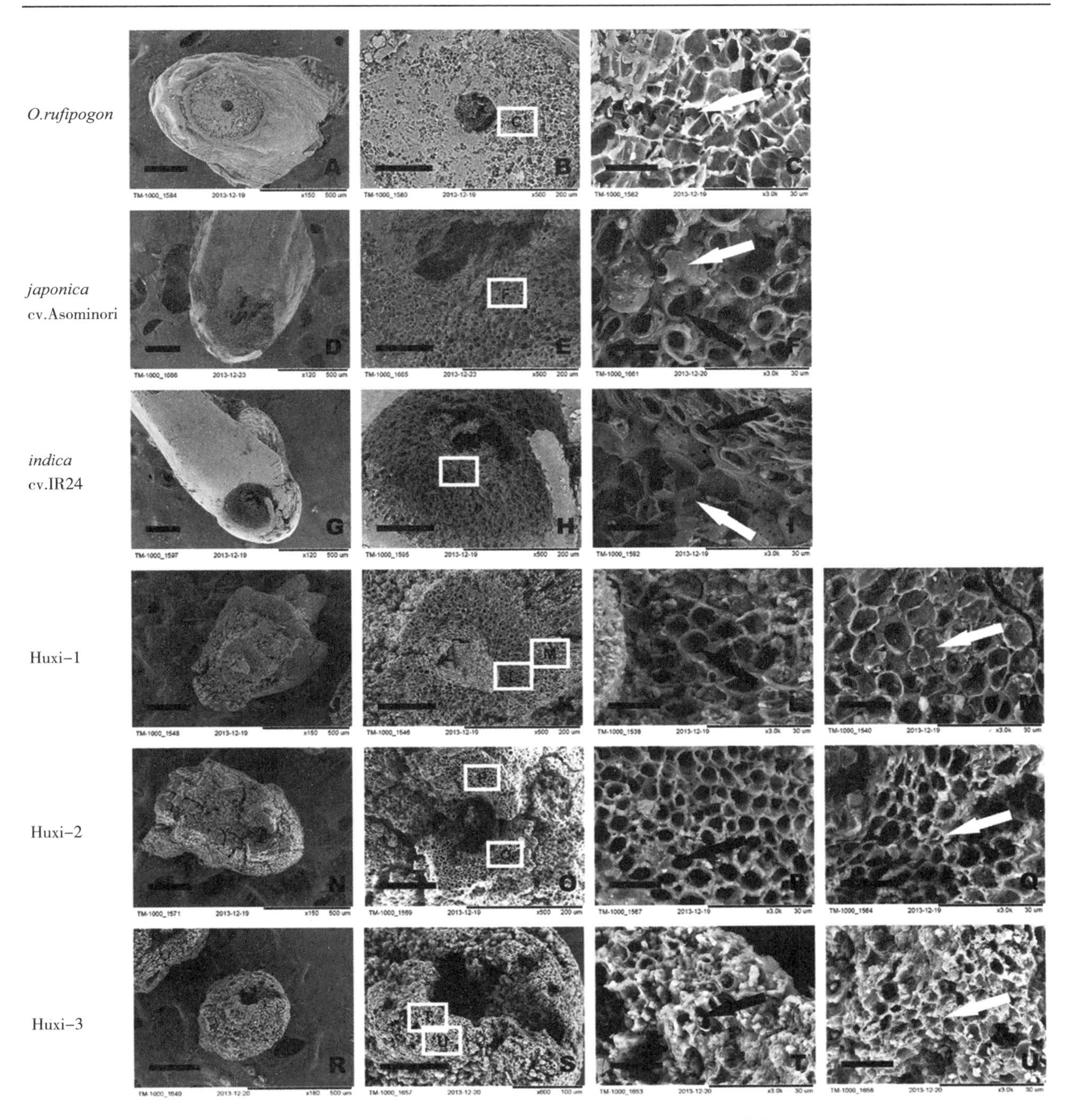

图二 现代稻谷和湖西遗址出土稻谷的小穗轴基盘特征

A—C. 野生稻；D—F. 阿苏实；G—I. IR24；J—M、N—Q、R—U. 湖西遗址出土的3个小穗轴。白色箭头所指为离层组织，黑色箭头所指为维管束组织

获取落粒性变化的植株内部组织和生理的信息。湖西遗址的稻谷落粒性变化在基盘离层组织表现是清晰的，无论是野生类型还是中间类型的，小穗轴基盘面出现局部区域离层细胞退化、维管束组织形成的现象，表明在湖西遗址水稻在人为长期栽培管理的环境中，生物学性状已经渐离野生祖先种，表现出独特的早期原始特性，水稻驯化已经进入系统栽培阶段（见图二）。

随着生命科学技术的发展，最近的研究已经开始从作物基因变化来揭示农业革命，认为作物与野生祖先的不同发育途径是新石器时代人类对目标基因修补的结果，植物驯化是野生品种的基因被改造而创建出植物的一种新形式，以满足人类需要[20]。水稻不落粒性是人工栽培开始后在无意识和有意识选择压力下，发生基因突变引起的。野生稻（*Oryza rufipogon*）落粒和栽培稻不落粒，主要受一个 QTL（SH4）的控制，通过一种转录因子参与细胞壁的降解或建立隔离层引起谷粒脱落，在籼稻和粳稻具有相同突变[21]。栽培稻两个亚种之间的落粒性缺失，由 5 条染色体上的 5 个 QTL 基因控制，其中粳稻有 qSH1、qSH2、qSH5，籼稻有 qSH11 和 qSH12。qSH1 是一个主效基因，贡献全部变异的 68.6%，通过减少离层转录因子的表达，降低落粒性[22]。qSH4 不同于离层形成有关的 qSH1，它的突变要早于 qSH1 基因突变，即籼、粳两个品种群落粒性分化之前[23]。

湖西遗址水稻呈现粳稻小穗轴基盘形态以及离层特征表明当时的水稻栽培已经历经野生稻生产的栽培初级阶段，进入了系统栽培阶段，出现了亚种落粒性的分化。由此可见，水稻栽培起始时间可能比原来的一些估计[24]要早很多，10000 年以前已经出现栽培稻的估计[25]是合乎情理的，也是可能的。近年科学家利用大规模基因组测序技术对数千年来水稻进化历史进行了生物信息学的追踪研究，通过一种水稻基因“分子钟”确定了最早栽培稻的出现时间大约在距今 13500 年到 8200 年，这个研究结果与我国的长江流域出土新石器时代最早的稻作遗存年代基本吻合，表明长江流域是水稻起源地之一[26]。最近研究者从水稻硅酸体形状特征解析也同样提供了长江下游水稻栽培开始于 10000 年前的证据[27]。

另外，湖西遗址出土的野生类型小穗轴基盘面的离层特征显示了控制栽培稻落粒性的数量基因进化过程：距今 8400 年前尚未发生落粒性缺失的主要基因突变，但一些次要基因 qSH2、qSH5 可能已经突变。为了揭示该地区栽培稻的驯化历程，我们还在扫描电镜下观察了该地区年代稍晚的距今 8000 年左右的跨湖桥遗址、距今 7000 年左右的田螺山遗址、距今 6000 年左右的马家浜遗址，以及距今 4000 年左右的良渚遗址等出土类似野生类型的小穗轴基盘（图三），结果显示伴随年代演进，离层组织逐渐退化，维管束组织逐渐发达，在距今 7000 年时候出现了与现代粳稻小穗轴基盘面离层特征基本相似的稻谷，此后的距今 6000 年和距今 4000 年左右的小穗轴基盘基本不见离层细胞，取而代之的是发达的维管束组织，表明控制落粒性的主要基因 qSH1 突变体最有可能发生在距今 7000 年前的水田稻作确立的时候。河姆渡文化田螺山遗址出土稻谷壳的 DNA 分析结果显示大部分遗存稻谷属于粳稻，但不是全部，表明当时尚处于水稻亚种分化较早阶段[28]。栽培水稻是自花授粉植物，这种新突变体通过重组很容易固定在个体中形成新的群体，促成了栽培稻的驯化系统建立[29]。考古证据表明，当人们开始种植植物后，驯化综合征并不会突然出现，而是栽培植物适应早期栽培的新生态条件，逐渐发展起来的。禾本科植物种子的尺寸和形状的发展早前于不落粒性的变化，一般种子尺寸的增加可能发生在开始栽培的最初几个世纪，约 500—1000 年间，而不落粒性发展要缓慢得多，固定下来约需 1000—2000 年。从考古遗存的落粒性变化角度看，在距今 7000 年前水稻已经基本完成了驯化过程。

籼稻和粳稻代表在栽培稻中遗传分化最深的两个群体，尽管目前两个品种群生长在重叠的地域范围，但存在着形态、生理和遗传差异和一定的生殖隔离[30]。栽培稻亚种的驯化过程涉及水稻起源驯化是多中心还是单中心的问题。栽培稻祖先普通野生稻（*O. rufipogon*）广泛分布在东亚、南亚和南洋等地域，适应栖息地的多样性地理和生态气候，提供了丰富的水稻驯化选择的遗传多样性。对普通野生稻的遗传分析表明野生稻群体之间也存在像栽培稻那样的籼和粳稻差异，表明野生稻已经存在不同程度分化[31]。多年生野生稻种群间的遗传分化程度与地理距离增加有关，地理隔离在普通野生稻预分化

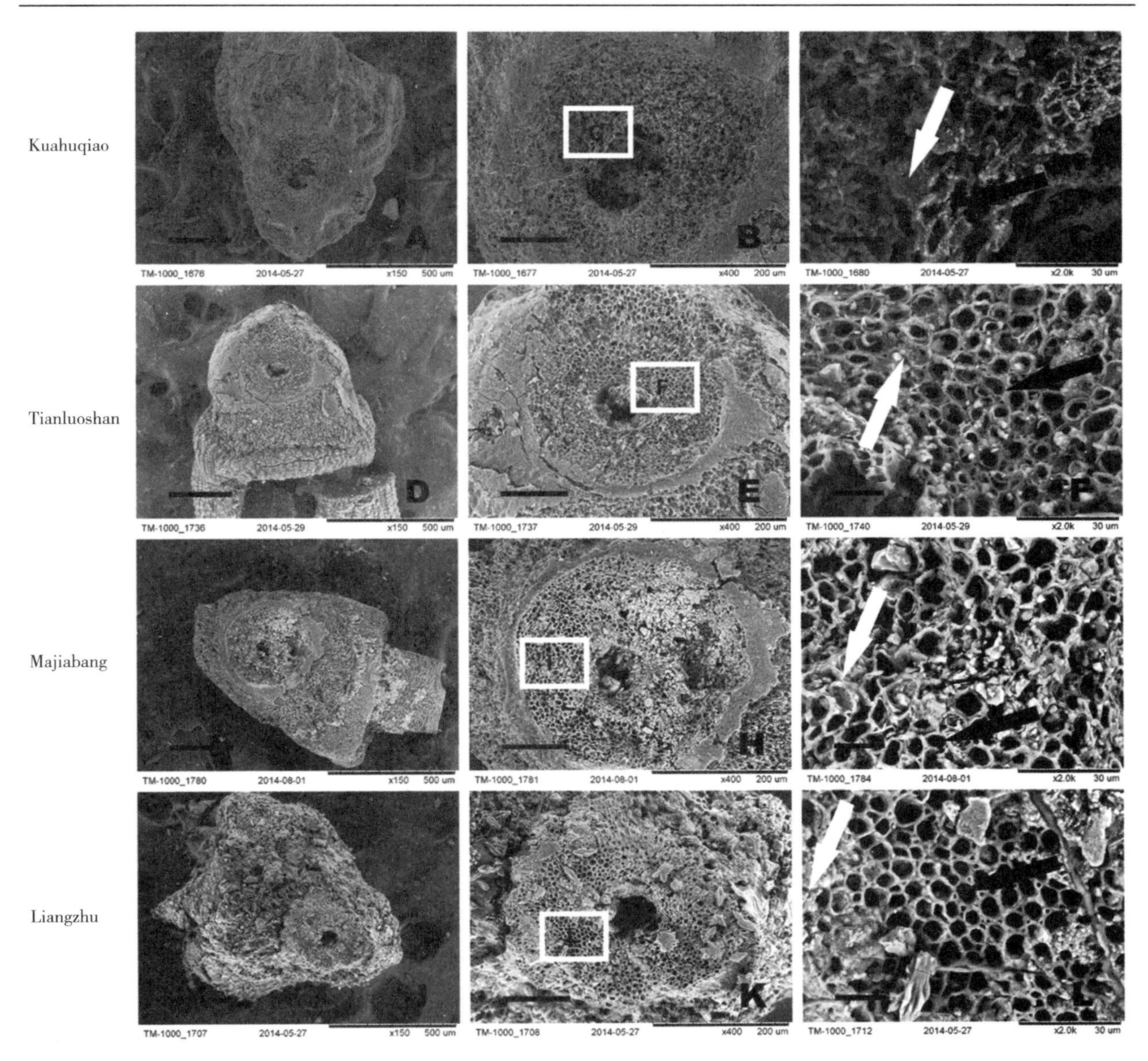

图三　距今8000—4300年间考古遗址出土的稻谷小穗轴基盘特征

A—C. 跨湖桥；D—F. 田螺山；G—I. 马家浜；J—L，良渚。白色箭头所指为离层组织，黑色箭头所指为维管束组织

的基因库建立中扮演主要角色[32]。分子钟方法的研究计算出籼粳分化时间是约20万—40万年间[33]。尽管栽培稻与野生稻之间的亲缘关系还必须考虑两者之间的杂交和基因渗透等因素，但更多种证据表明两种栽培稻基因库的分化早于水稻驯化。湖西等遗址小穗轴基盘面特征显示，在长江流域水稻驯化从祖先野生稻直接驯化为粳稻，没有经历野生稻—籼稻—粳稻的演化过程，部分诠释了从预分化野生稻驯化为栽培稻的驯化途径。

已知的考古资料均说明水稻在长江中下游最早开始栽培，如在下游地区的河姆渡、田螺山等遗址均发现了距今7000年前的深厚稻谷壳堆积层。这些定居遗址比东亚其他地区的稻作农业社会遗址早几千年[34]。随着最近植物遗存调查和分析技术的深入和广泛应用，在长江中下游地区早期水稻利用和驯化形状进化的证据越来越多，在距今9000—6000年稻谷遗存表现出落粒性减弱、谷粒增大、芒减少等特征[35]，而且，还发现了距今7000—6000年人工稻田系统[36]。湖西遗址小穗轴基盘离层细胞的观察结果表明，该地区的水稻最早驯化时间可再上溯1000—2000年，追溯到距今10000年左右。

除了中国大陆，台湾最早的水稻发现于公元前3000至公元前2500年，菲律宾和泰国南部发现于公元前2000年[37]。泰国拥有小穗轴完全驯化的稻作遗存系统的最早记录要晚于公元前2000年[38]，东南亚，包括大陆和岛屿地区的种植水稻证据均在公元前3000年到公元前2000年之间，时间晚得多，是长江流域传播的结果[39]。历史语言学，考古学和人类遗传学证据显示距今5000—4000年间中国大陆的先民离开台湾向南蔓延到菲律宾和印度尼西亚，在迁徙过程中可能把稻作农业带到了东南亚大陆[40]。传播过去的栽培稻与当地的野生稻发生了广泛杂交，产生了适应当地环境的栽培品种籼稻[41]。最近的DNA测序数据研究表明，籼稻和粳稻的驯化是独立的事件，籼稻形成在喜马拉雅山南部，粳稻驯化在中国南方地区[42]。我们期待今后在东南亚考古研究中开展古稻历史研究，发现最早籼稻的考古学证据，从考古学方面厘清亚洲栽培稻起源和驯化。

植硅体和种子遗存调查分析数据是对小穗轴数据的一个补充，反映了湖西遗址水稻栽培的环境。水稻和芒属硅酸体是遗址中最常见的，但芦苇数量不多（见表三）。这些植物硅酸体，可能来自遗址所在地及其附近生长植物。芦苇一般出现在有季节性洪水且水不超过半米深的区域，因此芦苇硅酸体的出现表明当时在这一地区存在间歇性低级别的洪水。芒属（*Miscanthus*）在该地区有四个代表种：芒（*M. senses*）、五节芒（*M. floridulus*）、荻（*M. sacchariflorus*）、南荻（*M. lutarioriparius*），它们的栖息环境与芦苇有所不同，喜欢在光照充足，水源丰富，排水良好，质地坚实的人为扰动的土地上生长，与人类生活的环境相近。植物硅酸体反映的季节性干旱和潮湿的环境有利于一年生水稻的生长。芦苇分布随环境变动变化较大，从生的芒属抗逆性和适应性很强，难于根除。在湖西遗址第4、5和6层的芒属植硅体的密度很高，与水稻硅酸体密度呈正相关，表明人类活动的加强，特别是水稻种植，随着时间呈增加的趋势。尽管湖西遗址目前没有发现水田，但鉴于湖西遗址存在人为扰动环境及开掘沟渠行为，有理由相信当时具备了水稻栽培条件。

湖西种子尽管数量不多，但它们的组合同样在一定程度上反映出新石器时代早期水稻栽培人为干扰环境：阳光充足，地势高燥，周围有较多的湿地分布。狗尾草和马唐通常出现在阳光充足的环境中，在各个农业出现后的许多考古遗址中均有发现；野黍出现在潮湿的扰动环境中，很容易蔓延扩散；芡实和夏枯草是水稻栽培区常见的杂草，水生植物芡实也是跨湖桥和河姆渡文化的一种重要食物资源，夏枯草是一年生植物，与药用植物薄荷很相似，它也是一种扩散和侵入性很强的杂草，目前还不见其他考古遗址发现夏枯草的报道。其余的种子数量很少，其中莎草科植物最多，它们常常出现在潮湿的湿地环境中。湖西遗址植物遗存组合提供了理解跨湖桥、河姆渡等文化以栽培水稻为特色的混合经济形态[43]的人类生态学新证据，小穗轴基盘离层连续演化系列（稻谷落粒性伴随时代演进减弱）和生态位构建特点相似性意味着这种经济形态可能起始于上山文化，并在该地区的新石器时代得到继承和发展。

致谢：本文受国家文物局文物保护科技项目（No. 20120230）、科技部973项目（No. 2015CB953801）、浙江省文物保护科技项目（No. 2014005）的支持。本文的部分内容已于2016年6月发表在*Scientific Reports*上，DOI：10. 1038/srep28136。

原载《南方文物》2016年第3期

注释

① G. S. Khush, Origin, dispersal, cultivation and variation of rice, *Plant Molecular Biology* 35(1997).

② M. J. Kovach, M. T. Sweeney, R. McCouch, New insights into the history of rice domestication, *Trends in Genetics* 11 (2007); D. A. Vaughan, B. R. Lu, N. Tomooka, Was Asian Rice (*Oryza sativa*) Domesticated More Than Once? *Rice* 1 (2008); J. Molinaa, M. Sikora, N. Garud et al., Molecular evidence for a single evolutionary origin of domesticated rice, *PNAS* 108 (2011); X. H. Huang, N. Kurata, Z. X. Wang et al., A map of rice genome variation reveals the origin of cultivated rice, *Nature* 490 (2012).

③ 郑云飞、蒋乐平、郑建明：《浙江跨湖桥遗址的古稻遗存研究》，《中国水稻科学》2004 年第 2 期；Y. Q. Zong, Z. Y. Chen, J. B. Innes et al., Fire and flood management of coastal swamp enabled first rice paddy cultivation in east China, *Nature* 449 (2007).

④ 张文绪、裴安平：《澧县梦溪八十垱出土稻谷的研究》，《文物》1997 年第 1 期。

⑤ 陈报章、王象坤、张居中：《贾湖新石器时代遗址炭化稻米的发现、形态学研究及意义》，《中国水稻科学》1995 年第 9 期。

⑥ 严文明：《再论中国稻作农业的起源》，《农业考古》1989 年第 2 期。

⑦ L. P. Jiang, L. Liu, New evidence for the origins of sedentism and rice domestication in the lower Yangtze River, China, *Antiquity* 80 (2006)；郑云飞、蒋乐平：《上山遗址出土的古稻遗存及其意义》，《考古》2007 年第 9 期。

⑧ L. Liu, G. A. Lee, L. P. Jiang et al., The earliest rice domestication in China, *Antiquity* 313 (2007); D. Q. Fuller, L. Qin, E. Harvey, Rice archaeobotany revisited: Comments on Liu et al., *Antiquity* 82 (2007); L. Liu, G. A. Lee, L. P. Jiang et al., Evidence for the early beginning (c. 9000 cal. BP) of rice domestication in China: A response, *The Holocene* 17 (2007); Y. Pan, Immature wild rice harvesting at Kuahuqiao, *China Antiquity* 82 (2008); D. Q. Fuller, L. Qin, Immature rice and its archaeobotanical recognition: A reply to Pan, *Antiquity* 82 (2008).

⑨ 郇秀佳、李泉、马志坤等：《浙江浦江上山遗址水稻扇形植硅体所反映的水稻驯化过程》，《第四纪研究》2014 年第 1 期；Y. Wu, L. P. Jiang, Y. F. Zheng et al., Morphological trend analysis of rice phytolith during the early Neolithic in the lower Yangtze, *Journal of Archaeological Science* 49 (2014).

⑩ B. D. Smith, *The emergence of agriculture*, Scientific American Library, New York, 1995.

⑪ D. R. Harris, An evolutionary continuum of people-plant interaction/D. R. Harris, G. C. Hillman, eds. *Foraging and farming: the evolution of plant exploitation*, Routledge, London, 1989, pp. 11–26.

⑫ J. R. Harlan, M. J. De Wet, E. G. Price, Comparative evolution of cereals, *Evolution* 27 (1973).

⑬ D. Q. Fuller, Contrasting patterns in crop domestication and domestication Rates: Recent archaeobotanical insights from the Old World, *Annals of Botany* 100 (2007).

⑭ S. Konishi, T. Izawa, S. Y. Lin et al., An SNP caused loss of seed shattering during rice domestication, *Science* 312 (2006).

⑮ 星川清親:『イネの生長』, 農山漁村文化協会, 1999 年.

⑯ Y. F. Zheng, G. P. Sun, X. G. Chen, Characteristics of the short rachillae of rice from archaeological sites dating to 7000 years ago, *Chinese Science Bulletin* 52 (2007).

⑰ G. W. Crawford, C. Shen, The origin of rice agriculture: Recent progress in East Asia, *Antiquity* 72 (1998).

⑱ Y. F. Zheng, G. P. Sun, X. G. Chen, Characteristics of the short rachillae of rice from archaeological sites dating to 7000 years ago, *Chinese Science Bulletin* 52 (2007); D. Q. Fuller, L. Qin, Y. F. Zheng et al., The Domestication process and domestication rate in rice: Spikelet bases from the lower Yangtze, *Science* 323 (2009).

⑲ Y. F. Zheng, G. P. Sun, X. G. Chen, Characteristics of the short rachillae of rice from archaeological sites dating to 7000 years ago, *Chinese Science Bulletin* 52 (2007).

⑳ J. F. Doebley, B. S. Gaut, B. D. Smith, The Molecular Genetics of Crop Domestication, *Cell* 127 (2006).

㉑ C. B. Li, A. L. Zhou, T. Sang, Genetic analysis of rice domestication syndrome with the wild annual species, *Oryza* nivara, *New Phytologist* 170 (2006); C. B. Li, A. Zhou, T. Sang, Rice domestication by reducing shattering, *Science* 311 (2006); Z. W. Li Lin, M. E. Griffith, X. R. Li et al., Origin of seed shattering in rice (*O. sativa* L.), *Planta* 226 (2007).

㉒ S. Konishi, T. Izawa, S. Y. Lin et al., An SNP caused loss of seed shattering during rice domestication, *Science* 312 (2006).

㉓ M. J. Kovach, M. T. Sweeney, R. McCouch, New insights into the history of rice domestication, *Trends in Genetics* 23 (2007); D. A. Vaughan, B. R. Lu, N. Tomooka, Was Asian Rice (*Oryza sativa*) domesticated more than once? *Rice* 1 (2008).

㉔ D. Q. Fuller, L. Qin, Y. F. Zheng et al., The domestication process and domestication rate in rice: Spikelet bases from the lower Yangtze, *Science* 323 (2009).

㉕ Y. F. Zheng, G. P. Sun, X. G. Chen, Characteristics of the short rachillae of rice from archaeological sites dating to 7000 years ago, *Chinese Science Bulletin* 52 (2007).

㉖ J. Molinaa, M. Sikora, N. Garud et al., Molecular evidence for a single evolutionary origin of domesticated rice, *PNAS* 108 (2011).

㉗ Y. Wu, L. P. Jiang, Y. F. Zheng et al., Morphological trend analysis of rice phytolith during the early Neolithic in the lower Yangtze, *Journal of Archaeological Science* 49 (2014).

㉘ Y. F. Zheng, G. P. Sun, L. Qin et al., Rice fields and modes of rice cultivation between 5000 and 2500 BC in east China, *Journal of Archaeological Science* 36 (2009).

㉙ M. J. Kovach, M. T. Sweeney, R. McCouch, New insights into the history of rice domestication, *Trends in Genetics* 23 (2007).

㉚ H. I. Oka, *Origin of cultivated rice*, Amsterdam: Elsevier 1988, pp. 1–254; J. P. Londo, Y. C. Chiang, T. Y. Chiang et al., Phylogeography of Asian wild rice, *Oryza rufipogon* reveals multiple independent domestications of cultivated rice, *Oryza sativa*, *PNAS* 103 (2006); W. B Chen, I. Nakamura, Y. I. Sato et al., Distribution of deletion type in cpDNA of cultivated and wild rice, *Japanese Journal of Genetics* 68 (1993).

㉛ M. J. Kovach, M. T. Sweeney, R. McCouch, New insights into the history of rice domestication, *Trends in Genetics* 23 (2007).

㉜ H. F. Zhou, Z. W. Xie, S. Ge, Microsatellite analysis of genetic diversity and population genetic structure of a wild rice (*O. rufipogon* Griff) in China, *Theoretical Applied Genetics* 107 (2003).

㉝ Q. Zhu, S. Ge, Phylogenetic relationships among A genome species of the genus *Oryza* revealed by intron sequences of four nuclear genes, *New Phytologist* 167 (2005); J. Ma, J. Bennetzen, Rapid recent growth and divergence of rice nuclear genomes, *PNAS* 101 (2004); C. Vitte, T. Ishii, F. Lamy et al., Genomic paleontology provides evidence for two distinct origins of Asian rice (*Oryza sativa* L.), *Molecular Genetics and Genomics* 272 (2004).

㉞ B. D. Smith, *The emergence of agriculture*, Scientific American Library, New York, 1998.

㉟ Y. F. Zheng, G. P. Sun, X. G. Chen, Characteristics of the short rachillae of rice from archaeological sites dating to 7000 years ago, *Chinese Science Bulletin* 52 (2007).

㊱ D. Q. Fuller, Contrasting patterns in crop domestication and domestication Rates: Recent archaeobotanical insights from the Old World, *Annals of Botany* 100 (2007); Y. F. Zheng, G. P. Sun, L. Qin et al., Rice fields and modes of rice cultivation between 5000 and 2500 BC in east China, *Journal of Archaeological Science* 36 (2009).

㊲ P. Bellwood, *First Farmers*, Blackwell, Oxford, 2005.

㊳ G. B. Thompson, R. Ciarla, F. Rispoli, eds. *Southeast Asian Archaeology*, Instituto Italiano per L'Africa e L'Orient, Rome, 1997, pp. 159–74.

㊴ D. Q. Fuller, Y. I. Sato, Japonica rice carried to, not from, Southeast Asia, *Nature Genetics* 40 (2008).

㊵ C. Vitte, T. Ishii, F. Lamy et al., Genomic paleontology provides evidence for two distinct origins of Asian rice (*Oryza sativa* L.), *Molecular Genetics and Genomics* 272 (2004); R. Gray, F. Jordan, Language trees support the express–train sequence of Austronesian expansion, *Nature* 405 (2000).

㊶ J. Molinaa, M. Sikora, N. Garud et al., Molecular evidence for a single evolutionary origin of domesticated rice, *PNAS* 108 (2011); X. H. Huang, N. Kurata, Z. X. Wang et al., A map of rice genome variation reveals the origin of cultivated rice, *Nature* 490 (2012); D. Q. Fuller, Contrasting patterns in crop domestication and domestication rates: Recent archaeobotanical insights from the Old World, *Annals of Botany* 100 (2007).

㊷ J. P. Londo, Y. C. Chiang, T. Y. Chiang et al., Phylogeography of Asian wild rice, *Oryza rufipogon* reveals multiple independent domestications of cultivated rice, *Oryza sativa*, *PNAS* 103 (2006).

㊸ Y. Q. Zong, Z. Y. Chen, J. B. Innes et al., Fire and flood management of coastal swamp enabled first rice paddy cultivation in east China, *Nature* 449 (2007).

良渚文化时期的社会生业形态与稻作农业

以环太湖地区为分布中心的良渚文化，其影响波及淮河流域地区、华南地区。以高水平的制玉工艺、精美刻划的磨光黑皮陶、通体磨光石器、精致漆木器等为物化特征的良渚文化，墓中出土的琮、璧、钺等随葬玉器数量、组合和规格的不同以及琮上的神人兽面纹显示了社会成员等级差别的存在；制作精细的石器、陶器、木器和纺织品等表明手工业发展和社会分工细化；不同规模的聚落形态和埋葬制度反映了社会形态正在发生激烈变革。良渚社会在社会组织、意识形态和经济基础等方面已经具备文明社会特征[①]。

近十余年，良渚文化考古工作取得了重大的突破，在良渚文化最早发现和命名地浙江余杭良渚镇发现了周长约7千米，面积约3平方千米的良渚古城，城墙基础宽60—100米，为石块铺垫[②]。在古城周围发现以水坝为主体的大型水利系统工程遗迹[③]。这些充分表明良渚社会具有一个强大有力的社会政治组织，能够统筹和调动社会人力、物力、财力等各种资源，进行大规模的社会基础工程建设。经过80余年的考古发掘和对良渚文化时期古代社会的社会组织、意识形态、生产关系等方面的探索和研究，国家形态、宗教信仰、城池等文明社会要素在良渚古代社会中日渐清晰，一个业已跨入文明社会的良渚古代王国呈现在面前。

良渚文明古国是史前社会生产力已经发展到一定水平的产物。农业提供了食物等主要生活必需品，是社会最基本的物质生产部门，是社会分工的基础，农业生产率的提高是文明社会产生的前提条件。稻作是长江下游地区农耕文化的主要特色，大约开始于距今10000年前，并在距今7000年前在宁绍和杭嘉湖平原孕育出举世闻名的河姆渡和马家浜文化，可以说以稻作为中心的农耕文化发展是该地区史前生产力发展水平的代表。以稻作生产为中心的农耕文化体系内容十分丰富，表现出地域性的生态位构建特色。研究良渚文化时期的稻作农耕文化系统特色和稻作生产方式和技术水平对正确理解新石器时代末期社会大变革中诞生以良渚古国为代表的文明社会的经济基础形成是十分必要的，也是新石器时代考古工作的重要内容。近年来，随着植物考古和农业考古研究工作的开展，在新石器时代晚期的社会生业形态方面已经积累许多相关考古资料和数据，能够在一定程度上复原良渚文化时期的社会生业形态、稻作农耕文化面貌和生产方式，对当时的生产力水平进行较为科学的评估。

一　生业形态

考古遗址中动植物遗存是复原先民生业形态不可或缺的珍贵材料。传统的考古遗址发掘工作的注意力主要集中在出土的石器、陶器、骨器以及竹木漆器等人工制品方面，以构建考古学文化特征为中心，但事实上考古工作者很早就开始注意到动植物遗存的重要性。从20世纪50年代开始，许多良渚文化遗址，如江苏无锡仙蠡墩[④]、施墩[⑤]、锡山[⑥]、苏州梅堰[⑦]、越城[⑧]、龙南[⑨]、江浦龙山[⑩]和浙江杭州水田畈[⑪]、湖州钱山漾[⑫]、嘉兴大坟[⑬]、雀幕桥[⑭]等，就开始有意识收集肉眼能够辨识的动植物大遗存，并送往相关专业机构进行鉴定。尽管这些调查不具有系统性，但收集的遗存已经或多或少反映出了良渚生业形态的一些特色。最近几年良渚文化遗址，特别是以良渚遗址群为中心开展的考古和植物遗存系统调查工作，为我们勾勒出良渚社会生业形态的基本面貌提供了翔实的基础数据（表一；图一）。

水稻遗存是良渚文化遗址普遍存在的植物大遗存，有炭化米（谷）、颖壳和小穗轴等不同的存在形态，根据调查遗址不同的功能区块，或以颖壳（数量极多，且绝大部分为碎片）和小穗轴居多，或以炭化米数量为多。大量稻谷遗存出土表明，稻米是良渚社会先民的食物主要来源，稻作生产是良渚文化时期农耕的主要形态。良渚文化分布地区气候温暖湿润、降雨量充沛，湖塘、沼泽、河流密布，适合野生稻生长和水稻种植。业已发掘考古遗址的植物遗存调查显示，该地区稻米生产贯穿着新石器时代始终，在距今10000年左右的上山文化[⑮]、8000年左右的跨湖桥文化[⑯]、7000年左右的河姆渡文化和马家浜早期文化[⑰]、6000年左右的崧泽文化[⑱]，以及良渚文化等新石器时代的遗址均发现了炭化稻谷（米）。进入良渚文化晚期，稻作农业生产已经相当成熟，主要表现为驯化历程基本完成[⑲]，生产规模大，产量高，稻米成为先民食物的主要来源。

表一 良渚文化遗址出土的主要食用植物遗存

遗址名称	植物种实遗存种类
浙江诸暨尖山湾[⑳]	稻、桃、南酸枣、葡萄
浙江余杭卞家山[㉑]	稻、葫芦、甜瓜、桃、梅、杏、柿、南酸枣、葡萄、芡实、菱角、粟（？）、橡子
浙江平湖庄桥坟[㉒]	稻、葫芦、甜瓜、桃、南酸枣、杏、柿、南酸枣、葡萄、芡实、菱角、橡子
浙江余杭美人地[㉓]	稻、葫芦、甜瓜、桃、梅、杏、柿、南酸枣、葡萄、芡实、菱角
浙江余杭茅山[㉔]	稻、葫芦、甜瓜、桃、梅、杏、柿、南酸枣、葡萄、芡实、菱角
浙江余杭玉架山[㉕]	稻、葫芦、甜瓜、柿、猕猴桃
浙江海宁小兜里[㉖]	稻、甜瓜、桃、柿、葡萄、芡实
上海松江广富林[㉗]	稻、葫芦、甜瓜、桃、南酸枣、菱角、芡实
江苏昆山朱墓村[㉘]	稻、葫芦、甜瓜、桃、李属、猕猴桃、芡实、菱角

良渚文化时期发现的与先民食物生产有关的植物种实遗存，除了稻米以外，还有葫芦、甜瓜、桃、梅、杏、柿、菱角、芡实等，这些植物现在均被人工栽培，是长江中下游地区稻作农耕文化体系中瓜、果、蔬菜种植的传统特色。

葫芦的栽培历史很早，与狗的饲养几乎同时出现，早期主要利用其成熟果实果皮坚厚、中空等特点，加工成储物、舀水、凫水等用途的器具[㉙]。葫芦栽培容易，管理方便，到了新石器时代晚期栽培葫芦的目的可能是一举两得，既可作为蔬菜食用幼嫩果实，又可利用成熟果实制作实用器具和乐器。

在长江下游地区食用甜瓜具有悠久的历史，至迟在距今7000年以前的河姆渡文化时期已经开始利

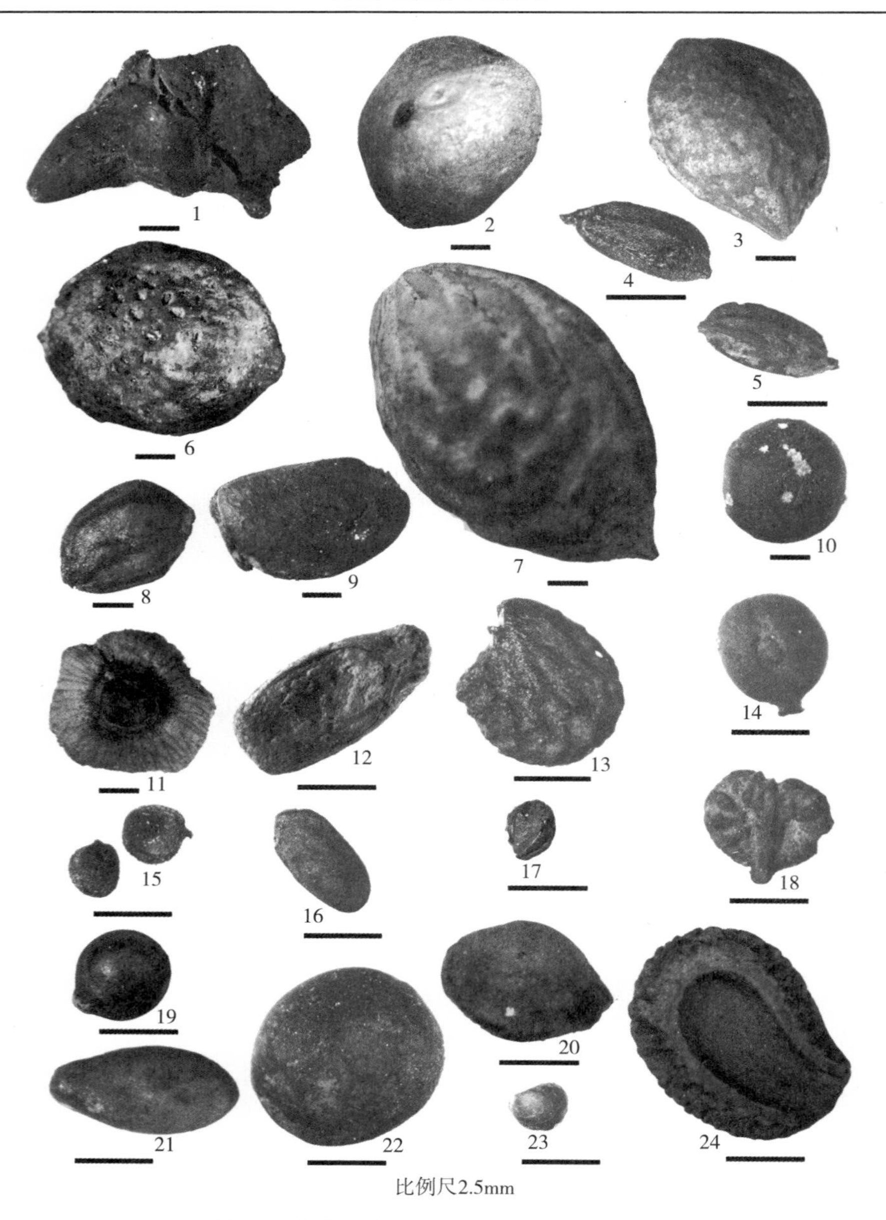

图一　卞家山遗址出土的植物果实和种子

1. 菱（*Trapa* sp.）　2. 芡实（*Euryale ferox*）　3. 杏（*Prunus valgaris*）　4、5. 稻（*Oryza sativa*）　6. 梅（*Prunus mume*）　7. 桃（*Prunus persica*）　8. 楝（*Melia azedarach*）　9. 柿（*Diospyros* sp.）　10. 苦槠（*Castanospsis sclerophylla*）　11. 马甲子（*Paliurus ramosissimus*）　12. 葫芦（*Lagenaria siceraria*）　13. 清风藤（*Sabia* sp.）　14. 葡萄（*Vitis* sp.）　15. 构树（*Broussonetia papyrifera*）　16. 金鱼藻（*Ceratophyllum demersum*）　17. 粟（*Setaria* sp.）　18. 乌蔹梅（*Cayratia* sp）　19. 葎草（*Humulus japonicus*）　20. 马交儿（*Melothria indica*）　21. 甜瓜（*Cucumis melo*）　22. 樟树（*Cinnamomum camphora*）　23. 紫苏（*Perilla* sp.）　24. 防己（*Stephania* sp.）

用。从出土种子大小、形态特征等方面考察该地区不同时期考古遗址出土的甜瓜种子结果显示，良渚文化时期是甜瓜栽培和驯化的重要时期，先民开始重视甜瓜食味、果形大小等选择，根据不同食用需要，已经培育出作为水果用的香瓜和蔬菜用的菜瓜等品种，果形较其祖先野生种明显变大[30]。

长江下游地区在距今8000多年前至3700多年前的各个新石器时代文化阶段均有桃核遗存出土，是迄今中国境内新石器时代出土桃核遗址报道最多的地区，表明该地区的先民一直把桃作为重要的水果资源利用，历史悠久，源远流长。从食用桃的利用历史看，桃树人工栽培在该地区起源的可能性很大。对该地区不同时期考古遗址出土的桃核形态演变历程研究表明，良渚文化时期的桃子，属于与现代栽培品种同一个种的毛桃，且具有人工驯化特征[31]。除了桃核，良渚文化大部分遗址还有梅、杏、李核发现，表明当时先民食用蔷薇科植物的果实具有普遍性，基本形成了桃、梅、杏、李为代表的长江下游地区食用水果的地方特色。梅、杏、李是桃子近缘种，尽管目前出土遗存还有待进一步研究，但有理由相信，与桃子一样，进入良渚文化时期，它们也已经成为先民房前屋后、园圃周围栽培的一种重要果树。

柿子种子也是良渚文化遗址中常见的种实遗存。柿子含糖量高、味甜，但由于含有大量鞣酸，大部分食用前必须进行脱涩处理。野生柿子涩味更强烈，几乎不能直接食用。尽管良渚文化时期的柿子文化属性还有待于研究，但遗址中柿子的频繁出土，至少说明先民对食用柿子种类的选择以及食用前脱涩处理方面已经积累了一定的经验。

许多良渚文化遗址中还发现了葡萄种子，表明长江下游地区食用葡萄具有悠久的历史。自然界的许多野生葡萄不仅可以生食，也可以酿酒，还可以通过人工精心栽培和繁育，培育出具有较高经济价值的栽培葡萄品种，目前选育于我国的山葡萄（*Vitis amurensis*）和刺葡萄（*V. davidii*）等东亚种群，在一些地区已经大面积栽培[32]。尽管我们目前还无法明确判断这些出土葡萄种子的文化属性，但我们也不能排除史前先民已经开始栽培葡萄。汉代欧洲葡萄（*V. vinifera*）进入我国后，很快接纳并传播到各地，与我国悠久的食用葡萄历史不无关系[33]。

良渚文化遗址有菱角、芡实出土，从菱角形态特征看，它们不同于自然界的野菱（*Trapa incisa*），我们可以相信良渚文化时期先民已经采用人工措施干预菱角的生长发育，来获得更多更好的收成。最近，对田螺山遗址出土的菱角遗存的形态学研究成果表明，距今6000年以前在长江下游已经开始人工栽培菱角[34]。

良渚遗址出土的植物遗存中，除了稻谷（米）和瓜、果、蔬菜外，还有南酸枣和悬钩子，壳斗科橡子等果实遗存。南酸枣是漆树科的一种植物，果实营养丰富，其滋味酸中沁甜，可鲜食，是史前先民食用的重要水果，在距今8000年以后的新石器时代遗址中均有出土。种植南酸枣技术要求很高，从栽培到结果需要很长的年限，实生苗一般需要10年以上才能结果，且结果比例只有20%左右。目前我国只有江西省的一些地方有栽培，通过嫁接缩短结果年限，提高果树结果比例[35]。包括悬钩子在内的蔷薇科悬钩子属的多种植物果实也是长江流域地区的传统水果，但历史上鲜见有栽培的记载。橡子的许多种类，一些单宁含量较低，口感较甜，可以生吃或炒食；一些含有大量单宁，如果不经过处理直接食用会感到苦涩。我国先民很早就总结食用橡子的方法，对苦涩橡子用长时间烧煮并换水去除单宁，或煮食，或炒食，或制作橡子豆腐，食用方法多种多样。先民食用上述植物果实的习俗历史悠久，已经延续了几千年，是先民经济生活与居住地自然环境相适应的最好诠释。考古遗址中出土南酸枣、悬钩子、橡子等很可能是先民采集食用后留下的遗存。

目前在长江下游地区新石器时代还没有出土大量旱地农作物种子的报道。在良渚文化卞家山遗址的植物遗存调查中曾经发现疑似粟的种子，由于仅有1粒，无法对该地区旱作农业问题展开讨论。进入新石器时代晚期，特别是良渚文化时期，随着人口迅速增加，粮食需求量增大，土地大规模开垦，客观上已经提出了适应不同立地条件的作物种类需求，在文化交流日益频繁的背景下，在一些灌溉条件差的土地上开始栽培粟、黍等北方代表性旱地作物还是有可能的。

二 良渚文化时期的稻作生产

长江下游地区的稻作大约开始于距今10000年，在距今7000年左右先民进入平原开垦湿地种植水稻，进入了稻作农耕发展时期；到了新石器时代文化晚期，稻作农耕生产已经成为人类食物经济的主要生产部门，提供了定居生活繁荣和文明社会发展的物质基础。在过去的几十年，一些学者根据良渚文化遗址出土水稻遗存、生产工具，并结合地理学、农学、民族学、国外考古学资料等对良渚文化时期的稻作农业形态、生产技术等展开讨论[36]。由于受制于考古工作内容、方法和遗存材料的局限，进展缓慢。稻田是稻作生产活动的主要对象，包含丰富的稻作生产信息，能较全面反映生产力状况，因此稻作农耕遗迹的考古调查和发掘对我们获取史前农耕生产耕作方式和方法、生产规模大小、土地生产率等多方面反映稻作农耕生产力水平的信息具有无可替代的作用。近年茅山遗址稻作农耕遗迹的发现和综合研究[37]，为我们复原新石器时代晚期，特别是良渚文化时期的稻作生产创造了条件。

1. 稻作农耕遗迹

茅山遗址位于浙江省杭州市余杭区。2008年在发掘新石器时代晚期遗址居住区、墓地区的同时，有目的地开展稻作农耕遗迹调查。通过钻孔取样和植物硅酸体分析，在居住区南侧发现大面积的稻田分布，面积约有85亩。随后进行的大面积发掘揭示良渚文化中期到广富林文化时期的稻田农耕地层，发现了稻田相关的遗迹和少量的生产工具。

良渚文化中期稻田呈条块状，田块的平面形状有长条形、长方形、不规则圆形等多种，面积从1—2到30—40平方米不等。田块之间有隆起的生土埂。部分生土埂表面有细砂、附着泥和碎小陶片，可能是踩踏使用留下的痕迹。田块之间纵横交错分布着小河沟，部分田块有明显的排灌水口[38]。

良渚文化晚期稻田遗迹丰富，稻田特征清晰，发现有河道、河堤兼道路、灌溉水渠以及田埂（小路）等与稻田管理操作和灌溉有关的遗迹（图二、三）。河道是居住生活区和稻田区的分界，总体呈东西走向，弯曲延绵，宽窄深浅不一。灌溉水渠有两条，均呈东西走向，分别位于稻田区的南北两端。一条紧邻河道的南侧，另一条位于稻田的最南侧，也可能是稻田与自然湿地的分界线。田埂（或小路）共发现9条，基本呈南北走向，路面均铺垫有红烧土块。田埂宽约0.6—1米不等，高出两侧稻田约0.06—0.12米。田埂最长的南北长约61.5米。田埂的间距，除最东侧的两条较宽，约为31米外，其余的间距均在17—19米之间。由大致为南北向的田埂和东西向的灌溉水渠，构成了大致呈南北向长方形或近平行四边形的田块。田块面积通常在1000平方米左右，最大的面积近2000平方米。这些田块内没有发现明显的固定田塍[39]。

广富林文化时期农耕层发现有沟（渠）等遗迹，并发现有大型偶蹄类动物（牛）脚印和零散的人脚印。该地层有少量的陶片和半月形石刀等遗物出土。

茅山遗址稻田耕作层土壤均为富含植物残体的黑褐色或褐色的粉砂质黏土，并具有一定的团粒结构，具有耕作层土壤的特征；地层含有稻谷遗存、高密度水稻硅酸体和耕作层零星散落的陶片、石器等，显示出稻田耕作区遗物构成的特点；稻田耕作层土壤中芦苇属、芒属等硅酸体，以及以眼子菜为代表的水生植物、以藨草为代表的湿地植物，以禾本科、菊科为代表的陆地植物等种子遗存组合，展

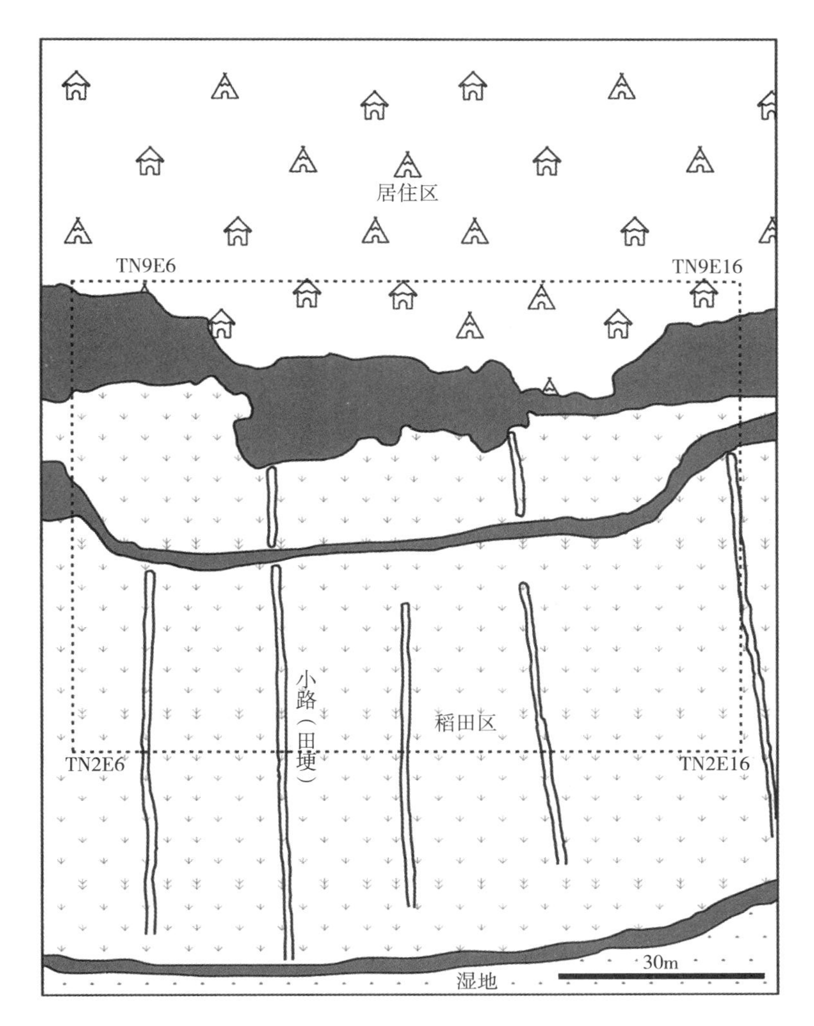

图二　茅山遗址良渚文化晚期稻田示意图

图三　茅山遗址良渚晚期稻田发掘现场局部

现了稻田的农田生态系统。从发掘前的探查到发掘后的深度研究，多角度提供了茅山遗址新石器文化时代晚期稻田耕作遗迹的强有力证据（图四）。

2. 稻田耕作方式

茅山遗址良渚文化中期稻田形状不规则，稻田面积较小；良渚文化晚期稻田呈规则的长方形，田块面积很大，有河道、灌溉水渠以及红烧土铺面的田埂等农田设施。稻田形态呈现由星罗棋布的小条块状向大面积大区块的稻田形态的发展过程，反映了茅山遗址可能经历了从开始定居时的利用小块低湿地到后期的大规模开拓湿地造田种稻，从人口稀少的小村落到人口数量较多的大村落的农业和社会发展历程。良渚文化晚期的大区块、规格化、连成片的稻田遗迹反映出当时稻作生产田间操作不是单家独户劳作能完成的，可能具有集体劳动性质。大规模稻田开垦、大型灌溉设施的建设等，需要大规模的人力动员和组织，表明良渚文化晚期社会已经具有严密的社会组织和分工，以及强有力的行政控制能力，能够集中社会人力、物力、资源，组织开展大型、复杂的工程和社会活动。

茅山古稻田耕作地层为黑褐色或褐色粉砂质黏土，土壤中不仅包含大量的植物残体，而且含有大量的炭屑，表明稻田使用过程中频繁用火。火是原始农业开垦耕地最重要的手段，在山地和旱地农业通常通过刀耕火种种植作物，即：春季用刀砍伐林木，经日光曝晒干燥后用火焚烧，对火烧地进行适当整理后，用点种木棒点播。水田稻作的耕地环境与旱地农业不同，主要是开发湿地开垦农田，两者在原始农业生产方式方面存在着一定的差异，但耕作过程使用火是它们的共性。由于平原地区开发历史很长，稻作农业生产技术发展很快，除了零星的孑遗，已经基本上看不到湿地原始农业系统的历史文化遗产，我们只能从汉代水田耕作方式中窥视它的一些概貌。司马迁《史记·货殖列传》中说："江南之地，地广人稀，饭稻羹鱼，或火耕而水耨。"火耕水耨稻作农业的具体内容东汉时期的应昭作了诠释："烧草，下水种稻。草与稻并生，高七八寸，因悉芟去，复下水灌之。草死，独稻长，所谓火耕水耨也。"（见《汉书·武帝本纪》注）。这种生产技术到唐代时还能见到他的踪影。特别是在新垦土地或荒废土地的复耕中得到广泛使用[40]。火耕水耨的技术特点是放火烧草，灌水湿润土，直播稻种，灌水淹死旱生杂草，不用牛耕、蹄耕，没有中耕[41]，其最重要的技术环节是灌溉。茅山遗址稻田十壤中大量炭屑以及比较完善的灌溉系统诠释了新石器时代晚期稻作农耕的技术特点，用火耕水耨来描述新石器时代晚期茅山遗址的稻作农业技术体系不会有很大的差池。

茅山稻田耕作层中出土的生产工具数量和种类很少，在广富林地层中只有半月形石刀，在良渚地层中只有石镞和石刀，表现出稻田文化遗物的分布特征。用于田间操作和管理主要有翻耕、除草和收获等工具，一般可以重复使用，劳作结束后携带回家保管，很少会留在农田中，只有一些小型农具可能偶尔遗忘或遗失在稻田中。稻田中生长有繁茂的水稻，提供了草食动物和禽鸟优良的觅食场所，经常有动物出没、禽鸟聚集，对先民来说，也是一个理想的狩猎场所。稻田地层中发现石镞向我们展现了稻田生态的一个侧面。石刀是收获环节中的工具，具体操作方法可能为：一手抓住稻穗拉近，另一手握住石刀，并用手指固定稻穗，通过反转石刀刃部折新穗柄摘取稻穗。在稻田中没有发现翻耕工具，但在居住生活区发现了组合石犁，说明当时稻田口能有整地翻耕技术环节。尽管没有出土特定的中耕除草工具，我们不能排除存在这一技术环节，原始、传统的稻田除草通常采用手工拔除的操作方法。

古稻田土壤的植物种子库分析显示，良渚文化晚期与广富林文化时期稻田生态系统中的植物种群

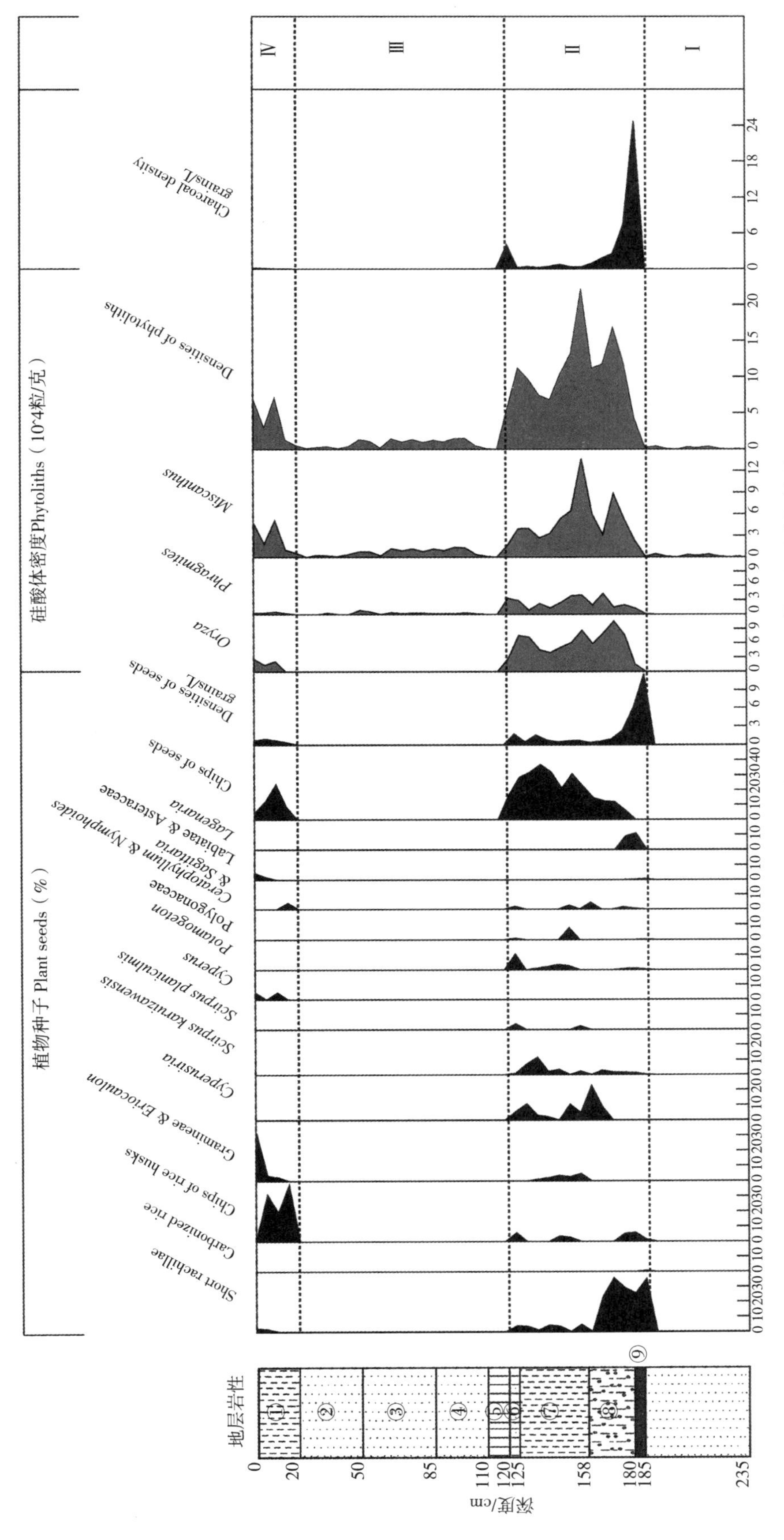

图四 茅山遗址TN6E16探方南壁植物种子、硅酸体、炭屑分析结果

图五 莫角山遗址东坡 H11 出土的炭化米及植物遗存

构成基本相似，除了水稻，华东藨草（*Scirpus karuizawensis*）、酸模（*Rumex acetosa*）、夏飘拂草（*Fimbristiylis aestivalis*）、水葱（*Scirpus tabernaemontani*）、狗尾草（*Setaira viridis*）、眼子菜（*Potamogeton* sp.）、碎米莎草（*Cyperus iria*）、褐穗莎草（*Cyperus fuscus*）和野慈姑（*Sagittaria sagittifolia*）；露珠草（*Circaea cordata*）、蛇床（*Cnidium monnieri*）等种群，多年生的水生或湿生植物是稻田生态系统中的主要种群。现代水田杂草和群主要有 40 种左右，一年生种群占优势，占 67%—69%[42]，而免耕直播稻田不仅杂草种类多，而且由于多年生杂草有长势旺盛的块（球）茎，较一年生杂草种子具有较大的竞争优势，多年生杂草要多于深耕移栽形式的稻田[43]。茅山遗址稻田多年生杂草明显多于一年生杂草，表明当时可能还没有采用深耕移栽技术，春季放火烧草后，只是用人力或人力犁耕进行浅表层土壤的简单松土，然后进行直接撒播或点播稻种，很少触及土壤深处多年生植物的块（球）茎或宿根部分。

三 良渚文化时期农业生产技术水平的提高

2011 年在对良渚遗址群莫角山遗址东坡的一条试掘探沟的植物遗存调查中发现了炭化稻米密集的地层，地层平均厚度 24 厘米，地层中遗存较为简单。主要是炭化稻米（谷），可见少量的穗柄、草绳和木炭，并混杂一些红烧土（图五）。定量统计分析结果显示每升土壤中炭化稻谷密度多达 3778 粒（表二）。钻探结果显示地层分布范围约有 900 平方米。计算出总埋藏稻谷数量约 8.16 亿粒。现代水稻千粒重一般为 18—34 克，其中籼稻为 18—34 克，粳稻为 25—34 克[44]。考虑到新石器时代与现代水稻品种之间存在着差异，按千粒重 15 克计算，估算埋藏炭化稻谷约 12240 千克。从炭化米（谷）、木炭和红烧土块的遗存组合特征、小穗轴与稻谷比例（85%）等综合判断，该地层可能是稻谷储存设施的废弃遗迹。最近在莫角山附近的池中寺遗址又发现了更大的粮食储存设施遗迹，埋藏量达 10 万千克[45]。截至目前，在莫角山遗址的考古发掘中已经发现了 6 处大规模的稻谷堆积遗迹（图六）。这些发现不仅反映了农业生产能力提高，粮食产量的增加，为良渚文化时期深刻的社会分工打下了坚实的物质基础，同时也映射出良渚政治权力中心对周围地区的统治力。

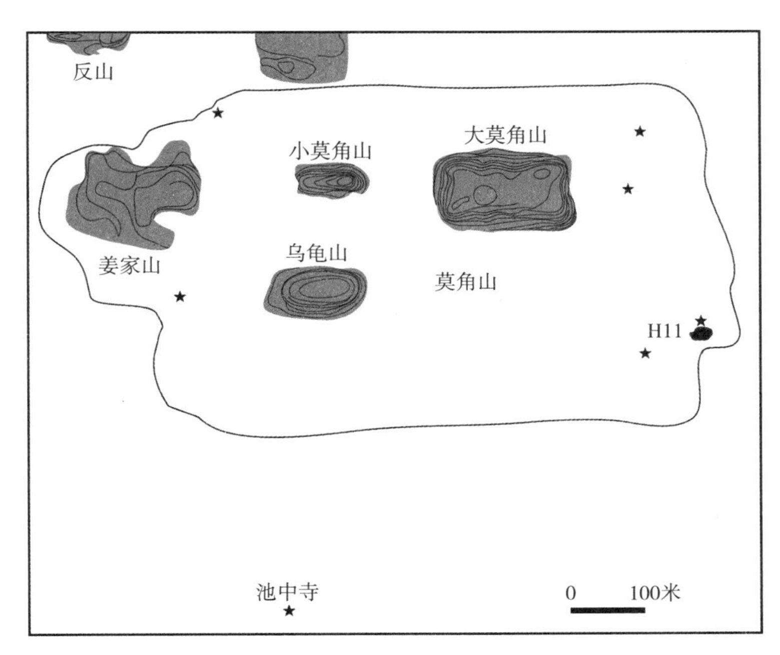

图六 莫角山遗址稻谷遗存堆积地点的分布

表二 莫角山遗址东坡 H11 稻谷及相关遗存调查结果

地层	样品/50 毫升	木炭 >5 毫米	烧土 >5 毫米	稻米粒数	小穗轴个数	小穗轴/稻米
2 层	1	25	4	217	/	/
	2	24	16	170	/	/
	3	27	8	350	/	/
	4	14	3	362	/	/
	5	26	5	414	/	/
	6	13	3	200	/	/
	7	9	6	325	238	0. 73
	8	14	4	294	184	0. 63
	9	9	5	296	184	0. 62
1 层	10	0	14	40	/	/
	11	4	11	58	/	/
	12	5	17	66	/	/
	13	5	8	60	/	/
	14	5	5	107	/	/
	15	5	2	172	/	/
	16	4	5	153	147	0. 96
	17	4	0	100	120	1. 2
	18	0	5	26	25	0. 96
平均		11	7	189	150	0. 85

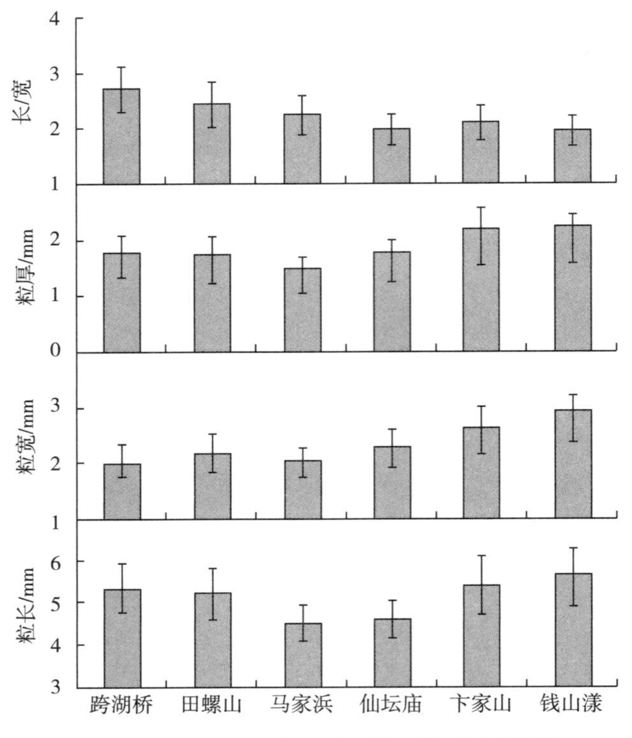

图七　长江下游地区新石器时代稻谷形态的变化

粮食产量多少主要取决于土地面积、劳动力投入和技术等因素，农耕技术进步是良渚文化时期农业生产力提高、粮食产量增加的重要原因之一。茅山遗址农耕遗迹发掘后，我们采用了日本学者藤原宏志基于硅酸体分析建立的稻作农耕遗迹产量估算方法[46]，对茅山遗址稻作农耕遗迹单位面积进行了估算。良渚文化晚期和广富林文化时期稻田耕作地层的平均土壤容重为 1.4126，地层厚度为 38 厘米，在 7000 平方米良渚文化晚期和广富林文化时期稻田耕作地层采取 140 份土壤样品的水稻硅酸体平均密度为 4.4 万颗/克。按 700 年的使用年限，计算出茅山遗址良渚文化晚期到广富林文化时期稻田单位面积稻谷产量约为 141 千克。

火耕水耨原始稻作生产技术在我国延续了很长时间，在汉魏时期还十分盛行。根据史料研究，汉魏时期南方水田单位面积产量一般在 2.5—3 石，折合亩产 150—180 千克[47]。尽管新石器时代晚期和汉代有 2000 多年的时代差，考虑到汉代火耕水耨的原始性以及茅山遗址稻田系统的完善程度，茅山新石器时代晚期稻田每亩 141 千克的产量是基本可信的。此亩产量是田螺山遗址河姆渡文化早期稻田 55 千克亩产量的约 2.5 倍，晚期稻田 63 千克亩产量的约 2.2 倍。新石器时代晚期稻田土地生产率提高是建立在农耕技术进步的基础上的。

水稻在长期系统发育过程中形成了适应于水层生长的特性，有喜水耐水特性，栽培常采用淹灌方式。水分不足对植株生长、光合作用、土壤养分吸收等有负面影响，并直接影响到稻谷产量。在原始稻作生产技术火耕水耨中，灌溉也是杀灭和抑制稻田杂草的重要手段。茅山稻作农耕遗迹揭露的由人工河道、水渠、田埂等组成的灌溉系统表明良渚晚期先民十分重视稻田灌溉技术。最近良渚古城周围发现的良渚文化时期水利系统是先民对水资源的控制、管理和利用的重要佐证。尽管目前还没有这个水利系统功能的相关证据，但通过人工河道、沟渠等引取坝内的蓄水，用于稻田灌溉也不无可能。

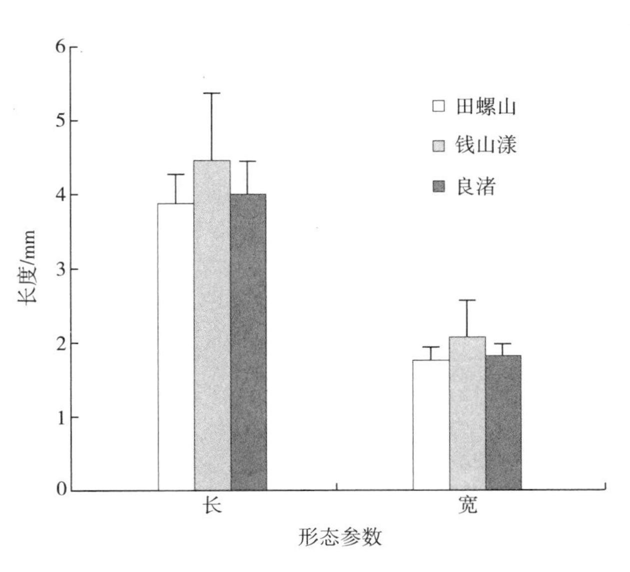

图八 新石器时代遗址出土甜瓜种子的形态比较

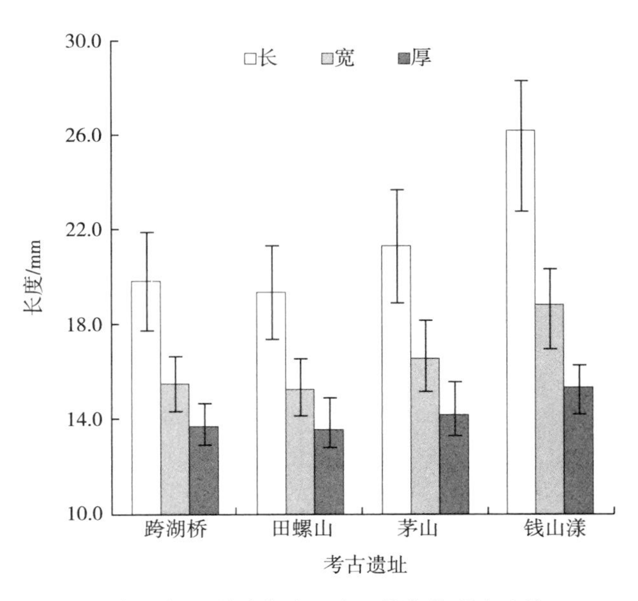

图九 新石器时代遗址出土桃核的形态比较

水稻单位面积产量主要由四个因素决定，一是水稻群体的生长状况（有效分蘖数），二是植株结实状况（每穗粒数、结实率、千粒重）。茅山遗址良渚文化晚期和广富林文化时期的稻田耕作层的土壤种子库分别为5400 粒/米^{2}和17138 粒/米^{2}明显少于田螺山遗址河姆渡文化早期的26000—228000 粒/米^{2}和晚期的26000—184000 粒/米^{2}的土壤种子库[48]，表明新石器时代晚期稻田的除草技术加强，农田杂草得到有效控制，稻田水稻生长状况有了明显改善。

良渚文化时期通过提高生产技术改进水稻群体生长的同时，由于品种的改良，水稻结实情况也有明显改善。如图七所示，该地区尽管马家浜和崧泽文化时期的稻米粒形有过波动，但在约四千年的历程中，呈现粒长、宽、厚增大，长宽比不断变小的总体演化趋势，尤其在新石器时代晚期，变化更加显著，反映了稻谷形态向宽圆和饱满、千粒重增大的发展过程。经过先民几千年的栽培驯化、品种选育和栽培技术改进，良渚文化时期的水稻已基本完成从野生稻到栽培稻的驯化过程，在许多生物学性状方面已经接近现代栽培稻品种，表现在水稻落粒性基本失去，稻谷籽粒饱满充实，完成了从瘦长形到短圆形的粒型转换，千粒重增加，水稻产量有了明显提高。

除了水稻生产，在良渚文化晚期，其他作物栽培水平也有明显的进步。甜瓜是长江下游地区有特色的园艺栽培作物，在新石器时代中期以后的不同时期的考古遗址中均有出土。一般来说，甜瓜种子大小与果形大小存在着正相关，即果形大种子也大。另外，甜瓜的两个变种菜瓜和甜瓜种子表皮细胞的构造存在着差异，具有鉴别意义。对长江下游地区出土甜瓜种子形态大小和表皮细胞构造研究表明，该地区甜瓜经历了一个从无味、淡味到甜味、果形从小到大的驯化过程，特别是进入良渚文化以后，人工选择压力更大，选择目的性更加明确，表现在食味选择上，不同食用价值的种类已经从原始甜瓜中分化出来，淡味的作为蔬菜，甜味的作为水果；果形选择上，甜瓜单个果实明显增大（图八）。

桃树的经济器官是果实，培养出食味和口感好、果形大的桃子是人类栽培管理的目标。栽培桃、野生桃的桃核和果形大小有较好的相关性，桃核的大小在一定程度上能反映出果实的大小。进入良渚文化时期以后，桃核形态明显变大，形态更加趋于扁平，有向现代栽培桃特征趋近的趋势（图九）。

桃核形态变化反映了由于良渚文化时期桃树栽培技术的进步，果形有了显著增大。增大果实有两条技术途径，一是加强栽培管理措施，二是选育优良品种。在良渚文化以后的桃果实变大的情况意味着先民对优良经济性状的重视，有意识地选择食味好、果形大、产量高的品种进行栽培。桃树栽培中繁育遗传稳定的品种至关重要。通过种子播种有性繁殖的桃树，后代很难保持母本的优良经济性状，会出现果实变小，品质变劣、产量降低等现象，现代栽培技术中通常用嫁接、扦插等无性繁殖手段来繁育，这样不仅可以保存母本的优良经济性状，还可以提早果树的结果。我们从桃核形态还不能判断先民采用何种技术来繁殖桃树，但有一点可以肯定，良渚文化时期已经重视桃树经济性状的选择，并在保存优良经济性状方面开始思考。从桃核形态特征的历史演变推测，至迟到马桥文化时期，可能已经有了比较成熟的桃树无性繁殖技术。

综上所述，进入良渚文化时期，以火耕水耨技术为代表的原始稻作生产已经相当成熟，生产规模大。产量高，稻米成为先民食物的主要来源；葫芦、甜瓜、桃、梅、杏、柿、菱角等瓜、果、蔬菜俱全，基本形成了长江中下游地区的传统稻作农耕文化体系的生业特色。农作物栽培技术进步，稻作农业生产力水平的提高，丰富多彩的食物及其他剩余产品供应为社会分工和复杂化，以及进入文明社会奠定了坚实的物质基础，折射出一场社会大变革的到来。

致谢：本研究受到国家重点基础研究发展计划（2015CB953801）和浙江省文物保护科技项目（2014005）的资助，在田野工作过程中得到遗址发掘领队及相关业务人员的帮助和支持，在此一并致以衷心感谢。

原载《南方文物》2018 年第 1 期

注释

① 张忠培：《良渚文化的年代和其所处社会阶段》，《文物》1995 年第 5 期；严文明：《良渚遗址的历史地位》，《浙江学刊》1996 年第 5 期。

② 刘斌：《杭州市余杭区良渚古城遗址 2006—2007 年的发掘》，《考古》2008 年第 7 期。

③ 王宁远、刘斌：《杭州市良渚古城外围水利系统的考古调查》，《考古》2015 年第 1 期。

④ 谢春祝、朱江：《江苏无锡仙蠡墩新石器时代遗址清理简报》，《文物》1955 年第 8 期。

⑤ 谢春祝：《无锡施墩第五号墓》，《文物》1956 年第 6 期。

⑥ 谢春祝：《江苏无锡锡山公园古遗址清理简报》，《文物》1956 年第 1 期。

⑦ 陈玉寅：《江苏吴江梅堰新石器时代遗址》，《考古》1963 年第 6 期。

⑧ 汪遵国、李文明：《江苏越城遗址的发掘》，《考古》1982 年第 5 期。

⑨ 钱公麟、姜节余、丁金龙等：《江苏吴江龙南新石器时代村落遗址第一、二次发掘简报》，《文物》1990 年第 7 期。

⑩ 尹焕章、袁颖：《江苏仪六地区湖熟文化遗址调查》，《考古》1962 年第 3 期。

⑪ 浙江省文物管理委员会：《杭州水田畈遗址发掘报告》，《考古学报》1960 年第 2 期。

⑫ 浙江省文物管理委员会：《吴兴钱山漾遗址第一、二次发掘报告》，《考古学报》1960 年第 2 期。

⑬ 陆耀华：《浙江嘉兴大坟遗址的清理》，《文物》1991 年第 7 期。

⑭ 陆耀华：《浙江嘉兴市雀幕桥遗址试掘简报》，《考古》1986年第9期。

⑮ 郑云飞、蒋乐平：《上山遗址的古稻遗存及其在稻作起源研究上的意义》，《考古》2007年第9期。

⑯ 郑云飞、蒋乐平、郑建明：《跨湖桥遗址出土的古稻研究》，《中国水稻科学》2004年第2期。

⑰ 周季维：《长江中下游发掘出土稻谷考察报告》，《云南农业科技》1981年第6期。

⑱ 上海市文物保管委员会：《崧泽新石器时代遗址发掘报告》，文物出版社，1987年。

⑲ Y. F. Zheng, G. W. Crawford, L. P. Jiang, Rice domestication revealed by reduced shattering of archaeological rice from the lower Yangtze valley, *Scientific Reports* 6 (2015).

⑳ 浙江省文物考古研究所、诸暨博物馆、浦江博物馆：《楼家桥、査塘山背、尖山湾》，文物出版社，2010年。

㉑ 浙江省文物考古研究所：《良渚遗址群考古报告之六——卞家山》，文物出版社，2014年。

㉒ 郑云飞等：《浙江平湖庄桥坟发掘报告》，未发表。

㉓ 郑云飞、陈旭高、赵晔等：《卞家山、美人地遗址植物遗存分析报告》，浙江省文物考古研究所编《良渚古城综合研究报告》，文物出版社，2019年。

㉔ 郑云飞等：《浙江余杭茅山发掘报告》，未发表。

㉕ 高玉：《环太湖地区史前稻作农业研究》，北京大学博士学位论文，2017年。

㉖ 浙江省文物考古研究所：《小兜里》，文物出版社，2015年。

㉗ 王海玉、翟阳、陈杰：《广富林遗址（2008年）浸水植物遗存分析》，《南方文物》2013年第2期；上海博物馆：《广富林：考古发掘与学术研究论集》，上海古籍出版社，2014年。

㉘ 邱振威、丁金龙、蒋洪恩等：《江苏昆山朱墓村良渚文化水田植物遗存分析》，《东南文化》2014年第2期。

㉙ 游修龄：《葫芦的家世——从河姆渡出土的种子谈起》，《文物》1977年第8期；D. Q. Fuller, L. A. Hosoya, Y. F. Zheng et al., A contribution to the prehistory of domesticated Bottle Gourds in Asia: Rind measurements from Jomon Japan and Neolithic Zhejiang, China, *Economic Botany* 64 (2010).

㉚ 郑云飞、陈旭高：《甜瓜起源的考古学研究，从长江下游出土的甜瓜属（*Cucumis*）种子谈起》，《浙江省文物考古研究所学刊》第八辑，科学出版社，2006年。

㉛ Y. F. Zheng, G. W. Crawford, X. G. Chen, Archaeological evidence for peach (*Prunus persica*) cultivation and domestication in China, *PLoS One* 9 (2014).

㉜ 贺普超：《葡萄学》，中国农业出版社，1999年。

㉝ 郑云飞、游修龄：《新石器时代遗址出土葡萄种子引起的思考》，《农业考古》2006年第1期。

㉞ Y. Guo, R. B. Wu, G. P. Sun et al., Neolithic cultivation of water chestnuts (*Trapa* L.) at Tianluoshan (7000–6300cal BP), Zhejiang Province, China, *Scientific Reports* 16 (2017).

㉟ 肖水清：《南酸枣繁育栽培技术研究》，《南方林业科学》1999年第3期。

㊱ 游修龄：《良渚文化的稻作》，《浙江学刊》1996年第5期；程世华：《论良渚文化原始稻作生产的先进性》，《古今农业》1999年第1期。

㊲ 郑云飞、陈旭高、丁品：《浙江余杭茅山遗址古稻田耕作遗迹研究》，《第四纪研究》2014年第1期。

㊳ 丁品、赵晔、郑云飞等：《浙江余杭茅山史前聚落遗址第二、三期发掘取得重要收获》，《中国文物报》2011年12月30日第4版。

㊴ 丁品、郑云飞、陈旭高等：《浙江余杭临平茅山遗址》，《中国文物报》2010年3月12日第4版。

㊵ 陈国灿：《火耕水耨新探——兼谈六朝以前江南地区的水稻耕作技术》，《中国农史》1999年第1期。

㊶ 彭世奖：《火耕水耨辨析》，《中国农史》1987年第2期。

㊷ 魏守辉、朱文达、杨小红等:《湖北省水稻田杂草的种类组成及其群落特征》,《华中农业大学学报》2013 年第 2 期;王强、何锦豪、李妙寿等:《浙江省水稻田杂草发生种类及危害》,《浙江农业学报》2000 年第 6 期。

㊸ 吴竞仑、周恒昌:《稻田土壤多年生杂草种子库研究》,《中国水稻科学》2006 年第 1 期。

㊹ 李新华、董海洲:《粮油加工学》,中国农业大学出版社,2009 年。

㊺ 刘云:《最新发现! 良渚古城发现一个更大的仓储区,炭化稻谷可能有二十万斤》,《都市快报》2014 年 12 月 14 日。

㊻ 藤原宏志:『プラント・オパール分析の基礎的研究(3)-福岡・板付遺跡(夜臼期)水田および群馬・日高遺跡(弥生時代)水田におけるイネ(*O. sativa* L.)生産量の推定』,『考古学と自然科学』(12)1979。

㊼ 吴慧:《中国历代粮食亩产研究》,农业出版社,1985 年,第 100—141 页。

㊽ Y. F. Zheng, G. P. Sun, L. Qin et al., Rice fields and modes of rice cultivation between 5000 and 2500 BC in east China, *Journal of Archaeological Science* 36 (2009).

中国考古改变稻作起源和中华文明认知

农业是人类社会向高级形态发展的物质基础，没有农业，人类就不能摆脱穴居和迁徙不定的生活，就不可能有剩余的产品，社会就不会向前发展，就不会有后来的城市革命和工业革命，现代社会丰富多彩的物质文明和精神文明就无从谈起，如大麦、小麦成就了两河流域文明，大米、小米孕育了中华文明，玉米、马铃薯等成就了美洲文明，高粱则是非洲文明发展的物质基础。世界各地的文明社会发展无一不是立足于农耕系统成立的基础，可以说农业起源是人类（社会）历史中的一次革命性事件，是世界一切文明的发展和形成的出发点。水稻是世界重要的粮食作物，全世界有一半以上人口食用稻米，与玉米和小麦一起，占据世界粮食作物产量的前三位。考古发现，水稻已经有1万年以上的栽培历史，是包括中国在内的东亚地区文明发展的物质基础，目前，中国考古事业的发展已经在阐释稻作起源和中华文明形成中发挥了重要的作用。

一　瓦维洛夫栽培植物理论与稻作起源

稻作起源科学研究最具有影响力的当属苏联学者瓦维洛夫（Nikolai Lvanovich Vavilov），他从1916年至1940年24年间进行了180次科学考察，其中40次在其国外。他所考察的国家和地区有50多个，亚洲、欧洲、非洲、北美洲、南美洲都留下他的足迹，采集了25万余份栽培植物及其近缘植物标本和种子，并从形态学、细胞学、遗传学、抗病力和适应生态环境能力方面入手，按地理区分法观察分布状态，发现栽培植物物种在世界各地的分布很不平衡，有些地区种类很丰富，有些地区则很贫乏。他将物种变异最丰富的集中地区称为起源中心或基因中心，或遗传多样化中心，认为中心地区显性基因频率高，是栽培植物最初被人类驯化的地点，也就是原生起源中心。当这些已驯化的植物，由原生起源中心向四周扩散到边缘地区，由于植物间的隔离和本身自交结实，隐性基因逐渐发生并繁育，多样化减少，在被隐性基因性状植物所控制的地区，即形成该种植物的次生起源中心，并将全世界划分出中国地区、印度斯坦地区、中东地区、地中海地区、埃塞俄比亚地区、墨西哥南部及中美洲地区、南美地区等八个栽培植物起源中心地区[①]。瓦维洛夫的栽培作物起源理论把印度作为亚洲栽培稻起源原生中心，把中国等作为次生起源中心，他认为印度之所以成为稻米的故乡，乃是由于在那里有许多种野生稻和长得像野草、并具有野草的一般特性，即在谷粒成熟时随即脱落以保证自播的普通稻谷；那里还发现了若干连接野生稻和栽培稻的中间性品种；印度栽培稻品种的差别是世界上最显著的，其稻谷各品种的良好的遗传优势是中国和亚洲其他次级栽培区不能比拟的；尽管印度栽培植物在种类上不如中国多，但它的稻谷传到中国，并在过去的千百年来成为其主要的粮食作物，彰显热带印度在世界农业上的重要地位[②]。

稻作起源于印度在世界农业起源研究领域产生了深远的影响，并长期处于主导地位。1928 年日本学者加藤茂苞首先采用现代科学方法，从稻种形态、杂种结实性和品种间的血清反应的区别，将亚洲栽培稻划分为日本型与印度型两个亚种，分别定名为 *Oryza sativa* subsp. *indica* 和 *Oryza sativa* subsp. *japonica*[③]。20 世纪 70 年代日本学者渡部忠世、中川原捷洋等通过野生稻和栽培稻种质资源调查、同工酶分析、酚反应、受精竞争基因的地理分布等研究发现，印度阿萨姆、缅甸北部、中国云南到老挝、泰国北部一带的东南亚山地是稻种的多样性与变异中心，提出稻作起源于印度阿萨姆和中国云南地区的学说，认为稻作在阿萨姆－云南一带起源后，沿各条大江大河谷地向各地传播，沿着红河和湄公河向南传入东南亚，沿着布拉马普特拉河向西传入印度北部平原，沿长江向东传播到长江流域，继续向东传播扩展到日本地区[④]。在 20 世纪 70 年代以前瓦维洛夫的地理区分法主导国际上稻作起源研究领域，随处可见到印度起源说的印记。

中国学者很早就对稻作起源印度学说提出了质疑，如 1946 年江苏省农业科学院周拾禄根据在安徽巢湖存在具有现代粳稻生物性状的野生“塘稻”，认为中国也是稻作起源地，推测粳稻起源于中国，籼稻可能起源于印度。著名农学家丁颖通过历史学、语言学、人种学、考古学、植物学等综合考察，认为中国具有悠久水稻栽培历史，是栽培稻的起源地，华南的广州附近以及广西西江流域等地区繁衍生长的普通野生稻和现代栽培籼稻在生物形状上有许多相似之处，亲缘关系密切，可以相互杂交，是栽培稻的祖先，推测在华南地区开始驯化栽培后，先演化为籼稻，在北上传播过程中，适应温凉气候环境条件，由籼稻演化为粳稻[⑤]。中国汉代就已经有明确的水稻分类，有籼稻和粳稻之分，它们分别与加藤茂苞提出的两个亚种相对应，应该根据原产地命名优先原则、历史依据和科学性定名为籼亚种 *O. sativa* subsp. *hsien* 和粳亚种 *O. sativa* subsp. *keng*[⑥]。中国学者的观点在稻作印度起源说为主流的时代并没有在国际学术界引起很多关注。

二　中国考古改变了稻作起源的认知

1921 年，瑞典人安特生（Andersson J. G.）在河南渑池县仰韶村进行发掘，发现在一块粗陶片上印有稻壳的痕迹，据此安特生认为仰韶文化的居民已会种稻，拉开了中国稻作起源考古学研究的序幕[⑦]。1955 年以后在江汉平原的湖北省京山屈家岭、天门石家河、武昌放鹰台等新石器时代晚期遗址中发现来自建筑物材料的红烧土中夹杂大量的稻谷壳，主持考古工作的负责人意识到稻谷遗存的重要性，交由武汉大学生物系和中国农业科学院进行分析鉴定。丁颖对这些稻谷遗存进行观察，对完整的稻谷进行了形态测定并与现代栽培品种进行比较，认为红烧土中的稻谷与现代栽培粳稻品种相同，我国在新石器时代先民已经发明种植稻谷[⑧]。长江流域新石器时代晚期稻谷遗存的研究，也成为籼稻北上传播适应温凉气候环境条件演化为粳稻理论的依据之一。

20 世纪 70 年代河姆渡遗址发掘是稻作起源和中国文明史研究上的一个里程碑。1973 年和 1978

年，浙江省文物考古工作者对位于浙江省余姚市的河姆渡遗址进行了两次发掘，出土了大量具有时代和区域特色的陶质、石质、骨质、木质等器物，以及干栏式建筑的遗迹等，遗址中还出土稻米、橡子、菱角、桃子、酸枣、葫芦、芡实等植物遗存和鹿、水牛、猪、犀牛、亚洲象、鱼类等动物遗存，是一种完全不同于黄河流域的史前文化新类型，展现了稻作农业、家畜饲养、采集、狩猎等经济成分并存的史前社会风貌，^{14}C 年代测定的最早年代数据为距今7000年左右。特别是在遗址第4层地层的十几个探方，400余平方米的范围内，普遍发现有稻谷、谷壳、稻秆、稻叶等遗存堆积，厚度从10—40厘米不等，局部最厚处可达70—80厘米。其中稻谷虽然已经炭化，但从中还可以分拣出完整的稻谷颗粒，这些稻谷颗粒大小不一致，不如现代品种整齐，个别谷粒有芒。另外，在第4层还出土了骨耜等生产工具（图一）⑨。浙江农业大学游修龄对遗址第4层出土炭化谷的形态以及颖壳上稃毛进行鉴定和研究，认为河姆渡遗址出土的稻谷属于栽培稻的籼亚种中晚稻型的水稻，是世界上最早的栽培稻⑩。河姆渡遗址出土稻谷以古老年代、丰富数量、可靠证据证明中国是稻作起源地，颠覆了稻作起源于印度之说一统天下的局面，确立以稻作农业为特色的长江流域与黄河流域一样，同为中华文明的发祥地⑪。河姆渡遗址栽培稻谷的发现和研究引起了国际上广泛关注，从此稻作起源研究舞台上不能缺少河姆渡文化的身影。

图一　河姆渡遗址第四层出土的骨耜与稻谷

河姆渡遗址发现以后，中国成为稻作起源考古学研究的热点。20世纪80年代末90年代初，在长江中游澧阳平原9000年前的彭头山⑫、8000年前的八十垱⑬、7000年前的城头山⑭，以及淮河上游9000年前的舞阳贾湖和淮河下游7000年前的高邮龙虬庄等遗址，相继发现了数量众多的炭化米、陶器上的稻谷印痕、花粉等栽培稻的相关遗存，增加了稻作起源于中国的新考古材料，丰富了稻作起源的新认识，特别是湖南道县玉蟾岩遗址⑮和江西万年县仙人洞遗址，发现了在万年以前的栽培稻谷和栽培稻谷植硅石⑯，把长江中游开始栽培水稻时间上溯到1万年以前。

21世纪初地处长江下游的浙江省考古取得重大突破，发现了比河姆渡文化年代更早的跨湖桥文化和以浦江上山遗址为代表的新石器时代早期上山文化遗址，把长江下游稻作历史往前推进2000多年，上溯到万年以前⑰。经过多年调查和发掘，目前已经发现新石器时代早期遗址达19处，它们分布在浙江中部的浦江、金华、义乌、永康、武义、龙游、仙居、嵊州、临海等县市的一些海拔约40—100米的丘陵小盆地，年代距今11000—8500年。这些遗址有共同文化特点，陶器表面施以红衣、胎土内含大量炭屑，壁厚，最多器形为大型的陶盆；石器以石磨盘和石球、石棒为主，伴随出土少量的打制石器；遗迹以储藏坑遗迹为主要特点，数量较多。上山文化遗址还有一个特点，在夹炭陶器陶土掺合料中含有大量的颖壳和水稻植硅石，据粗略统计，这种类型陶片在浦江上山遗址占总数80%以上⑱（图二）。随着考古工作推进和植物考古开展，已经从永康湖西、仙居下汤、义乌桥头等遗址土壤中浮选出炭化米和小穗轴等水稻遗存（图三），经鉴定研究，这些稻遗存不是采集于栖息在自然生境的野生稻，

图二 上山遗址陶片中的稻谷遗存

图三 仙居下汤遗址出土的炭化米

而是收获于经历了相当长时间驯化的人工栽培群落，表明长江下游地区同样具有万年以上的水稻栽培驯化历史[19]，再次为稻作起源于长江下游提供了有力证据。

长江中下游地区万年古稻遗存的发现表明，长江下游、长江中游，甚至华南部分地区可以归属于一个大的栽培稻起源中心，是中国最早开始稻作农业的地区[20]。最近，栽培稻和野生祖先种的全基因模式分析结果发现，我国珠江流域广西地区的野生稻资源丰富，而且遗传距离与现代栽培稻最近，有十分密切的亲缘关系，是栽培稻最早的驯化地区，传入南亚和东南亚后，与当地野生稻杂交发展出栽培籼稻[21]。目前华南地区只有在一些新石器时代晚期的遗址中发现稻谷遗存，华南起源说的再次提出引起学术界关注，也对华南珠江流域考古工作提出了新课题和新期待。

三 稻作发展夯实了长江流域文明社会形成的基础

在长江下游以良渚文化为代表的新石器时代晚期遗址的考古工作中普遍发现了炭化稻谷（米）、颖壳和小穗轴等水稻遗存，根据调查，遗址不同的功能区块，或以颖壳（数量极多，且绝大部分为碎片）和小穗轴居多，或以炭化米数量为多，如果应用植硅石等现代分析技术，几乎所有考古遗址中都可发现先民生产和利用稻米的痕迹，可以说稻米是良渚文化先民的主要食物来源，稻作生产是良渚文化时期农耕文化的主要内容。除了稻米以外，遗址中还发现葫芦、甜瓜、桃、梅、杏、柿、菱角、芡实等遗存，从研究结果看，许多植物当时均有可能已经被人工栽培[22]，基本形成了以稻米生产为主体，并种植瓜、果、蔬菜为特色的江南稻作农耕文化体系。

2009 年余杭区临平茅山遗址稻作农耕遗迹发掘出距今4500 年左右的大规模古稻田，生动展示了新石器时代晚期良渚文化时期稻作生产。古稻田遗迹丰富，稻田特征清晰，发现有河道、河堤兼道路、灌溉水渠以及田埂（小路）等与稻田管理操作和灌溉有关的遗迹，出土了石刀、石箭镞等先民从事农作活动留下的器具，在居住遗址还发现石犁等农具。南北向的田埂和东西向的灌溉水渠，构成了大致呈南北向长方形或近平行四边形的田块，田块面积通常在 1000 平方米左右，最大的面积近 2000 平方米[23]。最近在余姚施岙农耕发掘中发现了 8 万多平方米的良渚文化时期的古稻田，由路网（阡陌）

图四 良渚文化古稻田
左：余杭茅山遗址 右：余姚施岙遗址

和灌溉系统组成“井”字形田块，构建成一个比较完善的稻田系统，再次刷新了学术界对史前稻田和稻作农业发展的认识（图四）。茅山和施岙遗址这种大区块、规格化、连成片、有大型灌溉设施的稻田遗迹特点反映出经过几千年发展至5000年前的新石器时代晚期，在长江流域已经形成了比较成熟的稻作农业，跨入了具有社会组织管理的农业社会。

在新石器时代晚期遗址中出土石犁、石铲、石刀、木铲等稻作生产工具；出土炭化稻谷（米）粒形明显变大，古稻田杂草种子减少，土壤含有大量的炭屑等，反映了以火耕水耨为特点的稻作农耕在耕作、除草、良种选育等技术上的进步。稻作生产技术进步提高了粮食产量，利用古稻田土壤稻植硅体密度进行估测，茅山良渚文化晚期稻田产量在每亩140千克左右，是河姆渡文化早期产量的2.5倍。2011年在对良渚遗址群莫角山遗址东坡发现了一个粮仓遗迹（图五），估算埋藏稻谷有12000千克以上；2017年在莫角山西南侧的池中寺遗址钻探发现了更大的粮食储存设施遗迹，估算稻谷埋藏量达10万千克[24]。如此高的土地生产率和粮食储藏量足见良渚文化时期的农业已经能够生产丰富多彩的食物和提供更多剩余粮食产品，为社会分工和复杂化，以及进入文明社会奠定了坚实的物质基础，折射出一场社会大变革的到来。

以高水平的制玉工艺、精美刻画的磨光黑皮陶、通体磨光石器、精致漆木器等为物化特征的良渚文化，墓中出土的琮、璧、钺等随葬玉器数量、组合和规格的不同以及琮上的神人兽面纹显示了社会成员等级差别的存在，制作精细的石器、陶器、木器和纺织等表明手工业发展和社会分工细化，不同规模的聚落形态和埋葬制度反映了社会形态发生激烈变革。2007年浙江余杭良渚镇发现了方圆约7千米，面积约3平方千米的良渚古城，城墙基础宽60—100米，为石块铺垫[25]。在古城周围还发现以水坝为主体，高坝、低坝相结合的大型水利系统工程遗迹[26]。良渚古城、水利系统、出土器物、聚落

图五 余杭莫角山遗址东坡粮仓遗迹出土的炭化米、穗柄、草绳、木炭

形态、埋葬制度等充分表明良渚社会具有一个强大有力的社会政治组织，能够统筹和调动社会人力、物力、财力等各种资源，进行大规模的社会基础工程建设。良渚社会已经具备国家形态、宗教信仰、城池等文明社会要素，业已跨入文明社会。良渚古城的发现，实证中华五千多年文明史。2019 年 7 月 6 日良渚古城遗址列入《世界遗产名录》，世界遗产委员会会议认为：良渚古城遗址展现了一个存在于中国新石器时代晚期的以稻作农业为经济支撑、并存在社会分化和统一信仰体系的早期区域性国家形态，印证了长江流域对中国文明起源的杰出贡献。稻作是史前长江流域区域性国家形成的物质基础，要加强多学科协作，深入开展稻作起源和史前稻作发展的考古研究，清晰展现中国稻作文化对世界文明的贡献。

原载《中国稻米》2021 年第 27 卷第 4 期

注释

① 任本命：《尼古拉·伊万诺维奇·瓦维洛夫》：《遗传》2003 年第 6 期；H. N. 瓦维洛夫著，董玉琛译：《主要栽培植物的世界起源中心》，农业出版社，1982 年。

② V. Mittre, Palaeobotanieal evidence in India/Sir J. Hutchinson, ed. *Evolutionary studies in world crops: Diversity and change in the Indian Sub-continent*, England: Cambridge University Press, 1974, pp. 3–30.

③ 加藤茂苞、丸山吉雄：『稻之不同种类间类缘之血清学研究』,『九州帝国大学农学部学艺杂志』3（1928）：1；加藤茂苞、小坂博：『由杂种植物之结实度所见之稻品种之类缘』,『九州帝国大学农学部学艺杂志』, 3（1928）：2。

④ 渡部忠世著，尹绍亭译：《稻米之路》，云南人民出版社，1982 年；中川原捷洋：『稲と稲作のふるさと』，古今書店，1985 年。

⑤ 丁颖：《中国稻之起源》,《中山大学农学院农艺专刊》1949 年第 7 期；丁颖：《中国栽培稻种的起源及其演变》,《农业学报》1957 年第 8 卷第 3 期。

⑥ 丁颖：《中国古来粳籼稻种栽培及分布之探讨与栽培稻种分类法预报》,《中山大学农学院农艺专刊》1949 年第 6 期。

⑦ J. G. Andersson, *Children of the Yellow Earth: Studies in prehistoric China*, Landon: Broadway House, 1934.

⑧ 丁颖：《江汉平原新石器时代红烧土中的稻谷壳考查》,《考古学报》1959 年第 4 期。

⑨ 浙江省文物管理委员会、浙江省博物馆：《河姆渡遗址第一期发掘报告》,《考古学报》1978 年第 1 期。

⑩ 游修龄：《对河姆渡遗址第四文化层出土稻谷和骨耜的几点看法》,《文物》1976 年第 4 期。

⑪ 游修龄：《从河姆渡遗址出土稻谷试论我国栽培稻的起源、分化与传播》,《作物学报》1979 年第 5 卷第 3 期。

⑫ 湖南省考古研究所、澧县文物管理所：《湖南澧县彭头山新石器时代早期遗址发掘简报》,《文物》1990 年第 8 期。

⑬ 张文绪、裴安平：《澧县梦溪八十垱出土稻谷的研究》,《文物》1996 年第 8 期。

⑭ 顾海滨：《湖南澧县城头山遗址出土的新石器时代水稻及其类型》,《考古》1996 年第 8 期。

⑮ 张文绪、袁家荣：《湖南道县玉蟾岩古栽培稻的初步研究》,《作物学报》1998 年第 24 卷第 4 期。

⑯ Z. J. Zhao, The middle Yangtze region in China is one place where rice was domesticated: phytolith evidence from the Diaotonghuan Cave, Northern Jiangxi, *Antiquity* 72（1998）.

⑰ 郑云飞、蒋乐平、郑建明：《浙江跨湖桥遗址的古稻遗存研究》,《中国水稻科学》2004 年第 18 卷第 2 期；郑云飞、蒋乐平：《上山遗址出土的古稻遗存及其意义》,《考古》2007 年第 9 期。

⑱ 浙江省文物考古研究所：《上山文化：发现与记述》，文物出版社，2016 年。

⑲ Y. Zheng, G. W. Crawford, L. Jiang et al. , Rice domestication revealed by reduced shattering of archaeological rice from the lower Yangtze valley, *Scientific Reports* 6 (2016).

⑳ 严文明：《再论中国稻作农业的起源》，《农业考古》1989 年第 2 期。

㉑ X. H. Huang, N. Kurata, X. H. Wei, A map of rice genome variation reveals the origin of cultivated rice, *Nature* 490 (2012).

㉒ 郑云飞、陈旭高：《甜瓜起源的考古学研究——从长江下游出土的甜瓜属（*Cucumis*）种子谈起》，《浙江省文物考古研究所学刊》第八辑，科学出版社，2006 年；Y. F. Zheng, G. W. Crawford, X. Chen, Archaeological evidence for Peach (*Prunus persica*) cultivation and domestication in China, *PloS One* 9 (2014).

㉓ 郑云飞、陈旭高、丁品：《浙江余杭茅山遗址古稻田耕作遗迹研究》，《第四纪研究》2014 年第 34 卷第 1 期。

㉔ 郑云飞：《良渚文化时期的社会生业形态与稻作农业》，《南方文物》2018 年第 1 期。

㉕ 刘斌、王宁远、郑云飞等：《2006—2013 年良渚古城考古的主要收获》，《东南文化》2014 年第 4 期。

㉖ 王宁远：《杭州市良渚古城外围水利系统的考古调查》，《考古》2015 年第 1 期。

The domestication process and domestication rate in rice: spikelet bases from the lower Yangtze*

The domestication of staple cereal crops represents the major economic and ecological transition that human societies made during the Holocene (Bellwood, 2005). A key change in domestication of cereals, resulting from cultivation, was the loss of natural seed dispersal, which led to domesticated cereals with dependence on humans (Harlan et al., 1973; Fuller, 2007). Direct evidence for the evolution of this trait in wheat and barley in Southwest Asia suggests that this process was slower than earlier hypothesized (Fuller, 2007; Tanno et al., 2006; Weiss, 2006). Rice has been less well documented, but archaeological findings of rice grains and phytoliths indicate that it was an early crop in the Lower and Middle Yangtze region of China (Crawford, 2005; Lu, 2006).

Tianluoshan is a Neolithic site of the local Hemudu Neolithic culture in Zhejiang Province, China (Fig. 1). Tianluoshan is 2 to 3 m above present-day sea level, with a high belowground water table that has preserved water-logged botanical remains in some contexts, along with charred remains throughout the site. Excavations between 2004 and 2007 revealed preserved wooden posts, boat paddles, wooden and bone tools, characteristic pottery and ground-stone axes, and animal and fish remains, as well as well-preserved plant remains (Zhejiang Provincial Institute of Cultural Relics and Archaeology et al., 2007). In total, 23,615 plant remains were identified from 24 systematically sieved samples, in addition to more than 12,000 hand-picked remains. More than 50 species were identified, mainly acorns (including *Lithocarpus* and *Cyclobalanopsis* types), *Trapa* water chestnuts, foxnuts (*Euryale ferox*), and rice. Probable storage pits retained acorns (*Quercus sensu lato* and *Lithocarpus*), water chestnuts (*Trapa natans sensu lato*), foxnuts, and several other edible fruit remains and seeds. One area of excavation (K3) had preserved distinct lenses of rice husks, acorn shells, *Trapa* shells, and persimmon seeds (*Diospyros* sp.).

Large quantities of rice spikelet bases, as well as a range of small seeds of wild species that may plausibly represent the arable weeds of rice cultivation, were recovered during the systematic sorting of sediment samples. Rice increased as a percentage of the total remains from sieved samples from 8% to 18% to 24% (Fig. 2). These phases were dated by direct accelerator mass spectrometry radiocarbon dates on nuts and rice grains

* Collaborated with Dorian Q Fuller, Ling Qin, Zhijun Zhao, Xugao Chen, Leo Aoi Hosoya, GuoPing Sun.

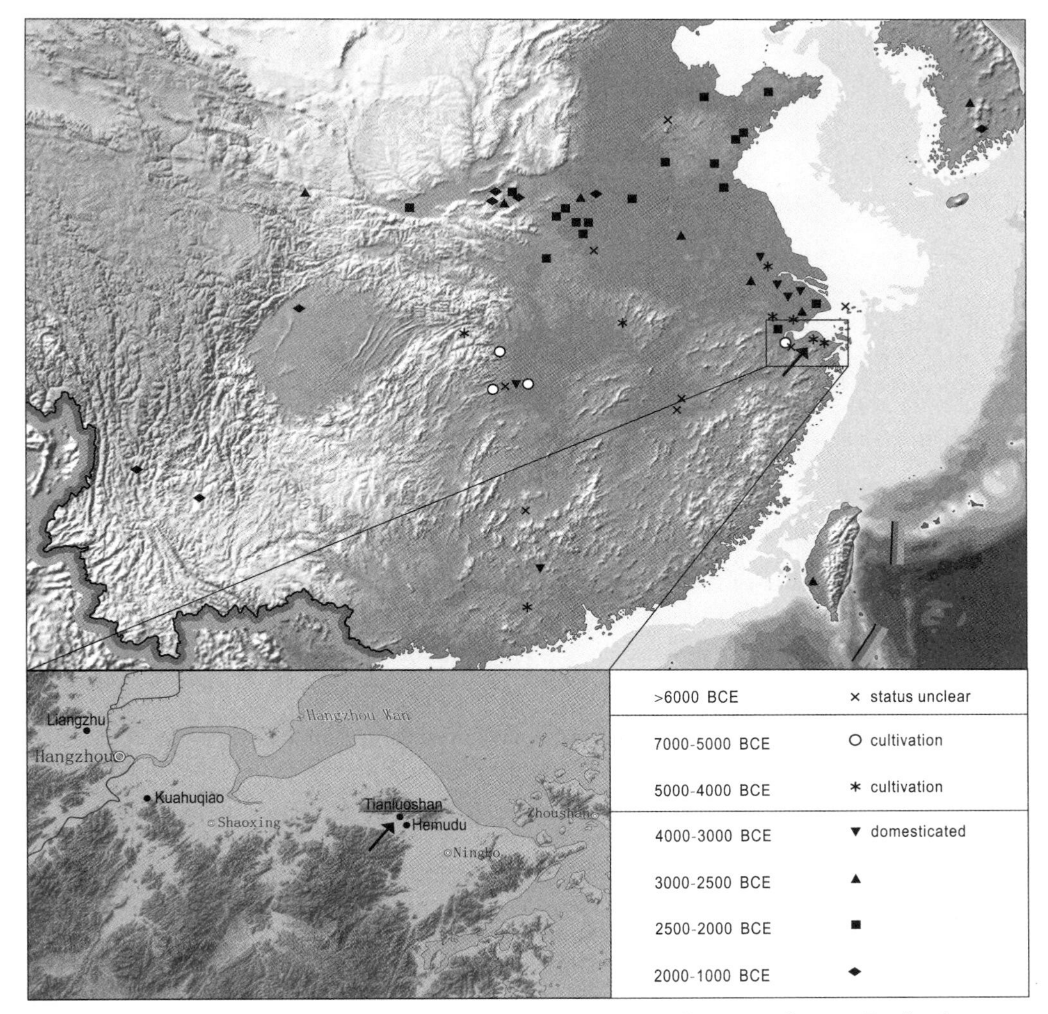

Figure 1 Map of representative early rice findings in China, with arrow indicating Tianluoshan; the inset shows the local region of Tianluoshan and Liangzhu.

indicating a sequence for the plant samples between 6900 and 6600 years ago, and divided into three periods (K3 midden, layers 8 and 7, and layers 6 and 5). These data suggest that rice increased in dietary importance through time. The increase in the proportion of rice supports the hypothesis that people became increasingly reliant on rice cultivation and gradually abandoned wild resources, such as acorns and *Trapa* water chestnuts.

Distinctions between wild and domestic rice are made through observations of the spikelet bases, which show key morphological differences (Thompson, 1997; Li et al., 2006; Onishi et al., 2007; Zheng et al., 2007), although in archaeological specimens this distinction can be complicated if immature specimens were harvested. We classified spikelet bases on the basis of a comparative study of spikelet bases in 140 modern populations (See supporting material on Science Online). In domesticated rice, panicles are nonshattering, which allows most grains on the plant to reach maturity before being harvested. Spikelets are then separated through threshing, which causes uneven breakage at the spikelet base as well as tearing of vascular strands, resulting in a larger and more irregular pore (Fig. 3A). In addition, domesticated spikelet bases can be identified by their uneven profile, dimpled appearance, and less symmetrical scars (Li et al., 2006). By contrast, wild-type rice spikelets typically

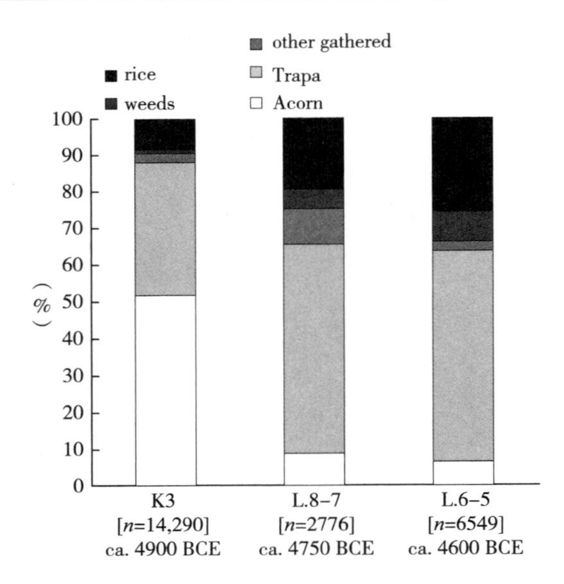

Figure 2 Proportion of plant remains from sieved samples from the three periods, indicating percentages of rice, probable weeds of rice, acorns, *Trapa* water chestnuts, and other gathered fruits and nuts.

have a straight profile at their bases, and shattering results in a smooth and round abscission scar and a small, distinct vascular pore (Fig. 3B). Rice harvested before maturity is expected to have protruding vascular bundles from the remnant of the attached rachilla (the fine stalk that attaches grains to the rice plant) (Fig. 3C), although this pattern is encountered in some modern domesticated varieties. To minimize the possibility of overestimating the proportion of domesticates, we classified seeds with rachilla remnants as immature.

On the basis of the above criteria, 2641 archaeological spikelet bases from Tianluoshan were divided into three categories: wild (Fig. 3, E and H), domestic (Fig. 3, D and G), and immature (Fig. 3, F and I); all three were found in all samples. When calculated by temporal period, the proportions change over time in favor of domesticated types, which increase from 27.4% to 38.8% over 300 years, while both wild and immature types decrease. To test for statistical significance, we treated each sampled context with 25 or more spikelet bases as an independent sample, allowing a mean and standard deviation to be calculated for the percentages of domesticated, wild, and immature types (Fig. 4). These findings were supported by a comparison with a later domesticated population: a single sample ($n = 147$) available from nearby Liangzhu [4200 years before the present (BP)], a quasi-urban center of a culture known for stone plough tips and sickles (Fuller et al., 2008). Our observed domesticated types may be an underestimate, because some immature types may be domesticated (See supporting material on Science Online). But any such underestimate is likely to be slight because wild harvests should be biased toward immature types, as inferred from grain morpho metrics (Fuller et al., 2008; Fuller et al., 2007).

Through the three temporal phases at Tianluoshan, there is a significant increase in the average proportion of domesticated types ($P = 0.0048$). This trend toward an increasing proportion of domesticated types through time implies that rice was under cultivation at this time and that domestication traits were under selection. However, as predicted from other lines of evidence from the region (Fuller et al., 2008; Fuller et al., 2007), a substantial

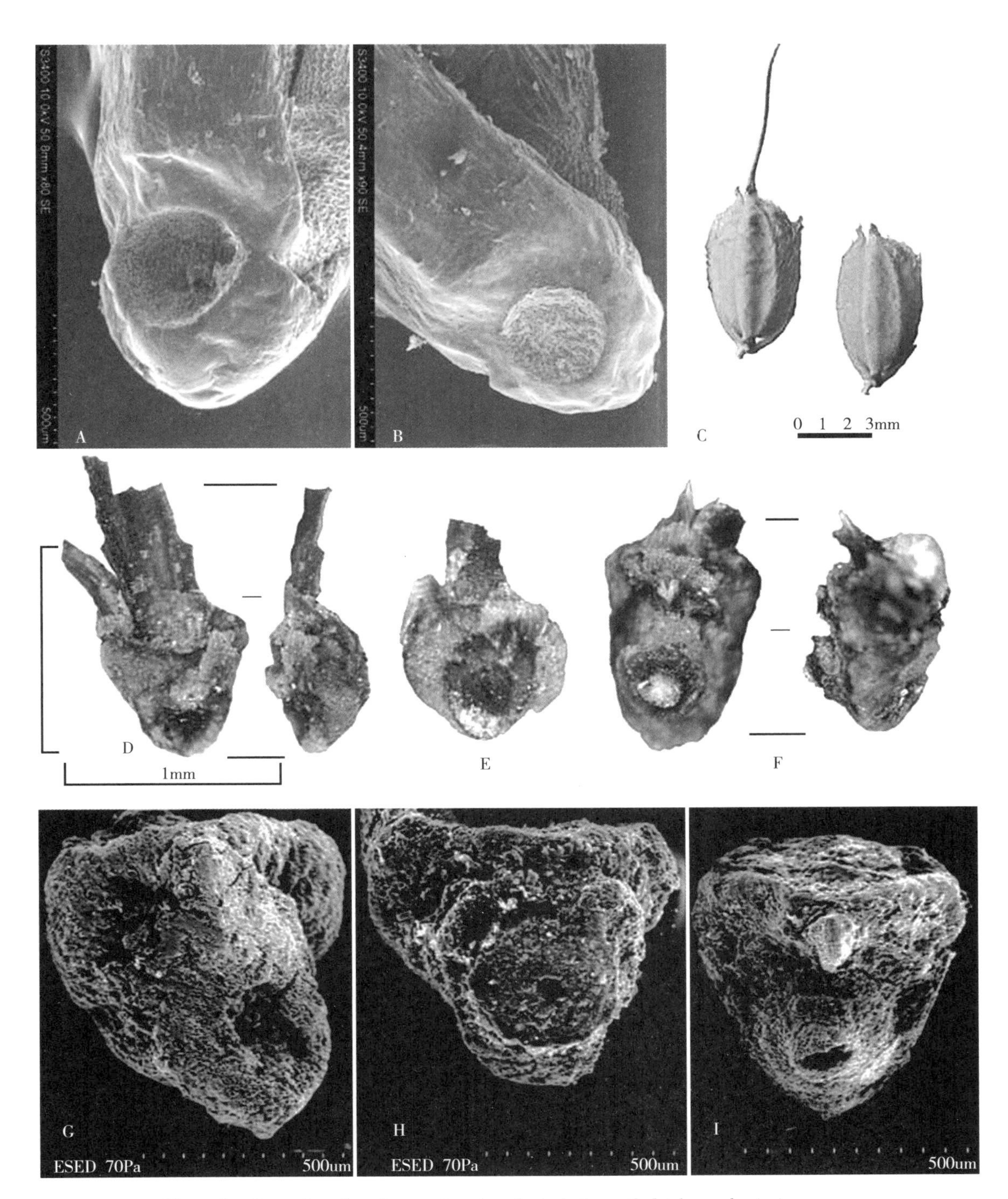

Figure 3 Examples of modern and archaeological rice spikelet base abscission scars.

(A) Scanning electron microscopy (SEM) image of modern *Oryza sativa* subsp. *japonica*. (B) SEM image of modern *Oryza rufipogon*. (C) Immature harvested *Oryza sativa*. (D) Domesticated-type spikelet base (front and profile), waterlogged, from Tianluoshan K3. (E) Wild type, waterlogged, from Tianluoshan K3. (F) Immature type (front and profile) from Tianluoshan K3. (G) SEM image of domesticated type, charred, from Tianluoshan H28. (H) SEM image of wild type, charred, from Tianluoshan H28. (I) SEM image of immature type, charred, from Tianluoshan H28.

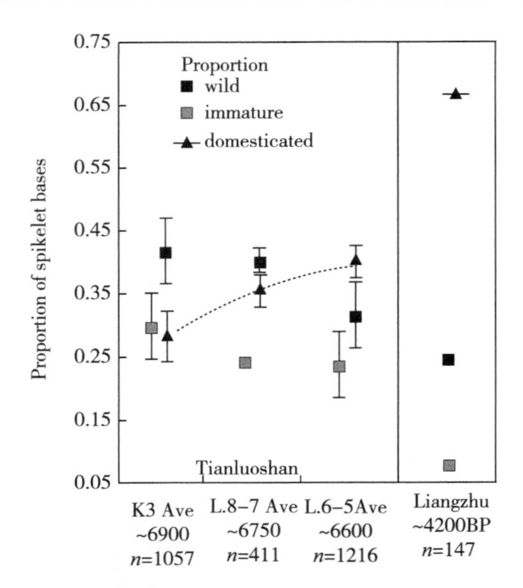

Figure 4 Proportions of wild, immature, and domesticated rice spikelet bases from three sequential periods at Tianluoshan, with later Liangzhu for comparison. Means and standard deviations are shown for the Tianluoshan periods, on the basis of all samples of 25 or more spikelet bases.

proportion of the rice crop may have been harvested while still immature to minimize wild-type grain loss due to shattering. We also observed many small and flattened rice grains, characteristic of highly immature spikelets, present among larger, mature grain types at Tianluoshan.

Additional support for rice cultivation at Tianluoshan is provided by the accompanying species, which include many likely arable weeds. Temporal increases in domesticated rice spikelet bases were accompanied by increases in both the overall proportion of rice and these weedy taxa (Fig. 2) . These include well-known wet-field rice weeds such as sedges (*Scirpus* spp. , *Cyperus* spp. , *Juncellus* spp. , *Eleocharis* sp.) , rushes (*Juncus* spp.) , and weedy annual grasses (*Echinochloa* sp. , *Eragrostis* sp. , *Isachne globosa*, *Festuca* sp. , *Panicum* sp. , *Setaria* sp.) . Several dicotyledonous weeds were also found, but with less frequency. All these species are present today as weeds in rice paddy fields (Li, 2007) .

Our data suggest that rice domestication culminated after ~6500 years BP. This is consistent with the findings of a recent reanalysis of shifts in grain and phytolith size (Fuller et al. , 2008; Fuller et al. , 2007) . The beginnings of the domestication process, however, remain unclear. Early rice cultivation in China was initially a supplementary resource alongside wild nuts (Fuller, 2007) . Cultivation had certainly begun by 8000 to 7700 years BP, as indicated by archaeobotanical evidence including domesticated-type spikelet bases found at Kuahuqiao (Zheng, 2007) . Pollen and microcharcoal data suggest that cultivation at Kuahuqiao involved water management and clearance through burning (Zong et al. , 2007) .

This evidence suggests that rice domestication was comparable in process to that of wheat and barley, in that the nonshattering phenotypes gradually became fixed in cultivated populations over at least two or three millennia (Fuller, 2007; Tanno et al. , 2006) . Despite higher cross-pollination rates in wild rice (Oka et al. , 1967) relative to self-pollinating wheat and barley (Hillman et al., 1990), pollination systems may not have had an appreciable impact on the rate of domestication. Instead, the presence of sympatric populations of both wild and domesticated cereals may have dampened selection for domestication (Hillman et al., 1990).

Genetic studies show a deep divergence between *indica* and *japonica* rice (Garris et al., 2005; Londo et al., 2006), and it is possible that India paralleled the Chinese domestication (Fuller, 2006). However, shared alleles (Sang et al., 2007; Sweeney et al., 2007; Vaughan et al., 2008) suggest that the domesticated Indian forms resulted from hybridization as domestic rice dispersed from China into South Asia. Additionally, the spread of rice to Southeast Asia derived from rice domesticated in the Yangtze (Bellwood, 2005). These new data from Tianluoshan would therefore restrict the time frame for dispersal until some centuries after ~6600 years BP.

Acknowledgements

Supported by grants from the British Academy, the Chinese Education Ministry, and the Zhejiang Provincial Institute of Cultural Relics and Archaeology. We thank S. Colledge, M. Wollstonecroft, and anonymous reviewers for helping to improve this text.

Science (323) 2009

References

P. Bellwood, *First farmers*, Blackwell, Oxford, 2005.

G. W. Crawford, East Asian plant domestication/S. Stark, ed. *Archaeology of Asia*, Oxford: Blackwell, 2005, pp. 77–95.

D. Q. Fuller, Agricultural origins and frontiers in South Asia: A working synthesis, *Journal of World Prehistory* 20 (2006).

D. Q. Fuller, Contrasting patterns in crop domestication and domestication rates: Recent Archaeobotanical insights from the Old World, *Annals of Botany* 100 (2007).

D. Q. Fuller, E. L. Harvey, L. Qin, Presumed domestication? Evidence for wild rice cultivation and domestication in the fifth millennium BC of the lower Yangtze region, *Antiquity* 81 (2007).

D. Q. Fuller, L. Qin, E. L. Harvey, Evidence for a late onset of agriculture in the lower Yangtze region and challenges for an archaeobotany of rice/A. Sanchez-Mazas, R. Blench, M. D. Ross et al., eds. *Past human migrations in East Asia*, Routledge, London, 2008, pp. 40–83.

M. Galinato, K. Moody, C. Piggin, *Upland rice weeds of South and Southeast Asia*, IRRI, Manila, 1999.

A. J. Garris, T. Tai, J. Coburn et al., Genetic structure and diversity in *Oryza sativa* L., *Genetics* 169 (2005).

J. Harlan, J. De Wet, E. Price, Comparative evolution of cereals, *Evolution* 27 (1973).

G. C. Hillman, S. Davies, Domestication rates in wild-type wheats and barley under primitive cultivation, *Biological Journal of the Linnean Society* 39 (1990).

Y. H. Li, *Zhongguo Zacao Zhi* (Chinese Weed Flora), Chinese Agriculture Press, Beijing, 1998 (in Chinese).

C. Li, A. Zhou, T. Sang, Rice domestication by reducing shattering, *Science* 311 (2006).

J. P. Londo, Y. C. Chiang, K. H. Hung et al., Phylogeography of Asian wild rice, *Oryza rufipogon*, reveals multiple independent domestications of cultivated rice, *Oryza sativa*, *PNAS* U. S. A. 103 (2006).

T. L. D. Lu, The Occurrence of cereal cultivation in China, *Asian Perspect* 45 (2006).

H. I. Oka, H. Morishima, Variations in the breeding systems of a wild rice, *Oryza perennis Evolution* 21 (1967).

K. Onishi, K. Takagi, M. Kontani et al., Different patterns of genealogical relationships found in the two major QTLs causing reduction of seed shattering during rice domestication, *Genome* 50 (2007).

T. Sang, S. Ge, The Puzzle of rice domestication, *Journal of Integrative Plant Biology* 49 (2007).

M. Sweeney, S. McCouch, The complex history of the domestication of rice, *Annals of Botany* 100 (2007).

K. -I. Tanno, G. Willcox, How fast was wild wheat domesticated? *Science* 311 (2006).

G. B. Thompson, Archaeological indicators of rice domestication – a critical evaluation of diagnostic criteria, 1992/R. Ciarla, F. Rispoli, eds. *South–East Asian Archaeology*, Instituto Italiano per L'Africa e L'Orient, Rome, 1997, pp. 159–174.

D. A. Vaughan, B. -R. Lu, N. Tomooka, The evolving story of rice evolution, *Plant Science* 174 (2008).

E. Weiss, M. E. Kislev, A. Hartmann, Autonomous cultivation before domestication, *Science* 312 (2006).

Zhejiang Provincial Institute of Cultural Relics and Archaeology, Yuyao Municipal Office of Preservation of Cultural Relics, Hemudu Site Museum, Brief report of the excavation on a Neolithic site at Tianluoshan Hill in Yuyao City, Zhejiang, *Wen Wu* 11 (2007) (in Chinese).

Y. F. Zheng, G. P. Sun, X. G. Chen, Characteristics of the short rachillae of rice from archaeological sites dating to 7000 years ago, *Chinese Science Bulletin* 52 (2007).

Y. Zong, Z. Chen, J. B. Innes et al., Fire and flood management of coastal swamp enabled first rice paddy cultivation in east China, *Nature* 449 (2007).

水稻的驯化过程和驯化率——基于长江下游的小穗轴基盘的分析

摘　要：水稻驯化过程发生在中国长江下游的浙江地区。距今6900—6600年间的田螺山遗址植物考古证据显示，在此期间不落粒的驯化水稻（*Oryza sativa*）小穗基盘比例从27%增加至39%。同一时期的炭化稻米遗存比例从8%增加到24%，表明与野生采集的食物相比，栽培稻米的食用量有所增加。另外，一年生杂草、莎草以及其他草本植物的种子遗存组合表明，在这个时期，典型的稻田伴生杂草数量也有所增加。

关键词：田螺山遗址　古稻田　河姆渡文化　农业起源　植物考古　小穗基盘

Rice fields and modes of rice cultivation between 5000 and 2500 BC in East China*

1. Introduction

In the Early Holocene epoch, the prologue of cultivation and domestication of rice in China was opened in two core areas, the middle Yangtze basin and the Yangtze delta (Higham and Lu, 1998). In the Yangtze delta, an over 8000-year-old process of cultivation and domestication of rice and a long history of utilization of rice has been demonstrated by morphological research of the short rachillae (spikelet bases) and spikelets (Zheng et al. , 2004, 2007). Recent archaeological research indicates that the initial rice cultivation within this area is even earlier, dating back to at least 10000 years ago (Jiang and Liu, 2006; Zheng and Jiang, 2007), much earlier than the appearance of fully domesticated rice (Fuller et al. , 2006). This area deserves attention as the birthplace of rice cultivation.

Rice cultivation is a human activity that exerts some selective pressure on the growth and development of rice in specific areas in order to obtain a more stable food supply than the gathering of wild plants. It allows populations to rise or become sedentary as well. The activities include tilling soil, sowing, fertilizing, irrigating, etc. To understand the origins of rice cultivation, not only archaeological remains of rice but also knowledge of culture and ecology in the Neolithic age is important (Crawford and Shen, 1998). Excavations and research on archaeological sites of rice cultivation can provide better insight into technique, area, yield and environment of rice cultivation. Archaeological and archaeobotanical evidence can be used for estimating the advances in both cultivation and morphological domestication, during the origins of rice agriculture.

In the Yangtze delta, small paddy fields with irrigating ditches and wells of 6000 years ago have been found. They were initial modifications of the natural topography (Fujiwara, 1998; Cao et al. , 2006). Older ones have not been found and excavated, although it was inferred that rice paddies with fire and flood management had appeared based on analyzing pollens, diatoms, and charcoal in the occupation area of the Kuahuqiao site between 6000 and 5500 BC (Zong et al. , 2007). Recently our recovery of prehistoric rice fields around the wooden

---

* Collaborated with Guoping Sun, Ling Qin, Chunhai Li, Xiaohong Wu, Xugao Chen.

pile-dwelling features of the Tianluoshan site has been able to sufficiently answer some preliminary questions of rice cultivation system between 5000 and 2500 BC.

2. Materials and methods

2.1 *Brief introduction of archaeological site*

The Tianluoshan site (Zhejiang Provincial Institute of Cultural Relics and Archaeology et al., 2007) is located at the edge of the Ningshao plain in the Yangtze Delta, approximately 30–40 km from the east coastline. It is sit-

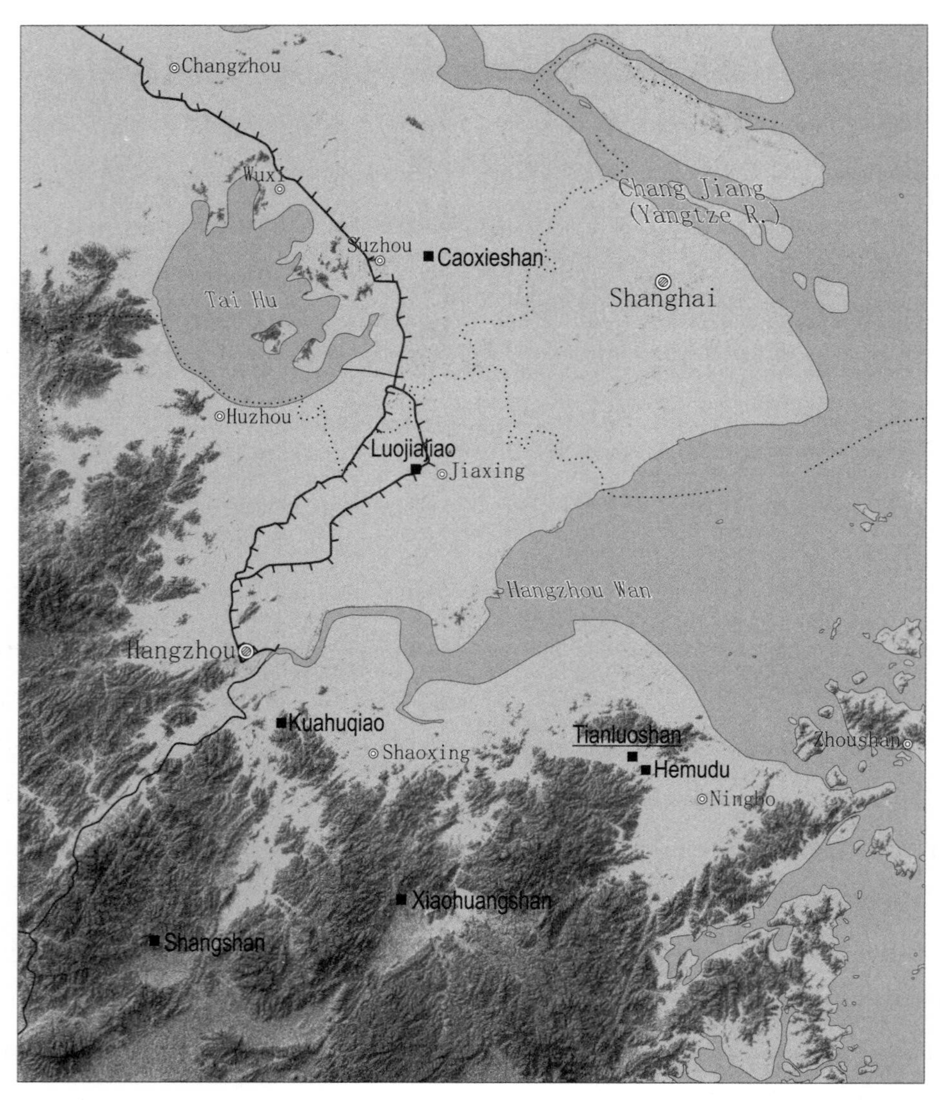

Figure 1 Location of the Tianluoshan site, and other archaeological sites dated between 9000 and 4000 BC.

The Shangshan (Jiang and Liu, 2006) and Xiaohuangshan (Zhang et al., 2005) sites, dated between 9000 and 7000 BC and between 7000 and 6000 BC, respectively, and were located in little basins in mountainous areas. The Kuahuqiao site (Zhejiang Provincial Institute of Cultural Relics and Archaeology and Xiaoshan Museum, 2004) dated between 6000 and 5500 BC and the Hemudu (Chekiang Province and Chekiang Provincial Museum, 1978), the Tianluoshan site dated between 5000 and 3000 BC, and are located at passage from upland valleys to plains. The Luojiajiao site (The work group at the Luojiajiao site, 1981) was dated to 5000 BC. The Caoxieshan site (Fujiwara, 1998) was dated to 4000 BC, in which the Neolithic paddy fields were firstly unearthed in China.

uated near the piedmont of the Siming Mountain (Fig. 1). Presently the land is approximately 2 m above the sea level. The archaeological site was dated between 5000 and 3000 BC, and the lowermost layer lie 310 to 350 cm below the surface. A lot of artefacts recovered from this site include stone, wooden, and bone tools, and pottery. A large number of upright wooden piles indicate that the dwellings were adaptive to wetlands. Due to the good preservation of an anaerobic condition, a massive amount of organic remains has been recovered. Predominantly wild fauna included animal bones such as buffalo (*Bubalus mephistopheles*), deer (*Cervus nippon*, *Cervus unicolor*, *Elaphurus davidianus*, etc), pig (*Sus* sp.), fish (*Cyprinus carassius*, *Carassius auratus*, *Ophicephalus argus*, etc) and many others. Seed and fruit remains included as rice (*Oryza* sp.), acorns (*Cyclobalanopsis* sp., *Lithocarpus* sp., *Quercus* sp.), hog plum (*Choerospondias axillaries*), peach (*Prunus persica*), mume apricot (*Prunus mume*), water caltrop (*Trapa* sp.), foxnut (*Euryale ferox*), etc. A substantial number of charred or waterlogged rice spikelets and short rachillae (spikelet bases) are morphologically different from wild rice and some spikelets can be characterized as domesticated rice (Zheng et al., 2007; Fuller et al., 2009). These findings provided evidence of a mixed economy comprised of hunting-gathering and rice cultivation.

2.2 *Materials*

Sediment cores were taken at 155 locations around the Tianluoshan occupation site with an interval of 20–40 m. According to the textures, colors, and plant remain contents of soil, each coring location was divided into several soil layers and the soil samples were taken from the layers. From results of analysis of phytoliths and seeds for coring samples, the area and hidden depths of prehistoric rice fields were judged. Excavations were done in Location 1 and Location 2 to confirm this (Fig. 4). The areas were 200 and 150 square meter, respectively.

40 soil samples for analysis of seeds, phytoliths, pollens, and charcoal were taken from western section of T1041 trench in Location 2, which was about 400 m southwest of the preserved dwellings of the Tianluoshan occupation site. The samples were continuously taken at 5 cm intervals between 45 and 250 cm below the surface. Each sample was about 1500 ml.

2.3 *Methods*

2.3.1 Analysis of seeds

A 500 ml sample of soil was moved to 1000 ml beaker, and added 500 ml 5% $NaHCO_3$. The sample was placed in 50℃ water bath for 3 hours, while the sample was stirred well to separate soil particles. Through a sieve (Φ450 μm), the sample was washed until the water became clear. The remained sample was investigated for plant seeds with a stereo microscope.

2.3.2 Analysis of phytoliths

Soil samples were dried in convection oven at 100℃ and then were mechanically crushed. 1g sample of soil and 300,000 glass beads (Φ40 μm) were moved to 12 ml sample bottle. 10 ml of water and 1 ml of 5% sodium silicate were added, and the sample was vibrated in an ultrasonic cleaner (38 kHz, 250 W) for about 20 minutes to separate particles. Using Stokes' Law, the sample was filtered in water to remove particles smaller than 20 μm, and was dried again. Using EUKITT® mounting medium, the filtered sample was distributed uniformly on micro-

Table 1 Chronology and the radiocarbon dates for the rice fields at the Tianluoshan site with AMS.

Excavation places	Trenches	Depth (cm, below earth's surface)	Number in the lab	Material	^{14}C age (yr BP, ±1δ)	Calibrated age (yr BC, ±1δ)
Location 1	T1041	81–86	BA07762	Plant remains	3760 ±40	2280–2050
		96–101	BA07761	Yagara bulrush seeds (*scirpus distigmaticus*)	4015 ±45	2575–2475
		106–111	BA07760	Bulrush seeds (*Scirpus triqueter*)	4195 ±70	2900–2670
		121–126	BA08203	Bulrush seeds (*Scirpus triqueter*)	4470 ±45	3330–3020
		131–136	BA07758	Yagara bulrush seeds (*Scirpus distigmaticus*)	4765 ±35	3600–3030
		136–141	BA08895	Yagara bulrush seeds (*Scirpus distigmaticus*)	4830 ±35	3700–3520
		141–146	BA08894	Yagara bulrush seeds (*Scirpus distigmaticus*)	4965 ± 35	3910–3650
		146–151	BA08893	Yagara bulrush seeds (*Scirpus distigmaticus*)	5040 ±40	3960–3710
		223–228	BA07764	Flatdstalk bulrush (*Scirpus planiculmis*)	5785 ±60	4710–4550
		228–233	BA07763	Flatdstalk bulrush (*Scirpus planiculmis*)	6045 ±45	5010–4850
Location 2	T803	135–140	BA08359	Bulrush seeds (*Scirpus triqueter*)	4250 ±40	2890–2700
	T803	135–140	BA08355	Bulrush seeds (*Scirpus triqueter*)	4475 ±35	3330–3090
	T803 (Road)	135–140	BA08360	Bulrush seeds (*Scirpus triqueter*)	4705 ±40	3630–3370
	T705	160–170	BA08526	Bulrush seeds (*Scirpus triqueter*)	4490 ±40	3340–3090
	T705	280–285	BA08527	Triangular Bulrush seeds (*Scirpus triangulatus*)	5725 ±40	4650–4490

AMS, accelerator mass spectrometry, Peking University AMS Laboratory, calibrated by Oxcal 3. 10 and INTCAL 104.

Table 2 Artefacts found in the rice fields at the Tianluoshan site.

Artefacts	Trenches	Depth (cm, below earth's surface)	Number	Stratigraphic layers
Pottery	T703	140–150	7	Later rice fields
Sherd	T803	140–150	7	Later rice fields
	T705	130–177	22	Later rice fields
	T705	270–290	15	Early rice fields
Wooden handle	T606	115	1	Later rice fields
Wooden dibble	T705	270	2	Early rice fields
Wooden knife	T705	257	1	Early rice fields

Figure 2 Parts of the rice field excavated from Location 1.

A is early rice fields in T705 trench, lie hidden in about 2. 8 m depth below the earth's surface dated between 4650 and 4490 BC. B is later rice fields in T803 and T703 trenches, at about 1. 3 m depth below the earth's surface, dated between 3340 and 3090 BC. The places where the pottery sherds were excavated were marked with red flags. The wooden pegs in T705 trench were for preventing the collapse of its walls in the excavation.

scope slide to facilitate the investigation of densities of phytoliths.

2. 3. 3 Analysis of pollens

$2cm^3$ of sample and 27, 637 *Lycopodium* makers were placed in 15 ml polypropylene boiling tube, and 10 ml of 10% KOH was added. The sample was placed in 100℃ water bath for 30 minutes, while the sample was stirred well to break up any remaining lumps. Through a sieve (Φ160 μm) , the sample was filtered into a polypropylene centrifuge tube. The samples was washed, centrifuged, and decanted until the liquid became clear. 10 ml of 40% HF was added to the sample and it was placed in 100℃ water bath for 30–60 minutes, and it was stirred with polypropylene rod until siliceous material is no longer visible. It was centrifuged and decanted HF. 10 ml of 10% HCL was added, and the sample was placed in 100℃ water both for 15 minutes to remove colloidal silicon dioxide and silicofluorides. After centrifuged, HCL was decanted, and the sample was rinsed in water. 10ml of acetolysis mixture (1 ml concentrated H_2SO_4, 9 ml acetic anhydride) was added to the sample, which was placed in a boiling water bath for 3 minutes, with stirring. It was centrifuged, and a few drops 10% NaOH was added to aid dyeing, before decanting and rinsing. Using glycerin jelly, the filtered sample was distributed uniformly on a microscope slide for investigations of pollens.

2.3.4 Analysis of charcoal

A 20 ml sample of soil was moved to 100 ml beaker, and 20 ml 35% H_2O_2 was added to separate soil particulars. Through a sieve (Φ160 μm), the sample was washed until the water became clear. The remaining sample was investigated for charcoals with a stereo microscope.

2.3.5 Radiocarbon dating

Using the accelerator mass spectrometry (AMS) method, the radiocarbon age of samples, mainly seeds, was determined (Table 1). Dates were calibrated with Oxcal 3.10 and INTCAL 104 curve. The radiocarbon dating was carried out in Peking University AMS Laboratory.

3. Results

3.1 *Depths and archaeological traces of rice fields*

The rice fields associated with the Tianluoshan occupation lie about 1 m below the surface and can be clearly distinguished between early and later periods (Fig. 2). The early rice fields were dated between 5000 and 4500 BC, and the later rice fields were dated between 4000 and 2500 BC (Table 1, Fig. 4). The early fields lie 200 to 230 cm below the surface at Location 1 (Fig. 4) and 257 to 294 cm below at Location 2. The later fields lie 95 to 150 cm below the surface at Location 1 (Fig. 4) and 93 to 177 cm below at Location 2.

Within the excavated area of 350 sq. meters, a 40 cm wide path was revealed for the later period. This would have made it convenient for people to go into the field and manage the rice stands. In addition, wooden artefacts and pottery sherds were found. These included two wooden dibble sticks, and one wooden knife from the earlier field layer and one wooden handle of a spade from the later field; many bone and wooden spade remains were also found in the settlement area (Table 2, Fig. 3). However, no evidence of an irrigation system, which should include ditches, field ridges/bunds for controlling drainage and water retention was found.

3.2 *Archaeological remains of rice*

There were many plant remains including roots, stems, leaves, seeds and microfossils were found in the strata of rice fields. As showed in Fig. 4, there are also diverse remains of rice in rice fields as well, including high densities of rice spikelets fragments, phytoliths derived from the bulliform cells of rice, and a large number of Gramineae pollens bigger than 38 μm in diameter likely derived from rice. However, no carbonized rice spikelets or husked rice were found.

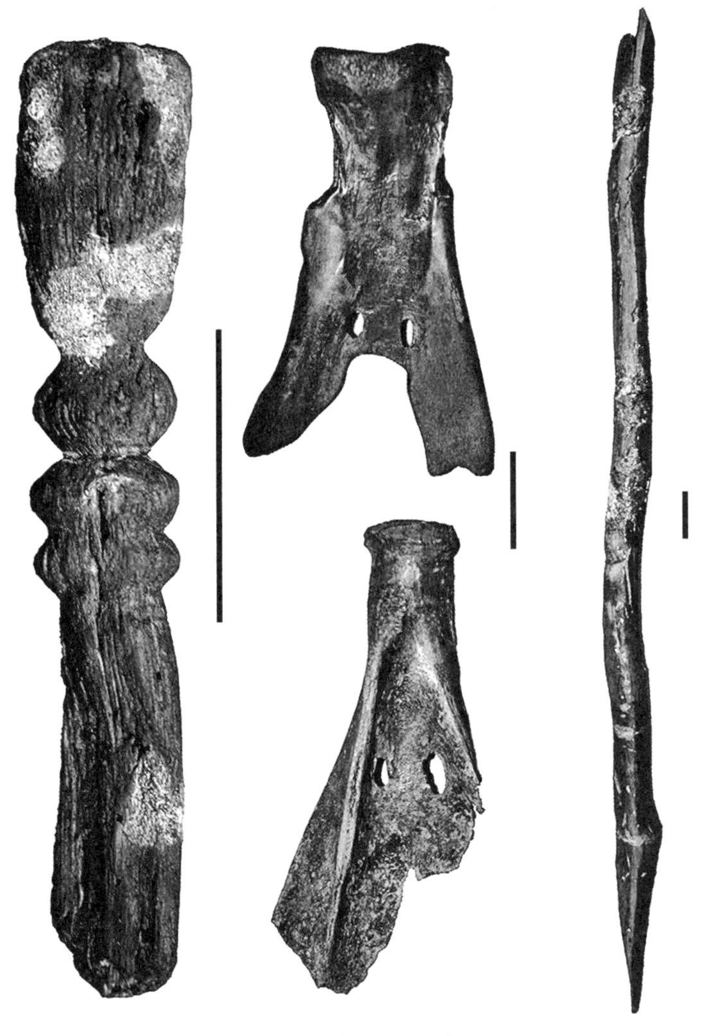

Figure 3 Farming tools.

The wooden dibble and knife were excavated from the early rice fields, and bone spades were excavated from the occupation site. There are clear frayed traces on the spade edges caused by frequent digging. The scales are 5 cm.

The morphological observation of rice short rachillae and husks suggests that the rice is different from wild rice. Generally, the short rachillae are the best characteristics for discriminating between wild and domestication rice (Crawford and Shen, 1998). The short rachillae were classified into two categories, a smooth wild base, and a nonsmooth or attached vestiges of broken stem domesticated base. The short rachillae of domesticated type accounts for 47.1% in the early fields between 5000 and 4500 BC and 59.4% in the later fields between 3600 and 2700 BC, while wild type accounts for 52.9% in the early fields and 40.6% in the later fields. As reported here the domesticated ratios in the early fields appeared significantly higher than that from the occupation site (Fuller et al., 2009), but this is due to a different classification system (of three types) employed in the latter study on the occupation site, in which the estimate of domesticated types was therefore lower. Nevertheless the proportion of wild types is comparable, and direction of trends over time is the same.

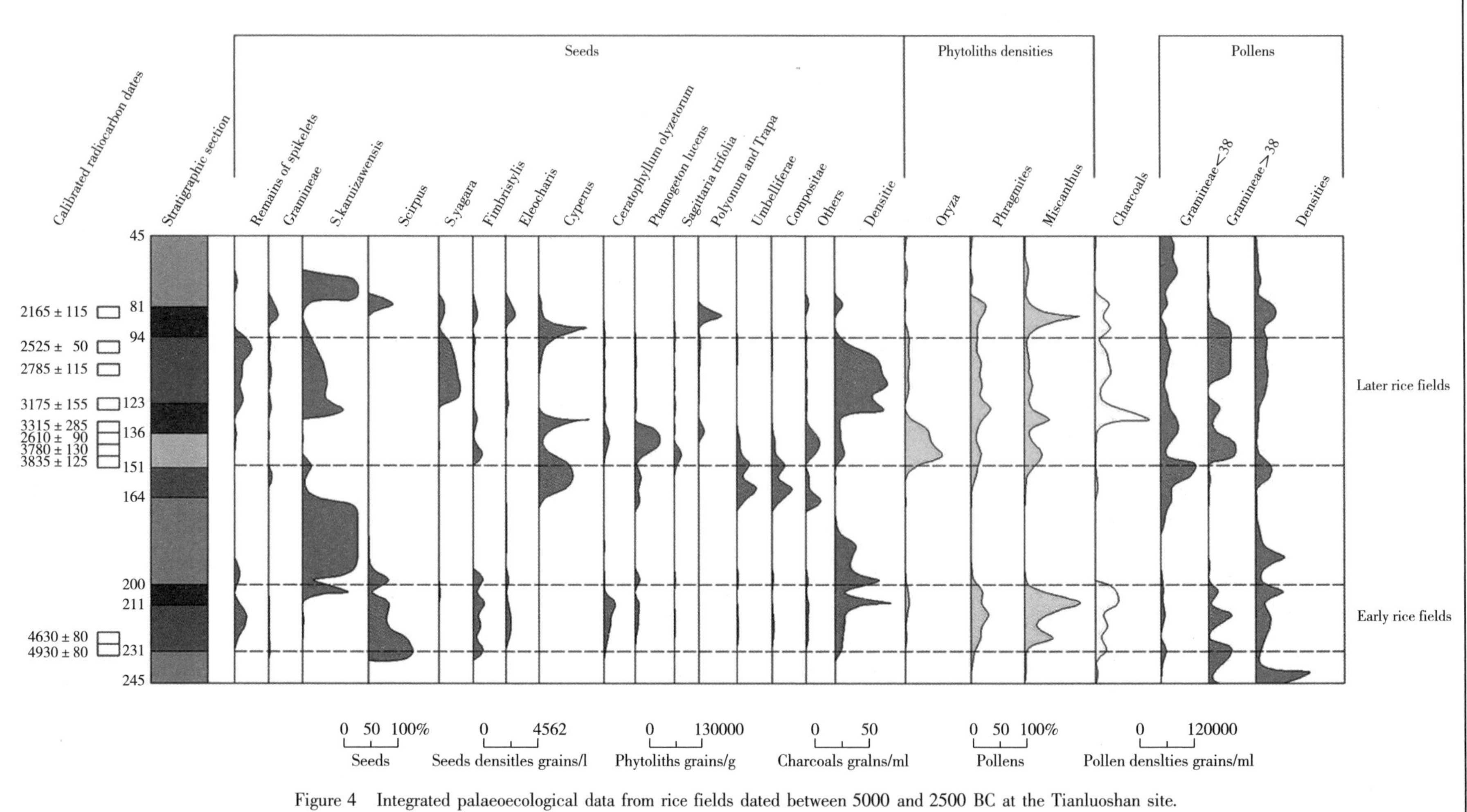

Figure 4 Integrated palaeoecological data from rice fields dated between 5000 and 2500 BC at the Tianluoshan site.

The early and later rice fields at T1041 trench of Location 2 lie hidden in depths between 94 and 140 cm and 200 and 235 cm, respectively. In these layers many husk fragments and spikelet bases of rice, dense bulliform phytoliths derived from motor cells of rice, and a high percentage of grass pollen larger than 38 μm in diameter. High microcharcoal content implies that people used fire in managing these fields.

3.3 *Archaeological remains of weeds*

As Summarized in Fig. 4, many plants coexisted with rice in those tilled fields, such as Barnyardgrass (*Echinochloa* sp.), Galingale (*Cyperus* sp.), Bulrush (*Scirpus* sp.), Fimbristylis (*Fimbristylis* sp.), Spikesedge (*Eleocharis* sp.), Sedge (*Carex* sp.), Hornwort (*Ceratophyllum* sp.), Najad (*Najas* sp.), Pondweed (*Potamogeton* sp.). Floatingheart (*Nymphoides* sp.), Arrowhead (*Sagittaria* sp.), Duckleaf Knotweed (*Persicaria* sp.), Yerbadetajo (*Eclipta* sp.), waterchesnut (*Trapa* sp.), reed (*Phragmites* sp.). The habitat of most of these plants is wetlands, such as the banks of rivers and streams, marshes and wasted wetland. These species are also common weeds in rice fields.

3.4 *Areas and yields of rice fields*

The investigation of stratigraphy, phytoliths and seeds by coring in an area of 14.4 hectares showed that two rice field strata were distributed in the vast area around the occupation. Showed as Fig. 5, the area of rice fields could have covered 6.3 hectares for the early period and over 7.4 hectares for the later period. The depths range from 100 to 200 cm for early rice fields and from 210 to 300 cm for later rice fields. From coring samples of these strata, dense phytoliths derived from the bulliform cells of rice were detected and a lot of remains of rice spikelts were found as well. The densities of rice phytolith for early rice fields range from 1,000 to 90,000 grains/g, average 18,923 grains/g. The densities of rice phytolith for later rice fields range from 2.000 to 34,000 grains/g, average 13,010 grains/g (Table 3).

4. Discussions

A large number of rice remains with some domesticated characteristics found at the Tianluoshan site (Zhejiang Provincial Institute of Cultural Relics and Archaeology et al., 2007) showed that rice was cultivated and undergoing the domestication process, 7000 years ago. The rice fields associated with the Tianluoshan occupation provided further evidence of rice cultivation practices at that time, including the environments, area, and methods of field preparation. We have also estimated yields.

High densities of rice spikelet fragments, phytoliths derived from the bulliform cells of rice, and a large number of Gramineae pollens proved the existence of buried rice fields at Tianluoshan. The coexistence of short rachillae (spikelet bases) of domesticated and wild types indicated that the selective pressure on the morphology of rice had been exerted, but that populations retained some characteristics of wild rice. Nevertheless, these excavated fields could be therefore recognized as the fields for rice production. Although there are some differences in the classification of the short rachillae (spikelet base) (Zheng et al., 2007; Fuller et al., 2009), it is clear that morphological evolution was ongoing and domestication had not been fully reached yet.

The early rice fields associated with the Tianluoshan occupation are the oldest known rice fields. They are 1000 years earlier than the paddy fields revealed at the Caoxieshan and Chuodun sites dated to 4000 BC (Fujiwara, 1998; Cao et al., 2006) in the Yangtze Delta and 3000 years earlier than those of the Zhaojiazhuang site (Jin et al., 2007) in the middle reach of the Yellow River, and also older than ones excavated at the Chengtous-

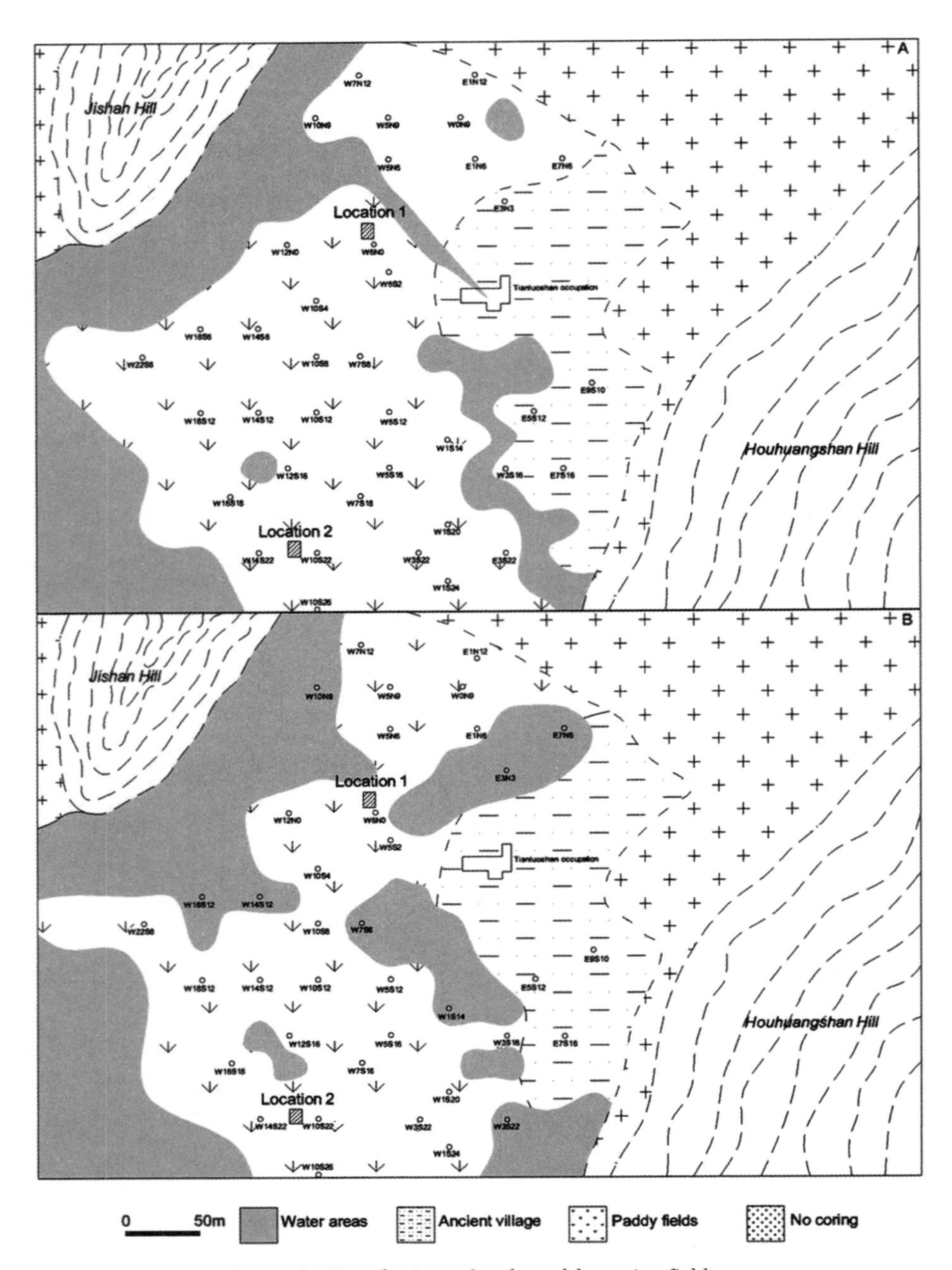

Figure 5 Distributions of early and later rice fields.

A and B show the distribution of later and early rice fields, respectively. The figures were made based on aspects of colors, properties, botanical remains of soil samples taken from the cores sticks. They indicate that the rice fields were located in wetlands with nearby rivers and lakes. The locations of phytolith analysis are indicated by (see Table 2).

han site (Hunan Provincial Institute of Archaeology and Cultural Relics, 2007) in the middle regions of the Yangtze River. The Tianluoshan evidence confirmed that the people of the Hemudu culture had developed techniques of tilling soil, sowing, and harvesting by wooden and bone tools. This discovery provided important evidence on the processes of rice domestication and changes in economy between 5000 and 2500 BC in east China.

Table 3 Densities of phytoliths derived from bulliform cells of grasses in possible ancient rice field stratums of 37 coring places.

Position	Densities grains/g											
	Depth (cm, below earth's surface)	*Oryza*	*Phragmites*	*Miscanthus*	Bambusoideae	*Panicum*	Depth (cm, below earth's surface)	*Oryza*	*Phragmites*	*Miscanthus*	Bambusoideae	*Panicum*
E1N6	150–170	33,411	5896	7861	0	0	230–258	9865	22,689	161,788	0	0
E1N12	110–141	11,262	938	938	0	0	250–280	29,749	9597	5758	0	0
E3N3	120–162	209,976	2890	27,933	0	0						
E3S16	100–118	15,634	10,050	8934	0	0	220–250	2830	6604	5660	0	0
E3S22	90–121	27,784	5954	31,753	0	0						
E5S12	90–112	455,766	11,736	22,495	0	0	226–260	125,743	4950	13,861	0	0
E7N6	100–153	31,959	2905	28,085	0	0						
E7S16	90–104	78,467	6781	11,625	0	0	212–260	373,447	2687	16,120	0	0
E9S10	100–150	232,296	3904	16,593	0	0	230–290	143,522	2990	6977	0	0
W0N9	142–166	23,684	2733	2733	0	0	248–261	9587	8629	40,266	0	5752
W1S20	75–109	90,064	53,843	70,485	0	0	235–265	34,048	25,293	20,429	0	0
W1S24	93–145	30,160	15,566	12,648	0	0	227–260	6838	34,191	42,983	0	0
W3S22	156–215	13,953	55,814	51,827	0	0	267–300	14,574	58,295	54,131	0	0
W5N6	134–181	12,683	0	906	0	0	270–300	2911	17,466	17,466	0	0
W5N9	103–120	6329	2713	3617	0	0	220–233	14,408	6724	1921	0	0
W5S2	122–167	20,405	10,688	12,632	0	0	255–277	7504	6566	15,946	0	938
W5S12	93–140	26,826	18,877	37,755	0	0	216–247	28,838	28,838	51,908	0	961
W5S16	105–170	3913	8804	19,565	0	0	222–260	11,650	27,184	70,874	0	971
W6N0	121–166	10,615	2895	2895	0	965						
W7N12	105–150	6816	974	2921	0	0	240–275	8802	36,187	41,078	0	0
W7S8	100–122	48,251	16,832	19,076	0	0						
W7S18	121–140	44,277	48,396	0	0	0	292–300	11,278	18,455	47,164	0	0
W10N9	90–130	1013	0	1013	0	0						
W10S4	100–130	14,074	8444	3753	0	0						
W10S8	95–147	8854	3935	147,575	0	0	212–232	33,458	6506	35,317	0	0
W10S12	132–168	33,151	0	22,682	0	0	206–227	3578	14,310	22,360	0	0
W10S22	100–135	26,500	13,250	45,429	1893	946	240–250	5884	19,613	35,303	0	1961
W10S26	74–120	11,016	12,240	53,858	0	0	210–245	6020	25,083	27,089	1003	0
W12N0	115–151	2766	3688	2766	0	0	248–257	4742	6639	12,330	0	0
W12S16	100–180	5934	10,879	22,746	0	0	211–230	21,667	26,000	59,583	0	2167
W14S6	98–132	5772	2886	8659	0	0						
W14S12	98–192	19,543	37,131	23,451	0	0	212–261	26,464	4,001,881	0	1960	0
W14S22	123–176	2970	56,436	38,614	0	990	202–232	9857	49,285	90,684	0	986

Continued

Position	Densities grains/g											
	Depth (cm, below earth's surface)	*Oryza*	*Phrag-mites*	*Misca-nthus*	Bambu-soideae	*Pani-cum*	Depth (cm, below earth's surface)	*Oryza*	*Phrag-mites*	*Misca-nthus*	Bambu-soideae	*Pani-cum*
W16S18	95–133	12,596	20,347	63,949	0	0	243–273	1952	18,545	20,497	0	0
W18S6	160–170	10,714	9740	27,273	0	0						
W18S12	100–143	3862	12,552	16,414	0	0	220–237	11,000	20,000	44,000	0	0
W22S8	95–128	7673	10,551	14,388	0	0	280–297	7751	19,378	41,663	0	0
Means		18,923	14,120	24,461	57	88		13,010	180,558	38,648	119	549

Table showed densities of phytoliths derived from some grasses in possible ancient rice field strata of 37 coring places. The densities of rice phytoliths of E3N3, E5S12, E7S16, E9S10 places were unconventionally high, and when the coring were carried out, a lot of wooden remains were also found from those areas as well, so there might be many stacking straws of rice in the ancient dwellings. The means were calculated except for above 4 places.

Rice fields can be divided into various types, including paddy fields and unimproved seasonally flooded lands. Paddy fields are lands with ridges for planting rice, and bunds and canals for storing water and moving water. In unimproved fields water derives from rainfall and natural floods and has no irrigation facilities. Appearance of irrigation facilities marks the start of more intensive forms of management and an agricultural technique for increased productivity. Both the early and later Tianluoshan rice fields, without irrigation systems, could be suggested that the irrigation of them could have been dependant on rainwater and water stored in the marsh. They were different from those recovered from the Caoxieshan and Chuodun sites dated to 4000 BC (Fujiwara, 1998; Cao et al., 2006; Fuller and Qin, 2009). Caoxieshan and Chuodun excavations have revealed the small artificial features of field units, which were connected by channels to some deeply dug reservoir pits dug, which ensured tight control of water levels. The later Tianluoshan rice fields, dated between 4000 and 2500 BC, were well-matched, even much later than ones at Caoxieshan and Chuodun sites in age, suggesting that differences between them were perhaps regional, rather than chronological.

The Yangtze Delta is located in a subtropical monsoon climatic zone. Spring is moist and has some rain. In summer, this region is hot and humid due to the control by warm tropical air currents and typhoons. In autumn it is cool and relatively dry. Winter is cold and moist. The seasonal rainfall responsible for annual flooding might have satisfied the need of irrigation of rice growth. The markedly abundant micro-charcoals in the deposits of rice fields compared to other strata imply that firing could be applied to rice cultivation. Burning during the dry season might be a common method of field managements in early agriculture for clearing dead twigs and withered leaves of plants in crop fields (Anderson, 2005; Zong et al., 2007; Atahan et al., 2008; Fuller and Qin, 2009).

In the rice field, there are not only rice plants, but a number of wetland plants that are inferred to be the weeds of ancient rice fields. The analyzes of seeds showed that the seed bank could have been 26,000–228,000 individuals/m^2 for the early rice fields and 26,000–184,000 individuals/m^2 for the later rice fields. It is remarkably higher than 9,140–47,452 individuals/m^2 for modern paddy fields nearby wetland and even higher than 83,499–109,141 individuals/m^2 for secondary wetland (Feng et al., 2008). Generally, the seed bank and species number in paddy fields reclaimed from wetland would decrease. The high seed banking and species diversity indicated that little or even no weeding was applied to the management of the rice fields dating between 5000 and 2500 BC. High dense phytoliths and its body remains of reed implied that the rice fields may have been developed from reed-marsh and reed probably intruded into the fields and grew with rice.

Climatic amelioration at the end of the Pleistocene markedly altered the ecology in China and led to changes in human adaptations (Zhao and Piperno, 2000; Lu et al., 2002). The Yangtze Delta experienced a period of high sea level between 5000 and 4000 BC (Xu and Shen, 1990). During the regression interval, seawater regressed and large areas of land were exposed and left behind a number of lakes. As salinity in soil had fallen, a freshwater environment appeared. Wetland plants flourished and dominated the edge of water habitats. There were also mammals, waterfowl, and freshwater fish. The excavation of occupation provided data for reconstructing resource exploitation. People migrated and settled here 7000 years ago. In addition to planting rice, they lived on gathering wild fruits growing on highlands, such as acorns, peaches, and plums, and nuts in lakes, such as water caltrop and foxnut. They hunted buffalo, deer, and birds and harvested carp, snakehead, crucian, and terrapin in lake. The tools and the ecological analysis of buried rice fields suggest the mode of rice cultivation between 5000 and 2500 BC was based on natural flood recession and seasonal rainfall. Before the spring rains, the soil was tilled to a certain extent with wooden and bone spades, and seeding was done with dibble sticks after the ground was cleared by firing. Sprouted rice grew well in wetlands filled by the monsoonal rain while the wetland weeds flourished as well. In autumn, as the rain decreased, water accumulated in wetland lowered and people later harvested mature rice, perhaps by picking or cutting the base of the inflorescences. The wooden knife, which could be used for cutting ears of rice, implied that the harvest sometime was with the help of some tools. Some time after harvest but before sowing fire was used to clear fields.

The cultivation system was thus a form of low-level food production. According to the ratio of rice phytoliths to spikelets (Fujiwara, 1979) and service life of the rice fields, the rice yields are estimated as 830 kg per hectare for the early period and 950 kg per hectare for the later period. Based on this estimation, the annual yields might have been about 5000 kg for 6.3 hectares of the early period and 7000 kg for 7.4 hectares of the later period. This suggests that the rice could support no more than 30 people. However, some ethnographic data show that a village living dominantly on hunting-gathering subsistence has 25–100 people while one involved in agricultural economy has 150–300 people (Tanter, 1988). Obviously, even though people at Tianluoshan cultivated rice, the production was relatively low-level and hunting-gathering provided a substantial proportion of food in their diet, as indicated by macro-remains of acorns, *Trapa*, and other wild foods from the occupation area (Fuller et al., 2009).

Domestication of crops is not a rapid, but is a protracted process (Allaby et al., 2008). The vast early rice fields combined with the mixed wild and cultigen phenotypes indicate that rice cultivation and domestication had originated earlier. Recent discoveries of rice remains dated between 9000 and 7000 BC in the Yangtze Delta implied that rice cultivation may have originated in some small basins located in mountainous areas as early as 10,000 years ago (Jiang and Liu, 2006; Zheng et al., 2007). The earliest evidence for cultivation of rice in the Yangtze Delta also can be contrasted with the evidence from thousands of years later in Southeast Asia, indicating that the Yangtze regions were original areas of domesticated rice, and from this area, rice was carried to Southeast Asia (Fuller and Sato, 2008).

Acknowledgements

This research is supported by Zhejiang Provincial Department of Finance and the National Natural Science Foundation of China (No. 40572178). The authors would like to thank Ph. D student, Pan Yan of Fudan University, China for providing us with helps of coring investigation and Dr. Dorian Q Fuller of Institute of Archaeology, University College, UK, Dr. Jiao Tianlong of Department of Anthropology, Bishop Museum, USA, for giving us with helps and advices.

Journal of Archaeological Science 36 (2009)

References

R. G. Allaby, D. Q. Fuller, T. A. Brown, The genetic expectations of a protracted model for the origins of domesticated crops, *PANS* 105 (2008).

M. K. Anderson, *Tending the wild: Native American knowledge and management of California's natural resources*, University of California Press, Berkeley, CA, 2005.

P. Atahan, F. Itzein-Davey, D. Taylor et al., Holocene-aged sedimentary records of environmental changes and early agriculture in the lower Yangzte, China, *Quaternary Science Reviews* 27 (2008).

Z. H. Cao, J. L. Ding, Z. Y. Hu et al., Ancient paddy soils from the Neolithic age in China's Yangtze River Delta, *Naturwissenschaften* 93 (2006).

Chekiang Province, Chekiang Provincial Museum, Excavation (first season) at Ho-mu-tu in Yu-Yao County, Chekiang Province, *Acta Archaeologia Sinica* 1 (1978) (in Chinese).

G. W. Crawford, Shen, C., The origins of rice agriculture: recent progress in East Asia, *Antiquity* 72 (1998).

W. Feng, X. M. Wu, G. X. Pan et al., Comparison of soil seed bank structure in natural wetland and corresponding reclaimed paddy fields at lower reaches of Yangtze River in Anhui, China, Chinese, *Chinese Journal of Ecology* (27) 2008.

H. Fujiwara, Fundamental studies in opal analysis (3), Estimation of the yield of rice in ancient paddy fields through quantitative analysis of plant opal, Japanese, *Journal of Archaeology and Science* 12 (1979).

H. Fujiwara, *Exploring origin of rice cultivation*, Japanese, Iwanami Press, 1998, pp. 137-64.

D. Q. Fuller, L. Qin., Water management and labour in the origins and dispersal of Asian rice, *World Archaeology* (41) 2009.

D. Q. Fuller, Y. I. Sato, Japonica rice carried to, not from, Southeast Asia, *Nature Genetics* (40) 2008.

D. Q. Fuller, E. Harvey, L. Qin, Presumed domestication? Evidence for wild rice cultivation and domestication in the fifth millennium BC of the lower Yangtze region, *Antiquity* 81 (2007).

D. Q. Fuller, L. Qin, Y. F. Zheng et al. , The domestication process and domestication rate in rice: spikelet bases from the lower Yangtze, *Science* 323 (2009).

C. Higham, T. L. Lu, The origins and dispersal of rice cultivation, *Antiquity* 72 (1998).

Hunan Provincial Institute of Archaeology and Cultural Relics, International Research Center of Japanese Culture, *Chengtoushan in Lixian-China-Japan cooperative research on environmental Archaeology in the Lixian Plain, Chinese,* Cultural Relics Publishing House, Beijing, 2007, pp. 3–7.

L. Jiang, L. Liu, New evidence for the origins of sedentism and rice domestication in the lower Yangtze River, China, *Antiquity* 80 (2006).

G. Y. Jin, S. D. Yan, T. Udatsu et al. , Neolithic rice paddy from the Zhaojiazhuang site, Shandong, China, *Chinese Science Bulletin* 52 (2007).

H. Y. Lu, Z. X. Liu, N. Q et al. , Rice domestication and climatic change: phytolith evidence from East China, *Boreas* 31 (2002).

J. A. Tanter, *The Collapse of complex societies*, Cambridge University Press, 1988.

The work group at the Luojiajiao site, The excavation report of the Luojiajiao site in Tongxiang County, Chinese/Academic Publication of Zhejiang Provincial Institute of Cultural Relics and Archaeology, Science Publishing House, 1981, pp. 1–42.

X. Xu, Z. D. Shen, *Holocene environments-changes of environments during Last* 10, 000 *years*, Chinese, Guizhou renmin Press, 1990, pp. 211–250.

H. Zhang, H. Wang, W. Yang, The early Neolithic Xiaohuangshan site in Shengzhou City, Zhejiang, Chinese, *China Cultural Relics News* Sep. 30. 2005.

Z. J. Zhao, D. R. Piperno, Late Pleistocene/Holocene environments in the middle Yangtze River valley, China and rice (*Oryza sativa* L.) domestication: the phytolith evidence, *Geoarchaeology* 15 (2000).

Zhejiang Provincial Institute of Cultural Relics and Archaeology, Yuyao Municipal Office of Preservation of Cultural Relics, Hemudu Site Museum, Brief report of the excavation on a Neolithic site at Tianluoshan Hill in Yuyao City, Zhejiang, *Cultural Relics* 11 (2007) (in Chinese).

Zhejiang Provincial Institute of Cultural Relics and Archaeology, Xiaoshan Museum, *Kuahuqiao site*, Cultural Relics Publishing House, 2004 (in Chinese).

Y. F. Zheng, L. P. Jiang, Remains of ancient rice unearthed from the Shangshan site and their significance, *Archaeology* 9 (2007) (in Chinese).

Y. F. Zheng, L. P. Jiang, J. M. Zheng, Study on the remains of ancient rice from the Kuahuqiao site in Zhejiang province, Chinese, *Chinese Journal of Rice Science* 18 (2004).

Y. F. Zheng, G. P. Sun, X. G. Chen, Characteristics of the short rachillae of rice from archaeological sites dating to 7000 years ago, *Chinese Science Bulletin* 52 (2007).

Y. Zong, Z. Chen, J. B. Innes et al. , Fire and flood management of coastal swamp enabled first rice paddy cultivation in east China, *Nature* 449 (2007).

公元前5000年至公元前2500年中国东部的水稻栽培模式研究

摘　要：最近在中国东部的田螺山遗址发现了公元前5000年至公元前2500年的古稻田，其中公元前5000年至公元前4500年的早期稻田是目前已知最古老的稻田。这一发现为重建新石器时代土地开垦、耕作和稻田生态系统提供了资料。人们用火和木耜、骨耜开辟茂密的芦苇沼泽地营造稻田。稻田里不仅有水稻，还有大量的杂草。发掘证据显示当时的稻田几乎没有除草或灌溉等田间管理措施，但有证据表明，先民使用木制、骨制工具耕作土壤。根据植硅体密度估测，早期稻田的平均产量约为830千克/公顷，晚期约为950千克/公顷，表明稻作栽培系统还是比较粗放的。尽管田螺山遗址先民种植水稻，但他们仍然需要通过采集和狩猎来获得大量食物。

关键词： 田螺山遗址　稻田　农业起源　河姆渡文化　植物考古　大植物遗存　植硅体　孢粉分析

Morphological trend analysis of rice phytolith during the early Neolithic in the lower Yangtze*

1. Introduction

China is the largest rice producer and consumer of rice in the world today and has a very long history of rice cultivation. The origin of rice agriculture is not only a significant step in the development of civilization in China but also a major development in world history (Crawford, 2006; Cohen, 2011; Khush, 1997; Nakamura, 2010; Zhao, 2010, 2011). Discussions about when, where, why and how rice domestication was initiated has contributed to the understanding human history and civilization. Recently, the study on the origin of rice agriculture have attracted the attention of the academic community due to the dramatic development of archaeobotanical research. Two different perspectives have stimulated debate on the origins of domesticated rice (*Oryza sativa*) in East Asia. On the one hand, Fuller and his colleagues demonstrated rice remains from the Shangshan (*c*. 11,000–9000 cal. BP) and Kuahuqiao (*c*. 8200–7200 cal. BP) period sites were of a wild species. Domestic rice appears in the lower Yangtze River around 6000 BP (Fuller, 2007; Fuller et al., 2007, 2008, 2009; Liu et al., 2007) (Table 1). On the another hand, Li Liu and her colleagues cast doubt on the interpretation of the analysis of Shangshan and Kuahuqiao rice assemblages and indicate that rice remains from both periods shows characteristics of initial domestication (Liu et al., 2007). There arises heated academic debate whether the rice remains of Shanshan site were domesticated rice or not.

The Shangshan site (Fig. 1), located in Zhejiang Province is one of the earliest archaeological sites identified near the mouth of the Yangtze River. The chronology, stratigraphy, and material culture from this site have been described previously (Jiang and Liu, 2006) (Table 1). In addition to the previously reported dates associated with the Shangshan period layers, we dated two additional samples (Table 2). A notable characteristic of this site is that the pottery sherds and fragments of burnt clay contain charred rice husks and leaves, recorded as the earliest rice remains in the lower Yangtze River valley (Jiang, 2005; Jiang and Liu, 2006). Flotation work was conducted during the excavation in the Shangshan site. However, only a few rice macroremains were recovered from

* Collaborated with Yan Wu, Leping Jiang, Changsui Wang, Zhijun Zhao.

Table 1 Published dates of Shangshan, Kuahuqiao and Tianluoshan site from Reference.

Site	Context of sample	Material dated	Cal. BP date 2σ (95.4%)	Reference
Shangshan	House F2	Pottery temper	Cal. BP 10300 to 9600	Jiang and Liu, 2006
Shangshan	Pit H31	Pottery temper	Cal. BP 11450 to 10500	Jiang and Liu, 2006
Shangshan	Stratum 6	Pottery temper	Cal. BP 10300 to 9350	Jiang and Liu, 2006
Shangshan	Stratum 3	Pottery temper	Cal. BP 9400 to 8710	Jiang and Liu, 2006
Kuahuqiao	T0421 Depth248 cm	Wood fragments	Cal. BP 8200 ±77	Shu et al. , 2010
Kuahuqiao	T0421 Depth154 cm	Wood fragments	Cal. BP 7760 ±90	Shu et al. , 2010
Kuahuqiao	T0521 Depth195 cm	Organic fragments	Cal. BP 7286 ±142	Zhejiang Provincial Institute of Cultural Relics and Archaeology and Xiaoshan Museum, 2004
Kuahuqiao	T0512 Depth 242. 5 cm	Bulk organic	Cal. BP 7828 ±36	Zong et al. , 2007
Tianluoshan	K-3-1	Ancient rice husks	Cal. BP 6900	Zheng et al. , 2009
Tianluoshan	K-3-2	Ancient rice husks	Cal. BP 6900	Khush, 1997

Table 2 Results of radiocarbon 14 dates from the Shangshan site.

Sample#	Context of sample	Material dated	^{14}C Date BP ($T_{1/2}$ =5568)	Cal. BP date 26 (95.4%)	Lab
ss1	ShangshanH443	Bulk sherd organics	10680 ±40 BP	Cal. BP 12,640 to 12,570	Beta Analytic Radiocarbon Dating Laboratory
ss2	ShangshanT1416⑤	Bulk sherd organics	7970 ±40 BP	Cal BP 9000 to 8640	Beta Analytic Radiocarbon Dating Laboratory

the Shangshan period layers (Zhao, 2010). Fortunately, phytoliths are more commonly preserved when macro-remains are unavailable or uninformative (Piperno, 2006). With the progress of phytolith analysis, its unique and un-substitutable advantage has been broadly recognized. Therefore, phytolith analysis was employed as an important research method to identify rice remains during the project.

Over the past two decades phytoliths have played a very important role in the identification of rice remains recovered from archaeological sites. Three distinct phytolith morpho-types have been identified: double-peaked glume cells from rice husk, sheet element dumbbells and cuneiform bulliform cells from the leaves of rice. Dumbbell with scooped ends, paralleled arrangement in leaf tissue is typical of the Oryzoideae subfamily, in contrast to the characteristic features of *Oryza* plants (Wang & Lu, 1993). However, three-dimensional plots of the structures show that bilobates measurements could not discriminate cultivated from wild ones *Oryza* species (Gu et al. , 2012). Moreover, double-peaked glume cells were unique to separate domesticated rice from wild rice based on multivariate linear discriminant function analysis (Pearsall et al. , 1995; Zhao, 1998; Zhao et al. , 1998, 2000). Gu et al. (2012) confirmed that three-dimensioned measurements of double-peaked glume cells can successfully distinguish cultivated from wild *Oryza* species (Gu et al. , 2012). Lu et al. (2002) reported that although there is an overlap of cuneiform bulliform cells in *Oryza* genus diagnostic at the species level, cuneiform bulliform cells

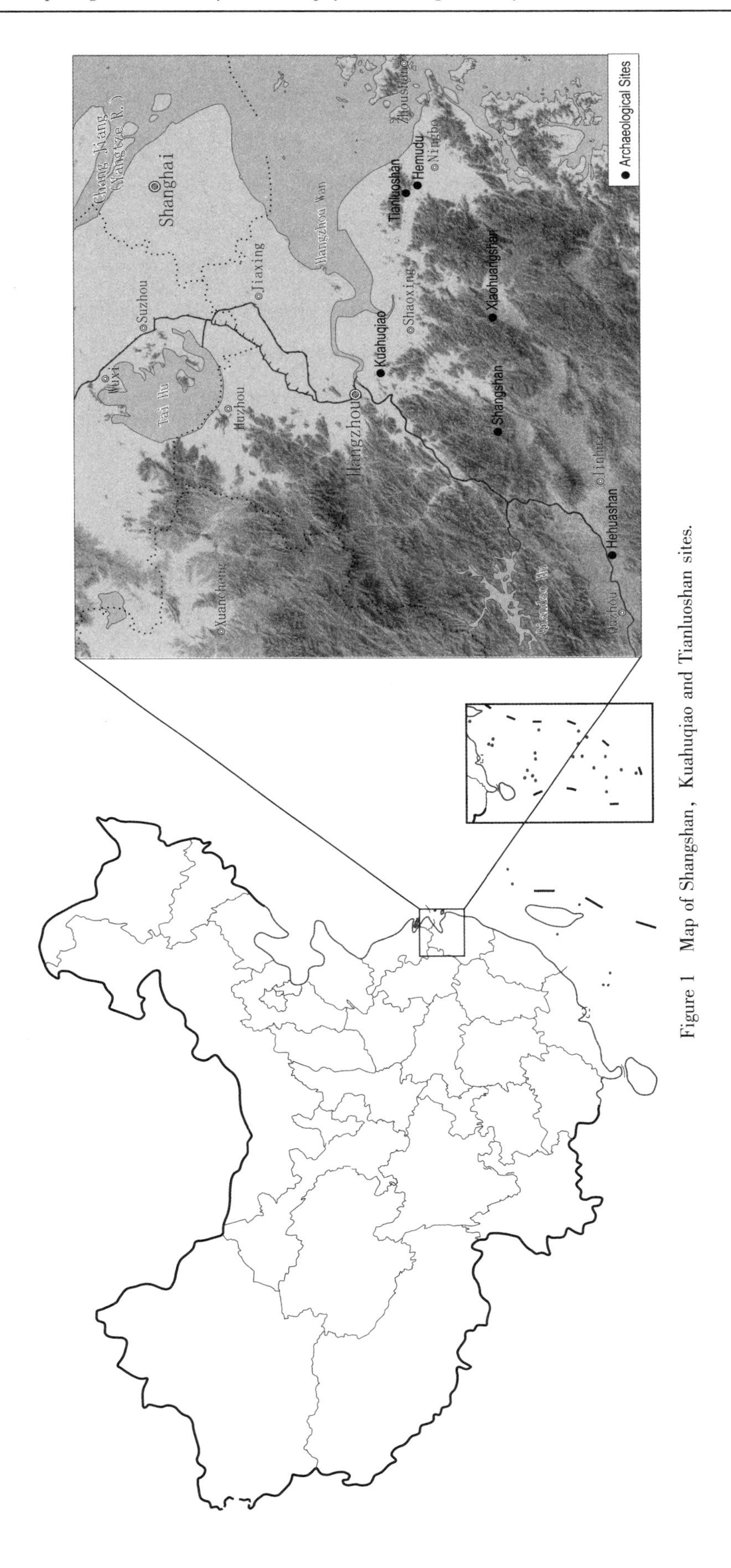

Figure 1 Map of Shangshan, Kuahuqiao and Tianluoshan sites.

are promising for distinguishing domesticated from wild rice since cuneiform bulliform cells from domesticated rice in that domesticated rice phytoliths have a larger number of scale-like decorations than does wild rice (Gu et al., 2012; Lu et al., 2002). However, no research work has been published about using phytolith analysis to investigate the evolution process from wild rice to domestic rice.

In this paper, we focus on the trends of morphological change by analyzing double-peaked glume cells using three-dimensioned measurements and cuneiform bulliform cells with scale-like decorations numbers to characterize the evolutionary process from wild rice to domesticated rice from dated archaeological contexts (Table 2). Moreover, when we classify the rice phytoliths into wild or domestic groups we also have identified an intermediate class. This intermediate group may also contain important information regarding the process of the evolution of rice.

2. Materials and methods

Sixteen soil samples were collected from Shangshan site including seven samples from the Shangshan period (*c.* 11,000–9000 cal. BP), four samples of Kuahuqiao period (*c.* 8200–7200 cal. BP) and five samples from the Hemudu period (*c.* 7000–6500 cal. BP).

For comparison, we also collect two samples from the Kuahuqiao period from Kuahuqiao site (*c.* 8200–7200 cal. BP). Quantitative analysis of plant remains recovered by floatation and water-sieving from these two samples revealed that the subsistence of the people mainly relied on rice (Zhejiang Provincial Institute of Cultural Relics and Archaeology and Xiaoshan Museum, 2004; Liu et al., 2007; Shu et al., 2010; Zhao, 2010, 2011; Zong et al., 2007) (Table 1). While one sample of Hemudu period from Tianluoshan site (*c.* 6900 cal. BP) suggested that rice farming, though important, was only part of a broader subsistence pattern of the Hemudu culture (Fuller et al., 2007, 2009; Liu et al., 2007; Research Center of Chinese Archaeology, 2011; Zheng et al., 2009).

The method of soil processing for phytolith extraction followed that outlined in Zhao and Pearsall (Zhao et al., 1998; Pearsall, 2000). First, five grams of soil were weighed out. Hydrochloric acid, nitric acid and hydrogen peroxide were then added to each sample to remove carbonates and organic matter. The samples were then subjected to heavy liquid flotation using a mixture of cadmium iodide and potassium iodide at a density of 2.3 to separate opal silica phytoliths from non-opal silica particles by centrifuging at 2500 rpm for 5 min. Following this, the supernatant was diluted with distilled water and centrifuged at 3000 rpm for 10 min to concentrate the phytolith fraction at the bottom of the tube. The heavy solution was again added to recover more phytoliths. Additional rinses were then conducted to wash any remaining heavy liquid from the sample. After several alcohol rinses, samples were transferred to storage vials, and mounted on the microscope slides using Canada balsam as the mounting medium. Each sample was scanned until 100 individual double-peaked glume cells and 100 cuneiform bulliform cells were encountered. For each sample, all morphological parameters were measured at 500 × magnification using a Nikon ECLIPSE LV100 POL light microscope.

Table 3 Phytolith diagram from the Shangshan, Kuahuqiao and Tianluoshan sites, China.

Period and site	Middens or layers	Dates	Elongate	Bulliform	Rectangular	Acicular hair cell	BSC	Saddle	Rondel	DPGC	CBC
H period, S site	H230①	*c.* 7000–6500 cal. BP	388	166	287	20	22	27	7	0	82
H period, S site	H230②	*c.* 7000–6500 cal. BP	358	78	218	138	11	24	1	0	91
H period, S site	H344	*c.* 7000–6500 cal. BP	101	77	9	30	28	44	5	0	15
H period, S site	H161	*c.* 7000–6500 cal. BP	300	86	31	33	46	13	3	0	48
H period, S site	T0611⑤	*c.* 7000–6500cal. BP	378	201	41	54	23	29	6	1	17
H period, T site	K3⑦	*c.* 7000–6500cal. BP	278	125	48	29	14	29	6	101	139
K period, S site	T1416③A	*c.* 8200–7200 cal. BP	210	85	57	48'	13	11	10	1	44
K period, S site	T1416③B	*c.* 8200–7200 cal. BP	300	56	42	27	6	3	3	0	28
K period, S site	T1416④	*c.* 8200–7200 cal. BP	358	78	218	11	5	9	0	17	27
K period, S site	H445	*c.* 8200–7200 cal. BP	234	11	39	13	1	1		1	83
K period, K site	T0421⑪	*c.* 8200–7200 cal. BP	0	72	94	36	0	0	0	107	0
K period, K site	T0521⑪	*c.* 8200–7200 cal. BP	238	97	56	24	1	1	13	34	107
S period, S site	T1416⑤	*c.* 11,000–9000 cal. BP	264	30	201	57	52		20	100	29
S period, S site	T0611⑦	*c.* 11,000–9000 cal. BP	210	85	57	48	13	1	10	3	14
S period, S site	H443	*c.* 11,000–9000 cal. BP	238	111	56	24	1	9	13	103	25
S period, S site	H244	*c.* 11,000–9000 cal. BP	261	72	94	36	19	3	14	0	102
S period, S site	H279	*c.* 11,000–9000 cal. BP	200	56	42	27	6	29	3	0	88
S period, S site	H225	*c.* 11,000–9000 cal. BP	272	185	127	36	19	11	6	0	67
S period, S site	H302	*c.* 11,000–9000 cal. BP	314	98	57	44	12	17	8	0	70

S means Shangshan, K means Kuahuqiao, H means Hemudu and T means Tianluoshan; BSC means Biliobates shorts cell, DPGC means double peaked glume cells, CBC means Cuneiform bulliform cells of rice.

3. Results and discussion

3.1 *Overall occurrence rice phytolith of Shangshan period layers samples* (*c.* 11,000–9000 cal. BP)

The results of phytolith examination and counts of diagnostics are presented in Table 3. By analyzing rice phytoliths from Shangshan period layers, sample H443 produced abundant cuneiform bulliform, double peaked glume and multi-panel cells characteristic of rice husks. The presence of phytoliths from husks and leaves indicates that the rice was likely collected either by uprooting or by cutting the stalks with a sickle, as a large amount of rice leaf was retained.

3.2 *Double-peaked glume cell from rice husk identification*

To verify the statistical significance, we treated each sampled context with 100 double-peaked glume cells as an independent sample. Among all samples, T1416⑤ and H443 samples from Shangshan period layers, T0421⑪ samples from Kuahuqiao period layer and K3⑦ samples from Hemudu period layer had more than 100 double-peaked glume cells phytoliths. The double-peaked glume cells were then classified as three types through discriminant analysis using Zhao's method (Zhao et al., 1998). This method applies multivariate linear discriminant function analysis that incorporates five different shape and size measurements of the double-peaked phytoliths to distinguish wild from domesticated rice as shown in (Fig. 2).

Wild Decision: if both predications are wild rice.

Uncertain Decision: if two predictions conflict.

Domesticated Decision: if both predictions are domestic rice.

To verify the method, we tested 100 individual double-peaked glume cells from modern wild rice from Jiangxi province and domesticated rice remains from the Heying site (Shang-Zhou period, 3300 to 2978 BP). We found that 73 percent of modern wild double-peaked glume cells from the rice samples from Jiangxi province were classified into the wild group and 66 percent of domesticated double-peaked glume cells from the Heying site were classified into domesticated group (Fig. 3). The results indicate that the characteristics of double-peaked glume cells appear to provide a satisfactory method for identifying domesticated rice husk phytoliths. However, we found almost 20 percent of the glume cells from the above samples could not be placed into either a domesticated or wild category. The classification results of T1416⑤, H443, T0421⑪ and K3⑦ samples are shown in Fig. 4. An obvious trend was found that the percentage of the three types of phytoliths classified into the domestic group increase with time, while those classified into wild rice decrease with time. The proportion changes over time in favor of domesticated types, which increase from 27 to 47 percent, while wild types decrease from 32 percent to 15 percent along with the time from 12,000 to 7000 BP. Through the two sequential periods at Shangshan site, the emergence of domesticated double-peaked glume cells suggests that the phytolith morphology of Shangshan rice is more complex than a collection of wild rice. However, there is no significant increase in the average proportion of domesticated types during the Shangshan period (Fig. 4). These results imply that the process of rice domesti-

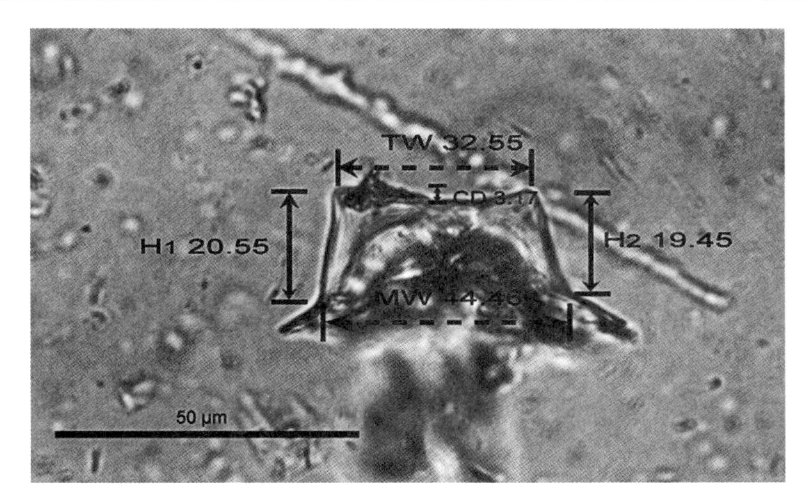

Figure 2 3-D scattered plots for morphological parameters of double-peaked glume cells from Shangshan period. (TW) Top width. (MW) Width of the middle. (H) Mean height of two peaks. (CD) The depth of the curve. Scale bars = 20 μm.

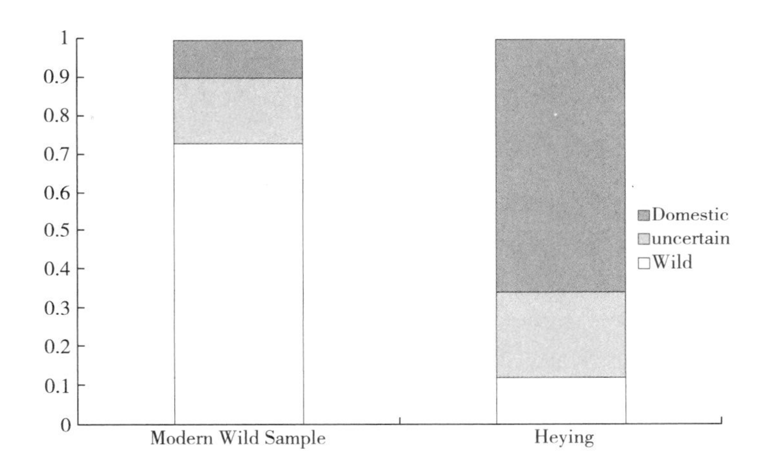

Figure 3 Predictions of double peaked glume cells for reference.

cation was a continuum. Moreover, the large percentage of the uncertain type indicates the phytoliths from early domesticated rice may appear to be neither completely wild nor fully domesticated in morphology. This evidence suggests that rice domestication underwent a long continuous process (Fuller et al., 2009).

3.3 *Cuneiform bulliform cells from rice leaf identification*

To further validate this result, we analyzed the cuneiform bulliform cells. It has been found that cuneiform bulliform cells from domesticated rice have a larger number of scale-like decorations than wild rice. Lu et al. (2002) reported that the number of decorations nine or greater indicates that the rice belongs to the domesticated species. Among the 19 samples, H244, T0521⑪ and K3⑦samples from three period layers produced more than 100 cuneiform bulliform cells for counting the number of scale-like decorations as shown in Fig. 5. From the results shown in Fig. 6, the proportions of decorations on cuneiform bulliform cells increase with time. These results indicate the shift from wild rice to domestic rice during around 11,000 to 6900 BP as identified during the analysis of the double-peaked glume cells. There is no significant increase in the average proportion of domesticated types from around 11,000 to 7200 BP during the Shangshan or Kuahuqiao periods. This study indicates that the morphology of rice phytoliths changed slowly under the selective pressure of domestication.

4. Conclusion

In this study, we measured phytoliths from rice recovered from contexts dating to the Shangshan, Kuahuqiao and Hemudu periods. These measurements were then used to classify the rice phytoliths into wild rice phytoliths

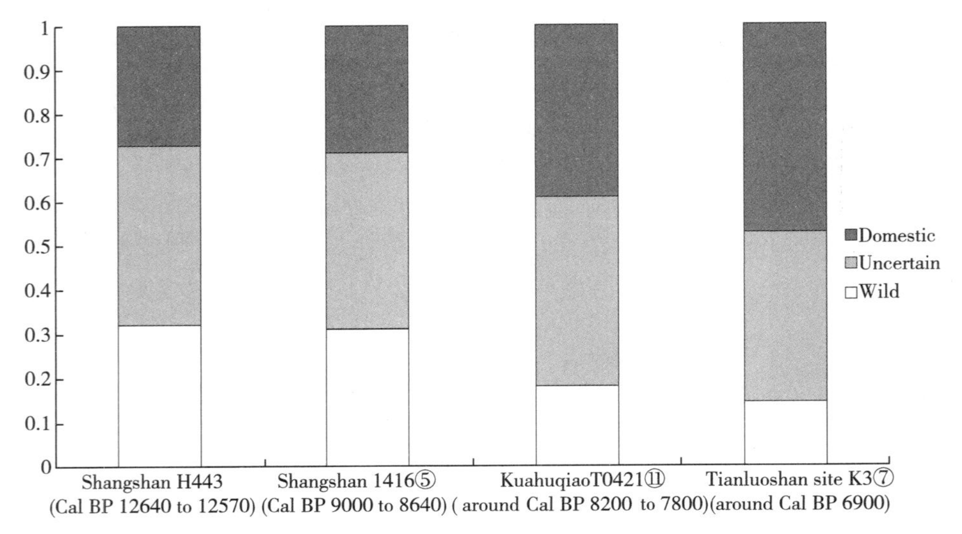

Figure 4 Predictions of double peaked glume cells from Shangshan period (*c.* 11,000–9000 cal. BP), Kuahuqiao period (*c.* 8200–7200 cal. BP) and Hemudu period (*c.* 7000–6500 cal. BP).

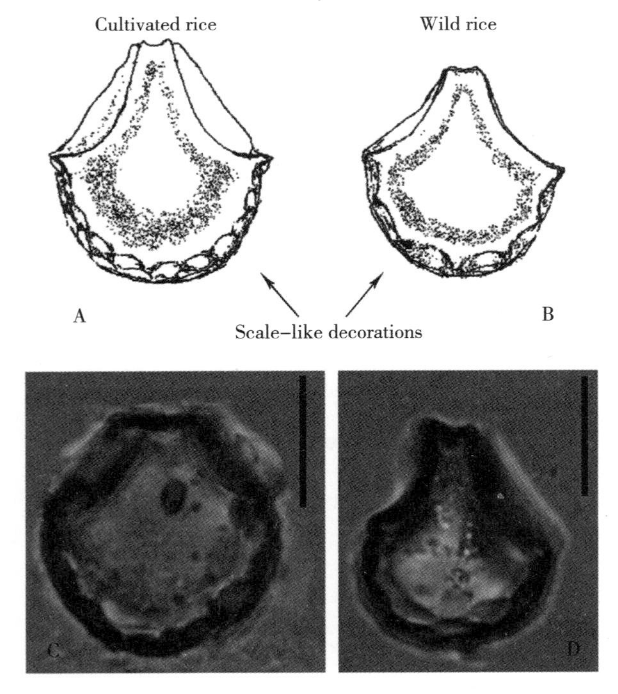

Figure 5 Scale-like decorations on cuneiform bulliform cells phytoliths.

A, B modified from Lu et al. A. domestic rice with 11 scale-like decorations; B. Wild rice with 6 scale-like decorations. C, D. cuneiform bulliform cells phytoliths extracted from the Shangshan period (*c.* 11,000–9000 cal. BP). C. shows 11 scale-like decorations; D. shows 6 scale-like decorations. Scale bars = 20μm

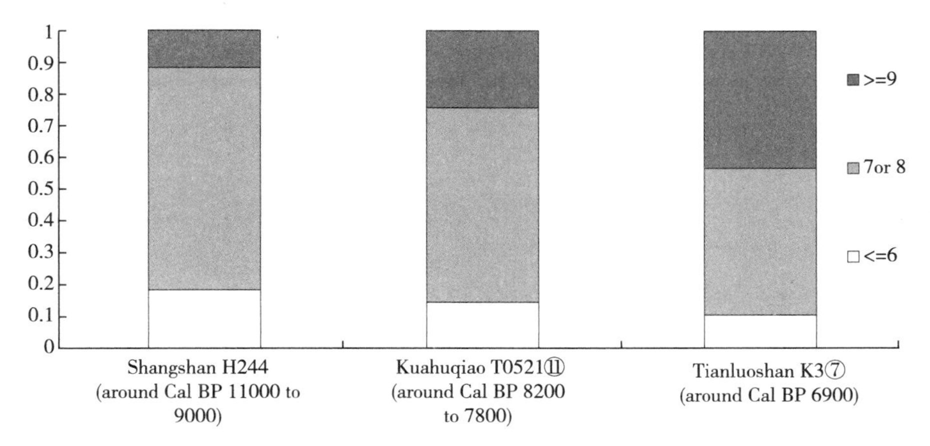

Figure 6 Predictions of cuneiform bulliform cells from Shangshan period (*c.* 11,000–9000 cal. BP), Kuahuqiao period (*c.* 8200–7200 cal. BP) and Hemudu period (*c.* 7000–6500 cal. BP).

and domestic rice phytoliths using double-peaked glume cells with three-dimensioned measurements and cuneiform bulliform cells with scale-like decoration numbers. As reflected in the phytolith record from these two different classification methods, the percentage of wild rice phytoliths decreases while the percentage of domestic rice phytoliths increased through time. A large percentage phytoliths that fall into an intermediate category indicates that the early domesticated rice appear to be neither completely wild nor fully domesticated in morphology. The morphological changes in double-peaked glume cells and scale-like decoration numbers of cuneiform bulliform cells indicate that human intervention may have been associated with Shangshan, Kuahuqiao and Hemudu period rice. Both classification results indicate that rice domestication underwent a long process. This pattern is best explained as a process whereby people moved from a dependence on a morphologically wild form of rice to a dependence on domesticated rice during the period from 12,000 to 7000 BP.

Acknowledgments

This study was supported by grants from National Natural Science Foundation of China (41002057), the CAS Strategic Priority Research Program Grant (XDA05130501), Key Deployment Program of the Institute of Vertebrate Paleontology and Paleoanthropology, Chinese Academy of Sciences and Scientific Research Foundation of China State Administration of Cultural Heritage (20120230).

Journal of Archaeological Science 49 (2014)

References

G. W. Crawford, East Asian plant domestication/M. T. Stark, ed., *Archaeology of Asia*, Blackwell, Oxford, 2006, pp. 77–95.

D. J. Cohen, The beginnings of agriculture in China: a multiregional view, *Current Anthropology* 52 (2011).

D. Q. Fuller, Contrasting patterns in crop domestication and domestication rates: recent archaeobotanical insights from the Old World, *Annals of Botany* 100 (2007).

D. Q. Fuller, E. L. Harvey, L. Qin, Presumed domestication? Evidence for wild rice cultivation and domestication in the fifth millennium BC of the lower Yangtze region, *Antiquity* 81 (2007).

D. Q. Fuller, L. Qin, E. L. Harvey, Rice archaeobotany revisted: comments on Liu et al., *Antiquity* 82 (2008).

D. Q. Fuller, L. Qin, Y. F. Zheng et al., The domestication process and domestication rate in rice: spikelet bases from the lower Yangtze, *Science* 323 (2009).

Y. Gu, Z. Zhao, D. M. Pearsall, Phytolith morphology research on wild and domesticated rice species in East Asia, *Quaternary International* 21 (2012).

L. P. Jiang, The Shangshan Neolithic site in Pujiang County, Zhejiang: new evidence of rice civilization in the lower Yangtze River Region /Gudai Wenming Yanjiu Zhongxin Tongxun (Newsletter of the center for the study of Chinese Ancient Civilization), vol. 7. CASS, 2005 (in Chinese).

L. P. Jiang, L. Liu, New evidence for the origins of sedentism and rice domestication in the lower Yangzi River, China, *Antiquity* 80 (2006).

G. S. Khush, Origin, dispersal, cultivation and variation of rice, *Plant Molecular Biology* 35 (1997).

L. Liu, G. -A. Lee, L. P. Jiang et al., Evidence for the early beginning (*c.* 9000 cal. BP) of rice domestication in China, a response, *The Holocene* 17 (2007).

H. Y. Lu, Z. X. Liu, N. Q. Wu et al., Rice domestication and climatic change, phytolith evidence from East China, *Boreas* 31 (2002).

S. Nakamura, The origin of rice cultivation in the lower Yangtze Region, China, *Archaeological and Anthropological Sciences* 2 (2010).

D. R. Piperno, *Phytoliths: A comprehensive guide for archaeologists and paleoecologists*, Alta Mira Press, Lanham, MD, 2006, p. 238.

D. M. Pearsall, D. R. Piperno, E. H. Dinan et al., Distinguishing rice (*Oryza sativa* Poaceae) from wild *Oryza* species through phytolith analysis: results of preliminary research, *Economic Botany* 49 (1995).

D. M. Pearsall, *Paleoethnobotany: a Handbook of Procedures*, second edition. Academic Press, Inc., San Diego, 2000.

Research Center of Chinese Archaeology, *Comprehensive Study of Natural Remains at the Tianluoshan Site*, Cultural Relics Press, Beijing, 2011 (in Chinese).

J. W. Shu, W. M. Wang, L. P. Jiang et al., Early Neolithic vegetation history, fire regime and human activity at Kuahuqiao, lower Yangtze River, East China: new and improved insight, *Quaternary International* 227 (2010).

Y. J. Wang, H. Y. Lu, *The study of phytolith and its application*, China Ocean Press, Beijing, 1993, pp. 70–77 (in Chinese).

Z. J. Zhao, The middle Yangtze region in China is one place where rice was domesticated: phytolith evidence from the Diaotonghuan cave, northern Jiangxi, *Antiquity* 72 (1998).

Z. J. Zhao, D. M. Pearsall, R. A. Benfer et al., Distinguishing rice (*Oryza sativa* Poaceae) from wild *Oryza* species through phytolith analysis, II, Finalized method, *Economic Botony* 52 (1998).

Z. J. Zhao, D. R. Piperno, Late Pleistocene-Holocene environment in the middle Yangtze River valley, China, and rice (*O. sativa*) domestication, the phytolith evidence, *Geoarchaeology* 15 (2000).

Z. J. Zhao, New data and new issues for the study of origin of rice agriculture in China, *Archaeological and Anthropological Sciences* 2 (2010).

Z. J. Zhao, New Archaeobotanic Data for the Study of the Origins of Agriculture in China, *Current Anthropology* 4 (2011).

Zhejiang Provincial Institute of Cultural Relics and Archaeology, Xiaoshan Museum, *Kuahuqiao Site*, Cultural Relics Publishing House, Beijing, 2004 (in Chinese).

Y. F. Zheng, G. P. Sun, L. Qin et al., Rice fields and modes of rice cultivation between 5000 and 2500 BC in east China, *Archaeo-*

logical and Anthropological Sciences 36 (2009).

Y. Zong, Z. Chen, J. B. Innes et al., Fire and flood management of coastal swamp enabled first rice paddy cultivation in east China, *Nature* 449 (2007).

长江下游新石器时代早期水稻植硅石的形态趋势分析

摘　要：研究水稻驯化过程对理解中国农业是如何演变的具有重要意义。本文研究了长江下游上山文化（约 11000—9000 cal. BP）、跨湖桥文化（约 8200—7200 cal. BP）和河姆渡文化（约 7000—6500 cal. BP）的水稻植硅体。两种不同的分析方式都证明水稻植硅体可以分为野生和驯化两种类型，并随着时间的推移，野生稻植硅体的占比下降，而驯化稻的植硅体占比增加。双峰乳突形态特征和扇形植硅体鳞片状装饰数量的变化表明，在上山、跨湖桥和河姆渡文化时期人类的干预行为已经影响水稻的生长。形态特征分析表明，用扇形植硅石和双峰乳突鉴定野生稻和驯化水稻品种时，有很大一部分植硅石既不能归属于野生，也不能归属驯化品种，这种不确定的类型说明，早期驯化水稻的植硅体在形态上既不是完全野生的，也不是完全驯化的。研究结果表明，从野生稻到驯化稻的进化发生在距今 12000—7000 年之间。

关键词：水稻植硅体　形态趋势分析　新石器时代早期

Rice domestication revealed by reduced shattering of archaeological rice from the lower Yangtze valley*

1. Introduction

Archaeological evidence for the initial steps leading to domesticated rice (*Oryza sativa*) in China is elusive, despite being better informed recently by genetic, archaeological, palaeoenvironmental, and archaeobotanical data (Crawford, 2011). While phytoliths from the Shangshan site indicate that rice domestication was underway some time between 12,500 and 7500 BP (Wu et al. , 2014). Phytoliths are silent on two questions: 1) when did key domestication syndrome traits, particularly non-shattering spikelets start undergoing selection by people, and 2) under what conditions did the traits develop? A third issue, the circumstances and timing of *japonica* rice (*Oryza sativa* subsp. *japonica*) differentiation are also problematic. Complementary datasets comprised of rice spikelet bases and seeds of a range of taxa recovered by a form of wet screening, and phytoliths from a stratified structure at the Huxi site (9000–8400 BP) address these questions for the first time. Huxi belongs to the Shangshan culture, the oldest culture so far documented in the lower Yangtze basin. Previous research indicates that rice domestication was well underway by 8000–5500 BP (Crawford et al. , 1998; Zheng et al. , 2007; Fuller et al. , 2009) and that paddy field engineering was established between 7000 and 4000 BP (Cao et al. , 2006; Zheng et al. , 2009; Zheng et al. , 2014). Other domesticated organisms such as pig and peach were managed in a landscape undergoing anthropogenic transformation by 7600 BP (Zheng et al. , 2014).

Rice husks contained in pottery matrices from the Shangshan site (ca. 10,000 BP) (Jiang et al. , 2006; Zheng et al. , 2007) stimulated a heated debate on the origin of domesticated rice (Liu et al. , 2007; Fuller et al. , 2007; Liu et al. , 2007; Fuller et al. , 2007) . The debate was triggered by a preliminary observation of grain length/width ratios hinting that the rice embedded in the Shangshan site pottery was an early domesticated type. Preserved organic matter, charred or otherwise preserved, has until now been rare at Shangshan culture sites, mainly appearing as inclusions in pottery matrices with few spikelet bases being evident. As such, a more comprehensive analysis of the rice from Shangshan has been difficult to achieve, particularly since rice spikelet

* Collaborated with Gary W. Crawford, Leping Jiang, Xugao Chen.

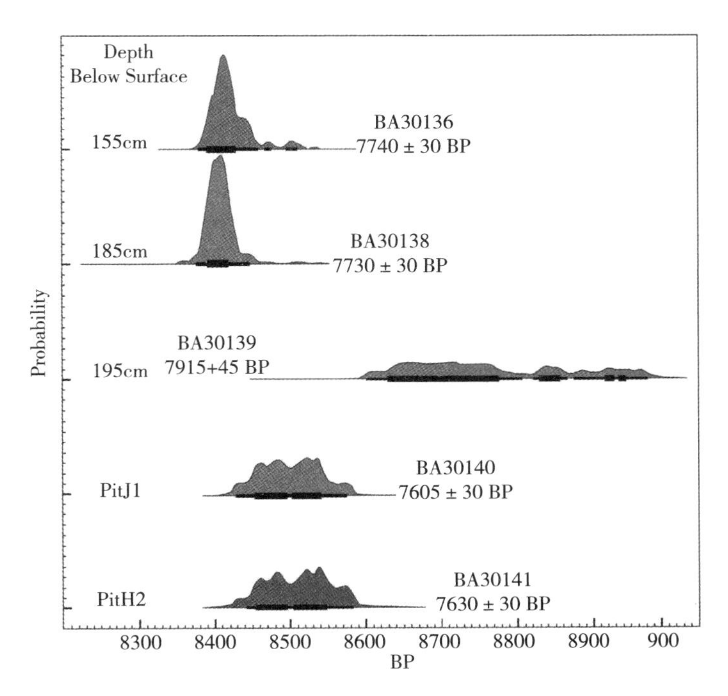

Figure 1 AMS Radiocarbon dates on wood charcoal from the Huxi site (Peking University AMS Laboratory, calibration by Oxcal 3. 10 and INTCAL 104).

bases are key to understanding the nature of rice selection (Zhao, 2010).

The Shangshan Culture Huxi site (28°52′28. 27″N, 120° 1′4. 58″E) (Fig. 1) is an open-air site in Yongkang County, Zhejiang Province, China, dating 9000–8400 BP (Fig. 2). Huxi is situated in a flat basin about 100m above sea level, surrounded by low hills and about 2km from the Yongkang River. A 1. 5m deep cultural deposit in what was possibly a ditch that filled with sediment and cultural debris over time is divided into six strata (Fig. 3). Several pits extended into otherwise undisturbed sediment that forms the floor of the potential ditch. The artefact density is high and contains well-made, thin-walled pottery decorated with red slip, stone querns, and stone balls. Animal bones, charcoal, and plant seeds are also present due to relatively anaerobic conditions in the deepest deposits.

This paper reports the earliest rice remains and associated plant macro-and micro-fossils so far recovered from archaeological sediment samples in the Yangtze Valley, and assesses this assemblage in order to understand both the status of rice domestication and its human ecological context at the time. In particular, we address the development of non-shattering spikelets by examining the variation of abscission layer development at the cellular level in archaeological rice spikelet bases for the first time. The rice remains are assessed in the context of the divergence of japonica (*O. sativa* subsp. *japonica*) and indica (*O. sativa* subsp. *indica*) rice. Current genetic research points to *japonica* arising first from a progenitor population that was already diverging in the *japonica* direction and that indica evolved as a result of hybridization of domesticated *japonica* with local rice in South Asia (Fuller et al., 2008; Ikehashi, 2009; Yang et al., 2012).

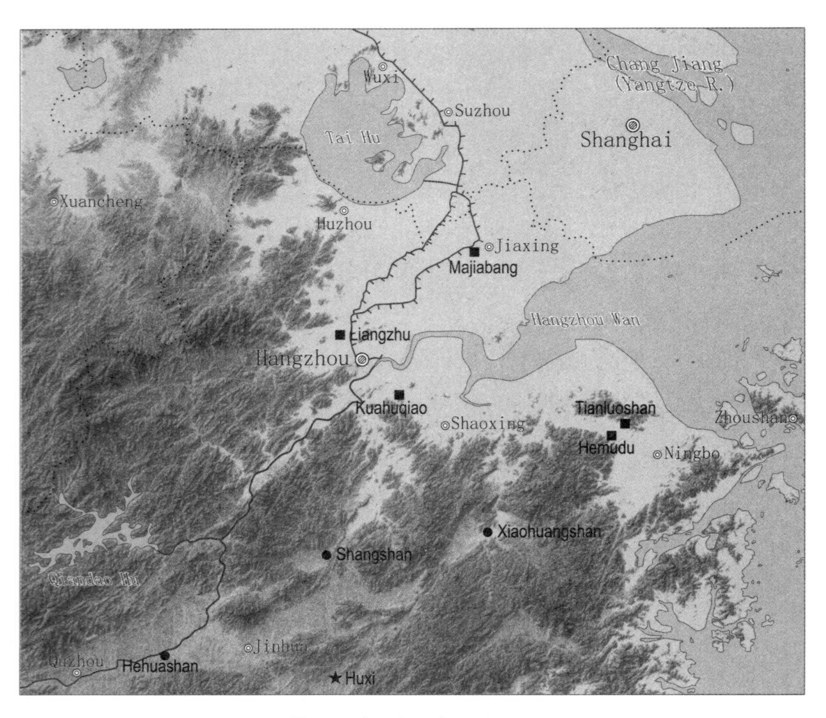

Figure 2 Site locations.

•, Archaeological sites older than 8000 BP; these are located in the uplands between 40 and 100m above sea level. ■, Archaeological sites younger than 8000 BP; these are between 2 and 5m above sea level. The map modified from Zheng et al. (Zheng et al., 2014), which is licensed under the Creative Commons Attribution License (http://creativecommons.org/licenses/by/4.0/)

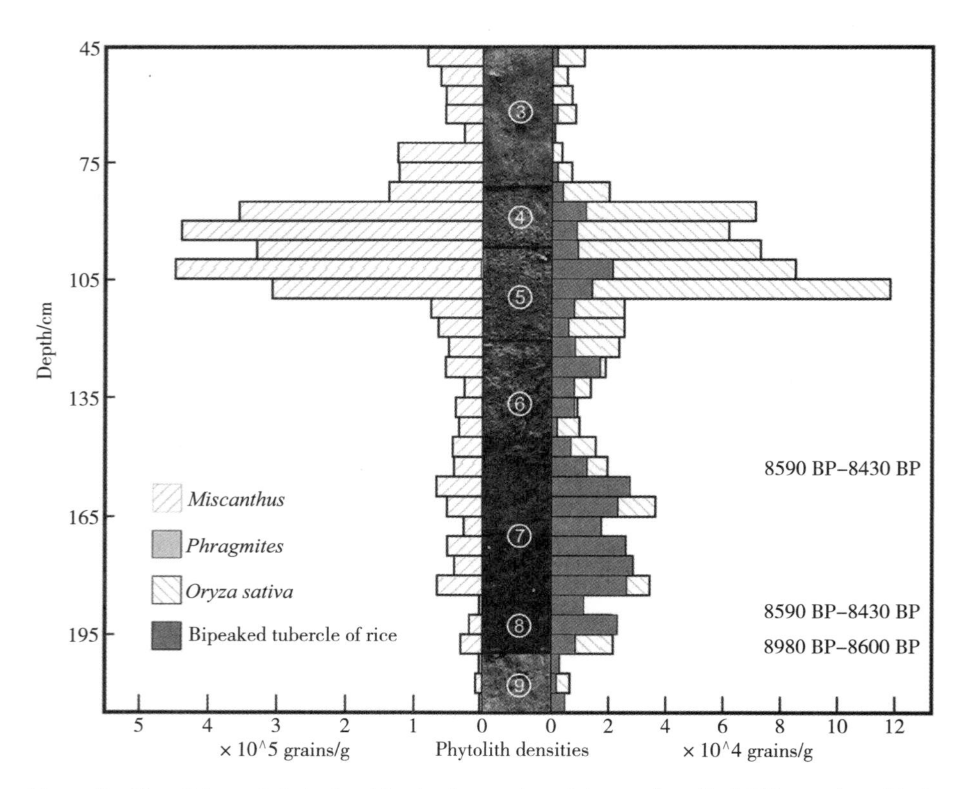

Figure 3 Phytoliths and their densities in the section of the south wall of ST3 trench at Huxi. Correspondence of the archaeological levels with sampled levels is indicated by the photo in the center column.

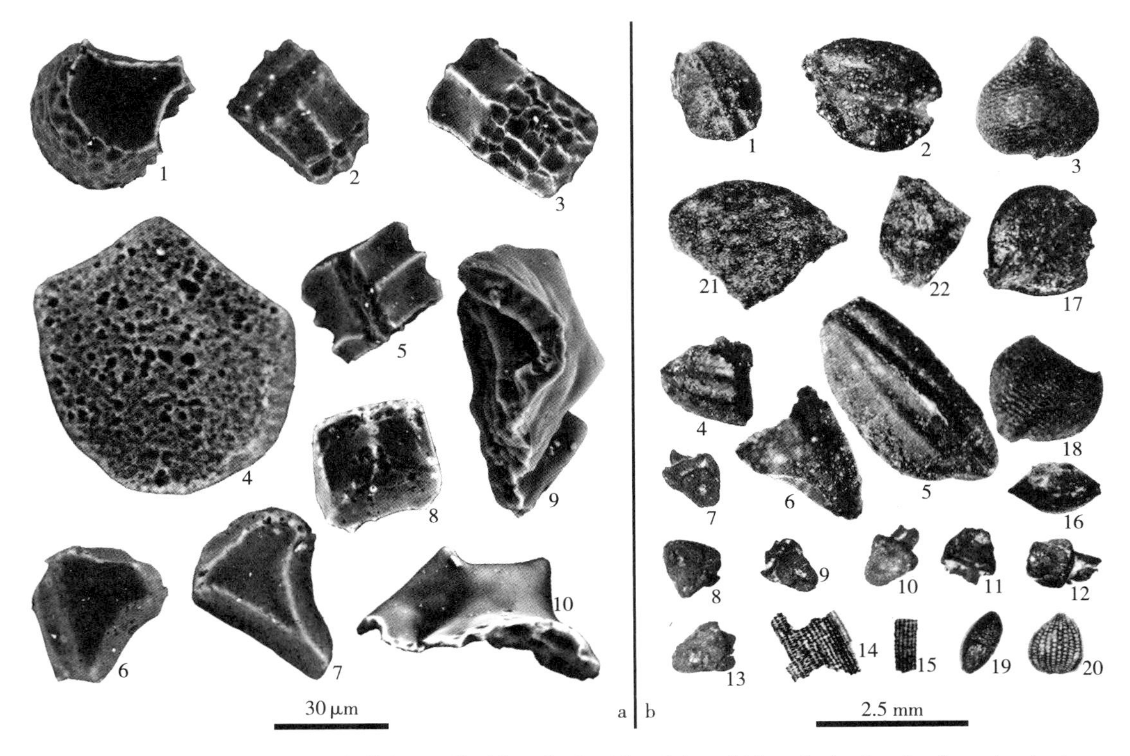

Figure 4 (a) Phytoliths from Poaceae bulliform cells (from leaf epidermis) and bi-peaked tubercles from rice husks recovered from Huxi. 1–3. rice (*Oryza* sp.) 4. reed (*Phragmites* sp.) 5. bamboo (Bambusoideae) 6–8. silvergrass (*Miscanthus* sp.) 9, 10. bi-peaked tubercles of rice. (b) Charred plant remains from Huxi. 1. selfheal (*Prunella* sp.) 2. cupgrass (*Eriochloa* sp.) 3, 17. sedge family (Cyperaceae) 4–6. carbonized rice 7–13. rice rachillae 14–15. rice husks fragments 16. knotweed/smartweed (Polygonaceae) 18. bristlegrass (*Setaria* sp.) 19. crabgrass (*Digitaria* sp.) 20. tall fringe-rush (*Fimbristylis dichotoma*) 21, 22. foxnut (*Euryale ferox*).

2. Results

2.1 *Phytoliths*

All samples contain high densities of Poaceae bulliform phytoliths (from leaf epidermis) and bi-peaked tubercles from rice husks (palea and lemma).

The bulliform phytoliths are from rice, *Phragmites* sp. (common or ditch reed), *Miscanthus* sp. (Chinese silvergrass), and Bambusoideae (bamboos) (Figs 3 and 4a). The rice phytoliths in the cultural layers average 38693 grains/g (range: 6000 to 70000 grains/g), and 59536 grains/g in the pits (range: 20000 to 70000 grains/g). Bi-peaked tubercles average 13327 grains/g in the cultural layers (range: 800 to 25000 grains/g), and 43476 grains/g in the pits (range: 11000 to 81000 grains/g) (Supplementary Table S2). Silvergrass and rice leaf phytolith densities are positively correlated and are as much as five times higher in strata 4 and 5. In contrast, rice husk phytolith (bi-peaked tubercle) densities in the same strata are significantly lower than in deeper strata (below stratum 5).

Table 1 Plant remains from the Huxi site.

Stratigraphic layers and pits	4	5	6	7	8	J1	H2	H7	H8	Total
Sediment volume (L)	1.5	2	2	2	1	9	18	6	6	47.5
Rice grain fragments (*Oryza* sp.)	0	0	0	0	0	1	6	0	0	7
Rice rachillae	0	1	0	0	0	24	78	0	23	126
Rice husks fragments	1	0	0	0	0	0	6	0	5	12
Bristlegrass (*Setaria* sp.)	0	0	0	0	0	1	3	0	0	4
Crabgrass (*Digitaria* sp.)	0	0	0	0	0	0	1	0	2	3
Cupgrass (*Eriochloa* sp. cf. *E. villosa*)	0	0	0	0	0	0	1	0	0	1
Self-heal (*Prunella* sp. cf. *P. vulgaris*)	0	0	0	0	0	0	1	0	0	1
Sedge family (Cyperaceae)	0	0	0	0	0	0	6	0	2	8
Tall fringe-rush (*Fimbristylis dichotoma*)	0	0	0	0	0	0	1	0	0	1
Foxnut (*Euryale ferox*)	0	0	0	2	0	2	5	0	3	12
Knotweed/smartweed (Polygonaceae)	0	0	0	0	0	1	1	0	0	2
Other	0	0	0	1	0	1	3	0	0	5
Total	1	1	0	3	0	30	112	0	35	182
Density (number/L)	1	1	0	2	0	3	6	0	6	4

2.2 *Plant seeds and rice remains*

Nine plant taxa (for scientific names see Table 1) including rice, bristlegrass, crabgrass, cupgrass, self-heal, foxnut, knotweed/smartweed, sedge family, tall fringe-rush have been identified among the 182 seeds and spikelet bases, 35 of which are seeds other than rice (Table 1, Fig. 4b). The density of the charred remains is about 4 grains/L, similar to that of the densest samples found at the Early Holocene Houli culture Yuezhuang site to the north (Crawford et al., 2013). The archaeological remains of rice include 126 short rachillae (spikelet bases), some husk fragments, and a few carbonized grain fragments.

2.3 *Spikelet base morphology*

Three types of spikelet bases are present among the short rachillae from Huxi site: 1) a wild type with a smooth base and medullary cavity exhibiting no evidence of tearing, 2) an intermediate type with a relatively smooth base and a vascular bundle with evidence of tearing or some pedicel still present, and 3) a non-shattering type with part of the pedicel present because the spikelet was removed from the rice plant by breaking the pedicel rather than separating at the spikelet base. There are 77, 38, and 11, accounting for 61.2%, 30.1%, and 8.7% of the total, respectively.

SEM (TM-100, Hitachi) images (Fig. 5) show that most smooth and rough spikelet bases have incomplete abscission layers, although the abscission layers are still developed to some extent. These features differ from either wild rice with complete abscission layer development or indica rice that has incomplete abscission layer development and a few vascular bundles around a medullary cavity (pith cavity). The vascular bundles are dispersed on the spikelet bases and not as developed as in japonica rice.

3. Discussion

The results of the Huxi plant remains analysis have broad implications regarding both rice domestication and its human ecological context in the Early Holocene Yangtze valley. The recovery of rice remains, especially the short rachillae of rice spikelets, is particularly informative. The charred grain fragments suggest that rice was a food resource at Huxi but offer little insight into the development of domestication syndrome traits because grain size measurements are unreliable diagnostic traits (Crawford, 2011). Furthermore, seed size likely changes only after the domestication process is well underway. Domesticated rice has at least 20 domestication syndrome traits, most of which are quantitative and few of which can be observed in the archaeological record (Crawford, 2011). As a result, domestication of rice (and other grasses) is best indicated by archaeological evidence for reduced shattering that was essential for humans to efficiently harvest the crop and that rendered the plant dependent on humans (Harlan et al., 1973; Fuller, 2007; Lin et al., 2007). Complete loss of shattering is not conducive to simple threshing methods, so relatively complete loss of shattering probably developed when better, more mechanized methods were available (Lin et al., 2007; Sang, 2009). The considerable non-shattering variation is evidence that it is a polygenic trait, confirmed by the identification of at least 5 QTLs that are involved, two of which are considered to be the major contributors to shattering variation (qSH1 and qSH4) (Ikehashi, 2009; Konishi et al., 2006; Ishikawa et al., 2010).

The base of the spikelet in wild grasses is attached to the pedicel and is separated from the pedicel by the formation of an abscission layer comprised of parenchyma cells. Wild rice forms a complete abscission layer, whereas domesticated rice forms a variable, discontinuous layer of abscission cells between the vascular bundle and epidermis. Some varieties of japonica rice are almost completely non-shattering while some are not. *Indica* rice is generally more shattering than japonica because the abscission layer in indica rice does not develop in the region immediately surrounding the medullary cavity. Japonica rice on the other hand, has a discontinuous abscission layer that retreats further from the vascular bundle, so it tends to be less brittle than *indica* (Lin et al., 2007; Konishi et al., 2006). The parts of the base without abscission cells have a collection of vascular bundles with pores (Hoshikawa, 1999). The variation in abscission layer growth patterns among mature wild, *indica*, and japonica rice is, therefore, associated with spikelet base morphological differences. Wild rice has a smooth base with an intact medullary cavity, whereas, despite a smooth base, threshed *indica* is frequently with a torn medullary cavity. Threshed japonica rice has a rough base with some pedicel still attached, so few vascular bundles are visible. Archaeologically recovered spikelet bases thus permit distinguishing wild from domesticated rice (Crawford et al., 1998; Zheng et al., 2007; Fuller et al., 2009) and have the potential to diagnose whether the rice is *japonica*, *indica*, or neither.

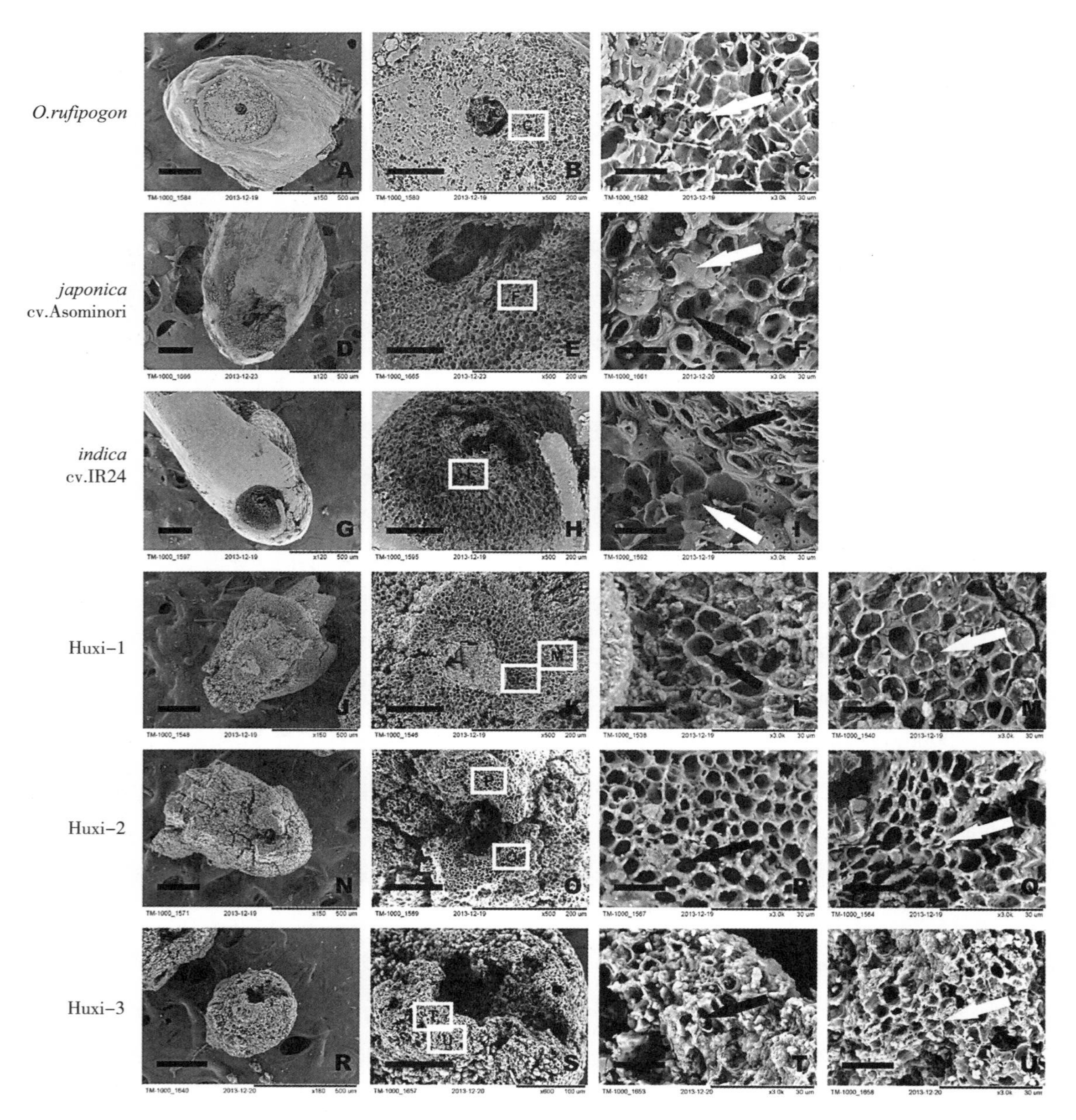

Figure 5 Morphological and histological comparisons of spikelet bases of modern rice and archaeological rice from Huxi site. (A-C) wild rice: the box in (B) shows the enlarged area (C) that is comprised entirely of abscission cells; (D-F) japonica rice: the box in (E) shows the enlarged area (F) with a discontinuous abscission layer; (G-I) indica rice: the box in (H) shows the enlarged area (I) in which the abscission layer did not develop in the region immediately surrounding the medullary cavity. The lower three rows (J-U) document short rachillae from the Huxi site; the boxes in (K, O, S) show the enlarged areas (L, P, T), respectively, where the abscission layer did not develop but vascular bundles formed; the boxes in (K, O, S) show the enlarged areas (M, Q, U), respectively where an abscission layer developed in some areas. The black arrows indicate where vascular bundles formed while the white arrows indicate where an abscission layer developed. Scale bar: A, D, G, J, N, R, 250μm; B, E, H, K, O, S, 100μm; C, F, I, L, P, T, M, Q, U, 15μm.

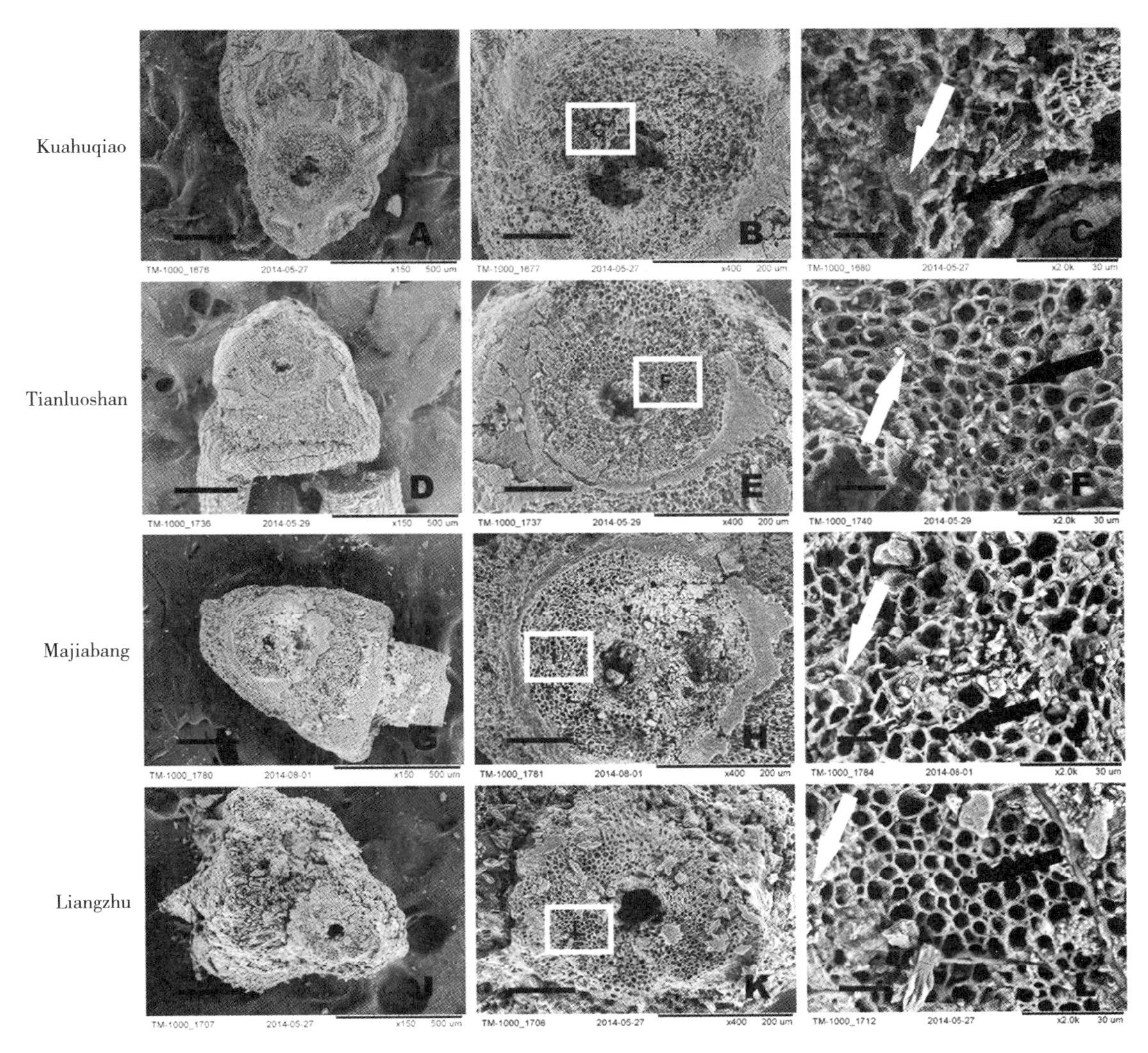

Figure 6 Comparison of archaeological rice spikelet bases from four sites post-dating Huxi.

(A-C) Kuahuqiao, (D-F) Tianluoshan, (G-I) Majiabang, and (J-L) Liangzhu. The boxes in (B, E, H) and (K) show the enlarged areas in (C, F, I, L) respectively, where an abscission layer did not develop, instead vascular bundles are present. The black arrows indicate where vascular bundles formed, while the white arrows indicate where an abscission layer developed. Scale bars: A, D, G, J, 250μm; B, E, H, K, 100μm; C, F, I, L, 15μm.

The intermediate and non-shattering types among the Huxi spikelet bases are evidence of selection that shifted the population to reduced shattering by 9000–8400 BP. Furthermore, the Huxi spikelet bases with dispersed vascular bundles and discontinuous abscission cells contrasts with both wild and indica rice, suggesting that japonica rice was, at the very least, beginning to differentiate at the time. However, the Huxi rice with about 61 percent shattering and 30 percent intermediate had not differentiated as much as the later rice from Kuahuqiao (8000–7700 BP) where shattering (wild type) rice accounts for about 58 percent of the population there (Zheng et al., 2007). The precise ratio of shattering to non-shattering rice is disputed because some of the spikelet bases may be immature and make up a portion of the non-shattering spikelets (Fuller et al., 2009); nevertheless mature, non-shattering spikelet bases are a significant part of the Kuahuqiao assemblage in our view. Both Tianluoshan and Luojiajiao (ca. 7000–6500 BP) sites, next in the cultural sequence, have 49 percent shattering rice (Zheng et al. , 2007).

Differences in seed shattering between *indica* and *japonica* are controlled by five QTLs, qSH11, qSH12 in *indica*, and qSH1, qSH2 and qSH5 in *japonica*, all of which contribute to a decrease in seed shattering owing to the absence of abscission layer formation. The qSH1 QTL has the largest effect, explaining 68. 6% of the total phenotypic variation in the population; qSH1 decreases the expression of the transcription factor only at the provisional abscission layer, resulting in reduced shattering (Konishi et al. , 2006). The Huxi spikelet bases indicate that a mutation of the loss of shattering allele had already occurred. The minor alleles, qSH2 and 5 had, therefore, mutated by 8400 years ago but the major allele qSH1 had not yet.

The spikelet bases of the Tianluoshan (7000–6500 BP) rice, and most of the specimens from Majiabang (6300–6000 BP) and Liangzhu (5300–4300 BP) sites, respectively, also have features of *japonica* with developed vascular bundles (Fig. 6). The vascular bundles of a few examples with smooth bases appear to have developed over time as the abscission layer became vestigial (reducing shattering). This suggests that japonica rice with the qSH1 mutation was present by at least 7000 years ago (Konishi et al. , 2006) when the initial paddy system for cultivating rice was established (Zheng et al. , 2009). This is supported by DNA extracted from rice husks at Tianluoshan, which links the rice to *japonica* (Fan et al. , 2011).

A second major QTL that affects grain shattering is shattering 4 (qSH4). This QTL is thought to be involved in cell wall degradation and/or the establishment of the abscission layer (Lin et al. , 2007; Li et al. , 2006). This mutation likely occurred before the differentiation of *japonica* and *indica* (Kovach et al. , 2007; Vaughan et al. , 2008), that is, earlier than the qSH1 mutation because it is found in both indica and japonica rice. The spikelet bases from Huxi have characteristics of japonica rice suggesting that the Huxi rice had already experienced initial selection for the non-shattering trait. Rice cultivation therefore must have begun earlier than the Huxi site occupation. This is consistent with the recent phytolith study at the Shangshan site, which indicates that rice was undergoing domestication during the Shangshan period (Jiiang et al. , 2014) and with a molecular clock estimate based on phylogenetic sequence datasets that brackets domestication to between 13500 and 8200 BP (Molinaa et al. , 2011).

The domestication of cereals was a long process in general. The non-shattering phenotypes of wheat and barley, for example, gradually became fixed in cultivated populations over at least two or three millennia (Lin et al. , 2007; Tanno et al. , 2006). The spikelet bases from the Tianluoshan site, with the developed vascular bundles rather than the mostly vestigial abscission layer, are evidence that non-shattering had become dominant in the cultivated populations by 7000 years ago. The evidence also suggests that the process of rice domestication is similar to that of wheat and barley. Despite higher cross-pollination rates in wild rice (Oka et al. , 1967) relative to the self-pollinating wheat and barley (Hillan et al. , 1990), pollination systems may not have had an appreciable impact on the rate of domestication (Fuller et al. , 2009). Instead, the presence of sympatric populations of both wild and domesticated cereals may have dampened selection for domestication (Allaby et al. , 2008).

Another aspect of the record to consider is that the diffusion of an eventually important crop is an indirect indication of its economic significance and possible domestication. Some time between 9000 and 8000 BP rice grains were incorporated into the Jiahu site economy in the Huai River valley to the north of the Yangtze basin and 400 km south of Yuezhuang. The extent to which the Jiahu rice was non-shattering or outside the range of wild rice at the time is unknown. Rice grains reported from two Houli culture sites, Yuezhuang and Xihe in Shandong Province (8000–7700 BP), are evidence that rice had spread 800 km north of central Zhejiang province by the end of the Shangshan period (Crawford et al., 2006; Jin et al., 2014). Although evidence for rice being grown that far north (e. g. tools and ecological indicators such as weeds) is not forthcoming, rice was clearly of interest to early Neolithic people well north of the Yangtze basin suggesting that it was a plant with significant value at the time. No other evidence of a plant moving this far north from the Yangtze valley has been reported so far.

Japonica and indica rice have morphological and physiological differences, as well as significant reproductive isolation despite being grown in overlapping geographical ranges today (Oka, 1988; Londo et al., 2006; Chen et al., 1993). The divergence of japonica and indica rice is not well understood, involving either separate domestications or a single domestication of *O. sativa* after which the subspecies diverged (Ikehashi, 2009; Yang et al., 2012; Molinaa et al., 2011). The general consensus is that rice was domesticated from a specific population with japonica affiliations and that domestication enhanced the differences (Huang et al., 2012). In this scenario hybridization and introgression between wild and domesticated rice were responsible for the development of indica rice (Yang et al., 2012; Huang et al., 2012). The characteristics of the spikelet bases of archaeological rice from Huxi are consistent with rice having been domesticated from a differentiated wild population or showing the early development of domesticated japonica rice. Recent research indicates that Indochina is the source of the indica gene pool (Civan et al., 2015). Indica resulted from the hybridization of japonica and 'proto-*indica*' rice after japonica was introduced to India; indica subsequently spread to Thailand during the historic period (Castillo et al., 2016).

The phytolith and seed remains complement the spikelet base data. Silvergrass and rice are the most common plant taxa among the phytoliths while common/ditch reed is quite rare (Fig. 3). The phytoliths most likely represent plants growing in, or close to, the excavated unit or washed in from nearby. Common reed requires seasonal flooding and water no more than half a meter deep when flooded so its presence suggests intermittent low-level flooding, to be expected in this region. Silvergrass is represented by four species in the region: *M. senses*, *M. floridulus*, *M. sacchariflorus* and *M. lutarioriparius*. They prefer a variety of mesic conditions, but none are as wet as common reed requires. Silvergrass is sun tolerant and prefers well-drained, rich, compacted or disturbed soil (common in anthropogenic habitaTS). The plants indicate that the area was seasonally wet and moist to dry. This habitat is also conducive to annual rice; that is anthropogenic habitats kept relatively free of common reed (present but rare among the phytoliths). Silvergrass may have been growing in clumps that were difficult to eradicate. Rice and silvergrass phytolith densities are directly correlated and are in high densities in levels 4, 5 and 6. The most plausible explanation is that anthropogenesis, especially rice cultivation, increased over time

(see http: //www. issg. org/database/species/ecology. asp? si = 1121&lang = EN) . We are not suggesting that paddy fields existed at Huxi, only that conditions in and near the excavated area were anthropogenic and suitable for rice.

The seeds, although not particularly abundant, are consistent with the phytolith data also providing evidence that disturbed, well-lit and dry through wetland habitats comprised the local habitats. Bristlegrass and crabgrass are common in disturbed, well-lit areas and are associated with later agricultural sites in China. Cupgrass prefers damp, disturbed areas and tends to be invasive. Foxnut and self-heal are the most common taxa other than rice. Foxnut is an aquatic plant that was an important resource at Kuahuqiao and Hemudu culture occupations. Self-heal is a perennial and a member of the mint family often used for medicinal purposes. It, too, tends to be a weedy, invasive plant. We are not aware of other reports of self-heal from archaeological contexts in China. The remaining taxa are represented by three or fewer seeds. Among them, sedges are commonly found in wetland through damp habitats. The plant assemblage is arguably evidence for a nascent Kuahuqiao-Hemudu human ecology; that is, a mixed economy that included cultivation (Zong et al. , 2007) . The data demonstrate a continuous sequence of rice spikelet base abscission layer evolution (and therefore varying degrees of non-shattering rice) and niche construction/ecological engineering that began in the Shangshan culture and continued into the later Neolithic of the region.

4. Methods

4. 1 *Materials*

Thirty-eight sediment samples were collected from the southern section of trench ST3 at regular five cm intervals. Samples of sediment were also collected from pits for phytolith analysis. Sediment samples (1 to 18 liters) from each stratum and the pits were wet screened to recover macro-remains (flotation was not possible due to high clay content of the sedimenTS) .

4. 2 *Phytolith Analysis*

Sediment samples were dried in a convection oven at 100 °C and mechanically crushed. One gram of soil and 300, 000 glass beads (about 40μm) were transferred to a 12ml sample bottle. 10ml of water and 1ml of 5% sodium silicate were added, then the sample was vibrated in an ultrasonic cleaner (38 kHz, 250W) for about 20 min to separate the particles. The sample was filtered in water to remove particles less than 20μm in diameter, then dried again. Using the EUKITT® mounting medium, the filtered sample was distributed uniformly on a microscope slide to facilitate the investigation of phytoliths. After being magnified 200 times with a Nikon E600 microscope, the phytoliths and glass beads were counted in the same field of vision (300 glass beads at least) , and then the weight densities of phytoliths (no/soil wt) were calculated, according to the ratios of the phytoliths to the glasses beads.

4. 3 *Wet screening Sample Analysis*

Soil was placed in a 1000 ml beaker, and 500 ml of 5% $NaHCO_3$ was added as a dispersant. The sample was placed in a 70–80℃ water bath for 3 hours during which time the sample was stirred to separate sediment particles. The sample was then decanted through a sieve (Φ340 μm) until the water was clear. The resulting material was examined for identifiable plant remains with a stereomicroscope (Nikon SMZ1000).

4.4 *Observing rice spikelet bases*

The rice rachillae were classified based on spikelet base features. The spikelet bases were sputter-coated (Hitachi E-1010) and examined using a Hitachi TM-1000 SEM. In addition, The spikelet bases from Kuahuqiao, Tianluoshan, Majiabang, and Liangzhu sites, were examined to provide comparative samples through time.

Acknowledgements

This research was supported by the scientific foundation of the China State Administration of Cultural Heritage (Grant no. 20120230), the National Science and Technology Major Project of China (Grant no. 2015CB953801), and the Zhejiang Provincial scientific foundation for heritage conservation (Grant no. 2014005), and the Social Sciences and Humanities Research Council of Canada (Grant no. 43520151631). The authors would like to thank Prof. Wu Xiaohong of Peking University for the AMS radiocarbon dates. The authors would also like to thank the excavators of the Huxi site for their help in collecting the sediment samples.

Scientific Reports 6 (2019)

References

R. G. Allaby, D. Q. Fuller, T. A. Brown, The genetic expectations of a protracted model for the origins of domesticated crops, *PNAS* 105 (2008).

Z. H. Cao, J. L. Ding, Z. Y. Hu et al., Ancient paddy soils from the Neolithic age in China's Yangtze River Delta, *Naturwissenschaften* 93 (2006).

C. C. Castillo, K. Tanaka, Y. I. Sato et al., Archaeogenetic study of prehistoric rice remains from Thailand and India: evidence of early *japonica* in South and Southeast Asia, *Archaeological and Anthropological Sciences* 3 (2016).

W. B. Chen, I. Nakamu, Y. I. Sato et al., Distribution of deletion type in cpDNA of cultivated and wild rice, *The Japanese Journal of Genetics* 68 (1993).

G. W. Crawford, C. Shen, The origin of rice agriculture: recent progress in East Asia, *Antiquity* 72 (1998).

G. W. Crawford, X. Chen, J. Wang, Houli Culture rice from the Yuezhuang site, Jinan, *East Asia Archaeology* 3 (2006) (in Chinese).

G. W. Crawford, Early rice exploitation in the lower Yangzi valley: What are we missing? *The Holocene* 22 (2011).

G. W. Crawford, X. X. Chen, F. S. Luan et al., A preliminary analysis of the plant remains assemblage from the Yuezhuang site, Changqing district, Jinan, Shandong Province, *Jianghan Archaeology* 2 (2013) (in Chinese).

L. J. Fan, Y. J. Gui, Y. F. Zheng et al., Ancient DNA sequences of rice from the low Yangtze reveal significant genotypic divergence, *Chinese Science Bulletin* 56 (2011).

D. Q. Fuller, Contrasting patterns in crop domestication and domestication rates: Recent archaeobotanical insights from the Old World, *Annals of Botany* 100 (2007).

D. Q. Fuller, E. Harvey, L. Qin, Presumed domestication? Evidence for wild rice cultivation and domestication in the fifth millennium BC of the lower Yangtze region, *Antiquity* 81 (2007).

D. Q. Fuller, L. Qin, E. Harvey, Rice archaeobotany revisited: Comments on Liu et al., *Antiquity* 82 (2007).

D. Q. Fuller, L. Qin, Y. F. Zheng et al., The domestication process and domestication rate in rice: spikelet bases from the lower Yangtze, *Science* 323 (2009).

D. Q. Fuller, Y. I. Sato, Japonica rice carried to, not from, Southeast Asia, *Nature genetics* 40 (2008).

J. R. Harlan, M. J. De Wet, E. G. Price, Comparative evolution of cereals, *Evolution* 27 (1973).

G. C. Hillman, S. Davies, Measured domestication rates in wild wheats and barley under primitive cultivation, and their archaeological implications, *World Prehistory* 4 (1990).

K. C. Hoshikawa, *Growth of rice*, Rural Culture Association Japan, 1999, pp. 17–35 (in Japanese).

X. H. Huang, N. Kurata, X. H. Wei et al., A map of rice genome variation reveals the origin of cultivated rice, *Nature* 490 (2012).

H. Ikehashi, Why are there indica type and japonica type in rice?—History of the studies and a view for origin of two types, *Chinese Journal of Rice Science* 16 (2009).

R. Ishikawa, P. T. Thanh, N. Nimura et al., Allelic interaction at seed-shattering loci in the genetic backgrounds of wild and cultivated rice species, *Genes & Genetics Systems* 85 (2010).

L. P. Jiang, L. Liu, New evidence for the origins of sedentism and rice domestication in the lower Yangtze River, China, *Antiquity* 80 (2006).

G. Y. Jin, W. W. Wu, K. S. Zhang et al., 8000-year old rice remains from the north edge of the Shandong highlands, East China, *Journal of Archaeological Science* 51 (2014).

S. Konishi, T. Izawa, S. Y. Lin et al., An SNP caused loss of seed shattering during rice domestication, *Science* 312 (2006).

M. J. Kovach, M. T. Sweeney, R. McCouch, New insights into the history of rice domestication, *Trends in Genetics* 23 (2007).

C. B. Li, A. Zhou, T. Sang, Rice domestication by reducing shattering, *Science* 311 (2006).

Z. W. Lin, M. E. Griffith, X. R. Li et al., Origin of seed shattering in rice (*Oryza sativa* L.), *Planta* 226 (2007).

L. Liu, G. A. Lee, L. P. Jiang et al., The earliest rice domestication in China, *Antiquity* 82 (2007);

L. Liu, G. A. Lee, L. P. Jiang et al., Evidence for the early beginning (c. 9000 cal. BP) of rice domestication in China: A response, *The Holocene* 17 (2007).

J. P. Londo, Y. C. Chiang, K. H. Hung et al., Phylogeography of Asian wild rice, *Oryza rufipogon* reveals multiple independent domestications of cultivated rice, *Oryza sativa*, *PNAS* 103 (2006).

J. Molinaa, M. Sikora, N. Garud et al., Molecular evidence for a single evolutionary origin of domesticated rice, *PNAS* 108 (2011).

H. Oka, H. Morishima, Variation in the breeding systems of a wild rice, *Oryza* perennis, *Evolution* 21 (1967).

H. I. Oka, *Origin of cultivated rice*, Japan Scientific Societies Press, Elsevier, Japan, 1988, pp. 1–254.

T. Sang, Genes and mutations underlying domestication transitions in grasses, *Plant Physiology* 149 (2009).

K. I. Tanno, G. Willcox, How fast was wild wheat domesticated? *Science* 311 (2006).

D. A. Vaughan, B. R. Lu, N. Tomooka, Was Asian rice (*Oryza sativa*) domesticated more than once? *Rice* 1 (2008).

Y. Wu, L. P. Jiang, Y. F. Zheng et al., Morphological trend analysis of rice phytolith during the early Neolithic in the lower Yangtze, *Journal of Archaeological Science* 49 (2014).

C. C. Yang, Y. Kawahara, H. Mizuno et al., Independent domestication of Asian rice followed by gene flow from *japonica* to *indica*, 3 – 38 Rice Domestication Revealed by Reduced Shattering of Archaeological rice from the Lower Yangtze valley 29 (2012).

Z. Zhao, New data and new issues for the study of origin of rice agriculture in China, *Archaeological and Anthropological Sciences* 2 (2010).

Y. F. Zheng, G. P. Sun, X. G. Chen, Characteristics of the short rachillae of rice from archaeological sites dating to 7000 years ago, *Chinese Science Bulletin* 52 (2007).

Y. F. Zheng, L. P. Jiang, Remains of ancient rice unearthed from the Shangshan site and their significance, *Archaeology* 9 (2007) (in Chinese).

Y. F. Zheng, G. P. Sun, L. Qin et al., Rice fields and modes of rice cultivation between 5000 and 2500 BC in east China, *Journal of Archaeological Science* 36 (2009).

Y. F. Zheng, G. W. Crawford, X. G. Chen, Archaeological evidence for peach (*Prunus persica*) cultivation and domestication in China, *PLoS One* 9 (2014).

Y. F. Zheng, X. G. Chen, P. Ding, Studies on the archaeological paddy fields at Maoshan site in Zhejiang, *Quaternary Science* 34 (2014) (in Chinese).

Y. Zong, Z. Chen, J. B. Innes et al., Fire and flood management of coastal swamp enabled first rice paddy cultivation in east China, *Nature* 449 (2007).

古代水稻落粒性减弱揭示的长江下游水稻的驯化

摘　要：湖西遗址沟渠状结构的遗迹中出土了中国最古老的水稻（*Oryza sativa*）小穗轴基盘和相关植物遗存，年代在距今9000年至距今8400年之间。这些遗存记录了水稻驯化的早期阶段以及早期种植的生态环境。来自湖西遗址的水稻小穗轴基盘包括野生（落粒）、中间和驯化（不落粒）等3种形式。中间型和不落粒小穗基盘的比例表明，最晚在湖西遗址已经开始对水稻不落粒进行了选择。遗址的水稻还具有粳稻（*Oryza sativa* subsp. *japonica*）的特性，有助于阐明水稻重要谱系的演化。种子、植硅石及其环境增加了遗址所处年代人类活动和水稻种植的证据。来自跨湖桥（8000—7700 BP）、田螺山（7000—6500 BP）、马家浜（6300—6000 BP）和良渚（5300—4300 BP）遗址的水稻小穗轴基盘表明，水稻经历了持续选择，向减弱落粒性和粳稻方向演化，证实了水稻的长期驯化过程。

关键词：湖西遗址　植物遗存　水稻小穗轴　植硅体分析　栽培与驯化

环境考古

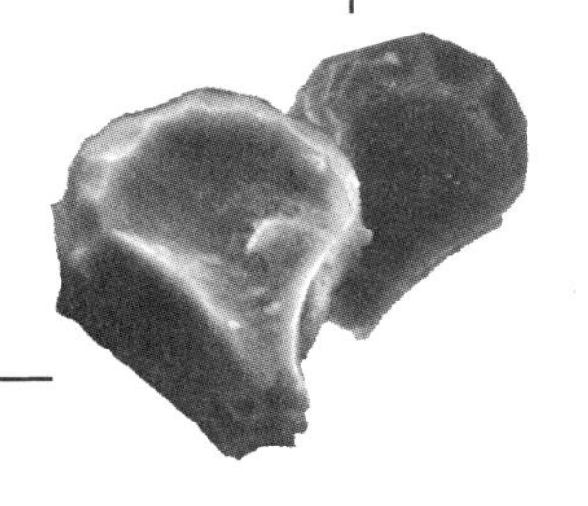

树木遗存反映的长江下游
距今8000—3500年的森林植被的变迁

一 引言

地球上的所有生命，都离不开物质和能源，人类也是如此。人类以环境为载体，总是在一定的环境空间存在；人类所需要的物质和能源，来自于自然环境；这就意味着，人类与环境的关系，是贯穿人类历史长河的一个永恒主题，人类的活动总是同其周围的环境相互作用、相互制约和相互转化。自然环境，既影响我们的生产和生活方式，也影响经济和社会的结构，人类是环境的产物，在一定意义上讲，也是环境的塑造者。人类从树栖到穴居，从穴居到屋居，从采集自然食物到发展农耕、畜牧等，这些都是人类适应环境的过程。应该说，从古人类的被动适应，到现代人有意识地改造环境，使之能适应人类的生存和发展，无不体现出人与环境的统一关系。

考古学是根据古代人类各种活动遗留下来的实物以研究人类古代社会历史的一门科学，研究内容包括：人类过去的生活方式，宗教、文化和社会组织形态，社会发展规律等古代人类社会的方方面面。人类既然是环境的产物，那么，要正确理解和把握古代人类社会的政治、经济、文化、意识形态等问题的形成与发展，就必须要认识古代人类社会所处的自然环境。因此，考古学和人类学研究的内容也包括环境方面。

人类环境主要由四部分组成：大气、土壤岩石、水和生物，它们相互联系、相互依赖、相互影响。生物是与人类生活联系最为密切的一部分，对环境变化的反应也最为敏感，不仅是人类社会面貌的一个决定因素，而且能及时反映出气候等环境因素的变化。因此，通过对地层中埋藏的动植物遗存，诸如动物遗骸、植物孢粉等分析，是考古研究人员获得古代人类经济活动和环境状况的重要手段。

长江下游古环境的考古学研究是以河姆渡遗址的发现为契机，许多古代遗址的发掘，把古环境研究作为一项重要内容，通过孢粉分析和动物遗骸分析获得遗址所处时代的环境以及气候变化信息①。

树木遗存是遗址中常见的大型植物遗存的一种，常见于建筑构件、生产和生活木制器具，以及加工构件和木器过程中留下的废弃物和薪材的残存，另外还有树木燃烧后产生的炭块等，是研究古代环境和森林植被的好材料。在远古时期，人类利用木材一般是就地取材、就近取材，在一定程度上能反映出人类活动范围内森林植被和气候等方面的信息。同孢粉分析相比，从树木遗存分析鉴定方便，没有漂移，反映的是遗址附近的森林植被；不足的是由于人类的利用木材可能具有选择性，获得植被全部种群数量信息比孢粉会少些，但树木遗存分析在研究古环境方面的意义是不容置疑的。最近几年，树木遗存研究工作的启动，为我们研究新石器时代环境和气候变化又提供一种新手段，并且已经获得了一些初步研究成果②。

本文是在对浙江省最近几年考古遗址（图一）发掘中出土木材的鉴定数据基础上，按遗址不同年代对出土树木遗存进行分类、比较，试图在各个时代的森林植被特点及其演替规律进行一些探讨，并以森林植被演替规律为基础，对气候变迁等问题进行考察。

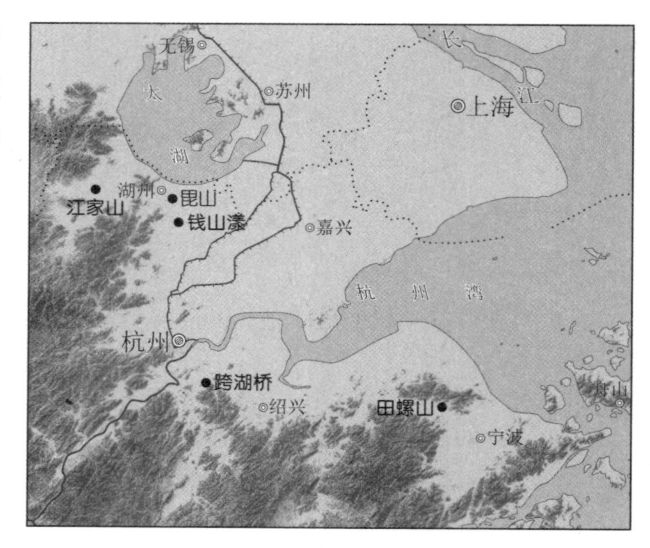

图一　研究遗址

二　树木遗存反映的新石器时代的森林植被特征

1. 距今8000—7000年前的森林植被

跨湖桥文化是长江下游发现的一个新的文化类型，目前发现有两个遗址，即跨湖桥和下孙遗址，年代距今8000—7000年。跨湖桥遗址不仅出土了数量较多的木器，而且在地层中，发现了大量的树木遗存。2003年，我们采用肉眼鉴别和组织鉴定相结合，对遗址出土的1000多点树木遗存进行了初步研究，对跨湖桥文化时期的森林植被有了一定的认识，也发现一些引起思考的问题。为了更加正确地认识跨湖桥文化时期的森林植被和先民对树木利用的特点，我们对跨湖桥遗址出土树木遗存进行了进一步研究，从组织结构分析了跨湖桥遗址出土的木材遗存和木器共163点。从鉴定结果看，跨湖桥遗址各个地层之间的树种变化不明显（表一），森林植被处在一个相对稳定时期。

跨湖桥文化时期森林植被以阔叶树种占优势，但针叶树种的数量也不少。在鉴定的163点木材样品中，针叶树54点，阔叶树109点，分别占树木遗存总数的33.13%和66.87%（图2）。针叶树主要是松科（Pinaceae）的松树（*Pinus*）树木遗存，有51点，占了针叶树的94.44%，具有绝对优势。柏科（Cupressaceae）、杉科（Taxodiaceae）分别有2点和1点，各占3.70%和1.85%。

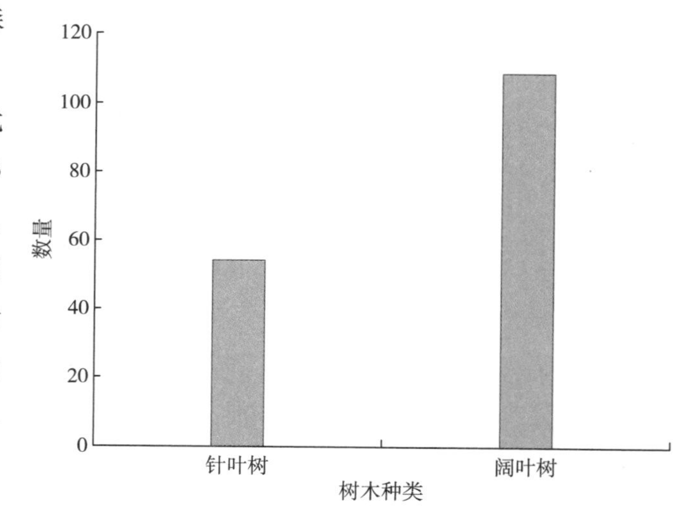

图二　跨湖桥遗址出土木材的针叶树和阔叶树的组成

表一　跨湖桥遗址出土的树木遗存所见的树木种属及其数量

地层	数量（点）	针叶树			阔叶树																				
		松科	柏科	杉科	壳斗科			榆科		桑科			杨柳科	胡桃科	樟科		豆科	漆树科	木樨科			木兰科	蔷薇科	楝科	槭科
		松属	柏树	杉木	麻栎	枹栎	青冈	榉树	榆树	桑树	构树	柘树	柳树	枫杨	樟树	红楠	黄檀	黄连木	木樨	梣树	流苏	木兰	豆梨	楝树	槭树
7	30	13			3		0	2		1		2	5	1	2										
8	27	6	1	1	10	1	1			1		1	3		1		1								
9	22	8			6		3			1					2					1	1				
10	23	12			4					1					4		1							1	
11	25	7			10							1	4	1	1		1								
其他	36	5	1		7	3		1		8		6				1	2	1							1
合计	163	51	2	1	40	4	4	3	0	12	0	10	12	2	10	1	5	1	0	1	1	1	0	1	1

阔叶树是跨湖桥文化时期的主要群落，种群也相当丰富，见有壳斗科（Fagaceae）、榆科（Ulmaceae）、桑科（Moraceae）、杨柳科（Salicaceae）、胡桃科（Juglandaceae）、樟科（Lauraceae）、豆科（Leguminosae）、漆树科（Anacardiaceae）、木樨科（Oleaceae）、木兰科（Magnoliaceae）、楝树科（Meliaceae）和槭树科（Aceraceae）等12个科。主要种类有：麻栎（*Quercus acutissima*）、枹栎（*Quercus glandulifera*）、青冈（*Cyclobalanopsis* sp.）、榉树（*Zelkova schneideriana*）、桑树（*Morus alba*）、柘树（*Cudrania tricuspidata*）、柳树（*Salix* sp.）、枫杨（*Pterocarya* sp.）、樟树（*Cinnamomum camphora*）、红楠（*Machilus thunbergii*）、黄檀（*Dalbergia hupeana*）、黄连木（*Pistacia chinensis*）、流苏（*Chionanthus* sp.）、梣木（*Fraxinus* sp.）、木兰（*Magnolia* sp.）、楝树（*Melia azedarach*）、槭树（*Acer* sp.）等17个种属。

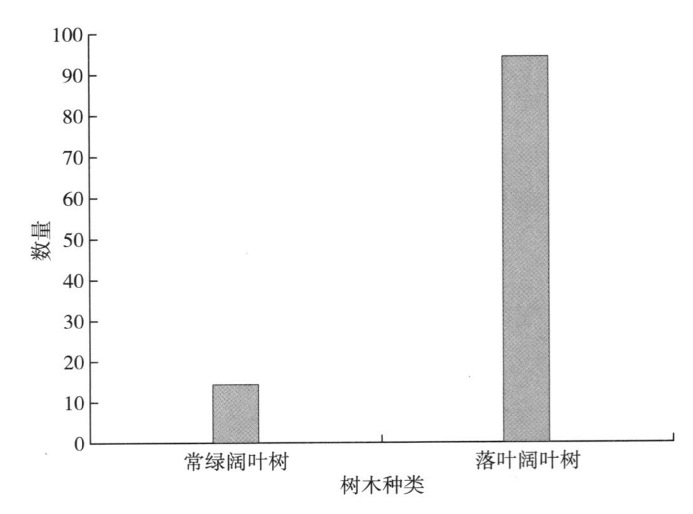

图三　跨湖桥遗址出土木材的常绿阔叶树和落叶阔叶树的组成

在阔叶树中落叶树占了绝大部分，常绿树种只有樟科的樟树、红楠和壳斗科的青冈等三种，它们占阔叶树的比例分别是89.91%和10.09%（图三）。而在落叶树种中又以壳斗科的麻栎、桑科的桑树、柘树和杨柳科的杨柳比例最高，分别占阔叶树总数的36.70%、11.01%、9.17%和11.01%。

从跨湖桥遗址出土树木遗存的研究结果看，长江下游距今8000年左右的植被是阔叶树和针叶树的混交林，森林中也可见到一些常绿树的种群。这种森林植被的特征和目前该地区的落叶阔叶和常绿阔叶混交林的森林植被是有区别的。

2. 距今7000—6000年的森林植被

距今7000年左右长江下游的新石器时代文化有河姆渡文化和马家浜文化两种类型，河姆渡文化主要分布在宁绍地区的沿海地区和舟山岛屿，马家浜文化主要分布在环太湖流域。以前发现的河姆渡文化遗址和马家浜文化遗址很少留下可用于研究的树木遗存，最近发掘的河姆渡文化的余姚田螺山遗址出土的树木遗存，为我们研究长江下游距今7000年左右新石器时代的森林植被情况提供了丰富的材料。

田螺山遗址出土树木遗存以阔叶树树种占压倒性优势，针叶树树种数量很少。在田螺山遗址出土的64点树木遗存中，阔叶树木54点，针叶树木10点，分别占树木遗存总数的84.37%和15.63%（图四）。针叶树的种类也极少，仅见柏科树木遗存。从树木的组织结构看，它们来自于圆柏（*Sabina* sp.）或刺柏（*Juniperus* sp.），其他针叶树木遗存，诸如松科、杉科等植物遗存没有发现。

阔叶树是森林植被中的主要群落，田螺山遗址出土的树木遗存见有樟科、漆树科、桑科、壳斗科、杨柳科、榆科、豆科、山矾科（Symplocaceae）、胡桃科、山茶科（Theaceae）、金缕梅科（Hamamelidaceae）等11科的树木遗存。主要种类有：樟树、黄连木、桑、润楠或楠木（*Machilus* sp. or *Phoebe* sp.）、麻栎、枹栎、青冈、栲（*Castanopsis* sp.）、柳树、榉树、糙叶树（*Aphananthe* sp.）、黄檀、山矾（*Symplocos* sp.）、化香树（*Platycarya strobilacea*）、杨桐（*Cleyera* sp.）、蚊母树（*Distylium* sp.）。

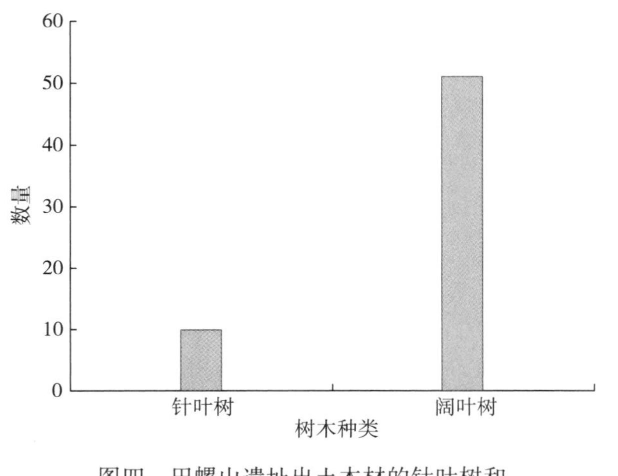

图四　田螺山遗址出土木材的针叶树和阔叶树的组成

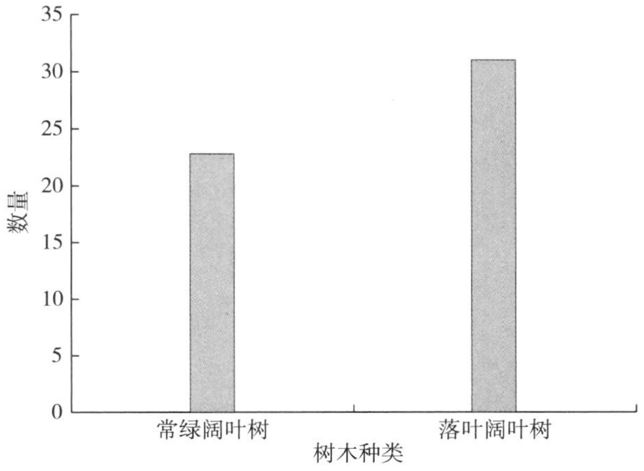

图五　田螺山遗址出土木材的常绿阔叶树和落叶阔叶树的组成

在阔叶树中，既有落叶阔叶树，也有常绿阔叶树的树木遗存，以落叶阔叶树占多数，常绿阔叶树也不少，其中树木遗存中，落叶阔叶树遗存31点，常绿树遗存23点，分别占阔叶树遗存的57.4%和42.6%（图五）。同跨湖桥遗址出土的树木遗存相比，田螺山遗址树木遗存中常绿树比例有明显的增加。

田螺山遗址的树木遗存的树木种类反映的长江下游地区距今7000年以前森林植被类型是常绿阔叶树和落叶阔叶树的混交林，其中松、杉等针叶树的群落稀少，接近目前长江下游的森林植被特点。

3. 距今6000—5300年的森林植被

距今6000年左右在长江下游是崧泽文化繁荣时期，迄今发现的崧泽文化遗址主要是墓地，居住遗迹发现很少。因为墓地一般位于比较干燥的地方，木材等植物遗存很难得到较好的保存。最近在浙江长兴发现的江家山崧泽文化遗址中，出土了较多的木器和木材遗存，为我们研究这一文化时期的森林植被状况提供了材料。

江家山遗址出土的树木遗存以阔叶树种占压倒性优势，针叶树遗存数量极少，在148点树木遗存中，阔叶树木147点，针叶树木1点，分别占树木遗存总数的99.99%和0.01%（图六）。针叶树的种类仅见松科的松树树木遗存，不见其他针叶树木遗存。

阔叶树是崧泽文化时期树木的主要种类。在江家山遗址的树木遗存中见有壳斗科、槭树科、胡桃科、桑科、杨柳科、榆科、豆科、金缕梅科、七叶树科（Hippocastanaceae）、五加科（Araliaceae）、柿树科（Ebenaceae）等11科的树木遗存。主要种类有：麻栎、枹栎（*Quercus glandulifera*）、栗树（*Castanea* sp.）、槭树、核桃（*Juglans* sp.）、桑树、柘树、柳树、榆树（*Ulmus pumila*）、榉树、朴树（*Celtis sinesis*）、檀树、合欢（*Albizzia julibrissin*）、蕈树（*Altingia* sp.）、七叶树（*Aesculus chinensis*）、刺楸（*Kalopanax septemlobus*）、柿树（*Diospyros kaki*）、樟树等。在阔叶树中以落叶阔叶树占多数，常绿叶阔叶树的遗存较少，在147点阔叶树木遗存中，落叶阔叶树遗存142点，常绿树遗存5点，分别占阔叶树遗存的97.60%和2.40%（图七）。

从江家山遗址出土的树木遗存的种类看，崧泽文化时期的森林植被类型是以落叶阔叶树为主，落叶阔叶树和常绿阔叶树的混交林，松、杉等针叶树的群落极少见。还出现了金缕梅科的蕈树等目前主要分布在浙江南部和福建一带的新种群。

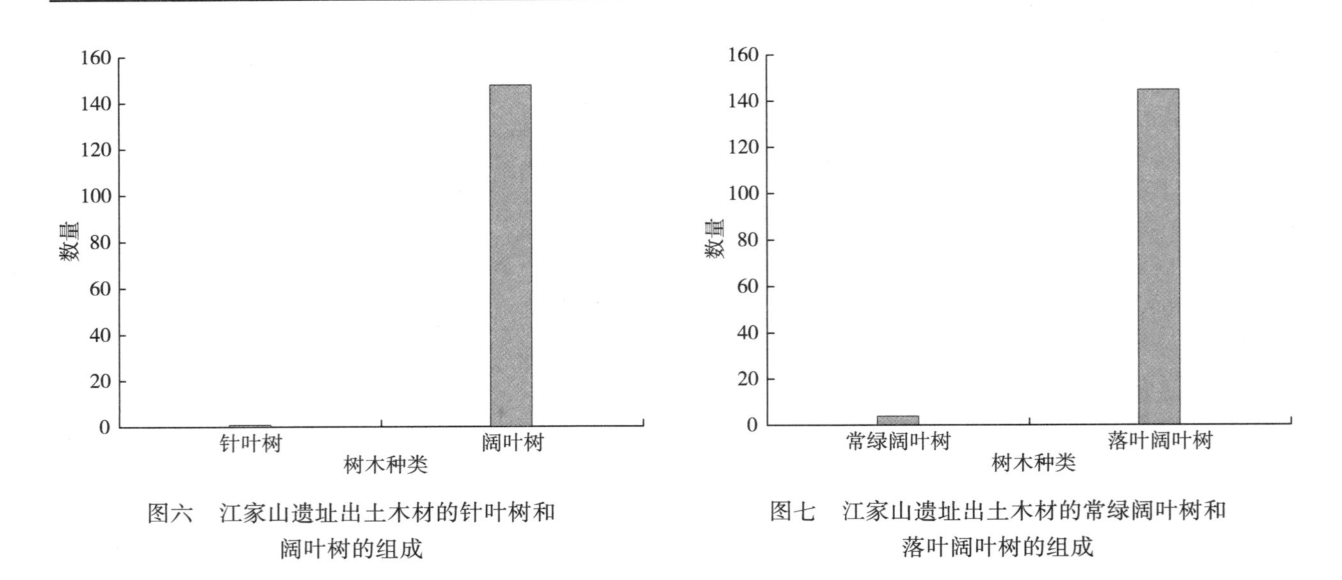

图六　江家山遗址出土木材的针叶树和阔叶树的组成

图七　江家山遗址出土木材的常绿阔叶树和落叶阔叶树的组成

4. 距今 5300—4000 年的森林植被

距今 5300—4000 年长江下游地区进入了良渚文化时期。最近，浙江文物考古研究所对位于杭州市瓶窑镇的良渚文化晚期的卞家山遗址（4200 BP）进行了抢救性发掘，发现了大量的木桩，尽管对这一遗迹性质的解释还没有一个明确的定论，但在了解良渚文化时期的植被和自然环境方面的研究具有十分重要的意义。

卞家山遗址的大量木桩以及其他树木遗存以阔叶树种占压倒性优势，针叶树遗存数量极少。在卞家山出土的 162 点树木遗存中，阔叶树 152 点，占 93. 8%；针叶树 10 点，仅占 6. 2%（图八）。针叶树都为常绿针叶树，主要树木有：松科的松树和杉科的杉木（*Cunninghamia* sp.）。

在卞家山出土的 162 点阔叶树树木遗存中，鉴定出壳斗科、樟科、榆科、蔷薇科（Rosaceae）、杨柳科、桑科、核桃科、山茶科、金缕梅科、茜草科（Rubiaceae）、漆树科、桦木科（Betulaceae）、槭树科、芸香科（Rutaceae）、无患子科（Sapindaceae）、豆科、木兰科等 17 科 29 属的树木种类。

落叶阔叶树木主要有：榉树、糙叶树、黄檀、榆树、麻栎、抱栎、栗树、豆梨（*Pynus* sp.）、梅树（*Prunus* sp.）、鳄梨（*Persen* sp.）、杨树（*Populus* sp.）、柳树、桑树、柘树；核桃科的核桃树和枫杨、荷木（*Schima* sp.）、杨桐（*Cleyera* sp.）、米老排（*Mytilaria* sp.）、枫香（*Liquidambar* sp.）、水黄棉（*Adina* sp.）、盐肤木（*Rhus* sp.）、桤树（*Alnus* sp.）、槭树（*Acer* sp.）、黄蘖（*Phellodendron* sp.）、无患子（Sapindus sp.）、合欢、木兰。

常绿阔叶树木主要有栲树（*Castanopsiss* sp.）、青冈和樟树。其中以栲属树木居多，占常绿阔叶树的 55. 6%，可见白锥（*C. laosensi*）和甜锥（*C. eyrei*）等种类中，青冈占 20%；樟树 24. 4%。

在出土树木遗存 162 点鉴定材料中，落叶阔叶树木 107 点，常绿阔叶树 55 点，分别占 66. 0% 和 34. 0%（图九）。

根据卞家山遗址出土的树木遗存，良渚文化晚期植被特征可以描述为：山地主要以阔叶林为主，其中既有四季常青的，也混生有冬季落叶的树种，但没有大面积的针叶树林，是常绿与落叶阔叶混交林，并出现了主要分布于亚热带南部的树种，诸如米老排、水黄棉等。

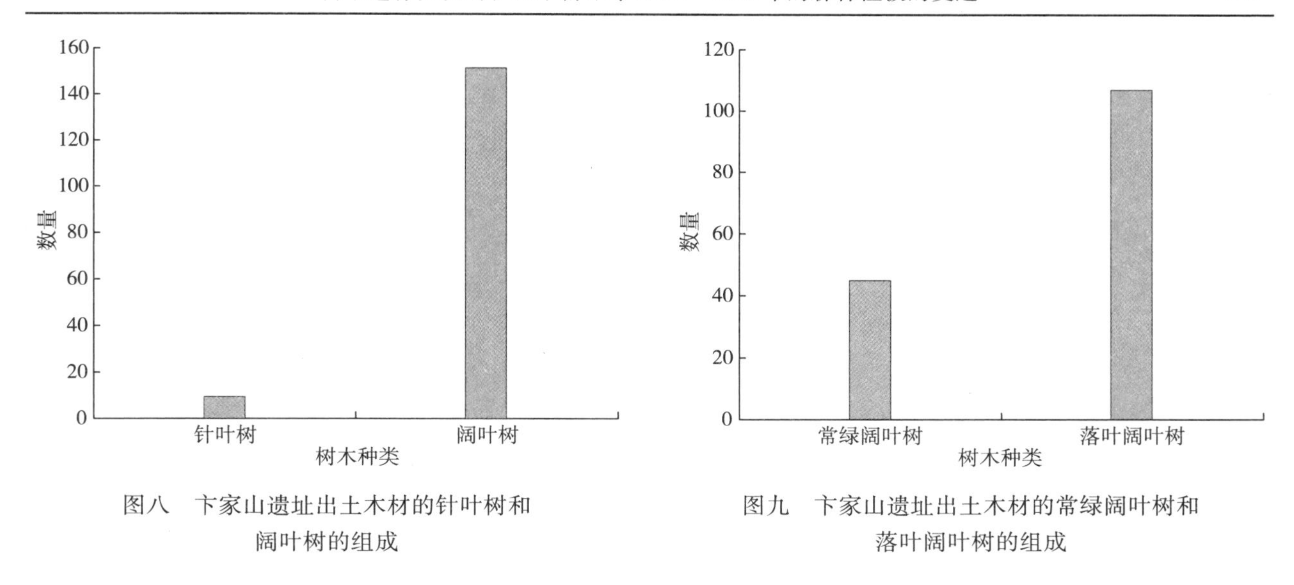

图八　卞家山遗址出土木材的针叶树和阔叶树的组成

图九　卞家山遗址出土木材的常绿阔叶树和落叶阔叶树的组成

5. 距今4000—3500年的森林植被

距今4000—3500年，长江下游地区进入了马桥文化时期。从湖州昆山遗址出土的树木遗存看，森林植被以阔叶树遗存占压倒性优势，针叶树遗存数量极少。出土的40点树木遗存中，针叶树只有1科1属1个样品，即松树，占2.5%；阔叶树有11科14属39个样品，占样品总数的97.5%。在阔叶树中，落叶阔叶树种类和数目最多，总共有27个样品，占样品总数的67.5%，其中又以麻栎最多，占27.5%，其次是榉树和柳树，分别占10%和7.5%，还有黄檀、桤木、核桃、栗树、柿树和槭树；常绿阔叶树占样品总数的32.5%，主要有米老排和香樟，分别占12.5%和7.5%，还有栲树、桢楠和金丝李等。

湖州钱山漾遗址出土的树木遗存有65点，其中阔叶树木63点，针叶树木2点，分别占树木遗存总数的96.92%和3.08%（图一〇）。针叶树的种类仅见松科的松树树木遗存，其他针叶树木遗存，诸如杉科、柏科等植物遗存没有发现。

钱山漾遗址出土的阔叶树树木遗存中见有金缕梅科、壳斗科、槭树科、漆树科、桑科、杨柳科、榆科、豆科、黄杨科（Buxaceae）、山茱萸科（Cornaceae）等10科的树木遗存。主要种类有：蕈树、米老排、青冈、栲、栗树、槭树、盐肤木（*Rhus chinensis*）、桑树、柳树、榉树、合欢、山茱萸（*Cornus officinolis*）。

在阔叶树木遗存中，以常绿阔叶树占多数，落叶阔叶树的遗存也不少，其中常绿树遗存46点，落叶阔叶树遗存17点，分别占阔叶树遗存的73.12%和26.98%（图一一）。与昆山遗址出土的树木遗存相比，常绿阔叶树木和落叶阔叶树木的比例有所不同，但树木种类组成方面具有一些相似性，即都包含一些亚热带南部的树种。

综合两个遗址出土的树木遗存情况，我们可以大致勾画马桥文化时期长江下游地区的森林植被特征。森林植被为常绿阔叶树和落叶阔叶树的混交林，有较多的亚热带南部的树种，如蕈树、米老排等，森林中极少见有松、杉等针叶树的群落。

三　8000年以来森林植被的演替和气候的变化

1. 8000年以来的植被演替

树木遗存是古代人类在生产和生活活动中使用的木材留下来的，主要来自住房建筑、生产生活用

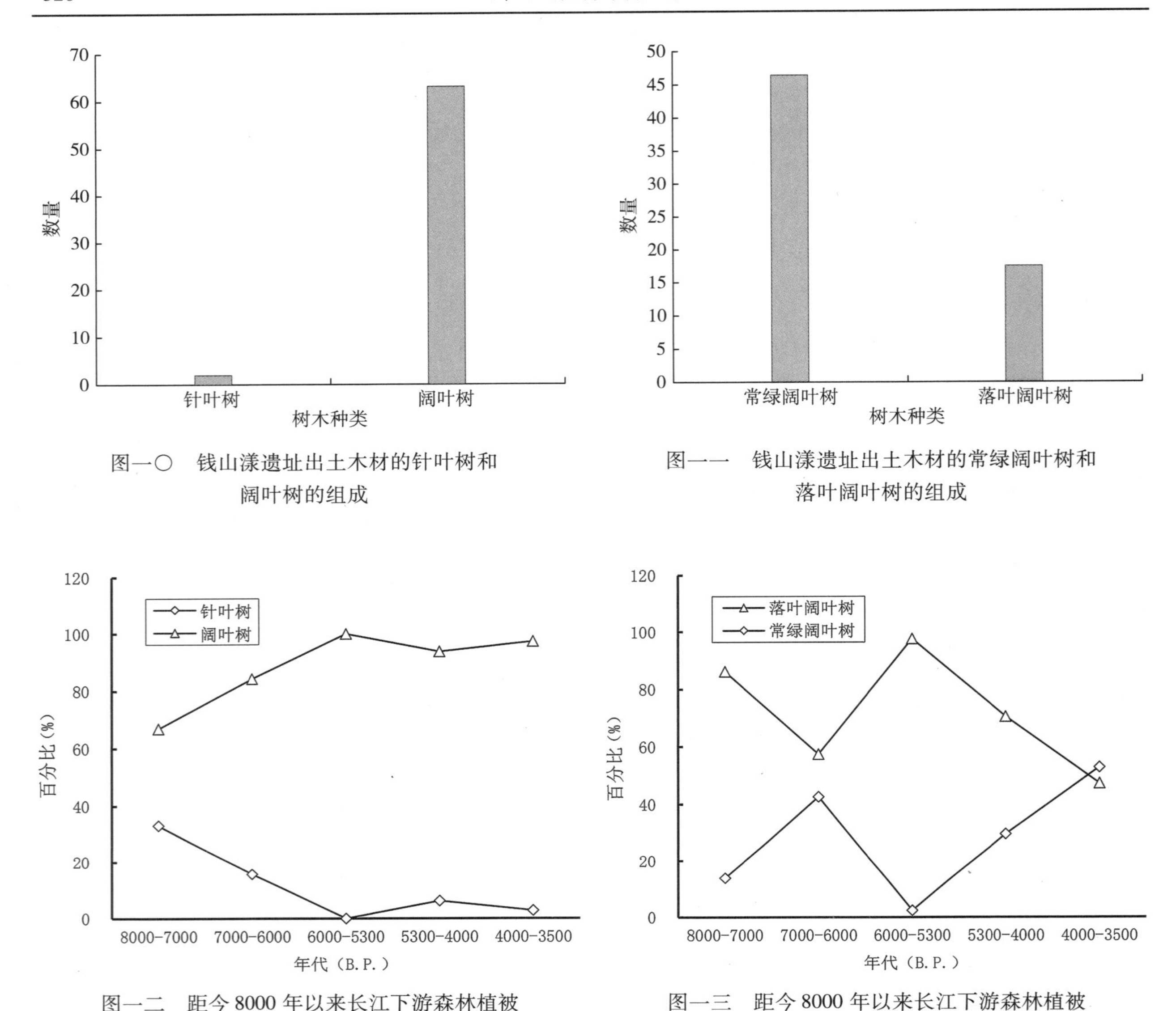

图一〇　钱山漾遗址出土木材的针叶树和阔叶树的组成

图一一　钱山漾遗址出土木材的常绿阔叶树和落叶阔叶树的组成

图一二　距今8000年以来长江下游森林植被针叶树和阔叶树组成变化

图一三　距今8000年以来长江下游森林植被常绿阔叶树和落叶阔叶树组成变化

具加工和炊煮食物的薪材，受人类对树木用材选择性的影响，使得从树木遗存看到的树种组成不如自然界植被那么丰富，不能获得森林植被的全貌，但从树木遗存的研究结果看，只要有数量较多的分析材料，还是能在一定程度上勾画出古森林植被的特征和植被演替的一般规律。从树木遗存研究结果看，长江下游地区8000年以来，森林植被演替过程相当明显，总体表现为：针叶树种下降，阔叶树种上升，伴随阔叶树种的增加，常绿阔叶树种也呈现上升趋势（图一二、一三）。从出土的树木遗存组成看，距今8000年左右的植被类型为阔叶针叶混交林，距今7000年以后，以松树为代表的针叶树减少，阔叶树的侵入并大量繁衍，群落生境发生了改变，一些耐荫的常绿阔叶树逐渐侵入，在植被中的比例上升，并使群落往落叶、常绿阔叶混交林，最终往亚热带常绿、落叶阔叶林的方向发展，到了距今3500年左右，植被中的常绿树比例开始超过落叶阔叶树，成为植被中的主要种群。

根据吴征镒教授对中国种子植物属的地理成分类型的划分意见[3]，长江下游新石器时代木本种子植物属的分布区类型见表二。

表二　距今8000年以来树木遗存反映的种子植物属的分布区类型表

序号	分布区	8000—7000BP		7000—6000BP		6000—5300BP		5300—4000BP		4000—3500BP	
		属数量	百分比（%）	属数量	百分比（%）	属数量	百分比（%）	属数量	百分比（%）	属数量	百分比（%）
1	世界										
2	泛热带分布	1	5.00			3	17.65	3	10.00	2	10.00
3	热带美洲和热带亚洲			4	26.67			2	6.67		
4	旧世界热带	1	5.00			1	5.88	1	3.33	1	5.00
5	热带亚洲至热带大洋州	2	10.00	1	6.67	2	11.76	1	3.33	1	5.00
6	热带亚洲至热带非洲							2	13.34	1	5.00
7	热带亚洲（印度—马来西亚）	3	15.00	3	20.00	1	5.88	3	10.00	4	20.00
8	北温带	7	35.00	3	20.00	7	41.18	10	33.33	8	40.00
9	东亚北美	2	10.00	1	6.67	1	5.88	4	13.34	2	10.00
10	旧世界温带	1	5.00	1	6.67	1	5.88	2	6.67	1	5.00
11	温带亚洲										
12	地中海西亚至中亚	1	5.00	1	6.67						
13	中亚										
14	东亚	1	5.00	1	6.67	1	5.88	2	6.67		
15	中国特有	1	5.00								
合　计		20	100	15	100	17	100	30	100	20	100

在距今8000—7000年，在15种地理成分中，除世界、热带美洲和热带亚洲、热带亚洲至热带非洲、温带亚洲、中亚分布型外，其余10种分布类型都可在这一时期树木遗存中找到代表，可见当时长江下游的植物区系成分是比较复杂的。在属的地理成分类型划分中，各种热带成分有8属，占40%，这些属多数是分布在热带和南亚热带向北延伸的衍生类型。其中热带亚洲（印度－马来西亚）分布型居首位，计3属，占各种热带成分总数的37.5%。各种温带亚热带成分计12属，占60%，其中以北温带成分居首位，计7属，占各种温带、亚热带成分的58.33%。这一时期植物区系成分复杂来源于各种区系成分，且温带、亚热带成分比热带成分的比例高，说明了长江下游地区具有较典型的北亚热带区系性质，且有偏向南温带区系的倾向。

在距今7000—6000年，有8种分布类型可在这时期树木遗存中找到代表。在属的地理成分类型划分中，各种热带成分有8属，占53.3%，其中热带美洲和热带亚洲分布型居首位，计4属，占各种热带成分总数的50%。各种北温带亚热带成分计7属，占46.7%，其中以北温带成分居首位，计3属，占各种温带、亚热带成分的42.9%。这一时期热带成分比温带、亚热带成分的比例高，说明了长江下游地区具有较典型的中亚热带区系性质，且有偏向南亚热带区系的倾向。

在距今6000—5300年，有8种分布类型可在这时期树木遗存中找到代表。在属的地理成分类型划分中，各种热带成分有4属，占23.5%，其中热带美洲和热带亚洲分布型居首位，计2属，占各种热带成分总数的50%。各种北温带亚热带成分计13属，占76.5%，其中以北温带成分居首位，计7属，占各种温带、亚热带成分的53.8%。这一时期温带、亚热带成分比热带成分的比例高，且北温带成分比亚热带成分多，说明了这一时期长江下游地区具有较典型的北亚热带区系性质，且有南温带区系的倾向。

在距今5300—4000年，有10种分布类型可在这时期树木遗存中找到代表。在属的地理成分类型划分中，各种热带成分有12属，占40%，其中热带亚洲和泛热带分布型居首位，各有3属，各占各种热带成分总数的25%。各种北温带亚热带成分计18属，占60%，其中以北温带成分居首位，计10属，占各种温带、亚热带成分的55.6%。这一时期温带、亚热带成分比热带成分的比例高，且北温带成分与亚热带成分相当，说明了这一时期长江下游地区具有较典型的中亚热带区系性质。同上一个时期相比，热带成分增加，北温带和亚热带成分减少，说明分布类型有向南亚热带发展的倾向。

在距今4000—3500年，有8种分布类型可在这时期树木遗存中找到代表。在属的地理成分类型划分中，各种热带成分有9属，占45%，其中热带亚洲（印度－马来西亚）分布型居首位，有4属，各占各种热带成分总数的44.4%。各种北温带亚热带成分计11属，占55%，其中以北温带成分居首位，计8属，占各种温带、亚热带成分的72.7%。同上一个时期相比，热带成分比例有所增加，温带、亚热带成分比例有所下降，但北温带成分比亚热带成分多，且比例有所增加，说明了这一时期长江下游地区具有较典型的中亚热带偏南区系性质，并有偏北发展的趋势。

综上所述，距今8000—3500年长江下游地区的森林植被演替大致经历这样一个过程：在距今8000年左右森林植被为以阔叶树为主，并有较多的针叶树种成分的阔叶针叶混交林，是典型的北亚热带区系，并向中亚热带、南亚热带区系演替；在距今7000年左右演变为阔叶林，是一种较典型的中亚热带区系性质，且有偏向南亚热带区系发展的倾向。在距今6000年以后，演替出现了波动，虽然是阔叶林，温带、亚热带成分比热带成分的比例高，且北温带成分比亚热带成分多，又表现出北亚热带区系的特征。到了距今5000年左右森林植被为阔叶落叶树和阔叶常绿树混交林，具有较典型的中亚热带区系性质，分布类型有向南亚热带发展的倾向。距今4000年以后，森林植被类型具有较典型的中亚热带偏南区系性质，并有偏北发展的趋势。

2. 森林植被演替反映出距今8000年以来气候变化

植被中植物群落的演替过程就是群落中的物种组成不断发生变化、更替及群落环境变化的过程。植被群落的演替有内、外两方面的因素。在原生和次生荒原的群落发生演替，一般是纯内因发生演替，环境条件的变化是群落演替的结果，而不是群落演替的直接动因。植物群落到顶级状态后，外因生态，包括：气候发生演替、地貌发生演替、土壤发生演替、火因演替、动物发生演替（放牧演替）、人为发生演替（采伐演替、割草演替、撂荒演替）等，在植被的动态演替中起主要作用，其中除了人为因素，在各种自然因素中，气候（温度、湿度、雨量等）因素是最为活跃、对植被演替影响最大的因素。

长江下游地区距今8000年以来，森林植物群既有温带落叶树木，包括桦木科、壳斗科、榆科、杨柳科、蔷薇科等；还包含部分亚热带常绿阔叶和落叶阔叶树，如：樟、无患子、蕈树、米老排等；也有部分起源于热带阔叶树木，如鳄梨、合欢、杨桐、糙叶树、朴树、檀树等的树木。植被分布类型显示长江下游在距今8000—3500年期间的总体气候面貌为亚热带气候，当时的气候温暖湿润，属于温带到热带的过渡型。但期间是有波动的，不同的时期表现不同的气候特征。

在长江下游距今8000—3500年的4000多年时间里，至少出现了四次较大的森林植被演替，第1次是在距今8000—7000年，相当于跨湖桥和河姆渡文化时期，植被由阔叶针叶混交林向中亚热带常绿阔叶和落叶阔叶混交林演替；第2次是在距今6000—5300年，相当于崧泽文化时期，植被由中亚热带常绿阔叶和落叶阔叶混交林向北亚热带落叶阔叶和常绿阔叶混交林演替；第3次是在距今5300—4000年，相当于良渚文化时期，植被向中亚热带、南亚热带常绿阔叶和落叶阔叶混交林方向演替；第4次出现在距今4000年以后，有从中亚热带偏南常绿和落叶混交林向北发展的趋势。

从树木群属种的现代地理分布、生态习性及分布类型来看，在距今8000年以来的4000多年时间里，经历一个温凉干燥（跨湖桥文化）—温暖湿润（河姆渡、马家浜文化）—温和略干（崧泽文化）—温暖湿润（良渚文化）—温和略干（马桥文化）的气候变化过程。这一气候变化过程在其他一些古环境中也得到证实④。长江下游距今9000—3500年的气候变化过程可以归纳为：距今8500—7000年，气候凉干；距今7000—5800年气候转暖湿；距今5800—5000年，气候转冷干；距今5000—4000年，气候又转暖湿；距今4000年以后，又出现凉干气候。

原载《浙江省文物考古研究所学刊》第九辑，科学出版社，2009年

注释

① 浙江省自然博物馆自然组：《河姆渡遗址动植物遗存的鉴定研究》，《考古学报》1978年第1期；张明华：《罗家角遗址的动物群》，《浙江省文物考古所学刊》，文物出版社，1981年；王开发、张玉兰、封卫青等：《上海地区全新

世植被、环境演替与古人类活动关系探讨》，《海洋地质与第四纪地质》1996年第16卷第3期；刘会平、封卫青、杨振京等：《杭州北郊两个文化遗址的孢粉与先人生活环境研究》，《上海地质》1996年第3期；浙江省文物考古研究所、萧山博物馆：《跨湖桥》，文物出版社，2004年；王开发、张玉兰：《根据孢粉分析推论沪杭地区一万多年来的气候变迁》，《历史地理》1981年第3期；袁靖、宋健：《上海马桥遗址出土动物骨骼的初步研究》，《考古学报》1997年第2期；萧家仪：《江苏吴江县龙南遗址孢粉组合与先民生活环境的初步研究》，《东南文化》1990年第5期。

② 浙江省文物考古研究所、萧山博物馆：《跨湖桥》，文物出版社，2004年；郑云飞、赵晔、中村慎一：《卞家山遗址树木遗存和花粉所记录的良渚文化晚期古植被》，《良渚文化探秘》，人民出版社，2006年，第110—119页；浙江省文物考古研究所、湖州市博物馆：《昆山》，文物出版社，2006年。

③ 吴征镒：《中国种子植物属的分布类型》，《云南植物研究》1991年增刊Ⅳ。

④ 王开发、张玉兰、叶志华等：《根据孢粉分析推断上海地区六千年来的气候变迁》，《大气科学》1978年第2卷第2期；徐馨、沈志达：《全新世环境——最近一万多年来环境变迁》，贵州人民出版社，1990年，第48—87页；严钦尚、黄山：《杭嘉湖平原全新世沉积环境的演变》，《地理学报》1987年第42卷第1期；王开发、张玉兰、封卫青等：《上海地区全新世植被、环境演替与人类活动关系探讨》，《海洋与第四纪地质》1986年第16卷第1期；吴维棠：《从新石器时代文化遗址看杭州湾两岸的全新世古地理》，《地理学报》1983年第38卷第2期。

田螺山遗址的硅藻、花粉和寄生虫卵分析*

一　材料和地层

从田螺山遗址T103探方西壁采取18点土壤样品进行硅藻、花粉和寄生虫卵分析，试图复原当时的环境和植被。土样采集点的表土面海拔2.3米，从上到下分别为现代耕作灰色粉砂（2.3—2.2米，土样1）、褐灰色粉砂（2.2—1.4米，土样2—4）、灰褐色粉砂（1.4—1.2米，土样5）、灰褐色细砂（1.2—1.0米，土样6）、黑色黏土（1.0—0.4米，土样7—9）、黑灰色砂土（0.4—0.2米，土样10）、黑褐色粗粉砂（⑤层，0.2—0米，土样11）、褐灰色细粉砂（⑥层，0—-0.2米，土样12）、灰褐色粗粉砂（⑦层，-0.2—-0.8米，土样13—15）、黑色黏土（⑧层-0.8—-1.0米，土样16）、灰色粉砂（-1.0—-1.4米，土样17—18）。

黑褐色粗粉砂（⑤层）、褐灰色细粉砂（⑥层）、灰褐色粗粉砂（⑦层）、黑色黏土（⑧层）等属于河姆渡文化层，其中黑色黏土层和河姆渡遗址的第4文化层相当。

二　硅藻分析

1. 方法

（1）从土样中采取1立方厘米的分析样品。（2）加入10%的过氧化氢，加温反应，放置一个晚上。（3）倾弃上清液，用水洗去细粒胶体和药剂（5—6次）。（4）用微量移液管吸取残留物，均匀滴在盖玻片上，并干燥。（5）用封片剂制成玻片。（6）镜检和计数在生物显微镜下放大600—1500倍进行。计数的硅藻个数达200个，数量少的土样，进行全面调查。

2. 结果

（1）分类群

土壤中的硅藻有Euhalobous-Mesohalobous（喜盐-中喜盐性种）46类群、Mesohalobous-Oligohalobous（中喜盐-嫌盐性种）2类群、Oligohalobous（嫌盐性种）125类群（表略）。以硅藻总数为基数

---

* 本文系与金原正明合著。

计算出各种硅藻的百分比如图一所示。图中的硅藻生态习性根据 Lowe（1974）和渡边（2005）等人的分类，陆地硅藻根据小杉（1986）的分类，海水和汽水指示种群根据小杉（1988）的分类，淡水种群根据安藤（1990）的分类。主要硅藻类群如显微照片所示。下面一些硅藻是土壤中的主要类群（图二）。

嫌盐性种群（Oligohalobous）

Gomphonema parvulum、*Surirella ovata*、*Navicula elginensis*、*Eunotia minor*、*Aulacoseira* spp.、*Nitzschia frustulum*、*Pinnularia microstauron*、*Aulacoseira hungarica*、*Navicula kotschyi*、*Navicula pupula*、*Navicula venta*、*Nitzschia palea*、*Nitzschia umbonata*、*Amphora montana*、*Hantzschia amphioxys*、*Navicula confervacea*

中喜盐性种群（Mesohalobous）

Achnanthes brevipes

中喜盐－喜盐性（Mesohalobous-Euhalobou）

Nitzschia granulate、*Cyclotella striata-stylorum*、*Coscinodiscus marginatus*

（2）硅藻类群的特征和变化

根据硅藻类群的构成和变化看，从下到上大致可以划分为 6 个带。下面对这 6 个分带进行一些叙述（图一）。

T103－DⅠ带（土样 17、18）

以中喜盐性种群的海水砂质滩涂（Sand flat in saline water）指示种群的 *Achnanthes brevipes*、喜盐性—中喜盐性的海水泥质滩涂（Mud flat in saline water）的指示种群 *Nitzschia granulate*，以及海湾（Innerbay）环境指示种群 *Cyclotella striata-stylorum* 占优势。

T103－DⅡ带（土样 11—16）

中喜盐性以及喜盐性的硅藻种群显著减少，嫌盐性种群的流水性种（Rheophilous）*Gomphonema parvulum*、流水不定性种 *Nitzschia palea*、*Nitzschia umbonata* 以及陆生硅藻（Terrestirial）*Amphora montana*、*Hantzschia amphioxys*、*Navicula confervacea* 等比例升高。

T103－DⅢ带（土样 9、10）

嫌盐性种减少，中喜盐—喜盐性的海水泥质滩涂环境指示种群 *Nitzschia granulate*、海湾环境指示种群 *Cyclotella striata-stylorum*、外洋（Outerbay）环境指示种群 *Coscinodiscus marginatus* 比例升高。

T103－DⅣ带（土样 6—8）

硅藻数量极其稀少，有中喜盐—喜盐性种 *Nitzschia granulate*、*Cyclotella striata-stylorum*、*Coscinodiscus marginatus*。

T103－DⅤ带（土样 2—5）

几乎没有硅藻。

T103－DⅥ带（土样 1）

嫌盐性硅藻出现、以流水不定性种 *Navicula pupula*、沼泽湿地附生（Marsh）环境指示种群 *Navicula elginensis* 占优势。

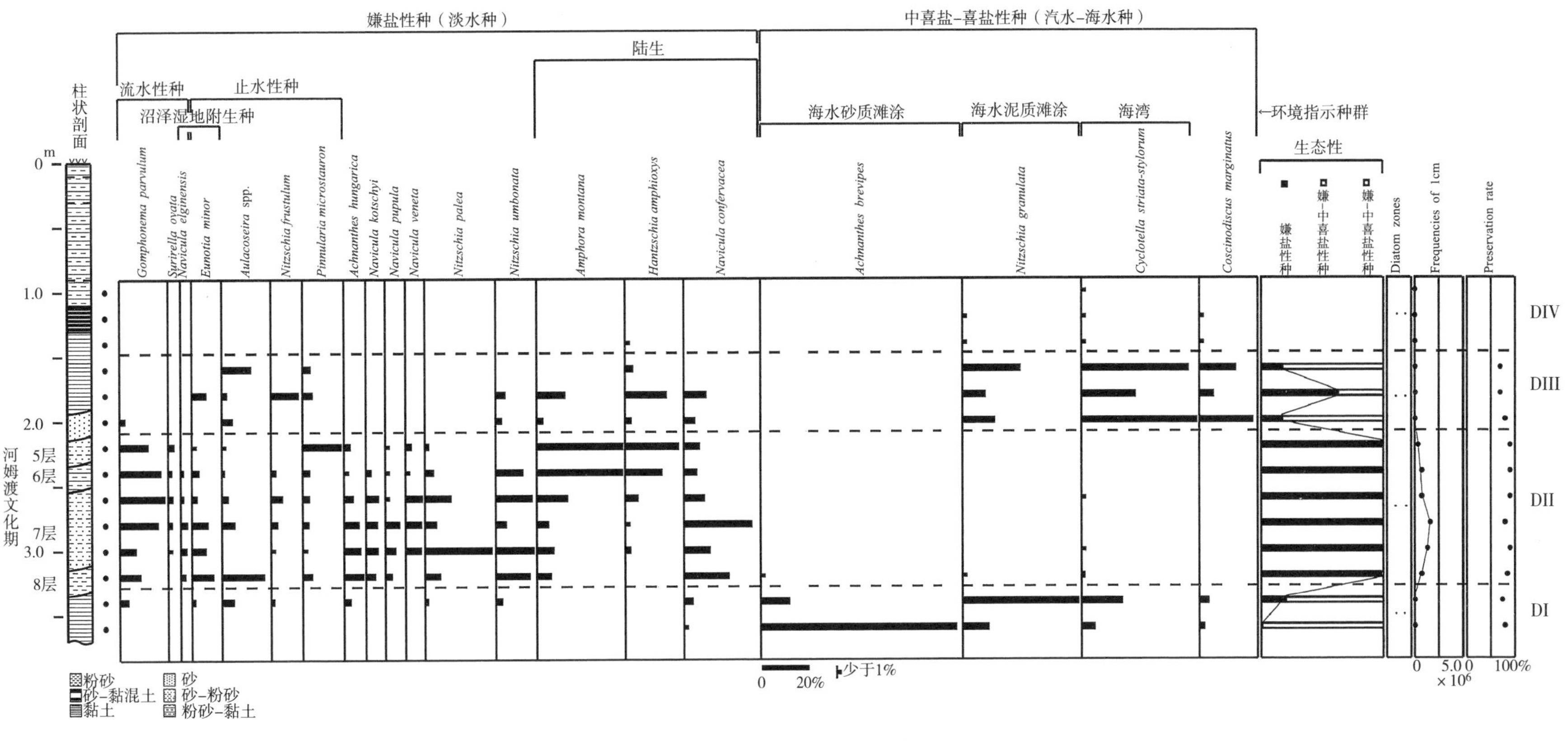

图一　T103 探方西壁硅藻分析

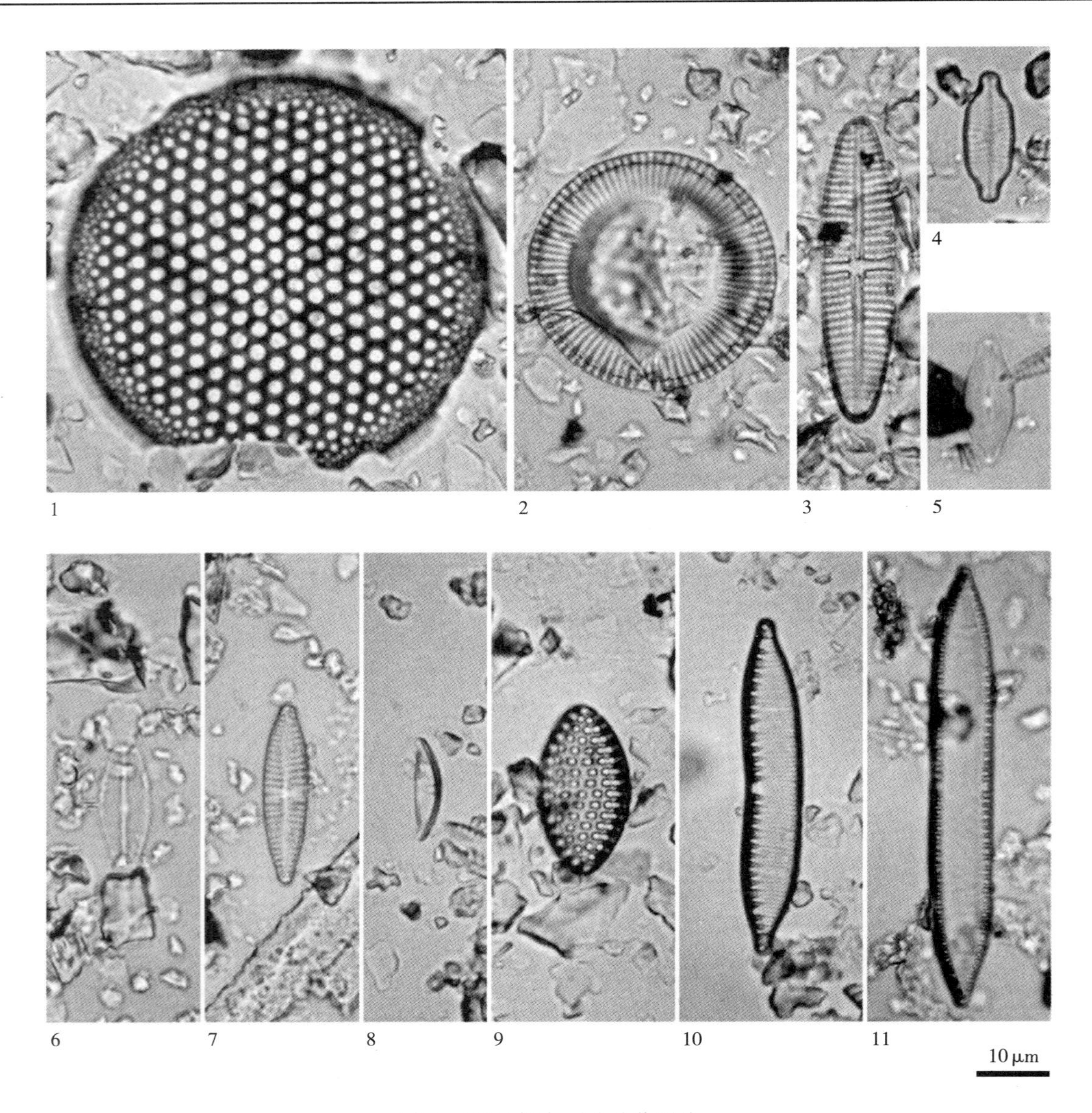

图二　T103 探方西壁硅藻照片

1. *Coscinodiscus marginatus*　2. *Cyclotella striata-stylorum*　3. *Achnanthes brevipes*　4. *Navicula elginensis*　5. *Navicula confervacea*　6. *Navicula pupula*　7. *Gomphonema parvulum*　8. *Amphora montana*　9. *Nitzschia granulata*　10. *Hantzschia amphioxys*　11. *Nitzschia umbonata*

3. 根据硅藻分析对地层沉积环境的推测

（1）T103－DⅠ带（土样 17、18）

海水砂质滩涂和海水泥质海涂硅藻指示种群占优势，伴生着海湾环境指示种群，表明属于面对海湾的滩涂环境，当时海平面－1 米左右。

（2）T103－DⅡ带（⑤、⑥、⑦、⑧层、土样 11—16）

嫌盐性流水种群、陆生硅藻等比例升高，表明有淡水河流，是一种河边湖岸的环境。此时海侵停滞，出现了海退，没有出现海水影响现象，海平面下降约 1 米，海平面在－2 米以下。

（3）T103－DⅢ带（土样 9、10）

海湾环境指示种群占优势，伴生海水泥质海涂、外洋等环境指示种群，表明当时是一个海湾，周围有海涂，外洋硅藻随潮汐进入。此时海侵有所发展，海平面比本地层高2米左右，海拔约2米，最下面的土样11为黑色沙层可能是由于海侵侵蚀形成的堆积层。

（4）T103－DⅣ带（土样6—8）

硅藻极其稀少，但有中喜盐－喜盐性种出现，表明是一种汀线附近的环境。土样8为灰褐色细沙质，可能是海平面下降后，由潮汐带来的泥沙堆积而成。

（5）T103－DⅤ带（土样2—5）

几乎没有硅藻，表明是较为干燥的陆地环境，此时期由于海退，海拔约0米。

（6）T103－DⅥ带（土样1）

流水不定性种群占优势，伴生有沼泽湿地附生环境指示种群，表明是一种水草繁茂的流动水域环境。

三 花粉和寄生虫分析

1. 方法

（1）从土样中取1立方厘米的分析样品。（2）加入十二水磷酸三钠溶液煮15分钟。（3）水洗后用孔径0.5毫米的筛子除去沙砾，用沉淀法除去细沙。（4）加入25%氢氟酸后放置30分钟。（5）水洗后用冰乙酸进行脱水处理，然后加入醋酸酐（醋酸酐9：浓硫酸1）煮沸1分钟。（6）再次加入冰醋酸脱水处理。（7）残留物用番红染色后用封入剂制成玻片。（8）用生物显微镜放大300—1000倍进行镜检，根据鉴定结果，把花粉分类为科、亚科、属、亚属、节以及种等，跨几个分类群的花粉用横线（-）相连，稻属花粉参考中村（1974、1977）的文献，并根据现代标本的断面形状、大小、表面纹饰、萌发孔等特征进行鉴定，但由于个体变化较大，也有一些种群具有相似特征，这里暂且把它们叫作稻属类型。

2. 结果

（1）分类群

土壤中可见树木花粉（Arboreal pollen）29个类群，草本花粉（Nonarboreal pollen）21个类群，蕨类植物孢子（Fern spore）2种形态1个类群计56种（表略）。为了复原周围的植被，花粉数量能够计数到200粒的土样以花粉总数为基数计算出每种花粉的百分比，如图三所示；100个花粉以上，为了表示出未满200个花粉的趋势也表示在图上作为参考。主要类群的花粉如图四所示。

树木花粉

冷杉属（*Abies*）、云杉属（*Picea*）、铁杉属（*Tsuga*）、松属复数维管束亚属（*Pinus* subgen. *Diploxylon*）、松属单维管束亚属（*Pinus* subgen. *Haploxylon*）、杉科（Taxodiaceae）、红豆杉科－三尖杉科－柏科（Taxaceae-Cephalotaxaxeae-Cupressaceae）、柳属（*Salix*）、核桃属（*Juglans*）、枫杨属（*Pterocarya*）、化香树属（*Platycarya*）、桤木属（*Alnus*）、桦木属（*Betula*）、榛属（*Corylus*）、鹅耳枥属－铁木属（*Carpinus-Ostrya*）、栗属（*Castanea*）、栲属（*Castanopsis*）、水青冈属（*Fagus*）、栎属白栎亚属（*Quercus* subgen. *Lepidobalanus*）、栎属青冈亚属（*Quercus* subgen. *Cyclobalanopsis*）、榆属－榉树属（*Ulmus-Zelkova*）、朴树属－糙叶属（*Celtis-Aphananthe*）、野桐属（*Mallotus*）、冬青属（*Ilex*）、槭树属（*Acer*）、无患子属（*Sapindus*）、白蜡树属（*Fraxinus*）、枫香属（*Liquidombar*）。

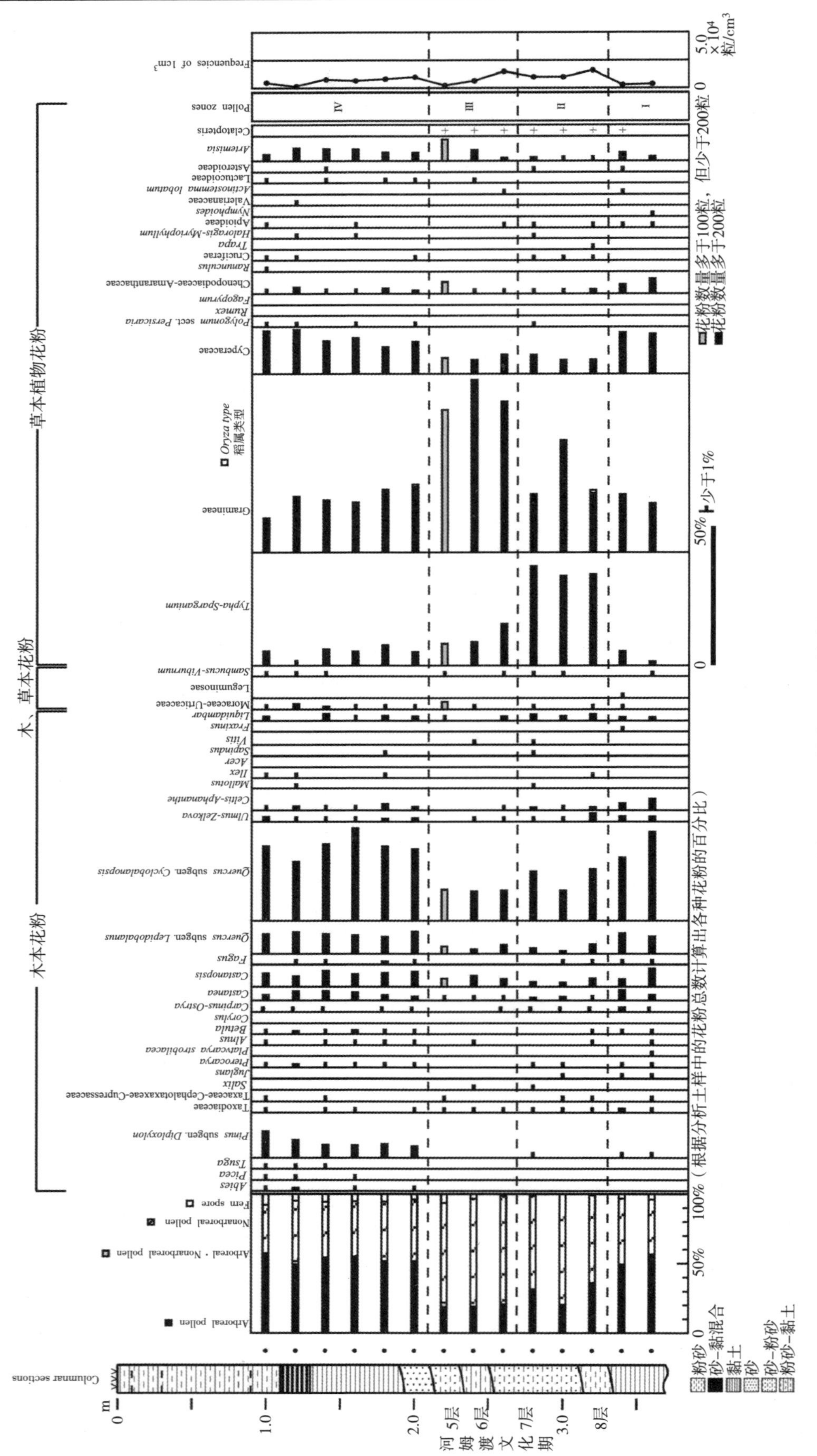

图三 T103探方西壁孢粉分析

树木花粉－草本花粉

桑科－荨麻科（Moraceae-Urticaceae）、豆科（Leguminosae）、接骨木属－荚蒾属（*Sambucus-Viburnum*）。

草本花粉

香蒲属－黑三棱属（*Typha-Sparganium*）、慈姑属（*Sagittaria*）、禾本科（Gramineae）、稻属（*Oryza* type）、莎草科（Cyperaceae）、蓼属蓼节（*Polygonum* sect. *Persicaria*）、荞麦属（*Fagopyrum*）、藜科－苋科（Chenopodiaceae-Amaranthaceae）、石竹科（Caryophyllaceae）、十字花科（Cruciferae）、菱属（*Trapa*）、小二仙草属－狐尾草属（*Haloragis-Myriophyllum*）、芹亚科（Apioideae）、荇菜（*Nymphoides*）、败酱科（Valerianaceae）、盒子草（*Actinostemma*）、舌状花亚科（Lactucoideae）、菊亚科（Asteroideae）、蒿属（*Artemisia*）。

蕨类植物孢子

单沟孢子（Monolate type spore）、三条沟孢子（Trilate type spore）、水蕨（*Celatopteris*）。

（2）花粉类群特征和变化

根据花粉类群的构成和变化，从下到上可划分为6个花粉带，下面就这6个花粉带进行叙述。

T103－PⅠ带（17、18）

树木花粉中栎属青冈亚属的百分比较高，伴有栲属、白栎亚属；草本花粉以禾本科和莎草科较多，伴有藜科－苋科和蒿属花粉。

T103－PⅡ带（土样14—16）

草本花粉比例上升，香蒲－黑三棱、禾本科增加，一些土样中还有菱角花粉。

T103－PⅢ带（土样11—13）

草本花粉比例很高，特别是禾本科花粉特别多，并伴有香蒲－黑三棱、莎草科花粉，树木花粉的比例较低，其中以栎属青冈亚属的花粉为多。

T103－PⅣ带（土样5—10）

树木花粉比例增加，以栎属青冈亚属花粉占优势，伴有栎属白栎亚属、松属复数维管亚属、栲属、栗属。草本花粉中包括稻属在内的禾本科和莎草科花粉较多，还有香蒲－黑三棱、蒿属花粉。

T103－PⅤ带（土样2—4）

树木花粉中栎属青冈亚属和松属复数维管亚属有所增加，草本花粉中莎草科有所减少。

T103－PⅥ带（土样1）

包括稻属在内的禾本科花粉占优势，十字花科的比例较高。树木花粉的比例极低，有栎属青冈亚属和松属复数维管亚属花粉。

3. 根据花粉分析推测堆积环境

（1）T103－PⅠ带（土样17、18）

遗址周围森林以栎属青冈亚属树木为主，为栲树照叶树林，并伴生有栎属白栎亚属落叶阔叶树木。在湿地栖息着禾本科和莎草科等植物，在一些高燥的地方分布着藜科－苋科、蒿属等植物。

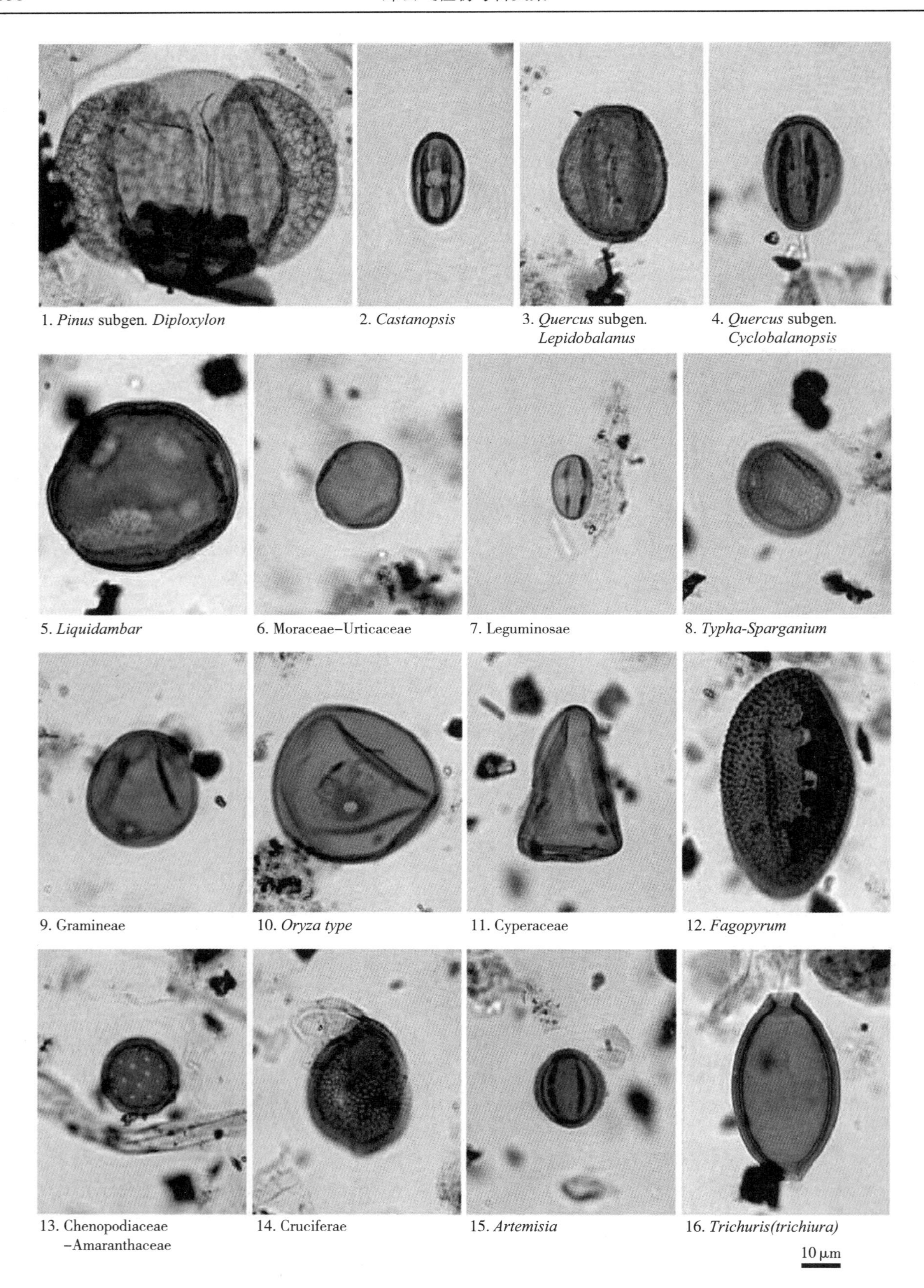

1. *Pinus* subgen. *Diploxylon*　2. *Castanopsis*　3. *Quercus* subgen. *Lepidobalanus*　4. *Quercus* subgen. *Cyclobalanopsis*

5. *Liquidambar*　6. Moraceae–Urticaceae　7. Leguminosae　8. *Typha-Sparganium*

9. Gramineae　10. *Oryza type*　11. Cyperaceae　12. *Fagopyrum*

13. Chenopodiaceae –Amaranthaceae　14. Cruciferae　15. *Artemisia*　16. *Trichuris(trichiura)*

图四　T103 探方西壁孢粉及寄生虫照片

（2）T103 – PⅡ带（⑦、⑧层、土样 14—16）

分布着香蒲 – 黑三棱和禾本科植物。从香蒲 – 黑三棱花粉中存在着四合体看，这些花粉属于香蒲花粉，当时可能是一种栖息着大型的湿地植物浅塘、湿地的环境，周围分布着栎属青冈亚属的照叶树林。

（3）T103 – PⅢ带（⑤、⑥、⑦层、土样 11—13）

禾本科特别多，伴有香蒲 – 黑三棱、莎草科花粉，此时湿地面积扩大，周围有栎属青冈亚属的照叶树林。

（4）T103 – PⅣ带（土样 5—10）

栎属青冈亚属树木为主，为栲树照叶树林，栎属白栎亚属、松属复数维管亚属、栗属等二次林有所增加，周围森林面积有所扩大。松属复数维管亚属上部有增加趋势。周围分布着稻属等禾本科、莎草科、香蒲 – 黑三棱等草本植物，意味着周围可能有水田分布。

（5）T103 – PⅤ带（土样 2—4）

在草本植物中，莎草科数量减少，可能此时环境相对干燥。稻属以及荞麦花粉的出现，意味着这个时期可能有水田和旱地。

（6）T103 – PⅥ带（土样 1）

稻属等禾本科数量很多，意味着是水田，并有十字花科植物的旱作，森林面积显著减少。

四 寄生虫卵分析

1. 方法

在花粉分析过程中我们还进行了寄生虫卵（Helminth eggs）分析，发现了鞭虫卵（*Trichuris*）和毛线虫卵两个类群（图四、五）。下面进行一些介绍。

2. 结果

从土样 11 到 17（⑤、⑥、⑦、⑧层）都发现了鞭虫卵，土样 14 中发现了毛线虫卵。土样 14 出现峰值，密度达 2.7×10^2 个/立方厘米。

3. 根据寄生虫卵对堆积环境的推测

土样尽管发现鞭虫卵但密度并不高，可能是在与⑤、⑥、⑦、⑧层相当时期，由周围定居地的污染所致。在⑦层 14 号土样中，寄生虫卵密度达到峰值，当时可能是人口最为密集的时期。

五 考察

1. 田螺山遗址与海平面的变动

从田螺山遗址 T103 西壁土样的硅藻分析可以看到，下层土样 17、18 黏土是在海涂环境中堆积而成，在田螺山村落出现以前，由于海侵，海平面升高到了海拔 –1 米。河姆渡文化时期的⑤、⑥、⑦、⑧层，没有海水影响，海平面下降到海拔 –2 米以下。从寄生虫卵分析看，是村落形成、定居和人口

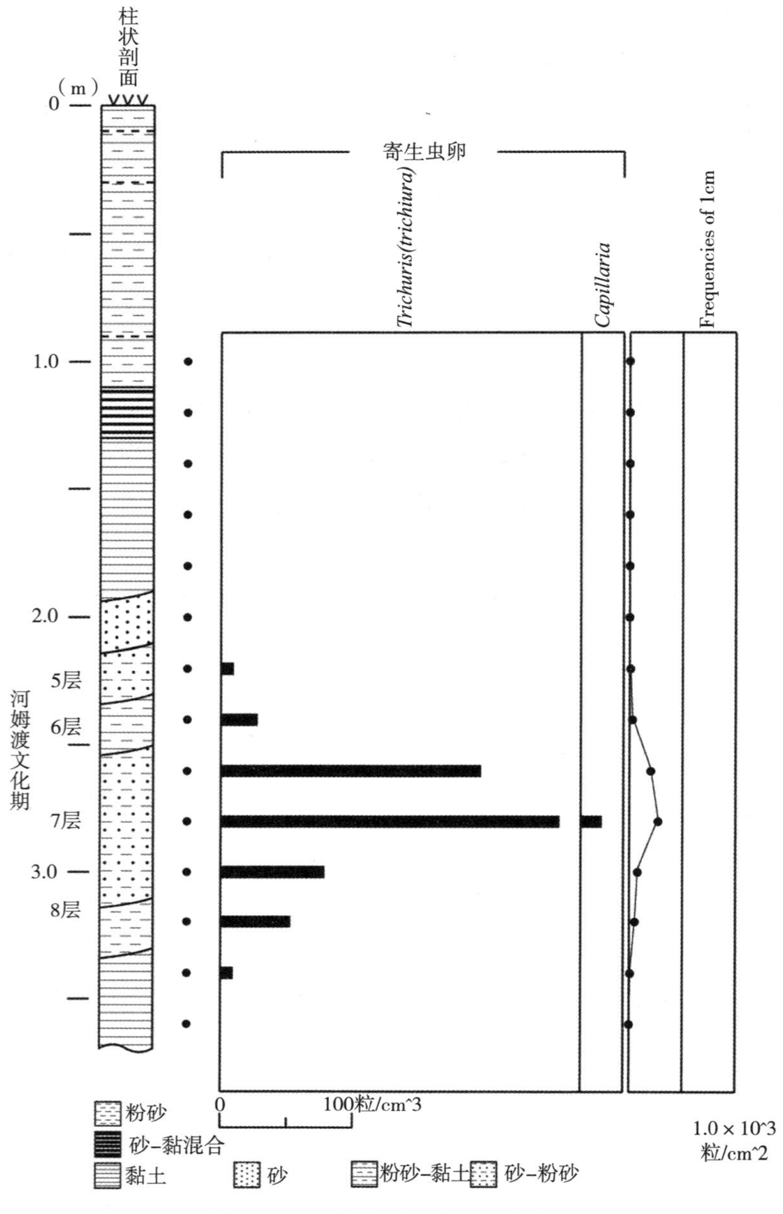

图五 T103 探方西壁寄生虫卵分析

密集的时期。上部的黑灰色砂土和黑灰色黏土是一个海湾的环境，这一时期发生了较大海侵，海平面至少上升到海拔 2 米左右。黑灰色砂土形成于海侵初期，由于潮汐等水流冲刷而成。从以上分析结果看，田螺山村落形成河边的淡水区域。黑色黏土最上部的 8—6 号土样是灰褐色粉砂，喜盐性（海水种群）和中喜盐性的硅藻数量很少，7 号土样为灰褐色泥沙层，可能是海退时汀线附近的堆积，这个时期海平面退缩到目前的海拔约 0 米。

如上所述，田螺山遗址是在海侵期的海侵停滞阶段以及小海退期形成的。可以推测包括田螺山遗址在内，河姆渡文化遗址可能都是在淡水域的边缘等同样的生态环境下形成的。

2. 河姆渡文化时期的环境和植被

从下层土样 17、18 灰色黏土到河姆渡文化时期的⑤、⑥、⑦、⑧层（土样 11—16），遗址周围分布着照叶树林。下层土样17、18灰色黏土时期为滩涂环境，栖息着禾本科、莎草科等植物；⑤、⑥、⑦、⑧层（土样11—16）河姆渡文化时期为河边湿地、浅水湖塘环境，香蒲、禾本科植物繁茂，其中禾本科植物可能是芦苇等大型植物。从土样10（⑤层以上）黑灰色砂土开始，是上层海湾成陆过程，此时期是以栎属青冈亚属为主体的照叶树林，栎属白栎亚属、松属复数维管束亚属、栗属等二次林面积增加，面积不大但有水田分布。

六 总结

田螺山遗址是在海侵过程中，海侵高峰期到来以前由于海侵停滞或出现小海退时期在淡水河边形成的，遗址所在的河边区域分布湿地，香蒲、禾本科等大型水生植物繁茂，周边山地分布着以栎属青冈亚属为主体的照叶树林。在海侵的高峰期被淹没，沉入海湾的海水之中，生态环境和跨湖桥相似。这可能是河姆渡文化和跨湖桥文化时期村落生态环境的共同点。田螺山遗址中发现了许多橡子储藏坑，出土了菱角等种实以及炭化米和动物骨骸，说明田螺山先民为了生计不仅采集坚果、捕食动物，而且从淡水环境是村落形成的必要条件看，田螺山先民有水田稻作的可能性很高。

参考文献

中村纯：『花粉分析』，古今书院，1973，pp. 82–110。

中村純：『イネ科花粉について，とくにイネ（*Oryza sativa*）を中心として』，『第四紀研究』13（1974）：187–193。

中村純：『稲作とイネ花粉』，『考古学と自然科学』10（1977）：21–30。

F. Hustedt, Systematische und ologishe Untersuchungen uber die Diatomeen Flora von Java, Bali und Sumatra nach dem Material der Deutschen Limnologischen Sunda-Expedition, *Archiv fur Hydrobiologie*, Supplement, 15 (1937–1938).

R. L. Lowe, *Environmental requirements and pollution tolerance of fresh-water diatoms*, National Environmental Reserch Center, Office of Research and Development, US Environmental Protection Agency, 1974, p. 333.

K. Krammer, H. Lange-Bertalot, *Bacillariophyceae*, 1986–1991, pp. 1–4.

K. Asai, T. Watanabe, Statistic classification of epilithic diatom species into three ecological groups relating to organic water Pollution (2): Saprophilous and saproxenous taxa, *Diatom* (10) 1995: 35–47.

安藤一男：《淡水産珪藻による環境指標種群の設定と古環境復原への応用》，《東北地理》42（1990）：73–88。

小杉正人：『陸生珪藻による古環境の解析とその意義』，『植生史研究』1（1986）。

小杉正人：『珪藻の環境指標種群の設定と古環境復原への応用』，『第四紀研究』27（1988）：1–20。

浙江省文物考古研究所、萧山博物馆：《跨湖桥》，文物出版社，2004年。

渡辺仁治、浅井一視、大塚泰介等：『淡水珪藻生態図鑑』，内田老鶴圃，2005年。

全新世中期海平面波动对稻作生产的影响*

末次冰期（18—15 ka BP）结束后，大陆冰盖迅速消退，导致世界海平面上升，以一系列气候波动向全新世（冰后期）过渡。尽管海平面高度、上升方式与变化曲线形态还存在着各种各样的争论，但全新世早期有过海平面上升的认识是一致的[①]。全球各地的高海平面大约持续到 7.5ka BP[②]，此后，尽管海平面仍然有升降波动，但总的趋势是下降的。

中国沿海地区的全新世地层中绝大部分有海平面上升引起的海侵记录，由于各地构造条件、古地形及河流、海流输沙的差异，海侵达到最大规模的时间及之后的海退过程略有差异[③]。在长江下游地区，全新世海平面持续上升，海水沿下切河谷侵进，河口向陆地移动，约在 7.5—7.0 ka BP 全新世海侵达到最大，形成了以镇江－扬州为顶点的巨大长江古河口湾。此后随着海平面上升速率减小，河口沉积率超过海平面上升速度，最大海侵时的河口湾逐渐被充填，河口湾转变为三角洲[④]。进入了海退期后出现的三角洲，植被繁茂，动物资源丰富，生态环境得到改善，开始进入了新石器时代文化的繁荣时期，相继出现了河姆渡文化、马家浜文化、崧泽文化和良渚文化（7.0—4.0 ka BP）。业已发掘的濒海地区遗址大部分海拔较低，有的甚至在目前海平面以下。

全新世中期形成的三角洲给人类提供了生产和生活空间的同时，自身的地理结构和演变发展进程在人类生存环境和居住环境选择等方面，影响人类的生存和发展。全新世中期以后海平面波动引起的间歇性海侵带来环境变化可能是影响本地区新石器时代文化繁荣的重要原因之一[⑤]，新石器时代定居点迁移模式与 7.0—4.0 ka BP 期间的海平面上升程度有着密切的关系，海水淹没和寒冷的气候可能是重要的原因[⑥]。但也有不同观点，认为长江三角洲在 7.0—5.0 ka BP 没有出现过高海平面，也没有出现过因为海平面上升而影响人类文化的发展[⑦]。

水稻种植是中国东南沿海地区新石器时代文化最重要的特色之一，被国内外广为关注。但由于有关古环境背景研究成果不多，使得对史前稻作的认识和理解上无法进一步深入，目前综合多指标的考古遗址古生态研究对研究稻作文化的起源和发展以及人类食物生产结构变化的理解极为重要[⑧]。最近，在宁绍平原对河姆渡文化时期的田螺山遗址考古发掘中，进行了史前稻作农耕遗迹的调查和发掘，发现了 7.0—6.4 ka BP 和 6.3—4.6 ka BP 河姆渡文化早、晚两个时期的稻作农耕遗迹地层[⑨]，在地层剖

---

* 本文系与孙国平、陈旭高合著。

面上水相沉积层和农耕泥炭相互交替堆积的现象明显反映出全新世中期以来沿海地区环境变化对稻作生产的影响，这些地层剖面对研究全新世海平面变化及其对史前人类文化发展影响具有重要的意义。

一 分析材料和方法

1. 田螺山遗址和稻作农耕遗迹的概况

（1）居住遗址

田螺山遗址位于浙江省余姚市三七市镇相岙村，地处姚江谷地，东距海岸30—40千米，北侧横亘着四明山支脉，低丘环绕（图一）。居住遗址围绕一个名为田螺山、海拔约5米的小山头分布，周围是大片低平的水稻田，海拔约2米。2004年开始由浙江省文物考古研究所主持进行发掘，发现了河姆渡文化早期（7.0—6.5ka BP）和晚期（6.5—5.0ka BP）地层。在考古遗址中出土了陶片、石器、木器等文化遗物，以及排列有规律的适应湿地环境的干栏建筑构件直立木柱。另外，由于与空气隔绝，保存环境良好，遗址中还发现了大量的有机质遗存，动物骨骸以野生动物为主，有水牛、鹿、猪、鱼等，植物种子和果实有稻米、橡子、南酸枣、桃、梅、杏、菱角、芡实等。这些动植物遗存的出土表明先民既种植水稻，又采集植物种实和猎杀野生动物来获取食物，是一种混合经济形态。钻探调查显示居住遗址面积有30000平方米左右[10]。

（2）农耕遗迹

结合居住遗址的考古发掘，2006—2008年在居住遗址周围进行与田螺山遗址相关联的农耕遗迹调查研究。在144000平方米的调查区域内，发现了河姆渡文化早、晚时期大面积的古稻田，面积分别为6.3、7.4公顷，并在居住区西南约400米和西侧约70米的2个位置约350平方米的试掘和发掘中得到了确认。这是首次发现的河姆渡文化时期稻作农耕遗迹。在农耕遗迹地层中发现了稻谷遗存和农田杂草种子，以及田间小路、木制工具和零星散落的陶片等人类稻作生产活动的遗迹和遗物[11]。

2. 材料和方法

（1）材料

分析土样来自居住遗址西侧70米的农耕遗迹发掘点T705南壁，早、晚两期农耕遗迹分别位于距地表95—180和255—295厘米的地层中。从距地表45厘米开始到355厘米，间隔5厘米连续取样，共采取61份土样，每份土样约2000毫升，用于硅藻、植物硅酸体分析和种子调查。

（2）硅酸体分析

采取50毫升土样，在烘箱中用100℃温度干燥后，称重并计算出容重，用机械力粉碎。取1克左右土样，放入12毫升的样品瓶，加入约300000颗粒径约40微米玻璃珠（0.0225克）、10毫升水和1毫升5%的水玻璃，然后在超声波清洗槽内振荡20分钟。根据Stokes沉降原理，重复水洗，抽除粒径小于20微米的粒子，上清液澄清后，干燥残留物。使用EUKITT®作封片剂制作玻片，在显微镜（Nikon E600）下放大200倍进行植物硅酸体观察计数，并对同视野下的玻璃珠计数（玻璃珠计数不少于300颗），根据土样的重量、加入玻璃珠的多少、观察到的硅酸体和玻璃珠的数量计算出土壤中各种植物硅酸体的密度。

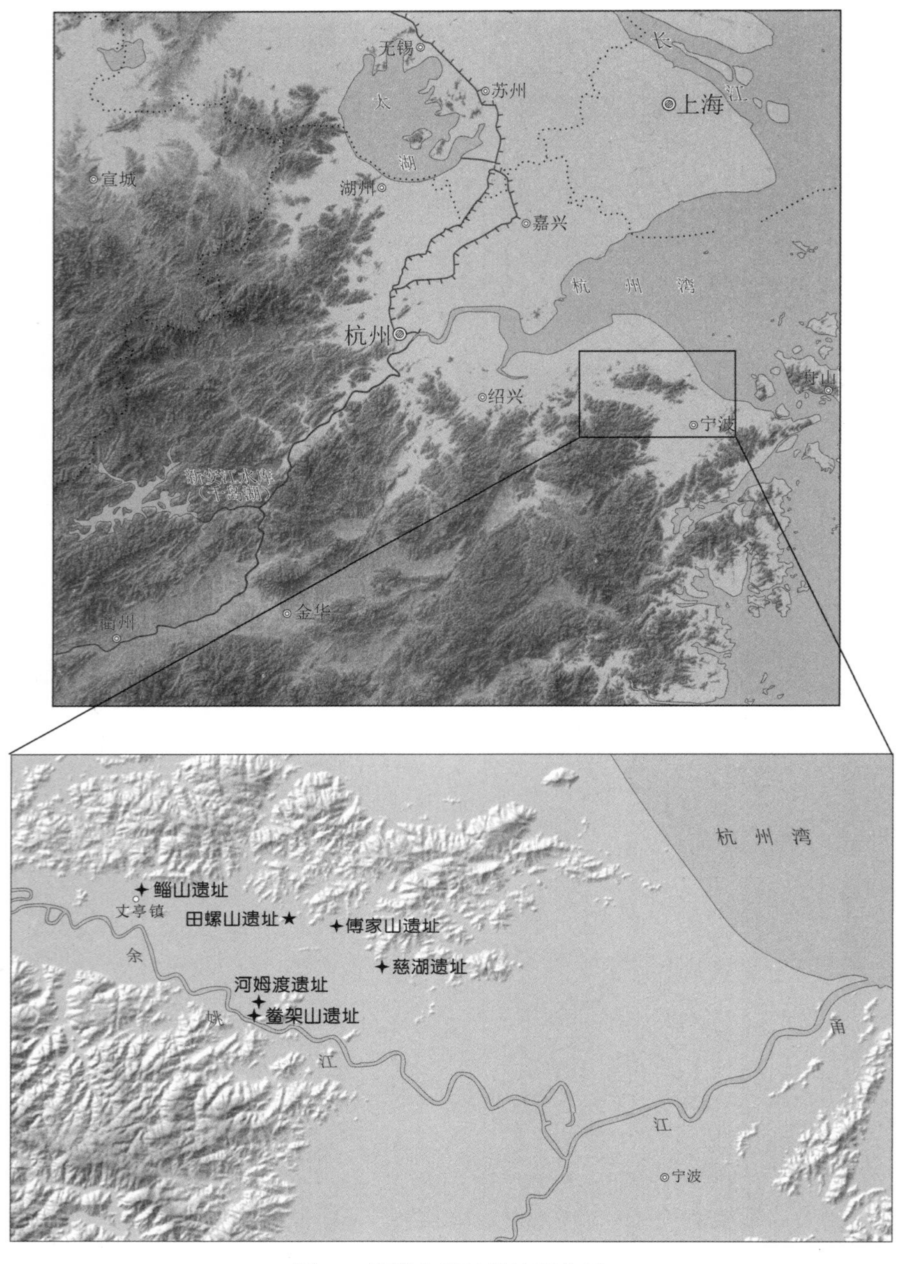

图一　田螺山遗址的地理位置

（3）硅藻分析

采取3毫升土样放入100毫升的烧杯，加入约6毫升35%的过氧化氢，反应结束后，移入15毫升离心管，加水至刻度，搅拌均匀后，用2000 r/min的速度离心2分钟，倾倒去上清液，重复多次，直至上清液澄清。残留物定容搅拌均匀后，用移液管定量滴在盖玻片上展开干燥，使用Mountmedia®封片剂制作玻片，在显微镜下放大600倍进行硅藻观察、鉴定和计数（计数量不少于400颗），根据观察样品占样品总量的比例关系计算出各种硅藻的密度和所占百分比。

（4）种子调查

取100毫升土样，加入3%的$NaHCO_3$溶液在水浴锅中加热到70℃—80℃分散土壤后，倾倒在孔径0.34毫米的金属网筛中，水洗去黏土。在实体显微镜（Nikon SMZ1000）下观察残留物，对植物种子进行分类鉴定和计数。

（5）年代测定

水洗获得植物种子或植物残体，送北京大学考古文博学院科技考古与文物保护实验室，用加速器质谱（AMS）进行^{14}C测年。采用IntCal04曲线和OxCalv3.10程序进行树轮校正。

二　结果

1. 农耕遗迹发掘点T705的地层堆积情况

农耕遗迹发掘点T705探方的地层堆积情况如图二所示：第1层，表土层，现代水稻田，灰色粉砂质黏土，厚20厘米左右；第2层，灰黄色粉砂质黏土，厚约25厘米，有印纹陶片出土；第3层，灰黄色粉砂土，厚约35厘米；第4层，深褐色黏土泥炭层，可见大量黄褐色的以芦苇为代表的植物茎、叶等残体，厚15厘米左右；第5层，褐色黏质壤土，略含植物残体，厚25厘米，见有少量的河姆渡文化晚期陶片；第6层，灰色黏土，含植物残体，厚约15厘米；第7层，灰褐色黏质壤土，含较多植物茎秆和叶片等残体，厚约45厘米，见有少量河姆渡文化晚期陶片，在T703和T803探方的同地层发现中间略弧凸隆起，高20—30厘米，宽40厘米左右，似属田埂的遗迹，此地层中还发现了经过加工制作的农具手柄；第8层，水相沉积层，纯净青灰色黏土，厚75厘米；第9层，与第6层相似，可见大量植物茎、叶等残体，厚约10厘米；第10层，与第9层相似，厚15厘米，含有少量河姆渡文化早

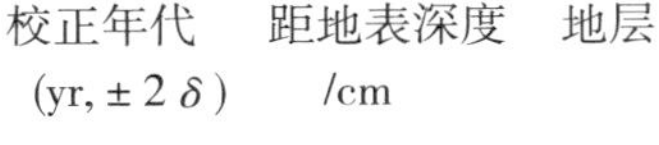

图二　T705探方南壁地层剖面

表一 田螺山遗址 T705 地层年代数据*

距地表深度（厘米）	实验室编号	材料	^{14}C 年代（*BP，±1δ）	校正年代（*BC，±2δ）
45—50	BA091044	炭屑、植物	1990±40	110BC—120 AD
80—85	BA091045	植物种子	4020±40	2650±190 BC
90—95	BA091046	植物种子	4275±40	2885±135 BC
115—120	BA091047	植物种子	4585±35	3300±200 BC
130—135	BA091048	植物种子	4660±40	3490±140 BC
175—180	BA091049	植物种子	5465±45	4340±110 BC
250—255	BA091050	植物种子	5620±35	4445±85 BC
290—295	BA091051	植物种子	6120±45	5080±140 BC

* 所用 ^{14}C 半衰期为 5568 年，BP 为距 1950 年的年代。树轮校正所用曲线为 IntCal 04，所用程序为 OxCal v3. 10。

期陶片，发现 2 具木耒和 1 把木刀；第 11 层，褐灰色似泥炭堆积，含丰富有机质遗物，厚 15 厘米左右；第 12 层，青灰色黏土，含较多以芦苇为代表的茎、叶等植物残体，厚约 25 厘米；第 13 层，水相沉积，纯净青灰色粉砂层。

根据土质、土色以及包含植物残体的情况，T705 探方距地表 45 厘米以下的地层堆积从下向上大致可以划分为 5 个地层堆积特征带，Ⅰ带包含第 12 和 13 层，深度 295 厘米以下，年代 7. 0ka BP 以前；Ⅱ带包含第 9—11 层，深度 255—295 厘米，年代 7. 0—6. 4ka BP；Ⅲ带包含第 8 层，深度 180—255 厘米，年代 6. 4—6. 3ka BP；Ⅳ带包含第 4—7 层，深度 80—180 厘米，年代 6. 3—4. 6 ka BP；Ⅴ带为第 3 层，深度 45—80 厘米，年代 4. 6—2. 1ka BP。年代测定结果如表一所示。

2. 地层堆积植物硅酸体的记录

如图三所示，5 个地层特征带土壤含有的植物硅酸体构成方面有明显的特点，第Ⅰ、Ⅲ、Ⅴ带硅酸体构成基本相同，含有极少量的芒属（*Miscanthus*）和芦苇（*Phragmites*）硅酸体，水相沉积层特征十分明显。第Ⅱ和Ⅳ带，硅酸体构成特征也基本相近，含有大量的芦苇和芒属硅酸体，表明是地势有起伏的湿地环境，呈现低地生长着以芦苇为代表的湿地或水生植物，较高的地方生长着以茅草为代表的耐旱性较强植物的湿地生态和植被特征。另外，硅酸体分析结果还在Ⅱ带的第 9 和 10 地层以及Ⅳ带中检测到密度较高的来自稻（Oryza）叶片运动细胞的硅酸体，这 2 个带土壤中的稻硅酸体平均密度分别为 9764 粒/克和 16429 粒/克，明显高于判别稻田标准 5000 粒/克，表明这些地层是古稻田埋藏的地层。

3. 地层堆积硅藻的记录

硅藻分析结果如图三所示，5 个地层特征带的硅藻组成特征鲜明。

Ⅰ带以近海、沿岸、潮间带的硅藻为主，占总数的 86. 2%，其中圆筛藻（*Conscinodiscus*）、柱状小环藻（*Cyclotella stylorum*）、颗粒菱形藻（*Nitzschia granulata*）、雅兰舟形藻（*Navicula yarrensis*）等所占比例超过 10%，合计占总数的 63. 0%；史密斯双壁藻（*Diploneis smithii*）、蜂窝三角藻（*Triceratium favus*）、马鞍藻（*Campylodiscus biangulatus*）、具槽直链藻（*Melosira sulcata*）、卵形菱形藻（*N. cocconeiformis*）等所占比例在 1% 以上，合计占总数的 19. 4%。另外，本带还有辐环藻（*Actinocyclus normanii*）、中等辐裥藻（*Actinoptychus vulgaris*）、三刺盒子藻（*Biddulphia tridens*）、蜂腰双壁藻（*D. weissflosii*）、海洋斑

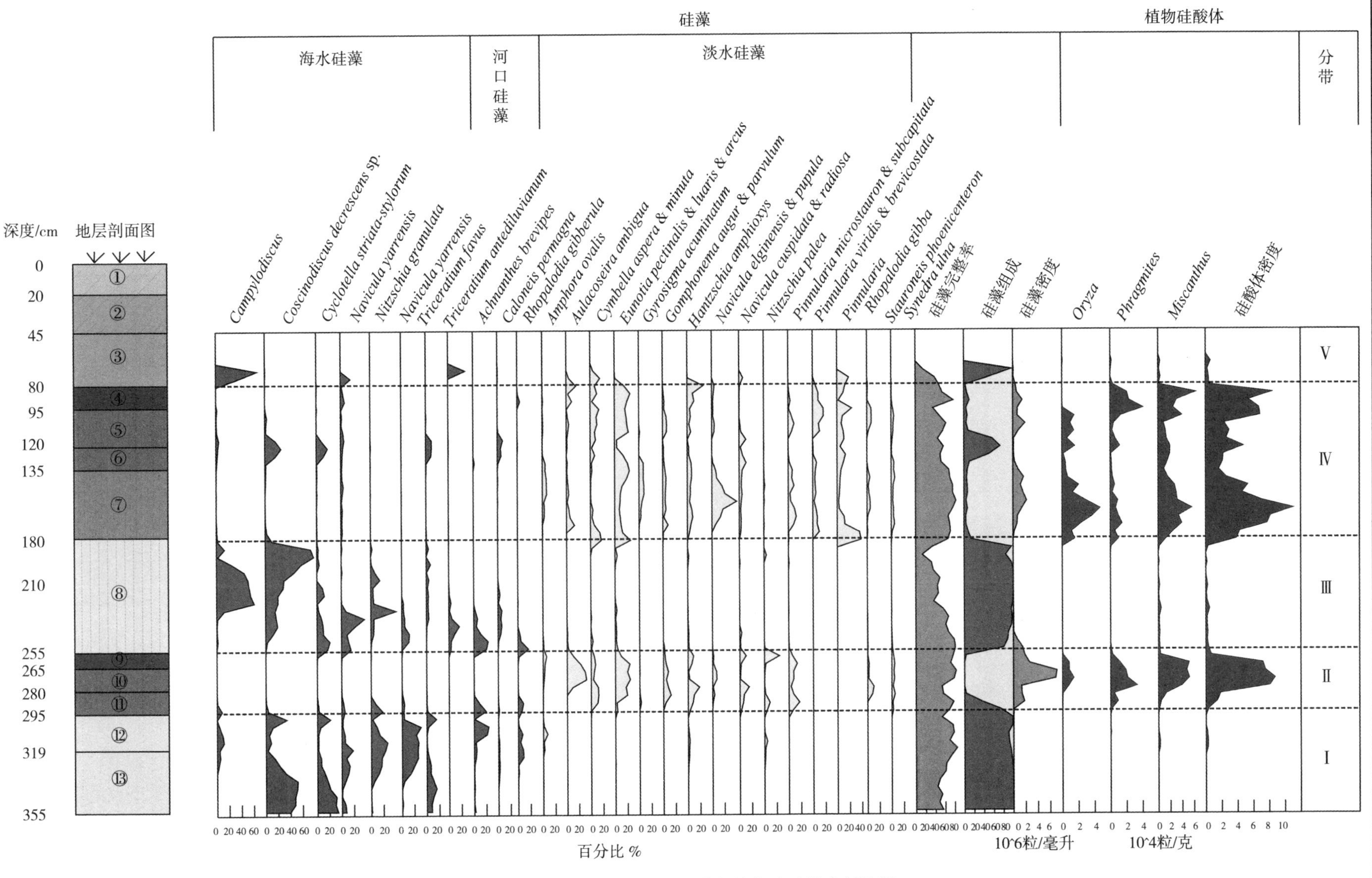

图三　T705探方南壁剖面硅藻与植物硅酸体分析数据

条藻（*Grammatophora oceanica*）、海洋舟形藻（*N. marina*）、方格罗氏藻（*Roperia tesselata*）、卵形拆盘藻（*Tryblioptychus cocconeiformis*）、海线藻（*Thalassionema nitzschioides*）等海洋性种属，短柄曲壳藻（*Achnanthes brevipes*）、肌状棒杆藻（*Rhoplodia musculus*）等河口环境硅藻占8.6%。淡水硅藻数量极少，不到总数的5%。

Ⅱ带以淡水硅藻为主，占总数的87.8%，其中模糊直链藻（*Aulacoseira ambigua*）、篦形短缝藻（*Eunotia pectinalis*）等所占比例超过10%，合计占总数的32.1%；微辐节羽纹藻（*Pinnularia microstauron*）、两尖菱板藻（*Hantzschia amphioxys*）等所占比例超过5%，合计占总数的13.5%；占总数1%以上的硅藻种属有：谷皮菱形藻（*N. palea*）、放射舟形藻（*N. radiosa*）、肘状针杆藻（*Synedra ulna*）、瞳孔舟形藻（*N. pupula*）、小形异极藻（*Gomphonema parvulum*）、小桥弯藻（*Cymbella minuta*）、粗糙桥弯藻（*C. aspera*）、尖顶异极藻（*G. augur*）、卵形双眉藻（*Amphora ovalis*）、月形短缝藻（*E. luaris*）、弯棒杆藻（*Rhoplodia gibba*）、钝舟形藻（*N. mutica*）、近头端羽纹藻（*P. subcapitata*）等。近海、沿岸、潮间带的硅藻数量很少，合计占总数的12.2%。

Ⅲ带以近海、沿岸、潮间带的硅藻为主，占总数的80.6%，其中圆筛藻和马鞍藻占比在10%以上，合计占总数的43.0%；史密斯双壁藻、雅兰舟形藻、柱状小环藻、太古三角藻（*Triceratium antediluvianum*）、颗粒菱形藻、蜂窝三角藻等6种硅藻的比例在1%以上，合计占总数的34.7%。另外，本带还有辐环藻、卵形菱形藻、具槽直链藻、海洋舟形藻、海洋斑条藻、方格罗氏藻、中等辐裥藻、奇异棍形藻（*Bacillaria paradoxa*）、蜂腰双壁藻、海线藻等海洋性硅藻。河口环境硅藻占8.4%，主要有短柄曲壳藻、肌状棒杆藻等。淡水环境硅藻数量较少，仅占11.0%。

Ⅳ带以淡水硅藻为主，占总数的86.0%，其中羽纹藻数量最多，占总数的22.3%，有绿羽纹藻（*P. viridis*）、微辐节羽纹藻、短肋羽纹藻（*P. brevicostata*）、弯羽纹藻（*P. gibba*）等；其次是短缝藻，占总数的16.7%，主要有篦形短缝藻、月形短缝藻、弧形短缝藻（*E. arcus*）、粗壮短缝藻（*E. robusta*）等；舟形藻以埃尔金舟形藻（*N. elginensis*）、急尖舟形藻（*N. cuspidata*）、瞳孔舟形藻为主，合计占总数的9.9%；数量较多的还有尖顶异极藻、小形异极藻、尖布纹藻（*Gyrosigma acuminatum*）、模糊直链藻、卵形双眉藻、具球异菱藻（*Anomoeomeis sphaerophora*）、肘状针杆藻、紫心辐节藻（*Stauroneis phoenicenteron*）、两尖菱板藻等，比例都在1%以上。近海、沿岸、潮间带的硅藻数量很少，合计仅占总数的14.0%。

Ⅴ带硅藻密度很低，种类很少，仅在接近Ⅳ带的2个土样中检测到硅藻。本带以近海、沿岸、潮间带的硅藻为主，有马鞍藻、减小圆筛藻（*C. decrescens*）、海洋斑条藻、太古三角藻、占总数的71.6%，河口环境硅藻仅见大美壁藻（*Caloneis permagna*），数量不到1%。淡水硅藻占27.7%，见有两尖菱板藻、急尖舟形藻和绿羽纹藻等。

5个地层特征带的硅藻组成反映了田螺山遗址周围近海潮汐咸水环境和淡水湿地环境的交替变化，以近海、沿岸、潮间带硅藻为主的Ⅰ、Ⅲ和Ⅴ带反映了这些地层是在潮汐咸水环境下形成的，以淡水硅藻为主的Ⅱ和Ⅳ带反映这些地层是在淡水湿地环境下形成的。因此，可以说地层剖面上水相沉积层和农耕层相互交替堆积的现象反映了全新世中期以来海平面波动引起沿海部分地区出现了湿地和滩涂化交替过程。

4. 地层堆积植物种子的记录

如图四所示，5 个地层特征带土壤中含有的植物种子构成也有明显的特点。

Ⅰ带种子数量较少，种群数量也不多。耐盐性植物占优势，占种子数量的 68.8%，有香蒲（*Typha*）和海三棱藨草（*Scirpus mariqueter*）2 个种群。非耐盐性的植物占总数的 33.2%，有扁杆藨草（*S. planiculmis*）、眼子菜（*Potamogeton*）、茨藻（*Najas*）、鸭嘴草（*Ischaemum*）等 10 余个种群。

Ⅱ带种子数量很多，种群数量不少。耐盐性和非耐盐性植物分别占总数的 59.4% 和 40.6%。其中耐盐性植物有海三棱藨草、野滨藜（*Atriplex fera*）、香蒲等 3 个种群，非耐盐性植物有萤蔺（*S. juncoides*）、扁杆藨草、水毛花（*S. triangulatus*）、扁穗莎草（*Cyperus compressus*）、碎米莎草（*C. iria*）、眼子菜等 30 余种群，其中稻谷遗存数量占 2.2%。

Ⅲ带种子数量极多，种群数量较少。以耐盐性植物为主，占总数的 94.0%，仅见海三棱藨草和香蒲 2 个种群。非耐盐性植物有扁杆藨草、萤蔺等 10 多个种群，占总数的 6%。在接近Ⅱ带的 10 厘米土层中发现稻谷遗存，占总数的 0.25%。

Ⅳ带种子数量较多，种群数量多样化。以非耐盐性植物为主，占总数量的 70.9%，有禾本科（Gramineae）、扁穗莎草、水毛花、萤蔺、野荸荠（*Eleocharis dulcis*）、金鱼藻（*Ceratophyllum*）、茨藻、眼子菜、酸模（*Rumex*）、水蓼（*Polygonum hydropiper*）等 40 多个种群，其中稻谷遗存数量占 30.8%。耐盐性植物以海三棱藨草为主，占总数的 27.4%，另外可见香蒲、藨草（*Scirpus triqueter*）、野滨藜等。

Ⅴ带种子数量不多，种群数量很少，仅在接近Ⅳ带的 25 厘米土层中发现植物种子。本带以潮间带滩涂优势植物种群为主体，有海三棱藨草、藨草等，占总数量的 98.6%；另外还可见数量较少的水毛花。

目前东南沿海滩涂湿地因滩面高程的不同和滩涂区域浸水时间的不同，形成不同的植物群落特征。滩涂最低处，也就是最外面主要分布有盐渍藻类、藨草群落和芦苇群落；高潮滩主要生长有芦苇、糙叶苔草（*Carex scabrifolia*）、互花米草（*Spartina alterniflora*，外来物种）；低潮滩主要生长有藨草、海三棱藨草。5 个地层堆积特征带植物种子组成同样反映了田螺山遗址周围近海潮汐咸水环境和淡水湿地的环境的交替变化。从植物种子组成看，Ⅰ、Ⅲ和Ⅴ带具有沿海滩涂低潮滩特征，Ⅱ和Ⅳ带具有沼泽湿地特征。数量较多的稻谷遗存以及湿地植物群落特征再次证明Ⅱ 和Ⅳ带地层埋藏着古稻田。对古稻田埋藏地层包含的稻谷小穗轴形态特征分析结果显示无论早期还是晚期稻田中，稻小穗轴既有驯化型，也有野生型，具有原始栽培稻特征，与 T1041 探方稻田和居住遗址出土稻谷遗存的小穗轴特征基本一致[12]。

三 讨论

1. 全新世中期海平面变化

地理和地质等学术界对长江下游全新世中期以来的高海平面认识还不尽一致。杨怀仁等[13]认为，两万年来中国东部海面升降有较明显的 10 次波动，其中全新世有 5 次，大约在距今 7.0—6.5 ka BP 海侵达到最大范围，海面接近现代。赵希涛等[14]认为我国东部沿海全新世高海面出现在 7.5—4.0 ka BP，有

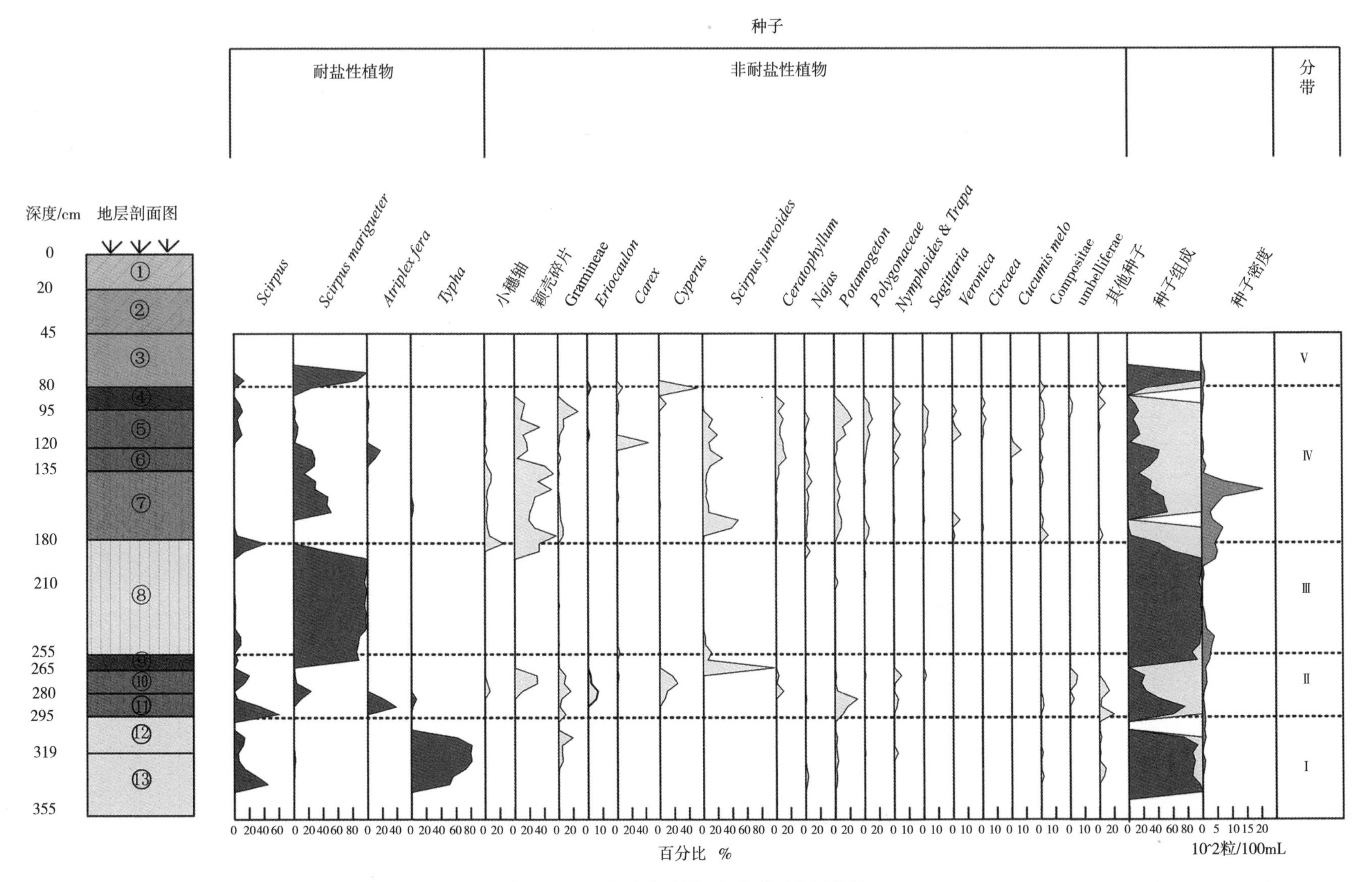

图四 T705探方南壁剖面植物种子分析数据

过7次明显的高低波动，其中最高海面时期的海面可高于现今海面2—3米，此观点得到对杭州湾地区研究的支持[15]。邵虚生[16]提出6.9±0.54 ka BP时长江三角洲地区海侵达到最大范围。对全新世中期高海平面认识上的差异可能与观察点的地质稳定性以及沉积物的性质有关，在一些地质稳定的沿海地区一般都可以观察到全新世中期高海平面的记录[17]。

田螺山遗址的研究结果对长江下游地区全新世海平面升降做了较好的诠释。尽管地层堆积厚度和距地表深度有一些差异，探方T705所见的水相沉积层在田螺山遗址周围广为分布[18]。1977年河姆渡遗址的第二次发掘中也有类似地层发现[19]。这些以青灰色淤泥或粉砂为特征的沉积地层，硅藻以近海、沿岸、潮间带的种群占有优势，植物种子以耐盐性植物种群为主，反映了是在海湾潮间带滩涂环境中形成的。探方T705剖面的硅藻和植物种子研究结果表明，宁绍地区约在7.5—7.0 ka BP海水退去开始成陆，其后该地区至少还出现过2次较大规模的海水侵入，年代分别为6.4—6.3 ka BP和4.6—2.1 ka BP。另外，Ⅱ带的120—135厘米处也有青灰色的薄土层，其中海洋性硅藻密度比较高，表明在6.3—4.6 ka BP期间，可能曾经出现过小规模的海水入侵。田螺山遗址的研究结果说明全新世海退过程中的海平面是有波动的，在某些时段仍然会出现海平面上升加速，海岸线向陆地推进，原来的一些已经成陆的土地再次海湾或滩涂化。这种海平面的波动可能是影响对该地区最高海平面和最大海侵出现时间判断和认识上不一致的最主要原因。海退期海平面上升的影响范围和强度可能小于高海平面时期，但对先民的生活和生产活动产生了深刻的影响是毋庸置疑的。

2. 海平面上升对稻作生产的影响

全新世中期以后，进入海退期，田螺山遗址周围出现了以芦苇、芒属植物为主体的湿地植被景观和数量较多的湖泊、水塘等。生态环境的改善为动物和禽鸟提供良好的栖息和觅食场所，在湿地上草食动物出没，禽鸟群集。先民迁徙到这里，采集野生植物资源，捕猎哺乳类动物、鱼类、禽鸟等，同时开垦湿地种植水稻，进入了河姆渡文化的繁荣期。钻孔调查和土样的植物硅酸体和种子分析结果显示，在田螺山居住遗址周围埋藏着大面积的河姆渡文化时期早、晚两期稻作农耕遗迹，已经探明稻田面积分别为6.3公顷和7.4公顷[20]。

该区域濒临东海，容易受到海水入侵的影响，生态系统很不稳定。6.4—6.3 ka BP和4.6—2.1 ka BP的2次规模较大的海平面上升再次把海水推进到了田螺山遗址一带，该区域一部分地区成为潮间带，呈现为高潮时被海水淹没，低潮时裸露的滩涂环境。这两次海水向内陆的推进对当时稻作生产影响是十分明显的，主要表现为大面积的稻田被海水淹没，栽培面积急剧缩小。另外，一些小的海平面波动尽管没有大面积淹没稻田，但同样也对稻作产生了影响。田螺山遗址的晚期农耕地层提供了这方面的证据。该遗址的晚期稻作农耕地层中发现了较多的海水硅藻和轻微的水相沉积现象，表明曾经出现过海水沿河流倒灌现象，并使灌溉水和土壤中的盐分上升。如图三所示，晚期稻田140—180厘米和95—135厘米地层中的硅酸体密度分别为20582粒/克和8271粒/克，呈现前高后低的变化趋势，与土壤中海水硅藻出现具有负相关性，表明小规模的海水入侵已经对稻田的单位面积产量产生了明显的影响。

3. 海平面上升对食物结构的影响

全新世中期以后长江下游地区的生态环境显著改善，稻作农业得到了很大的发展[21]，但由于海平

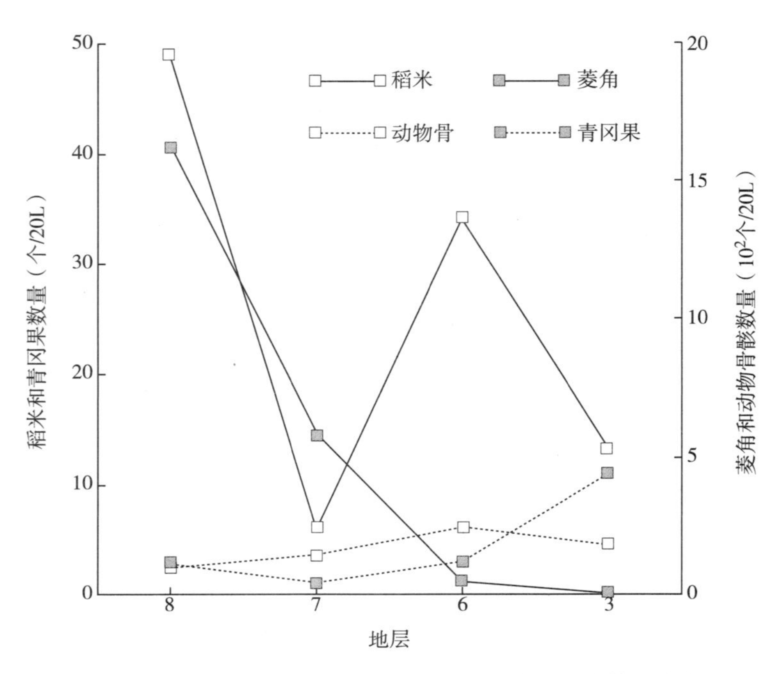

图五 田螺山居住遗迹地层中植物种子和动物骨骸数量变化

面波动的影响，稻作生产对人类食物供应呈现出不稳定性，在农田面积减少或单位面积产量下降时期，稻米在人类的食物结构中的比重就会减少，采集野生植物和狩猎动物来获取食物的比重就会增加。

田螺山居住遗址发掘中，除了稻谷（米）之外，还发现了数量较多的以菱角和青冈为代表的植物种子和果实遗存，另外遗迹还出土大量的哺乳动物和鱼类骨骸，可见先民的食物经济中采集和狩猎还占有相当地位。如图五所示，三种主要植物种子遗存呈现出不同的变化趋势，青冈果呈上升趋势，菱角呈下降趋势，而水稻出现了大幅度的波动；动物遗骸的变化和青冈变化趋势基本相同，反映出采集植物种子、果实和猎杀动物数量的消长可能与水稻生产量的变化有关联。

在人类进入平原湿地活动的初期，居住地周围除了大面积湿地外，还有星罗棋布的大小浅塘湖泊，先民在湿地上种植水稻收获稻米的同时，还采集那些生长在浅塘和湖泊周缘容易采集的水生植物的果实、种子果腹。随着人口的增加，采集资源的减少，以及海平面上升对水稻生产量影响，先民为获取生存食物的压力增大，人们加强了向山地要食物，采集树木果实；向深水要食物，捕捉鱼类；猎杀大型动物等获取食物的活动。田螺山居住遗迹的发掘中，在河姆渡文化晚期的第3—5层发现了几个储藏大量以青冈果实为主的贮藏坑，可能是在这种环境背景和食物供给条件下先民为应对稻米供应不足所采取的措施[22]。

4. 原始稻作农业的地理特点与海平面波动的关系

全新世中期以前，目前的宁绍平原地带大部分处于潮间带，经常为海水淹没，不适合人类居住，也没有适合种植水稻的大面积湿地。由此可见，河姆渡文化时期的种植水稻先民是从其他地方迁徙过来的，他们原先应该居住在地势较高，海水不能波及的地方。

最近在浙江中部的一些丘陵盆地发现了距今10000—9000年前的新石器时代早期与稻作有关的遗址，如上山遗址和小黄山遗址。在这些遗址中的许多陶片坯土掺合料中发现了大量稻谷遗存，在遗址的文化层土壤中检出了高密度的稻硅酸体，种种迹象表明长江下游地区稻作开始的时间要早于河姆渡文化，可以追溯到10000年以前㉓。这些位于丘陵盆地的新石器时代早期遗址，海拔约40—100米，是末次冰期以后到全新世前期最适合人类居住、生活和生产的地方。这些丘陵盆地尽管不适合开展大规模的稻作生产，但有许多小河流、水塘以及一些比较平整土地，具备开展稻作生产基本条件。对早期遗址中的稻硅酸体形状解析结果显示，早期古稻可能具有适合旱地种植热带粳稻的一些生物学特性，表明当时不仅利用低地种植水稻，一些地势较高，水利条件较差的旱地可能也被用来种稻㉔。浙中丘陵盆地新石器时代早期稻作遗址的发现提供了研究长江下游地区稻作起源的一条重要线索，同时也意味着包括河姆渡文化在内的一些平原地带新石器时代中期遗址极有可能在一些地势较高的丘陵盆地找到他们的源头。

致谢：北京大学考古文博学院吴小红教授、秦岭副教授，中国科学院南京湖泊地理研究所李春海副研究员和日本奈良教育大学金原正明教授在研究过程中给予了支持和帮助，在此一并致以诚挚的谢意。

本研究受浙江省财政厅科技专项资金和浙江省文化厅科研项目资助。

原载《科学通报》2011年第56卷第3期

注释

① J. A. Clark, W. E. Farrell, Peltier W R. Global changes in post-glacial sea level: A numerical calculation, *Quaternary Research* (9) 1978: 265-287.

② M. I. Bird, L. K. Fifield, T. S. Teh et al. , An inflection in the rate of early mid-Holocene eustatic sea-level rise: A new sea-level curve from Singapore, Estuarine, Estuarine *Coastal and Shelf Science* 71 (2007): 523-536

③ 王珏：《中国全新世中期的高海平面》，《地球科学进展》1989年第3期。

④ 李从先、陈庆强、范代读等：《末次盛冰期以来长江三角洲地区的沉积相和古地理》，《古地理学报》1999年第4期；李从先、范代读：《全新世长江三角洲的发育及其对相邻海岸沉积体系的影响》，《古地理学报》2009年第1期。

⑤ 陈中原、洪雪晴、李山等：《太湖地区环境考古》，《地理学报》1997年第2期；魏子昕：《上海地区全新世海面变化及环境演化》，《上海地质》1997年第4期。

⑥ Z. Y. Chen, Y. Q. Zong, Z. H. Wang et al. , Migration patterns of Neolithic settlements on the abandoned Yellow and Yangtze River deltas of China, *Quaternary Research* 70 (2008): 301-314.

⑦ 朱诚、郑朝贵、马春梅等：《对长江三角洲和宁绍平原一万年来高海面问题的新认识》，《科学通报》2003年第48卷第23期。

⑧ J. B. Innes, Y. Q. Zong, Z. Y. Chen et al. , Environmental history, palaeoecology and human activity at the early Neolithic forager/cultivator site at Kuahuqiao, Hangzhou, eastern China, *Quaternary Science Reviews* 28 (2009): 2277-2294.

⑨ Y. F. Zheng, G. P. Sun, L. Qin et al. , Rice fields and modes of rice cultivation between 5000 and 2500 BC in east China, *Journal of Archaeological Science* 36 (2009): 2609-2616.

⑩ 浙江省文物考古研究所、余姚市博物馆：《浙江余姚田螺山遗址发掘简报》，《文物》2007年第11期。

⑪ Y. F. Zheng, G. P. Sun, L. Qin et al. , Rice fields and modes of rice cultivation between 5000 and 2500 BC in east China, *Journal of Archaeological Science* 36 (2009): 2609–2616.

⑫ Y. F. Zheng, G. P. Sun, L. Qin et al. , Rice fields and modes of rice cultivation between 5000 and 2500 BC in east China, *Journal of Archaeological Science* 36 (2009): 2609–2616；郑云飞、孙国平、陈旭高：《7000年前考古遗址出土稻谷的小穗轴特征》，《科学通报》2007年第9期；D. Q. Fuller, L. Qin, Y. F. Zheng et al. , The domestication process and domestication rate in rice: spikelet bases from the lower Yangtze, *Science* (323) 2009: 1607–1609.

⑬ 杨怀仁、谢志仁：《中国东部20000年来的气候波动与海面升降运动》，《海洋与湖沼》1984年第1期。

⑭ 赵希涛、耿秀山、张景文：《中国东部20000年来的海平面变化》，《海洋学报》1979年第2期。

⑮ 林春明、黄志城、朱嗣昭等：《杭州湾沿岸平原晚第四纪沉积特征和沉积过程》，《地质学报》1999年第2期。

⑯ 邵虚生：《江苏金坛全新世海侵沉积层的研究》，严钦尚、许世远主编《长江三角洲现代沉积研究》，华东师范大学出版社，1987年，第116—125页。

⑰ Y. Q. Zong, Mid-Holocene sea-level highstand along the southeast coast of China, *Quaternary International* (117) 2004: 55–67.

⑱ Y. F. Zheng, G. P. Sun, L. Qin et al. , Rice fields and modes of rice cultivation between 5000 and 2500 BC in east China, *Journal of Archaeological Science* (36) 2009: 2609–2616.

⑲ Y. Q. Zong, Mid-Holocene sea-level highstand along the Southeast Coast of China, *Quaternary International* 117(2004): 55–67.

⑳ Y. F. Zheng, G. P. Sun, L. Qin et al. , Rice fields and modes of rice cultivation between 5000 and 2500 BC in east China, *Journal of Archaeological Science* (36) 2009: 2609–2616.

㉑ 郑云飞、孙国平、陈旭高：《7000年前考古遗址出土稻谷的小穗轴特征》，《科学通报》2007年第9期；D. Q. Fuller, L. Qin, Y. F. Zheng et al. , The domestication process and domestication rate in rice: Spikelet bases from the lower Yangtze, *Science* (323) 2009: 1607–1609; Y. Q. Zong, Mid-Holocene sea-level highstand along the southeast coast of China, *Quaternary International* 117(2004): 55–67.

㉒ 浙江省文物考古研究所、余姚市博物馆：《浙江余姚田螺山遗址发掘简报》，《文物》2007年第11期。

㉓ 郑云飞、孙国平、陈旭高：《7000年前考古遗址出土稻谷的小穗轴特征》，《科学通报》2007年第9期；郑云飞、蒋乐平：《上山遗址出土的古稻遗存及其意义》，《考古》2007年第9期；L. Jiang, Liu L, New evidence for the origins of sedentism and rice domestication in the lower Yangtze River, China, *Antiquity* (80) 2006: 355–361.

㉔ 郑云飞、蒋乐平：《上山遗址出土的古稻遗存及其意义》，《考古》2007年第9期。

跨湖桥遗址的人类生态位构建模式*

一 引言

长期以来，人们对史前社会经济性质的理解往往依据动植物遗存是否表现出驯化的形态特征而将驯化物种与野生物种区分开，并依据驯化与野生物种的相对比例来判断某个社会是属于狩猎采集还是农业。但是，这种过于简化的二元认识论不仅阻碍我们更深入地了解史前农业的本质以及农业起源过程的多样性和复杂性，也极不利于农业起源在全球范围内的跨区域比较。事实上，在这两种生计经济的社会之间存在一个广阔的中间地带，它们与典型的狩猎采集或农业社会都存在一定的差异，但无论是否拥有驯化物种，其人类行为都广泛地干预或操纵动植物物种的生命周期[①]。其中包含着农业在早期如何与为何发生的大量信息，是弄清人类与自然环境以及动植物物种之间的关系是如何从被动地适应和依赖转向主动地干预、改造和操控的关键所在。近年来，越来越多研究者从人类影响环境的主动性这一角度审视过去仅凭物种形态特征而被归入狩猎采集范畴地材料，其中大量有关人类改造环境的生态过程被重新解读和认识，大家发现这类社会实际上对理解史前人类的资源开拓模式和农业起源过程有着重大价值。

基于这一认识，生态位构建理论被引入考古学对农业起源的研究[②]。“生态位构建”（niche construction）是进化生物学的一个新概念。它的定义是：生物体通过主动改变其环境中的一个或多个因素而改变它自身与环境之间的关系[③]。生态位构建并不是人类特有的能力，它在生物体中普遍存在。在生态学领域，具有这种能力的生物体被称为“生态系统工程师”（ecosystem engineer），它们通过改变生命或非生命物质的物理形态而直接或间接地控制其他生物体利用资源。它们改造、维护或开辟生境的过程被称为“生态系统工程”（ecosystem engineering），实际上就是“生态位构建”的同义词[④]。人类生态位构建指人类对环境主动影响与干预的行为。与其他物种相比，人类生态位构建的模式表现出极其复杂与多样化的特点，而且常常依赖于文化过程，而非生物性的遗传[⑤]。

跨湖桥遗址位于浙江省杭州市萧山区的湘湖畔，早在距今8000—7000年间，已有先民在此定居生活。对出土水稻遗存的研究表明该遗址是水稻驯化过程中的重要一环，它代表了长江下游作为物种驯化独立起源中心的一个重要阶段。同时，该遗址还出土了大量其他动植物遗存，表明当时先民的生计

---

* 本文系与潘艳、陈淳合著。

经济是基于一个比较广泛而多元化的资源系统。根据跨湖桥遗址出土遗存的情况，当时的人类生计经济与史密斯（Smith）所描述的“中间地带”社会有诸多相似之处，因此本文尝试从生态学的视角寻找和梳理跨湖桥先民与各种动植物物种之间的关系，在此基础上总结其人类生态位构建模式，并提出跨湖桥的人类生态系统对理解长江下游农业起源过程的启示意义。

二 植物遗存

1. 植物遗存的种类

跨湖桥遗址于1999—2002年间进行了3次发掘，遗址文化层分为3个时期：早期包括第10、11层，年代距今8200—7800年；中期包括第8、9层，年代距今7700—7300年；晚期包括第4—7层，年代距今7200—7000年[6]。2004年发掘报告出版后，我们对出土的植物遗存进行了进一步整理鉴定，发现了此前没能注意到的一些种属，比如藨草、眼子菜、葎草、某些芽苞等，特别是更正了对原报告中疑似葫芦科果实的判断，它们应为块茎。本文将对这些材料做一些描述和分析。

2002年第3次发掘以浮选和水洗相结合的方法采用1毫米孔径的金属筛对遗址文化层土壤进行了随机的植物遗存调查，获得了以1毫米以上的种子、果核等为主的组合。（表一）除稻米外，植物遗存

表一 跨湖桥遗址植物遗存鉴定结果 （单位：个）

植物遗存	地层与分期								总计
	8200—7800 BP		7700—7300 BP		7200—7000 BP				
	第11层	第10层	第9层	第8层	第7层	第6层	第5层	第4层	
菱			29	15	7		5		56
芡实			12	1					13
桃	10	5		10	1	29	9	4	68
梅				2	2				4
南酸枣	7			11	7	44	25	23	117
柿子				1	1				2
壳斗科	1		5	100	78	35	46	2	267
蓼属				39			1		40
眼子菜属				1					1
藨草				1					1
葎草				1					1
芽			1	6					7
草茎/茎节			3						3
块茎				1		1			2
非水稻的植物遗存总计数	18	5	50	189	96	109	86	29	582
稻谷	5	7	35	139	1	7	2		196
稻米	29	14	125	192	2	5	2		369
稻壳	257	3	74	118	36	3	7		498
水稻遗存总数	291	24	234	449	39	15	11		1063

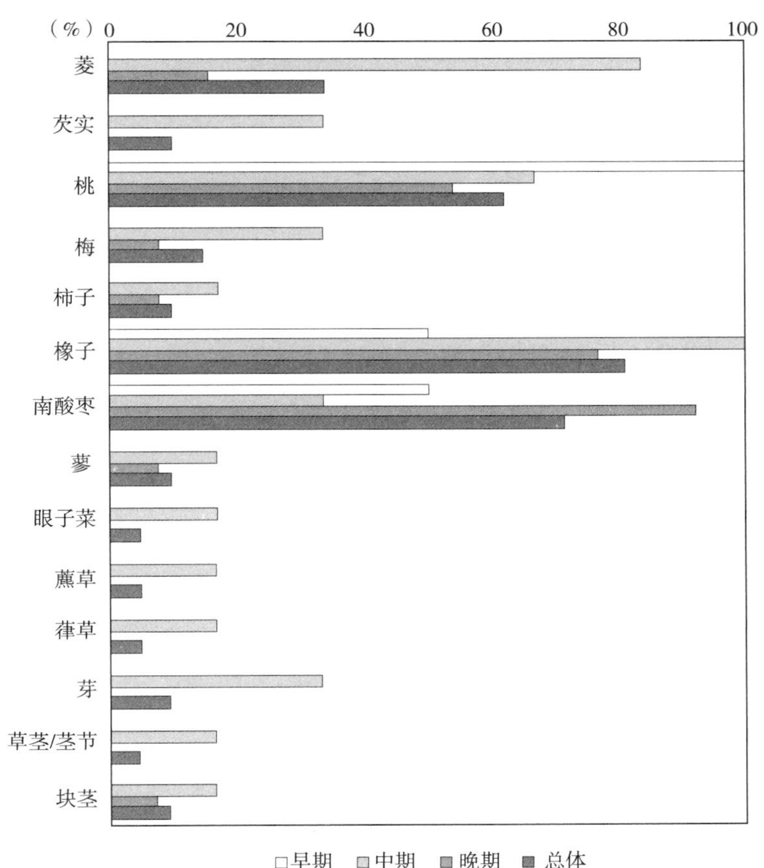

图一 跨湖桥遗址植物遗存出土概率

以大型果核为主，个体较小的反映人源干扰的杂草型种子（比如禾本科、莎草科、蓼科等）数量较少，因此这批材料更多反映了跨湖桥先民开拓食物资源的模式。浮选获得的植物种实包括菱、芡实、水稻、桃、梅、南酸枣、柿、壳斗科坚果（俗称橡子）、蓼、眼子菜、藨草、葎草、芽苞、块茎等。

植物遗存来自21个不同的单位或地层，涵盖了第4层到第11层的堆积，基本上能够反映植物资源开拓的总体模式和历时变迁。在绝对数量上，除稻米外，壳斗科坚果最多，其次是两种水果——南酸枣和桃，菱和芡实位居其后，蓼作为常见的杂草，也有一定数量。但是，绝对数量在很大程度上受到埋藏、采样和实验处理等许多因素的影响，从而带有偏差，并不能真正反映物种被人类利用的广泛程度。

出土概率统计能够反映物种在遗址出现的频繁程度，在某种程度上，它代表了资源利用的广泛性，本文对跨湖桥遗址各类植物遗存总体出土概率和各时期出土概率都进行了统计（图一）。结果显示，在21份样品中总体出土概率最高的三种植物依次为壳斗科坚果、南酸枣和桃。其次，菱也较普遍。芡实在绝对数量和出土概率上都与菱相差较大，它与梅、柿子、块茎、芽苞和蓼的出土概率都为10%左右。

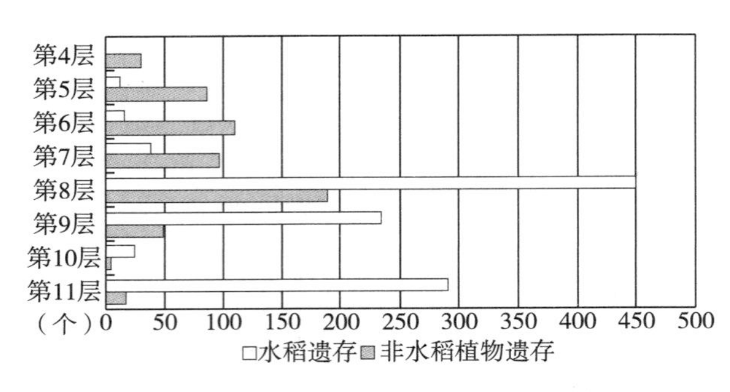

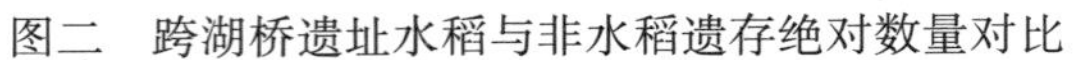

图二 跨湖桥遗址水稻与非水稻遗存绝对数量对比

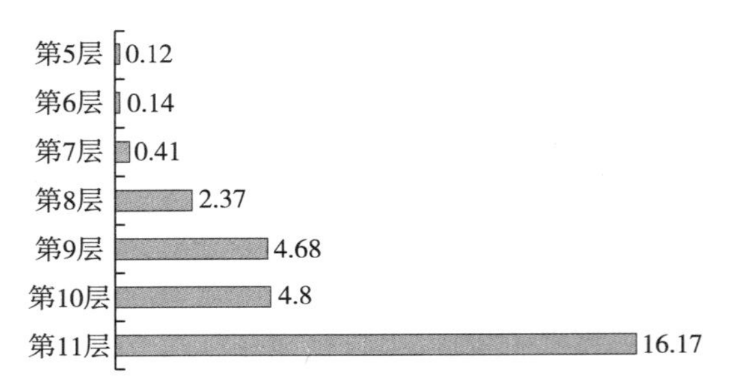

图三 跨湖桥遗址各地层水稻与非水稻遗存数量比值

出土概率统计结果显示，壳斗科坚果、南酸枣、桃三个种类在所有时期都被利用，这与总体出土概率所显示的结果相一致。壳斗科坚果与桃的出土概率最为突出，是在所有时期都超过 50% 的两个物种。但是壳斗科坚果的高峰出现在中期，有一个先增长后减少的变化过程，而桃呈现历时增长的趋势。南酸枣在早期和晚期都超过 50%，中期略微少见。这些物种之间的差异可能是由资源波动造成的。菱、梅、柿子和块茎仅出现于距今 8200—7700 年的早、中期，它们均表现出中期出土概率大于早期的特点，表明资源利用的频繁程度在历时增长。其中菱的出土概率在中期超过 80%。几乎所有种类都见于中期，这是跨湖桥植物利用的另一大特点。植物组合的出土概率表明，遗址中期可能是人类开发植物资源最活跃的阶段，这与遗址剖面孢粉所揭示的人源干扰活跃期是一致的[⑦]。

跨湖桥遗址出土水稻小穗轴的研究证明人类已开始驯化水稻[⑧]。然而，我们仍需要进一步考虑水稻在当时人类的资源体系中处于什么地位。从绝对数量看，其数量在早中期占有明显优势。进入晚期后，水稻遗存数量骤减，而且明显少于其他植物（图二）。从相对数量看，水稻在最早阶段为其他种类的 16 倍之多，到早期晚段已经降到 5 倍左右。到中期晚段，虽然水稻在数量上达到最大值，但是与其他物种的比值仅为 2. 37。从第 7 层以后，伴随着水稻数量的逐渐减少，其在食谱中所占的份额已经被其他物种赶超，最后仅为其他物种的 10%（图三）。由此可见，水稻相对于其他物种在食谱中的地位似乎在降低。这一变化趋势表明，虽然跨湖桥水稻在驯化程度上已经达到了比较高的水平，但是驯化的加强与它在栽培规模上的扩张并不同步。驯化是人与特定物种之间的互动共生关系，反映了人对物种生长发育的干预强度和深度，与生产规模和产量并没有必然的对应关系。栽培是人类的行为，反映了人类对物种进行管理和干预的方式。水稻是跨湖桥遗址出土的明确的驯化物种，也就是说它已经受到人类长期的栽培和管理，同样的栽培行为很可能也应用到了对其他物种的开拓和管理上。

2. 植物遗存的人类生态背景

植物遗存的调查结果及其统计分析给了我们一个有关跨湖桥先民植食开拓的大概印象，但是，要根据植物遗存找到人类与植物之间相互作用的线索，再现活生生的人类行为，还需要详细了解这些植物的生活史、生长环境以及它们与其他物种的关系。在考古实践中，对植物遗存区分驯化与野生的属性是理解人类与植物关系的一种方式，但是这种非此即彼、泾渭分明的区隔过于简单化，而且无法涵盖其中的所有范畴。实际上人类以多种形式对许多“野生”物种进行看护、管理，甚至栽种，植物学家哈兰（Harlan）就曾按植物对人类依赖的强化程度把植物分为四类：野生的、任其在人源干扰生境中生长的（tolerated）、人为促进其生长的（encouraged）、驯化的[9]。他划分出的第二、三类中有一部分植物虽然在表型形态上没有表现出驯化的特征，但也不全然符合“野生”的标准，因为它们的生长和繁殖受到人类的影响或控制。为了把这类“非驯化”物种与真正的野生区别开来，一些考古学家正在寻找新的词汇[10]。

我们根据植物的生态特征把跨湖桥遗址的植物遗存分为三类来探讨它们与人源干扰的关系：水生环境中的草本植物、陆生环境的草本植物、陆生林地边缘的果树。菱、芡、水稻、眼子菜、藨草属于水生草本，桃、梅、南酸枣、柿子、壳斗科坚果属于林缘果树，蓼、葎草属于陆生草本。

（1）水生草本

水生草本包括了三种重要的淀粉质来源物种——菱、芡、稻。对出土水稻小穗轴形态的研究表明跨湖桥的水稻种群已经长期受到人类的选择压力，因此已处于驯化过程中。但是出土的菱和芡却被归入野生物种的范畴[11]，有关其驯化或人工管理的可能性很少被提及，而裴安平和史密斯曾提出不同的看法。裴安平推测，与跨湖桥年代相同且生态环境类似的八十垱遗址出土的菱很可能是人类栽种的[12]，史密斯甚至更大胆地提出菱和芡“显然是先民独特农业（或养殖）方式中的驯化植物”[13]。但是他们都没有提供任何可供观察或检验菱和芡是否已被人工栽种的确切证据。

虽然菱和芡经人工长期种植或管理后会在形态上表现出何种可鉴别的特征还尚未被深入探索，但是它们在史前受到人类管理的可能性不能因此被轻易排除。这可以从两个方面考虑。其一，它们的食用价值很高，是今天长江中下游地区重要的经济物种。菱在很多地方俗称“水栗子”，生熟皆可食用，磨粉可制成糕点。芡每株可结出15—17个完全成熟的果实，每个果实含芡实50—300粒[14]，现代种植条件下，每株可收获干芡米0.25—0.3千克[15]，是一种产量很可观的植物。因此，在史前它们应该都是很容易被注意到的食物。其二，从更宽泛的生态角度来看，它们和水稻的生境是重叠的，都生长在湿地的浅水区或滨水区，水稻比菱和芡更近岸一些。滨水区是湿地中人类和其他动物干扰最频繁的地带，既然人类已经开始对水稻种群加以有目的的管理，使之走上了驯化道路，也很可能会尝试通过某种手段增加该生境中其他物种的产量。此外，根据对现生野生稻资源的调查与观察，许多野生稻生长的湿地水位都比一般的稻田要深[16]，因而我们推测人类栽培的早期驯化稻可能生长在比今天的水田水位深的区域，当时的古栽培稻更有可能与菱和芡有着密切关系。

菱与芡的生长周期和收获方式也提示了一些可能的人源干扰方式。菱是一年生水生草本，浮水生长，水深一般为2—3米。茎细长，伸出水面，各叶片呈盘状镶嵌展开在水面上。菱喜暖喜光，依靠浮在水面的菱盘进行光合作用。第一年没有被采收的老菱会沉水自生，一般夏天开花，花期从五月一直延续到十月，花受精后没入水中长成果实，从七月到十一月都可采收。菱角收获很有讲究，由于水深，双脚又很容易被水中的茎缠住而深陷淤泥无法自拔以致危及生命，采摘者不能直接进入水中，而是必须乘在一个大木盆或小舟中进入菱塘才能安全地捞起菱角，或者在岸边用竹竿搅起菱藤，一并拉到水边，再翻拣叶底的果实[17]。

芡是一年生水生草本植物，挺水生长，常与莲、菰、菱等混生，淤泥底质的湖塘是其最理想的繁殖地。春季，水底成功越冬的种子因水温升高而萌发，夏季雨水丰沛，叶柄随水面上升快速生长，使叶片浮在水面上，七、八月间花朵相继开放，其开花结果期与茎叶旺盛生长期有重叠。八月下旬至十月中旬是全面的生殖生长期。收获时，人可以像采菱那样乘小船进入芡生长的水域，也可在水位降低时直接走进芡塘，每株每次可采1—2个果实，未被收获的果实会因自身重力而沉入水底休眠，待来年发芽。

菱、芡与水稻在湿地环境中的共同出现可能从两个方面提示了有关人类管理方式的信息。其一，春季水位上涨对菱与芡的生长至关重要，也正值水稻拔节孕穗需要大量水分的时期，如果这时缺水，这三种植物的当年产量都会大幅缩减。若当时人类已经注意到水稻不同生长期的水位变化并有意地加以干预，那么菱和芡也必会从中受益，甚至可以说，这种干预行为或许原本就是以多种植物为对象的。其二，鉴于菱和芡沉水自生的特征，它们是不需要人类播种就能扎根萌生的，人类需要做的仅是在收获时留下一小部分果实，使之来年能够继续提供结实的植株。从植物遗存的形态上分辨这类有意识的主动行为非常困难，但是我们仍然可以在民族学记录中找到它们的踪迹。比如，北美土著在收获块茎和鳞茎时会把小个儿的留在地里，某些印第安族群在捕猎时需要遵从首领的约束不过度捕杀，当然，确认这类案例需要非常仔细地分辨[18]。

藨草是湿地生态的重要指示物，尚无证据表明它可能被人类取食，但它与人类觅食的其他动植物有着密切关系。藨草的球茎能发育出根状茎，根状茎膨大，又形成新的球茎，它凭借这种繁殖方式能在短时间内迅速增殖，因此在现代水田中与水稻存在竞争关系[19]。藨草株高20—100厘米，与芦苇相比，是比较低矮的植被，极适宜涉禽在其中活动[20]，某些蟹类也在其中生活[21]。它的球茎还是水禽的重要食物。

眼子菜是长江中下游常见的湿地植物，一般整株沉水生长，丝状或线状的叶在水中伸展，可适应淡水至淡咸水的多种环境。尚不知人类取食的记录，但它在考古植物组合中的频繁出现可以表明人类活动与湿地的密切关系。

（2）陆生林缘树木与草本

陆生植物主要是林缘树木和草本植物。林缘树木由栎、桃、梅、南酸枣、柿等产出坚果或肉质果实的树种组成，虽然它们的生长节律不尽相同，但它们的生态特征有许多共同点。它们都喜暖、喜光、耐火，因此果树在阳光充足的开阔地带比在稠密的林地中具有更高的生产力，而树林边缘、稀树草原等地带都符合这些条件，人类在这些地带能够收获更多果实。当人类掌握这一规律后，就能在此基础上通过一定的管理手段促进果树的生产量，比如有控制的烧除活动。亚欧大陆的考古在传统上都把环境中的炭屑与清除林地、刀耕火种、作物栽培联系起来，这的确是一种可能。然而，更加广义地看，火是人类调节生态系统最基本的工具，操纵火可以有很多种目的。比如中石器时代人类就实施有控制的烧荒是为了提高橡树林果实产量，而不是为了种植谷物[22]。此外，有计划的周期性烧除活动除去了一些竞争性的树种和土壤中的次生毒素，有效促进了草类、坚果和嫩枝叶的产量增加，所以被火势打开的林缘地带能比林区腹地提供更多果实[23]。民族学资料表明，许多果树和浆果灌丛也可以通过烧荒来提高产量[24]。跨湖桥遗址的微炭屑分析表明，人类定居时期的炭屑含量比此前和此后都要高出十倍，这充分说明了烧除活动的频繁程度以及它对人类成功生存的重要作用[25]，先民很可能通过有规划、有控制的烧除活动促进坚果树和其他果树的结实。

人类还可能以斫枝、修剪、砍伐、清除林下叶层等方式来增加果实的可获性。收获果实并不是一件轻而易举的事，在秋天，橡子一旦成熟便须立即采收，不然很快会被鹿、松鼠、野猪等动物吃掉[26]。其他含丰富果肉的核果和浆果也是一样，是鸟类和许多哺乳动物的美食。因此人类收获需要把精力集中在某几棵最高产的树上以节约搜索时间。同时，单棵产量可以通过使树冠受到更多光照来提高。鉴于这两层考虑，人们很有可能通过砍伐、斫枝等手段来降低树林密度（即减少一片树林的总棵数），以突出最高产的树，扩大单棵产量并保证收获的高效[27]。就跨湖桥出土的这些果树而言，如果没有长期持续的干扰，它们的生产力应当会慢慢降低，并随着漫长的植被演替逐渐被高大的乔木取代。但是植物遗存组合显示，以这些果实为主的非水稻物种在整体中所占的比例不断上升，这是一个比较强的有关人源干扰的提示。根据以上对林缘树木生态特征的描述，跨湖桥先民很可能有一套综合以上各种方式的陆生植被管理策略，保证了食物及其他资源的可靠性以及长期定居生活的可持续性。

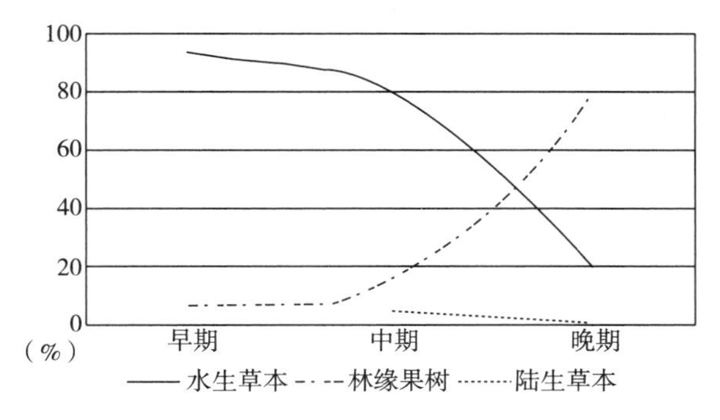

图四　跨湖桥遗址不同生境植物比例的历时变化

跨湖桥植物组合中陆生草本的比例一直很低，而且蓼和葎草一般是以伴人杂草的形式进入文化堆积，它们可以作为人源干扰的证据，但是这两个类型在跨湖桥的植物组合中数量较少，比例较低，目前难以深入探讨它们的意义。

（3）植物遗存的人类生态意义

依据不同人类生态背景的植物遗存比例历时变化，我们可以推测人类管理和开拓不同生境的行为方式。统计结果显示，来自不同生境的物种比例变化主要表现在水生草本和林缘果树这两类。在人类居住早期，林缘果树类资源的比例仅10%不到，中期略有增长，到晚期猛增至80%。水生草本类资源的变化恰恰与之相反，其早期比例超过90%，到中期下降了约10%，晚期大幅减少（图四）。

这个分析结果有两个意义：第一，补充性地说明了水稻相对于其他物种数量比值历时减小的原因，是由于林缘果树的管理得到了加强，其他水生草本和陆生草本对这一比值减小的贡献相当微弱。第二，这反映了人类在定居早期主要从水生环境中获取资源，而后由于某些原因，对湿地生境的开拓规模缩小了，资源的获取逐渐转向丘陵与山坡的林缘地带。结合当地古水文及古地形演变的地质背景来考虑，人类湿地管理的规模缩小很可能与湿地本身的淡水环境被破坏有着密切关系。跨湖桥遗址晚期生存环境因海侵而逐渐恶化，人类无法以原有的湿地管理系统来获取资源，转而向高地寻求资源是合理的回应。但是，笔者不赞成将这种行为转变主要归结于驯化物种的栽培不堪维系退而求其次地回头“采集”野生果实。相反，管理林缘地带的技术早已是人类在水稻栽培和湿地管理过程中已经具备的，人类了解如何通过某些适度的干预来增加林缘果实的可获量和收获的可靠性，而不是被动地“采集”果实，正如通过栽培水稻保证稻米的收获一样。因此，跨湖桥后期林缘果树的猛增可被视作当时先民的生态位构建行为系统在开拓管理山地或高地环境中成功的延伸，或者说，对林缘资源的管理原本就是其农业形式中的一个组成部分。

三　动物遗存

动物资源的利用是人类生计经济的另一个重要方面，与植物资源密切相关。我们基于考古报告提供的数据对动物组合做了进一步统计和生态学背景分析，试图观察人类居住期间是否曾遇到觅食压力，以便对上述由植物组合所推测的人类行为模式给予交叉检验。

1. 小型动物与觅食压力

小型动物的种群往往对觅食压力表现出较高的敏感度[28]，遗址出土小型动物的辛普森指数可以用来评估该地区的人口与食物压力[29]。辛普森指数是生态学中衡量某一生境中物种多样性的一个参数，它能描述各物种数量分布的均匀度[30]。比如，斯蒂娜（Stiner）将近东及地中海地区遗址的小型动物分为慢行动物、快行陆生哺乳动物和快飞鸟类三类，然后在此分类下计算各遗址的辛普森指数，结果表明各个类型在旧石器晚期遗址中的均匀度都明显比早期遗址要高，为旧石器末该地区人类食物广谱化的理论提供了佐证。

我们借鉴这一思路，尝试以辛普森指数检验跨湖桥各时期的动物狩猎压力。首先，我们把跨湖桥出土的小型动物的范围定义为除去鹿、圣水牛、猪、狗以外的其他动物，再将它们分为慢行动物、快行陆生哺乳动物、快行水生动物、快飞鸟类四类。慢行动物包括软体动物、甲壳类和龟，快行陆生哺乳类包括鼠、猫、鼬，快行水生动物包括鱼和鳄，快飞鸟类包括所有鉴定出的鸟类。由于报告没有提供某些种类的最小个体数，我们只能使用可鉴定标本数进行计算（表二）。

表二　跨湖桥遗址动物组合按 Stiner 分类法的计数统计　　（单位：个）

	早期	中期	晚期
慢行动物	416	113	393
快行陆生哺乳动物	6	3	10
快飞鸟类	39	31	28
快行水生动物	35	28	49

计算公式为：$1/\Sigma(\rho_i)^2$，即每一类的个体数在总数中所占比例的平方和的倒数，这个数值越大，代表各类型的数量分布越均匀，多样性程度越高，反之，则代表多样性程度低。在考古学背景中，如果人类因遇到觅食压力而需要扩大觅食范围，将一些原本并不喜爱的、回报率较低、觅食风险又高的类型纳入食谱，那么高回报率类型（如慢行动物）的数量就会降低，更均匀地向低回报率类型（如快行陆生哺乳动物）中分布。这样，辛普森指数的值就会呈现持续上升的趋势。

跨湖桥遗址各时期小型动物辛普森指数的计算结果为：早期 1.399、中期 2.109、晚期 1.461，没有表现出与在觅食压力下扩大狩猎范围相一致的变化特征，而是显得无规律可循。究其原因，有三种可能性：第一，这可能表明了跨湖桥先民没有遇到过觅食压力，或他们的觅食并不完全遵循优先选择高回报率类型（即最佳觅食）的原则。第二，数据的无规律可能与年代精度不够高有关，本文仅依考古报告划分的早、中、晚三期数据计算，若能依各地层出土的动物数据计算，结果有可能显示某些规

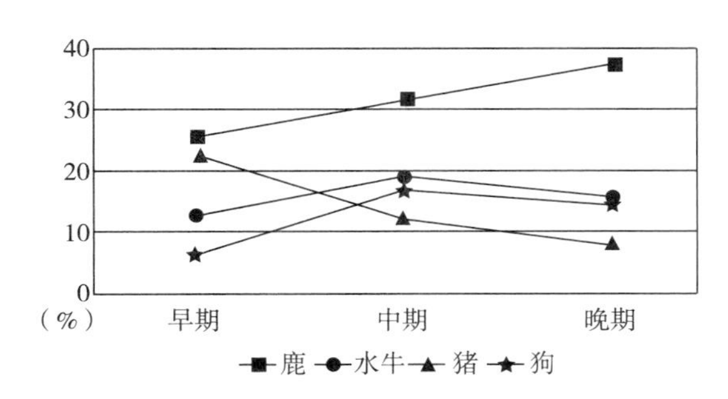

图五　跨湖桥遗址哺乳动物最小个体数百分比变化

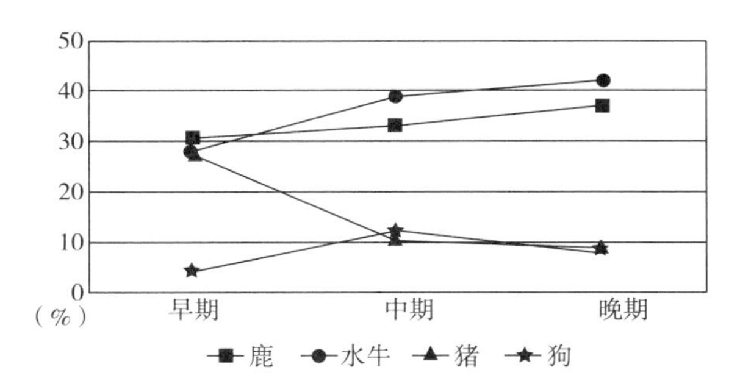

图六　跨湖桥遗址哺乳动物可鉴定个体数百分比变化

表三　跨湖桥遗址所见鸟类的迁徙习性与生境

	居留型	生态型
丹顶鹤	冬	涉
灰鹤	冬	涉
雁	冬	水
鸭	冬	水
天鹅	冬	水
雕	旅	林
鹰	旅	林
鸻形目	旅/冬	涉

注：冬 = 冬候鸟，旅 = 旅鸟，涉 = 涉禽，水 = 水禽，林 = 林禽

律。第三，可能这些动物并不完全都是供应食用的，这使某些种类的增减与本参数的计算原则不符。

2. 大型哺乳动物与家养动物

大型哺乳动物与家养动物比例的历时演变也能提供一些线索。从鹿、水牛、猪、狗四种动物的最小个体数和可鉴定标本数在所有哺乳动物中所占百分比的历时变化来看，鹿的百分比一直在增长，水牛也保持着比较高而稳定的比例，表明这两种主要大型哺乳动物的种群规模没有缩小，人类捕猎对它们的繁殖种群没有产生显著影响（图五、图六）。与此相应的是，猪的比例一直在降低，狗的比例基本没有增长，但总体处于比较低的水平。这似乎表明由于野生动物资源长期以来都很丰富，以至于先民没有动力扩大家养动物的蓄养规模。这对小型动物辛普森指数所显示的缺乏觅食压力是有力的支持，而且是理解跨湖桥动物组合变化的一个重要方面。

此外，在人类栖居的背景中，鹿的比例能长期保持增长也并非完全是自然的，应当从人源干扰环境的角度给予阐释。鹿是一种典型的林缘物种，它们以青草、树叶、嫩枝、浆果和坚果为食，为了方便获取食物，一般在山地草原和树林边缘活动，不进入密林深处。当这些地带经人类刻意烧除后，树木很快抽出新枝，地面的草类和灌木也更加繁盛地生长，特别是在烧除的当年，坚果和浆果的产出更多。这种环境会吸引更多的鹿前来觅食和栖息，而且为它们个体发育、交配和哺育后代提供很好的营养基础，使鹿群更加壮硕[31]。跨湖桥遗址的微炭屑分析表明人类栖居期间曾频繁地烧除植被，将这一证据与上述动植物生态背景分析结合起来看，我们有理由推测，鹿的狩猎长期保持可持续增长也是人类管理林缘地带的结果，林缘烧除不仅是为了提高植食的可获性，也是为了提高动物资源的数量和质量。

3. 鸟类对湿地生态的意义

跨湖桥的鸟类组合提供了有关季节性和人类湿地管理的线索。其中大多数种类是大中型涉禽和水禽，林禽比较少见，但其中有猛禽，不见雀形目之类的小型林禽。涉禽和水禽基本上都是冬候鸟，旅鸟（即过路鸟）较少，猛禽为旅鸟（表三）。这些鸟类构成的特点表明湿地在跨湖桥的生态系统中扮演着重要角色。

从地理位置上看，杭州湾和长江口地区沿海湿地是鸟类“东亚—澳大利亚”迁徙路线上重要的中途休息地，而整个长江下游是某些种类的越冬地[32]。因此跨湖桥的湿地在鸟类迁徙的版图上独特而重要。从季节性上看，在这条迁徙路线上，鸟类北迁与南迁选择的路径和停留策略是不一样的。当春季鸟类从南半球往北飞时，经过长达5000千米甚至更远距离的不间断飞行后，最有可能选择杭州湾与长江河口作为停歇的第一站。而秋季南迁时，大规模鸟群更可能在中国东北部或朝鲜半岛停留，只有少数体质较弱的鸟才到此临时休息[33]。因此跨湖桥春季的鸟类数量多于秋季，再加上有些冬候鸟会一直待到次年四月才离去[34]，可以想象春季的鸟类资源是一年中最丰富的。此外，又由于鸟类通常在北方繁殖，在南方越冬，因而此处春季的鸟多为在南方越冬地度过了完整生长发育期的成鸟[35]。对长江口滨海湿地现代猎户的跟踪调查表明，春季捕获的涉禽数量确实大于秋季[36]。尽管考古报告没有提供有关鸟类成幼的具体数据，但如果今后注意收集鸟类骨骼发育数据并加强考古标本鉴定的精细度，那就能对人类捕鸟的季节性了解得更加深入。

鸟类的时空特征对跨湖桥先民的生计安排极为重要。春季是跨湖桥地区一年中食物最缺乏的时期，上一年秋季收获和储藏的草籽与坚果基本消耗完毕，可是大量水生、陆生的坚果和浆果还处于萌芽和生长阶段，虽然仍可以猎鹿和其他哺乳动物为食，但是这些动物身上储存的营养在越冬过程中也已大幅消耗，此时南来及尚未北归的成年鸟类无疑成为脂肪和蛋白质的最佳来源（图七、图八）。根据长江口滨海湿地的现代生态学研究，一个生态健康的湿地（如崇明东滩）每年可招引数万只水鸟，而九段沙湿地可容纳涉禽的理论数量更是达十几万至几十万只[37]。可以据此推测，水鸟能为跨湖桥人类的食谱提供相当可观的食物量，如果湿地环境受到破坏，人类就有可能面临冬末春初食物难以为继的困境。也正是由于大量候鸟的如期到来为全年的食物供应增加了保障，跨湖桥先民才能够过上定居的生活。

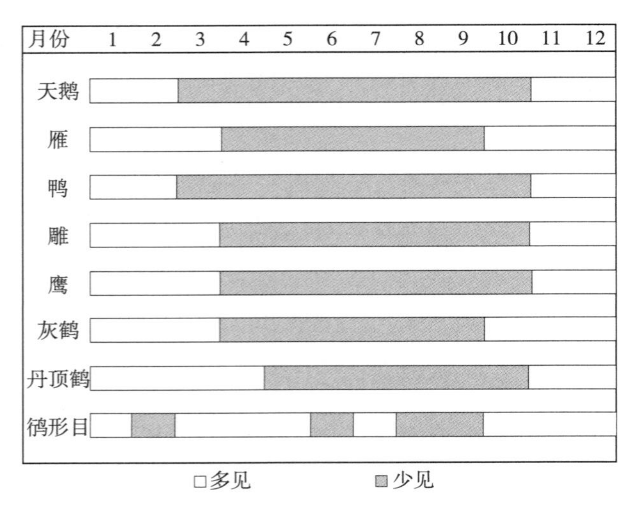

图七 跨湖桥遗址可见鸟类的季节性

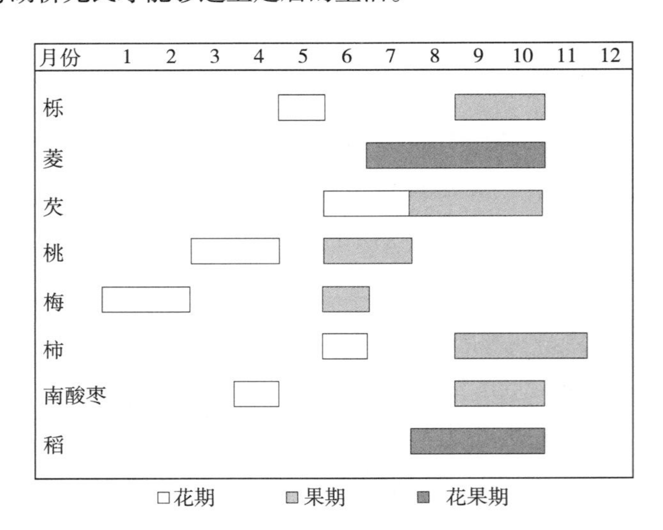

图八 跨湖桥遗址所见植物种类的季节性

根据孢粉等微化石材料和植物遗存提供的信息，跨湖桥的湿地为水鸟提供了良好的栖息环境，沼泽、光滩、草甸、芦苇丛等是它们的宿营地，藨草的地下球茎、泥滩的底栖动物、淡水中的鱼类和水草是它们的主食。相反，某些湿地生境的改变是水鸟不能适应的，比如水位下降、芦苇或藨草沼泽面积缩小、鱼类被过分捕捞、秋季割光芦苇或春季烧荒不当等等，都会破坏水鸟的食物资源和隐蔽条件[38]，因此人类只有维护好湿地生境才能成功招引鸟类。尽管就物质证据和遗迹现象而言，我们目前对跨湖桥先民管理湿地的方式还知之甚少，因为这类小规模社会管理环境的方式往往模拟自然的生态过程，很难在考古现象中分辨清楚，然而，考虑到在长达千年的过程中，复杂的水文和地质情况可能使湿地发生很多变化，甚至消失，而跨湖桥的人类栖居却始终没有离开对湿地的依赖，不能说这种可持续性与积极的人源干扰没有关系。所以，我们认为鸟类在跨湖桥动物组合中的长期持续存在不仅代表了它们在人类生计经济中的特殊地位，也暗示了人类长期管理和维护湿地生境的努力。

综上所述，对小型动物、大型动物和家养动物的统计检验相互印证了跨湖桥先民在其居住期间没有遇到过明显的或持久的觅食压力。同时，鸟类的迁徙特征和以鹿为代表的林缘动物的生态特征，提示了人类对某一生境的管理常常使多种动物与植物同时受益。因此，跨湖桥动物群所表现出的丰富性以及在狩猎压力下种群不易耗损的特性，与其说是由于自然资源本身的丰富，更不如归因于人类环境管理与调节策略的成功。这一点与植物遗存所反映的人类行为是一致的。

四 小结与启示

1. 跨湖桥的人类生态位构建模式

综合以上分析可知，人类在跨湖桥长达千年的成功栖居有赖于他们具有高度多样性的生计经济系统，这种多样性并非源于最佳觅食所推动的食物“广谱革命”，而是由人类主动开拓和改造多种不同类型的生境达成的。将考古材料所提供的信息与现代生态学研究及民族学记录综合起来以后，我们有可能对跨湖桥的人类生态位构建模式进行整体性的归纳与复原。

在跨湖桥遗址，人类生态位构建复杂而多样的特点表现得非常明显。首先体现在人类对居住环境的选择，这一地区既包括水体从海水到淡咸水再到淡水的过渡，也包括地势从低洼沼泽到河谷再到丘陵的过渡，还包括植被从开阔向阳的草地到树荫参差的林地的过渡，这个特点造成了生态过程的多样化，因此人类在与环境长期相互影响的过程中，发展出了一套多样化的管理和干预生境及其物种的行为模式，即多样化的人类生态位构建模式。

跨湖桥人类生态位构建的内容可以概括为对两类生境的管理：以湿地为代表的水生环境和以林缘为代表的陆生环境。湿地是人类获得冬春时期动物性食物和碳水化合物的主要区域，还有一些可能用于编织和建筑的原材料如芦苇、香蒲、藨草等也从中来。人类对湿地物种及环境的干预至少包括三类行为：（1）通过对水稻长期的反复收获和播种，使种群的落粒性发生由强到弱的改变。水稻在人类的持续干预和有效选择压力下走上了驯化的道路。（2）在水生植物果实的收获中可能刻意采取一种不竭泽而渔的方式，注意控制收获的数量，维护一定数量可在次年萌发生长的种实或繁殖体。（3）维护湿地特有的植被，掌握水文动态，为迁徙的涉禽与水禽开辟理想的栖息地。

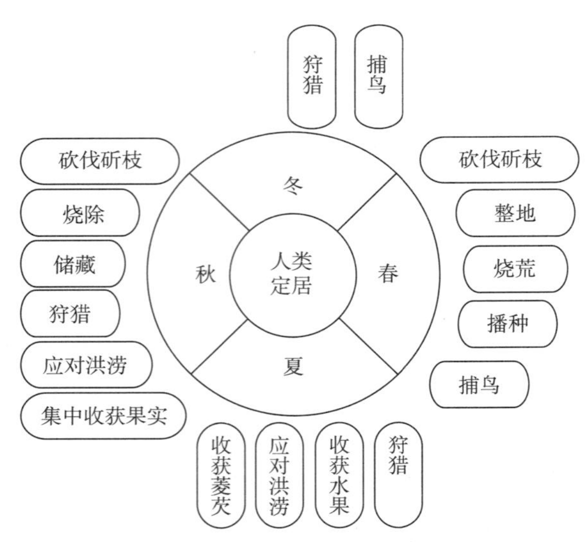

图九　复原跨湖桥先民生计活动的季节性

林缘地带以及具有相同生态特征的生境提供了多种大中型哺乳动物和丰富的水果，人类在这一生境中的活动往往能同时促进多个动植物物种的生长与繁殖。我们认为至少有两类行为模式：（1）有计划有控制地实施烧除，促进耐火植被的果实产量，提高哺乳动物种群的数量和质量。（2）适度地砍伐、斫枝和修剪植被。

跨湖桥的人类生态位构建是一套复杂的行为系统，各项活动安排要顺应动植物的生命周期，还要灵活应对某些偶发情况，因此其成功运作还具有鲜明的季节性特征（图九）。然而，我们需要说明，这种季节性与狩猎采集经济的季节性有着本质上的不同。狩猎采集者觅食具有流动性的特点，他们需要跟随食物在不同时间出现的不同地点而迁移，因而没有长期停留的居址。而跨湖桥先民根据资源的季节性来安排有关食物及资源生产的活动内容，加强了生计经济的可预测性和可靠性，从而使长期定居成为可能。

2. 人类生态位构建与长江下游农业起源

通过分析跨湖桥遗址的资源结构和人类行为模式，我们可以发现水稻在驯化早期似乎并不是食谱中的主食，而且在走上驯化道路后相当长的时间内，它对人类摄入能量的贡献不升反降，人类对水稻栽培投入的成本和精力在所有生计活动中也并不是最主要的。这至少给我们两点重要的启示。

第一，长江下游农业起源研究不能局限于以表型性状定义水稻驯化，人类的行为才是最重要的评价标准。过去从表型性状特征确认水稻驯化的研究引出了许多误解，过分强调了水稻在人类生计经济中的重要性，夸大了水稻在整个生态系统中的角色。实际上，驯化的意义更多是生态上的，意味着人类与该物种种群建立起了比较紧密的共生关系。对许多驯化物种的研究已经表明，在可观察的驯化性状出现以前，人类早已开始对物种的生命周期或繁殖种群进行长期持续的干预[39]。因此，仅仅依靠物种性状来探索早期农业起源的过程和原因是远远不够的，而是应该把视野向前延伸到人类已经开始积极地管理环境而物种驯化性状却还不明显、甚至观察不到的阶段[40]。虽然由于这一阶段的人类行为往往模仿自然的生态过程，在考古学材料中分辨有许多困难，但它们对理解和阐释农业起源有着很大的价值，值得植物考古学家和动物考古学家的不懈挑战[41]。

第二，水稻栽培不应被视为长江下游人类农业活动或生态位构建的唯一内容。跨湖桥人类生态位构建行为的形式极为丰富，达到了对多种生境、多类型物种进行广泛管理和促进的效果。这给我们一个启示：农业起源不应被粗糙地简化为个别物种的驯化，更应关注作为农业活动第一要素的人的行为，这正是以探索过去人类行为为目标的考古学研究的任务所在。个别驯化物种的出现应当被视为一种有用的提示信息，启发研究者由此思考人类对宏观环境和更多其他物种的管理是否也达到了一定的强度。研究者应当顺着这条线索寻找更广泛的人类行为模式的变化，评估各类生境及其物种与人类之间关系的整体面貌，考察人类在生态系统中起到的作用，以此为依据来确认农业的发生。

通过跨湖桥遗址个案的尝试，我们感到人类生态位构建理论提供了一个开放性的理论框架，使考古材料、民族学材料和现代生态学研究的有机结合能够最大限度地复原和阐释已经逝去的人类行为。因而，在农业起源探索方面，它对深入理解这一过程中人类行为的长程规律和演变轨迹有较大的价值和潜力。

原载《东南文化》2013 年第 6 期

注释

① B. D. Smith, Low-level food production, *Journal of Archaeological Research* 9 (2001): 1-43.

② B. D. Smith, Niche construction and the behavioral context of plant and animal domestication, *Evolutionary Anthropology* 16 (2007): 188-199.

③ F. J. Odling-Smee, K. N. Laland, M. W. Feldman, *Niche construction: The neglected process in evolution*, Princeton University Press, Princeton, 2003, p. 1.

④ C. G. Jones, J. H. Lawton, M. Shachak, Positive and negative effects of organisms as physical ecosystem engineers, *Ecology* 78 (1997): 1946-1957; J. P. Wright, C. G. Jones, The concept of organisms as ecosystem engineers ten years on: progress, limitations, and challenges, *BioScience* 56 (2006): 203-209.

⑤ B. D. Smith, The ultimate ecosystem engineers, *Science* 315 (2007): 1797-1798; B. D. Smith, Niche construction and the behavioral context of plant and animal domestication, *Evolutionary Anthropology* 16 (2007): 188 - 199; F. J. Odling-Smee, K. N. Laland, M. W. Feldman, *Niche construction: The neglected process in evolution*, Princeton University Press, Princeton, 2003, p. 1.

⑥ 浙江省文物考古研究所、萧山博物馆：《跨湖桥》，文物出版社，2004 年，第 222—228、270—272 页。

⑦ Y. Z. Zong, J. B. Chen, C. Innes et al., Fire and flood management of coastal swamp enabled first rice paddy cultivation in east China, *Nature* 449 (2007): 459-462; J. B. Innes, Y. Zong., E. Chen et al., Environmental history, Palaeoecology and human activity at the early Neolithic forager/cultivator site at Kuahuqiao, Hangzhou, eastern China, *Quaternary Science Reviews* 28 (2009): 2277-2294; J. Shu, W. Wang, L. Jiang et al., Early Neolithic vegetation history, fire regime and human activity at Kuahuqiao, lower Yangtze River, east China: New and improved insight, *Quaternary International* 227 (2010): 10-21.

⑧ 郑云飞、孙国平、陈旭高：《7000 年前考古遗址出土稻谷的小穗轴特征》，《科学通报》2007 年第 9 期；Y. Pan, Immature wild rice harvesting at Kuahuqiao, China? *Antiquity* 82 (2008).

⑨ J. R. Harlan, *Crops and Man* (Second Edition), American Society of Agronomy/Crop Science Society of America, Madison, 1992, pp. 88-90.

⑩ R. Dean, ed. *The Archaeology of anthropogenic environments*, Center for Archaeological Investigations Occasional, Southern Illinois University Carbon-dale, Carbondale, 2010, p. 37; L. Groube, The taming of the rain forests: a model for Late Pleistocene forest exploitation in New Guinea/D. Harris, G. Hillman, *Foraging and farming: The evolution of plant exploitation*, Unwin Hyman, London, 1989, pp. 292-304; J. E. Hammett, Ecology of sedentary societies without agriculture: Paleoethnobotanical indicators from Native California, Unpublished PhD Dissertation, University of North Carolina at Chapel Hill, Chapel Hill, 1991; G. W. Crawford, People and plant interactions in the northeast/B. D. Smith, ed. *Subsistence economies of indigenous North American Societies*, Smithsonian Institution Scholarly Press, Washington D. C., 2011, pp. 431-438.

⑪ 浙江省文物考古研究所、萧山博物馆：《跨湖桥》，文物出版社，2004 年，第 222—228、270—272 页。

⑫ 裴安平：《彭头山文化的稻作遗存与中国史前稻作农业再论》，《农业考古》1998 年第 1 期。

⑬ B. D. Smith, *The emergence of agriculture*, Scientific American Library, New York, 1998, p. 67.

⑭ 张勇：《初识北京野生芡实》，《湿地科学与管理》2008 年第 3 期；宋晶、吴启南：《芡实的本草考证》，《现代中药研究与实践》2010 年第 2 期。

⑮ 鲍忠洲、尹渝来、陈虎根等：《苏芡的生长习性及果实采收方法》，《长江蔬菜》（学术版）2010 年第 14 期。

⑯ Sharma, S. D. , ed. Rice: Origin, antiquity and history, Science Publishers, Enfield, 2010. 又承复旦大学生命科学学院卢宝荣教授相告，他曾受聘于国际水稻研究所任种质资源资深专家，开展野生稻种质资源研究多年。

⑰ 韩开春：《水边记忆：江南水生植物随笔》，重庆大学出版社，2010 年，第 36—40 页。

⑱ E. A. Smith, M. Wishnie, *Conservation and subsistence in small-scale societies*, *Annual Review of Anthropology* 29 (2000): 493-524.

⑲ 李志军、徐雅丽、于军等：《扁杆藨草生长与繁殖特性研究》，《塔里木农垦大学学报》2001 年第 4 期；唐立丰：《水稻与扁杆藨草竞争关系的初步研究》，《杂草科学》1993 年第 3 期。

⑳ 葛振鸣、王天厚、王开运等：《长江口滨海湿地生态系统特征及关键群落的保育》，科学出版社，2008 年，第 141、158 页。

㉑ 吴明、蒋科毅、邵学新等：《杭州湾湿地环境与生物多样性》，中国林业出版社，2011 年，第 143—153 页。

㉒ S. L. R. Mason, Fire and Mesolithic subsistence: managing oaks for acorns in northwest Europe? *Palaeogeography, Palaeoclimatology, Palaeoecology* 164 (2000): 139-150.

㉓ H. Lewis, Patterns of Indian burning in California: Ecology and Ethnohistory, Ballena Press, Ramona, 1973, pp. 20-31; H. Lewis, Fire technology and resource management in Aboriginal North America and Australia/N. M. Williams, E. S. Hunn, Resource managers: North American and Australian hunter-gatherers, Westview Press, Washington D. C. , 1982, pp. 45-67.

㉔ M. D. Abrams, G. J. Nowacki, Native Americans as active and passive promoters of mast and fruit trees in the Eastern USA. *The Holocene* 18 (2008): 1123-1137; K. G. Lightfoot, R. Q. Cuthrell, C. J. Striplen et al. , Rethinking the study of landscape management practices among hunter-gatherers in North America, *American Antiquity* 78 (2013): 285-301; R. B. Bird, D. W. Bird, B. F. Codding et al. , The "fire stick farming" hypothesis: Australian Aboriginal foraging strategies, biodiversity, and anthropogenic fire mosaics, *Proceedings of the National Academy of Sciences of the United States of America* 105 (2008): 14796-14801; H. Lewis, *Patterns of Indian burning in California: Ecology and Ethnohistory*, Ballena Press, Ramona, 1973, pp. 20-31.

㉕ Y. Z. Zong, J. B. Chen, C. Innes et al. , Fire and flood management of coastal swamp enabled first rice paddy cultivation in east China, *Nature* 449 (2007): 459-462; J. B. Innes, Y. Z. Zong, C. Chen et al. , Environmental history, palaeoecology and human activity at the early Neolithic forager/cultivator site at Kuahuqiao, Hangzhou, Eastern China, *Quaternary Science Reviews* 28 (2009): 2277-2294; J. Shu, W. Wang, L. Jiang et al. , Early Neolithic vegetation history, fire regime and human activity at Kuahuqiao, lower Yangtze River, East China: New and improved insight, *Quaternary International* 227 (2010): 10-21.

㉖ P. S. Gardner, The ecological structure and behavioral implications of mast exploitation strategies/K. J. Gremillion, ed. *People, plants, and landscapes: Studies in Paleoethnobotany*, The University of Alabama Press, Tuscaloosa, 1997, pp. 161-178.

㉗ P. S. Gardner, The ecological structure and behavioral implications of mast exploitation strategies/K. J. Gremillion, ed. *People, plants, and landscapes: Studies in Paleoethnobotany*, The University of Alabama Press, Tuscaloosa, 1997, pp. 161-178.

㉘ K. V. Flannery, Origins and ecological effects of early domestication in Iran and the Near East/P. J. Ucko, G. W. Dimbleby, *The domestication and exploitation of plants and animals*, Aldine Publishing Company, Chicago, 1969, pp. 73-100; B. Hayden, Research and development in the Stone Age: technological transitions among hunter-gatherers, *Current Anthropology* 22 (1981): 519-531; M. C. Stiner, Paleolithic population growth pulses evidenced by small animal exploitation, *Science* 283 (1999): 190-194.

㉙ M. C. Stiner, Thirty years on the "Broad Spectrum Revolution" and Paleolithic demography, *Proceedings of the National Academy of Sciences of the United States of America* 98 (2001): 6993–6996; M. C. Stiner, Paleolithic population growth pulses evidenced by small animal exploitation, *Science* 283 (1999): 190–194; M. C. Stiner, N. D. Munro, Approaches to prehistoric diet breadth, demography, and prey ranking systems in time and space, *Journal of Archaeological Method and Theory* 9 (2002): 181–214.

㉚ E. H. Simpson, Measurement of diversity, *Nature* 163 (1949): 688.

㉛ B. D. Smith, Resource resilience, human niche construction, and the long-term sustainability of Pre-Columbian subsistence economies in the Mississippi River valley corridor, *Journal of Ethnobiology* 29 (2009): 167–183; H. Lewis, *Patterns of Indian burning in California: Ecology and Ethnohistory*, Ballena Press, Ramona, 1973, pp. 20–31.

㉜ 吴明、蒋科毅、邵学新等：《杭州湾湿地环境与生物多样性》，中国林业出版社，2011 年，第 97—134 页；葛振鸣、王天厚、王开运等：《长江口滨海湿地生态系统特征及关键群落的保育》，科学出版社，2008 年，第 141、158 页。

㉝ P. S. Tomkovich, Breeding distribution, migrations and conservation status of the Great Knot Calidris tenuirostris in Russia, *Emu* 97 (1997): 265–282; Z. J. Ma, S. M. Tang, F. Lu et al., Chongming Island: a less important shorebird stopover site during southward migration? *Stilt* 41 (2002): 35–37.

㉞ 中国动物志编辑委员会、中国科学院：《中国动物志：鸟纲（第 5 卷）》，科学出版社，2006 年，第 27—56 页。J. D. D. La Touche, *A handbook of the birds of eastern China* (Chihli, Shantung, Kiangsu, Anhwei, Kiangsi, Chekiang, Fohkien, and Kwangtung Provinces): Vol. 2, Taylor and Francis, London, 1925–1930, pp. 294–295, 297–298.

㉟ P. F. Battley, T. Piersma, D. I. Rogers et al., Do body condition and plumage during fuelling predict northward departure dates of Great Knots *Calidris tenuirostris* from north-west Australia? *Ibis* 146 (2004): 46–60；葛振鸣、王天厚、王开运等：《长江口滨海湿地生态系统特征及关键群落的保育》，科学出版社，2008 年，第 141、158 页。

㊱ 葛振鸣、王天厚、王开运等：《长江口滨海湿地生态系统特征及关键群落的保育》，科学出版社，2008 年，第 141、158 页。

㊲ 葛振鸣、王天厚、王开运等：《长江口滨海湿地生态系统特征及关键群落的保育》，科学出版社，2008 年，第 141、158 页。

㊳ 中国动物志编辑委员会、中国科学院：《中国动物志：鸟纲（第 5 卷）》，科学出版社，2006 年，第 27—56 页。J. D. D. La Touche, *A handbook of the birds of eastern China* (Chihli, Shantung, Kiangsu, Anhwei, Kiangsi, Chekiang, Fohkien, and Kwangtung Provinces): Vol. 2, Taylor and Francis, London, 1925–1930, pp. 294–295, 297–298.

㊴ M. A. Zeder, D. G. Bradley, B. D. Smith et al., *Documenting domestication: New genetic and archaeological paradigms*, University of California Press, Berkeley, 2006; M. A. Zeder, Animal domestication in the Zagros: an update and directions for future research/E. Villa, L. Gourichon, A. Choyke et al., *Archaeozoology in the Near East* VIII, TMO. 49, Maison de l' Orient et de la Méditerranée, Lyon, 2008, pp. 243–277; F. Marshall, African pastoral perspectives on domestication of the dondey: a first synthesis/T. Denham, J. Iriarte, L. Vrydaghs, *Rethinking agriculture: Archaeological and ethnoarchaeological perspectives*, Walnut Creek, California, 2007, pp. 371–407.

㊵（加拿大）加里·克劳福德（Gary Crawford）、杨谦、陈雪香：《加里·克劳福德教授访谈录》，《南方文物》2012 年第 1 期；M. A. Zeder, A critical assessment of markers of initial domestication in goats (Capra hircus)/M. A. Zeder, D. G. Bradley, E. Emshwiller et al., ed. *Documenting domestication: New genetic and archaeological paradigms*, University of California Press, Berkeley, 2006, pp. 181–208.

㊶ B. D. Smith, General patterns of niche construction and the management of "wild" plant and animal resources by small-scale pre-industrial societies, *Philosophical Transactions of The Royal Society B* 366 (2011): 836–848.

Prehistoric wetland occupations in the lower regions of the Yangtze River, China

1. Introduction

The lower regions of the Yangtze River, including southeastern Jiangsu Province, the northeastern Zhejiang Province, and Shanghai City (about 50,000km^2), form the Yangtze River Delta and the Ning-Shao alluvial plains (the latter also fed by the Qiantang River). The plains are less than 10m above sea level, but they are surrounded by a number of hills. The climate is characterized by the northern subtropical monsoon, having abundant rainfall. The area is rich in lakes and rivers.

Human fossils of Hulu Cave (Nanjing Men, dating to 350,000 years ago), Wugui Cave (Jiande Men, 40,000 years ago: Zhang et al., 2003), and the various Recent Paleolithic sites found in mountains of the northwestern Zhejiang Province (*c.* 100,000 years ago: Zhang et al., 2003) show well-defined paleolithic human activities in the lower regions of the Yangtze River. As Holocene environments improved and food resources became richer, the lower regions of the Yangtze River entered the developing period of the Neolithic. The Shangshan site located in middle Zhejiang Province is the oldest Neolithic site in this area, dating between 8000 and 7000 cal BC.

According to incomplete figures, over 800 archaeological sites between 8000 and 1500 cal BC have been found and excavated in the lower regions of the Yangtze River (Gao, 2005). On the basis of characteristics of cultural artefacts and radiocarbon dates, these sites could be divided into seven cultural types: the Shangshan culture, dating between 8000 and 7000 cal BC (Jiang, 2007); the Kuahuqiao culture (6000–5500 cal BC: Jiang et al., 2004); the Hemudu and Majiabang Cultures (5000–3800 cal BC: Liu et al., 2003; Zhang et al., 2004); the Songze culture (3800–3300 cal BC: Huang and Zhang 1987); the Liangzhu culture (3300–2300 cal BC: Lin 1998); the Guangfulin culture (2300–2000 cal BC: Song et al., 2000); and the Maqiao culture (2000–1500 cal BC: Huang 1978).

As shown in Fig. 1, the archaeological sites dating between 8000 and 7000 cal BC are mainly located around small basins on hilly terrains, at an elevation of *c.* 40–50 m, whereas those from 6000 to 5000 cal BC lie between hilly areas and plains (elevation lower than 10m). Sites younger than 5000 cal BC are located in the Taihu and Ning-Shao plains. The number of the latter sites is much higher than the former. This geographical distribution of

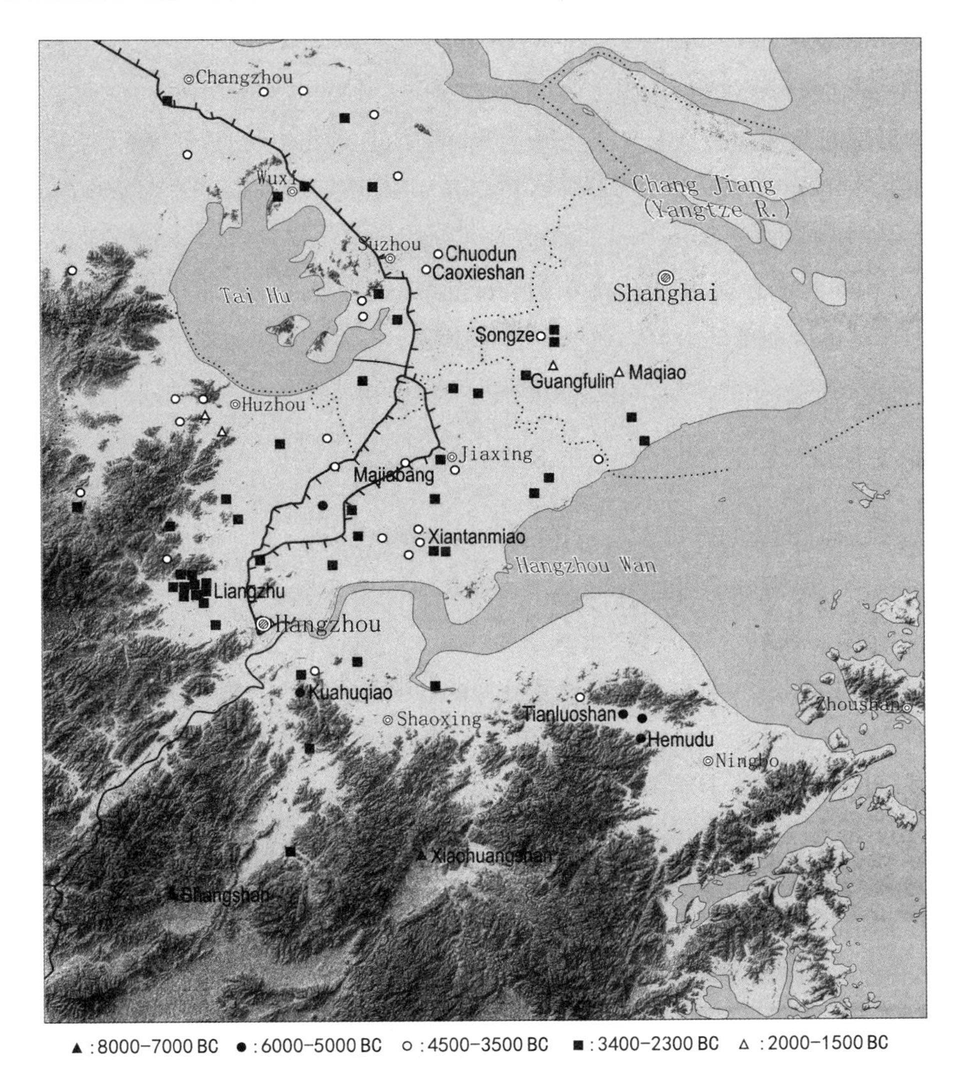

Figure 1 Geographic distribution of Neolithic sites between 8000 and 1500 cal BC in the lower regions of the Yangtze River, China.

the Holocene sites shows a clear shift of occupation, from hilly areas to plains in the lower regions of the Yangtze River. The alluvial and coastal plains are characterized by a high groundwater level. The excavated Neolithic sites were mostly located between one and five meters below ground surface, and some sites were even buried below sea level. Because of waterlogged conditions, the archaeological assemblages in these areas are rich in wooden structures and organic remains such as animal bones, plant seeds, and fruits. These archaeological remains are important for the reconstruction of prehistoric economies and activities, which show important aspects of human adaptability to different environments. These sites are also vital for researching environmental influences on people's everyday life and economy.

2. The prehistoric environment in the lower regions of the Yangtze River

Pollen analysis is a conventional method for understanding the environment of prehistoric occupation in the lower regions of the Yangtze River. In addition, a large amount of wooden remains, including wood components, tools, and broken woods, have also been recovered at the various archaeological sites. Since timber was collected locally, these remains are therefore important for the reconstruction of the prehistoric forest vegetation in the area.

Pollen (Wei et al., 1978; Wang et al., 1981; Xiao, 1990) and wooden remains (Zheng, 2009) found at the archaeological sites show that the prehistoric vegetation in the lower regions of the Yangtze River was a mix of evergreen and deciduous forests, mainly consisting of *Cyclobalanopsis* and *Quercus*, similar to those of today. The deciduous trees included *Salix, Juglans, Pterocarya, Platycarya, Alnus, Betula, Corylus, Carpinus, Ostrya, Quercus, Castanea, Fagus, Ulmus, Zelkova, Celtis, Aphananthe, Mallotus, Acer, Sapindus, Fraxinus, Liquidambar, Pistacia, Morus,* and *Leguminosae*, whereas the evergreen trees consisted of *Cyclobalanopsis, Castanopsis, Cinnamomum*, and *Ilex*. Among the conifers were *Abies, Picea, Tsuga, Pinus*, Taxodiaceae, Taxaceae, Cephalotaxacea, Cupressaceae; finally, the herbaceous plants included Gramineae, Cyperaceae, *Oryza, Typha, Sparganium, Sagittaria, Polygonum, Persicaria, Fagopyrum*, Chenopodiaceae, Amaranthaceae, Caryophyllaceae, Cruciferae, *Trapa, Haloragis, Myriophyllum, Apioideae, Nymphoides, Actinostemma*, *Valerianaceae, Lactucoideae*, *Asteroideae*, and *Artemisia*. The environment resembled a prairie-like landscape.

The Holocene climate in the lower regions of the Yangtze River changed constantly. The wooden remains excavated from archaeological sites showed that the vegetation changed considerably between 6000 and 1500 cal BC (Zheng, 2009). As shown in Fig. 2, the forest vegetation up to 6000 cal BC, which was dominated by broad-leaved trees but contained many conifers, was a typical northern subtropical mixed broad-leaved and coniferous forest, with a tendency to mid-subtropical flora. From 6000 to 5000 cal BC, the forests changed to broad-leaved ones, showing a typical mid-subtropical flora, with a biased tendency to southern subtropical characteristics. Between 5000 and 4000 cal BC, although the forest was broad-leaved, the subtropical traits were more numerous than the tropical ones. Traits with northern temperate flora, including northern subtropical flora, were also present. From 4000 to 3000 cal BC, a broad-leaved deciduous and broad-leaved evergreen mixed forest, with typical mid-subtropical flora, showed a tendency to southern subtropical flora. From 2000 cal BC onwards, the forest vegetation was southern mid-subtropical with a tendency to north mid-subtropical characteristics.

Palaoenvironmental reconstructions confirm a series of climatic changes in the lower regions of the Yangtze River, between 6000 and 1500 cal BC. The process was characterized by cool and dry climate between 6500 and 5500 cal BC, a warm and moist period between 5000 and 3800 cal BC, cool and dry climate between 3800 and 3000 cal BC, a warm and moist interval between 3000 and 2000 cal BC, and cool and dry climate after 2000 cal BC. The process of climatic changes has also been confirmed by other general palaeoenvironmental studies of the Holocene (Wang et al., 1981; Xu et al., 1990).

During the Holocene, improved ecological environments in the lower regions of the Yangtze River provided good foraging places for herbivorous animals and birds, and the development of freshwater fish. People attracted by the wetlands and the rich natural food resources migrated and settled in the region, and engaged in food production including collecting plant seeds and fruits and hunting animals. Large areas of the wetlands were claimed to plant rice, thus initiating a 'new' lifestyle suitable to the wetlands.

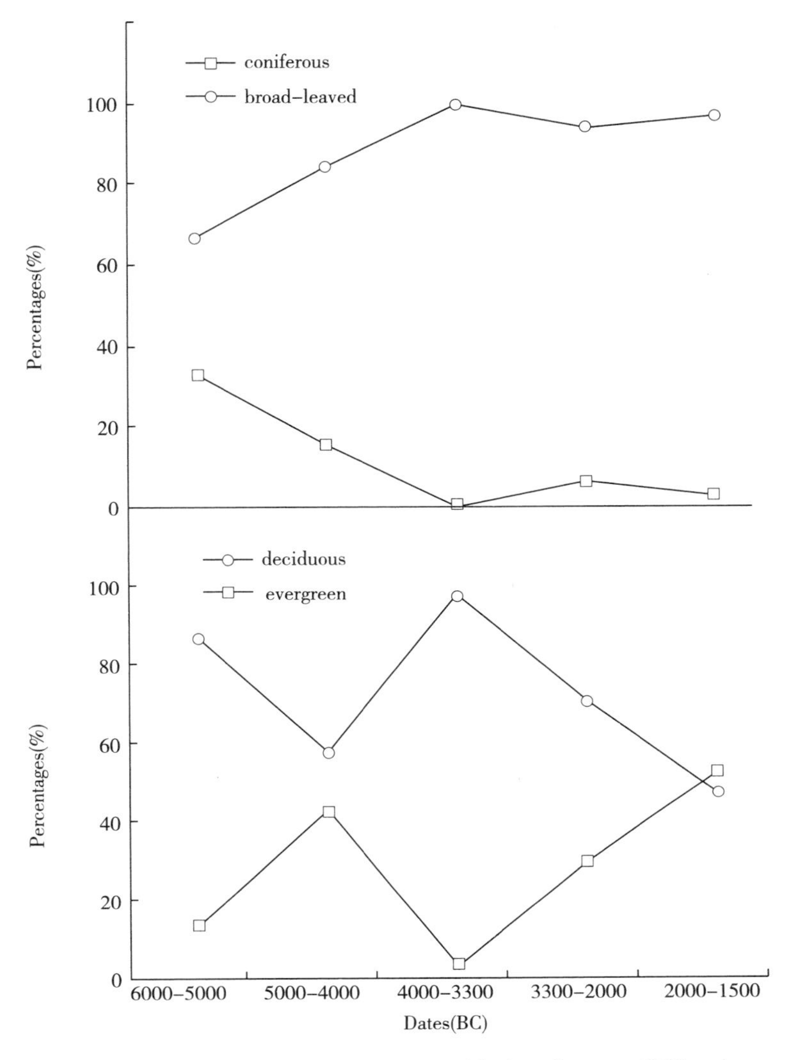

Figure 2 Changes of forest vegetations with times between 6000 and 1500 cal BC in the lower regions of the Yangtze River, China.

3. Human adaptation to the wetlands

The wetlands provided rich resources for food production but they also caused inconvenience to production and to people's lives in general. Because of the high water table, the ground was often moist. As a result, villages were often built on the slopes of low hills or even on artificial earthworks. Yet, neither ground-level nor half-underground architectural forms were suitable for this environment, so new architectural forms needed to be developed. The various piles and building components with mortises and tenons, excavated at Hemudu (Liu et al., 2003) and Tianluoshan sites (*c.* 5000 cal BC) (Sun et al., 2007; Fig. 3), and the wooden ladder excavated at Kuahuqiao site (Jiang et al., 2004), prove that the settlements might have been pile dwellings. These particularly constructed settlements within wetland and marshes were able to withstand the excessive moisture, and to protect people from external (humans/animals) influences. Dwellings built on slopes of low hills or uplands might also have had that purpose. The pile dwelling architecture was one of the most important architectural developments of the area, and lasted for thousands of years. Even the surface of the lid of a pot, dating back to 3500 cal BC, excavated at Xiantanmiao site, vividly portrayed an image of a pile dwelling (Fig. 4; Wang 2007).

Transport, travelling, trade, and exchange within the wetlands (marshland, rivers, lakes and other water basins) were carried out with wooden dugouts/canoes. The oldest canoe (dating between 6000 and 5500 cal BC) in the lower regions of Yangtze River was excavated at Kuahuqiao site (Jiang et al., 2004; Fig. 5). The canoe was 560cm long, 52 cm wide, and 15cm high. The boat was found along with two paddles. Three more paddles were also excavated at the Tianluoshan site (Sun et al., 2007).

The construction of pathways was another effective way of moving around the wetlands. A 40 cm-wide path (made with piled-up soil) has, for instance, been found in the rice fields at Tianluoshan site (Zheng et al., 2009). Recently excavated paths, made using the same technique (but paved with sintering soil) and dating to 2300 cal BC, have shown consummate techniques of constructing pathway networks in the wetlands.

4. Food production reflected by animal remains

The archaeological sites in the lower reaches of the Yangtze River have yielded a larger number of animal and plant remains. The number of species of animal and plant found in the early and middle periods of the Neolithic were more abundant than in later periods. Food production was also different between the two periods.

The archaeozoological assemblage of the Kuahuqiao site, for instance, consisted of 5, 125 animal remains, including 14 orders, 20 families, and 32 species (Jiang et al., 2004). At Hemudu site, the animal remains included 13 orders, 36 families and 61 species; amongst them 58 genera and species were vertebrates, and three invertebrates. Mammals were the most numerous, but the archaeological assemblage also included 34 genera and species of birds and some of fish and reptiles (Wei et al., 1990). Recently 8620 animal remains have been found at Tianluoshan site. The assemblage included fish, amphibians, reptiles, birds, and mammals (Zhang et al., 2011). The majority of mammals were primates, rodents, carnivores, and artiodactyls orders, Cercopithecidae, hystricidae, Canidae, Ursidae, Viverridae, Mustelidae, Felidae, Suidae, Cervidae and Bovidae families. Species included *Macaca mulatta, Hystrix hodgsoni, Canis familiaris, Nyctereutes procyonoides, Selenarctos thibetanus, Lutra lutra, Martes fiavigula, Paguma larvata, Panthera, Felis, Sus scrofa, Sus dometicus, Elaphurus davidianus, Cervus nicolor, Cervus nippon, Muntiacus reevesi, Hydropotes inermis*, and *Bubalus Mephistopheles*.

Archaeological sites in the lower regions of the Yangtze River yielded more herbivorous animals than carnivorous ones. Of the total number of mammal remains found at Kuahuqiao, Hemudu, and Tianluoshan sites, herbivorous animal (represented by deer and buffalo) accounted for 71. 8, 82. 6, and 74. 0 per cent respectively. Most of these animals inhabit warm and wet swamps, forest edges, and sparse grassland. Percentages of waterfowl were 85. 9 at Kuahuqiao, and 91. 8 at Hemudu. They mainly included *Pelecanus*, *Phalacrocorax, Anas, Anser, Cygnus, and Cruidae japonensis*, which inhabited reservoirs lakes swamps rice fields ditches, grasslands, and low-lying marshes. The fish remains were mainly of freshwater fish such as *Carassius auratus*, *Cyprinus*, *Culter alburnus* and

Channa argus. Sea and brackish water fish, such as *Gymnocranius griseus*, and *Mugil cephalus*, were less numerous. The reptiles were represented by turtles, *Chelonia*, *Chinemys reevesii*, *Amyda sinensis*, and *Alligator sinensis*.

Figure 3 Wooden pile dwellings excavated at the Tianluoshan site, China.

Figure 4 A pile dwelling drawn on the lid of a pot found at the Xiantanmiao site, China (*c*. 3500 cal BC). (Photograph: courtesy of N. Y. Wang.)

Figure 5 Dugout canoe excavated at the Kuahuqiao site, China. (Photograph: courtesy of L. P. Jiang.)

5. Food production reflected by plant remains

The plant remains found in the various excavated sites consist of weeds and/or people's foods. Both are extremely important for the reconstruction of the environment on-site and its surroundings, as well as people's palaeo-diets. Remains found at the famous site of Kuahuqiao included *Prunus persica*, *Prunus mume*, *Prunus armeniaca*, *Prunus salicina of* Rosaceae, *Quercus acutissima*, *Quercus variabilis*, *Quercus fabric of* Fagaceae, *Choerospondias axillaries of* Anacardiacea, *Trapa* (*including Trapa bicornis and Trapa quadrispinosa of* Trapaceae), and *Euryale ferox* of Nymphaeaceae.

At Tianluoshan site (1,000 years later than Kuahuqiao sites) there are plant remains of 20 genera and species. They include *Quercus*, *Cyclobalanopsis glauca*, *Prunus persica*, *Prunus mume*, *Choerospondias axillaris*, *Rubus*, *Melia azedarach*, *Diospyros*, *Broussonetia kazinoki* and *Vitis*; herbaceous plant are *Oryza sativa*, *Trapa dispinosa*, *Nelumbo nucifetra*, *Euryale ferox*, *Lagenaria sicerari*, *Cucumis*, *Cayratia japonica*, *Rumex*, *Humulus*, *Potamogeton* and Cyperaceae. There were also four genera of *Scirpus*, *Cyperus*, *Carex*, and *Eleocharis* in Cyperaceae (Fig. 6). Archaeobotanical analyzes carried out at the Tianluoshan site confirm the presence of food production. The identification of a large number of Cyperaceae and shallow-water plant remains including *caltrop, lotus*, *ferox*, and *potamogeton* confirms the presence of vast wetland areas, shallow ponds, lakes, and other water basins around the occupation. Food production (e. g. rice, gourd, and even *Cucumis melo*) suited low and wet environments, where people also collected aquatic plants. Nuts, acorns, and fruits, on the other hand, were gathered in surrounding mountain forests.

Rice remains have been identified at all archaeological sites in the lower regions of the Yangtze River, and accounted for a large proportion of archaeobotanical evidence found in the various cultural layers. The rice remains at the 8,000-year-old site of Kuahuqiao and the 7,000-year-old site of Tianluoshan accounted for 71.5 per cent and 16.0 per cent of total plant remains, respectively. The rice remains have been confirmed to be cultivated rice, as shown by the morphology of the short rachillae and spikelets (Zheng et al., 2004; Zheng et al., 2007; Fuller et al., 2009). As a result, the domestication of rice might be traced back to 6000 cal BC, or even earlier. Of the total plant remains excavated at the two sites of Kuahuqiao and Tianluoshan, tree fruits including peach, prune, plum, and acorns accounted for 25.0 per cent at Kuahuqiao and 2.7 per cent at Tianluoshan, where aquatic plants and nuts accounted for 3.1 per cent and 71.8 per cent, respectively. The acorns were mainly *Quercus acutissima* at the Kuahuqiao site and *Cyclobalanopsis glauca* at Tianluoshan site. The plant remains showed that people of the wetlands not only cultivated rice but also gathered fruits in the surrounding hills The increase in aquatic plant and tree fruits from the occupation of Tianluoshan to that of Kuahuqiao (e. g. between 6000 and 5000 cal BC) may be related to climatic change.

Climate was dry and cool with higher ratios of conifer and deciduous trees, during the Kuahuqiao culture (8,000 years ago), whereas during the Hemudu culture (7,000 years ago) there were warm and wet conditions, with an increase of broad-leaved and evergreen trees and a decrease of deciduous trees. Wetland environ-

Figure 6 Plant seeds wet-sieved from soil samples at the Tianluoshan site, China.

1. *Choerospondias axillaris* 2. *Nelumbo nucifetra* 3. *Euryale ferox* 4. *Diospyros* 5. *Prunus mume* 6. *Melia azedarach* 7, 11. *Cyclobalanopsis glauca* 8, 9. *Vitis* 10. *Prunus persica* 12. *Humulus* 13. *Lagenaria sicerari* 14. *Quercus* 15. *Trapa dispinosa* 16, 17, 21, 24 *Scirpus* 18. *Potamogeton* 19. *Chelidonium* 20. *Rubus* 22. *Oryza sativa* 23. *Rumex* 25. *Broussonetia* 26. *Thymus.*

ment developed significantly, fresh waters areas expanded, and animal and plant resources became more abundant.

6. Wetland reclamation for cultivating rice

A large quantity of rice remains found in the clay composition of the pottery recently excavated at the 10,000-year-old Shangshan site suggests a long history of rice use as part of people'sdiet, in the lower regions of Yangtze River. As in Kuahuqiao, the presence of short rachillae and spikelets suggests that the cultivation and domestication of rice in the area may have begun *c.* 10,000 years ago (Jiang et al., 2006; Zheng et al., 2007). Generally, earlier archaeological sites with rice remains are located on small water basins in the hills, about 40–100 m above sea level, exactly when the plains were still covered by a mix of sea and freshwater.

During the Holocene, the Yangtze Delta witnessed a period of high sea levels. After the subsequent regression of the sea, large areas of land were exposed, forming a number of lakes. As salinity in soil fell, a new freshwater environment appeared. Wetland plants dominated the edges of the various water basins, which were also the habitat of mammals, water-fowls, and freshwater fish. These plains had become suitable for human settlement as well as rice cultivation. Neolithic rice fields in the area have been found at the 6,000-year-old sites of Caoxieshan and Choudeng. They were small paddy fields, from an initially modified natural topography, and with irrigating ditches and wells. Recent surveys and excavations of rice fields associated with the Tianluoshan occupation have provided some new evidence of pre-historic rice cultivation in the lower regions of the Yangtze River (Zheng et al., 2009).

The archaeological evidence of rice fields associated with the Tianluoshan occupation can be clearly divided into two periods: early and late. The early rice fields date between 5000 and 4500 cal BC, whereas the later fields span between 4000 and 2500 cal BC. The early fields lie about 200 cm below the surface, as opposed to only 100 cm for those of the later period. A 40 cm-wide path belonging to the later period was identified within the 350 m^2 of excavated area. Various wooden artefacts and pottery sherds were also found. With them, two wooden dibble sticks and one wooden knife from the earlier field layer and one wooden handle of a spade from the later field were also identified (Fig. 7). Many animal bones and wooden spade remains were also recovered in the settlement area. It is interesting to notice that there was no evidence of irrigation systems (including ditches, field ridges for drainage (and water retention) within the entire area.

A number of plant remains including roots, stems, leaves, seeds, and microfossils have been found in the strata of rice fields. The assemblages also include remains of rice with high densities of rice spikelet fragments and phytoliths derived from the bulliform cells of rice. A large number of Gramineae pollen grains bigger than 38μm in diameter, probably derived from rice, have also been recorded. The morphological structure of rice (short rachillae and husks) suggests that it is different from wild rice. The short rachillae of the domesticated type accounts for 47.1 percent in the early fields (between 5000 and 4500 cal BC) and 59.4 percent in the later fields (between 3600 and 2700 cal BC). The quantities of the wild type are 52.9 percent in the early fields and 40.6 per-

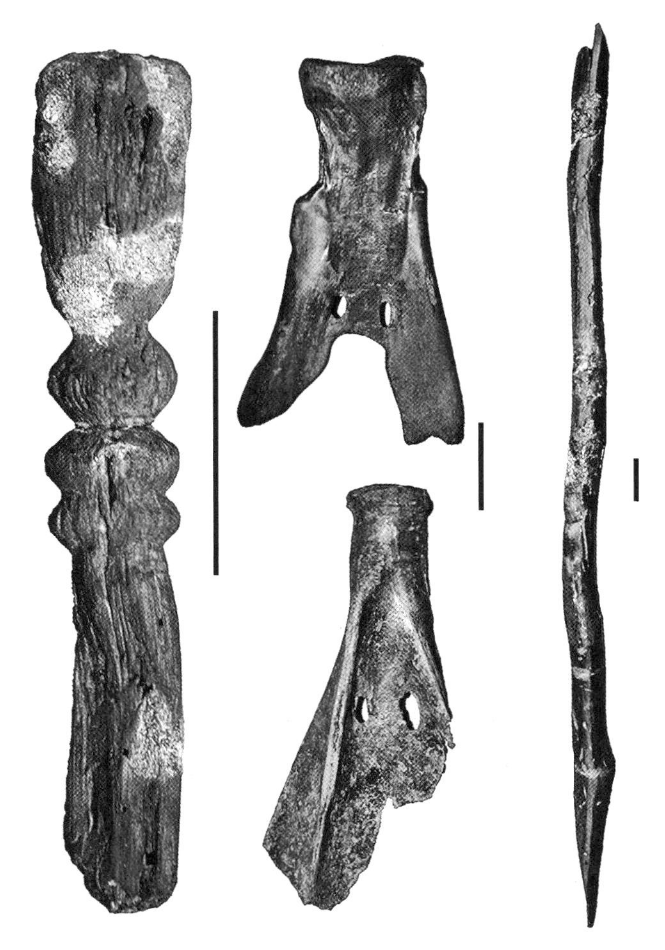

Figure 7 Farming tools at the Tianluoshan site, China.
The wooden dibble and knife were excavated from the early rice fields, whereas the bone spades are from the settlement site (The scales are 5 cm).

cent in the later ones. This indicates that the domestication and cultivation of rice was already part of the economy. The analyxis of stratigraphy, phytoliths, and seeds obtained by coring an area of 14. 4 ha has shown that two rice-field strata were present in the vast area at the time of the occupation. The area of rice fields covered about 6. 3 ha during the early period and over 7. 4 ha in the later occupation.

As summarized in Fig. 8, many plants such as *Echinochloa, Cyperus, Scirpus, Fimbristyli, Eleocharis, Carex, Ceratophyllum, Najas, Potamogeton, Nymphoides, Sagittaria, Persicaria, Eclipta, Trapa, and Phragmites* coexisted with rice in the fields. The habitat of most of these plants is usually wet, such as the banks of rivers and streams and the edges of marshes. These species are also common weeds in rice fields. The analyzes of seeds showed that the seed quantity could have been 26,000–228,000 individuals/m^2 for the early rice fields and 26,000–184,000 individuals/m^2 for the later rice fields. These figures are considerably higher than modern paddy fields near the wetlands (e. g. 9,140–47,452 individuals/m^2), and higher even than those of secondary wetlands (83,499–109,141 individuals/m^2) (Feng et al., 2008). Generally, the seed quantity and species number in paddy fields reclaimed from wetland would decrease. High seed quantity and species diversity indicate that little or no weeding was applied to the management of the rice fields, dating between 5000 and 2500 cal BC. High density of phytoliths and remains of reeds suggest that the rice fields could have been developed from reed marsh, and that reeds probably intruded into the fields and grew along with rice.

One could suggest that both early and later Tianluoshan rice fields, without irrigation systems, may have depended on rainwater and/or water stored in the marsh. The Yangtze Delta is located in a subtropical monsoon climatic zone. Spring is moist and has some rain. In the summer, this region is hot and humid, due to warm tropical air currents and typhoons. Autumn is cool and relatively dry whereas the winter is usually cold and moist. The seasonal rainfall responsible for the annual flooding of the area is enough for rice cultivation. The markedly abundant micro-charcoals found in the Tianluoshan rice field deposits may suggest that firing was probably used for rice cultivation, as the burning of twigs and withered leaves was a fairly common practice in the early development of agriculture (Anderson, 2005; Zong et al., 2007; Atahan et al., 2008; Fuller et al., 2009). Rice plants have been found along with a number of wetland plants, thought to be the weeds of ancient rice fields.

The cultivation system was thus a form of low-level food production. According to the ratio of rice phytoliths/spikelets (Fujiwara 1979), and the lifespan of the rice fields, rice crops are estimated at 830 kg per hectare in the early period and 950 kg per hectare in the later one.

Based on this estimation, the annual production of rice might have been about 5,000 kg for the 6.3 ha of the early period and 7,000 kg for the 7.4 ha of the later period. This suggests that the amount of rice was enough for about 30 people. However ethnographic data show that a village based on hunting-gathering subsistence consists of about 25–100 persons, while the population of one involved in agricultural economy reaches 150–300 people (Tanter 1988). Obviously, even though the people of the Tianluoshan site did cultivate rice, the production was relatively low-level and hunting-gathering must have provided a substantial proportion of food in their diet, as clearly indicated by macro-remains of acorns, Trapa dispinosa, and other wild food resources available in the area (Fuller et al., 2009).

7. Conclusion

Globally warmer climates after the last glaciation made ice caps melt, and sea level rose considerably at the beginning of the Holocene (Clark et al., 1978). During this period, the coastline reached even the areas between Zhenjiang and Yangzhou in lower regions of the Yangtze River (Li et al., 1999). In the Mid-Holocene (c. 7500 BP), sea levels regressed again and the Yangtze Delta was formed. This 'new' wetland prairie-like landscape with a large number of rivers and lakes provided a rich habitat with plenty of plants, mammals, birds, and fish, as well as wetland areas for rice cultivation. Subsequently, Neolithic cultures such as the Hemudu culture, characterized by wooden pile dwellings, canoes, rice cultivation, and a hunter-gatherer economy, decided to move to this region and take advantage of the rich environment. Archaeological evidence of rice cultivation in that period was similar to that during the Han Dynasty (around 200 cal BC), but the quantity produced was lower than that produced during the Han period. The ecological system along the coastal plains was unstable, for they were constantly

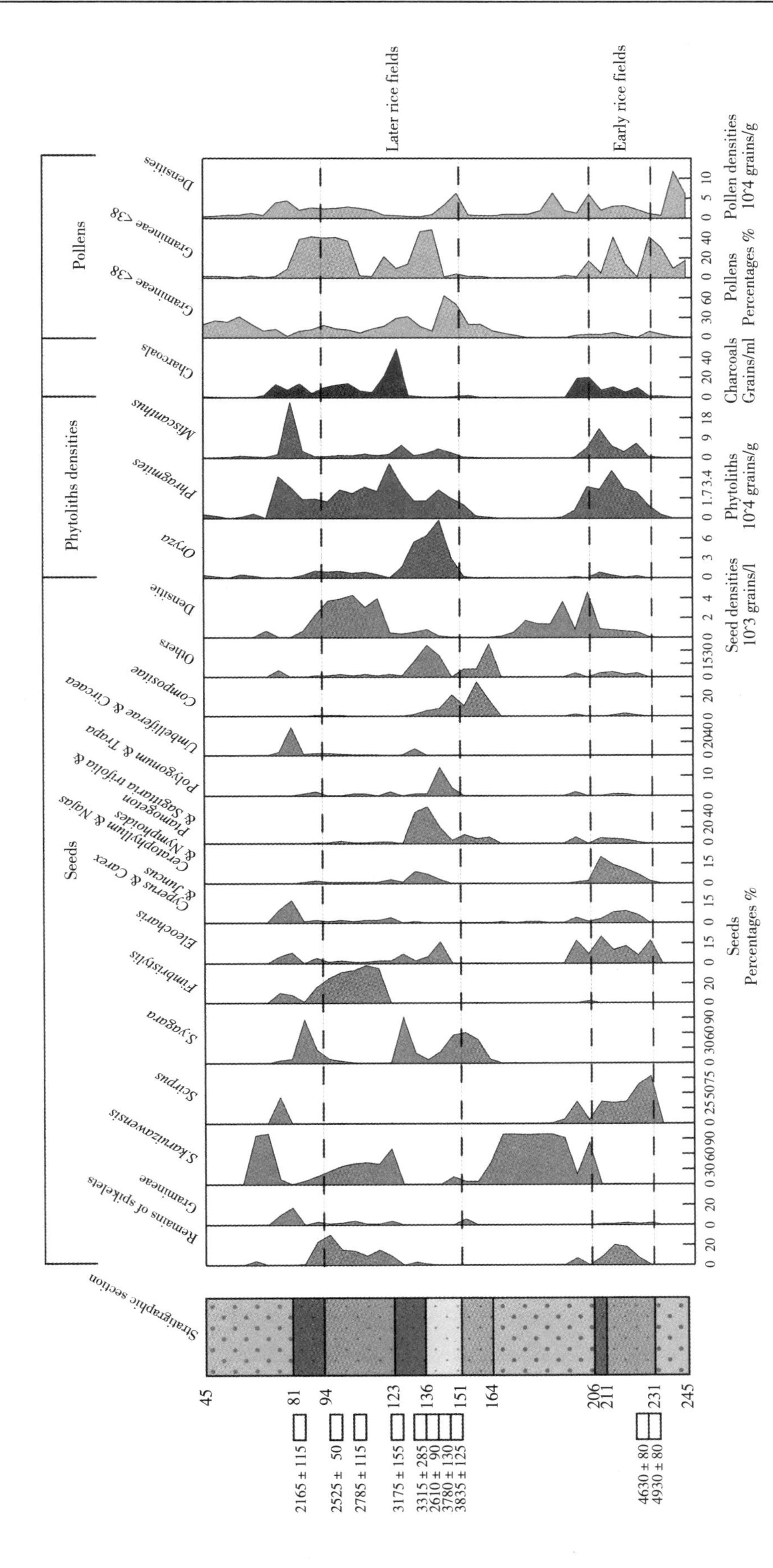

Figure 8 Integrated palaeoecological data from rice fields, dated between 5000 and 2500 cal BC, from the Tianluoshan site, China.

influenced by fluctuating levels of sea water (Zong 2004). The decrease in rice production influenced the composition of people's diets: the ratio of hunter-gatherer food procurement increased, while rice cultivation declined. However, rice cultivation that occurred on the coastal plains around 7,000 years ago is definitely not the oldest in China. Earlier evidence of rice cultivation (*c*. 10,000 years ago) has in fact been found in the lower parts of the hilly areas of the middle Zhejiang Province.

Francesco Menotti and Aidan O'Sullivan, eds. *The Oxford Handbook of Wetland Archaeology*, Oxford University Press, London, 2012, Chapter 10.

References

M. K. Anderson, *Tending the wild: Native American knowledge and management of California' s natural resources*, Berkeley: University of California Press, 2005.

P. Atahan, F. Itzein-Davey, D. Taylor et al. , Holocene-aged sedimentary records of environmental changes and early agriculture in the lower Yangzte, China, *Quaternary Science Reviews* 27 (2008).

J. A. Clark, W. E. Farrell, W. R. Peltier, Global changes in post-glacial sea level: a numerical calculation, *Quaternary Research* 9 (1978).

W. Feng, X. M. Wu, G. X. Pan et al. , Comparison of soil seed bank structure in natural wetland and corresponding reclaimed paddy fields at lower reaches of Yangtze River in Anhui, China, Chinese, *Chinese Journal of Ecology* 6 (2008).

H. Fujiwara, Fundamental studies in opal analysis (3): Estimation of the yield of rice in ancient paddy fields through quantitative analysis of plant opal, *Journal of Archaeology and Science* 12 (1979).

D. Q. Fuller, L. Qin, Water management and labour in the origins and dispersal of Asian rice, *World Archaeology* 41, 1 (2009).

Y. F. Zheng, Z. J. Zhao, L. A. Hosoya et al. , The domestication process and domestication rate in rice: spikelet bases from the lower Yangtze, *Science* 323 (2009).

M. H. Gao, *Archaeological geography in the lower regions of the Yangtze River*, Shanghai: Fudan University Press, 2005 (in Chinese).

X. P. Huang, First and second excavations of the Maqiao site in Shanghai, *Acta Archaeologica Sinica* 1 (1978) (in Chinese).

M. H. Zhang, *Songze: a Neolithic site excavated*, Cultural Relics Publishing House, Beijing, 1987 (in Chinese).

L. P. Jiang, Excavation on the Shangshan site in Pujiang County, Zhejiang, *Archaeology* 9 (2007) (in Chinese).

L. Liu, New evidence for the origins of sedentism and rice domestication in the lower Yangtze River, China, *Antiquity* 80 (2006).

Zhejiang Provincial Institute of Cultural Relics and Archaeology, Xiaoshan Museum, *Kuahuqiao Site*, Cultural Relics Publishing House, Beijing, 2004 (in Chinese).

C. X. Li, Q. Q. Chen, D. D. Fan et al. , Palaeogeography and palaeoenvironment in Changjiang Delta since last glaciation, *Journal of Palaeogeography* 4 (1999) (in Chinese).

H. D. Lin, *Studies on Liangzhu Culture*, Zhejiang Education Publishing House, Hangzhou, 1998 (in Chinese).

J. Liu, Z. Y. Yao, F. G. Mei et al. , *Hemudu*, Cultural Relics Publishing House, Beijing, 2003 (in Chinese).

J. Song, L. J. Zhou, J. Chen, Archaeological remains excavated at Guangfulin Site, China Cultural Relics News, Beijing, 2000(in Chinese).

Zhejiang Provincial Institute of Cultural Relics and Archaeology, Yuyao Municipal Office of Preservation of Cultural Relics, Hemudu Site Museum, Brief report of the excavation on a Neolithic site at Tianluoshan Hill in Yuyao City, Zhejiang, *Wen Wu* 11 (2007) (in Chinese).

J. A. Tanter, *The Collapse of complex societies*, Cambridge University Press, Cambridge, 1988.

K. F. Wang, Y. L. Zhang, Some inferences concerning climatic changes in the region of Shanghai-Hangzhou during > 10, 000 years based on spore and pollen analysis, *Journal of Historic Geography* 1 (1981)(in Chinese).

N. Y. Wang, *Long ago villages*, Hangzhou Zhejiang Photo Press, 2007 (in Chinese).

F. Wei, W. D. Wu, M. H. Zhang, *Animal populations at Neolithic Sites: Hemudu, Yuyao, Zhejiang*, Ocean Publishing House, Beijing, 1990 (in Chinese).

M. H. Zhang, A study of the animal and plant remains unearthed at Ho-Mu-Tu, *Acta Archaeologica Sinica* 1 (1978) (in Chinese).

J. Y. Xiao, A preliminary study on living environment of prehistoric people based the pollen assemblages at Longnan Site, Wujiang County, Jiangsu Province, *Culture of Southeast China* 5 (1990)(in Chinese).

X. Xu, Z. D. Shen, *Holocene environments: changes of environment during the Last* 10, 000 *Years*, Guizhou renmin Press, Guizhou, 1990 (in Chinese).

K. L. Zhang, B. L. Chen, M. D. Wang et al., *Majiabang culture*, Zhejiang Photo Press, Hangzhou, 2004 (in Chinese).

S. S. Zhang, X. Gao, X. M. Xu, Discovery of Palaeolithic remains in Zhejiang Province, *Acta Anthropologica Sinica* 22 (2003)(in Chinese).

Y. Zhang, J. Yan, Y. P. Huang et al., Preliminary analysis of the archaeological remains of mammals excavated at Tianluoshan site in 2004/*A comprehen sive study of the natural remains at Tianluoshan site*, Cultural Relics Publishing House, Beijing, 2011 (in Chinese).

Z. H. Zhang, J. Q. Huang, J. M. Wu, *Paleolithic Archaeology in China*, Nanjing University Press, Nanjing, 2003 (in Chinese).

Y. F. Zheng, Changes of forest vegetations between 6000 and 1500 BC in the lower regions of the Yangtze River reflected by the wooden remains excavated at archaeological Sites, *Journal of Zhejiang Provincial Institute of Cultural Relics and Archaeology* 9 (2009)(in Chinese).

L. P. Jiang, Remains of ancient rice unearthed from Shangshan site and their significance, *Archaeology* 9 (2007)(in Chinese).

J. M. Zheng, Study of the remains of ancient rice from the Kuahuqiao site in Zhejiang province, *Journal of Rice Science* 18 (2004) (in Chinese).

Y. F. Zheng, G. P. Sun, X. G. Chen, Characteristics of the short rachillae of rice from archaeological sites dating to 7000 years ago, *Chinese Science Bulletin* (52) 2007.

Y. F. Zheng, G. P. Sun, L. Qin et al., Rice fields and modes of rice cultivation between 5000 and 2500 BC in east China, *Journal of Archaeological Science* 36 (2009).

Y. Q. Zong, Mid-Holocene sea-level highstand along the southeast coast of China, *Quaternary International* 117 (2004).

Z. Chen, J. B. Innes, C. Chen et al., Fire and flood management of coastal swamp enabled first rice paddy cultivation in east China, *Nature* 449 (2007).

史前时期长江下游湿地资源的开发与利用

摘　要：考古研究表明，随着全新世环境的改善和食物资源的丰富，距今1万年前长江下游地区进入了新石器文化的发展时期。在距今8000年前后，湿地丰富的自然资源吸引了先民从丘陵山区迁徙到滨海平原定居，先民此时从事的食物生产活动包括采集植物种子和果实、狩猎动物，以及大规模开垦湿地种植水稻，开创了湿地的“新”生活方式，形成了以河姆渡遗址为代表的平原湿地新石器文化。干栏式建筑、独木舟、堆土筑高台和壅土修阡陌等反映了这一时期先民对湿地生活的适应和生存智慧。沿海平原不稳定的生态系统也影响了水稻种植和采集狩猎在史前饮食结构中的比重变化。

关键词：史前长江下游　湿地考古　动植物遗存　稻作农业　人地关系

Understanding the ecological background of rice agriculture on the Ningshao Plain during the Neolithic Age: pollen evidence from a buried paddy field at the Tianluoshan cultural site*

1. Introduction

Ruddiman (Ruddiman and Thomson, 2001; Ruddiman, 2003) put forward a hypothesis suggesting that the progressive rise of the atmospheric CH_4 level since about 5000 yr BP was caused by human agricultural activities, and in particular from the domestication and cultivation of rice in East and South Asia. The substantial increase in the number of Neolithic cultural sites in East China from the middle Neolithic Age onwards suggests an intensification of human activities, seemingly supporting this hypothesis (Ruddiman et al., 2008; Li et al., 2009a; Fuller et al., 2011b). However, this hypothesis has been continuously challenged (Schmidt et al., 2004; Crucifix et al., 2005). It has been proposed that natural processes such as the initiation of peatland in high latitudes (Yu, 2011) and tropical areas (Singarayer et al., 2011) played the dominant role in the rise of atmospheric CH_4 during the second half of the Holocene. Moreover, palynological and archaeological data from North China do not support the hypothesis of human influence (Tarasov et al., 2006).

A key point of Ruddiman's hypothesis is that paddy fields supporting Neolithic rice agricultures since 5000 yr BP may have been reclaimed from forested land, which would otherwise serve as a carbon sink. However, there has been no definitive evidence for large-scale anthropogenic deforestation for rice cultivation in the lowlying coastal plains of East China during the Neolithic Age. It has long been known that the Yangtze river delta plain (Fig. 1) is the cradle of Neolithic civilization and rice agriculture in East China (Li et al., 2007; Zheng et al., 2007; Fuller et al., 2009; Qin et al., 2011). Numerous archaeological excavations have documented the presence of widespread Neolithic paddy fields (Zheng et al., 2009). Studying these buried Neolithic paddy fields may not only deepen our insight into the origin of rice agriculture, but also test Ruddiman's hypothesis of early human impact on the atmospheric CH_4 level. Here, we present pollen evidence of a paddy field at the Tianluoshan cul-

---

* Collaborated with Chunhai Li, Shiyong Yu, Yongxiang Li, Huadong Shen.

tural site serves as an example of ecological impact of rice agriculture during the Neolithic Age.

2. Physical setting and site description

The Tianluoshan cultural site is located on the northeastern flank of the Ningshao Plain, a mud flat south of the Hangzhou Bay (Fig. 1) . The site is situated in the middle of a small basin surrounded by several low mountains. The elevation of the site is about 3 m above sea level. This area exhibits marked seasonality in both temperature and precipitation under the influence of the East Asian Monsoon. Annual mean temperature is 16. 2℃, and annual mean precipitation is about 1600 mm, mostly of which occurs in July. The duration of the frost-free period is 227 days and the duration of insolation is 2061 h.

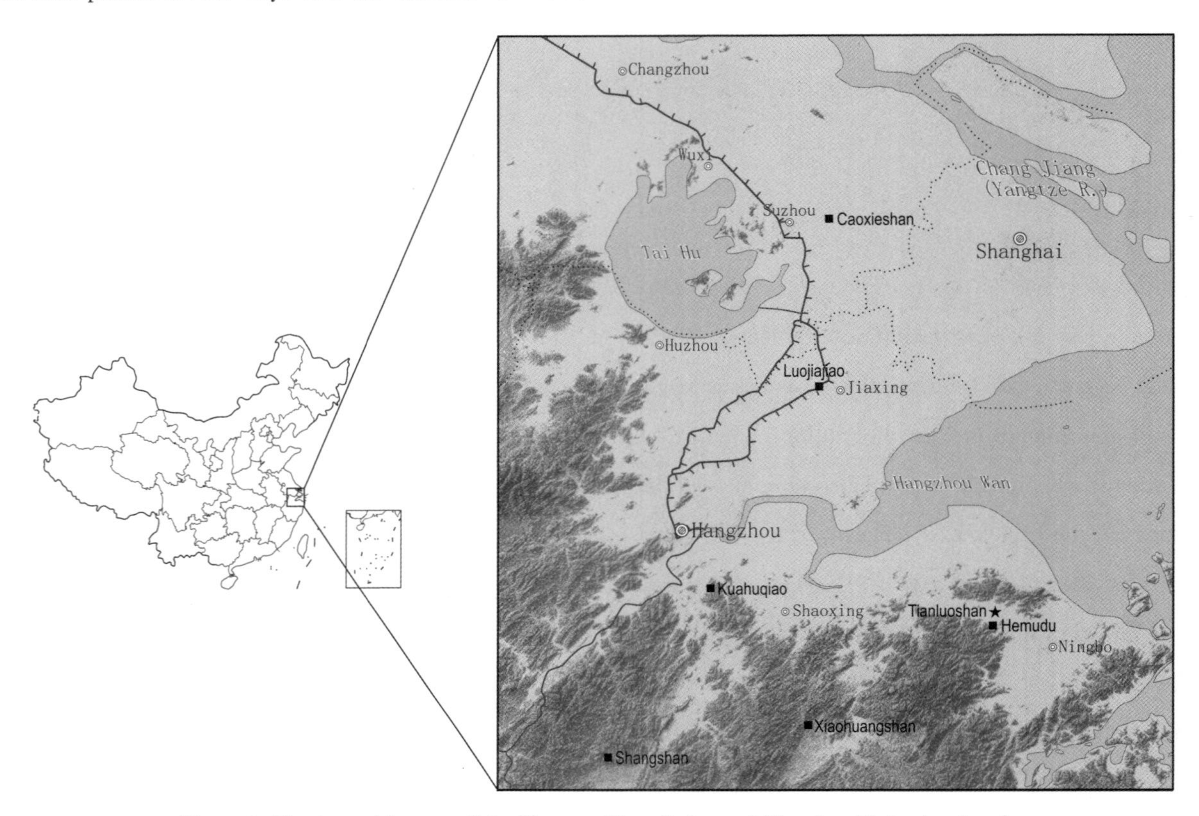

Figure 1. Physiographic map of the Yangtze River Delta and Ningshao Plain showing the Tianluoshan site (star) and some important Neolithic cultural sites.

Regional vegetation is characterized by subtropical mixed forests of evergreen and deciduous trees. The major components of the evergreen trees are *Lithocarpus*, *Cyclobalanopsis*, *Quercus*, and that of the deciduous trees include *Liquidambar*, *Castanea*, *Aphananthe*, *Celtis*, and Ulmus. Coniferous trees account for a very minor proportion, composed mainly of *Pinus massoniana Lamb.*

This site has been excavated extensively by Zhejiang Provincial Institute of Cultural Relics and Archaeology since 2004. Cultural relics and radiocarbon dating place the age of this site within the Hemudu Culture (Sun et al. , 2007) . This site has been studied intensively using multi-disciplinary methods (e. g. , Fuller et al. , 2009, 2011a; Zheng et al. , 2009; Li et al. , 2009b; Qin et al. , 2010; Wang et al. , 2010; Center for the study of Chinese

Archaeology, Peking University and Zhejiang Provincial Institute of Cultural Relics and Archaeology, 2011; Zheng et al., 2011). Extensive coring at 20–40 m intervals covering 14.4 km^2 was conducted in 2006. Two spots (400m and 70m south and west of the residential area of the site, respectively) covering a total area of 350 m^2 were excavated tentatively, and two open trenches (T1041 and T705) were studied for plant macrofossil, phytolith, and charcoal analyzes. Charcoal, phytoliths, carbonized seeds, and other plant macrofossils suggest the presence of paddy fields during the early and late Hemudu Culture (Zheng et al., 2009). Borehole investigation and phytolith assemblages indicate that there were two layers from large paddy fields around the residential area of this site at depths of 300–210 and 200–100 cm, corresponding to the early and late Hemudu Cultures, respectively. Based on borehole data, the respective areas of these paddy fields were estimated to be 6.3 and 7.4 acres (Zheng et al., 2009). A cultural stratigraphic description, plant macrofossil, and charcoal result have been published elsewhere (Zheng et al., 2009). In this paper, we present pollen data to provide a new perspective on the ecological background of rice agriculture and the origin of paddy field on the Ningshao Plain.

3. Methods

3.1 *Fieldwork*

Based on the aforementioned borehole reconnaissance, a trenched T1041 was opened. This site represents an optimal stratigraphic sequence with a thickness of 245 cm. Samples were taken continuously along the north wall of this open profile at 2 cm intervals within the depth range of 56–155 cm and at 5cm intervals for the depth range between 155 and 245 cm.

3.2 *Radiocarbon dating*

Macrofossils of upland and emerged aquatic plants from a total of 10 different depths were dated using the AMS radiocarbon method to construct an age-depth model. The measurements were conducted in the Radiocarbon Dating Laboratory of Peking University. These ages were calibrated using the INTCAL 98 tree-ring dataset (Hughen et al., 1998), and the calibration was implemented using the OxCal 3.5 computer program (Ramsey, 2000). The results were reported as a range defined by 2 standard deviations.

3.3 *Pollen analysis*

Standard HF method (Faegri et al., 1989) was followed for pollen analysis. One tablet of exotic marker grains (i.e. *Lycopodium*) was added to allow the calculation of pollen concentration. At least 400 upland pollen grains were counted for each sample, except for a few samples that were counted not exceed 400 grains for upland pollen which all pollen and spore over 600 grains. The abundance of trees, shrubs and upland herbs was expressed as a percentage relative to the sum of these terrestrial taxa in a sample, while the relative abundances of wetland and aquatic herbs, algae and fungi were calculated based on the sum of all palynomorphs. According to the morphological studies of modern Gramineae pollen, the grain size of most of rice pollen is ≥35μm (Shu et al., 2007). However, the size of all large Gramineae is ≥38μm in the profile of T1041. Therefore, we treat the Gramineae pollen with a diameter ≥38μm as rice-type herbs. The division of pollen assemblage zones is based on numerical method, which was implemented in conjunction with the computer program TILIA 1. 2 (Grimm, 1990). The relative abundance of the taxa was illustrated using TGView 1. 5 (Grimm, 2004)

4. Results

4. 1 *Stratigraphy*

Our borehole investigation reveals three peat layers intercalated with littoral sediments. The lithology can be divided into nine units: 1) 10–20 cm-modern paddy field; 2) Unit 2 20–81 cm-gley soil under brackish water-logged conditions; 3) 81–94 cm: dark clayey peat; 4) Unit 4 94–123cm-light gray silty clay; 5) 123–136cm-dark clayey peat; 6) 136–206 cm-light gray silty clay; 7) 206–211cm-dark clayey peat; 8) 211–231cm-light gray silty clay; 9) 231–250 cm-dark gray silty clay. According to Zheng et al. (2011), sediments at depth intervals of 20–81, 151–206 and 231–250 cm yield abundant marine diatoms that suggest a brackish condition; and sediments in the interval from 94 to 131 cm contain a relatively large proportion of marine diatoms, suggesting frequent salt-water encroachment during this period.

4. 2 *Radiocarbon chronology*

A total of 10 AMS radiocarbon ages were obtained (Table 1). These ages follow a consistent stratigraphic order with depths (Fig. 2). A constant sedimentation rate was assumed between every pair of dated levels, and pollen ages were determined by interpolation or extrapolation.

4. 3 *Pollen assemblages*

The relative abundance of pollen taxa is presented in Fig. 3. According to the changes in the relative abundance of terrestrial taxa, six pollen assemblage zones can be identified.

Zone TLS-1 (240–190 cm, 7500–6200 cal. yr BP). This zone is dominated by evergreen trees such as *Quercus* (2. 7%–31. 7%), *Cyclobalanopsis* (6. 3%–34. 9%), and *Liquidambar* (0. 5%–14. 2%). Wetland herbs are dominated by Cyperaceae (0. 2%–53. 4%) and *Typha* (1. 8%–73. 9%) with the maximum value occurring at

Table 1 AMS radiocarbon dates from the profile T1041, Tianluoshan site, Yuyao, Zhejiang Province.

Depth (cm)	Number in the lab	^{14}C age	Calibrated age (cal. yr BP, 2σ range)	Material
81–86	BA07762	3760 ± 40	4250–3980	Plant remains
96–101	BA07761	4015 ± 45	4630–4400	Yagara bulrush
106–111	BA07760	4195 ± 70	4880–4520	Bulrush
121–126	BA08203	4470 ± 45	5310–4960	Bulrush
131–136	BA07758	4765 ± 35	5590–5450	Yagara bulrush
136–141	BA08895	4830 ± 35	5650–5570	Yagara bulrush
141–146	BA08894	4965 ± 35	5750–5600	Yagara bulrush
146–151	BA08893	4965 ± 40	5910–5660	Yagara bulrush
223–228	BA07764	5785 ± 60	6730–6440	Flatstalk bulrush
228–233	BA07763	6045 ± 45	7010–6750	Flatstalk bulrush

the base of the zone. The abundance of *Typha* fluctuates markedly throughout the zone. Another striking feature of this zone is the high pollen influx with a distinct variability (Fig. 4).

Zone TLS-2 (190–153 cm, 6200–5800 cal. yr BP). This zone is marked by a spike of evergreen *Quercus*, which accounts for about 40% at the lower boundary of this zone. Then the value of this species tends to decrease rapidly. The abundance of *Cyclobalanopsis* and *Liquidambar* decreases gradually throughout this zone, and these species vanish at the upper boundary of the zone. The abundance of deciduous trees reaches its maximum value (40.5%) in the middle of this zone (175 cm). Gramineae with a grain size of ≥38μm (i. e. rice-type herbs) occurs at the lower boundary, and their abundance increases gradually up to 75%, while other herbaceous pollen grains decrease gradually and vanish at the upper boundary of this zone. Also, pollen influxes decrease substantially in this zone (Fig. 5).

Zone TLS3 (153–142 cm, 5800–5700 cal. yr BP). The arboreal taxa of this zone are dominated by *Pinus* and deciduous *Quercus*. The abundance of rice-type Gramineae pollen increases substantially and reaches 64%, while the abundance of Gramineae pollen of <38 μm as well as the aquatic herbaceous pollen decrease.

Zone TLS4 (142–112cm, 5700–4800 cal. yr BP). The abundance of rice-type Gramineae pollen reduces substantially from 38% to 0.4%, along with a significant increase in Gramineae pollen of <38μm. The abundance of arboreal pollen such as evergreen *Quercus* and *Liquidambar* increases in the upper part of this zone.

Zone TLS-5 (112–87cm, 4800–4200 cal. yr BP). The abundance of arboreal pollen, Gramineae pollen of <38μm, and aquatic herbaceous pollen decreases substantially. In contrast, the abundance of rice-type Gramineae pollen increases and reaches 55%.

Zone TLS6 (87–56cm, 4200–3400 cal. yr BP). The abundance of *Pinus*, *Altingia*, deciduous and evergreen *Quercus* as well as Graminea pollen of <38μm and *Artemisia* pollen increase significantly. Rice-type Gramineae

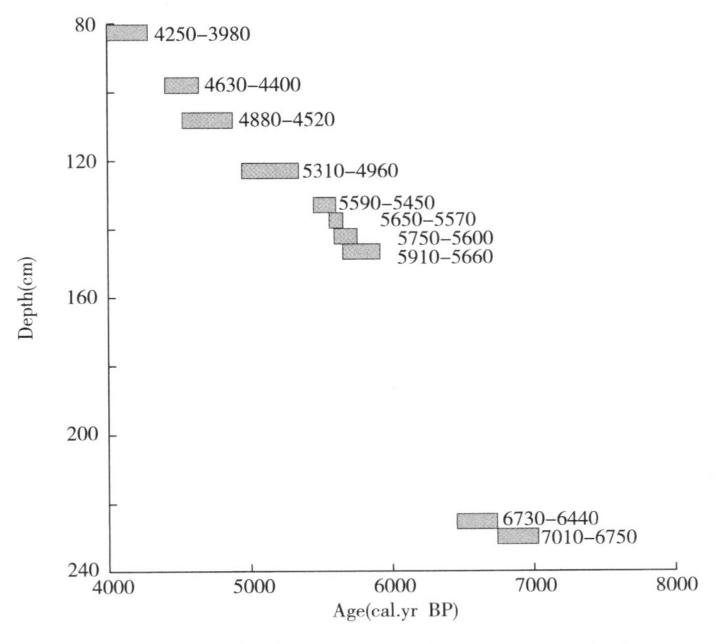

Figure 2 Biplot of calibrated radiocarbon ages versus depths.

pollen vanishes. The abundance of aquatic herbaceous pollen decreases gradually, while that of fern spores reaches its maximum value (66%) at the bottom of this zone. The influxes of deciduous *Quercus* and *Artemisia* pollen increase substantially across this zone.

5. Discussion

5.1 *Ecological background of rice agriculture*

Pollen assemblages from Trench T1041 reveal that changes in local vegetation experienced six distinct phases during the middle and late Holocene.

Phase 1 (7500–6200 cal. yr BP). Arboreal taxa are dominated by evergreen *Quercus*, *Cyclobalanopsis*, and *Liquidambar*, indicating a subtropical evergreen broadleaved forest landscape. High values of *Typha* pollen during the period 7500–7000 cal. yr BP suggest that swampy environments may have existed at the sampling site. According to Zheng et al. (2011), this area may have been affected by a marine transgression during this period. We are unable to infer the origin of rice agriculture from the relatively high values of rice-type Gramineae pollen alone, as rice seeds, rice spikelets and rice phytoliths were not found in samples during this period. Both the relative abundance and influxes of wetland herb pollen are high at this time, while wetland herbs characterizing paddy fields are rare (Li et al., 2007), indicating a salt marsh environment. High values of rice-type Gramineae pollen from 7000–6800 cal. yr BP and the presence of carbonized rice seeds and phytoliths (Zheng et al., 2009) indicate the onset of rice agriculture. The abundance of rice-type Gramineae pollen was reduced between 6800 and 6600 cal. yr BP, along with the rise of Cyperaceae and *Typha*, indicating a swampy environment.

Phase 2 (6200–5800 cal. yr BP). The abundance of evergreen *Quercus* decreased, while the deciduous components increased, indicating a cooling corresponding to the mid-Holocene transition of global climate. Local vegetation reflects a salt marsh environment. Early in this phase, the marsh was dominated by Typha and Cyperaceae, but later, Gramineae of <38 μm began to dominate the marsh community. This is consistent with the results of plant macrofossils and phytoliths (Fig. 5).

Phase 3 (5800–5700 cal. yr BP). Rice-type Gramineae dominated the wetland vegetation. Also, there were abundant rice phytoliths. These indicate a rise of rice agriculture during this period.

Phase 4 (5700–4800 cal. yr BP). The abundance of evergreen *Quercus* increased substantially during the second half of this period, indicating a slight improvement of regional climate. Rice- type Gramineae pollen reached their lowest value during most of this period indicating a decline of rice agriculture. Moreover, early on this period, the marsh community was dominated by Gramineae of <38 μm, but later on this period, the mash vegetation was dominated by Cyperaceae and Typha. Such a change in the marsh community and the increased abundance of brackish-, saline-type diatom (Zheng et al., 2011) imply an increase in salinity, which led to unfavorable condition for rice agriculture.

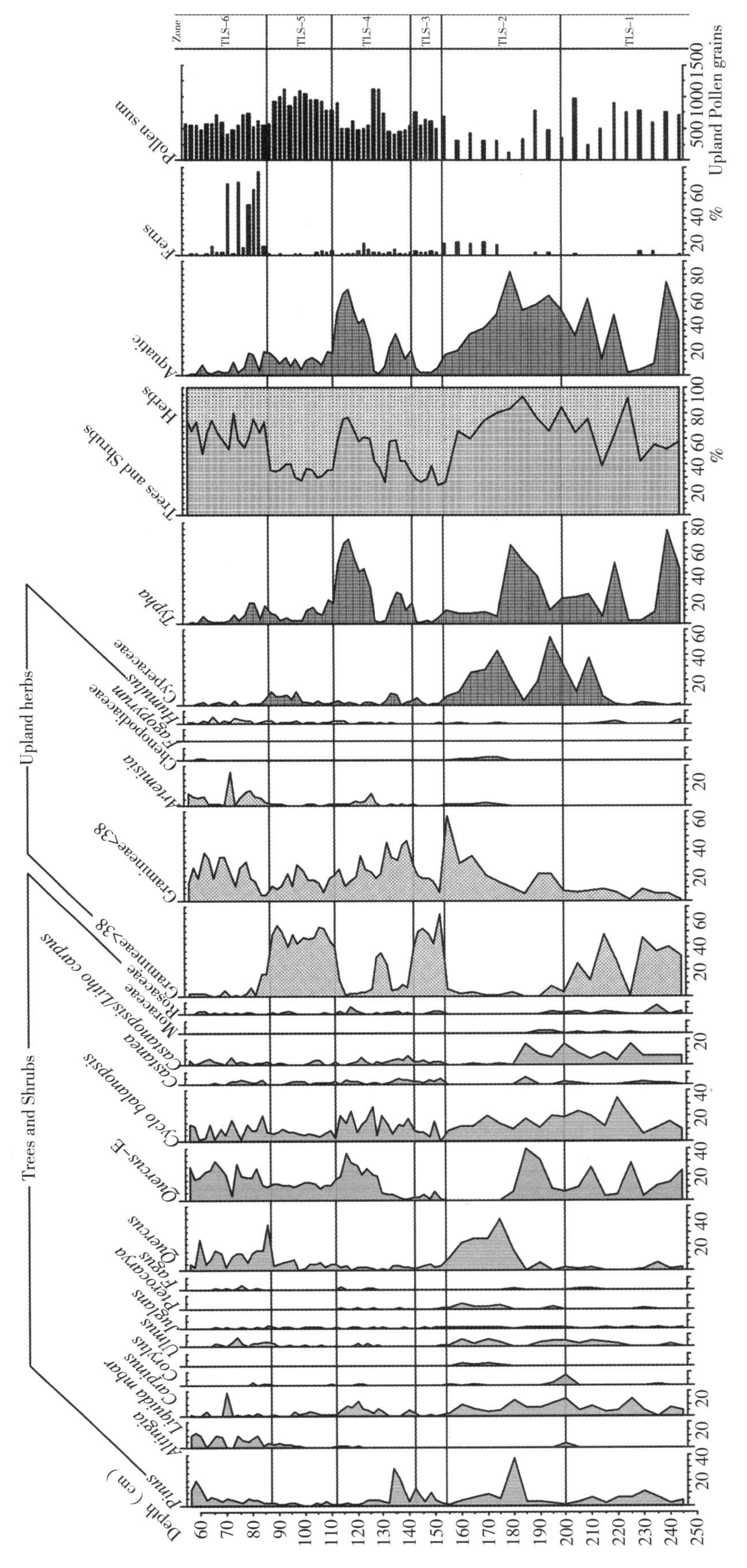

Figure 3 Diagram showing the relative abundance of selected pollen taxa from T1041 at the Tianluoshan site, Zhejiang Province.

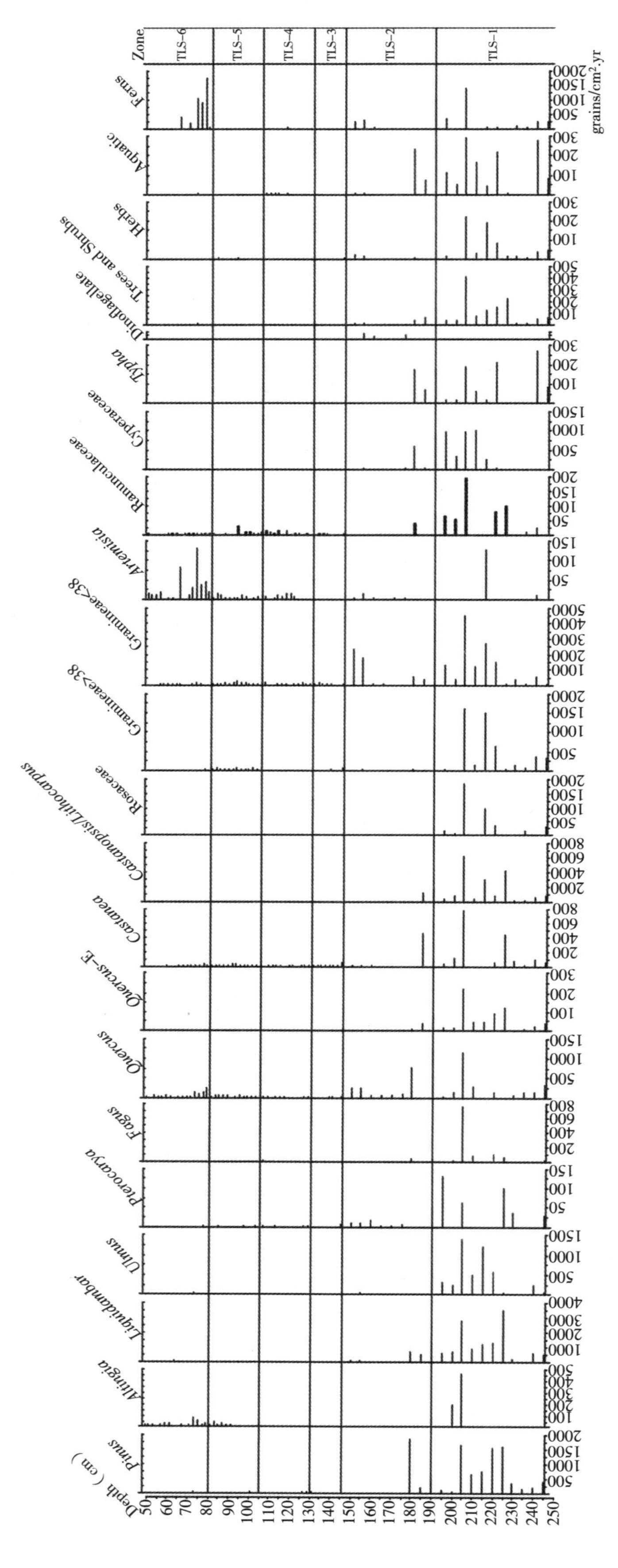

Figure 4 Diagram showing the influxes of selected pollen taxa from T1041 at the Tianluoshan site, Zhejiang Province.

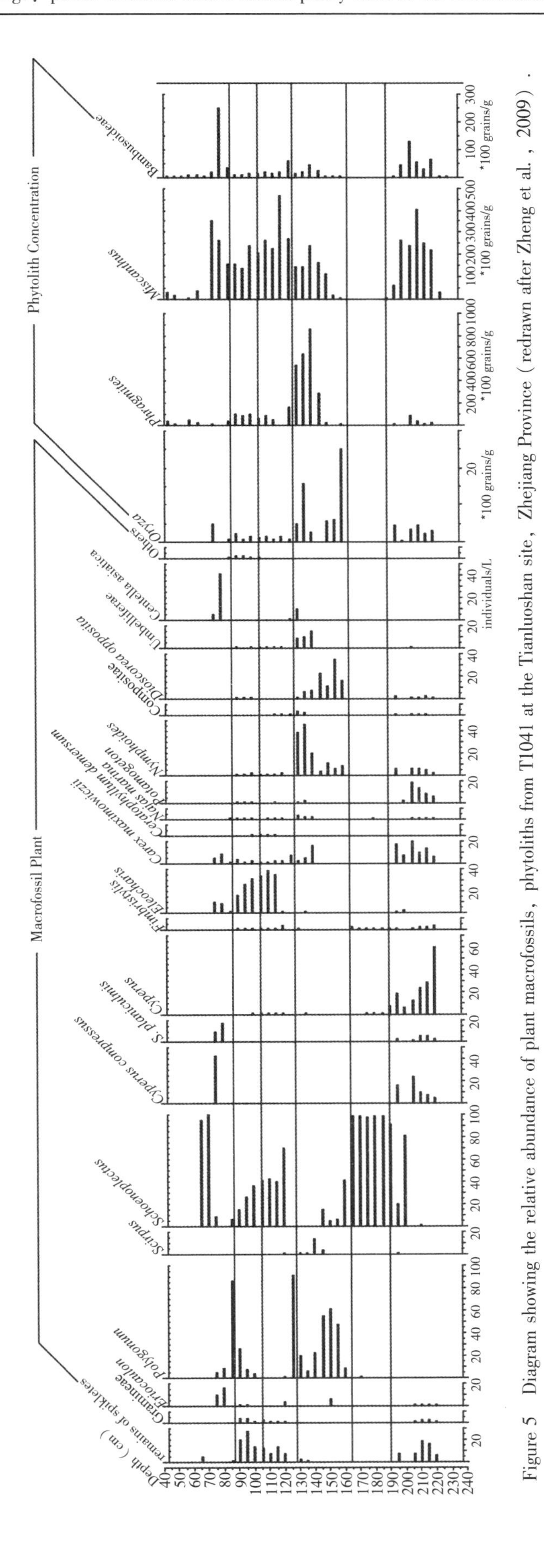

Figure 5 Diagram showing the relative abundance of plant macrofossils, phytoliths from T1041 at the Tianluoshan site, Zhejiang Province (redrawn after Zheng et al., 2009).

Phase 5 (4800–4200 cal. yr BP). Rice-type Gramineae again dominated the marsh community, while other types of wetland herbs were rare. This kind of pollen assemblage indicates the presence of a paddy field as defined by pollen analysis of the Chuodun cultural site (Li et al., 2007).

Phase 6 (4200–3400 cal. yr BP). Deciduous *Quercus* dominated the upland vegetation, indicating a cooling of regional climate. The wetland vegetation was mainly composed of Gramineae of <38 um and other types of wetland herbs were rare. In addition, diatoms became predominated by coastal and intertidal species (Zheng et al., 2011), indicating a salt marsh environment.

5.2 *Development of paddy fields*

Several lines of evidence such as plant macrofossil, phytolith, and archaeological data (Fig. 4) indicate that there were two periods of rice agriculture at the Tianluoshan cultural site from 7000 to 6800 and 6000 to 4200 cal. yr BP, respectively (Zheng et al., 2009). Borehole investigations reveal a number of paddy fields similar to T1041 that existed around this site. The total area of paddy fields during the early period is about 6.3 acres, and that of the late period is estimated to be 7.4 acres. These paddy fields are surrounded by rivers and lakes (Zheng et al., 2009). According to pollen assemblages, these paddy fields are characterized by the presence of abundant rice-type Gramineae (Figs. 3 and 5) along with carbonated rice grains, rice spikelets and phytoliths (Fig. 4). Wetland herbs were relatively abundant during the first period of rice agriculture, and less abundant during the second period, implying the improvement in land management. In addition, diatom data (Zheng et al., 2011) suggest that this low-lying area was frequently influenced by seawater, leading to brackish conditions that were unfavorable for rice agriculture and consistent with the abandonment of rice agriculture by about 4000 cal. yr BP (Zheng et al., 2011).

The high value aquatic pollen such as *Typha* and Cyperaceae shows that the depositional environment at the Tianluoshan site was a tidal flat, which was vegetated as a salt marsh during the Holocene. These wetlands provided major sources of food and functioned as a primary base for rice domestication (Fuller et al., 2011a). There is no evidence showing that these paddy fields were converted from forested lands. Moreover, archaeological excavations did not reveal any remains of trees that lived on the surrounding low mountains (ca 300 above sea level), except for few small broken wooden tools. Also, the pollen diagram shows that the trees pollen dominated the upland areas and there is no evidence of deforest. The decrease of arboreal pollen during the period of rice cultivation is not necessarily a result of human deforestation; rather, it was caused by the relative rise of other species, particularly rice-type Gramineae. This is corroborated by the negative correlation between the relative abundance of arboreal pollen and rice-type Gramineae (Fig. 6). Charcoal data show that high influxes of charcoal occurred between the periods of rice cultivation (Zheng et al., 2009), implying that there was no burning forest for agriculture in this area. A few pieces of evidence from profiles near Neolithic sites suggest that forest were disturbed (e.g., Atahan et al., 2008; Shu et al., 2010). However, these profiles are very close to the culture sites and pollen and charcoal probably come from settlements, also, the relatively low abundance of rice phytoliths and rice-type Gramineae pollen in the pollen diagrams suggests that these sites were probably not used as paddy

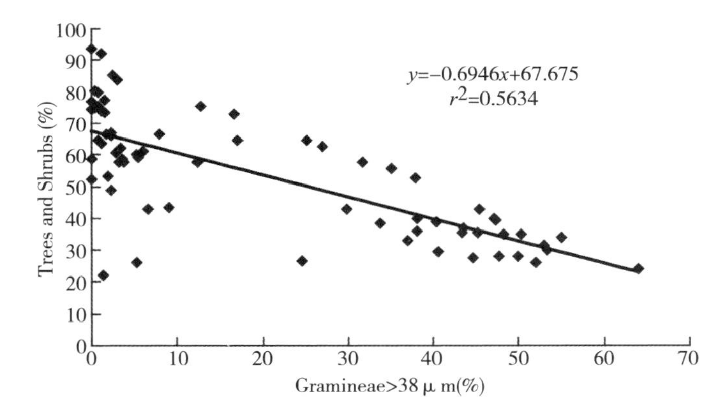

Figure 6 Relationship between Gramineae≥38μm and trees and shrubs pollen from T1041 at the Tianluoshan site, Zhejiang Province.

fields.

The paddy fields at the Tianluoshan site were reclaimed from wetlands, which appears to have been a common practice during the Neolithic. To date, there are only a few well-documented Neolithic cultural sites with paddy fields found in the lower reaches of the Yangtze River. These include sites of rice agriculture at Chengtoushan (5300 cal. yr BP), Caoxieshan (5500–4500 cal. yr BP), and Chuodun (5500–4500 cal. yr BP). Pollen, phytolith, and diatom data from an additional site at Kuahuqiao suggest that it may have been used as paddy field (Zong et al., 2007), but this view is not supported by other evidence (Shu et al., 2010). Well-developed irrigation systems have been found at the Chengtoushan, Caoxieshan and Chuodun. For example, the paddy field at Chengtoushan is located in a wetland plain, and the field was irrigated using impounded water (Yasuda et al., 2004). Abundant aquatic herb pollen indicates that this site is situated in a wetland setting (Li et al., 2010). Pollen analyzes of the paddy fields at Chuodun (Li et al., 2007) and Caoxieshan (Wang et al., 1984, 1998) sites are of wetland origin too, suggesting that the paddy fields were reclaimed from marsh peat lands rather than from the forested upland. But unlike these sites, the paddy field at Tianluoshan site might have been irrigated using rainwater (Zheng et al., 2009).

Wetlands are critical to fishing and gathering economy, and they provide natural conditions favorable for rice domestication (Fuller et al., 2011a). The middle and lower Yangtze River area is considered the cradles of rice agriculture because it has home to vast wetlands. According to (Gong et al., 2007), there are only about 45 archaeological sites that contain rice remains that dated to 8000–6000 cal. yr BP. After 6000 cal. yr BP, rice agriculture expanded substantially. Most of the Neolithic sites with evidence of rice cultivation from 6000 to 3000 cal. yr BP are situated in fluvial plains (Fig. 7b), similar to the present-day situation. It is likely that there were more wetlands during the middle Holocene when the climate in Southeast China was warmer and wetter (Xie et al., 2008) and therefore lake-levels were higher than today (Qin and Yu, 1998; Li et al., 2007). For example, pollen records from Poyang Lake (Xie et al., 2008) and Qujialing cultural site (Li et al., 2010) indicate the expansion of wetlands with evergreen forests spreading over the highlands in Jianghan Plain between 7000 and 3600 cal. yr BP. Plant macrofossil and pollen data also show that relatively wet climate prevailed in the Yangtze Delta from 7000 to 4000 cal. yr BP (Kong et al., 1991; Liu et al., 1992; Yi et al., 2003; Shu et al., 2007). Wetlands and lakes were major components of the coastal landscape in the Yangtze Delta and neighboring Ningshao Plain during the Neolithic (Wang et al., 1980; Sun et al., 1981; Xiao, 1990; Li et al., 2007; Itzstein-Davey et al., 2007; Zong et al., 2007; Atahan et al., 2008; Chen et al., 2008; Shu et al., 2010). It was also warmer and wetter in the Huanghuai Plain during the middle Holocene (Tang and Shen, 1992), with rice remains found at several archaeological sites e. g. Longqiuzhuang site (Huang and Zhang, 2000) and Jiahu site (Chen et al., 1995; Chen and Jiang, 1997). Pollen data show that there were abundant aquatic herbs around Jiahu site (Chen, 2001), indicating an expansion of wetlands and lakes there. Reclaiming wetlands for the purpose of rice agriculture was certainly practiced by Neolithic people and given the limited irrigation techniques and small population at that time, we expect that reclaiming wetlands was more likely than clearing upland forests that are difficult to irrigate.

It has been proposed that human deforestation for rice agriculture in East Asia, particularly in China was a major factor in the rise of atmospheric CH_4 over last 5000 cal. yr BP (Ruddiman and Thomson, 2001; Ruddiman et al., 2008, 2011). However, the consensus of pollen studies indicates that most Neolithic paddy fields in the lower Yangtze River area were reclaimed from wetlands. Such a transformation from wetlands to paddy fields would not impact on the atmospheric CH_4 level because the vegetation types essentially remain the same.

6. Conclusions

Evidence from pollen, phytolith, and plant macrofossils indicates the presence of buried paddy fields at Tianluoshan cultural site during 7000–4000 cal. yr BP. These paddy fields were developed from salt marsh peatlands by Neolithic people. There is no evidence for a slash and burn agriculture in this area during the Neolithic. Our findings do not support Ruddiman's hypothesis about early human impact on the atmosphere through deforestation in East Asia.

Acknowledgments

We are grateful to the English revision and helpful comments done by Dr George S. Burr. We would also like to thank anonymous reviewers whose constructive comments helped improve the paper. This research is supported by the Main Direction Program of Knowledge Innovation of Chinese Academy of Sciences (KZCX2-YW-338), the National Natural Science Foundation of China (40730103), the Taishan Scholar Program of Shandong Province for S. Yu, and the New Century Excellent Talent in University Awards for Y. Li, and the MOST's 973 program (No. 2012CB956100).

Quaternary Science Reviews 35 (2012)

References

P. Atahan, F. Itzstein-Davey, D. Taylor et al., Holocene-aged sedimentary records of environmental changes and early agriculture in the lower Yangtze, China, *Quaternary Science Reviews* 27 (2008).

B. Chen, Phytolith assemblages of the Neolithic site at Jiahu, Henan Province, and its significance in environmental archaeology, *Acta Micropalaeontologica Sinica* 18 (2001) (in Chinese).

B. Chen, Q. Jiang, Antiquity of the earliest cultivated rice in central China and its implications, *Economic Botany* 51 (1997).

B. Chen, J. Zhang, H. Lu, Discovery of rice phytoliths in the Neolithic site at Jiahu of Henan Province and its significance, *Chinese Science Bulletin* 40 (1995).

Z. Y. Chen, Y. Q. Zong, Z. H. Wang et al., Migration patterns of Neolithic settlements on the abandoned Yellow and Yangtze River deltas of China, *Quaternary Research* 70 (2008).

Center for the study of Chinese Archaeology, Peking University, Zhejiang Provincial Institute of Cultural Relics and Archaeology, *Integrated Studies on the Nature Remains from Tianluoshan*, Wenwu Press, Beijing, 2011.

M. Crucifix, M. F. Loutre, A. Berger, Commentary on "The anthropogenic greenhouse era began thousands of years ago", *Climatic Change* 69 (2005).

K. Faegri, P. E. Kaland, K. Krzywinski, *Textbook of Pollen Analysis*, John Wiley & Sons Ltd, Chichester, 1989.

D. Q. Fuller, L. Qin, Z. J. Zhao et al., Archaeobotanical analysis at Tianluoshan: evidence for wild-food gathering, rice cultivation and the process of the evolution of morphologically domesticated rice/Center for the Study of Chinese Archaeology, Peking University, Zhejiang Provincial Institute of Cultural Relics and Archaeology, eds. *Integrated Studies on the Nature Remains from Tianluoshan*. Wenwu Press, Beijing, 2011, pp. 47–96 (in Chinese).

D. Q. Fuller, L. Qin, Y. F. Zheng et al., The domestication process and domestication rate in rice: spikelet bases from the lower Yangtze, *Science* 323 (2009).

D. Q. Fuller, J. van Etten, K. Manning et al., The contribution of rice agriculture and livestock pastoralism to prehistoric methane levels: an archaeological assessment, *The Holocene* 21 (2011).

Z. Gong, H. Chen, D. Yuan et al., The temporal and spatial distribution of ancient rice in China and its implications, *Chinese Science Bulletin* 52 (2007).

E. C. Grimm, E. Tilia, GRAPH, PC spreadsheet and graphics Software for pollen data, INQUA, working group on data handling Methods *Newsletter* 4 (1990).

E. C. Grimm, Tgview Version 2. 0. 2, *Illinois State Museum, Springfield*, 2004.

F. Huang, M. Zhang, Pollen and phytolith evidence for rice cultivation during the Neolithic at Longqiuzhuang, eastern Jianghuai, China, *Vegetation History and Archaeobotany* 9 (2000).

B. K. Hughen, G. McCormac, J. van der Plicht et al., INTCAL98 radiocarbon age calibration, 24, 000–0 cal BP., *Radiocarbon* 40 (1998).

F. Itzstein-Davey, P. Atahan, J. Dodson et al., Environmental and cultural changes during the terminal Neolithic: Qingpu, Yangtze delta, eastern China, *The Holocene* 17 (2007).

Z. C. Kong, N. Q. Du, Y. J. Zhang et al., Discovery of Helicia fossil florule and sporo-pollen assemblage of Baohua in Jurong County and its climatic and botanic significance, *Quaternary Sciences* 4 (1991) (in Chinese).

C. H. Li, G. Y. Zhang, L. Z. Yang et al., Pollen and phytolith analyses of ancient paddy fields at Chuodun site, the Yangtze River Delta, *Pedosphere* 17 (2007).

X. Q. Li, J. Dodson, J. Zhou et al. , Increases of population and expansion of rice agriculture in Asia, and anthropogenic methane emissions since 5000 BP. , *Quaternary International* 202 (2009).

M. L. Li, D. W. Mo, G. P. Sun et al. , Paleosalinity in Tianluoshan site and the relationship between Hemudu Culture and it environmental background, *Acta Geographica Sinica* 64 (2009) (in Chinese).

Y. Y. Li, J. Wu, S. F. Hou et al. , Palaeoecological records of environmental change and cultural development from the Liangzhu and Qujialing archaeological sites in the middle and lower reaches of the Yangtze River, *Quaternary International* 227 (2010).

K. B. Liu, S. C. Sun, X. H. Jiang, Environmental-change in the Yangtze River delta since 12, 000 years BP. , *Quaternary Research* 38 (1992).

B. Qin, G. Yu, Implications of lake level variations at 6 ka and 18 ka in mainland Asia, *Global and Planetary Change* 18 (1998).

J. A. Qin, D. Taylor, P. Atahan et al. , Neolithic agriculture, freshwater resources and rapid environmental changes on the lower Yangtze, China, *Quaternary Research* 75 (2011).

L. Qin, D. Q. Fuller, H. Zhang, Modelling wild food resource catchments among early farmers: case study from the lower Yangtze and central China, *Quaternary Sciences* 30 (2010) (in Chinese).

C. B. Ramsey, OxCal program Ver. 3. 5. radiocarbon accelerator unit, University of Oxford, UK, 2000.

W. F. Ruddiman, The anthropogenic greenhouse era began thousands of years ago, *Climatic Change* 61 (2003).

W. F. Ruddiman, Z. T. Guo, X. Zhou et al. , Early rice farming and anomalous methane trends, *Quaternary Science Reviews* 27 (2008).

W. F. Ruddiman, J. E. Kutzbach, S. J. Vavrus, Can natural or anthropogenic explanations of late-Holocene CO_2 and CH_4 increases be falsified? *The Holocene* 21 (2011).

W. F. Ruddiman, J. S. Thomson, The case for human causes of increased atmospheric CH_4, *Quaternary Science Reviews* 20 (2001).

G. A. Schmidt, D. T. Shindell, S. Harder, A note on the relationship between ice core methane concentrations and insolation, *Geophysical Research Letters* 31 (2004).

J. W. Shu, W. M. Wang, W. Chen, Holocene vegetation and environment changes in the NW Taihu plain, Jiangsu Province, East China, *Acta Micropalaeontologica Sinica* 2 (2007) (in Chinese).

J. W. Shu, W. M. Wang, L. P. Jiang et al. , Early Neolithic vegetation history, fire regime and human activity at Kuahuqiao, lower Yangtze River, East China: new and improved insight, *Quaternary International* 227 (2010).

J. S. Singarayer, P. J. Valdes, P. Friedlingstein, Late Holocene methane rise caused by orbitally controlled increase in tropical sources, *Nature* 470 (2011).

G. P. Sun, W. J. Huang, Y. F. Zheng et al. , Brief report of the excavation on a Neolithic site at Tianluoshan hill in Yuyao City, Zhejiang, *Cultural Relics* 11 (2007) (in Chinese).

X. J. Sun, N. Q. Du, M. H. Chen, The vegetation and climate in the Humudu period, *Acta Botanica Sinica* 23 (1981) (in Chinese).

L. Y. Tang, C. M. Shen, The vegetation and climate of Holocene Megathermal in Northern Jiangsu Province/Y. F. Shi, ed. *The Climatic and environments during Holocene Megathermal in China*, China Ocean Press, Beijing, 1992, pp. 80–93 (in Chinese).

P. Tarasov, G. Y. Jin, M. Wagner, Mid-Holocene environmental and human dynamics in northeastern China reconstructed from pollen and archaeological data, *Palaeogeography Palaeoclimatology Palaeoecology* 241 (2006).

C. L. Wang, T. Udatsu, L. H. Tang et al. , Cultivar group of rice cultivated in Caoxieshan site B. P. 6000 similar to present determined by the morphology of plant opals and its historical change, *Breeding Science* 48 (1998).

K. F. Wang, Y. L. Zhang, H. Jiang, Spore-pollen assemblages at Caoxieshan relies site of welting in Jiangsu Province and its paleogeography/Sporepollen Analysis Group of Institute of Geology of the Chinese Academy of Sciences, S. -p. A. L. o. D. o.

M. G. o. T. University, eds. *Spore-pollen Analyses of the Quaternary and Paleoenvironments*, Science Press, Beijing, 1984, pp. 78–85.

K. F. Wang, Y. L. Zhang, H. Jiang et al., Pollen analysis and study of Songze site, Shanghai, *Acta Archaeologica Sinica* 1 (1980) (in Chinese).

S. Y. Wang, D. W. Mo, G. P. Sun et al., Environmental context of ancient human activity in Tianluoshan site, Yuyao City, Zhejiang Province: fossil evidence of phytolith and diatom, *Quaternary Sciences* 30 (2010) (in Chinese).

J. Y. Xiao, A primary study on living environment of ancestors inferred from pollen assemblage of Longnan site, Wujiang, Jiangsu Province, *Southeast Culture in Chinese* 5 (1990).

Y. Y. Xie, C. A. Li, Q. L. Wang, Palynological records of early human activities in Holocene at Jiangling area, Hubei Province, *Scientia Geographica Sinica* 28 (2008).

Y. Yasuda, T. Fujiki, H. Nasu et al., Environmental archaeology at the Chengtoushan site, Hunan Province, China, and implications for the environmental change and the rise and fall of the Yangtze River civilization, *Quaternary International* 123 (2004).

S. Yi, Y. Saito, Q. H. Zhao, Vegetation and climate changes in the Changjiang Yangtze River Delta, China, during the past 13, 000 years inferred from pollen records, *Quaternary Science Reviews* 22 (2003).

Z. C. Yu, Holocene carbon flux histories of the world' s peatlands: global carbon-cycle implications, *The Holocene* 21 (2011).

Y. F. Zheng, G. P. Sun, X. G. Chen, Responses of rice cultivation to fluctuating sea level during the Middle Holocene, *Chinese Science Bulletin* 57 (2011).

Y. F. Zheng, G. P. Sun, X. G. Chen, Characteristics of the short rachillae of rice from archaeological sites dating to 7000 years ago, *Chinese Science Bulletin* 52 (2007).

Y. F. Zheng, G. P. Sun, L. Qin et al., Rice fields and modes of rice cultivation between 5000 and 2500 BC in east China, *Journal of Archaeological Science* 36 (2009).

Y. Zong, Z. Chen, J. B. Innes, Fire and flood management of coastal swamp enabled first rice paddy cultivation in east China, *Nature* 449 (2007).

新石器时代宁绍平原水稻农业的生态背景
——从田螺山遗址的花粉证据谈起

摘　要：距今5000年以来，大气中 CH_4 含量的逐步上升，被认为是人类农业活动的结果，这些活动将原本是碳汇的林地变成了稻田。中国东部沿海地区新石器时代文化遗址的发现越来越多，为检验这一假设提供了独特的机会。本文分析了中国东部宁绍平原田螺山遗址埋藏稻田的花粉数据，以重建与古稻田相关的生态条件。地层学数据、放射性碳年代和花粉分析表明，该遗址的植被经历了六个演化阶段，从距今7000至4200年，进入稻作的发展时期。我们在遗址中没有发现刀耕火种、灌溉系统的证据，花粉数据表明，该地点的稻田起源于湿地。因此，我们的研究结果不支持自全新世中期以来人为的森林砍伐在大气 CH_4 含量上升中发挥了重要作用的假设。

关键词：新石器时代　稻田　CH_4　长江三角洲

A high-resolution pollen record from East China reveals large climate variability near the Northgrippian-Meghalayan boundary (around 4200 years ago) exerted societal influence*

1. Introduction

The large and rapid climatic changes occurring in the wake of the Last Deglaciation are generally ascribed to freshwater disturbance on the North Atlantic thermohaline circulation (e. g., Broecker et al., 1989; Meissner et al., 2006; Yu et al., 2010; Li et al., 2012a). As major continental ice sheets had melted completely by about 7 kyr BP (Lambeck et al., 2014), the Earth's climatic system reorganized and evolved into a configuration similar to that of today. The 4. 2-kyr event, ranging from 4. 40–4. 00 cal kyr BP, marks the Northgrippian-Meghalayan boundary and represents a major climatic anomaly in the second half of the Holocene, and it is manifested as intensified cooling in high latitudes and enhanced aridification in middle and low latitudes (Bond et al., 2001; Mayewski et al., 2004; Booth et al., 2005; Walker et al., 2012). This event is believed to have exerted profound impacts on Neolithic civilizations in many areas of the world (Weiss et al., 2001; Staubwasser et al., 2003; Liu et al., 2012; Dixit et al., 2014; Prasad et al., 2014; Ruan et al., 2016) and is thus of great societal relevance, particularly within the context of present-day global warming. However, the triggering mechanism of this event remains uncertain (Meehl, 1994; Bond et al., 2001; Haug et al., 2001; Barron et al., 2011).

A growing body of evidence shows that climate deteriorated in many areas of China during the Neolithic-Bronze Age transition corresponding to the 4. 2-kyr event, which may have exerted a devastating impact on Chinese civilization (Wu et al., 2004). For example, the intensified drought or flooding may have been thought as the culprit for the demise of the Neolithic culture in China (Wu et al., 2004; Liu et al., 2012). The Yangtze River Delta has a long history of human occupation from the Neolithic period onward. Archaeological excavations in this area revealed several cultural disruptions (Zhu et al., 1996; Yu et al., 2000; Zhang et al., 2004). The fall of the Neolithic civilization in the wake of the Liangzhu cultural period (4. 50–4. 00 kyr BP) represents a

* Collaborated with Chunhai Li, Yongxiang Li, Shiyong Yu, Lingyu Tang, Beibei Li, Qiaoyu Cui.

major societal transition, which has been ascribed to the large and rapid climate and environmental changes corresponding to the 4.2-kyr event (Atahan et al., 2008; Zong et al., 2012; Innes et al., 2009). However, the nature of this link is still a matter of long-standing debate (Zong et al., 2012).

The major hindrance to testing the proposed human-climate link in this area is the absence of reliable chronological constraints on the cultural and climate changes during the second half of the Holocene, especially the critical period of 4.50–4.00 cal kyr BP (Wang, 2017; Li et al., 2014). Therefore, more work is needed to establish a robust chronological framework for the proxy records of Holocene climate and environmental changes in this area. Here, we present a high-resolution, well-dated pollen record that may help elucidate the dynamics of climate changes and their potential societal impact in this area across the 4.2-kyr event. The pollen record has been shown in Li et al. (2012b). In this study, we present six newly obtained ^{14}C ages that cover the upper part of the pollen record and reinterpret the results.

2. Study area

The Ningshao Plain is a low-lying coastal mudflat situated in the Lower Yangtze Valley (LYV) in East China (Fig. 1A, B). Influenced by the East Asian Monsoon, climate in this area exhibits a remarkable seasonality with coherent changes in temperature and precipitation. According to the instrumental record (1951 CE-2005) at the Cixi Meteorological Station, the modern mean annual temperature is 16.2 °C with mean January temperature of 4.2 °C and mean July temperature of 28.2 °C. Annual precipitation is around 1600 mm, most of which occurs in the summer. This area is sensitive to tropical climate variations such as ENSO, which modulates the East Asian Monsoon system via complex ocean-atmospheric interactions (Wang et al., 2000; Kim et al., 2014). Instrumental records and modeling show that climate of the LYV area is characterized by a weakened East Asian Monsoon during El Niño years, usually leading to warm winters, cool summers, and increased precipitation (Li, 1989; Zhao, 1989; Chen, 1995; Yuan et al., 2012; Kim et al., 2014). Conversely, climate during La Niña years is characterized by a strengthened East Asian Monsoon, resulting in cold winters and decreased precipitation (or dry conditions) in the summer.

Vegetation in East China is composed mainly of subtropical mixed forests of evergreen and deciduous trees. Oaks including *Quercus* and *Cyclobalanopsis* (sometimes considered a subgenus of *Quercus*) are the dominant elements in the studied area; these include two ecological types, deciduous oak species comprising *Quercus aliena*, *Q. acutissima*, *Q. variabilis*, *Q. fabri*, among others and evergreen oak species, including *Cyclobalanopsis myrsinaefolia*, *C. myrsinifolia*, *C. gambleana* and *C. multinervis* (Wu, 1980). Evergreen trees are dominated by *Lithocarpus*, *Cyclobalanopsis*, and *Quercus*, while the deciduous trees mainly consist of *Liquidambar*, *Castanea*, *Aphananthe*, *Celtis*, and *Ulmus*.

The topography of East China is characterized by low-lying plains and the vegetation in East China exhibits distinct latitudinal zonation following a temperature gradient (Fig. 1B). The huaihe River roughly marks the boundary (~33°N to 34°N) between the warm-temperate deciduous broad-leaved forest (i.e., Zone I) to the

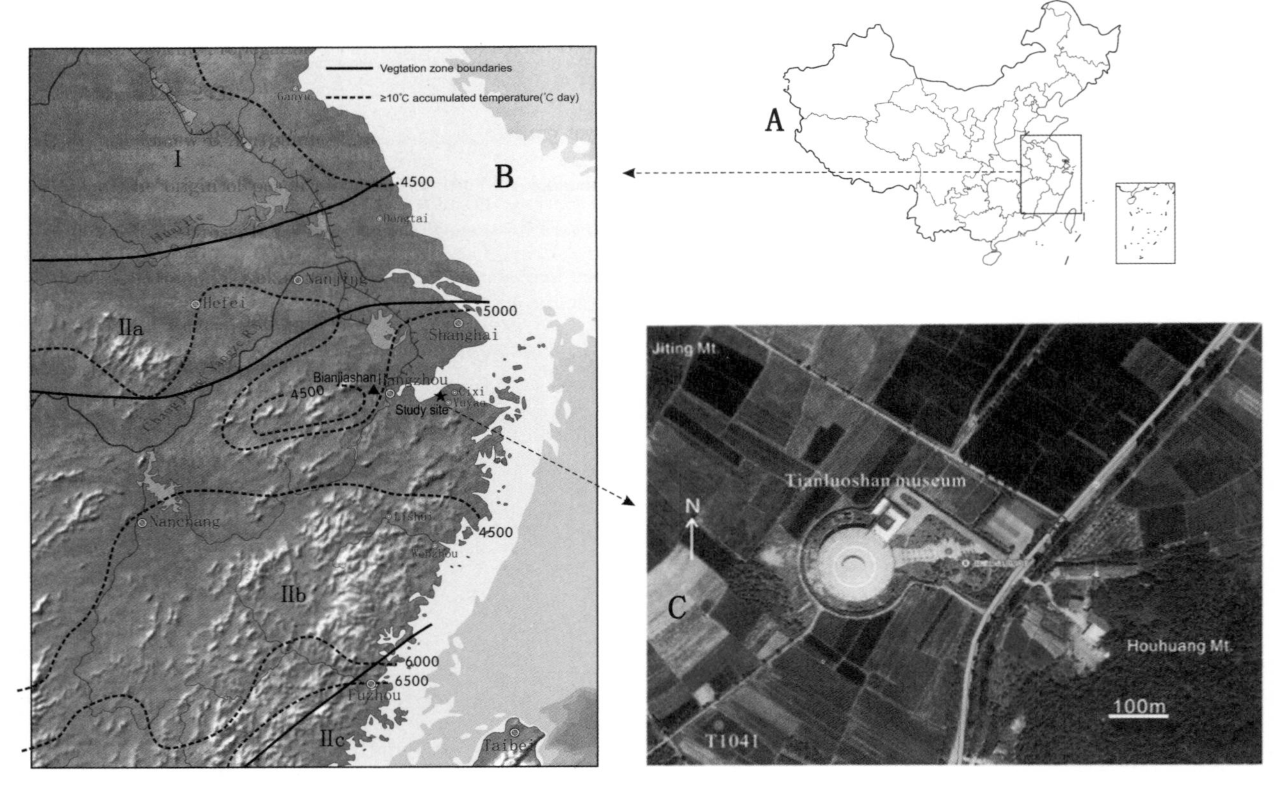

Figure 1 Maps showing the location of the Tianluoshan archaeological site and the biogeography of East China.
(A) The location of the study area in China. (B) Biogeography of temperature-sensitive tree species in East China. Vegetation zones are marked as follows: temperate deciduous broad-leaved forest (I) and the mixed forest of subtropical evergreen and deciduous broad-leaved forest (IIa-northern, IIb-central, and IIc-southern subzone). The star indicates the location of Tianluoshan area shown in (C) and the triangle mark the Bianjiashan archaeological site where *Altingia* fossil wood and wood utensils were excavated. (C) The Dot indicates the location of the studied trench T1041. (For interpretation of the references to color in this figure legend, the reader is referred to the web version of this article.)

north and the subtropical forest (i. e., Zone II) to the south (Fig. 1B). Within the subtropical forest, the composition of tree species is governed by the temperature of the coldest month (>0 °C) and the accumulated temperature for the ≥10 °C temperature (Wu, 1980), which is mainly controlled by the summer temperatures in East China. Therefore, the subtropical forest is further subdivided into three subzones, i. e., the northern (i. e., Zone IIa), the central (i. e., Zone IIb), and the southern (i. e., Zone IIc) zones. IIa, IIb, and IIc represent the northern subtropical mixed evergreen forest and deciduous broad-leaved forest, the middle subtropical evergreen broad-leaved forest, and the southern subtropical evergreen broadleaved forest, respectively.

The Tianluoshan archaeological site studied here was mainly occupied during the Hemudu period (7000–5500 cal yr BP). The site is located in the central north of Zone IIb (Fig. 1B). The natural vegetation is subtropical evergreen broadleaved trees, which can be found occasionally in mountainous areas nowadays due to long-term agricultural activities. Most of the primitive areas have been disturbed and turned to croplands and secondary forests.

3. Methods

3.1 *Radiocarbon dating*

Additional samples were collected from Trench 1041 (30°01.355′N, 121°22.648′E) at the Tianluoshan site (Fig. 1C) to obtain a firm chronological framework. A previous study has established the general framework of the chronostratigraphy of the Trench (Li et al., 2012b). This high-resolution study focuses on the interval across the 4.2-kyr event. Six AMS ^{14}C ages were obtained from terrestrial plant remains and *Bulrush* seeds extracted from three consecutive stratigraphic sections (i.e., 80–75 cm, 75–70 cm, and 70–65 cm) (Table 1). The AMS ^{14}C dates were calibrated using the OxCal 4.3.2 computer program (Bronk Ramsey, 2009) in conjunction with the IntCal13 tree-ring calibration dataset (Reimer et al., 2013). The age-depth model was constructed with Bacon, a flexible Bayesian age-depth modeling tool that takes into account of different sources of uncertainty (Blaauw et al., 2011). This approach involves dividing the Tianluoshan profile into 38 sections at 5 cm intervals and performing millions of Markov Chain Monte Carlo (MCMC) iterations to obtain an optimal age-depth model.

Table 1 AMS ^{14}C dates from Trench 1041, Tianluoshan, Zhejiang Province, China

Depth (cm)	Materials	AMS	Radiocarbon age		Calibrated age (cal yr BP)			Source
	Dated	Lab #	(^{14}C yr BP)	± 1σ	Mid-point	± 2σ	2σ range	
65–70	Plant remains	Poz70204	3840	50	4255	160	4415–4095	This study
70–75	Plant remains	BA398102	3970	30	4410	110	4525–4300	This study
70–75	Seeds	Poz66934	3810	70	4200	215	4415–3990	This study
75–80	Plant remains	Poz69037	4000	70	4525	280	4810–4245	This study
75–80	Seeds	Poz69036	3890	35	4300	115	4420–4185	This study
75–80	Seeds	BA398100	3830	30	4250	150	4405–4100	This study
81–86	Plant remains	BA07762	3760	40	4115	130	4245–3985[a]	Li et al., 2012b
96–101	Yagara bulrush	BA07761	4015	45	4575	215	4790–4360[a]	Li et al., 2012b
106–111	Bulrush	BA07760	4195	70	4705	160	4865–4545[a]	Li et al., 2012b
121–126	Bulrush	BA08203	4470	45	5130	170	5305–4960[a]	Li et al., 2012b
131–136	Yagara bulrush	BA07758	4765	35	5460	130	5590–5330[a]	Li et al., 2012b
136–141	Yagara bulrush	BA08895	4830	35	5560	85	5645–5475[a]	Li et al., 2012b
141–146	Yagara bulrush	BA08894	4965	35	5730	125	5855–5605[a]	Li et al., 2012b
146–151	Yagara bulrush	BA08893	5040	40	5785	115	5905–5665[a]	Li et al., 2012b
223–228	Flatdstalk bulrush	BA07764	5785	60	6590	140	6730–6450[a]	Li et al., 2012b
228–233	Flatdstalk bulrush	BA07763	6045	45	6945	190	7140–6755[a]	Li et al., 2012b

Note: AMS = accelerator mass spectrometry. BA = Beta AMS lab. Poz = Poland AMS lab. Calibration is based on OxCal 4.3.2. (Bronk Ramsey, 2009) using IntCal 13 atmospheric curve (Reimer et al., 2013). [a] Recalibrated from the original source. All ages are rounded to the nearest 5 years.

3.2 *Pollen analyzes*

Standard HF method was used for the pretreatment of the samples (Faegri et al., 1989), and the exotic *Lycopodium* spores (22,340 spores per tablet) were added as markers to allow the calculation of pollen concentrations. A minimum of 500 pollen grains was counted for each sample (the minimum is 527 grains and average is 967 grains).

Oaks are the dominant species in the study area and they can be divided into two types, evergreen oaks (including evergreen *Quercus* and *Cyclobalanopsis*) and deciduous oaks (deciduous *Quercus*). It is crucial to accurately identify these two different ecological categories of oak pollen. Liu et al. (2007) examined the living and fossil pollen of these two types of oaks and showed that it is difficult to distinguish evergreen *Quercus* and deciduous *Quercus* pollen globally because a similar shape and ornamentation can occur in both types across different regions, notably in North American and Asia, or in some areas such as mountainous regions of SW China. But in other regions, dominant exine sculptures can be used to differentiate evergreen and deciduous pollen types, such as in Zhejiang, East China where Liu et al. (2007) showed that Miocene evergreen and deciduous oaks pollen can be discriminated based on pollen size, shape, and ornamentation.

Our study site is also situated in Zhejiang, East China. It is expected that Holocene evergreen and deciduous oak pollen from the study area can be discriminated as well. As such, the pollen of *Cyclobalanopsis* is distinguished from that of deciduous *Quercus* based on previous works (Wang et al., 1997; Wang et al., 1991; Liu et al., 2007) and our collections of modern pollen samples. The following criteria are used to distinguish the pollen of the evergreen and deciduous oaks. In general, evergreen *Quercus* pollen is prolate, diameter is < 30 μm, 3-colporate or 3-colporoidate, its exine sculpture is smooth or finely granulate. In contrast, deciduous *Quercus* pollen is subspheroidal, diameter is > 30 μm, most grains are 3-porate, few grains are 3-colporoidate, and its exine sculpture is obviously tuberculate.

4. Results

4.1 *Age-depth model*

All ^{14}C ages from the Tianluoshan site are presented in Table 1 and the chronology in Fig. 2. The stationary distribution of the MCMC (Markov Chain Monte Carlo) iterations (Fig. 2A) indicates that the age-depth model for the Tianluoshan site (Fig. 2B) is a good run and the accumulation rate at Tianluoshan during 7000 – 4000 cal yr BP is relatively stable. The calibrated ages of the six new ^{14}C ages of samples retrieved from 65 cm to 80 cm range from 4400 to 4000 cal yr BP. (Fig. 2C), and these new ages provide a tighter chronological constraint on the 4.2-ka event (Fig. 2).

4.2 *Pollen data*

The pollen data show two major intervals of large variations in pollen abundance, i.e., one from ~6.10 to 5.90 cal kyr BP and the other from ~4.50 to 4.00 cal kyr BP (Fig. 3). The ~6.10 to 5.90 cal kyr BP interval is characterized by a dramatic increase in the abundance of deciduous *Quercus* species (Fig. 3A), deciduous

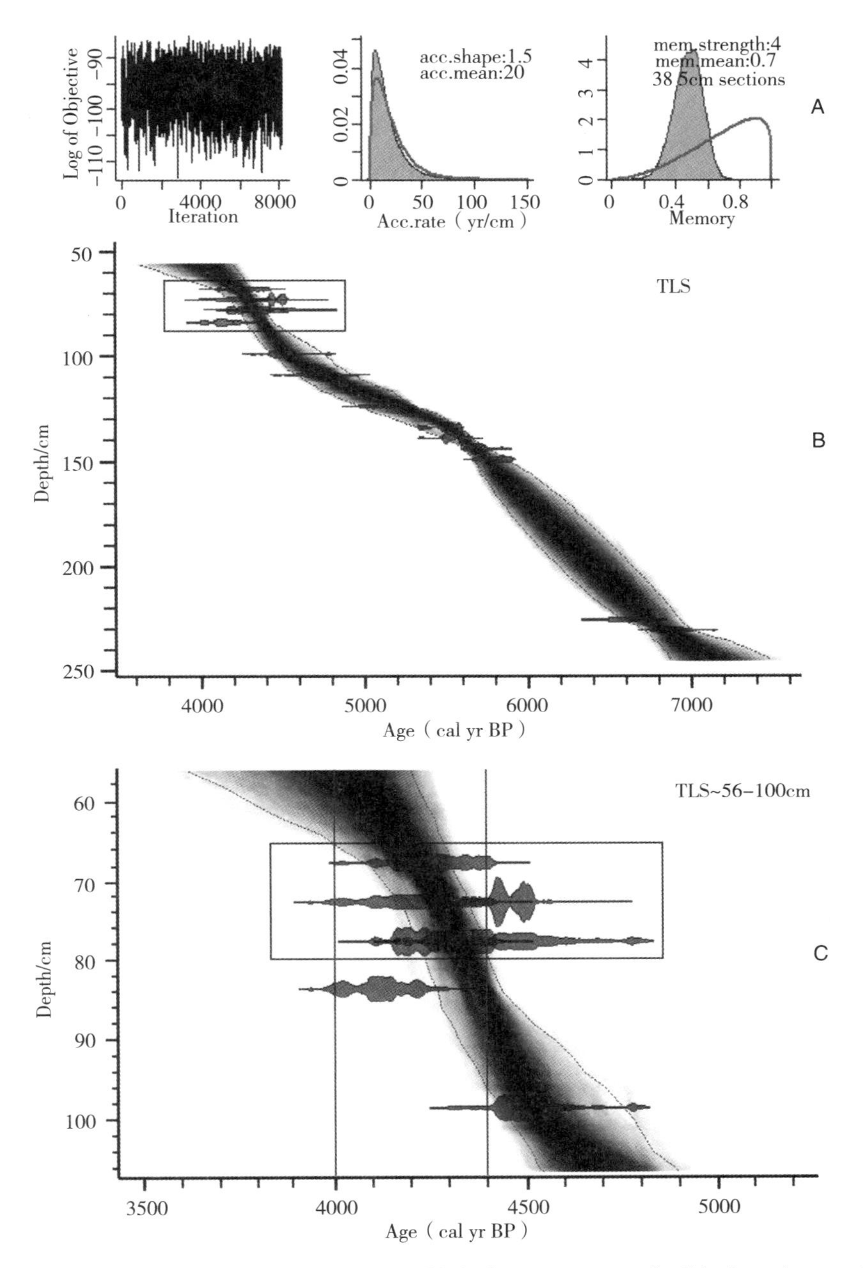

Figure 2 Age-depth model of trench T1041 established using Bacon, a flexible Bayesian age-depth modeling tool that takes into account of different sources of uncertainty (Blaauw et al., 2011).

(A) Major parameters used to assess the quality of the age-depth model; stored MCMC (Markov Chain Monte Carlo) iterations (left panel; good runs show a stationary distribution with little structure among neighboring iterations); the prior (green curves) and posterior (grey histograms) distributions for the accumulation rate (middle pane) and its memory (right panel; defines how much the accumulation rate of a particular depth in a core depends on the depth above it). Abbreviations: acc. = accumulation; mem. = memory. (B) The established age-depth model for trench T1041 profile based on the six AMS^{14}C dates obtained in this study (marked with a rectangular) and the AMS ^{14}C dates from Li et al. (2012b). (C) The close-up of the upper part of the stratigraphy in this study focusing on the 4.2-kyr event constrained by the additional six AMS ^{14}C dates. The two red lines demarcate the age interval of ~4.40–4.00 cal kyr BP that was defined based on the depth interval of 80–65 cm for the six AMS ^{14}C dates of this study. These dates provide tight chronological constraints on the 4.2-kyr event at the Tianluoshan site. (For interpretation of the references to color in this figure legend, the reader is referred to the web version of this article.)

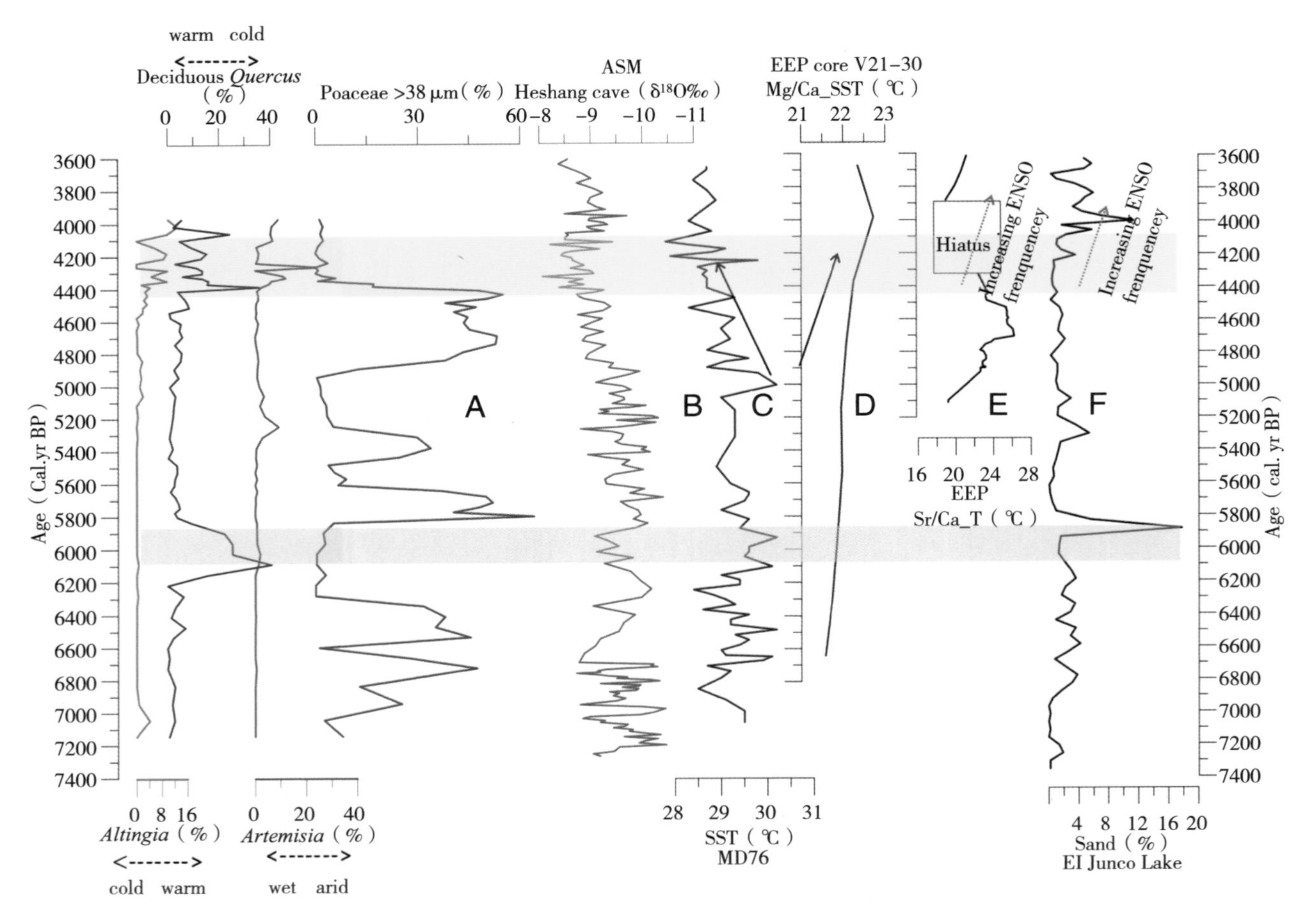

Figure 3 Comparison of pollen data from trench T1041 of the Tianluoshan site

(A) with the proxy record of Asia Monsoon (B) and the sea surface temperature (SST) and precipitation proxy records from tropical Pacific (C-F). (A) Pollen data from trench T1041 at Tianluoshan archaeological site; (B) Speleothem $\delta^{18}O$ record from Heshang Cave, South China (Hu et al., 2008); (C) and (D, E) are proxy records of SST from the equatorial west Pacific (Stott et al., 2004) and east Pacific (Koutavas et al., 2002; Toth et al., 2015), respectively; (F) Grain size of sands from El Junco Lake, Galápagos, a proxy for ENSO-related precipitation in equatorial east Pacific (Conroy et al., 2008).

oaks mainly grow in cooler temperature area or high elevation mountains in the subtropical area in East China (Wu, 1980). Therefore, the increase of deciduous *Quercus* indicates cool summers. This increase is accompanied by the absence (or extremely low abundance) of *Altingia* (Fig. 3A), suggesting a major cooling in both winters and summers around 6.00 cal kyr BP. This major cooling event may represent the response to a weakened East Asian Monsoon (Wang et al., 2005; Liu et al., 2014) that is probably related to the ~6.00 cal kyr BP cold event in the North Atlantic realm (Bond et al., 2001).

The ~4.50 to 4.00 cal kyr BP interval is characterized by large variations in the abundance of *Altingia*, deciduous *Quercus*, *Artemisia*, and Poaceae (Fig. 3A). The abundance of both *Altingia* and deciduous *Quercus* fluctuates, which is accompanied by an overall rapid increase and a subsequent decrease in *Artemisia* as well as an overall dramatic decrease in the abundance of large Poaceae (>38 μm) between ~4.50 and 4.00 cal kyr BP (Fig. 3A). The large Poaceae (>38 μm) is used as an indicator of rice (Li et al., 2012b). Within this time interval, the generally high abundance of deciduous *Quercus* indicates overall cool summers. The relative increase in the abundance of deciduous *Quercus* may indicate cooler summers (Fig. 4). *Altingia* exhibits presence, indicating warm winters (Fig. 4). Similarly, the relative increase or decrease in the abundance of *Altingia* may also indicate subordinate warmer or cooler winters.

One striking feature of the ~4.50 to 4.00 cal kyr BP interval is that the occurrence of *Altingia* appears to correspond to intervals of the absence or very low abundance of *Artemisia* (Fig. 4, blue bands) and the absence of *Altingia* corresponds to intervals of increased abundance of *Artemisia* (Fig. 4, yellow bands). One notable exception occurs at the interval from ~4.34 to 4.26 cal kyr BP when both *Altingia* and *Artemisia* show high abundance (Fig. 4, pink band). Interestingly, within this interval, the decrease in the abundance of *Altingia* appears to correspond to the increase in the abundance of *Artemisia*, and vice versa (Fig. 4, arrows). It appears that the fundamental relationship of high/low abundance of *Altingia* corresponding to low/high abundance of *Artemisia* persisted from ~4.50 to 4.00 cal kyr BP. *Artemisia* is a proxy for precipitation with high/low abundance indicating dry/wet periods (Zheng et al., 2008). Therefore, intervals of the high abundance of *Altingia* and low abundance of *Artemisia* indicate periods of warm winters and wet climate (Fig. 4, blue bands). These intervals are also marked by an overall relative increase in the abundance of deciduous *Quercus*, indicating subordinate cooler summers. Conversely, intervals of the absence of *Altingia*, the high abundance of *Artemisia*, and the subordinate decrease in the abundance of deciduous *Quercus* (Fig. 4, yellow bands) indicate periods of cold winters, relatively warm summers, and dry conditions. Large Poaceae (>38 μm) is a proxy for farming of cultivated rice by early humans in East China (Li et al., 2012b). In the ~4.50 to 4.00 cal kyr BP interval, the abundance of large Poaceae (>38 μm) displays an abrupt decline at around 4.32 cal kyr BP and remained at very low abundance or absence afterwards (Fig. 4), rice spikelets and rice phytoliths also nearly disappear (Li et al., 2012b), suggesting a rapid collapse of the rice-based society at ~4.32 cal kyr BP.

5. Discussion

5.1 *Pollen resource and proxies*

The Tianluoshan site is located in a generally low-lying area and wetlands were present in the relatively flat regions (Zhang et al., 2004; Li et al., 2012b). Plant macrofossils and phytolith assemblages show that the local vegetation was dominated by phragmite, rice, sedge, and several other upland herbs, and no woody plant macrofossils were found. Therefore, arboreal and most of the upland herbaceous pollen grains found at this site were derived from the neighboring high mountains, while most of the Poaceae, Cyperaceae, and aquatic pollen grains found at this site were derived from the proximal wetlands.

5.1.1 Poaceae >38 μm

Rice pollen grains in sediments and topsoil demonstrate that Poaceae with a size >35 μm might represent the existence of rice agriculture. Palynological work on modern topsoil shows that the percentage of Poaceae >35 μm pollen usually exceeds 40% in modern paddy fields (Yang et al., 2012). Previous studies in the Yangtze Delta also show the dominance of Poaceae >35 μm pollen in ancient paddy fields. A larger diameter was generally

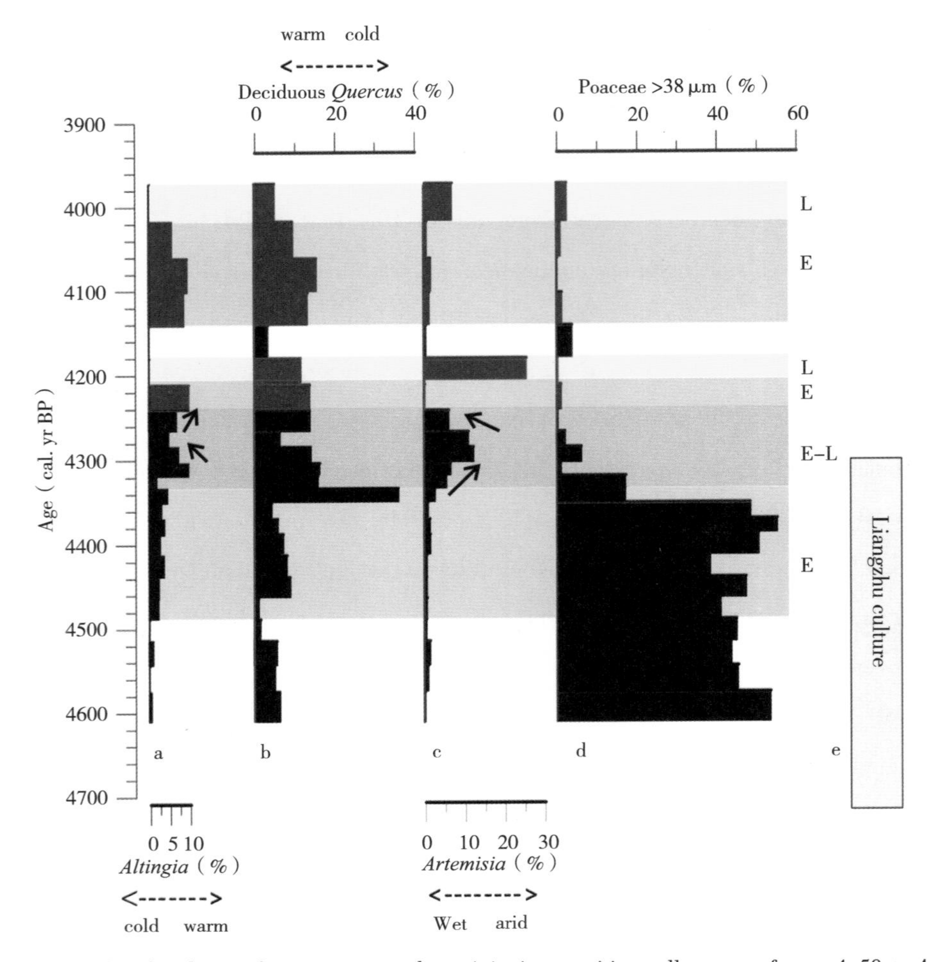

Figure 4 Variations in the abundance of temperature and precipitation-sensitive pollen types from ~4.50 to 4.00 cal kyr BP reveal prolonged periods of El Niño-dominated ('E', blue bands), La Niña-dominated ('L', yellow bands), and ENSO-dominated ('E–L', pink band) climate variability in the study area.

Altingia, a proxy for winter temperature; deciduous *Quercus*, a proxy for summer temperature; *Artemisia*, a proxy for precipitation; Poaceae >38 μm, a proxy for farming of cultivated rice in East China. Pollen samples were collected consecutively and each horizontal bar represents one pollen sample. Note changes in the thickness of the horizontal bars, indicating varying temporal resolutions of the pollen records. The rectangle indicates the late period of the Liangzhu culture (after Wang et al., 2017). (For interpretation of the references to color in this figure legend, the reader is referred to the web version of this article.)

used to differentiate the domesticated rice from the wild Poaceae (Itzstein-Davey et al., 2007; Innes et al., 2009; Shu et al., 2010; Li et al., 2012b; Long et al., 2014; Liu et al., 2016). All Poaceae grains are >38 μm in the studied profiles; therefore, we use Poaceae >38 μm as an indication for the presence of domesticated rice in the study area.

Altingia is an evergreen broad-leaved tree belonging to the family of Hamamelidaceae. At present, there are two main types of *Altingia* (i.e., *Altingia chinensis* and *Altingia gacilipes*) in the Zhejiang area. *Altingia* grows relatively fast. It typically takes 8 to 9 years to flower and 20 years to fructify (Long et al., 2009). The seeds of *Altingia* are small, which is conducive for propagation. Modern *Altingia* occurs in the southern part of the mid-subtropical vegetation zone and south-subtropical vegetation zone and its northernmost limit of occurrence is near Wenzhou city at ~28°N (Fig. 1B, brown shaded area). Data from the East Asian modern topsoil pollen database show that *Altingia* pollen occurs only in South China (Zheng et al., 2014, Appendix S3). *Altingia* owes its existence to the fact that winter temperatures in areas south of Wenzhou city are higher than other parts of Zhejiang, because the northeast-striking mountain belt blocks cold air mass to penetrate to the south in winter. The mean temperature of the coldest month (January) of a year is the limiting factor for Althingia' s growth. It can only survive when the mean temperature of the coldest month (January) is >5 °C (Chen et al., 1988).

Deciduous *Quercus* is an important element in subtropical mixed evergreen and deciduous forest and it is also a dominant species in temperate deciduous broad-leaved forests, which includes *Q. aliena*, *Q. acutissima*, *Q. variabilis*, *Q. fabri*, and so on (Wu, 1980). Abundant deciduous *Quercus* only occurs in areas north of Shanghai (~31°N) (Fig. 1B). The present-day boundary between temperate and subtropical forests is located along the Qinling-Huaihe River (~33° to 34°N) (Fig. 1B). Between the Qinling-Huaihe River and Shanghai, deciduous *Quercus* competes with subtropical species including the *Quercus* evergreen-type (hereafter collectively referred to as *Quercus* E), which includes *Castanopsis* and *Cyclobalanopsis* etc. that are also controlled by the ≥10℃ accumulated temperature. The relative abundance of deciduous *Quercus* and subtropical species are governed by January temperatures and ≥ 10 °C accumulated temperature (mainly reflecting summer temperature). The abundance of deciduous *Quercus* decreases and that of subtropical species increases with decreasing latitudes. Consequently, an increase in January temperatures and the ≥10 °C accumulated temperature may lead to a decrease in the relative abundance of deciduous *Quercus* and an increase in the relative abundance of subtropical species, and vice versa. Therefore, an increase in the relative abundance of deciduous *Quercus* occurs when cool summers prevail (Wu, 1980). Deciduous *Quercus* prefers a sunny environment and thus its occurrence may indicate relatively arid conditions. However, in areas of humid maritime climate in the eastern China, temperature is a limiting factor for deciduous *Quercus* (Wu, 1980), whereas in arid North China, deciduous *Quercus* indicates warm and humid climate (Yi et al., 2013).

Artemisia is a dominant species of grasslands in China, but its pollen mainly occurs (>30%) in arid steppe where annual precipitation is relatively low (Zheng et al., 2008). According to the pollen-climate relationship based on 461 topsoil samples in North China, herbaceous plants (mainly Chenopodiaceae and *Artemisia*) indicate arid climate, while the abundance of arboreal plants is positively correlated with humidity (Yi et al., 2013). However, *Artemisia* pollen may have relatively high abundance in areas of high precipitation (Zheng et al., 2008), usually indicating intensive human agricultural activities (Li et al., 2015). Therefore, high abundance of *Artemisia* pollen may indicate reduced precipitation and a dry climate in East China if the influence of human activities can be ruled out.

5.2 *The ~7.0 to 4.0 cal kyr BP vegetation history*

The vegetation of the study area was dominated by subtropical evergreen forest and experienced six phases of evolution from ~7.00 to 4.20 cal kyr BP (Li et al., 2012b). There were two prominent phases, one from ~6.10 to 5.80 cal kyr BP and the other from ~4.60 to 4.00 cal kyr BP, when the abundance of deciduous *Quercus* increased and the subtropical evergreen forests gave rise to the mixed evergreen and deciduous broad-leaved forests.

5.3 *Mid-Holocene climate changes during* 4.50–4.00 *cal kyr BP*

The substantial increases in the abundance of deciduous *Quercus* pollen at 6.10–5.80 cal kyr BP and 4.60–4.10 cal kyr BP indicate two cold events occurring during the middle Holocene. These events recognized at the Tianluoshan site (Fig. 3A) are also documented in other records in the Lower Yangtze Valley (Innes et al., 2009). Analyzing the temperature-sensitive tree species at the Tianluoshan site reveals a distinct nature of these two cooling intervals. For example, *Altingia* was in low abundance or absent during ~6.10–5.80 kyr BP, indicating cool summers; whereas the abundance of *Altingia* fluctuated between 4.50 and 4.00 kyr BP, suggesting temperature variations in both winters and summers. Plant macrofossils, phytolith, and pollen data from this area suggest that there were no agricultural activities during these two cooling intervals (Zheng et al., 2008; Li et al., 2012b). In fact, recent studies show that human activities in the lower Yangtze Valley dramatically weakened after ~4.60 kyr BP (Innes et al., 2009; Wang et al., 2017). Therefore, changes in pollen assemblage within these two intervals, including variations in the abundance of *Artemisia*, should indicate vegetation responses to climate change rather than human activities.

High-resolution pollen data show that variations in the pollen abundance between ~4.50 kyr BP and 4.00 kyr BP constitute three types of time intervals denoted by blue, yellow, and pink bands (Fig. 4). The first type, or the 'E' type as indicated in blue bands (Fig. 4), is characterized by the occurrence of abundant *Altingia*, a relatively increase in deciduous *Quercus*, and very low abundance of *Artemisia*, indicating periods of warm winters, (subordinate) cool summers, and wet conditions. The second type, or the 'L' type as indicated by yellow bands (Fig. 4), is featured by the absence of *Altingia*, a relatively subordinate decrease in deciduous *Quercus*, and the increased abundance of *Artemisia*, indicating periods of cold winters, warm summers, and dry conditions. The third type, or the 'E–L' type as indicated in a pink band (E–L, Fig. 4), characterizes the time interval at around 4.3 kyr BP, which shows generally high abundance of *Altingia*, deciduous *Quercus*, and *Artemisia*. The decrease (increase) in the abundance of *Altingia* corresponds to the increase (decrease) in the abundance of *Artemisia.*

The physiological properties of *Altingia* can provide additional insight into the duration of the warm winter and cool summer conditions. Altingia needs at least 8–9 years to begin to flower and about 20 years to fructify. Also, abundant fossil *Altingia* woods are found at the Liangzhu culture site (Zhejiang Provincial Institute of Cultural Relics and Archaeology, 2014), corroborating that *Altingia* trees grew extensively in this region during 4.50–4.20 cal kyr BP. Therefore, the occurrence of macrofossil *Altingia* in the study area implies that warm winter conditions persisted for at least 8–9 years and probably longer, thus indicating an anomalously prolonged (>8 years, maybe decadal), the occurrence of *Altingia* appears continuously in the strata. For instance, the six consecutive 2–cm thick samples between 4.46 and 4.34 cal kyr BP and the three consecutive samples between 4.14 and 4.02 cal kyr BP (Fig. 4) yield abundant *Altingia* pollen, suggesting a ~120-year period of warm winter. For the 'E–L' interval, i.e., 4.34 to 4.24 cal kyr BP, we are unable to differentiate these two climate states due to the low temporal resolution of the samples, but the E and L type may occur alternatively, lasting for about 100 years. Overall, the E and L types characterized the climate changes during 4.50–4.00 cal kyr BP.

5.4 *A regional expression of the ENSO-like climate pattern during* 4.50–4.00 *cal kyr BP*

Instrumental records and climate modeling results show that modern ENSO could exert significant impacts on the terrestrial climate in East China via affecting the strength of East Asian Monsoon (EAM) (Wang et al., 2000). Modern ENSO is an interannual variation in sea surface temperatures (SST) and atmospheric pressure over tropical Pacific (McPhaden et al., 2006). Warming (cooling) in equatorial East Pacific (EEP) and cooling (warming) in equatorial West Pacific (EWP) leads to El Niño (La Niña) years (McPhaden et al., 2006). During El Niño years, cooling in EWP would weaken EAM and result in warm winter, cool summer, and wet climate in East China (Li, 1989; Zhao, 1989; Chen, 1995; Gong et al., 1999; Yuan et al., 2012; Kim et al., 2014). The climatic conditions of modern La Niña state led to the East Asian Monsoon strengthens and precipitation decrease in the LYV (Wang et al., 2000; Yuan et al., 2012; Kim et al., 2014). Pollen data from the Tianluoshan site show a climate pattern consistent with the dominance of ENSO climate variability from ~4.50 to 4.00 cal kyr BP (Fig. 4), and $\delta^{18}O$ data of speleothem from South China document a weakened East Asian Summer Monsoon during this interval (Hu et al., 2008) (Fig. 3b), which is compatible with the prevailing ENSO conditions in the tropical Pacific (Wang et al., 2000; Sun, 2000) and is particularly due to cooling in West Pacific (Stott et al., 2004). Indeed, proxy records show that equatorial West Pacific (EWP) underwent a cooling (Stott et al., 2004) and equatorial East Pacific (EEP) experienced a warming from ~4.50 to ~4.00 cal kyr BP (Koutavas et al., 2002) (Fig. 3C–F). The work of Koutavas et al. (2002) also revealed warming in the equatorial East Pacific and cooling in the equatorial West Pacific during 5–4 cal kyr BP and 4.50 (± 0.5) cal kyr BP was a transitional period, suggesting the prevalence of ENSO-like conditions over the tropical Pacific around 4.20 cal kyr BP. The stable oxygen isotopes in shells of planktonic foraminifera from the West Pacific warm pool also showed enhanced ENSO activities at about 4.20 cal kyr BP (Brijker et al., 2007).

It has been shown that weak ENSO conditions prevailed during the early and middle Holocene, while stronger than normal conditions began to emerge since (Moy et al., 2002; Tudhope et al., 2001; Haug et al., 2001; Conroy et al., 2008; Donders et al., 2008; McGregor et al., 2013). However, there is still a lack of consistency about the ENSO activity during 4.50–4.00 kyr BP. For example, many records showed muted ENSO activities during 5–4 cal kyr BP followed by enhanced ENSO activities after 4 cal kyr BP (Carré et al., 2014; Cobb et al., 2013; McGregor et al., 2013; Moy et al., 2002; Tudhope et al., 2001; Zhang et al., 2014). However, other records show that ENSO frequency and intensity have increased between 4.50 and 4.00 cal kyr BP (e.g., Haug et al., 2001; Conroy et al., 2008; Donders et al., 2008), and the enhanced ENSO variability culminated at ~4.10 cal kyr BP when the reef ecosystem in tropical eastern Pacific started to collapse (Fig. 3) (Toth et al., 2012; Toth et al., 2015). Model-data comparison also revealed an inconsistency of ENSO activities during the middle Holocene (Brown et al., 2008; Karamperidou et al., 2015), implying regional differences in the expression of the ENSO and thus the complexity of the climate system (Cobb et al., 2013). This inconsistency may arise from either the ambiguous indicative meaning of the proxy records or the low temporal resolution of the sedimentary records. For example, marine sediments usually have a low depositional rate, whereas coral reefs can only document a short time period (Conroy et al., 2008). Due to these problems, we are unable to determine whether or not ENSO was enhanced during 4.50–4.00 cal kyr BP. Nevertheless, there is a potential causal link between the 4.2-kyr event and ENSO as the global distribution of arid areas during the 4.2-kyr event resembled that of recent past when El Niño events occurred (Barron et al., 2011). Strong El Niño events in the East Pacific during this period are also documented (Brijker et al., 2007; Conroy et al., 2008; Toth et al., 2012). Our record indicates that the pattern of both temperature and precipitation in the Yangtze Delta resembled that of today when the ENSO occurs. Therefore, the 4.2-kyr event in this area appears to exhibit an El Nino-dominated climate.

5.5 *Collapse of regional civilization linked to the ~4.2-kyr event*

Our records provide clues to assess the impacts of the 4.2-ka event on the societal changes during this period. The gradual increase in the abundance of both *Altingia* and deciduous *Quercus* from ~4.50 to 4.34 cal kyr BP indicates intensifying El Nino-dominated like climate condition culminated at ~4.34 cal kyr BP (Fig. 4). The substantial increase in deciduous *Quercus* (Fig. 4) was immediately followed by a rapid decline in the abundance of Poaceae >38 μm, a proxy for rice farming activities (Li et al., 2012b), suggesting that agricultural activities were absent and the Neolithic people may have emigrated from this area since 4.30 cal kyr BP. Based on published results, Liu and Chen (2012) suggested that the demise of the Liangzhu culture occurs at about 4.00 cal kyr BP. Wang et al. (2018) synthesized published data and found that the ages of most late-Liangzhu cultural sites clustered at 4.50 cal kyr BP. Also, archaeological studies at the Mojiaoshan site revealed that the Liangzhu culture began to decline at 4.50 cal kyr BP and terminated by 4.30 cal kyr BP (Wang et al., 2017). Our results indicate that the abundance of Poaceae >38 μm decreased suddenly at 4.30 cal kyr BP, compatible with that of the Mojiaoshan site and further confirm previous conclusion about the timing of the demise of Liangzhu culture in the Yangtze River deltaic plain. The prolonged periods of the enhanced ENSO-like climate variability were probably the culprit for the collapse of the Liangzhu Cultures in East China. The impacts of the prolonged periods of ENSO-like climate variability were probably projected worldwide via atmospheric teleconnections with Asian Monsoon (e.g., Prasad et al., 2014) and the Intertropical Convergence Zone (ITCZ) (e.g., Haug et al., 2001; Conroy et al., 2008). Changes in the strength of Asian Monsoon and the latitudinal position of the ITCZ can affect the global precipitation patterns. Strong deprivation of precipitation around 4.20 cal kyr BP in many monsoonal regions such as the mid-low latitudes of Asia (Liu et al., 2012; Prasad et al., 2014), Africa (Ruan et al., 2016), and North America (Booth et al., 2005) has been widely documented. Prolonged droughts around 4.20 cal kyr BP associated with the prevailing ENSO-like climate variability were likely the ultimate trigger of the collapse of Neolithic civilizations in these regions (Cullen et al., 2000; Drysdale et al., 2006; Staubwasser and Weiss, 2006; Walker et al., 2012; Liu et al., 2012; Dixit et al., 2014).

As the 4.2-kyr event occurred at a climatic boundary condition similar to that of today and modern ENSO regime was established ~3000 to 4500 years ago (Carré et al., 2014), a similar prolonged ENSO-like condition could happen again if certain thresholds are crossed as global warming continues (Toth et al., 2015)

6. Conclusions

The well-dated, high-resolution pollen records from the Tianluoshan archaeological site in Eastern China reveal that temperature and precipitation variations strikingly resemble modern ENSO variability at an interdecadal time scale from ~4.50 to 4.00 cal kyr BP. Also, a shift to an overall enhanced ENSO-like variability occurred from ~4.50 to 4.30 cal kyr BP, which was immediately followed by an abrupt decline in rice-based agriculture, suggesting that the prolonged period of ENSO-dominated-like climate conditions may have caused the collapse of Liangzhu Culture in Eastern China. The impacts of prolonged periods of ENSO-like climate variability may have been projected globally via its coupling with the Asian Monsoon and the ITCZ, triggering the pronounced climate anomaly 4.2 cal kyr BP.

Acknowledgments

This study was supported by the National Natural Science Foundation of China (grant nos. 41476029, 41372183, and 41401217). We thank the three anonymous reviewers for their constructive comments and suggestions. We are grateful to editor Prof. Howard Falcon-Lang for providing insightful comments and helping polish the language that greatly improved the manuscript.

Palaeogeography, Palaeoclimatology, Palaeoecology 512 (2018)

References

P. Atahan, F. Itzstein-Davey, D. Taylor et al., Holocene-aged sedimentary records of environmental changes and early agriculture in the lower Yangtze, China, *Quaternary Science Reviews* 27 (2008).

J. A. Barron, L. Anderson, Enhanced Late Holocene ENSO/PDO expression along the margins of the eastern North Pacific, *Quaternary International* 235 (2011).

M. Blaauw, J. A. Christen, Flexible paleoclimate age-depth models using an autoregressive gamma process, *Bayesian Analysis* 6 (2011).

G. C. Bond, B. Kromer, J. Beer et al., Persistent solar influence on North Atlantic climate during the Holocene, *Science* 294 (2001).

R. K. Booth, S. T. Jackson, S. L. Forman et al., A severe centennial scale drought in mid-continental North America 4200 years ago and apparent global linkages, *The Holocene* 15 (2005).

J. M. Brijker, S. J. A. Jung, G. M. Ganssen et al., ENSO related decadal scale climate variability from the Indo-Pacific Warm Pool, *Earth and Planetary Science Letters* 253 (2007).

W. S. Broecker, J. P. Kennett, B. P. Flower et al., Routing of meltwater from Laurentide Ice Sheet during the Younger Dryas cold episode, *Nature* 314 (1989).

C. Bronk Ramsey, Bayesian analysis of radiocarbon dates, *Radiocarbon* 51 (2009).

J. Brown, A. W. Tudhope, M. Collins et al., Mid-Holocene ENSO: issues in quantitative model-proxy data comparisons, *Paleoceanog-*

raphy 23 (2008).

M. Carré, J. P. Sachs, S. Purca et al., Holocene history of ENSO variance and asymmetry in the eastern tropical Pacific, *Science* 345 (2014).

S. J. Chen, Numerical simulation of El Niño and East Asia warm winter, *Acta Meteorologica Sinica* 53 (1995) (in Chinese).

Q. B. Chen, M. X. Wu, Z. C. Tang, Altingia gracilipes forest in the south of Zhejiang Province, *Journal of Zhejiang Forestry Science and Technology* 8 (1988) (in Chinese).

K. M. Cobb, N. Westphal, H. R. Sayani et al., Highly variable El Niño-Southern Oscillation throughout the Holocene, *Science* 339 (2013).

J. L. Conroy, J. T. Overpeck, J. E. Cole et al., Holocene changes in eastern tropical Pacific climate inferred from a Galápagos lake sediment record, *Quaternary Science Reviews* 27 (2008).

H. M. Cullen, P. B. DeMenocal, S. Hemming et al., Climate change and the collapse of the Akkadian empire: evidence from the deep sea, *Geology* 28 (2000).

Y. Dixit, D. A. Hodell, C. A. Petrie, Abrupt weakening of the summer monsoon in northwest India ~ 4100 years ago, *Geology* 42 (2014).

T. H. Donders, F. Wagner-Cremer, H. Visscher, Integration of proxy data and model scenarios for the mid-Holocene onset of modern ENSO variability, *Quaternary Science Reviews* 27 (2008).

R. Drysdale, G. Zanchetta, J. Hellstrom et al., Late Holocene drought responsible for the collapse of Old World civilizations is recorded in an Italian cave flowstone, *Geology* 34 (2006).

K. Faegri, P. E. Kaland, K. Krzywinski, *Textbook of Pollen Analysis*, John Wiley & Sons Ltd, Chichester, 1989.

D. Y. Gong, S. -W. Wang, Impact of ENSO in precipitations on continents and in China, *Chinese Science Bulletin* 44 (1999) (in Chinese).

G. H. Haug, K. A. Hughen, D. M. Sigman et al., Southward migration of the Intertropical Convergence Zone through the Holocene, *Science* 293 (2001).

C. Hu, G. M. Henderson, J. Huang et al., Quantification of Holocene Asian monsoon rainfall from spatially separated cave records, *Earth and Planetary Science Letters* 266 (2008).

J. B. Innes, Y. Q. Zong, Z. Y. Chen et al., Environmental history, palaeoecology and human activity at the early Neolithic forager/cultivator site at Kuahuqiao, Hangzhou, eastern China, *Quaternary Science Reviews* 28 (2009).

F. Itzstein-Davey, P. Atahan, J. Dodson et al., A sediment-based record of Lateglacial and Holocene environmental changes from Guangfulin, Yangtze delta, eastern China, *The Holocene* 17 (2007).

C. Karamperidou, P. N. Di Nezio, A. Timmermann et al., The response of ENSO flavors to mid-Holocene climate: Implications for proxy interpretation, *Paleoceanography* 30 (2015).

J. -W. Kim, S. -W. Yeh, E. C. Chang, Combined effect of El Niño-Southern Oscillation and Pacific Decadal Oscillation on the East Asian winter monsoon, *Clim ate Dynamics* 42 (2014).

A. Koutavas, J. Lynch-Stieglitz, T. M. Marchitto et al., El Niño-like pattern in ice age tropical Pacific sea surface temperature, *Science* 297 (2002).

K. Lambeck, H. Rouby, A. Purcell et al., Sea level and global ice volumes from the Last Glacial Maximum to the Holocene, *PNAS* 111 (2014).

C. Y. Li, East China warm winter and El Niño, *Chinese Science Bulletin* 4 (1989) (in Chinese).

Y. X. Li, T. E. Tornqvist, J. M. Nevitt et al., Synchronizing a sea-level jump, final Lake Agassiz drainage, and abrupt cooling 8200 years ago, *Earth and Planetary Science Letters* 315–316 (2012).

C. H. Li, Y. F. Zheng, S. Y. Yu et al., Understanding the ecological background of rice agriculture on the Ningshao Plain during the Neolithic Age: pollen evidence from a buried paddy field at the Tianluoshan cultural site, *Quaternary Science Reviews* 35 (2012).

C. H. Li, Y. X. Li, G. S. Burr, Testing the accuracy of ^{14}C age data from pollen concentrates in the Yangtze Delta, China, *Radiocarbon* 56 (2014).

M. Y. Li, Q. H. Xu, S. R. Zhang et al., Indicator pollen taxa of human-induced and natural vegetation in Northern China, *The Holocene* 25 (2015).

L. Liu, X. Chen, *The Archaeology of China: from the late Paleolithic to the early Bronze Age*. Cambridge University Press, 2012.

F. Liu, Z. Feng, A dramatic climatic transition at ~4000 cal. yr BP and its cultural responses in Chinese cultural domains, *The Holocene* 22 (2012).

Y. S. Liu, R. Zetter, D. K. Ferguson et al., Discriminating fossil evergreen and deciduous *Quercus* pollen: a case study from the Miocene of eastern China, *Review of Palaeobotany & Palynology* 145 (2007).

Z. Y. Liu, X. Y. Wen, E. C. Brady et al., Chinese cave records and the East Asia Summer Monsoon, *Quaternary Science Reviews* 83 (2014).

Y. Liu, Q. L. Sun, D. D. Fan et al., Pollen evidence to interpret the history of rice farming at the Hemudu site on the Ningshao coast, eastern China, *Quaternary International* 426 (2016).

S. W. Long, J. X. Liu, W. Zheng, Study on the sowing seedling-raising of *Altingia chinensis*, *Northern Horticulture* 5 (2009) (in Chinese).

T. W. Long, J. G. Qin, P. Atahan et al., Rising waters: New geoarchaeological evidence of inundation and early agriculture from former settlement sites on the southern Yangtze Delta, China, *The Holocene* 24 (2014).

P. A. Mayewski, E. E. Rohling, J. C. Stager et al., Holocene climate variability, *Quaternary Research* 62 (2004).

H. V. McGregor, M. J. Fischer, M. K. Gagan et al., A weak El Niño/Southern Oscillation with delayed seasonal growth around 4,300 years ago, *Nature Geoscience* 6 (2013).

M. J. McPhaden, S. E. Zebiak, M. H. Glantz, ENSO as an integrating concept in earth science, *Science* 314 (2006).

G. A. Meehl, Coupled land-ocean-atmosphere processes and South Asian monsoon variability, *Science* 265 (1994).

K. J. Meissner, P. U. Clark, Impact of floods versus routing events on the thermohaline circulation, *Geophysical Research Letters* 33 (2006). C. M. Moy, G. O. Seltzer, D. T. Rodbell et al., Variability of El Nino/Southern Oscillation activity at millennial timescales during the Holocene epoch, *Nature* 420 (2002).

S. Prasad, A. Anoop, N. Riedel et al., Prolonged monsoon droughts and links to Indo-Pacific warm pool: a Holocene record from Lonar Lake, central India, *Earth and Planetary Science Letters* 391 (2014).

P. J. Reimer, E. Bard, A. Bayliss et al., Intcal13 and Marine13 radiocarbon age calibration curves 0–50,000 years cal BP., *Radiocarbon* 55 (2013).

J. Ruan, F. Kherbouche, D. Genty et al., Evidence of a prolonged drought ca. 4200 years BP correlated with prehistoric settlement abandonment from the Gueldaman GLD1 Cave, Northern Algeria, *Climate of the Past Discussions* 12 (2016).

J. W. Shu, W. M. Wang, L. P. Jiang et al., Early Neolithic vegetation history, fire regime and human activity at Kuahuqiao, lower Yangtze River, East China: new and improved insight, *Quaternary International* 227 (2010).

M. Staubwasser, H. Weiss, Holocene climate and cultural evolution in late prehistoric, early historic West Asia, *Quaternary Research* 66

(2006).

M. Staubwasser, F. Sirocko, P. Grootes, Climate change at the 4. 2 ka BP termination of the Indus valley civilization and Holocene south Asian monsoon variability, *Geophysical Research Letters* 30 (2003).

L. K. Stott, K. Cannariato, R. L. Thunel et al. , Decline in surface temperature and salinity in the western tropical Pacific ocean in the Holocene epoch, *Nature* 431 (2004).

D. Sun, Global climate change and El Niño: a theoretical framework/H. F. Diaz, V. Markgraf, eds. *El Niño and Southern Oscillation*, Cambridge University Press, Cambridge, 2000, pp. 443–463.

L. T. Toth, R. B. Aronson, S. V. Vollmer et al. , ENSO drove 2500-year collapse of eastern Pacific coral reefs, *Science* 337 (2012).

L. T. Toth, R. B. Aronson, K. M. Cobb et al. , Climatic and biotic thresholds of coral-reef shutdown, *Nature Climate Change* 5 (2015).

A. W. Tudhope, C. P. Chilcott, M. T. McCulloch et al. , Variability in the El Nino: southern oscillation through a glacial-interglacial cycle, *Science* 291 (2001).

M. J. C. Walker, M. Berkelhammer, S. Bjork et al. , Formal subdivision of the Holocene Series/Epoch, a discussion paper by a working group of INTIMATE (Integration of ice-core, marine and terrestrial records) and the subcommission on Quaternary stratigraphy (International commission on Stratigraphy), *Journal of Quaternary Science* 27 (2012).

X. C. Wang, *Mid-Holocene environmental changes and Neolithic human activities in the lower Yangtze Region, China: evidence from Lacustrine Sediment*, Nanjing Institute of Geography and Limnology, Chinese Academy of Sciences, Nanjing, 2017, pp. 1–109.

P. L. Wang, K. T. Chang, The pollen morphology in relation to the taxonomy and phylogeny of Fagaceae, *Acta phytotaxonomica sinica* 29 (1991) (in Chinese).

F. S. Wang, N. f. Chien, Y. L. Zhang et al. , Pollen Flora of China, Science Press, Beijing, 1997.

B. Wang, R. G. Wu, X. H. Fu, Pacific-East Asian teleconnection: how does ENSO affect East Asian climate? *Journal of Climate* 13 (2000).

Y. J. Wang, H. Cheng, R. L. Edwards et al. , The Holocene Asian monsoon: links to solar changes and North Atlantic climate, *Science* 308 (2005).

X. C. Wang, D. W. Mo, C. H. Li et al. , Environmental changes and human activities at a fortified site of the Liangzhu culture in eastern China: evidence from pollen and charcoal records, *Quaternary International* 438 (2017).

Z. H. Wang, D. B. Ryves, S. Lei et al. , Middle Holocene marine flooding and human response in the south Yangtze coastal plain, East China, *Quaternary Science Reviews* 187 (2018).

H. Weiss, R. S. Bradley, What drives societal collapse? *Science* 291 (2001).

Z. Y. Wu, *Vegetation of China*, Science Press, Beijing, 1980.

W. X. Wu, T. S. Liu, Possible role of the "Holocene Event 3" on the collapse of Neolithic cultures around the Central Plain of China, *Quaternary International* 117 (2004).

S. X. Yang, Z. Zheng, K. Y. Huang et al. , Modern pollen assemblages from cultivated rice fields and rice pollen morphology: application to a study of ancient land use and agriculture in the Pearl River Delta, China, *The Holocene* 22 (2012).

Y. Yi, H. Y. Liu, G. Liu et al. , Vegetation responses to mid-Holocene extreme drought events and subsequent long-term drought on the southeastern Inner Mongolian Plateau, China, *Agricultural & Forest Meteorology* 178–179 (2013).

S. Y. Yu, C. Zhu, J. Song et al. , Role of climate in the rise and fall of Neolithic cultures on the Yangtze delta, *Boreas* 29 (2000).

S. Y. Yu, S. M. Colman, T. V. Lowell et al. , Freshwater outburst from Lake Superior as a trigger for the cold event 9300 years ago, *Science* 328 (2010).

Y. Yuan, H. Yang, C. Y. Li, Influence on the subsequent summer precipitation in China by different types of El Niño events, *Acta Meteorologica Sinica* 70 (2012) (in Chinese).

Q. Zhang, C. Zhu, C. L. Liu et al. , Environmental changes in the Yangtze Delta since 7000 BP. , *Acta Geographic Sinca* 59 (2004).

Z. H. Zhang, G. Leduc, J. P. Sachs, El Nino evolution during the Holocene revealed by a biomarker rain gauge in the Galapagos Islands, *Earth Planet Science Letters* 404 (2014).

Z. G. Zhao, El Niño and temperature variation in China, *Meteor-Forschung* 15 (1989) (in Chinese).

Zhejiang Provincial Institute of Cultural Relics and Archaeology, *Bianjiashan*, Cultural Relics Press, Beijing, 2014.

Z. Zheng, K. Y. Huang, Q. H. Xu et al. , Comparison of climatic threshold of geographical distribution between dominant plants and surface pollen in China, *Science in China. Series D, Earth Science* 51 (2008).

Z. Zheng, J. H. Wei, K. Y. Huang et al. , East Asian pollen database: modern pollen distribution and its quantitative relationship with vegetation and climate, *Journal of Biogeography* 41 (2014).

C. Zhu, J. Song, K. Y. You, Formation of the culture interruption of the Maqiao site, Shanghai, *Chinese Science Bulletin* 41 (1996).

Y. Zong, Z. H. Wang, J. B. Innes et al. , Holocene environmental change and Neolithic rice agriculture in the lower Yangtze region of China: a review, *The Holocene* 22 (2012).

4200 年前的气候事件对社会的影响
——基于中国东部的花粉分析

摘　要：大约4200年前发生的大规模而剧烈的气候变化事件（此后称为4200年前的气候事件，标志着北格瑞佩恩期的结束，梅加拉亚期的开始）是全新世最重要的气候异常事件之一，它可能在全球范围内产生了深远的社会影响，但其触发机制仍不确定。在本文中我们分析了中国东部田螺山考古遗址的高分辨率花粉记录，结果表明，本次事件期间该区域的水气候条件与现代厄尔尼诺－南方涛动（ENSO）的区域表现极为相似，并表现出距今4500年至4000年间ENSO波动的变化态势。此外，花粉数据表明，类似ENSO的气候变化的强度和频率从距今4500年至4000年间显著增加，此后以水稻为基础的农业迅速下降。研究结果为大约4200年前中国东部气候恶化与新石器时代文明崩溃之间的因果关系提供了直接证据。这一观测结果与根据热带太平洋记录重建的ENSO变化增强相一致。由于ENSO与亚洲夏季风和热带辐合带（ITCZ）密切耦合，我们认为ENSO类气候变化增强可能引发了4200年前的气候事件。

关键词：厄尔尼诺－南方涛动　亚洲季风　植被演替　气候变迁　浙江新石器时代文化　北格瑞佩恩期与梅加拉亚期分界

Middle-Holocene sea-level fluctuations interrupted the developing Hemudu culture in the lower Yangtze River, China*

1. Introduction

Though low-elevation coastal zones (below 10 m in elevation) currently contain more than 10 percent of the world's population (McGranahan et al., 2007; Small et al., 2003), these regions are highly vulnerable to risks resulting from sea-level rise and climate change (FitzGerald et al., 2008; Nicholls et al., 2010; Nicholls et al., 2007; PAGES, 2009). The lower Yangtze River sits in the interface zone between marine and terrestrial areas that has experienced a dramatic evolution of sea level and climate during the Holocene (Chen et al., 1998; Qin et al., 2011; Song et al., 2013; Yi et al., 2003). Accordingly, this area serves as an ideal place for studying human-environment interaction (Zong et al., 2011b, 2012).

The lower Yangtze River is densely distributed with Neolithic sites and is widely regarded as a core area where rice agriculture originated (Fuller, 2011; Silva et al., 2015; Stanley et al., 1996; Wu et al., 2014b). These cultural sequences comprise the Shangshan (11,000–8500 BP), Kuahuqiao (8000–7400 BP), Majiabang (7000–6000 BP), and Hemudu culture (7000–5000 BP) during the early to middle Holocene (Fig. 1a) (Liu and Chen, 2012; The Institute of Archaeology and China Academy of Social Sciences, 2010; Underhill, 2013). The Hemudu culture is the most significant Neolithic culture and is identified by its distinct style of piled-wellings and rice remains in southern China (Sun, 2013), which are distributed primarily in the eastern coastal area and divided into two main periods with a remarkable interruption and dispersal around 6000 BP (Wang and Liu, 2005).

The interruption and dispersal of Hemudu culture are closely related to the change in the hydrologic environment induced by sea-level fluctuation. The core dispute of sea-level curves proposed previously for the east coast of China lies in whether or not a mid-Holocene sea-level highstand exists (Chen et al., 1998; Hori et al., 2001; Liu et al., 2004; Song et al., 2013; Zhao et al., 1994; Zong, 2004). Divergent views of sea-level change significantly affect the explanation of the palaeoenvironment and the subsistence of Hemudu culture in Hemudu and

* Collaborated with Keyang He, Houyuan Lu, Jianping Zhang, Deke Xu, Xiujia Huan, Jiehua Wang, Shao Lei.

Tianluo sites (Li et al., 2012; Liu et al., 2016; Qin et al., 2006; Zhu et al., 2003). Nevertheless, whether the phenomenon of cultural interruption is a special case or a universal experience, what environmental changes potentially caused the interruption and how the interruption affects the process of rice domestication remains controversial.

Cultural interruptions are identified by barren layers of soil (i. e., layers that lack relics) that are situated between two cultural layers common in the lower Yangtze River (Wu et al., 2014a; Yu et al., 2000; Zhang et al., 2005). Results of pollen, phytolith, diatom, seed, and geochemistry from the Tianluoshan site reveal several cultural interruptions during and after Hemudu culture that were induced by the two largest transgressions during 6400-6300 BP and 4600-2100 BP (Li et al., 2012; Patalano et al., 2015; Wang et al., 2010; Zheng et al., 2011). However, based on the analyxsis of pollen and foraminifera from the Hemudu site, some scholars argue that the sludge layers that lie within and above the Hemudu culture layer are both freshwater swamp sediments (Wang, 2006; Zhu et al., 2003), implying an expanded waterbody associated with the migration of the Yaojiang River (Liu et al., 2016; Wang and Liu, 2005; Wu, 1985). Whether the cultural interruptions were caused by marine transgression or land floods is still in dispute.

The discovery of the Hemudu site marks a milestone in Chinese agricultural archaeology with excellent preservation of organic materials in waterlogged conditions, especially abundant remains of rice (Zhao, 2010; Zhejiang Provincial Institute of Cultural Relics and Archaeology, 2003). Several intense debates on the characteristics of rice and subsistence of the Hemudu culture have been ongoing since the 1970s, and the core dispute lies in whether or not the rice is domesticated and rice farming is established (Fuller et al., 2007, 2009; Liu et al., 2007; Zheng et al., 2007). Though most scholars agree that rice domestication was a protracted evolutionary process that took at least 2000 years (Allaby et al., 2008; Fuller et al., 2014; Gross et al., 2014), scholarly focus on how the cultural interruption affected the development of rice domestication is sparse.

In the present study, a high-resolution AMS^{14}C dated profile is taken from the Yushan site, which is the closest site of Hemudu culture to the modern coastline. Through synchronized analyzes of sporopollen, phytolith, and diatoms integrated with sedimentological information from the Yushan profile, we attempted to: 1) explain the possible cause of cultural interruption, 2) reconstruct the evolution of the local environment, and 3) trace the process of rice domestication.

2. Geographical background and site description

The study area is located in the subtropical region of southeast China under the influence of the East Asian Monsoon. The mean temperature is ~4°C in January and ~28°C in July, and the average annual precipitation is ca. 1100 mm (Ningbo Chorography Codification Committee, 1995). Regional vegetation is characterized by subtropical mixed forests of evergreen and deciduous trees. The region's most common evergreen trees are *Lithocarpus, Cyclobalanopsis, Quercus*, while its most common deciduous trees are *Liquidambar, Castanea, Celtis*, and *Ulmus*.

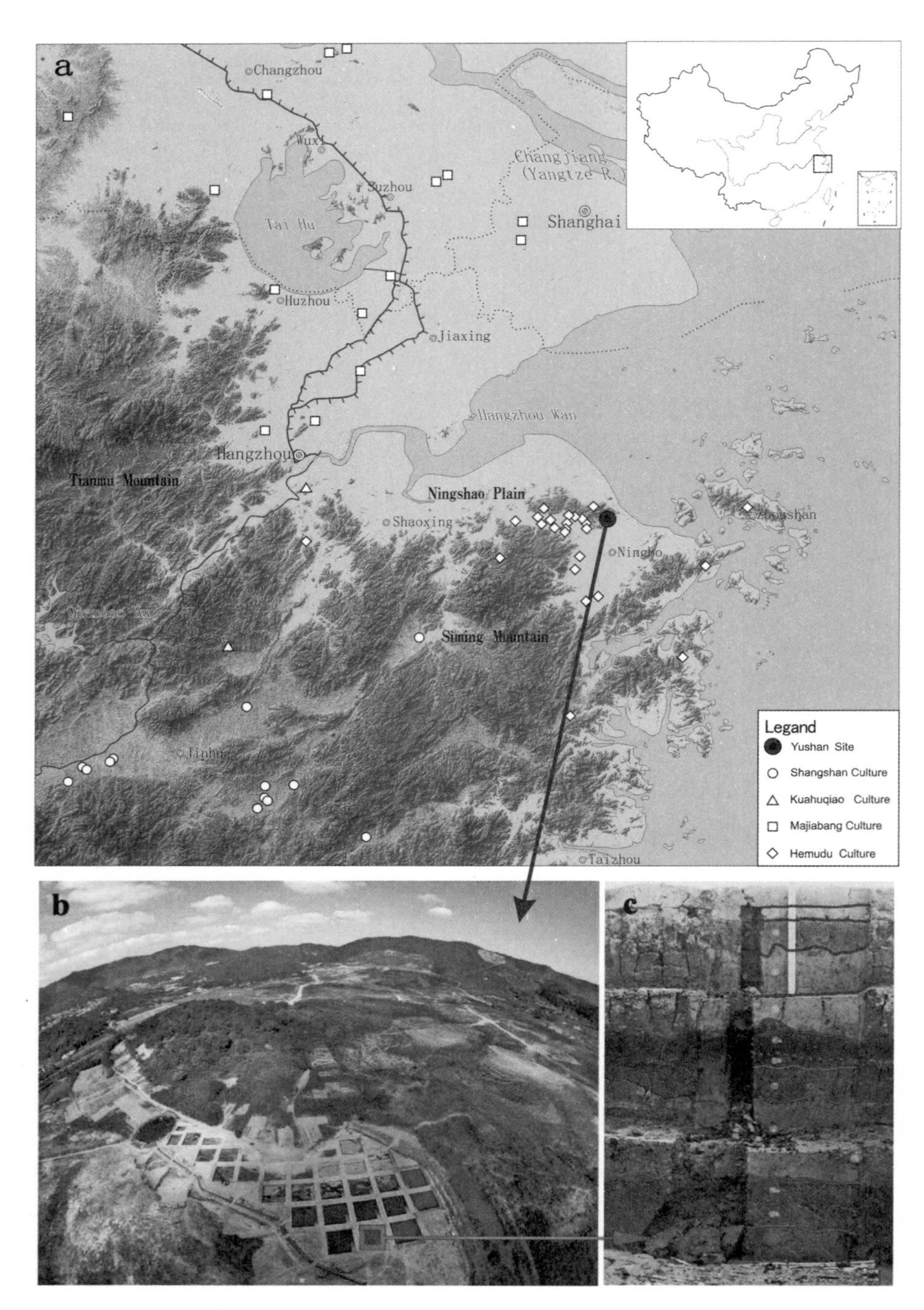

Figure 1 Location and photographs of the Yushan site.

(a) Location of Yushan site and the distribution of archaeological sites of Shangshan (11,000–8500 BP), Kuahuqiao (8000–7400 BP), Majiabang (7000–6000 BP) and Hemudu culture (7000–5000 BP). (b) Aerial photographs of the Yushan site excavated in 2013 and the trench T0213 were circled by a square. (c) Photograph of the profile sampled and sediment stratigraphy. (For interpretation of the references to colour in this figure legend, the reader is referred to the Web version of this article.)

The Yushan site (30°02′ N, 121°33′ E) is located on the southeast slope of Yushan hill, Ningshao coastal plain of the south Hangzhou Bay in eastern China (Fig. 1a). The site is about 2 m above local mean sea level (the Yellow Sea datum) and 7.3 km west of the present-day coastline. The Yushan site was excavated by Ningbo Municipal Institution of Cultural Relics and Archaeology and divided into four cultural periods of Hemudu culture, Liangzhu-Qianshanyang culture, Shangzhou Dynasty, and Tangsong Dynasty. Sediment cores indicated that the occupied site was approximately 16,500 m^2 in area, and 1500 m^2 were excavated during stage Ⅰ in 2013 (Ningbo Municipal Institution of Cultural Relics and Archaeology and Zhenhai Administration, 2016).

3. Material and method

3.1 *Sediment and sampling*

The Yushan profile analysed in this study was in the south section of trench T0213 (Fig. 1b and c), and the surface elevation of the section ranged from 1.98 m to 2.03 m, as measured by the Zhenhai Urban Planning and Survey Research Institute of Ningbo. The thickness of the Yushan profile was approximately 275 cm and had been divided into 10 layers according to the sediment and inclusion (Fig. 2) (Ningbo Municipal Institution of Cultural Relics and Archaeology and Zhenhai Administration, 2016). The upper 60 cm of the profile encompassed historic and modern sediment, which included layers 1 to 3, and was not sampled. The lower 215 cm encompassed prehistoric and natural layers, which included layers 4 to 10, and was subsampled at 5 cm intervals for the microfossil analyzes. A total of 43 samples were collected, and 2 g of each sample was used for pollen, phytolith, and diatom analysis.

The lower 215 cm of the Yushan profile was divided into seven units from the bottom to the top (Fig. 2). Unit 10 (275 – 250 cm) was composed of pure dark green clay, which was widely distributed in the Ningshao Plain. Unit 9 (250–215 cm) consisted of dark gray clayey silt and belonged to the early Hemudu culture period. Numerous excavated pottery sherds were tempered with charred plants and sand. Unit 8 (215–180 cm) was mainly composed of yellow-gray clay with no excavated artificial remains. Unit 7 (180 – 150 cm) consisted of dark gray silt with fine sand that belonged to the late Hemudu culture period. Artificial remains were primarily composed of sand pottery and red clay pottery. Unit 6 (150 – 120 cm) was dark black peat and contained rich humus and plant debris. A few sand pottery sherds belonging to Liangzhu culture were excavated in this layer. Unit 5 (120–100 cm) consisted of gray-green clay and in it, no artificial remains were found. Unit 4 (100–60 cm) was composed of yellowish silt; numerous streaks of brown rust were distributed in this layer.

3.2 *Radiocarbon dating*

Nine soil samples were collected at the boundaries of each layer (Fig. 2) and were screened to retrieve dating materials. Most of the dating materials were charred seeds, except for one plant fragment. These materials were submitted to the Radiocarbon Dating Laboratory of Peking University. These ages were calibrated using the IntCal13 dataset (Reimer et al., 2013) by OxCal v4.2.4 program (Ramsey, 2009). Full details of the nine ages in the present study are displayed in Table 1.

A total of nine AMS radiocarbon ages were obtained, and most of the ages calibrated followed a consistent stratigraphic order with depth ranges, except for the YS21 sample. The dating age corresponded well to the three cultural periods determined by the pottery sherds excavated from the site. An age-depth model was constructed using the Bacon model (Blaauw, 2010) and applied to the diagram of pollen. This chronology indicated that the Yush-

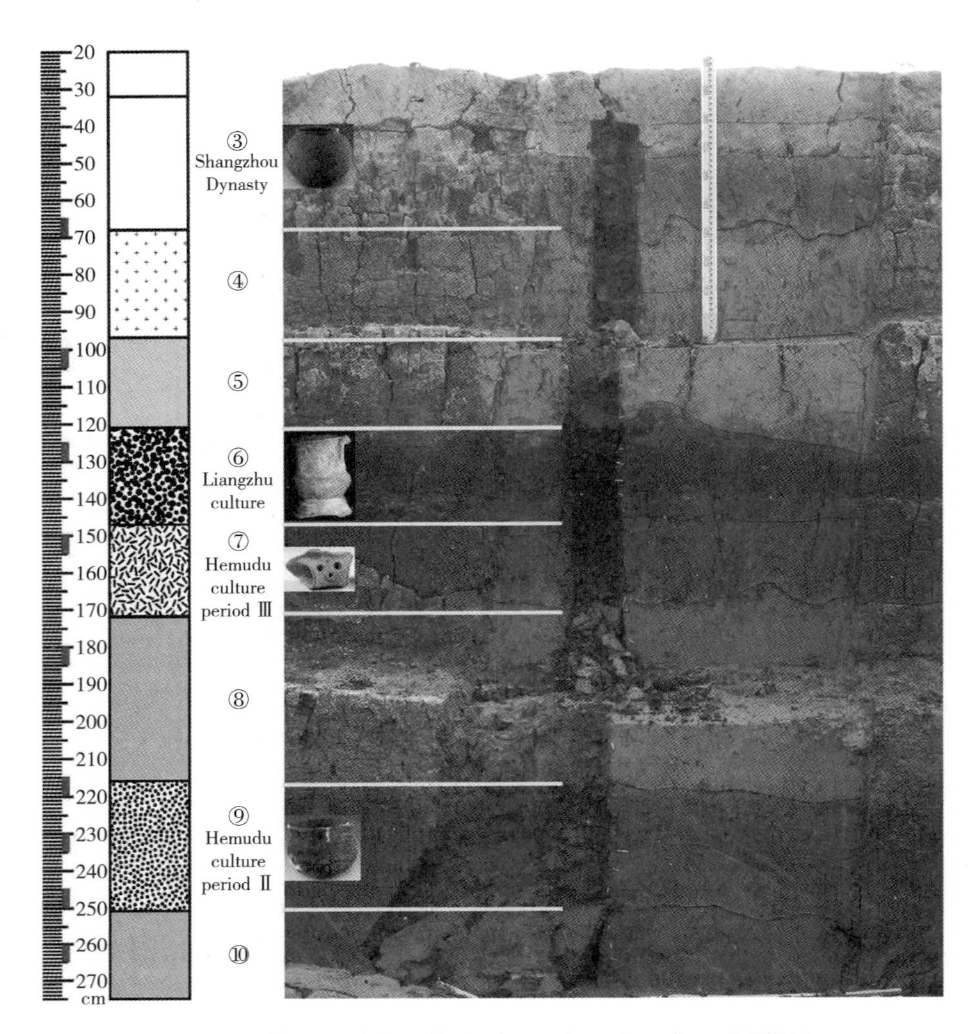

Figure 2 The sampled profile in the south section of trench T0213.

Stratigraphically, it is divided into ten sediment units and representative potteries are shown in the cultural layer. Samples from units ④ to ⑩ were analyzed. Locations of the dating samples are shown in the scale of depth on the left side by a black rectangle. (For interpretation of the references to colour in this figure legend, the reader is referred to the Web version of this article.)

an profile spanned the last 7300 years.

3.3 *Pollen analysis*

Samples were treated according to the following standard procedure developed by Moore et al. (1991). First, a tablet of exotic *Lycopodium* spores (27,637 N/tablet) was added to each sample to calculate the palynological concentrations. Second, 10% HCl and 40% HF were added to remove carbonates and silicates, respectively. Third, the samples were heated with 10% KOH to dissolve humic matters. Fourth, an acetolysis solution, made by mixing 10 ml of H_2SO_4 with 90 ml of acetic anhydride, was added to remove cellulose. Fifth, the materials remaining after the acid-alkaline reactions were sieved through a 7μm mesh in an ultrasonic instrument in order to concentrate the pollen. Finally, the residue was suspended in glycerine and mounted on slides for microscopic examination at 400 × magnifications.

Each sample was counted for pollen and spores over 500 grains (average 608 grains). A total of 26,169 grains

Table 1. AMS ^{14}C dates for Yushan site.

Sample no.	Depth (cm)	Material	Conventional ^{14}C age (^{14}C yr BP)	Calibrated ^{14}C age (^{14}C yr BP) 2σ (95.4%)	Dating ID
YS14	65-70	plant fragment	4040 ± 30	4782-4771 (2.0%) 4581-4424 (93.4%)	BA151803
YS21	100-105	seed	4365 ± 25	5032-5018 (3.8%) 4976-4859 (91.6%)	BA151804
YS26	125-130	seed	4300 ± 25	4960-4934 (4.3%) 4888-4831 (91.1%)	BA151805
YS31	150-155	seed	4525 ± 25	5307-5214 (29.8%) 5191-5054 (65.6%)	BA151806
YS37	180-185	seed	4785 ± 25	5591-5571 (14.6%) 5557-5472 (80.8%)	BA151807
YS44	215-220	seed	5495 ± 25	6394-6372 (3.6%) 6323-6272 (85.7%) 6240-6217 (6.1%)	BA151808
YS47	230-235	seed	5665 ± 25	6529-6521 (0.6%) 6511-6397 (93.2%) 6368-6352 (1.6%)	BA151809
YS50	245-250	seed	5860 ± 25	6744-6637 (95.4%)	BA1518010
YS53	260-265	seed	6225 ± 25	7253-7146 (49.3%) 7130-7013 (46.1%)	BA1518011

of pollen and spores were obtained from the 43 samples. Identification of pollen and spores was made with reference to modern and Quaternary atlas (Institute of Botany and South China Institute of Botany, 1982; Tang et al., 2016; Wang et al., 1995). Poaceae pollen was divided into three size categories (<30 μm, 35-40 μm, >40 μm), and the Poaceae grains (>40 μm) from the sediment of eastern China were identified as domesticated rice pollen (Chaturvedi et al., 1998; Wang et al., 1995). *Quercus* pollen was separated into two categories, *Quercus* (deciduous) and *Quercus* (evergreen), based on the surface, tricolporoidate, and size that were thought to have ecological significance (Cao and Zhou, 2002; Wang and Pu, 2004).

3.4 *Phytolith analysis*

Phytoliths were extracted using the conventional wet digestion method as follows (Piperno, 1988; Runge, 1999). First, the organic matter was oxidized by H_2O_2(30%). Second, a tablet of exotic *Lycopodium* spores (27,637 N/tablet) was added. Third, carbonates were removed by HCl (10%). Fourth, the phytoliths were extracted by heavy liquid ($ZnBr_2$, 2.35 g/cm^3). Finally, the recovered phytoliths were permanently mounted on glass microscopic slides with Canada balsam. Identification and counting of phytoliths were carried out using a Leica DM 750 microscope at 400X magnification. At least 400 phytoliths (average 468 grains) were counted for each sample.

Phytoliths were classified according to the system proposed by Lu et al. (2006) and described according to the

International Code for Phytolith Nomenclature (ICPN1.0) (Madella et al., 2005). Rice was the only cereal identified in this study that included three distinctive phytolith types: (1) Rice bulliform produced in the leaf bulliform cells; (2) Paralleled bilobates produced in leaf cells; (3) Double-peaked glume phytoliths produced in the epidermis of the rice husk (Gu et al., 2013). The morphological characteristics of rice bulliforms and double-peaked phytoliths were measured for further discrimination of wild and domesticated rice (Lu et al., 2002; Zhao et al., 1998; Zheng et al., 2003).

3.5 *Diatom analysis*

Diatoms were extracted and identified simultaneously with phytoliths. Twenty-two samples at 10 cm intervals were selected for analysis, and no additional extraction processes were required. Diatoms were identified with reference to modern and archaeological studies in this region (Liu et al., 2011; Wang et al., 1987, 2010; Zheng et al., 2011). Diatoms were classified into three types of freshwater species, brackish species, and marine species. At least 300 diatoms (average 290 grains) were counted for each sample, except for three samples in which diatoms were rare, resulting in a count of less than 50 grains.

4. Results

4.1 *Pollen assemblages*

A total of 78 pollen types were identified including 43 arboreal taxa, 18 herbaceous taxa, 7 aquatic taxa, 7 fern taxa, and 3 algae taxa, of which the major pollens are shown in Appendix Fig. A1. Pollen assemblages of the Yushan profile can be divided into five pollen zones from bottom to top according to the sediment and cluster analysis of pollen using CONISS (Grimm, 1987) by Tilia software (Grimm, 1991) (Fig. 3).

4.1.1 Zone Ⅰ (275–250 cm, 7300–6700 BP)

This zone was primarily characterized by a high proportion (approximately 64%) of trees and shrubs, which was dominated by evergreen and deciduous *Quercus* (28% and 8%, respectively), *Pinus* (12%), and *Liquidambar* (5%). The proportion of upland herbs was approximately 35% and composed mostly of Poaceae (<35 μm) (13%) and Chenopodiaceae (19%). *Pinus* and Chenopodiaceae exhibited a declining trend from 21% to 5% and 30% to 6%, respectively. In contrast, Poaceae (<35 μm) increased rapidly from 3% to 33%.

4.1.2 Zone Ⅱ (250–215 cm, 6700–6300 BP): Hemudu culture period Ⅱ

Pollen zone Ⅱ showed a gradual increase in trees and shrubs from 58% to 64%. The content of evergreen *Quercus* increased slightly from 32% to 36%. Poaceae (<35 μm) reached the peak and decreased from 29% to 14%. The percentage of Pinus and Chenopodiaceae remained low at 3% and 3%, respectively. Cyperaceae increased gradually from 4% to 18%. *Typha* rose to 2%, and *Myriophyllum* reached the peak of 4%.

4.1.3 Zone Ⅲ (215–180 cm, 6300–5600 BP)

There was a slight decrease in the percentage of trees and shrubs, from 73% to 65%. Evergreen Quercus declined to a low of 24%, whereas *Pinus* rose to a high average of 8%. Poaceae (<35 μm) declined rapidly and then remained at a low value of 12%. Poaceae (>35 μm) rose fast from the middle of this zone, especially the

Poaceae (>40 μm) that increased from 0.8% to 8%. *Typha* increased from 3% to 9%, while *Myriophyllum* nearly disappeared.

4.1.4 Zone Ⅳ (180–120 cm, 5600–5000 BP): Hemudu culture period III and Liangzhu culture

The percentage of Cyperaceae and *Typha* all exhibited a remarkable increase, reaching peaks of 28% and 31%, respectively. *Pinus* and Chenopodiaceae decreased and remained at a low content of 2% and 0.9%, respectively. Poaceae (<35 μm) showed a declining trend from 21% to 9%, whereas Poaceae (35–40 μm) and Poaceae (>40 μm) retained relatively high values of 4% and 7%, respectively.

4.1.5 Zone Ⅴ (120–60 cm, 5000–4500 BP)

There was a remarkable recovery in the percentages of *Pinus*, *Pterocarya*, and Chenopodiaceae that reached 4%, 2%, and 2%, respectively. Both evergreen and deciduous *Quercus* increased rapidly, reaching peaks of 37% and 18%, respectively. Cyperaceae decreased from 14% to 0.2%, and *Typha* kept a stable level of 10%. Poaceae (35–40 μm) and Poaceae (>40 μm) reached peaks of 8% and 14%, respectively, and then decreased afterward.

4.2 *Phytolith assemblages*

Thirty-three phytolith morphotypes were identified from the Yushan profile, and the major phytoliths are shown in Appendix Fig. A1. The stratigraphic diagrams of phytolith percentages of the Yushan profile were constructed by C2 version 1.7.4 software (Juggins, 2007) and divided into five phytolith assemblage zones according to the sediment facies (Fig. 4).

4.2.1 Zone Ⅰ (275–250 cm, 7300–6700 BP)

The phytolith assemblage zone I was characterized by high proportions of smooth elongate (27%) and bilobate (19%). The percentage of short saddle (6%) and tower (10%) exhibited an increasing trend, while that of point (9%) decreased gradually. No phytoliths of rice were recovered from this zone.

4.2.2 Zone Ⅱ (250–215 cm, 6700–6300 BP): Hemudu culture period Ⅱ

The proportions of reed phytoliths (plateau saddle and reed bulliform) appeared and reached peaks of 9% and 2%, respectively. The percentage of short saddle (14%), hat (5%), and tower (19%) increased to higher levels, while that of bilobate (11%), smooth elongate (13%), and point (3%) decreased to lower levels. Rice bulliform first appeared and reached a peak of 0.7%.

4.2.3 Zone Ⅲ (215–180 cm, 6300–5600 BP)

Phytolith zone Ⅲ was characterized by a high proportion of smooth elongate (27%), square (14%), and point (9%), while the percentage of short saddle (4%), plateau saddle (0.5%), hat (1%), and tower (9%) decreased to lower levels. Rice bulliform nearly disappeared and was only found in a few samples.

4.2.4 Zone Ⅳ (180–120 cm, 5600–5000 BP): Hemudu culture period Ⅲ and Liangzhu culture

The percentage of bilobate (24%) and cross (6%) increased to high levels, while that of smooth elongate (16%), square (5%), and point (2%) decreased to low levels. Cyperaceae phytoliths of polygonal cones were widely recovered and increased to the peak of 3%. Rice bulliform reached the peak of 1% and decreased afterward.

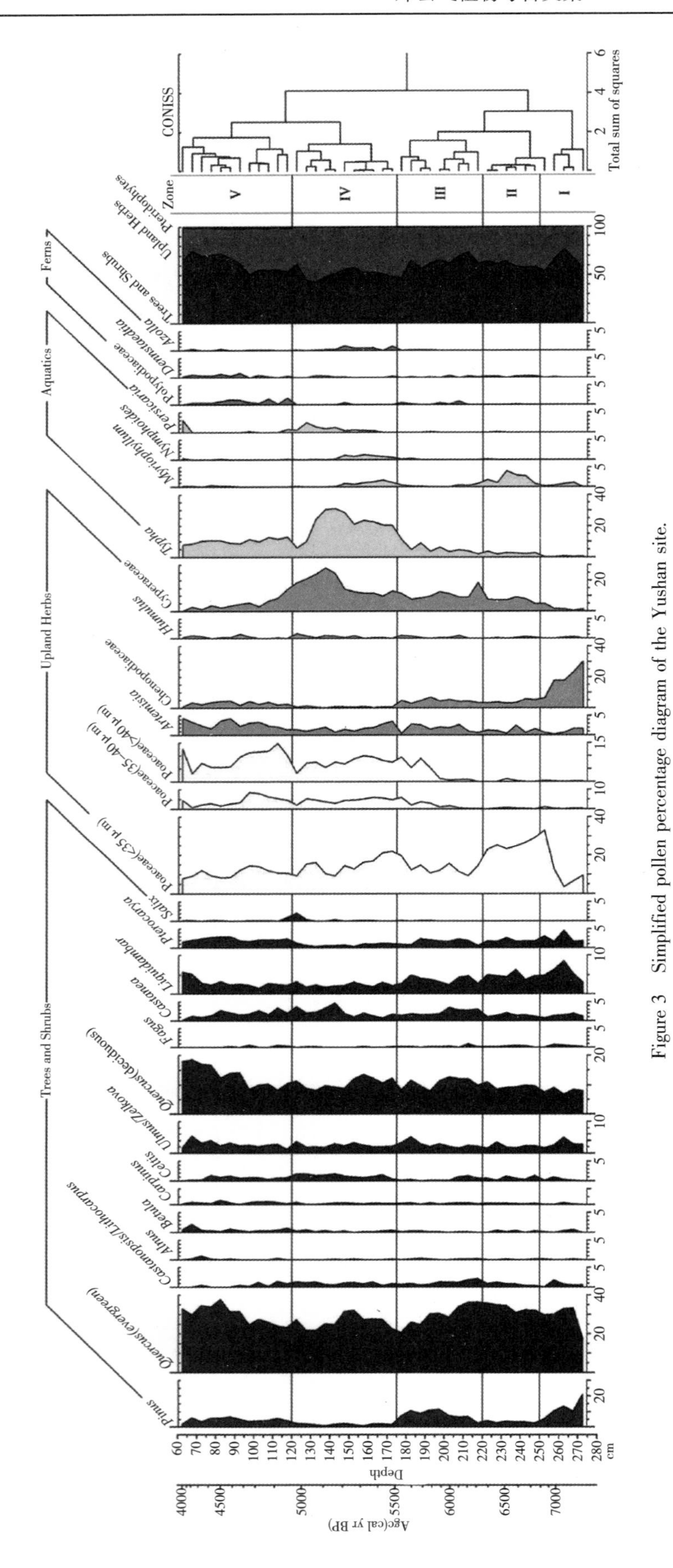

Figure 3 Simplified pollen percentage diagram of the Yushan site.

Calibrated radiocarbon age ranges before present (cal BP) are shown on the left of the diagram. Five main pollen zones are obtained from a constrained cluster analysis and shown on the right of the diagram.

Double-peaked glume cells appeared for the first time, accounting for 0.2%.

4.2.5 Zone V (120-60 cm, 5000-4500 BP)

The percentage of smooth elongate (21%), long saddle (7%), and point (6%) increased to high levels, while that of bilobate (19%), cross (1%), and sinuate elongate (2%) decreased. Rice phytoliths were still recovered from a few samples. Bilobates parallel was widely recovered in this zone and increased to the peak of 0.9%.

4.3 *Diatom assemblages*

Diatoms were recovered in abundance in nearly all studied samples; 24 major morphotypes were identified, as shown in Appendix Fig. A1, including marine, brackish, and freshwater species. The stratigraphic diagrams of diatom percentages of the Yushan profile were constructed by C2 version 1.7.4 software (Juggins, 2007) and divided into five zones according to the sediment facies and diatom assemblage (Fig. 5).

4.3.1 Zone I (275-250 cm, 7300-6700 BP)

Diatom assemblages in zone I were dominated by marine species of *Campylodiscus* spp (26%), *Conscinodiscus* spp (46%), *Triceratium favus* (1%), *Cyclotella stylorum* (5%), and *Diploneis smithii* (4%). No freshwater diatom was recovered from this zone.

4.3.2 Zone II (250-215 cm, 6700-6300 BP): Hemudu culture period II

Marine diatoms decreased sharply and nearly disappeared in Zone II. In contrast, this zone was dominated by brackish diatoms of *Nitzschia scalaris* (39%) and *Pinnularia yarrensis* (21%), and freshwater diatoms of *Amphora ovalis* (20%), as well as *Navicula cuspidata & radiosa* (8%).

4.3.3 Zone III (215-180 cm, 6300-5600 BP)

Marine diatoms of *Campylodiscus* spp (18%), *Conscinodiscus* spp (40%), *T. favus* (0.8%), *C. stylorum* (7%), and *D. smithii* (4%) increased again and played leading roles. In addition, brackish diatoms of *P. yarrensis* (22%) also accounted for a high proportion.

4.3.4 Zone IV (180-120 cm, 5600-5000 BP): Hemudu culture period III and Liangzhu culture

This zone was dominated by brackish diatoms of *N. scalaris* (43%), and freshwater diatoms of *Pinnularia major* (28%), *N. cuspidata & radiosa* (11%), *Cymbella minuta & asper* (4%), and *Eunotia praerupta & pectinalia* (6%). Several samples revealed only a few marine diatoms.

4.3.5 Zone V (120-60 cm, 5000-4500 BP)

Marine diatoms of *Campylodiscus* spp (62%) and *Conscinodiscus* spp (17%) increased and played a leading role. Freshwater diatoms of *P. major* (14%) decreased sharply and only accounted for a minor proportion.

4.4 *Identification of rice pollen and phytolith*

Rice bulliform phytoliths were recovered from 20 samples with concentrations ranging from 1151 to 27,637 grains/g; concentrations of 11 of these samples exceeded 5000 grains/g. Two samples for each cultural period were selected for a detailed check of rice bulliform (Fig. 4). In total, 389 rice bulliform phytoliths were identified. The fish scale decorations of most rice bulliforms were weathered and unable to be counted (Lu et al., 2002).

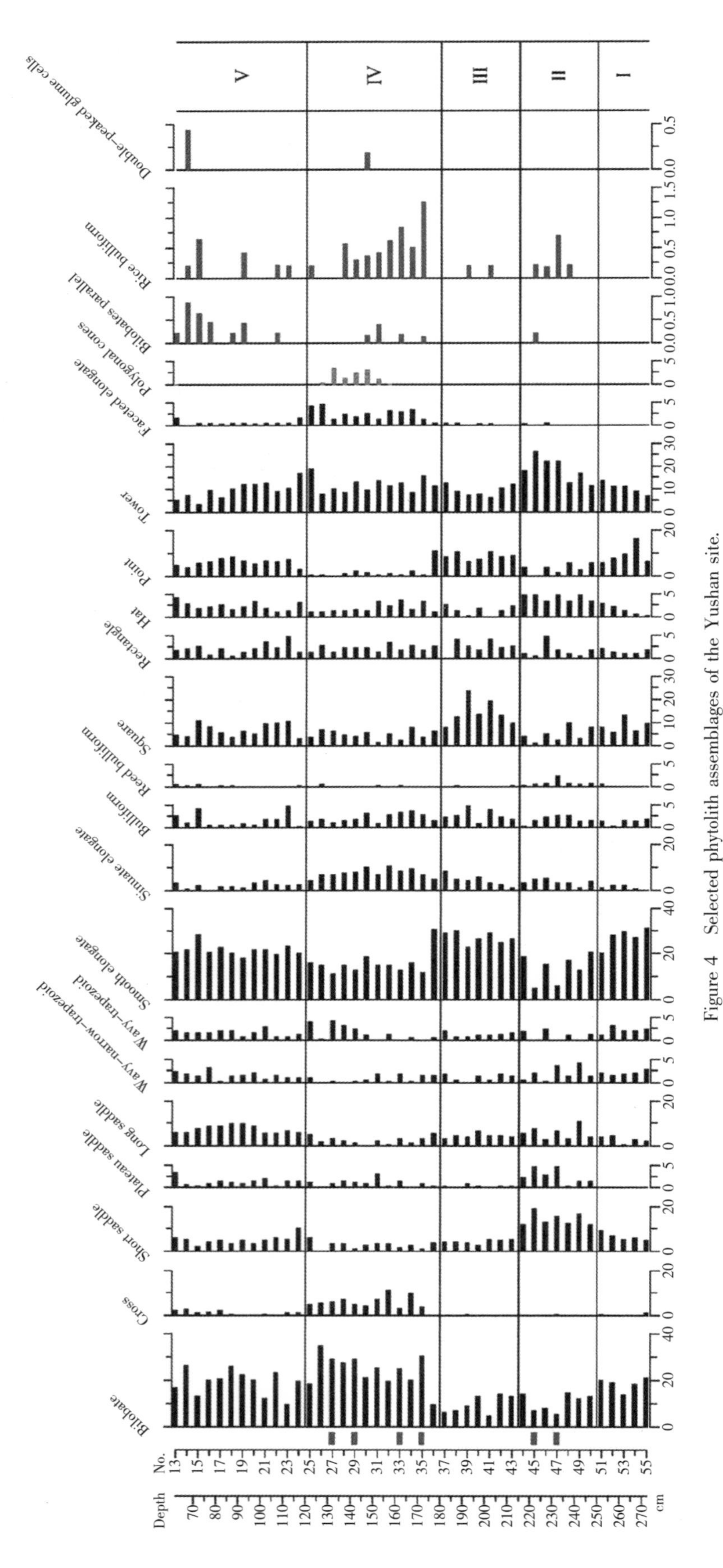

Figure 4 Selected phytolith assemblages of the Yushan site.

Samples selected for a detailed check of rice bulliform are shown on the left side with red rectangles. (For interpretation of the references to colour in this figure legend, the reader is referred to the Web version of this article.)

Morphological characteristics of each individual bulliform were also measured (Zheng et al., 2003). The average vertical length (VL) and horizontal length (HL) of rice bulliform were 42.9 ±7 μm and 34.7 ±5.1 μm, 45.3 ±7.9 μm and 37.2 ±6.1 μm, 42.3 ±7.9 μm and 36 ±6.4 μm from the bottom up, respectively. Only one sample of double-peaked glume cells was suitable for discriminant analysis (Zhao et al., 1998) and classified as domestic rice.

The percentage of Poaceae fluctuated significantly between different zones with several peak values of approximate 34.5%. However, the composition of the Poaceae pollen changed radically. The first peak, which occurred in zone II, was composed almost entirely of Poaceae (<35 μm), whereas the peaks in zone IV were mainly promoted by the rise of Poaceae pollen (>40 μm). The percentage of rice pollen (>40 μm) to Poaceae pollen was as low as 1.1% in zones I and II, rose rapidly to a high value of 28% in zone III, and remained at that percentage until it peaked again to 37% in zone V.

5 Discussion

5.1 *Reconstruction of the ecological environment*

According to the analysis of sediment, pollen, phytoliths, and diatoms, the Yushan site experienced environmental alternations between intertidal mudflats and freshwater wetlands controlled by the fluctuation of relative sea level (RSL) (Fig. 6) (Zheng et al., 2011). Diatom assemblages of zones I, III, and V were primarily composed of marine diatoms *Campylodiscus* spp and *Conscinodiscus* spp, which are common in offshore, coastal, and intertidal zones in the lower Yangtze River (Liu et al., 2011; Wang et al., 1987; Zhuang et al., 2014), indicating seawater environments and marine transgression. In contrast, diatom assemblages of zones II and IV were dominated by freshwater diatoms *A. ovalis* and *P. major* and brackish diatoms *N. scalaris* and *P. yarrensis*, which are commonly recovered from shallow lakes, freshwater marshes/swamps, and coastal lagoons (Yang et al., 2008; Zong and Horton, 1998; Zong et al., 2011a), indicating freshwater wetland environments and regressive events (Fig. 6a).

Based on the survey of modern plants along southeastern China, coastal mudflats can be divided into several plant communities according to elevation and inundation time. From the low tide line to the high tide line are bare flat, *Scirpus mariqueter* & *Scirpus triqueter* community, *Suaeda* spp community, *Typha* spp community, and *Phragmites australis* community (Fig. 6b) (Gao and Zhang, 2006; Tang et al., 2003; Wu et al., 2008). The zones I, III, and V were characterized by a high proportion of Chenopodiaceae, which indicated *Suaeda* spp widespread on the supratidal zone of the marine layer (Fig. 6a) (Xiao et al., 2014). Zones II and IV were characterized by a high proportion of aquatic sporopollen of *Typha* and *Myriophyllum* that indicated the existence of a freshwater wetland (Fig. 6a) (Ma et al., 2010).

In addition, the pollen and phytolith results corresponded well in zones II and V with reference to reeds and sedges (Fig. 6a). In zone II, the percentage of Poaceae (<35 μm) pollen reached its peak, possibly due to the expansion of wild rice, weed, or reed. Meanwhile reed phytolith (reed bulliform and plateau saddle) also reached

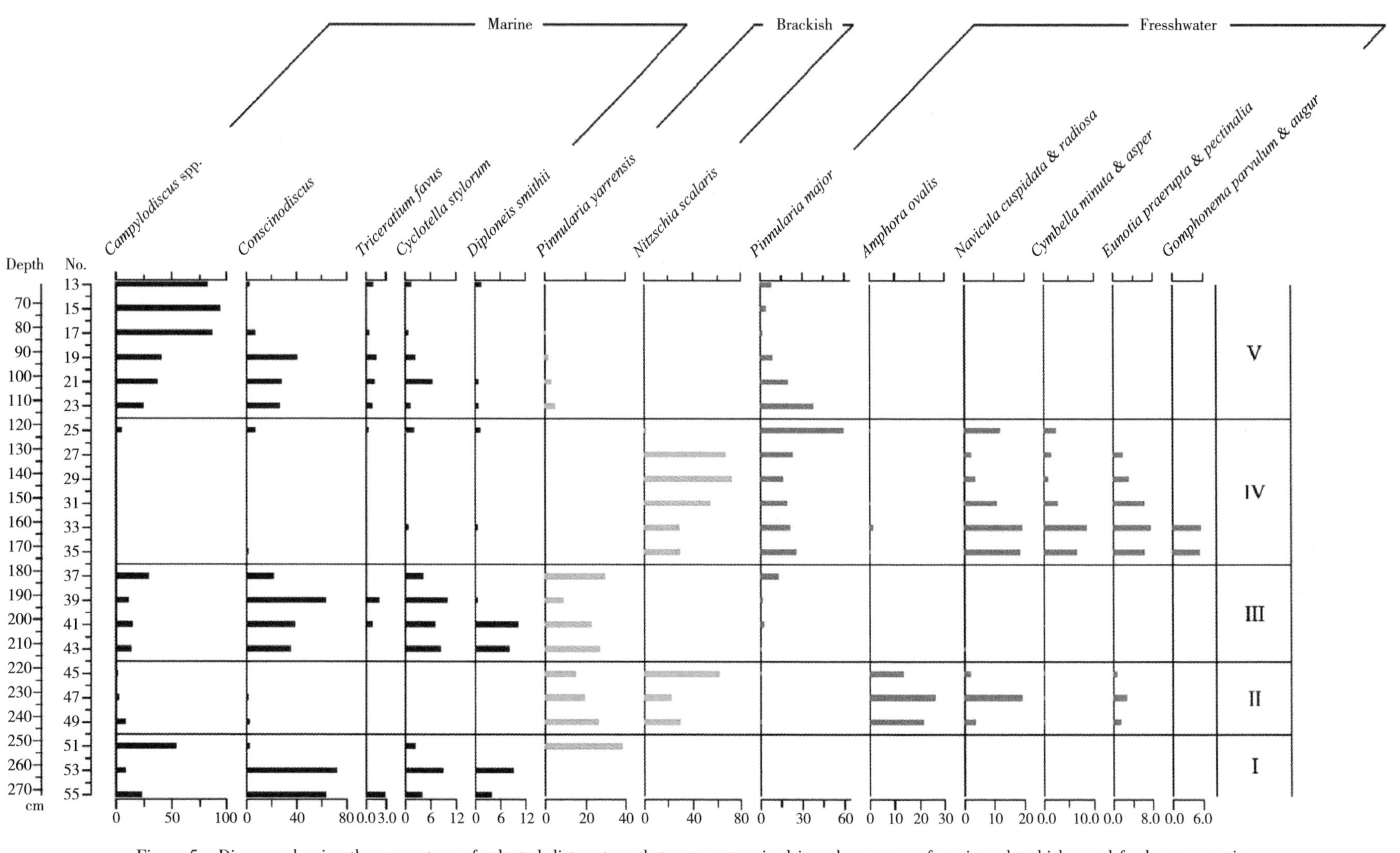

Figure 5 Diagram showing the percentage of selected diatom taxa that were categorized into three types of marine, brackish, and freshwater species.

its peak. In zones IV and V, the percentage of Cyperaceae pollen reached its peak, while that of sedge phytolith (polygonal cones) emerged, accounting for the highest proportion in the profile. The remarkable coincidence between the pollen and phytolith indicated two events of regression and formation of wetland that occurred during 6700–6300 BP and 5600–5000 BP, which provided a rich habitat for the development of Neolithic culture and the cultivation of rice (Zheng, 2012; Zong et al., 2007).

Previous studies suggested that settlements in the Yangtze coastal plain gradually moved seawards over the course of the Neolithic period (Stanley et al., 1996; Zong et al., 2012). Newly emerged marshes and mudflats in the process of regression provided rich wild food resources (Yuan et al., 2008; Zheng, 2012) and were suitable for rice cultivation, which may have attracted people to migrate following the receding sea. The sedimentary strata at the Yushan site were similar to that of the Tianluoshan site but the beginning of Hemudu culture at the Yushan site was approximate 300 and 700 years later than that at Tianluoshan site, respectively (Zheng et al., 2011). Compared to the Tianluoshan site, the Yushan site was located closer to the coastline, which resulted in the regression occurring later than at the Tianluoshan site. In other words, some ancient people of Hemudu culture may have migrated with the regression to search for new wetlands suitable for inhabitation.

5.2 *Cultural interruption and sea-level fluctuation*

Evidence of pollen and diatoms in the Yushan profile discussed above indicates that the three natural layers of zones I, Ⅲ, and V were all formed by marine transgressions. As for zone I, abundant data from cores revealed that the marine layers were widely distributed before human settlement in Zhejiang province (Fig. 7) and varied from several meters to approximately 45 m in thickness (Feng and Wang, 1986). Many foraminiferas including the species *Ammonia beccarii* were recovered from the layer beneath the cultural layer at the Hemudu site, illustrating an inner-shelf shallow sea environment (Zhu et al., 2003). Recent studies on the spatiotemporal distribution of Neolithic sites indicate that the East China coastal plain experienced widespread transgression and turned into a shallow marine environment during 9000–7000 BP (Li et al., 2018; Zheng et al., 2018), and forming the marine layer of zone I in the Yushan profile.

As for zones III and V that interrupted and overlay Hemudu and the subsequent Liangzhu cultural layers, some scholars argued that these layers were freshwater swamps, with no genera of foraminifera found in the Hemudu site (Zhu et al., 2003). Nevertheless, evidence of diatoms and seeds from the Tianluoshan site indicated that these layers of cultural interruption were likely to be the result of transgression induced by sea-level fluctuation in the mid-late Holocene (Wang et al., 2010; Zheng et al., 2011). This dispute may derive from different sea-level indicators (Wang, 1989) or varied local environment. Diatoms in zones III and V, as discussed above, indicated the existence of two large-scale marine transgressions. In fact, the Hemudu culture developed above the intertidal mudflat formed by the regression beginning around 7500–7000 BP (Zheng et al., 2018; Zhu et al., 2003); nevertheless, several transgressive events induced by sea-level fluctuation still occurred in the process of regression (Zheng et al., 2011).

In addition, the interruption layer between the Hemudu periods II and III was also found in several sites dis-

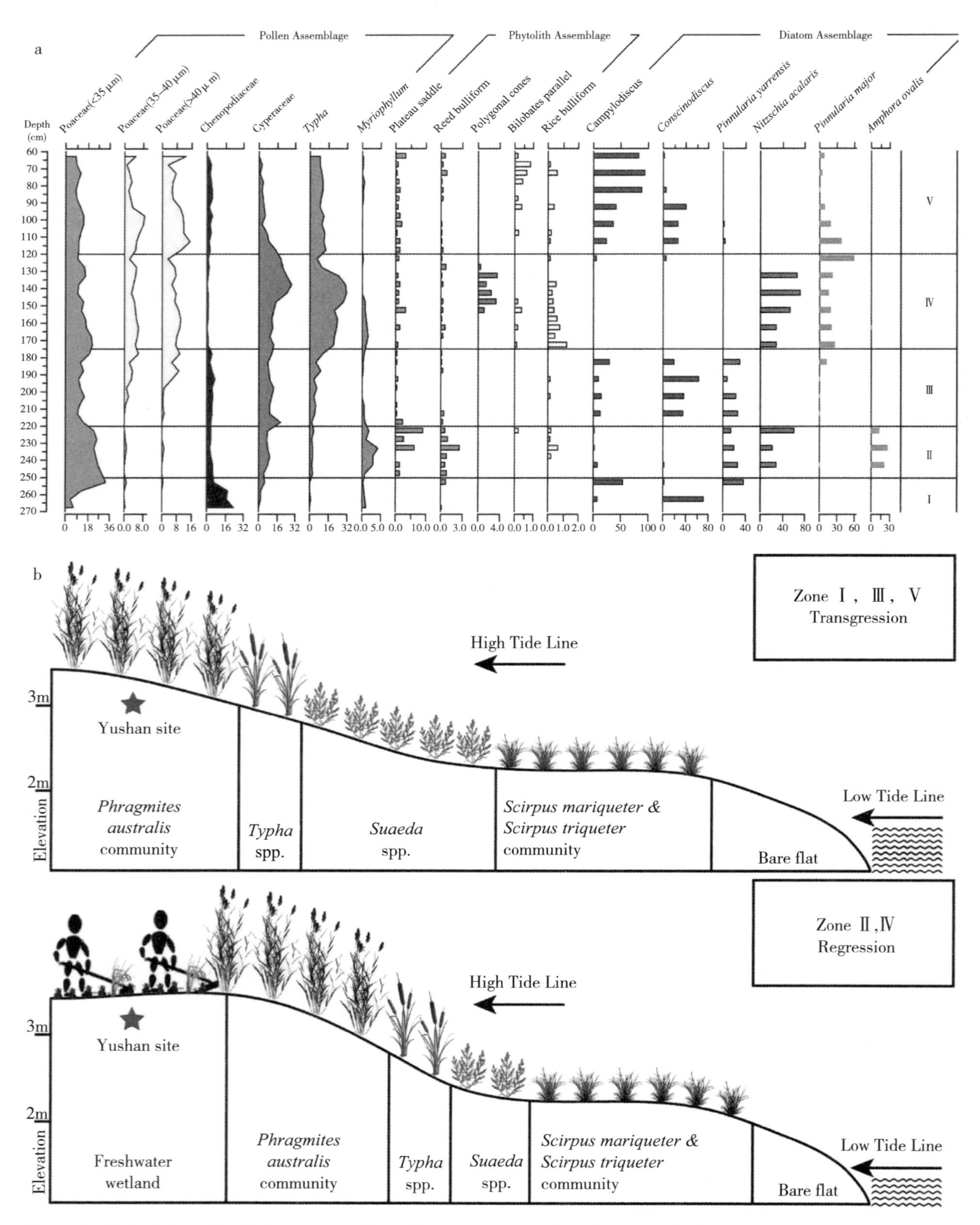

Figure 6 Ecological models of plant communities and human activities along the coast of the lower Yangtze River during regression and transgression (Appendix B. Supplement dataset S1).

tributed along the coast of the Ningshao Plain, such as at Loujiaqiao (Zhejiang Provincial Institute of Cultural Relics and Archaeology et al., 2010), Fujiashan (Ningbo Municipal Institute of Cultural Relics and Archaeology, 2013), and Tianluoshan (Zheng et al., 2011) (Fig. 7). The estimated date of the interruption layer ranged from 6400 to 5600 BP and the depth ranged from 2.9 to 1.1 m to the surface (Fig. 7, Table 2). In the present study, accurate elevation and age were measured at the Yushan site and the effects of local subsidence and sediment consolidation were also considered (Appendix Table. A1) (Zhan and Wang, 2014; Zhang and Liu, 1996; Zong, 2004). Accordingly, we suggest that the RSL was at least 0.4 m above the present during 5600 BP. When it comes to the other transgression that ended in 4500 BP, the RSL was up to 1.8 m above the present at this site.

5.3 *Process of rice domestication*

The concentration of rice bulliform exceeded 5000 grains/g in a few samples from zone II and reached the peak of approximately 27,000 grains/g in samples from zones IV and V, indicating that rice cultivation (Fujiwara, 1976) had already started during the Hemudu culture period II in this region. Measurements on rice bulliform phytoliths from zones II and IV fell into the area close to that after the Majiabang culture and did not shift towards larger sizes (Fig. 8a) (Fuller et al., 2007; Qin et al., 2006). Though morphological features of bulliform from modern *Oryza sativa* display wide overlaps with that of wild species (Fig. 8b) (Gu et al., 2013), previous studies of rice bulliform from archaeological sites show an increasing trend through the Neolithic Age (Zheng et al., 2000, 2003). Thus, we suggest these rice had already been cultivated and was in the process of domestication since 6700 BP.

Although the use of a size threshold to identify rice pollen is still disputed (Mao and Yang, 2015), two main criterions of 35 μm (Li et al., 2015; Shu et al., 2007; Yang et al., 2012) and 40μm (Chaturvedi et al., 1998; Wang et al., 1995; Zong et al., 2007) (Fig. 8d) are widely applied to modern field and ancient sediment. A great change occurred in the composition of Poaceae in zone IV as the percentage of rice pollen (>40 μm) rose sharply from 1.1% to 28% and continued its upward trend (Fig. 8c). In contrast, the peak of Poaceae pollen percentage in zone II was nearly all comprised of Poaceae (<35μm). The remarkable contrast between these two zones indicated that rice cultivated in the Hemudu culture period II was more similar to the wild type, whereas the rice in Hemudu culture period III was more likely to be fully domesticated. In sum, we suggest that rice farming had already established in this region since at least 5600 BP.

Although modern genetic dataset suggests rice may have originated from the Pearl River basin (Huang et al.. 2012), numerous evidences of genetics, archaeobotany and computational modelling are consistent with the domestication of *O. sativa japonica* in the Yangtze River valley (Fuller et al., 2010b; Gross et al., 2014; Silva et al., 2015). The process of domestication has been recognizedas a protracted and dynamic transition taking thousands of plant generations (Allaby et al., 2008; Fuller et al., 2010a). The rate of domestication is not constant, instead it varies along the process in response to different human behaviors (Fuller et al., 2010a). The long process of pre-domestication in the lower Yangtze River (Fuller, 2007; Fuller et al., 2010b) may be the result of

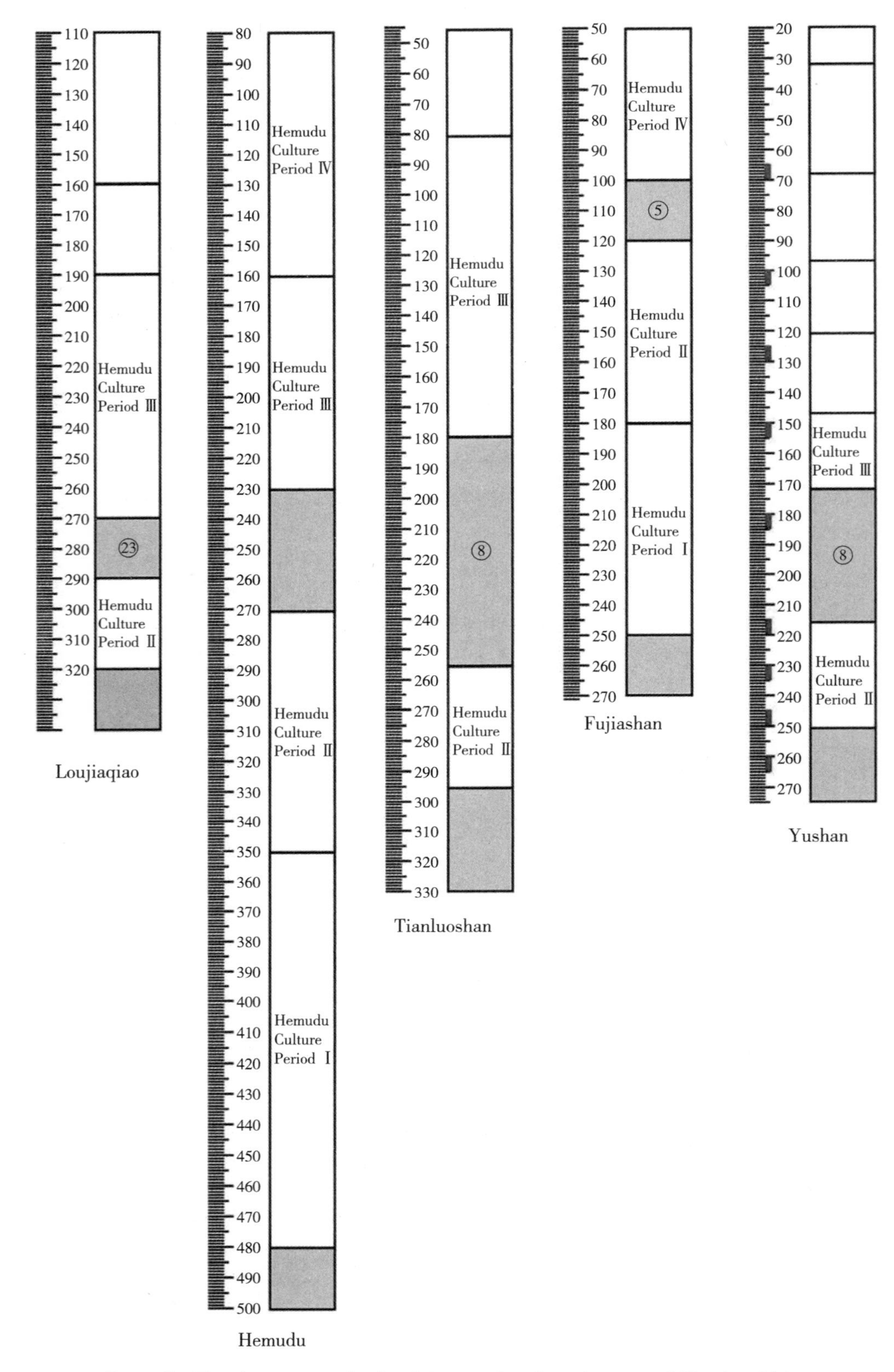

Figure 7 The phenomenon of cultural interruption along the coast of Ningshao Plain.

Schematic diagram of sediment stratigraphy from these archaeological sites. Natural layers that underlie and interrupt the Hemudu cultural layers are displayed in gray.

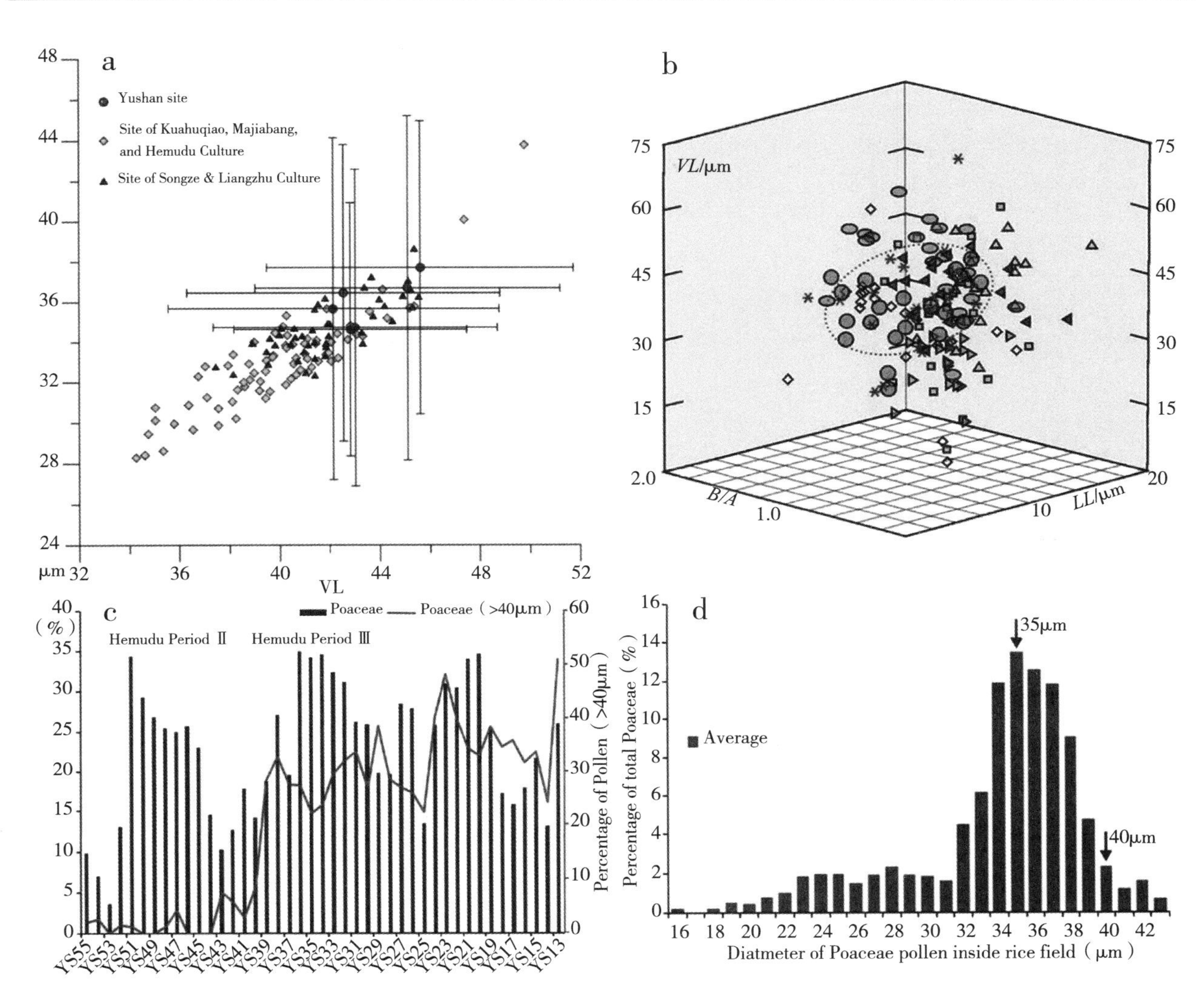

Figure 8 The process of rice domestication in the Yushan site with reference to evidence of phytoliths and pollen. (a) Measurements of rice bulliform from the Yushan site (Appendix B. Supplement dataset S3) and trend of increasing size in the lower Yangtze River (Fuller et al., 2007). (b) 3-D scatter plots for morphological parameters of rice bulliform (Gu et al., 2013). (c) Percentage of Poaceae pollen to the total terrestrial pollen and percentage of rice pollen (>40 μm) to the Poaceae pollen. (d) Size distributions of Poaceae pollen inside the rice cultivated fields (Yang et al., 2012).

the unstable environment induced by sea-level fluctuations. The accelerated accomplishment of rice domestication during the Hemudu culture period III may attribute to the formation of the paddy field systems, which efficiently seperates cultivated rice from other wild plants and significantly reduces cross-pollination with free-growing wild rice (Fuller et al., 2009, 2010b).

6. Conclusion

Evidence of pollen, phytoliths, and diatoms integrated with sedimentological information from the Yushan site indicates the existence of a dynamic interaction between human activity and the sea-level fluctuation beginning in 6700 BP. Hemudu culture and the subsequent Liangzhu culture developed in the context of regression and were interrupted by two transgressions that occurred during 6300–5600 BP and 5000–4500 BP. The regional ecological environment of the Yushan site alternated between intertidal mudflats and freshwater wetlands induced by sea-level fluctuation in the mid-late Holocene. Although rice was first cultivated on wetlands beginning in 6700 BP, its cultivation was halted by the subsequent transgression; thus, the full domestication of rice in this region was protracted until 5600 BP.

Table 2 Phenomenon of cultural interruptions.

Site	Hemudu culture II	Interruption	Hemudu culture III	Depth of Interruption	Elevation of Surface
Loujiaqiao	6700–6400 BP	6400–6000 BP	6000–5800 BP	2. 9–2. 7 m	5. 5 m
Hemudu	6300–6000 BP	Unknown	6000–5600 BP	2. 7–2. 3 m	2. 4 m
Tianluoshan	7000–6400 BP	6400–6300 BP	6300–4600 BP	2. 5–1. 8 m	2 m
Fujiashan	6300–6000 BP	6000–5700 BP	5700–5300 BP	1. 2–1. 1 m	2 m
Yushan	6700–6300 BP	6300–5600 BP	5600–5200 BP	2. 1–1. 8 m	2 m

Acknowledgements

We sincerely thank Professor Guoping Sun for the assistance in samples collection. We also thank Yafei Zou for helping identify diatoms. We are grateful to Can Wang and Xiaoshan Yu for their useful suggestions on the manuscript. We greatly appreciate the valuable comments of anonymous reviewers that improved the final manuscript. This work was jointly funded by the National Basic Research Program of China (No. 2015CB953801), "Macroevolutionary Processes and Paleoenvironments of Major Historical Biota" of the Chinese Academy of Sciences (No. XDPB0503), and National Natural Science Foundation of China (No. 41430103).

Appendix B. Supplementary data

Supplementary data related to this article can be found at https://doi. org/10. 1016/j. quascirev. 2018. 03. 034.

Appendix A

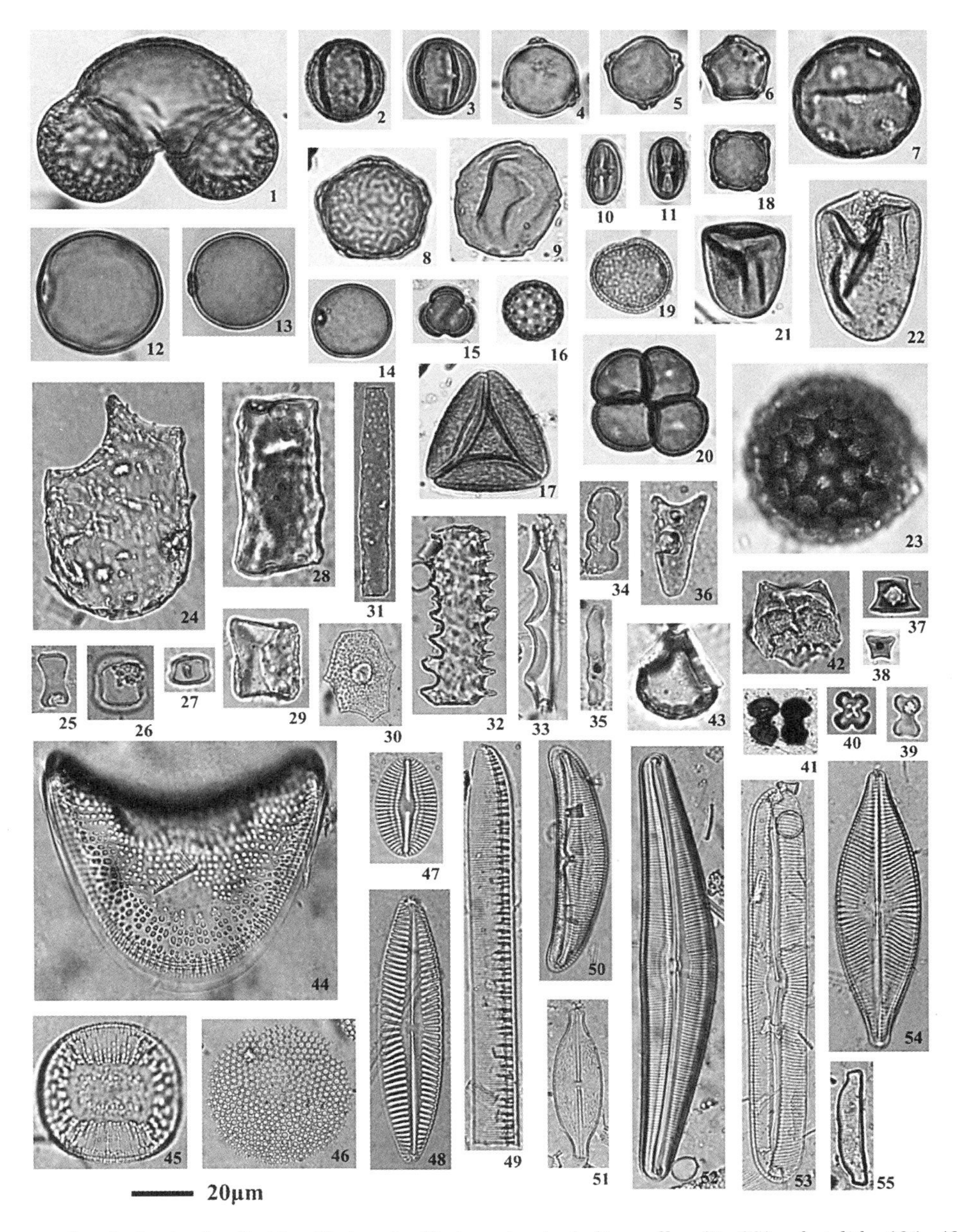

Figure A1 Images of typical microfossils identified at the Yushan site, including pollen (1–23), phytoliths (24–43), and diatoms (44–55).

Pollen (1–23) 1. *Pinus* 2. *Quercus*. deciduous 3. *Quercus*. evergreen 4. *Carpinus* 5. *Betula* 6. *Alnus* 7. *Liquidambar/Altingia* 8. *Ulmus/Zelkova* 9. *Pterocarya* 10. *Castanopsis/Lithcarpus* 11. *Castanea* 12. Poaceae (>40 μm) 13. Poaceae (35–40 μm) 14. Poaceae (<35 μm) 15. *Artemisia* 16. Chenopodiaceae 17. *Nymphoides* 18. *Myriophyllum* 19. *Typha* 20. *Typha* (tetrad) 21. Cyperaceae (small) 22. Cyperaceae (big) 23. *Persicaria*.

Phytoliths (24–43) 24. Reed bulliform 25. Long saddle 26. Plateau saddle 27. Short saddle 28. Rectangle 29. Square 30. Polygonal cones (Cyperaceae) 31. Smooth elongate 32. Sinuate elongate 33. Faceted elongate 34. wavy-trapezoid 35. Wavy-narrow-trapezoid 36. Point 37. Hat 38. Tower 39. Bilobate 40. Cross 41. Bilobates parallel 42. Double-peaked glume cells 43. Rice bulliform.

Diatoms (44–55) 44–45. *Campylodiscus echeneis* 46. *Coscinodiscus nodulifer* 47. *Diploneis elliptica* 48. *Pinnularia yarrensis* 49. *Nitzschia scalaris* 50. *Amphora ovalis* 51. *Neidium productum* 52. *Cymbella cistula* 53. *Pinnularia major* 54. *Navicula triviali* 55. *Eunotia praerupta*

Table A1. Correction for sediment compaction settlement for Yushan profile.

Unit	Depth Measured (cm)	Lithology	Porosity (n)	Porosity (n_0)	Thickness (h/cm)	Compaction capacity (△h)	Depth Corrected (cm)
1-3	0-60	silt	0. 5	0. 48	60	2. 4	-41. 4-21
4[a]	60-100	clayey silt	0. 68	0. 63	40	6. 3	21-67. 3
5[a]	100-120	clay	0. 7	0. 62	20	5. 3	67. 3-92. 6
6	120-150	clayey silt	0. 68	0. 63	30	4. 7	92. 6-127. 3
7	150-180	silt	0. 5	0. 48	30	1. 2	127. 3-158. 5
8[a]	180-215	clay	0. 7	0. 62	35	9. 3	158. 5-202. 8
9	215-250	clayey silt	0. 68	0. 63	35	5. 5	202. 8-243. 3
10	250-275	clay	0. 7	0. 62	25	6. 7	243. 3-275

[a] The Yangtze Delta has experienced a weak subsidence in the Holocene and the small amount of subsidence was not calculated in this study.

Quaternary Science Reviews 188 (2018)

References

R. G. Allaby, D. Q. Fuller, T. A. Brown, The genetic expectations of a protracted model for the origins of domesticated crops, *PNAS* 105 (2008).

M. Blaauw, Methods and code for ' classical' age-modelling of radiocarbon sequences, *Quat. Geochronol.* 5 (2010).

M. Cao, Z. K. Zhou, Pollen morphology and its systematic significance of the *Quercus* from China, *Guang Xi Zhi Wu* 22 (2002) (in Chinese).

M. Chaturvedi, K. Datta, P. K. K. Nair, Pollen morphology of *Oryza* (poaceae), *Grana* 37 (1998).

Z. Y. Chen, D. J. Stanley, Sea-Level rise on eastern China' s Yangtze delta, *J. Coast Res.* 14 (1998).

H. Z. Feng, Z. T. Wang, Zhejiang' s Holocene coastline shift and sea level change, *J. Hangzhou Univ.* 13 (1986) (in Chinese).

D. M. FitzGerald, M. S. Fenster, B. A. Argow et al., Coastal impacts due to sea-level rise, *Annu. Rev. Earth Planet Sci.* 36 (2008).

H. Fujiwara, Fundamental studies of plant opal analysis (1): on the silica bodies of motor cell of rice plants and their near relatives, and the method of quantitative analysis, *Archaeology & Nature Science* 9 (1976) (in Japanese).

D. Q. Fuller, Contrasting patterns in crop domestication and domestication rates: recent archaeobotanical insights from the old world, *Annals of Botany* 100 (2007).

D. Q. Fuller, Pathways to Asian civilizations: tracing the origins and spread of rice and rice cultures, *Rice* 4 (2011).

D. Q. Fuller, R. G. Allaby, C. Stevens, Domestication as innovation: the entanglement of techniques, technology and chance in the domestication of cereal crops, *World Archaeology* 42 (2010).

D. Q. Fuller, T. Denham, M. Arroyo-Kalin et al., Convergent evolution and parallelism in plant domestication revealed by an expanding archaeological record, *PNAS* 111 (2014).

D. Q. Fuller, E. Harvey, L. Qin, Presumed domestication? Evidence for wild rice cultivation and domestication in the fifth millennium BC of the lower Yangtze region, *Antiquity* 81 (2007).

D. Q. Fuller, L. Qin, Water management and labour in the origins and dispersal of Asian rice, *World Archaeology* 41 (2009).

D. Q. Fuller, L. Qin, Y. F. Zheng et al. , The domestication process and domestication rate in rice: spikelet bases from the lower Yangtze, *Science* 323 (2009).

D. Q. Fuller, Y. I. Sato, C. Castillo et al. , Consilience of genetics and archaeobotany in the entangled history of rice, *Archaeological and Anthropological Sciences* 2 (2010).

Z. G. Gao, L. Q. Zhang, Measuring and analyzing of the multi-seasonal spectral characteristics for saltmarsh vegetation in Shanghai, *Acta Ecologica Sinica* 26 (2006) (in Chinese).

E. C. Grimm, CONISS: a fortran 77 program for stratigraphically constrained cluster analysis by the method of incremental sum of squares, *Computers Geosciences* 13 (1987).

E. C. Grimm, *Tilia and Tiliagraph*, Illinois State Museum, Springfield, 1991.

B. L. Gross, Z. J. Zhao, Archaeological and genetic insights into the origins of domesticated rice, *PNAS* 111 (2014).

Y. S. Gu, Z. J. Zhao, D. M. Pearsall, Phytolith morphology research on wild and domesticated rice species in East Asia, *Quaternary International* 287 (2013).

K. Hori, Y. Saito, Q. H. Zhao et al. , Sedimentary facies and Holocene progradation rates of the Changjiang (Yangtze) delta, China, *Geomorphology* 41 (2001).

X. H. Huang, N. Kurata, X. H. Wei et al. , A map of rice genome variation reveals the origin of cultivated rice, *Nature* 490 (2012).

Institute of Botany and South China Institute of Botany, *Angiosperm pollen flora of tropical and subtropical China*, Science Press, Beijing, 1982 (in Chinese).

S. Juggins, *Software for ecological and palaeoecological data analysis and visualisation (User guide version* 1. 5*)*, Newcastle University, Newcastle upon Tyne, 2007, pp. 1–77.

C. H. Li, Y. F. Zheng, S. Y. Yu et al. , Understanding the ecological background of rice agriculture on the Ningshao Plain during the Neolithic Age: pollen evidence from a buried paddy field at the Tianluoshan cultural site, *Quaternary Science Reviews* 35 (2012).

L. Li, C. Zhu, Z. Qin et al. , Relative sea level rise, site distributions, and Neolithic settlement in the early to middle Holocene, Jiangsu Province, China, *The Holocene* 28 (2018).

M. Y. Li, Q. H. Xu, S. R. Zhang et al. , Indicator pollen taxa of human-induced and natural vegetation in Northern China, *The Holocene* 25 (2015).

J. P. Liu, J. D. Milliman, S. Gao et al. , Holocene development of the yellow River' s subaqueous delta, north Yellow Sea, *Marine Geology* 209 (2004).

L. Liu, X. C. Chen, *The Archaeology of China: from the late Paleolithic to the early Bronze Age*, Cambridge University Press, New York, 2012.

L. Liu, G. -A. Lee, L. P. Jiang et al. , Evidence for the early beginning (*c.* 9000 cal. BP) of rice domestication in China: a response, *The Holocene* 17 (2007).

Q. Liu, B. Wu, Y. Liu et al. , Preliminary studies on diatoms from chongming east beach, *Plant Science Journal* 29 (2011) (in Chinese).

Y. Liu, Q. L. Sun, D. D. Fan et al. , Pollen evidence to interpret the history of rice farming at the Hemudu site on the Ningshao coast, eastern China, *Quaternary International* 426 (2016).

H. Y. Lu, Z. X. Liu, N. Q. Wu et al. , Rice domestication and climatic change: phytolith evidence from East China, *Boreas* 31 (2002).

H. Y. Lu, N. Q. Wu, X. D. Yang et al. , Phytoliths as quantitative indicators for the reconstruction of past environmental conditions in China I: phytolith-based transfer functions, *Quaternary Science Reviews* 25 (2006).

S. Y. Ma, Z. Z. Zhou, P. Gao et al. , Study on pollen morphology, identification characteristics and their ecological significance in the Caizi lake, Anhui province, China, *Acta Micropalaeontologica Sinca* 27 (2010) (in Chinese).

M. Madella, A. Alexandre, T. Ball, International code for phytolith nomen-clature 1. 0, *Annals of Botany* 96 (2005).

L. M. Mao, X. Yang, Pollen morphology of cereals and associated wild relatives: reassessing potentials in tracing agriculture history and limitations, *Applied Catalysis B: Environmental* 162 (2015).

G. McGranahan, D. Balk, B. Anderson, The rising tide: assessing the risks of climate change and human settlements in low elevation coastal zones, *Environment and Urbanization* 19 (2007).

P. D. Moore, J. A. Webb, M. E. Collison, *Pollen analysis*, Blackwell Scientific Publications, Oxford, U K, 1991.

R. J. Nicholls, A. Cazenave, Sea-level rise and its impact on coastal zones, *Science* 328 (2010).

R. J. Nicholls, P. P. Wong, V. Burkett et al. , Coastal systems and low-lying areas/M. L. Parry, O. F. Canziani, J. P. Palutikof et al. , eds. , *Climate change* 2007*: impacts, adaptation and vulnerability. contribution of working group II to the fourth Assessment report of the intergovernmental panel on climate change*, Cambridge University Press, Cambridge, U. K, pp. 315–356.

Ningbo Chorography Codification Committee, *Ningbo Chorography*, Zhonghua Book Company, Beijing, 1995.

Ningbo Municipal Institute of Cultural Relics and Archaeology, *Fujiashan-the excavated report on the Neolithic Site*, Science Press, Beijing, 2013 (in Chinese).

Ningbo Municipal Institution of Cultural Relics and Archaeology, Zhenhai Administration, Stage Ⅰ excavation report of the Yushan site in Zhenhai, Ningbo, Zhejiang, *Southeast Culture* 4 (2016) (in Chinese).

PAGES, Science plan and implementation strategy. *IGBP Report No.* 57. *IGBP Secretariat, Stockholm*, 2009.

R. Patalano, Z. Wang, Q. Leng et al. , Hydrological changes facilitated early rice farming in the lower Yangtze River Valley in China: a molecular isotope analysis, *Geology* 43 (2015).

D. R. Piperno, *Phytolith analysis: an archaeological and geological perspective*, Academic Press, London, U K, 1988.

J. G. Qin, D. Taylor, P. Atahan et al. , Neolithic agriculture, freshwater resources and rapid environmental changes on the lower Yangtze, China, *Quaternary Research* 75 (2011).

L. Qin, D. Q. Fuller, E. Harvey, Subsistence of Hemudu site, and reconsideration of issues in the study of early rice from lower Yangtze, *Dongfang Kaogu* (*Oriental Archaeology*) 3 (2006) (in Chinese).

C. B. Ramsey, Bayesian analysis of radiocarbon dates, *Radiocarbon* 51 (2009).

P. J. Reimer, E. Bard, A. Bayliss et al. , IntCal13 and Marine13 radiocarbon age calibration curves 0–50, 000 years cal BP. , *Radiocarbon* 55 (2013).

F. Runge, The opal phytolith inventory of soils in central Africadquantities, shapes, classification, and spectra, *Review of Palaeobotany & Palynology* 107 (1999).

J. W. Shu, W. M. Wang, W. Chen, Holocene vegetation and environment changes in the NW Taihu plain, Jiangsu province, east China, *Acta Micropalaeontologica Sinca* 24 (2007) (in Chinese).

F. Silva, C. J. Stevens, A. Weisskopf et al. , Modelling the geographical origin of rice cultivation in Asia using the rice archaeological database, *PLoS One* 10 (2015).

C. Small, R. J. Nicholls, A global analysis of human settlement in coastal zones, *Journal of Coast Research* 19 (2003).

B. Song, Li, Z. , Y. Saito et al. , Initiation of the Changjiang (Yangtze) delta and its response to the mid-Holocene sea level change. *Palaeogeography Palaeoclimatology Palaeoecology* 388 (2013)

D. J. Stanley, Z. Y. Chen, Neolithic settlement distributions as a function of sea level-controlled topography in the Yangtze delta, China, *Geology* 24 (1996).

G. P. Sun, Recent research on the Hemudu culture and the Tianluoshan site/A. P. Underhill, ed. *A companion to Chinese Archaeology*, Wiley-Blackwell, West Sussex, U K, 2013, pp. 555–573.

C. J. Tang, J. J. Lu, Studies on plant community on the Jiuduansha shoals at the Yangtze Estuary, *Acta Ecologica Sinca* 23 (2003) (in Chinese).

L. Y. Tang, L. M. Mao, J. W. Shu et al., *Handbook of quaternary pollen and spores in China*, Science Press, Beijing, 2016 (in Chinese).

The Institute of Archaeology, China Academy of Social Sciences, *Chinese Archaeology: Neolithic*, China Social Sciences Press, Beijing, 2010.

A. P. Underhill, *A companion to Chinese Archaeology*, Wiley-Blackwell, West Sussex, U K, 2013.

F. Q. Wang, N. F. Chien, Y. L. Zhang et al., *Pollen flora of China, Seconded,* Science Press, Beijing, 1995.

H. M. Wang, A view of the environment on the neolithic in Zhejiang province/K. S. Zhou, D. W. Mo, P. Tong et al., eds. *Research of Enviromental Archaeology*, vol. 3, Peking University Press, Beijing, 2006, pp. 124–133 (in Chinese).

H. M. Wang, S. H. Liu, The expansion and dissemination of Hemudu culture, *Cultural Relics of Southern China* 3 (2005).

K. F. Wang, Y. H. Sun, Y. L. Zhang, *The spore-pollen and algal assemblage in the East China Sea sediments*, Ocean Printing House, 1987 (in Chinese).

P. L. Wang, F. D. Pu, *Pollen Morphology and Biogeography of 'Fagaceae'*, Guangdong Science and Technology Press, Guangdong, 2004 (in Chinse).

S. H. Wang, Some problems on recognization of sea level indicators, *Journal of Oceanography Taiwan Strait* 8 (1989) (in Chinese).

S. Y. Wang, D. W. Mo, G. P. Sun et al., Environmental context of ancient human activity in Tianluoshan Site, Yuyao City, Zhejiang Province: fossil evidence of phytolith and diatom, *Quaternary Sciences* 30 (2010).

L. Wu, C. Zhu, C. G. Zheng et al., Holocene environmental change and its impacts on human settlement in the Shanghai Area, East China, *Catena* 114 (2014).

L. Wu, C. Zhu, C. G. Zheng et al., Impact of Holocene climate change on the prehistoric cultures of Zhejiang region, East China, *Journal of Geographical Sciences* 24 (2014).

T. G. Wu, M. Wu, J. H. Xiao, Dynamics of community succession and species diversity of vegetations in beach wetlands of Hangzhou Bay, *Chinese Journal of Ecology* 27 (2008) (in Chinese).

W. T. Wu, Evolution of Yaojiang plain in last 7000 years, *Scientia Geographica Sinca* 3 (1985) (in Chinese).

J. Y. Xiao, Y. Lu, G. X. Qi, On the quantity of Chenopodiaceae pollen in salt marsh vegetation of muddy coast in East China, *Geographical Research* 33 (2014) (in Chinese).

S. X. Yang, Z. Zheng, K. Y. Huang et al., Modern pollen assemblages from cultivated rice fields and rice pollen morphology: Application to a study of ancient land use and agriculture in the Pearl River Delta, China, *The Holocene* 22 (2012).

X. D. Yang, N. J. Anderson, X. H. Dong et al., Surface sediment diatom assemblages and epilimnetic total phosphorus in large, shallow lakes of the Yangtze floodplain: their relationships and implications for assessing long-term eutrophication, *Freshwater Biology* 53 (2008).

S. Yi, Y. Saito, Q. H. Zhao et al., Vegetation and climate changes in the Changjiang (Yangtze River) Delta, China, during the past 13,000 years inferred from pollen records, *Quaternary Science Reviews* 22 (2003).

S. Y. Yu, C. Zhu, J. Song et al., Role of climate in the rise and fall of Neolithic cultures on the Yangtze Delta, *Boreas* 29 (2000).

J. Yuan, F. Rowan, Y. B. Luo, Meat-acquisition patterns in the Neolithic Yangzi river valley, China, *Antiquity* 82 (2008).

Q. Zhan, Z. H. Wang, Mid-Holocene sea-level of northern Yangtze River delta reconstructed by salt marsh peat, *Journal of Palaeogeography* 16 (2014).

F. Y. Zhang, S. R. Liu, Formula for sediment compaction capacity and its use in researching sea level, *Actaentiarum Naturalium Universitatis Sunyatseni* 35 (1996) (in Chinese).

Q. Zhang, C. Zhu, C. L. Liu, Environmental change and its impacts on human settlement in the Yangtze Delta, P. R. China, *Catena* 60 (2005).

X. T. Zhao, L. Y. Tang, C. M. Shen et al., Holocene climate change and sea level change in Qingfeng section, Jianhu. Jiangsu, *Acta Oceanologica Sinica* 16 (1994).

Z. J. Zhao, New data and new issues for the study of origin of rice agriculture in China, *Archaeological and Anthropological Sciences* 2 (2010).

Z. J. Zhao, D. M. Pearsall, R. A. Benfer et al., Distinguishing rice (*Oryza sativa* poaceae) from wild Oryza species through phytolith analysis, II Finalized method, *Economic Botany* 52 (1998).

Zhejiang Provincial Institute of Cultural Relics and Archaeology, Zhuji Museum, Pujiang Museum, *Archaeological report of Puyang River Valley II: Loujiaqiao, Kuotangshanbei, Jianshanwan*, Cultural Relics Publishing House, Beijing, 2010 (in Chinese).

Zhejiang Provincial Institute of Cultural Relics and Archaeology, *Hemudu site: the archaeological excavation of the Neolithic sites*, Cultural Relics Press, Beijing, 2003 (in Chinese).

H. B. Zheng, Y. S. Zhou, Q. Yang et al., Spatial and temporal distribution of Neolithic sites in coastal China: sea level changes, geomorphic evolution and human adaption, *Science China: Earth Sciences* 61 (2018).

Y. F. Zheng, Prehistoric wetland occupations in the lower regions of the Yangtze River, China/F. Menotti, A. O' Sullivan, ed. *The Oxford handbook of wetland Archaeology*, Oxford University Press, Oxford, U K, 2012, pp. 159–173.

Y. F. Zheng, Y. J. Dong, A. Matsui et al., Molecular genetic basis of determining subspecies of ancient rice using the shape of phytoliths, *Journal of Archaeological Science* 30 (2003).

Y. F. Zheng, G. P. Sun, X. G. Chen, Characteristics of the short rachillae of rice from archaeological sites dating to 7000 years ago, *Chinese Science Bulletin* 52 (2007).

Y. F. Zheng, G. P. Sun, X. G. Chen, Response of rice cultivation to fluctuating sea level during the Mid-Holocene, *Chinese Science Bulletin* 57 (2011).

Y. F. Zheng, Z. X. Sun, C. L. Wang et al., Morphological characteristics of plant opal from motor cells of rice in paddy fields soil, *Chinese Rice Research Newsletter* 8 (2000) (in Chinese).

C. Zhu, C. G. Zheng, C. M. Ma et al., On the Holocene sea-level highstand along the Yangtze Delta and Ningshao Plain, east China, *Chinese Science Bulletin* 48 (2003).

C. C. Zhuang, Q. Zhan, Z. H. Wang, An attempt on construction of diatom based sea level transfer functions in modern tidal, *Journal of Palaeogeography* 16 (2014).

Y. Q. Zong, Mid-Holocene sea-level highstand along the southeast coast of China, *Quaternary International* 117 (2004).

Y. Q. Zong, Z. Y. Chen, J. B. Innes et al., Fire and flood management of coastal swamp enabled first rice paddy cultivation in east China, *Nature* 449 (2007).

Y. Q. Zong, B. P. Horton, Diatom zones across intertidal flats and coastal saltmarshes in Britain, *Diatom Research* 13 (1998).

Y. Q. Zong, J. B. Innes, Z. H. Wang et al., Mid-Holocene coastal hydrology and salinity changes in the east Taihu area of the lower

Yangtze wetlands, China, *Quaternary Research* 76 (2011).

Y. Q. Zong, J. B. Innes, Z. H. Wang et al., Environmental change and Neolithic settlement movement in the lower Yangtze wetlands of China, *The Holocene* 22 (2012).

Y. Q. Zong, Z. H. Wang, J. B. Innes et al., Holocene environmental change and Neolithic rice agriculture in the lower Yangtze region of China: a review, *The Holocene* 22 (2011).

中全新世海平面的波动中断了中国长江下游河姆渡文化的发展

摘　要：尽管业界已经对河姆渡文化的演变、生态环境和水稻驯化进行了大量研究，但海平面波动对人类居住和粮食生产的影响仍然存在争议。鱼山遗址是河姆渡文化最接近现代海岸线的遗址，本文中，我们公布了该遗址高分辨率的花粉、植硅石和硅藻记录及精确的海拔高度。根据收集的数据，我们认为，河姆渡文化以及晚期的良渚文化是在海退背景下发展起来的，并被6300—5600 BP和5000—4500 BP期间发生的两次海侵所中断。鱼山遗址的区域生态环境在全新世中晚期海平面波动引起的潮间带泥滩和淡水湿地之间交替变化。尽管早在距今6700年时就在湿地种植水稻，但由于海侵，种植随后中断；直到距今5600年，水稻才在该地区完全驯化。本研究中多指标的综合分析有助于理解环境演变、文化中断和水稻驯化之间的关系。

关键词：文化中断　海平面波动　水稻驯化　中全新世　河姆渡文化　长江下游

栽培植物
起源和驯化

古 DNA 及其在生物系统与进化研究中的应用*

古 DNA（ancient DNA）是指从已经死亡的古代生物的遗体和相关遗迹中得到的 DNA，通常分为两大类：一类是从博物馆标本、古代生物尸体及琥珀等软组织中提取的 DNA；另一类存在于古代动植物化石中，必须经过打磨、液氮裂解和脱钙等预处理后才能提取出 DNA[①]。生物系统学是研究生物类群之间的关系以及生物进化式样及机制的科学，其研究的主要对象是现存的生物。对于已灭绝生物，生物学家只能得到一些残缺不全的形态信息及历史记录，这大大制约了生物系统学的发展，使得很多系统发育和进化理论的研究只能间接地通过对现有生物的推测进行。近几十年来，分子生物学的广泛应用使生物系统学研究大大受益，而古 DNA 的应用更是提高了系统发育及生物进化研究的可靠性，它不仅是对形态学的必要补充，而且为进化和系统学家提供从形态学及解剖学中难以获得的生物演化式样和机理方面的信息。实际上，古 DNA 的应用已远远超出了传统古生物学的领域，可广泛地应用于考古学、生物学、遗传学、地学、环境科学甚至医学等诸多领域。本文简单回顾了古 DNA 研究的历史，介绍了古 DNA 证据在生物系统与进化研究中所取得的成绩，并对其应用前景进行了展望。

一　古 DNA 的研究历史

自 1984 年英国《自然》杂志上首次报道了从 19 世纪末已经灭绝的 Quagga（斑驴）标本中抽提出 DNA 以来[②]，古 DNA 的研究历史至今虽然才 20 年，但它的重要性在许多研究领域，特别是人类和动植物起源和进化方面日渐明显。综观其发展历程，大致可以划分为 3 个阶段。

1984—1989 年，古 DNA 研究的科学家并不多，所采用的方法主要是利用当时的克隆技术。古 DNA 毕竟经过漫长的时间，由于氧化作用、水解作用及环境微生物降解等作用的存在，古 DNA 分子受到严重破坏，基本降解殆尽或仅有少数残余，而且这些残余的分子也仅以几百个碱基的片段存在，在其内还广泛存在着各种各样的损伤，如形成缺口和碱基脱落或交联等[③]，这些古 DNA 通常还受到微生物及真菌的污染[④]，这些因素大大地制约了古 DNA 的克隆效率。一是由于古 DNA 本身的损伤导致克隆效率低下；二是克隆后的分子在宿主内可能会受到某些修补或修饰，从而无法完全真实地反映出古代生物的遗传信息[⑤]，因此这一时期有关古 DNA 的报道很少。最早是 1984 年，Higuchi 等从保存在博

* 本文系与俞国琴、石春海、葛颂合著。

物馆中距今约150多年的一种类似于斑马的四足动物Quagga的皮肤上提取出了少量的线粒体DNA，并克隆到λgt10上进行测序，根据序列结果构建了Quagga与其他一些哺乳动物的系统发育树，使人们开始意识到古DNA在古生物学、考古学、进化生物学和法医学上的重大意义。其后Paabo报道了从距今约2400多年的埃及木乃伊中克隆出古DNA分子[⑥]，并通过DNA杂交和测序检测出一个克隆分子含有人类DNA重复序列，即Alu家族中的两个成员，并认为古DNA克隆是可靠的。然而Paabo的成功得益于他得到了长约5000bp的古DNA，这么长的古DNA至今为止都没有再次获得过，大多数得到的古DNA长度一般均在500bp以下。

1989—1994年，古DNA的研究得到了迅速发展，主要得益于两个发现。第一个是美国科学家Mullis等发现并创立的PCR扩增（聚合酶链式反应）技术[⑦]。这一技术不但能解决克隆效率低的问题，而且由于PCR扩增是在体外进行，不会出现修饰或修补这个问题。于是作为研究古DNA的先驱者，Paabo等开始用PCR技术来代替常规克隆进行古DNA的研究。美国科学家Golenberg等从爱达荷州Clarkia中新世（距今2000万—1700万年）的木兰属（*Magnolia*）植物化石中获取了叶绿体DNA的*rbcL*序列[⑧]，使古DNA的来源从一些软组织扩大到了化石，大大丰富了古DNA的来源，从而掀起了研究古DNA的高潮。如美国纽约自然博物馆的科学家们报道了从距今约2500万年琥珀中获得的白蚁线粒体DNA[⑨]。Cano等报道了从保存在距今约1.35亿—1.2亿年白垩纪琥珀中获得的象鼻虫DNA和从距今4000万—2500万年琥珀中的孢子中获取的古细菌DNA[⑩]。与此同时，Hoss和Paabo报道获得了更新世骨骼化石中的DNA[⑪]。

1994年以后，许多科学家开始考虑古DNA的真实性问题，并且验证出许多原来报道的古DNA其实是DNA污染的结果，如通过系统发育分析认为从恐龙骨骼碎片中得到的“古DNA”序列[⑫]最有可能是人类的线粒体DNA片段的污染[⑬]。由于古DNA的降解，在进行PCR扩增时引物总是会优先选择现代DNA为模板[⑭]，所以用PCR扩增古DNA很容易受到现代DNA的污染，因此当时甚至有科学家认为所有得到的古DNA都有可能是一些污染的PCR产物[⑮]。不过后来对尼安德特人（Neanderthal）的研究证实了古DNA的存在。1997年德国的Paabo实验室从著名的尼安德特人中提取了378 bp线粒体DNA[⑯]，通过与现代人基因的对比，从遗传学角度提出尼安德特人与现代人的祖先相距甚远。Ovchinnikov等报道了第二例256 bp的尼安德特人线粒体DNA[⑰]，他们的研究标本来自尼安德特人群分布的最东端——北高加索，放射性测年时代是在29000年前，该DNA序列与1997年Paabo等报道的第一例尼安德特人的DNA序列只有3.48%的差异。通过谱系研究表明，两例尼安德特人的遗传关系十分接近，并在分支树上明显地与现代人分开，而且这次实验分别在苏格兰格拉斯哥大学和瑞典斯德哥尔摩大学同时进行，得到了相同的结果。这项成果不仅在人类起源上具有重大意义，更重要的是它证明了古DNA存在的可靠性。然而这种可靠性并不是通过改进技术来实现的，而主要是科学家们在研究中严谨小心的结果。因此为了保证古DNA结果的可靠性，这一时期许多科学家如Cooper和Poinar开始呼吁建立和实施严格的研究和实验标准[⑱]。

二 古DNA研究的现状

随着古DNA的频频报道以及对其真实性的证明，有越来越多的科学家认识到了古DNA的重要意义，纷纷加入古 DNA 的研究行列，并将古 DNA 研究与其他领域相结合，形成了许多方向，现在研究较多的主要为以下几个方面。

1. 人类的起源

早在 1986 年，牛津大学的 Clegg 及其同事研究了来自 8 个现代种群 700 个个体的 β 胡萝卜素基因[19]，所得数据表明人类的祖先源于非洲，然后从非洲不断向外迁移，形成现在所有的非洲以外的人种，从此揭开了从分子水平上研究人类演化的序幕。通过对现代人种基因分析，从分子水平上来探索人类起源和发展是一项重大的科学问题。在目前举世瞩目的人类基因组计划（HGP）及中国人类基因组计划（CHGP）中十分重视与人类起源和进化有关的信息。但是，仅仅根据现代样品得到的分子信息是间接的，从中推出的结论可能会与古人类学及考古学的发现相矛盾，如果能从古代人类标本中直接获取分子演化的证据，无疑对研究人类的进化和起源具有重要的意义。

Paabo 运用分子克隆方法从 23 具埃及木乃伊中获得了公元前 2000 多年的古 DNA[20]，其后保存在冻土及沙漠环境中的古代干尸成为获取古人 DNA 的主要材料。目前此方面的研究成果很多，如 Handt 等研究了 1991 年发现于阿尔卑斯山的一具冷冻干尸标本[21]，对其皮肤和骨骼的放射性碳年龄测定结果为距今 5300—5100 年。通过对其古 DNA 的研究表明，冷冻干尸的线粒体 DNA 的类型与现代欧洲人相近，并与现代中欧和北欧人种的线粒体 DNA 类型更为接近。在一些洞穴和考古埋葬地点保存的古人骨骼是研究古 DNA 的重要材料。Beraud-Colomb 等成功地从采自非洲和欧洲的 620、1200、7000 和 12000 年前的 10 块古人骨骼标本中获得了胡萝卜素基因[22]，并证明古人类的系统基因研究是可靠的。

过去考古学、语言学和遗传学的证据似乎都证明太平洋美拉尼西亚（Melanesia）岛上人种可能起源于东南亚岛屿（可能为中国的台湾省），并称之为通往波利尼西亚（Polynesia）的“特快列车”。但是 Hagelberg 从美拉尼西亚岛上与当地文化有关的古代埋藏品中提取出了线粒体 DNA[23]，从古 DNA 中没有发现原来所说的 9 bp 线粒体 DNA 的缺失。如果这一发现是正确的，可能表明古美拉尼西亚人不是“特快列车”上的乘客，而只是先前存在的古美拉尼西亚人种的积累。这毫无疑义给占优势的考古学观点提出了挑战。

近年来，对人类起源及进化研究最主要的成就是对尼安德特人的研究。1997 年，德国慕尼黑大学的 Paabo 领导的研究小组和美国宾夕法尼亚大学的同行们对尼安德特人进行了研究[24]。他们从距今 5 万年的尼安德特人标本中获得了 378 bp 的线粒体 DNA，通过与现代人类基因的对比，从遗传学角度上认为尼安德特人与现代人的祖先相距甚远，是介于现代人和黑猩猩（chimpanzee）之间的过渡类型。他们认为，早在距今 60 万—50 万年，尼安德特人的祖先就与人类祖先在系统演化树上分离，因此尼安德特人不是人类祖先，并支持现代人非洲起源说。Ovchinnikov[25] 和 Kring[26] 均报道了第 2 例 256 bp 的尼安德特人线粒体 DNA，验证了 Krings 等的研究结果[27]，对古尼安德特人 DNA 的分析为非洲起源说又添加了一个重重的砝码。

2. 系统发育重建

对古 DNA 的研究可以得到某些已经灭绝生物的宝贵资料，通过与现代生物相应 DNA 的比较，不但可以从序列上确定古代材料的系统位置，有效地补充利用现代 DNA 建立起来的谱系，还能用所得到的古 DNA 信息来鉴别和确定祖先性状，从而提高谱系的精度[28]。同时古 DNA 信息还可以为研究动植物的起源及进化提供直接和极有价值的分子资料。

现已灭绝的 *Nordenskioldia* 植物可以追溯到白垩纪后期，其在北半球古新世的沉积物中普遍存在。它的名字是根据其果序特征而命名的，由于这种果序明显是昆栏树目的一个特征，于是有人认为 *Nordenskioldia* 与昆栏树属亲缘关系最近。然而，*Nordenskioldia* 的果实比较有特征，但是根据其叶子的形态特征，一些分类学家认为它可能更接近于其他种属如杨属和木防己属等，最近这些叶子又被认为可能是已经灭绝的一种叫 *Zizyphoides* 的植物叶子。毫无疑问，如果古 DNA 研究方法能介入，这个问题就会迎刃而解。首先从这些果实和叶子中提取出来的 DNA 可以确定这些果实和叶子是否属于同一种植物。其次将从灭绝植物中提取出来的 DNA 与现代植物的 DNA 相比较，可确定它们之间亲缘关系的远近[29]。

Lee 和 Langenheim 根据形态特征将孪叶豆属（*Hymenaea*）分为 4 个种[30]，分别是 *H. verrucosa*、*H. oblongifolia*、*H. courbail* 和 *H. Protera*，并且认为它们的系统发育关系是：*H. verrucosa* 与 *H. oblongifolia* 为姐妹类群，其出现早于 *H. courbail*，而 *H. courbail* 又与 *H. oblongifolia* 的亲缘关系密切，*H. protera* 则是 *H. verrucosa* 和 *H. oblongifolia* 的祖先。Poinar 等从一个含有 *Protera* 叶子的琥珀提取出了已灭绝多年的 *H. protera* 的 DNA[31]，经过对这些植物包括 *Protera* 中的 *rbcL* 基因进行分析后发现，*H. protera* 与 *H. courbail* 的亲缘关系比与 *H. oblongifolia* 更近。而按 Lee 和 Langenheim 的假说[32]：*H. protera* 应该与 *H. oblongifolia* 的关系更加近一点，因为 *H. courbail* 在孪叶豆属内处于比较进化的地位。根据这个结果，分类学家认为 *H. courbail* 可能和 *H. verrucosa* 及 *H. oblongifolia* 出现得一样早，只是因为某种原因 *H. courbail* 的一些性状出现了变化，而 *H. oblongifolia* 可能因为局限于南美常绿森林生态系统，各种性状保持比较稳定。现今分类学的发展已经出现了新的分支——分子系统学，而对灭绝植物的 DNA 进行研究，无疑为分类学家解决一些分类与进化问题提供了有力的直接来自古生物本身的证据。

Soltis 等从落羽松〔*Taxodium distichum*（L.）Rich.〕的一份化石标本中得到了长为 1320 bp 的 *rbcL* 片段[33]，通过与现存落羽松 *rbcL* 片段比较后，发现化石落羽松与现存落羽松存在 11 个碱基的差异。虽然它们之间的序列分化时间无法确认，但可以肯定它们至少与克拉克（Clarkia）遗址的时代相同（1700 万—2000 万年间）或更早。如果它们在 1700 万—2000 万年间拥有同一个祖先，那么这个 *rbcL* 片段的进化速率为每百万年 0.55—0.65 个碱基替代或者平均每个位点每百万年发生 4.2×10^{-4}—4.9×10^{-4} 次替代。根据这一结果，生物学家不仅可以推测落羽松科内其他各个种的分化时间，同时还说明古 DNA 的研究使分子进化研究也大大受益[34]。

近年来动物分类学家越来越重视获得灭绝动物的 DNA 信息，以此来解决一些仅用现代 DNA 无法解决的分类与进化问题，至今已经对十几种灭绝动物的 DNA 进行了研究，取得了丰硕的成果[35]。如象亚科的分类长期以来有争论，通过对距今 50000—9000 年的冰冻组织标本和风干骨头中获取的猛犸象（*Mamuthus primigenius*）DNA 序列分析表明，猛犸象确实与现代象有亲缘关系，同时猛犸象是一种比以前想象的更加特化的生物类群[36]。Yang 等从已绝灭的美国乳齿象（*Mammuit americanum*）及猛犸象化石中获得线粒体细胞色素 b 基因序列，作为外类群分析象亚科内现代亚洲象和非洲象的系统发育关系[37]，证实现生亚洲象与已绝灭的猛犸象之间的亲缘关系密切。灭绝的澳洲袋狼（*Thylacinus cynocephalus*）的线粒体 DNA 揭示其与澳洲其他有袋动物的亲缘关系比与南美的肉食动物更近，这意味着澳洲和南美的有袋肉食动物的许多相似特征可能是在两个大陆独立进化的结果[38]；而对新西兰恐鸟（moa）的研究表明，其与澳洲不会飞行的鸟类的亲缘关系比与现存的新西兰几维鸟（kiwi）要近[39]，这说明在新西兰像这种鸵鸟一样的鸟存在过两次。Hofreiter 对距今 49000—26500 年的洞熊（*Ursus spelaeus*）的线粒体 DNA 进行分析并从中揭示出洞熊并非单起源[40]，而是至少进行了两次独立的进化的重要信息。

3. 动植物的驯化及考古研究

研究古 DNA 可以帮助我们了解古代农业，了解一些作物及家畜的驯化过程及其传播，这一直是考古学界长期探讨和争论的问题。以往是通过分析动植物的形态变异来进行研究的，这种方法对材料的要求很高，因为古代材料经过漫长的时间往往只剩下一些残骸或者已经炭化，很难进行形态鉴别。而且植物的形态不仅只是由基因决定，还会受到环境的影响，同一品种在不同的环境中形态上可以有非常大的差异，因此用形态学方法研究古代农业具有很大局限性。古 DNA 研究方法直接从分子水平上分析，不存在以上问题，且能得到较为准确的信息。基于古 DNA 在研究农业发展上的巨大潜力，尤其在动植物的驯化和家养时间确定方面的作用更为突出，因此在过去的十多年时间，古 DNA 研究者在这方面取得了一定的成果。

英国曼彻斯特大学科技学院的 Brown 等一直从事古代农业发展的研究[41]。他们对小麦的研究表明，小麦在驯化过程中涉及 3 个不同的倍性以及类群，在其栽培历史的前 8000 年中基因表现出很高的多样性，但在最近 1500 年中，小麦基因已经有很大部分遗失，逐步地成为一个种，大约在 100 多年前这个种的基因库基本稳定下来。通过对小麦驯化过程的分析，他们希望能够从中了解早期农业社会的发展以及人类利用植物思路的变化。亚洲栽培稻中籼、粳两亚种的起源一直存在争议，而凭现行的一些遗传学、分子遗传学和形态学等方法很难有大的突破。最近几年农学研究工作者通过分析遗址中出土的炭化米和稻叶片中残留的古 DNA，获得一些新的认识。如距今 7000 年以前的浙江余姚河姆渡遗址、江苏高邮龙虬庄遗址出土的炭化米中长粒型和短圆型两种粒型都有，但从炭化米中提取的古 DNA 分析结果显示遗址中栽培稻为粳稻类型[42]。日本的栽培稻一直认为是从中国大陆传入的，但最近对绳文文化时期（9000—2500 BP）遗址中出土的炭化米和稻叶的古 DNA 研究结果表明，当时的栽培稻中有热带粳稻，这一结果对认识日本稻作农耕文化的起源和发展可能会产生一定的影响[43]。

Kahila 等对新石器时代山羊的驯化过程进行了研究[44]。他们的材料来自以色列耶路撒冷市以西 12 千米的一个叫阿卜高溪（Abu Gosh）的小村庄，得到了两个时期的一些山羊骨骼，即前陶新石器时代晚期（Pre-pottery Neolithic B）（距今大约 9500—8000 年）和有陶新石器时代（Pottery Neolithic）（距今大约 7500—5500 年）。通过对前陶新石器时代晚期山羊骨骼的形态学分析，认为那时的山羊属于正处于驯化前期的野生种，而有陶新石器时代的山羊则明显属于驯化山羊（*Capra hircus*）。分析上述样品的线粒体 DNA 得到了与形态学分析相同的结果。同时，古 DNA 研究还成功区别开了山羊的两个野生种：牛黄山羊（*Bezoar goat*）和努比亚野生山羊（*Nubian ibex*），这一点通过目前形态学手段是无法做到的，体现了古 DNA 研究的优越性。

由于古 DNA 的研究只需要采取少量样品便可获得古 DNA 遗传学信息，因此这种方法用来鉴定一些考古发掘地中常见的形态不清的或有争议的生物残余很有价值，能够为考古学家们提供精确的鉴定结果。如 1997 年，在以色列南部古阿什卡隆（Ashkalon）的一个墓地发掘出一个浴室，在这个浴室的后面，考古学家发现 100 多具婴儿的残骸。起先考古学家解释这些残骸可能是被抛弃的女婴，因为在古阿什卡隆普遍存在这种现象，但是他们无法解释后来发现的一些有色情画的灯及招牌。通过对这些婴儿性染色体分析表明，这其中有许多是男婴。于是就有了更合理的解释，这是个妓院，这些婴儿很有可能是那些妓女的孩子。古 DNA 研究的介入，使古阿什卡隆浴室之谜被解开。

三 展望

古 DNA 的研究是一个极富前景的研究领域，它不会替代任何一门现有的学科，但却几乎可以为一切与古生物有关的学科提供一个更为广阔的三维空间。在短短的 20 年内，它为我们提供了许多现已灭绝的生物的 DNA 信息，这不仅丰富了我们的基因库，而且还为我们得到更为完整的谱系结构，得出更为合理的进化理论提供了许多宝贵的信息，体现了其在动植物分类与进化和人类起源等领域研究中的价值。不仅如此，它的出现还可能带动新的领域的出现。如在第五次国际古 DNA 研讨会上，美国自然历史博物馆的 Alex Greenwood 就曾发言，表明他们正在试图从猛犸象的核细胞中提取出病毒的部分插入序列，以探索猛犸象、巨大的陆地獭及其他一些巨大的哺乳动物在最后一次冰川时期的灭绝之谜，同时还试图通过对猛犸象的研究来开创一个新的领域——古病毒学。如果 Alex Greenwood 的这一想法得以实现，那么古 DNA 的研究不仅对动植物分类与进化和人类起源等领域具有极其重大的意义，甚至对医学都将产生重大影响。

目前，古 DNA 研究面临的最大问题是污染问题。为此一些科学家如 Thomas 对古 DNA 的研究抱悲观的态度，但至今仍然有许多学者如 Pabbo、Hoss、Poinar、Hofreiter 和 Brown 在继续着有关古 DNA 的工作。如 Poinar 就曾在第五次国际古 DNA 会议上表示，要分析古人类的粪便化石中的古 DNA，以此来获取古人类的饮食信息。而英国曼彻斯特大学科技学院 Brown 博士则一直在利用古 DNA 进行着有关小麦驯化有关的研究。对于污染问题，一些学者已经提出了一些解决的方案，相信不久的将来，古 DNA 的研究又会进入一个新的发展阶段。

本研究受中国科学院知识创新工程重要方向项目（KSCXZ－SW－101A）资助。

原载《植物学通报》2005 年第 22 卷第 3 期

注释

① S. Pabbo, Amplifying ancient DNA/M. A. Innis, D. H. Gelfand, eds. *PCR protocols: A guide to methods and applications*, Academic Press, San Diego, 1990, pp. 159–166.

② R. Higuchi, B. Bowman, M. Freiberger et al., DNA sequence from the Quagga, *Nature* 312 (1984): 282–284.

③ S. Paabo, R. G. Higuchi, A. C. Wilson, Ancient DNA and the polymerase chain reaction, *Journal of Biological Chemistry* 264 (1989): 9706–9712.

④ F. Rollo, S. A. Asci, L. Marota et al., Molecular ecology of a Nelithic meddow: the DNA of the grass remains from the archeological site of the Tyrolean iceman, *Experientia* 50 (1994): 576–584.

⑤ S. Paabo, A. C. Wilson, Polymerase chain reaction reveal cloning artifacts, *Nature* 334 (1988): 387–388.

⑥ S. Paabo, Molecular cloning of the Egyptian mummy DNA, *Nature* 314 (1985): 644–645.

⑦ K. Mullis, F. Faloona, S. Scharf et al., Specific enzymatic amplification of DNA in vitro: the polymerase chain reaction, *Cold Spring Harbor Symposia on Quantative Biology* 51 (1986): 263–273.

⑧ E. M. Golenberg, D. E. Giannsi, M. T. Clegg, Chloroplast DNA sequence from a Miocene Magnolia species, *Nature* 334 (1990): 656–658.

⑨ R. Desalle, J. Gatesy, Amplification and sequencing of DNA from a fossil termite in Oligo-Miocene amber and their phylogenetic implications, *Science* 257 (1992): 1933–1936.

⑩ R. J. Cano, H. N. Poniar, N. J. Pieninazek, Amplification and sequencing of DNA from 120–135 million year old weevil, *Nature* 363 (1993): 536–538; R. J. Cano, M. K. Borucki, M. H. Schweitzer et al., Bacillus DNA in fossil bees: an ancient symbiosis? *Applied and Environmental Microbiologly* 60 (1994): 2164–2167.

⑪ M. Hoss, S. Paabo, DNA extraction from Pleistocene bones by a silica-based purification method, *Nucleic Acids Research* 21 (1993): 3913–3914.

⑫ S. R. Woodward, N. J. Weyand, M. Burnell, DNA sequence from Cretaceous, *Period Science* 266 (1994): 1229.

⑬ S. B. Hedges, M. H. Schweitzer, Detecting dinosaur DNA, *Science* 268 (1995): 1191–1192.

⑭ S. Paabo, R. G. Higuchi, A. C. Wilson, Ancient DNA and the polymerase chain reaction, *Journal of Biological Chemistry* 264 (1989): 9706–9712.

⑮ F. Rollo, S. A. Asci, L. Marota et al., Molecular ecology of a Nelithic meddow: the DNA of the grass remains from the archeological site of the Tyrolean iceman, *Experientia* 50 (1994): 576–584.

⑯ M. Krings, A. Stone, R. W. Schmitz et al., Neanderthal DNA sequence and the origin of modern humans, *Cell* 90 (1997): 19–30.

⑰ I. V. Ovchinnikov, Molecular analysis of Neanderthal DNA from the northern Caucasus, *Nature* 404 (2000): 490–493.

⑱ A. Cooper, H. N. Poinar, Ancient DNA: do it right or not? *Science* 289 (2000): 1139.

⑲ J. S. Wainscost, A. V. S. Hill, A. L. Boyce, Evolutionary relationship of human populations from an analysis of nuclear DNA polymorphisms, *Nature* 319 (1986): 491–493.

⑳ S. Paabo, Molecular cloning of the Egyptian mummy DNA, *Nature* 314 (1985): 644–645.

㉑ O. Handt, M. Richards, M. Trommsdorff, Molecular genetic analysis of the Tyrolean ice man, *Science* 264 (1994): 1775–1778.

㉒ E. Beraud-Colomb, R. Roubin, J. Martin, Human beta-globin gene polymorphisms characterized in DNA extracted from ancient bones 12,000 years old, *American Journal of Human Genetics* 57 (1995): 1267–1274.

㉓ E. Hagelberg, Ancient and modern mitochondrial DNA sequences and the colonization of the Pacific, *Electrophoresis* 18 (1997): 1529–1533.

㉔ M. Krings, A. Stone, R. W. Schmitz et al., Neanderthal DNA sequence and the origin of modern humans, *Cell* 90 (1997): 19–30; M. Kring, H. Geisert, R. W. Schmitz et al., DNA sequence of the mitochondrial hypervariable region Ⅱ from the Neandertal type specimen, *Proceedings of the National Academy of Sciences of USA* 96 (1999): 5581–5585.

㉕ I. V. Ovchinnikov, Molecular analysis of Neanderthal DNA from the northern Caucasus, *Nature* 404 (2000): 490–493.

㉖ M. Kring, A view of Neandertal genetic diversity, *Nature* 404 (2000): 490–493.

㉗ M. Krings, A. Stone, R. W. Schmitz et al., Neanderthal DNA sequence and the origin of modern humans, *Cell* 90 (1997): 19–30.

㉘ M. Kring, H. Geisert, R. W. Schmitz et al., DNA sequence of the mitochondrial hypervariable region Ⅱ from the Neandertal type specimen, *Proceedings of the National Academy of Sciences of USA* 96 (1999): 5581–5585.

㉙ P. S. Soltis, D. E. Soltis, S. J. Novak et al., Fossil DNA: ITS potential for bioststematic/P. C. Hoch, A. G. Stepghenson, eds. Experimental and molecular approaches to plant biosystematics, Missouri Botanical Garden Press, St. Louis, 1995, pp. 1–13.

㉚ Y. T. Lee, J. H. Langenheim, Systematics genus Hymenaea (Leg. Caesalpinoidea, Ditarieae), *Univesity of California Publication in Botany* 69 (1975): 1–109.

㉛ H. N. Poinar, R. J. Cane, G. O. Poinar, DNA from an extinct plant, *Nature* 363 (1993): 677.

㉜ Y. T. Lee, J. H. Langenheim, Systematics genus Hymenaea (Leg. Caesalpinoidea, Ditarieae), *University of California Publication in Botany* 69 (1975): 1–109.

㉝ P. S. Soltis, D. E. Soltis, C. J. Smiley, An rbcL sequence from a Miocene Taxodium (bald cypress), *Proceedings of the National Academy of Sciences of USA* 89 (1992): 449–451.

㉞ P. S. Soltis, D. E. Soltis, C. J. Smiley, An rbcL sequence from a Miocene Taxodium (bald cypress), *Proceedings of the National Academy of Sciences of USA* 89 (1992): 449–451.

㉟ C. Hanni, V. Laudet, D. Stehelin et al., Tracking the origins of the cave bear (Ursus spelaeus) by mitochondrial DNA sequencing, *Proceedings of the National Academy of Sciences of USA* 91 (1994): 12336–12340; M. Hoss, A. Dilling, A. Currant et al., Molecular phylogeny of the extinct ground sloth Mylodon darwinii, *Proceedings of the National Academy of Sciences of USA* 93 (1996): 181–185; M. Westerman, M. S. Spriner, J. Kixon et al., Molecular relationships of the extinct pig-footed bandicoot Chaeropus ecaudatus (Marsupialia: Perameloidea) using 12S rRNA sequences, *Journal of Mammalian Evolution* 6 (1999): 271–288.

㊱ E. M. Hagelberg, G. Thomas, C. E. Cook et al., DNA from ancient mammoth bones, *Nature* 370 (1994): 333–334; M. Hoss, S. Paabo, N. K. Vereshchagln, Mammoth DNA sequences, *Nature* 370 (1994): 333; T. Ozawa, S. Hayashi, V. M. Mikhelson, Phylogenetic position of mammoth and Steller's sea cow whthin Tethytheria demonstrated by mitochondrial DNA sequences, *Journal of Molecular Evolution* 44 (1997): 406–413; M. Noro, R. Masuda, I. A. Dubrovo et al., Molecular phylogenetic inference of the woodly mammoth Mammuthus prinigenius, based on complete sequences of mitochondrial cytochrome b and 12s ribosomal RNA genes, *Journal of Molecular Evolution* 46 (1998): 314–326.

㊲ Yang, E. M. Golenberg, J. Shoshani, Phylogenetic resolution within the Elephantidae using fossil DNA sequence from the mastodon (Mammut americanum) as an outgroup, *Evolution* 93 (1996): 1190–1194.

㊳ C. Krajewski, A. C. Driskell, P. R. Baverstock et al., Phylogenetic relationships (Mammalia: Thylacinidae) among dasyuroid marsupials: evidence from cytochrome b DNA sequences, *Proceedings of the Royal Society of London* B250 (1992): 19–27; R. H. Thomas, W. Schaffner, A. C. Wilson et al., DNA phylogeny of the extinct marsupial wolf, Nature 240 (1993): 465–467; C. Krajewski, L. Buckley, M. Westerman, DNA phylogeny of the marsupial wolf resolved, *Proceedings of the Royal Society of London* B264 (1997): 911–917.

㊴ A. Cooper, Independent origins of New Zeal and maos and kiwis, *Proceedings of the National Academy of Sciences of USA* 89 (1992): 8741–8744.

㊵ M. Hofreiter, A molecular analysis of ground slothdiet through the last glaciation, *Molecular Ecology* 9 (2000): 1975–1984.

㊶ T. Brown, R. Allaby, K. Brown, Biomolecular archaeology of wheat: past, present and future, *World Archaeology* 25 (1994): 64–73.

㊷ 佐藤洋一郎：『DNA 分析法』，平尾良光・山岸良二编著，『文化財探科学の眼』，东京：国土社，1（1998）：38–44。

㊸ 佐藤洋一郎：『青森县三内丸山遺跡，および遺跡出土の熱帯 japonica 品種の炭化米および藁状遺物』，『日本文化财科学会第 15 回大会研究発表要旨集』，1998：60–61。

㊹ B. G. Kahila, H. Khalarily, O. Mader, Ancient DNA evidence for the transition from wild to domestic status in Neolithic goats: a case study from the site of Abu Gosh, Israel, *Ancient Biomolecule* 4 (2002): 9–17.

河姆渡古稻 DNA 提取及其序列分析*

水稻（*Oryza sativa*）是亚洲最重要的粮食作物之一。栽培稻分为籼稻（*indica*）和粳稻（*japonica*）2 个亚种。亚洲野生稻最早是在中国长江流域被驯化的①。一些分子群体遗传学研究表明，水稻至少经历 2 次独立驯化起源过程，粳稻驯化起源自中国，而籼稻的驯化发生在喜马拉雅山以南的印度等地②。目前，在中国境内发现了大量稻作遗存，如浙江余姚河姆渡、湖南澧县和河南贾湖等地③。20 世纪 70 年代在河姆渡新石器文化遗址中发现大量古稻谷④，这是稻作史研究中的重要事件。该古稻距今约 7000 年，根据出土的稻壳小穗轴特征判断，已发现大量不落粒的驯化稻谷⑤。古稻是研究水稻从野生稻向现代栽培稻驯化的重要中间节点，它可以提供水稻进化进程的关键证据。DNA 提取和测序技术的快速发展为开展分子考古学研究提供了可能。目前已有部分来自考古挖掘获得的人类和动植物遗存全基因组或基因组片段被测序，为人类和动植物进化研究提供了重要证据。从植物遗存中进行序列测定的研究已在多个作物展开，其中在玉米方面⑥做的工作较多，在稻作遗存方面虽然做过一些 PCR 扩增分析的努力⑦，但尚无来自古稻的分子序列数据证据。

本研究利用长江流域遗址考古挖掘获得的史前河姆渡文化时期的古稻和其他 2 个历史时期的稻谷遗存，进行了 DNA 提取（混合样品）和 4 个基因组位点（3 个基因和 1 个基因间区段）序列的测定，并与野生稻和栽培稻序列进行了基因型比较。

一　材料与方法

1. 材料

本研究使用的水稻遗存材料来自长江下游地区，包括浙江省余姚河姆渡文化遗址之一田螺山遗址等（图一）。为了与现代稻进行比较，本研究还测定了 51 个亚洲栽培稻（*O. sativa*），包括 29 个粳稻（*japonica*）（其中 6 个为浙江省粳稻地方品种）和 22 个籼稻（*indica*）品种；

图一　用于本研究的田螺山遗址出土的古代水稻

* 本文系与樊龙江、桂毅杰、王煜、蔡大广、游修龄合著。

表一　本研究使用的考古遗存、现代水稻及水稻近缘物种材料

材料	材料类型	数量*	文化年代	年代估计	出土地点/来源
O. sativa	颖壳	/	河姆渡文化	7000 年前	浙江省余姚田螺山
O. sativa	米粒	/	战国	2400 年前	江西省新干县
O. sativa	颖壳	/	唐代	1200 年前	浙江省湖州
O. sativa	幼苗	51	亚洲栽培种	现代	国际水稻研究所（IRRI） 中国水稻研究所
O. rufipogon	幼苗	15	亚洲野生种	现代	IRRI
O. sativa	/	374	亚洲栽培种	现代	文献⑬
Leersia oryzoides	叶片	1	野生种	现代	中国科学院植物研究所
Zizania latifolia	叶片	1	野生种	现代	浙江大学

*：古稻遗存为混合样品，具体基因型数量未知。

表二　本研究使用的引物序列

引物名称	代码	基因	正向引物序列（5′→3′）	反向引物序列（5′→3′）	产物长度（bp）	来源
Angio	A	18S rDNA	TGCAGTTAAAAAGCTCGTAG	GCACTCTAATTTCTTCAAAG	159	文献⑨
HbcL	C	rbcL	TAGCGGCGGAATCTTCTACT	TATGATAGCATCGTCGTTTG	89	文献⑨
RM211	R	基因间	CCGATCTCATCAACCAACTG	CTTCACGAGGATCTCAAAGG	161	AP005647
YANG4	Y	CDK 抑制子	AGAGCTGGAAGCGTTCTTCG	GGCAGTCATTCACAGGATCAAAG	230	Os10g33310

15 个亚洲野生稻（*O. rufipogon*）和非洲栽培稻（*O. glaberrima*）、李氏禾（*Leersia oryzoides*）（假稻属，由中国科学院植物研究所葛颂提供）、菰草（*Zizania latifolia*）（菰属）等与水稻相近的物种材料（表一）。

2. DNA 提取、测序及序列分析

由于单一古稻种子残片中 DNA 数量有限，本研究利用古稻遗存混合样品用于 DNA 提取。DNA 提取方法主要应用磁珠分离和纯化 DNA 技术⑧，略有改进。DNA 分离时，使用非离子、阳离子清洁剂以保护古 DNA 序列，减少脱氧核糖核酸酶、多酚等杂质的影响。

本研究选择 4 对引物来扩增古 DNA 序列，其中 2 对为植物界保守的通用引物 Angio_ 1F/Angio_ 2R 和 HrbcL252F/HrbcL320R⑨，另 2 对引物分别是水稻分子标记 SSR 引物 RM211（http://www. gramene. org）和 1 个编码基因位点。引物序列信息见表二。

采用两轮 PCR 扩增，25 μL PCR 体系包括 2. 5 mmol/L Mg^{2+}；0. 2 mmol/L dNTP；1 U *Taq* 酶（上海生工）；正反向引物各 1 mmol/L；DNA 模板 2 μL。扩增反应程序为：95℃，5 min；95℃，30s，55℃，30s，72℃，20s，35 个循环；72℃，10min；10℃保存。第 1 轮 PCR 产物稀释 10 倍后取 2 μL 作为第 2 轮 PCR 反应的模板，进行二次扩增，第 2 轮扩增反应体系和条件不变。扩增产物用 2% 的琼脂糖，80W 凝胶电泳 40min。

Dolphin 凝胶成像系统拍照记录。扩增产物经回收后 TA 克隆测序（上海英骏生物技术有限公司）。多序列连配使用 ClustalW（www. ebi. ac. uk/clustalw/）。本研究产生的古稻及其他序列均递交国际公共

核酸序列数据库（GenBank，登录号 JN169832—JN169947）。

二 结果与讨论

1. DNA 提取、扩增及其验证实验

古稻遗存样品（稻壳等混杂材料）经简单无菌水清洗后放入无菌水保存。DNA 提取和扩增分别在 2 个独立实验室进行。DNA 提取在未做过水稻样品的实验室进行，提取后的 DNA 样品在另一个独立实验室进行扩增。经两轮扩增获得清晰的目标条带（图二）。

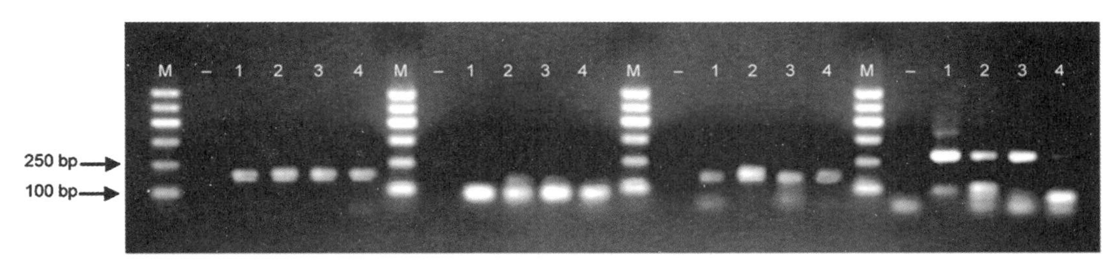

图二 4 对引物在 4 份古稻 DNA 样品中的 PCR 凝胶电泳图

M 为 DL2000（条带由大到小依次为 2000、1000、750、500、250 和 100bp）；“－”代表阴性对照。1—4 依次为湖州、田螺山（2 份）和新干遗存样品

控制污染和进行验证实验是进行古 DNA 研究的重要环节[10]。为了验证本扩增的真实性，上述 DNA 样品提供给浙江大学动物科学学院动物免疫实验室（余旭平教授）进行重复实验。该实验室从未进行过植物样品分析。该实验室利用本研究提供的实验流程，PCR 扩增产物克隆测序 11 个，获得 9 条目标序列。同时，一系列证据可以排除本研究获得的 DNA 序列来自污染的可能性：（1）本研究多次实验获得的基因型均很多（如图三连配结果），而污染的样品往往一种基因型占绝大多数；（2）本研究获得的一些古稻基因型在现代水稻材料中并未检测到，同时也检测到大量水稻田间环境相关杂草植物序列（见“DNA 克隆测序结果”部分），而这些田间植物本研究所有实验室均没有开展过；（3）本研究提取的 DNA 序列片段均比较短（＜500 bp），超过 500 bp 的引物设计均无法扩增出目标产物，这符合古 DNA 序列特征。古代样品由于长期暴露在环境中，往往导致 DNA 链断裂而不超过 500 bp[11]。另外，为了避免因 PCR 扩增或测序过程碱基突变造成的误差，本研究认定一个真实突变和一个新基因型是要求在一个碱基位点上至少有 2 个以上相同碱基发生或相同的 2 个克隆测序结果。

2. DNA 克隆测序结果

本研究针对河姆渡文化等 3 个稻谷遗存进行了 4 个基因组位点的克隆测序，先后获得 142 个有效克隆测序结果。这 142 条序列，绝大多数序列（91.5%）与已知水稻或其他植物序列一致，表明这些序列为目标序列，即来自水稻或环境中其他植物相应序列，其中来自水稻为主（105 个，80.8%）（表三）。

为了鉴别古稻特性，本研究应用了兼并性程度不同的引物设计。本研究用的 4 个引物，其中 2 个（引物 A 和 C）为高度保守的兼并引物设计，是根据许多已知植物序列连配结果保守区段设计的引物[12]，因此可以扩增出许多植物同源序列（图三所示引物 C 扩增产物序列，其中包括水稻和其他植物

表三　古稻样品克隆测序数量

引物代码	A	C	R	Y	合计
序列总数	21	47	45	29	142
目标产物：水稻	11	28	43	23	105
目标产物：其他	10	15	0	0	25
非目标产物	0	4	2	6	12

```
                    *       20         *        40         *        60         *        80
gi|  : taggtctaatggataagctacataagcgatatattgatttcctccccaacaacgggctcgatgtgatagcatcgtcctttgtaacgat : 89
CS0  : taggtctaatggataagctacataagcgatatattgatttcctccccaacaacgggctcgatgtgatagcatcgtcctttgtaacgat : 89
C9-  : taggtctaatggataagctacataagcgatatattgatttcctccccaacaacgggctcgatgtgatagcatcgtcctttgtaacgat : 89
B02  : taggtctaatggataagctacataagcgatatattgatttcctccccaacaacgggctcgatgtgatagcatcgtcctttgtaacgat : 89
CS0  : taggtctaatggataagctacataagcgatatattgatttcctccccaacaacgggctcgatgtgatagcatcgtcctttgtaacgat : 89
B03  : taggtctaatggataagctacataggcgatatattgatttcctccccaacaacgggctcgatgtgatagcatcgtcctttgtaacgat : 89
CS0  : taggtctaatggataagctacataagcgataaattgatttcctccccaacaacgggctcgatgtgatagcatcgtcctttgtaacgat : 89
B04  : taggtctaatggataagctacataagcgatatattgattatcctccccaacaacgggctcgatgtgatagcatcgtcctttgtaacgat : 89
B05  : taggtctaatggataagctacataagcgatatattgattatcctccccaacaacgggctcgatgtgatagcatcgtcctttgtaacgat : 89
CS0  : taggtctaatggataagctacataagcgatatattgattatcctccccaacaacgggctcgatgtgatagcatcgtcctttgtaacgat : 89
CS0  : taggtctaatggataagctacataagcgatatattgattatcctccccaacaacgggctcgatgtgatagcatcgtcctttgtaacgat : 89
CS0  : taggtctaatggataagctacataagcgatatattgattatcctccccaacaacgggctcgatgtgatagcatcgtcctttgtaacgat : 89
B01  : taggtctaatggataagctacataagcgatatattgattatcctccccaacaacgggctcgatgtgatagcatcgtcctttgtaacgat : 89
CS0  : taggtctaatggataagctacataagcgatatattgattatcctccccaacaacgggctcgatgtgatagcatcgtcctttgtaacgat : 89
CS0  : taggtctaatggataagctacataagcgatatattgattatcctccccaacaacgggctcgatgtgatagcatcgtcctttgtaacgat : 89
CS0  : taggtctaatggataagctacataagcgatatattgattatcctccccaacaacgggctcgatgtgatagcatcgtcctttgtaacgat : 89
CS0  : taggtctaatggataagctacataagcgatatattgattatcctccccaacaacgggctcgatgtgatagcatcgtcctttgtaacgat : 89
CS0  : taggtctaatggataagctacataagcgatatattgattatcctccccaacaacgggctcgatgtgatagcatcgtcctttgtaacgat : 89
CS0  : taggtctaatggataagctacataagcgatatattgattatcctccccaacaacgggctcgatgtgatagcatcgtcctttgtaacgat : 89
CS0  : taggtctaatggataagctacataagcgatatattgattatcctccccaacaacgggctcgatgtgatagcatcgtcctttgtaacgat : 89
CS0  : taggtctaatggataagctacataagcgatatattgattatcctccccaacaacgggctcgatgtgatagcatcgtcctttgtaacgat : 89
C9-  : taggtctaatggataagctacataagcgatatattgattatcctccccaacaacgggctcgatgtgatagcatcgtcctttgtaacgat : 89
C8_  : taggtctaatggataagctacataagcgatatattgattatcctccccaacaacgggctcgatgtgatagcatcgtcctttgtaacgat : 89
CS0  : taggtctaatggataagctacataagcgatatattgattatcctccccaacaacgggctcgatgtgatagcatcgtcctttgtaacgat : 89
CS0  : taggtctaatggataagctacataagcgatatattgattatcctccccaacaacgggctcgatgtgatagcatcgtcctttgtaacgat : 89
CS0  : taggtctaatggataagctacataagcgatatattgattatcctccccaacaacgggctcgatgtgatagcatcgtcctttgtaacgat : 89
CS0  : taggtctaatggataagctacataagcgatatattgattatcctccccaacaacgggctcgatgtgatagcatcgtcctttgtaacgat : 89
C10  : taggtctaatggataagctacataagcgatatattgattatcctccccaacaacgggctcgatgtgatagcatcgtcctttgtaacgat : 89
B09  : taggtctaatggataagctacatacgcaataaattgagtttctcctcctggaacgggctcgatgtggtagcatcgtcctttgtaacgat : 89
CS0  : taggtctaatggataagctacatacgcaataaattgagtttcttctcctggaacgggctcgatgtggtagcatcgtcctttgtaacgat : 89
CS0  : taggtctaatggataagctacatacgcaataaattgagtttcttctcctggaacgggctcgatgtggtagcatcgtcctttgtaacgat : 89
CS0  : taggtctaatggataagctacatacgcaataaattgagtttcttctcctggaacgggctcgatgtggtagcatcgtcctttgtaacgat : 89
C6_  : taggtctaatggataagctacataacatatatattgattctcttctccagcaacgggctcaatgttgtagcatcgtcctttgtaacgat : 89
B07  : taggtctaatggataagctacataacatatatattgattctcttctccagcaacgggctcaatgttgtagcatcgtcctttgtaacgat : 89
CS0  : taggtctaatggataagctacataacatatatattgattctcttctccagcaacgggctcaatgttgtagcatcgtcctttgtaacgat : 89
CS0  : taggtctaatggataagctacataacatatatattgattctcttctccagcaacgggctcaatgttgtagcatcgtcctttgtaacgat : 89
CS0  : taggtctaatggataagctacataacatatatattgattctcttctccagcaacgggctcaatgttgtagcatcgtcctttgtaacgat : 89
C9-  : taggtctaatggataagctacataacatatatattgattctcttctccagcaacgggctcaatgttgtagcatcgtcctttgtaacgat : 89
CS0  : taggtctaatggataagctacataacatatatattgattctcttctccagcaacgggctcaatgttgtagcatcgtcctttgtaacgat : 89
C9-  : taggtctaatggataagctacataacatatatattgatttcttctccagcaacgggctcaatgttgtagcatcgtcctttgtaacgat : 89
B08  : taggtctaatggataagctacataacatatatattgatttggtccccaggaacgggctcaatgttgtagcatcgtcctttgtaacgat : 89
B06  : taggtctaatggataagctacataacagatatattgactgggtccccaggaacgggctcgatgtgatagcatcgtcctttgtaacgat : 89
```

图三　引物 C 从 3 个遗址稻作样品扩增获得的序列连配结果

框中序列来自现代水稻品种日本晴（AK242631）。连配结果中有碱基变异的列用黑灰标示。

序列）。其他两个引物对来自本实验室，其中引物 Y 设计在一个基因的 2 个外显子上，所以在水稻近缘物种中具有一定的保守性或兼并性。引物 R 来自水稻基因间，为 SSR 标记引物，为水稻特异引物设计。

3. 来自假稻属和菰属种子的可能性

假稻属（*Leerxia*）和菰属（*Zizania*）均是与水稻亲缘关系最近的物种[13]（www. ncbi. nlm. nih. gov/Taxonomy/）。李氏禾（*Leersia oryzoides*）属于假稻属，其种子与水稻种子非常相近；菰（*Zizania latifolia*）是古代重要粮食作物之一，由于水稻的兴起而被取代。为了排除我们使用的稻谷遗存来自假稻属和菰属种子的可能性，利用本研究 4 对引物分别对以上 2 个属物种进行了 PCR 扩增（图四）。结果表明，

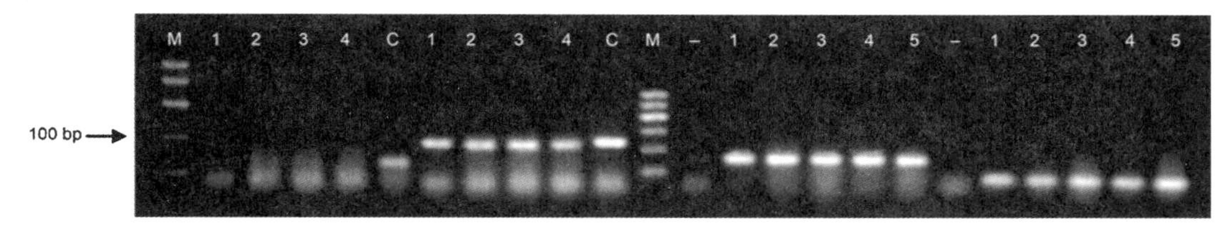

图四 4 对引物在假稻属和菰属物种 PCR 扩增情况

最左侧为水稻特异引物 RM211（引物 R），在假稻属和菰属物种中扩增不出目标产物。其他引物从左到右依次为引物 Y、A 和 C。1 为 *Leersia oryzoides*；2—5 为 *Zizania latifolia*；C 为现代稻日本晴；“ - ”代表空白对照，M 为分子量标记。

表四 古稻两个基因位点克隆测序获得的序列数量分布以及与现代水稻的比较

引物	基因型	考古遗址				亚洲栽培稻（1）			洲野生稻	亚洲栽培稻（2）
		田螺山	新干	湖州	合计	籼稻	粳稻	合计		籼稻
R	A－T－A－（TC）$_4$	12	7	9	28	9	18	27	1	17
	C－T－A－（TC）$_4$	0	0	0	0	0	0	0	0	210
	C－C－A（TC）$_4$	0	0	0	0	0	0	0	0	121
	A－C－T－（TC）$_8$	0	6	2	8	0	0	0	0	0
	A－C－T－（TC）$_9$	5	0	0	5	2	1	3	1	0
	其他	0	0	0	0	1	0	1	13	26
	合计	17	13	11	41	12	19	31	15	374
Y	T－G	12	5	1	18	1	15	16	2	0
	C－G	0	0	0	0	11	4	15	4	345
	C－C	2	1	0	3	0	0	0	0	0
	C－A	0	0	0	0	0	0	0	0	28
	合计	14	6	1	21	12	19	31	6	373

注：亚洲栽培稻（1）和（2）数据分别来自本研究和 Huang 等[14]。

水稻特异性引物 R 未扩出条带，另 3 个引物均扩增出条带。进一步对这 3 个引物扩增产物进行测序。测序结果表明，引物 A 在李氏禾和菰草上的基因型分别为 T－A－A 和 T－G－A，不同于稻属（包括非洲稻）；两物种在引物 C 位点的基因型均为 T－T，与稻属基因型一致；引物 Y 扩增测序获得的这 2 个物种序列（GenBank 记录编号 JN169842 和 JN169843）均与古稻和现代水稻品种序列差异很大（结果未列出）。以上结果可以排除本研究所用的古稻材料来自假稻属和菰属的可能性。

4. 古稻基因型与现代水稻的比较

利用非兼并性引物 R 和 Y 扩增获得古稻序列并进行序列连配比较，发现 3 个遗址稻谷样品均存在 2—3 个基因型，表明当时这些稻种具有多样性。例如，田螺山稻谷遗存 2 个位点分别检测到 2 个基因型（表四）。

这一结果和其他研究[15]对稻谷形态观察结果一致。每个遗址出土的稻谷外形并非完全一致，部分稻谷间存在明显差异。

为了比较古稻基因型与现代亚洲水稻（包括栽培和野生稻）的差异，本研究选取亚洲范围内栽培稻和野生稻对相应基因组位点进行测序，并利用刚发表的中国水稻地方品种基因组大规模重测序数据[16]进行了基因型比较（见表四）。结果表明，古稻主要基因型〔R：A－C－T－（TC）$_4$ 和 Y：T－G〕均可以在现代栽培稻中找到，说明这些基因型在栽培群体被保留下来，同时这些基因型也是栽培粳稻的主要基因型（浙江省6个地方粳稻品种均属于这个基因型）。但同时，古稻与现代稻基因型分布存在显著差异：（1）古稻基因型〔R：A－C－T－（TC）$_8$ 和 Y：C－C〕在现代栽培稻中没有检测到，可能在现代栽培稻遗传群体中已丢失，有待今后更多品种特别是粳稻品种的调查加以证实。作物在驯化过程中往往经历强烈人工选择，遗传多态性明显下降[17]。水稻同样经历了这样的过程，其驯化过程中多态性下降明显，经历了强烈的所谓选择瓶颈效应[18]。本研究结果在水稻上直接证实了这一现象。（2）现代栽培稻的一些基因型，特别是中国籼稻地方品种中的主要基因型〔R：C－T－A－（TC）$_4$，C－C－A（TC）$_4$和 Y：C－G〕在古稻中均没有发现。这可能是本研究调查古稻遗存数量的局限性造成的，或者这些基因型可能来自新的突变或来自其他原始水稻群体。例如，在中国历史上曾引进大量外来作物或作物品种，包括水稻品种，比较著名是宋代从越南引进的早熟稻种占城稻，在当时江南地区大面积种植[19]。

籼粳稻分化是栽培稻驯化的一个重要进化事件。一个有趣的问题是本研究的稻作遗存是粳稻还是籼稻。根据本研究获得的现有两个序列片段和对籼、粳稻相同基因型比率判断，本研究的古稻序列与绝大多数粳稻一致（包括本研究调查的6个浙江省粳稻地方品种），与绝大多数中国籼稻地方种基因型不同，所以，本研究所用稻作遗存可能为粳稻类型，或至少绝大多数为粳稻类型（即当时可能处于籼粳稻混种或籼粳分化不明显状态）。

5. 来自其他植物情况

利用2个兼并引物（引物A和C），在本研究克隆测序获的序列中（见表三），除大多数能与水稻匹配上外（见图三），其他25条与其他植物已知序列具有显著的相似度，而且大多数序列间只有1—2个碱基差异，表明它们可能来自稻作环境中的其他植物。仔细查对这些匹配序列来源，发现这些序列主要来自无患子目（Sapindales）、蒺藜目（Zygophyllales）和十字花目（Brassicales）植物（表五）。无患子目包括楝树、桔或枳树（Citrus）等，这些植物在江南一带均有分布。本文作者参与河姆渡田螺山

表五　2个兼并引物A和C获得的25条非水稻序列情况

引物代码	基因型	克隆数	遗址来源*	最佳匹配物种**	分类
A	A96	2	T/X	*Citrus trifoliata* 等（1×10^{-74}）	Sapindales
	A105	6	T/X	*Sinapis alba* 等（4×10^{-69}）	Brassicales
	Y8－C	1	T	*Cercomonas media* 等（2×10^{-79}）	Rhizaria
	A99	1	T	*Pichia kluyveri* 等（7×10^{-62}）	Fungi
C	C6－C	7	T/X/H	*Tribulus Terrestris* 等（2×10^{-34}）	Zygophyllales
	C9－5	1	T	*Guarea glabra* 等（2×10^{-34}）	Sapindales
	C62	1	H	*Peganum harmala* 等（2×10^{-31}）	Sapindales
	C61	4	T/X/H	*Arabidopsis thaliana* 等（2×10^{-34}）	Brassicales
	C64	1	H	*Coix lacryma－jobi* 等（3×10^{-38}）	Poales

*：T，田螺山；X，新干；H，湖州；**括号内为数据库搜索 BLASTN 显著性 *E* 值。

遗址中植物遗存的鉴定，从中可以发现不少楝树果实，这与本研究的序列结果相符合。与蒺藜目最匹配的植物物种包括中国南方常见的杉木（Tribulus）。另一类十字花目植物应该属于稻田伴生的杂草，如南方田间常见的白芥（*Sinapis alba*）和拟南芥（*Arabidopsis thaliana*）等。此外，一条序列应该来自南方常见的薏苡（*Coix lacrymajobi*），两条序列可能来自植物病虫害。

本研究受国家重点基础研究发展计划（2011CB109306）、国家高新技术研究发展计划（2006AA10A102）、科技部专项（2007DKA20Z90）和德国 DAAD 学者资助项目支持。

原载《科学通讯》2011 年第 56 卷第 28—29 期

注释

① D. A. Vaughan, B. Lu, N. Tomooka, The evolving story of rice evolution, *Plant Science* 174 (2008): 394–408.

② J. P. Londo, Y. C. Chiang, K. H. Hung et al., Phylogeography of Asian wild rice, *Oryza rufipogon*, reveals multiple independent domestications of cultivated rice, *Oryza sativa*, *PNAS* (103) 2006: 9578–9583.

③ 游修龄:《中国农业通史（原始社会卷）》，中国农业出版社，2008 年，第 175—198 页。

④ 游修龄:《对河姆渡遗址第四文化层出土稻谷和骨耜的几点看法》,《文物》1976 年第 8 期。

⑤ 郑云飞、孙国平、陈旭高:《7000 年前考古遗址出土稻谷的小穗轴特征》,《科学通报》2007 年第 9 期；D. Q. Fuller, L. Qin, Y. F. Zheng et al., The domestication process and domestication rate in rice: Spikelet bases from the lower Yangtze, *Science* (323) 2009: 1607–1610.

⑥ P. Goloubinoff, S. Pääbo, A. Wilson, Evolution of maize inferred from sequence diversity of an*Adh2*gene segment from archaeological specimens, *PNAS* 90 (1993): 1997–2001; W. J. Deakin, P. J. Rowley-Conwy, C. H. Shaw, Amplification and sequencing of DNA from preserved sorghum of up to 2800 years antiquity found at Qasr Ibrim, *Ancient Biomolecules* 2 (1998): 27–41; F. Rollo, M. Ubaldi, L. Ermini et al., Otzi's last meals: DNA analysis of the intestinal content of the Neolithic glacier mummy from the Apls, *PNAS* 99 (2002): 12594–12599; V. Jaenicke-Despres, E. S. Buckler, B. D. Smith et al., Early allelic selection in maize as revealed by ancient DNA, Science 302 (2003): 1206–1208; D. L. Erickson, B. D. Smith, A. C. Clarke et al., An Asian origin for a 10000-year-old domesticated plant in the Americas, *PNAS* 102 (2005): 18315–18320.

⑦ I. Nakamura, Y. I. Sato, Amplification of DNA fragments isolated form a single seed of ancient rice (AD 800) by polymerase chain reaction, *Chinese Journal of Rice Science* 5 (1991): 175–179.

⑧ P. R. Levison, S. E. Badger, J. Dennis et al., Recent developments of magnetic beads for use in nucleic acid purification, *Journal of Chromatography* 816 (1998): 107–111.

⑨ F. Rollo, M. Ubaldi, L. Ermini et al., Otzi's last meals: DNA analysis of the intestinal content of the Neolithic glacier mummy from the Apls, *PNAS* 99 (2002): 12594–12599.

⑩ 杨东亚:《古代 DNA 研究中污染的控制和识别》,《人类学学报》2003 年第 2 期。

⑪ P. R. Levison, S. E. Badger, J. Dennis et al., Recent developments of magnetic beads for use in nucleic acid purification, *Journal of Chromatography* 816 (1998): 107–111.

⑫ F. Rollo, M. Ubaldi, L. Ermini et al., Otzi's last meals: DNA analysis of the intestinal content of the Neolithic glacier mummy from the Apls, *PNAS* 99 (2002): 12594–12599.

⑬ S. Ge, T. Sang, B. R. Lu et al. , Phylogeny of rice genomes with emphasis on origins of allotetraploid species, *PNAS* 96 (1999): 14400–14405.

⑭ S. Ge, T. Sang, B. R. Lu et al. , Phylogeny of rice genomes with emphasis on origins of allotetraploid species, *PNAS* 96 (1999): 14400–14405.

⑮ D. Q. Fuller, L. Qin, Y. F. Zheng et al. , The domestication process and domestication rate in rice: Spikelet bases from the lower Yangtze, *Science* (323) 2009: 1607–1610.

⑯ S. Ge, T. Sang, B. R. Lu et al. , Phylogeny of rice genomes with emphasis on origins of allotetraploid species, *PNAS* 96 (1999): 14400–14405.

⑰ J. F. Doebley, B. S. Gaut, B. D. Smith, The molecular genetics of crop domestication, *Cell* 127 (2006): 1309–1321.

⑱ Q. Zhu, X. Zheng, J. Luo et al. , Multilocus analysis of nucleotide variation of *Oryza sativa* and its wild relatives: severe bottleneck during domestication of rice, *Molecular Biology and Evolution* 24 (2007): 875–888.

⑲ 曾雄生：《宋代的双季稻》，《自然科学史研究》2002 年第 3 期；游修龄：《占城稻质疑》，《农业考古》1983 年第 1 期。

甜瓜起源的考古学研究*

——从长江下游出土的甜瓜属（*Cucumis*）种子谈起

甜瓜（*Cucumis melo*）的色、香、味俱佳，如哈密瓜、黄金瓜、青皮瓜、白瓜、网纹甜瓜等，是我国城乡人民普遍喜爱的传统水果。甜瓜（*C. melo*）在植物分类学上属葫芦科（Cucurbitaceae）甜瓜属（*Cucumis*）。另外，甜瓜有一个变种——菜瓜（C. *melo* L. var. *conomon*），形状近似甜瓜，含糖量不高，食味较淡，主要用作蔬菜或制作盐渍物。甜瓜属中还有一个在世界各地广为栽培的种——黄瓜（*C. sativus*）。关于甜瓜（*C. melo* spp.）的起源，学术界有多种观点，主要有非洲起源说①、东南亚、印度和东亚起源说②和非洲及亚洲起源说③。这些学说提出的依据主要是现代各个地区的栽培种以及栽培种祖先——野生甜瓜分布和种质资源的多样性，可以说是在假定几千年来自然环境和生物资源没有变化情况下的认识，局限性也是十分明显的。事实上，人类文明进程中地区之间的不平衡对自然环境和生物资源的破坏和影响程度的差异是明显的。一般原始落后地区自然资源丰富，文明程度较发达地区栽培品种较多。由于忽视这方面因素，在过去甜瓜起源研究中，对野生甜瓜多样性中心和栽培甜瓜多样性中心不一致的现象无法给予一个比较合理的解释，造成在甜瓜起源问题上迄今还是众说纷纭，莫衷一是。因此，同其他作物一样，要解决甜瓜起源问题必须重视考古学的研究，把问题放回历史上的某一时间和空间，基于原自然环境和原生物资源条件下，进行生物学和考古学相结合的综合研究。本文以长江下游新石器时代遗址出土的甜瓜种子的形状特征和种皮的显微构造的变化，探讨该地区甜瓜栽培驯化过程，并对甜瓜起源问题进行一些探讨。

一　出土的甜瓜（*C. melo*）种子

考古发掘成果显示，在我国长江下游地区的新石器时代晚期已经普遍利用甜瓜属（*Cucumis*）的果实。1959年浙江省湖州钱山漾遗址的第一、二次发掘中发现了丰富的植物遗存，其中就有甜瓜种子④。1983年浙江省嘉兴雀幕桥的良渚文化地层中发现甜瓜种子⑤。1987年江苏省苏州龙南遗址的第一、二次发掘中，从第3文化层（良渚文化）中，发现了许多植物种子遗存，其中包括甜瓜种子⑥。

最近几年，浙江省文物考古研究所考古发掘中十分重视植物遗存的调查研究，在许多发掘的遗址

* 本文系与陈旭高合著。

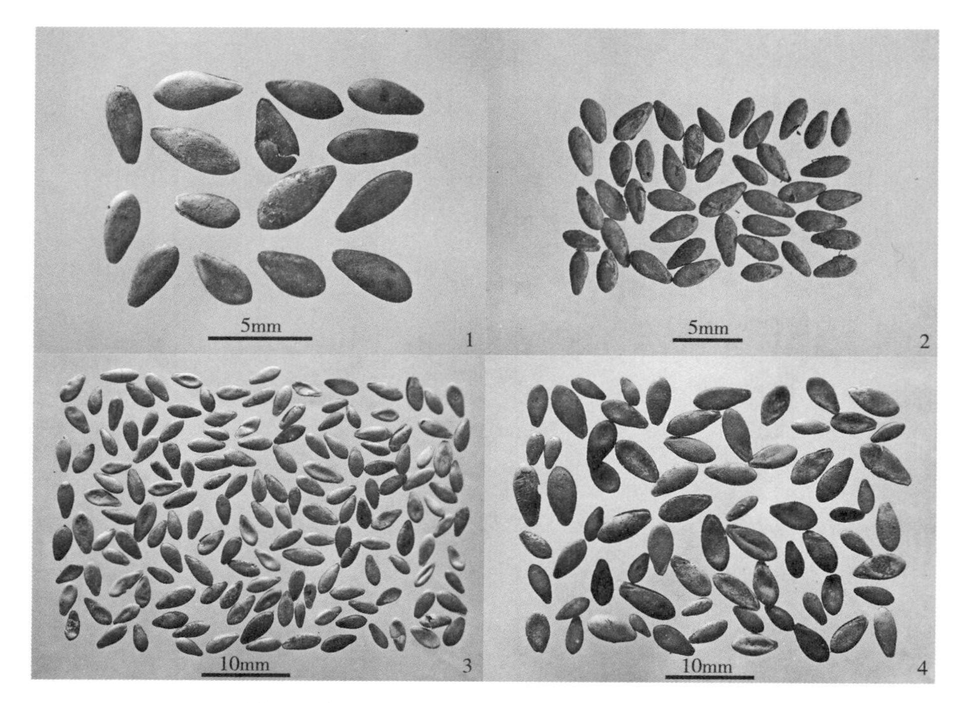

图一　遗址出土的甜瓜属（*Cucumis* sp.）种子

1. 田螺山遗址　2. 姚家山遗址　3. 卞家山遗址　4. 钱山漾遗址

中相继出土了甜瓜种子（图一）。遗址中出土的甜瓜种子呈长圆状披针形，端部宽平；珠孔周围稍凸起；边缘钝，平滑；中部轻度圆弧状向上隆起；基部呈圆弧形。发现甜瓜种子的新石器时代的遗址主要有以下几处。

余姚田螺山遗址（河姆渡文化遗址），收集到种子15粒，出土于河姆渡文化晚期的地层中，距今6500年左右。出土种子平均长3.99毫米，变异范围为3.98—4.72毫米，变异系数11.1%；平均宽1.82毫米，变异范围1.58—2.17毫米，变异系数8.52%。

桐乡姚家山遗址（良渚文化遗址早中期，距今4700年左右），收集到种子数百粒。对其中出土于良渚文化地层的51粒种子进行了测量，出土种子平均长4.01毫米，变异范围3.2—4.86毫米，变异系数8.33%；平均宽1.73毫米，变异范围1.50—2.04毫米，变异系数7.20%。

平湖庄桥坟遗址（良渚文化晚期遗址，距今4500年左右），收集的种子数百粒，全部出土于良渚文化地层。随机对其中的91粒种子进行测量，出土种子平均长3.90毫米，变异范围2.41—4.53毫米，变异系数8.43%；平均宽1.73毫米，变异范围1.07—1.94毫米，变异系数8.64%。

余杭卞家山遗址（良渚文化晚期遗址，距今4300年左右），收集的种子数百粒。对其中157粒出土于地层的种子进行了测量，出土种子平均长3.80毫米，变异范围2.95—5.07毫米，变异系数11.25%；平均宽1.65毫米，变异范围1.96—2.22毫米，变异系数13.83%。

湖州钱山漾遗址（钱山漾类型和马桥文化遗址，距今4200—3700年），收集到种子数百粒。对其中106粒出土于马桥地层的种子进行了测量，出土种子平均长4.45毫米，变异范围2.63—6.78毫米，变异系数20.45%；平均宽2.09毫米，变异范围1.16—3.39毫米，变异系数22.31%。

湖州塔地遗址（马家浜文化和良渚文化遗址），收集的种子来自良渚文化晚期地层，数量不多，较完整的只有 23 粒。出土种子平均长 4. 36 毫米，变异范围 3. 43—7. 21 毫米，变异系数 22. 58%；平均宽 1. 99 毫米，变异范围 1. 78—3. 29 毫米，变异系数 22. 86%。

在研究新石器时代出土的甜瓜种子问题时，不得不谈一下我国新石器时代出土芝麻种子的问题。1958 年，钱山漾遗址发掘区甲区 17 号深坑底部的竹编器下，出土植物种子数百粒，一起出土的还有木桨和黑色陶器。出土时种子色泽新鲜，从表面看，颗粒很丰满，但实际都为空壳。浙江农学院（现属浙江大学）专家初步鉴定认为这些种子是芝麻（*Sesanun indicum* L.）的种子，但鉴定书中也提出了一些疑问：种子颗粒较现代栽培种略大，种皮上脉纹不明显，不很相像；芝麻原产于巽他群岛，两三千年前传入印度及幼发拉底河流域，我国最早记载的古籍是北魏《齐民要术》，据传是汉代张骞出使西域从大宛携带回来的，鉴定标本种皮相当新鲜，经历年代可能不久[⑦]。20 世纪 80 年代浙江省文物考古所（现浙江省文物考古研究所）在嘉兴雀幕桥遗址的良渚文化地层中再次发掘出土与钱山漾所见形态相同、种皮淡黄鲜亮的种子，此问题才得以澄清。中国科学院植物研究所分类室鉴定认为，出土种子为葫芦科（Cucurbitaceae）甜瓜属（*Cucumis*）的小马泡（*Cucumis bisexualis* Lu）。小马泡，又称马包、小泡瓜，是河南、安徽、江浙一带特产的野生种，果实含有较多粒小的种子[⑧]。鉴定书中还指出，甜瓜属中有许多栽培种，也有可能是栽培瓜类中没有发育好的小种子。2004 年钱山漾遗址又进行了一次发掘，再次从遗址中浮选出大量的甜瓜属种子。出土的种子大小参差不齐，大者和部分现代甜瓜栽培种的种子近似，小的仅有芝麻种子（长约 3 毫米、宽约 2 毫米）那样大小，最小的一粒长 2. 63 毫米、宽 1. 16 毫米，肉眼观察很容易和芝麻种子混淆，出现鉴定的错误。

报道出土“芝麻”种子植物遗存的遗址除钱山漾遗址，还有 1958 年发掘的浙江省杭州水田畈遗址[⑨]和 1987 年发掘的江苏苏州龙南遗址[⑩]，它们和钱山漾遗址出土的那些种子一样，应该是种子鉴定存在着问题，是甜瓜属种子之误。

二　种皮的特征

甜瓜（*Cucumis*）为一年生的蔓性草本植物，雌雄异花同株，叶为互生单叶，叶柄有刚毛，叶色浅绿或深绿，叶形大多为近圆形或肾形，有时呈心脏形、掌形，叶缘锯齿状、波状或圆缘；果实为瓠果，种子形状为扁平窄卵圆形，种皮表面平滑或折曲，颜色有白、黄、红之别。考古遗址出土的甜瓜属植物遗存主要是种子，而甜瓜属种子外部形态特征无明显的差别。因此，根据种子形状来鉴定甜瓜属的种类是有相当难度的，尤其是遗址中出土的年代久远的种子遗存，鉴定难度又会增加。

甜瓜等葫芦科植物种子的种皮一般多有不同程度的木质化，有的还有明显的石细胞，在显微镜下观察，种皮表面的结构有明显的差异；而且石细胞的形状特征因种类不同存在差异。我们在对遗址中出土的种子遗存的鉴定上进行了尝试。我们观察目前在长江下游地区栽培的甜瓜属的黄瓜、甜瓜和菜瓜的种皮显微结构及其种皮中的石细胞形状特征发现：在种子形状特征方面很难把握这三个栽培瓜类，在种皮表面显微结构上，石细胞形状、大小、密度等方面的差异还是比较明显的（图二，1）。黄瓜种皮较薄且软，木质化程度较低，种皮石细胞数量极少；甜瓜（图二，2）种皮较厚且硬，木质化程度较高，石细胞数量较多，形状较大，呈带齿棒状；菜瓜（图二，3）种皮较厚且硬，木质化程度较高，

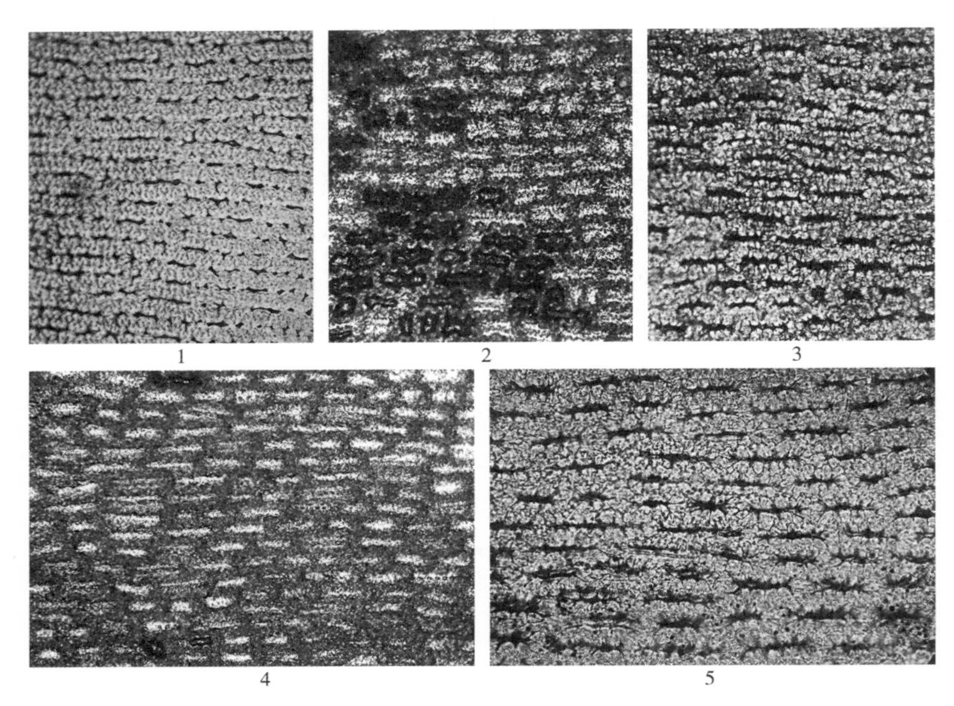

图二 甜瓜（*Cucumis* sp.）表皮显微构造

1. 黄瓜（*C. sativus*） 2. 甜瓜（*C. melo*） 3. 菜瓜（*C. melo* var. *common*） 4. 甜瓜（卞家山遗址）遗址 5. 菜瓜（姚家山遗址）

表一 出土甜瓜属种子的鉴定和分类

<table>
<tr><th rowspan="2">遗址</th><th rowspan="2">文化类型</th><th rowspan="2">年代 BP</th><th rowspan="2">样品数</th><th colspan="3">种类</th></tr>
<tr><th>甜瓜</th><th>菜瓜</th><th>黄瓜</th></tr>
<tr><td>田螺山</td><td>河姆渡文化</td><td>6500</td><td>15</td><td>0</td><td>15</td><td>0</td></tr>
<tr><td>姚家山</td><td>良渚文化</td><td>4700</td><td>25</td><td>0</td><td>25</td><td>0</td></tr>
<tr><td>庄桥坟</td><td>良渚文化</td><td>4500</td><td>25</td><td>20</td><td>5</td><td>0</td></tr>
<tr><td>卞家山</td><td>良渚文化</td><td>4300</td><td>25</td><td>10</td><td>15</td><td>0</td></tr>
<tr><td>钱山漾</td><td>马桥文化</td><td>3700</td><td>25</td><td>22</td><td>3</td><td>0</td></tr>
<tr><td colspan="3">合计</td><td>115</td><td>52</td><td>63</td><td>0</td></tr>
</table>

石细胞数量较多，形状较大，呈发达的珊瑚树枝状。

根据种子种皮石细胞形状、大小和密度等特征，对田螺山、姚家山、庄桥坟、卞家山、钱山漾等5个遗址出土的甜瓜属种子随机抽取样品进行解剖观察（表一）。

结果显示新石器时代遗址出土甜瓜属种子不仅有甜瓜类型，而且还有菜瓜类型。其中，田螺山、姚家山遗址出土的都为菜瓜类型种子；庄桥坟遗址以甜瓜类为主，占80%；卞家山遗址中菜瓜种子数量稍多；钱山漾遗址中以甜瓜类型种子占优势，占88%。

如果按长江下游史前文化发展阶段来划分，可以看到长江下游新石器时代早中期以及晚期的前期，遗址出土的甜瓜种子都为菜瓜类型，在晚期的中后期遗址出现甜瓜类型，并有年代越晚甜瓜类型种子比例上升的趋势。

三 种子大小之变化

长江下游新石器时代遗址出土的甜瓜种子大小在时代上表现出一定的差异和规律性。如图三所示，田螺山遗址（河姆渡文化晚期）和良渚文化时期的种子无论在长度还是在宽度方面都较小，钱山漾遗址（马桥文化）出土的种子较大。钱山漾遗址出土的种子大小与田螺山遗址和良渚文化时期遗址出土的种子之间存在显著的差异，表现为长而宽；但田螺山遗址与良渚文化时期之间，种子大小差异不明显，大小基本相近。

从图四可见，良渚文化时期甜瓜种子分布比较集中，大小差异较小。钱山漾遗址出土的种子分布分散，大小参差不齐，一部分种子和良渚文化的种子分布重合，一部分种子明显偏离良渚文化的种子分布范围，种子在大小方面明显呈现多样化现象。

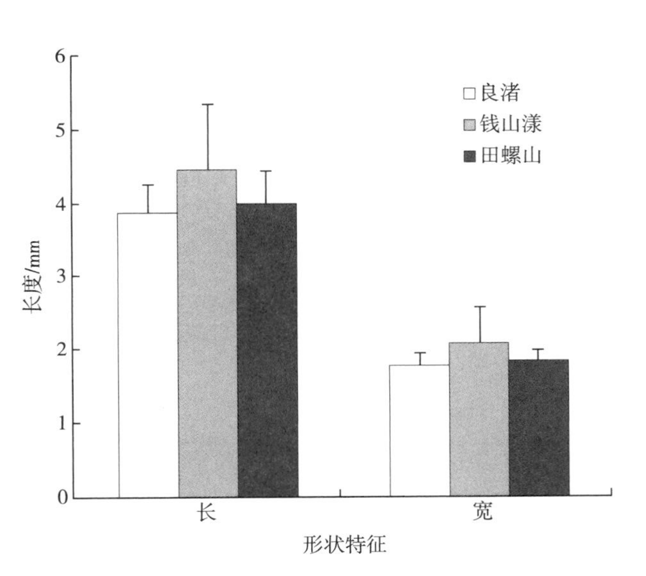

图三 不同文化时期的种子长宽比较

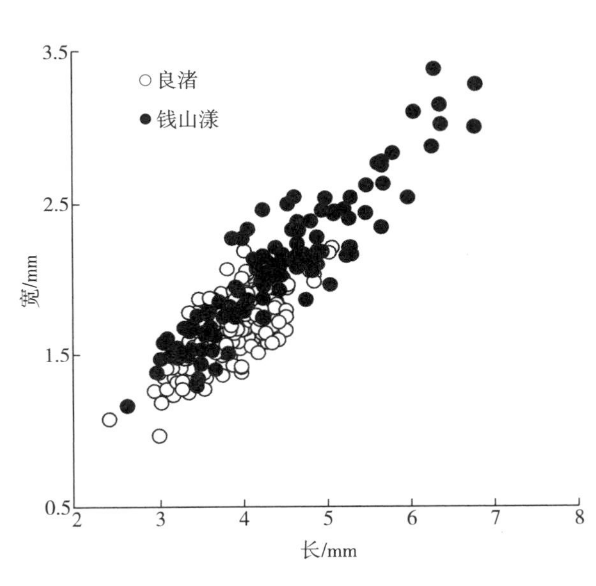

图四 良渚文化与马桥文化时期种子的分布

四 从出土甜瓜种子看甜瓜的起源

我国甜瓜栽培历史悠久，《诗经》《尔雅》《周礼》《史记》等汉代及以前的古籍中都有瓜的记载，农学工作者认为，他们可能是薄皮甜瓜的初级种或近缘种[11]。1972 年湖南长沙马王堆一号汉墓女尸的消化器官内，发现 138 粒半甜瓜种子。新疆吐鲁番高昌古城附近的阿斯塔那古墓群中的一个晋墓中，发现有半个干缩的甜瓜，其种子与现在的栽培种相同[12]。长江下游地区距今 6500—4000 年的新石器时代遗址中甜瓜种子的鉴定和发现，说明我国甜瓜栽培历史十分古老，特别是田螺山遗址居住遗迹中的甜瓜种子的发现，昭示我国先民可能在 6500 年以前就已经开始利用甜瓜，把我国甜瓜的利用历史又上溯了几千年。

栽培甜瓜的祖先为野生甜瓜（*C. melo* ssp. *agrestis* 或 *C. melo* ssp. *melo*），是一种田间杂草，野生在

农作物田里，蔓不超过1米，茎蔓粗，叶片大，雌雄异花同株植物，果实短圆柱形，纵径5.84厘米，横径4.50厘米，平均单果重64克，似桃、柠檬大小；果实味淡或酸。野生甜瓜的染色体与栽培甜瓜相同，$n=12$。野生甜瓜在世界分布范围很广，是北非、中亚及西南亚田间的常见杂草。在东亚地区日本列岛、韩国南部地区的近200多个岛上有野生甜瓜的分布[13]。在非洲等地野生甜瓜被当地的土著作为水果，采摘食用。我国在黄河流域地区也分布着野生甜瓜近缘种——马包（*Cucumis bisexualis*）[14]。根据研究人员对甜瓜种子的调查研究，野生甜瓜和栽培甜瓜种子的大小在变种之间是有一定特异性的，从长度上看，野生甜瓜种子小于6毫米，甜瓜种子在6.1—8.0毫米之间，菜瓜种子一般在8.1毫米以上[15]。如果利用种子的大小来判断甜瓜种类的话，长江下游新石器时代的田螺山、庄桥坟、姚家山、卞家山等遗址中出土的甜瓜种子全部属野生甜瓜，钱山漾遗址出土的106粒种子中有100粒野生甜瓜，塔地遗址24粒种子中有23粒野生甜瓜，这说明新石器时代长江下游不仅广泛分布野生甜瓜或野生甜瓜的近缘种类，而且已经有栽培甜瓜存在。到目前，日本已经在弥生到江户时代的134个遗址中发现了野生甜瓜以及栽培甜瓜、菜瓜等种子，其中发现5000粒以上的种子就有8个遗址。学者认为尽管日本分布着多样性原始型的野生甜瓜，许多古代遗址中也出土了各种类型的甜瓜，但目前还没有从2500年以前的绳文时代遗址中发现甜瓜种子，日本的甜瓜（包括野生、栽培甜瓜）可能是从朝鲜、中国等地传入的[16]。

如上所述按现代的种子大小标准来判断，则长江下游地区新石器时代遗址出土的甜瓜种子绝大部分为野生甜瓜种子及其近缘种类。但如果考虑几千年来人工选择下甜瓜栽培经济性状的改变，诸如甜瓜单果个体增大，产量增加等，依据现代种子大小标准来对几千年前的种子做出判断有过于简单化之嫌。要对出土甜瓜种子做出科学的鉴定，必须把种子大小及其变化放到甜瓜栽培驯化过程中动态来考察，同时还必须综合研究种子上的其他多种形状。从本次调查的长江下游地区新石器时代几个遗址出土的甜瓜种子大小看，时代特征相当明显：除良渚文化晚期的塔地遗址，良渚文化以前和良渚文化时期的甜瓜种子大小基本一致，看不到明显区别；马桥文化的钱山漾遗址出土的部分种子已经明显大于河姆渡文化和良渚文化遗址出土的种子，即使按现代甜瓜种子大小标准来看，有一部分种子已经可以划入现代栽培甜瓜的范围。另外，在塔地遗址的良渚文化晚期地层以及龙南遗址也发现甜瓜种子。由此可见，良渚文化晚期和马桥文化时期是长江下游地区栽培甜瓜驯化的重要时期。

从出土的甜瓜种子的种皮特征看，田螺山、姚家山遗址为甜瓜的变种——菜瓜，庄桥坟、卞家山等遗址有菜瓜也有甜瓜，钱山漾遗址甜瓜种子占88%，甜瓜种子数量随时代而递增。这种现象反映出了以下问题：其一，栽培甜瓜的祖先种可能与现代栽培的菜瓜相似。其二，人们在对甜瓜栽培的过程中，不仅注意选择单果的大小和产量，甜味也是一个十分重要的选择方向[17]。如果要说甜瓜和菜瓜孰前孰后，从考古学的分析调查看，菜瓜可能早于甜瓜，甜瓜则是人们重视对食味（甜味）选择的结果。从良渚文化遗址中出土的种子中包括甜瓜和菜瓜种子的情况看，长江下游在7000年前开始采食利用甜瓜，到良渚文化晚期开始人工栽培，并根据不同需要来确定选择方向。由于人为选择和栽培地环境的多样化，原始驯化动植物会表现出比它们野生祖先更具多样性的倾向。钱山漾遗址出土甜瓜种子的多样性表现可能反映了马桥文化时期甜瓜栽培的发展和驯化程度的加深。

作为作物的起源地必须具备3个条件：其一，有十分古老的栽培遗址或遗存；其二，过去或现在存在栽培种的祖先种；其三，是野生种和栽培种的多样化中心。长江下游许多新石器时代的考古遗址中出土大量的甜瓜种子说明，该地区甜瓜利用的历史相当古老，如果把甜瓜（*C. melo*）出现作为甜瓜栽培起始点的话，至少有4000年以上的栽培历史，比欧洲等其他地方的甜瓜栽培历史早1000多年[18]。从遗址出土的甜瓜遗存看，长江下游不仅存在着野生甜瓜，而且在甜瓜栽培化以前，人们采集利用野生甜瓜也有2000年以上的历史。

亚洲是栽培甜瓜的多样性中心，从栽培种的种质资源和生态地理角度大致可分3个多样性次中心：其中东亚是薄皮甜瓜的多样性次中心，包括中国、朝鲜、日本；西亚是厚皮甜瓜的多样性次中心，包括土耳其、叙利亚、巴勒斯坦；中亚是另一个厚皮甜瓜的多样性次中心，包括中国新疆、中亚地区、阿富汗、伊朗等。非洲是野生种甜瓜多样性中心。鉴于现代栽培和野生甜瓜多样性的不统一性，最近一些研究者主张甜瓜分别起源于非洲和亚洲[19]，在两个地区有可能是独立或平行驯化[20]。还有学者认为，很久以前，甜瓜作为一种野生植物被广泛使用，选择导致了更甜果实的出现。在3000年左右早期贸易把已经选择过的非洲野生种传播到了亚洲，早期贸易和频繁的人口迁移使之快速传播并驯化出各地的适应种和栽培种，导致在多样性方面大大超过非洲。现代的野生甜瓜 *C. melo* pp. *agrestis* 和 *C. melo* spp. *melo* 可能是栽培种杂交的结果，也许它们应当被看作是返祖。甜瓜的驯化主要发生在亚洲[21]。

从长江下游新石器时代出土甜瓜遗存情况看，东亚地区出现甜瓜要远远早于3000年以前，可能有6500年以上的历史。从甜瓜遗存分析结果看，长江下游新石器时代不仅有甜瓜和甜瓜野生种，而且从利用到栽培驯化的轨迹相当清晰。综合各个领域的研究成果，我们有理由相信，东亚地区，尤其是中国长江下游的甜瓜是独立起源的，距今4500年左右的良渚文化晚期是甜瓜栽培驯化的重要时期。至于长江下游和其他一些甜瓜多样性中心的关系问题，则有待我们今后做进一步的探讨。

致谢：在遗址植物遗存调查过程中，浙江省文物考古研究所丁品、徐新民、赵晔、王宁远、孙国平、蒋卫东等领队给予了大力支持和协助，在此一并表示衷心的感谢。

原载《浙江省文物考古研究所学刊》第八辑，科学出版社，2006年

注释

① A. De. Candolle, *Origin of cultivated plants*, Hafner, Reprinted, 1959, pp. 258–262.

② J. T. Esquinas-Alcarza, P. J. Gulick, *Genetic resources of Cucurbitaceae*, IBPGR, Rome, 1983.

③ J. R. Harlan, J. M. J. de Wet, A. B. L. Stemler: Origin of African plant domestication/A. B. Damania, J. Valkoun, G. Willcox et al. , eds. *The origin of agriculture and crop domestication*, ICARDA, IPGRI, FAO, and UC/GRCP, 1993.

④ 浙江省文物考古研究所：《吴兴钱山漾遗址第一、二次发掘报告》，《考古学报》1960年第2期。

⑤ 浙江省文物考古研究所：《浙江新近十年来的考古工作》，《文物考古工作十年》，文物出版社，1990年第2期。

⑥ 苏州博物馆、吴江县文物管理委员会：《江苏吴江龙南新石器时代村落遗址第一、二次发掘简报》，《文物》1990年第7期。

⑦ 苏州博物馆、吴江县文物管理委员会：《江苏吴江龙南新石器时代村落遗址第一、二次发掘简报》，《文物》1990年第7期。

⑧ 中国科学院植物研究所刘亮：《雀幕桥遗址种子标本鉴定》，1986 年 10 月通信。

⑨ 浙江省文物考古所：《杭州水田畈遗址发掘报告》，《考古学报》1960 年第 2 期。

⑩ 苏州博物馆、吴江县文物管理委员会：《江苏吴江龙南新石器时代村落遗址第一、二次发掘简报》，《文物》1990 年第 7 期。

⑪ 中国农业科学院蔬菜研究所：《中国蔬菜栽培学》，农业出版社，1988 年，第 589—591 页。

⑫ 中国农业科学院蔬菜研究所：《中国蔬菜栽培学》，农业出版社，1988 年，第 589—591 页。

⑬ 藤下典之：『メロン，海をわたった華花』，国立歴史民族博物館，2004 年，第 56—60 页。

⑭ 齐三魁、胡大康、林德佩：《中国甜瓜》，科学普及出版社，1991 年，第 5 页。

⑮ 藤下典之：『メロン，海をわたった華花』，国立歴史民族博物館，2004 年，第 56—60 页。

⑯ 藤下典之：『メロン，海をわたった華花』，国立歴史民族博物館，2004 年，第 56—60 页。

⑰ C. Darwin, *Origin of species*, Bantam books, 1999, p. 8.

⑱ K. J. Pangslo, Critical review of the main literature on the taxonomy: geography and origin of cultivated and the partially wild melons, *Trudy po prikladnoj Botanike* 23 (1929).

⑲ J. R. Harlan, J. M. J. de Wet, A. B. L. Stemler: Origin of African plant domestication/A. B. Damania, J. Valkoun, G. Willcox et al., eds. *The origin of agriculture and crop domestication*, ICARDA, IPGRI, FAO, and UC/GRCP, 1998; L. Silberstein, I. Kovalski, R. Huang et al., Molecular variation in melon (*Cucumis melon* L.) as revealed by RFLP and RAPD marks, *Scientia Horticulturae* 79 (1999).

⑳ J. T. Esquinas - Alcarza, P. J. Gulick, *Genetic resources of Cucurbitaceae*, IBPGR, Rome, 1983; C. Jeffrey, A review of the Cucurbitaceae, *Bot. J. Linn. Soc.* 81 (1980); M. F. R. Mallick, M. Masui, Origin, distribution and taxonomy of melon, *Scientia Horticulturae* 28 (1986).

㉑ T. Kerje, M. Grum, The origin of melon, *Cucumis melo*: a review of the literature, *Acta Horticulturae* 510 (2000).

新石器时代遗址出土葡萄种子引起的思考*

我国各地广泛栽培的葡萄（*Vitis vinifera*）主要为欧洲系统，已经有2000多年的历史，是从西域引入的，“葡萄”本身是个外来词。中国本土也有许多野生葡萄，名叫葛藟或蘡薁，可以食用和酿酒。由于西域引入的葡萄获得普遍种植，中国固有的野生葡萄资源处于隐退、很少利用的状态。近几年，浙江新石器时代遗址发掘中，有好几处遗址出土了葡萄种子，其年代距今四五千年，不亚于西方的葡萄的历史。为什么中国的野生葡萄不能进一步驯化成像西方那样的优良食用和酿酒用的品种？中国原有的野生葡萄资源有无驯化培育为栽培种的可能？这些问题引起笔者的思考，写成本文以资交流和求正。

一　浙江省新石器时代遗址出土的葡萄种子

地处长江下游的浙江省是新石器时代人类活动最活跃的地域之一，业已发掘的遗址表明，生活在该地区的新石器时代居民生业形态是稻作农耕为主，同时采集或栽培水果，经营桑麻生产，捕捞鱼虾。研究该地区先民的生业形态及农耕方式和水平，不仅是考古学本身的任务，也是理解史前人类社会发展的重要依据。最近的考古发掘中，我们对遗址中的植物遗存进行了专题调查，为了解该地区新石器时代生业形态提供丰富的实物证据。葡萄种子是在该地区调查中的一个新发现，在以前还没有报道。现将从4处新石器时代遗址出土的葡萄种子叙述如下。

1. 庄桥坟遗址

位于浙江省平湖市东南部的林埭镇群丰村，北距平湖市政府所在地当湖镇约13千米，向南5千米即为钱塘江的北海岸线。面积有数万平方米。2003—2004年进行了15个月的抢救性发掘，发掘面积2000平方米，发现3座良渚文化时期的土台3座，清理灰坑、沟、祭祀坑等遗迹100多处，墓葬236座，是目前长江下游发现的良渚文化时期最大的墓地。遗址出土陶、石、木、骨等各类器物3000件，其中随葬品近2600件①。遗址中还发现了大量的动植物遗骸，其中葡萄种子的发现在良渚文化时期遗址中是首次。

---

* 本文系与游修龄合著。

表一 遗址出土葡萄种子的大小

遗址名称	文化类型	年代 BP	样品数	形状参数	
				长（毫米）	宽（毫米）
庄桥坟	良渚文化	5000—4000	51	4.99 ±0.39	3.85 ±0.18
卞家山	良渚文化	5000—4000	2	5.04	3.69
尖山湾	良渚文化	5000—4000	34	4.22 ±0.42	3.27 ±0.25
钱山漾	马桥文化	3900—3500	2	4.59	3.35
合计			89	4.71 ±0.45	3.54 ±0.35

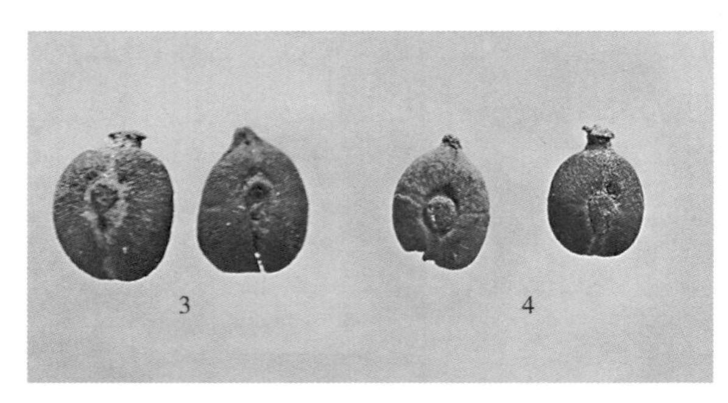

图一 遗址出土的葡萄种子
1. 庄桥坟 2. 尖山湾 3. 卞家山 4. 钱山漾

庄桥坟遗址出土的葡萄种子有数百粒。如图一中的1所示，种子呈宽倒卵形，基部为短尖嘴状，前端有脐，侧面为半宽倒卵形（稍扁平），向腹面略弯曲，背面有浅沟呈倒铲形，腹面正中线有棱，有时呈条状突起，其两侧有长椭圆形的浅凹坑。种子长4.99毫米，宽3.85毫米。

2. 卞家山遗址

遗址位于浙江省杭州市北部的余杭良渚遗址群南侧，距杭州市中心约20千米。主体为一个东西向长条形隆起的土丘，长约1千米，宽30—50米。2003—2005年进行了3次抢救性发掘，发掘面积近2000平方米，发现有土台、房址、墓葬、灰坑、沟、码头等遗迹，出土大量的陶、石、玉、木、骨、漆、竹等制品，是良渚文化晚期的重要遗址。在出土的器物中有相当数量的陶片刻有精致的纹饰或符号，有些是前所未见；木器数量也较多，保存较好，器形种类丰富。遗址中的植物遗存主要有稻米、酸枣、桃核、梅核、李核、芡实、菱角和瓜类等，反映出良渚文化时期的古人以烹食稻米为主，辅食瓜果的生业特点。

遗址出土的葡萄种子较少，仅有2粒，来自3米以下的文化层。如图一中的3所示，种子的形状特征和庄桥坟基本相近。种子长5.04毫米，宽3.68毫米。

3. 尖山湾遗址

遗址位于诸暨市陈宅镇沙塔村的南侧，是会稽山脉西南段开化江上游狭窄谷地，遗址处在一片小山丘（海拔约40米）环抱的一块平缓的山湾坡地。2005年进行了抢救性发掘。遗址出土了鼎、罐、豆、盘、杯、壶、鬶等陶器的碎片和锛、斧、镞等石器的残件。陶器中器表带铅光的黑皮陶和良渚文化典型器相同，是一处新石器时代晚期的遗址。另外还出土了铲、耜、槌等木制品和篮、筐等竹篾编织物。遗址出土的植物种实有稻米、酸枣、桃核、葡萄、瓜类等。

文化层出土的葡萄种子及其碎片有30多粒，如图一中的2所示，种子的形状特征和庄桥坟基本相近。种子长4.22毫米，宽3.26毫米。种子出土时，可见明显的收缩痕迹，可能在遗址形成时已经干燥收缩。因此，实际种子可能比出土种子稍大。

4. 钱山漾遗址

遗址位于湖州市东南约7千米，处于西部莫干山余脉的低山丘陵向东部平原的过渡地带，遗址西侧为南北流向的东苕溪，往北15千米为著名的太湖。2005年进行了抢救性发掘，发掘地点距1958年的发掘地点约350米。遗址出土陶、石、玉、骨、木质等器物700余件，同时获得了大量的动植物遗存，其中植物遗存有稻米、酸枣、菱角、桃、梅、李、芡实、葡萄等。遗址有两种文化类型堆积，其一为马桥文化的大型聚落，有房基、排水沟、灰坑、水井、灰沟等遗迹。其二为钱山漾类型文化（年代和良渚文化晚期相当）遗存，有房基、灰坑、墓葬、灰沟等遗迹②。葡萄种子（图一，4）出土于马桥文化时期的一个大型灰坑中。种子长4.59毫米，宽3.35毫米。

庄桥坟遗址、卞家山遗址、尖山湾遗址、钱山漾等4个遗址出土的葡萄种子外观形状大致相似，大小基本相同。从种子形状看，它们不同于现在的世界各地大范围栽培的欧洲葡萄种群，应该是我国境内原产的葡萄。

二　中国历史文献上的葡萄和葡萄资源

中国历史文献上称葡萄为葛藟、蘡或蘡薁，分别见诸《诗经·周南·樛木》：“南有樛木，葛藟累之；乐只君之，福履绥之。南有樛木，葛藟荒之；乐只君之，福履将之；南有樛木，葛藟萦之；乐只君之，福履成之。”又《诗经·豳风·七月》：“六月食郁与薁，七月烹葵及菽，八月剥枣，十月获稻，为此春酒，以介眉寿。”又《诗经·王风·葛藟》：“绵绵葛藟，在河之浒。绵绵葛藟，在河之涘。绵绵葛藟，在河之漘。”

葛藟的学名为 *V. flexuosa Thumb*；薁或蘡薁俗称野葡萄，学名为 *V. tnunbergii* 或 *V. bryoniaefolia Bge*③。葛藟也见诸《左传·文公七年》：“葛藟犹能庇其本根，故君子以此为比。”杨伯竣注：“葛藟为一物……亦单名藟。”可见野葡萄也单称藟。藟是个形声又表意的词，三田重叠，表示累积密集的意思，用来形容葡萄结实密集的特征。野葡萄在古代较现在为常见，如宋·王安石《重游草堂寺次韵》云：“垣屋荒葛藟，野殿冷檀沉。”

葡萄之“葡”，《说文解字》及其他字书皆未收，但“萄”字在《说文解字》草部有收，作“萄，草也”，与葡萄无关。据《康熙字典》解释，葡萄是迟至元代《篇海》中才出现。葡萄历明清直流行至现代。以前的古籍中葡萄的名称，因时代而异，写法不统一，但都同音。《史记》及《汉书》作“蒲陶”，如《史记·大宛列传》：“（大宛）去汉可万里，有蒲陶酒”，《汉书·西域传上·大宛国》：

“汉使采蒲陶、苜蓿种归”。晋和南北朝时候作“蒲萄”：“西域有蒲萄酒，积年不败。彼俗云：可至十年饮之，醉弥月乃解。”④又梁·何思澄《南苑逢美人》：“风卷蒲萄带，日照石榴裙。”唐朝吐鲁番文书及诗歌中都作“蒲桃”：“年年战骨埋荒外，空见蒲桃入汉家。”⑤但也有作“蒲萄”的，如杜甫《洗马诗》：“京师皆骑汗血马，回纥餧肉蒲萄宫。”

《史记》和《汉书》所记的“蒲陶”是对古大宛语葡萄的音译，古大宛国的葡萄的音与现今伊朗语的 *budawa* 相当，后来写作“蒲萄”或“蒲桃”，都是同音通用⑥。直至元代出现“葡萄”以后，流行成为统一的书面语以后，其他写法都不再见使用。

现今全国的葡萄科葡萄属下的葡萄种约有40种，据调查浙江省共有15种⑦：刺葡萄（*V. davidii*），菱状葡萄（*V. hancokil*），温州葡萄（*V. wenchowensis*），东南葡萄（*V. chunganesis*），闽赣葡萄（*V. chungii*），小叶葡萄（*V. sinocinerea*），蘡薁（*V. tnunbergi*），三出蘡薁（*V. fermata*），庐山葡萄（*V. huicheng*），毛葡萄（*V. pentagona*），葡萄（*V. uinifera*），网络葡萄（*V. wilsonae*），华东葡萄（*V. pseudoreticulata*），葛藟（*V. flexuosa*），小叶葛藟（*V. pavifolia*）。

三　欧洲葡萄的起源

欧洲葡萄种（*V. vinifera*）栽培历史相当古老，也是现在最重要的栽培种，它的原产地在地处温带的西亚、亚美尼亚、高加索地区、欧洲中部以及南部地区。葡萄的果实在原始社会的时候就开始食用，在瑞士和意大利北部的新石器时代遗址出土的种子是采集来的野生葡萄种子。大概到了青铜时代（3000—1500 BC），在地处温带的西亚的闪米特人或亚利安人开始栽培葡萄，并创造了依靠发酵制取葡萄酒的方法。葡萄酒可能是由亚利安人传入印度的。古罗马时代恺撒（102—44 BC）征服高卢（法国）时，当地栽培葡萄相当兴旺，由此可见，欧洲在亚利安人的影响下很早就开始栽培葡萄。在另一方面，埃及的葡萄栽培和葡萄酒酿制方法可能是由闪米特人带进去的，最早的纪录是公元前3000年左右。在埃及第6王朝的金字塔内一幅壁画中详细记录了当时的古埃及人在葡萄的栽培、葡萄酒的酿造及葡萄酒的贸易方面的生动情景。公元前1500年左右，在西亚及地中海沿岸从事贸易的腓尼基商人把葡萄栽培和酿制葡萄酒的技术带到了希腊。罗马人是从居住在现今意大利南部的古希腊人那里获得葡萄栽培和酿酒知识的⑧。

从西亚传入中国的文献记载是汉使张骞从大宛（塔什干）带回的葡萄种子在离宫别馆栽培的纪录为最早，这也是西亚向东亚传播葡萄栽培和酿制葡萄酒技术的最早记载。司马迁《史记》中首次记载了葡萄酒。公元前138年，张骞奉汉武帝之命出使西域，看到“宛左右以蒲陶为酒，富人藏酒至万余石，久者数十岁不败。俗嗜酒，马嗜苜蓿。汉使取其实来，于是天子始种苜蓿，蒲陶肥饶地。及天马多，外国使来众，则离宫别观旁尽种蒲陶，苜蓿极望”（《史记·大宛列传》第六十三）。但某种意义上说这不过是一种传说而已，事实的真相应该是，汉代以后中国和西域的交流日益频繁，在交流中欧洲葡萄传入中国内地。

考古发掘的成果表明，在汉使张骞出使西域以前，葡萄栽培已经传入我国。2004年新疆考古工作者在新疆吐鲁番鄯善县洋海墓地的考古中，从约2500年前的一座墓穴里发现了一根长1.15米，每节长11厘米，扁宽2.3厘米的葡萄藤。在我国史书上记载的及我国西部地区发现的葡萄很可能是欧洲葡萄种群[⑨]。

四　问题讨论

最近长江下游地区浙江地区距今5000—3500年的几个考古遗址中出土的葡萄种子说明，我国在距今5000年左右，已经食用葡萄。同时也向我们提出了一个问题，在欧洲葡萄传入中国以前，中国本土是否存在葡萄的驯化历史。

同其他任何一种作物一样，栽培葡萄是由野生葡萄经过长期的人为驯化、选择演化而来的，实现这个过程需要两个必要的条件：其一需要驯化的物质基础，即能驯化为适合人类食用口味需要的野生葡萄存在。其二是驯化过程的主体，即人的需要和实现这种需要的活动。在某一地区如果具备了这两个条件，就有可能实现葡萄的栽培和驯化。

我国从南到北的广大地域，存在丰富的野生葡萄资源，许多野生葡萄不仅可以生食，也可以酿酒，如果经过人类的精心栽培和选育，是可以驯化培育出具有较高经济价值的栽培葡萄的。目前起源于我国的山葡萄（*V. amurensis*）和刺葡萄（*V. davidii Roman*）等东亚种群，在一些地区已经大面积栽培，如东北地区的左山一、双丰山葡萄和江西的塘尾刺葡萄等多是从我国的野生葡萄中选育出来的，是土生土长的栽培葡萄，这足以说明我国境内具备驯化的物质基础。

我国境内新石器时代人类活动相当频繁，并且创造了光辉灿烂的农耕文化。最近黄河下游和长江下游出土的葡萄种子昭示，我国境内的新石器时代晚期居民已经食用葡萄。由此可见，生活在这些地方的先民为了获得数量更多、质量更好的葡萄，可能会对野生葡萄进行栽培和选育，即存在对葡萄驯化的动力。

浙江省出土葡萄种子的遗址地域分布既有在山地丘陵，也有处在平原水网地带的边缘，前者如诸暨尖山湾、余杭卞家山遗址，后者如湖州钱山漾、平湖庄桥坟遗址，分布范围相当大。根据目前的发掘成果可以说，食用葡萄是长江下游新石器时代晚期出现的人类经济生活特点之一。

良渚文化是长江下游新石器时代晚期的代表文化，具有发达的稻作农耕，精美的玉、石器和陶器制造工艺，在意识形态方面已经初步具备国家形态的雏形。从现有的发掘成果看，良渚文化时期不仅是人类意识形态的一个重要转折期，也是人类经济形态变化的重要时期。在生业形态方面主要表现为：采集食物的比例极小，遗址中坚果类的采集植物遗存很少；食物稳定，普遍栽培水稻，并以栽培粳稻为主，而且稻的经济性状相当稳定；辅食瓜果，水果的种类有桃、李、梅、酸枣以及葡萄，瓜类有甜瓜、菜瓜、葫芦等。从迄今业已发掘的遗址看，这种生业形态在该地区具有普遍意义，表现出长江下游传统生业形态的特点。这种传统的生业形态形成于良渚文化时期不是偶然的，是先民长期对自然的认识和选择结果，也是社会经济发展的必然。作为即将跨入文明社会的社会经济形态，在种植业中除了稻作外，其他种植业也应该具有相当的基础。尽管目前我们没有明确证据来证明良渚文化时期已经栽培果树和蔬菜，但从良渚文化时期社会经济发展阶段看，这种可能性是存在的。葡萄作为适合先民生食的鲜果，如果说在良渚文化时期已经被先民栽培驯化，也不足为怪。

除了浙江地区，其他地方也有汉代以前我国已经利用葡萄的考古学证据的报道。1980年在河南省发掘的一个商代后期的古墓中，发现了一个密闭的铜卣。经北京大学化学系分析，铜卣中的酒为葡萄酒[10]。2004年中美联合考古队在山东省日照市两城镇地区的最新调研报告显示，200余件陶器中有7件器物的内壁上含有酒的残留物，并挖掘出一粒葡萄籽的遗存，对其周围土壤进行化学分析，结果检测出其中残留有酒石酸或酒石酸盐等葡萄酒的成分[11]。

中国历史文献记载的葡萄多为自然界生长的野生葡萄，但《诗经·七月》中的葡萄和多种栽培作物并列在一起，是否意味当时已经栽培葡萄？可见我国栽培历史还有许多需要我们做深入研究的问题。明代李时珍《本草纲目》中记载："时珍曰：蘡薁子生江东，实似葡萄细而味酸亦堪酿酒。时珍曰：蘡薁野生林墅间，亦可插植。蔓叶花实与葡无异，其实小而圆，色不甚紫也。"可见在我国历史上不仅采集野生葡萄用来酿酒，而且有通过扦插这一无性繁殖技术对野生葡萄进行栽培的活动。

在很长的一个历史时期，由于地理和人为的因素，东亚和欧洲处于相对隔离的状态，交流很少，在社会、经济、文化、自然等许多方面的相互了解十分有限，几无直接的交流，而西亚、南亚成为东亚和欧洲文化交流的中转站。因此，近代欧洲科学家把栽培植物起源问题的注意力自然就放到他们最熟悉的地域，基本上没有考虑中国这块广袤土地和多样性的自然环境条件，以至于出现诸如稻作起源于印度，桃、李起源于高加索地区，梅起源于日本等观点。这些观点尽管已经被考古学、历史学、农学等学科的研究否定，但在栽培植物起源研究方面还有许多工作需要我们去做，诸如葡萄起源问题、甜瓜起源问题。我们有理由相信伴随考古发掘和研究的深入，中国不仅是稻作起源地也是园圃业发祥地的证据会越来越丰富。

我国葡萄资源既然相当丰富，不仅是文献记载有2000多年的历史，考古发掘又把葡萄利用的历史提早到了距今5000年左右，与西方起源的历史不相上下，何以中国自己没有进一步发展成如西方那样的葡萄使用和酿酒的巨大规模？这恐怕与中西农业发展形态不同有关。西方农业是从游牧中诞生，以畜牧业为主，种植业处于附属地位，日常以牛羊肉和奶类及其制品为主。种植业的小麦，供烘制面包、麦饼，属于副食，大麦主要供饲料，大小麦都不适宜于酿酒。葡萄因为非常适宜于气候干燥、阳光充足的地区种植，故酿酒的材料通过葡萄获得解决，是水到渠成的必然选择。中国的农业一直是以种植业为主导（西北除外），畜牧业附属于种植业。中国可以通过糯黍、糯粟、糯稻大量酿酒，《诗经》中凡是提到作物丰收，紧跟着必是用谷物酿酒，祭师祖祀祖先，这从客观上无形之中抑制了利用葡萄酿酒的需求和葡萄栽培驯化的深入。强大的汉王朝打通同西域的交通，把葡萄和苜蓿引入西北一带种植，以后不断引进和推广，到唐代已经遍及全国。"蒲萄美酒夜光杯，欲饮琵琶马上催，醉卧沙场君莫笑，古来征战几人回？"[12]表明唐朝已经利用欧洲葡萄酿造出名酒品牌"夜光杯"了。欧洲葡萄酒风行之后，本土葡萄资源的开发利用进一步失去了动力。

当然，这不等于中国从此可以不必挖掘利用本土的葡萄资源，在追求葡萄产品多样化的竞争条件下，挖掘资源的多样化是前提。我国葡萄不仅具有直接的经济价值，而且染色体数同欧洲葡萄一样，在遗传上是近缘的，可以相互杂交，是葡萄育种的宝贵基因库。据报道，葡萄属家族中的许多成员的果实可以生食，也可酿酒，如刺葡萄（*V. davidii*），山葡萄（*V. amurensis*），变叶葡萄（*V. piaserkii*），桑叶葡萄（*V. ficifolia*）等[13]。另据报道，起源于我国的山葡萄（*V. amurensis*）和刺葡萄（*V. davidii Roman*）等东亚种群，在一些地区已经大面积栽培，家植化后而逐渐进入“家葡萄”的范围[14]。我们有理由相信，中国的葡萄资源在今后改良葡萄品质、提高葡萄产量、培育特色葡萄品种等方面将会得到合理有效的利用。

原载《农业考古》2006年第1期

注释

① 徐新民、程杰：《浙江平湖庄桥坟发现良渚文化最大墓地》，《中国文物报》2004年10月29日。

② 丁品、郑云飞、程厚敏等：《浙江湖州钱山漾遗址进行第三次发掘》，《中国文物报》2005年5月30日。

③ 潘富俊：《诗经植物图鉴》，上海书店出版社，2003年，第22—23页。

④（晋）张华：《博物志》卷五。

⑤（唐）李颀：《古从行军》，《全唐书》。

⑥ 周振鹤、游汝杰：《方言与中国文化》，上海人民出版社，1996年，第220页。

⑦ 浙江植物志编辑委员会：《浙江植物志》第四卷，浙江科学技术出版社，1993年，第114—124页。

⑧ 下中弥三郎：『世界大百科事典（25）』，平凡社，1958年，第142—144页。

⑨《吐鲁番葡萄种植史提前》，《光明日报》2004年4月8日第1版。

⑩ 牛立新：《保藏三千年的葡萄酒》，《酿酒》1987年第5期。

⑪ 麦戈文、方辉、栾丰实等：《山东日照市两城镇遗址龙山文化酒遗存的化学分析》，《考古》2005年第3期。

⑫（唐）王翰：《凉州词》。

⑬ 潘富俊：《诗经植物图鉴》，上海书店出版社，2003年，第22—23页。

⑭ 贺普超：《葡萄学》，中国农业出版社，1999年，第20—24页。

A Contribution to the prehistory of domesticated bottle gourds in Asia: rind measurements from Jomon Japan and Neolithic Zhejiang, China*

1. Introduction

Lagenaria siceraria (Molina) Standley, the bottle gourd, has attracted significant archaeological interest in both hemispheres, as it is the only cultivated plant species that is unambiguously present in both Early Holocene America and Asia. This is true despite the evidence that true wild bottle gourds, like their congeneric relatives, are restricted in southern Africa (Decker-Walters et al., 2004). Findings from the Windover site in Florida were the first to be directly dated to 7290 BP/ca. 6200–6100 BCE. (Doran et al., 1990), and since then bottle gourd seeds and rind fragments from several other sites have been directly dated (Erickson et al., 2005). Recent genetic studies, including ancient DNA from prehistoric American gourds, suggest that bottle gourds of the New World represent a subset of genetic variation derived from bottle gourds in Eastern Asia (Erickson et al., 2005). Early Holocene archaeological discoveries in both Mesoamerica and North America imply that this species must have been dispersed to the Americas by humans, presumably via the Bering Straits. This further implies that human propagation of this species, if not systematic cultivation, had begun among hunter-gatherer populations in Asia prior to the colonization of the Americas.

This in turn raises the likelihood that bottle gourds were already cultivated before the Early Holocene era, that is, before the period associated with early food production and crop cultivation in East Asia. Erickson et al. (2005) demonstrated that prehistoric gourds in America had thick, domesticated-type rinds as opposed to the thinner rinds associated with modern wild African gourds. Wild African gourds are reported to have rind thicknesses of 1–1.5 mm, while the inferred domesticated prehistoric American gourds, mainly preserved through desiccation, had consistently thicker rinds, mainly from 3 mm to 5 mm thick with a mode of ca. 4 mm. This being the case, it can be suggested that bottle gourds carried from East Asia to America in prehistory were already domesticated, in the sense of having been selected for thickened rind by comparison to their African wild progenitor. This

---

* Collaborated with Dorian Q Fuller, Leo Aoi Hosoya, Ling Qin.

implies, therefore, that the bottle gourd was spread by human propagation from Africa to Asia at an even earlier Pleistocene period. Older interpretations of bottle gourd history assumed that it spread from Africa to other continents by floating on ocean currents (e. g. , Decker-Walters, 1999; Doran et al. , 1990). If bottle gourds carried to prehistoric America came as fully domesticated (thick-shelled), then the question remains whether this was also true for prehistoric gourds in East Asia, which had presumably been carried from Africa, or whether thin-rind wild-type gourd might have been translocated to and established in East Asia, with subsequent Asian domestication.

As a small contribution to the archaeological history of bottle gourds, we report here measurements made on bottle gourd rinds from some MidHolocene archaeological sites in China and Japan.

Reports of bottle gourd, often in the form of seeds and sometimes of rind, are associated with sites of the Jomon tradition in Japan and Neolithic sites in China (Fig. 1). More often Lagenaria has been identified archaeologically on the basis of seed remains. Such discoveries have been common in Jomon Japan, starting from the Initial Jomon period, and becoming more widespread from the Early Jomon period onwards (Crawford, 1992; Matsui and Kanehara 2006; Obata 2008), as well as in the Yangtze region of China (e. g. , Fuller et al. , 2007, Table 1; see below). The earliest finds in East Asia are perhaps those from Awazu in Shiga Prefecture associated with directly dated nuts of 8500–9000 BCE (Matsui et al. , 2006). It is apparently widespread on Honshu and Kyushu by the Early Jomon, 4000–3000 BCE (Obata, 2008). Another Early Holocene report of bottle gourd comes from Spirit Cave in Northwest Thailand, from stratigraphic levels suggested to date to 10,000–6000 BCE (Yen, 1977).

Published reports from the Yangtze include Kuahuqiao (Zhejiang Provincial Institute of Cultural Relics and Archaeology, 2004), Hemudu (Zhejiang Provincial Institute of Cultural Relics and Archaeology, 2003), and Chengtoushan (Liu et al. , 2007), while additional sites shown on the map (Fig. 1) are newly reported here based on our own observations. Zhejiang Provincial Institute of Cultural Relics and Archaeology excavations at Qianshanyang, period Ⅱ (2050–1600 BCE), produced bottle gourd seeds, which are held at the Zhejiang Provincial Institute of Cultural Relics and Archaeology. Chenghu, a Songze period site (ca. 4000–3300 BCE), excavated by the Suzhou Museum, also produced gourd seeds which are kept at the Suzhou Museum. All of these examples of gourd seeds fall within the range of variation illustrated for modern Asian bottle gourds by Heiser (1973).

2. Materials and Methods

In the present study, we measured collections of gourd rinds from Early/Mid Holocene sites in East Asia, where rinds were preserved by waterlogging. This was carried out in August 2007 in Japan and in November 2007 in Zhejiang, China. The largest sample was that from Torihama ($n = 87$), an Early Jomon shellmidden, ca. 6000–4000 BCE (Crawford, 1992: 18; Okamoto, 1983). Smaller samples were measured from Middle Jomon San' nai Maruyama ($n = 6$), 3800–2200 BCE (Minaki et al. , 1998; for an overview of the site: Habu, 2008), from Middle Neolithic Tianluoshan, Zhejiang ($n = 3$), ca. 4900–4300 BCE (for information on the site, see Zhejiang Provincial Institute of Cultural Relics and Archaeology, 2007; Fuller et al. , 2009), and from Bianjiashan

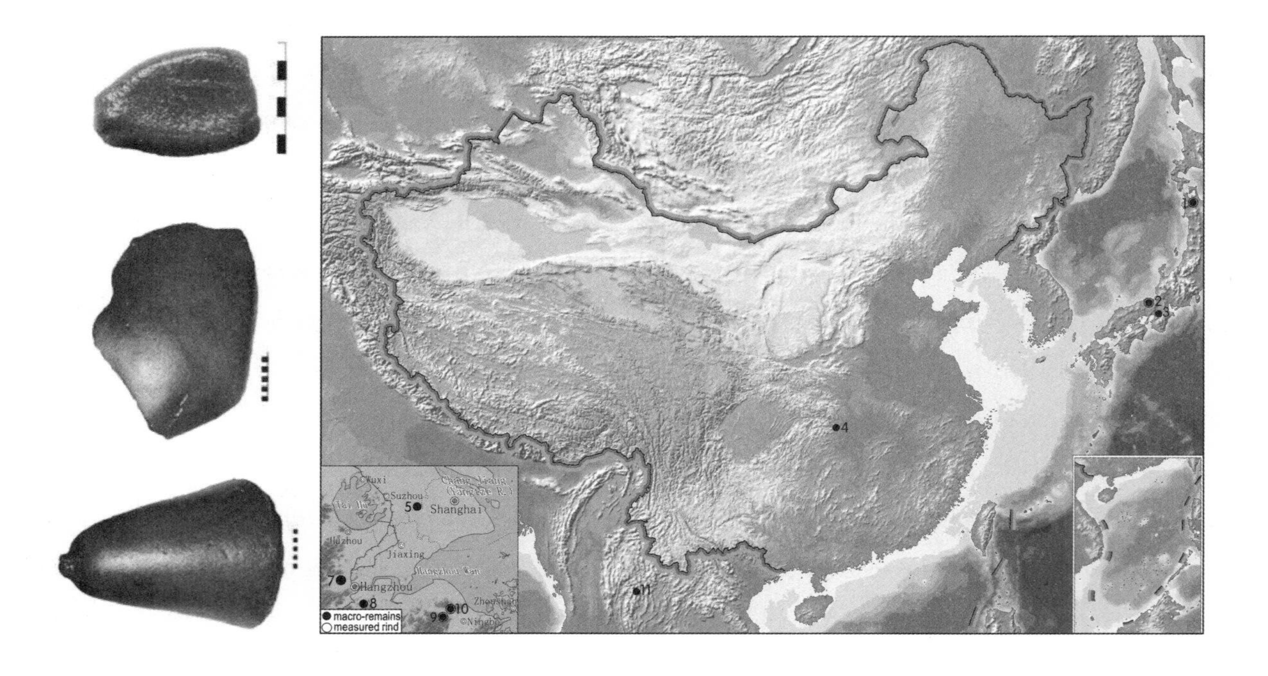

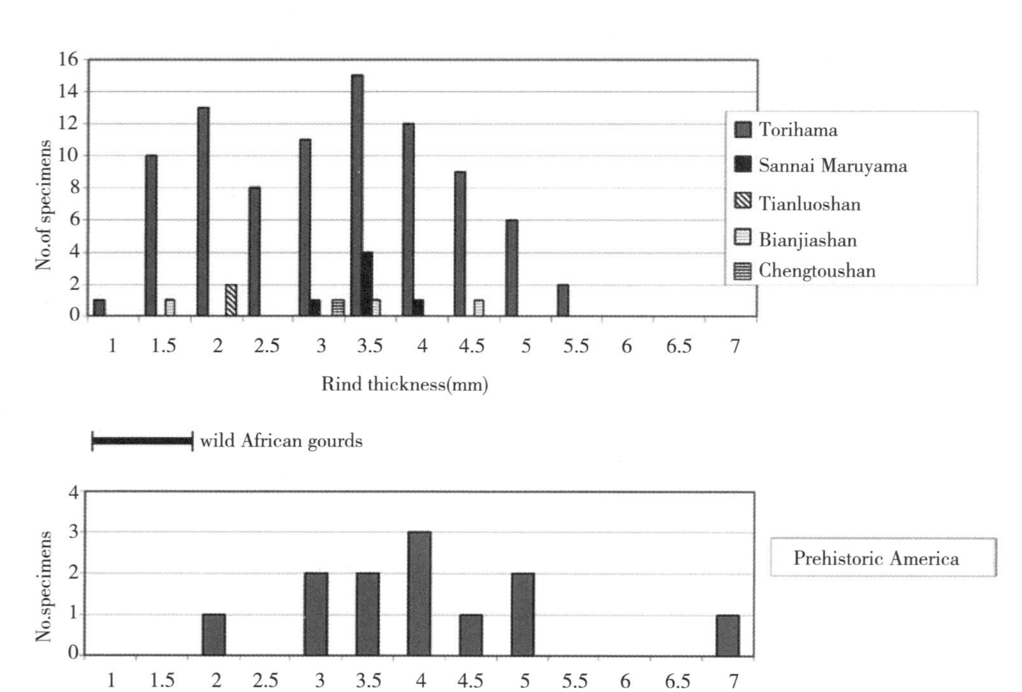

Figure 1 Top left, examples of waterlogged bottle gourd remains: left, a well-preserved basal portion from Torihama Shell Mound (Area 80R, Layer 5, upper, 3 Sept. 1980); center, gourd rind from Tianluoshan (Trench K3, Layer 7); right, gourd seed from Chenghu (feature S17). Top right, map of select early bottle gourd finds in East and Southeast Asia, including those from which measurements are reported in this paper. Sites numbered: 1. San' nai Maruyama; 2. Torihama; 3. Azawu; 4. Chengtoushan; 5. Chenghu; 6. Qianshanyang; 7. Bianjiashan; 8. Kuahuqiao; 9. Tianluoshan; 10. Hemudu; 11. Spirit Cave. Lower, charts comparing the thickness of preserved archaeological bottle gourd rind fragments. Top graph based on our measurements of waterlogged specimens from two Japanese Jomon sites (Torihama, 6000–4000 BCE; San' nai Maruyama, 6000–4000 BCE; two lower Yangzte Neolithic sites (Tianluoshan, 4900–4600 BCE; Bianjiashan, Late Liangzhu, ca. 2500–2200 BCE), and middle Yangtze Chengtoushan (Daxi period, ca. 4500–4000 BCE); lower graph shows distribution of measured specimens in Prehistoric North America after Erickson et al. (2005), and in middle, the reported range of wild African gourds is shown (Erickson et al., 2005). Measurements are rounded to the nearest 0. 5 mm.

(n =2), a site of the Liangzhu culture, ca. 2900–2500 BCE (material in the laboratory of Zheng in Hangzhou; for information on the site, see Zhao 2007). In addition, a coat thickness of 3–3. 3 mm is reported from Chengtoushan (Liu et al., 2007). The locations of these sites are shown in Fig. 1 (top right).

Samples were measured with a hand-held metric ruler, and measurements were rounded to the nearest 0. 5 mm. We determined that this level of precision was both sufficient and appropriate based on an assessment of rind thickness variation within individual unmodified bottle gourds (n =4) held at the UCL Institute of Archaeology laboratory. From base to apex and around the circumference of a bottle gourd rind thickness varied. The largest variation noted was up to 0. 9 mm in measurements around the circumference of one gourd, i. e., a median rind thickness on that gourd could be taken as having an error margin of ±0. 45 mm. Therefore, rounding off measurements to the nearest 0. 5 mm is appropriate for representing the approximate thickness of entire gourds, especially for fragmentary archaeological material in which it is often not clear where on the gourd pieces came from. All measurements were made by the first author to minimize inter-observer error and were based on multiple observations of thickness around the edge of each specimen. Rounding measurements to the nearest 0. 5 mm also had the advantage of producing a size distribution in which modes could be identified despite the relatively small number of measurements. It should also be noted that gourds used as penis sheaths, such as ethnographic samples from New Guinea (n =3), often have thinner rinds (2 to 2. 5 mm), although the extent of morphological variation in this trait is difficult to judge on ethnographic samples examined by us, since practices of preparation, which include scraping of the interior and peeling of the exterior, must contribute to this variation (see Ucko 1969).

3. Results and Discussion

Bottle gourd measurements, rounded to the nearest half-millimeter, are plotted as frequency histograms (Fig. 1, lower). The larger, and statistically robust, sample from Torihama shows that the majority of gourd fragments fall between 3 and 5. 5 mm with a modal thickness of 3. 5 mm. A second mode focuses on 2 mm with a fair number with thin 1. 5 mm rinds. A plausible interpretation of these data is that most of the Jomon gourds represented domesticated thick-rind forms, while some thinner-rind wild types were also present (although the possibility that some immature fruits with thinner rinds are represented should be considered). Sample sizes from other sites are smaller, but San' nai Maruyama shows a similar mode of 3. 5, while lower Yangtze sites have measurements either in the domesticated 3. 5–4. 5 range or the plausibly wild/immature range of ca. 2 mm.

These data suggest that domesticated bottle gourd were grown by Early/Mid Holocene populations in both the Yangtze region and Japan, but in addition raise the possibility that some thin-skinned morphologically wild plants were also present in these areas. Such plants might have been feral or might represent descendants of translocated wild African gourds. These data indicate that bottle gourds were widespread as cultivated container plants in Eastern Asia, as in North America, in the Early Holocene, and raise the possibility that they were cultivated and translocated in earlier, Pleistocene times. The bottle gourd, then, provides evidence for the domestication of a plant, perhaps by Pleistocene humans, which presumably is paralleled among animals by the dog (Zeder, 2006: 112), and neither is to be connected with the beginnings of agriculture and systematic food production.

It should also be noted that this revised understanding of bottle gourd prehistory calls into question Heiser's (1973) classification of two subspecies of bottle gourd, an Asian subspecies *asiatica*, and an America-African subspecies *siceraria*, with the inference being that Africa wild gourds had floated to the shores of prehistoric America and had been independently domesticated there. Instead, we suggest that a wider range of variation is encompassed in Africa gourd populations than that represented in Heiser's (1973) study. Indeed, Teppner (2004: 256-257) notes additional variation in modern South Sudanese gourds which combine traits of *asiatica* and *siceraria* subspecies. Despite their shared genetic background, Asian and American gourds appear to have morphological distinctions in flower, leaf, and seed morphology (Heiser 1973), but they share the thickened rinds of a domesticated morphology. The distinctions between them should be attributed to the founder effects of their initial introduction to the Americas and perhaps subsequent local selection within the New World.

Acknowledgments

The authors wish to thank Ms. Mikako Koshika (Aomori San' nai Maruyama Site) and Mr. Yasuhiro Okada (Aomori Prefecture Education Department) for access to the San' nai Maruyama samples, and Mr. Masanori Kushibe (Wakasa Museum of History and Ethnology) and Prof. Katsuhiko Amitani (Tsuruga Junior College) for arranging access to the Torihama samples. This research was carried out while the first author was in receipt of a fellowship from the Japanese Society for the Promotion of Science, and based at the Research Institute for Humanity and Nature with Professor Y. -I. Sato. We wish to thank Sun Guoping, the excavation director at Tianluoshan for making material from his site available for study, and the Zhejiang Provincial Institute of Cultural Relics and Archaeology for encouraging archaeobotanical research. We also thank Ding Jin-long for making archaeobotanical materials in the Suzhou Museum available for study, including seeds from Chenghu. Chinese materials were studied while the first author was in receipt of the Sino-British Trust grant from the British Academy.

Economic Botany 64, 3 (2010)

References

G. W. Crawford, The origins of plant domestication in East Asia/Patty Jo Watson, C. Wesley Cowan, eds. *Origins of agriculture: an international perspective*, Washington D. C.: Smithsonian Institution Press, 1992, pp. 7-38.

D. S. Decker-Walters, Cucurbits, sanskrit and the Indo-Aryans, *Economic Botany* 53 (1999).

M. Wilkins-Ellert, S. M. Chung, J. E. Staub, Discovery and genetic assessment of wild bottle gourd (Lagenaria siceraria [Mol.] Standley; Cucurbitaceae) from Zimbabwe, *Economic Botany* 58 (2004).

G. H. Doran, D. N. Dickel, L. A. Newsom, A 7, 290-year-old Bottle Gourd from the Windover site, Florida, America, *Antiquity* 55 (1990).

D. L. Erickson, D. S. Bruce, C. C. Andrew et al., An Asian origin for a 10,000- year-old domesticated plant in the Americas, *Proceedings of the National Academy of Sciences* (USA) 102 (2005).

D. Q. Fuller, E. Harvey, L. Qin, Presumed domestication? Evidence for wild rice cultivation and domestication in the fifth millennium BC of the lower Yangtze region, *Antiquity* 81 (2007).

D. Q. Fuller, L. Qin, Y. F. Zheng et al., The domestication process and domestication rate in rice: spikelet bases from the lower Yangtze, *Science* 323 (2009).

J. Habu, Growth and decline in complex hunter-gatherer societies: a case study from the Jomon period San' nai Maruyama site, Japan, *Antiquity* 82 (2008).

C. B. Heiser, Variation in the Bottle Gourd/B. J. Meggars, E. S. Ayensu, W. D. Duckworth, eds. *Tropical forests ecosystems in Africa and South America: a comparative review*, Smithsonian Institution Press, Washington D. C., 1973, pp. 121–128.

C. J. Liu, H. B. Gu, The plant remains from Chengtoushan site/Hunan Provincial Institute of Archaeology, International Research Center for Japanese Studies, Kyoto, eds. *Lixian Chengtoushan: Sino-Japanese integrated studies on environmental Archaeology of Liyang Plain*, Wenwu Press, Beijing, 2007, pp. 98–106 (in Chinese).

A. Matsui, M. Kanehara, The question of prehistoric plant husbandry during the Jomon period in Japan, *World Archaeology* 38 (2006).

M. Minaki, S. Tsuji, M. Sumita. Macro floral remains Recovered from layers VIa and VIb of the sixth transmission tower Area of the San' nai Maruyama site/Cultural Affairs Section of the Agency of Education of Aomori Prefecture, ed. *San' nai Maruyama Iseki IX dai 2 bunsatsu.* (San' nai Maruyama Site, Vol. 9, Part 2). Aomori: Aimori-ken Kyoiku Iinkai, 1998, pp. 35 – 51 (in Japanese).

H. Obata, Palaeoethnobotany of the origins of domesticated plants of Jomon period/Far Eastern prehistoric ancient crops 3 (JSPS Project Report 16320110). Faculty of Letters, Kumamoto University, 2008 (in Japanese).

I. Okamoto, The Torihama Shell Mound. Fukui-Ken Kyōiku Iinkal, Fukui, 1983 (in Japanese).

H. Teppner, Notes on Lagenaria and Cucurbita (Cucurbitaceae)—review and new contributions, *Phyton* 44 (2004).

P. J. Ucko, Penis sheaths: a comparative study, *Proceedings of the Royal Anthropological Institute of Great Britain and Ireland*, 1969.

D. E. Yen, Hoabinhian Horticulture? The evidence and the question from Northwest Thailand/J. Allen, J. Golson, R. Jones, eds. *Sunda and Sahul: prehistoric studies in Southeast Asia, Melanesia and Australia*, Academic Press, London, 1977, pp. 567–599.

M. A. Zeder, Central questions in the domestication of plants and animals, *Evolutionary Anthropology* 15 (2006).

Y. Zhao, New archaeological discoveries in Bianjiashan, *Dong Fang Bo Wu (Cultural Relics of the East)* 3 (2007) (in Chinese).

Zhejiang Provincial Institute of Cultural Relics and Archaeology, *Hemudu: Xinshiqi shidai yizhi kaogu fajue baogao. (Hemudu: An excavation report of the Neolithic site)*, Wenwu Press, Beijing, 2003 (in Chinese).

Zhejiang Provincial Institute of Cultural Relics and Archaeology, *Kuahuqiao*, Wenwu Press, Beijing, 2004 (in Chinese).

Zhejiang Provincial Institute of Cultural Relics and Archaeology, Brief report of the excavation on a Neolithic site at Tianluoshan Hill in Yuyao City, Zhejiang, *Wenwu*11 (2007) (in Chinese).

亚洲对史前葫芦驯化的贡献：基于对日本绳文时代和中国浙江新石器时代的葫芦果皮的测量

摘　要：葫芦（*Lagenaria sicarria*）是全新世早期美洲和亚洲的栽培植物，它的野生近缘种只发现在非洲南部。栽培葫芦不同于野生葫芦，果皮较厚。本研究对日本鸟浜、山内丸山和中国的田螺山、良渚等遗址出土的葫芦皮厚度进行了测量，发现大多数为驯化的厚皮葫芦，但也存在一些果皮较薄的野生类型，表明亚洲地区在狩猎采集时代存在野生葫芦，并且已经开始栽培葫芦，葫芦可能在更新世早期随着人口的迁徙传到了美洲大陆。

关键词： 葫芦　植物考古　驯化　新石器时代　绳文文化　河姆渡文化　良渚文化

Archaeological evidence for peach (*Prunus persica*) cultivation and domestication in China*

1. Introduction

The domestication of perennial plants, most of which (about 75%) are propagated by cloning, has received limited attention compared to annual plants (Goldschmidt, 2013; Miller et al. , 2011; Zohary et al. , 1975; Kislev et al. , 2006) . Perennial fruit domestication mainly involves long-lived woody taxa that produce edible fruit (Miller et al. , 2011). A wide variety of trees and shrubs developed significant economic importance in China: apricot (*Prunus armeniaca*) , chestnut (*Castanea* spp.) , Chinese bayberry (*Myrica rubra*) , hawthorn (*Crataegus* spp.) , hazelnut (*Corylus* spp.) , jujube (*Ziziphus jujube*) , litchi (*Litchi chinensis*) , manadarin orange (*Citrus reticulata*) , paper mulberry (*Broussonetia papyrifera*) , peach (*Prunus persica*) and tea (*Camellia chinense*) (Crawford, 2006) . Their management and/or domestication have received little attention from an archaeological perspective. The focus on rice (*Oryza sativa*) domestication in the Yangzi valley, although important, needs to be balanced against a more holistic examination of other organisms that became components of agricultural systems in the region (Crawford, 2011) . A significant sample of peach remains has been recovered from over 24 archaeological sites, most in the lower Yangzi valley, and two Jomon sites in Kyushu, Japan, in contexts dating between 8000 and 2200 cal. BP (Fig. 1, Fig. S1, Table S1; all BP dates are calibrated unless otherwise indicated) . Peach stones are not reported from Korea during this period, the oldest peach stones so far recovered being from the Three Kingdoms period (AD 57–668; note: AD and BC are used for historically dated periods) . This paper presents the first detailed quantitative and qualitative examination of tree fruit domestication in China by providing a comparative analysis of archaeological peach stones from five sites in the lower Yangzi valley and examines when, where, and under what circumstances peach began its close relationship with people. In order to examine these questions, we first address the visibility of the evolution of the peach domestication syndrome in the archaeological record. The ancestry of peach is also examined in relation to the closely related taxa that grow in China today. Early plant management and selection in the Yangzi valley not only included rice but at least one arboreal taxon too, the peach.

* Collaborated with Gary W. Crawford, Xugao Chen.

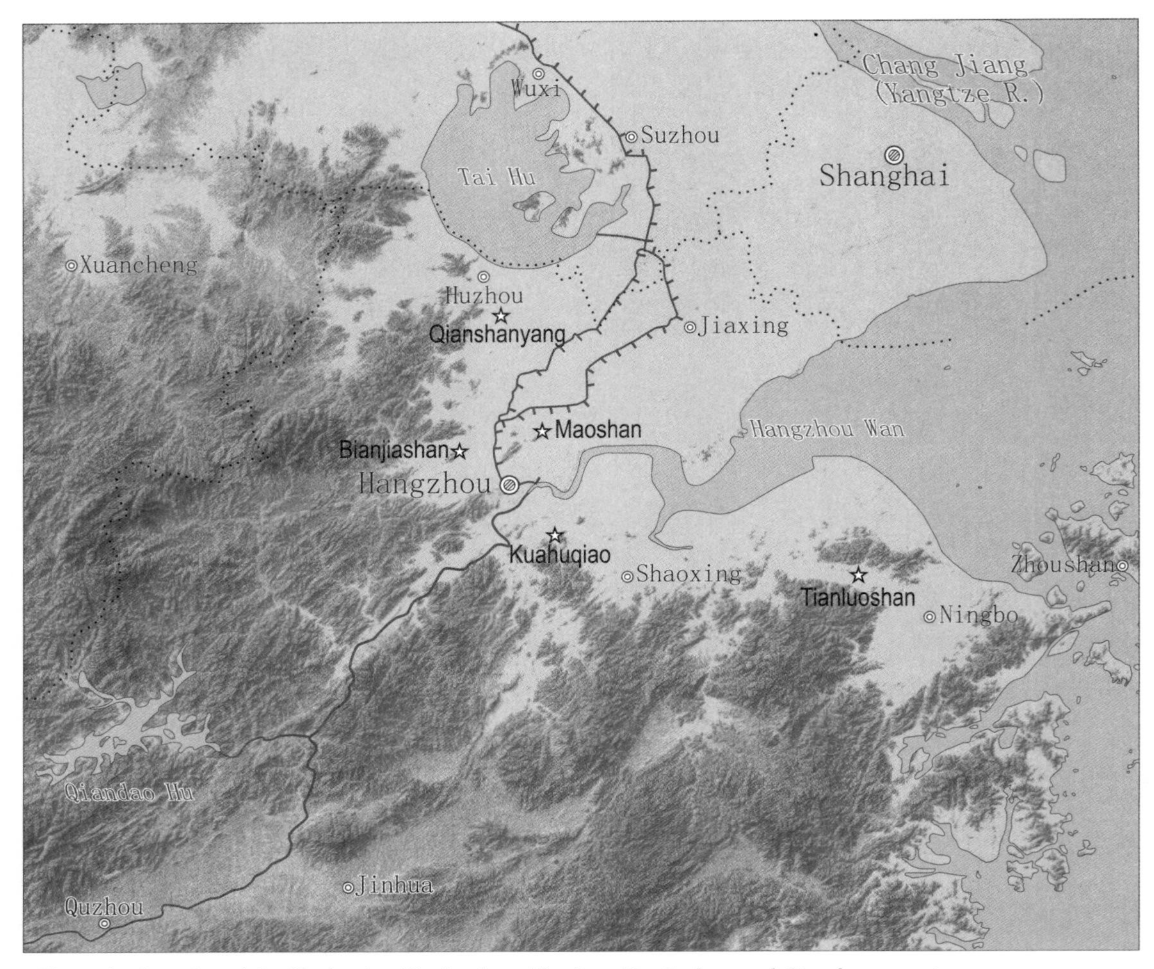

Figure 1 Location of the Kuahuqiao, Tianluoshan, Maoshan, Bianjiashan, and Qianshanyang sites.

2. Materials and Methods

Peach stones recently excavated from the Kuahuqiao, Tianluoshan, Bianjiashan, Maoshan, and Qianshanyang sites, all in Zhejiang Province, were examined for this study (Figs. 1 and 2). Details are provided in Tables S1 and S2, and Figs. S1 and S2. The stones were preserved in waterlogged contexts and are not charred. The stones assessed in this study, including the sample from Japan, were all preserved under similar anaerobic, wet conditions so that the measurements and ratios are comparable. The archaeological peach stones are discussed in chronological order from oldest to youngest. In total, 202 well-preserved peach stones comprise the sample in this study (Table S2). Stones were measured in three dimensions: length (L), width (W) and suture diameter (Ds; suture diameter is used in order to eliminate the potential confusion between width and thickness). The Ikiriki site peach stone measurements are from Minaki et al. (Minaki et al., 1986). Specimens from Majiabang were examined but could not be measured because only endocarp fragments are present; however, the exterior surface of the endocarp fragments has grooves and pits similar to those from the other sites so the Majiabang stone identification as *P. persica* is not in question.

3. Results

3.1 *Peach Botany*

Domesticated peach is a member of the Rosaceae family in the subgenus *Amygdalus* that also includes peach relatives (peach, apricot, nectarine) and almond (*P. dulcis*) relatives (Bielenberg et al., 2009). It is a deciduous tree that is known today only in cultivation. It has a wide geographic range, produced in temperate regions such as southern Canada to tropical/subtropical regions (Brazil, Mexico, Yunnan) (Bielenberg et al., 2009). In China, three ecological types are recognized: northern, northwestern and southern (Yoon et al., 2006). The genetic diversity of peach is highest in China with 495 cultivars recognized (Huang et al., 2008; Layne et al., 2008), indicating that peach has a long history there. These data are consistent with a Chinese origin of domesticated peach (Candolle, 1885; Faust et al., 1995; Hedrick et al., 1917). Peach is widely thought to have been domesticated in northwestern (Faust et al., 1995; Wang et al., 2006) or North China (Li, 1988). Closely related species are *P. kansuensis* (Tibet and Gansu; Gansu peach), *P. davidiana* (mountain peach), and *P. mira* (Tibetan peach). *P. davidiana* var. *potaninii* (*P. persica* var. *potaninii*) is distinguished from *P. davidiana* var. *davidiana* (*P. persica* var. *davidiana*) by subtle distinctions in the leaves and the shape of the stone (pyrene); the former are more globose while the latter are more ellipsoid to ovate (Lu, 2003) (Fig. 3). *P. ferganensis* is adapted to the dry valleys of central Asia where it is also cultivated (Li, 1988) and is genetically indistinguishable from cultivated peach, particularly the Shenzhou Mitao cultivar. *P. ferganensis* may be intermediate between wild and cultivated peach or may be a variety of cultivated peach (Verde et al., 2013). These taxa are interfertile. The ancestry of cultivated peach, which taxa are feral or truly wild, and how these taxa are related are still open questions. One study proposes that these taxa have an evolutionary relationship, proceeding from *P. mira*, through *P. kansuensis*, *P. davidiana*, *P. ferganensis* and finally *P. persica*; however, the same study cites many outstanding problems and notes that the ancestry of peach is still problematic (Wang et al., 2006). Another suggests that the four kindred taxa are all subspecies of *P. persica* (Moore et al., 1990; Mowrey et al., 1990). Despite ongoing research on peach origins through morphology, palynology, cytology, biochemistry, and DNA, the specific ancestor of peach is unclear. The *Flora of China* notes that the ancestor is extinct (Lu et al., 2003).

The peach fruit is a drupe (stone fruit) consisting of a fleshy mesocarp surrounding a stone or pyrene (hard endocarp containing a seed). The thick endocarp promotes long dormancy so peach breeders have developed techniques to break dormancy including scarification of the seed and seed stratification to stimulate germination (Loreti et al., 2008). The peach seed is bitter and not normally eaten because of the presence of cyanidic glucoside (Bassi et al., 2008). Peach is a diploid with no recent whole-genome duplication (Verde et al., 2013). Flowers are bisexual and self-compatible, outcrossing at a rate of about five percent. Thinning of the fruit due to a high fertility rate is required in order for fruit to achieve commercial size (Bassi et al., 2008). *P. davidiana* is the only one of the wild/feral taxa in China to crosspollinate with peach. Fruit production begins in the second to third year after germination. Rapid maturation and selfing mean that wild peach had a high biological potential for domestication compared to other trees. Modern peach loses considerable productivity after 10–15 years (Bassi et al., 2008) but early Chinese records report that productivity declined in years 7–8 (Huang et al., 2008).

Domestication is a complex issue usually referencing a plant's dependence on people for its reproduction (mainly seed dispersal) because it has developed traits (domestication related traits or DRTS) beneficial to people but leave it maladapted to the wild (Doebly et al., 2006; Smith et al., 2006). Such traits comprise the domestication syndrome. Most traits of the domestication syndrome are quantitatively inherited so it is not always clear if and when a plant can be considered domesticated. Even modern domesticated plants continue to undergo selection so the process is never complete. Crossing with interfertile relatives maintains diversity in the crop but can also make it difficult to identify whether a plant is domesticated, wild or intermediate, particularly in the archaeological record. In this paper we use the term "domesticated" relatively loosely to refer to a segregated population of peach trees with traits desirable to people and whose segregation requires human management. These trees can still reproduce on their own.

Cultivated peach stones differ from those of its known wild relatives in being significantly larger and less spheroidal. Other domesticated peach traits include the proportion of mesocarp, proportion of stone size to the amount of mesocarp (Quilot et al., 2004); and selection for varied fruit maturity times to allow for a continuous supply of fruit over a longer period of time (Verde et al., 2013). Fruit maturation rate is also a DRT. Wild species are mid- to late-maturing while the crop ripens faster (Bassi et al., 2008). High nucleotide diversity is found in the region of the genome that controls for fruiting time indicating that breeding has selected for diversity in this region (Verde et al., 2013). Other DRTs include slow ripening, flat shape, aborting fruit, and red flesh (Monet et al., 1996). Vegetative reproduction facilitates the production of clones with desirable traits. Seed propagation today is normally reserved for the production of rootstock although rootstock is usually produced vegetatively (Loreti et al., 2008).

Which of these DRTs can be discerned from the archaeological peach stones is problematic. Stone size and shape are the crucial traits to assess in archaeological collections. Stone shape and size are relevant because of their potential relationship to mesocarp thickness. Mesocarp thickness correlates directly with ovalness of the stone in a small sample of peaches (Quilot et al., 2004). Increased fruit mass positively correlates with the degree of domestication in "old" versus "new" (Quilot et al., 2004) cultivars but this may not be the same as the primary domestication process. However the study (Quilot et al., 2004) could not discern a link between stone mass and degree of domestication. Comprehensive data from the Chinese Academy of Agricultural Sciences, however, indicate a positive correlation between peach stone and fruit size (Tea Researh Institute et al., 2013) (Fig. 4). Stone size is likely a proxy for fruit size while stone shape should also be considered because of its potential relationship to mesocarp thickness. We examine the peach stones to test whether size and shape change over time and when these changes are apparent.

3.2 *Archaeological Background*

The oldest peach stones in this study are from Kuahuqiao (ca. 8000–7000 BP) (Figs. 2 and 5). Kuahuqiao is

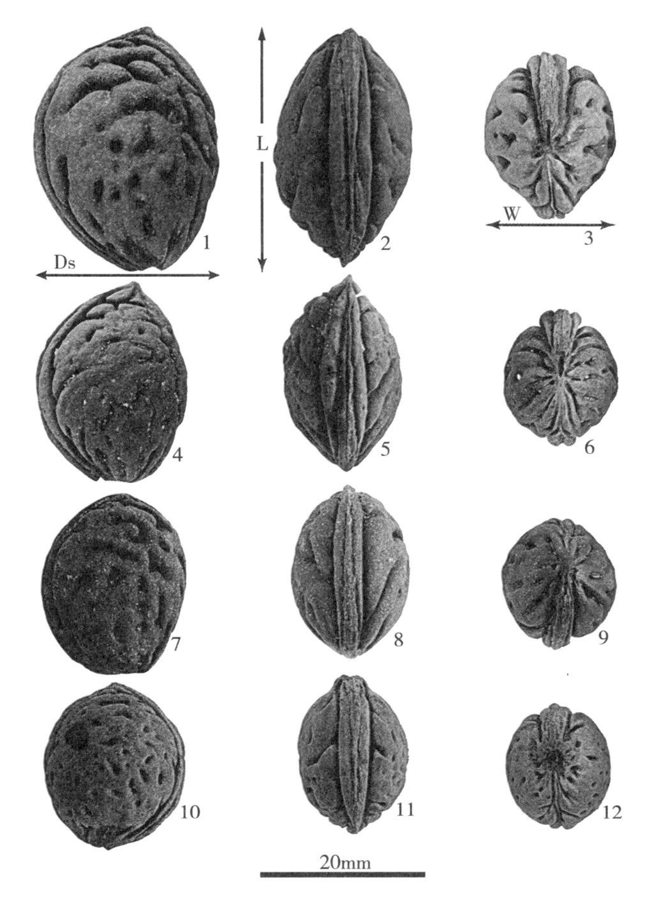

Figure 2 Archaeological remains of peaches.

1,2,3. Qianshanyang site 4,5,6. Maoshan site 7–12. Kuahuqiao illustrating two variants of peach stones, one with short grooves and small pits and the other with prominent grooves and pits. L = length, W = width and Ds = suture diameter.

Figure 3 Stones of wild and domesticated peaches.

1. *P. persica* (feral type) 2. *P. davidiana* var. *potaninii* 3. *P. davidiana* var. *davidiana* 4. *P. kansuensis* 5. *P. persica* (domesticated type) 6. *P. ferganensis* (domesticated type from Xinjiang) 7. *P. mira*.

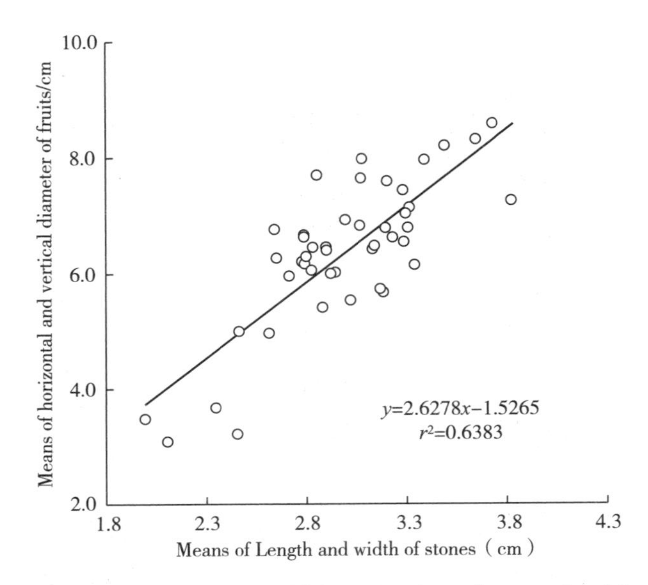

Figure 4 Correlation of stone and fruit sizes in modern peach cultivars.

The data are from http: //www. ziyuanpu. net. cn/Resource/34/search. html and the feral peaches growing in Zhejiang, China. doi: 10. 1371/journal. pone. 0106595. g004

a relatively large and complex occupation with excellent preservation revealing evidence of wood-framed pits for acorn storage, sophisticated pottery technology, stone and bone tools, and the earliest dugout canoe yet found in China. A diverse animal bone assemblage of 34 taxa includes antelope (*Capricornis sumatracnsis*), buffalo (*Bubalus* sp.), pig (*Sus scrofa*), deer (Cervus spp.), dog (*Canis familiaris*), swan (*Cygnus* sp.), wild goose (*Anser* sp.), two species of crane (*Grus* sp.), eagle (*Aquila* sp.), snakehead fish (*Ophiocephalus argus*), carp (*Cyprinus carpio*), alligator (*Alligator* cf. *sinensis*), dolphin (*Delphinidae*), and rhinoceros (*Rhinoceros* sp., although probably *Dicerorhinus sumatrensis*). The dominant plant remains include acorn (*Quercus* sp. and probably mainly *Cyclobalanopsis* sp. and *Lithocarpus* sp.), bramble (*Rubus* sp.), southern sour jujube (*Choerospondias axillares*), peach, plum (*Prunus* sp.), and persimmon (*Diospyros* sp.). Bottle gourd (*Lagenaria siceraria*) is also present. Aquatic plants include water chestnut (*Trapa natans*), fox nut (*Euryale ferox*), and rice, all of which grow in the area today. The rice found is an early, cultivated form undergoing selection for domestication-related traits (DRTS) such as reduced rachis brittleness (Zhejiang Provincial Institute of Cultural Relics and Archaeology et al., 2005; Zong et al., 2007; Atahan et al., 2008). The peach stones used in this research were recovered from strata in vertical excavations. The AMS date on a peach stone from Kuahuqiao confirms its association with this early Neolithic occupation (Fig. 5).

Tianluoshan immediately post-dates Kuahuqiao. The early and late cultural periods date from 7000 to 6500 BP and from 6500 to 5000 BP respectively. A rich variety of artefacts including pottery vessels, stone, wood and bone tools have been found. A large number of upright wooden piles indicate that dwellings and other structures were adapted to a wetland environment. Due to the anaerobic, waterlogged conditions, large quantities of organic remains have been found. Animal remains include buffalo, deer, pig, and fish. Seed and fruit remains includ rice, acorns, southern sour jujube, peach, plum, apricot, water chestnut, and foxnut. These provide evidence of a mixed economy of fishing, hunting, gathering and rice cultivation. A large area of rice fields associated with the occupation has been confirmed (Zheng et al., 2009). Rice took on a greater dietary role over time at Tianluoshan and Hemudu (Fuller et al., 2009). The peach stones used in this research were recovered from stratigraphic layers and pits. Two AMS dates on *Prunus* specimens, one being a cherry or plum, from Tianluoshan bracket the occupation (Fig. 5).

Two Late Neolithic peach stone collections are from the Liangzhu cultural sites of Maoshan and Bianjiashan. The technology here includes pottery, stone, jade, wood, and other objects. The site consists of a residential area of nearly 30,000 square meters in the south and ca. 55,000 square meters of paddy fields located in the north. The occupation is multi-component consisting of late Majiabang (6300–6000 BP), Songze (5800–5500 BP), Middle Liangzhu (4900–4600 BP), late Liangzhu (4600–4300 BP), and Guangfulin (4300–4000 BP) cultures. The AMS date on a peach stone from Maoshan is consistent with the Middle Liangzhu period (Fig. 5). Social complexity is well developed (Liu et al., 2012), evidenced by public architecture and elaborate burials. The economy was primarily agricultural. The peach stones used in this research were recovered from a small river (in unit G2). Other seeds recovered from the same context include rice, bottle gourd, melon, water chestnut, foxnut, plum, apricot, southern sour jujube, and Chinaberry. Bianjiashan is a late Liangzhu culture site (ca. 4500–4400 BP) (Fig. 5). The site consists of tombs, houses, ditches, pits, wood piles, and building components as well as a rich assemblage of pottery, stone, jade, wood, bone, lacquer ware, and bamboo weavings/matting. Organic remains are well preserved. Animal remains include pig, deer, and buffalo. The abundant plant remains include rice, water chestnut, foxnut, peach, apricot, plum, bottle gourd, melon, southern sour jujube, and acorn.

The latest peach stone population in this study is from the Qianshanyang site. The site is late Neolithic and Bronze Age spanning the Qianshanyang (4200–3900 BP), and Maqiao (3900–3500 BP) cultures (Ding, 2010). The latter culture is contemporary with the Middle and Late Shang Periods. Large quantities of pottery, stone, bone, wood, and textiles/fabrics plaited with natural silk have been recovered. The settlement remains consist of houses with postholes and wall foundations and numerous pits. The plant remains include rice, bottle gourd, melon, water chestnut, foxnut, plum, apricot, southern sour jujube, and Chinaberry. The peach stones for this research are from the Maqiao period pits. The AMS date on a peach stone from Qianshanyang confirms that the stones are associated with the Maqiao occupation of the site (Fig. 5).

The Ikiriki site, Kyushu, Japan is stratified with Early, Late and Final Jomon occupations as well as a Yayoi component. It is a well-preserved wet site on the coast about 800 km from the Yangzi River mouth. Forty-one plant taxa and a dugout canoe have been reported (Tea Researh Institute et al., 2013). Ten peach stones (eight with relatively complete measuremenTS) are from the Early Jomon levels (VII and VIII) while eight are from later Jomon contexts (Tea Researh Institute et al., 2013). Jomon subsistence is complex and varied, including hunting, fishing, gathering, resource management, limited crop production depending on the region and period and includes a wide range of anthropogenic habitats (Crawford, 2008; Crawford, 2011).

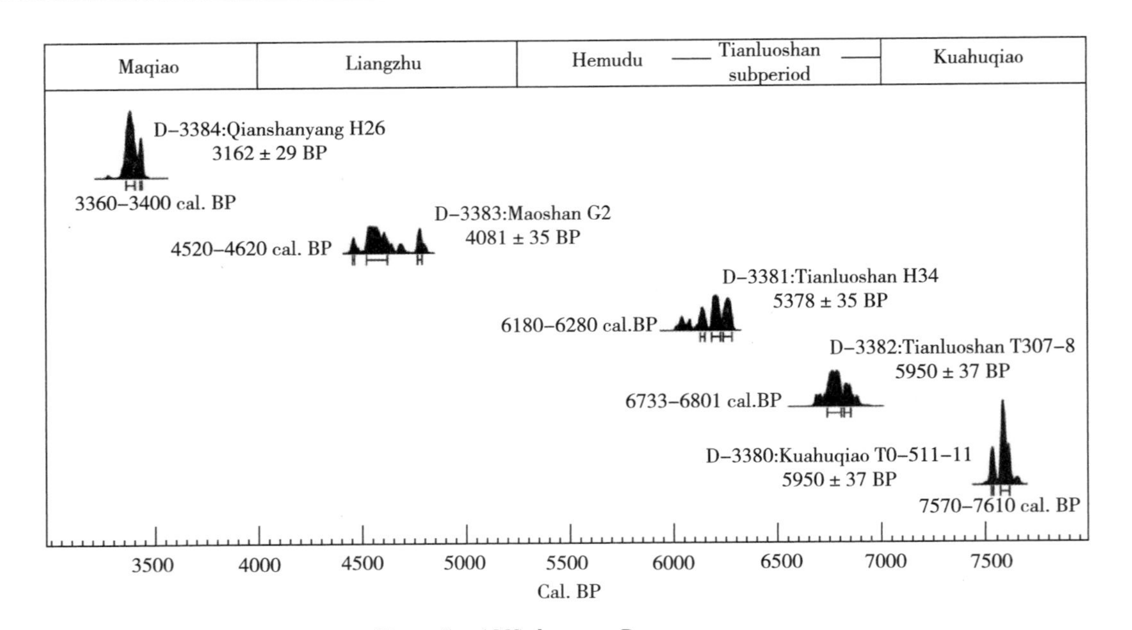

Figure 5 AMS dates on *Prunus* stones.

All are *P. persica* except for D－3381 that is P. sp. , a plum/cherry. Conventional dates were calibrated using Calib 6. 0 using the Intcal 09 curve (1,2). doi: 10. 1371/journal. pone. 0106595. g005

3. 3 *Archaeological Peach Stone Analysis*

Stones of cultivated peach have deep furrows and pits and are compressed or ovate, unlike those of wild taxa in China (Fig. 3). Our examination of the stones of the closely related taxa confirms published descriptions (Loreti et al. , 2008; Okie et al. , 2003). Modern *P. persica* stones are distinct from both types of *P. davidiana* in having small pits and curved furrows, an acute apex (an extension of the hilum), a round base, and an elliptical hilum running 180 degrees along the suture. The archaeological specimens are more variable than modern peach stones but they all have furrows and pits. The earliest stones, from Kuahuqiao, have the greatest variation in furrow and pit forms and have a subtle, acute apex (Fig. 2). *P. ferganensis* stones are most similar to *P. persica* stones on the basis of size and shape but pits are absent (Fig. 3). Other significant characteristics of peach stones include their dimensions (length, width, suture diameter/thickness). The archaeological specimens are most similar to the reference specimens of *P. persica*.

The approximate mean volume (or proxy for volume) of the stones represented by the product of the three measured dimensions (L × W × Ds) nearly doubles between ca. 8000 and 3700 BP (Fig. 6). The mean proxy volumes of the two oldest populations (Kuahuqiao and Tianluoshan) are not significantly different but that of the Maoshan population is significantly larger. Most of the Qianshanyang stones are larger than the stones from all earlier periods.

The shapes of the peach stones are described by three ratios of L, W, and Ds (Fig. 6 and Fig. S2). Ratios of 1 ∶ 1 indicate a spheroidal shape while deviations from this ratio indicate the extent to which the stones are compressed and/or ovoid. In fact, the mean ratios indicate that the two early samples are more spheroidal on the whole than the later samples with the Qianshanyang assemblage having no spheroidal specimens. The other stone

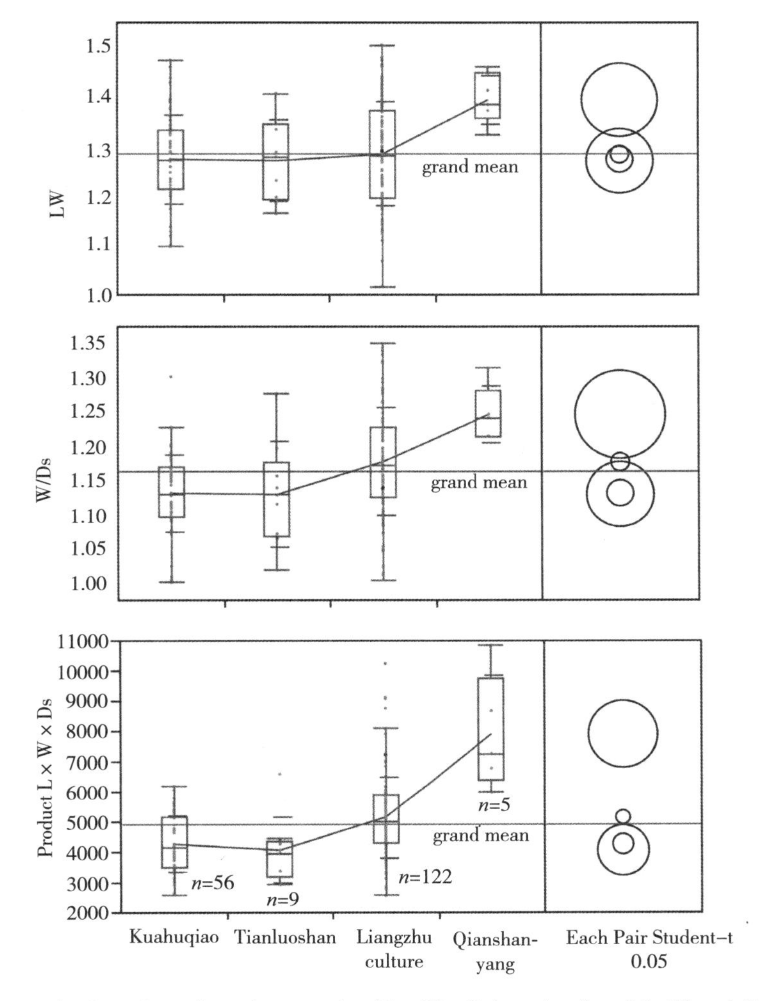

Figure 6 Box plots of peach stone size (L × W × Ds) and ratios of L, W, and Ds.

The plots illustrate an overall trend of the ratios diverging from 1 : 1 through time and of approximate stone volume increasing through time. The top, bottom and line through the middle of the box correspond to the 75th percentile (top quartile), 25th percentile (bottom quartile) and 50th percentile (median) respectively. The whiskers on the bottom extend from the 10th percentile (bottom decile) and top 90th percentile (top decile). Means are joined. The circles are a graphic representation of Student's t-test results. The concentric circles indicate that the means are not significantly different. The Liangzhu culture plot is a combination of the Maoshan ($n = 99$) and Bianjiashan ($n = 23$) measurements.

assemblages grade from spheroidal through flattened/ovate. The Qianshanyang sample is the only sample whose means are significantly different from the others. The W/Ds ratio for the Maoshan stone shape has deviated significantly from the shape of the large Kuahuqiao sample. Thus the shape trends to ovate/compressed through time.

Visual inspection suggested that the Kuahuqiao stone population is composed of two types on the basis of shape and size: a smaller spheroidal type and a larger, compressed/ovate type. The measurements seem to confirm that some of the early specimens are compressed/ovate, particularly those with high L/W ratios (Fig. 6). A contour density plot of the scatterplots teases out some details of the bimodal distribution (Fig. 7). Two high density regions of the scatterplots are clear for all measurements although L vs Ds has a minor third region suggesting a trimodal distribution for those measurements (Fig. 7). Fig. 7 also breaks out the scatterplots by site. The later

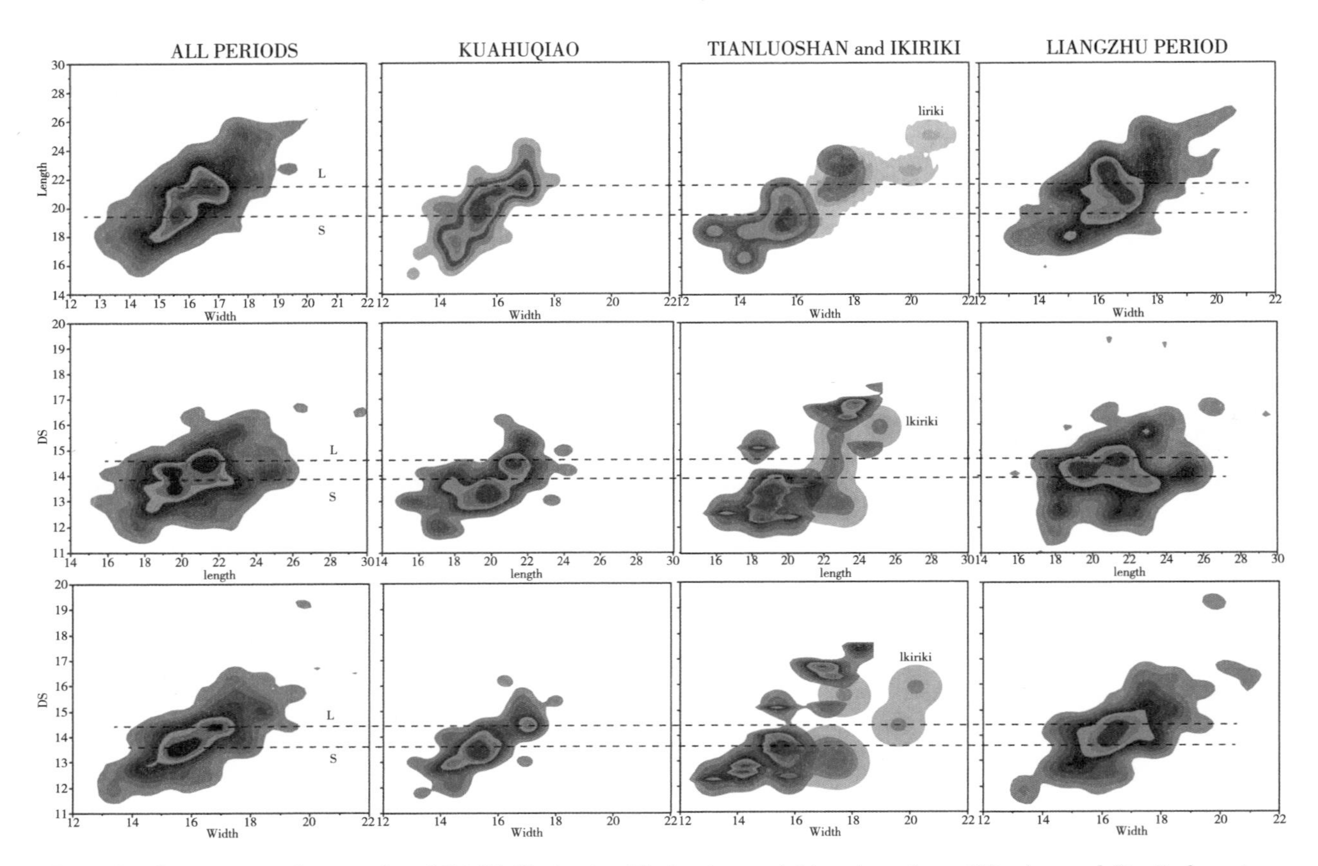

Figure 7 Contour map of scatterplot of Ikiriki, Kuahuqiao, Tianluoshan and Liangzhu culture (Maoshan and Bianjiashan sites combined) peach stone measurements.

The colors emphasize the highest three contours (the peaks) of each scatterplot. The dashed lines indicate the peaks for the smaller (S) and larger (L) stones. 1. Reimer PJ et al., (2011) *IntCal09 and Marine09 Radiocarbon Age Calibration Curves, 0–50,000 Years cal BP.* 2. Stuiver M & Reimer PJ (1993) *Extended ^{14}C data base and revised CALIB 3.0 (super 14) C age calibration program.* doi: 10.1371/journal.pone.0106595.g007

assemblages have a single, larger mode. The Tianluoshan sample, despite having only nine measured specimens, also separates into two modes similar to the sample from Kuahuqiao but in this case the two types do not overlap. The Maoshan and Bianjiashan stones are the compressed, ovate type with an acute apex. Their contour density plots of the scatterplots show single density peaks of the measurements that also have considerable variation. Finally, the five Qianshanyang stones are unimodal (not illustrated), similar to those from Maoshan. Most of the Ikiriki specimens fit within the large group (Fig. 7).

4. Discussion

Tree fruit have not played a significant role in our understanding of human-plant interaction that led to food production because their domestication is usually considered to be much later than the domestication of herbaceous, annual plants such as grains and legumes. Examples of tree fruit include olive, date and fig that were important resources in the eastern Mediterranean by ca. 6000 BP (Zohary et al., 1975). Olives were collected as early as 19,000 BP at Ohalo II along with almond, pistachio, and grape (Kislev et al., 1992) so considerable time passed until they were domesticated. A strong case has been made for fig domestication in Israel 12,000–

11,000 BP by vegetative reproduction before the domestication of large-grain grasses in SW Asia (Kislev et al., 2006). In Japan, chestnut and lacquer tree management (grown not for fruit but for resin and wood) has been documented (Crawford, 2011). The management techniques are not clear but controlled burning for acorn production has a long history in North America, particularly California (Anderson, 2005; Lewis et al., 1973). However, biological traits of many tree taxa, particularly nut-bearing trees, olive, and date, militate against their domestication; their exploitation is not viewed as a pathway to agriculture (Harris, 1977), but as a result of agricultural systems and related plant breeding knowledge. For example, trees have a long juvenile stage thereby discouraging reproduction from seed; nut trees also do not produce significant masts every year. Furthermore most cross-pollinate, making segregation of preferred varieties difficult (Zohary et al., 1975; Harris, 1977). Tree domestication is generally thought not to have emerged until people started cloning trees through vegetative reproduction (Zohary et al., 1975) but cloning is not particularly difficult.

Domesticated peach self-pollinates; only *P. davidiana* among the members of the *Amygdalus* subgenus in China cross-pollinates; at least one cultivar, J. H. Hale, cross-pollinates due to male sterility (Loreti et al., 2008). Preferred traits could be selected without vegetative reproduction if the wild ancestor of peach also self-pollinated, then preferred traits could be selected without vegetative reproduction. If selfing developed after domestication, as has been suggested for olive (Zohary et al., 1975), then vegetative propagation would have played a bigger role in peach breeding at the outset; it may have anyway. Peach matures quickly, producing fruit starting in the second or third year, so selection for desirable traits based on this trait alone has a higher probability for a quick payoff compared to olive and date. Larger fruited populations, for example, could be readily segregated and selection further enhanced by rootstock production and grafting. Furthermore, *Prunus* spp. are generally fire tolerant (Li, 1988) so initial selection by local burning may have encouraged stands of peach. Burning was already an ecological management tool at Kuahuqiao (Innes et al., 2009; Shu et al., 2010) and we have no reason to believe that controlled burning was unique to that community in eastern China.

All indications are that relatively sedentary food producing, hunting, fishing, gathering societies were well established in China by 8000–7500 BP. Settlements with some degree of sedentism appear in the region between 10,000 and 8000 BP (Shangshan culture). Some plants such as millet were domesticated by this time and at least one wild ancestor of a millet appears to have been utilized during the late Upper Palaeolithic (Liu et al., 2022; Yang et al., 2012). Other plants such as soybean were being harvested but all indications are that their domestication was a prolonged and complex process not limited to China; soybean appears not to have been domesticated as early as millet (Lee et al., 2011). Rice production was in its early stages at Kuahuqiao and a range of plants that would eventually be important crops in China was being utilized. The first archaeological evidence for peach is also from this context.

All plant taxa recovered from Kuahuqiao grow in the region today so we have no reason to believe that peach was an exception. The lower Yangtze basin climate is maritime subtropical today with cool, dry winters and warm, wet summers. Kuahuqiao was occupied at the beginning of the Hypsithermal period when average annual temperatures rose to about 2.5 degrees Celsius above late 1990s levels (Wang, 1999) and it was somewhat wetter than in the preceding Early Holocene. Forest cover represented in pollen Zone 2 in the lower Yangtze included more broadleaf evergreen (subtropical) taxa but deciduous taxa were still common (Shu et al., 2010; Liu, 1991). Rhinoceros and elephant (Elephas maximus) expanded their ranges northward into Zhejiang province. Rhinoceros bones have been identified at sites such as Kuahuqiao (Zhejiang Provincial Institute of Cultural Relics and Archaeology et al., 2003) and elephant is reported among the remains at Hemudu (Liu et al., 2003). After 3800 BP subtropical taxa decrease significantly in the region (Liu, 1991). Furthermore, the common occurrence of peach remains at sites in the lower Yangtze is clear evidence that it continued to flourish there.

The tree fruit taxa being collected at Ohalo II ca. 19,000 cal. BP. and the fig that was probably domesticated 7000 years later indicate that tree fruit collection was not an exclusively Holocene human activity (Kislev et al., 2006). We cannot assume the 8000–7000 BP peach stones in China are evidence of their first use. Diverse groups before this likely collected peach and were selecting for preferred traits by 8000–7500 BP. Three of the earliest peach stone assemblages are outside the lower Yangtze, one in the Huanghe valley (Egoubeigang) and two in the middle Yangtze Basin (Hujiawuchang and Bashidang) so that peach was being utilized over a broad geographic area by 8000–7000 BP.

The surface sculpting and general morphology of the archaeological specimens examined here are consistent with the stones being *P. persica*. *P. davidiana* stones are more spheroidal than the stones in our analysis. Stones from the earliest assemblages at Kuahuqiao and Tianluoshan further differ from those of *P. davidiana* in having a range of short, shallow furrows to deep and long furrows and pits combined with a slightly acute apex (Figs. 4 and 5). The evidence so far indicates that *P. davidiana* is probably not the ancestor of *P. persica*. If *P. davidiana* is the ancestor of *P. persica*, the differentiation took place well before 8000 BP.

The earliest assemblages appear to be bimodal and we hypothesize that some fruit was being selected for greater mass of mesocarp and possibly fruiting time so that selection for preferred traits was under way. *P. davidiana* fruit is bitter and rather unpalatable making it far less appealing than the sweet fruit of *P. persica*. The oldest small specimens in this study are consistent with a "truly wild peach (that) no longer exists" (Li, 1988). The apparent bimodality of the earliest peach stone assemblages suggests two hypotheses: 1) two types of peach, a wild form with comparatively small amounts of mesocarp and a cultivated form with a comparatively large amount of mesocarp, comprised the populations at Kuahuqiao and Tianluoshan or 2) the wild peach population consisted of a wide range of peach forms from which the domesticated types evolved by Liangzhu culture times. Given the bimodal nature of the peach stones that becomes more prominent by Tianluoshan times the second hypothesis seems less likely.

In the subsequent millennium at Tianluoshan, the measured sample numbers only nine so the sample is too small to effectively document the variation of peach stone morphology at this time. The small sample appears to split into two groups similar to the sample from Kuahuqiao. The set of peach stone measurements from the Early Jomon levels at the Ikiriki site in Japan indicates that peach between 7000 and 6000 BP was, indeed, being differentiated from the wild form. Their mean approximate volume is similar to that of the Maoshan sample. The earliest peach stones are associated with radiocarbon dates from level VIII that range from 6700–6400 cal. BP (Tea Researh Institute et al., 2013). The W/Ds ration is 1.3, indicating significant compression, more than the Bronze Age Qianshanyang sample exhibits. The source of these peach stones in China cannot be determined yet, but if the dating is correct then apparently peach was domesticated by 6400 BP. Peach was introduced to Japan, evidenced at the coastal Ikiriki site, located about 800 km from the Yangtze river mouth. A few more stones, somewhat larger and more compressed than the Early Jomon specimens, have been recovered from later Jomon deposits at the site indicating some continuity in their use. The only other Jomon period peach stones are from the late Jomon deposits at Nabatake, also in Kyushu (Kasahara, 1982). The early appearance of apparently domesticated peach in Japan where wild relatives of peach are not known indicates that the peach was of special significance and so, by inference, was cultivated in China by at least 6700–6400 BP. It was in widespread use in China by 4000 BP and appears in India by ca. 3700 BP (Fuller et al., 2001). The Liangzhu culture (5300–4300 BP) and Maqiao culture (4000–3700 BP) peach stones are more characteristic of the domesticated peach than are their earlier counterparts.

The domestication process conservatively took at least three millennia considering only the Yangtze valley peach record. However, the process may well have been considerably faster considering the Early Jomon (Japan) data that indicate a founding population of a distinct type of peach from an as-yet-unidentified locale in China. Our sample from the same period in China is as yet too small to provide meaningful insight into this question.

The archaeological record is at odds with the current wisdom regarding its domestication, particularly the notion that it was domesticated in northwestern China. The archaeological database for peach has long been recognized as confirming the view that the peach had a long association with people in China (Huang et al., 2008). The first written reference to peach is found in China's earliest agricultural almanac, Xiaxiaozheng, which refers to the Xia Dynasty (ca. 4100–3600 BP) (Wang, 1999) while the *Shijing* (*Book of Odes*, a compilation of poetry spanning the period ca. 3000–2500 BP) has the earliest botanical description of peach (Huang, 2008). Peach has been an important aspect of traditional culture in China, and was considered a symbol of immortality in Daoist mythology (Luo, 2001) while fruits are important gifts (Layne et al., 1984). Twelve of the Chinese sites from which peach stones have been recovered are in the lower Yangtze River valley. Most of the other specimens are from the middle and upper reaches of the Yangtze valley or from southern and southwestern China. Peach in the form of charred stones is reported from only three sites in North China where the only wet site reported is Jiahu. Peach remains have not been reported from Jiahu. Peach stones preserve well after charring; flotation to recover charred plant remains is relatively common in the north. If peaches were economically significant there we would expect better representation in the archaeological record, including at Jiahu. Although preservation bias may be a factor in the few reports of peach from North China, given the extensive sampling there and the research at Jiahu, peach was likely not a significant resource there during the Early Neolithic.

Not until about 4000 BP does the distribution of archaeological peach stones extend west of the Hujiawuchang site or north of Egoubeigang although peach had reached Japan by 6500 BP. The data reported here provide more specific documentation of a long developmental sequence in eastern China that resulted in the plant's domestication. The commonly cited northwestern China region can be ruled out as the region where peach was domesticated. Although North China cannot be categorically ruled out, the most feasible working hypothesis is that peach was domesticated in the Yangtze valley. Finally, tree fruit management and domestication undoubtedly played a significant role in the early phases of agricultural development in China as well as other parts of the world.

Supporting Information

Figure S1 Geographic distribution of archaeological peach remains. The site number key is in Table 1. ●, Neolithic; ○, Historic.

(TIF)

Figure S2 Box plots of the L/Ds ratio illustrating an overall trend diverging from 1∶1 through time.

(TIF)

Table S1 Archaeological sites from which peach stones are reported. (DOCX)

Table S2 Peach stone measurements. (DOCX)

Acknowledgments

This research is a part of the *The Origin of Chinese Civilization Project*, led by the China State Administration of Cultural Heritage. The authors would like to thank the excavators of Zhejiang Provincial Institute of Cultural Relics and Archaeology for providing assistance with the examination of the plant remains, and Prof. W. C. Fang of the Zhengzhou Institute of Pomology, CAAS for providing us the photos of wild and domesticated peaches. Joseph Kirkbride (USDA-ARS, U. S. National Arboretum) provided insight on characteristics of three of the wild peach taxa. Sheahan Bestel and Yan Pan provided constructive advice on early drafts of this manuscript. We wish to thank Joanna Szurmak of the University of Toronto Mississauga library for tracking down difficult-to-find literature.

PLoS One 9, 9 (2014)

References

K. Anderson, *Tending the Wild*, Berkeley, California: University of California Press, 2005.

P. Atahan, F. Itzstein-Davey, D. Taylor et al., Holoceneaged sedimentary records of environmental changes and early agriculture in the lower Yangtze, China, *Quaternary Science Reviews* 27 (2008).

D. Bassi, R. Monet, Botany and taxonomy/D. R. Layne, D. Bassi, eds. *The Peach: Botany, production and uses*, Wallingford: CABI, 2008, pp. 1–36.

D. Bielenberg, K. Gasic, J. X. Chaparro, An introduction to Peach (*Prunus persica*)/K. M. Folta, S. E. Gardiner, eds. *Genetics and*

Genomics of Rosaceae, Springer-Verlag New York.

A. D. Candolle, *Origin of cultivated plants*, The international scientific series, New York, v 49, London: Kegan Paul, Trench. , 1884.

M. T. Stark, G. W. Crawford, East Asian plant domestication/M. T. Stark, ed. *Archaeology of Asia*, Malden: Blackwell Publishing, 2006, pp. 77–95.

G. W. Crawford, The Jomon in early agriculture discourse: issues arising from Matsui, Kanehara, and Pearson, *World Archaeology* 40 (2008).

G. W. Crawford, Early rice exploitation in the lower Yangzi valley: What are we missing? *The Holocene* 22 (2011).

G. W. Crawford, Advances in understanding early agriculture in Japan, *Current Anthropology* (2011).

P. Ding, The Third Excavation of the Qianshanyang site in Huzhou, Zhejiang, *Cultural Relics* 7 (2010).

F. M. Faust, B. Timon, Origin and dissemination of peach, *Horticultural Reviews* 17 (1995).

D. Q. Fuller, M. Madella, Issues in Harappan archaeobotany: retrospect and prospect/S. Settar, R. Korisettar, eds. *Indian Archaeology in retrospect Volume II Protohistory*, New Delhi: Indian Council of Historical Research: Manohar Publishers and Distributors, 2001, pp. 317–390.

D. Q. Fuller, L. Qin, Y. F. Zheng et al. , The domestication process and domestication rate in rice: spikelet bases from the lower Yangtze, *Science* 323 (2009).

E. E. Goldschmidt, The evolution of fruit tree productivity: a review, *Economic Botany* 67 (2013).

D. R. Harris, Alternative pathways to agriculture/C. A. Reed, ed. *Origins of agriculture*, The Hague: Mouton Publishers, 1977, pp. 179–243.

U. P. Hedrick, G. H. Howe, *The Peaches of New York*, Albany: J. B. Lyon Company, Printers, 1917.

H. Huang, Z. Cheng, Z. Zhang et al. , History of cultivation and trends in China/D. R. Layne, D. Bassi, eds. *The Peach: Botany, production and uses*, Wallingford: CABI, 2008, pp. 37–60.

J. Innes, Y. Zong, Z. Chen et al. , Environmental history, palaeoecology and human activity at the early Neolithic forager/cultivator site at Kuahuqiao, Hangzhou, eastern China, *Quaternary Science Reviews* 28 (2009).

Y. Kasahara, Analysis and identification of buried seeds and fruit from the Nabatake site/Tosu-shi Kyoiku Iinkai, ed. *Nabatake, Tosu-shi: Tosu-shi Kyoiku Iinkai*, 1982, pp. 354–379.

M. E. Kislev, D. Nadel, I. Carmi, Epipalaeolithic (19,000 BP) cereal and fruit diet at Ohalo II, Sea of Galilee, Israel, *Review of Palaeobotany and Palynology* 73 (1992).

D. R. Layne, D. Bassi, eds. *The Peach: Botany, production and uses*, Wallingford: CABI, 2008.

G-A. Lee, G. W. Crawford, Archaeological soybean (*Glycine max*) in East Asia: Does size matter? *PLoS One* 6 (2011).

H. T. Lewis, L. J. Bean, *Patterns of Indian burning in California: Ecology and Ethnohistory*, Ramona, California: Ballena Press, 1973.

H. L. Li, The domestication of plants in China: Ecogeographical considerations/D. N. Keightley, ed. *The origins of Chinese civilization*, Berkeley, CA: University of California Press, 1988, pp. 21–63.

Z. L. Li, Peach germplasm and breeding in China, *Horticulture Science* 19 (1984).

L. Liu, X. Chen, *The archaeology of China: from the late Paleolithic to the early Bronze Age*, Cambridge: Cambridge University Press, 2012.

L. Liu, W. Ge, S. Bestel et al. , Plant exploitation of the last foragers at Shizitan in the middle Yellow River Valley China: evidence from grinding stones, *Journal of Archaeological Science* 38 (2011).

J. Liu, Z. Y. Yao, F. G. Mei, *Hemudu*. Beijing: Cultural Relics Publishing House, 2003.

K. B. Liu, Environmental change in the Yangtze River Delta since 12,000 Years B. P. , *Quaternary Research* 38 (1991).

F. Loreti, S. Morini, Propogation techniques/D. R. Layne, D. Bassi, eds. *The Peach: Botany, production and uses*, Wallingford: CABI, 2008, pp. 221–243.

L. Lu, Bartholomew B *Amygdalus* Linnaeus, Sp. Pl. 1:472. 1753. Flora of China 9, 2003, pp. 391–395.

G. H. Luo, The origin of peach plantation and its development, *Agricultural Archaeology* (*Nongye Kaogu*) 3 (2001).

A. J. Miller, B. L. Gross, From forest to field: perennial fruit crop domestication, *American Journal of Botany* 98 (2011).

M. Minaki, S. Hohjo, S. Kokawa et al. , Plant remains and ancient environment/Tarami-cho Kyoiku Iinkai, ed. *Ikiriki Iseki: Tarami-cho Kyoiku Iinkai*, 1986, pp. 44–53.

R. Monet, A. Guye, M. Roy, Effect of inbreeding and crossing inbred lines on the weight of peach fruit, *Acta Horticulturae* 374 (1996).

J. N. Moore, J. R. Ballington, *Genetic resources of temperate fruit and nut crops*, Wageningen, The Netherlands: International Society for Horticultural Science. 2 v. (xvi, 980 p.) (1990).

B. D. Mowrey, D. J. Werner, Developmental specific isozyme expression in peach, *Horticultural Science* 25 (1990).

W. R. Okie, M. Rieger, XXVI International Horticultural Conference: Inheritance of venation pattern in Prunus ferganensis 6 persica hybrids/Janick J, ed. *Genetics and breeding of tree fruits and nuts: International Society for Horticultural Science*, 2003, pp. 261–264.

B. Quilot, J. Kervella, M. Ge'nard, Shape, mass and dry matter content of peaches of varieties with different domestication levels, *Scientia Horticulturae* 99 (2004).

J. Shu, W. Wang, L. Jiang et al. , Early Neolithic vegetation history, fire regime and human activity at Kuahuqiao, lower Yangtze River, East China: New and improved insight, *Quaternary International* 227 (2010).

Tea Researh Institute, Chinese Academy of Agricultural Science, Stone and fruit sizes of modern peach cultivars, Database: http://www.ziyuanpu.net.cn/Resource/34/search.html. Accessed 13 June 2013.

V I. Verde, A. G. Abbott, S. Scalabrin et al. , The high-quality draft genome of peach (*Prunus persica*) identifies unique patterns of genetic diversity, domestication and genome evolution, *Nature Genetics* 45 (2013).

F. R. Wang, J. B. Zhao, Z. G. Tong et al. , Research advances on the genetic relationships of peach germplasm resource, *Journal of Plant Genetic Resources* 7 (2006).

H. J. Wang, Role of vegetation and soil in the Holocene megathermal climate over China, *Journal of Geophysical Research* 104 (1999).

X. Yang, Z. Wan, L. Perry et al. , Early millet use in northern China, *PNAS* 109 (2012).

J. Yoon, D. Liu, W. Song et al. , Genetic diversity and ecogeographical phylogenetic relationships among peach, *Journal of the American Horticultural Society* 131 (2006).

Zhejiang Provincial Institute of Cultural Relics and Archaeology, Xiaoshan Museum, *Kuahuqiao Site*, Cultural Relics Publishing House, Beijing, 2004 (in Chinese).

Y. F. Zheng, G. P. Sun, L. Qin et al. , Rice fields and modes of rice cultivation between 5000 and 2500 BC in east China, *Journal of Archaeological Science* 36 (2009).

D. Zohary, P. Spiegel-Roy, Beginnings of fruit growing in the Old World, *Science* 187 (1975).

Y. Zong, Z. Chen, J. B. Innes et al. , Fire and flood management of coastal swamp enabled first rice paddy cultivation in east China, *Nature* 449 (2007).

中国桃树栽培驯化的考古证据

摘　要： 栽培/驯化的桃子（Prunus persica var. *persica*；蔷薇科，桃属）起源于中国，但其野生祖先以及桃子驯化的地点、时间和环境，鲜为人知。中国浙江省五个考古遗址发现的桃核种群，记录了大约从8000年前开始桃的利用和进化。最早发现桃核的考古遗址大多位于长江流域，表明这里可能是早期选择优质品种的地方。此外，随着时间的推移，桃核的形态变化支持一种未知的野生桃是栽培桃祖先的观点。最古老的古桃核发现自跨湖桥（8000—7000 BP）和田螺山（7000—6500 BP）遗址，这两个遗址的桃核样本根据大小可以分为两组，是早期选择的类型。中国最早的与现代栽培类型最为相似的桃核来自良渚文化（约5300—4300 BP），此时期桃核比早期的大很多，扁平程度更高。日本也有类似的早期桃核报告（6700—6400 BP）。这种大而扁平桃核的品种被引入日本，表明中国有一个类似良渚文化桃的尚未确定来源的种群。这项研究提出，长江下游是桃早期选择和驯化的地区，在中国至迟在7500年前就开始了驯化历程。

关键词： 桃树（*Prunus persica*）　栽培与驯化　新石器时代遗址　桃核　中国长江下游

植物遗存
调查报告

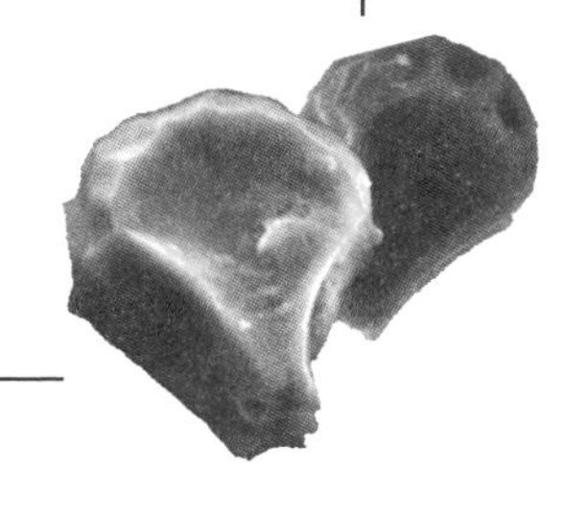

田螺山遗址出土植物种子反映的食物生产活动*

经国家文物局批准，2004—2008年，浙江省文物考古研究所对位于余姚市三七市镇相岙的田螺山遗址进行四期考古发掘。遗址中发现了大量的木柱、垫板等建筑构件，出土了具有河姆渡文化特征的陶、石、木、骨等材质的器物，表明该遗址是一处规模较大的河姆渡文化聚落遗址。对遗址的植物遗存初步调查结果显示，在食物种类方面也与河姆渡遗址具有共同性，如稻米、菱角、芡实、橡子等。田螺山遗址的发掘为我们进一步研究河姆渡文化，特别是人类经济活动、食物结构、稻作起源等问题提供了极好的机会。

在发掘、整理过程中，我们对田螺山遗址进行随机取样，通过水洗的方法进行了植物遗存的调查，在对植物种子进行鉴定、分类和统计基础上，就田螺山遗址的人类植物生产活动等有关问题进行讨论。

一 遗址出土的植物种类

田螺山遗址的文化层为第3—8层，根据出土陶、石、木、骨等器物的特征和^{14}C年代的测定数据，第3、4层距今约6000—5500年，第5、6层距今约6500—6000年，第7、8层为河姆渡文化早期，距今约7000—6500年①。为了了解河姆渡文化时期各个阶段人类的植物生产活动特点，2007年，我们从T103、T104、T105、T003、T004、T005、T203、T204、T303、T304等10个探方的不同地层，以及H34、H26、H35、H29等4个灰坑中采取土样计410升进行水洗和植物种子分拣。分拣采用孔径1毫米的尼龙纱袋，每次10升用河水洗干净，然后进室内观察分拣。本次调查共发现植物种子和果实遗存7456个，它们分属于壳斗科（Fagaceae）、蔷薇科（Rosaceae）、楝科（Meliaceae）、漆树科（Anacardiaceae）、葡萄科（Vitaceae）、柿树科（Ebenaceae）、桑科（Moraceae）、省沽油科（Staphyleaceae）、禾本科（Gramineae）、莎草科（Cyperaceae）、蓼科（Polygonaceae）、睡莲科（Nymphaeaceae）、菱科（Trapaceae）、毛茛科（Ranunculaceae）、眼子菜科（Potamogetonaceae）、桔梗科（Campanulaceae）、葫芦科（Cucurbitaceae）、唇形花科（Labiatae）等18个科27个属，另外还有少数种实遗存没有能够鉴定出来（图一；表一）。现分述如下：

1. 栎属（*Quercus*），数量极少，仅见壳斗，直径约7.3毫米，苞片为卵形。

2. 青冈（*Cyclobalanopsis*），为遗址中出土较多的壳斗科种实遗存，见有坚果及碎片、壳斗和未成

---

* 本文系与陈旭高、孙国平合著。

熟的果实。坚果卵形或近球形，直径约 11.1 毫米，长约 14.2 毫米，果脐隆起，壳斗苞片合生成 5—8 条同心环带，拟定为青冈栎（*C. glauca*）。

3. 梅（*Prunus mume*），果核，卵圆形，有蜂巢状空穴，长约 13.8 毫米，宽约 10.1 毫米。

4. 桃（*Prunus*），果核，球形，有沟，长 14.5 毫米，宽 14.1 毫米，拟定为山桃（*P. davidiana*）。

5. 悬钩子（*Rubus*），种子，半长椭圆形，背面长椭圆状，腹面向内稍弯曲，种子表面分布着许多凹陷而呈网格状，长约 1.1 毫米，宽约 1.9 毫米，拟定为树莓（*R. palmatus*）。

6. 楝树（*Melia azedarach*），果核，椭圆形，5—6 条纵浅沟和纵隆起交替排列，核面粗糙，没有光泽，直径约 8.7 毫米，长约 12.9 毫米。

7. 南酸枣（*Choerospondias axillaris*），果核，椭圆形，前端有 5 个椭圆形的发芽孔放射排列，基部放射排列 5 个长椭圆形凹空，表面有许多小孔，直径约 12 毫米，长约 1.9 毫米。

8. 葡萄（*Vitis*），种子，宽倒卵形，长约 4.8 毫米，宽约 3.7 毫米。

9. 乌蔹梅（*Cayratia japonica*），种子，倒卵形，基部尖嘴状，背腹面有凹陷，两侧有棱，腹面中央有棱，长约 4.6 毫米，宽约 3.5 毫米。

10. 柿（*Diospyros*），种子，非对称宽倒卵形，背面为狭长倒披针形，腹面呈棱状，长约 9.0 毫米，宽约 6.2 毫米。拟定为浙江柿（*D. glaucifolia*）。

11. 小构树（*Broussonetia kazinoki*），种子，半卵圆形，一侧有棱，中间有细小的隆起，长 1.9 毫米，宽 1.6 毫米。

12. 野鸭椿（*Euscaphis japonica*），种子，圆形，黑色，长约 4.1 毫米，宽约 3.4 毫米。

13. 稻（*Oryza*），有稻谷和稻米，数量较多，仅次于菱角。有关稻谷（稻米）的形态，后面将做详细讨论，这里就不做描述。

14. 莎草科（Cyperaceae），有 4 个属，其中藨草属（*Scirpus*）中可见水毛花（*S. triangulatus*）、藨草（*S. triqueter*）、扁杆藨草（*S. planiculmis*）等数种，莎草属（*Cyperus*）可见扁穗莎草（*C. compressus*）等；苔草（*Carex*）和野荸荠（*Eleocharis*）数量不多。

15. 葎草（*Humulus*），种子，种皮光滑，黑色，扁圆型，表面有光泽，长约 3.9 毫米，宽约 3.8 毫米。

16. 莲（*Nelumbo nucifetra*），种子，种皮已经脱落，椭圆形，前端突起，长约 11 毫米，宽约 8.3 毫米。

17. 芡实（*Euryale ferox*），种子，宽椭圆形，种脐到前端有线条相连，表面粗糙，长 7.91 毫米，宽 7.1 毫米。

18. 菱角（*Trapa*），果实，倒三角形，侧面扁平，两侧各有一个尖锐状突起，前端中央有小圆柱状突起，长约 25.5 毫米，宽约 15.9 毫米。

19. 葫芦（*Lagenaria*），果实碎片和种子，种子椭圆形，扁平，种脐部两侧稍膨大隆起，长约 8.6 毫米，宽约 3.4 毫米。

20. 百里香（*Thymus*），种子圆球形，长约 1.7 毫米，宽约 1.7 毫米。

21. 白屈菜（*Chelidonium majus*），种子，卵圆形，表面具有粗网纹，背面弓曲，腹面平直，长约 2.2 毫米，宽约 1.5 毫米。

图一 土壤中水洗出的植物种子照片

1. 南酸枣 2. 莲 3. 芡实 4. 柿 5. 梅 6. 楝 7、11. 青冈 8、9. 野葡萄 10. 桃 12. 葎草 13. 葫芦 14. 栎属壳斗 15. 菱角 16、21. 水毛花 17. 藨草 18. 眼子菜 19. 白曲菜 20. 悬钩子 22. 稻颖壳 23. 酸模 24. 扁秆莎草 25. 小构树 26. 百里香

表一 遗址土壤中水选出的植物种子种类和数量

序号	中文名	学名	部位	T103				T104			T105			T003	T004	T005	T203、T204 T303、T304	T104	T105	T305	T104	合计
				③B	⑥	⑦	⑧	⑥B	⑦	⑧	③B	③	⑥	③B	③B	③B	⑦	H34	H26	H36	H29	
				20L	20L	20L	20L	60L	20L	20L	20L	20L	20L	20L	20L	20L	20L	60L	20L	20L	10L	410L
1	栎属	*Quercus*	坚果	0	0	1	0	0	0	0	0	0	0	0	0	0	1	0	0	0	0	2
2	青冈属	*Cyclobalanopsis*	坚果	0	0	2	1	27	0	4	0	5	0	0	60	0	1	26	30	0	1	157
3	梅	*Prunus mume*	果核	0	0	0	0	0	0	0	0	0	0	0	0	0	1	0	0	0	0	1
4	桃	*Prunus*	果核	0	0	1	0	0	0	0	1	0	0	0	0	0	0	1	0	0	0	3
5	悬钩子	*Rubus*	种子	0	0	0	0	0	0	0	0	0	0	0	0	0	0	0	1	0	0	1
6	楝树	*Melia azedarach*	果核	0	1	0	0	0	0	0	0	0	0	0	0	1	0	1	0	0	0	3
7	南酸枣	*Choerospondias axillaris*	果核	0	0	0	0	0	0	0	0	0	0	0	0	0	0	0	1	0	0	1
8	葡萄属	*Vitis*	种子	0	2	0	0	2	0	0	0	0	0	0	0	0	0	0	13	0	0	17
9	乌蔹梅	*Cayratia japonica*	种子	0	0	0	0	0	0	0	0	0	0	0	0	0	0	1	0	0	0	1
10	柿树属	*Diospyros*	种子	0	0	1	1	3	0	1	1	0	1	2	1	1	0	1	5	0	0	18
11	小构树	*Broussonetia kazinoki*	种子	0	0	0	0	0	0	0	0	0	0	0	1	1	0	2	1	0	0	5
12	野鸭椿	*Euscaphis japonica*	种子	0	0	1	1	0	0	1	0	0	0	0	0	0	0	0	0	0	0	3
13	稻	*Oryza sativa*	种子	9	80	12	29	13	0	69	13	0	19	28	12	18	5	240	560	87	1	1195
14	水毛花	*Scirpus triangulatus*	种子	0	2	0	0	1	0	0	0	1	2	0	1	1	0	0	12	0	0	20
15	藨草	*Scirpus*	种子	0	0	1	0	0	0	0	1	0	0	0	0	1	0	0	163	0	0	166
16	莎草	*Cyperus*	种子	0	0	0	0	0	0	0	0	1	0	0	0	0	0	0	3	0	0	4
17	苔草	*Carex*	种子	0	0	0	0	0	0	0	0	0	0	0	0	0	0	1	4	0	0	5
18	野荸荠	*Eleocharis*	种子	0	0	0	0	0	0	0	0	0	3	0	0	0	0	0	2	0	0	5
19	酸模	*Rumex*	种子	0	0	1	2	0	0	0	1	0	0	0	0	0	0	3	12	0	0	19
20	葎草	*Humulus*	种子	0	2	8	0	0	0	1	1	0	0	0	2	4	0	45	16	0	0	79
21	莲	*Nelumbo nucifetra*	种子	0	0	0	7	0	0	0	0	0	0	0	0	0	0	0	0	1	1	9
22	芡实	*Euryale ferox*	种子	0	3	8	0	1	0	15	0	0	0	0	0	0	0	0	0	0	0	27

续表

序号	中文名	学名	部位	T103				T104			T105			T003	T004	T005	T203、T204 T303、T304	T104	T105	T305	T104	合计
				③B	⑥	⑦	⑧	⑥B	⑦	⑧	③B	③	⑥	③B	③B	③B	⑦	H34	H26	H36	H29	
				20L	20L	20L	20L	60L	20L	20L	20L	20L	20L	20L	20L	20L	20L	60L	20L	20L	10L	410L
23	菱	*Trapa*	果实	0	92	529	1531	116	926	1715	13	5	16	3	6	7	271	5	19	8	8	5270
24	白屈菜	*Chelidonium majus*	种子	0	7	0	0	5	0	0	1	0	1	1	0	3	0	1	8	0	0	27
25	眼子菜	*Potamogeton*	种子	0	0	0	0	0	0	0	0	0	0	0	0	0	0	0	2	0	0	2
26	沙参	*Adenophora*	种子	0	0	0	0	1	0	0	0	0	0	0	2	0	0	1	0	0	0	4
27	葫芦	*Lagenaria*	种子	0	5	7	0	1	0	1	0	0	0	0	0	0	2	16	4	0	0	36
28	葫芦（碎片）	*Lagenaria*	果实	0	0	0	0	0	0	0	0	0	0	0	0	0	0	5	0	0	0	5
29	百里香	*Thymus*	种子	0	7	0	0	3	0	0	77	2	2	0	0	1	0	2	236	0	0	330
30	其他			0	5	6	5	2	0	0	0	2	1	1	4	1	2	3	12	0	0	44
		合计		9	206	578	1577	175	926	1807	109	16	45	35	89	39	283	354	1104	96	11	7459

另外，土样中还发现了眼子菜（*Potamogeton*）、沙参（*Adenophora*）、酸模（*Rumex*）等植物种子。

根据已有植物学知识和对人类食物发展史的一般认识，我们可以获得田螺山遗址先民生活和生产活动环境的概貌，以及当时人类食物生产活动的一些特点。田螺山遗址出土的草本植物种子有大量莎草科植物和浅水性的植物，如菱角、莲藕、芡实、眼子菜等，反映了遗址周围可能有大面积的湿地和浅塘、湖泊等水面。田螺山人的生活是适应这种低湿地环境下建立起来的植物性食物的生产模式：先民采集浅塘湖泊中的菱角、芡实、莲藕，以及周围山地森林中的青冈等壳斗科植物、桃、梅、南酸枣、野葡萄等自然野生的果实，并利用湿地种植水稻和葫芦等作物来获得日常生活所需要的食物。

二　植物性食物结构的变化

作为先民的食物，食用或利用越多，在居住遗址中散落的可能性就越大，我们在出土植物遗存中发现它们的概率越大，因此单位土壤中的植物遗存数量在一定程度上能够反映出人类对某种植物的利用程度。在这个前提下，如果对不同地层的土壤进行植物遗存定量分析，能够获得一定历史时期的人类食物结构变化的一些信息。在这里需要指出的是，每种植物单位重量所提供的能量是不同的，而且每种植物种实的大小和重量也不同，我们以种子遗存的数量来进行统计分析，存在着不同程度的局限性，这是需要在今后工作实践中解决的问题。

田螺山遗址出土可食用的植物果实和种子中，以菱角、稻米（图二）和青冈果的数量最多，分别占了70.7%、16.0%、2.1%。其中菱角和青冈果为当时先民从自然界中采集回来的植物性食物，而许

图二　灰坑H26土壤中淘洗出的炭化米

多方面研究已经表明，河姆渡文化时期已经有了稻作生产，田螺山遗址的稻米在粒型、小穗轴特征等方面都表现出明显的栽培稻特性，是人工栽培稻（详细见后）。因此，分析地层中采集和栽培植物数量上的消长能够反映出先民在植物性食物生产方面的阶段性的一些特点。

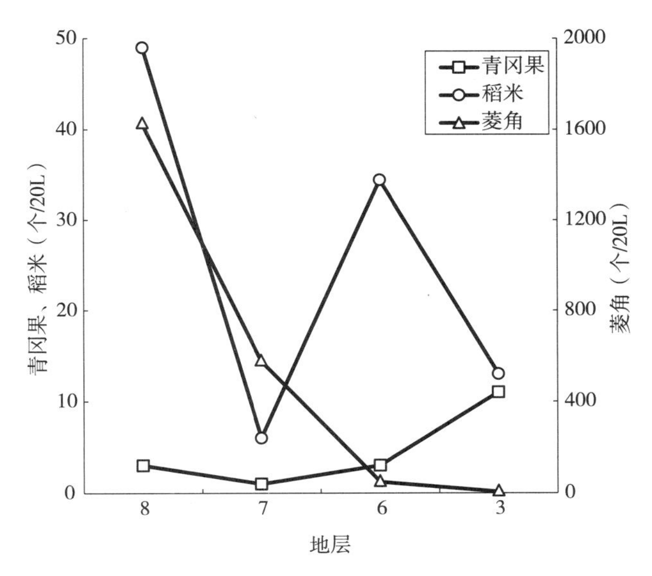

图三　地层中稻、青冈、菱角等种实数量的变化

菱角是田螺山遗址早期地层中最多的植物遗存，而且大部分菱角遗存为碎片，食用痕迹十分明显。如图三所示，浅水性的植物种实菱角在田螺山遗址最早的文化层第 8 层出土数量最多，是利用的高峰，以菱角的角计数，每升土壤达 80 个左右。此后数量不断急剧下降，第 6 文化层以后，数量已经很少，第 3 层每升土壤中的菱角的角数量不到 1 个。这种现象单从地层的保存条件是很难做出合理解释的，田螺山遗址晚期先民对菱角的利用数量急剧减少也可能是一个重要原因。菱角利用数量减少的原因可能有两个：其一，可能先民有了其他丰富的植物性食物来源，对采集菱角的依赖性减少；其二，环境条件变化或过度采集，导致自然界的菱角资源减少，先民采集不到大量的菱角。两个原因孰是孰非，必须结合遗址和其他有关数据进行综合分析。

田螺山遗址出土橡子有麻栎、白栎等种类，但主要是青冈，它们应该采自田螺山遗址周围四明山余脉的山地。田螺山遗址周围的现生森林植被中，壳斗科植物主要有柯（*Lithocarpus*）、白栎（*Q. fabri*）和青冈（*C. glauca*），少见麻栎（*Q. acutissima*）。对田螺山遗址出土的树木遗存分析结果显示，当时的森林植被是常绿阔叶和落叶阔叶的混交林类型，以常绿树木为主，其中青冈是植物群落的重要种群。遗址出土的橡子以青冈果为主的现象反映了先民对当时自然植被、环境的适应，同时也表明先民在利用橡子方面具有选择性。在壳斗科的果实中，一部分可以直接食用，如栗子、甜槠等；一部分单宁含量很高，苦涩味重，不经过处理难以食用。青冈果也有一定苦涩味，但程度轻，即使不经处理也可以直接食用，是除栗子、甜槠以外，口感较好的壳斗科植物的果实。从遗址出土的遗存数量看，先民对青冈果的采集早期数量较少，晚期数量有所增加，和上述菱角的变化趋势相反。

稻米在遗址中出土数量较多，而且贯穿田螺山遗址的始终，但从稻米遗存的数量变化看，并没有出现像菱角、青冈果那样出现规律性的下降或上升趋势，而是呈现出波浪式的变化：早期的前阶段数量很多，但到早期的后阶段急剧减少；晚期的前阶段又开始增加，后阶段又急剧减少。一般认为水稻随着人类栽培技术的发展和驯化程度的加深，水稻生产量增加，对自然界食物的依赖性降低。田螺山遗址植物性食物的变化特征有悖于对水稻栽培驯化和植物性生产发展规律的一般认识。因此田螺山遗址的稻米生产不能简单、机械性地套用一般规律，内部有更加复杂和深层次的原因和过程，其中环境变化对稻米生产的影响是一个不得不考虑的问题。

三 稻的形态特征变化

植物被人类栽培后就开始进入了漫长的驯化历程。由于栽培是人类有目的地对特定植物种群进行培育，通过人的保护和管理促进其生长发育，获得比它们自然生长更多、更好的产出，以满足人类需要的行为。因此，植物在人类栽培环境中，受到来自两方面的选择压力，即人为选择（有意识和无意识）和环境选择。首先是人类为获得较好的经济收成，对特定的植物器官，如稻谷、果实等进行选择，引起这些植物经济器官增大，产量增加，这应该是栽培开始初期的主要的有意识选择压力。其次是播种和收获。休眠性强的种子由于不能很好发芽而遭淘汰，休眠性弱的种子发芽、生长、开花结实，被人们收获和再次播种而得以繁衍；收获对种子的落粒性选择具有很强的选择作用，无论摘穗、割穗，还是连同秸秆收获，落粒性强的因脱落不易获得，收获回住地的往往是落粒性弱的种子[②]；另外，由于大粒种子在土壤中具有较强的发芽竞争力，因此播种对籽粒大小也有选择作用[③]。这些对植物的选择往往是人类无意识的行为，但在人类的栽培中确实发生了，在栽培稻起源初期的很长一段时间，种实尺寸变大，种子休眠性、脱落性减弱应该是人工栽培环境下驯化的主要特点，形成了有别于自然界野生稻的早期栽培稻的生物学特性。其中一些发生在生理上，如休眠性等，但在考古出土遗存中很难获得它们的变化信息；还有一些不仅在生理上而且在外部形态特征上也有明显的变化，如种子大小，离层不发达等，是考古学研究稻作起源、栽培、驯化的主要信息来源。田螺山聚落开始于距今7000年，终于5500多年，历时约1500年，而且各个地层多有炭化谷（米）出土，因此对研究栽培稻的驯化来说是一个非常重要的遗址。下面我们对遗址出土稻谷（米）的形态学特征，特别是种子大小、小穗轴特征的历史变迁进行一些考察。

1. 稻谷的小穗轴特征

稻谷外层通常包裹着黄棕色的内颖和外颖，内、外颖着生在短小的小穗轴上，分别位于近轴端和远轴端，在颖壳的下方还有一对护颖。在稻谷充分成熟后，在护颖的基部、小支梗之上形成一层离层，稻谷（小穗）从此处脱落。由于粳稻的离层没有完全形成，副护颖牢固着生在小穗轴基部，稻谷脱粒时小支梗被折断，因此在粳稻稻谷上通常可见到小支梗的残基；野生稻的离层相当发达，稻谷成熟时自然脱落，脱落面平整光滑，中央可见一个清晰的小圆孔；籼稻的离层也相当发达，稻谷脱粒时，基本从离层处断离，脱落面通常平整光滑，但中央小孔呈长方形，边界不十分清晰。

在此前我们曾经对在遗址发掘区的东南面施工坑DK3第7层堆积中发现的稻谷壳堆积层中的稻谷小穗轴特征进行了观察，发现它们有两种类型：粳稻型、野生型，其中粳稻类型的小穗轴占51%，野生稻类型的占49%[④]。在这次植物遗存的取样调查中，尽管收集到的稻谷数量不多，但我们还是进行了小穗轴特征的观察。在T104探方第8层中，共获得10粒炭化谷粒，其中小穗轴显示粳稻类型特征有3粒，野生稻类型3粒，还有4粒由于炭化严重，无法明确判定，两种小穗轴比例和前一次观察基本相似。在H26灰坑中共获得61粒炭化稻谷，其中小穗轴显示粳稻类型特征有24粒，野生稻类型14粒，因小穗轴脱落无法识别的有23粒，粳稻类型小穗轴占可识别小穗轴总数的63.2%，野生稻类型的占36.8%，同早期地层相比，粳稻类型小穗轴比例有明显上升。H26灰坑开口于③层下，是一个晚期地层的灰坑，小穗轴两种类型比例的变化反映了晚期地层中栽培稻的驯化程度比早期地层要深，是人类长期栽培的结果。这次由于观察数量不多，其代表性如何，还需要今后做进一步的工作来验证。

2. 稻（谷）米形态及其变化

田螺山遗址出土的古稻遗存主要是稻米，稻谷数量不多，在早期地层（第7、8层）发现20粒，在晚期地层只有1粒，另外在灰坑H26发现了61粒。我们对这些出土稻谷的长、宽、厚等3个特征进行了测量，并计算出形状特征参数的长宽比。如图四所示，遗址早期（第7、8层）和灰坑H26出土稻谷的长、宽以及长宽比与野生稻存在着较大的差异，反映了遗址出土的古稻不是在自然界自生自灭的野生稻，而是已经走上了人工栽培驯化道路的栽培稻。早期地层和灰坑H26的稻谷在形态方面也存在一定的差异。如上所述，灰坑H26开口于③层下，即灰坑的相对年代为田螺山遗址的晚期。从现有稻谷的形态数据看，遗址晚期稻谷的长、宽、厚比早期地层都有不同程度的增加，而长宽比下降。形态特征参数反映了稻谷存在籽粒变大、粒型变短圆的演变趋势。

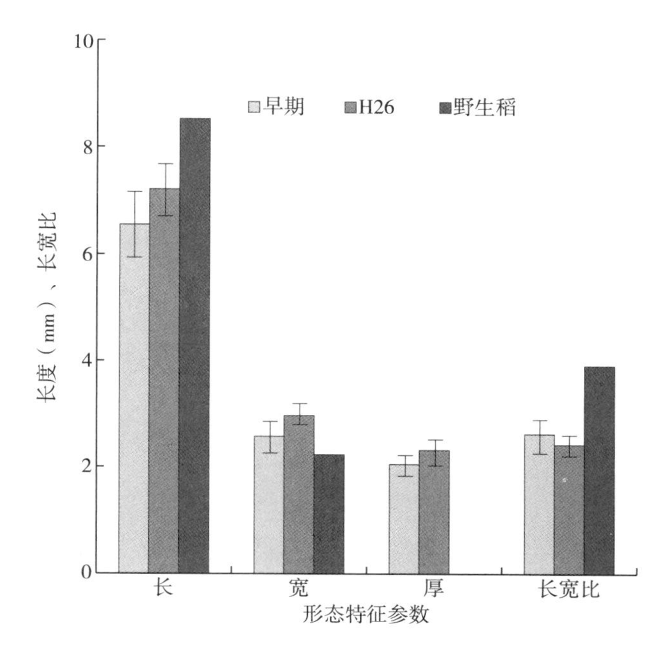

图四　出土的稻谷和野生稻稻谷的形态比较

与稻谷相比，田螺山遗址中稻米出土较多，是古稻遗存存在的主要形式。稻米的几个形态特征参数随地层变化如图五所示。稻米的长呈现下降的趋势，即年代早的稻米较长，年代晚的稻米较短，晚期地层（第3、4层）与早期地层比较（第8、6层），长度约缩短10%。稻米的宽和厚总体上也呈现下降趋势，晚期与早期的宽有1%的差，厚约减少了4%，但期间有波动，即早期的后阶段下降，晚期的前阶段有所上升，晚期的后阶段有下降。这种伴随年代稻米粒型的变化在稻米长宽分布图（图六）上表现十分明显。稻米长宽比的变化总趋势也是下降的，晚期地层（第3、4层）与早期地层比较（第8、6层），长宽比约减小了9%，但在晚期的后阶段，长宽比还有一个明显的拉升过程。

从稻谷和稻米的形态特征分析可以看出，田螺山遗址的稻谷向大颗粒、短圆型方向发展是一个总趋势，但这种趋势在米粒方面没有明显表现出来，除了长宽比有相同的趋势，其他几个表示米粒大小的参数不升反而出现或多或少下降。这种谷粒和米粒形态特征变化上的差异可能是栽培环境变化所致。谷粒大小（内外颖）是在孕穗期形成的，受环境影响时间短（约10天），与稻谷相比，米粒大小（约30天）更容易受环境影响⑤。在这个时期，肥料、光照、水分等不足，形成的米粒就小。考虑到上述的田螺山古村落存续期稻作生产曾出现较大的波动，我们认为这样认识还是合理的。

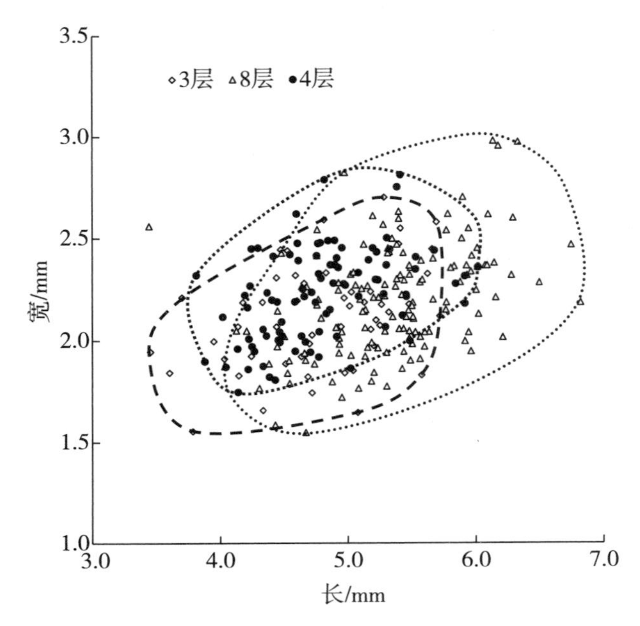

图五 出土的稻米的形态分布

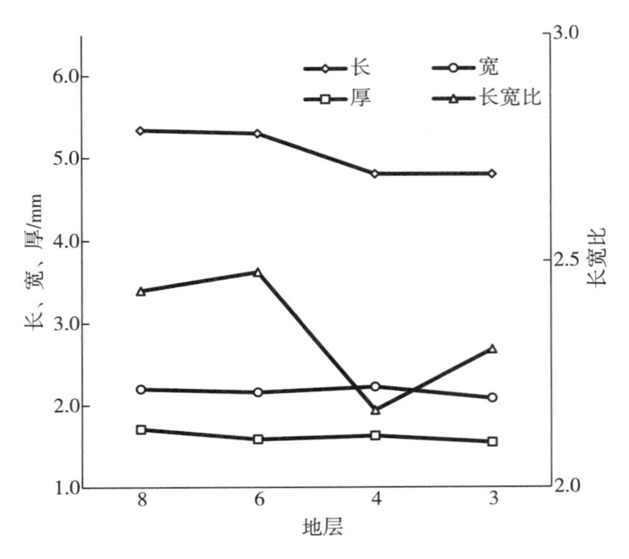

图六 出土的稻米长、宽、厚和长宽比的变化

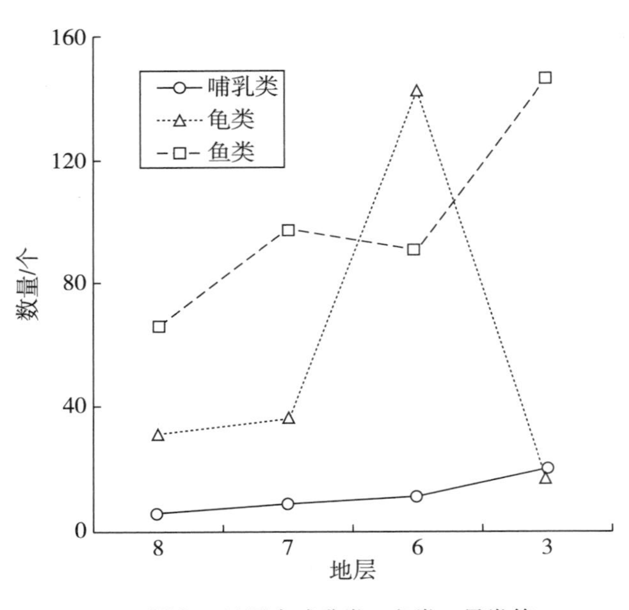

图七 地层中哺乳类、鱼类、果类等骨骸数量的变化

四 结语

田螺山遗址是位于长江下游地区宁绍平原的一个新石器时代文化遗址。宁绍平原，东面濒海，南接四明、会稽山脉，东西长而南北窄；北部滨海沙堤区，由潮流挟带的泥沙堆积而成；沙堤区内侧属潟湖－湖沼平原，水网稠密，湖泊密布、河道交错，素有“水乡”之称。距今7000年以前，宁绍平原还是一个时常遭受潮汐侵入的盐碱滩涂，是不适合人类生活的荒野，在7000年左右，由于海平面下降，潮汐线退缩，出现许多内潟湖和已经淡化的陆地，水生植物茂盛、湿地禽鸟觅食、草食性动物成群结队，一片良好生态景象，吸引先民迁徙到这里生活。先民们在这里开垦湿地种植水稻等农作物，采集浅塘、湖泊和周围山地森林生长的野生果实，捕捉草食性的动物和鱼类来获得人类生存所需要的食物，但这种生存模式还经常受到资源和环境影响。从田螺山遗址的植物种子调查情况看，植物性食物生产中采集食物和栽培食物并不存在着明显负相关（采集食物比例下降，栽培植物比例上升），三种主要植物性食物从早期到晚期呈现出不同的变化趋势，青冈果呈上升趋势，菱角呈下降趋势，而水稻出现了大幅度的波动。这是什么原因引起的呢？在植物遗存调查的过程中，我们对土壤中的动物骨骸也进行了计数统计。图七是水洗出的动物骨骸遗存数量的变化趋势。从统计的结果看，早期地层中哺乳类、鱼类等骨骸的

数量较少，晚期地层较多，呈上升的趋势，与上述的菱角变化趋势相反，而与青冈果的变化趋势相同。这可能同采集动植物资源的消长，以及水稻生产量的变化有关联。如上所述，田螺山古村落是在全新世早期海退以后的湿地上发展起来的。在人类开始活动的初期，居住地周围除了大面积湿地外，还有星罗棋布的大小浅塘湖泊。先民在湿地上种植水稻收获稻米，采集那些生长在浅塘和湖泊周缘容易采集的水生植物，诸如菱角、芡实等果实果腹，此时大型动物、深水中的鱼类，由于捕捉所需的技术相对要求较高，还没有成为食物主要来源。随着人口的增加以及环境的变化，周围可采集的食物资源减少，而且还出现水稻产量急剧下降（至少出现过两次较大幅度的水稻产量下降），先民为获取生存所需要的食物，开始大规模向山地要食物，采集青冈果等树木果实；向深水要食物，捕捉鱼类；猎杀大型动物等获取食物的活动。这里需要说明的是动物遗骸调查只局限于水洗土样中的部分，这种捕食动物行为的特点还有待于动物考古学的研究来验证或补充。

原载《田螺山遗址自然遗存综合研究》，文物出版社，2011 年

注释

① 浙江省文物考古研究所：《余姚田螺山遗址 2004 年发掘简报》，《文物》2007 年第 11 期。

② 冈彦一著，徐云碧译：《水稻进化遗传学》，中国水稻研究所，1985 年，第 66—73 页。

③ D. Q. Fuller, Contrasting patterns in crop domestication and domestication rates: Recent archaeobotanical insights from the Old World, *Annals of Botany* 100 (2007).

④ 郑云飞、孙国平、陈旭高：《7000 年前考古遗址出土稻谷的小穗轴特征》，《科学通报》2007 年第 52 卷第 9 期。

⑤ 星川清親：『新編食用作物』，養賢堂，1996 年，第 91—103 页。

浙江省田螺山遗址出土木材的树种鉴定*

本课题组对浙江省余姚市田螺山遗址出土的木材树种进行了考察。田螺山遗址为新石器时代的低湿地遗迹，现位于水田之下，中心文化层年代大约为距今7000—5500年。目前，这个遗址正在公开展览。在已有发掘区中发现有古河道遗迹，在这里，与陶器、石器和动物骨骼一起，出土了许多建筑物垫板和柱子、与水路相接的横架材以及起固定作用的木桩，另外还有木桨、木耜、圆筒器等许多木器（图一～三）。我们在发掘现场将这些木材做成切片，或者将遗址出土木材的小块标本取回实验室做成切片，用光学显微镜进行了观察和鉴定。木材切片现保管于浙江省文物考古研究所。

一　鉴定的树种

调查的712个个体如表一所示，其中针叶树（裸子植物）3种，阔叶树51种，不明属的有樟科A—D四种，科、属均不明的为环孔材A—C及散孔材A—E共8种。在这些经过识别的树种中，我们选择了具有代表性的标本，其径切面和弦切面图像见照片1—108号（图四：1—7，附文后）。将树种的组成按照制品群大致分类，如表二所示。每一树种的鉴定结果在表五和附表（囿于体量，本文集未收录附表）中列出，以下将就鉴定结果所显示出的几个特征做简单介绍。

二　树种组成与大致的用材倾向

表二中列出的树种，按照样品的数量从多到少排列。最多的是楷树，共90例，占到全体的12.6%。其中柱材占46例，建筑构材占25例，木桩12例，从中可以看出，楷树常用于建筑物的柱子、方材及板材。楷树在中国分布很广，属落叶乔木，树高20米，直径1米左右的楷树在浙江省很常见。由于其材质优良，现在也常被用来制作家具和工艺品。可以看出，从新石器时代以来，人们已经认识到其材质的优越性并广泛使用。

其次出土数最多的是樟树木材，共79例，占总数的11.1%。樟树木也常被用作建筑材料，这一点与楷树类似，然而它基本上均被用作建筑物的垫板，这也是它在用途上的显著特征。樟树生长迅速，且树体粗大，木材中含有大量樟脑成分，具有较好的防潮抗腐功能，它在建筑上的用途也充分说明了对

---

* 本文系与铃木三男、能城修一、大山干成、中村慎一、村上由美子合著。

表一　出土木材的树种

序号	科	种属	科（中文名）	种属（中文名）	标本号	照片号
1	Ginkgoaceae	*Ginkgo biloba*	银杏科	银杏	CHNT2－296	1，2
2	Pinaceae	*Pinus*	松科	松属	CHNT3－200	3，4
3	Cupressaceae	*Sabina*	柏科	圆柏属	CHNT3－121	5，6
4	Juglandaceae	*Platycarya strobilacea*	胡桃科	化香树	CHNT2－167	7，8
5	Salicaceae	*Salix*	杨柳科	柳属	CHNT2－72	9，10
6	Betulaceae	*Carpinus* sect. *Eucarpinus*	桦木科	鹅耳枥属	CHNT3－12	11，12
7	Fagaceae	*Castanea crenata*	壳斗科	哀氏锥栗	CHNT－64	13，14
8	Fagaceae	*Quercus* subgen. *Cyclobalanopsis*	壳斗科	栎属青冈亚属	CHNT2－221	15，16
9	Fagaceae	*Quercus* sect. *Aegilops*	壳斗科	栎属麻栎组	CHNT2－203	17，18
10	Fagaceae	*Quercus* sect. *Prinus*	壳斗科	栎属白栎组	CHNT2－108	19，20
11	Ulmaceae	*Aphananthe aspera*	榆科	糙叶树	CHNT2－121	21，22
12	Ulmaceae	*Celtis*	榆科	朴属	CHNT3－194	23，24
13	Ulmaceae	*Ulmus*	榆科	榆属	CHNT3－166	25，26
14	Ulmaceae	*Zelkova*	榆科	榉树属	CHNT2－133	27，28
15	Moraceae	*Cudrania*	桑科	柘属	CHNT3－243	29，30
16	Moraceae	*Morus*	桑科	桑属	CHNT3－34	31，32
17	Lauraceae	*Cinnamomum camphora*	樟科	樟树	CHNT3－171	33，34
18	Lauraceae	*Lauraceae* sp. A	樟科	樟科 A	CHNT2－105	35，36
19	Lauraceae	*Lauraceae* sp. B	樟科	樟科 B	CHNT3－281	37，38
20	Lauraceae	*Lauraceae* sp. C	樟科	樟科 C	CHNT3－81	39，40
21	Lauraceae	*Lauraceae* sp. D	樟科	樟科 D	CHNT2－141	41，42
22	Theaceae	*Camellia*	山茶科	山茶属	CHNT3－370	43，44
23	Theaceae	*Cleyera*	山茶科	红淡比（杨桐）属	CHNT3－13	45，46
24	Hamamelidaceae	*Liquidambar*	金缕梅科	枫香树属	CHNT3－318	47，48
25	Rosaceae	*Prunus*	蔷薇科	李属	CHNT3－266	49，50
26	Leguminosae	*Albizia*	豆科	合欢属	CHNT3－303	51，52
27	Leguminosae	*Dalbergia*	豆科	黄檀属	CHNT2－230	53，54
28	Euphorbiaceae	*Sapium*	大戟科	乌桕属	CHNT2－188	55，56
29	Rutaceae	*Phellodendron*	芸香科	黄檗属	CHNT3－85	57，58
30	Anacardiaceae	*Choerospondias axillaris*	漆树科	南酸枣	CHNT2－226	59，60
31	Anacardiaceae	*Pistacia chinensis*	漆树科	楷树	CHNT2－104	61，62
32	Aceraceae	*Acer*	槭树科	槭树属	CHNT2－241	63，64
33	Sapindaceae	*Sapindus mukorossi*	无患子科	无患子	CHNT2－106	65，66
34	Meliaceae	*Toona sinensis*	楝科	香椿	CHNT3－358	67，68
35	Celastraceae	*Euonymus*	卫矛科	卫矛属	CHNT3－31	69，70
36	Rhamnaceae	*Hovenia*	鼠李科	枳椇属	CHNT3－293	71，72
37	Flacourtiaceae	*Xylosma japonica*	大风子科	柞木	CHNT2－97	73，74
38	Cornaceae	*Cornus*	山茱萸科	山茱萸属	CHNT3－82	75，76
39	Araliaceae	*Acanthopanax*	五加科	五加属	CHNT2－236	77，78
40	Araliaceae	*Aralia*	五加科	楤木属	CHNT－93	79，80

续表

序号	科	种属	科（中文名）	种属（中文名）	标本号	照片号
41	Ebenaceae	*Diospyros*	柿科	柿属	CHNT3 – 338	81，82
42	Styracaceae	*Styrax* sp. A	安息香科	安息香属 A	CHNT3 – 55	83，84
43	Styracaceae	*Styrax* sp. B	安息香科	安息香属 B	CHNT3 – 312	85，86
44	Oleaceae	*Chionanthus retusa*	木犀科	流苏树	CHNT2 – 280	87，88
45	Oleaceae	*Osmanthus*	木犀科	木犀属	CHNT2 – 176	89，90
46	Caprifoliaceae	*Viburnum*	忍冬科	荚蒾属	CHNT3 – 84	91，92
47		所属不明		环孔材 A	CHNT3 – 133	93，94
48		所属不明		环孔材 B	CHNT2 – 247	95，96
49		所属不明		环孔材 C	CHNT2 – 245	97，98
50		所属不明		散孔材 A	CHNT – 50	99，100
51		所属不明		散孔材 B	CHNT3 – 135	101，102
52		所属不明		散孔材 C	CHNT2 – 229	103，104
53		所属不明		散孔材 D	CHNT2 – 128	105，106
54		所属不明		散孔材 E	CHNT3 – 5	107，108

于木材特征的恰当运用。樟树属常绿乔木，广泛分布于亚洲东部的暖温带地区，成长迅速，树龄较长，可以形成树高 30 米，直径超过 4 米的巨木。由于中国（浙江省）樟科的树木，属和种的数量众多，其木材结构目前并没有完全辨明，因此遗址出土的木材从特征来看虽然属于樟科，但樟树以外的种类目前却难以进行比较和区分。已经判明属于不同属和种的标本共有 4 种，依次取名为樟科 A—D，其用途见表三。从用途来看，樟科 A—D 与樟树类似，可以推断其中含有的精油成分使之具有较好的防潮抗腐能力，人们认识到这一特点并将其合理利用。然而这几个树种多见于木桩，很少用来做垫板，大概是树形较小的缘故。

仅次于樟树的是柏科圆柏属，共有 76 例，占总数的 10.7%。其用途多为柱和垫板以及建筑部件，木器少见。浙江省的圆柏属树木有 3 种，其中乔木圆柏（*Sabina chinensis*）只有 1 种，其他 2 种均为高山小乔木。出土的圆柏属木材基本上均属乔木圆柏。这种圆柏为常绿针叶树，能够生长成为树高 20 米，直径 3.5 米左右的大树，在中国分布广泛，常见于各地寺院等处。其木材坚硬富有韧性，纹理优美，具有很强的可塑性，除建筑材料之外也广为使用。

在日本绳文时代，栗、青冈、栎等壳斗科树木多用于半地穴形房屋建材和水畔设施，然而田螺山遗址的这些树种数量并不多，如表四所示。栎类树木生长于温暖的环境，其用途基本无异于楷树、圆柏和樟树。

以上介绍的树种在田螺山遗址中出土较多，基本上用作柱、垫板、建筑部件以及横架材和木桩等土木工程。除此之外，出土并鉴定的木器共有 33 件（见表二），与建筑用材相比数量较少。木器用材最多的为桑属，共有 20 例，见于木桨、木耜（及木耜状器物）、把手（柄头）、圆筒器、木刀和蝶形器，用途广泛（表五）。这些木器通常比石器加工细腻，木材的选择应是基于其木料便于加工、防潮抗腐和纹理优美的特性。另外，同为桑科的柘属木材与此用途相同，其材质特性应与桑属类似。

表二　按用途统计的树种组成

中文名	木器	柱	垫板	横架材	桩	板桩	部件	树根	自生树	总计	百分比（%）
楮树	2	46	5		12		25			90	12.6
樟树		19	32	1	4		23			79	11.1
圆柏属	4	18	12		7	1	34			76	10.7
栎属青冈亚属		10	4	2	23		8			47	6.6
樟科 A		22			11		12			45	6.3
柳属		11	1		19	1	6		2	40	5.6
栎属白栎组		11		1	4	8	10			34	4.8
桑属	20	2	4		1	1	4			32	4.5
无患子	2		1			17	10			30	4.2
荚蒾属		6			14	1	2		1	24	3.4
糙叶树		12		1	3		7			23	3.2
化香树		9			3	5	3			20	2.8
红淡比（杨桐）属		6			5		3			14	2.0
樟科 D		4			2	4	2			12	1.7
樟科 B		7	1		1		1			10	1.4
榆属				1	3		5			9	1.3
枫香树属		1		1	2		5			9	1.3
松属							9			9	1.3
栎属麻栎组		6	2							8	1.1
樟科 C				1	3	1	1			6	0.8
山茶属								6		6	0.8
柘属	4				2					6	0.8
朴属		3			1		1			5	0.7
柿属				1	4					5	0.7
榉树属		4								4	0.6
黄檀属		3		1						4	0.6
黄檗属							3			3	0.4
李属				1	1		1			3	0.4
卫矛属					3					3	0.4
哀氏锥栗			1				1			2	0.3
鹅耳栎属					1		1			2	0.3
楤木属			2							2	0.3
香椿					2					2	0.3
合欢属					2					2	0.3
银杏	1									1	0.1
五加属		1								1	0.1
安息香属 A					1					1	0.1

续表

中文名	木器	柱	垫板	横架材	桩	板桩	部件	树根	自生树	总计	百分比（%）
安息香属 B		1								1	0.1
槭树属					1					1	0.1
柞木		1								1	0.1
枳椇属							1			1	0.1
乌柏属		1								1	0.1
南酸枣			1							1	0.1
流苏树		1								1	0.1
山茱萸属							1			1	0.1
木犀属		1								1	0.1
环孔材 A							2			2	0.3
环孔材 B					1		1			2	0.3
环孔材 C					1					1	0.1
散孔材 A		2			1					3	0.4
散孔材 B		1					1			2	0.3
散孔材 C		3			2					5	0.7
散孔材 D		1								1	0.1
散孔材 E		2					1			3	0.4
树皮							1			1	0.1
不可鉴定		5	1		5		3			14	2.0
合计	33	220	67	11	145	39	188	6	3	712	

表三　樟树科木材的用途

树种	柱	垫板	横架材	桩	板桩	部件	总计	百分比（%）
樟树	19	32	1	4		23	79	11.1
樟科 A	22			11		12	45	6.3
樟科 B	7	1		1		1	10	1.4
樟科 C	4			2	4	2	12	1.7
樟科 D			1	3	1	1	6	0.8

表四　壳斗科木材的用途

树种	柱	垫板	横架材	桩	板桩	部件	总计	百分比（%）
栎属青冈亚属	10	4	2	23		8	47	6.6
栎属白栎组	11		1	4	8	10	34	4.8
栎属麻栎组	6	2					8	1.1
哀氏锥栗		1				1	2	0.3

三　具有特色的用材与树种

1. 圆筒器的用材与银杏

如表五所示，田螺山遗址出土的圆筒器共有 4 件，其中两件为桑属，其他两件分别为银杏属和圆柏属。这些圆筒器利用无树芯的木材，将中间挖空制成，木材直径较大。桑属的圆筒器，其中一件表面涂有黑漆状涂料。同样的圆筒器在河姆渡遗址和鲻山遗址也多有出土，所使用木材的树种尚未调查。

树种鉴定结果中，CHNT2－196 所使用的银杏木材颇值得关注。银杏木材的基本结构与松和杉等针叶树木材相同，然而它具有纵向大结晶细胞群，使得银杏木材较易与其他木质区分。银杏为银杏科银杏属，只有一种，银杏化石的发现说明它早在古生代已经存在，是古老植物群中唯一现存的物种，被称为“活化石”而广为人知。现今世界各地的银杏树均为人工种植，欧洲的银杏树是江户时代从日本传去的，之后遍及其他地区。而日本的银杏树是 13—14 世纪从中国传来的，因此日本实际上也不存在所谓的“千年银杏”。据称，文献中有关银杏的记录最早见于欧阳修（1007—1072）的诗，“鸭脚生江南，名实未相浮。降囊因入贡，银杏贵中州”，在此之前的医药书籍中均无记载。从实物来看，韩国全罗南道新安打捞的 14 世纪沉船中可见到一粒银杏果，这是目前所能见到的最早的银杏果。中国、韩国和日本均没有 14 世纪之前的银杏实物。这次出土的银杏木材可称之为最古老的银杏遗物。这种银杏原产于长江以南的安徽、江苏、浙江三省的山地，天目山地区为其中的一部分，其中一株名为“五代同堂”的银杏树，据称是自生银杏。田螺山遗址距天目山直线距离为 180 千米，这里并非山地，而属低湿地区且有低矮的丘陵。田螺山遗址的始于约 7000 年前，这里出土的银杏木材使用的是当时此地的自生银杏，还是自生银杏只存在于某些山地，银杏木材是从山地搬运而来，这是个值得思考的问题。

2. 茶

田螺山遗址发现了似为间隔配置的树根遗迹，经过分析的 6 例木材样本（CHNT3－366—371）结果显示，均为山茶属 *Camellia* 的同种树木。木材树芯无髓，年轮的方向变化显著，年轮界限不明确，导管和纤维的细胞壁很薄，纤维直径及放射组织细胞较大，这些特征说明标本确为根部木材。种种迹象均表明，这些山茶属的树木是人为种植的。山茶属为亚洲东部典型的山茶科常绿树木，中国有 190 个树种，在浙江省，野生和栽培的品种总计 15 种。除具有较高的观赏价值之外，由于种子油分较多，也是重要的油料作物。其中的茶 *Camellia sinensis*，叶子用来饮用，因此在浙江省广泛栽培，也有野生化现象出现。这些山茶属树木，木材结构非常近似，具体的树种识别有一定困难，然而其木材结构与栽培茶树一致，这也能够证明这些山茶属木材确为茶树。

以上简要叙述的田螺山遗址出土木材的树种鉴定结果，从整体来看有以下几个特点：（1）使用的木材以阔叶树为主，针叶树几乎均为圆柏属（松属 9 例）。（2）树木多属温暖地带，目前在浙江省仍然可见。（3）使用的木材具有多样性。

中国虽有数千个树种，然而文献中有木材构造的记载，或者木材组织切片保存在研究机关可供参观的却寥寥无几。因此，遗址出土木材的属、种鉴定经常无法进行。新石器时代的先人们为了什么目的，利用何种木材加工了什么样的产品，当时的森林资源样态究竟如何，要弄清这些问题，加强对现存树木的木材标本收集以及建立木材结构的数据库是非常必要的。

表五　部分木材观察表

器物照片	标本号码	器类（状态）	完整度	探方	层位	遗物号码	全长（厘米）	最大幅（厘米）	最大厚（厘米）	科	种属	科名	属/种名
图一：1	CHNT－52	桨	完整	T103	⑧	3	109.8	11.0	2.7	Moraceae	*Morus*	桑科	桑属
图一：2	CHNT－54	桨（半成品）	完整	T303	⑦		108.2	8.9	3.2	Moraceae	*Morus*	桑科	桑属
图一：3	CHNT2－300	桨	略有残损				107.5	10.4	2.4	Moraceae	*Morus*	桑科	桑属
图一：4	CHNT2－302	桨（半成品）	略有残损				116.7	9.2	2.1	Moraceae	*Morus*	桑科	桑属
图一：5	CHNT2－304	桨	完整				77.4	10.3	2.2	Sapindaceae	*Sapindus mukorossi*	无患子科	无患子
图一：6	CHNT2－303	桨（半成品）	大部残损				97.2	15.8	3.8	Sapindaceae	*Sapindus mukorossi*	无患子科	无患子
图一：7	CHNT－62	导水筒状器	部分残损	T103	⑥		88.2	5.4	2.2	Cupressaceae	*Sabina*	柏科	圆柏属
图一：8	CHNT－63	垫板	完整	T205	⑤		31.8	20.9	7.5	Lauraceae	*Cinnamomum camphora*	樟科	樟树
图一：9	CHNT－51	垫板	部分残损				46.5	31.4	10.8	Lauraceae	*Cinnamomum camphora*	樟科	樟树
图一：10	CHNT－61	垫板	完整	K3	⑦		49.1	22.2	9.2	Lauraceae	*Cinnamomum camphora*	樟科	樟树
图一：11	CHNT2－292	加工材（耜?）	略有残损				34.6	8.4	2.0	Moraceae	*Morus*	桑科	桑属
图一：12	CHNT3－4	加工材	部分残损				33.9	16.1	3.5	Pinaceae	*Pinus*	松科	松属
图一：13	CHNT－64	建筑部件	大部残损				74.1	14.7	9.9	Fagaceae	*Castanopsis eyrei*	壳斗科	哀氏锥栗
图一：14	CHNT－53	建筑部件	完整				72.1	14.3	7.3	Cupressaceae	*Sabina*	柏科	圆柏属
图一：15	CHNT3－6	建筑部件	完整				39.6	13.2	5.2	Cupressaceae	*Sabina*	柏科	圆柏属
图二：1	CHNT2－298	耜	完整				38.2	15.1	1.5	Moraceae	*Morus*	桑科	桑属
图二：2	CHNT－55	桨或耜	部分残损	T103	⑧		40.8	6.4	2.1	Moraceae	*Morus*	桑科	桑属
图二：3	CHNT－58	桨或耜	部分残损	T103	⑦	20	26.4	4.6	0.9	Moraceae	*Morus*	桑科	桑属
图二：4	CHNT3－5	板材	部分残损				19.4	8.6	1.5	—	—	散孔材 E	
图二：5	CHNT2－288	板材	完整	K3			9.6	2.9	0.4	Moraceae	*Morus*	桑科	桑属
图二：6	CHNT2－287	板材	部分残损	K3			10.4	1.8	0.6	Moraceae	*Morus*	桑科	桑属
图二：7	CHNT2－295	棒材	大部残损				25.2	3.4	1.3	Moraceae	*Morus*	桑科	桑属
图二：8	CHNT2－285	圆筒器	大部残损	T103	⑥	6	22.2	3.3	2.7	Cupressaceae	*Sabina*	柏科	圆柏属
图二：9	CHNT2－296	圆筒器	大部残损				21.9	2.1	1.3	Ginkgoaceae	*Ginkgo biloba*	银杏科	银杏
图二：10	CHNT2－299	圆筒器	略有残损				38.9	10.9	6.9	Moraceae	*Morus*	桑科	桑属
图二：11	CHNT2－301	圆筒器	大部残损				34.4	8.0	1.3	Moraceae	*Morus*	桑科	桑属

续表

器物照片	标本号码	器类（状态）	完整度	探方	层位	遗物号码	全长（厘米）	最大幅（厘米）	最大厚（厘米）	科	种属	科名	属/种名
图三：1	CHNT2－290	蝶形器	略有残损	K3	⑦		12.3	32.3	3.0	Moraceae	*Morus*	桑科	桑属
图三：2	CHNT2－289	蝶形器	略有残损	K3	⑦	54/55	12.4	26.9	3.2	Anacardiaceae	*Pistacia chinensis*	漆树科	楷树
图三：3	CHNT2－291	蝶形器（半成品）	略有残损				12.8	20.0	3.9	Moraceae	*Morus*	桑科	桑属
图三：4	CHNT2－283	蝶形器	大部残损	K3	⑦	56	5.5	1.8	4.2	Moraceae	*Morus*	桑科	桑属
图三：5	CHNT－60	把手	大部残损	K3	⑦	59	10.8	9.0	2.0	Moraceae	*Morus*	桑科	桑属
图三：6	CHNT3－1	把手	大部残损				15.7	7.5	1.3	Anacardiaceae	*Pistacia chinensis*	漆树科	楷树
图三：7	CHNT2－294	把手	大部残损				23.2	9.3	1.4	Moraceae	*Morus*	桑科	桑属
图三：8	CHNT2－293	容器脚部?	大部残损				4.4	3.1	2.0	Moraceae	*Morus*	桑科	桑属
图三：9	CHNT2－284	把手	略有残损	K3	⑦	59 柄	3.3	12.9	2.4	Moraceae	*Cudrania*	桑科	柘属
图三：10	CHNT－59	把手	大部残损	T103	⑥		6.9	4.4	1.6	Moraceae	*Morus*	桑科	桑属
图三：11	CHNT－57	加工材	部分残损	T204	⑤		34.8	18.0	15.3	Anacardiaceae	*Pistacia chinensis*	漆树科	楷树
图三：12	CHNT－56	抹子	完整	T103	⑧		17.6	4.4	4.1	Cupressaceae	*Sabina*	柏科	圆柏属
图三：13	CHNT3－2	尖端棒	完整				18.7	1.2	0.7	Cupressaceae	*Sabina*	柏科	圆柏属
图三：14	CHNT3－3	尖端棒	部分残损				16.0	1.2	1.0	Moraceae	*Cudrania*	桑科	柘属
图三：15	CHNT2－297	尖端棒	大部残损				20.7	1.8	1.0	Moraceae	*Cudrania*	桑科	柘属

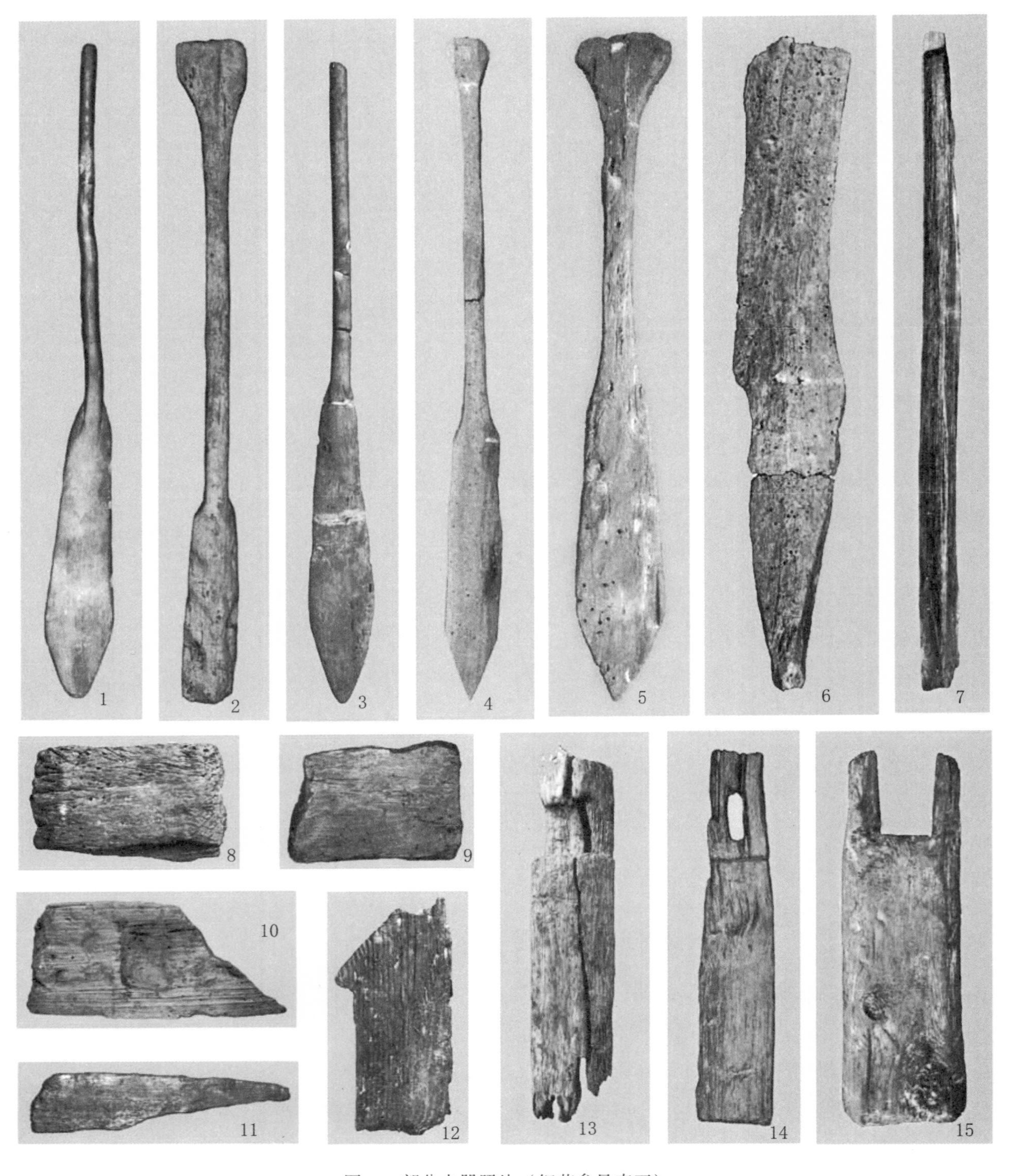

图一　部分木器照片（细节参见表五）

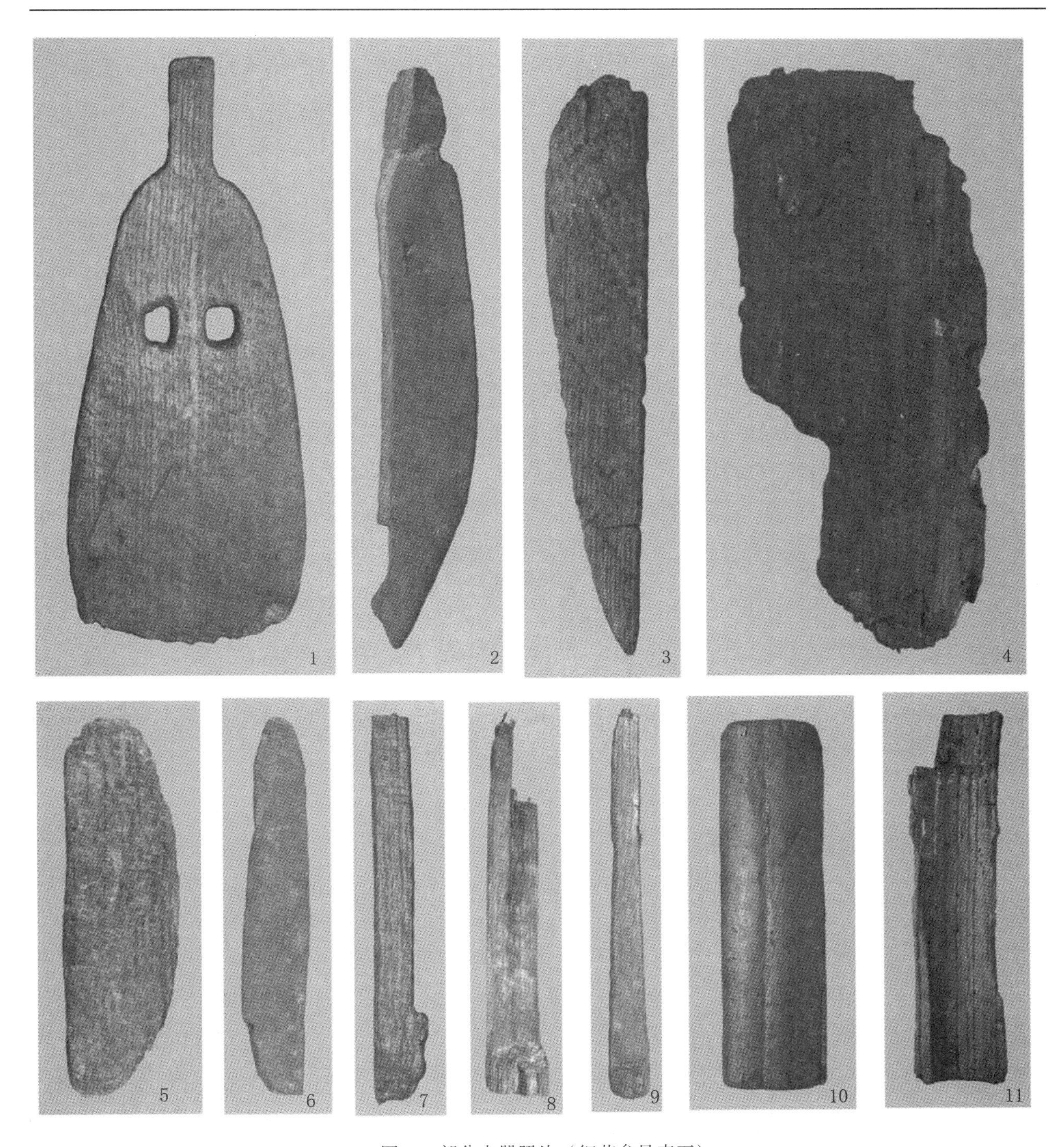

图二　部分木器照片（细节参见表五）

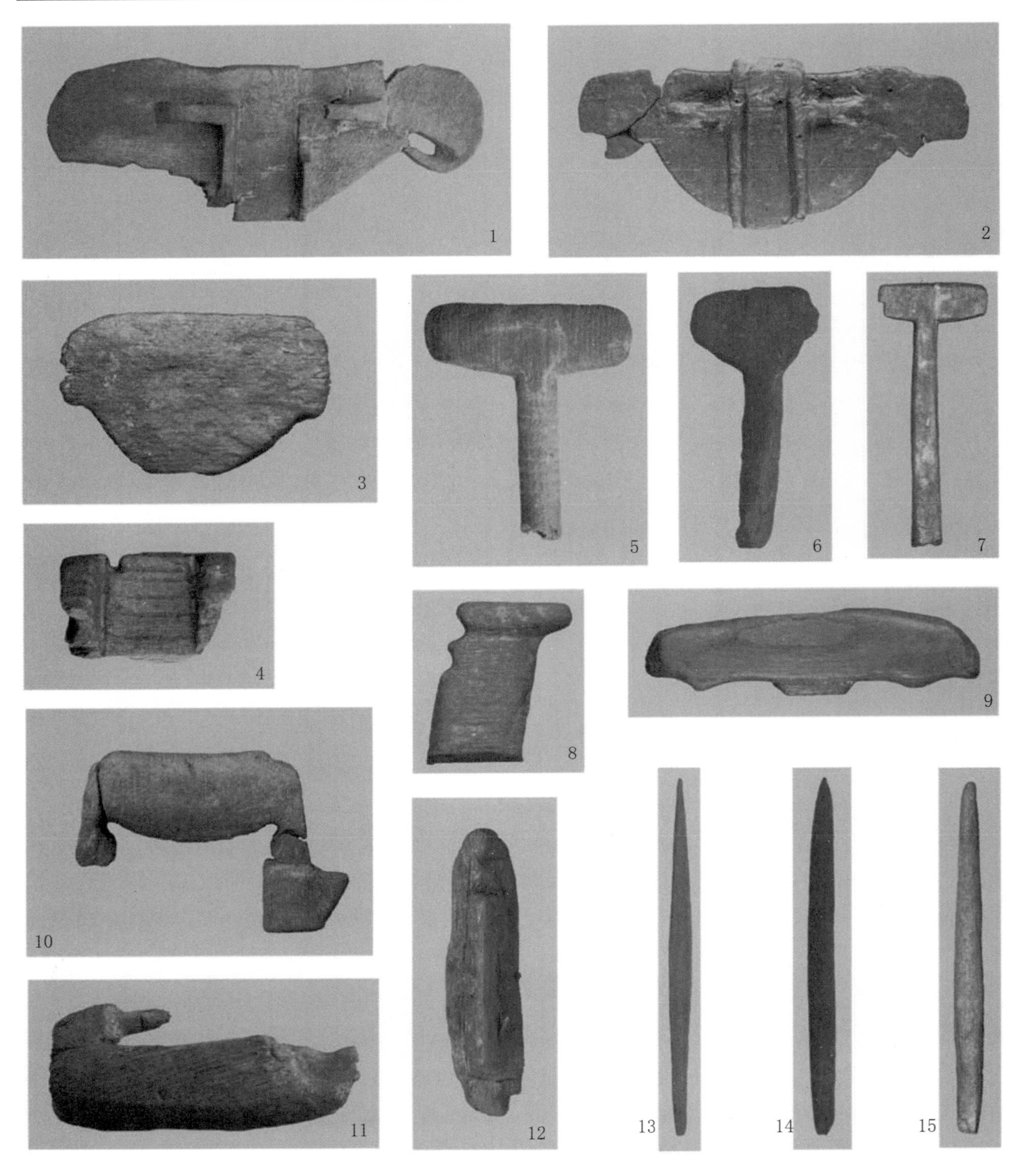

图三　部分木器照片（细节参见表五）

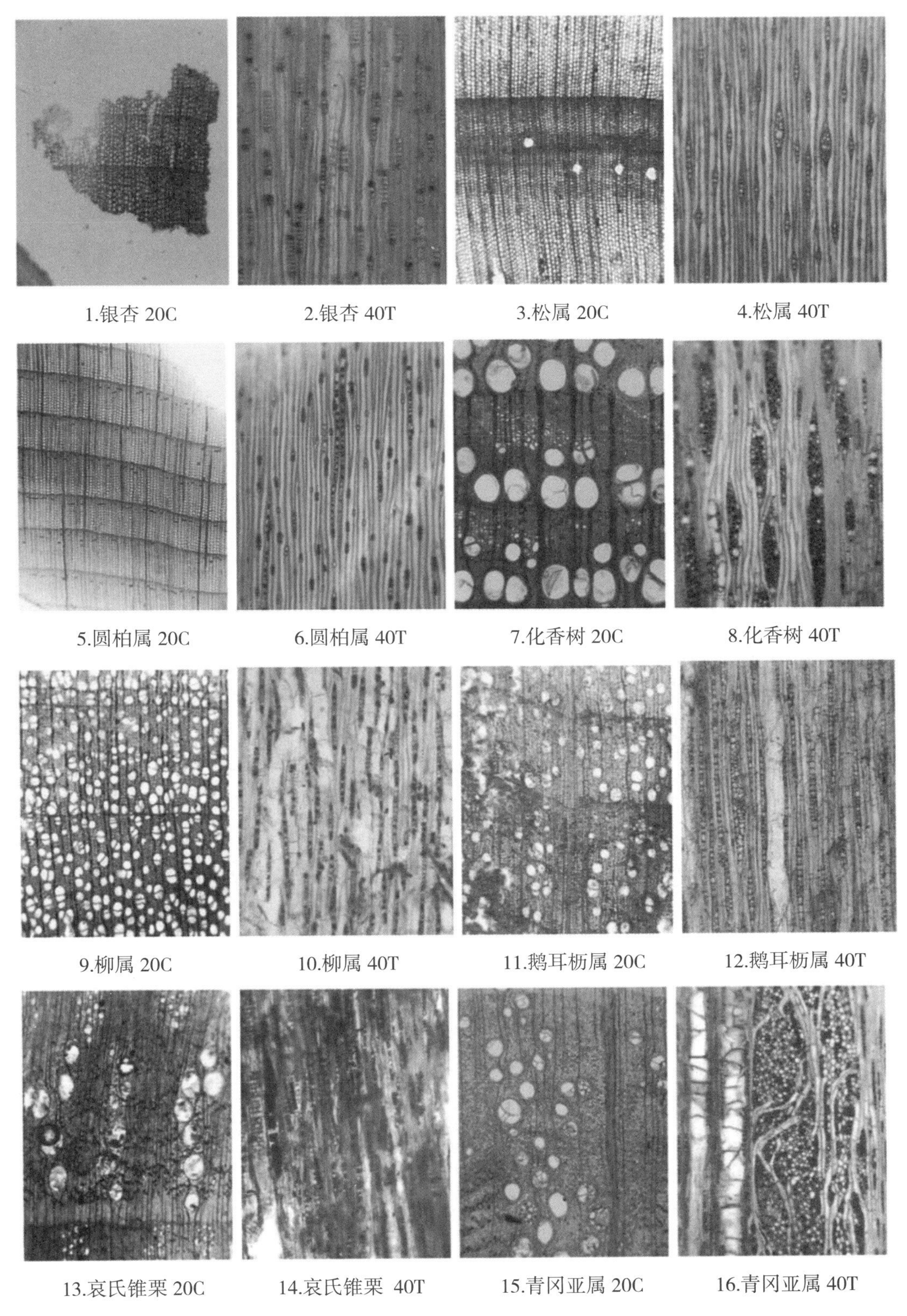
1.银杏 20C
2.银杏 40T
3.松属 20C
4.松属 40T
5.圆柏属 20C
6.圆柏属 40T
7.化香树 20C
8.化香树 40T
9.柳属 20C
10.柳属 40T
11.鹅耳枥属 20C
12.鹅耳枥属 40T
13.哀氏锥栗 20C
14.哀氏锥栗 40T
15.青冈亚属 20C
16.青冈亚属 40T

图四：1　部分木材切片

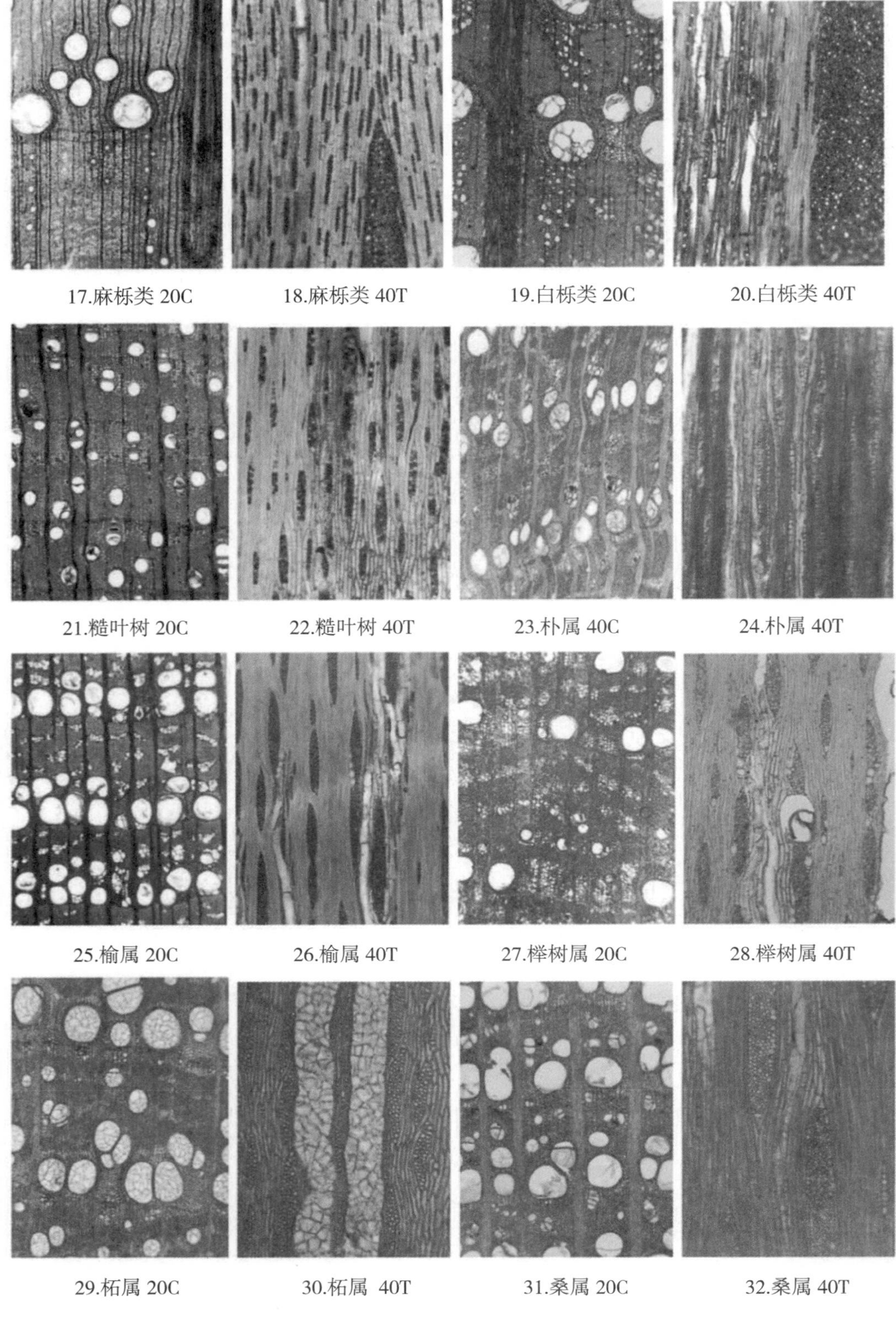

17.麻栎类 20C　18.麻栎类 40T　19.白栎类 20C　20.白栎类 40T

21.糙叶树 20C　22.糙叶树 40T　23.朴属 40C　24.朴属 40T

25.榆属 20C　26.榆属 40T　27.榉树属 20C　28.榉树属 40T

29.柘属 20C　30.柘属 40T　31.桑属 20C　32.桑属 40T

图四：2　部分木材切片

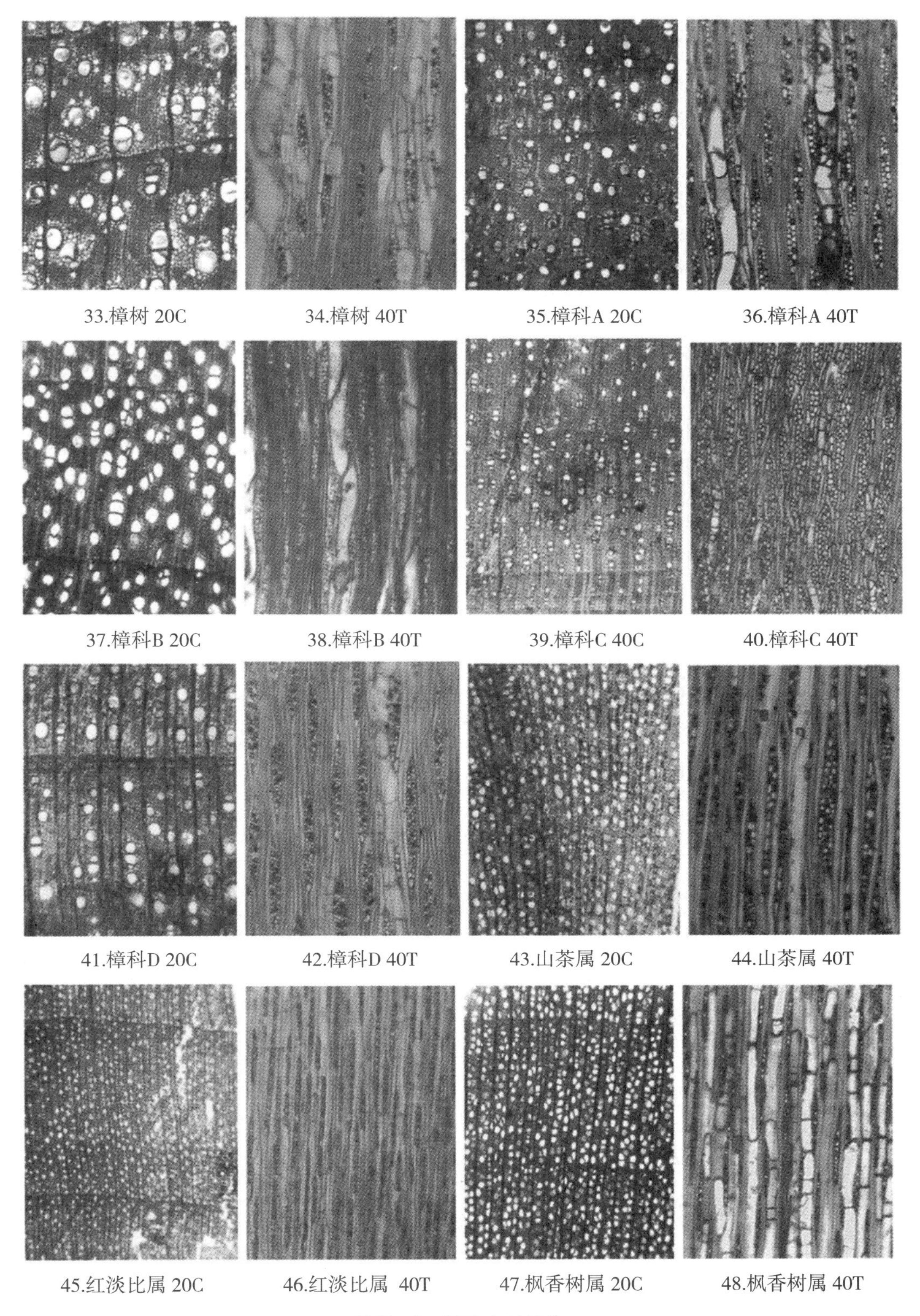

33.樟树 20C 34.樟树 40T 35.樟科A 20C 36.樟科A 40T

37.樟科B 20C 38.樟科B 40T 39.樟科C 40C 40.樟科C 40T

41.樟科D 20C 42.樟科D 40T 43.山茶属 20C 44.山茶属 40T

45.红淡比属 20C 46.红淡比属 40T 47.枫香树属 20C 48.枫香树属 40T

图四：3 部分木材切片

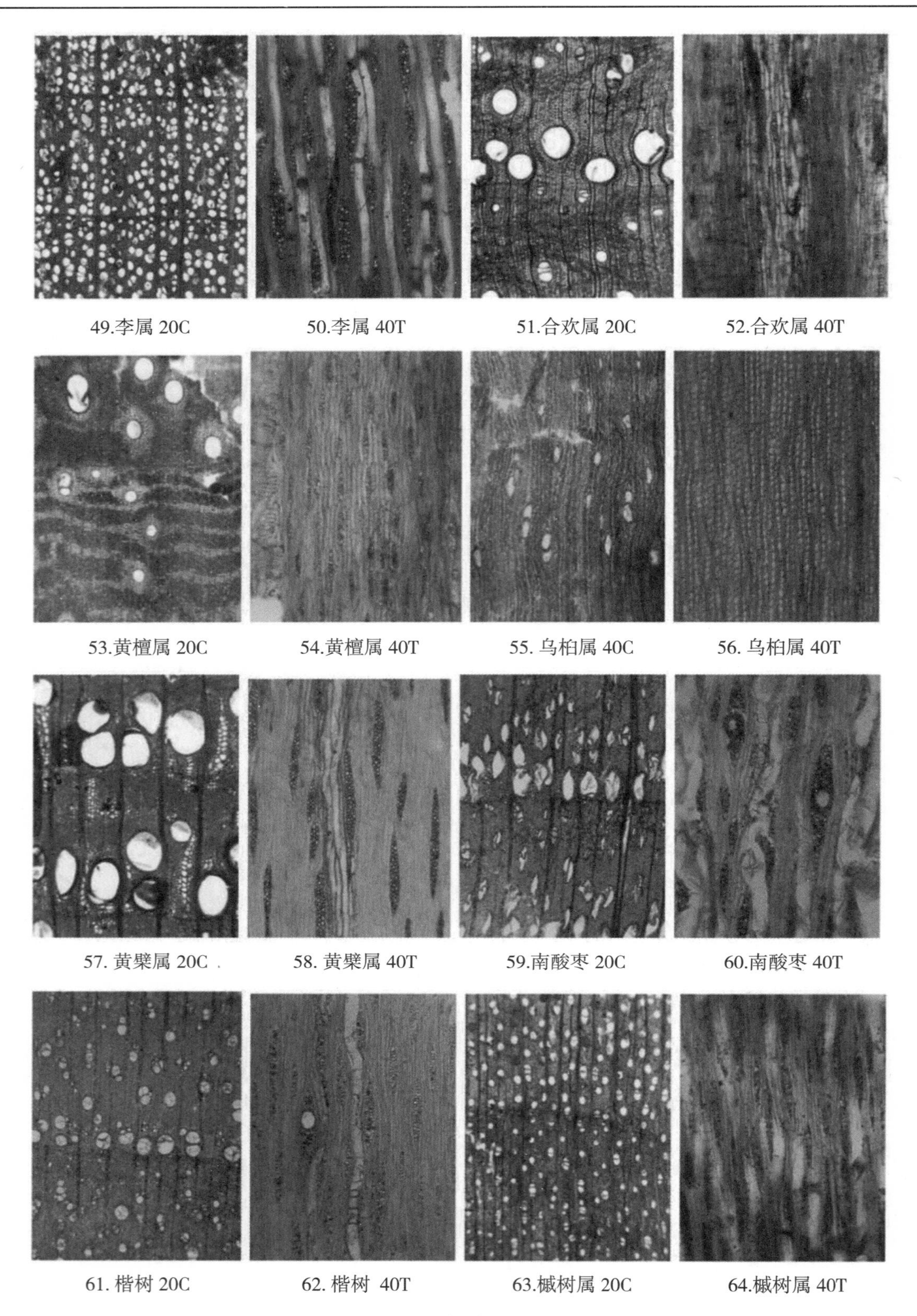

49.李属 20C　50.李属 40T　51.合欢属 20C　52.合欢属 40T

53.黄檀属 20C　54.黄檀属 40T　55. 乌桕属 40C　56. 乌桕属 40T

57. 黄檗属 20C　58. 黄檗属 40T　59.南酸枣 20C　60.南酸枣 40T

61. 楷树 20C　62. 楷树 40T　63.槭树属 20C　64.槭树属 40T

图四：4　部分木材切片

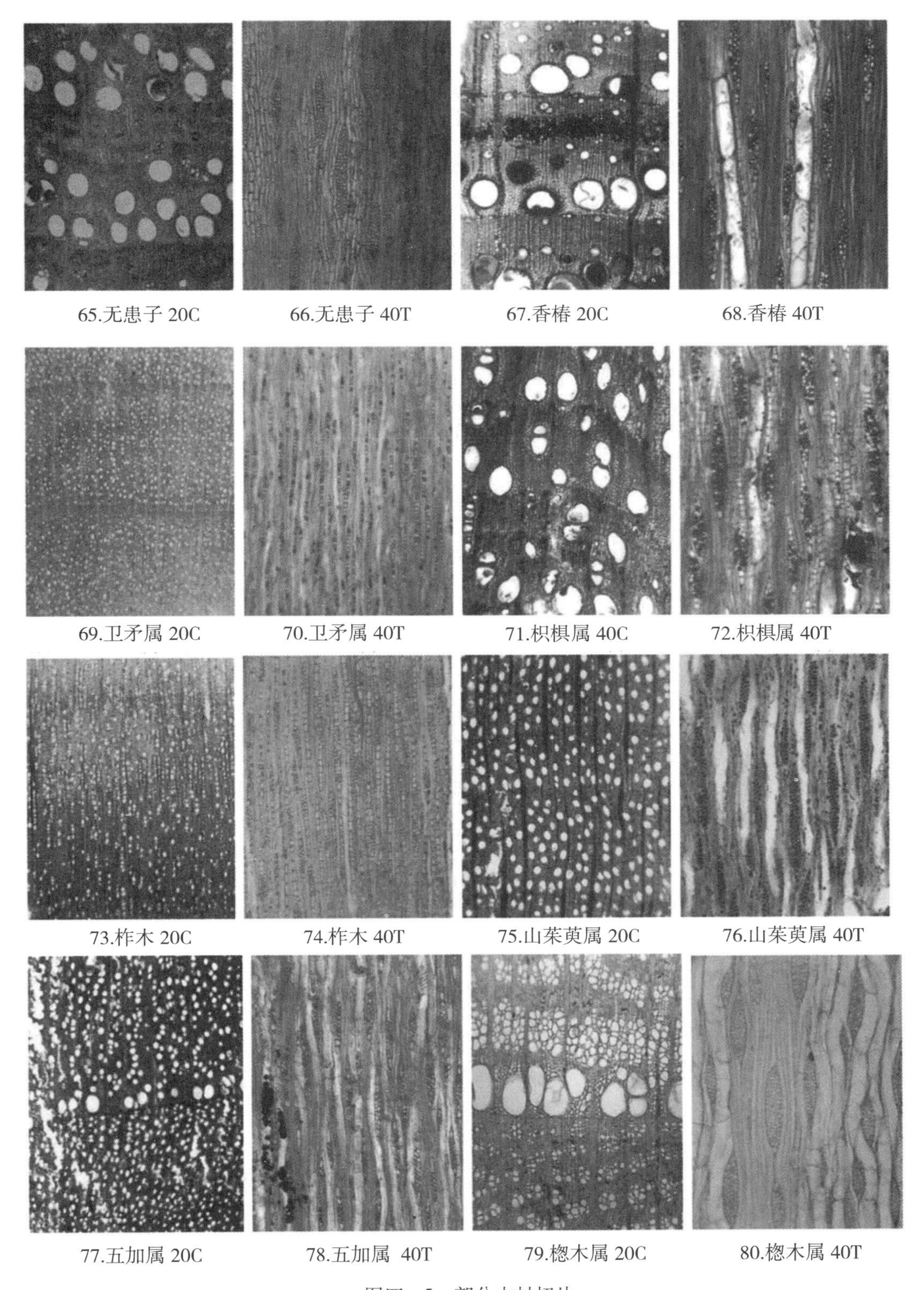

65.无患子 20C　66.无患子 40T　67.香椿 20C　68.香椿 40T
69.卫矛属 20C　70.卫矛属 40T　71.枳椇属 40C　72.枳椇属 40T
73.柞木 20C　74.柞木 40T　75.山茱萸属 20C　76.山茱萸属 40T
77.五加属 20C　78.五加属 40T　79.楤木属 20C　80.楤木属 40T

图四：5　部分木材切片

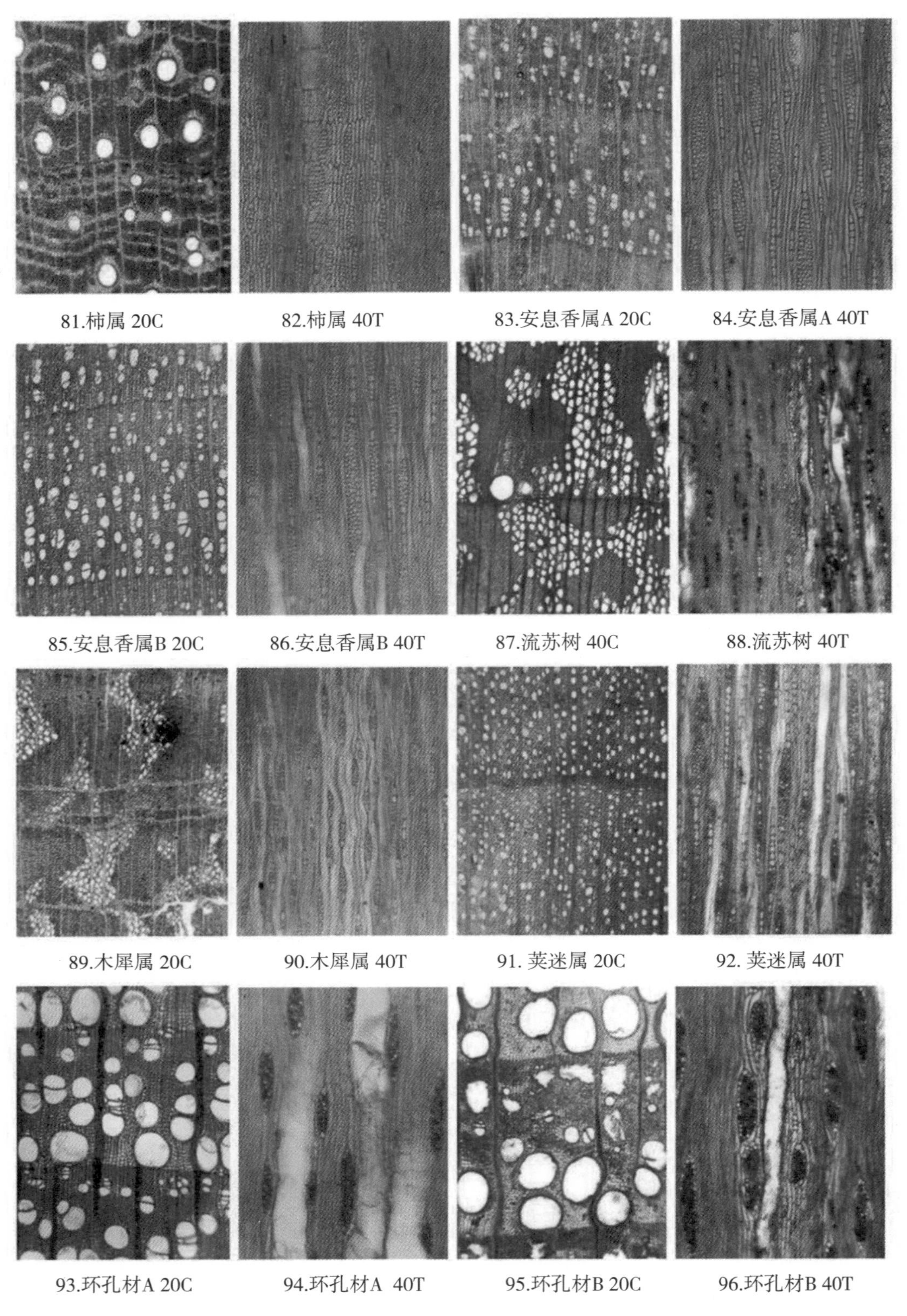
81.柿属 20C
82.柿属 40T
83.安息香属A 20C
84.安息香属A 40T
85.安息香属B 20C
86.安息香属B 40T
87.流苏树 40C
88.流苏树 40T
89.木犀属 20C
90.木犀属 40T
91. 荚迷属 20C
92. 荚迷属 40T
93.环孔材A 20C
94.环孔材A 40T
95.环孔材B 20C
96.环孔材B 40T

图四：6 部分木材切片

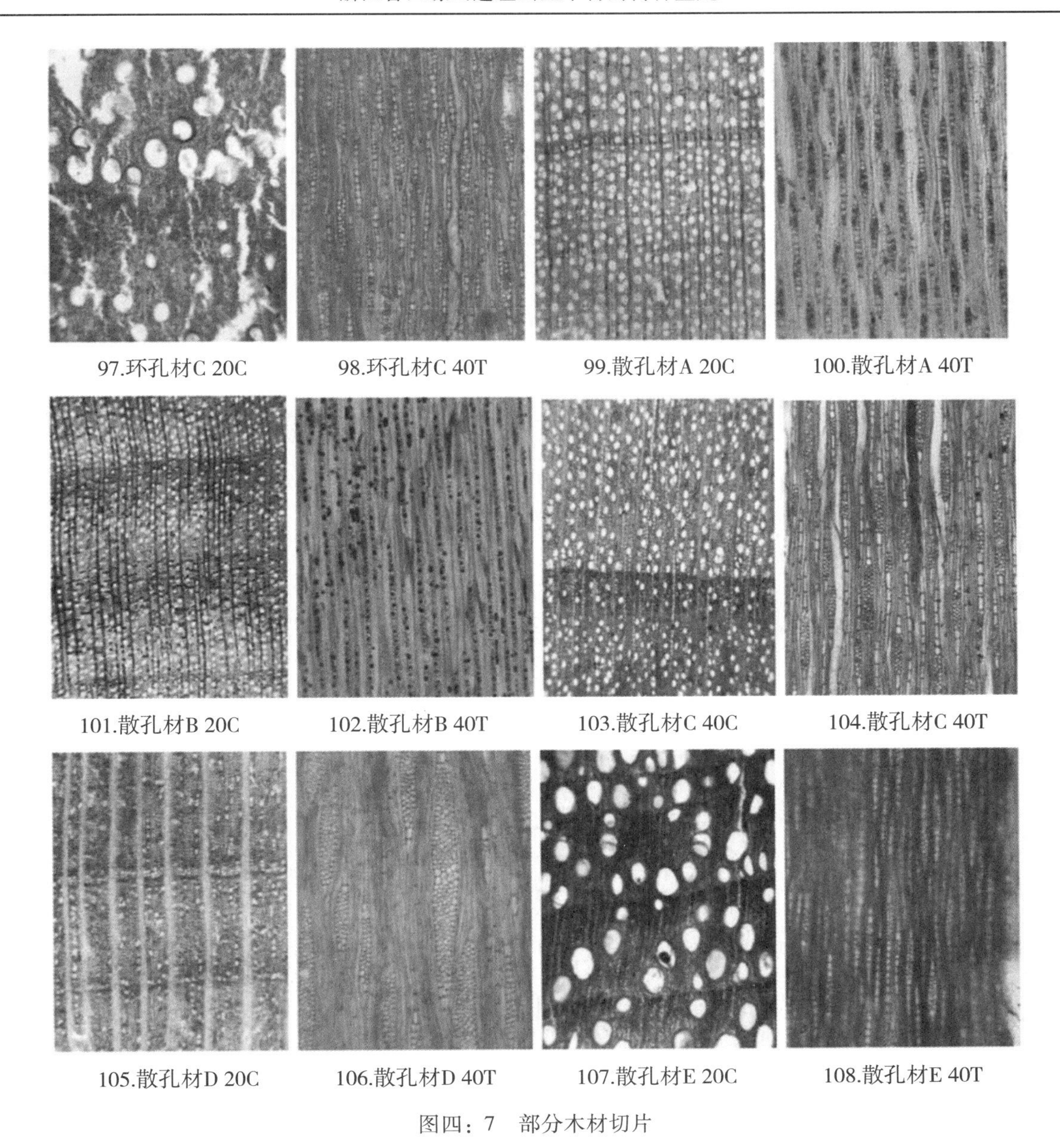

97.环孔材C 20C　98.环孔材C 40T　99.散孔材A 20C　100.散孔材A 40T

101.散孔材B 20C　102.散孔材B 40T　103.散孔材C 40C　104.散孔材C 40T

105.散孔材D 20C　106.散孔材D 40T　107.散孔材E 20C　108.散孔材E 40T

图四：7　部分木材切片

原载《田螺山遗址自然遗存综合研究》，文物出版社，2011 年

学术成果目录

一 发表论文

1. 郑云飞:《中国桑树夏伐的起源及其发展》,《古今农业》1989 年第 2 期,第 53—56 页。

2. 郑云飞:《宋代浙江蚕业的开发》,《中国农史》1990 年第 1 期,第 100—104 页。

3. 郑云飞:《“荆桑”和“鲁桑”名称由来小考》,《农业考古》1990 年第 1 期,第 324—327 页。

4. 郑云飞:《中国历史上的蝗灾分析》,《中国农史》1990 年第 4 期,第 38—50 页。

5. 郑云飞:《明清时期的湖丝与杭嘉湖地区的蚕业技术》,《中国农史》1991 年第 4 期,第 57—65 页。

6. 郑云飞:《蚕业起源西南考》,《丝绸史研究》1991 年第 4 期,第 30—35 页。

7. 郑云飞:《吴中蚕法研究》,《古今农业》1992 年第 1 期,第 49—53 页。

8. 郑云飞:《朝鲜半岛稻作农业史略》,《农业考古》1992 年第 1 期,第 64—67 页。

9. 郑云飞:《长江下游原始稻作农业序列初论》,《东南文化》1993 年第 3 期,第 1—7 页。

10. 郑云飞、游修龄、徐建民等:《龙南遗址红烧土植物蛋白石分析》,《中国水稻科学》1994 年第 1 期,第 55—56 页。

11. 郑云飞、游修龄、徐建民等:《河姆渡遗址稻的硅酸体分析》,《浙江农业大学学报》1994 年第 1 期,第 81—85 页。

12. 郑云飞:《辑里丝考略》,《丝绸史研究》1995 年第 1 期,第 16—20 页。

13. 游修龄、郑云飞:《河姆渡稻谷研究进展及展望》,《农业考古》1995 年第 1 期,第 66—70 页。

14. 郑云飞:《试论鸟田农业和大禹治水的关系》,《农业考古》1996 年第 3 期,第 78—82 页。

15. 宇田津彻郎、汤陵华、王才林、郑云飞等:《中国的水田遗构探查》,《农业考古》1998 年第 1 期,第 138—152 页。

16. 郑云飞、藤原宏志、游修龄等:《太湖地区部分新石器时代遗址水稻硅酸体形状特征初探》,《中国水稻科学》1999 年第 1 期,第 25—30 页。

17. 郑云飞:《农业科学技术史研究》,《浙江省社会科学志》,浙江人民出版社,1999 年,第

292—296 页。

18. Y. F. Zheng, Z. X. Sun, C. L. Wang et al. , Morphological characteristics of plant opal from motor cell of rice in paddy fields soil, *Chinese Rice Research Newsletter* 8 (2000).

19. 郑云飞、芮国耀、松井章等:《河姆渡、罗家角两遗址水稻硅酸体形状特征之比较》,《株洲工学院学报》2000 年第 4 期，第 4—6 页。

20. 郑云飞、刘斌、松井章等:《从南庄桥遗址的稻硅酸体看早期水稻的系统演变》,《浙江大学学报（农学与生命科学版)》2001 年第 3 期，第 340—346 页。

21. 郑云飞、芮国耀、松井章等:《罗家角遗址的水稻硅酸体及其在水稻进化研究上的意义》,《浙江大学学报（农学与生命科学版)》2001 年第 6 期，第 691—696 页。

22. 郑云飞:『プラント・オパール』，松井章主编『環境考古学』，日本の美術第 423 号，至文堂，2001，第 49—51 页。

23. 郑云飞、藤原宏志、松井章等:『プラント・オパール形状特性から見た河姆渡文化期のイネ系統特性について』,『日本文化財科学会第 18 回大会研究発表要旨集』，2001。

24. 宇田津徹朗、藤原宏志、橋本将幸、鄭雲飛等:『琉球列島の稲作開始期とその変遷に関する研究（I)』,『日本文化財科学会第 18 回大会研究発表要旨集』，2001，第 80—81 页。

25. 宇田津徹朗、藤原宏志、橋本将幸、鄭雲飛等:『宮崎県・坂元 A 遺跡における稲作の変遷について、—プラント・オパール形状解析による検討』,『日本文化財科学会第 19 回大会研究発表要旨集』，2002，第 204—205 页。

26. 郑云飞、蒋乐平、松井章等:《从楼家桥遗址的硅酸体看新石器时代水稻的系统演化》,《农业考古》2002 年第 1 期，第 104—114 页。

27. 宇田津徹朗、湯陵華、王才林、鄭雲飛等:『中国・草鞋山遺跡における古代水田址調査（第 3 報）—広域ボーリング調査による水田遺構分布の推定—』,『考古学と自然科学』2002 年第 43 号，第 51—64 页。

28. Y. J. Dong, Y. F. Zheng, Quantitative trait loci controlling steamed-rice shape in a recombinant inbred population, *International Rice Research Notes* 27 (2002).

29. Y. F. Zheng, A. Matsui, H. Fujiwara, Phytoliths of rice detected in the Neolithic sites in the valley of the Taihu Lake in China, *Journal of Human Palaeoecology* 8 (2003).

30. Y. F. Zheng, Y. J. Dong, A. Matsui et al. , Molecular genetic basis of determining subspecies of ancient rice using the shape of phytoliths, *Journal of Archaeological Science* 30 (2003).

31. Y. J. Dong, E. Tsuzuki, H. Kamiunten, H. Terao, D. Z. Lin, M. Matsuo, Y. F. Zheng, Identification of quantitative trait loci associated with pre-harvest sprouting resistance in rice (*Oryza sativa* L.), *Field Crops Research* 81 (2003)

32. 郑云飞、蒋乐平、郑建明:《浙江跨湖桥遗址出土的古稻研究》,《中国水稻科学》2004 年第 18 卷第 2 期，第 119—124 页。

33. 俞国琴、郑云飞、石春海等:《古 DNA 及其在生物系统与进化研究中的应用》,《植物学通报》

2005 年第 22 卷第 3 期，第 267—275 页。

34. 丁品、郑云飞、程厚敏等：《浙江湖州钱山漾遗址进行第三次发掘》，《中国文物报》2005 年 8 月 5 日第 1 版。

35. 卢佳、胡正义、曹志洪、杨林章、林先贵、董元华、丁金龙、郑云飞：《长江三角洲绰墩遗址埋藏古水稻土肥力特征研究》，《中国农业科学》2006 年第 39 卷第 1 期，第 109—117 页。

36. 李春海、章钢娅、杨林章、林先贵、胡正义、董元华、郑云飞、丁金龙：《绰墩遗址古水稻土孢粉学特征初步研究》，《土壤学报》2006 年第 43 卷第 3 期，第 452—460 页。

37. 郑云飞、赵晔、中村慎一：《卞家山遗址的树木遗存和花粉所记录的良渚文化晚期古植被》，浙江省社会科学院国际良渚文化研究中心编《良渚文化探秘》，人民出版社，2006 年，第 110—119 页。

38. 盛丹平、郑云飞、蒋乐平：《浙江浦江县上山新石器时代早期遗址——长江下游万年前稻作遗存的最新发现》，《农业考古》2006 年第 1 期，第 30—32 页。

39. 郑云飞、游修龄：《新石器时代遗址出土的葡萄种子引起的思考》，《农业考古》2006 年第 1 期，第 156—160 页。

40. 游修龄、郑云飞：《从历史文献看考古出土的小粒炭化稻米》，《中国农史》2006 年第 25 卷第 1 期，第 10—15 页。

41. 郑云飞、陈旭高：《甜瓜起源的考古学研究——从长江下游出土的甜瓜属（*Cucumis*）种子谈起》，浙江省文物考古研究所编《浙江省文物考古研究所学刊》第八辑，科学出版社，2006 年，第 578—585 页。

42. J. Lu，Z. Y. Hu，Z. H. Cao et al.，Characteristics of soil fertility of buried ancient paddy at Chuodun site in Yangtze River Delta，China，*Agricultural Sciences in China* 5（2006）.

43. 郑云飞、蒋乐平：《上山遗址的古稻遗存及其在稻作起源研究上的意义》，《考古》2007 年第 9 期，第 19—25 页。

44. 郑云飞、孙国平、陈旭高：《7000 年前考古遗址出土稻谷的小穗轴特征》，《科学通报》2007 年第 52 卷第 9 期，第 1307—1041 页。

45. Y. F. Zheng, G. P. Sun, X. G. Chen, Characteristics of the short rachillae of rice from archaeological sites dating to 7000 years ago, *Chinese Science Bullentin* 52 (2007).

46. C. H. Li, G. Y. Zhang, L. Z. Yang, L. Z. Yang, X. G. Lin, Y. H. Dong, J. L. Ding, Y. F. Zheng, Pollen and phytolith analyses of ancient paddy fields at Chuodun site, the Yangtze River Delta, *Pedosphere* 17 (2007).

47. 曹志洪、杨林章、林先贵、胡正义、董元华、章钢娅、陆彦椿、尹睿、吴艳宏、丁金龙、郑云飞：《绰墩遗址新石器时期水稻田、古水稻土剖面、植硅体和炭化稻形态特征的研究》，《土壤学报》2007 年第 44 卷第 5 期，第 838—847 页。

48. 孙国平、黄渭金、郑云飞等：《浙江余姚田螺山新石器时代遗址 2004 年发掘简报》，《文物》2007 年第 11 期，第 4—24 页。

49. 孙国平、郑云飞、铃木三男等：《田螺山遗址出土用银杏树制作的木器》，《中国文物报》2007

年10月31日第2版。

50. 郑云飞、蒋乐平：《从上山遗址古稻遗存谈稻作起源的一些认识》，《环境考古研究》第四辑，北京大学出版社，2007年，第43—57页。

51. D. Q. Fuller, L. Qin, Y. F. Zheng, The Domestication process and domestication rate in rice: spikelet bases from the lower Yangtze, *Science* 323 (2009).

52. Y. F. Zheng, G. P. Sun, L. Qin, Rice fields and modes of rice cultivation between 5000 and 2500 BC in east China, *Journal of Archaeological Science*, 36 (2009).

53. 郑云飞、孙国平、陈旭高：《河姆渡文化稻作农业发展水平又获重要证据》，《中国文物报》2009年2月6日第2版。

54. D. Q. Fuller, L. A. Hosoya, Y. F. Zheng et al., A Contribution to the prehistory of domesticated bottle gourds in Asia: rind measurements from Jomon Japan and Neolithic Zhejiang, China, *Economic Botany* 64, 3 (2010).

55. 丁品、郑云飞、陈旭高等：《浙江余杭临平茅山遗址》，《中国文物报》2010年4月6日第6版。

56. 王淑云、莫多闻、孙国平、史辰羲、李明霖、郑云飞、毛龙江：《浙江余姚田螺山遗址古人类活动的环境背景分析——植硅体、硅藻等化石证据》，《第四纪研究》2010年第30卷第2期，第326—334页。

57. 丁品、赵晔、郑云飞等：《浙江余杭茅山史前聚落遗址第二、三期发掘取得重要收获》，2011年12月30日第4版。

58. 傅稻镰、秦岭、赵志军、郑云飞等：《田螺山遗址的植物考古分析》，北京大学中国考古学研究中心、浙江省文物考古研究所编《田螺山遗址自然遗存综合研究》，文物出版社，2011年，第47—96页。

59. 郑云飞、陈旭高、孙国平：《田螺山遗址出土植物种子反映的食物生产活动》，北京大学中国考古学研究中心、浙江省文物考古研究所编《田螺山遗址自然遗存综合研究》，文物出版社，2011年，第97—108页。

60. 铃木三男、郑云飞、能城修一等：《浙江省田螺山遗址出土木材的树种鉴定》，北京大学中国考古学研究中心、浙江省文物考古研究所编《田螺山遗址自然遗存综合研究》，文物出版社，2011年，第108—162页。

61. 宇田津彻朗、郑云飞：《田螺山遗址植物硅酸体分析》，北京大学中国考古学研究中心、浙江省文物考古研究所编《田螺山遗址自然遗存综合研究》，文物出版社，2011年，第162—171页。

62. 金原正明、郑云飞：《田螺山遗址的硅藻、花粉和寄生卵分析》，北京大学中国考古学研究中心、浙江省文物考古研究所编《田螺山遗址自然遗存综合研究》，文物出版社，2011年，第237—249页。

63. 莫多闻、孙国平、史辰羲、李明霖、王淑云、郑云飞、毛龙江：《浙江田螺山遗址及河姆渡文化环境背景探讨》，北京大学中国考古学研究中心、浙江省文物考古研究所编《田螺山遗址自然遗存综合研究》，文物出版社，2011 年，第 249—262 页。

64. 樊龙江、桂毅杰、郑云飞等：《河姆渡古稻 DNA 提取及其序列分析》，《科学通报》2011 年第 56 卷第 28—29 期，第 2398—2403 页。

65. L. J. Fan, Y. J. Gui, Y. F. Zheng et al. , Ancient DNA sequences of rice from the low Yangtze reveal significant genotypic divergence, *Chinese Science Bulletin* 56 (2011).

66. 郑云飞、孙国平、陈旭高：《全新世中期海平面波动对稻作生产的影响》，《科学通报》2011 年第 56 卷第 34 期，第 2888—2896 页。

67. Y. F. Zheng, G. P. Sun, X. G. Chen, Response of rice cultivation to fluctuating sea level during the Mid-Holocene, *Chinese Science Bulletin* 57 (2012).

68. Y. F. Zheng, Prehistoric wetland occupations in the lower regions of the Yangtze River, China/Francesco Menotti and Aidan O'Sullivan, eds. *The Oxford Handbook of Wetland Archaeology*, Oxford University Press, London, 2012, pp. 159—173.

69. C. H. Li, Y. F. Zheng, S. Y. Yu et al. , Understanding the ecological background of rice agriculture on the Ningshao Plain during the Neolithic Age: pollen evidence from a buried paddy field at the Tianluoshan cultural site, *Quaternary Science Reviews* 35 (2012).

70. 孙国平、郑云飞、黄渭金等：《浙江余姚田螺山遗址 2012 年发掘成果丰硕》，《中国文物报》2013 年 3 月 29 日第 8 版。

71. 郑云飞、陈旭高、王海明：《浙江嵊州小黄山遗址的稻作生产——来自植物硅酸体的证据》，《农业考古》2013 年第 4 期，第 11—17 页。

72. 潘艳、郑云飞、陈淳：《跨湖桥遗址的人类生态位构建模式》，《东南文化》2013 年第 6 期，第 54—65 页。

73. Y. Wu, L. P. Jiang, Y. F. Zheng et al. , Morphological trend analysis of rice phytolith during the early Neolithic in the lower Yangtze, *Journal of Archaeological Science* 49 (2014).

74. 金和天、潘岩、杨颖亮、秦岭、孙国平、郑云飞、吴小红：《浙江余姚田螺山遗址土壤植硅体 AMS^{14}C 测年初步研究》，《第四纪研究》2014 年第 34 卷第 1 期，第 1—75 页。

75. 郑云飞、陈旭高、丁品：《浙江余杭茅山遗址古稻田耕作遗迹研究》，《第四纪研究》2014 年第 34 卷第 1 期，第 85—96 页。

76. Y. F. Zheng, G. W. Crawford, X. G. Chen, Archaeological evidence for peach (*Prunus persica*) cultivation and domestication in China, *PLoS One* 9 (2014).

77. 刘斌、王宁远、郑云飞等：《2006—2013 年良渚古城考古的主要收获》，《东南文化》2014 年第 2 期，第 31—38 页。

78. R. Patalano, Z. Wang, Q. Leng, W. G. Liu, Y. F. Zheng et al. , Hydrological changes facilitated early rice farming in the lower Yangtze River Valley in China: A molecular isotope analysis, *Geology* 43 (2015).

79. 郑云飞、蒋乐平、G. W. Crawford：《稻谷遗存落粒性变化与长江下游水稻起源和驯化》，《南方文物》2016 年第 3 期，第 122—130 页。

80. X. X. Zuo, H. Y. Lu, J. P. Zhang, C. Wang, G. P. Sun, Y. F. Zheng, Radiocarbon dating of prehistoric phytoliths: a preliminary study of archaeological sites in China, *Scientific Reports* 6 (2016).

81. Y. F. Zheng, G. W. Crawford, L. P. Jiang et al., Rice domestication revealed by reduced shattering of archaeological rice from the lower Yangtze valley, *Scientific Reports* 6 (2016).

82. Y. Guo, R. B. Wu, G. P. Sun, Y. F. Zheng, Neolithic cultivation of water chestnuts (*Trapa* L.) at Tianluoshan (7000–6300 cal BP), Zhejiang Province, China, *Scientific Reports* 7 (2017).

83. 郑云飞：《良渚文化时期的社会生业形态与稻作农业》，《南方文物》2018 年第 1 期，第 93—101 页。

84. C. H. Li, Y. X. Li, Y. F. Zheng et al., A high-resolution pollen record from East China reveals large climate variability near the Northgrippian-Meghalayan boundary (around 4200 years ago) exerted societal influence, *Palaeogeography, Palaeoclimatology, Palaeoecology* 512 (2018).

85. K. Y. He, H. Y. Lu, Y. F. Zheng et al., Middle-Holocene sea-level fluctuations interrupted the developing Hemudu culture in the lower Yangtze River, China, *Quaternary Science Reviews* 188 (2018).

86. K. Y. He, H. Y. Lu, H. B. Zheng, Q. Yang, G. P. Sun, Y. F. Zheng, Role of dynamic environmental change in sustaining the protracted, *Quaternary Science Reviews*, 242 (2020).

87. K. N. Zhai, G. P. Sun, Y. F. Zheng et al., The earliest lacquerwares of China were discovered at Jingtoushan site in the Yangtze River Delta, *Archaeometry* 64 (2021).

88. 孙国平、梅术文、陆雪姣、王永磊、郑云飞、黄渭金：《浙江余姚市井头山新石器时代遗址》，《考古》2021 年第 7 期，第 3—26 页。

89. 郑云飞：《中国考古改变稻作起源和中国文明的认知》，《中国稻米》2021 年第 27 卷第 4 期。

二　参编考古报告

1. 浙江省文物考古研究所、萧山博物馆：《跨湖桥》，文物出版社，2004 年。

2. 浙江省文物考古研究所、嘉兴博物馆：《南河浜》，文物出版社，2005 年。

3. 浙江省文物考古研究所、湖州博物馆：《昆山》，文物出版社，2006 年。

4. 浙江省文物考古研究所、诸暨博物馆、浦江博物馆：《楼家桥、查塘山背、尖山湾》，文物出版社，2011 年。

5. 浙江省文物考古研究所：《卞家山》，文物出版社，2014 年。

6. 浙江省文物考古研究所、湖州博物馆：《钱山漾》，文物出版社，2014。

7. 浙江省文物考古研究所：《良渚古城综合研究报告》，文物出版社，2019 年。

8. 浙江省文物考古研究所、嘉兴博物馆：《马家浜》，文物出版社，2019 年。

后 记

时光荏苒，大学、研究生时的学习和生活还仿如昨日，不知不觉已经进入了退休年龄。大学把我这一个农民的孩子培养成农村基层农业技术指导员；研究生学习改变了自己人生轨迹，开始步入农业科技史研究；涉足考古领域研究稻作起源获得博士学位，我最后成为一名耕耘在田野考古一线的科技考古工作者。

自 1978 年考入大学以来，40 余年的学习、工作和生活中，我有幸得到众多师友、同侪和亲人的关心、指教、帮助、支持与照顾。在此我要表达深深的感谢，尤其是要感谢我的硕士研究生导师浙江大学游修龄教授、浙江省农业科学院蒋猷龙研究员和博士研究生导师日本宫崎大学藤原宏志教授，以及浙江省文物考古研究所原所长曹锦炎先生。

原本大学主修蚕桑，有志于家蚕遗传育种学研究，希冀为蚕业现代化服务的我，却在 1985 年浙江农业大学研究生入学考试中，阴差阳错地调剂到农业科技史方向，幸运地成为我国稻作起源考古研究开创者游修龄教授和著名的蚕业史研究学者蒋猷龙研究员的学生。在攻读硕士研究生学位的三年间，两位先生广博的学识、严谨的学风和高风亮节的处世品格，指引我走上了农业科技史和稻作史研究的学术道路。

20 世纪 80 年代末，我和游修龄教授开始关注植硅体分析在考古领域的应用，并据此开展稻作起源研究。开展植硅体研究的国际著名学者日本宫崎大学藤原宏志教授在中国江苏草鞋山遗址工作期间获悉我们的工作情况后，主动为我争取到了日本植硅体研究会的资助，实现了我的出国留学梦。在我获得博士学位后，又帮助我申请到日本学术振兴会（JSPS）的资助，作为外国人特别研究员在日本奈良国立文化财研究所从事博士后研究，为我回国后开展植硅体研究打下了扎实基础。

2002 年学成回国之时，我本属于原浙江农业大学农史研究室的研究人员，1998 年新浙江大学合并重组之后，许多学科还处于磨合调整之际，我内心难免心生彷徨，进而萌发了调换工作单位的想法。通过同学与当时浙江省文物考古研究所所长曹锦炎取得了联系，一周后便获得上级主管部门的批准，调往浙江省文物考古研究所。这也是此后二十余年，我赖以安身立命的地方。如果说我在学术生涯中取得了一些成绩，未始不起于这一念之间。而这一切又似乎是冥冥之中自有安排。在地大物博、历史源远流长的中国，文物考古领域也是科学工作者施展才华的广阔天地，中国的考古新发现和研究成果正在不断地改变人们对人类史和中华文明史的认识。

2020 年即将退休之时，现任浙江省文物考古研究所的方向明所长建议我把工作四十年的学术成果结集出版，我欣然同意了。文集中收录了自己35年学术生涯中撰写的57篇中、英文学术论文。大致可以分为农业科技史研究、植硅体分析在考古中的应用、稻作农业起源、农耕遗迹的调查与发掘、栽培作物的驯化等领域。由于文集篇幅限制，遗址的植物考古报告和大部分合作论文没有收入其中。

文集出版看似简单，但从论文收集和选取、文件格式转换、注释形式统一、插图制作，到最后文字校对，每一项都是繁琐的工作。为编辑这本文集，单位同事武欣和文物出版社编辑孙丹付出很大的心血，浙江省文物考古研究所资助了文集的出版经费，在此一并深表谢意。

郑云飞

2022年11月30日